이탈리아

로마 | 베네치아 | 밀라노 | 피렌체 | 나폴리

| 테마북 |

**절대 놓칠 수 없는
최신 여행 트렌드**

정숙영 지음

기버

무작정 따라하기 이탈리아

The Cakewalk Series - ITALIA

초판 발행 · 2020년 1월 20일
개정판 발행 · 2024년 8월 5일

지은이 · 정숙영
발행인 · 이종원
발행처 · (주)도서출판 길벗
출판사 등록일 · 1990년 12월 24일
주소 · 서울시 마포구 월드컵로 10길 56(서교동)
대표 전화 · 02)332-0931 | **팩스** · 02)323-0586
홈페이지 · www.gilbut.co.kr | **이메일** · gilbut@gilbut.co.kr

편집 팀장 · 민보람 | **기획 및 책임편집** · 백혜성(hsbaek@gilbut.co.kr) | **표지 디자인** · 강은경 | **제작** · 이준호, 손일순
마케팅 · 정경원, 김진영, 김선영, 정지연, 이지원, 이지현, 조아현, 류효정 | **유통혁신** · 한준희 | **영업관리** · 김명자 | **독자지원** · 윤정아

지도 · 팀맵핑 | **교정교열** · 한진영 | **진행** · 김소영 | **디자인** · 한효경, 강상희
CTP 출력 · **인쇄** · **제본** · 상지사

ISBN 979-11-407-1030-0 (13980)
(길벗 도서번호 020238)

정가 22,000원

✦✦✦

매거진과 가이드북을 한 권에!
여행자의 준비 패턴에 따라 내용을 분리한 최초의 가이드북
여행 무작정 따라하기

"백과사전처럼 지루하지 않고, 잡지처럼 보는 재미가 있는 가이드북은 없을까?"
"내 취향에 맞는 여행 정보만 쏙쏙 골라서 볼 수 있는 구성은 없을까?"

〈여행 무작정 따라하기〉 시리즈는 여행 작가, 편집자, 마케터가 함께
여행 가이드북 독자 100여 명의 고민을 수집한 후
그들의 불편을 해소해주기 위해 계발 과정만 수년을 거쳐서 만들었습니다.

매거진 형식의 다양한 읽을거리와 최신 여행 트렌드를 담은 테마북
꼭 가봐야 할 지역별 대표 명소와 여행 코스를 풍성하게 담은 가이드북

두 권의 정보와 재미를 한 권으로 담은
여행 무작정 따라하기 시리즈가
여러분의 여행을 응원합니다.

INSTRUCTIONS

무작정 따라하기 일러두기

이 책은 전문 여행작가가 이탈리아 전국을 누비며 취재한 관광 명소와 함께, 독자 여러분의 소중한 여행이 완성될 수 있도록 재미있는 테마 정보와 다양한 여행 코스를 소개합니다. 이 책에 수록된 관광지, 맛집, 숙소, 교통 등의 여행 정보는 2024년 7월 기준이며 최대한 정확한 정보를 싣고자 노력했습니다. 하지만 출판 후 또는 독자의 여행 시점과 동선에 따라 변동될 수 있으므로 주의하실 필요가 있습니다.

VOL.1 테마북

테마북에서는 주요 도시를 비롯한 근교 지역의 다양한 여행 주제를 소개합니다.
자신의 취향에 맞는 테마를 찾은 후 가이드북에서 소개하는 지역과 지도에 체크하여 여행 계획을 세울 때 활용하세요.

이탈리아의 다양한 여행 주제를 볼거리, 음식, 쇼핑으로 분류해 소개합니다.

볼거리

음식

쇼핑

이 책은 국립국어원 외래어 표기법을 따랐습니다. 그러나 이탈리아어 지명이나 상점명 등은 현지 발음을 기준으로 했으며, 브랜드명은 우리에게 친숙한 것이나 국내에 소개된 명칭으로 표기했습니다.

INFO
해당 스폿을 소개하는 페이지를 명시, 여행 동선을 짤 때 참고하세요!

MAP
해당 스폿을 소개한 지역의 지도 페이지를 안내합니다.

구글 지도 GPS
위치 검색이 용이하도록 구글 지도 검색창에 입력하면 바로 장소별 위치를 알 수 있는 GPS 좌표를 알려줍니다.

찾아가기
근처 랜드마크를 기준으로 가장 쉽게 찾아갈 수 있는 방법을 설명합니다.

주소
해당 장소의 주소를 알려줍니다

전화
대표 번호 또는 각 지점의 번호를 안내합니다.

시간
해당 장소가 운영하는 시간을 알려줍니다.

휴무
특정 휴무일이 없는 현지 음식점이나 기타 장소는 '연중무휴'로 표기했습니다.

가격
입장료, 체험료, 식비 등을 소개합니다. 식당의 경우 추천 메뉴가 여러 개이면 전반적인 가격대를 알려줍니다.

홈페이지
해당 지역이나 장소의 공식 홈페이지를 기준으로 소개합니다.

VOL.2 가이드북

이탈리아 주요 도시와 근교 도시를 총망라한 29개 구역을 소개합니다.
테마북에서 소개한 곳인지 페이지 연동 표시가 되어 있으니, 참고해서 알찬 여행 계획을 세우세요.

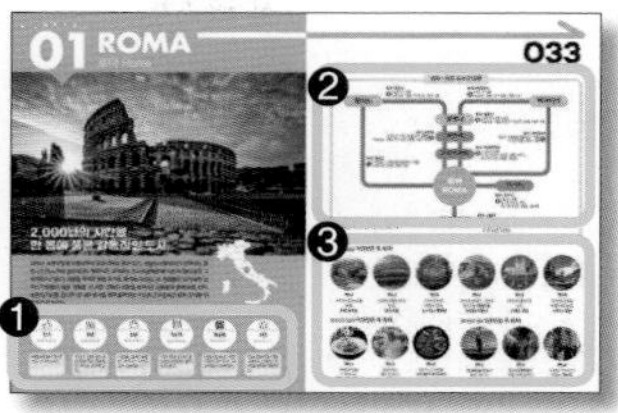

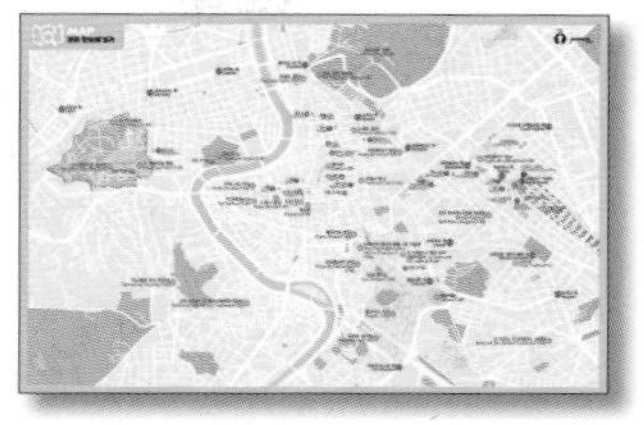

지역 상세 지도 한눈에 보기

각 지역별로 소개하는 볼거리, 음식점, 쇼핑 장소, 체험 장소를 실측 지도를 통해 자세히 알려줍니다. 지도에는 한글 표기와 영문 표기, 소개된 본문 페이지가 함께 표시되어 있습니다. 또한 여행자의 편의를 위해 지역별로 관광 안내소, 파출소, 짐 보관소, 프랜차이즈 숍 등 유용한 시설의 위치를 꼼꼼하게 표시했습니다.

지역&교통편 한눈에 보기

❶ 인기, 관광, 쇼핑, 식도락, 복잡함, 치안 등의 테마별로 별점을 매겨 각 지역의 특징을 알려줍니다.
❷ 해당 도시와 주요 도시 간의 교통편 정보를 보기 쉽게 정리했습니다.
❸ 보자, 먹자, 사자, 하자 등 놓치지 말아야 할 체크 리스트를 소개합니다.

코스 무작정 따라하기

해당 지역을 완벽하게 돌아볼 수 있는 다양한 시간별, 테마별 코스를 지도와 함께 소개합니다.
❶ 해당 스폿의 간단한 설명과 함께 다음 여행지를 찾아가는 방법을 자세하게 설명합니다.
❷ 장소별로 머물기 적당한 시간을 명시했습니다.
❸ 이동 경로를 표시해 코스 동선을 한눈에 볼 수 있도록 했습니다.
❹ 코스 장소 간 거리와 대략의 이동 시간을 표시해 소요 시간을 예측할 수 있게 도와줍니다.

지도에 사용된 아이콘

관광지·기타
- 추천 볼거리
- 추천 쇼핑
- 추천 레스토랑
- 추천 즐길거리
- 관광 안내소
- 볼거리
- 레스토랑
- 쇼핑
- 즐길거리
- 호텔
- 학교
- 공원
- 주차장
- 경찰서 · 파출소
- 우체국

교통 · 편의 시설
- 기차역
- 지하철역
- 공항
- 택시 정류장
- 버스 터미널
- 페리 선착장
- 바포레토 선착장
- 트램 정류장
- 푸니콜라레 역
- 버스 정류장
- 짐 보관소
- 빨래방
- 매표소
- 젤라테리아
- 슈퍼마켓
- 드러그 스토어

줌 인 여행 정보

관광, 음식, 쇼핑, 체험 장소 정보를 지역별로 구분해서 소개해 여행 동선을 쉽게 짤 수 있도록 해줍니다. 스폿별 줌 인(ZOOM IN) 구성으로 더욱 상세한 정보를 제공합니다.

PROLOGUE

작가의 말

이탈리아와 만날 준비 되셨나요?
이 나라, 만만치 않습니다!

정숙영 mickeynox@naver.com

여행 작가이자 번역가. 유럽과 아시아, 일본 곳곳을 돌아다니며 여행에 관련된 여러 책을 쓰고, 영어와 일본어로 된 글을 한국어로 옮기면서 살고 있다. 지은 책으로는 《금토일 해외여행》, 《일주일 해외여행》, 《노플랜 사차원 유럽여행》, 《도쿄 만담》, 《앙코르와트 내비게이션》, 《여행자의 글쓰기》, 《무작정 따라하기 크로아티아》, 《무작정 따라하기 도쿄》 등이 있고, 지금도 무언가를 부지런히 쓰는 중이다.

이탈리아를 처음 만났던 2002년부터 지금까지, 이탈리아에 대한 저의 감정은 참으로 일관됩니다. 그것은 바로, '애증'입니다. 이탈리아를 생각하면 한편으로는 참 징글징글한데, 그럼에도 불구하고 또 그만큼 그립고 생각나고 또 가고 싶어요. 나쁜 남자와 긴 연애를 하고 있는 느낌이랄까요. 생각해 보면 이탈리아를 여행하면서 별의별 일을 다 겪었네요. 기차표를 잃어버려서 벌금을 물지 않나, 노트북 메인 보드 날려 먹고, 들개한테 쫓기고 비둘기 똥 맞고, 자빠지고, 햇빛 알레르기 돋고, 소매치기 당하고……. 출국일에 면세 수속 밟을 때마다 이리 뛰고 저리 뛰다 보면 그냥 어디서 불벼락이나 떨어졌으면 좋겠다는 생각까지 들곤 합니다.

이탈리아는 참 뜨겁고 정신 사나운 나라예요. 국경을 넘으면서 '이노무 나라, 내가 또 가나 봐라!'라고 다짐한 적이 한두 번이 아닙니다. 그런데, 돌아서면 또 그렇게 생각나는 데가 이탈리아입니다. 찬란하게 부서지는 햇살과 푸른 하늘, 사이프러스 나무가 무심히 그늘을 만들고 해바라기와 개양귀비가 한들거리는 토스카나의 벌판, 물고기는커녕 플랑크톤도 못 살 것처럼 투명한 지중해, 수천 년 전의 아름다운 문명과 수백 년 전의 황홀한 예술품들, 너무나 맛있는 음식들. 그리고 무엇보다 사람들. 첫인상은 최악이지만 조금만 친해져도 세상에서 가장 유쾌해지는 사람들 말이죠. 그 모든 것이 그리워집니다. 이런 나라가 세상 또 없어서, 저는 벌써 몇 번째 이탈리아로 발걸음을 옮겼습니다.

이 책을 쓰는 데는 적지 않은 시간이 걸렸습니다. 한 나라를 통으로 소개하는 일이 쉬울 리가 있겠습니까. 더욱이 이탈리아는 워낙 다양한 분야에 두툼한 레이어를 갖고 있거든요. 자료를 모으는 데에도 오래 걸렸지만 골라내는 것도 만만치 않게 오래 걸렸습니다. 알바, 피엔차, 몬탈치노, 이스키아, 크레모나, 시칠리아……. 미처

다루지 못한 좋은 동네들이 너무 많습니다. 이 책에는 제가 아는 한 이탈리아에서 가장 좋은 것을 짜낸 참기름 같은 정수, 그리고 2017년 말부터 2019년 말까지 제 인생 2년이 오롯이 담겨 있습니다. 그리고 앞으로 더 많은 세월이 이 위에 겹겹이 쌓일 것입니다.

그리고 이 책을 손에 든 모든 독자께 꼭 말씀 드리고 싶은 것이 한 가지 있습니다. 비겁한 변명일지도 모르겠습니다. 그러나 진심입니다. 이탈리아는 각종 요금 및 영업 시간의 변화가 매우 악랄한 나라입니다. 언제든 가이드북 저자의 뒤통수를 칠 준비가 되어 있는 나라라고 봐도 과언이 아닙니다. 겨우 한두 달 사이에 입장료가 오르는 것은 흔한 일이고 잠깐 정신 놓았다 찾아 보면 교통 요금이며 이용 시간 등이 싹 바뀐 경우도 자주 있습니다. 어떻게든 가장 최신 정보를 반영하려고 애쓰겠지만, 이 책의 개정 속도가 이탈리아의 변덕 속도를 따르지 못할 가능성은 너무 너무 큽니다. 여러분이 여행하는 바로 '지금', 여기 소개된 요금이나 시스템에서 달라진 곳이 발견되면 화를 내기 전에 저를 좀 가엾게 여겨주시길, 아울러 넌지시 메일 한 통을 보내주시길 진심으로 부탁드리겠습니다.

이 책을 만드는 데 도움을 주신 모든 분께 감사를 전합니다. 책의 공저자라고 해도 전혀 과언이 아닐 정도로 수고하신 담당 편집자 백혜성님께 정말 큰 감사의 말씀을 드립니다. 진심으로 이탈리아를 사랑하고 트렌드에 밝은 분이라 정말 다방면에 큰 도움이 되었습니다. 디자이너님, 교정자 겸 진행자님께도 수고하셨다는 말씀을 드리고 싶습니다. 언제나 큰 힘이 되어주는 제 가족들, 특히 지구에서 가장 예쁜 제 조카들 서율이와 시아에게 가장 큰 사랑을 보냅니다.

2024년 7월

CONTENTS

VOL.1 테마북

INTRO

STORY

PART. 1 SIGHTSEEING

PART. 2 EATING

PART. 3 SHOPPING

CONTENTS

VOL.2 가이드북

INTRO

PART 1 로마

PART 2 북부 이탈리아

PART 3 중부 이탈리아

PART 4 남부 이탈리아

OUTRO

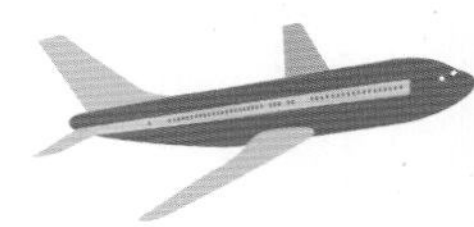

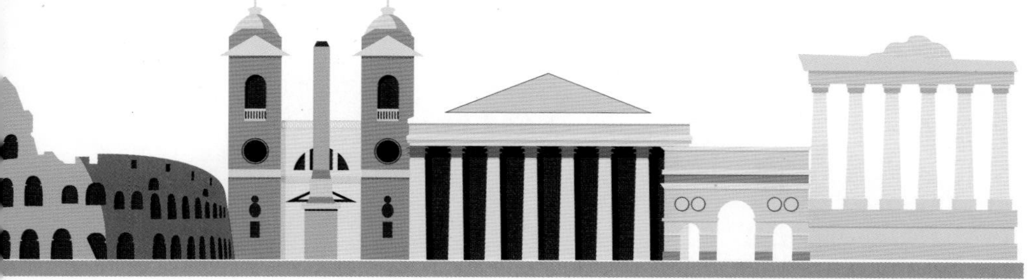

INTRO

무작정 따라하기 이탈리아 국가 정보

국가명

이탈리아

ITALIA

정식 명칭은 이탈리아 공화국(Repubblica Italiana, 레푸블리카 이탈리아나)이다. 영어 표기는 Italy. EU 소속 국가이다.

국기

삼색기 Tricolore

좌측부터 초록, 빨강, 흰색의 세 가지 색으로 구성되어 있다.

언어

Lingua Italiana

이탈리아어 Italiano, Lingua Italiana

문자는 알파벳을 쓴다.

수도

로마 Roma

영어 표기는 Rome. 경제적 중심지는 밀라노(Milano)다.

면적 & 인구

301,340km²

남북한을 합친 면적(221,000km²)보다 약 1.4배 더 크다. 인구는 2019년 기준 6053만 명. 1인당 GDP는 31,952.98USD(2017년 기준)으로 세계 25위. 한국보다 약간 더 높은 정도.

301,340km²

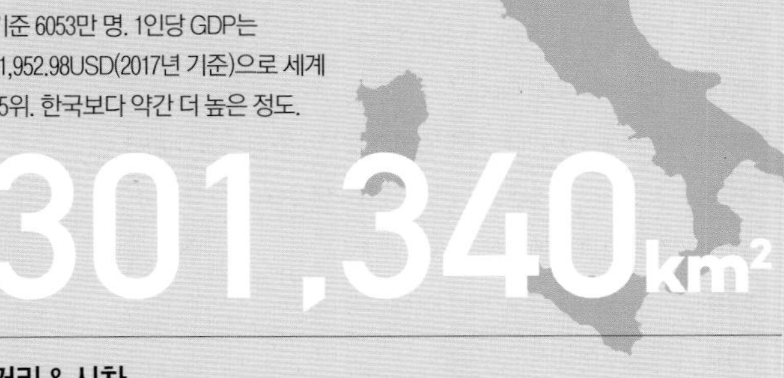

거리 & 시차

직항 비행시간 약 13시간(로마 피우미치노 공항 기준)

시차 7시간(서머 타임), 8시간(윈터 타임)

EU의 여러 나라와 마찬가지로 서머 타임제(표준시보다 시계를 1시간 당겨 놓는 제도)를 채택하고 있다. 3월 마지막 일요일 새벽 1시에 시작하여 10월 마지막 일요일 새벽 1시에 종료된다.

화폐

€1 = 약 1,500원(2024년 7월 매매기준율)

EU 다른 국가와 마찬가지로 유로(€)를 사용한다. 유로 아래 단위는 '센트(Cent)'를 쓴다. 센트 동전은 1 · 2 · 5 · 10 · 20 · 50c의 6종, 유로 동전은 €1 · 2의 2종, 유로 지폐는 €5 · 10 · 20 · 50 · 100 · 200 · 500 총 7종. 이 중 €500 지폐는 2013년 이후 단종되어 현재는 발매되지 않는다.

비자 & 여권

무비자 입국 최대 90일

한국 여권 소지자는 여행 목적으로 EU 회원국에 입국 시 6개월 동안 최대 90일까지 무비자로 체류할 수 있다. 주의할 점은 이탈리아 단독 90일 아니라 여행 중 방문하는 모든 솅겐 조약 가입 국가에 대한 체류 일정을 합산해서 90일이다. 유럽 여러 나라를 장기간으로 여행하려는 사람은 염두에 둘 것.

전압

220V, 둥근 2핀형

한국과 전압은 같다. 콘센트 모양이 겉으로 보기엔 한국 것과 비슷하지만 실제로는 구경이 훨씬 작아 한국 내에 통용되는 전자 제품의 플러그가 꽂히지 않는다. 멀티 플러그나 이탈리아 전용 플러그를 준비할 것. 반대로 이탈리아산 전자 제품의 플러그는 한국 콘센트에 무리 없이 꽂힌다.

국가번호

+39

이탈리아에서 한국으로 전화할 때는 +82-10-XXX-XXXX.

와이파이

와이파이가 전국적으로 잘 보급되어 있다. 호텔 · 호스텔 · 한인 민박 · 게스트하우스 · 에어비앤비 등 거의 모든 형태의 숙소에서 와이파이를 갖추고 있다. 카페나 식당도 와이파이가 사용 가능한 곳이 간간이 있고, 중심가에서 공용 와이파이를 운영하는 도시도 종종 있다. 한국보다는 다소 느린 편이나, 인터넷 검색이나 유튜브 시청에는 큰 지장이 없다.

모바일 인터넷

프리페이드 심카드(Prepaid SIM Card)가 잘 발달해 있다. TIM, 보다폰(Vodafone), 윈드(Wind), 트레(3) 등의 회사에서 7일 · 10일 · 2주 · 1개월 등 시간 단위의 프리페이드 심카드 상품을 판매한다. 통신사마다 잘 터지는 곳과 안 터지는 곳이 있다.

교통

도시 간 이동

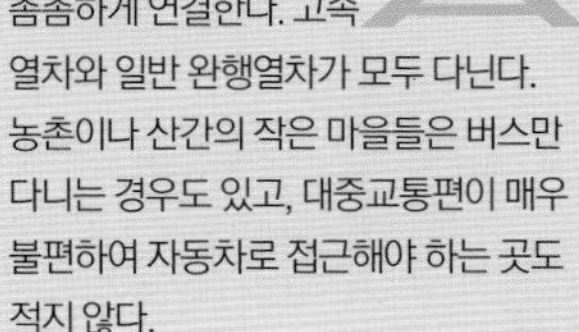

열차가 주요 도시를 촘촘하게 연결한다. 고속 열차와 일반 완행열차가 모두 다닌다. 농촌이나 산간의 작은 마을들은 버스만 다니는 경우도 있고, 대중교통편이 매우 불편하여 자동차로 접근해야 하는 곳도 적지 않다.

도시 내 이동

로마, 밀라노, 나폴리, 토리노 등의 대도시에는 지하철이 운행한다. 노선은 그다지 복잡하지 않다. 트램, 버스 등도 많이 이용된다. 그러나 대부분의 도시는 관광 중심가가 2~3km 정도로 작은 편이라 대부분 도보로 돌아볼 수 있다.

신용 카드 & 현금 인출

대부분 숙소와 식당, 상점에서 신용 카드를 사용할 수 있다. VISA와 Master가 가장 흔히 쓰인다. 국제 현금 인출은 각종 은행 ATM에서 대부분 가능하다. EU 회원국에서 볼 수 있는 사설 ATM 유로넷(Euronet)도 있는데, 수수료가 상당히 높다.

면세

한 점포에서 총액 €154.94 이상 구매하면 최대 22%, 보통 12~16%의 부가가치세를 환급받을 수 있다.

팁

이탈리아 음식점에서는 '코페르토(Coperto)'라고 하는 일종의 자릿세를 받는다. 그 외 정해진 팁 문화는 없다. 단, 로마가 속한 라치오주는 코페르토가 불법이므로 서비스에 만족했을 경우 음식값의 10~15% 정도를 자율적으로 주는 것도 나쁘지 않다.

식수

수돗물의 질이 좋아 현지인들은 대부분 수돗물을 그냥 마신다. 분수에서 나오는 물을 그냥 마셔도 좋을 정도. 지하수를 끌어올린 식수대를 설치한 도시도 많다. 생수도 저렴하게 구매 가능하다.

INTRO

무작정 따라하기 이탈리아 지역 한눈에 보기

이탈리아는 유럽 대륙의 중부에서 지중해로 비죽이 나온 장화 모양의 반도와 주변의 부속 섬(시칠리아, 사르데냐 등)으로 이루어져 있다. '이탈리아'라는 명칭은 원래 이 반도를 가리키는 지명으로, 약 3,000년 전부터 전래한 것이라고 한다. 이탈리아는 크게 북부, 중부, 남부로 나누어 볼 수 있는데, 북부는 이탈리아의 경제를 선도하는 산업 도시가 많고, 중부는 중세와 르네상스의 찬란한 유산을 간직한 중소 도시가 주를 이루며, 남부는 지중해의 아름다운 풍광과 도시의 때가 묻지 않은 순수한 매력을 간직한 작은 마을이 많다.

로마 ROMA

AREA 1 로마 Roma

관광 ★★★★★
쇼핑 ★★★★☆
식도락 ★★★★★
나이트라이프 ★★★★☆

이탈리아의 수도로, 고대 로마 개국 이후 수천 년 간 이탈리아 역사의 중심에 자리했던 도시이다. 콜로세움을 비롯한 고대 유적, 〈로마의 휴일〉 등을 통해 유명해진 수많은 관광 명소, 가톨릭 신앙의 중심지 바티칸 등 이탈리아에서 가장 유명하고 중요한 볼거리가 집중되어 있다.

이런 분들에게 추천

이탈리아를 여행하는 모든 사람

시스티나 예배당 천장 벽화는 꼭 한번 보고 싶은 사람

콜로세움과 트레비 분수를 실물로 보고 싶은 사람

AREA 2 밀라노 Milano

관광 ★★★☆☆
쇼핑 ★★★★★
식도락 ★★★★☆
나이트라이프 ★★★★☆

이탈리아 최대 규모의 도시. 정치적 수도가 로마라면 경제와 산업의 수도는 밀라노라고도 할 수 있다. 패션, 자동차, 축구 등 현대 이탈리아를 대표하는 산업과 엔터테인먼트의 중심지. 이탈리아에서 가장 현대적인 느낌이 강한 도시이기도 하다.

이런 분들에게 추천

명품 신상을 노리는 쇼퍼 여행자

버킷 리스트에 〈최후의 만찬〉 관람이 있는 사람

서유럽 여행 중 이탈리아로 넘어오는 여행자

AREA 4 볼로냐 Bologna

관광 ★★★☆☆
쇼핑 ★★★☆☆
식도락 ★★★★☆
나이트라이프 ★★☆☆☆

이탈리아에서 가장 오래된 대학이 있고 도서관과 출판 산업으로도 유명한 지적인 도시. 식품, 자동차 등의 산업 중심지라 주로 출장지였으나 최근에는 관광으로도 주목받고 있다. 특히 '뚱보의 도시'라 불릴 정도로 맛있는 음식이 많다.

이런 분들에게 추천

진짜배기 원조 라구의 맛이 궁금한 미식가

조금 덜 알려진 여행지를 가 보고 싶은 개척자

안전하고 지적인 여행지를 찾는 여행자

북부 NORD

AREA 1 베네치아 Venezia

관광 ★★★★
쇼핑 ★★★★☆
식도락 ★★★☆☆
나이트라이프 ★★★☆☆

석호(潟湖) 지역에 말뚝을 박아 조성한 오래된 인공 섬. 도로와 골목이 있어야 할 자리에 크고 작은 수로가 이어지는 세계 유일의 풍경을 자랑한다. 비현실적으로 느껴질 정도로 아름다운 풍경 때문에 이탈리아 여행 1순위로 꼽힌다. 부라노 등 부속 섬도 인기 만점.

이런 분들에게 추천

아직 베네치아를 안 가본 모든 사람

사랑하는 사람과 떠나는 커플 여행자

뱃멀미, 사람멀미, 불친절 등에 관대한 사람

AREA 3 베로나 Verona

관광 ★★★★☆
쇼핑 ★★★☆☆
식도락 ★★★★☆
나이트라이프 ★★☆☆☆

셰익스피어의 명작 〈로미오와 줄리엣〉의 배경이 된 도시로, 북부 이탈리아에서 중세 모습을 가장 잘 간직하고 있다. 고대 로마 시대에 지어진 원형 경기장 유적에서 여름마다 열리는 오페라 페스티벌로도 유명하다.

이런 분들에게 추천

예쁜 중세 도시 풍경을 보고 싶은 사람

못다 전한 사랑을 줄리엣에게 하소연하고 싶은 사람

특별한 오페라를 보고 싶은 한여름 여행자

AREA 5 토리노 Torino

관광 ★★★☆☆
쇼핑 ★★★★☆
식도락 ★★★★☆
나이트라이프 ★★☆☆☆

이탈리아를 통일한 사보이아 왕가의 본거지였던 도시. 이탈리아 북부 최고의 산업 도시 중 하나로, 우리에게도 유명한 수많은 이탈리아 브랜드가 이곳에서 탄생했다. 피에몬테 와인과 아페리티보 문화의 중심지이다. 명문 축구 클럽 유벤투스의 고장이기도 하다.

이런 분들에게 추천

유럽 및 이탈리아 역사에 관심 많은 사람

유벤투스 홈구장에서 직관하고 싶은 축구 팬

바롤로 등 피에몬테 와인을 사랑하는 사람

중부 CENTRALE

AREA 1 피렌체 Firenze

관광 ★★★★★
쇼핑 ★★★★★
식도락 ★★★★★
나이트라이프 ★★★☆☆

르네상스의 발상지로, 메디치 가문의 후원 아래 미켈란젤로·레오나르도 다빈치·라파엘로 등 시대를 빛낸 천재 예술가들이 활약했다. 중세 느낌과 현대적 세련미가 잘 어우러진 도심 풍경도 일품. 최근 로마와 베네치아의 인기를 바짝 추격 중이다.

이런 분들에게 추천

인생 사진을 찍어 보고 싶은 커플 여행자

르네상스의 천재들이 남겨 놓은 작품을 보고 싶은 예술 애호가

아웃렛 쇼핑의 진수를 맛보고 싶은 명품 쇼퍼

AREA 2 시에나 Siena

관광 ★★★★★
쇼핑 ★★★☆☆
식도락 ★★★☆☆
나이트라이프 ★★★☆☆

이탈리아에서 중세 도시 국가의 형태를 완벽하게 보존하고 있는 도시. 피렌체의 근교 여행지로 가장 인기 있는 곳 중 하나이다. 토스카나 평야 지대의 한복판에 자리하고 있어 토스카나 드라이브 여행의 전진기지 또는 중간 기착지로도 애용된다.

이런 분들에게 추천

중세 도시의 맛을 제대로 느껴보고 싶은 역사 마니아

토스카나 드라이브 중 여행지를 찾는 렌터카 여행자

피렌체에서 당일치기로 다녀올 근교 여행지를 찾는 사람

AREA 3 아시시 Assisi

관광 ★★★★☆
쇼핑 ★☆☆☆☆
식도락 ★★★☆☆
나이트라이프 ★☆☆☆☆

가톨릭의 대표적인 성인인 프란체스코 성자가 태어난 마을로, 가톨릭 여행자들이 사랑하는 성지 순례 코스로 꼽힌다. 포근한 분위기의 평원에 둘러싸인 새하얀 마을로, 시골 정취가 물씬 풍기는 고즈넉한 분위기가 일품.

이런 분들에게 추천

프란체스코 성인의 삶이 궁금한 가톨릭 성도

피렌체와 로마 사이에서 갈 만한 곳을 찾는 사람

조용하고 예쁜 시골 동네 취향의 여행자

AREA 4 오르비에토 Orvieto

관광 ★★★★☆
쇼핑 ★★☆☆☆
식도락 ★★★☆☆
나이트라이프 ★☆☆☆☆

응회암 절벽 꼭대기에 자리한 중세 마을로, 붉은빛 골목과 집들이 로맨틱한 분위기를 자아내는 곳이다. 아주 작은 마을이지만 이탈리아 중세 건축사에서 가장 중요한 건축물 중 하나인 두오모를 보유하고 있다.

이런 분들에게 추천

로맨틱한 분위기의 작은 마을을 찾는 커플 여행자

로마에서 당일치기로 갈 만한 여행지를 찾는 사람

건축과 역사를 사랑하는 지적인 여행자

AREA 5 친퀘 테레 Cinque Terre

관광 ★★★★★
쇼핑 ★★☆☆☆
식도락 ★★★★☆
나이트라이프 ★☆☆☆☆

서부 해안 절벽 지대에 자리한 5개의 마을로, 해안선을 따라 컬러풀한 마을 5개가 줄지어 늘어서 있다. 눈부신 지중해와 예쁜 시골 마을이 어우러진 풍경으로 가장 인기 있는 여름 여행지 중 하나로 손꼽힌다.

이런 분들에게 추천

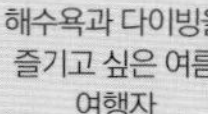
해수욕과 다이빙을 즐기고 싶은 여름 여행자

하이킹과 트레킹을 즐기는 활동적인 여행자

다채로운 바닷가 마을의 풍경을 담고 싶은 사진 여행자

남부 SUD

AREA 1 나폴리 Napoli

관광 ★★★★☆
쇼핑 ★★★☆☆
식도락 ★★★★★
나이트라이프 ★★☆☆☆

남부 이탈리아의 중심 도시이자 이탈리아 제1의 항구 도시. 피자의 원조 도시로도 유명하다. 나폴리 왕국의 수도로 쌓아온 여러 문화유산과 아름다운 경관 때문에 세계 3대 미항이라는 별명도 얻었으나 경제 몰락 이후 치안이 불안해져 위험한 도시라는 불명예를 얻었다.

이런 분들에게 추천

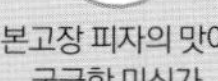
본고장 피자의 맛이 궁금한 미식가

이탈리아 여행 2회차 이상의 고수 여행자

고고학 및 역사학 마니아

AREA 2 아말피 코스트 Amalfi Coast

관광 ★★★★★
쇼핑 ★★★☆☆
식도락 ★★★☆☆
나이트라이프 ★★☆☆☆

이탈리아 남서부에 자리한 해안으로, 유서 깊은 예쁜 마을들이 해안선을 따라 점점이 박혀 있다. 깎아지른 듯한 절벽 위에 놓인 아스라한 도로가 명물 중의 명물로, 수많은 매체에서 '세계에서 가장 아름다운 드라이브 코스'로 선정했다.

이런 분들에게 추천

TV에서 본 포지타노의 풍경을 잊지 못하는 사람

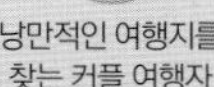
낭만적인 여행지를 찾는 커플 여행자

난도 높은 코스를 달리고 싶은 베스트 드라이버

AREA 3 폼페이 유적 Pompei Scavi

관광 ★★★★☆
쇼핑 ★☆☆☆☆
식도락 ★☆☆☆☆
나이트라이프 ★☆☆☆☆

서기 79년 베수비오 화산의 분화로 한순간에 몰락한 휴양 도시 폼페이의 유적. 현존하는 고대 로마 시대의 도시 유적 중 보존 상태가 가장 완벽한 곳으로 꼽힌다. 고대 로마의 높은 기술력과 생활 수준에 놀라게 되는 곳.

이런 분들에게 추천

역사학 & 고고학 마니아

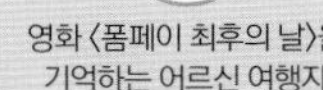
영화 〈폼페이 최후의 날〉을 기억하는 어르신 여행자

유적 특유의 분위기를 좋아하는 사진 여행자

AREA 4 카프리 Capri

관광 ★★★★☆
쇼핑 ★★★☆☆
식도락 ★★★☆☆
나이트라이프 ★★☆☆☆

나폴리만에 자리한 섬으로, 온화한 기후와 아름다운 자연환경 덕분에 고대 로마 시대부터 황제를 비롯한 부유층과 권력층의 별장지로 애용되었다. 바닷물이 신비로운 푸른빛으로 빛나는 해식 동굴 '푸른 동굴'로 유명하다.

이런 분들에게 추천

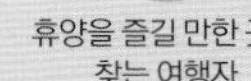
휴양을 즐길 만한 곳을 찾는 여행자

죽기 전에 '푸른 동굴'은 한 번쯤 보고 싶은 사람

해외 토픽에서 본 체어 리프트가 궁금했던 사람

CALENDAR

무작정 따라하기 이탈리아 언제 가면 좋을까?

Jan Feb Mar Apr May Jun

1~2월
한겨울

이탈리아에서 가장 추운 시기지만 영하로 떨어지지는 않는다. 경량 패딩이나 가죽 재킷, 오버코트 등이 적당하다. 목도리와 장갑은 꼭 챙기는 것이 좋다. 서머 타임을 실시하지 않는 기간이라 해가 매우 짧아 저녁 5시 전후면 해가 진다. 강수량은 평균 정도. 작은 마을이나 바닷가의 식당 및 관광 시설 중에는 문을 열지 않는 곳도 종종 있다. 단, 관광객이 적어 줄을 서거나 인기 레스토랑에 자리 잡는 것에는 어느 정도 유리하다. 대부분 집의 벽이 얇고 난방을 라디에이터로 하기 때문에 바깥보다 안이 더 추운 기적을 맛볼 수 있다.

3~4월
봄바람 휘날리며

이탈리아에 봄이 찾아온다. 기온이 올라가고 나무에 새싹이 트기 시작한다. 전형적인 봄 차림에 얇은 가죽 재킷, 아주 얇은 경량 패딩, 데님 재킷, 카디건 등의 겉옷을 준비하는 것이 좋다. 같은 봄이라도 아직 윈터 타임인 3월보다는 서머 타임이 개시되어 낮 시간이 늘어나는 4월이 훨씬 여행하기 좋다. 이 시기에 이탈리아에서 가장 큰 명절 중 하나인 부활절이 들어 있는데, 부활절 당일과 다음날인 이스터 먼데이에는 식당이나 명소, 교통수단 등이 휴업하는 경우가 종종 있다. 해는 오후 7~8시경에 진다.

5~6월
최고의 시즌

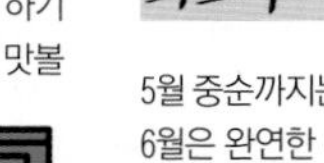

5월 중순까지는 봄기운이 강하다가 5월 20일경 이후부터는 초여름에 준하는 더위가 찾아온다. 6월은 완연한 여름으로 봐도 무방하다. 여름 옷차림에, 저녁 일교차를 대비해 카디건, 얇은 재킷, 셔츠 등을 준비하면 충분하다. 남부 지방에서는 해수욕이 가능해진다. 강수량이 확 줄어 거의 매일 맑은 날이 이어지고, 개양귀비, 투스카니 재스민, 해바라기, 장미 등이 피어나 매우 아름다운 풍경이 펼쳐진다. 여러모로 여행하기 가장 좋은 시기라 어딜 가나 사람이 매우 많다. 해는 저녁 8시 30분 전후에 진다.

Writer's Note 신발은 무조건 밑창 두꺼운 것으로!

어느 계절이든 관광할 때 주력으로 신는 신발은 반드시 밑창이 두꺼운 것으로 준비하세요. 이탈리아에는 흔히 말하는 '돌바닥', 즉 자연석 보도가 많아 밑창이 얇으면 바닥의 울퉁불퉁함이 온몸에 타격감을 선사하니까요.

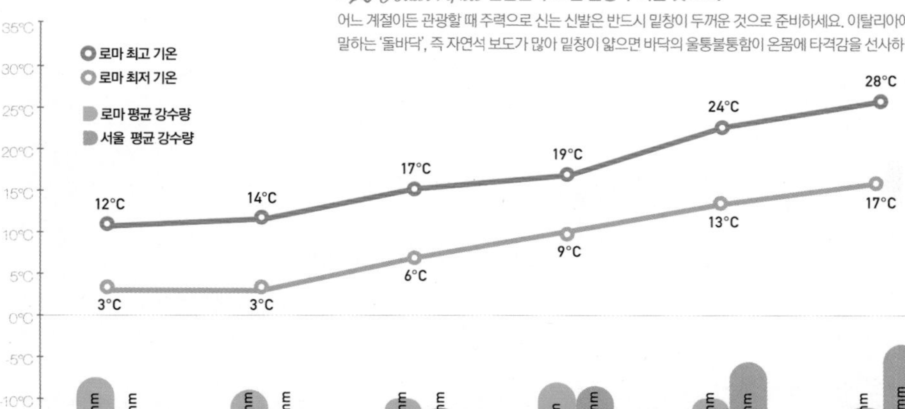

이탈리아는 예로부터 기후가 온화하고 강수량이 적어 사철 맑고 화창한 날씨를 자랑했다. 다만 최근에는 지구 온난화의 영향으로 기온이 올라가 비가 예전보다 다소 잦아졌고, 여름철에는 견디기 힘들 정도의 폭염이 종종 일어난다. 또, 국토가 남북으로 길어 남북의 기후 차가 적지 않다. 한국보다는 기온이 다소 높은 수준인데, 쉽게 말하자면 이탈리아 북부는 서울을 비롯한 한국 중부와, 중부는 부산을 비롯한 한국 남부와, 남부는 제주도와 비슷하거나 다소 높다고 보면 된다.

Jul | Aug | Sep | Oct | Nov | Dec

7~8월

더위의 향연

평균 최고 기온은 31~32도 안팎이지만 실제로는 35도를 넘나드는 더위가 전국적으로 기승을 부린다. 특히 분지 지형인 피렌체 일대가 가장 덥다. 햇빛은 매우 뜨겁지만 습도는 낮은 오븐 타입의 더위가 전국적으로 펼쳐진다. 그늘이나 건물 안으로 들어가면 시원한 편. 민소매와 짧은 하의가 가장 적합하나 성당 · 고급 레스토랑 · 오페라 공연 등에 갈 때는 소매가 있고 무릎을 가리는 차림을 해야 한다. 낮 시간이 엄청나게 늘어나 밤 9시가 훌쩍 넘어도 해가 지지 않는다.

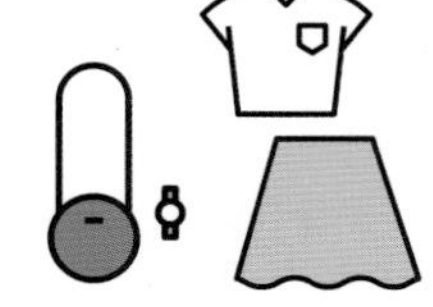

9~10월

아직은 반팔

이탈리아의 가을은 그렇게 강하게 체감되지 않는다. 9월 말까지 늦여름처럼 덥다가 기온이 서서히 내려가는 정도. 9월에는 반소매 중심에 저녁 시간대의 추위에 대비한 가벼운 상의나 외투를 준비하고, 10월에는 전형적인 가을 옷차림에 반소매를 섞어서 준비하면 된다. 10월 중순 이후까지 남부에서는 해수욕이 가능하다. 생각보다 관광객이 많은 편인데, 여름에 휴가를 가지 못했던 유럽인들이 이때 이탈리아로 대거 휴가를 떠나기 때문이라고 한다. 해는 저녁 7~8시에 진다.

11~12월

메리 크리스마스...?

서머 타임이 해제되고 동지가 가까워지면서 해가 매우 짧아진다. 오후 4시가 되면 이미 어둑어둑하고 5시가 조금 지나면 해가 진다. 우기가 시작되어 전국적으로 강수량이 늘어나는데, 알프스에 가까운 북부 일부만 조금 눈이 올 뿐 거의 비만 내린다. 베네치아는 아쿠아 알타 시즌이 시작되어 산 마르코 광장이 물에 잠기기도 한다. 여러모로 날씨는 최악이지만 거리가 크리스마스 분위기로 물들어 제법 낭만적이다. 기온이 영하로 떨어지진 않으므로 옷은 늦가을 옷에 조금 도톰한 외투 정도로 준비하면 충분하다.

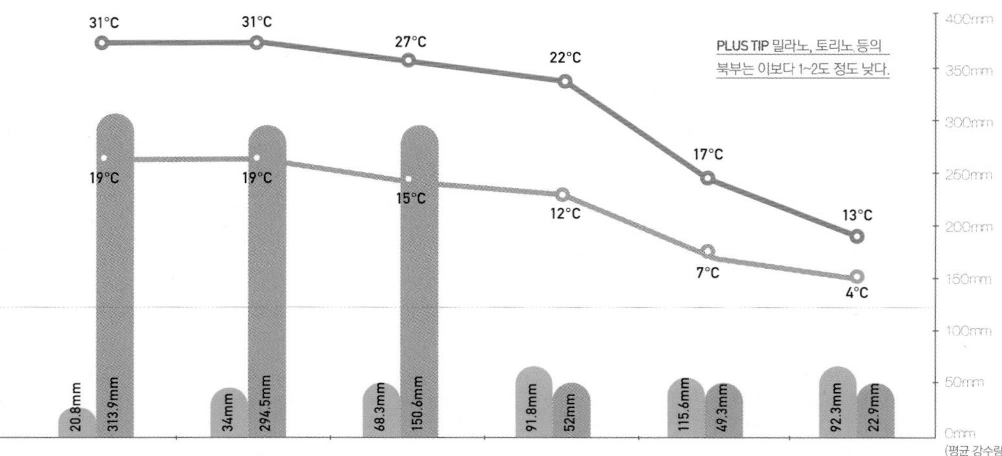

PEOPLE & CULTURE

이탈리아 사람과 문화 이야기

우리는 이탈리아를 여행하기 전부터 이탈리아에 대한 수많은 이야기를 듣고 보게 된다. 그 가운데에는 좋은 얘기도, 나쁜 얘기도, 믿기 힘든 얘기도, 알쏭달쏭한 얘기도 있다. 이 중에서 우리가 이탈리아를 여행할 때 거의 반드시 마주치게 되는 이탈리아인들의 성정, 그에 대한 진실과 오해를 알아보자.

Q1. 이탈리아는 정말 거지도 미남일까?

A1. ······Yes!!

이탈리아에 대한 가장 흔한 소문 중 하나로, 그만큼 이탈리아 남자들이 잘생겼다는 뜻이다. 그리고 이것은 거의 진실에 가까운 얘기다. 이탈리아의 젊은 남성 중에는 이목구비가 뚜렷하고 키가 크며 비율과 스타일이 좋은 사람이 꽤 많은 편이다. 한편으로는 '이탈리아의 아저씨들은 다 슈퍼 마리오다'라는 소문도 있는데, 이 또한 어느 정도는 사실이다.

잘 알려지지는 않았지만, 이탈리아의 여성들도 상당히 아름답다. 남녀 모두 전반적으로 몸차림에 관심이 많아 맵시 있게 꾸민 사람들을 쉽게 만난다. 그런 것에 비해 취향은 의외로 실용적으로, 세계 굴지의 패션 강국이지만 명품 브랜드를 소지한 사람은 생각보다 많지 않다. 자동차도 마찬가지로, 세계 최고급 슈퍼카를 생산하는 나라지만 길에는 주로 경차가 많이 다닌다.

Q2. 이탈리아에는 소매치기가 많다는데···?

A2. Yes! Yes! Yes!!

부정할 수 없는 사실이다. 그중에서도 로마가 가장 악랄하고, 베네치아의 산 마르코 광장과 밀라노 두오모 및 지하철에서도 소매치기 소식이 종종 들린다. 피렌체는 안전한 곳으로 알려졌으나 최근 소매치기 조직의 마수가 피렌체까지 뻗쳤다는 안타까운 소문이 들려온다.

왜 그런 걸까? 이탈리아 사람들이 못돼먹어서? 그것은 아니다. 사실 유럽의 모든 유명 관광 도시에는 몰려드는 관광객 숫자만큼의 소매치기가 존재한다. 파리, 바르셀로나는 로마와 어깨를 나란히 하고, 런던도 출퇴근 시간의 지하철에서는 당하는 사람이 적지 않다. 이탈리아는 유럽 최고의 관광지가 몰린 나라인 만큼 소매치기도 많은 것이다. 이탈리아 정부도 이 사실을 알고 있어 최근 몇 년 사이 주요 관광지에 군경을 대거 배치했지만, 소매치기도 그만큼 진화했다. 과거에는 집시와 청소년이 소매치기꾼의 대부분이었지만 이제는 누가 꾼인지 알 수 없을 정도로 다양해졌다. 방법은 하나! 내가 대비를 철저히 하는 수밖에 없다. 덧붙여 나폴리는 소매치기에 날치기까지 들끓는 것으로 유명했으나 최근 치안을 크게 강화하며 예전보다는 훨씬 나아졌다. 다만, 아직 경계를 풀기는 이르다.

Q3. 이탈리아 사람들이 불친절하다던데···?

A3. ······Yes!!

어느 정도는 사실이다. 어느 나라나 그렇듯 사실은 친절하고 착한 사람들이 대부분이지만, 적지 않은 여행자들이 이탈리아의 식당, 숙소, 상점 등에서 불쾌한 경험을 하고 온다. 오버 부킹을 해놓고 배 째라는 식으로 나온다거나, 오는 길을 잘못 알려주고도 어쨌든 왔으면 됐다는 태도를 보인다거나, 주문을 제대로 안 받거나 계산서를 늦게 가져다 준다거나, 자기들끼리 손님 흉을 보는 등의 다종다양한 케이스가 있다. 이런 일을 당하면 당연히 기분 좋을 리가 없고, 이 중에서는 인종차별을 당했다고 울분을 토하는 사람도 있다. 왜 그런 걸까?

이탈리아에서 오래 살았던 사람들은 가장 먼저 가치관의 차이를 꼽는다. 이탈리아 사람들은 사생활을 일보다 중시하는 경향이 강하고, 서비스업 등 숙련도를 크게 필요로 하지 않는 직종에서는 일의 완성도를 그다지 중요시하지는 않는다는 것이다. 그러다 보니 되면 되는 것이고 안되면 어쩔 수 없는 것이라는 태도를 보이는 사람이 적지 않다는 것. 손님을 위해서라면 안되는 것도 되게 하는 게 원칙인 한국 사람들에게는 이탈리아인들의 이런 사고방식이 속 터질 수밖에 없다.

또한 이탈리아에 어마어마한 관광객이 몰리며 사람들이 관광객 멀미에 시달리는 중이라고 한다. 물론 개인의 성품 차이도 무시할 수 없는 요인이다. 한국 사람들이 인종차별이라고 분노하는 가게들은 사실 전 세계인들이 모두 비슷한 불만을 터뜨리는 곳이라고 봐도 무방하다. 그러나 한 가지는 확실하다. 겉으로는 무뚝뚝하고 '싸가지 없어' 보일지라도 친해지면 이탈리아 사람들만큼 화끈하고 재미있는 친구들도 드물다는 것.

HIGHLIGHT

이탈리아 여행 타입별 맞춤 컨설팅

#친구랑 #일주일휴가 #어머여긴가야돼 #인생사진 #여행스타그램 #하루3만보 #1일1젤라토 #괜찮다안죽는다

TYPE 1
오, 나의 첫 이탈리아!
첫 번째 이탈리아 여행자

1 꼭 가야 하는 절대 도시, 딱 세 곳만 꼽으면?

1 이탈리아의 2,000년 수도, 로마 p.256
2 세상에 단 하나뿐인 풍경, 베네치아 p.338
3 르네상스가 피워낸 찬란한 꽃, 피렌체 p.460

2 안 가면 후회할 근교 여행지는?

1 색채의 향연, 베네치아 부라노섬 p.376
2 어라, 진짜 기울어졌다! 피사의 사탑 p.044
3 여기서 비행깃값을 뽑아보자, 더 몰 럭셔리 아웃렛 p.196

3 이탈리아라면 여기! 꼭 가야 할 명소

1 시스티나 예배당 천장 벽화를 보자, 바티칸 박물관 p.317
2 영화 〈글래디에이터〉의 바로 그곳, 콜로세움 p.036
3 르네상스 명작 여기 다 모였다, 우피치 미술관 p.492

4 이 중 하나는 꼭 올라갈 것! 대표 전망대

1 천국의 열쇠를 만난다, 산 피에트로 대성당 쿠폴라 전망대 p.329
2 피렌체 두오모가 보이는 전망대, 조토의 종탑 전망대 p.475
3 꽃의 피렌체를 한눈에 담자, 미켈란젤로 언덕 p.498

5 이것만은 꼭 먹고 오자!

1 로마가 만들고 세계가 사랑하는 파스타, 카르보나라 p.141
2 육식주의자의 꿈과 희망, 비스테카 알라 피오렌티나 p.148
3 달콤하고 차가운 유혹, 젤라토 p.178

TYPE 2

내 꿈은 때깔 좋은 귀신! 먹으려고 떠나는 미식 여행자

#먹스타그램 #1일5식 #피자파스타땡큐
#고탄고지 #본토의맛
#메노살레 #센짜살레
#보나페티토

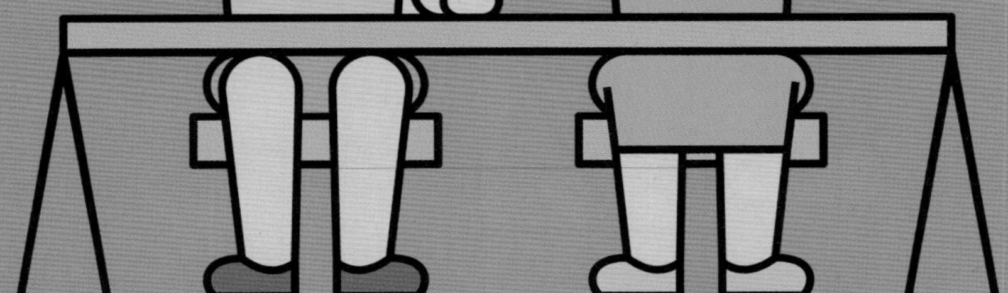

1 남들은 안 가도 미식 여행자는 꼭 가야 할 동네는?

1. 뚱보의 도시 & 라구의 원조, 볼로냐 p.432
2. 잇탈리와 아페리티보의 원조, 토리노 p.444
3. 이곳을 가 보지 않고 피자를 논하지 말라, 나폴리 p.578

2 한국에선 먹기 힘든 본토 요리! 꼭 먹어 줘야 할 것은?

1. 카르보나라의 조상님(?), 그리차 p.141
2. 세상에나, 피자를 튀겼어!!! 피차 프리타 p.128
3. 잘 삶은 도가니에 샛노란 리조토, 오소부코 밀라네제 p.150

3 미식가라면 꼭 해볼 만한 맛 체험은?

1. 이탈리아 와인 시음 즐기기, 와이너리 방문 p.164, 528
2. 스프리츠 한잔과 함께 맛보는 아페리티보 뷔페 p.456
3. 시장이 반찬이고 미식이다, 이탈리아 시장 체험 p.212

4 식료품 쇼핑, 어디서 할까?

1. 이탈리아 식료품의 화려한 향연, 잇탈리 밀라노 스메랄도 p.210
2. 한 단계 높은 슈퍼마켓, 코나드 사포리 에 딘토리 p.211
3. 현지인 놀이 겸 쇼핑을 즐긴다, 캄포 데 피오리 p.212

5 젤라테리아, 딱 세 곳만 간다면?

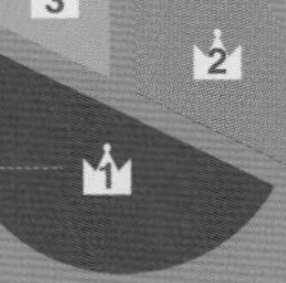

1. 이 세상 피스타치오가 아니다, 베네치아 젤라테리아 니코 p.187
2. 요즘은 여기가 대세, 로마 프리지다리움 p.184
3. 과일 맛은 이탈리아 최고, 로마 졸리티 p.183

TYPE 3
당신과 함께라면 그곳이 천국
달콤함의 극치, 커플 여행자

#신혼여행 #커플여행 #오빠랑 #애기랑 #자기랑 #럽스타그램 #사랑해 #따아모 #커플샷 #평생잊을수없는여행 #당신은세상이내게준선물

1 스냅 투어 포토그래퍼가 추천하는 커플 사진 최고의 명소는?

1. 영화 〈냉정과 열정 사이〉의 그곳, 피렌체 산티시마 안눈치아타 광장 p.115
2. 베키오 다리 배경으로 커플 사진을 찍자, 피렌체 산타 트리니타 다리 p.495
3. 새벽 시간대를 노리자! 베네치아 산 마르코 광장 p.050

2 오래 간직할 로맨틱한 추억, 이렇게 만든다!

1. 사랑하는 사람과 함께 피렌체 두오모 쿠폴라 전망대 p.474
2. 해 지는 베네치아 대운하에서 타는 곤돌라 p.046
3. 라이브 음악과 야경, 그리고 무제한 와인, 트램재즈 p.281

3 커플을 위한 최고의 레스토랑

1. 창밖으로 포지타노 바다가 펼쳐진다, 라 스폰다 p.161
2. 산 지미냐노의 호젓한 안마당에서 즐기는 파인 다이닝, 쿰 퀴부스 p.162
3. 소렌토 뒷골목의 꽃 핀 앞마당, 란티카 트라토리아 p.163

4 우리 둘만 있고 싶은 조용하고 예쁜 마을

1. 카프리 섬의 작고 사랑스러운 마을, 아나카프리 p.654
2. 지중해가 가장 예쁘게 보이는 곳, 라벨로 p.624
3. 코모 호수에 찍힌 가장 예쁜 쉼표, 벨라조 p.415

5 함께 달리고 싶은 드라이브 명소

1. 베스트 드라이버에게 권한다, 아말피 코스트 SS163 p.602
2. 푸른 들판과 사이프러스, 그리고 당신, 토스카나 평원
3. 알프스는 언제나 옳다, 돌로미티 p.378

TYPE 4
아는 것이 힘이다!
역사 & 예술 중심의 지적인 여행자

#르네상스 #미켈란젤로 #레오나르도다빈치 #보티첼리 #라파엘로 #바로크 #베르니니 #고딕양식 #두오모 #오페라 #고대로마

1 미술 애호가가 꼭 가 봐야 할 미술관

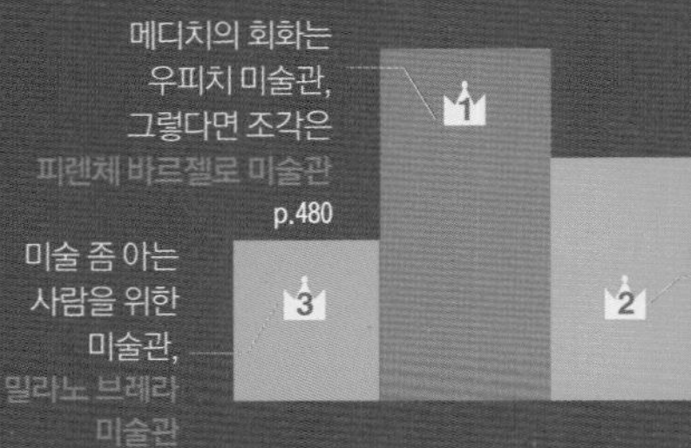

1. 메디치의 회화는 우피치 미술관, 그렇다면 조각은 피렌체 바르젤로 미술관 p.480
2. 베르니니를 비롯한 바로크의 천재들이 가득, 로마 보르게제 미술관 p.302
3. 미술 좀 아는 사람을 위한 미술관, 밀라노 브레라 미술관 p.408

2 지적인 여행자라면 반드시 가 봐야 할 박물관

1. 폼페이의 진품은 모두 여기 있다, 나폴리 국립 고고학 박물관 p.067
2. 미켈란젤로의 유작이 있는 곳, 밀라노 스포르체스코성 p.072
3. 피렌체 두오모의 진품 유물을 보고 싶다면, 피렌체 두오모 박물관 p.476

3 고대 로마 시대의 유적, 여기만은 꼭 가자!

1. 로마의 업타운 & 다운타운, 포로 로마노 & 팔라티노 언덕 p.062
2. 모든 길은 로마로 통한다, 아피아 안티카 도로 p.295
3. 베수비오 화산은 말이 없다, 폼페이 유적 p.066

4 건축과 역사 마니아가 꼭 가 봐야 할 성당

1. 문답 무용 가톨릭 최고의 건축물, 산 피에트로 대성당 & 광장 p.086
2. 시에나 공화국의 못다 이룬 꿈, 시에나 두오모 p.083
3. 이탈리아 고딕 건축의 대표작, 밀라노 두오모 p.082

5 본고장에서 즐기는 오페라, 여기 한번 가 볼까?

1. 로마 시대 원형 경기장에서 펼쳐지는 한여름 밤의 꿈, 베로나 오페라 디 아레나 p.424
2. 황제도 이런 호사는 몰랐을 걸, 카라칼라 욕장 유적 오페라 페스티벌 p.290
3. 세계 최고의 오페라 하우스, 밀라노 스칼라 극장 p.402

TYPE 5
나만의 행복을 찾아 떠납니다!
혼자 떠나는 힐링 여행자

#나홀로여행 #두번째이탈리아 #한달살기 #소도시 #숨는여행 #아무것도안하기 #힐링여행 #골목산책 #예쁜동네 #산과바다

1 길게 머물며 현지인 놀이하기 좋은 동네는?

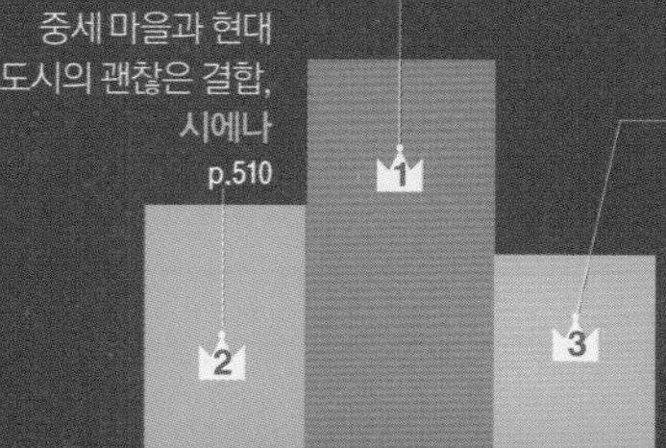

1 관광지 옆에 자리한 오래된 예쁜 동네, 로마 트라스테베레 지구 p.332

2 중세 마을과 현대 도시의 괜찮은 결합, 시에나 p.510

3 피렌체 아르노강 건너의 현지인 동네, 피렌체 산타 트리니타 지구 p.489

2 책 한 권 들고 가서 조용히 머물고 싶은 전망 명소는?

1 저 멀리 아름다운 피렌체가 한눈에, 피에솔레 p.501

2 토리노가 가장 예쁘게 보이는 곳, 카푸치니 언덕 p.454

3 로마가 내 발아래 놓인다, 자니콜로 언덕 p.333

3 평야와 마을, 고즈넉한 골목을 가진 곳은?

1 골목마다 장미가 피는 성자의 마을, 아시시 p.530

2 성벽으로 둘러싸인 탑의 마을, 산 지미냐노 p.502

3 와인향 가득한 동네, 몬테풀차노 p.528

4 혼자서도 행복한 낙조의 마을들

1 관광객이 모두 빠져나간 뒤의 호젓함, 포지타노 p.617

2 친퀘 테레의 낙조 명소를 아시나요, 베르나차 p.568

3 하얗고 고즈넉한 그 골목의 즐거움, 아나카프리 p.654

5 인생은 어차피 혼자, 근사한 나 홀로 체험

1 공포와 환상의 1인용 케이블카, 카프리 체어리프트 p.657

2 수백 년 된 바에서 즐기는 혼술 체험, 베네치아 바카로 p.361

3 공연은 역시 혼공이 진리! 오페라 감상 p.372

ITALIA

News Letter

2024 - 2025

이탈리아의 HOT한 여행 NEWS

아무리 수천 년 또는 수백 년 전에 멈춰서 있는 모습이라 해도, 그곳이 지구상에 존재하는 이상 시간의 지배를 받는 것은 당연한 이치다. 유럽의 역사가 박제되어 있는 거대한 박물관 같은 이탈리아도 이런 이치에서 결코 예외가 아니다. 최근 이탈리아를 거쳐간 수많은 변화들 사이에서 곧 이탈리아를 방문할 여행자들이 꼭 알아야 할 정보를 소개한다.

1 | 베네치아는 정녕 어디로 가는가

베네치아 입도세 시험적 신설!

이탈리아의 대표적인 관광도시 베네치아에서 2024년 여름 성수기에 한정적-시범적으로 입도세를 받는다. 모든 여행자에게 다 받는 것은 아니고, 지정된 날짜에 숙박 예약 없이 당일치기로만 여행하는 만 14세 이상의 사람들만 입도세의 대상이 된 것. 해마다 늘어나는 관광객으로 몸살을 앓는 베네치아의 자연과 주민을 위한 보호 정책이라는 것이 당국의 설명인데, 충분히 납득이 가는 이유임에도 불구하고 세계적인 시선은 그다지 곱지만은 않다. 현재 상황으로는 2024년 성수기에만 실험적으로 시행해 본 뒤 정식 채택 여부를 결정한다고 하는데, 아직까지는 결정된 것이 없다. 모르긴 몰라도 전세계의 많은 예비 여행자들은 베네치아의 실험이 그저 실험으로 끝나기를 바라고 있을 것이다.

베네치아 입도세 정보

대상 : 만 14세 이상의 당일치기 관광객
날짜 : 2024년 4월 25~30일, 5월 1~5일 및 매주 토 · 일요일, 6월 매주 토 · 일요일, 7월 첫째주, 둘째주 토 · 일요일
시간 : 08:30~16:00 **가격** : €5 **납부 방법** : 온라인 납부

Plus Tip

베네치아에 숙박을 예약한 경우에는 입도세 대상에서 제외된다. 이 경우에는 '면제 요청서(Exemptions)'를 작성해서 입도 시 보여줘야 한다.

2 | 위대한 로마 건축물의 중대한 결단

판테온, 유료 입장으로 전환하다

로마 시대의 대표적인 건축물로서 지금은 이탈리아의 수많은 위인들이 잠들어있는 국립묘지 역할을 수행하고 있는 판테온. 이곳은 역사적인 중요도와 관광지로서의 인기가 상당한 곳임에도 불구하고 오랫동안 무료입장을 유지하고 있었는데, 2023년 그 역사를 마치고 유료(€5) 입장으로 전환하게 되었다. 무료입장의 시절을 기억하는 사람들에게는 다소 아쉬울 수도 있으나 입장료가 아주 고가는 아니라는 것은 그래도 약간 위로가 되는 점이다. 유료화와 더불어 사전 예약제도 실시하고 있는데, 성수기에는 어느 시간대든 예약 없이 방문했다가는 기본 1~2시간 줄을 서야 한다. 더 이상 지나가다 들를 수 있는 여행지가 아니므로 미리 예산과 시간을 잘 계획할 것.

예약 사이트

3 | 로마에서 '아아메'가 필요할 때

스타벅스, 로마 진출!

몇 년 전 까지만 해도 이탈리아인들은 커피에 대한 자부심이 너무 강해 스타벅스가 들어오지 못한다는 것이 정설인 것처럼 여겨졌다. 그러나 2019년, 기어이 밀라노에 스타벅스 1호점이 생기며 이 오랜 '썰'은 진실성을 상실하고 말았다. 물론 이탈리아인들의 커피에 대한 자부심은 진짜기 때문에 다른 나라들처럼 스타벅스가 동네 골목까지 파고들지는 못하고 있으나, 그래도 주요 도시에는 하나 둘씩 지점을 내는 중이다. 2019년 밀라노를 시작으로 2022년에는 피렌체로 가지를 뻗어 나갔고, 2023년에는 드디어 로마에 지점을 냈다. 테르미니 역과 시내 중심가인 몬테치토리오 궁전, 이렇게 두 개의 지점이 문을 열고 있다. 처음 문을 열었을 때는 줄이 수십 미터씩 늘어섰지만 지금은 한가한 편이라고. 밥 없이는 살아도 '아아메' 없이는 살기 힘든 여행자라면 스타벅스 위치부터 파악해 둘 것.

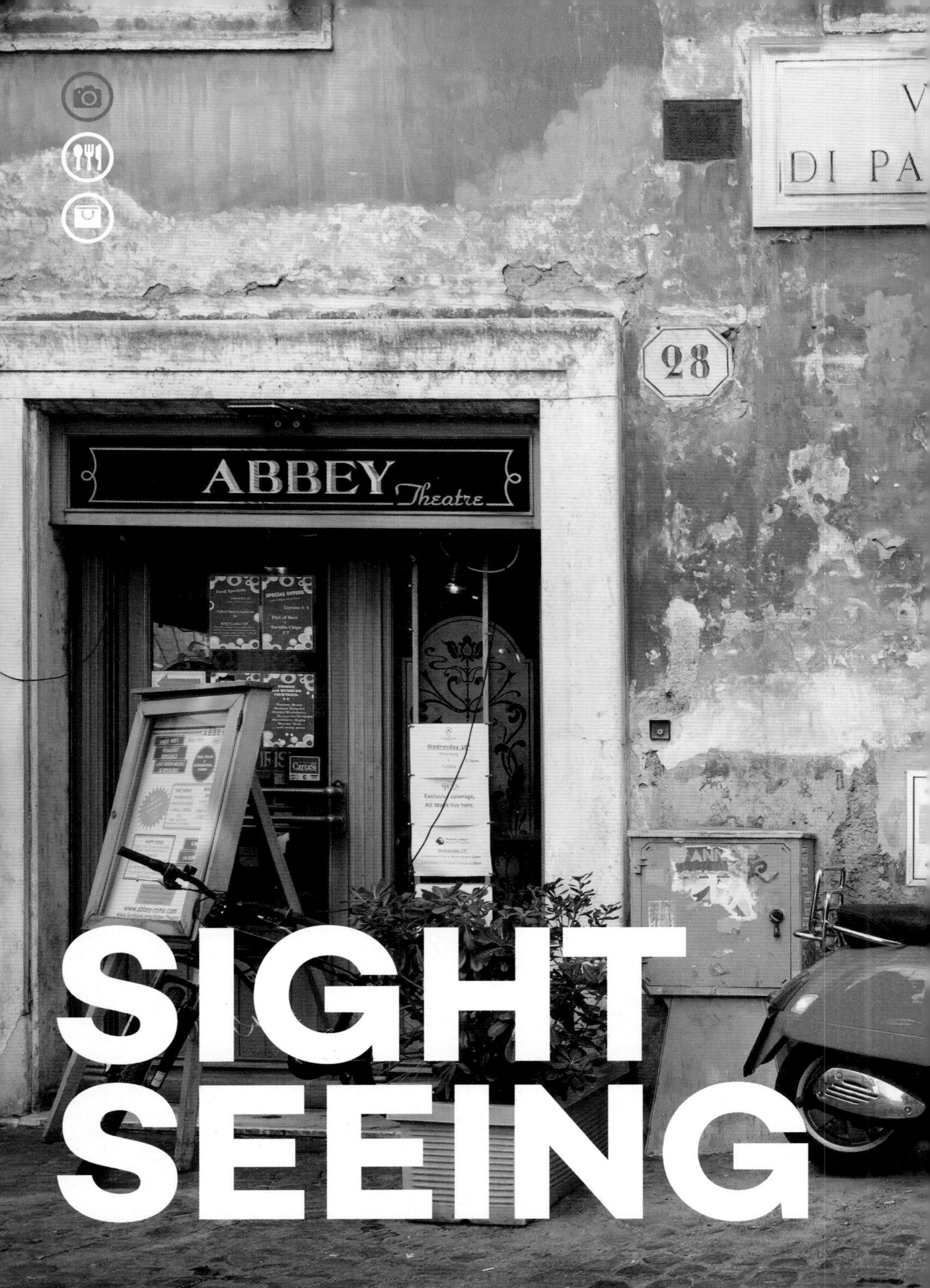

SIGHT SEEING

R.VI
ONE

THEME 01
인기 명소

이탈리아 최고의 인기 명소 BEST 10

사랑과 정열, 예술과 역사의 나라 이탈리아로 떠나는 당신. 가고 싶은 곳도, 하고 싶은 것도 많다. 이탈리아는 볼거리가 정말 많다는 것이 장점인 동시에, 지나치게 많아 커다란 갈등에 휘말리는 게 단점이기도 하다. 그러나 원래 어려운 상황에서는 가장 쉬운 길이 정답이다. 이탈리아 땅을 먼저 밟았던 여행자들이 열광하고 사랑했던 인기 관광지들이 있다. 이 정도만 다 돌아보아도 어디 가서 '나 이탈리아 좀 다녀 봤다'고 당당히 명함을 내밀 수 있다.

밀라노

밀라노 두오모 광장
Piazza del Duomo

피렌체 두오모
Duomo di Firenze

피사의 사탑
Torre pendente di Pisa

바티칸 시국
Stato della Citta del Vaticano

콜로세움
Colosseum

트레비 분수
Fontana di Trevi

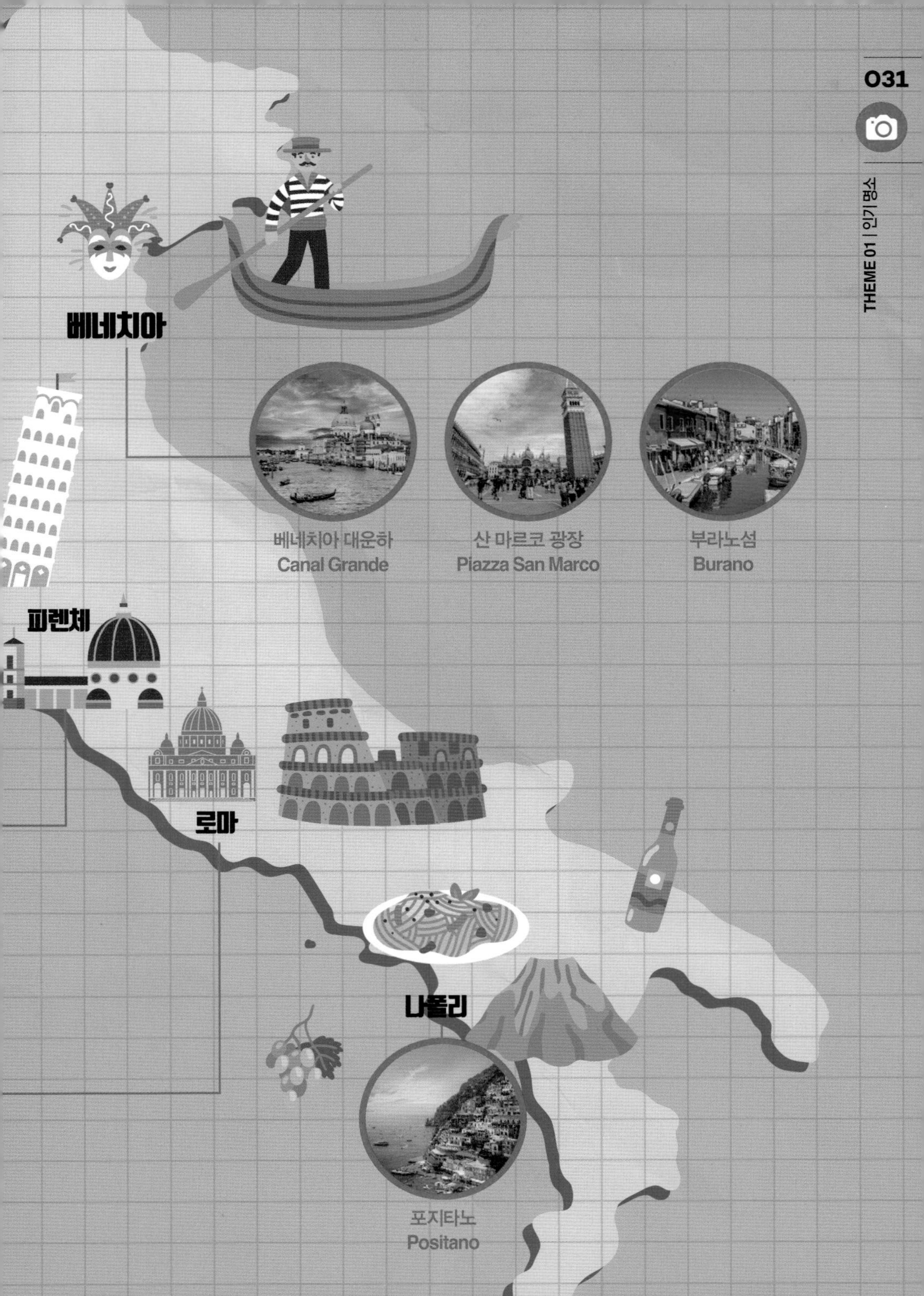
베네치아
베네치아 대운하
Canal Grande
산 마르코 광장
Piazza San Marco
부라노섬
Burano
피렌체
로마
나폴리
포지타노
Positano

BEST 1

작지만 강력한 가톨릭의 중심지

바티칸 시국

Stato della Citta del Vaticano

VOL.2 INFO P.316 MAP P.316

쇼핑	★★★	내부에 숍도 있고 주변에 일반 기념품 가게도 많다.
식도락	★	주변 가장 맛있는 식당이 맥도날드라는 말도 있다.
야경	★★★★★	이탈리아에서 가장 아름다운 야경 포인트 중 한 곳.
복잡함	★★★★★	'인산인해'라는 단어를 현실로 설명하면 바티칸이다.
청결	★★★★	성스러운 곳이라 깔끔하게 잘 관리하는 편.
치안	★★★★	광장에서는 소매치기에 조금 주의하는 편이 좋다.
접근성	★★★★	테르미니 역에서 버스로 한 번에. 지하철 역도 있다.

로마 테르미니 역에서 버스를 타고 약 20분 정도, 또는 테베레강을 따라 북쪽으로 조금 걸으면 이내 바티칸의 입구에 닿는다. 바티칸 시국은 로마 시내에 특별 구역처럼 자리하고 있다. 전체 면적은 경복궁과 비슷한 정도지만, 이곳은 엄연한 독립국이다. 전 세계에서 가장 작은 나라이기도 하다. 하지만 거대 행성이 폭발한 뒤 남은 중성자별처럼, 이 나라는 전 세계에 매우 강력한 중력을 뿜어낸다. 가톨릭 신앙의 중심지이기 때문이다. 가톨릭은 313년 로마의 콘스탄티누스 1세 황제가 정식 종교로 공인한 이래 1700여년간 유럽의 정신세계를 지배하는 원리이자 규칙이었고, 종교 개혁으로 개신교가 출현하기 전까지는 '기독교', '예수교', '교회' 등을 대표하는 단 하나의 이름이었다. 가톨릭의 수장인 교황은 유럽의 가장 강력한 군주들과 어깨를 나란히 하는 권력의 정점이었다. 현대에 이르러서 종교가 더 이상 무소불위의 힘을 발휘하지는 않지만, 가톨릭 인구는 전 세계 인구의 40%에 육박하기 때문에 바티칸은 여전히 무시할 수 없는 존재감을 과시한다.

바티칸 시국의 절반 정도는 교황의 주거지 및 각종 사무 · 주거용 공간이라 일반인에게 공개하지 않는다. 그러나 볼거리가 적을 것이라고 오해할 필요는 없다. 산 피에트로 대성당(Basilica di San Pietro)은 세계에서 가장 큰 성당이고, 산 피에트로 광장(Piazza San Pietro)은 바로크의 거장 베르니니의 작품이다. 바티칸 박물관(Musei Vaticani)은 종일 봐도 시간이 모자랄 정도로 명작과 보물들이 가득하고, 시스티나 예배당(Cappella Sistina)에는 그 유명한 미켈란젤로의 벽화 〈최후의 심판〉이 있다. 제대로 보자면 하루도 모자라고, 대충 핵심만 찍어서 봐도 반나절은 걸린다. 그리고 장담하는데, 그 하루 또는 한나절의 시간 동안 평생에 남을 감동을 받게 될 것이다.

바티칸의 명물 경비병. 주로 출입금지 구역의 경계에서 볼 수 있다.

바티칸 관광의 하이라이트라 할 수 있는 시스티나 예배당. 미켈란젤로가 그린 〈최후의 심판〉벽화와 〈천지창조〉 천장화를 볼 수 있다.

바티칸 박물관의 내부. 역대 교황이 수집한 전 세계의 미술품 및 유물을 소장, 전시 중이다. 연간 600만 명 이상이 찾는다.

바티칸 관광의 또 다른 핵심 산 피에트로 광장.

숫자로 보는 바티칸 시국

440000

바티칸의 면적은 약 440,000㎡.
경복궁 부지보다 아주 조금 더 크다.

1000

바티칸의 인구는
딱 1,000명.
그러나 실제 상주인구는
200명 남짓이라고.

379

바티칸의 국제전화
국가 번호는 379.

1984

바티칸 시국 전체가 유네스코 문화유산에
등재된 것은 1984년.

바티칸 시국에 관한 흥미로운 이야기

1 '바티칸'은 로마 시대부터 내려오는 오래된 지명이다.
서울로 치면 성동구 부근에 '왕십리 시국'이 있는 것.

2 바티칸 시국은 20세기 초에 생겼다.
중세 시대의 교황청은 로마 남쪽에 있는 산 조반니 인 라테라노 대성당(Basilica di San Giovanni in Laterano)과 그 옆의 라테라노 궁전이었고, 아비뇽 유수 이후에는 바티칸을 비롯해 현 대통령 궁전인 퀴리날레 궁전(Palazzo dei Quirinale), 로마의 주요 성당 중 하나인 산타 마리아 마조레 대성당(Basilica di Santa Maria Maggiore) 등 여러 곳에 교황의 거처가 있었다. 바티칸에 교황청이 완전히 이주하고 정치적 간섭을 받지 않은 독립국이 된 것은 20세기 초반의 일이다.

3 바티칸은 엄연한 독립국이다.
외교는 이탈리아와 확실히 분리되어 있고, 공식 언어도 라틴어다. 별도의 우표도 발매한다. 그러나 이러한 상징적인 부분을 제외한 수도 · 전기 · 도로 · 화폐 · 통신 등 실질적인 부분은 모두 이탈리아의 것을 가져다 쓰고 있다. 국제전화 국가 번호도 별도로 있으나 실제로는 그냥 이탈리아 국가 번호인 39를 쓴다.

4 바티칸에는 독특한 제복을 입은 근위병이 있다.
교황청에서는 16세기부터 스위스 용병을 교황 근위대로 고용했는데, 그 전통이 현재까지 내려오는 것. 바티칸 근위대는 선발 조건이 아주 까다로운 것으로도 유명하다. 스위스 시민권자 남성, 나이는 만 18세부터 30세, 독실한 가톨릭 신자, 키 174cm 이상이 기본 조건으로 알려져 있다. 근위병의 제복은 진한 노랑과 파랑, 빨강의 알록달록한 삼색 컬러로 되어 있는데 이것은 르네상스 시대의 군복을 바탕으로 20세기 초에 디자인한 것이다. 항간에는 미켈란젤로가 디자인한 것이라는 소문이 있는데, 사실은 디자이너가 참고한 르네상스 시대의 다양한 자료에 미켈란젤로의 그림 안에 묘사된 군복이 포함돼 있었던 것이라고 한다.

BEST 2

로마의 문답 무용 터줏대감

콜로세움 Colosseum

서울에는 숭례문과 경복궁이, 뉴욕에는 자유의 여신상이, 파리에는 에펠탑이, 베이징에는 천안문 광장이 있다. 어느 도시든 그곳을 대표하는 명소가 있기 마련이다. 로마에도 당연히 있다. 너무 많아서 탈일 것 같지만 의외로 답은 하나로 쉽게 모아진다. 로마의 심장부에서 2,000년 가까이 위풍당당한 모습으로 존재감을 과시 중인 원형 경기장. 그 이름, 콜로세움이다.

콜로세움은 서기 72년 베스파시아누스(Vespasianus) 황제가 만들기 시작하여 그의 아들인 티투스(Titus)가 1차 완공하고, 그 다음 황제인 도미티아누스(Domitianus)가 마무리했다. 서기 248년에 로마 건국 1,000년 기념식이 열리는 등 국가 주요 행사장으로 쓰였고, 그 외에도 연극이나 음악 공연도 간간이 열렸다고는 하나 주목적은 아무래도 검투사 경기였다. 검투사 경기는 로마 제국에서 가장 인기 있는 엔터테인먼트로, 제국 곳곳에 수많은 원형 경기장이 세워졌다. 이탈리아 북부의 베로나, 남부의 폼페이, 프랑스의 아를, 크로아티아의 풀라 등 유럽과 아프리카 일대에는 지금도 수많은 원형 경기장의 유적이 남아 있다. 콜로세움은 그중에서도 단연 돋보이는 곳이다. 로마 제국이 보유하던 최첨단 기술을 모두 집약한 건축물이기 때문이다. 더위를 막기 위한 차양, 지하에서 동물이나 검투사가 올라오게 만든 승강 장치 등이 대표적이다. 출입구가 많고 복도가 넓어 한꺼번에 수만 명이 출입해도 혼선이 적었다.

로마 제국이 멸망하고 2,000년 가까운 세월이 흘렀다. 그 동안 지진과 전란이 여러 차례 콜로세움을 강타했고, 중세와 르네상스 시대에는 '이교도의 건축물'로 많은 수난도 겪었다. 콜로세움은 로마가 겪어온 모든 세월을 몸소 받아낸, 진정한 터줏대감이다.

콜로세움 내부의 모습. 원래는 지상과 지하 2층 구조로 지어졌으나 현재는 바닥이 모두 뜯어져 지하가 고스란히 드러나 있다.

VOL.2 INFO P.286 MAP P.283B

쇼핑	★★	기념품이나 자질구레한 전기제품을 파는 행상이 전부.
식도락	★★★	은근히 주변에 유명 레스토랑이 있다.
야경	★★★★★	불 켜진 밤의 콜로세움은 몇 번을 봐도 가슴이 설렌다.
복잡함	★★★★	예약이나 가이드 투어 신청 없이 찾아가면 지옥의 줄을 맛본다.
청결	★★★	오래된 유적이라 깔끔한 느낌은 없다.
치안	★★★★	콜로세움 앞에서는 소매치기에 주의할 것. 내부는 안전하다.
접근성	★★★★★	지하철에서 내린 뒤 길만 건너면 바로 도착!

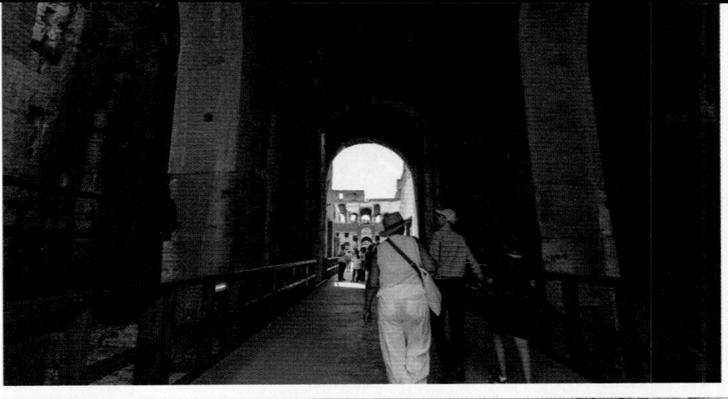
콜로세움에는 입구가 여러 개 있는데, 새 출입구를 만들지 않고 옛 출입구를 보수하여 사용하고 있다. 예약 관람객과 가이드 투어가 각각 다른 출입구를 사용한다. 입구 앞에서는 까다로운 보안 검색을 하고 있어 시간이 오래 걸린다.

외벽의 기둥은 층마다 다른 양식으로 제작되었다. 1층은 도리아식, 2층은 이오니아식, 3층은 코린트식이다.

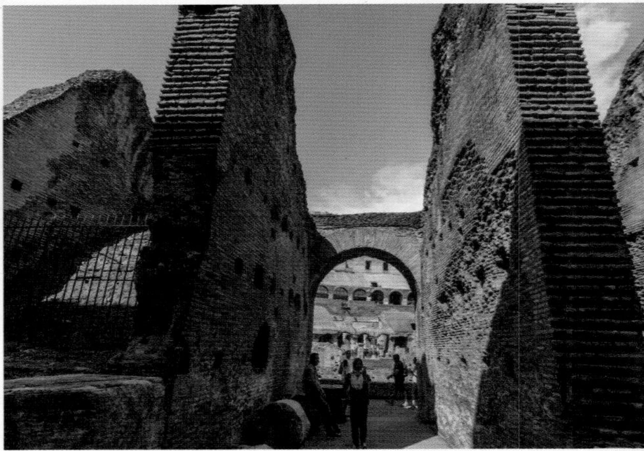
외벽과 골조는 석재로 쌓아올렸고 좌석과 내벽 등 내부의 주요 시설은 벽돌로 지었다.

입장 형태 및 입장권의 종류에 따라 들어가 볼 수 있는 구역이 다르다. 2~3층만 돌아볼 수 있는 티켓, 1층 바닥까지 갈 수 있는 티켓, 4층 꼭대기까지 올라갈 수 있는 티켓이 있다.

콜로세움 바로 바깥쪽에 자리한 콘스탄티누스 개선문. 기독교를 공인한 황제로도 유명한 콘스탄티누스 1세가 전투에서 승리한 것을 기념하기 위해 세웠다.

Writer's Note 로마인은 스머프였을까?

콜로세움의 수용 인원은 5만~5만 5000 정도로 추정된다고 합니다. 저는 로마 첫 여행 당시 이 사실을 가이드북에서 읽고 콜로세움에 입장한 뒤 좀 놀랐습니다. 아무리 봐도 5만 명이나 수용할 수 있는 규모로는 보이지 않았거든요. 그래서 당시 저는 이렇게 결론을 냈습니다. 로마인은 스머프였을 거라고. 숫자만 따져 봐도 그렇습니다. 콜로세움의 두 배 규모인 상암 월드컵 경기장의 최대 수용 인원이 7만 명이 채 되지 않거든요. 도저히 이해가 안 가서 이탈리아 전문가 한 분을 붙들고 여쭤봤습니다. 그 분의 대답은 명쾌했습니다. 대부분 서서 경기를 봤다는 겁니다. 황제나 귀족들이 앉는 좋은 자리는 좌석이었지만 서민들이 보는 자리는 콩나물시루 같은 입석이었다고 합니다.

숫자로 보는 콜로세움

24000

콜로세움의 건축 면적은 24,000㎡. 상암 월드컵 경기장의 절반 정도.

80

출입문의 수가 총 80개였다고 한다.

50000

콜로세움의 수용 인원수는 최대 5만 명이었다고 한다.

콜로세움에 관한 흥미로운 이야기

1 콜로세움을 만든 것은 베스파시우스 황제이다.

콜로세움을 네로 황제가 만든 것으로 알고 있는 사람들이 은근히 많으나, 그것은 잘못 알려진 것. 네로가 자살한 뒤 황제로 등극하여 새 왕조를 창설한 베스파시우스가 만들기 시작했다.

2 원래 콜로세움이 있던 자리는 네로가 지은 궁전 터의 일부였다.

네로는 새 궁전이 짓고 싶어 로마에 불을 질렀다는 소문이 났을 정도로 크고 화려한 궁전을 지었다. 후대의 황제들은 폭군 네로의 흔적을 지우느라 상당히 고생했다고.

3 콜로세움의 원래 이름은 '플라비움 원형 경기장(Amphitheatrum Flavium)'이다.

플라비움은 베스파시우스가 창설한 '플라비아 왕조'에서 유래했다. '콜로세움'은 '거대한 것' 정도로 해석되는 단어로, 주변에 네로의 거대 동상(Colossus)이 있어서 이렇게 이름 붙었다고 한다.

4 현재의 콜로세움은 상당히 많이 훼손된 모습이다.

원래 외벽은 아름다운 대리석으로 덮여 있었다고 한다. 지금처럼 한쪽이 허물어지지고 훼손된 데는 지진, 전란의 영향도 있었지만 결정적인 원인은 르네상스 시대의 건축 붐이었다. 당시 귀족들 사이에서 새 건물의 석재로 로마 유적을 쓰는 게 유행이었는데, 콜로세움은 워낙 존재감 넘치는 건축물이라 산 피에트로 대성당 등 중요 건축물의 석재로 많이 쓰였다고.

5 19세기에 폐허가 된 콜로세움은 거의 버려지다시피 하여 잡초들로 뒤덮였다.

식물의 종류도 어찌나 많았던지 19세기의 식물학자들 중에는 콜로세움에 자생하는 식물만 연구하여 책을 펴낸 사람도 있다고 한다.

BEST 3

나는 로마로 돌아올 거야

트레비 분수

Fontana di Trevi

VOL.2 INFO P.298
MAP P.297F

쇼핑 ★★★★
주변에 기념품 숍이 많다.

식도락 ★★★★
먹을 만한 레스토랑도 많다

야경 ★★★★★
트레비 분수는 해가 진 후에 더욱 아름답다.

복잡함 ★★★★★
연간 100만 명 넘는 사람이 이곳에 들른다.

청결 ★★
100만 명이 아이스크림 한 번씩만 흘려도 순식간에 아비규환.

치안 ★★
소매치기와 성추행이 적지 않게 일어나니 단단히 조심할 것.

접근성 ★★★★
가까운 대중교통편은 없으나 워낙 시내 한복판.

로마에는 분수가 정말 많다. 이탈리아 전역에는 분수 없는 곳이 거의 없지만, 로마에는 유난히 많다. 이것은 로마 시대의 유산이다. 로마 제국은 수로를 만들고 물을 끌어오는 기술에 능했고, 그 덕분에 로마 땅 곳곳에는 먼 곳의 수원지에서 끌어온 맑은 샘물이 곳곳에서 샘솟았다. 이를 후대에 손보아 분수로 만든 것이 지금 우리가 보고 있는 것들이다.

그중에서도 가장 유명한 것이 트레비 분수(Fontana di Trevi)일 것이다. 로마 시대에는 이 자리에 '처녀의 샘(Aqua Virgo)'이라는 수원지에서 끌어온 수도 시설이 있었다. 낡은 급수대였던 트레비 분수 자리도 17세기부터 전면 개조 계획에 들어간다. 1629년에 교황 우르바노 8세가 건축을 명하여 당시 최고의 아티스트였던 베르니니가 설계를 했는데 공사를 시작하기도 전에 우르바노 8세가 죽는 바람에 베르니니가 직접 건축하지는 못했다. 이후 이 설계도를 바탕으로 18세기에 니콜라 살비(Nicola Salvi)가 만들었다.

트레비 분수를 처음 만나는 사람들은 대부분 비슷한 패턴으로 행동한다. 일단, 놀란다. 넓은 광장이 아니라 좁은 골목 안에 있어서, 규모가 생각보다 커서, 사람이 너무 많아서 놀란다. 그리고는 멀리서 사진을 몇 장 찍은 뒤, 인파를 가르며 조심조심 분수 앞으로 다가가 동전을 던진다. 분수를 등지고 서서 오른손에 동전을 쥐고 왼쪽 어깨 너머로 던져 분수 안으로 골인 시키는 것이 기본자세다. 그리고는 잠시 분수 가에 앉아 이 거대하고 우아한 분수의 모습에 넋을 잃는다. 전 세계 그 누가 이곳에 와도 이 모습은 거의 비슷하다.

트레비 분수는 로마 최고의 야경 명소이기도 하다

분수 물 속에 잠긴 수많은 동전들.

뒤의 벽은 다른 건물의 것이다. 트레비 분수는 가운데 해신상과 주변 수반이 전부.

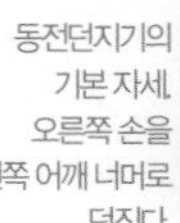

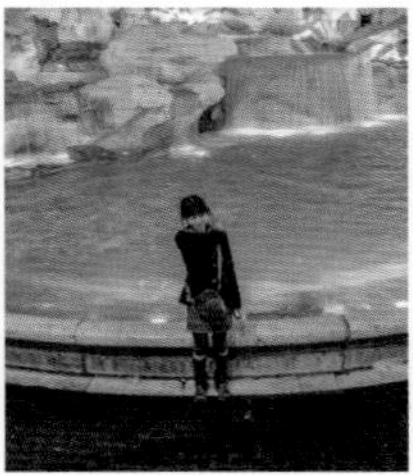

동전던지기의 기본 자세. 오른쪽 손을 왼쪽 어깨 너머로 던진다.

숫자로 보는 트레비 분수

26.3
49.15

트레비 분수는 높이가 26.3m, 너비가 49.15m이다.

1762

트레비 분수가 완공된 해. 니콜라 살비 외에도 수많은 조각가와 건축가가 매달렸다.

3000

트레비 분수 안에는 하루 평균 €3,000 정도의 동전이 쌓인다.

트레비 분수에 관한 흥미로운 이야기

1 트레비 분수의 배경에 보이는 건물은 분수의 일부가 아니다.

가운데 있는 동상과 주변의 수반만 트레비 분수다. 뒤에 보이는 건물은 폴리 궁전(Palazzo Poli)이라는 곳이다.

2 분수를 장식하는 인물은 단 2명이다.

분수 한가운데 우뚝 선 주인공은 대양의 신 오케아누스(Oceanus)이고, 양쪽에서 거친 말을 다루고 있는 것은 해신 트리톤(Triton)이 1인 2역을 하는 것이다. 뒤쪽에 보이는 얌전한 여신은 트레비 분수의 등장인물이 아니라 그냥 폴리 궁전의 장식이다.

3 트레비 분수에는 유명한 전설이 있다.

트레비 분수에서 동전을 1개 던지면 로마로 돌아오고, 2개 던지면 사랑하는 사람과 만나게 된다고 한다. 3개를 던지면 지금 만나는 사람과 헤어지게 된다는 설과 결혼한다는 설, 소원이 이뤄진다는 설이 있다. 그런데 이 전설은 어디서 유래된 걸까? 정확한 답은 없으나, 일설에 의하면 19세기에 로마에 살던 독일인 학자가 지어낸 것으로, 고국에서 지인이 놀러올 때마다 재미로 풀던 '썰'이 현재까지 전해진 것이라고.

4 분수에 쌓인 동전은 어떻게 쓰일까?

2016년 한 해 동안 동전 수입을 조사한 결과 무려 €140만(한화 18억 원 상당)에 달했다. 이전까지는 가톨릭 계열 자선 단체에 전액 기부되었는데, 이 조사를 전후하여 로마시에서 시 재정으로 사용한다는 계획을 발표했다. 자선 단체 측에서는 당연히 반발했다.

5 분수에서 돈을 줍는 것은 불법.

'직접 줍지만 않으면 불법이 아니지 않느냐'며 낚시나 뜰채 등 다양한 방법으로 탈취하려던 시도가 있었지만, 모두 다 잡혀서 벌금을 물었다.

VOL.2 INFO P.474 MAP P.473G

쇼핑 ★★★★
바로 옆에 피렌체 대표 쇼핑 거리가 있다.

식도락 ★★★★
두오모 주변에 유명 맛집이 심심찮게 자리하고 있다.

야경 ★★★
밤에도 예쁘긴 하나 굳이 찾아가 보지는 않아도 된다.

복잡함 ★★★★★
두오모 앞은 언제나 긴 줄이 늘어서 있다.

청결 ★★★★
두오모 안은 상당히 깔끔. 성수기에는 주변이 다소 지저분.

치안 ★★★
두오모 주변에서는 항상 소매치기에 주의할 것.

접근성 ★★★★
시내 중심가 어디에서나 보인다. 걸어가야 하는 것이 흠.

한 남자가 높은 전망대 위에서 피렌체 시내를 바라보며 우두커니 앉아 있다. 그가 기다리는 사람은 한참을 지나도 오지 않는다. 시간이 한참 흐르고 남자가 더 이상 기다림의 의미를 찾지 못하고 자리에서 일어서려는 순간, 저쪽에서 그녀가 보인다. 피렌체 두오모가 연인의 성지로 부상하게 된 영화 〈냉정과 열정 사이(冷静と熱情のあいだ)〉의 한 장면이다. 이 영화를 보고 피렌체 두오모를 동경하기 시작했다면, 아마 그 기대는 제대로 보답받을 것이다. 이 성당은 실물이 훨씬 아름답기 때문이다.

이탈리아에는 수없이 많은 두오모가 있지만 피렌체의 두오모만큼 섬세한 아름다움을 뽐내는 곳은 없다. 정식 명칭은 '꽃의 산타 마리아 대성당(Cattedrale di Santa Maria del Fiore)'인데, '꽃'이라는 수식이 조금도 부족하지 않는 자태를 자랑한다. 피렌체 두오모는 본당 성전을 중심으로 종탑, 박물관, 세례당 등으로 구성되어 있다. 이중 본당 건물은 중세 피렌체의 영혼을 갈아 넣은 건축물이라고 해도 과언이 아니다. 착공부터 무려 120년이 넘게 흐른 1418년 라틴십자 모양을 한 건물의 몸통이 완성되었고, 그로부터 18년이 지난 1436년에 돔 지붕까지 완성되며 비로소 완공된다. 외부 장식은 그 후로도 무려 400년 가까이 흐른 1887년에 마무리된다. 가까이 볼수록 더 깊은 탄성을 자아내는 벽면의 타일과 조각들, 현대의 기술로도 만들기 힘들다는 완벽한 돔 지붕. 그리고 그 위에 올라서서 보는 피렌체 시내의 아름다운 풍경. 피렌체의 오래된 별명 중에 '꽃의 피렌체'가 있는데, 피렌체에서 피어난 수많은 꽃 중에서도 가장 크고 아름다운 꽃은 단연 두오모일 것이다.

❶ 피렌체 두오모의 야경. ❷ 피렌체 두오모의 본당. 파사드는 19세기에 만들어진 것이다. ❸ 본당의 내부는 다소 휑한 편. ❹ 피렌체 쿠폴라의 겉은 벽돌로 꾸며졌고, 안에는 바사리가 그린 벽화가 있다. 이렇게 거대한 돔이 안팎으로 매끈하게 만들어지는 것이 당시로서는 획기적인 기술이었다고 한다. ❺ 두오모의 종탑. 두오모의 건축 총감독으로서 종탑의 건축을 담당했던 사람의 이름을 따서 '조토의 종탑'이라고도 한다.

숫자로 보는 피렌체 두오모

8300 | 피렌체 두오모의 면적은 8,300㎡

463 | 두오모 쿠폴라 전망대까지 계단 숫자는 463개이다.

1982 | 피렌체 두오모는 1982년에 유네스코 세계문화유산에 등록되었다.

피렌체 두오모에 관한 흥미로운 이야기

1 본당 내부가 휑한 이유

처음부터 금욕적으로 장식을 절제한데다 세월에 따라 유실된 것도 많지만, 결정적인 이유는 가장 중요한 작품들을 두오모 박물관에서 소장하고 있기 때문이다.

2 외벽 장식에만 400년이라는 시간이 걸렸다.

이유는 재료 공급 문제였다. 두오모의 외벽을 보면 흰색, 초록색, 적색이 교차되는데 이것은 색을 칠한 것이 아니라 유색 대리석을 쓴 것이다. 워낙 희귀한 고급품이고 생산량도 많지 않아 토스카나 각지에서 어렵게 실어와 썼다고 한다.

3 진짜 하이라이트는 돔 지붕이다.

피렌체 두오모의 돔은 르네상스의 건축 기술의 총아로, 지금까지도 이보다 크고 완벽한 형태의 돔 지붕은 만들지 못하고 있다.

BEST 5

기울어질지언정 쓰러지지 않는다!

피사의 사탑
Torre pendente di Pisa

VOL.2 INFO P.506 MAP P.505

쇼핑 ★★
주변에 기념품 파는 행상은 많은 편.

식도락 ★★★
피사 시내에 맛집으로 이름난 곳이 1~2곳 정도 있다.

야경 ★★★
두오모에 야간 조명을 쏘기는 하나 아주 인상적이지는 않다.

복잡함 ★★★★
연간 600만 명, 하루에도 1만 5,000명 이상이 몰려든다.

청결 ★★★★
두오모 경내는 비교적 깔끔하게 관리되고 있다.

치안 ★★★★
피사 자체는 안전하고 깔끔. 탑 바로 앞만 조금 조심 할 것.

접근성 ★★★
피사 역에서 약 2km 떨어져 있다.

피사가 이탈리아의 도시라는 사실을 모르는 사람은 있어도, '피사의 사탑'을 모르는 사람은 없다. 툭 치면 와르르 쓰러질 듯 위태로운 각도로 서 있는 신기한 탑. 이 탑 하나를 보기 위해 연간 600만 명의 관광객이 피사를 방문한다.

그런데 이 탑은 어쩌다 이렇게 기울어진 걸까? 그 얘기를 하려면 약 1,000년을 거슬러 올라가야 한다. 서기 11세기경부터 15세기까지 지금의 피사 땅에는 '피사 공화국(Repubblica di Pisa)'이라는 작지만 강한 독립국이 있었다. 피사 공화국은 사라센과의 전투에서 승리를 거둔 뒤 막대한 전리품을 획득했고, 이 돈으로 두오모를 짓기로 결정한다. 1063년부터 본당을 건축했고, 1173년부터는 종탑의 건축에 들어갔다. 지반 공사가 끝나고 1층까지는 무사히 올렸는데, 1178년 2층을 올리면서 종탑이 기울어지기 시작한 것이다. 강 하구여서 토양이 무른데 지반 공사가 부실했던 탓이었다. 그런데 여기서 아이러니가 생겨버린다. 그냥 빨리빨리 지어 버렸다면 탑이 아예 쓰러져 버렸을 것인데, 그러지 못했다. 피사 공화국이 100여 년 동안 전쟁에 정신이 팔려 상대적으로 두오모 건축에는 소홀해진 것. 긴 세월 동안 건축가들은 지지부진 느릿느릿 탑의 층수를 올렸고, 물컹물컹했던 지반도 어느 정도 다져졌다. 그렇게 오랜 시간에 걸쳐 1372년에야 비로소 살짝 휘어지고 비스듬히 기운 모습의 탑이 완성되었다. 그러나 피사의 사탑은 기울어질지언정 쓰러지지는 않는 탑이다. 완공 이후로도 아주 서서히 기울었고, 몇 차례 큰 지진도 맞았지만 쓰러지지 않았다. 유연하지만 알고 보면 강인한 것을 일컬을 때 갈대에 비유하는 경우가 많은데, 그 자리에 피사의 사탑을 넣어도 괜찮을 것 같다.

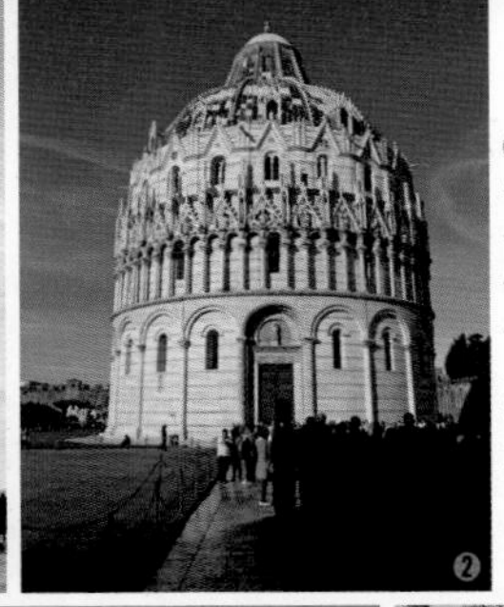

❶ 피사의 사탑은 원래 피사 두오모에 딸린 종탑이다. 두오모 본당 내에도 시대를 대표하는 걸작이 심심찮게 있다. ❷ 두오모 세례당의 모습. ❸ 피사 두오모의 납골당. 조용하고 매력적인 공간을 찾는 사람은 꼭 가 볼 것. ❹ 재미있는 사진, 일명 '짤'에서 보던 사탑 미는 사람들을 실제로 볼 수 있다. ❺ 피사의 사탑 꼭대기 전망대에서 바라본 피사 구시가 풍경.

Writer's Note 피사의 진짜 매력

흔히 '피사는 사탑 말고는 볼 게 없다'고 합니다. 사실 역사적으로는 꽤 중요한 명소들이 있지만, 눈에 띄는 볼거리는 사탑을 중심으로 한 두오모 정도죠. 게다가 위치가 좋질 못해요. 도시 볼거리의 강자인 피렌체와 자연 볼거리의 중간 보스 친퀘 테레 사이에 있단 말이에요. 그러니 더더욱 볼거리가 없어 보입니다. 하지만 그렇게 '아예 볼거리가 없다'고 하기엔 억울합니다. 일단 피사의 두오모는 꼭 제대로 보시라고 권합니다. 두오모 내의 설교단, 세례당 내부 등이 몹시 아름답고요, 개인적으로는 납골당을 좋아합니다. 아름다운 조각과 벽화로 둘러싸인 작은 방인데 들르는 사람이 적어 언제나 고즈넉합니다.

숫자로 보는 피사의 사탑

58.36

피사의 사탑의 높이는 58.36m.

3.97

피사의 사탑이 기울기는 3.97도.

296

피사의 사탑 꼭대기까지 296개의 계단이 놓여 있다. 엘리베이터는 없다.

피사의 사탑에 관한 흥미로운 이야기

1 갈릴레오 갈릴레이가 자유 낙하 실험을 한 곳으로도 유명하다.

'동시에 낙하한 물체는 무게와 상관없이 동시에 떨어진다'는 가설을 증명하기 위해 피사의 사탑 꼭대기에서 무게가 다른 대포알 2개를 떨어뜨렸다는 것. 그러나 실제로 이런 실험이 있었다는 확실한 증거는 없다고 한다. 갈릴레오의 비서가 쓴 전기문에 비슷한 내용이 나오지만 교차 검증이 되지 않아 정설로는 인정되지 않는다.

2 피사의 사탑은 건축 이후 아주 미세하게 계속 기울었다.

이탈리아 정부는 이러다 아예 무너지는 것이 아닐까 전전긍긍 노심초사하며 기울기를 멈출 수 있는 연구를 거듭했다. 1972년도에는 '피사의 사탑 기울기 멈추기 콘테스트'까지 열었다.

3 2008년 학자들은 사탑의 기울기가 멈추었다고 공표했다.

이후 2019년에 뜻밖의 연구 결과가 발표된다. 피사의 사탑이 기울기를 멈추는 정도가 아니라 똑바로 서고 있다는 것. 2008년 이후로 약 4cm쯤 제자리로 이동했다고 한다.

BEST 6

독한 사람들이 만들어낸 비현실적인 풍경

베네치아 대운하
Canal Grande

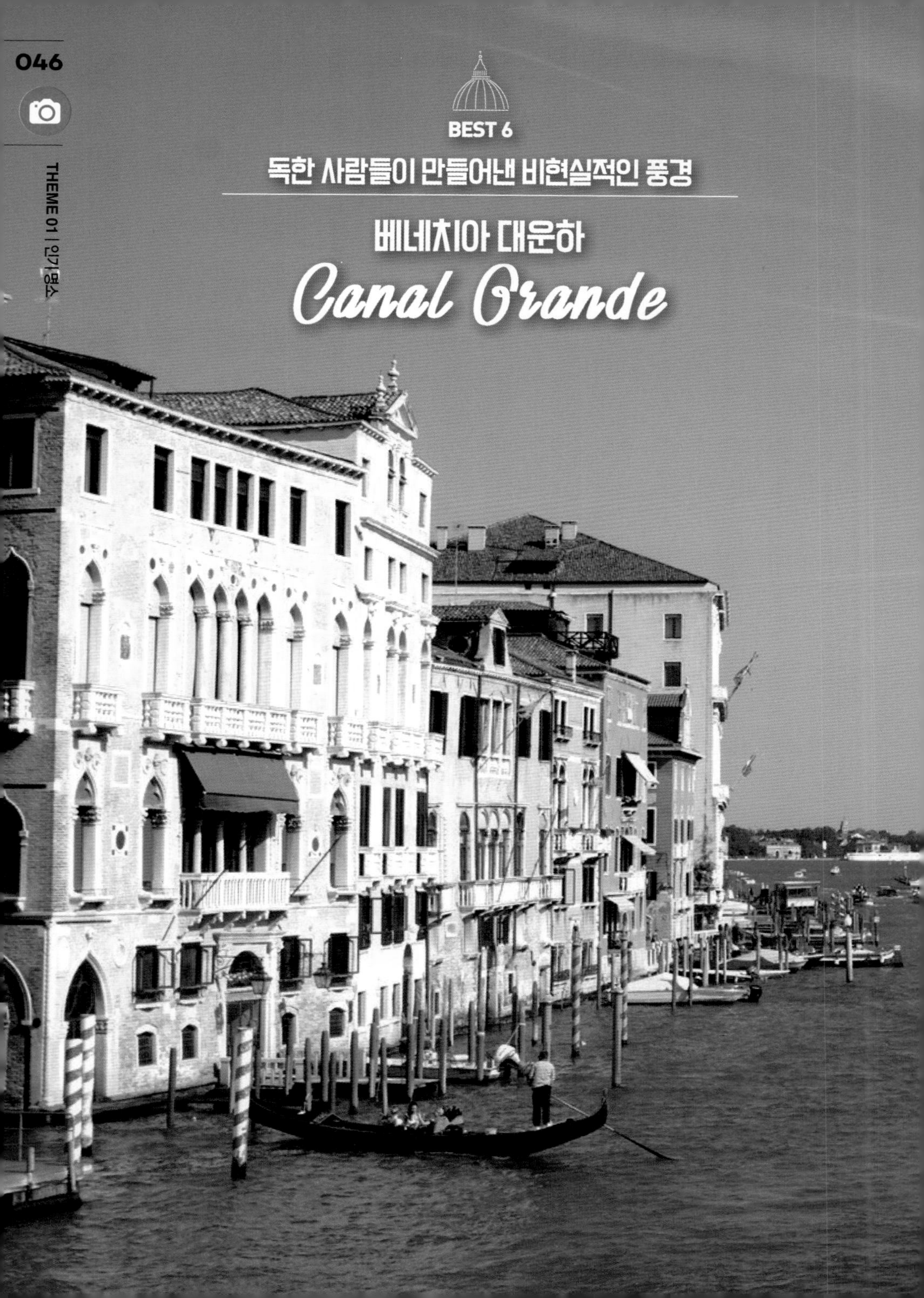

VOL.2 INFO P.356 MAP P.354B

쇼핑	★★★	대부분 상점은 운하에서 한 블록 떨어진 이면 도로에 있다.
식도락	★★	대운하 바로 옆의 레스토랑들은 대개 바가지에 맛도 없다.
야경	★★★★★	해질 무렵의 리알토 다리 부근의 풍경은 그야말로 환상적.
복잡함	★★★★	수상버스와 리알토 다리 주변은 언제나 붐빈다.
청결	★★★	운하의 물은 멀리서만 바라보는 게 좋다.
치안	★★★	리알토 다리 위와 바포레토 안에서는 언제나 소지품에 주의.
접근성	★★★★★	어디에서든 수상버스만 타면 쉽게 갈 수 있다.

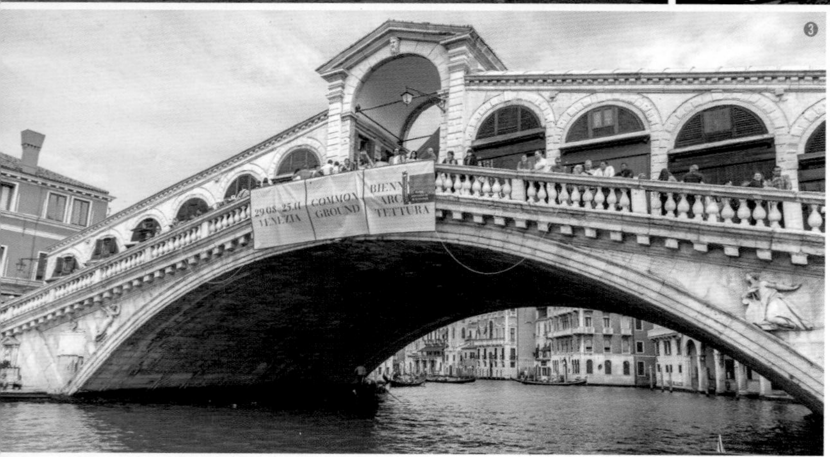

❶ 대운하 양옆에는 아름다운 건축물들이 늘어서 있다. ❷ 예산이 조금 넉넉하다면 베네치아에서는 곤돌라를 꼭 타볼 것. ❸ 베네치아에서 가장 큰 다리인 리알토 다리. ❹ 해가 완전히 졌을 때보다 노을 질 무렵이 가장 아름답다. ❺ 대운하에서 가장 아름다운 건축물로 꼽히는 살루테 성당. ❻ 조금만 안쪽으로 들어가면 호젓하고 작은 물길이 나타난다. 골목이 있어야 할 자리에 물길이 있는 도시, 베네치아.

베네치아는 사뭇 비현실적인 도시다. 도로가 있어야 할 곳에 운하가, 골목이 있어야 할 곳에 수로가 있다. 그래서 차 대신 배가 다닌다. 대운하는 그중에서도 가장 핵심이 되는 운하다. 베네치아 본섬 한가운데를 역 S자 모양으로 관통하며, 서울로 따지면 종로나 강남대로에 해당하는 중심 도로 역할을 하고 있다.

원래 베네치아는 긴 사주에 가로막혀 얕은 바닷물이 호수처럼 찰랑거리며 고여있는 '석호(Lagoon)' 지형이다. 농사짓기도 좋지 않고 오가기도 쉽지 않아 버려진 땅에 가까웠다. 이곳에 사람들이 깃든다. 5세기 경, 이민족의 침입에 쫓기던 로마 유민들이 흘러들어온 것을 시작으로, 제 땅에서 살지 못하게 된 사람들이 하나 둘씩 모여들었다. 그렇게 불모지로 쫓겨온 사람들은 베네치아를 사람이 살 수 있는 곳으로 만들기 위해 각고의 노력을 기울인다. 물 속에 긴 말뚝을 박아 고정시킨 뒤 그 위에 평평한 판자를 놓아 작은 인공섬을 만드는 방식으로 조금씩 개척해 나갔다. 베네치아는 118개의 인공 섬과 수천 개의 작은 물길, 400여 개의 다리를 가진 새로운 지형으로 태어났고, 17세기까지 동지중해의 최강자로 번영을 누렸다.

지금 대운하가 있던 곳에는 원래 강이 흘렀으나, 간척 사업이 진행되며 지금과 같은 운하가 되었다. 베네치아에서 가장 아름다운 다리인 리알토 다리(Ponte di Rialto)가 가로지르고, 양쪽에는 베네치아가 가장 부강했던 시대에 지어진 근사한 건축물들이 늘어서 있다. 그냥 수상 버스 '바포레토(Vaporetto)'만 타도 대운하의 전 구간을 다 돌아볼 수 있다. 도시에서 길 대신 물 위를 달리는 기분도 묘할 뿐더러 노을이라도 지면 마치 지구상에 없는 곳처럼 신비한 모습을 보여준다. 하지만 이것은 엄연히 인간이 만든 풍경이다. 그것도 엄청나게 독하고 치열한 노력으로.

숫자로 보는 베네치아 대운하

3.8

대운하의 총 길이는 약 3.8km

30~90

대운하의 폭은 가장 좁은 곳이 약 30m,
가장 넓은 곳이 약 90m

5

대운하의 깊이는 약 5m

4

대운하에 있는 다리의 수는 총 4개.

베네치아 대운하에 관한 흥미로운 이야기

1 리알토 다리가 어쩐지 낯익은 이유

리알토 다리를 보고 '왠지 고추장 광고에서 본 것 같다'는 기분이 들었는지? 맞다. 바로 그 다리다. 모델 겸 배우 차○○이 나와 눈물을 흘리던 바로 그 다리다.

2 대운하 주변 아름다운 르네상스-바로크 건축물의 이름에는 대부분 '카(Ca)'가 들어간다.

근현대 미술관으로 사용되고 있는 카 페사로(Ca' Pesaro)나 아름다운 15세기의 저택 카 도로(Ca' d'Oro) 등이 그것. '카'는 이탈리아어로 집을 뜻하는 '카사(Casa)'의 축약형인데, 베네치아의 '카'들은 그냥 집이라기보다는 저택이나 궁전을 의미하는 경향이 강하다.

BEST 7

베네치아가 당신을 환영합니다

산 마르코 광장

Piazza San Marco

VOL.2 INFO P.368 MAP P.367C · D

쇼핑 ★★★
광장 북쪽 시계탑 아래부터 리알토 다리까지 상점가가 형성되어 있다.

식도락 ★★★★
광장의 카페에 앉아서 마시는 커피 한잔의 여유.

야경 ★★★★
화려하지는 않으나 은은한 느낌의 야경을 즐길 수 있다.

복잡함 ★★★★★
지리는 쉬운 편이나 사람이 워낙 많다.

청결 ★★
비둘기가 많은 것에 주의할 것.

치안 ★★
이탈리아의 모든 유명 관광지가 그러하듯 소매치기는 많은 편.

접근성 ★★★★
베네치아 본섬의 모든 길은 산 마르코로 통한다.

우선 이 광장에 얽혀 있는 오래된 '썰' 하나를 짚고 넘어가야 할 것 같다. 베네치아의 중심 광장인 산 마르코 광장을 소개할 때면 꼭 나오는 얘긴데, 나폴레옹이 이 광장을 '유럽에서 가장 아름다운 응접실'이라고 극찬했다는 것. 그런데 사실 나폴레옹이 이렇게 딱 부러지게 언급했다는 역사적 기록은 하나도 없다고 한다. 따지고 보면 나폴레옹은 독립 공화국이었던 베네치아를 정복한 침략자니까 초대받지 않은 손님인 셈인데, 그런 사람이 그 나라의 중심 광장을 두고 '이야, 이렇게 아름다운 응접실이 있다니!'라고 했다는 얘기다. 뭔가 매우 경우 없는 느낌의 낭설이 아닐 수 없다.
그러나 나폴레옹이 이런 말을 하지 않았을지라도, 산 마르코 광장을 '아름다운 응접실'이라고 한 것은 실로 잘 어울리는 표현이다. 산 마르코 대성당을 비롯해 두칼레 궁전, 시계탑, 종탑 등 베네치아에서 가장 명성 높은 관광 명소들이 이 광장 주변에 포진해 있고, 그 외에도 베네치아 공화국이 겪은 영욕의 순간들이 광장 곳곳에 남아 있다. 시에나의 캄포 광장과 더불어 이탈리아에서 가장 아름다운 광장으로 넘버원을 다투고, 이탈리아를 넘어 유럽 및 전 세계적으로도 아름다운 광장으로 손에 꼽힌다. 비록 이곳에서 베네치아의 핵심인 운하와 바다는 보이지 않지만, 광장 한가운데 서서 사방의 카페에서 울려 퍼지는 음악 소리를 듣고만 있어도 베네치아가 주는 모든 낭만과 정서를 포식하며 화려하게 환대받는 기분이 들곤 한다.

숫자로 보는 산 마르코 광장

3

산 마르코 광장의 3면은 '프로쿠라티에(Procuratie)'라고 하는 옛 관청 건물이 둘러싸고 있다. 나머지 한 면은 산 마르코 대성당이다.

176

산 마르코 광장은 통통한 ㄱ자, 또는 권총과 비슷한 모양새다. 그중 가장 긴 곳의 길이가 176m에 달한다.

❶ 산 마르코 대성당. 마르코 성인의 유해를 모시고 있다. ❷ 광장 북쪽에 자리한 시계탑. 이어진 길을 따라가면 리알토 다리가 나온다. ❸ 산 마르코 대성당 종탑. 꼭대기에 전망대가 설치되어 있다. ❹ 산 마르코 광장 남쪽에 소광장이 있다. ❺ 두칼레 궁전은 베네치아 공화국의 선출직 통치자 도제(Doge)가 거주하던 곳이다.

산 마르코 광장에 관한 흥미로운 이야기

1 산 마르코 광장은 베네치아에서 가장 저지대이다.

덕분에 매년 역류성 홍수인 '아쿠아 알타(Aqua Alta)'가 찾아오면 일대가 거의 매번 잠긴다. 2018년 10월 말의 아쿠아 알타 때는 산 마르코 광장에 물이 1m 가량 차서 일부 관광객들이 광장에서 수영을 하는 해프닝도 벌어졌다.

2 광장에 비둘기가 많은 것으로도 유명하다.

베네치아시 정부에서는 산 마르코 광장의 비둘기를 줄이기 위해 2008년, 먹이 주기를 금지하는 법을 발표했다. 이를 어길 때는 최대 €700까지 벌금을 물 수 있다. 그러나 여전히 비둘기 개체 수는 별 차이가 없다고 한다.

3 주변 식당가의 바가지가 극심하다.

광장 내에는 유명한 카페 플로리안(Cafe Florian)을 위시하여 여러 개의 노천카페가 영업 중인데, 자릿세만 1인당 €4~6씩 내야 한다. 그러나 이 정도는 양반. 2018년 1월에는 관광객 4명이 산 마르코 광장 주변의 식당에서 스테이크 4개와 해산물 그릴 한 접시, 와인 두 잔을 시키고 무려 €1,000가 넘게 찍힌 영수증을 받기도 했다.

❶

❷

❸

❹

❺

BEST 8

컬러로 가득한 섬

부라노섬 Burano

VOL.2 INFO P.376 MAP P.376

쇼핑 ★★★
특산물인 레이스를 이용한 기념품이 많다.

식도락 ★★★
리조토 맛집으로 소문난 몇 곳 있다. 가격이 비싼 게 흠.

야경 ★★★
아무래도 햇살 좋은 낮에 더 예쁘다.

복잡함 ★★
워낙 작은 섬이라 길을 잃기도 어렵다.

청결 ★★★★
구석구석 깔끔하게 잘 관리되어 있다.

치안 ★★★★
안전하고 평화롭다.

접근성 ★★★
본섬에서 바포레토로 40분.

베네치아는 본섬 외에도 주변에 수많은 부속 섬이 있다. 베니스 영화제가 열리는 휴양지 리도섬(Lido), 베네시안 글라스의 본고장 무라노섬(Murano), 본섬 남쪽에 자리한 주데카섬(Giudecca) 등 매력 있고 개성 넘치는 작은 섬들이 사방에 포진하고 있다. 그중에서도 가장 눈에 띄는 섬은 단연 부라노일 것이다. 베네치아 본섬에서 동북쪽으로 약 7km 떨어진 작은 섬으로, 원래는 고기잡이와 레이스 짜기로 생업을 잇는 소박한 어촌이었다. 그런데 그냥 '소박한 어촌'이라고만 말하기엔 이 섬, 너무 예쁘다. 베네치아의 유전자를 이어받은 듯 조붓한 운하가 놓여 있고, 그 옆으로 빨강, 노랑, 분홍, 초록, 파랑 등 쨍한 색으로 알록달록하게 칠해진 집들이 조르르 늘어서 있는데 그 색감이 예사롭지 않다. 눈 밝은 화가의 팔레트를 풀어놓은 듯 한껏 화려하면서도 거슬리지 않는 아름다운 색들이 가득하다. 테마 파크 같다는 느낌이 들다가도 중간 중간 빨래와 예쁜 화분, 수줍게 내려진 커튼 등이 눈에 들어오면 이곳에 살고 있는 사람들의 체온을 느낄 수 있다.

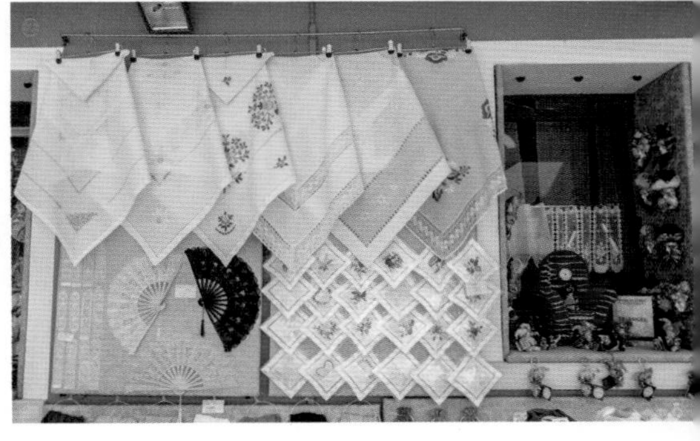

❶ 파스텔톤의 예쁜 집들이 운하를 따라 늘어서 있다. ❷ 레이스는 부라노의 특산물로, 곳곳에 레이스 기념품을 파는 상점이 있다.

숫자로 보는 부라노섬

2800

부라노의 상주인구는 2,800명.
한국 남해의 청산도 인구와 비슷하다.

210800

부라노의 면적은 약 210,800㎡.
여의도 공원보다 약간 작다.

부라노섬에 관한 흥미로운 이야기

1 부라노섬에서는 집의 색을 칠하는 데 기준이 있다고 한다.

이 기준을 벗어나서 자기 멋대로 칠하는 것은 안 된다고. 색을 새로 칠할 때는 관공서에 서류를 보내야 하고, 관공서에서는 칠할 수 있는 색을 구체적으로 지정하여 알려준다고 한다.

2 부라노섬의 레이스를 유명하게 만든 사람은 다름 아닌 레오나르도 다빈치.

부라노섬의 레이스가 유명세를 떨치기 시작한 것은 16세기부터다. 다빈치가 1481년 밀라노 두오모의 조각상에 입힐 레이스 직물을 지중해의 한 마을에서 구매했는데, 이후 전 유럽에 레이스 유행이 불었다. 이 유행을 타고 부라노섬의 레이스도 덩달아 인기를 누렸다.

BEST 9

예쁜 시골 마을과 눈부신 지중해의 컬래버레이션

포지타노
Positano

VOL.2 INFO P.617 MAP P.617

쇼핑 ★★★★
레몬 관련 기념품으로 유명하다. 특히 레몬 사탕 최고!

식도락 ★★★
은근히 소문난 맛집이 몇 곳 있다.

야경 ★★★★★
야경을 보기 위해 일부러 하룻밤 자는 사람들도 있다.

복잡함 ★★★
좁은 골목이 꼬불꼬불 이어지지만 헤맬 일은 없다.

청결 ★★★★
깔끔하게 잘 정돈된 마을. 폐그물이나 해초는 애교로 봐주자.

치안 ★★★★
극성수기가 아니라면 소매치기 걱정은 하지 않아도 좋다.

접근성 ★★★
아말피 코스트가 그다지 교통이 좋은 곳은 아니다.

마을을 출발한 버스가 작은 산을 넘고 들판을 지난다. 한참을 이리저리 달리던 버스는 이내 바다로 접어든다. 깊은 벼랑을 깎아 만든 아주 좁은 2차선 도로. 버스가 벼랑에 몸을 싣는 순간부터 창밖으로 사파이어를 녹인 듯 투명한 푸른빛의 지중해가 펼쳐진다. 햇살이 해수면에 닿으면 은빛 가루처럼 부스러진다. 때때로 해안과 절벽에 그림처럼 예쁜 마을이 나타났다 사라지고, 이내 저 앞에는 엽서에서 본 듯한 예쁜 해안 마을이 등장한다.

이 절벽 해안의 이름은 '아말피 코스트(Amalfi Coast)'. 소렌토(Sorrento) 부근부터 아말피(Amalfi)를 거쳐 살레르노(Salerno)까지 이어진 약 50km의 절벽 해안선인데, 해안선 군데군데에 예쁜 해안 마을들이 자리하고 있다. 그중에서도 가장 예쁘다고 소문난 곳이 다름 아닌 포지타노(Positano) 마을이다. 새파란 지중해와 언덕을 빼곡히 덮은 집들, 그리고 그 집들이 자아내는 아름다운 골목이 놀라운 조화를 이룬다. TV나 SNS 등에서 이탈리아 남부를 소개할 때 바닷가 언덕배기를 알록달록한 집들이 산중턱을 뒤덮고 있는 사진 하나가 상투적으로 등장하는데, 그곳이 다름 아닌 포지타노다.

포지타노를 여행하는 방법은 그다지 요란하지 않다. 버스에서 내린 뒤 언덕을 따라 내려가며 마을의 아기자기한 모습에 감탄하고, 좁은 골목 구석구석을 음미하다 바닷가로 내려가 새파란 지중해와 뜨거운 햇살을 마주하는 것이다. 특산물인 레몬으로 만든 사탕이나 술이라도 한잔 하면 금상첨화일 것이다. 특별히 무언가를 하지 않아도 골목과 집들이 자아내는 정취와 풍경, 그리고 바다가 주는 위안만으로도 가슴이 차오르는 마을이다.

❶ 마을 중심부에는 등나무 그늘이 우거진 예쁜 길이 있다. ❷ 포지타노에서는 5~10월에 해수욕이 가능하다. 11~12월에도 기온이 높은 날에는 태닝이나 해수욕을 즐기는 사람을 볼 수 있다. ❸ 해변에서 바라본 마을의 모습.

숫자로 보는 포지타노

3913

포지타노의 상주인구는 3,913명.

8.65

포지타노에서 가장 긴 곳의 길이를 재면 8.65km.

포지타노에 관한 흥미로운 이야기

소렌토-포지타노-아말피 등을 잇는 세계적으로 유명한 절벽 해안도로가 있다.

내셔널 지오그래픽을 비롯한 수많은 매체에서 '세계에서 가장 아름다운 드라이브 코스'로 선정한 길로, 아스라한 절벽 위에 아주 좁은 2차선 도로가 놓여 있다. 베스트 드라이버가 아니면 운전할 엄두를 내지 못할 정도의 난도 최상 코스. 도로명은 SS163이다.

BEST 10

다시는 밀라노를 무시하지 말라

밀라노 두오모 광장

Piazza del Duomo

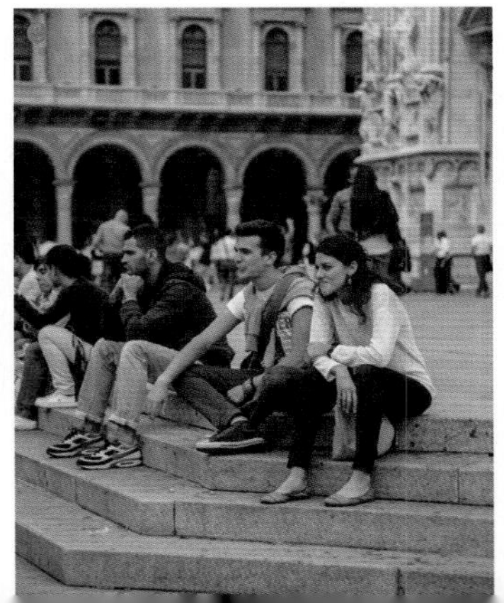

❶ 이탈리아에서 가장 오래된 쇼핑 아케이드인 '비토리오 에마누엘레 2세 회랑'의 입구. ❷ 두오모 앞 계단에 앉아 사람 구경하는 것도 은근히 재밌다.

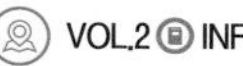

VOL.2 INFO P.401 MAP P.399E · F

쇼핑	★★★★★	밀라노에서 가장 큰 쇼핑 스폿들이 바로 옆.
식도락	★★★★	구석구석 밀라노 대표 맛집들이 숨어 있다.
야경	★★★★	광장을 둘러싼 회랑에 근사한 조명이 들어온다.
복잡함	★★★	넓은 광장이라 복잡할 일은 별로 없다.
청결	★★★	사람이 워낙 많아 아주 깨끗하지는 않다.
치안	★★★	소매치기에 주의할 것.
접근성	★★★★★	지하철 역에서 나오면 바로 보인다.

이탈리아의 정신적 · 행정적 수도가 로마라면, 경제 · 산업의 수도는 단연 밀라노다. 이탈리아의 주요 은행과 기업의 본부는 전부 밀라노에 있고, 이탈리아에 진출한 해외 기업이 전진 기지를 구축하는 도시도 다름 아닌 밀라노다. 스칼라 극장과 유명 오페라 학교가 있는 음악의 도시, 세계 4대 패션 위크 중 하나인 밀라노 패션 위크가 열리는 세계적인 패션의 도시이기도 하다. 그러나 관광과는 살짝 거리가 있다. 이탈리아를 여행한 사람들 중 적지 않은 수가 '밀라노 볼 거 없다'를 외친다. 밀라노가 '비교적' 볼거리가 적은 도시인 것은 사실이다. 로마나 피렌체, 베네치아에 비교하면 평범한 현대 도시에 가깝다.

그러나 이것은 어디까지나 비교 대상이 로마, 피렌체, 베네치아일 때 얘기다. 밀라노만 봤을 때는 매력적인 볼거리가 적지 않기 때문. 특히 밀라노의 두오모 광장은 이탈리아에서 가장 아름다운 곳 중 하나다. 밀라노 두오모는 유럽에서 세 번째로 큰 가톨릭 성당으로, 수백 년의 공사 기간을 거치며 밀라노가 겪어온 모든 영욕의 순간을 한 몸에 품은 듯 화려한 위용을 자랑한다. 광장을 둘러싼 회랑의 고풍스럽고 우아한 자태만으로도 세계적인 관광 명소로서 손색이 없다. 특히 예스러운 건물 구석구석 자리한 세련된 상점과 사람들이 내뿜는 도회적인 기운은 이탈리아의 다른 도시가 갖지 못한 밀라노만의 매력이다.

그리고 또 한 가지 중요한 볼거리는 바로 '사람'이다. 전 세계에서 몰려든 관광객 사이에서 유난히 패션 센스가 돋보이는 사람들이 있다면 그들이 '밀라네제(Milanese)', 그러니까 밀라노 사람들이라고 생각해도 크게 틀리지 않다.

밀라노 두오모 광장의 넓이는 17,000㎡로 광화문 광장보다 약간 작다.

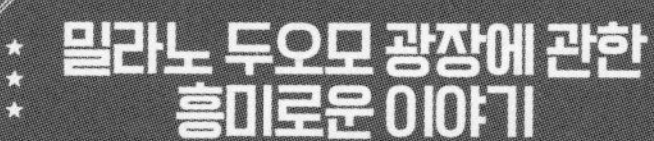

한가운데 서 있는 동상의 주인공은 이탈리아를 통일한 비토리오 에마누엘레 2세이다.

이탈리아 어디를 가든 중심 광장이나 건축물에 말 탄 아저씨의 동상이 있으면 비토리오 에마누엘레 2세라고 생각해도 크게 틀리지 않는다.

THEME 02
역사 명소

아는 만큼 보이고, 보이는 만큼 느낀다!

17세기 중반부터 19세기까지 영국의 상류층에서는 '그랜드 투어(Grand Tour)'라는 여행 형태가 매우 인기를 끌었다. 유럽 문화의 뿌리를 찾아 돌아보는 여행이었는데, 이탈리아는 유럽 역사의 근간으로서 그랜드 투어의 필수 코스였다. 지금도 이탈리아 여행은 그때와 다르지 않다. 이탈리아는 현재보다는 과거를 보는 여행지로 고대 로마, 중세 이탈리아, 르네상스와 가톨릭이 남긴 위대한 유산들 사이에서 행복한 시간 여행을 즐기는 곳이다. 이탈리아 시간 여행의 길잡이, 또는 확대경이 될 만한 역사적인 배경을 명소와 함께 재미있게 알아보자.

고대 로마 시대

B.C. 753~A.D. 476

로마의 시작은 테베레강 유역의 작은 왕국이었다. 이 왕국은 얼마 안 가 이탈리아반도를 제패하고 나아가 유럽과 북아프리카, 중동의 광활한 영토를 지배하는 대제국으로 성장했다. 이 시기는 왕이 통치하던 왕국 시대(B.C. 753~509), 선거로 뽑힌 집정관이 다스리던 공화정 시대 (B.C. 509~27), 황제가 지배하던 제국 시대(B.C. 27~A.D. 476)로 나뉜다. A.D. 395년 테오도시우스 황제가 죽기 전 두 아들에게 로마를 동서로 갈라 주면서 로마 제국은 서로마 제국과 동로마 제국으로 나뉜다. 서로마 제국은 한때 유럽 대륙 대부분을 차지하기도 했지만, 476년 게르만족 오도아케르에게 정복당하면서 역사 속으로 사라졌다. 동로마 제국은 그 후로도 1,000년 가까이 지속되다가 1461년에 멸망했다.

서로마 제국이 멸망한 후 이탈리아반도의 주인은 게르만족, 동로마 제국, 롬바르드족 등으로 여러 차례 바뀌었다. 짧은 약탈의 시기가 지나면서 차츰 지배 세력이 뚜렷해지기 시작했다. 차츰 교황령, 피렌체 공화국-토스카나 대공국, 베네치아 공화국, 밀라노 공국, 사보이아 공국, 시칠리아-나폴리 왕국 등의 크고 작은 왕국, 제후국, 공화국이 공존하는 형태로 자리 잡게 되었다. 이 나라들은 중세 이후 큰 부를 축적했고, 예술가들에게 아낌없이 후원했다. 덕분에 르네상스, 바로크 등 중세 이후 유럽에서 가장 중요한 문화의 흐름이 이탈리아에서 탄생할 수 있었다.

5세기~18세기
중세-르네상스-바로크 시대

통일 이탈리아
1861년~현재

18세기 말부터 19세기 초까지 유럽은 프랑스 혁명과 나폴레옹의 대두로 큰 물결에 휩싸인다. 이탈리아는 차츰 통일에 대한 필요성을 느낀다. 실천에 옮긴 것은 사르데냐섬과 토리노에 기반을 두었던 사르데냐 왕국이었다. 명재상 카보우르와 혁명가 주세페 가리발디가 세운 혁혁한 공으로 인해, 1861년 사르데냐 왕국의 비토리오 에마누엘레 2세는 이탈리아반도 전체를 통일하고 이탈리아 왕국을 세운다. 이후, 제1차 세계 대전에서는 승전국 중 하나가 되었으나, 전쟁의 후유증으로 경제는 점차 어려워졌다. 제2차 세계 대전 중에는 파시즘에 휩싸였고, 패전국이 되었다. 전쟁 후 1946년에 열린 국민 투표 결과, 군주제를 반대하는 국민들의 승리로 이탈리아 왕국은 무너지고 이탈리아 공화국이 세워져 지금까지 계속되고 있다.

Part 1. 위대한 제국, 로마 시대의 흔적

B.C. 8세기경, 이탈리아 중부 테베레강 유역에는 작은 왕국이 생겼다. 건국자로 전해오는 로물루스왕의 이름을 따 '로마(Roma)'라고 불렸던 이 나라는 이내 중부 이탈리아의 패권 국가가 된다. 왕정이 무너지고 공화정이 대두했다가, 카이사르라는 문제적 인물이 독재 체제를 구축하며 대대적인 정벌 활동을 벌이기도 했고, 그의 후계자인 옥타비아누스가 마침내 황제로 즉위하여 제국의 문을 열고 수백 년을 보냈다. 한때 서방의 지배자로 불린 나라, 고대 로마가 남긴 위대한 유산들을 알아보자.

팔라티노 언덕 Palatino

로마는 이곳에서 탄생했다

멀고 먼 옛날, 이탈리아 중부의 작은 나라에서 범상치 않은 쌍둥이가 태어났다. 공주가 전쟁의 신 마르스와 정을 통하여 낳은 아이였다. 왕은 이 아이들이 훗날 자신의 자리를 노릴 것을 두려워하며 내다 버릴 것을 명령한다. 그렇게 쌍둥이 형제 로물루스(Romulus)와 레무스(Remus)는 테베레강 가에 내버려져 죽음만을 기다리나, 강의 신이 기적을 내려 그들을 돌볼 암늑대를 보낸다. 쌍둥이는 팔라티노 언덕 한구석의 동굴에서 암늑대의 젖을 먹고 자라나, 청년이 된 후 테베레강 일대를 정복하여 자신들의 나라를 세운다. 도읍의 위치를 놓고 벌어진 갈등에서 승리한 로물루스는 레무스를 죽이고 자기 뜻대로 팔라티노 언덕에 자신의 이름을 딴 왕국을 세운다. 이것이 바로 고대 로마의 시작이다. 팔라티노 언덕은 로마를 구성하는 7개 언덕 중 하나로 로마에서 사람이 가장 먼저 거주하기 시작한 지역이라고 한다. 고대인들은 이곳을 '하늘', '천국', '낙원'이라는 뜻의 '팔라티노'라고 부를 정도로 이상적인 주거지로 생각했다.

팔라티노 언덕을 중심으로 세워진 로마는 이후 왕정과 공화정을 거치면서 점점 더 많은 사람들이 모여들었다. 최초의 로마 제국 황제 아우구스투스의 궁전이 바로 이곳에 세워진 이후로는 귀족층의 주거지가 되었다. 언덕 위에 있어 찾아가기에 조금 힘이 드는 데다, 지금은 공사장처럼 휑한 풍경이라 관광지로서 매력은 떨어진다고 평하는 사람이 많다. 그러나 잊지 말자. 로마는 이곳에서 태어나서 꽃을 피웠다.

VOL.2 ⓘ INFO P.287 ⓜ MAP P.283C · D

팔라티노 언덕의 놓칠 수 없는 풍경 3

1 언덕 위에서 바라보는 포로 로마노와 콜로세움

팔라티노 언덕의 북쪽에는 테라스형 전망대가 있는데, 포로 로마노와 콜로세움이 근사하게 눈에 들어온다. 전망대 외에 언덕 북쪽 끝자락에도 콜로세움 및 주변 풍경이 멋지게 보이는 포인트가 꽤 많다.

2 아우구스투스 궁전의 흔적

팔라티노 언덕의 궁전이나 저택 유적은 대부분 벽면 일부와 주춧돌만 남은 데다 복원 상태도 아주 좋지는 않은 편. 그중에서 가장 의미 있고 볼만한 유적을 딱 하나만 고르라면 아우구스투스 황제의 궁전 유적을 들 수 있다. 혼란기의 로마를 단번에 정리하고 최초로 황제에 오른 야심가가 로마 제국 최초로 지었던 바로 그 궁터다.

3 한눈에 보는 전차 경기장

영화 〈벤허〉, 〈글라디에이터〉에 등장했던 전차 경기 장면을 기억하는 사람들이 적지 않을 것이다. 로마 시대의 중요한 엔터테인먼트 중 하나였던 전차 경기장을 팔라티노 언덕 위에서 한눈에 감상할 수 있다. 유적이라기보다는 공터에 가까운 곳이므로 너무 크게 기대하지는 말 것.

포로 로마노 Foro Romano

고대 로마의 한복판을 걷는다

서울의 광화문, 뉴욕의 타임스퀘어처럼 도시에는 핵심 번화가가 있기 마련이다. 2,000년 전의 도시도 마찬가지였다. 대 제국 로마의 수도에서 시민 생활의 중심이 되는 번화가는 바로 포로 로마노(Foro Romano)였다. 이 자리는 원래 팔라티노 언덕의 로마 왕국과 카피톨리노 언덕의 기타 세력간에 갈등이 생기면 중재하던 장소였는데, 사람들이 자주 모이다 보니 장터도 생기고 연락소도 생기다가 최고 번화가로 정착하게 된 것이라고 한다. 이후 로마가 공화정과 제국으로 변화하는 중에도 여전히 중심가의 위치를 굳게 고수했다. 현재 남아 있는 유적은 대부분 로마 제국 중반 이후의 것이다.

과거 포로 로마노의 한가운데에는 정방형의 광장이 있고, 광장 가장자리는 신전과 관청 건물들이 자리하고 있었다. 광장에서는 다양한 이벤트가 열리고 정치가들의 연설과 선거가 벌어졌다. 원정에서 승리를 거둔 군대가 개선 행진을 벌이다 시민의 환호를 받으며 사열식을 열던 곳도, 존경받는 정치가의 장례식이 열리는 곳도 바로 이곳이었다. 조용하고 안전한 주거지였던 팔라티노 언덕은 로마 시대의 업타운, 40m 아래에 자리한 포로 로마노는 당시의 다운타운이었다고 이해하면 된다.

VOL.2 INFO P.287 MAP P.283A

포로 로마노에 아로새겨진 이름들

카이사르 화장터

문제적 남자
율리우스 카이사르 Julius Caesar

기나긴 로마 역사에서 첫손에 꼽히는 문제적 인물, 그리고 황제에 가장 가까웠지만 결국 황제는 되지 못한 비운의 사나이이다. 그는 천재적인 정치가이자 지휘관으로서, 현재 프랑스 땅인 갈리아 지역을 정벌하고 로마 내전에서 승리를 거두며 로마 최고의 위치인 독재관에 올랐다. 이후 여러 가지 개혁적인 정책을 펼쳤으나 정적에게 암살되고 만다. 그의 장례식은 포로 로마노 한복판에서 화장장으로 치러졌고, 그 터가 아직까지 남아 있다. 영어권에서는 '줄리어스 시저'로 불린다.

셉티미우스 세베루스의 개선문

흑인 아닙니다
셉티미우스 세베루스 Septimius Severus

포로 로마노에서 가장 위풍당당한 모습을 자랑하는 셉티미우스 세베루스 개선문(Arco di Settimio Severo)의 주인공이다. 현재의 리비아에 해당하는 북아프리카 태생이라 '로마 유일의 흑인 황제' 등으로 묘사되기도 하지만 이는 전혀 사실이 아니다. 그는 이탈리아에서 리비아로 파견된 백인 귀족 가정에서 태어나, 네르바-안토니누스 왕조가 끝나고 여러 황제가 난립했던 혼란기를 잠재우고 세베루스 왕조를 연 인물이다. 셉티미우스 세베루스 개선문은 현재의 이란 일대에 있었던 파르티아 왕국 원정 전투에서 승리한 기념으로 세운 것이다.

티투스의 개선문

콜로세움을 완성한 황제
티투스 Titus

카이사르가 죽은 뒤 그의 손자뻘인 옥타비아누스가 로마의 패권을 거머쥐고 황위에 오르면서 본격적인 제정 로마의 시대가 열렸다. 악명 높은 5대 황제 네로의 뒤를 이은 베스파시아누스 황제는 네로의 궁터도 치울 겸 로마 시민도 달랠 겸 콜로세움을 짓기 시작했다. 베스파시우스의 아들 티투스 황제는 아버지가 시작한 콜로세움의 공사를 마무리했지만, 재위 2년만에 전염병으로 사망한다. 포로 로마노에는 티투스의 이름을 딴 개선문이 하나 남아 있는데, 도미티아누스 황제가 자신의 형인 티투스를 기리며 세운 것이다.

막센티우스의 바실리카

나도 황제야
막센티우스 Maxentius

3세기, 달마티아 지역 출신의 황제 디오클레티아누스는 4명의 황제가 로마를 나눠서 통치하는 테트라키아(Tetrachia, 사두 정치)를 창안한다. 디오클레티아누스가 죽고 나서 패권을 다툰 6명의 황제 중에는 기독교를 공인한 콘스탄티누스 1세와 막센티우스가 있었다. 막센티우스는 이중에서 정통성이 가장 약한 황제였기 때문에 로마 시민들의 환심을 사기 위해 여러 가지 건축 공사를 벌였다. 그중 지금까지 남아 있는 것이 바로 막센티우스의 바실리카이다. 막센티우스는 콘스탄티누스에게 패해 목숨을 잃는다.

Writer's Note SPQR이 뭐지?

로마의 길을 걷다 보면 'SPQR'이라는 글씨를 쉽게 볼 수 있습니다. 가장 흔한 것은 맨홀 뚜껑이고요, 그 외에도 소화전 · 우체통 · 분수 등 공공시설에는 죄다 이 글자가 적혀 있습니다. 도대체 무슨 뜻이길래 이렇게 온 도시에 널려 있는 것일까요? 이 말은 라틴어 'Senatus Populusque Romanus'의 줄임말로, '로마의 원로원과 대중'이라는 뜻입니다. 이것은 고대 로마 정부의 슬로건이었습니다. 그때는 지금보다 더 심하게 도배되다시피해서 웬만한 건물의 비문에는 다 등장합니다. 지금은 로마시 정부의 슬로건으로 쓰이고 있다고 하네요.

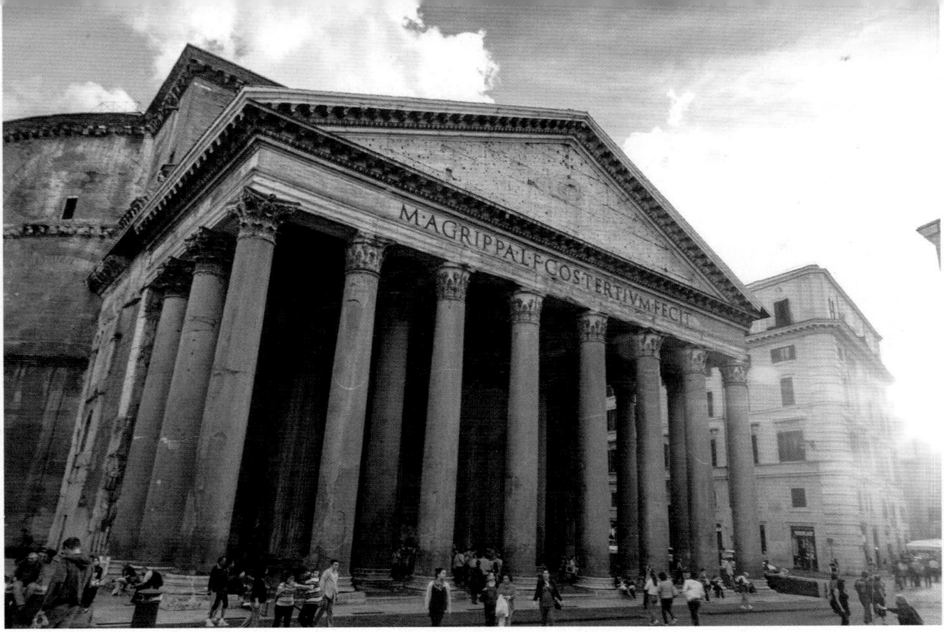

판테온 Pantheon

모든 신을 위한 신전

고대 로마인들은 다신교를 믿었고, 고대 그리스인의 종교를 고스란히 흡수하여 로마식 이름을 붙였다. 인간과 매우 비슷한 성정을 지닌 여러 신들이 등장하는 〈그리스 · 로마 신화〉가 바로 이들이 숭배한 신의 세계를 그린 것이다. 로마인들은 각 신의 신전을 세우고 그곳에서 복을 빌거나 미래를 점쳤다.

B.C.27년, 로마의 패권을 차지한 옥타비아누스의 오른팔 아그리파는 자기 영지에 대규모로 건축 공사를 진행했다. 그중 하나가 모든 신을 모시는 만신전(萬神殿), 바로 판테온이었다. 그러나 이 건물은 80년에 일어난 대화재로 깡그리 타버려 현재로서는 원형도 알 수 없다. 현재의 판테온은 125년경 하드리아누스 황제가 재건한 것이다. 로마 제국 내의 불신자와 이교도들을 감화하기 위한 목적이었다고 하나, 실제 쓸모에 대해서는 밝혀진 것이 없다. 심지어 당대의 학자들도 이게 어디에 쓰일 건물인지 몰랐다고 한다. 그러나 그런 것치고는 너무 잘 지은 건물이라는 것이 반전. 특히 지붕에 올린 거대한 돔은 현대의 건축가들도 혀를 내두를 정도로 뛰어난 구조라고 한다. 중세 시대에는 이런 거대한 돔을 인간이 만들 수 있을 리가 없다며 '악마의 건축물'로 경원했지만 르네상스 시대에는 배워야 할 건축의 고전으로 숭앙했다. 브루넬레스키가 판테온의 돔을 연구하여 피렌체 두오모의 쿠폴라에 응용한 것, 미켈란젤로가 이 건축물의 완벽함을 칭찬하며 '천사의 건물'이라고 말한 것 등은 유명한 사실이다. 이후 7세기 무렵 동로마 제국의 황제가 판테온을 교황에게 하사하여 가톨릭 성당으로 쓰이기 시작했고, 르네상스 시대 이후로는 이탈리아 위인들의 묘소로 사용되고 있다. 세상을 떠난 조상이 신과 같은 역할을 하는 동양적 관점으로 보면 판테온은 여전히 만신전의 역할을 하는 셈이다.

VOL.2 INFO P.308 MAP P.307D

로마 신화의 신들

유피테르 Jupiter

그리스 신화 : 제우스 Zeus

신들의 수장이자 번개의 신.

유노 Juno

그리스 신화 : 헤라 Hera

유피테르의 아내. 결혼과 가정 생활의 여신.

넵투누스 Neptunus

그리스 신화 : 포세이돈 Poseidon

바다를 관장하는 신. 영어권 명칭은 넵튠(Neptune).

플루토 Pluto

그리스 신화 : 하데스 Hades

죽음을 관장하는 신. 저승 세계의 왕.

케레스 Ceres

그리스 신화 : 데메테르 Demeter

농업을 관장하는 풍요의 여신.

아폴로/포이보스 Apollo/Poebos

그리스 신화 : 아폴론 Apollon

태양과 음악, 의술 등을 관장하는 신. '포이보스'는 태양신만 가리키는 말.

바쿠스 Bacchus

그리스 신화 : 디오니소스 Dionysos

술(와인)의 신이자 쾌락의 신.

빅토리아 Vitoria

그리스 신화 : 니케 Nike

승리의 여신.

베누스 Venus

그리스 신화 : 아프로디테 Aphrodite

아름다움을 관장하는 여신. 영어권 명칭 '비너스'로 더 유명하다.

불카누스 Vulcanus

그리스 신화 : 헤파이스토스 Hephaestos

불과 대장간을 주관하는 신.

마르스 Mars

그리스 신화 : 아레스 Ares

전쟁을 관장하는 군신(軍神).

디아나 Diana

그리스 신화 : 아르테미스 Artemis

달의 여신. 사냥과 순결을 관장한다.

메르쿠리우스 Mercurius

그리스 신화 : 헤르메스 Hermes

신과 신, 인간과 신 사이를 연결하는 전령. 영어권 명칭은 머큐리(Mercury).

쿠피드 Cupid

그리스 신화 : 에로스 Eros

사랑의 신. 화살을 쏘아 사랑을 불러일으킨다.

미네르바 Minerva

그리스 신화 : 아테나 Athena

지혜와 군사 전술을 관장하는 여신.

파우누스 Faunus

그리스 신화 : 판 Pan

목축의 신. 상반신은 인간이고 하반신은 염소다.

폼페이 Pompei

로마의 화석이 된 도시

A.D.79년, 베수비오 화산이 분화했다. 용암과 화산재는 삽시간에 인근의 도시를 덮쳤다. 로마 최고의 휴양지이자 향락의 도시 폼페이의 운명이 바로 그 순간에 끝났다. 폼페이는 로마 제국의 식민 도시였다. 아피아 가도(Appia 街道)로 이어지는 육상 교통과 나폴리-소렌토를 잇는 해양 교통이 교차하는 곳인 동시에 날씨가 좋아 교역과 상업, 휴양 산업이 크게 발달했다. 바실리카(대광장), 포룸, 신전, 원형 경기장, 극장 등 고대 로마 도시의 기본을 모두 갖춘 것은 물론 도시 구석구석에 로마 제국의 최첨단 도시 계획 및 건축 기술이 깃들어 있었다. 게다가 고대 로마 시대의 최대 복지 시설이자 위락 시설인 대형 공중 목욕탕도 있었다. 수도 기술이 워낙 좋아 집집마다 상하수도 시설이 완비되어 있을 정도였다. 그러나 이 모든 것은 베수비오 화산의 분화로 한순간에 사라진다. 그리고 본격적으로 발굴이 시작된 18세기까지 무려 2,000년 가까운 세월 동안 폼페이는 화산재 아래에서 고이 잠들었다. 그 '덕분'이라고 말하면 좀 이상할지 모르나, 다른 로마 유적 대부분이 세월과 인재에 풍화되어 폐허가 되거나 다음 시대의 건물 아래에 깔려 넋이라도 있고 없게 된 것과 달리, 폼페이는 도시 전체가 구조까지 고스란히 남게 되었다. 현존하는 로마 시대 도시 유적 중에서 가장 원형 보존이 잘 된 것으로, '로마의 화석'이라고도 불린다. 이미 18세기의 그랜드 투어 시절부터 유럽의 인기 관광지일 만큼 유명했다. 역사를 여행의 중요한 테마 중 하나로 선택하는 사람에게는 이탈리아 최고의 볼거리가 될 것이다.

VOL.2 INFO P.626 MAP P.632 · 633

폼페이에 대해 조금 더 알고 싶다면

비극의 씨앗
베수비오산
Vesuvio

대분화로 폼페이를 단숨에 지도에서 덮어 버린 바로 그 화산이다. 그 후로도 몇 번 더 분화했으나 그 때만큼 큰 규모는 없었고, 현재는 간간히 연기만 올라오는 정도다. 분화구까지 갈 수 있는 등산로가 조성되어 있는데, 경사는 다소 급하지만 길이 고르게 잘 닦여 있어 전문 등산 장비 없이도 산책하는 기분으로 오르내릴 수 있다.

진짜 유물은 여기에
나폴리 국립 고고학 박물관
Museo Archeologico Nazionale di Napoli

현재 폼페이 유적지에는 건물이나 시설, 벽화 등 움직일 수 없는 것들만 남아 있고 현장에서 출토된 각종 유물 및 예술품은 모두 나폴리 고고학 박물관에서 소장·전시 중이다. 각종 그릇, 모자이크화, 조각 작품 등이 모두 이곳에 있다. 특히 모자이크화는 폼페이 유적에 있는 것들은 모두 모조품이고 이곳에 진품이 있다. 폼페이에서 출토된 19금 유물만 전시하는 공간도 있다.

VOL.2 INFO P.593 MAP P.590A

Writer's Note 헤르쿨라네움 Herculaneum

베수비오 화산 때문에 한순간에 잿더미에 묻힌 도시는 폼페이만이 아닙니다. 인근의 4~5개 도시가 동시에 비극적인 운명을 맞았어요. 그중 한 곳인 헤르쿨라네움은 폼페이와 비슷한 작은 식민 도시였습니다. 최근에 발굴이 어느 정도 마무리되어 관광객을 받기 시작했습니다. 폼페이보다 훼손 정도가 훨씬 덜해 최근 고고학 마니아들은 이쪽을 많이 찾는 추세라고 합니다. 역사 여행을 좋아한다면 이름이라도 꼭 외워 두세요. 덧붙여 폼페이와 헤르쿨라네움 등이 베수비오 화산 대분화의 피해를 입은 이유는 바람이 남쪽으로 불었기 때문이었다죠. 만약 바람이 반대 방향으로 불었다면 역사에서 사라진 도시는 나폴리였을 거랍니다.

Part 2. 공화국과 왕국의 흥망성쇠

이탈리아를 여행하는 사람들이 가장 많이 느끼는 감상 중 하나는 '단 하나도 같은 도시가 없다'는 것. 도시마다 색채와 느낌이 너무도 달라서, 도시 하나를 지날 때마다 마치 다른 나라를 여행하는 기분이 든다는 것이다. 그도 그럴 것이, 로마 제국이 멸망하고 19세기 말 통일 이탈리아가 등장하기 전까지 1,000년이 넘는 시간 동안 이탈리아의 웬만한 도시들은 각각 독립된 하나의 국가였다. 지금은 모두 역사에 묻힌 이야기가 됐지만, 그 당시의 흔적을 담은 장소들은 여전히 남아 찾아오는 이에게 옛 이야기를 들려주고 있다.

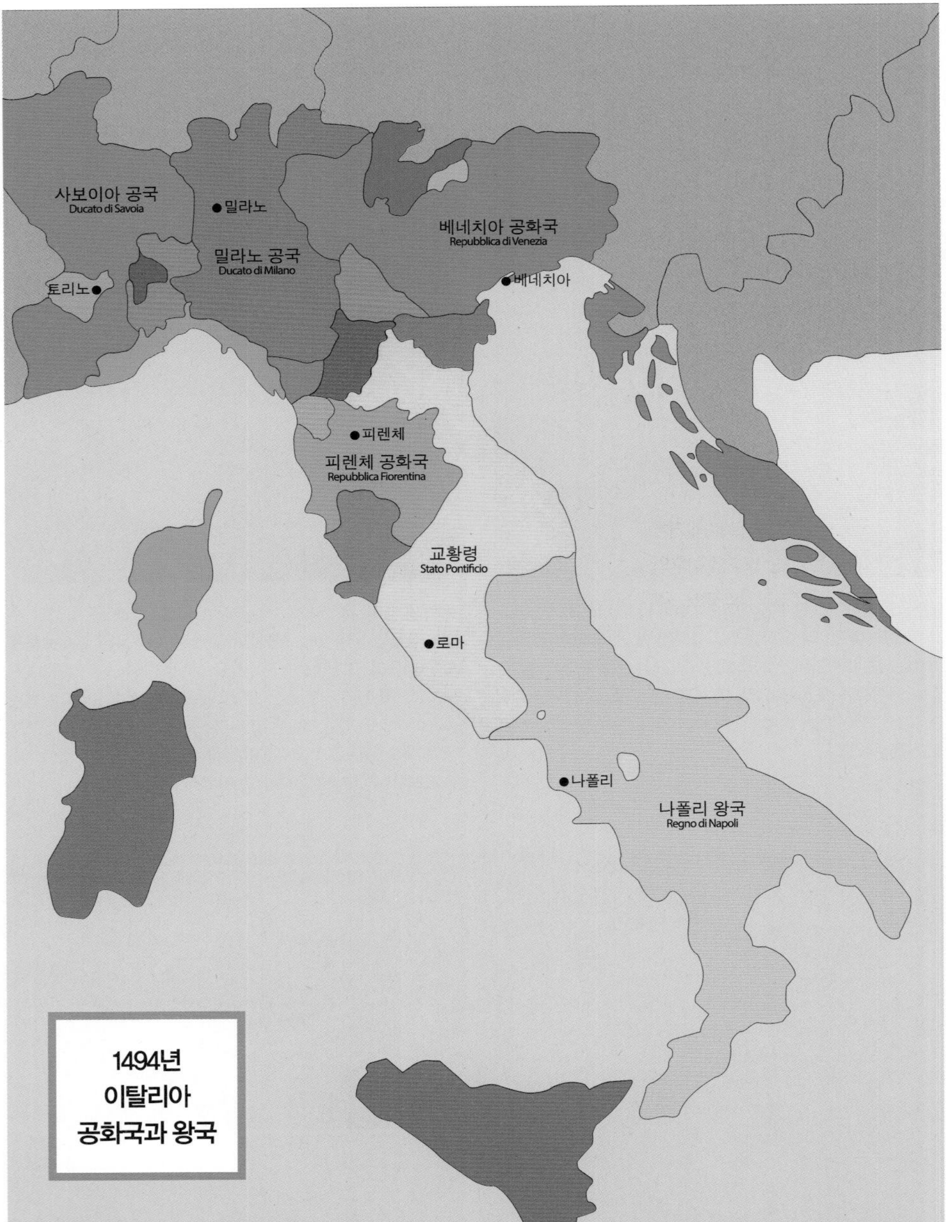

사보이아 공국
Ducato di Savoia
밀라노
밀라노 공국
Ducato di Milano
토리노
베네치아 공화국
Repubblica di Venezia
베네치아
피렌체
피렌체 공화국
Repubblica Fiorentina
교황령
Stato Pontificio
로마
나폴리
나폴리 왕국
Regno di Napoli

1494년
이탈리아
공화국과 왕국

로마-교황령

산 조반니 인 라테라노 대성당
Basilica di San Giovanni in Laterano

오래 전 교황이 살던 곳

가톨릭의 수장 '교황(敎皇)'은 이탈리아 역사에서 절대 빼놓을 수 없는 중요한 위치에 있다. 정신 세계를 지배하는 종교의 수장이었던 것은 물론, '교황령(Status Pontificius)'이라는 이름으로 이탈리아의 넓은 영토를 세속적으로 통치하는 군주였다. 예수의 제1 제자이자 최초의 교황인 베드로가 로마에 자리를 잡고 선교 활동을 벌이다가 순교한 이래 로마는 교황이 머무는 땅이 되었다. 14세기의 아비뇽 유수 기간을 제외하면 교황의 주거지와 주교좌성당은 계속 로마에 있었다. 단, 지금처럼 바티칸이 절대지존 유일무이한 것은 아니었다. 바티칸에 궁전이 생긴 5세기부터 오랫동안 외국 사절을 접대하는 영빈관으로 쓰였고, 아비뇽 유수 이후 교황의 거처로 사용되기는 했으나 바티칸 말고도 거처가 세 곳이나 더 있었다. 바티칸이 교황청의 온전한 터전이 된 것은 1929년 이후의 일이다. 산 조반니 인 라테라노 대성당은 아비뇽 유수 전까지 교황청이 있던 곳이다. 이곳에는 로마 시대부터 라테라노 궁전(Palazzo Laterano)이 있었는데, 기독교를 공인한 콘스탄티누스 1세 황제가 2세기경 성 밀티아데스 교황에게 이 궁전을 헌정했다. 그 다음 교황인 실베스테르 1세는 궁전에 속한 성당을 증축하고 공식적인 교황 주거지이자 주교좌성당으로 공표했다. 그후 1309년 아비뇽 유수 때까지 모든 교황들이 이곳에 거주했다. 그러나 1307년과 1361년에 일어난 큰 화재로 대부분이 훼손되었고 아비뇽 유수 이후 로마로 돌아온 교황은 거주가 불가능하다는 판단을 내리고 대대적인 보수 공사를 시작했다. 그동안 교황청은 바티칸을 비롯한 서너 곳의 성당과 궁전을 전전하다가, 1929년 라테라노 조약과 함께 바티칸 시국에 정착했다.

지금 이곳은?! 산 조반니 인 라테라노 대성당은 교황청이나 교황 거주지는 아니다. 그렇지만 교황이 직접 미사를 집전하는 바실리카(Basilica)이자 로마 교구의 주교좌성당으로서 로마 내의 모든 성당 중 으뜸을 차지한다. 심지어 산 피에트로 대성당보다도 서열이 높다.

VOL.2 INFO P.279 MAP P.275D

PLUS TIP 알아두면 쓸모 있는 역사적 사건

아비뇽 유수 Avignon Papacy

1309년부터 1377까지 교황청이 프랑스의 아비뇽으로 이전했던 사건. 십자군 전쟁의 연패로 교황의 권력은 매우 약해지고 상대적으로 프랑스 왕의 세력이 컸던 시절, 프랑스 왕이 교황을 프랑스 남부의 아비뇽에 머무르게 했던 것을 말한다. 이 당시의 교황은 모두 프랑스인이었다.

라테라노 조약 Patti Lateranensi

1929년 교황청과 이탈리아 왕국 간에 맺은 조약으로, 바티칸 시국의 독립과 로마 가톨릭 교회의 특권을 인정하는 내용이다. 이로써 교황청은 바티칸이라는 온전하고 안정적인 터전을 얻게 되었다. 문제는 이 조약을 맺을 당시 이탈리아 왕국 측 담당자가 파시즘의 대부 무솔리니였다는 사실 때문에 아직까지도 '교황청이 파시즘에 눈을 감았다'는 비난을 듣고 있다.

피렌체 - 피렌체 공화국

베키오 궁전 Palazzo Vecchio

피렌체의 역사를 모두 지켜본 곳

#피렌체공화국 #토스카나대공국 #메디치가문 #화무십일홍

피렌체는 10세기경부터 19세기 말까지 유럽에서 가장 중요하고 강력한 소도시 국가 중 하나였다. 원래는 토스카나 공국이라는 작은 나라의 일부였는데, 12세기 초 영주가 죽자 독립을 선언했다. 명목상으로는 신성 로마 제국의 일부였지만, 사실상 모든 자치권을 갖고 있는 독립국이었다. 일단 피렌체는 돈이 많았다. 금융과 무역, 직물 가공이나 공예 등 당시 최고 고부가가치 산업은 죄다 피렌체가 꽉 잡고 있었다. 신분은 높지 않았으나 남부러울 것 없었던 피렌체의 시민들은 대부분 길드에 소속되어 있었고, 그중 가장 대표적인 8개 길드의 수장과 선거로 뽑힌 리더 곤팔로니에레(Gonfaloniere)까지 모두 9명이 '시뇨리아(Signoria)'라고 하는 시 정부를 구성했다. 이것이 피렌체 공화국(Repubblica di Firenze)이다. 이후 13세기 초에 귀족 세력과 시민 세력이 첨예하게 대결한 끝에 시민 세력이 승리하여 귀족 세력을 완전히 축출했다. 시민들은 두 번 다시 귀족 세력이 피렌체에 발을 붙이지 못하게 하기 위해 귀족 저택 터에 공화국 정부 청사를 짓기로 결정한다. 건축을 담당한 것은 르네상스 초기 '건축의 아버지'로서 두오모와 산타 크로체 성당을 탄생시킨 아르놀포 디 캄비오(Arnolfo di Cambio)였다. 이때까지만 해도 이 건물의 이름은 시뇨리아 궁전(Palazzo Signoria)이었다.

그런데 피렌체 공화국의 운명이 바뀐다. 14세기 말 흑사병이 창궐하면서 주요 세력이 대부분 죽고 그 자리에 새로운 가문 하나가 떠오르게 된 것. 이것이 바로 그 유명한 메디치(Medici) 가문이다. 메디치 은행의 성공으로 거부가 된 메디치가는 곤팔로니에레를 거쳐 피렌체의 실질적인 통치권을 쥐고, 마침내 16세기 중 · 후반에 교황에게 공작 작위를 받아내며 피렌체를 비롯한 토스카나 전체를 다스리는 제후가 된다. 토스카나 공작이 된 메디치가는 통치력을 과시하기 위한 목적으로 거주지를 시뇨리아 궁전으로 옮긴다. 그러나 그것도 잠시, 경쟁 가문이었던 피티 가문의 거대한 궁전을 매입해 이사를 간다. 결국 시뇨리아 궁전은 '옛 궁전'이라는 뜻의 '베키오 궁전(Palazzo Vecchio)'이라는 이름으로 남는다.

지금 이곳은?! 18세기 말 메디치가의 대가 완전히 끊기면서 토스카나 대공국도 역사 속으로 사라졌다. 19세기 말 이탈리아가 통일되자 베키오 궁전에는 다시 피렌체시 의회가 들어왔다. 지금도 피렌체시 의회가 자리하고 있으며, 일부는 박물관으로 시민에게 공개 중이다.

VOL.2 INFO P.495 MAP P.491C

메디치 이야기

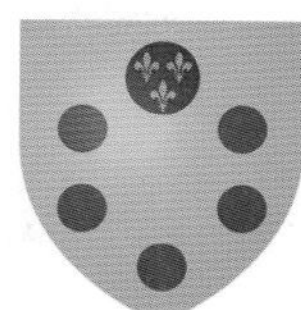

피렌체는 중세 이탈리아의 문예 부흥과 예술의 중심지였다. 원래는 토스카나 대공국의 일부였으나 10세기에 영주가 죽자 독립을 선언하고 공화국이 되었다. 13세기부터 금융업과 무역, 직물, 공예 등으로 부를 쌓았으나 위기가 터졌다. 흑사병이 창궐한 것. 인구가 줄어들고 가장 강력했던 은행이 문을 닫게 된다. 그러나 누군가의 위기는 누군가에게 기회인 법. 이런 분위기를 타고 한 가문이 역사 위로 부상한다. 그것이 바로 메디치(Medici) 가문이다.

메디치는 원래 금융업에 종사하는 중산층 정도의 가문이었다. 그러나 13세기 전후에 조반니 메디치(Giovanni Medici)라는 인물이 메디치 은행을 개업하며 가문의 운명이 바뀌었다. 금융권이 무너진 피렌체 금융 시장에 새로운 큰 손으로 떠오른 것. 조반니 메디치는 재력을 바탕으로 피렌체 의회를 쥐락펴락했고, 그의 아들인 코지모 디 메디치는 한 번 추방당했으나 다시 돌아와 피렌체의 국부로 불릴 정도로 실권을 장악한 인물이 되었다. 코지모의 손자 로렌초 메디치에 이르면 메디치가는 피렌체의 실질적인 지배 세력이 된다. 3대에 걸친 토대 닦기 덕에 메디치는 중부 이탈리아의 절대 권력이 되었고, 이후 교황도 여러 명 배출했다. 그리고 16세기 초, 방계 후손이었던 코지모 1세가 교황에게 토스카나 대공 작위를 받아 피렌체를 중심으로 한 토스카나 일대 전체를 지배하는 '토스카나 대공국'을 세웠다.

메디치가는 단지 돈만 많았던 것이 아니라, 돈을 가치 있게 쓸 줄도 아는 사람들이었다. 수많은 예술가를 후원하고 그들의 작품을 수집했다. 로렌초 메디치는 미켈란젤로, 레오나르도 다빈치, 보티첼리 등을 후원한 것으로 유명하다. 메디치가에서 모아 놓은 작품으로만 구성된 미술관이 피렌체에만 세 곳이 있을 정도. 그것이 이탈리아에서 가장 유명한 미술관인 우피치 미술관(Galleria degli Uffizi), 그리고 피티 궁전의 팔라티나 미술관(Galleria Palatina)과 조각 전문 미술관인 국립 바르젤로 박물관(Museo Nazionale del Bargello)이다.

밀라노 - 밀라노 공국

스포르체스코성 Castello Sforzesco

용병대장의 르네상스 명품 취향

피렌체에 메디치 가문이 있다면 밀라노에는 비스콘티(Bisconti) 가문이 있다. 1277년 가문의 창시자인 오토네 비스콘티(Ottone Visconti)가 밀라노 대주교로 임명되면서 밀라노의 지배 세력으로 자리매김했고, 1395년에 신성 로마 제국에 큰 돈을 바쳐 공작 작위를 얻어내며 밀라노 공국(Ducato di Milano)이 탄생한다. 비스콘티가는 약 50년간 번영을 누리다가 1447년 3대 공작이 후사 없이 사망하는 바람에 잠시 대가 끊기고 이 틈을 타 '암브로시아 공화국(Repubblica Ambrosiana)'이 잠시 세워진다. 이때다 싶었던 베네치아 공화국이 밀라노로 진격하자, 암브로시아 공화국 측에서는 용병대장이자 비스콘티 공작 가문의 사위인 프란체스코 스포르차(Francesco Sforza)에게 방어를 부탁한다. 그러나 베네치아보다 열 배쯤은 더 '이때다!'라고 생각했던 스포르차는 암브로시아 공화국의 뒤통수를 거하게 치고 밀라노로 진격하여 마침내 패권을 거머쥐었다. 스포르차 가문이 지배하는 밀라노 공국 시즌 2가 막을 연 것이다.

프란체스코 스포르차는 밀라노 중심부에 자리한 포르타 조바성(Castello di Porta Giova)을 증개축하여 거주지로 삼았다. 포르타 조바성은 1370년에 방어용 성채로 축성되었다가 비스콘티 공작가의 거주지로 쓰였는데, 암브로시아 공화국의 공격을 받아 크게 훼손된 상태였다. 이곳이 바로 현재의 스포르체스코성이다. 이후 4대 통치자인 루도비코 마리아 스포르차(Ludovico Maria Sforza)가 신성 로마 제국에서 정식으로 밀라노 공작 지위를 받고 최고의 번영기를 이끌어간다. 루도비코 스포르차는 레오나르도 다빈치와 브라만테 등 르네상스의 여러 거장을 후원하여 밀라노의 문화적 중흥을 이끈 인물로 평가 받지만, 자신의 권좌를 위해 프랑스를 끌어들여 이탈리아 전쟁을 일으킨 인물이었다. 결국 스포르차가는 1535년 마지막 통치자가 죽은 뒤 후사가 끊겼고, 이탈리아 통일까지 프랑스와 스페인, 오스트리아에게 숱하게 시달리며 서러운 세월을 보내야 했다.

지금 이곳은?! 현재 스포르체스코성은 박물관으로 쓰이고 있는데, 스포르차가에서 수집한 중세-르네상스 시대의 미술품과 다양한 분야의 컬렉션을 볼 수 있다. 가장 유명한 것은 미켈란젤로의 마지막 작품인 〈론다니니 피에타(Rondanini Pieta)〉이다.

VOL.2 INFO P.405 MAP P.404B

베네치아 – 베네치아 공화국

두칼레 궁전 Palazzo Ducale

천년 공화국의 영욕이 담긴 곳

베네치아는 유럽의 역사를 통틀어 매우 특별한 역사를 지녔다. 7세기 말부터 18세기 말까지 1,000년에 가까운 세월 동안 온전히 독립을 유지했던 공화국은 베네치아가 유일하기 때문이다. 초창기에만 잠시 형식적으로 동로마 제국의 위성 국가에 속해 있었을 뿐 11세기 이후에는 이마저도 벗어난다. 동로마 제국, 오스만 투르크, 제노바 공화국 등과 끝없이 반목하면서 동지중해의 패권을 지켜냈고, 오리엔트 지역과 유럽 사이의 무역 관문 역할을 하며 막대한 부를 축적했다.

베네치아는 처음 독립해서 도시 국가를 꾸릴 무렵부터 공화정을 선택하여 나폴레옹의 침공으로 멸망할 때까지 줄곧 유지했다. 투표를 통해 '도제(Doge)'라는 수장을 선출했는데, 도제라는 말은 이탈리아어 두체(Duce)의 베네치아식 표현으로, 영어로는 듀크(Duke)에 해당한다. 도제는 종신직이었으나 절대 권력은 아니었고, 보좌관 및 10인회 등 다양한 견제 세력이 존재했다. 베네치아 공화국 정부의 핵심 건물이 바로 두칼레 궁전이다. 두칼레(Ducale)는 이탈리아어로 '도제의 궁전'이라는 뜻으로, 도제의 거주 공간을 중심으로 의회, 원로원, 재판소 등이 모두 이곳에 자리하고 있었다. 아주 단아하면서도 깔끔한 것이 특징으로, 베니션-고딕(Venetian-Gothic) 양식을 대표하는 건축물로 손꼽힌다. 두칼레 궁전은 나폴레옹의 침공으로 베네치아 공화국이 문을 닫을 때까지 변함없이 이 역할을 유지했고, 이후에도 어떤 지배 세력이든지 당연한 듯 이곳을 중심 관청으로 사용했다고 한다.

지금 이곳은?! 이탈리아 통일 후 전면 개보수하여 박물관으로 꾸몄다. 지금은 대부분의 공간을 개방해서 박물관과 도제의 거주 공간을 중심으로 전시 공간으로 꾸며 놓았다.

VOL.2 INFO P.371 MAP P.367D

토리노 – 사보이아 공국

토리노 왕궁 Palazzo Reale di Torino

이탈리아를 통일한 이들의 궁전

여러 개의 도시 국가, 남부의 왕국, 교황령 등으로 따로 또 같이 한 지붕 여러 나라로 흩어져 있던 이탈리아는 1861년 '이탈리아 왕국'이라는 이름으로 통일된다. 이때 통일을 주도한 세력은 어디였을까? 천년 공화국 베네치아? 예술과 문화의 수도 피렌체가 있던 토스카나 대공국? 아니면 교황? 정답은 사르데냐–피에몬테 왕국(Regno di Sardegna–Piemonte)으로, 사르데냐섬과 피에몬테 지방에 자리한 소왕국이었다.

사르데냐–피에몬테 왕국은 사보이아(Savoia)라는 공작 가문이 지배하던 사보이아 공국에서 시작한다. 사보이아 가문은 12세기부터 프랑스 남부와 이탈리아 서북부를 지배하다 1416년 공작 작위를 받게 되면서 영지가 '사보이아 공국'으로 격상된다. 1563년에는 토리노로 수도를 옮기며 본격적으로 이탈리아의 여러 왕국 중 하나로 자리매김을 하는데, 이들이 거주하던 곳이 바로 토리노 왕궁이다. 겉으로 보기에는 수수하지만 내부는 아주 화려한데, 프랑스 베르사유 궁전의 영향을 받았다고 한다. 이 궁전은 1865년 이탈리아 왕국이 수도를 피렌체로 옮기면서 1차로 쓰임을 다 했고, 제2차 세계 대전 이후 1946년에 열린 국민 투표로 이탈리아 왕국이 끝나고 이탈리아 공화국이 성립되며 완전히 소임을 다한다.

지금 이곳은?! 1946년 국민 투표로 인해 사보이아 왕가는 이탈리아에서 추방되고, 토리노 궁전은 사보이아 왕가의 생활을 보여주는 박물관으로 용도 변경된다. 사보이아 왕가의 직계 남자 후손들은 2002년까지 이탈리아 입국이 금지되었다. 현재도 사보이아 왕가에 대해 국민 감정이 별로 좋지 않다고 한다.

VOL.2 INFO P.453 MAP P.450D

나폴리-나폴리 왕국

플레비시토 광장 Piazza del Plebiscito

나폴리, 이탈리아가 되다

나폴리와 시칠리아섬을 중심으로 한 이탈리아 남부 지역은 로마 시대 이후로 중북부와는 전혀 다른 길을 걸었다. 중북부가 주로 이탈리아반도 내에서 같은 민족끼리 작은 공국이나 도시 국가를 꾸려 독립적으로 옹기종기 살아간 것에 비해 남부에는 유럽 대륙의 온갖 혈연과 이해 관계가 뒤엉킨 2개의 왕국이 존재했다. 하나는 12세기에 시칠리아섬을 중심으로 일어난 시칠리아 왕국(Regno di Sicilia), 또 다른 하나는 13세기에 시칠리아 왕국에서 분리되어 나온 나폴리 왕국(Regno di Napoli)이다. 사실은 두 왕국이 모두 '내가 진짜 시칠리아 왕국이다!'라고 주장하는 형국이었지만, 후대의 역사학자들이 편의상 나폴리가 수도인 왕국을 '나폴리 왕국'으로 칭한 것이다. 어쨌든 나폴리 왕국의 역사는 매우 파란만장했는데, 프랑스 계열의 앙주 왕가부터 스페인의 아라곤 왕국, 오스트리아의 합스부르크, 프랑스의 보나파르트 왕가와 부르봉 왕가 등 유럽에서 한자리 한다는 세력들은 모두 한 번씩 지배 세력으로 거쳐갔다. 복잡하고 파란만장하던 남부의 역사는 1816년 시칠리아 왕국과 나폴리 왕국이 통합하여 '양 시칠리아 왕국(Regno delle Due Sicilie)'이 되며 한 차례 정리된다. 이탈리아반도에 존재하던 수많은 나라 중 가장 큰 국토를 차지한 국가였다. 그러나 1860년 이탈리아 통일 전쟁에서 양 시칠리아 왕국이 패하면서 남부의 독립 왕국은 영원히 역사 속으로 사라진다. 이때 나폴리 왕국이 통일 이탈리아 아래로 들어갈지 말지를 결정하는 국민 투표가 벌어졌는데, 그 현장이 바로 플레비시토 광장이었다. 이탈리아어로 플레비시토(Plebiscito)가 바로 '국민 투표'라는 뜻. 재미있는 것은 이 광장을 조성했던 보나파르트 왕가 출신 무라트왕은 이곳을 황제에게 바치는 것으로 생각했다는 것이다. 그리고 그가 이 광장을 바치려 한 황제는 다름아닌 나폴레옹이었다. 단 한 사람의 지배자를 위해 만들었던 광장이, 후일 민중의 의견을 수렴하여 나라의 운명을 결정하는 현장으로 쓰인 것이다.

지금 이곳은?! 나폴리의 중심 관광지로 사랑받는 중이다. 주변에 나폴리 왕궁, 톨레도 거리, 산 카를로 극장, 움베르토 1세 회랑 등 주요 볼거리가 모두 모여 있기도 하지만, 광장 자체의 분위기도 매우 근사하다. 황제에게 바치려고 했던 광장이라는 것이 실감날 정도로.

VOL.2 INFO P.599 MAP P.597D

THEME 03
건축

건축 양식을 알면 역사가 보인다

유럽의 건축물들을 소개할 때는 으레 따라붙는 수식들이 있다. '이 건물은 고딕 양식으로…', '바로크 양식의 대표적인 건축물로….' 등등. 그렇다. 바로 '양식'이다. 고딕 · 르네상스 · 바로크 등의 양식은 일정 시대에 유행한 미술 · 음악 · 건축 스타일에 이름을 붙인 것으로, 그 자체에 시대상이 새겨져 있다고 해도 과언이 아니다. 그냥 흘려 들을 수 있는 고딕 · 르네상스 · 바로크와 같은 이름의 연유에 귀를 기울이면 유럽과 이탈리아가 보내온 천년의 세월이 당신에게 말을 걸기 시작할 것이다.

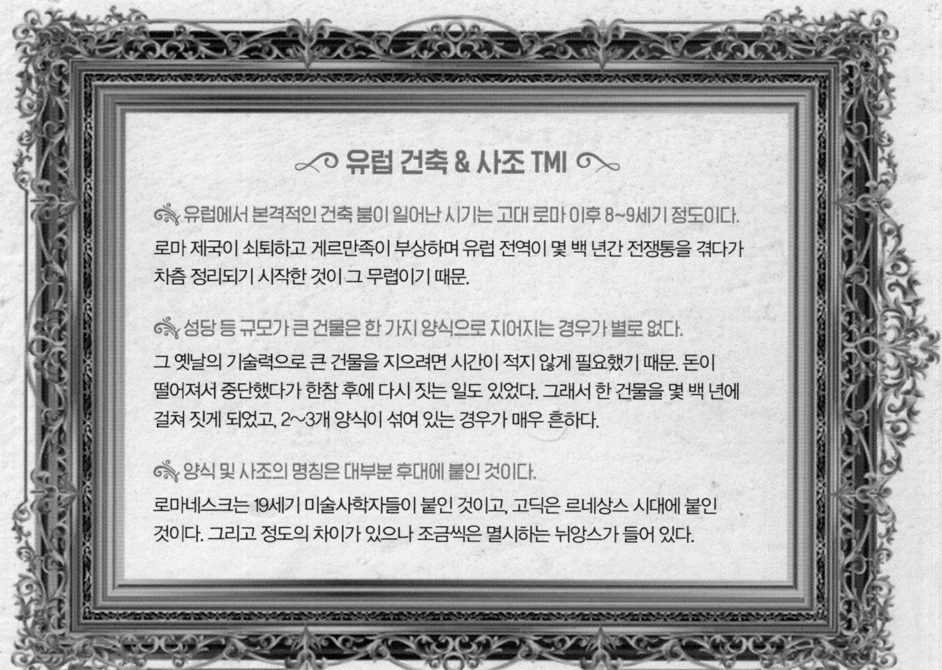

유럽 건축 & 사조 TMI

유럽에서 본격적인 건축 붐이 일어난 시기는 고대 로마 이후 8~9세기 정도이다.

로마 제국이 쇠퇴하고 게르만족이 부상하며 유럽 전역이 몇 백 년간 전쟁통을 겪다가 차츰 정리되기 시작한 것이 그 무렵이기 때문.

성당 등 규모가 큰 건물은 한 가지 양식으로 지어지는 경우가 별로 없다.

그 옛날의 기술력으로 큰 건물을 지으려면 시간이 적지 않게 필요했기 때문. 돈이 떨어져서 중단했다가 한참 후에 다시 짓는 일도 있었다. 그래서 한 건물을 몇 백 년에 걸쳐 짓게 되었고, 2~3개 양식이 섞여 있는 경우가 매우 흔하다.

양식 및 사조의 명칭은 대부분 후대에 붙인 것이다.

로마네스크는 19세기 미술사학자들이 붙인 것이고, 고딕은 르네상스 시대에 붙인 것이다. 그리고 정도의 차이가 있으나 조금씩은 멸시하는 뉘앙스가 들어 있다.

이탈리아 건축물을 볼 때 알아 두면 좋은 용어

바실리카 Basilica

고대 로마 시대의 공회당을 일컫는 단어로, 넓고 높고 길쭉한 단층 건물에 건물 내부 양쪽으로 기둥이 늘어서 있었다. 로마 시대 이후로는 주로 성당 건물을 이런 식으로 짓고 '바실리카 양식'이라고 불렀다. 현재는 역사적 중요도가 높고 규모가 크며 교황이 미사를 집전하는 성당을 일컫는 용어로 정착되었다.

파사드 Façade

건물의 주 출입구가 있는 정면을 뜻한다. '입면(立面)'이라고도 한다. 서양의 건축물, 특히 성당은 파사드를 매우 화려하게 꾸민다.

쿠폴라 Cupola

건물 위로 돌출되어 나온 돔형 천장. 실내 공기 순환 및 채광을 위해서 만드는 경우가 많다. 고대 로마 시대의 기술이 르네상스 시대에 발전한 것이라고 한다. 위에 전망대가 설치되어 있는 경우가 종종 있다.

TIP 돔 지붕은 '두오모'라고도 하는데, 현재는 한 지역을 대표하는 대성당을 가리키는 단어로 쓰인다.

버트레스 Buttress

벽이 지붕이나 자기 무게를 견디지 못하고 무너져 내리는 것을 방지하기 위해 벽에 수직으로 덧대어 세운 짧은 벽 또는 기둥.

유럽 건축 양식 한눈에 보기

비잔틴 양식 6~15세기

베네치아 산 마르코 대성당

로마와 중동이 만났다.
특징 둥근 돔, 금빛 모자이크

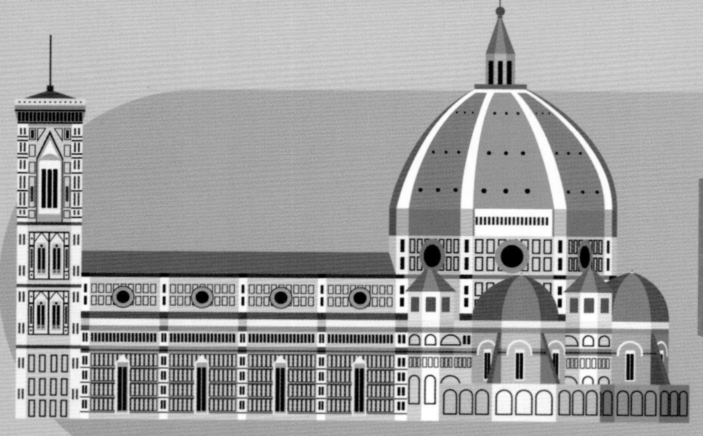

르네상스 양식 14~16세기

피렌체 두오모

균형과 비례, 그리고 실용!
특징 완벽한 조화와 균형, 돔과 둥근 아치

바로크 양식 16세기 말~18세기

로마 산 피에트로 대성당

요철과 명암이 빚어내는 강렬하고 장엄한 대비
특징 극명한 대비와 역동적이고 화려한 조각

로마네스크 양식 10~13세기

피사 두오모

로마의 기술과 양식을 모방한 중세 건축.
특징 둥근 아치, 두꺼운 벽, 작은 창문

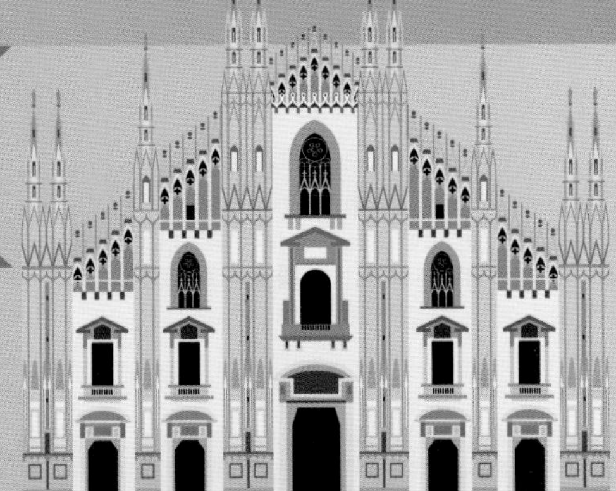

고딕 양식 12~14세기

밀라노 두오모

크다. 웅장하다. 높다. 뾰족하다.
말도 못하게 화려하다.
특징 높은 첨탑, 장미 문양 창, 스테인드글라스

신고전주의 양식 18~19세기

로마 비토리오 에마누엘레 2세 기념관

타락한 장식은 가라! 고전으로 돌아간다! **특징** 열주 기둥, 단순하고 직선적인 형태

6~15세기

동서양의 크로스
비잔틴 Byzantine

서기 5세기. 로마 황제 테오도시우스 1세는 죽기 전, 로마 제국을 동서로 쪼개어 두 아들에게 나눠주었다. 이로써 로마 제국은 서로마와 동로마로 나뉜다. 둘 중에서 현재 서유럽 지역에 해당하는 서로마는 게르만족에게 시달리다 결국 정복당하며 짧은 역사를 마감하고, 동로마 제국이 로마의 정통을 계승한다. 그러나 동로마 제국도 게르만족에게 시달리기는 마찬가지여서 수도인 로마가 위협받는 처지에 놓이자 현재의 이스탄불로 수도를 옮긴다. 당시 이스탄불은 그리스의 식민지 시절에 쓰던 이름 '비잔티움'이라고 불렸고, 이 때문에 동로마 제국은 비잔틴 제국이라는 별명으로 불린다. 비잔틴 양식은 바로 이 당시 동로마 제국의 건축 양식으로, 로마 제국 건축물 특유의 견고함・웅장함에 중동 지역의 색채가 가미되어 있다. 보통 서구의 성당이 한 변이 길쭉한 십자가 모양인 데 비해 비잔틴 양식 성당은 양 변의 길이가 같은 '그릭 크로스(Greek Cross)' 형태다. 이것은 중앙의 지붕은 큰 돔, 주변의 지붕에는 작은 돔을 덮어 크고 작은 돔 여러 개가 버섯을 이어 놓은 것 같은 모양새다. 내부는 금칠과 스테인드글라스 등으로 매우 화려하게 장식한다. 동로마 제국의 주 영토였던 터키에서 가장 많이 발견되고, 이탈리아에서는 아주 흔한 양식은 아니며 동로마 제국의 직접 세력권 안에 있었거나 교류가 활발했던 지역에서 일부 발견된다.

대표 건축물

베네치아 산 마르코 대성당 Basilica di San Marco

이탈리아에서 가장 대표적인 비잔틴 건축물. 신약의 4대 복음서 중 하나인 〈마가복음〉의 저자이자 베네치아의 수호 성인인 성 마르코의 유해를 모시고 있다. 당시 베네치아의 지도자 도제(Doge)가 성인의 유해를 모실 성당을 두칼레 궁전 옆에 지을 것을 명하여 산 마르코 대성당이 만들어지게 된다. 당시 베네치아가 시대적・ 지리적으로 동로마 제국의 세력권에 있었기 때문에 문화적 영향을 받은 것이 당연하다고 볼 수 있다.

VOL.2 INFO P.369 MAP P.367D

로마의 꿈을 꾸는 게르만의 건축
로마네스크 Romanesque

오랜 혼란의 시기가 정리되고 유럽 땅에는 프랑크 왕국과 신성 로마 제국 등으로 이어지는 게르만족의 시대가 본격적으로 열린다. 교황청으로부터 '로마 제국 황제'의 관을 받아 든 게르만의 왕국들은 이전 시대보다 훨씬 크고 높은 교회를 지어댔다. 신의 세계에 다가가고 싶은 신앙심과 게르만의 제국이 기독교의 1세계라는 것을 과시하고 싶은 욕구가 뒤섞인 결과였다. 이들은 되도록 높고 큰 건물을 짓기 위해 여러 가지 건축 기술을 이용했다. 벽을 두텁게 다지고, 기둥을 크고 견고하게 세웠다. 벽이 워낙 두꺼워 창문을 많이 내지 못했다. 하중을 분산시키기 위해 벽에 붙임 기둥 같은 형태의 버트레스를 세웠고, 기둥이나 요철을 이용하여 아치 모양의 장식을 하는 등의 특징이 있다. 그런데 사실 이 시대에 쓰인 기술은 대부분 고대 로마의 기술을 계승, 응용한 것이었다. 19세기의 학자들은 이를 '로마인 듯 로마 같지만 로마는 아닌 독자적 양식'이라고 하여 '로마네스크'라고 명명했다. 당시 로마네스크 양식은 게르만족이 점령한 곳마다 유행해 성당·수도원은 물론 궁전, 성, 관청, 성벽까지 매우 다양한 형태로 남아 있다. 이탈리아는 로마의 피를 직접 물려받은 나라라 게르만 국가들과는 또 다른 독자적인 형태의 로마네스크 양식을 발전시켰다고 평가받고 있다.

대표 건축물

피사 두오모 Duomo di Pisa

피사의 두오모에서 '피사의 사탑'만 생각한다면 본당에게 너무도 미안한 일이다. 피사의 두오모 본당은 11세기에 세워진 이탈리아 로마네스크 건축물의 대표 주자이기 때문. 벽면과 파사드의 아치 장식과 벽체, 축조 방식 모두 훌륭한 로마네스크 건축의 표본을 보여준다. 내부로 들어가면 높은 천장 위로 듬성듬성 뚫린 창문과 평평한 천장 등 로마네스크의 특징이 더욱 많이 드러난다. 피사 두오모의 종탑인 '피사의 사탑'도 마찬가지로 로마네스크 양식으로 지어졌다.

VOL.2 INFO P.506 MAP P.505

12~14세기

대성당의 시대 고딕 Gothic

10세기가 넘어가면 유럽 대륙에는 체계라는 것이 자리 잡기 시작한다. 서쪽은 프랑스가 꽉 잡고, 동쪽은 동프랑크 왕국이 '신성 로마 제국'이라는 이름으로 로마 황제의 관을 물려받는다. 이 시절에는 왕이 강력한 왕권을 발휘하는 중앙 집권 체제가 아니라 각각의 도시가 작은 국가가 되어 중앙의 왕을 섬기는 '봉건 제도'가 발달한다. 각 도시 국가는 신앙심과 자기 도시의 존재감을 과시하기 위해 더욱 더 크고 아름다운 성당을 짓기 시작한다. 문제는 로마네스크 스타일의 두꺼운 벽과 기둥으로는 규모를 확장하는데 한계가 있었던 것. 그래서 고안한 것이 '플라잉 버트레스'였다. 땅에 박혀 있는 버트레스와 지붕 아래의 벽 사이에 마치 익룡 날개 같은 지지대를 설치하는 것이었다. 이 기술 덕분에 고딕 성당은 이전 시대에는 불가능했던 구름을 뚫을 듯한 높이와 장엄하고 그로테스크한 모습을 갖게 되었다. 또한 벽이 두껍지 않아도 지붕의 무게를 견딜 수 있게 되어 이전 시대보다 화끈하게 벽이 얇아지고 상대적으로 창문도 커진다. 덕분에 성당의 앞뒤로는 화려한 장미 문양 창이, 사방으로는 스테인드글라스가 펼쳐졌다. 이 양식은 12세기 중반에 프랑스에서 최초로 등장한 이후 유럽 전역을 휩쓸었고, 이탈리아에서도 상당히 유행했다. 지금 유럽에 남아 있는 성당 중 '최고 높이', '최대 규모', '대표적' 등의 이름이 붙은 성당의 8할은 고딕 양식이라고 봐도 틀리지 않다.

대표 건축물

밀라노 두오모 Duomo di Milano

이탈리아에서 가장 고딕다운 고딕으로 손꼽히는 건축물. 비스콘티 가문이 밀라노를 지배하던 1386년에 착공하여 그 후로 무려 565년이 흐른 1951년에 완공된다. 착공 당시, 비스콘티 대공은 최첨단 유행 스타일이었던 고딕 양식을 이탈리아에 제대로 구현하기 위해 프랑스와 독일에서 기술자를 불러왔고, 그 덕분에 알프스 이북에서나 볼 법한 전형적인 고딕 성당인 동시에 이탈리아 성당답지 않은 뾰족뾰족한 모양새로 마무리되었다. 정면만 봐도 멋지지만 성당 지붕 위를 한 바퀴 도는 자율 투어 코스를 돌면 고딕 성당의 진수를 느낄 수 있다.

VOL.2 INFO P.400 MAP P.399F

대표 건축물

시에나 두오모 Duomo di Siena

시에나 중심가에서 가장 높은 지대에 우뚝 선 대성당으로, 시에나가 가장 번영했던 시대를 증명하는 시에나의 자존심 같은 곳이다. 1215년부터 1263년까지 약 50년에 걸쳐 지었는데, 시에나가 도시 국가로서 기틀을 잡고 승승장구하던 시기였던 덕분에 안팎으로 어마어마하게 투자를 받았다. 하지만 이에 만족하지 못한 시에나 시민들은 두 배 이상 확장할 계획으로 1339년부터 공사를 시작하지만, 1348년 흑사병이 창궐해 외벽 공사도 마치지 못한 채 중단하고 만다. 후대에는 '시에나 고딕'이라는 독자적인 스타일로 평가받고 있다.

VOL.2 INFO P.520 MAP P.516C

대표 건축물

오르비에토 두오모 Duomo di Orvieto

마을은 작으나 두오모 하나만큼은 이탈리아를 대표하는 건축물. 1263년에 짓기 시작하여 1607년에 완공되었는데, 처음에는 로마네스크 양식으로 짓기 시작하다가 중간에 감독이 바뀌며 고딕 양식으로 완성되었다. 뒤쪽 외벽에 커다란 플라잉 버트레스가 있는데, 당시에는 첨단 공법으로 시행된 것이나 후대의 연구에 의하면 별 쓸모는 없다고 밝혀졌다고 한다. 이탈리아에서 가장 화려한 파사드를 자랑하는 두오모이기도 하다. 시에나 두오모와 왠지 비슷하다고 느꼈다면 빙고. 시에나 두오모를 모델로 지어졌다.

VOL.2 INFO P.552 MAP P.548J

Writer's Note '고딕'은 사실 멸칭이라고?

'고딕(Gothic)' 은 '고트족 스타일'이라는 뜻입니다만, 우습게도 역사적으로 고트족과 조금도 연관이 없습니다. 고트족은 1~3세기에 유럽에서 날뛰던 게르만족의 분파거든요. 한데 고딕 양식은 12세기에 프랑스에서 생겼어요. 어쩌다 이런 이름이 붙은 걸까요? 장본인은 바로 르네상스의 예술가들입니다. '오랑캐 같은 고트족들이나 할 법한 야만적이고 천박한 양식'이라는 의미로 '고딕'이라고 불렀다는 겁니다. 그것도 조르조 바사리나 라파엘로 산치오 같은 당시 가장 영향력 있던 분들이 말이죠. 옛날 사람들도 참 입이 거칠었네요.

14~16세기

인간을 위한 건축
르네상스 Renaissance

중세가 신의 시대라면 르네상스는 명실상부한 '인간의 시대'였다. 중세인들이 신의 영광이나 국가의 번영 같은 대의명분에 목숨을 걸었다면, 르네상스 시대의 사람들은 개인과 가문, 생활 등 개인적이고 실용적인 것에 눈을 돌렸다. 르네상스는 문화 예술뿐 아니라 생활과 사상 전반에 걸친 혁명이었으므로 당연히 건축에도 영향을 미쳤다. 특히 르네상스의 발상지인 피렌체 일대에서는 '이것이 르네상스 스타일!'이라고 양식화된 건축물이 많이 발견된다. 르네상스 건축의 가장 큰 특징은 두 가지. 첫째는 그리스 로마다. 중세 시대에는 '이교도의 것'으로 치부되었던 그리스와 로마의 사상과 기술이 이 시대에 재조명되었다. 고대 로마 시대의 건축 기술과 르네상스 시대에 창안된 수학-과학적 개념이 결합해 혁신적인 기술이 탄생했다. 둘째는 기하학적 균형미다. 르네상스의 건축물은 높이나 규모, 화려한 장식에 집착하는 대신 기하학적 도형과 비례를 이용한 완벽한 균형미를 꾀했다. 언뜻 보기엔 수수하지만 자세히 들여다보면 놀라운 규칙성과 완벽한 균형미에 놀라움이 절로 솟아난다. 인본주의와 실용주의가 발달한 시대라 고아원, 수도원, 관청 등 다양한 건물이 지어진 것도 특징. 오로지 크고 멋진 건물을 짓기에 몰두하던 중세의 경향을 '야만적인 고트족의 짓'라고 비난한 것도 이런 관점에서 비롯된 것이다.

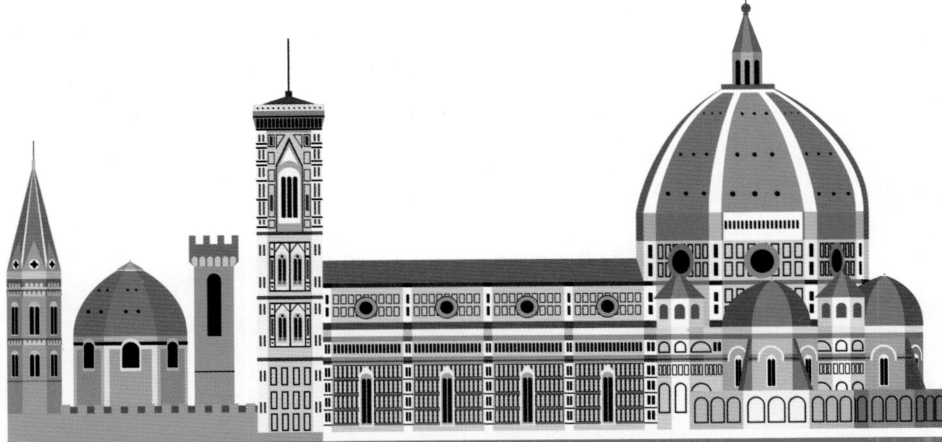

Writer's Note 매너리즘에 빠진 르네상스

타성에 젖어 신선함과 독창성을 잃은 것을 흔히 '매너리즘(Mannerism) 빠졌다'라고 표현하죠. 그런데 이 '매너리즘'은 사실 르네상스 후반의 미술·건축 양식을 일컫는 용어입니다. 16세기에 접어들자 르네상스는 완전히 무르익습니다. 미켈란젤로, 라파엘로를 비롯한 기라성 같은 예술가들이 더 이상 손댈 데 없이 완벽한 작품들을 이미 완성해 놨거든요. 그래서 르네상스 후기의 예술가들은 대대적인 개혁보다는 소소한 독창성에 집중합니다. 선대의 위대한 예술가들이 만든 작품에서 공통점을 찾아내어 이를 '마니에라(Maniera, 기술적 측면의 양식)'이라고 규정하고, 큰 틀에서는 이를 따르되 디테일에서 창작자 본인의 독창성을 드러내는 방식의 작업을 즐겨 했습니다. 이를 일컬어 나중에 '매너리즘'이라고 부른 것이지요. 그런데 어쩌다 이 단어가 나태와 타성의 상징처럼 된 걸까요? 이 또한 후대의 미술가와 평론가들의 비판에서 나온 것이라고 합니다. 디테일이야 어찌됐든 큰 틀은 그대로 따르며 독창성 없이 선대를 답습했을 뿐이라는 거죠. 르네상스는 고딕을 비하했고, 르네상스 후기는 다시 후배들에게 폄하된 셈입니다.

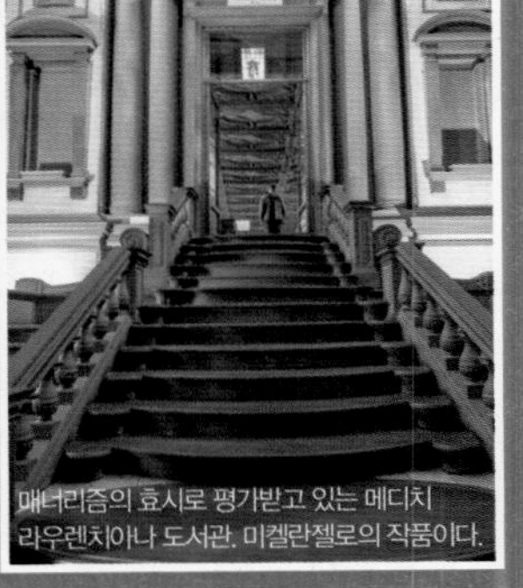

매너리즘의 효시로 평가받고 있는 메디치 라우렌치아나 도서관. 미켈란젤로의 작품이다.

대표 건축물

브루넬레스키의 쿠폴라
Cupola di Brunelleschi

피렌체 두오모는 설계 당시부터 쿠폴라(둥근 천장 양식)에 상당한 야심을 보였다. 지금까지 존재한 그 어느 쿠폴라보다 더 크고 아름다우며 기술적으로 발전한 돔을 만들고 싶어한 것. 그러나 큰 문제가 있었다. 그때까지만 해도 당연한 기술로 여겨진 플라잉 버트레스는 절대 사절이었으나, 당시 기술로는 딱히 이를 대체할 방법이 없었다. 그래서 본당이 고딕 양식으로 완공된 후에도 20년 가까이 지붕을 올리지 못했다. 결국 1418년 쿠폴라 건축 공모전이 열렸고, 브루넬레스키의 시안이 당선되었다. 브루넬레스키의 설계는 로마의 판테온 건축에서 힌트를 얻은 것으로, 기하학적 아치로 모양을 잡고 벽돌과 쇠사슬을 교묘하게 이용하여 내부와 외부가 서로 떠받치게 만든 것이었다. 돔 지붕과 인부들을 건물 위로 올리기 위해 혁신적인 기능의 기중기와 권양기도 개발했다. 쿠폴라는 1420년에 착공하여 1436년에 완공되었는데, 그 후 수백 년이 지났음에도 아직까지 세계에서 가장 큰 돔으로 공식 기록에 남아있다. 르네상스 건축의 효시이자 총아로 첫손에 꼽힌다.

VOL.2 INFO P.475 MAP P.473G

대표 건축물

파치 예배당
Cappella Pazzi

피렌체 산타 크로체 성당에 딸린 작은 예배당. '파치(Pazzi)'는 건축주 가문의 이름으로, 이 예배당을 만들 당시에는 메디치 가문에 버금가는 부와 권력을 자랑했다고 한다. 파치 예배당은 각종 기하학적인 무늬와 장치를 통하여 완벽한 균형미를 구현하고 있어 초기 르네상스 건축의 걸작으로 손꼽힌다. 브루넬레스키가 설계한 것으로 알려져 있으나 학자들 사이에서는 반론도 만만치 않게 제기되는 중이다. 겉보기는 수수하고 평범하지만 안으로 들어가면 정교하게 배치된 도형들의 놀라운 균형미에 반하게 된다.

VOL.2 INFO P.496 MAP P.491D

16세기 말~18세기

16세기 무렵 유럽의 종교계에는 일약 태풍이 몰아 닥쳤다. 교황 레오 10세가 산 피에트로 대성당의 건축 헌금을 모으기 위해 '면대사부', 이른바 '면죄부'를 팔면서 거센 반발을 불러왔던 것. 이것이 종교 개혁으로 이어져 기독교는 신교와 구교로 나뉜다. 신교는 유럽 북부를 휩쓸며 세력을 넓혀갔지만, 1,000년 넘게 유럽의 정신적 지주였던 가톨릭(구교)의 힘은 그렇게 쉽게 시들지 않았다. 로마 교황청과 가톨릭계는 자정에 노력을 기울이는 한편 교황청의 권력이 아직 죽지 않았다는 것을 과시하기 위해 로마에 많은 건축물을 짓는다. 바로크는 바로 이 시절에 로마에서 태어난 양식이다. 가장 큰 특징은 극명한 대비와 역동적인 요철·곡선을 이용해 드라마틱하고 강렬한 느낌을 연출하는 것이다. 이전 시대의 건축물이 단순하고 깔끔했던 것에 비해 바로크 시대의 건축물은 명암과 대비를 위해 장식 기둥을 붙여 요철을 표현하거나 벽감을 파 넣었다. 천장에 온통 화려한 프레스코화를 그려 넣는 것도 이 시대 건축물의 특징이다. 로마에 남아 있는 17세기 이후의 유명 건축물은 대부분 바로크 양식이라고 봐도 무방하다. 트레비 분수나 나보나 광장도 양식을 따지면 바로크로 분류된다. 참고로 '바로크'란 '일그러진 진주'라는 뜻으로, 후대의 평론가들이 이 시대의 예술을 '일그러진 진주처럼 괴이하다'라고 혹평한 것에서 비롯됐다고 한다.

대표 건축물

산 피에트로 대성당 Basilica di San Pietro

서기 313년, 콘스탄티누스 1세는 기독교를 정식 종교로 공인한다. 그는 베드로가 묻힌 자리에 기독교 성전을 건축하라고 명령했고, 서기 333년에 역사상 최초의 성당인 산 피에트로(성 베드로) 성당이 건축됐다. 약 1200년 후인 1505년, 로마 교황 율리오 2세가 산 피에트로 성당의 대대적인 개축을 명령한다. 브라만테, 상갈로, 라파엘로, 미켈란젤로 같은 르네상스 시대의 천재들이 건축 총 책임자에 이름을 올렸고, 120여 년에 달하는 공사 끝에 우아하면서 위용 넘치는 성당 건물이 탄생했다. 건축 초기는 르네상스 양식을, 16세기 이후 건축된 부분은 바로크의 영향을 받아 완성된다. 특히 후일 바로크의 대가로 추앙받는 베르니니(Bernini)가 손댄 내부 장식은 바로크의 극치를 보여준다고 해도 과언이 아니다. 성당 앞에 넓게 펼쳐진 산 피에트로 광장 또한 베르니니의 설계로 드라마틱하고 아름다운 바로크 건축의 전형이다.

VOL.2 INFO P.327 MAP P.316A

18세기 중엽까지 프랑스 왕족과 귀족들 사이에서는 매우 사치스러운 향락 문화가 피어난다. 바로크가 전 유럽을 휩쓴 다음, 프랑스에서 더 화려하고 장식적인 로코코 양식이 태어난 것이 그 방증이라 할 수 있다. 그러나 이런 사조도 영원하지는 못했다. 프랑스 혁명이 일어나 귀족들의 영화가 한순간 몰락해 버린 것. 이후 권력을 잡은 시민 사회에서는 사치와 향락을 배격하고 그리스・로마의 철학 등 고전에서 진리를 찾는 사조가 생겨난다. 이것이 바로 '신고전주의'다. 이탈리아의 로마와 나폴리, 폼페이는 진리 탐구를 위한 최고의 여행지로 각광받았다. 건축에서는 파르테논 신전이나 판테온 등 그리스・로마 시대의 주요 건축물을 모방한 디자인에 직선적이고 장식이 단순하다는 특징을 보인다. 고풍스럽고 근사하지만 의외로 역사는 짧은 건물들은 대개 신고전주의의 영향을 받았다고 보면 거의 정확하다. 이 사조가 유행한 시기와 이탈리아 통일 시기가 맞물렸던 터라, 통일왕 비토리오 에마누엘레 2세의 이름이 붙은 건축물들이 많다는 것도 재미있는 사실.

로마 비토리오 에마누엘레 2세 기념관
Monumento Nazionale a Vittorio Emanuele II

사르데냐 왕국의 왕에서 시작하여 이탈리아 반도를 통일해 통일 이탈리아의 왕위에 앉았던 비토리오 에마누엘레 2세를 기념하는 건축물이다. 로마 중심가 남쪽에서 가장 눈에 띄는 건물로, 신고전주의 건축물답게 그리스의 파르테논을 연상시키는 모습을 하고 있으나 사실 역사는 100년도 안 됐다는 것이 반전.

VOL.2 INFO P.292 MAP P.283A

대표 건축물

밀라노 비토리오 에마누엘레 2세 회랑
Galleria Vittorio Emanuele II

밀라노 두오모 바로 옆에 자리한 쇼핑 구역. 건축물 여러 채가 모인 블록 안쪽 사거리에 철골과 유리로 된 지붕을 덮어 거대한 아케이드로 만든 것이다. 이탈리아 최초의 현대적 쇼핑몰로 꼽히며, 지금도 최고급 브랜드와 명물 카페가 몰려 있어 '밀라노의 거실'이라는 별명으로 불린다.

VOL.2 INFO P.401 MAP P.399E

THEME 04
예술가

이탈리아가 낳은 위대한 예술가와 작품의 세계

미켈란젤로 부오나로티
Michelangelo Buonarroti

출생~사망 : 1475~1564
출생 지역 : 피렌체 근교
활동 지역 : 피렌체 · 로마
활동 분야 : 조각 · 건축 · 벽화
활동 시기 : 르네상스 전성기

레오나르도 다빈치
Leonardo da Vinci

출생~사망 : 1452~1519
출생 지역 : 피렌체 근교
활동 지역 : 피렌체 · 밀라노 · 프랑스
활동 분야 : 회화 · 건축 · 벽화 · 과학 · 의학 등
활동 시기 : 르네상스 전성기

라파엘로 산치오
Raffaello Sanzio

출생~사망 : 1483~1520
출생 지역 : 우르비노
활동 지역 : 피렌체 · 로마
활동 분야 : 회화 · 벽화 · 건축
활동 시기 : 르네상스 전성기

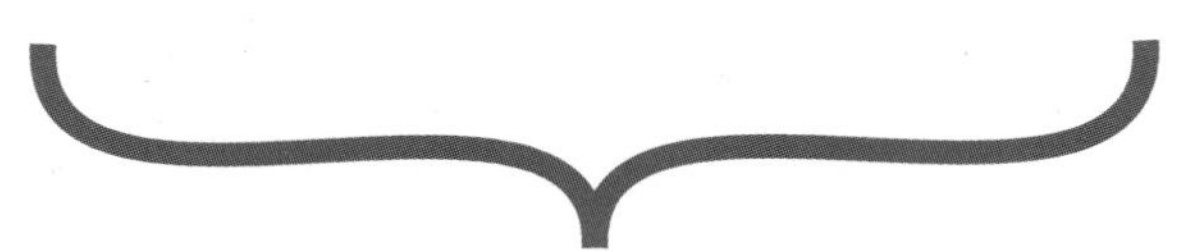

르네상스 3대 거장

〈모나리자〉를 그린 레오나르도 다빈치. 〈천지창조〉와 〈다비드〉를 만들어 낸 미켈란젤로. 생각해 보면 우리가 아는 중세 · 르네상스 시대를 대표하는 위대한 유럽 예술가들의 대다수가 이탈리아인이다. 이들의 작품과 직접 만나는 감동 또한 이탈리아 여행의 큰 묘미 중 하나. 이탈리아가 배출한 기라성 같은 예술가들의 인생과 작품 세계를 천천히 살펴보자.

산드로 보티첼리

Sandro Botticelli

출생~사망 : 1445~1510
출생 지역 : 피렌체
활동 지역 : 피렌체 · 로마
활동 분야 : 회화 · 벽화
활동 시기 : 초기 르네상스

잔 로렌초 베르니니

Gian Lorenzo Bernini

출생~사망 : 1598~1680
출생 지역 : 나폴리
활동 지역 : 로마
활동 분야 : 조각 · 건축
활동 시기 : 바로크

미켈란젤로 메리지 다 카라바조

Michelangelo Merisi da Caravaggio

출생~사망 : 1573~1610
출생 지역 : 밀라노 근교
활동 지역 : 로마 · 나폴리 등
활동 분야 : 회화
활동 시기 : 바로크

ⓘ 여기서 소개하는 예술가들의 작품은 이탈리아뿐 아니라 전 세계 유수의 미술관과 성당 등에도 있습니다. 〈무작정 따라하기 이탈리아〉에서는 이탈리아를 여행할 때 볼 수 있는 작품만 골라서 소개했습니다.

Michelangelo Buonarroti 미켈란젤로 부오나로티

'미켈란젤로'라고 쓰고 '르네상스'라고 읽는다

상업과 금융의 발달로 형성된 피렌체의 막대한 자본이 예술 분야로 흘러 들어가면서 초기 르네상스의 걸작품이 하나둘 탄생하기 시작한 15세기 중·후반. 미켈란젤로는 그 시대에 토스카나의 카프레제 미켈란젤로라는 시골에서 태어났다. 부모는 그가 화가가 되는 것을 반대했지만 넘쳐흐르는 재능을 막을 길이 없었다. 결국 피렌체에서 활동하던 유명 화가 기를란다요의 문하생으로 들어갔는데, 1년만에 로렌초 메디치에게 발탁된다. 일설에 의하면 미켈란젤로의 지나치게 뛰어난 재능 때문에 기를란다요의 스트레스가 최고치에 달하던 중, 로렌초 메디치가 '가장 뛰어난 제자를 보내달라'고 하자 옳다구나 하면서 냉큼 보내주었다고.

몇 년 사이 재능에 실력이 더해져 어마어마하게 성장한 미켈란젤로는 로렌초 메디치가 죽은 뒤 잠시 방황하다가 21세에 로마로 간다. 몇 년간 여러 가지 실험적인 작품을 만들던 그는 24세에 〈피에타〉를 만들며 일약 조각계의 대스타로 떠오른 후, 26세에 피렌체로 건너가 〈다비드〉를 만들어 내며 당대 최고의 조각가로 인정받는다. 그 결과 미켈란젤로는 교황 율리오 2세에게 발탁되어 그의 영묘를 책임지게 됐다. 그러나 40개의 조각을 만들어야 하는 이 작업은 자꾸 늦어졌고, 미켈란젤로는 작업을 빨리 하기 위해 인력과 대리석을 잔뜩 주문하지만 율리오 2세는 진행이 늦어진다는 이유로 대금을 지불하지 않았다. 화가 난 미켈란젤로는 피렌체로 가 버렸지만 이내 다시 로마로 불려왔다. 그리고 율리오 2세가 조각가였던 미켈란젤로에게 뜬금없이 시스티나 예배당의 천장화 작업을 맡기는 바람에 미켈란젤로는 울며 겨자 먹기로 맡은 작업에서 불후의 명작을 탄생시킨다.

이후 교황에 줄줄이 메디치가 인물들이 앉게 되자 미켈란젤로는 피렌체로 가서 교황들의 비호 아래 안정적으로 다양한 작업에 몰두한다. 그러나 피렌체가 혼란에 빠지자 다시 로마로 이주하여 〈최후의 심판〉, 카피톨리노 광장, 산 피에트로 대성당 쿠폴라 등 노년기의 걸작을 탄생시켰다. 어린 시절 코를 다치는 바람에 평생 외모 열등감에 시달려 변변한 연애도 한 번 못하고 작품 활동에만 몰두한 거장 미켈란젤로. 그는 르네상스의 모든 것을 흡수하고 자라나 르네상스에 모든 것을 남김없이 쏟아 부은 뒤 90세 나이로 눈을 감았다.

미켈란젤로의 대표작

바쿠스 Bacchus

21세에 로마로 가서 처음 만든 작품. 추기경의 의뢰로 만들었으나 완성 후 반려되어 상인에게 팔렸다. 와인의 신답게 자유분방하고 퇴폐적인 바쿠스의 느낌이 잘 살아 있는 작품. 미켈란젤로가 로마에서 만든 초기작 중 현재까지 남아 있는 두 점의 작품 중 하나로서, 나머지 하나는 바로 〈피에타〉이다. 이후 메디치가에서 사들여 메디치 컬렉션의 일부가 되었다.

피렌체 국립 바르젤로 미술관 Museo Nazionale del Bargello

VOL.2 INFO P.480 MAP P.473L

피에타 Pietà

24세의 미켈란젤로를 일약 이탈리아 조각계의 슈퍼 스타로 만든 작품. 피렌체를 떠나 로마에서 머물던 당시, 프랑스의 교황청 대사 의뢰를 받아 제작했다. 피에타는 '가엾게 여기소서'라는 뜻으로, 성모가 죽은 예수의 시신을 안고 슬퍼하는 구도를 말한다. 세상의 수많은 피에타를 제치고 피에타의 대명사가 되어 버린 어마어마한 작품이다. 원래는 노천에 전시되었으나 1972년에 정신질환자가 테러로 심각한 파손을 입힌 뒤 방탄 유리벽을 설치했다.

로마 산 피에트로 대성당 Basilica di San Pietro

VOL.2 INFO P.327 MAP P.316A

다비드 David

〈피에타〉를 만든 뒤 피렌체로 금의환향한 미켈란젤로가 연이어 터뜨린 대박 작품. 골리앗과의 일전을 앞둔 다윗왕의 소년 시절을 완벽하게 구현해냈다. 작품과 눈맞춤 높이에서 보면 머리가 커서 비율이 미묘하게 안 맞는데, 아래에서 올려봤을 때를 염두에 두고 만들었기 때문이라고. 완성된 후 시뇨리아 광장의 베키오 궁전 앞에 놓였다가 19세기에 미세하게 금이 간 것을 발견해 아카데미아 미술관으로 옮겼다. 1910년 시뇨리아 광장에는 모조품이 놓였다.

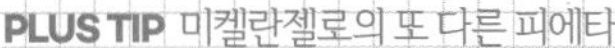

피렌체 아카데미아 미술관 Galleria dell'Accademia

VOL.2 INFO P.481 MAP P.473D

PLUS TIP 미켈란젤로의 또 다른 피에타

미켈란젤로는 일생 모두 세 점의 피에타를 만들었다. 가장 유명한 것이 젊은 시절 만든 산 피에트로 대성당의 피에타이고, 나머지 두 점은 말년에 만들었다. 말년에 만든 작품들은 인생에 대한 연민과 성모의 자비와 구원을 갈구하는 마음을 담았다는 평가를 받고 있다.

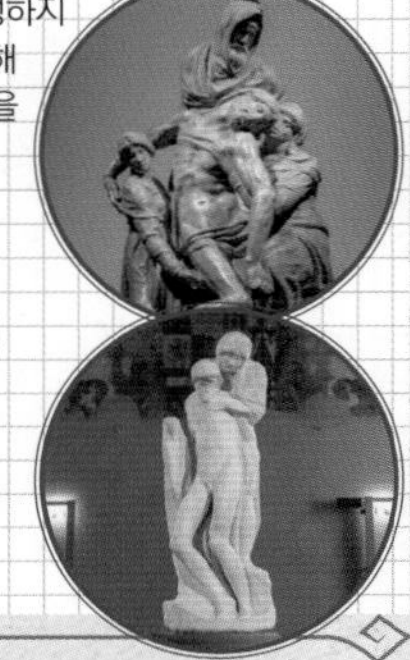

반디니 피에타 Bandini Pietà 72세에 만들기 시작하여 팔순이 넘어서까지 작업했으나 결국 완성하지 못한 작품. 미켈란젤로는 이 작품에 엄청난 공을 들였으나 수없이 좌절했고 결국은 자기 손으로 파괴해 버렸다. 반디니는 이 작품을 복원한 사람의 이름이다. 이 작품은 십자가에서 예수가 막 내려지는 장면을 묘사한 것으로, 성모 외에도 마리아 막달레나와 바리새인 니코데무스가 등장한다. 니코데무스의 얼굴을 미켈란젤로 자신의 얼굴로 묘사했다.

피렌체 두오모 박물관 Museo dell'Opera del Duomo VOL.2 INFO P.476 MAP P.473H

론다니니 피에타 Rondanini Pietà 77세에 작업하기 시작하여 죽는 날까지 손에서 놓지 못했던 미완성작. 십자가에서 막 내려진 예수를 성모가 안고 슬퍼하는 구도인데, 예수와 성모가 한 몸처럼 보이는 이와 비슷한 구도의 작품을 두 번 만들고 두 번 다 부순 뒤 마지막으로 이 작품에 매진했다고 한다. '론다니니'는 이 작품이 로마의 론다니니궁 안뜰에 있던 것에서 유래한 이름이다.

밀라노 스포르체스코성 Castello Sforzesco VOL.2 INFO P.405 MAP P.404B

성 가족 Sacra Famiglia

미켈란젤로가 피렌체에 머물며 〈다비드〉 등 걸작을 쏟아내던 시기에 그린 작품으로, 현재 전 세계에 유일하게 남아 있는 미켈란젤로의 템페라 기법 작품이다. 작품을 의뢰한 도니(Doni)의 이름을 따서 '둥근 도니'라는 뜻의 '도니 톤도(Doni Tondo)'라고도 부른다. 성모와 예수, 세례 요한이 한 구도에 있다.

피렌체 우피치 미술관
Galleria degli Uffizi
VOL.2 INFO P.492 MAP P.490B

모세 Mosè

교황 율리오 2세의 영묘 작업을 맡게 되었을 때 보통 사람들은 평생 해도 못할 어마어마한 작업이었으나, 미켈란젤로는 단 5년 만에 끝내겠다고 계약했다. 그러나 진행 속도는 그의 예상보다 훨씬 더뎠다. 조각상 하나를 만드는 데만 7년이 걸렸고, 무려 40년만에 최초의 계획보다 훨씬 축소된 규모로 완성하게 됐다. 〈모세〉는 이 영묘에 쓰일 조각 시리즈 중 하나로서, 모세 머리에 뿔이 달려 있는 것으로 유명하다. 출애굽기에 히브리어로 표현된 '빛'이라는 말을 중세 시대에 '뿔'로 오역하면서 생긴 해프닝이라고.

로마 산 피에트로 인 빈콜리 성당
Basilica di San Pietro in Vincoli
VOL.2 INFO P.291 MAP P.283B

신(新) 성구실 Sagrestia Nuova

메디치가에서 줄줄이 교황을 배출하던 시절, 미켈란젤로가 피렌체에서 교황의 다양한 주문을 소화하며 안정적으로 작품 활동을 해 나가던 시기의 작품이다. 메디치가의 예배당이자 가족 묘인 메디치 예배당 내에 자리한 작은 기도소로, 교황 피오 10세가 젊어서 사망한 자신의 두 형제를 기리기 위해 만들었다. 그래서 메디치가의 젊은 귀족 2명의 묘소와 대리석상이 있는데, 둘 중 줄리아노 메디치(Giuliano Medici)의 석상은 일명 '줄리앙'이라는 이름의 석고 소묘용 두상으로 매우 유명하다.

피렌체 메디치 예배당 Cappelle Medicee
VOL.2 INFO P.478 MAP P.473G

최후의 심판 Giudizio Universale

미켈란젤로 만년의 역작으로, 같은 시스티나 예배당에 그린 천장화와는 약 20여 년의 시간 차이가 난다. 당시 로마는 신성 로마 제국과 교황청간의 분쟁으로 매우 혼란한 상황이었는데, 교황 클레멘스 7세가 이를 타개해 보고자 미켈란젤로를 초빙하여 대대적인 미술 사업을 벌였다. 이 작품은 기독교의 세계관 중 '최후의 심판' 날을 그린 것으로, 예수가 재림하여 선한 자는 천국으로, 악한 자를 지옥으로 보내는 모습이 생생하고 역동적으로 묘사되어 있다. 열두 제자를 비롯한 기독교의 성인들이 대거 등장하는데, 예수를 포함한 성인 대부분이 나체로 묘사되어 있다. 이를 본 당시 보수적인 교인들은 큰 충격을 받았고, 한 추기경은 '사창가에나 어울리는 그림'이라며 혹평을 서슴지 않았다. 미켈란젤로는 이에 질세라 그를 지옥 오른쪽 귀퉁이에 나체로 그려 넣고 뱀이 그의 성기를 물어뜯는 것으로 묘사했다. 그러나 결국 나체화를 두고 볼 수 없었던 교황청은 미켈란젤로가 죽던 해 그의 제자인 다니엘레 다 볼테라를 불러 옷을 그려 넣도록 명한다. 현재까지도 몸을 가리는 옷과 천들이 가필되어 있는 상태. 다니엘레 다 볼테라는 이후 '기저귀 화가'라는 별칭으로 불리기도 했다.

로마 시스티나 예배당 Cappella Sistina

VOL.2 INFO P.325 MAP P.316A

시스티나 예배당 천장화 Volta della Cappella Sistina

1508년 교황 율리오 2세는 미켈란젤로에게 기상천외한 제안을 한다. 바로 시스티나 예배당의 천장화를 맡긴 것이다. 조각가인 미켈란젤로는 자신이 잘할 수 있는 분야가 아니라며 거부하지만, 교황의 단호한 태도 때문에 어쩔 수 없이 작업을 맡는다. 당시 산 피에트로 대성당 공사의 총 감독이었던 브라만테가 추천했다는데, 브라만테가 미켈란젤로를 별로 좋아하지 않았고 천장화가 워낙 힘든 작업이라는 점을 미루어 라이벌의 함정이라고 말하기도 한다. 그러나 그 모든 악조건에도 불구하고 미켈란젤로는 인류 역사에 길이 남을 명작을 만들어낸다. 율리오 2세가 원한 그림은 열두 제자였으나, 미켈란젤로는 창세기의 아홉 가지 스토리를 중심으로 다양한 인물과 사건을 역동적으로 그려낸다. 천장까지 닿는 받침대도 미켈란젤로가 직접 고안해 냈다고 한다. 하지만 장장 4년 동안 천장을 향해 몸을 뒤로 젖히고 작업하느라 척추가 상해 평생 고생했고, 천장에서 떨어지는 안료 때문에 시력도 급격히 나빠졌다. 참고로, 우리나라에 알려진 〈천지창조〉라는 제목은 일본에서 멋대로 붙인 이름이라고 한다.

로마 시스티나 예배당 Cappella Sistina

VOL.2 INFO P.326 MAP P.316A

Leonardo da Vinci

레오나르도 다빈치

‘지나친 천재는 박복하다’의 전형

레오나르도 다빈치에 대해서는 흥미로운 주장이 꽤 많은데, 그중에는 이런 것도 있다. ‘다빈치는 한 사람이 아니다’라는 것. 그가 생전에 남긴 스케치가 수천 점인데, 70년도 채 살지 못했던 것을 생각하면 도저히 한 사람이 해낼 수가 없는 양이라는 것이 그 근거다. 미술은 물론 음악, 수학, 건축, 문학, 발명, 해부학, 심지어 요리까지 손댄 분야가 지나치게 다양하다는 것도 ‘여러 명 썰’에 힘을 실어준다. 그러나 다빈치가 그냥 남자 1명이라는 증거는 훨씬 더 다양하고 뚜렷하다. 구상 단계에서 남긴 스케치는 수천 점이지만 정작 완성품은 겨우 20여 점, 그것도 진품으로 인정받은 것은 단 15점뿐이라는 것만 봐도, 그저 산만하고 괴팍한 천재라는 방증이라 할 수 있다.

레오나르도 다빈치는 1452년 피렌체 근교의 빈치(Vinch) 마을에서 하급 관리의 서자로 태어났다. 본명은 레오나르도 디 세르 피에로(Leonardo di ser Piero)로, 다빈치는 ‘빈치 마을 출신’이라는 뜻이다. 미술로 진로를 정한 후, 피렌체에서 당대 최고로 인정받던 베로키오(Verocchio)의 화실로 들어갔고, 스승의 추천으로 피렌체 화가 조합에 가입하며 본격적인 미술의 길에 접어들었다. 그러나 엄청난 재능에도 불구하고 제대로 된 작품 하나 변변히 만들지 못한다. 동성애 혐의로 재판을 받아 평판이 크게 떨어진 데다 기껏 주문을 받아도 밑그림 상태에서 집어치워 버리기 일쑤였기 때문. 피렌체에서 자리를 잡지 못하고 방황하던 다빈치는 30살이 된 1482년 밀라노에서 스포르차 공작이 유능한 사람을 뽑는다는 소식을 듣게 된다. 마침 그에게 메디치가에서 스포르차에게 선물할 악기를 만들라는 주문이 들어오고, 다빈치는 악기와 자기 소개서를 준비해서 밀라노로 떠난다. 다행히 스포르차 공작의 눈에 든 다빈치는 밀라노에서 17년 동안 머물며 다양한 분야에 대한 관심을 키워나갔다.

1500년 밀라노가 프랑스에 함락되며 그는 밀라노를 떠나 잠시 베네치아에서 일하다가 피렌체로 갔다. 이때 그가 남긴 엄청난 양의 스케치 중에는 몇 백 년 후에나 개발된 기계나 기술이 난무하고, 해부학적 지식은 당대 그 어떤 의사도 따라가지 못할 정도라고 한다. 또한 이 시기에 걸작 〈모나리자〉를 그리기 시작한다. 1517년 프랑스 왕 프랑수아 1세의 초청으로 프랑스 왕의 궁정 화가가 되었고, 이후 프랑스로 이주하여 그곳에서 여생을 보낸다. 본인의 성정이 산만하고 변덕스러운 데다 지나친 실험 정신까지 가득했고 운도 지지리 없었던 박복한 인생이었다. 그럼에도 불구하고 남긴 작품들이 모두 르네상스를 대표하는 걸작인 것을 보면 진짜 희대의 천재인 것만은 분명하다.

레오나르도 다빈치의 대표작

그리스도의 세례 Battesimo di Cristo

레오나르도 다빈치의 스승인 베로키오(Verrocchio)의 작품. 베로키오는 초기 르네상스의 거장 중 하나로 손꼽히는 화가 겸 조각가로, 미켈란젤로의 스승 기를란다요와 라파엘로의 스승 페루지노가 모두 베로키오의 제자였다고 한다. 〈그리스도의 세례〉는 예수가 세례 요한에게 세례를 받는 장면을 그린 것인데, 왼쪽 아래에 쭈그려 앉아 있는 천사 둘을 그린 것이 바로 다빈치. 별 생각 없이 제자 다빈치에게 그림의 마무리를 지시한 뒤 돌아와서 천사 그림을 본 베로키오가 자신보다 제자의 재능이 훨씬 뛰어나다는 것을 발견하고 절망한 뒤 붓을 꺾었다는 설도 있으나 정설은 아니다. 그러나 베로키오가 이 작품 이후 조각에 전념한 것만은 사실이라고.

피렌체 우피치 미술관 Galleria degli Uffizi VOL.2 INFO P.492 MAP P.490B

수태고지 Annunciazione

다빈치가 20세 무렵, 베로키오의 공방에서 수련 중이던 시절에 그린 것으로 추측되는 그림. 누가복음에 등장하는 수태고지 장면으로, 왼쪽의 가브리엘 천사가 우측의 성모에게 성령으로 잉태하게 될 것임을 알리고 있다. 아직 도제 시절이지만 그림 솜씨만큼은 최고였다는 것을, 그가 안 풀린 것은 실력 때문이 아니라 다른 이유가 있음을 온 화면으로 증명한다.

피렌체 우피치 미술관 Galleria degli Uffizi VOL.2 INFO P.492 MAP P.490B

광야의 성 히에로니무스 San Girolamo

다빈치가 20대 후반에 그린 것으로, 이 시절까지는 아직 베로키오의 공방 소속이었다. 최초로 성경을 라틴어로 번역했다고 알려진 성 히에로니무스의 모습을 그린 것인데, 레오나르도 다빈치의 많은 작품이 그러하듯 미완성 작품이다. 오른쪽 아래 사자 부분을 보면 그리다 만 작품이라는 것을 확실히 알 수 있다. 목의 근육 라인과 팔의 움직임은 당시에 그려진 그림 중 가장 해부학적으로 정확한 것으로 평가받고 있다.

로마 바티칸 박물관 Musei Vaticani
VOL.2 INFO P.317 MAP P.316A

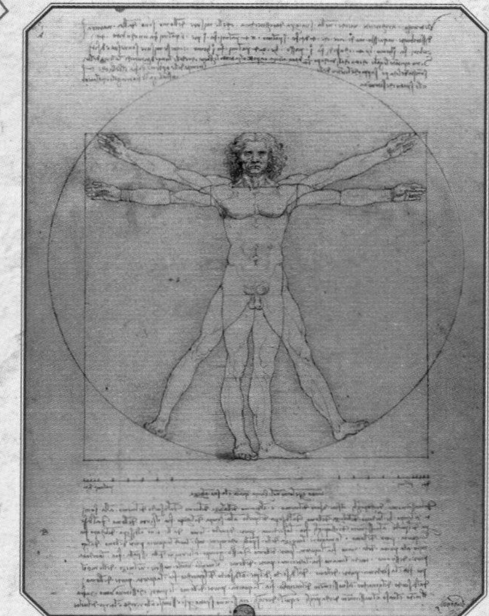

비트루비우스적 인간
Le Proporzioni del Corpo Umano Secondo Vitruvio

인체 비례를 수학적으로 완벽하게 구현한 것으로 유명한 스케치. 다빈치가 밀라노에 머물며 다양한 작업과 연구에 매진하던 1485년 전후에 그린 것이다. 고대 로마의 건축가 비트루비우스가 쓴 책에서 '인체는 완벽한 비례를 이루고 있으므로 신전 건축에도 이를 응용해야 한다'는 요지의 글을 읽은 뒤 인체 비례에 대해 연구를 시작했다고 한다. 그림은 언뜻 단순해 보이지만 실제 모델의 신체 사이즈를 정교하게 실측하여 얻은 값을 토대로 그린 것이라고 한다. 현재 베네치아 아카데미아 미술관에 소장 중인데, 상설 전시는 하지 않고 5년에 한 번꼴로 특별 공개하고 있다.

베네치아 아카데미아 미술관
Gallerie dell'Accademia di Venezia

VOL.2 INFO P.373 MAP P.366E

최후의 만찬 Ultima Cena

〈모나리자〉와 더불어 다빈치 최고의 역작이라고 불리는 작품. 스포르차 공작 밑에서 일하며 밀라노에 머물던 때 그린 것이다. 산타 마리아 델레 그라치에 대성당의 식당에 그려진 벽화인데, 예수가 십자가에 못 박히기 전 제자들과 마지막 식사를 하며 '이 자리에 나를 팔아 넘긴 배신자가 있다'라고 말하는 장면이다. 다빈치 특유의 기법으로 윤곽선을 자연스럽게 번지게 하는 명암법인 스푸마토(Spumato)가 가장 잘 드러난 작품 중 하나다. 다빈치는 이 그림을 달걀 노른자에 물감을 섞는 템페라(Tempera) 기법으로 그렸는데, 이 때문에 그림에 곰팡이가 쉽게 피어 엄청나게 훼손되었다. 후대에 간신히 복원법을 찾아내어 현재 정도의 상태로 만들어 냈고다고 한다. 원래 제목은 '마지막 저녁 식사'라는 뜻의 룰티마 체나(L'Ultima Cena), 혹은 '식당'이라는 뜻의 일 체나콜로(Il Cenacolo)라고 한다. '최후의 만찬'이라는 장엄한 제목은 일본에서 붙인 것이라고.

밀라노 산타 마리아 델레 그라치에 대성당 Basilica di Santa Maria delle Grazie VOL.2 INFO P.406 MAP P.404A

Raffaello Sanzio

라파엘로 산치오

우아하고 온건한 요절 천재

보통 예술 천재의 삶을 묘사할 때는 박복, 불행, 가난, 기구, 파란만장 같은 단어가 많이 쓰인다. 미켈란젤로나 레오나르도 다빈치를 보면 그런 표현이 딱히 틀린 것 같지도 않다. 그러나 모두가 그렇게 산 것은 아니다. 당대에 실력을 인정받고 부와 명예를 누린 예술가들도 만만치 않게 많다. 라파엘로 산치오가 그중 하나다.

라파엘로는 이탈리아 동부의 도시 우르비노에서 궁정 시인의 아들로 태어났다. 시인이자 화가였던 아버지 덕에 어려서부터 예술적 분위기가 충만한 환경이었고, 뛰어난 재능도 돋보였다. 10대 초반에 부모를 잃고 큰아버지 밑에서 자라다가 15세에 페루자의 유명 화가 페루지노(Perugino)의 제자로 들어간다. 20세가 되기도 전에 더 이상 배울 것이 없을 정도로 성장하여 페루자에서 큰 명성을 떨치던 라파엘로는 21세가 되던 해에 드디어 세계 예술의 중심지 피렌체에 입성한다. 이곳에서 당시 최고의 예술가로 활동 중인 미켈란젤로와 레오나르도 다빈치를 만났다. 미켈란젤로에게서는 인체에 대한 정밀한 묘사를, 레오나르도 다빈치에게서는 스푸마토 기법 및 구도 등에서 큰 영향을 받았다.

피렌체에서 다양한 회화 작품을 그리며 인정받던 중 일생 일대의 기회가 찾아온다. 교황 율리오 2세가 그를 로마로 초청한 것. 라파엘로는 한달음에 달려가 바티칸 궁전 내 개인 서재(현재 '서명의 방')의 벽화 작업을 맡았다. 이후 라파엘로는 죽을 때까지 로마에 거주하며 다양한 작품 활동에 매진했다. 비록 미켈란젤로나 레오나르도 다빈치처럼 불세출의 천재라는 평가는 받지 못했지만, 그 두 사람을 제외하고는 당대에 따를 사람이 없을 정도로 뛰어난 실력을 보였다. 라파엘로는 르네상스 회화의 기본에 충실하면서도 특유의 부드럽고 따뜻한 느낌이 살아 있는 걸작을 수없이 남겼다. 게다가 미켈란젤로나 레오나르도 다빈치처럼 의뢰인과 갈등 및 계약 문제를 거의 일으키지 않아 두터운 신뢰를 얻었고, 이를 바탕으로 상류층과 끈끈하게 교류할 수 있었다. 심지어 상당히 미남이어서 로마 사교계의 스타였는데, 구애하는 여성들을 거절하지 않아 숱한 염문을 뿌렸다고 한다. 젊은 나이에 예술가로서의 성취와 명성, 부, 인기까지 한몸에 누렸으나 불행히 장수는 누리지 못해, 37세의 젊은 나이로 세상을 떠난다. 그의 장례식은 어지간한 귀족 빰칠 정도로 화려하게 치러졌고, 이탈리아 최고의 위인이 묻히는 판테온에 묻혔다.

라파엘로의 대표작

성모의 결혼 Lo Sposalizio

라파엘로가 20세 전후, 페루자에 있을 때 그린 것이다. 성모와 요셉의 결혼식 장면을 묘사한 작품인데 스승인 페루지노의 영향이 짙게 배어 나온다. 이후 미켈란젤로나 레오나르도 다빈치의 작품을 만나기 전과는 크게 다른 화풍을 볼 수 있다.

밀라노 브레라 미술관 Pinacoteca di Brera VOL.2 INFO P.408 MAP P.404B

유니콘을 안고 있는 젊은 여인의 초상 Dama col Liocorno

제작 연대는 정확히 밝혀지지 않았으나 막 피렌체로 올라와 거장들의 작품 세계를 제 것으로 흡수하며 실력을 키워나가던 1504~1505년 정도로 추정된다. 구도와 모델의 포즈에서 쉽게 알 수 있듯 다빈치의 〈모나리자〉에 크게 영향받은 작품이다. 라파엘로는 〈모나리자〉를 좋아하여 여러 장의 스케치와 모방작을 남겼는데, 이탈리아에서 볼 수 있는 작품 중에는 이 작품이 가장 대표적이다.

로마 보르게제 미술관 Galleria Borghesei

VOL.2 INFO P.302 MAP P.297B

검은 방울새의 성모 Madonna del Cardellino

라파엘로는 '성모의 화가'라는 별명을 얻을 정도로 많은 성모자상을 그렸고, 그중에서 여러 점이 시대를 대표하는 걸작으로 인정받고 있다. 가장 유명한 것이 파리 루브르 박물관의 〈성모자상〉, 빈 미술사 박물관의 〈초원의 성모〉, 그리고 우피치 미술관의 〈검은 방울새의 성모〉이다. 이 작품은 성모, 아기 예수, 아기 세례 요한이 있는 전형적인 구도로 아기 예수가 손에 검은 방울새를 들고 있다. 검은 방울새는 예수님이 골고다 언덕을 오를 때 이마에 박힌 가시 면류관의 가시를 입으로 빼주다가 그 피가 날개에 튀어 붉은 반점이 남았다는 전설이 있다.

피렌체 우피치 미술관 Galleria degli Uffizi

VOL.2 INFO P.492 MAP P.490B

자화상 Autoritratto

르네상스 대표 미남 라파엘로의 얼굴이 오롯이 드러난 그림. 라파엘로의 자화상 중에서 이 작품이 가장 유명하고 잘생겼다. 정확한 정보는 알 수 없으나 피렌체에서 활약하던 21~23세 정도의 시기로 추정하고 있다. 메디치가의 소장품이었다. 피렌체 시절에 귀족의 초상화 작업도 적지 않게 했지만 정작 가장 유명한 초상화는 본인의 얼굴이라는 것이 아이러니.

피렌체 우피치 미술관 Galleria degli Uffizi

VOL.2 INFO P.492 MAP P.490B

아테네 학당 Scuola di Atene

피렌체에서 승승장구하던 라파엘로는 교황의 부름을 받고 즉시 로마로 달려간다. 그에게 맡겨진 것은 바로 교황 율리오 2세의 개인 서재였던 '서명의 방(Stanza della Segnatura)' 벽면을 장식할 프레스코화 작업. 라파엘로는 10여 년에 걸쳐 훌륭하게 벽화 작업을 완수해냈고, 지금까지도 바티칸 궁전에서 시스티나 예배당에 버금가게 아름다운 공간으로 손꼽힌다. 〈아테네 학당〉은 그중 가장 유명한 벽화다. 각 면의 벽화가 철학, 신학, 법, 예술을 주제로 하는데, 〈아테네 학당〉은 철학을 담당하고 있다. 동서고금의 철학자 54명이 시대와 장소를 초월하여 아테네에 모였다는 설정으로, 각각의 철학자는 라파엘로가 존경하는 화가를 모델로 그렸다. 한가운데의 손가락으로 하늘을 가리키고 있는 플라톤은 레오나르도 다빈치를, 계단 아래에서 혼자 턱을 괴고 있는 헤라클레이토스는 미켈란젤로를 모델로 한 것이다. 오른쪽 구석에 보면 라파엘로의 모습도 있다.

로마 바티칸 박물관 Musei Vaticani VOL.2 INFO P.317 MAP P.316A

그리스도의 변모 Trasfigurazione di Gesù

〈신약성서〉에 등장하는 내용으로, 예수가 부활한 뒤 승천하기 전 제자 베드로, 요한, 야고보 앞에서 모습을 바꾸는 것을 말한다. 중세부터 수많은 화가들이 즐겨 그렸는데, 그중에서 라파엘로의 작품이 단연 대표적으로 꼽힌다. 프랑스 나르본 성당의 제단화로 주문받아 죽기 2년 전부터 작업하였으나 완성하지 못하고 요절하고 말았다. 미완성인 부분은 제자인 로마노가 마무리하였다.

로마 바티칸 박물관 Musei Vaticani VOL.2 INFO P.317 MAP P.316A

PLUS TIP

피렌체 피티 궁전의 팔라티나 미술관에서 소장 중인 〈라 벨라타(La Bellata)〉도 마르게리타를 모델로 그린 것. 아니라고 하기엔 두 그림의 인물이 닮아도 너무 닮았다.

라 포르나리나 La Fornarina

라파엘로가 죽기 얼마 전인 1518~1519년에 그린 그림. 사후에 제자들이 유품을 정리하다가 스튜디오에서 발견한 작품인데, 라파엘로의 숨겨둔 애인이었던 마르게리타를 그린 것이라고 한다. 라파엘로는 추기경의 딸과 약혼한 상태였지만 빵집 딸 마르게리타와 비밀 연애 중이었다. 사랑하는 여인인 만큼 마르게리타를 모델로 한 그림이 여러 점 남아 있다. 이 그림 안에는 그녀와 연인 관계라는 힌트를 슬쩍 남겨 두었다. 왼쪽 손가락에는 루비 반지가 있었고, 왼팔에는 'RAPHAEL URBINAS(우르비노의 라파엘로)'라고 쓰인 리본이 묶여 있다. 반지는 제자들이 스승의 망신살을 막기 위해 덧칠해서 숨겨두었으나 20세기에 X선 조사로 모든 것이 밝혀졌다. 그림 제목 '포르나리나'는 '빵집 아가씨'라는 뜻.

국립 고전 미술관 바르베리니 궁전관 Galleria Nazionale d'Arte Antica in Palazzo Barberini VOL.2 INFO P.278 MAP P.274B

Sandro Botticelli

산드로 보티첼리

르네상스가 사랑한 아웃사이더

얘깃거리 많은 인생이란 어쩌면 파란만장한 인생의 다른 뜻일지도 모른다. 보티첼리의 인생은 그런 의미에서 그다지 얘깃거리가 많지 않다. 피렌체 시내 중심가에서 태어나 평생을 무탈하게 살았고, 피사와 로마에서 잠깐씩 활동했을 때를 제외하면 집 밖으로도 잘 안 나갔다고 한다. 당대 최고의 화가 필리포 리피의 제자로 엄격한 미술 수업을 받았고, 리피의 품을 떠난 뒤 유명 화가 두 명의 공방을 더 거쳐 독립했다. 타고난 재능에 여러 스승을 거치며 다진 탄탄한 실력, 계약을 잘 지키는 성실성까지 갖추고 있어 당대에 가장 주목받는 화가 중 하나로 활동했다. 특히 로렌초 디 메디치가 총애한 덕에 보티첼리의 많은 작품들이 메디치가의 컬렉션에 들어 있다. 보티첼리의 신상 얘기 중에 가장 재미있는 것이 어쩌면 이름에 얽힌 사연일지도 모른다. 그의 본명은 알레산드로 디 마리아노 디 바니 필리페피(Alessandro di Mariano di Vanni Filipepi)이고 산드로 보티첼리는 일종의 별명이자 예명이다. 형의 별명이 '술통'이라는 뜻의 '보티첼로'라서, 동생인 알레산드로는 '작은 술통'이라는 뜻의 '보티첼리'로 불렸다고 한다. 보티첼리 개인의 인생은 무난하고 평탄했으나 화풍은 매우 독특했다. 1400년대의 화가들이 주로 해부학적 인체 묘사, 원근법, 명암 등에 집중한 것에 비해 보티첼리는 유려한 선과 평면적인 구도를 이용하여 환상적인 세계를 표현했다. 르네상스 정신과는 다소 거리가 있는 화풍이라 '르네상스의 아웃사이더'라고도 불리지만, 이러한 다양한 시도와 화풍 또한 이전 시대에서는 없던 것이었다는 걸 생각하면 그를 르네상스의 기수 중 하나로 칭하는 것도 이상한 일은 아니다. 어쨌든 보티첼리가 전 세계인이 가장 사랑하는 르네상스 예술가 중 하나라는 사실만은 분명하다.

보티첼리의 대표작

봄 Primavera

이탈리아를 넘어 전 유럽, 아니 전 세계의 서양화를 통틀어 가장 사랑 받는 작품 중 하나. 중앙에는 미의 여신 베누스가 서 있고, 위에는 큐피드, 베누스의 오른쪽에는 삼미신(三美神), 그 옆에는 상인의 신 메르쿠리우스가 서 있다. 반대편에는 꽃의 여신 플로라, 요정 클로리스, 서풍의 신 제피로스가 봄의 제전을 벌인다. 의뢰인이나 그림이 그려진 배경 등에 대해서는 알려지지 않았으나 메디치가의 여름 별궁에 걸려 있었던 것으로 보아 메디치가와 연관 있는 것만은 분명해 보인다. 미술에 문외한이 봐도 한눈에 반할 정도로 아름답고 섬세하다. 각각의 인물에 대한 기원과 의미, 화면 구성에 대해 소소한 이야깃거리가 많아 가이드 투어로 들으면 더 매력적인 그림이다.

피렌체 우피치 미술관
Galleria degli Uffizi

VOL.2 INFO P.492 MAP P.490B

베누스의 탄생 Nascita di Venere

술집 인테리어, 화장품 광고, 하다못해 대중목욕탕 장식에 이르기까지 어마어마한 침투력을 자랑하는 명화. 미의 여신 베누스가 거대한 조가비 속에서 완벽하게 성장한 모습으로 탄생했다는 로마 신화의 내용을 그림으로 그린 것. 〈봄〉보다 3~4년 뒤에 그려졌고, 로마 신화가 배경인 점까지 같으나 아직까지 두 그림 사이의 연관성은 밝혀지지 않았다. 다만 두 그림의 주문주가 메디치가의 일원이라는 정도만 확실하다고 한다.

피렌체 우피치 미술관
Galleria degli Uffizi

VOL.2 INFO P.492 MAP P.490B

성모와 다섯 천사 Madonna del Magnificat

보티첼리는 로마 신화를 배경으로 한 회화 작품으로 후대에 유명세를 떨치고 있지만 당대에는 성화나 초상화로 유명했다. 특히 보티첼리의 성모 작품은 유난히 아름답고 우아하다. 현재까지 전해 내려오는 여러 점의 작품 중에서도 이 작품이 가장 유명하다. 흔히 '성모와 다섯 천사'라고 의역하지만, 원제대로 번역하면 '성모와 찬송'이다. 그림에서 성모가 적고 있는 것이 바로 마그니피카트(Magnificat, 라틴어로 '찬양하다'는 뜻)라고 한다.

피렌체 우피치 미술관
Galleria degli Uffizi

VOL.2 INFO P.492 MAP P.490B

Gian Lorenzo Bernini

잔 로렌초 베르니니

바로크와 로마의 사나이

베르니니의 인생을 네 글자로 정리하면 아마도 '승승장구'가 아닐까. 나폴리에서 조각가의 아들로 태어나 어린 시절부터 천재성을 인정받았고, 아버지가 교황청의 부름을 받아 온 가족이 로마로 이주했다. 청소년 시절부터 아버지를 도우며 작품 활동을 했는데, 그의 놀라운 재능에 대한 소문이 교황을 비롯한 로마 상류 사회에 흘러 들어가게 된다. 20세 전후에는 로마의 유지이자 대부호 보르게제 추기경이 후원자로 나서, 그의 후원 아래 불세출의 조각 작품을 남긴다. 그의 초기 조각 작품은 마치 지금 당장이라도 살아 움직일 것 같은 실재감이 일품인데, 르네상스의 정교한 인체 묘사와 바로크 특유의 화려한 역동성이 긍정적으로 결합했다고 평가받는다. 17세기의 조각가 중에는 베르니니를 따를 사람이 없다는 평가가 많다.

베르니니는 이 외에도 다양한 명사들과 친분을 유지했는데, 친우 중 하나였던 바르베리니 추기경이 교황이 되자 자연스럽게 교황청과 인연을 맺게 된다. 그 결과, 산 피에트로 대성당 내부 장식과 광장의 조성에 힘쓰는 동시에 로마 시내의 다양한 공공 건축물에 참여했고 조각가로도 왕성하게 활동했다. 82세까지 무탈하게 장수하며 다양한 작품을 쏟아내어 로마 곳곳에 지금도 많은 작품이 남아 있다. 기교에 비해 창조성이 떨어진다고 평가하는 사람도 있으나 그렇게 폄하당하기에는 그가 보여준 구현 능력이 너무도 뛰어나다. 댄 브라운의 〈천사와 악마〉에서는 비밀 일루미나티 결사원이었던 것으로 묘사되는데, 실제의 베르니니는 평생 신실한 가톨릭 신자로 살았다.

베르니니의 대표작

페르세포네의 납치 Ratto di Proserpina

그리스 로마 신화의 에피소드 중 저승의 왕 플루토(그리스의 하데스)가 유피테르(그리스의 제우스)와 케레스(그리스의 데메테르)의 딸 프로세르피나(그리스의 페르세포네)를 납치하는 장면을 묘사한 작품. 베르니니가 23세 때 보르게제 추기경의 후원으로 제작되었다. 플루토가 부여잡은 프로세르피나의 허벅지에 난 손자국까지 묘사될 정도로 정교하고 섬세하게 만들어졌다. 사람보다 큰 사이즈에 디테일이 어마어마함에도 제작 기간이 1년 안팎이었다는 것 또한 놀라운 점. 우리에게는 그리스 신화의 페르세포네로 의역해서 알려져 있지만, 원제는 '프로세르피나의 납치'다.

로마 보르게제 미술관 Galleria Borghesei
VOL.2 INFO P.302 MAP P.297B

아폴로와 다프네 Apollo e Dafne

보르게제 추기경의 후원으로 만든 작품 중 맨 마지막 것이다. 큐피드가 쏜 사랑의 화살을 맞은 아폴로가 다프네를 보고 한눈에 반하지만, 증오의 화살을 맞은 다프네는 그 사랑을 받아주지 않는다. 아폴로가 다프네를 쫓다가 막 잡으려는 순간, 강의 신인 아버지 페네이오스에게 살려 달라고 부탁해 월계수로 변한다는 내용이다. 아폴로에게 잡히려는 순간 공포에 질린 다프네의 손과 발, 허리 등에서 월계수가 돋아나고 있는 모습이 실감나게 표현됐다.

로마 보르게제 미술관 Galleria Borghesei
VOL.2 INFO P.302 MAP P.297B

발다키노 Baldacchino

우리말로는 '천개(天蓋)'라고 번역할 수 있는 '발다키노'는 왕의 옥좌 등 고귀한 자리를 높은 곳에서 덮는 장식을 뜻한다. 흔히 '캐노피'라는 명칭으로 더 잘 알려져 있다. 베르니니가 산 피에트로 대성당의 총감독을 맡았을 때 내부 장식을 담당하면서 작업한 대표작이 바로 발다키노였다. 청동으로 만들어진 30m 높이의 장엄한 장식으로, 산 피에트로 대성당 한복판 돔 지붕 바로 아래 자리하고 있다. 발다키노 아래는 오로지 교황만이 출입 가능하고, 지하에는 초대 교황인 사도 베드로의 무덤이 자리한다. 바로크 장식 미술의 극치를 달리는 작품으로서, '발다키노'라는 단어의 대명사처럼 되어 있다.

로마 산 피에트로 대성당 Basilica di San Pietro
VOL.2 INFO P.327 MAP P.316A

트리톤 분수 La Fontana del Tritone

베르니니는 폼 나고 멋진 작품만 만든 것이 아니라 공공 건축도 많이 만들었다. 트리톤 분수는 그 대표 격으로, 교황의 주문으로 만든 공공 분수대다. 돌고래 4마리가 꼬리로 받치고 있는 받침대 위에서 물의 신 트리톤이 우주 대홍수를 일으키고 있는 장면을 담고 있다. 유명한 예술가의 작품이 박물관이 아닌 로마 중심가 차도 한복판에 자리하고 있다는 것도 특별한 점.

로마 바르베리니 광장 Piazza Barberini

VOL.2 INFO P.278 MAP P.274B

PLUS TIP

광장 한쪽에는 베르니니가 만든 또 하나의 분수가 있다. 로마의 명문가인 바르베리니 가문의 문장인 벌 세 마리가 새겨져 있다.

코끼리 오벨리스크 Obelisco della Minerva

판테온 부근 미네르바 광장(Piazza della Minerva)에 자리한 조형물. 로마인들은 과거 이집트에서 가져온 오벨리스크를 시내 곳곳에 세워두었는데, 그중 가장 작다. 코끼리 모양의 받침대가 바로 베르니니의 작품으로, 정확히는 디자인만 베르니니가 하고 작업은 대부분 그의 제자가 했다.

로마 미네르바 광장 Piazza della Minerva

VOL.2 INFO P.309 MAP P.307D

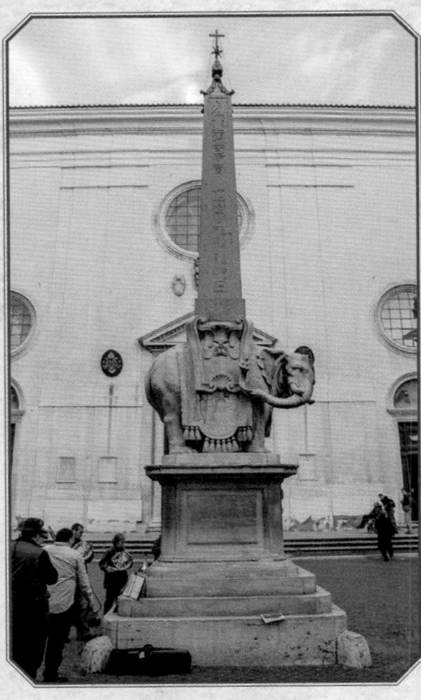

PLUS TIP

영화 〈천사와 악마〉는 아예 로마 곳곳에 자리한 베르니니의 작품을 따라가는 여정을 그리기도 한다. 영화에 소개된 작품은 P.146~147를 참고하자.

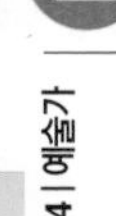

Michelangelo Merisi da Caravaggio

미켈란젤로 메리지 다 카라바조

그림만 잘 그린 희대의 망나니

카라바조의 그림을 보면 빨려 들어가는 듯한 기분이 든다. 빛과 그림자의 강렬한 대비, 등장 인물의 감정과 캐릭터가 고스란히 드러나는 입체적인 표정, 극적인 구도 덕분에 화면 전체에서 강한 에너지가 뿜어 나온다. 매력적이지만 섬뜩하기도 하여 호불호가 갈리는 편이지만 그가 이탈리아 바로크 화풍을 대표하는 화가 중 한 명이며 렘브란트 등 후대의 화가에게 강한 영향력을 행사한 거장이라는 것은 부인할 수 없다. 그러나 그에 대한 모든 긍정적인 평가는 오로지 작품에만 한정됐다. 인생은 잘못 살아도 이렇게 잘못 살 수가 없을 정도로 엉망진창이었기 때문.

카라바조는 1573년 밀라노 부근에서 태어났다. 본명은 미켈란젤로 메리지(Michelangelo Merisi)이고, '카라바조'는 아버지의 고향이자 그가 어린 시절 살았던 마을 이름이다. 카라바조는 어린 시절 부모를 여의고 밀라노의 한 화실에서 견습생 생활을 보내다가 20대 초에 로마로 상경한다. 처음엔 변변한 의뢰인이나 후원자는커녕 돈도 몇 푼 없는 상태였으나 프란체스코 델 몬테 추기경의 후원을 받으며 이내 로마에서 상당히 주목받는 화가가 된다. 빛과 조명을 통한 명암의 극적인 대비와 사실적인 인물 묘사 등으로 자신만의 경쟁력을 발휘하면서 다양한 작품 활동을 하고, 29세가 되던 1600년 무렵에는 이탈리아 최고의 화가 반열에 오른다.

그러나 '최고'는 어디까지나 작품 얘기고, 그의 삶은 난봉꾼과 망나니 그 자체였다. 결투를 밥 먹듯 했고 싸움질은 일상이었다. 상해, 욕설, 폭행이 끊이지 않았으며 감옥에 수감된 것도 7번 이상이었다. 1606년에는 급기야 살인을 저지른다. 사형이 확정적인 상황에서 야반도주한 카라바조는 나폴리, 몰타 등으로 도망 다니며 어떻게든 살인에 대한 사면을 받아 보려 애쓴다. 하지만 가는 곳마다 또 다시 사고를 치는 바람에 다 실패하고 결국 1610년 39세의 나이로 죽음을 맞이한다. 말라리아 등 전염병으로 죽었다는 것이 정설이나, 부랑자들과 싸우다 살해당했다는 설도 있다.

카라바조의 대표작

메두사 Medusa

로마에서 막 이름을 알리며 승승장구하기 시작한 1597년에 그린 작품. 그리스 신화 중 페르세우스가 뱀의 머리를 한 미녀 메두사의 목을 벤 이야기를 그린 것으로 페르세우스에게 막 목이 잘린 메두사의 표정을 섬뜩할 정도로 사실적으로 묘사했다. 신화 속의 메두사는 여성이지만 카라바조는 본인을 모델로 메두사를 그렸기 때문에 미녀보다는 아저씨에 거깝다. 카라바조의 후원자가 토스카나 대공에게 선물하여 메디치 컬렉션에 들어가게 되었다.

피렌체 우피치 미술관 Galleria degli Uffizi

VOL.2 INFO P.492 MAP P.490B

바쿠스 Bacchus

카라바조가 24세 때 추기경의 주문으로 그린 그림이다. 로마 신화의 술(와인)의 신 바쿠스를 묘사했다고 하나 그보다는 바쿠스 분장을 한 어린 소년이라고 보는 편이 정확하다고. 그의 제자였던 마리오 미니티(Mario Minniti)를 모델로 했는데, 그는 이 외에도 병든 바쿠스, 과일 바구니를 든 소년 등 카라바조의 그림에 단골로 등장한다. 많은 학자들은 카라바조와 그가 동성 연인이었다고 주장하고 있으며, 카라바조에게 소아성애 경향이 엿보인다는 의견도 있다.

피렌체 우피치 미술관 Galleria degli Uffizi

VOL.2 INFO P.492 MAP P.490B

PLUS TIP 병든 바쿠스와 과일 바구니를 든 소년은 로마 보르게제 미술관에서 소장중이다.

유디트와 홀로페르네스 Giuditta e Oloferne

유디트는 구약성서 외경인 '유디트기'에 등장하는 주인공으로, 아시리아의 장수 홀로페르네스를 유혹한 뒤 그의 목을 베는 인물이다. 워낙 드라마틱한 소재라 수많은 화가들이 즐겨 그렸는데, 카라바조의 유디트가 가장 섬뜩하다는 평가를 받고 있다. 홀로페르네스의 고통과 목이 잘리는 장면은 지나칠 정도로 생생하게 묘사되어 있는데 비해 목을 자르는 유디트의 얼굴은 혐오만 살짝 드러나 있을 뿐 매우 침착하여 오히려 더 소름 끼친다. 홀로페르네스는 어둡게, 유디트는 밝게 그려 화면 전체에 명암의 극명한 대비를 주었다.

국립 고전 미술관 바르베리니 궁전관
Galleria Nazionale d'Arte Antica in Palazzo Barberini

VOL.2 INFO P.278 MAP P.274B

나르키소스 Narciso

물에 비친 자신의 모습에 반해 몇 날 며칠 그것만 바라보다 결국 물에 빠져 죽었고, 그 자리에는 수선화가 피었다는 그리스 로마 신화 속 인물을 그린 작품. 그림 속 나르키소스의 표정에는 사랑과 절망이 생생하게 살아 움직이고 있다. 카라바조가 아직 로마에서 잘나가던 시절인 1599년 전후에 그린 것으로 추정된다.

국립 고전 미술관 바르베리니 궁전관
Galleria Nazionale d'Arte Antica in Palazzo Barberini

VOL.2 INFO P.278 MAP P.274B

콘트라렐리 예배당 Cappella Contarelli

16세기 말부터 17세기 초, 로마의 교회들은 알프스 이북에서 세를 키우던 개신교에 신도를 뺏기지 않기 위해 고심 중이었다. 그 일환으로 지루한 매너리즘이 아닌 새로운 스타일의 제단화를 그릴 수 있는 화가를 물색 중이었다. 로마의 주요 성당 중 하나인 산 루이지 데이 프란체시 성당은 카라바조의 강렬한 화풍에 눈독을 들여 성당 내부 콘트랄레리 예배당의 제단화를 맡긴다. 인생 첫 제단화 작업을 맡은 카라바조는 고군분투 끝에 마태복음의 저자 성 마태오에 대한 연작 세 점을 그려내고 일약 로마 최고의 제단 화가로 떠오른다. 왼쪽부터 성 마태오의 소명, 성 마태오의 영감, 성 마태오의 순교로 구성되어 있고, 이 중 성 마태오의 소명은 명암 기법이 극명하게 드러난 바로크 미술의 걸작이자 카라바조 인생 최고의 역작 중 하나로 손꼽힌다.

로마 산 루이지 데이 프란체시 성당
Chiesa di San Luigi dei Francesi

VOL.2 INFO P.310 MAP P.307C

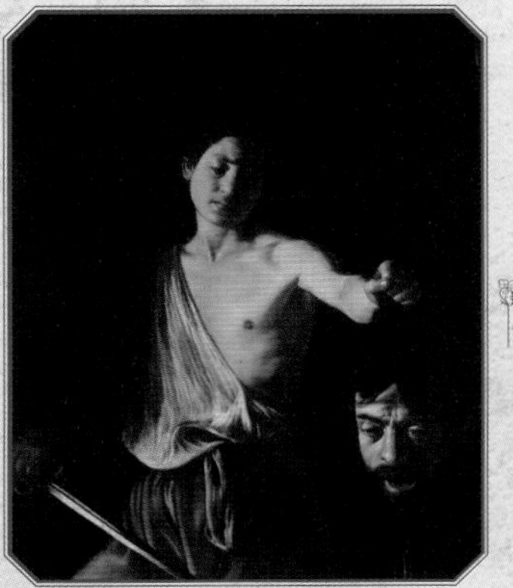

골리앗의 머리를 든 다윗 Davide con testa di Golia

죽기 직전인 1610년에 그린 작품. 카라바조는 도피 생활 중 이 그림을 그려 교황에게 보내 사면을 요청했다고 한다. 카라바조는 다윗의 얼굴을 자신의 어린 시절의 모습으로, 골리앗의 얼굴을 범죄자가 된 지금의 자기 모습으로 그려, 자신의 과거를 반성하는 의미를 담았다.

로마 보르게제 미술관 Galleria Borghesei

VOL.2 INFO P.302 MAP P.297B

THEME 05
영화 속 여행지

영화 속의 이탈리아가 내게로 온다

이야기에는 이런 힘이 있다. 장지문 건너편에서 바라보는 것처럼, 두꺼운 겨울옷 위로 다가오는 손길처럼, 수많은 이야기들을 통해 아직 경험하지 못한 먼 나라를 간접적으로 만나다 보면 훗날 실물을 접했을 때는 막연한 반가움이 느껴지기 마련이다.
이탈리아는 특유의 중세 도시 풍경과 눈부시게 아름다운 자연환경 덕분에 수많은 영화에 단골 배경으로 등장했다. 이탈리아에 발을 딛기 전, 미리 화면 속 이탈리아를 보고 듣고 알고 싶은 당신을 위한 친절한 영화 가이드.

※ 주의 : 영화 속 스폿 설명에 영화 내용 스포일러를 다수 포함하고 있음

ROMA

로마의 휴일 Roman Holiday

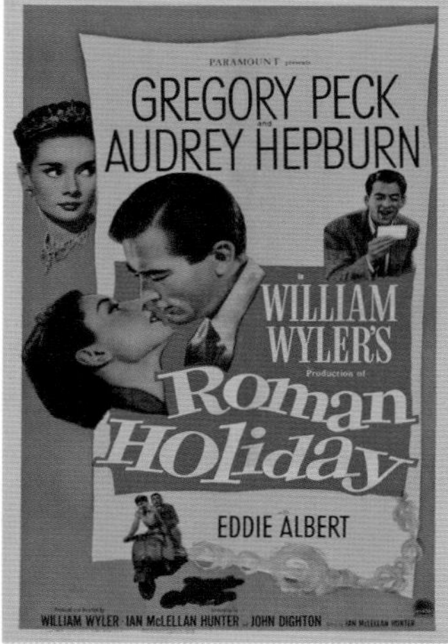

이탈리아 영화의 정석

유럽을 순방 중인 앤 공주가 로마에 도착했다. 우아한 겉모습과 달리 매우 엉뚱하고 말괄량이인 앤 공주는 엄격한 예법과 빡빡한 스케줄에 넌더리를 내다 충동적으로 야반도주를 감행한다. 한편 미국 기자 조 브래들리는 포로 로마노 앞에 쓰러져 잠든 소녀를 발견하고 자기 집으로 데려간다. 다음날 회사에 출근해서 그 소녀가 앤 공주라는 사실을 알게 된 조. 아침에 정신이 든 앤 공주는 책임감과 일탈의 달콤한 속에서 갈등하고, 조는 특종을 잡기 위해 공주의 귀여운 일탈을 살살 부추긴다. 결국 앤 공주는 로마에서 단 하루뿐인 자체 휴가를 만끽하게 된다. 로마의 볼거리들이 화면 구석구석 깨알처럼 등장하는 본격 로마 여행 '뽐뿌' 영화로, 이를 위해 이탈리아 정부가 적극적으로 촬영에 협조했다는 후문이 전설처럼 내려온다. 만든 지 70년이 다 되어가는 오래된 흑백 영화지만 21세기 로마의 모습은 화면 속과 크게 다르지 않다. 얼마나 변했고, 얼마나 변하지 않았는지 직접 확인해보자.

개봉 : 1953년 **감독** : 윌리엄 와일러 **주연** : 오드리 헵번, 그레고리 펙

〈로마의 휴일〉 앤 공주 따라잡기

1 그녀가 머리를 자른 곳 스탐페리아 거리 85번지 *Via della Stamperia 85*

앤 공주는 로마 시내를 헤매다 충동적으로 이발소로 들어가 머리를 아주 짧게 잘라버린다. 영화 속 커트 장면은 가발이 아닌 실제 머리를 자르는 것으로, 오드리 헵번이 대본을 파악한 뒤 스스로 제안했다고 한다. 영화 속 골목은 트레비 분수 바로 옆, 트레비 분수에서 스페인 광장으로 가는 길목이다. 영화에 등장한 이발소는 이미 오래전에 없어졌고 현재는 그 자리에 가방 가게가 영업하고 있다. VOL.2 MAP P.297F(트레비 분수)

2 공주의 발랄한 젤라토 먹방 스페인 계단 *Scalinata di Trinit dei Monti*

로마 중심가를 마구 헤매던 앤 공주는 노점상에서 큼직한 젤라토를 하나 사 들고 스페인 계단 중턱에 서서 자유를 만끽한다. 이 장면을 본 전 세계의 관광객들이 스페인 계단에 와서 젤라토를 사먹었고, 그 덕분에 스페인 계단은 젤라토 쓰레기에 몸살을 앓아야 했다. 이에 로마시는 스페인 계단에서 젤라토 섭취를 전면 금지하고, 이를 어길 시 최대 €500의 벌금을 부과하는 극약 처방을 내렸다. 스페인 계단에서 젤라토를 먹으며 오드리 헵번 따라잡기를 하고 싶었다면 아쉽지만 포기할 것.
VOL.2 INFO P.299 MAP P.297C

3 참과 거짓을 판별하는 하수도 뚜껑 진실의 입 *Bocca della Verit*

스쿠터 한 대로 멋지게 로마 시내를 뒤집어엎은 뒤 파출소로 끌려간 앤과 조는 서로가 거짓말을 하고 있다고 야유한다. '그러면 거짓말을 하는 게 누군지 가려보자'며 조가 데려가는 곳이 바로 진실의 입이다. 진실의 입은 원래 로마 시대의 하수도 뚜껑으로, 입이 뚫려 있는 디자인 덕분에 중세 시대에 참과 거짓을 가르는 심판 도구로 사용되었다고 한다. 1950년대까지는 그다지 유명한 볼거리가 아니었으나 〈로마의 휴일〉에 등장한 후 로마의 대표 명소로 등극했다. 그러나 찾기도 썩 쉽지 않고 줄도 하염없이 긴 데다 막상 보면 그냥 사람 얼굴 달린 하수도 뚜껑 하나 덜렁 있는 것이라 '이게 뭐야!'라는 마음이 앞서곤 한다.
VOL.2 INFO P.290
MAP P.283C

4 그들의 마지막 만남 콜론나 미술관 *Galleria Colonna*

조와 앤은 단 하루 만에 정이 흠뻑 들고 사랑에 빠지지만, 앤은 한층 성숙해져 본인의 자리로 돌아간다. 이탈리아를 떠나기 전 마지막으로 기자 회견을 열고, 그곳에서 두 사람은 기자와 공주라는 본래의 모습으로 조우한다. 앤 공주의 기자 회견장으로 설정된 곳은 베네치아 광장 부근에 자리한 콜론나 미술관이다. 17세기에 지어진 바로크 스타일 궁전으로, 추기경을 배출한 로마의 명문가 콜론나 가문의 궁전이었던 곳이다. 외관은 비교적 수수하나 내부는 로마 전체에서도 손에 꼽힐 정도로 화려하다.
VOL.2 INFO P.309 MAP P.297F

ROMA

로마 위드 러브 To Rome with Love

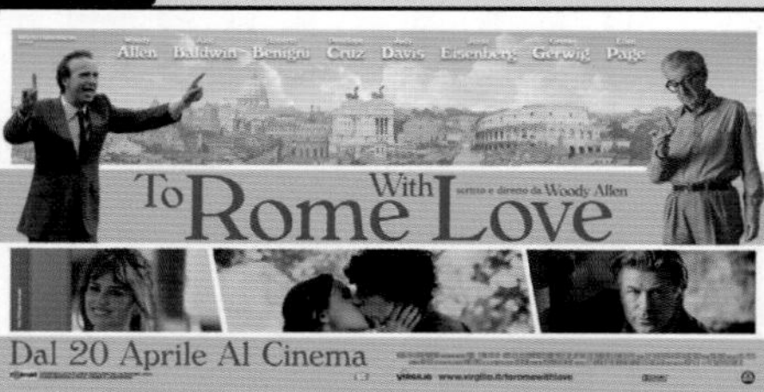

개봉 : 2013년
감독 : 우디 앨런
주연 : 우디 앨런, 알렉 볼드윈, 앨런 페이지, 로베르토 베니니 등

어쨌든 로마는 사랑이다

로마로 휴가 온 뉴욕의 아가씨는 길을 가르쳐 준 현지인 미남 청년과 사랑에 빠진다. 그녀의 부모가 사윗감을 보기 위해 이탈리아까지 날아오는데, 오페라 연출가인 그녀의 아버지가 샤워하면서 노래하는 바깥사돈의 노래 실력에 반하고 만다. 한편 건축가 청년은 미국에서 날아온 여친의 베프와 은밀한 사랑에 빠져버리고, 로마에 갓 올라온 시골내기 젊은 부부는 각각 예기치 못했던 상대와 엮여 불륜을 저지른다. 또 한편 로마에 사는 평범한 아저씨는 갑자기 자기도 알지 못하는 이유로 인기 스타가 된다. 도저히 몇 줄로 정리할 수 없는 '아무말대잔치' 같은 스토리임에도 우디 앨런 특유의 시니컬한 유머 감각과 연출력 때문에 끝까지 즐겁게 보게 되는 이상한데 멋있는 영화. 이 영화를 다 보고 나면 한 가지만은 머릿속에 확실히 남는다. 어쨌든, 로마는 말이 안 돼도 사랑스러울 만큼 아름다운 도시라는 것.

〈로마 위드 러브〉 '거기' 따라잡기

1 그들이 처음 만난 곳 캄피돌리오 광장 Piazza del Campidoglio

뉴욕에서 휴가차 로마로 온 헤일리는 잘생긴 로마 청년 미켈란젤로에게 길을 묻고, 이를 인연으로 두 사람은 사랑에 빠지게 된다. 둘이 처음 만난 곳이 바로 캄피돌리오 광장 앞. 캄피돌리오 광장은 로마의 7대 언덕 중 하나인 캄피돌리오 언덕에 자리한 광장으로, 미켈란젤로가 설계한 것으로 유명하다. 두 사람이 만난 곳은 언덕에서 베네치아 광장 쪽 평지로 내려오는 계단 앞이다. 헤일리는 미켈란젤로에게 트레비 분수로 가는 방법을 묻고, 미켈란젤로는 설명하기 곤란해 하다가 직접 데려다 준다. 실제로 그 부근에서 트레비 분수로 가는 길은 설명하기에는 어려우므로 직접 데려다 주는 것이 속편할 수도 있다. VOL.2 INFO P.293 MAP P.283A

2 젊고 낭만적인 그들이 이야기를 나누는 곳 포르타 세티미아나 Porta Settimiana

젊은 건축가 잭은 집 앞을 거닐다 평소에 동경하던 유명 건축가 존 포이와 마주친다. 잭은 존을 자신이 여자 친구와 함께 동거하는 집으로 초대하여 커피를 대접하고, 그 이후 존은 잭의 생활에 기묘한 형태로 스며든다. 존이 아내와 함께 식사를 하던 야외 레스토랑, 잭이 여자 친구 샐리와 함께 생활하는 집, 그들이 함께 거닐던 덩굴 식물 늘어진 골목은 모두 트라스테베레 지역에 있다. 잭이 친구와 함께 이야기를 나누는 노천카페 뒤로 보이던 근사한 아치형 석조문은 '포르타 세티미아나(Porta Settimiana)'라는 문으로, 트라스테베레의 북쪽 입구 같은 역할을 하는 곳이다.
VOL.2 INFO P.333 MAP P.332A

3 그녀가 한없이 헤맨 그곳
포폴로 광장 *Piazza del Poppolo*

시골에서 갓 로마로 올라온 밀리와 안토니오 부부. 밀리는 중요한 모임에 나가기 전 미용실에 다녀오겠다며 호텔을 나섰다가 길을 잃고 만다. 여기저기 헤매 보지만 호텔은 나타나지 않고, 급기야 휴대폰까지 잃어버린 밀리는 망연자실하게 사방을 둘러본다. 이때 밀리가 둘러보는 바로 그곳, 언덕과 분수와 쌍둥이 교회가 있던 곳이 포폴로 광장이다. 로마 시내 중심가 북쪽에 자리한 아름다운 광장으로, 보통 로마 시내 관광의 북쪽 한계선으로 여겨진다. 밀리와 안토니오의 호텔은 도대체 어디였기에 이곳에서 헤매고 있었을까.

VOL.2 INFO P.299 MAP P.297A

4 그들 뒤로 빛나던 그 분수
레푸블리카 광장 *Piazza della Repubblica*

로마에 사는 평범한 중년 아저씨 레오폴도는 어느 날 갑자기 날벼락처럼 스타가 된다. 부와 근사한 직업이 발 앞에 굴러 떨어지고, 미녀들이 그에게 구애하며 줄을 선다. 그는 자신이 왜 스타가 됐는지 전혀 모르지만 얼떨결에 찾아온 유명세를 얼떨떨하게 즐긴다. 그는 영화 VIP 시사회에 초대받아 아내와 함께 레드 카펫을 밟고, 그의 뒤로 분수 하나가 존재감을 강하게 드러낸다. 이 분수가 놓인 곳은 19세기에 이탈리아 통일을 기념하기 위해 조성된 레푸블리카 광장이다. 분수는 20세기 초반에 만들어졌으며, 낮에는 평범해 보이나 밤이 되어 조명을 받으면 유난히 아름답게 빛난다. 참고로 시사회가 열리던 영화관은 레푸블리카 광장 남쪽에 자리한 '스페이스 시네마 모데르노(Space Cinema Moderno)'이다.

VOL.2 INFO P.277 MAP P.275C

5 그들의 위험한 키스
보르게제 공원 *Villa Borghese*

건축가 잭은 여자 친구 샐리와 동거 중이다. 어느 날, 샐리의 친구 모니카가 미국에서 찾아온다. 여배우인 모니카는 너무도 예쁘고 매력적이다. 부정해보지만 잭의 마음은 자꾸만 모니카에게 끌리고, 결국 두 사람은 샐리를 은밀하게 배신하고 만다. 서로의 마음을 감추지 않기로 마음먹으며 두 사람은 아름다운 호숫가에서 뜨거운 키스를 나눈다. 영화 포스터에도 쓰인 이 키스신은 로마 중심가 동북쪽에 자리한 보르게제 공원에서 찍었다. 17세기 초반 보르게제 추기경이 조성한 영국식 정원으로 20세기 초 로마시 정부가 사 들여 공원으로 개방했다. VOL.2 INFO P.301 MAP P.297B

Writer's Note '볼라레'를 들어볼까요?

〈로마 위드 러브〉의 시작과 끝에 나오는 노래가 있습니다. 처음에는 그냥 화면 위로 노래가 흐르고, 마지막 장면에서는 스페인 계단에 악단이 서서 이 노래를 연주하지요. 이탈리아 가요 중 가장 유명한 노래라고 해도 과언이 아닌 '볼라레(Volare)' 입니다. 도메니코 모두뇨(Domenico Modugno)라는 가수가 1955년에 발표한 노래인데요, 원제목은 '넬 블루, 디핀토 디 블루(Nel Blu, Dipinto di Blu)'입니다. '볼라레'는 중간에 등장하는 가사예요. 우리나라 동요 '반달'이 '푸른 하늘 은하수'로 더 유명한 것과 비슷한 이치죠. 이탈리아 영화에 매우 자주 나오는 노래고요, 한번 들어보시면 '아! 이 노래!' 할 지도 모르겠네요.

ROMA

천사와 악마 Angels & Demons

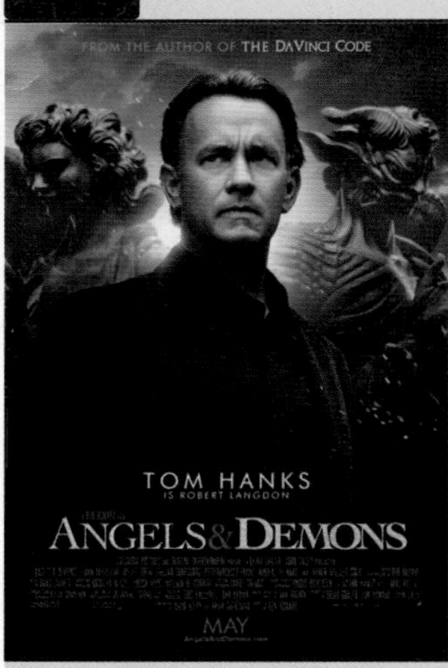

세상에서 제일 위험한 로마 베르니니 투어

교황이 선종하자, 전 세계의 추기경들은 다음 교황을 뽑는 비밀 회의 '콘클라베(Conclave)'에 참석하기 위해 바티칸으로 모였다. 한편 세계 최고 권위의 연구소에서는 빅뱅의 기원으로 추정되는 에너지원 '반물질'을 만들어내는 데 성공한다. 그런데 뜻밖의 사건이 터진다. 연구소에 괴한이 잠입하여 반물질을 훔쳐내고, 유력한 차기 교황 후보로 거론되던 4명의 추기경을 납치한 것. 이들의 정체는 18세기의 비밀 결사 일루미나티(Illuminati)로서, 교황청의 박해에 복수하기 위해 4명의 추기경을 죽이고 반물질을 폭파시켜 바티칸을 무너뜨릴 것이라고 예고한다. 일루미나티가 남긴 비밀스러운 상징을 해독하기 위해 하버드 대학 기호학 교수 로버트 랭던이 교황청의 부름을 받아 해결에 뛰어든다. 그가 밝혀낸 것은 추기경들의 납치 장소가 베르니니의 작품과 연관 있다는 것. 안팎으로 산재한 수많은 미스터리를 해결하기 위해 랭던 교수가 로마를 종횡무진하고, 그가 가는 길마다 유혈이 낭자하게 흐른다.

개봉 : 2009년 **원작** : 댄 브라운 〈천사와 악마(Angels & Demons)〉 **감독** : 론 하워드 **주연** : 톰 행크스, 이완 맥그리거, 아예렛 주러 등

〈천사와 악마〉 베르니니 투어 따라잡기

1 흙의 비밀
키지 예배당 Cappella Chigi

일루미나티는 납치한 추기경들을 신비주의의 4대 원소인 흙, 바람, 불, 물과 관련 있는 장소에서 차례로 죽이겠다고 한다. 랭던은 '흙'이 라파엘로와 연관이 있다는 것을 밝혀내고 그의 무덤이 있는 판테온으로 가나 금세 그 판단이 잘못된 것임을 깨닫는다. 정답은 라파엘로가 설계한 키지 예배당이 있는 곳, '산타 마리아 델 포폴로 대성당(Basilica Parrocchiale Santa Maria del Popolo)'이었다. 이곳에서 랭던은 이 사건이 베르니니의 작품과 연관이 있다는 사실을 밝혀낸다. 산타 마리아 델 포폴로 대성당은 15세기에 르네상스 양식으로 지어진 후, 16세기에 베르니니가 바로크 양식으로 개축했다. 겉으로 보기에는 매우 수수하지만 알고 보면 볼거리가 풍부한 곳이다. 영화에 등장한 키지 예배당과 베르니니의 작품 〈하바쿡과 천사〉는 물론 카라바조의 제단화와 핀투리키오의 프레스코화 등 거장들의 작품을 다수 품고 있다.

VOL.2 INFO P.300 MAP P.297A

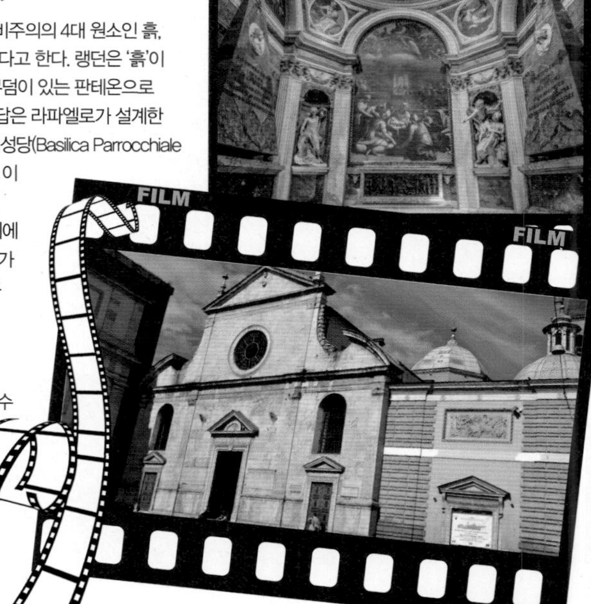

2 공기의 비밀
산 피에트로 광장
Piazza San Pietro

두 번째 살인은 '공기'와 연관된 곳. 랭던 교수는 〈하바쿡과 천사〉 동상에서 힌트를 얻어 다음 장소가 산 피에트로 광장임을 알아낸다. 이곳에서 '공기'와 상관있는 상징을 찾다가 광장 바닥에서 중앙 오벨리스크를 둘러싸고 있는 바람의 신 부조를 찾아낸다. 이 부조는 '풍배도(Wind Rose)'라고 하는 것으로, 바람이 불어오는 방향과 빈도를 도형으로 표시한 것. 총 16개의 방위와 각 방위에서 불어오는 바람의 이름이 표시되어 있다. 바람의 신이 입으로 바람을 불어내는 모습이 그려져 있는데, 얼굴이 조금씩 다 다르다. 영화에 나온 것은 그중에서 '서쪽의 바람'. VOL.2 INFO P.329 MAP P.316A

3 불의 비밀
성녀 테레사의 환희
L'Estasi di Santa Teresa

세 번째 '불'의 비밀을 파헤치기 위해 랭던 교수는 바티칸의 장서각에 들어가 로마의 성당에서 소장하고 있는 모든 베르니니 작품을 조사한다. 천신만고 끝에 그가 찾아낸 것은 산타 마리아 델라 비토리아 성당(Chiesa di Santa Maria della Vittoria)에 소장 중인 베르니니의 조각 〈성녀 테레사의 환희〉. 성녀 테레사는 16세기 스페인 아빌라 출신으로, 천사가 쏘는 불촉을 단 금화살을 심장에 맞는 환시를 통해 놀라운 환희를 겪었다고 한다. 베르니니의 작품은 성녀 테레사가 환희를 느끼는 장면을 특유의 섬세한 터치로 옷자락 하나까지 세밀하게 묘사해 놓았는데, 원래는 산 피에트로 성당에 놓일 예정이었으나 성녀의 표정이 너무 관능적이라 불발되었다고 한다.
VOL.2 INFO P.278 MAP P.274B

4 물의 비밀
콰트로 피우미 분수 *Fontana dei Quattro Fiumi*

랭던은 마지막 살해 예고 장소가 네 번째 '물'이 있는 나보나 광장 부근이라는 결론을 내고 한달음에 달려간다. 나보나 광장에는 베르니니가 만든 〈콰트로 피우미 분수〉가 있다. 이것은 나보나 광장에 있는 3개의 분수 중 한가운데에 있는 거대한 것으로, 베르니니가 교황 인노켄티우스 10세를 위해 만든 것이다. 가운데에 이집트 오벨리스트의 모조품이 우뚝 서 있고, 사방에 각 대륙을 대표하는 강의 신이 조각되어 있다. 4개의 강은 각각 유럽의 다뉴브강, 아시아의 갠지스강, 아프리카의 나일강, 남미의 라플라타 강이라고 한다.
VOL.2 INFO P.311 MAP P.307C

FIRENZE & MILANO

냉정과 열정 사이 冷静と情熱のあいだ

개봉 : 2003년
감독 : 나카에 이사무
주연 : 타케노우치 유타카, 진혜림, 유스케 산타마리아, 시노하라 료코

영원한 사랑을 꿈꾸며

준세이는 피렌체에서 미술품 복원을 공부하는 남자로, 첫사랑 아오이를 잊지 못하고 있다. 그는 아오이가 밀라노에 머문다는 소식을 접하고 달려가지만, 이미 그녀는 부유한 남자 친구와 새출발을 한 상태. 절망적인 마음으로 피렌체로 돌아왔는데, 누군가가 그가 복원하던 그림을 처참하게 훼손한 사건이 일어나 일하던 공방은 폐쇄된다. 준세이는 일본으로 돌아간 후, 친구로부터 비밀 이야기를 듣고 지금까지 아오이를 오해하고 있음을 알게 된다. 그리고 아오이의 서른 살 생일에 피렌체 두오모 쿠폴라 전망대에 함께 오르자는 10년 전의 약속을 기억해내고, 그날 피렌체 두오모에 오른다. 피렌체 두오모가 지금 연인의 명소가 되게 만든 일등 공신이라고 봐도 과언이 아닌 영화로, 화면 구석구석에서 우피치 미술관, 베키오 다리 등 피렌체 최고의 명소들이 등장한다. 여기서는 앞서 다른 파트에서 소개한 유명 스폿들이 아닌, 조금 덜 유명하지만 영화를 보다 보면 어딘지 궁금해지는 곳들을 모아 봤다.

〈냉정과 열정 사이〉 낭만 스폿 따라잡기

1 그는 늘 이곳에서 멈춘다
체키 Zecchi

준세이가 집에서 나와 공방으로 향할 때 늘 들르는 골목이 있다. 주로 자전거와 연관이 있는 곳으로, 자전거를 세우거나 망가진 자전거를 고치는 등의 장면에서 등장한다. 좁다란 골목 끝으로 두오모가 보이는 골목인데, 골목 왼쪽 편에 '체키(Zecchi)'라는 간판이 눈에 띈다. 이곳은 피렌체의 유명한 화방으로, 수채화 · 유화 · 템페라화 등의 물감을 중심으로 다양한 미술 재료를 판매한다. 미술 전공자나 화가들에게는 굳이 〈냉정과 열정 사이〉가 아니더라도 이미 꽤 유명한 곳이라고. 가게 내의 분위기도 좋아 근처에 갔다면 누구나 한 번 들러볼 만한 상점이다.

VOL.2 INFO P.488 MAP P.473K

2
그의 편지가 그녀의 마음을 녹이다

산타 마리아 델레 그라치에 대성당

Basilica di Santa Maria delle Grazie

일본으로 돌아간 준세이는 아오이에게 긴 편지를 보내 마음을 전한다. 비가 추적추적 오는 날 아오이는 어느 아름다운 성당의 안뜰에서 준세이가 보낸 편지를 읽고, 자신의 마음속에 아직 짙게 남아 있던 준세이에 대한 사랑을 깨닫는다. 아오이가 준세이의 편지를 읽던 곳은 밀라노에 있는 산타 마리아 델레 그라치에 대성당으로, 15세기에 스포르차 공의 명령으로 건축된 도미니코 수도회의 성당이다. 어쩐지 낯이 익은 이름이라고? 맞다. 〈최후의 만찬〉이 있는 바로 그 성당이다. 〈최후의 만찬〉은 반드시 예약을 해야 하지만 성당 안뜰은 문 열고 있는 시간에는 아무 때나 들어갈 수 있다.

VOL.2 **INFO** P.406 **MAP** P.404A

3
냉정과 열정이 마주하다

산티시마 안눈치아타 광장

Piazza della Santissima Annunziata

10년 전의 약속을 기억해 낸 준세이는 피렌체 두오모 쿠폴라 전망대에 올라 아오이를 기다린다. 시간이 한참 흐른 후 아오이도 그곳에 모습을 드러낸다. 전망대에서 내려와 서로 마주보는 두 사람. 저 멀리 골목 사이로 두오모 쿠폴라의 모습이 보인다. 이곳은 두오모 동북쪽에 있는 산티시마 안눈치아타 광장으로, 천사가 벽화를 그렸다는 전설이 깃든 산티시마 안눈치아타 대성당(Basilica della Santissima Annunziata)과 두오모 쿠폴라의 설계자인 브루넬레스키가 지은 르네상스 시대의 복지 시설 오스페달레 델리 인노첸티(Ospedale degli Innocenti)로 둘러싸여 있다.

VOL.2 **MAP** P.473D

Writer's Note 이제는 불가능해진 그들의 마지막 만남

냉정과 열정에서 '냉정'을 맡은 아오이는 끝내 자신의 마음을 다 보여주지 않고 준세이의 곁을 떠납니다. 오해만 끌어안고 헤어지려는 찰나, 준세이는 그녀가 마음을 속인 것이라는 사실을 알게 되죠. 준세이는 피렌체 산타 마리아 노벨라 역으로 득달같이 달려갑니다만, 아오이가 탄 기차는 이미 밀라노를 향해 떠났습니다. 준세이가 절망하려는 순간, 역무원이 이렇게 말합니다. '다음에 출발하는 유로스타를 타면 지금 출발한 인터시티 기차보다 15분 일찍 밀라노에 도착한다'라고 말이죠. 준세이는 그렇게 아오이를 따라잡고, 〈냉정과 열정 사이〉의 상징 같은 엔딩 신이 나옵니다. 그러나 20년 넘게 흐른 지금은 이런 따라잡기가 불가능합니다. 더 이상 피렌체 S.M.N. 역—밀라노 중앙역 구간에 인터시티가 안 다니거든요. 이탈로나 프레차 같은 특급 열차만 다니고 있습니다. 덧붙이자면 아오이와 준세이가 재회하는 마지막 장면은 밀라노 중앙역 15번 플랫폼입니다.

레터스 투 줄리엣 Letters to Juliet

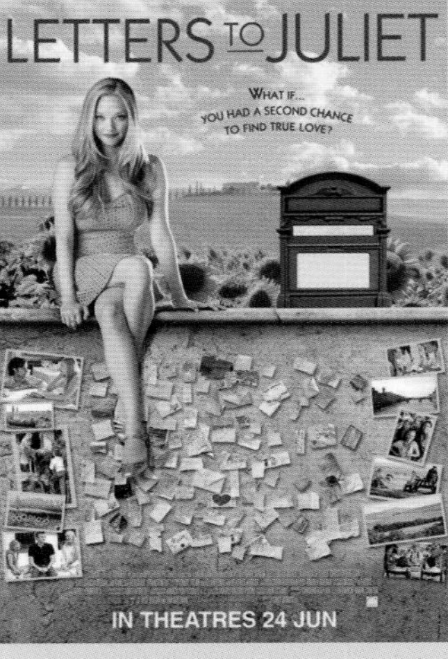

50년 만에 마음이 도착했습니다

소피는 뉴욕의 작가 지망생. 워커홀릭 요리사인 약혼자와 함께 이탈리아 베로나로 여행을 떠났는데, 약혼자는 시장 조사에만 정신이 팔려 있다. 혼자 시내를 돌아보던 소피는 '줄리엣의 집'에서 사람들이 보낸 편지에 답장을 써주는 '줄리엣의 비서'들과 조우한다. 그녀들과 함께 줄리엣의 집을 돌아보던 소피는 영국에 사는 클레어라는 여성이 쓴 아주 오래된 편지 하나를 발견하고 자신이 직접 답장을 쓴다. 그 편지를 받은 클레어는 손자와 함께 한달음에 베로나로 달려오고, 그렇게 클레어의 첫사랑 '로렌조 바르톨리니'를 찾아가는 막연하고도 행복한 탐험이 시작된다. 베로나와 시에나의 중세 도시 풍경과 토스카나의 시골 풍경이 쉴 새 없이 등장하며 안구를 정화해주는 영화. 화면에 내내 등장하는 토스카나의 평원이 초현실적으로 아름다워 CG 같다고 생각할 수도 있으나 실물이 훨씬 더 아름답다는 것이 반전. 〈레터스 투 줄리엣〉 로케이션 여행을 떠나는 최고의 방법은 차를 한 대 빌려서 토스카나를 종횡무진으로 헤매는 것일지도 모른다.

개봉 : 2010년 **감독 :** 게리 위닉 **주연 :** 아만다 사이프리드, 바네사 레드그레이브, 크리스토퍼 이건

1 가슴 아픈 사랑의 사연이 모이는 곳 **줄리엣의 집** *Casa di Giulietta*

〈레터스 투 줄리엣〉의 모든 이야기가 시작되는 곳. 베로나 최고의 관광 명소로, 〈로미오와 줄리엣〉의 줄리엣이 살던 집으로 '설정'되어 있는 곳이다. 에르베 광장 부근 도로 한쪽 깊숙하게 자리한 고풍스러운 건물로, 13세기의 베로나 귀족 카펠로(Cappello) 가문이 살던 집이었는데 1905년 베로나시에서 관광객 유치를 목적으로 이곳을 줄리엣의 집으로 지정해 버렸다. 실제 줄리엣이 살던 곳은 아니지만 분위기가 워낙 로맨틱하고 오랜 세월 '줄리엣의 집'으로 이미지가 고정된 터라 많은 사람들이 그냥 즐겁게 속고 간다. 영화에 등장한 것처럼 사랑에 가슴 아파하는 여성들이 편지를 잔뜩 매달아 놓은 것을 볼 수 있다. VOL.2 INFO P.427 MAP P.422D

2 두 사람의 마음이 열리다 **산 조반니 세례당** *Battistero di San Giovanni*

클레어의 손자 찰리는 자기 할머니가 행여 상처를 받을까 봐 방어적이고 까칠하게 군다. 그 덕분에 소피와는 끊임없이 티격태격하지만, 모든 로맨스 스토리가 그렇듯 그러다 둘이 정이 든다. 세 사람은 이탈리아 북부와 중부를 누비다 어느새 시에나에 도착하고, 소피와 찰리는 근사한 성당 앞에서 젤라토를 먹다가 서로의 얼굴에 묻히며 장난을 친다. 배경에 등장하던 멋진 파사드와 계단의 성당은 '산 조반니 세례당(Battistero di San Giovanni)'이라는 곳으로, 시에나 두오모에 부속된 세례당이다. VOL.2 INFO P.524 MAP P.516C

SOUTHERN ITALY

트립 투 이탈리아 Trip to Italy

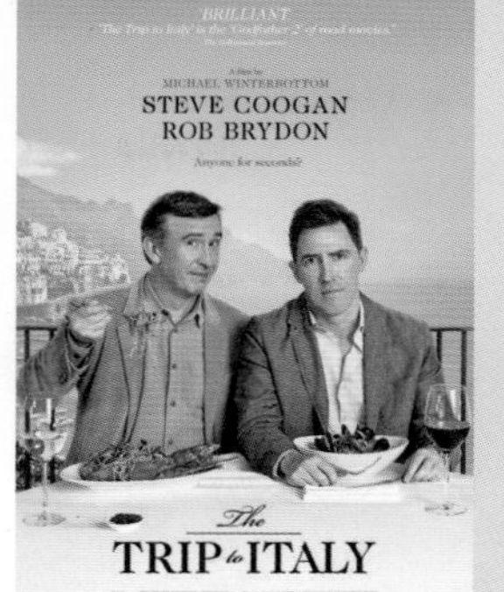

두 영국 아저씨의 이탈리아 미식 & 수다 트립

영국의 유명 코미디 배우인 롭 브라이든과 스티브 쿠건은 유명 잡지인 〈옵저버〉지의 의뢰를 받고 이탈리아 미식 여행을 떠난다. 북부에서 남부로 차로 이동하며 매일매일 다른 주에서 점심을 먹고 그것을 기사로 풀어내는 것이 이들의 여행 목적이다. 이탈리아의 놀라운 자연환경과 눈으로만 봐도 맛이 느껴지는 것 같은 맛있는 음식, 거기에 어우러지는 근사한 음악과 때때로 흘러나오는 여행 정보에 쉬지않고 아저씨들의 수다와 성대모사가 끼얹어진다. 북부와 중부에서는 한국 여행자들이 잘 찾지 않는 여행지들을 주로 방문하는데, 남부로 내려가면 눈에 익은 곳들이 종종 등장한다. 이 중에서 〈무작정 따라하기 이탈리아〉에도 소개된 곳들을 골라서 소개해 본다.

개봉 : 2014년 **감독 :** 마이클 윈터바텀 **주연 :** 롭 브라이든, 스티브 쿠건

1 마치 포름알데히드에 보존된 것 같은 폼페이 유적 Pompei Scavi

로마에서 중부 여행을 마치고 남부 캄파니아 주로 넘어온 두 아저씨가 첫번째 관광지로 선택하는 곳. 폼페이는 화산재에 덮이는 바람에 도시 구조가 마치 박제라도 된듯 고스란히 남았는데, 이들은 이것을 '포름알데히드에 도시 전체가 보존되어 있다'고 표현한다. VOL.2 INFO P.626 MAP P.632~633

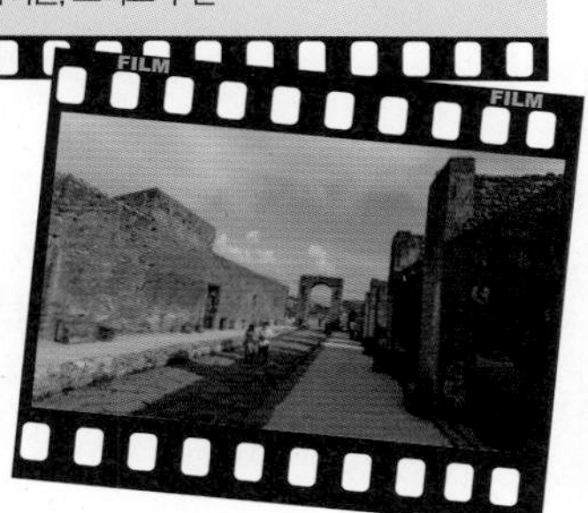

2 내가 망명을 한다면 이리로 올 거야 빌라 침브로네 Villa Cimbrone

이들이 캄파니아 주에서 숙박하는 호텔. 이곳이 맘에든 롭은 '내가 망명할 일이 있다면 이리로 올거야'라고 말하기도 한다. 아말피 코스트의 숨은 보석으로 평가받는 '라벨로(Ravello)'에 위치한 고성 호텔이다. 두 사람은 호텔 직원을 따라 '영원의 정원'이라고 하는 전망 테라스로 안내받는데, 이곳은 호텔 투숙객이 아니더라도 입장료를 내면 얼마든지 방문 가능하다.
VOL.2 INFO P.625 MAP P.625B

3 마피아 보다는 행복 카프리 Capri

이탈리아 여행의 대미를 영화 〈대부〉의 본고장 시칠리아로 장식하고 싶었던 두 주인공. 그러나 이 계획은 편집자와 아들의 예상치 못한 방문으로 무산되고, 대신 카프리로 떠나 행복한 시간을 보낸다. 이들이 마지막날 저녁식사를 하는 근사한 레스토랑은 카프리 최고의 명소 '푸른 동굴(Grotta Azura)' 바로 위에 위치한 '일 리초(Il Riccio)'라는 고급 레스토랑이다.
VOL.2 INFO P.640 MAP P.646~647

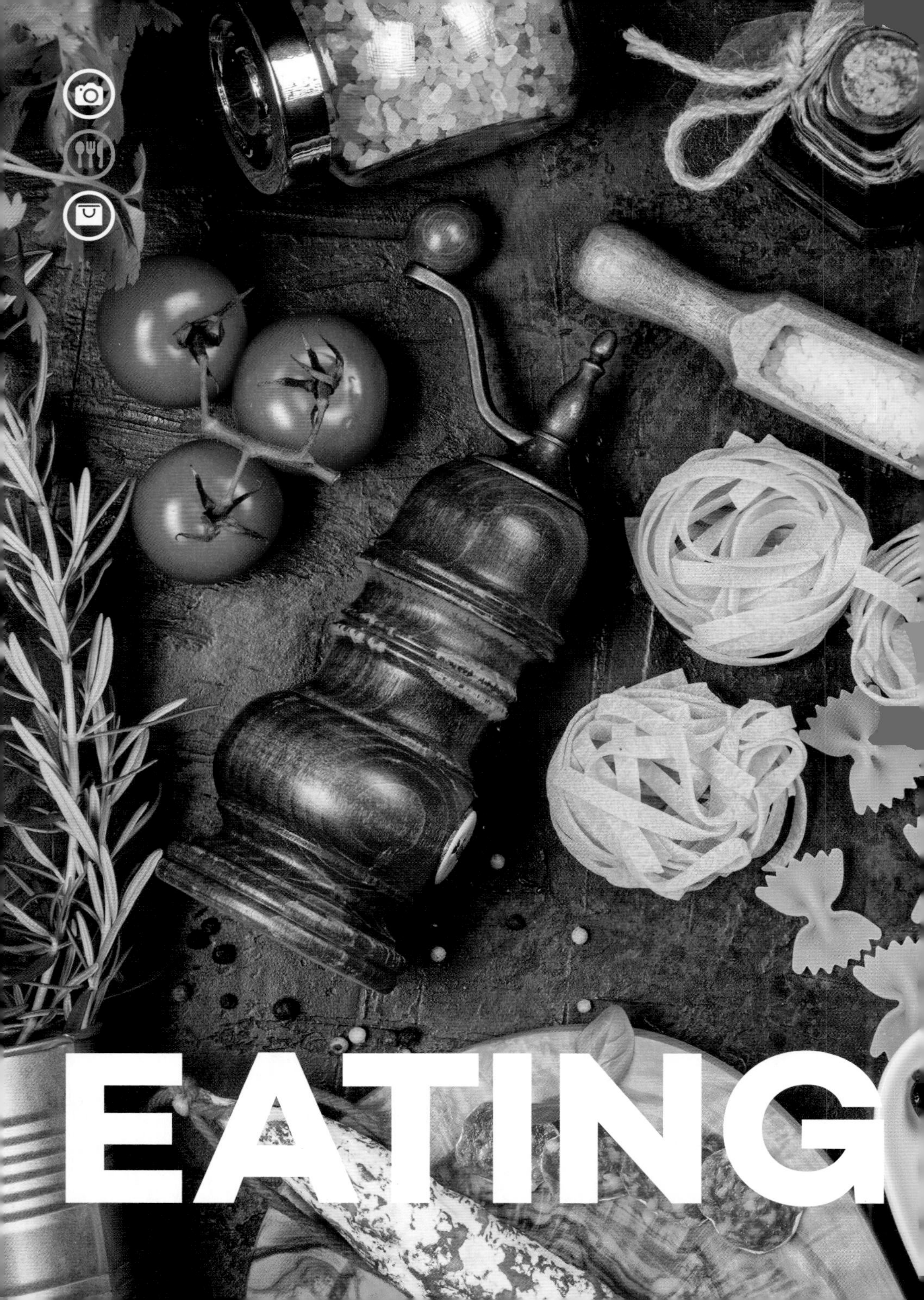
EATING

이탈리아 식당 분류

리스토란테
Ristorante
고급 레스토랑

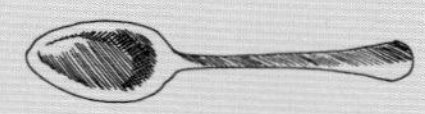

트라토리아
Trattoria
작은 동네 식당

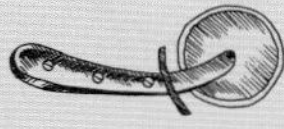

피체리아
Pizzeria
피자집

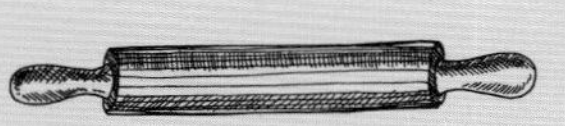

오스테리아
Osteria
식사가 가능한 선술집

에노테카
Enoteca
와인바. 오스테리아보다
조금 더 격식 있다.

타볼라 칼다
Tavola Calda
따뜻한 반찬류를 파는
카페테리아

젤라테리아
Gelateria
젤라토 전문점

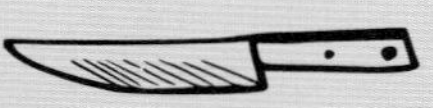

파니피초
Panificio
빵집

카페
Caffe
커피숍

이탈리아 메뉴판 정복하기

안티파스티
Antipasti
전채. 식전 입맛을 돋우는 요리

추페
Zuppe
수프

프리미 피아티
Primi Piatti
제1코스. 주로 파스타 또는 리조토를 먹는다.

세콘도 피아티
Secondo Piatti
제2코스이자 메인 코스. 생선이나 고기 요리를 먹는다.

콘토르니
Contorni
메인 요리에 곁들이는 가니시. 주로 굽거나 데운 채소를 먹는다.

인살라타
Insalata
샐러드

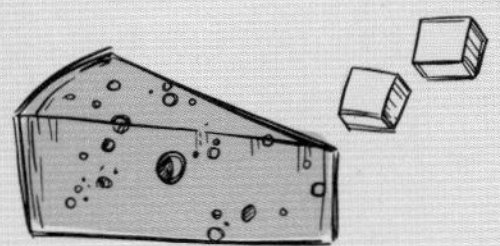

포르마지
Formaggi
치즈

피체
Pizze
피자 *복수형

돌체
Dolce
디저트

베반데
Bevande
음료수

이탈리아에서 식당을 이용할 때 꼭 알아야 할 몇 가지

1. '코페르토(Coperto)'라고 하는 봉사료를 받는다.

무조건 1인당 €1~4의 추가 요금을 부과하는 것. 그러므로 별도로 팁을 주지 않아도 양심의 가책을 느낄 필요가 없다. 단, 로마가 속한 라치오주에서는 코페르토가 불법이다. 로마의 식당들은 이 때문에 식전 빵을 별도로 끼워 파는 곳이 많은데, 원치 않으면 거절할 수 있다.

2. 거의 반드시 브레이크 타임이 있다.

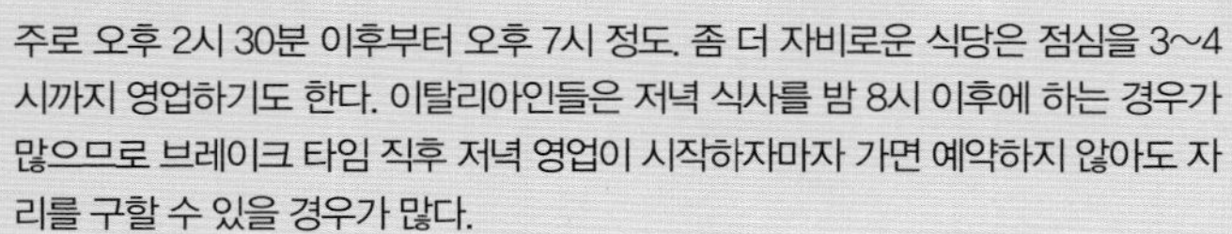

주로 오후 2시 30분 이후부터 오후 7시 정도. 좀 더 자비로운 식당은 점심을 3~4시까지 영업하기도 한다. 이탈리아인들은 저녁 식사를 밤 8시 이후에 하는 경우가 많으므로 브레이크 타임 직후 저녁 영업이 시작하자마자 가면 예약하지 않아도 자리를 구할 수 있을 경우가 많다.

3. 인기 식당은 거의 예약제로 운영한다.

예약은 대부분 식당 홈페이지 및 트립어드바이저 등에서 가능하나 가끔 전화 또는 방문 예약만 받는 곳도 있다. 어떤 곳은 단골 호텔에서 보내는 손님만 받는다.

4. 프로세코(식전주)나 웰컴 푸드를 주는 곳이 적지 않다.

대부분 무료지만 종종 아무 말 없이 계산서에 올리는 곳도 있다. 의심스럽다면 공짜인지 아닌지 물어볼 것.

5. 식당에서 대놓고 코 푸는 사람들이 많다.

유럽에서는 코 푸는 것이 실례가 아니기 때문. 오히려 코안의 것을 들이마시는 것을 매우 비위생적으로 생각한다.

6. 음식이 전반적으로 짠 편이다.

특히 치즈나 염장 햄이 많이 들어간 음식은 거의 반드시 짜다. 최근에는 아시안 손님의 음식에는 아예 간을 하지 않고 아예 소금을 따로 주는 곳도 있을 정도.

7. 고급 레스토랑에서는 와인 리스트를 따로 준다.

메뉴판을 봤는데 파스타 이름이 하나도 등장하지 않는다면 와인 리스트일 확률이 높다. 와인을 시키고 싶지만, 리스트를 봐도 잘 모르겠다면 주저 없이 종업원을 불러 추천을 부탁할 것.

8. 계산은 대부분 테이블에서 한다.

종업원을 불러 계산서를 받고, 금액을 확인한 뒤 계산을 한다. 신용카드로 계산할 때도 종업원이 휴대용 기계를 테이블로 가져온다. 바쁠 때는 계산서 가져오는 데 백만 년쯤(?) 걸리기도 하므로 성질 급한 사람들은 참지 못하고 카운터로 가 버리는 경우가 흔하다.

THEME 06
피자

진짜 본토의 피자는 뭐가 달라도 달라!

우리 식생활과 가장 친숙한 이국의 음식을 꼽으라면 아마 피자는 열 손가락 안에 꼭 꼽힐 것이다.
최근에는 정통 이탈리아 스타일의 얇은 화덕 피자를
제법 수준 높게 선보이는 식당도 적지 않다.
그러나, 다르다. 진짜 본토의 피자는 확실히 다르다.
도우가, 토핑이, 기분이 다르다. 1인 1판 정도는 거뜬히 해치울 수 있는 위장과
설레는 마음을 장전하고 본격 본토 피자 폭식의 세계로 들어가보자.

피자의 원조는 나폴리!

피자의 시초를 간단히 '납작한 빵에 토핑을 얹어 먹는 것'으로 치자면 원조를 특정하기 매우 어렵다. 선사 시대부터 세계 어디에서나 흔히 발견되는 식문화이기 때문. 그러나 콕 집어 납작한 빵과 토마토의 컬래버레이션으로 범위를 축소하면 시점과 장소가 매우 뚜렷해진다.

바로, 18세기 나폴리다. 토마토는 남아메리카가 원산인 채소인데, 유럽에는 16세기에 전래되었다. 초기에는 유럽인 대부분이 토마토에는 독이 있다고 생각해서 먹지 않았고 하층민만 조금씩 먹는 정도였다고 한다. 그런데 18세기 나폴리의 빈민층이 평소 즐겨 먹던 납작한 빵에 토마토를 으깨어 바른 뒤 구워먹기 시작했고, 이것이 맛있다고 전 유럽에 소문이 나면서 관광객까지 불러모으게 되었다는 것이 피자의 기원 설이다.

진짜 나폴리 피자의 조건

나폴리는 피자의 원조 도시로서 상당한 자부심을 가지고 있다. 어느 정도인가 하면 '진실된 나폴리 피자 연합(Associazione Verace Pizza Napoletana)'이라는 조직이 있을 정도. 진짜 있는 조직인가 싶겠지만, 실존한다. 1984년에 창설됐고 나폴리 시내에 사무실과 피자 요리 학교까지 운영하고 있다. 이 조직에서 정한 '진짜 나폴리 피자'의 기준은 꽤나 까다롭다.
매우 고도로 정제된 강력분 밀가루를 사용해야 하고, 발효에는 나폴리 효모 또는 맥주 효모를 써야 한다. 반죽은 손이 아니면 저속 믹서를 써야 하고, 숙성된 반죽을 넓게 펼칠 때는 밀대나 기계를 쓰지 않고 반드시 손으로 해야 한다. 굽기 전 도우의 두께는 3mm를 넘지 않아야 하며, 485℃의 나무 장작 오븐에서 60~90초 굽는다. 구운 후에는 부드럽고 쫄깃하며 구수한 향내가 나야 한다. 세상의 수많은 피자들이 저마다 '나폴리 피자'를 자처하지만 원조 도시 나폴리의 눈높이로 보면 대부분이 코웃음 칠 수준인 것.

마르게리타 피자 전설의 허와 실

지금은 피자 위에 고구마며 파인애플까지 얹어 먹는 세상이 됐지만, 원래 나폴리에서 인정하는 '진짜 피자'는 딱 두 종류뿐이다. 토마토소스만 발라서 굽는 마리나라(Marinara), 그리고 토마토소스에 모차렐라 치즈, 바질 잎을 얹는 '마르게리타(Margherita)'가 그것. 이중에서도 특히 마르게리타 피자에는 일종의 창조 설화가 전해져 내려온다. 1889년 나폴리의 한 피자 장인이 통일 이탈리아 왕국의 마르게리타 왕비에게 헌정하기 위해 이탈리아 국기의 삼색을 본떠 개발한 피자라는 것. 그러나 사실 마르게리타의 레시피는 그보다 약 100년 전부터 널리 알려진 것이기 때문에 마르게리타 왕비 설은 그냥 도시 전설처럼 생각하는 것이 타당하다고. 그렇다면 '마르게리타'라는 이름은 어디에서 왔을까? '마르게리타'는 이탈리아어로 데이지 꽃을 뜻하는 단어이므로 바질 잎을 꽃잎 모양으로 펼친 것에서 따왔다는 설이 있으나 이 또한 정확하지는 않다.

피자, 토핑으로 고른다!

피자는 도우 위에 토핑을 조화롭게 올리기만 하면 되는 요리라 레시피가 그야말로 무궁무진하다. 이름도 붙이기 나름이라, 그냥 토핑 재료 이름, 지역 이름, 가게 이름, 주인장이 대충 갖다 붙인 이름 등 무궁무진한 변수가 있다. 똑같은 토핑 조합인데도 가게마다 이름이 다른 경우도 허다하다. 그러므로 피자를 고를 때는 재료를 보는 것이 가장 현명하다. 다행히 모든 피체리아에서는 메뉴판의 피자 이름 밑에 토핑 재료명을 나열한다. 이탈리아에서 가장 인기 있는 토핑 재료들을 쭉 펼쳐 보았다. 내 입맛에 맞는 것을 골라 보자.

토마토소스

Pomodoro [뽀모도로]

뽀모도로는 이탈리아어로 '토마토'라는 뜻이지만 피자에 쓰일 때는 이변이 없는 한 토마토소스를 뜻한다. 생토마토를 사용할 때는 신선하다는 뜻의 '프레스코(Fresco)'가 붙는다. 토마토소스를 사용하지 않는 피자는 '하얀 피자'라는 뜻의 '피차 비앙카(Pizza Bianca)'라고 부른다.

모차렐라 치즈

Mozzarella [모차렐라]

탄력 있게 쭉쭉 늘어나는 치즈. 어느 피자에나 흔히 쓰이는 평범한 '모차렐라'는 우유로 만든 것이고, 물소 젖으로 만든 모차렐라는 '모차렐라 부팔라(Mozzrella Buffala)'로 쓴다. 물소 젖 쪽이 조금 더 고급이다.

페코리노 · 파르미자노 치즈

Pecorino · Parmigiano

[페코리노 · 파르미자노]

딱딱하고 짭짤한 치즈를 가루로 내거나 얇게 썰어서 쓴다. 페코리노는 염소 젖으로, 파르미자노는 우유로 만든다. 우리나라 피자집처럼 파르미자노 치즈 가루를 통째로 주는 일은 없고 위에 소량만 살짝 뿌려주는 정도.

프로볼로네 치즈

Provolone [프로볼로네]

모차렐라를 숙성해서 만든 치즈로, 독특한 풍미와 진하면서도 부드러운 맛을 낸다. 주로 나폴리를 중심으로 한 남부 지방에서 많이 먹는다.

이탈리아 소시지

Salsiccia [살시차]

고기를 굵게 갈아서 만든 이탈리아 전통 생소시지로, 강렬하고 개성적인 맛을 낸다. 주로 겉껍데기를 벗기고 속의 고기만 쓴다. 매우 짤 확률이 높다.

살라미

Salami [살라미]

돼지고기나 소고기에 돼지기름을 넣고 간을 한 뒤 건조해서 만드는 소시지의 일종. 우리에게 익숙한 '페퍼로니'가 바로 살라미의 일종이다. 매콤한 맛의 살라미는 한국인의 입맛에도 잘 맞는다.

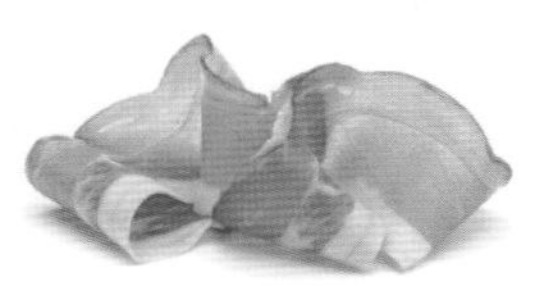

햄
Prosciutto [프로슈토]

돼지 뒷다리를 가공하여 만든 이탈리아식 햄. 생햄을 사용할 때는 그냥 프로슈토 또는 '프로슈토 크루도(Prosciutto Crudo)'라고 쓰고 익힌 햄을 쓸 때는 '프로슈토 코토(Prosciutto Cotto)'라고 쓴다.

은두자
Nduja [은두야]

돼지고기에 페페론치노 고추를 듬뿍 넣고 만든 소시지의 일종으로, 칼칼하면서도 걸쭉한 매운맛을 낸다. 은근히 많은 피체리아에서 비밀 병기처럼 쓰는 재료.

버섯
Funghi [풍기]

주로 양송이나 포르치노(Porcino) 버섯을 쓴다. 토마토소스 피자와 피차 비앙카에서 모두 찾아볼 수 있다. 버섯만 단독으로 올리기도 하고 햄과 함께 올리기도 한다.

방울토마토
Pomodoro Ciliegino
[뽀모도로 칠리에지노]

얇게 저미거나 반 잘라서 토핑으로 사용하는 경우가 많다. 한국의 토마토보다 맛이 훨씬 진하고 달콤하므로 상큼한 맛을 좋아한다면 방울 토마토가 올라간 피자를 골라볼 것.

루콜라
Rucola [루꼴라]

이탈리아 전통 채소로, 약간 씁쓸하고 매콤한 맛이 나면서 아주 향긋하다. 깔끔하고 상큼한 맛을 원한다면 주저하지 말고 골라 보자.

바질
Basilico [바질리코]

쌉쌀한 맛과 향긋하고 독특한 향이 나는 향신 채소. 모든 피자에 보편적으로 사용되는 것은 아니나 마르게리타 피자에는 필수 내지 단골 재료.

가지
Melanzana [멜란차나]

루콜라와 더불어 가장 많이 쓰이는 채소 토핑. 가지만 단독으로 올라가기보다는 다른 토핑 재료와 함께 올라가는 경우가 많다.

안초비
Acciuga [아추가]

멸치와 비슷한 작은 생선을 잡아 식초와 소금으로 양념한 일종의 젓갈. 호불호가 크게 갈리는 식재료라, 짜고 비린 것에 학을 떼는 사람과 감칠맛을 칭송하는 사람으로 나뉜다.

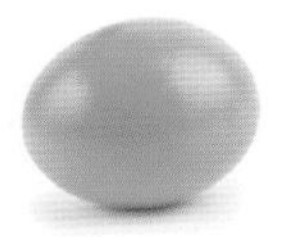

달걀
Uovo [우오보]

단독으로는 잘 쓰이지 않는다. 여러 가지 토핑을 얹은 뒤 맨 위에 달걀을 톡 깨서 얹고 그릴에서 살짝 반숙으로 익혀 나오는 스타일로 쓰인다.

PLUS TIP 확신의 이름, DOP

피체리아에서 메뉴판을 보다 보면 메뉴명 옆에 'DOP'라고 적혀 있는 것을 가끔 볼 수 있다. 이는 'Denominazione di Origine Protetta'의 줄임말로 우리말로 '원산지명 보호' 정도로 해석 가능하다. 재료가 이탈리아 내의 특정 지역에서 생산됐다는 것을 뜻한다. 이탈리아 국내 생산한, 인증받은 좋은 재료를 썼다는 뜻이므로 믿고 먹어도 좋다.

피자, 너의 이름은

보통 피자의 이름은 도우 위에 올라간 재료 이름으로 결정되는 경우가 많다. 버섯이 올라가면 '풍기(Funghi)', 네 종류의 치즈가 올라가면 '콰트로 포르마지(Quattro Formaggi)'가 되는 식이다. 그러나 그 와중에도 고유한 이름을 가진 피자들이 있다. 그중에는 재미있는 뜻과 유래를 가진 피자들도 적지 않다.

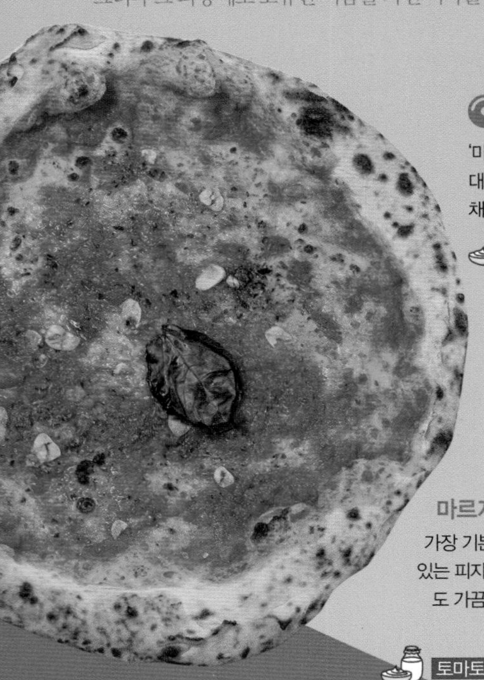

피자의 조상

마리나라 Marinara

'마리나라'란 토마토에 오레가노, 마늘을 섞어 만든 소스의 이름으로, 이름 그대로 도우 위에 마리나라 소스만 발라서 구운 것. 피자의 원형에 가장 가깝다. 채식주의자 메뉴로도 좋다.

 마리나라 소스

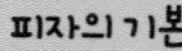

피자의 기본

마르게리타 Margherita

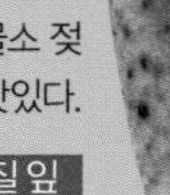

가장 기본적인 재료를 사용한 가장 인기 있는 피자. 바질 잎을 쓰지 않는 피체리아도 가끔 있다. 더블 모차렐라나 물소 젖 모차렐라를 쓰면 더욱 맛있다.

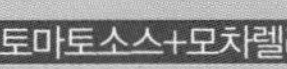

 토마토소스+모차렐라 치즈+바질 잎

PLUS TIP 피자의 친구들

칼초네 Calzone

밀가루 반죽 사이에 치즈 · 토마토소스 · 햄 · 채소 등을 넣고 구운 것. 피자를 반으로 접어서 구웠다고 생각하면 쉽다.

피차 프리타 Pizza Fritta

튀김 피자. 피자 반죽 안에 햄, 치즈 등을 넣고 반으로 접은 뒤 즉석에서 기름에 튀겨낸다.

판체로티 Panzerotti

작은 도우 안에 햄 · 치즈 등 속 재료를 넣고 튀겨내는 이탈리아 남부의 전통 음식. 길거리 간식으로 좋다.

칼초네 Calzone

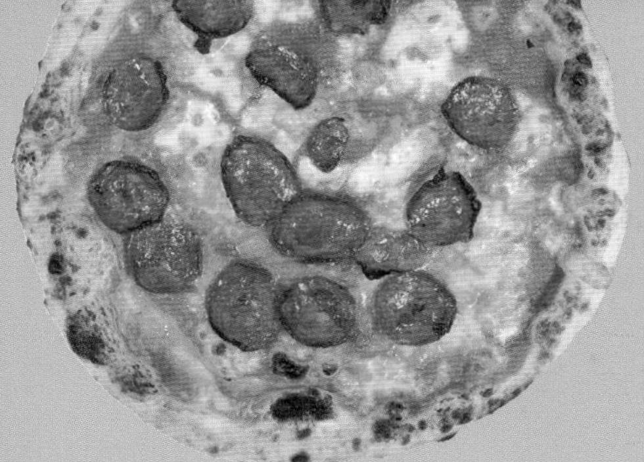

매콤한 악마

디아볼라 Diavola

매운맛 살라미를 사용해 한국 사람들 입맛에 가장 잘 맞는 이탈리아 피자 메뉴로 알려져 있다. 디아볼라는 '악마'라는 뜻.

토마토소스+모차렐라 치즈+매운 살라미

뭘 좋아할지 몰라서 다 준비했다

카프리초사 Caproicciosa

채소, 육가공품, 버섯 등 다양한 재료를 얹은 피자. 카프리초사는 '변덕스러운', '유별난' 정도의 뜻이라고. 슈퍼 슈프림류의 다양한 토핑을 좋아하는 사람에게 추천.

토마토소스+모차렐라 치즈+햄+버섯+채소(가지, 아티초크 등)

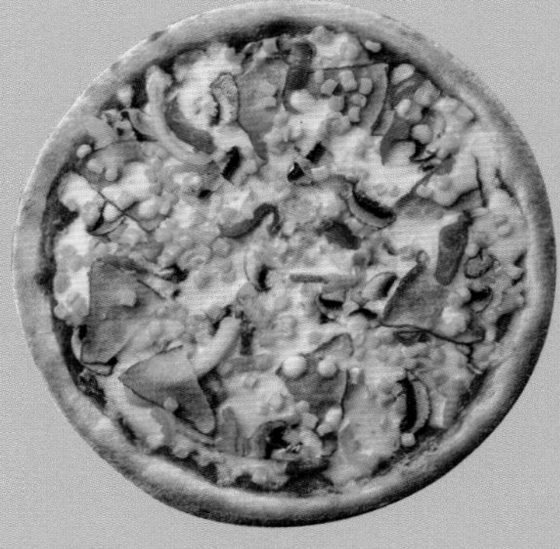

나무의 축복

보스카욜라 Boscaiola

보스카욜라는 '나무꾼'이라는 뜻으로, 버섯을 주재료로 사용하기 때문에 붙은 이름. 같은 이름의 파스타도 있다.

토마토소스+모차렐라 치즈+버섯+햄 or 소시지

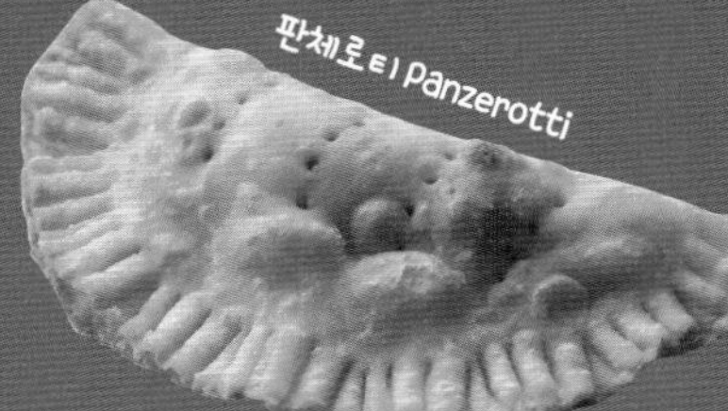
판체로티 panzerotti

피차 프리타 Pizza Fritta

피자 마니아에게 강추! 꼭 가볼 만한 피체리아

사실 이탈리아에서 피자는 어느 식당에 가든 다 맛있다. 간판에 '피체리아(Pizzeria)'라고 써 있고 내부에 화덕을 갖춘 집이라면 기본 이상은 기대할 수 있다. 그러나 미식가나 마니아에게는 그 정도로는 성이 차지 않을 것. 오랜 세월 수많은 현지인과 여행자들의 입맛으로 검증된 맛집들을 소개한다.

나폴리

나폴리 피자의 진수
다 미켈레 Da Michele

더블 모차렐라 마르게리타 Double Mozzarella Margherita €5.5

이탈리아 최고의 피체리아를 넘어 세계 최고라는 평가를 듣고 있는 곳. 줄리아 로버츠 주연의 영화 〈먹고 기도하고 사랑하라〉에 등장했던 바로 그곳이다. 쫀득한 도우와 상큼하고 진한 토마토소스, 풍부한 맛의 모차렐라 등 나폴리 피자가 갖춰야 할 모든 미덕이 한입에 느껴진다. 매장 내에서 먹고 가려면 30분~1시간 정도는 줄을 서야 하며 합석은 기본이다. 오래 기다리다 보면 짜증도 나지만 피자 맛을 보면 그 모든 것이 용서가 되어 버리는 기적을 체험할 수 있다.

VOL.2 INFO P.594 MAP P.590B

Plus Tip 피렌체 지점도 있다.
VOL.2 INFO P.486 MAP P.473C

나폴리

나폴리 피자의 챔피언
디 마테오 Di Matteo

물소 치즈 마르게리타 Margherita con Buffala €7.5

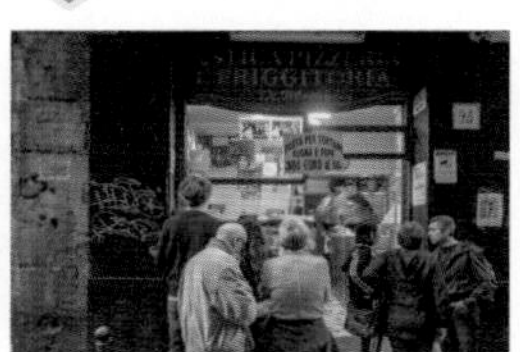

피자 월드컵을 비롯한 수많은 피자 관련 대회에서 우승을 차지한 나폴리의 대표적인 피체리아. 빌 클린턴 전 미국 대통령이 이탈리아를 방문했을 때 들른 적이 있다. 기본에 충실하면서도 다양한 실험 정신이 가미된 메뉴를 맛볼 수 있다. 지금까지 수상했던 대회에 출품한 메뉴들을 메뉴판에 고스란히 실어 놓아 우승의 맛이 어떤 것인지 직접 체험해 볼 수 있다. 앞에 늘 긴 줄이 늘어서 있으나 대부분 테이크아웃 손님이므로 매장에서 먹고 갈 예정이라면 종업원에게 미리 얘기를 할 것. 튀김 피자도 맛볼 수 있다.

VOL.2 INFO P.594 MAP P.590A

나폴리

트리부날레 거리의 맹주
지노 에 토토 소르빌로 Gino e Toto Sorbillo

치즈 마르게리타 DOP Margherita Buffala DOP €12

1935년에 문을 연 이래 소르빌로 가문이 3대에 걸쳐 이어오고 있는 나폴리의 대표적인 피자 노포. 가게 앞에 'Where Pizza is Born(피자가 태어난 곳)'이라는 게시물이 걸려 있는데 피자의 발상지는 아니고 현재 나폴리에서 영업하는 피체리아 중 가장 오래된 축에 들어가는 곳이다. 나폴리 피자가 전반적으로 짠 편인데 이곳이 좀 더 짜다. 피자 외에도 전채나 샐러드 등 메뉴가 많아 제대로 된 식사를 즐길 수 있다. 가게 앞의 줄이 아비규환급이고 매장 안 식사는 최소 1시간 줄을 서야 한다. 테이크아웃은 20~30분 정도면 가능하다.

VOL.2 INFO P.594 MAP P.590A

로마

나폴리 밖 최고의 나폴리 피자
피자 레 Pizza Re

로마 중심부인 포폴로 광장에서 몇 발자국 떨어진 곳에 자리한 피체리아로, 로마에서 가장 맛있는 피자를 꼽을 때 세 손가락 안에 들어간다. 나폴리 외부에서 가장 나폴리다운 피자를 선보이는 피체리아 중 하나로도 알려져 있다. 어떤 메뉴를 주문하든 매우 짜고 매우 인상 깊다. 나폴리의 피체리아들보다는 메뉴가 다양한 편이고 피자 외에도 식사류와 디저트도 선보인다. 피차 비앙카 메뉴가 다양하므로 토마토를 싫어하지만 피자는 꼭 먹고 싶은 사람에게 강추한다. 저녁 시간에 여러 명이 몰려가 왁자지껄하게 피맥하기 딱 좋은 곳.

이탈리안 소시지 피자 Salsiccia €10

VOL.2 INFO P.303 MAP P.297C

로마

칼초네의 황제
바페토 Baffeto

칼초네 Calzoni €12(M 사이즈)

나보나 광장 뒤쪽에 자리한 아담한 피체리아. 1·2호 2개의 지점이 있다. 로마에서 가장 오래된 피자집 중 하나로, 매우 허름하지만 그래서 더 '포스'가 느껴진다. 바페토는 처음 가게를 연 주인의 이름이라고 한다. 메뉴 수가 많지도 않고, 마치 역전에서 바가지 씌우는 식당 같은 엉성한 메뉴판을 내놓지만 맛 하나만큼은 최고. 이탈리아식 피자 만두라 할 수 있는 칼초네가 맛있는 것으로 유명하다. 한국인 여행자들이 유난히 좋아하는 곳인데, 간이 별로 짜지 않은 것이 인기 요인 중 하나.

1호점 VOL.2 INFO P.313 MAP P.307C

밀라노

시칠리안 피자를 알려주마!
스폰티니 Spontini

우리는 흔히 얄팍하고 쫄깃한 도우의 나폴리 피자만이 이탈리아 피자의 알파요 오메가라고 생각하는 경향이 있지만, 그것은 상당히 큰 오해다. 시칠리아의 전통 피자는 우리가 흔히 먹는 팬 피자보다 두꺼운 도우를 쓴다. 스폰티니는 밀라노의 유명 피체리아로 시칠리아 바깥에서 가장 유명한 시칠리아 피자 전문점이다. 두툼하고 큼직한 피자 위에 치즈와 토핑이 아주 두껍게 얹혀 있는데 도우가 매우 고소하고 맛있다. 본점은 스폰티니 거리에 있고, 시내의 여러 분점 중에서는 두오모점이 찾기 편해서 사람들이 가장 많다. 단, 좌석이 없고 입석만 있다는 것은 미리 알고 가자.

두오모점 VOL.2 INFO P.402 MAP P.399D

마르게리타 더블 모차렐라
Margherita Doppia Mozzrella €8

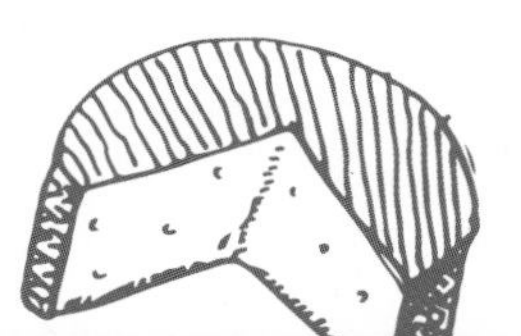

THEME 07
파스타

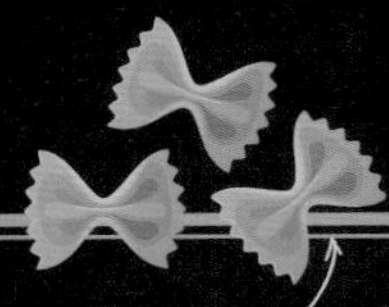

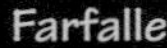

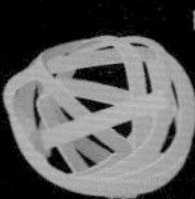

본고장의 파스타를 만나다

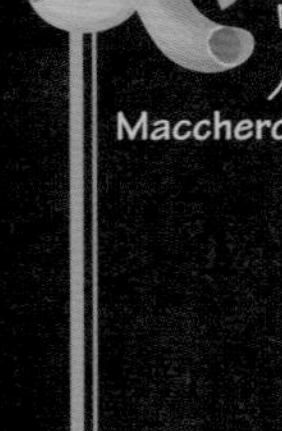

'파스타(Pasta)'는 밀가루를 물이나 달걀로 반죽하여 만든 이탈리아식 분식 재료 및 요리의 총칭이다. 단백질 함량이 높은 듀럼(Durum) 밀을 쓰기 때문에 반죽이 쫀득하면서 탱탱한 것이 특징. 이탈리아인들은 이 밀가루로 국수·만두·수제비 등 다종다양한 요리를 개발해냈고, 이 요리는 전 세계가 사랑하는 메뉴가 되었다. 생각해 보면 파스타는 우리가 아는 이탈리아 음식의 거의 전부이기도 하다. 봉골레, 알리오 에 올리오, 카르보나라, 아마트리차나…. 우리가 사랑했던 이름들의 진면목을 만나러 떠나 보자.

Orecchiette
Penne
Orzo
Fusilli

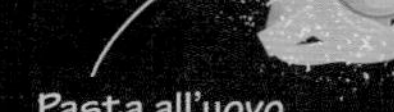

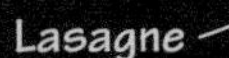

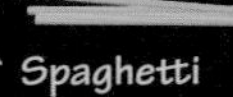

Part 1.

면(麵)의 종류

이탈리아에는 그야말로 수백 수천 가지의 파스타가 있다. 지역마다, 도시마다 그 종류가 다르다. 밀가루 반죽으로 만들 수 있는 모든 응용력과 상상력이 파스타라는 삼라만상을 이루고 있다고 해도 과장이 아닐 것이다. 이에 〈무작정 따라하기 이탈리아〉에서는 이 책을 위해 취재한 모든 맛집의 메뉴판을 정밀 분석하여 이탈리아 여행 시 먹게 될 가능성이 가장 높은 파스타들을 뽑아 보았다.

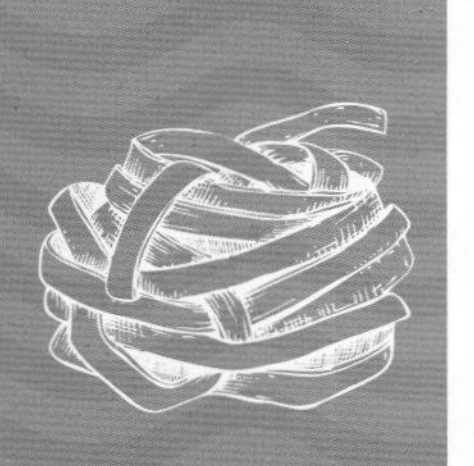

스파게티 Spaghetti

이탈리아 파스타의 대명사이자 기본. 어느 지역의 어느 식당을 가든 가장 흔하게 보는 면이다. 1.6~2mm 정도의 굵기에 단면이 원통형이다. 굵기에 따라 다양한 이름이 붙는다.

'키타라(Chitarra)'는 이탈리아어로 기타라는 뜻

토나렐리 Tonnarelli

로마에서는 토나렐리, 다른 지역에서는 스파게티 알라 키타라(Spaghetti Alla Chitarra)라고 부른다. 밀가루 반죽을 얇게 편 뒤 마치 기타처럼 얇은 현이 여러 개 걸쳐진 듯한 네모난 도구 위에 올려놓고 봉으로 밀어 면을 뽑는다. 칼국수와 비슷하다.

페투치네 Fettuccine

'작은 리본'이라는 뜻으로, 리본 띠처럼 넓고 얇다. 소스가 잘 묻어 라구, 알프레도 등 걸쭉한 소스가 들어가는 요리에 주로 쓰인다. 특히 알프레도는 거의 대부분 페투치네를 사용한다. 면 반죽에 달걀을 넣는 것이 기본. 종종 시금치를 넣기도 한다.

탈리아텔레 Tagliatelle

페투치네와 비슷한 면으로, 달걀을 넣은 밀가루 반죽으로 만든 넓고 얇은 면이다. 페투치네보다 너비가 좀 더 넓다. 페투치네는 로마에서, 탈리아텔레는 중부 이북에서 많이 쓰인다.

탈리올리니 Tagliolin

탈리아텔레의 가느다란 버전, 또는 스파게티의 네모 버전. 너비는 약 2mm 정도이다. 소스가 잘 묻으면서도 먹기 편해서 아주 다양한 요리에 널리 쓰인다. 토리노 등 피에몬테 지방에서는 '타야린(Tajarin)'이라고도 한다.

링귀네 Linguine

얇고 납작한 파스타로, 두꺼운 스파게티를 살짝 밀어 놓은 정도의 두께와 너비다. 주로 올리브유로 볶는 요리에 안성맞춤이고, 특히 봉골레 파스타에 많이 쓰인다.

부카티니 Bucatini

약간 도톰한 스파게티처럼 생겼는데 속이 빨대처럼 비어 있어 식감이 꽤 독특하다. 로마 일대에서 즐겨먹는 파스타로, 아마트리차나(Amatriciana)는 거의 이 면으로 만든다. 베네치아 · 베로나 등 북부 베네토 지방에는 거의 비슷한 비골리(Bigoli)라는 면이 있다.

피치 Pici

밀가루 반죽을 손으로 밀어 길게 늘려 만드는 파스타. 굵기가 오동통하고 단면이 둥글어 이탈리아 우동이라고 부르는 사람들도 있다. 시에나 일대가 원조로 토스카나 지방에서 많이 먹는다.

마케로니 Maccheroni

지름이 좁고 끝이 수직으로 잘린 원통형 파스타로, 우리가 흔히 부르는 '마카로니'는 마케로니가 구전되며 변형된 것이라고. 흔히 먹는 마카로니보다는 좀 더 긴 것이 많이 쓰인다.

리가토니 Rigatoni

겉면이 울퉁불퉁하고 끝이 수직으로 잘린 원통형 파스타. 지름이 1.5cm, 길이가 5cm 정도로 원통형 파스타 중에는 가장 큰 편이다. 안과 겉에 골고루 소스가 잘 묻어 숏 파스타 중에서는 가장 널리 애용된다.

펜네 Penne

리가토니와 더불어 전국적으로 가장 흔히 쓰이는 원통형 파스타로, 리가토니보다 지름이 좁다. 끝이 사선으로 잘려 있는 것이 특징. 일반 펜네보다 길이가 짧은 것은 펜네테(Pennette), 좀 더 큰 것은 펜노니(Pennoni)라고 한다.

메체 마니케 Mezze Maniche

리가토니를 반으로 잘라 놓은 것처럼 생긴 짤막한 원통형 파스타. 북부 지방이 원조이나 로마에서도 심심치 않게 발견된다. 다양한 소스 및 재료와 무난하게 잘 어울린다. 이탈리아어로 '반소매'라는 뜻이다.

파케리 Paccheri

리가토니보다 훨씬 큰 원통형 파스타. 안을 채워서 굽는 방법과 일반 파스타처럼 삶은 뒤 조리하는 방법이 있는데, 워낙 크다 보니 삶아서 조리한 것은 꼭 수제비처럼 보인다. 나폴리 일대의 남부 지방에서 즐겨 먹는다.

뇨케티 Gnocchetti

밀가루 반죽을 작은 덩어리로 만든 뒤 빨래판처럼 골이 진 판 위에 밀어 모양을 낸다. 뇨키의 친척쯤 되는 파스타로, 사르데냐섬이 원조. 파스타 요리부터 수프, 샐러드 등에 널리 쓰인다. 약간 길쭉한 것은 '말로레두스(Malloreddus)'라고도 한다.

푸실리 Fussilli

돌돌 말린 나선형의 파스타로, 샐러드나 콜드 파스타에 주로 쓰인다. 우리 나라에서는 마카로니와 더불어 가장 대중적인 숏 파스타지만 정작 이탈리아의 프리미 피아티(Primi Piatti, 가볍게 먹는 요리) 메뉴에서는 그렇게까지 흔히 쓰이지는 않는다.

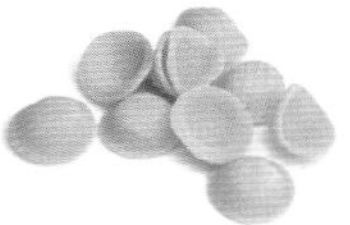

오레키에테 Orecchiette

'작은 귀'라는 뜻으로, 귀처럼 가운데가 오목하게 파인 파스타. 이탈리아 남부의 풀리아 지방이 원조로, 주로 알라 바레세(Alla Barese)라는 바리 지역의 향토 파스타 요리에 쓰인다. 의외로 많은 레스토랑에서 선보이고 있는 파스타.

트로피에 Trofie

밀가루 반죽을 길게 늘인 뒤 회오리처럼 비비 꼬아 만드는 파스타. 생면의 경우 삶아 놓으면 애벌레 같아 보이기도 한다. 제노바, 친퀘테레, 포르토피노 등 리구리아 지역에서 즐겨 먹으며 바질 페스토와 잘 어울린다.

가르가넬리 Garganelli

작은 사각형의 양쪽 모서리를 이어 붙여 원통형으로 만든 것. 겉에 줄무늬를 내기도 한다. 볼로냐 일대에서 가장 많이 먹으나 전국적으로 쉽게 찾아볼 수 있다.

콘킬리에 Conchiglie

소라 모양으로 생긴 파스타. 기념품으로도 인기가 높다. 일반보다 작은 것은 콘킬리에테(Conchigliette), 큰 것은 콘킬리오니(Conchiglioni)라고 한다. 콘킬리오니는 속에 재료를 채워 넣어 굽는 식으로 요리할 때가 많다.

파르팔레 Farfalle

'나비'를 뜻하는 '파르팔라(Farfalla)'에서 따온 것으로, 이름 그대로 나비 모양을 하고 있다. 주로 샐러드에 쓰이며 식당보다는 식료품점과 기념품 숍에서 더 자주 눈에 띈다.

라비올리 Ravioli

만두 타입 파스타 중 가장 보편적인 것. 밀가루 피 안에 치즈, 고기, 채소 등의 소를 넣는다. 한국 만두처럼 반달형으로 접은 것도 있고 밀가루 피 2장 사이에 소를 넣고 원형이나 네모로 잘라낸 뒤 가장자리를 포크로 찍어 모양을 내기도 한다.

아뇰로티 Agnolotti

피 두 장 사이에 소를 꽉 채워 넣는 라비올리의 일종. 토리노를 중심으로 피에몬테 지역에서 즐겨 먹고, 그 외 북부 지방에서도 쉽게 찾아볼 수 있다. 소의 재료로는 주로 고기를 사용한다. 보통 네모난 것이 많지만 원형이나 반달 모양도 있다.

토르텔리니 Tortellini

사각형 피 안에 소를 넣고 가장자리를 여민 뒤 양 끝을 붙여서 만드는 파스타. 우리 나라의 만두와 거의 같은 모양인데, 실제로 맑은 국물에 넣어 만둣국처럼 먹기도 한다. 볼로냐를 중심으로 에밀리아 로마냐 지역에서 주로 먹는다.

파고티니 Fagottini

'작은 주머니'라는 뜻으로, 네모난 피 안에 소를 채운 뒤 가운데가 십자 모양이 되도록 여민다. 속재료는 주로 콩 · 치즈 · 양파 · 당근 · 올리브유 등을 채운다. 비슷한 모양에 페스토나 콩을 속에 넣은 사코티니(Saccottini)도 있다.

프레골라 Fregola

밀가루를 작고 동글동글하게 빚은 것으로, 북아프리카의 낟알형 파스타인 쿠스쿠스와 매우 비슷하다. 사르데냐섬이 원조이나 이탈리아 중북부에서도 쉽게 찾아볼 수 있다. 프레굴라(Fregula)라고도 말한다.

오르초 · 리조니

Orzo · Risoni

오르초는 보리, 리조니는 쌀이라는 뜻의 '리조(Riso)'에서 온 것으로 말 그대로 곡식 낟알처럼 생겼다. 오르초는 과거에 보리가루로 만들었으나 현재는 그냥 밀로 만들고 있다. 용도는 매우 다양하지만 특히 샐러드에 가장 많이 쓰인다.

라자냐 Lasagna

큰 직사각형 모양으로 넓고 길게 만든 파스타. 속이 깊은 그릇에 라구 · 크림소스 · 치즈 · 시금치 등 속재료와 라자냐를 번갈아 쌓아 올린 뒤, 위에 치즈를 덮고 오븐에서 구워내는 방식으로 요리한다. 대중 음식점에서 쉽게 찾아볼 수 있는 메뉴.

스트라치 Stracci

파스타 반죽을 넓고 얇게 민 뒤 자유롭게 뜯어서 만드는 형태의 파스타로, 우리의 수제비와 거의 같은 개념이다. 스트라치는 '넝마', '누더기'라는 뜻.

파스타인 듯 파스타 아닌 듯한 파스타

파스타의 정의를 '듀럼 밀가루에 달걀이나 물을 넣고 반죽한 뒤 각종 형태로 성형한 이탈리아 국수'로 한정한다면 아래 소개할 두 가지는 죽어도 파스타라고 할 수 없을지 모른다. 하지만 협의의 정의가 그러든 말든 아래 두 가지 메뉴는 이탈리아 어느 식당의 메뉴판을 들춰도 반드시 등장할 정도로 인기 높은 이탈리아 파스타계의 특급 명품 깍두기임에 분명하다.

뇨키 Gnocchi

밀가루, 감자, 치즈 등을 섞어 빚은 덩어리로, 물컹물컹과 쫀득쫀득의 중간쯤인 기묘한 식감과 고소하면서 부드러운 맛 때문에 여느 파스타 못지 않게 사랑받고 있다. 딱히 원조 지역을 꼽을 수 없는 이탈리아 전국구 식품인데, 기원이 로마 시대까지 거슬러 올라갈 정도로 유서가 깊다고 한다. 맛이 부드러우면서 모나지 않아 어떤 소스나 조리법과도 잘 어울린다. 리코타 치즈를 듬뿍 넣어 빚는 뉴디(Gnudi), 이탈리아어로 '못난이'라는 뜻으로 시금치를 넣고 마구잡이로 빚는 말파티(Malfatti) 등 뇨키의 친척뻘 되는 이탈리아 수제비들도 있다.

리조토 Risotto

통통한 쌀을 버터에 볶은 뒤 육수 · 우유 · 와인 등을 부어 버섯 · 치즈 · 해산물 · 육류 등의 건더기를 넣어 끓인 이탈리아식 쌀죽. 겉보기는 매우 걸쭉하지만, 사실 쌀 가운데 심이 살짝 씹힐 정도까지만 익히기 때문에 한국인 입맛에는 설익은 느낌도 든다. 주로 중부 이북 지방에서 발달한 요리로, 특히 밀라노 지역의 사프란을 넣어 만드는 리조토 알라 밀라네제(Risotto alla Milanese)와 베네치아를 중심으로 한 베네토 지역의 오징어 먹물을 넣어 만든 리조토 알 네로 디 세피아(Risotto al Nero di Sepia)가 유명하다.

Part 2.

파스타의 종류

이탈리아 파스타 메뉴의 종류는 식당 숫자만큼 있다고 봐도 과언이 아니다. 계절에 맞는 재료, 또는 주방장이 잘 다루는 재료를 오일 및 소스로 조리한 뒤 면을 섞어 내면 그 자체가 어엿한 메뉴가 되기 때문. 메뉴판에도 주재료명과 조리법을 길게 소개하거나, 심플하게 주재료명만 써넣기도 한다. 그 와중에도 어느 식당에서든 쉽게 찾아볼 수 있는 고정 픽 메뉴들은 당연히 존재하는 법. 고정 메뉴들을 입맛과 주재료에 따라 크게 나눠 보면 다섯 가지쯤으로 볼 수 있다. 이 분류는 이탈리아 식음료협회 및 레스토랑 협동조합 등과는 전혀 무관한 저자의 주관적 분류임을 밝혀둔다.

식물성 재료를 주재료로 사용한 파스타. 조리법이 단순하며 맛이 단순하고 깔끔하다.

알리오 에 올리오 Aglio e Olio

마늘로 향을 낸 올리브유에 파스타 면을 볶아 내는 요리. 이탈리아 전역의 저렴하고 대중적인 식당 어디에서나 쉽게 만날 수 있는 메뉴다. 요즘은 페페론치노(고추)를 넣어 매콤한 맛을 가미하는 것이 대세.

뽀모도로 Pomodoro

토마토소스만으로 만든 파스타. 올리브유에 마늘을 넣어 볶다가 토마토소스 및 퓌레, 생토마토 간 것을 넣어 만든다. 고급 식당에서는 생토마토만 쓰기도 한다. 바질 잎을 얹는 것이 기본으로, '뽀모도로 에 바질리코(Pomodoro e Basilico)'로도 표기한다.

소렌티나 Sorrentina

기본 토마토소스에 치즈를 넣은 것. 소렌토 지역의 전통적인 레시피로, 본고장에서는 면으로 파케리를 사용하나 다른 지역에서는 펜네나 리가토니, 뇨키를 많이 쓴다. 위에 모차렐라 치즈를 뿌리고 오븐에 구워 내는 곳도 있다.

아라비아타 Arrabbiata

아라비아타는 이탈리아어로 '화가 난'이라는 뜻. 파스타 중에서 가장 매콤하다. 올리브유에 마늘과 토마토, 고춧가루를 볶아서 만든다. 면은 펜네를 쓰는 경우가 많은데, 비주얼이 어딘가 모르게 떡볶이와 비슷하다.

알리오네 Aglione

통마늘을 올리브유에 볶은 뒤 토마토와 고춧가루를 넣어 매우 매콤하고 알싸한 파스타. 주로 토스카나 지역에서 많이 먹으며, 면으로는 거의 대부분 피치를 사용한다. 메뉴에서 '피치 알랄리오네(Pici all'Aglione)'를 찾아볼 것.

노르마 Norma

시칠리아섬이 원조인 파스타. 가지를 굽거나 튀긴 뒤 토마토소스와 바질을 더해 요리한다. 맛이 깔끔하면서도 고소하고 진하다. 파르미자나(Parmigiana)도 비슷한 레시피로 만드는 파스타로, 구운 가지와 토마토, 바질, 치즈가 들어간다.

페스토 Pesto

원래는 '페이스트'를 뜻하는 일반명사인데, 파스타의 세계에서는 거의 대부분 올리브유에 생바질과 잣을 넣고 갈아서 만든 바질 페스토 소스를 가리킨다. 특히 친퀘테레를 비롯한 리구리아 지역의 바질 페스토가 맛있기로 유명하다.

푸타네스카 Puttanesca

토마토, 안초비, 케이퍼, 바질 등을 넣고 볶는 요리. 이탈리아어로 푸타네스카는 '매춘부'라는 뜻으로, 진짜 매춘부들이 만들기 시작했다는 설과 재료를 마구잡이로 넣는 것을 비유한 것이라는 설이 있다.

소스 또는 건더기 재료로 육류를 넣은 것. 파스타는 대개 메인 요리 전에 가볍게 먹는 음식이라, 육식계는 채식계에 비해서는 종류가 적은 편이다.

라구 Ragù

이탈리아 파스타 소스의 영원한 스테디셀러이자 베스트셀러. 향신 채소와 고기를 볶다가 토마토소스와 와인을 넣어 끓인 것으로, 우리가 흔히 말하던 '미트 소스'가 바로 라구다. 볼로냐가 원조인데, 소고기와 판체타(Pancetta 삼겹살 베이컨)를 넣는 기본 레시피를 일컬어 '볼로녜제(Bolognese)'라고도 한다. 그 외에도 돼지고기, 사슴고기, 토끼고기, 생선 등 다양한 응용이 가능한데 드물게는 아예 채소만 넣고 만들기도 한다.

파야타 Pajata

송아지 곱창 파스타. 곱만 소스로 쓰기도 하고 곱창을 파스타 위에 얹기도 한다. 로마의 향토 요리로, 면은 거의 대부분 리가토니를 쓴다. 메뉴에서 '리가토니 콘 라 파야타(Rigatoni con la Pajata)'를 찾을 것.

바치나라 Vaccinara

소 꼬리로 만든 걸쭉한 소스를 사용한 파스타. 고기를 갈아 라구 소스처럼 내는 경우도 있고, 파스타 위에 소꼬리찜을 호쾌하게 올려주는 곳도 있다. 로마 및 중북부 지방에서 볼 수 있다.

우유 또는 생크림을 넣은 파스타.
이탈리아는 유제품의 질이 좋아 크림 파스타도 맛있다.

알프레도 Alfredo

이탈리아 크림소스의 대명사로 생크림, 버터, 파르미자노 치즈를 듬뿍 사용하여 만든다. 20세기 초반에 로마에서 개발된 소스로, 지금도 로마 일대에서 가장 많이 먹는다. 면으로는 거의 대부분 페투치네를 사용한다.

보스카욜라 Boscaiola

'나뭇꾼'이라는 뜻으로, 버섯을 주재료로 하는 크림소스다. 베이컨으로 기름을 내어 버섯을 볶은 뒤 생크림을 붓는다. 주로 포르치니 버섯(Funghi Forcini)을 쓰고, 그 외 지역 특산이나 계절 버섯을 사용하기도 한다.

노르차 Norcia

움브리아주에 자리한 지역 이름으로, 아시시나 오르비에토 등 움브리아주의 여러 도시와 중부 지역에서 맛볼 수 있다. 이탈리아 소시지에 양파, 마늘, 후추 등을 넣고 볶다가 생크림을 넣는다. 느끼하면서도 묘하게 고소하고 진한 맛이 일품.

로마 및 라치오 지방이 원조인 파스타. 페코리노 치즈를 듬뿍 사용하는 것이 특징이다. 이 계열 파스타의 맛집은 대부분 로마에 집중되어 있다.

카초 에 페페 Cacio e Pepe

후추와 페코리노 치즈만으로 맛을 내는 단순한 형태의 파스타 요리. 로마 일대가 원조이나 전국 어디서나 찾아볼 수 있다. 재료와 요리법이 단순한 만큼 요리사의 솜씨가 중요하기 때문에 되도록 맛이 보장된 곳에서 먹을 것을 추천.

그리차 Gricia

카초 에 페페에 관찰레(Guancale, 돼지 볼살 베이컨)를 더한 버전. 로마 시대부터 먹던, 파스타 요리의 조상 레시피라고 한다. 관찰레를 볶아 기름을 쪽 뺀 뒤 면을 볶고 페코리노 치즈와 후추를 넣는다.

카르보나라 Carbonara

관찰레를 볶은 기름에 면을 볶고 불을 끈 다음 달걀 노른자와 치즈, 후추를 넣어 재빨리 비벼 만드는 파스타. 우리나라에서는 크림소스 파스타의 대명사처럼 잘못 쓰이지만, 실제로 크림은 전혀 들어가지 않는다. '카르보나라'는 '석탄 난로'라는 뜻으로, 광부들이 영양식으로 만들어 먹으며 시작되었다는 설과 후추를 뿌린 모습이 석탄 가루 같아 붙은 이름이라는 설이 있으나 그 어느 것도 정설은 아니다.

아마트리차나 Amatriciana

그리차에 달걀 노른자를 더하면 카르보나라가 되고, 토마토를 더하면 아마트리차나가 된다. 아마트리차나는 베이컨과 치즈의 걸쭉한 맛을 토마토가 상큼하게 잡아주는 것이 특징. 다양한 면과 어울리나, 로마에서는 주로 부카티니를 쓴다. 카르보나라에 버금가는 인기 메뉴.

Writer's Note 너무 짜요!!!

로마계 파스타에는 뚜렷한 공통점이 있습니다. 가만히 보면 레시피가 모두 비슷하잖아요? 파스타를 볶다가 페코리노 치즈를 듬뿍 뿌리죠. 그리차 · 카르보나라 · 아마트리차나에는 관찰레나 판체타 같은 베이컨도 들어갑니다. 면을 삶을 때나 재료를 볶을 때 소금 넣는 건 기본이고요. 그 덕분에 로마계 파스타는 매우 짭니다. 정말 잘하는 곳에서 아주 밸런스를 잘 맞춰 조리한 것을 먹어도, 짭니다. 어쩔 수 없습니다. 페코리노 치즈도 짜고, 베이컨도 짜고, 소금도 짜니까요. 저는 웬만하면 '이 음식의 간은 원래 이런가 보다' 하고 받아들이기를 권하는 편입니다만, 그것도 웬만할 때 얘기지요. 평소 싱겁게 드시는 분이 로마계 파스타를 주문할 때는 '메노 살레(Méno sale, 소금 적게 넣어 주세요)' 또는 '센짜 살레(Sénza sale, 소금 넣지 마세요)'를 외치셔도 좋습니다. 단, 그래도 각오하셔야 합니다. 소금 빼도 짭니다.

해물을 사용한 파스타.
삼면이 바다인 나라인 만큼 해산물을 응용한 파스타가 상당히 많다.

스콜리오 Scoglio

각종 해산물과 토마토를 넣은 파스타로, 해산물계에서는 가장 대표적인 메뉴. 스콜리오는 '암석'을 뜻하는 말로, 바닷속 암초 일대에 서식하는 해산물을 넣기 때문에 붙은 이름이라고 한다. 주로 조개류를 많이 쓰고 오징어, 새우 등도 넣는다. 고춧가루나 마늘을 넣어 매콤하게 만들기도 한다.

TIP '프루티 디 마레(Frutti di Mare)'나 '페스카토레(Pescatore)'도 모둠 해산물이 들어간 것이다.

봉골레 Vongole

모시조개를 넣어 맛이 깔끔한 파스타로, 스콜리오와 더불어 해산물계 파스타의 최고 인기 메뉴이다. 해산물 파스타는 면 이름+주재료(새우, 랍스터, 홍합 등)로 메뉴 이름이 구성되는 경우가 많은데, 봉골레가 가장 대표적인 예라고 할 수 있다. 올리브유와 마늘, 화이트 와인으로 맛을 낸다. 면은 대부분 링귀네를 사용한다.

네로 디 세피아 Nero di Seppia

오징어 먹물 파스타. 오징어 살이나 새우를 넣기도 하고 그냥 오로지 먹물과 오일, 치즈로만 승부하는 경우도 있다. 파스타 외에 리조토도 맛있다. 주로 베네치아 및 베네토 지역에서 많이 먹는다.

보타르가 Bottarga

보타르가는 숭어의 알을 소금에 절여 말린 식재료로 우리나라의 '어란(魚卵)'과 비슷하다. 이 보타르가를 갈거나 얇게 썰어 파스타 위에 올린다. 명란젓 파스타의 선배격이라고 할 수 있다. 매우 고급인 만큼 가격도 비싸다.

이탈리아에서 파스타 맛집을 골라내는 것은 한국에서 짜장면 맛집이나 떡볶이 맛집을 고르는 것과 비슷한 느낌이다. 대중적이다 못해 일상적인 메뉴다 보니, 알려진 맛집만 수백 수천 곳이고 숨은 맛집은 더 많으며 사실 아무데서나 먹어도 기본은 한다. 그럼에도 불구하고 누구에게 소개해도 부끄럽지 않은 절대 맛집은 존재하기 마련. 어렵게 골라낸 이탈리아 파스타 맛집 8곳을 소개한다.

카르보나라의 롤 모델

로숄리 Roscioli

이 여행의 목표 중 하나가 맛있는 카르보나라를 먹어 보는 것이라면 되도록 빨리 로숄리를 예약할 것. 원래 로숄리는 치즈나 햄 같은 저장 식품을 판매하는 고급 식료품점으로, 내부에 작게 식당도 운영한다. 재료가 워낙 좋다 보니 음식 맛도 뛰어난데, 특히 카르보나라는 타의 추종을 불허한다. 로마에서 카르보나라를 만드는 모든 식당의 롤 모델이라는 말도 있을 정도. 치즈가 워낙 듬뿍 들어가서 한국 토종 입맛에는 짜고 느끼할 수도 있다. 홈페이지에서 손쉽게 예약할 수 있다.

VOL.2 INFO P.312 MAP P.307E

카르보나라 Carbonara €17

로마계 파스타의 지존

라 타베르나 데이 포리 임페리알리 La Taverna dei Fori Imperiali

콜로세움 근처에 있다는 파스타 맛집에 대한 소문을 들었다면, 당신은 높은 확률로 이 곳에 대한 얘기를 들은 것이다. 비수기 성수기 평일 휴일을 가리지 않고 언제나 만석인 이유는 그만큼 맛있기 때문이다. 로마 전통 음식을 다양하게 선보이는데, 카초에 페페 · 그리차 · 카르보나라 · 아마트리차나 같은 로마 정통 파스타를 잘하기로 유명하다. 특히 이곳의 그리차는 면, 관찰레, 치즈의 조화가 완벽에 가깝다. 그리차에 주키니 호박을 넣어 식감과 깔끔함, 두 마리 토끼를 잡은 점도 훌륭하다.

VOL.2 INFO P.294 MAP P.283B

그리차 Gricia €14

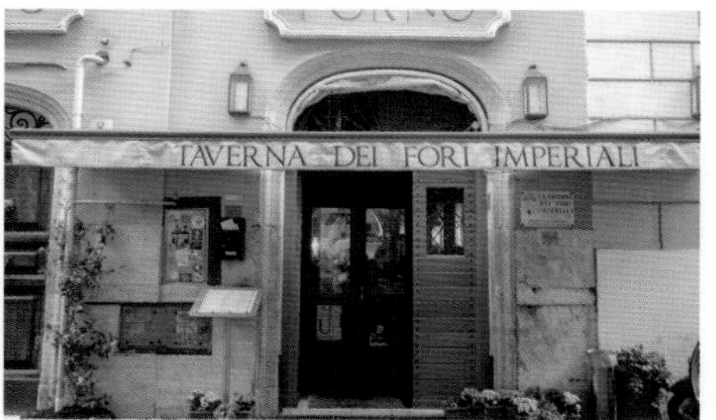

피렌체

맛있을 수밖에 없는 치즈 파스타

오스테리아 파스텔라
Osteria Pastella

오스테리아 파스텔라는 일단 생면을 사용한다. 입구에서 요리사가 생면을 뽑고 있는 장면을 직접 확인할 수 있다. 이곳의 주력 메뉴는 그라나 파다노 치즈를 플람베(Flambé) 방식으로 녹여 면에 비비는 치즈 파스타. 플람베는 도수 높은 술을 붓고 불을 붙이는 조리 방식인데, 이곳에서는 그 과정을 전부 시연한다. 파스타를 완성한 뒤에는 트러플이나 보타르가(숭어나 참치 알을 염장한 것)를 즉석에서 잘라 얹어준다. 실내 분위기도 매우 고풍스럽고 예뻐서 사진 찍기도 좋다.

VOL.2 INFO P.486 MAP P.472E

생트러플을 넣은 그라나 파다노 치즈 플람베 탈리아텔레
Tagliatelle Flambé al Tartufo Fresco in Crosta di Garana €27

피렌체

인생 뇨끼를 만나고 싶다면

오스테리아 산토 스피리토
Osteria Santo Spirito

산토 스피리토 광장은 관광 중심지에서 약간 떨어져 있어 피렌체를 잠시 여행하는 사람은 잘 가지 않는 곳이다. 그러나 뇨끼를 좋아하는 사람이라면 얘기가 달라진다. 오스테리아 산토 스피리토가 있기 때문. 메뉴 대부분이 수준급이지만 그중 제일은 트러플 오일을 넣은 모르비디 치즈 뇨키 그라탕. 잘 빚은 뇨끼 위에 치즈를 얹어 오븐에 구워낸 뒤 화이트 트러플 오일을 뿌린 것인데, 뇨키의 쫄깃함과 치즈의 고소함, 트러플 오일의 향긋함이 세 가지 요소가 근사하게 어우러진다.

VOL.2 INFO P.500 MAP P.490E

트러플 오일을 넣은 모르비디 치즈 뇨끼 그라탕
Gnocchi Gratinati ai Formaggio Morbidi al Profumo di Tartufo €12

볼로냐

진짜배기 볼로네제 라구의 맛

오스테리아 델로르사
Osteria dell'Orsa

볼로냐는 라구의 원조 고장이자 '뚱보의 도시'라고 불릴 만큼 맛집이 많다. 그중에서도 오스테리아 델로르사는 볼로냐의 서민적인 라구의 맛이 어떤 것인지 뺌도 보탬도 없이 알려주는 곳이다. 술안주 위주의 메뉴 외에 파스타류는 밤 9시 반까지 운영하는 '낮 메뉴(Menu del Giorno)'와 밤 9시 반부터 문 닫을 때까지 내는 '밤 메뉴(Menu del Sera)'로 나뉘는데, 라구 파스타는 낮 메뉴에 나온다. 소박하지만 포스 넘치는 동네 서민 식당에서 진짜 볼로냐의 맛과 멋을 발견해 보자.

VOL.2 INFO P.441 MAP P.436D

탈리아텔레 알 라구
Taliatelle al Ragu €10

시푸드 스파게티 '일 포르티촐로'
Spaghetti 'Il Porticciolo'
with Mixed Seafood €14.8

기분 좋게 배신당하는 해산물 파스타 맛집

일 포르티촐로 Il Porticciolo

일 포르티촐로은 첫인상이 그다지 좋은 편이 아니다. '우리는 음식이 늦게 나오므로 1시간도 기다리기 힘든 사람은 다른 곳으로 가라'는 인쇄물까지 비치되어 있다. 그런데 일단 음식을 맛보면 그 첫인상은 180도 달라진다. 피자와 파스타, 해산물 요리가 전반적으로 다 뛰어난데, 간판 메뉴인 해물 스파게티 일 포르티촐로가 그중에서도 발군이다. 생면을 사용하고 새우·조개·오징어 등 건더기도 푸짐한 데다 간도 아주 잘 맞는다. 한 끼 잘 때우면 다행이라고 들어갔다가 기분 좋은 배신을 안겨 주는 곳이다.

VOL.2 INFO P.573 MAP P.573A

한국 사람 입맛을 아는 마늘 파스타

라 브리촐라 La Briciola

한국 사람은 무릇 매콤하고 얼큰한 걸 먹어야 힘이 난다고 생각하는 토종 입맛에, 마늘의 알싸한 맛을 사랑하는 사람이라면 피렌체·시에나 등 토스카나 지역을 여행할 때 피치 알랄리오네를 꼭 먹어 보자. 라 브리촐라는 와인과 미식의 도시 몬테풀차노에 자리한 작은 레스토랑인데, 토스카나 전통 요리를 지역색과 손맛 가득 구현해 내는 곳으로 평가받고 있다. 이곳의 피치 알랄리오네는 통통한 생면 피치에 상큼한 토마토 향과 알싸한 마늘 향이 잘 조화되어 왠지 기운 날 것 같은 맛을 낸다.

VOL.2 INFO P.529 MAP P.528

피치 알랄리오네
Pici Al'aglione €10

스타 셰프가 배워간 리조토

가토 네로 Gatto Nero

베네치아 옆에 자리한 그림 같은 섬 부라노에는 영국의 스타 셰프 제이미 올리버가 비법을 배워간 레스토랑이 있다. 그 이름, 가토 네로(Gatto Nero). 2011년, TV 프로그램인 〈제이미 더즈 베니스(Jamie Does Venice)〉에서 제이미 올리버가 가토 네로의 셰프를 '리조토 킹'이라고 부르며 리조토 비법을 배우는 것이 전파를 탔고, 이후 이탈리아를 대표하는 리조토 맛집으로 알려졌다. 이곳의 간판 메뉴는 부라노의 전통 레시피로, 조개로 맛을 내 개운하면서고 감칠맛 가득한 리조토 알라 부라넬라이다.

VOL.2 INFO P.377 MAP P.376

리조토 알라 부라넬라
Risotto alla Buranella €26

THEME 08
고기 요리

어차피 인생은 고기서 고기다

Italian Meats Menu

비스테카 알라 피오렌티나
Bistecca alla Fiorentina

백과사전 두께를 자랑하는 피렌체식 티본 스테이크

오소부코
Ossobuco

영양만점 유럽풍 도가니 찜

코다 알라 바치나라
Coda alla Vaccinara

이탈리아식 소꼬리찜

코톨레타 알라 밀라네제
Cotoletta alla Milanese

송아지 고기로 만드는 이탈리아식 돈가스

우리가 아는 이탈리아 요리는 대개 파스타 아니면 피자다.
그러나 이탈리아 식문화에 조예가 깊은 사람들은 이탈리아의 고기 요리에도 큰 점수를 준다.
이탈리아에서는 밀가루만 먹다 오는 것이 아닌가 하며 침울했던 '고기 러버'라면
지금부터 얼굴을 활짝 펴도 좋다.

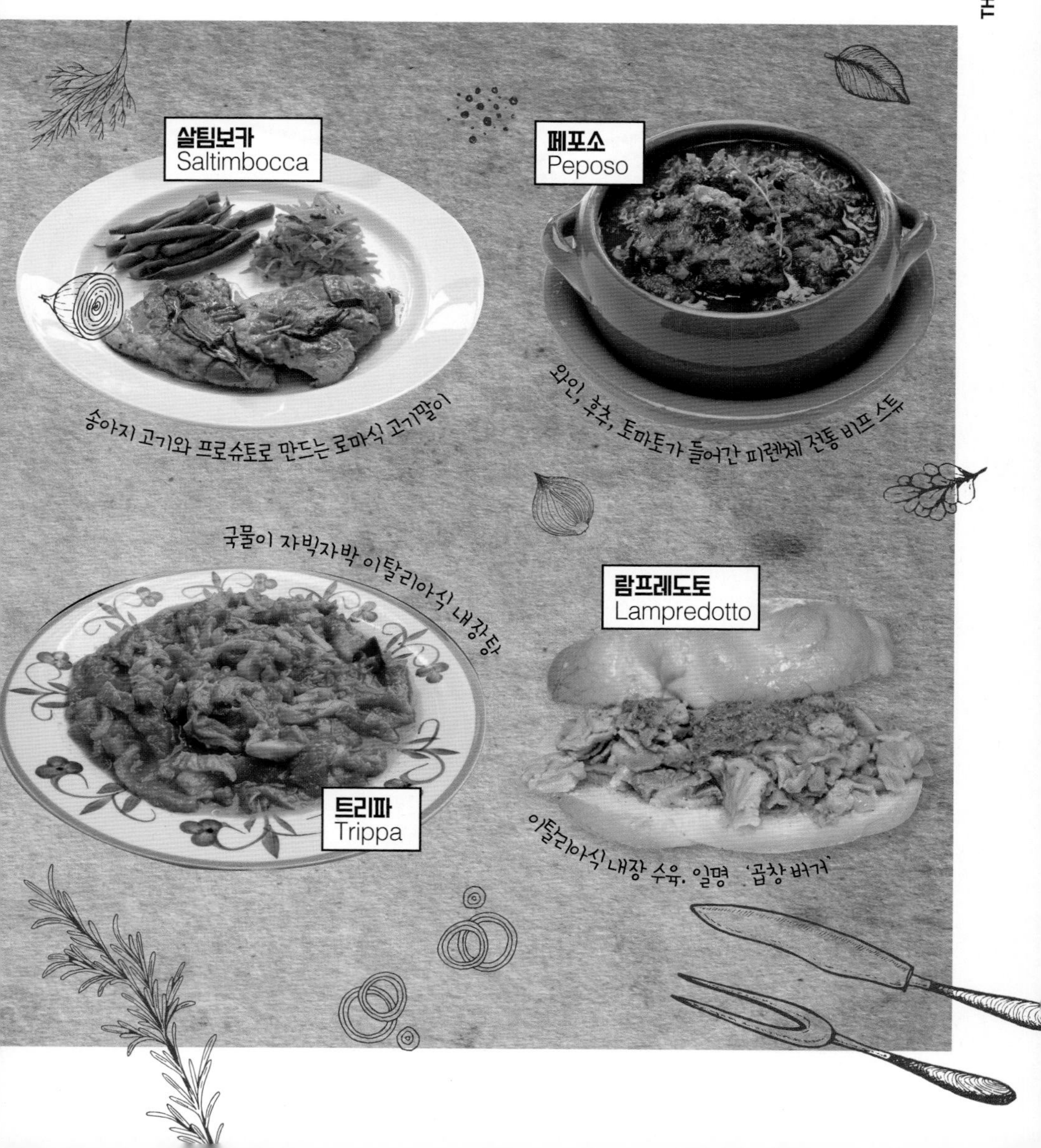

비스테카 알라 피오렌티나
Bistecca alla Fiorentina

한마디로? 백과사전 두께를 자랑하는 피렌체식 티본 스테이크.
어느 동네? 피렌체. 토스카나를 비롯한 중부 전역에서 다 찾아볼 수 있다.

이런 사람에게 추천!

✔ '스테이크는 레어'임을 진리로 믿어 의심치 않는 사람.
✔ 고기 양념은 소금과 후추, 약간의 향신료면 충분한 사람.
✔ 고기는 구워 먹는 게 최고, 그중에서도 숯불이 최고라고 믿는 사람.

육식주의자의 꿈

비스테카 알라 피오렌티나는 고기 좋아하는 사람이라면 레시피만 들어도 가슴이 설렐 만한 메뉴다. 소의 안심과 등심을 가로지르는 뼈인 티본(T-bone) 주위의 고기를 3cm 넘는 두께로 큼직하게 썰어낸 뒤 바람이 잘 드는 곳에 널어 말리며 '드라이 에이징' 한다. 숙성이 끝난 고기는 올리브유, 소금, 후추 등으로 양념한다. 숯불 위에 석쇠를 얹어 고기를 굽는다. 겉은 탈 정도로 바싹 굽지만 속은 거의 날것에 가깝다. 고기 본연의 맛이 최대한 살아 있으면서 풍미는 뛰어나다. 고기를 좋아하는 사람이 피렌체에서 두 끼 이상을 먹게 된다면 그중 한 끼는 비스테카 알라 피오렌티나를 먹을 것. 두 끼 다 먹겠다면, 말리지 않겠다.

PLUS TIP 비스테카 알라 피오렌티나를 주문하기 전에 알아둘 것

● **대부분 kg 단위로 판매하며 최소 단위가 1kg인 경우가 많다.**
뼈를 포함한 무게이기 때문에 실제 고기 무게는 600~800g으로, 2~3인분 정도. 1인분을 판매하는 곳은 거의 없다.

● **굽기는 원칙적으로 레어다.**
이탈리아에서는 아직도 많은 레스토랑에서 '절대 레어'를 고집한다. 그러나 점점 굽기 정도에 너그러워지는 추세라 요즘은 웰던까지 구워주는 곳도 찾아볼 수 있다. '피 나오는 고기'는 못 먹지만 비스테카 알라 피오렌티나는 꼭 먹어보고 싶었다면 레스토랑을 잘 골라서 갈 것.

● **데워서 먹자.**
워낙 양이 많기 때문에 먹다 보면 반드시 식는다. 이때는 주저하지 말고 종업원을 불러 데워 달라고 할 것.

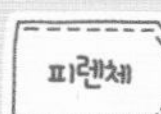

요즘 대세
달 오스테 Dall'Oste

최근 피렌체에서 가장 인기 높은 비스테카 알라 피오렌티나 전문점. 한국어 메뉴판 및 홈페이지를 운영한다. 더포크(TheFork)나 트립어드바이저에서 할인 가격에 예약 가능하고, 한인 민박 및 유명 여행 커뮤니티에서 할인 쿠폰을 쉽게 구할 수 있는 것도 장점. 다른 레스토랑보다 양이 조금 적은 듯한 감은 있으나 고기의 질이나 맛, 굽는 솜씨 등은 나무랄 데가 없다. 시내에 본점과 분점이 여러 개 있다.

VOL.2 INFO P.482 MAP P.472A

비스테카 알라 피오렌티나
Bistecca alla Fiorentina(1.2kg) €58

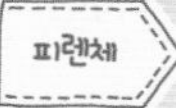

전통의 강호
부카 마리오 Buca Mario

1886년에 문을 연 노포로, 거의 매년 미슐랭 가이드에서 셀렉션이나 플레이트 등급으로 선정되기 때문에 일명 '미슐랭 맛집'으로도 유명하다. 다른 곳에 비해 살코기가 많고 겉을 많이 태우지 않는다. 살코기로만 600g도 넘기 때문에 남녀 커플 여행자나 여성 2~3인이라면 1인분만 시켜도 남기기 일쑤. 레어만 주문 가능하다. 저녁에만 문을 열고, 영업시간도 짧아 2~5일 전에 예약을 하는 편이 바람직하다.

VOL.2 INFO P.481 MAP P.472F

비스테카 알라 피오렌티나
Bistecca alla Fiorentina(1인분) €39

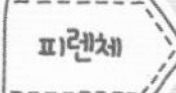

피렌체의 오래된 원 픽
일 라티니 Il Latini

1960년대에 문을 연 이래 피렌체에서 가장 사랑받는 레스토랑 중 하나로 군림하고 있는 곳. 아늑하면서 유쾌한 분위기와 뛰어난 맛을 자랑한다. 겉은 거의 태우듯이 굽지만 속은 거의 날것에 가까운, 가장 전형적인 비스테카 알라 피오렌티나를 맛볼 수 있다. 부카 마리오와 라이벌 구도처럼 다루는 매체가 많은데, 부카 마리오보다 이곳의 맛이 좀 더 야성적이다. 주문은 kg단위로만 받고, 1kg이면 어른 2~3명이 넉넉하게 먹는다.

VOL.2 INFO P.482 MAP P.472J

비스테카 알라 피오렌티나
Bistecca alla Fiorentina(1kg) €50

오소부코
Ossobuco

한마디로? 영양 만점 유럽풍 도가니 찜.
어느 동네? 밀라노. 그러나 현재는 거의 전국구.

이런 사람에게 추천!

✔ 구이보다는 찜이나 수육을 좋아하는 사람.
✔ 고기 맛 이상으로 뼛속 골수의 맛을 좋아하는 사람.
✔ 몸이 허한 사람.

복날에 잘 어울리는 맛

푹 삶아서 야들야들해진 살코기와 뼛속에 숨은 구수한 골수. 감자탕이나 도가니탕에 들어 있는 고기의 맛을 즐기는 사람에게는 '오소부코'를 강추한다. 송아지의 정강이를 뼈째 가로로 썬 뒤 육수 · 와인 · 향신채 등과 함께 푹 끓여 내는 요리다. 최근에는 여기에 토마토를 추가하는 경우가 많다. 친숙한 식감과 생소한 양념 맛이 입속에서 묘한 조화를 이룬다. 푹 삶아낸 고기와 골수 특유의 몸보신 느낌도 덤으로 즐길 수 있다. 고기 한 덩이에 채소 가니시나 빵 등을 곁들여 내는데, 밀라노에서는 리조토와 함께 내는 경우가 많다.

추천 맛집

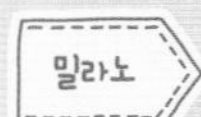

TV 프로그램 속 그 집

엘 브렐린 El Brellin

나빌리오 운하 주변에 자리한 예쁘장한 리스토란테로, 유명 미식 프로그램인 〈테이스티 로드〉에 밀라노 대표 맛집으로 소개되어 우리나라에서도 요즘 상당히 유명해진 곳이다. 밀라노 및 롬바르디아 지방의 전통 음식을 전문으로 선보이는데, 제대로 된 밀라노식 오소부코를 맛볼 수 있다. 오소부코에 곁들여 나오는 리조토는 오소부코 이상으로 맛있다. 저녁때 야외 좌석에 앉는다면 가급적 운하 쪽이 훨씬 운치 있다.

VOL.2 INFO P.411 MAP P.410B

오소부코와 밀라노식 리조토 Ossobuco di Vitello in Gremolata con Risotto alla Milanese €32

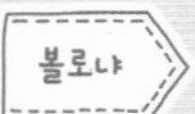

스타 셰프의 선택

달 비아사노트 dal Biassanot

볼로냐 구시가 조용한 골목에 자리한 트라토리아로, 셰프들의 이탈리아 먹방을 다룬 국내 TV 프로그램에서 유명 스타 셰프들이 '미슐랭 2스타 식당보다 맛있다'라고 극찬한 곳이다. 볼로냐 음식을 중심으로 이탈리아 중북부의 전통 음식을 다양하게 선보이는 곳으로, 특히 오소부코가 매우 맛있다. 아주 부드럽게 익혀서 포크로도 뚝뚝 잘라질 정도다. 간이 좀 짠 편이므로 와인을 곁들이는 것이 좋다.

VOL.2 INFO P.441 MAP P.436D

오소부코 & 매시드 포테이토
Ossobuco di Vitello Con Pure €17.5

코다 알라 바치나라
Coda alla Vaccinara

한마디로? 이탈리아식 소꼬리찜.
어느 동네? 로마. 중부 지역 내에 로마와 가까운 도시에서도 간간이 찾아볼 수 있다.

이런 사람에게 추천!

✔ 추운 계절에 이탈리아를 여행하는 사람.
✔ 걸쭉한 감칠맛이 그리운 사람.
✔ 소꼬리는 최고의 보양식이라고 믿어 의심치 않는 사람.

뜨끈한 위로가 필요할 때

밀라노에 오소부코가 있다면 로마에는 코다 알라 바치나라가 있다. 소 꼬리뼈에 셀러리와 당근을 왕창 넣고 찐 뒤 토마토와 와인을 넣고 푹 조리는 일종의 스튜로, 라구 소스처럼 걸쭉하게 만들어 파스타 위에 얹어먹기도 한다. 오래 삶은 고기의 야들야들한 살코기와 콜라겐의 쫀득한 식감을 즐길 수 있어 먹기만 해도 왠지 건강해지는 기분이 드는 메뉴. 현지에서도 주로 겨울철과 환절기의 보양식으로 즐겨 먹는다고 한다.

추천 맛집

의외의 고기 맛집
쿨 데 사크 Cul De Sac

나보나 광장 부근의 한적한 길가에 자리한 자그마한 와인 바 겸 식당. 겉보기는 평범한데 로마를 찾는 관광객과 현지인들에게 모두 골고루 사랑받는 맛집이다. 관광객들에게는 주로 파스타 맛집으로 알려져 있지만, 이 집의 진짜 특기는 고기 요리다. 특히 코다 알라 바치나라는 걸쭉한 감칠맛으로 한국인 입맛에 잘 맞는다는 평가를 받고 있다. 한국 여행자들이 워낙 많이 들르다 보니 종업원들이 먼저 '소꼬리?'라고 선수를 치기도 한다. 좋은 와인을 다양하게 보유하고 있으므로 종업원에게 추천을 부탁해 볼 것.

VOL.2 INFO P.313 MAP P.307C

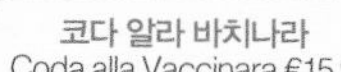

코다 알라 바치나라
Coda alla Vaccinara €15.9

코톨레타 알라 밀라네제
Cotoletta alla Milanese

한마디로? 송아지 고기로 만드는 이탈리아식 돈가스.
어느 동네? 밀라노. 주로 롬바르디아나 피에몬테 등 북부지역에서 많이 먹는다.

이런 사람에게 추천!

✔ 튀긴 것은 무조건 맛있다고 생각하는 사람.
✔ 돈가스 마니아.
✔ 맥주 안주로 어울릴 만한 이탈리아 음식을 찾는 사람.

튀김은 진리다

'칼로리는 맛을 숫자로 표현해 놓은 것'이라는 말을 믿는지? 그런 사람에게 맛이 없을래야 없을 수가 없는 이탈리아 고기 요리가 있다. 바로 코톨레타 알라 밀라네제. '코톨레타'는 커틀릿, '알라 밀라네제'는 밀라노식이라는 뜻이다. 즉, 밀라노식 커틀릿이라는 뜻. '커틀릿'은 우리가 잘 아는 돈가스와 조리법이 같은 음식이다. 다른 점이라면 송아지 고기를 쓴다는 것과 뼈가 붙어 있다는 것. 송아지의 등심을 뼈째 포 뜬 뒤 얇게 펴고 달걀물과 고운 빵가루를 입힌 뒤 버터를 섞은 기름에 튀겨낸다. 보통 레몬을 곁들이는데, 식당에 따라서는 방울 토마토와 루콜라를 얹어 내기도 한다.

추천 맛집

코톨레타 알라 밀라네제
Cotoletta alla Milanese €39

밀라노

밀라노 음식의 명가
나부코 Nabucco

맛, 분위기, 서비스 어디 하나 나무랄 곳이 없어 현지인과 관광객 모두에게 칭송을 받고 있는 유명 레스토랑. 관광객들에게 가장 마음 편하게 추천하는 레스토랑인 동시에 관광객의 만족도도 가장 높은 곳으로 평가받는다. 밀라노 전통 음식을 다양하게 선보이는데, 어느 것을 주문해도 실패 확률이 적은 편이다. 코톨레타가 맛있는 것도 당연지사. 뼈에 고기가 두툼하게 붙은 제대로 된 코톨레타를 맛볼 수 있다.

VOL.2 INFO P.409 MAP P.404B

밀라노

아는 사람은 다 아는 밀라노 맛집
사바티니 Sabatini

관광 중심가에서 약간 떨어진 곳에 있으나 맛과 메뉴 구성, 가격 면에서 모두 만족스러워 관광객들에게도 은근히 잘 알려진 맛집이다. 피체리아와 레스토랑을 겸해서 피자 맛집으로 유명하지만 코톨레타, 오소부코 등의 밀라노 전통 고기 요리도 상당히 잘한다. 이곳의 코톨레타는 레몬을 뿌려서 먹는 깔끔한 타입으로, 감자 튀김이 곁들여 나온다. 가격도 무난한 편이다. 맥주와 함께 먹어볼 것을 추천.

VOL.2 INFO P.396 MAP P.394B

감자 튀김을 곁들인 코톨레타 알라 밀라네제
Costoletta di Vitello alla Mianese con Patatine Fritte €22

살팀보카
Saltimbocca

한마디로? 송아지 고기와 프로슈토로 만드는 로마식 고기말이.
어느 동네? 로마 일대가 원조이지만 지금은 유럽 전역.

이런 사람에게 추천!

✔ 한국에서는 아직 생소한, 하지만 특별한 요리를 먹어보고 싶은 사람.
✔ 이탈리아 요리를 다양하게 섭렵하고 싶은 사람.
✔ 너무 거하지 않은 고기 요리를 찾는 사람.

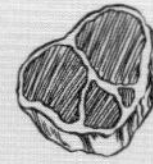

이탈리아 메뉴판 단골 손님

이탈리아의 레스토랑에서 가장 흔한 고기 요리를 꼽으라면 아마도 오소부코와 살팀보카가 1, 2등을 다툴 것이다. 살팀보카는 우리나라에서는 아직 생소한 음식이지만, 유럽에서는 아주 흔한 메뉴 중 하나로, 이탈리아 외에 스페인·스위스·그리스 등지에서도 널리 먹는다. 기본은 송아지 고기를 넓게 편 뒤 프로슈토와 세이지 잎을 얹고 밀가루를 묻혀 화이트 와인과 버터에 지져내는 것으로, 돌돌 말아 고기 말이처럼 만들기도 하고 개성 있는 소스를 얹기도 하는 등 다양한 응용 요리법이 있다. 한국인이 먹기에는 간이 다소 짠 경우가 많아 식사보다는 술안주로 좋다.

'살팀보카(Saltimbocca)'는 '입 안으로 뛰어든다'는 뜻.

추천 맛집

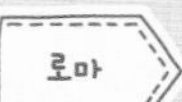

로마

로마 전통 음식이 궁금하다면

라 캄파나 La Campana

움베르토 1세 다리 부근 한적한 골목에 자리한 레스토랑으로 로마 전통 요리를 전문으로 선보인다. 겉모습은 평범하지만 알고 보면 미슐랭 셀렉션-플레이트 등급에 단골로 선정되는 로마 대표 맛집 중 하나. 특히 살팀보카, 트리파 등 고기 요리에 강하다. 영어 메뉴가 있기는 하나 메뉴판만 봐서는 뭐가 살팀보카인지 알기 어려우므로 종업원에게 물어볼 것. 간이 다소 짠 편이다. 메뉴판이 엑셀 파일 출력해 놓은 것처럼 성의없이 생겼는데, 알고 보면 매일 주방장 특선 메뉴를 바꿔 적어 넣는 등 정성 만점 메뉴판이다.

VOL.2 INFO P.313 MAP P.307A

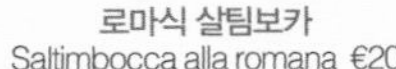

로마식 살팀보카
Saltimbocca alla romana €20

페포소
Peposo

한마디로? 브루넬레스키의 사연이 깃든 피렌체 전통 비프 스튜.
어느 동네? 피렌체 남쪽에 있는 작은 동네 임프루네타(Impruneta).

이런 사람에게 추천!

✔ 희소성과 스토리를 갖춘 이탈리아 음식을 접해보고 싶은 사람.
✔ 갈비찜 · 사태찜 등 고기 찜을 좋아하는 사람.
✔ 장조림이 그리운 사람.

피렌체 두오모의 지붕을 쌓은 힘

페포소는 피렌체에서 남쪽으로 약 10km 떨어진 '임프루네타(Impruneta)'라는 마을의 전통 음식이다. 이 음식에는 무려 피렌체 두오모의 돔 지붕에 얽힌 사연이 있다. 예로부터 임프루네타는 토기와 벽돌로 유명했다. 피렌체 두오모의 돔 지붕을 쌓을 때도 이 동네의 벽돌을 사용했을 정도. 브루넬레스키의 대량 주문 때문에 밤낮없이 일하던 임프루네타의 벽돌공들은 체력의 한계를 느꼈고, 싼 값에 영양 보충할 수 있는 메뉴를 고안했다. 싸구려 고깃덩이를 토기에 넣고 와인을 부은 다음, 고기 누린내를 잡기 위해 통후추도 잔뜩 뿌린 뒤 토기를 큰 화덕 곁에 두고 오랜 시간 뭉근하게 쪘다. 이 요리가 바로 피렌체를 대표하는 비프 스튜인 페포소의 원형이라고 한다. 간장과 설탕을 넣지 않고 와인을 넣어 졸인 갈비찜 맛이라고 생각하면 된다. 아무 레스토랑에서 다 하는 메뉴는 아니나, 고기와 역사 마니아라면 찾아볼 가치는 충분하다.

추천 맛집

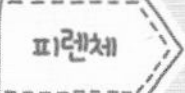

피렌체

왁자지껄 인기 만점 로컬 맛집

라 카잘링가 La Casalinga

산토 스피리토 성당 부근의 작은 트라토리아로, 50년이 넘는 역사를 지닌 곳이다. 원래는 현지인들이 알음알음 즐겨찾는 동네 식당이었는데, 주변 호텔이나 에어비앤비에서 이곳을 저렴한 맛집으로 소개하면서 관광객들도 많이 가는 곳이 되었다고 한다. 그래서인지 종업원들이 영어를 못하고 합석은 기본이며 영어 메뉴판도 없다. 파스타를 비롯한 소박한 식사류 및 피렌체 서민 음식 메뉴를 폭넓게 선보이는데, 페포소도 메뉴 한쪽에 당당히 올라가 있다.

VOL.2 INFO P.499 MAP P.490E

페포소
Peposo dell Impruneta €12.5

람프레도토
Lamprdotto

한마디로? 이탈리아식 내장 수육. 샌드위치로도 먹는다. 일명 '곱창 버거'.
어느 동네? 피렌체를 중심으로 한 토스카나 지방.

이런 사람에게 추천!

✔ 고기는 물에 빠진 고기가 최고라고 생각하는 사람.
✔ 저렴하게 영양 보충할 거리를 찾는 사람.

토스카나 서민의 맛

피렌체를 비롯한 토스카나 지역의 대표적인 길거리 메뉴로, 소의 네 번째 위인 막창을 채소와 허브로 우려낸 육수에 완전히 흐물흐물할 정도로 삶아낸 수육 요리를 말한다. 수육 그대로를 먹기도 하지만 그보다는 빵 사이에 고기를 끼운 버거 형태로 먹는 것이 흔하다. 내장 특유의 진한 맛을 즐길 수 있는데다 한국인 입맛에 잘 맞는 매운 소스까지 곁들여 주고, 게다가 가격까지 싸서 저예산 여행자들은 피렌체 일대를 여행할 때 한 번쯤은 꼭 먹고 오는 음식이 되었다. 일명 '곱창 버거'라고 하는데, 정확히 말하자면 '막창 버거'가 더 맞다.

추천 맛집

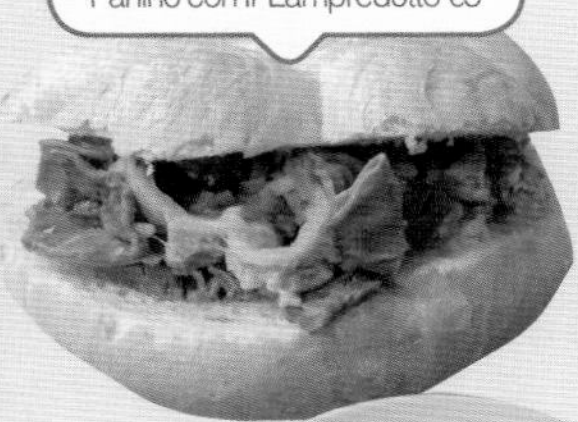

곱창 버거
Panino con Il' Lampredotto €5

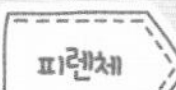

'곱창 버거' 대표선수

다 네르보네 Da Nerbone

피렌체 중앙시장 1층에 자리한 자그마한 음식 가판대로 일명 '곱창 버거'라 불리는 '파니노 콘 일 람프레도토(Panino con Il' Lampredotto)'로 전 세계적인 인기를 끌고 있다. 테이크아웃 위주이나 바로 앞에 테이블이 몇 개 있어서 자리가 있으면 먹고 갈 수도 있다. 매운 양념은 별도로 요청하면 넣어주므로 꼭 부탁할 것. '피칸테(Piccante, 매운맛)'라고 말하면 되지만, 손님이 한국인처럼 보이면 '맵게요?'라고 먼저 물어보기도 한다. 람프레도토에서 약간 냄새가 나므로 비위가 약한 사람에게는 비추. 문을 일찍 열고 일찍 닫으므로 아침 식사나 브런치로 찾아가 보자.

VOL.2 INFO P.483 MAP P.473C

곱창 수육
Piatto Lampredotto €8.5

THEME 09
파인 다이닝

평생 남을 아름다운 한 끼의 추억

기왕 이탈리아까지 갔다면 한 끼 정도는 근사한 레스토랑에서 즐겨 보고 싶은 사람들이 적지 않을 것이다. 사랑하는 사람과 인생에서 가장 행복한 여행을 떠난 사람들, 먹는 것에는 돈을 아끼지 않는 식도락가와 미식가들은 지금부터 이 페이지를 정독하시길.

파인 다이닝 레스토랑, 이 정도만 알면 OK!

예약은 기본! 노 쇼는 노노!

고급 레스토랑은 예약이 필수라고 생각할 것. 빈 테이블이 있어도 예약하지 않은 손님은 그냥 내보내는 경우도 있을 정도다. 또, 예약했지만 부득이하게 못 가게 된다면 예약 취소 기한 전에 취소 통보를 할 것. 노 쇼는 사람이 할 짓이 아니라고 생각하자. 예약은 레스토랑 홈페이지나 트립어드바이저 등에서 가능하다. 날짜, 인원수, 시간 정도만 적으면 OK!

약간만 차려 입어도 된다

유럽의 파인 다이닝 레스토랑들은 일정한 수준의 드레스 코드를 요구한다. 그러나 너무 부담 가질 필요는 없다. 민소매, 핫팬츠, 슬리퍼, 야구모자, 트레이닝복, 잠옷 등의 지나치게 편안한 옷차림만 아니라면 입장 제한은 없다. 남성은 피케 셔츠에 긴 바지, 여성은 가벼운 원피스 정도면 충분하다.

런치를 노리자

많은 레스토랑들은 점심과 저녁 메뉴를 분리해서 운영한다. 점심은 좀 더 양이 적고 가벼운 대신 가격이 저렴하고, 저녁은 본격적으로 셰프의 영혼과 솜씨를 갈아 넣은 메뉴와 코스를 선보이기 때문에 비용이 크게 올라간다. 평일 점심에 저렴한 코스 메뉴를 운영하는 레스토랑도 많다.

알라카르트? 코스?

파인 다이닝 레스토랑의 메뉴는 크게 알라카르트(À la Carte)와 코스로 나뉜다. 알라카르트는 요리를 따로 따로 시켜먹는 것을 뜻하고, 코스는 여러 요리를 묶어 구성한 것이다. 코스는 테이스팅 코스(Tasting Course) 또는 데구스타치오네(Degustazione)라고 한다. 레스토랑에 따라 알라카르트와 코스를 모두 운영하는 곳, 코스만 하는 곳, 알라카르트 메뉴로 코스를 자유롭게 구성할 수 있는 곳 등 다양하다. 코스로 주문할 경우에는 한 테이블이 모두 같은 코스를 선택해야 하는 곳이 대부분이다.

와인은 필수!

이탈리아 음식은 와인과 함께 먹어야 그 진가가 살아난다. 채소 전채도, 파스타도, 고기 요리도 모두 와인 한 모금과 함께 입에 넣었을 때 제 맛을 느낄 수 있다. 술을 아예 못하는 경우가 아니라면 레드 와인 한 잔 정도는 꼭 곁들일 것. 와인은 소믈리에에게 추천받으면 된다.

알레르기, 미리 말씀하세요

일정 수준 이상의 레스토랑에서는 예약 또는 주문 시 알레르기 여부를 거의 반드시 묻는다. 메뉴에 알레르기에 해당하는 식재료가 쓰이는 경우 다른 메뉴로 대체해서 가져다 주므로 걱정하지 말고 말할 것.

Part 1.
별들의 전쟁, 미슐랭 스타 레스토랑

다소 논쟁이 있긴 하지만 '미슐랭 스타'가 미식 여행의 중요한 참고 지표임에는 분명하다. 이탈리아는 프랑스, 일본과 더불어 전 세계에서 가장 많은 미슐랭 스타 레스토랑을 보유한 나라로, 어느 도시를 가든 미슐랭 1스타 레스토랑이 하나 둘쯤은 있다. 2~3스타를 단 레스토랑은 숫자도 많지 않거니와 식사 비용이 피눈물 나게 비싸, 보통 미식 여행에서는 1스타 레스토랑을 많이 찾게 된다. 무려 250개를 넘나드는 이탈리아의 미슐랭 1스타 레스토랑 중에서 〈무작정 따라하기 이탈리아〉가 골라낸 곳들을 소개한다.

미슐랭 가이드란?

프랑스의 타이어 회사 미슐랭(Michelin, 미쉐린)에서 발매하는 여행 가이드북. 20세기 초, 자동차 여행이 막 시작될 무렵 미슐랭에서 가볼 만한 호텔과 식당을 소개하는 책을 발간한 것이 그 시작이다. 까다로운 검수 과정을 통해 선정된 식당을 3단계의 스타와 빕 구르망, 플레이트 등으로 등급을 나누어 소개한다. Plus Info 미슐랭 스타는 매해 리스트가 바뀌어 새로 들어오거나 빠지는 레스토랑이 생긴다. 여기 소개하는 레스토랑들은 꾸준히 1스타에 선정되는 편이나, 2024년도에는 빠진 곳들도 있다.

미슐랭 레스토랑의 등급

스타 Star

미슐랭에서 엄선한 최고의 맛집. 1스타는 '여행 중에 꼭 가볼 만한 곳', 2스타는 '그 식당을 가 보기 위해 조금 먼 여행도 각오할 만한 곳', 3스타는 '오로지 그 식당에 가기 위한 여행을 해도 좋은 곳'이라는 의미다.

빕 구르망 Bib Gourmand

훌륭한 맛과 서비스에 착한 가격까지 겸비한 이른바 '가성비' 좋은 식당. 한 끼에 일정 예산 이하의 금액으로 식사가 가능한 곳이 선정된다. 기준은 도시에 따라 조금씩 다른데, 이탈리아는 한 끼에 €35로 책정되어 있다.

플레이트 The Plate

스타나 빕 구르망처럼 별도로 언급할 정도는 아니나, 신선한 재료를 사용하는 괜찮은 맛집이라고 인정받은 곳.

로마

글라스 오스타리아 Glass Hostaria

합리적인 가격과 힙한 분위기

로마에서 가장 예쁘고 서민 정서가 가득한 동네 트라스테베레에 자리한 레스토랑. 합리적인 가격에 미슐랭 스타를 즐길 수 있는 곳으로 최근 인기를 모으고 있다. 김치, 일본 된장, 김 등의 아시아 식재료를 적극적으로 도입한 창의적인 이탈리아 요리를 선보인다. 스태프들이 대부분 여성이고 아주 섬세하면서도 유쾌한 서비스를 제공한다. 계절마다 메뉴를 바꾸며 20여 가지의 알라카르트 메뉴를 선보이는데, 알라카르트 메뉴 중에 최소 2개를 골라 나만의 코스를 만드는 식으로 주문한다. 디너 시간대에만 영업한다.

VOL.2 INFO P.334 MAP P.332A

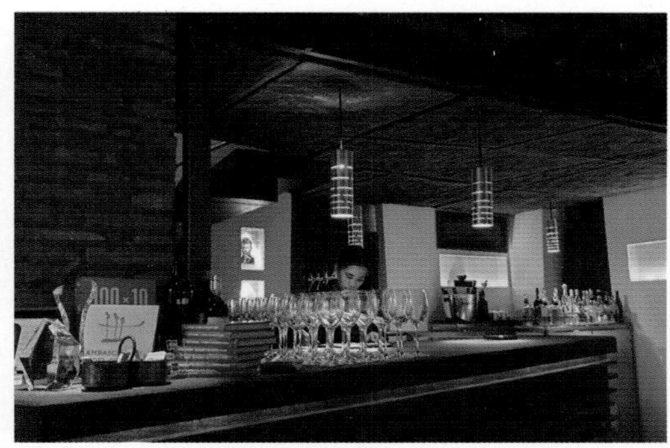

한줄 평 매우 현대적이고 힙한 느낌의 이탈리안-오리엔탈 퓨전

최저 예산 €80~90(전채+파스타 또는 메인요리+물+커피)

공략 포인트 커피를 꼭 마시고 나올 것.

추천 대상 현대적이고 독창적인 이탈리아 요리가 궁금한 스타 헌터

디너 자세히 보기

디너 메뉴는 알라카르트로 꾸며진다. 웰컴 푸드, 아뮤즈 부쉬, 식전 빵이 무료로 나온다. 커피를 주문하면 프티 푸르가 서비스로 함께 나온다.

무료로 제공되는 웰컴 푸드

60개월간 숙성한 파르미자노 치즈가 들어간 라비올리. 아스파라거스와 함께 이즈니 버터로 볶았다. €70

숙성된 페코리노 치즈와 치커리, 숨마끄로 양념한 양고기 스테이크. €45

식후 커피의 맛이 웬만한 스페셜티 커피 뺨친다. 꼭 마셔볼 것. €4

피렌체

구찌 오스테리아 Gucci Osteria

구찌와 마시모 보투라가 만났다

시뇨리아 광장 옆 오래된 궁전 건물에는 구찌의 멀티 스페이스인 '구찌 가든(Gucci Garden)'이 있다. 구찌 가든은 레스토랑, 전시 공간, 부티크로 구성되어 있는데, 이곳의 레스토랑이 바로 오스타리아 디 구찌다. 이곳의 총괄 프로듀서는 이탈리아 최고의 스타 셰프 중 한 명인 마시모 보투라(Massimo Bottura)로서, 이탈리아 전통 식재료를 구찌의 세계관과 마시모 보투라의 창조적인 감각을 더해 재구성한 메뉴를 선보인다. 종업원이 음식을 가져올 때마다 식재료, 조리 방식, 메뉴가 탄생하게 된 계기 및 마시모 보투라의 기획 의도까지 세세하게 설명해준다.

VOL.2 INFO P.498 MAP P.491C

한줄 평 스타 셰프가 음식으로 구현한 구찌의 미학 **최저 예산** €120(알라 카르트에서 골라서 만드는 2코스)

공략 포인트 미각 뿐만 아니라 시각으로도 즐기자! **추천 대상** 구찌 오스테리아의 세계 1호점을 경험해보고 싶은 모든 사람

코스 메뉴 자세히 보기

메뉴는 계절이나 셰프 초빙 여부에 따라 수시로 바뀌는 편이다. 최근에는 알라카르트 메뉴에서 2~3가지를 골라 나만의 메뉴를 만드는 식으로 코스를 구성하고 있따.

포지타노

라 스폰다 La Sponda

로맨틱의 극강을 달린다

포지타노 마을 동쪽에 '라 시레누세(Le Sirenuse)'라는 호텔이 있다. 포지타노에서 가장 럭셔리한 호텔로 손꼽히며, 유럽 최고의 호텔을 꼽을 때도 자주 언급되는 곳이다. 라 스폰다는 라 시레누세 호텔 부속 레스토랑으로, 매년 미슐랭 1스타를 꾸준히 받고 있다. 주로 나폴리만 일대에서 생산되는 신선한 고급 식재료로 만든 지중해 요리를 선보이고 있다. 알라카르트 메뉴가 코스보다 저렴한 편인데, 웨이터가 그날 가장 컨디션 좋은 재료로 만든 메뉴를 추천해 주기 때문에 망설임이 단번에 해소된다. 맛도 맛이지만 이 레스토랑 최고의 미덕은 단연 전망과 분위기. 포지타노 해변이 가장 예쁘게 보이는 각도에 자리하고 있어 창밖으로 그림 같은 풍경이 펼쳐진다. 지중해의 낭만을 레스토랑으로 구현한 듯한 인테리어도 인상적.

VOL.2 INFO P.619 MAP P.617B

한줄 평 극강의 전망과 인테리어로 로맨틱 & 럭셔리의 끝을 달리는 곳

최저 예산 €120(전채+메인 요리+물+와인)

공략 포인트 무조건 창가 자리! 직원이 추천해주는 메뉴는 믿어도 좋다!

추천 대상 인생에서 가장 로맨틱한 순간을 이탈리아에서 보낼 예정인 당신!

Plus Info 메뉴가 계절 및 재료에 따라 수시로 바뀐다. 여기 소개하는 메뉴 및 가격은 참고용이다.

런치 자세히 보기

알라카르트 메뉴가 20여 가지 준비되어 있다. 가격은 다소 높은 편. 커피를 주문하면 프티 푸르가 딸려 나오는 것 외에 무료로 주는 것은 없다.

안심 스테이크, €60

생선 카르파초, €42

제철 채소로 만든 수프, €40

산 지미냐노

쿰 퀴부스 Cum Quibus

호젓하게 즐기는 토스카나의 맛

쿰 퀴부스는 토스카나의 작은 마을 산 지미냐노(San Gimignano)에 위치한 작은 레스토랑이다. 구시가에서도 살짝 벗어난 외곽, 좁은 골목 안쪽에 숨은 듯 자리해 있고 테이블도 몇 개 없다. 그럼에도 불구하고 산 지미냐노는 물론 토스카나에서 내로라하는 유명한 레스토랑 중 한 곳으로 명성을 떨치고 있다. 토스카나에서 생산된 최고의 식재료를 사용하여 전통과 현대, 동서양이 조화된 창의적인 요리를 선보인다. 특히 트러플과 푸아그라를 사용한 요리는 두고두고 생각날 정도로 맛있다. 레스토랑 안쪽에 7~8석 규모의 야외석이 있는데, 호젓하면서도 은은하게 로맨틱한 분위기가 일품이다. 소중한 사람과 맛있는 음식을 먹으며 쌓인 이야기를 오래 나눠보고 싶을 때 가장 추천하고 싶은 곳이다.

VOL.2 INFO P.503 MAP P.502

한줄 평 작은 마을에 숨은 듯 자리했음에도 소문날대로 난 리스토란테 **최저 예산** €80~90(전채+메인 or 5코스 테이스팅 메뉴+물)

공략 포인트 날씨가 조금만 맑아도 야외 테이블로 갈 것 **추천 대상** 맛과 분위기를 모두 소중하게 생각하는 식도락가

5코스 런치 자세히 보기

Plus Info 메뉴가 계절 및 재료에 따라 수시로 바뀐다. 여기 소개하는 메뉴 및 가격은 참고용이다.

알라카르트와 코스 모두 주문 가능한데, 알라카르트로 주문할 때는 2가지 이상의 메뉴를 골라 나만의 코스를 만드는 방식으로 주문한다. 한 테이블에는 한 종류의 코스만 주문 가능하다. 아뮤즈 부쉬, 식전 빵, 셔벗 또는 아이스크림이 무료로 포함된다. 전채, 치즈, 파스타, 메인 요리, 디저트의 5코스로 구성된 테이스팅 메뉴는 €75.

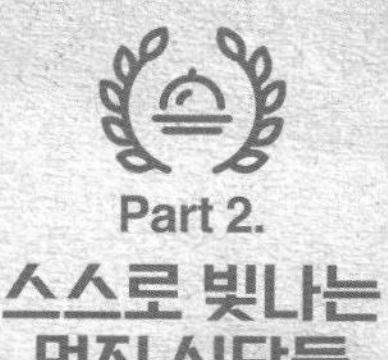

Part 2. 스스로 빛나는 멋진 식당들

미슐랭 스타는 미식의 좋은 참고 기준이긴 하나 절대적인 지표는 아니다. 비록 별은 달지 못했지만, 최고의 재료를 엄선해 최선의 방법으로 조리한 맛있는 음식과 섬세한 서비스를 선보이며 스스로 빛나는 식당들도 얼마든지 있다. 이런 곳은 대부분 미슐랭 스타 레스토랑보다는 가격이 저렴하며 시내 중심가 가까운 곳에 있어 관광객으로서는 더 접근성이 좋다. 인기는 미슐랭 스타 레스토랑에 결코 밀리지 않으므로 가급적 하루 이틀 전에는 예약할 것.

로마

아도크 Ad Hoc

여행자들의 오래된 로마 원 픽!

한때는 트립어드바이저에 등록된 1만여 건 이상의 로마 맛집 중 당당히 1위를 차지했던 곳이다. 지금도 언제나 최상위권은 지키는 중이다. 로마 전통 음식 및 지중해 요리를 바탕으로 창의성을 가미한 요리를 선보인다. 프로슈토 · 훈제 연어 등을 자체 제조할 정도로 재료에 상당히 신경 쓴다. 로마에서 조금 특별한 카르보나라를 먹어보고 싶다면 꼭 이곳의 카르보나라 3종 세트를 맛볼 것. 서비스가 아주 친절하고 섬세한 것도 장점.

VOL.2 INFO P.303 MAP P.297C

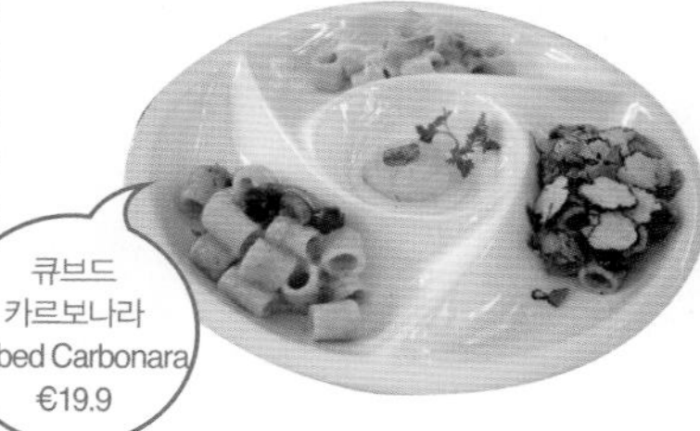

큐브드 카르보나라
Cubed Carbonara
€19.9

소렌토

란티카 트라토리아 L'Antica Trattoria

예쁘고 낭만적인 레스토랑

왁자지껄한 소렌토 중심가에서 조금 더 안쪽으로 들어가면 예쁜 노천 레스토랑이 모여 있는 골목이 나온다. 란티카 트라토리아는 그 골목에서도 조금 더 들어간 곳에 있다. 오래된 작은 식당이지만 알고 보면 맛과 분위기는 소렌토 최고라는 평가를 받고 있는 레스토랑이다. 다양한 이탈리아 전통 요리와 지중해 요리를 선보이고 있는데, 계절마다 메뉴를 교체하므로 그날 최고의 메뉴는 반드시 종업원에 물을 것. 알라카르트에서 전채, 파스타, 메인, 디저트를 하나씩 골라내어 코스로 주문할 수 있는데, 개별로 주문하는 것보다 저렴한 가격에 다양한 메뉴를 맛볼 수 있다.

VOL.2 INFO P.616 MAP P.614B

알라카르트 자율 코스
Free choice from A La Carte
€65

시에나

타베르나 디 산 주세페 Taverna di San Giuseppe

트러플 향기 가득

산 주세페 성당 앞에 자리한 레스토랑. 겉보기엔 그냥 소박한 동네 식당이지만 알고 보면 미슐랭 가이드 빕 구르망에 선정된 시에나의 맛집이다. 정통 토스카나 요리를 선보이는 곳으로, 대부분의 음식이 수준급이나 특히 스테이크를 비롯한 소고기 요리가 맛있다. 대표 메뉴는 블랙 트러플을 사용한 스테이크와 파스타. 신선한 블랙 트러플을 먹기 직전에 서버가 음식 위로 갈아서 얹어준다. 평일에는 최소 1~2일 전, 주말이나 성수기에는 일주일 전에는 예약할 것을 권한다.

VOL.2 INFO P.526 MAP P.516F

생 트러플 비프 스테이크
Grilled Fillet of Beef with Frech Truffle
€28

THEME 10
와인
Red Wine

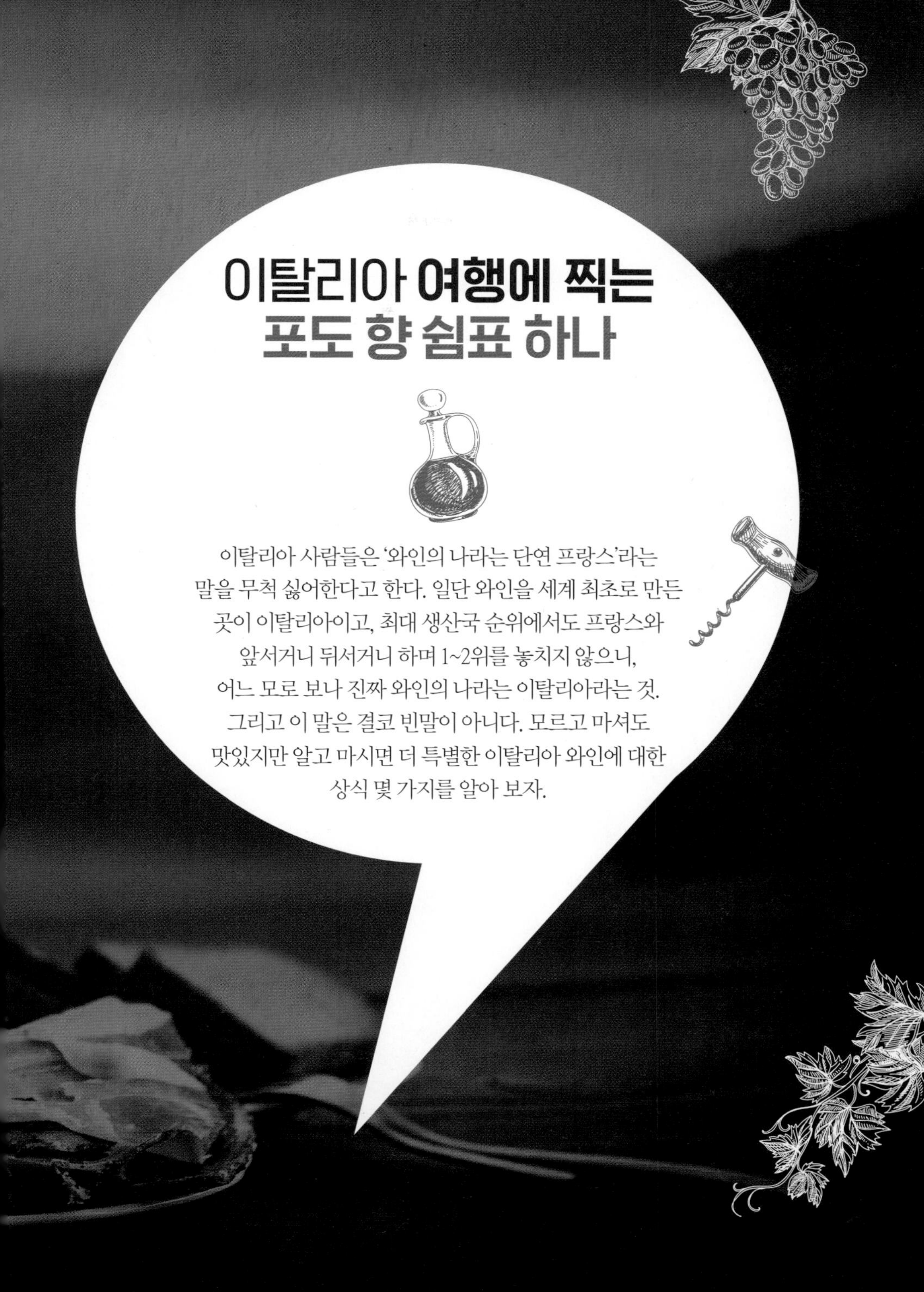

이탈리아 여행에 찍는 포도 향 쉼표 하나

이탈리아 사람들은 '와인의 나라는 단연 프랑스'라는 말을 무척 싫어한다고 한다. 일단 와인을 세계 최초로 만든 곳이 이탈리아이고, 최대 생산국 순위에서도 프랑스와 앞서거니 뒤서거니 하며 1~2위를 놓치지 않으니, 어느 모로 보나 진짜 와인의 나라는 이탈리아라는 것. 그리고 이 말은 결코 빈말이 아니다. 모르고 마셔도 맛있지만 알고 마시면 더 특별한 이탈리아 와인에 대한 상식 몇 가지를 알아 보자.

이탈리아 와인을 읽는 3가지 키워드

이탈리아는 풍부한 일조량과 비옥한 대지, 적당한 토양, 비, 오랜 전통과 노하우 등 좋은 와인이 생산될 만한 완벽한 조건을 갖춘 나라다. 이탈리아의 여름 햇빛처럼 밝고 진한 맛을 내는 이탈리아의 와인. 이탈리아 와인에 한 발자국 더 다가갈 수 있는 키워드를 몇 가지 알아보자.

Keyword 1. 산조베제 Sangiovese

이탈리아 와인의 가장 큰 특징은 토종 포도 품종을 많이 사용한다는 것과 레드 와인이 주종을 이룬다는 것. 이 두 가지를 모두 책임지는 키워드가 바로 '산조베제'다. 산조베제는 이탈리아 토종의 레드 와인용 품종으로, 이탈리아 전역에서 가장 널리 재배된다. 산미와 과일 향이 강한 포도로, 만들기에 따라 그 맛이 다양하게 변신하여 아주 가벼운 맛부터 묵직한 풀 보디까지 소화해낸다. 심하게 과장하면 '이탈리아 와인=산조베제'라고 할 수도 있을 정도. 이탈리아에서 꼭 마셔 봐야 할 품종을 딱 하나만 꼽는다면 그것도 단연 산조베제.

Keyword 2. 클라시코 Classico

일정 지역에서 정한 전통적인 조건에 부합한 와인에 붙는 명칭. '클라시코'란 영어의 '클래식(Classic)'과 같은 말이다. 클라시코 와인의 조건은 포도 재배 지역 및 재배 조건, 포도 배합, 제조 방식, 심지어 알코올 함량까지 까다롭게 따진다. 가장 유명한 것으로는 토스카나 지역의 키안티 클라시코(Chianti Classico)가 있고, 그 외에는 오르비에토 클라시코(Orvieto Classico), 발폴리첼라 클라시코(Valpolicella Classico) 등이 있다. 와인 마니아들은 '클라시코가 붙었다고 더 맛있다는 얘기는 결코 아니다'라고 단언하는데, 사실 맞는 말이긴 하다. 그러나 이탈리아 와인이 얼마나 전통에 천착하며 까다롭게 생산되고 있는지, 그리고 그것을 극복하려는 노력이 얼마나 다양하게 이뤄지고 있는지를 엿볼 수 있는 하나의 키워드가 되기는 충분하다. 또한 와인 초보가 와인을 살 때도 큰 도움이 된다. 일단 '클라시코'가 붙어 있으면 믿고 사도 좋다!

Keyword 3. D.O.C

유럽의 여러 나라들은 와인, 치즈, 햄 등 자국의 특산 식품에 대한 철저한 등급제를 실시하는 경우가 많다. 이탈리아의 와인도 마찬가지로, D.O.C(Denominazione di Origine Controllata)라고 하는 엄격한 원산지 관리 등급제를 갖추고 있다. 포도의 원산지, 제조 방법, 지역성, 품종 등을 깐깐하게 따져서 등급을 매긴다. 프랑스의 A.O.C를 모방한 제도라고는 하나, 그건 그냥 모르는 척 넘어가자. D.O.C는 이탈리아 와인 등급제의 명칭인 동시에 등급명 중 하나이기도 하다. 병목 및 레이블에 표기되어 있으므로 한번쯤은 보고 고르는 것이 좋다.

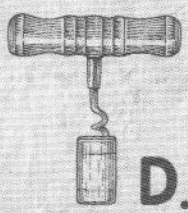

D.O.C의 4가지 등급

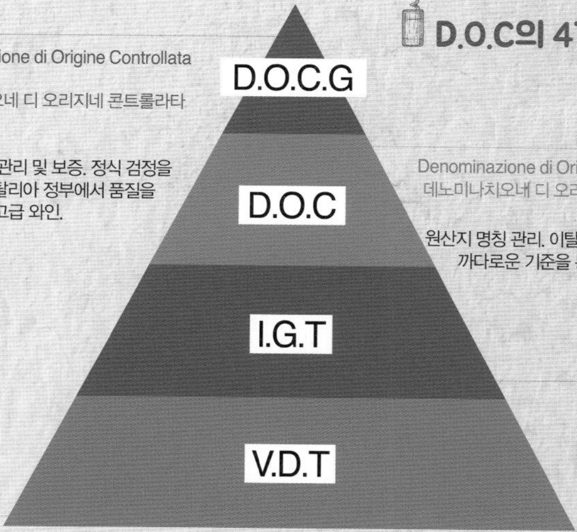

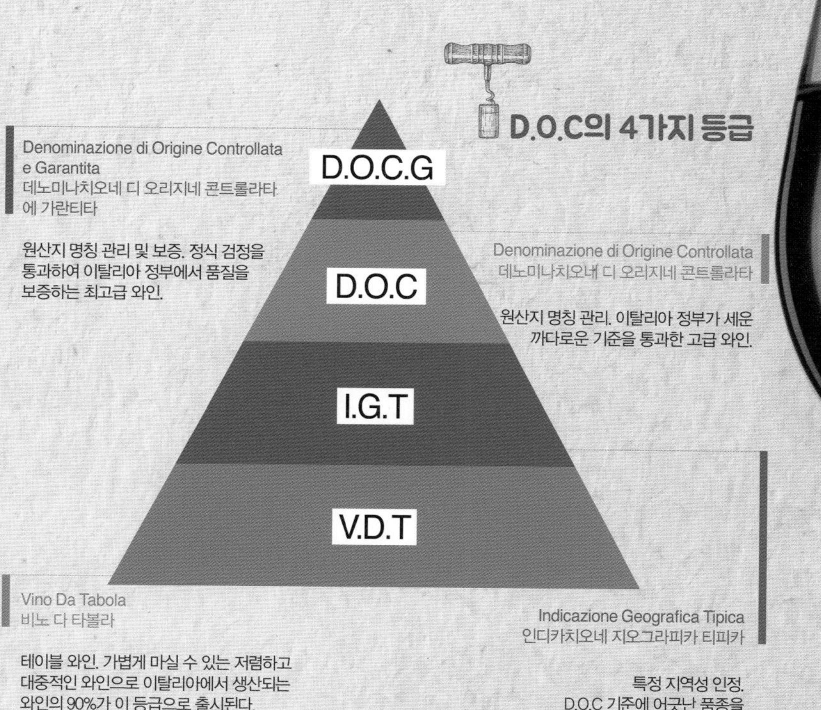

D.O.C.G

Denominazione di Origine Controllata e Garantita
데노미나치오네 디 오리지네 콘트롤라타 에 가란티타

원산지 명칭 관리 및 보증. 정식 검정을 통과하여 이탈리아 정부에서 품질을 보증하는 최고급 와인.

D.O.C

Denominazione di Origine Controllata
데노미나치오네 디 오리지네 콘트롤라타

원산지 명칭 관리. 이탈리아 정부가 세운 까다로운 기준을 통과한 고급 와인.

I.G.T

Indicazione Geografica Tipica
인디카치오네 지오그라피카 티피카

특정 지역성 인정.
D.O.C 기준에 어긋난 품종을 사용했지만 품질이 뛰어난 와인.

V.D.T

Vino Da Tabola
비노 다 타볼라

테이블 와인. 가볍게 마실 수 있는 저렴하고 대중적인 와인으로 이탈리아에서 생산되는 와인의 90%가 이 등급으로 출시된다.

지역별 와인 대표 선수

이탈리아는 전국이 와인 생산지라고 해도 과언이 아니다. 포도가 자랄 수 있는 땅에는 어김없이 포도밭이 있다. 그중에서 와인 초보들도 알아두면 좋은 최고 유명 대표선수를 소개해 본다. 이탈리아의 와인명은 주로 지역명과 연동된다는 것도 알아둘 것.

토스카나 Toscana

이탈리아 중부의 주(州)로, 중심 도시는 바로 꽃의 피렌체. 이탈리아의 대표적인 와인 산지이자 전 세계에서 가장 유명한 와인 산지 중 하나이다. 주로 산조베제를 이용한 진한 맛의 레드 와인을 생산한다.

키안티 Chianti

토스카나의 대표 와인 산지인 키안티 지역에서 생산된 와인. 키안티는 토스카나의 한복판에 자리해 피렌체, 시에나, 피사, 아레초 등으로 둘러싸여 있다. 키안티 지역에서도 최중심부에 자리한 '클라시코 존'에서 생산하며, 1963년에 제정한 전통 제조법에 따라 만들어지는 와인을 '키안티 클라시코(Chianti Classico)'라고 한다.

몬테풀차노 Montepulciano

토스카나의 아름다운 중세 시대 마을 몬테풀차노 주변에서 생산되는 와인. 산조베제의 일종인 '프루뇰로 젠틸레(Prugnolo Gentile)' 포도를 이용한 레드 와인을 주로 생산한다. 은은한 과일 향이 감도는 우아한 맛이 특징. 이 지역의 일반 레드 와인은 '로소 디 몬테풀차노(Rosso di Montepulciano)'라고 하고, 최고급 와인은 '비노 노빌레(Vino Nobile)'라고 한다. '고귀한 와인', '귀족의 와인' 등으로 번역되는데, D.O.C.G 등급에 속해 있다.

몬탈치노 Montalcino

토스카나의 평화로운 들판이 한눈에 보이는 언덕 마을 몬탈치노 인근에서 생산되는 와인. 산조베제의 한 종류인 브루넬로(Brunello)만을 사용하여 매우 강렬하고 진한 맛의 레드 와인을 생산한다. 일반 레드 와인은 '로소 디 몬탈치노(Rosso di Montalcino)', 최고급 D.O.C.G 등급 와인은 '브루넬로 디 몬탈치노(Brunello di Montalcino)'라고 한다.

사시카이아 Sassicaia

볼게리(Bolgheri)라는 지역에 자리한 와이너리 테누타 산 귀도 (Tenuta San Guido)에서 생산하는 최고급 와인. 이탈리아 와인으로는 매우 특이하게 카베르네 소비뇽 품종으로 만들어진다. 프랑스의 최고 와이너리 중 하나인 샤토 라피트 로칠드에서 묘목을 가져와 가족끼리 먹을 생각으로 소량 생산한 것이 의외로 대히트를 친 것이라고. '슈퍼 투스칸' 중 하나로 많은 와인 매체에서 1위를 차지했고 유명 와인 평론가 로버트 파커는 만점을 주기도 했다.

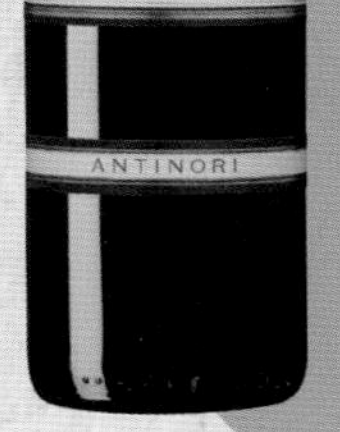

솔라이아 Solaia

'슈퍼 투스칸' 중 하나로 꼽히는 와인으로, 피렌체 외곽 키안티 지역에 자리한 밭에서 생산된다. 카베르네 소비뇽과 산조베제, 카베르네 프랑을 섞어서 만든다. 수많은 와인 매체에서 1위를 한 명품 와인이지만 등급은 I.G.T에 속한다.

Writer's Note 슈퍼 투스칸 Super Tuscan

슈퍼 투스칸은 이탈리아 자체 등급인 D.O.C와 상관없이 뛰어난 토스카나 와인을 가리키는 용어입니다. 주로 이탈리아 국외의 유명 와인 매체에서 부르는 명칭입니다. D.O.C는 이탈리아 토종 품종 및 전통 제조 방식에 방점을 두는 경우가 많아 상대적으로 외산 품종이나 혁신적인 제조법에는 좀 인색하거든요. 그래서 슈퍼 투스칸 와인 중에는 I.G.T 등급이 많습니다. D.O.C 등급 와인이든 슈퍼 투스칸이든 공통점은 하나입니다. 비싸고 맛있습니다.

피에몬테 Piemonte

이탈리아 북서부 주로, 스위스 · 프랑스와 국경을 마주하고 있다. 중심 도시는 토리노. 주로 네비올로(Nebbiolo) 품종을 사용한 진하고 격조 높은 와인이다. 화이트 와인 및 단맛 와인도 인기.

바르바레스코 Barbaresco

바롤로가 왕이라면 바르바레스코는 여왕이다. 바롤로에서 약 25km 떨어진 지역에서, 바롤로와 마찬가지로 네비올로를 사용하나 바롤로보다 좀 더 부드럽고 섬세한 맛의 와인을 생산한다. 등급은 D.O.C.G.

바롤로 Barolo

토리노에서 남쪽으로 약 60km 떨어진 작은 마을 바롤로에서 생산되는 와인으로, '와인의 왕'이라는 별명을 갖고 있다. 네비올로 품종을 이용하여 매우 진하고 강렬한 풍미의 와인을 만든다. 당연히 등급은 D.O.C.G

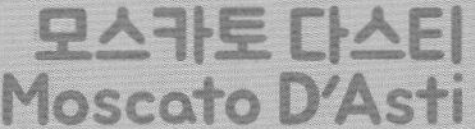

모스카토 다스티 Moscato D'Asti

토리노 동쪽에 자리한 유명 와인 산지 아스티(Asti)에서 생산되는 단맛 나는 와인으로, 한국에서도 대중적으로 큰 인기를 끈 바 있다. 매우 상큼하면서도 유쾌한 달콤함이 가득하다.

베네토 Veneto

이탈리아 북동부에 자리한 주로, 베네치아와 베로나가 속해 있다. 주로 베로나 인근 가르다 호수 주변에서 좋은 와인이 많이 탄생한다. 영화 〈레터스 투 줄리엣〉에서 주인공 남자친구가 이 지역의 와인을 탐색하는 내용이 나온다.

아마로네 Amarone

발폴리첼라에서 아파시멘토 방식으로 생산하는 최고급 와인으로, 단맛이 거의 없는 드라이하고 묵직한 맛이다. 발폴리첼라의 또 다른 최고급 와인으로는 레치오토(Recioto)가 있는데, 아마로네와 달리 매우 달콤하다. 아마로네와 레치오토 모두 D.O.C.G 등급.

발폴리첼라 Valpolicella

베로나에 자리한 와인 산지로, 가르다 호수 동쪽에 있다. 코르비나 품종의 포도를 건조하여 당분을 응집하는 아파시멘토 방식으로 와인을 생산한다. 진하면서도 밝고 과일 향이 진한 것이 특징. 특별한 지정 산지에서 생산된 포도를 전통적인 방식으로 제조하는 발폴리첼라 클라시코도 있다.

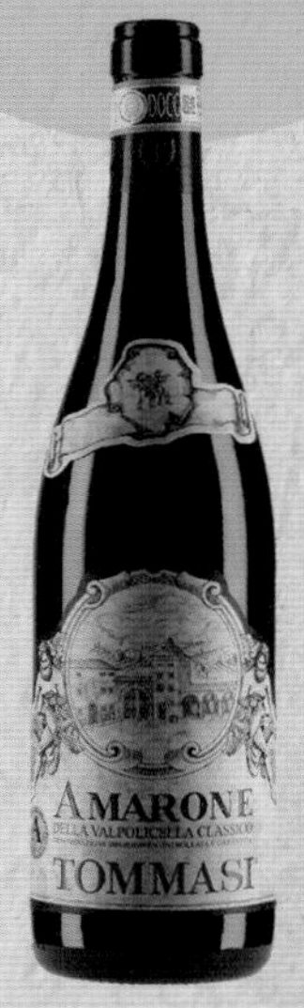

리파소 Ripasso

발폴리첼라에서 최근 주목받는 생산 방식으로, D.O.C 등급을 획득했다. 아마로네나 레치오토를 만들고 남은 포도 껍질과 찌꺼기를 이미 발효가 끝난 발폴리첼라 와인 안에 넣어 한 번 더 발효한다.

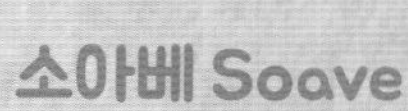

소아베 Soave

베로나 동쪽에 자리한 지역으로, 가르가네가(Garganega) 포도를 이용한 깔끔하고 드라이한 화이트 와인을 생산한다. 이탈리아 북부에서 맛있는 화이트 와인을 마시고 싶다면 가장 먼저 찾아볼 만한 이름이다.

THEME 11
커피

본고장의 에스프레소가 당신의 미각을 방문합니다

Coffee

이탈리아는 스스로를 '세계 커피의 수도'라고 칭할 정도로 '커피부심'이 장난 아닌 나라다. 그럴 만하다. 커피의 역사에서 가장 중요한 나라 중 하나가 이탈리아이기 때문. 일단 유럽에 최초로 커피를 들여온 것이 이탈리아인이다. 커피는 원래 아프리카와 이슬람 지역의 음료였는데, 16세기에 이를 베네치아의 상인들이 유럽으로 들여온다. '이렇게 시꺼멓고 씁쓸한 이교도의 음료를 어떻게 마실 수 있느냐'는 반발이 거세게 일었지만, 교황 클레멘스 8세는 '이토록 멋진 음료를 이교도들만 먹게 둘 수 없다'며 세례를 해버린다.

교황에게 면죄를 받은 커피는 빠른 속도로 이탈리아와 유럽 사회를 파고들었다. 당시에는 원두를 그대로 끓이거나 원두를 간 뒤 그냥 물을 부어 찌꺼기가 둥둥 뜬 상태로 마셨다고 한다. 사람들은 좀 더 효율적이고 맛있는 커피 추출 방법에 대해 고민했다. 그중 증기 압력 추출 방식은 19세기 초부터 관심을 모았고, 1884년 토리노의 기술자 안젤로 모리온도(Angelo Moriondo)가 최초로 제대로 된 증기 추출 방식을 개발해낸다. 이후 1901년 밀라노의 발명가 루이지 베체라(Luigi Bezzera)가 이를 개량하여 대중화시켰는데, 이 무렵부터 '신속하게(Expressly)' 내려서 마실 수 있다는 뜻으로 '에스프레소(Espresso)'라는 이름이 붙었다고 한다. 그 후 1933년에는 알폰소 비알레티(Alfonso Bialetti)라는 기술자가 가정용 증기 추출 기구인 '모카 포트(Moka Pot)'를 개발했고, 같은 해 프란체스코 일리(Francesco Illy)는 자동 증기 침출 방식을, 1938년에는 아킬레 가자(Achille Gaggia)가 현재 가장 보편적으로 쓰이는 증기 침출 기구인 피스톤식 에스프레소 머신을 개발했다. 모두 다 어디서 많이 들어본 이름이라고? 맞다, 여러분이 한번쯤 들어봤을, 알고 있는 그 비알레티, 일리, 가자! 그 이후 여러 가지 커피 추출 방식이 개발되었지만 그중에서도 증기 추출 커피, 즉 에스프레소는 가장 보편적이고 맛있는 방식으로 전 세계인에게 사랑을 받고 있다. 이쯤되면 적어도 에스프레소 하나만큼은 이탈리아가 확실히 자부심을 가져도 되지 않을까?

Coffee MENU

이탈리아 커피 메뉴 알아보기

에스프레소 Espresso
에스프레소
간단히 '카페(Caffè)'라고도 한다.

도피오 Espresso Doppio
에스프레소+에스프레소

룽고 Lungo
묽은 에스프레소
물을 더 넣고 조금 더 오래 추출함.

리스트레토 Ristretto
아주 진한 에스프레소
물을 적게 넣고 단시간에 추출.

아메리카노 Americano
에스프레소+뜨거운 물

프레도 Freddo
에스프레소+시럽 또는 리큐르+얼음
아이스 커피라고 생각하면 된다.

마키아토 Macchiato
에스프레소+우유 거품

카푸치노 Cappuccino
에스프레소+우유+우유 거품

카페 라테 Caffe Latte
에스프레소+우유+우유 거품
우유의 양이 많다.

모카 Mocha
에스프레소+초콜릿+우유+우유 거품

마로키노 Marocchino
에스프레소+코코아+우유 거품
'모로코식 커피'라는 뜻.

카페 콘 판나 Cafe con Panna
에스프레소+생크림

마르코 아저씨의 커피 타임

마르코 아저씨는 밀라노에 거주하는 50대 초반의 평범한 아저씨. 그가 커피를 즐기는 모습에서 우리와는 사뭇 다른 이탈리아의 커피 습관에 대해 알아본다. 당연한 얘기지만 마르코 아저씨는 가상 인물이다.

❶ 마르코 아저씨는 출근 전 단골 커피숍에 들른다. 보통은 아침에 가장 많이 마시지만 종일 아무 때나 카페인 충전이 필요하면 가까운 커피숍에 들르곤 한다.

❷ 바에서 바텐더에서 커피를 주문한다. "Un caffe, per favor(커피 한 잔 주세요)."

❸ 이탈리아에서 '카페(커피)'라고 하면 당연히 에스프레소가 나온다.

❹ 설탕을 한 숟갈 넣는 마르코 아저씨. 이탈리아에서는 에스프레소에 설탕을 넣어 마시는 사람이 많다. 물론 안 넣는 사람들도 있다.

❺ 간단하게 카페인 충전을 하러 온 경우에는 바에 서서 마시고 간다. 바에서 마시는 것이 테이블보다 더 저렴하다.

❻ 영수증이 필요하지 않으면 그냥 바에 돈을 놓고 멋지게 나가도 OK!

꼭 가볼 만한 카페 Best 7

이탈리아인들은 '이탈리아에서 커피 맛집을 찾는 것은 어리석은 일이다'라고 말한다. 동네의 조그만 커피 바만 가도 맛이 기본 이상은 하기 때문이다. 그러나 여행자라면 아무 곳에서나 커피를 마시기는 조금 서운할 수도 있다. 더욱이 이탈리아는 한때 가장 화려한 카페 문화를 꽃피운 나라이기도 하니 말이다. 여행의 낭만과 커피의 맛, 두 마리 토끼를 모두 잡을 수 있는 멋진 카페 7곳을 소개한다.

Venezia

이탈리아 카페의 대명사

카페 플로리안
Caffè Florian

1720년에 문을 연 전 세계 카페의 조상. 이탈리아에서 가장 오래된 카페로 세계적인 공인을 받았다. 당시에는 여성과 남성이 한 자리에 모일 수 있는 사교 공간이 거의 없었는데, 이곳이 남녀 공용의 공간으로 문을 열자 유럽 사교계에는 일약 대폭풍이 몰아닥쳤다. 괴테, 찰스 디킨스 등 기라성 같은 문호들이 이 카페의 단골이었다. 메뉴의 가격이 입이 떡 벌어지게 비싸고 야외 테이블은 음악 감상료 명목으로 1인당 무려 €6의 코페르토를 내야 하며 이탈리아를 통틀어 가장 불친절한 곳으로 유명하다. 하지만 그 누구도 따라갈 수 없는 상징성과 산 마르코 광장의 압도적인 분위기 때문에 언제나 사람으로 가득하다. 이곳의 야외 테이블에 앉아 밴드의 음악을 듣고 있으면 어쩐지 비현실적인 느낌마저 든다.

VOL.2 INFO P.374 MAP P.367C

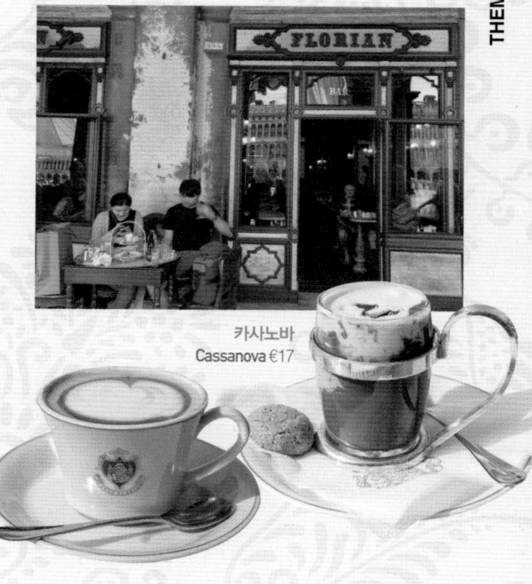

카사노바
Cassanova €17

카푸치노
Cappuccino €12

Roma

로마의 역사가 된 카페

안티코 카페 그레코
Antico Caffè Greco

1760년에 개업한, 로마에서 가장 오래된 카페. '그레코'는 '그리스 사람'이라는 뜻으로, 1대 사장이 그리스 사람이었던 것에서 기인한다. 18세기 로마 최고의 핫 플레이스여서, 수많은 명사와 문인들이 이곳의 문지방을 넘나들었다. 대표적인 인사로는 스탕달, 바이런, 리스트, 입센, 안데르센, 멘델스존 등이 있다. 바와 테이블의 가격 차이가 꽤 크므로 그냥 분위기만 즐기려면 바에서 가볍게 마시고 갈 것. 단, 예산이 넉넉하다면 오래 오래 눌러앉아 쉬어 보는 것을 권한다. 18~19세기에 이곳에 들락거리던 화가들이 남긴 300여 점의 그림을 곳곳에 전시해 두고 있어 마치 로마의 18세기가 말을 거는 듯한 느낌이 든다.

VOL.2 INFO P.304 MAP P.297C

아메리카노
Caffe Americano €10
(테이블 기준, 바 이용시 €3)

카페 프레도
Caffe Freddo €12
(테이블 기준, 바 이용시 €3.5)

Firenze

피렌체 카페 문화의 산증인

카페 질리
Caffe Gilli

피렌체에서 가장 오래된 카페로, 1733년에 문을 열었다. 원래는 칼차이우올리 거리에 있었고 현재의 자리로 이사온 것은 1920년대라고 한다. 그 이후로는 외관과 인테리어를 크게 바꾸지 않으며 현재까지 이어오고 있다. 피렌체를 찾은 수많은 명사들이 단골로 삼았던 곳으로, 피렌체 카페 문화의 산증인 역할을 하고 있다. 칵테일, 커피, 디저트의 맛 또한 수준급. 다만 가격이 지나치게 비싼데다 불친절하다는 얘기도 심심치 않게 들려온다. 맛만 있으면 모든 것을 용서할 수 있는 사람에게 좀더 추천하는 곳이다.

VOL.2 INFO P.485 MAP P.473K

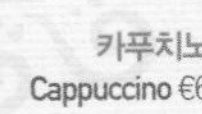

카푸치노
Cappuccino €6

모히토 Mojito €14

Napoli

나폴리의 자랑

그란 카페 감브리누스
Gran Caffe Gambrinus

베네치아에 플로리안, 로마에 그레코가 있다면 나폴리에는 감브리누스가 있다. 1860년에 나폴리에서 최초로 문을 연 카페이고, 나폴리 왕궁 및 플레비시토 광장 코앞이라는 입지적 조건과 아르누보풍의 화려한 인테리어 덕에 곧 나폴리의 최강 명물 카페가 되었다. 오스카 와일드, 어니스트 헤밍웨이, 장 폴 사르트르, 오스트리아의 시시 왕비 등이 이 카페를 찾아 커피와 토론, 집필 등을 했다고 전해진다. 한동안 침체기를 겪다가 1970년대에 다시 오픈했고, 지금은 명실상부한 나폴리 최고의 카페로 인정받는다. 아주 진하게 뽑은 에스프레소가 장기. 테이블 메뉴와 스탠딩 바 메뉴에 조금 차이가 있는데, 테이블에 자리 잡는다면 에스프레소에 설탕을 넣고 코코아 가루를 뿌린 카페 스트라파차토(Caffe Strapazzato)를 꼭 마셔볼 것.

VOL.2 INFO P.600 MAP P.597D

카페 스트라파차토
Caffe Strapazzato €6

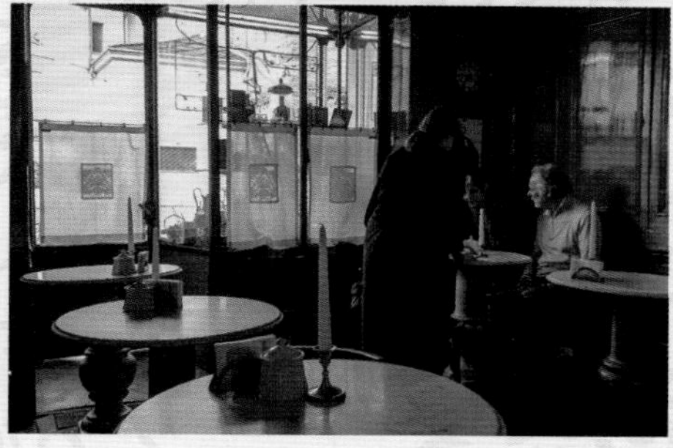

Torino

'비체린'을 아시나요?

카페 알 비체린
Café Al Bicerin

커피 분야에 조예가 깊은, 이른바 '커잘알'이 토리노에 들렀으면 비체린(Bicerin) 한 잔 정도는 마셔줘야 한다. 에스프레소에 잔두이오토(Gianduiotto) 초콜릿과 스팀 밀크를 넣고 작은 유리잔에 부은 뒤 초콜릿을 깎아 올리는 음료로서, 토리노를 비롯한 피에몬테 지역에서 맛볼 수 있는 특산 상품이다. 잔두이오토는 헤이즐넛이 듬뿍 들어간 초콜릿으로 누텔라와 비슷한 맛이라고 생각하면 된다. 카페 알 비체린은 18세기에 문을 연 작은 카페로, 비체린을 최초로 만들어 판매했다고도 하나 정확하지는 않다. 다만 토리노에서 가장 대표적인 비체린 카페이자, 가장 비체린다운 비체린을 선보이는 곳으로 알려져 있다. 유명세에 비해 규모는 아주 작아 좁은 실내에 테이블 10개 정도가 있을 뿐이다. 성수기나 주말에는 긴 줄을 각오해야 한다.

VOL.2 INFO P.456 MAP P.450A

비체린 Bicerin €7.9

Roma

에스프레소의 명가

타차 도로
Tazza D'oro

"로마에서 가장 유명한 카페가 어디냐?"는 질문에는 대답이 분분하게 갈릴 수 있으나 "로마에서 커피가 가장 맛있는 곳이 어디냐?"는 질문에는 대체로 대답이 한두 개로 모인다. 그중 가장 선두에 꼽는 곳은 단연 타차 도로. 1944년에 창업한 이래 굳건히 자리를 지키며 전 세계의 커피 마니아들을 불러모으고 있다. 남아프리카에서 수입한 원두를 직접 블렌딩, 로스팅하여 커피를 만들어 내는데, 마치 커피 콩의 마지막 영혼 한 점까지 짜내어 만든 듯한 진한 에스프레소가 일품이다. 평소 에스프레소는 입에도 못 대는 사람이라고 해도 이곳에서는 한 번 경험해 보는 것을 강추한다. 에스프레소 초보라면 마키아토나 콘 판나로 먹어볼 것. 내부에는 스탠딩 바와 간이 의자만 있어 본의 아니게 현지인의 커피 체험을 하게 되는 곳이다.

VOL.2 INFO P.315 MAP P.307D

카페 마키아토
Caffe Macchiato €0.9

THEME 12
젤라토

이탈리아에는 차갑고 달콤한 악마가 산다

이탈리아 어느 작은 도시의 뒷골목. 정수리가 따끈따끈해질 정도로 뜨거운 날이다. 점심은 이미 소화되어 막 출출해지려는 오후, 서산으로 넘어가는 햇살이 도시의 골목을 구워댄다. 이럴 땐 해결책, 뭐다? 젤라토다. 나무 그늘 아래 벤치에 앉아 젤라토를 한 입 물었을 때 입안 가득 퍼지는 차갑고 부드러운 쾌감. 이탈리아의 오래된 도시 후미진 골목의 차가운 담장에 기대어 맛보는 젤라토는 감히 악마의 유혹보다 달콤하다.

GOOD FLAVOUR

이탈리아의 젤라토가 맛있는 세 가지 이유

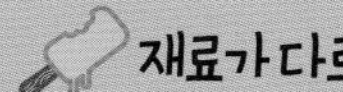

재료가 다르다

이탈리아의 젤라토는 이탈리아 및 세계 각지에서 생산되는 질 좋은 천연 재료를 듬뿍 넣고 만든다. 특히 과일 젤라토에서는 어설픈 과일 '향'이 아닌 최고급 과일의 맛을 제대로 느낄 수 있다.

유지방 & 공기 함량이 다르다

일반적인 아이스크림은 유지방과 공기를 충분히 넣어 만들기 때문에 부드럽고 가볍게 느껴진다. 이에 비해 이탈리아의 젤라토는 유지방을 아예 안 넣거나 적게 넣고, 공기 함량을 크게 줄이기 때문에 매우 차지고 쫀득하다.

온도가 다르다

지방도 적고 공기 함량도 낮다면 딱딱하고 뻣뻣할 것 같지만, 젤라토는 전혀 그렇지 않다. 그 비결은 바로 온도. 젤라토는 일반 아이스크림보다 약간 높은 온도에 보관한다. 그 덕분에 차지고 쫀득하면서도 입안에서는 환상적으로 사르르 녹는다. 다만 그만큼 엄청나게 빨리 녹기도 하므로 물티슈는 미리 꼭 준비할 것.

GOOD CHOICE

맛있는 젤라토 고르는 세 가지 원칙

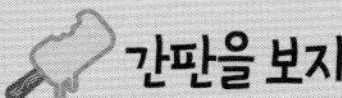

간판을 보자

간판, 쇼윈도, 문 등에서 2개의 품질 보장 키워드를 찾아내자. 첫째는 아르티자날레(Artigianale)로 '수제'라는 뜻이다. 둘째는 프로두치오네 프로프리아(Produzione propri)로 '자가 제조'를 뜻한다. 공장 제품이 아니라 가게에서 직접 만든다는 것.

산봉우리는 거르자

젤라토를 산처럼 몽실몽실 예쁘게 쌓아 올린 가게는 믿고 걸러도 좋다. 정통 젤라토는 높게 쌓아 놓으면 천천히 흘러내려서 모양이 망가지기 때문에 평평하게 담는다. 과시하듯 잔뜩 쌓아 올린 젤라토를 보면 100% 첨가제가 들어간 것으로 봐도 좋다.

색깔을 보자

맛있다고 소문난 젤라토 가게에 가보면 젤라토의 색이 의외로 우중충한 것을 흔히 볼 수 있다. 천연 재료를 사용하면 아주 고운 빛깔이 나오기는 힘들기 때문. 샛노란 바나나 젤라토, 상큼하게 푸른색 민트, 비단 같은 보랏빛의 블루베리. 이런 것은 전부 인공 색소로 봐도 무방하다. '바나나는 원래 하얗다'라는 놀라운 진실을 잊지 말 것!

쌀 Riso
[리조]

피스타치오 Pistachio
[피스타끼오]

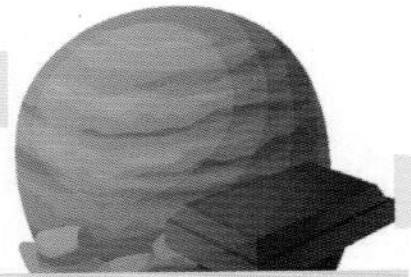
초콜릿 Cioccolato
[초콜라토]

밤 Maroni
[마로니]

호두 Castagna
[카스타냐]

파인애플 Ananas
[아나나스]

민트 Menta
[멘타]

딸기 Fragola
[프라골라]

레몬 Limone
[리모네]

체리 크림 Amarena
[아마레나]

아몬드 Mandorla
[만도를라]

생크림 Panna
[판나]

초콜릿 헤이즐넛 크림 Bacio [바초]

젤라토, 이렇게 주문한다!

콘과 컵 중에서 선택한다.

일반 콘 · 컵 외에도 초콜릿 콘, 칸놀리 등 다양한 콘을 선택할 수 있다. 물론 요금은 추가된다.

가장 작은 사이즈는 보통 두 가지 맛을 고를 수 있다.

콘 · 컵 사이즈가 커질 때마다 고를 수 있는 맛이 한 가지씩 늘어난다. 가게마다 다르나 최대 대여섯 가지 정도.

맛보기도 가능하다.

아주 바쁘지 않을 때는 한두 가지 정도는 맛보기 스푼을 허용해 주는 곳이 많다. 젤라토 용기 안에 스푼이 꽂혀 있다면 100% 가능하다고 봐도 좋다.

계산을 한다.

매장이 크고 손님이 많은 곳은 계산을 먼저 한 뒤 영수증을 받고 맛을 고르는 식으로 주문한다. 작은 매장은 줄을 서 있다가 맛을 고른 뒤 돈을 내면 된다.

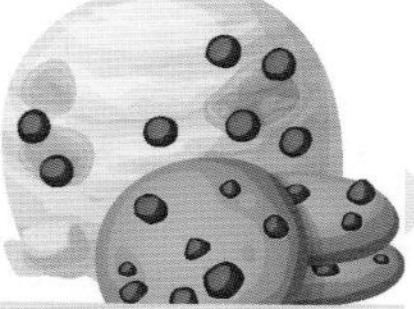

바닐라 초콜릿 칩
Stracciatella
[스트라끼아텔라]

커피 Caffe
[카페]

복숭아 Pesca
[페스카]

사과 Mela
[멜라]

우유 Fior di Latte
[피오르 디 라떼]

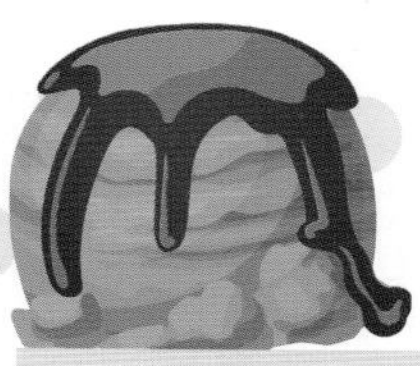

다크 초콜릿
Cioccolato Fondente
[초콜라토 폰덴테]

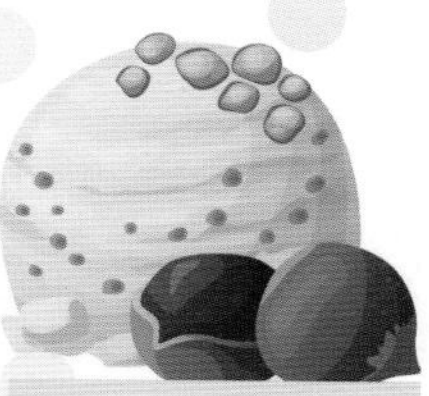

헤이즐넛 Nocciola
[노촐라]

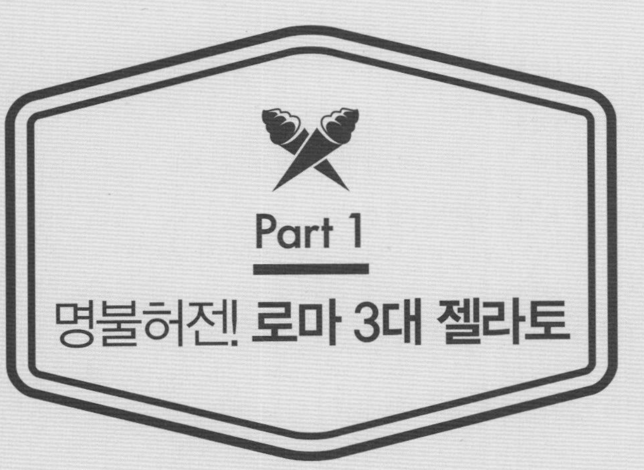

평소에 아이스크림에 지대한 관심이나 애정이 없다면, 남들 다 가는 곳은 나도 가 봐야 직성이 풀린다면, 여행 기간도 썩 길지 않다면, 그런데 최고의 젤라토를 꼭 맛보고 싶다면, 다음의 세 곳을 찾아가 보자. 오랜 기간 동안 수많은 관광객, 특히 한국인 여행자들의 극찬을 받으며 사랑받고 있는 로마 젤라토의 대표 선수다. 이 세 곳만 제대로 가 본다면 어디서든 "나 이탈리아 젤라토 맛 좀 봤다"고 자랑해도 크게 손색없다. 단, 누가 정한 '3대'인지는 묻지 말 것(사실, 모른다)!

Palazzo del Freddo Giovanni Fassi

전통 & 쌀 젤라토 담당

팔라초 델 프레도 조반니 파시

1880년에 문을 연 이래 130년이 넘게 로마의 대표적인 젤라테리아로 군림하고 있는 곳이다. '팔라초 델 프레도'는 점포가 자리한 고풍스러운 건물을 뜻하고, '조반니 파시'는 창업자의 아들이자 1928년부터 본격적으로 젤라토 사업을 시작한 인물의 이름이다. 이탈리아에서 가장 오래된 젤라테리아 중 한 곳이라고 공인되었다. 현지인과 관광객 모두에게 인기인데, 특히 한국인들이 이곳을 최고로 친다. 맛도 좋지만 '가장 오래된 집'이라는 상징성과 한국인 사이에 퍼진 유명세 때문에 일종의 '도장 깨기' 느낌으로도 가볼 만하다.

VOL.2 INFO P.281 MAP P.275D

공략 포인트

젤라토를 주문하면 생크림을 공짜로 얻어준다. 젤라토를 담은 뒤 아저씨가 '판나(Panna)?'라고 물어보면 '씨(Sì)!'라고 대답할 것. 특히 쌀(Riso, 리조)이 이탈리아를 통틀어 가장 맛있다는 평가를 받고 있다. 내부에 자리가 많아 극성수기만 아니면 편하게 먹고 갈 수 있다.

Giolitti

접근성 & 과일 젤라토 담당
졸리티

공략 포인트

실내가 매우 혼잡하므로 마음의 준비를 할 것. 과일 맛은 무엇을 주문해도 맛있으니 믿고 주문하자. 특히 수박(Anguria), 망고(Mango)의 인기가 높다. 피스타치오(Pistachio)도 입 딱 벌어지게 맛있다.

역사가 1900년까지 거슬러 올라가는 노포로, 로마시 중심가에서 가장 유명한 젤라테리아다. 몬테치토리오 궁전에서 판테온으로 향하는 금싸라기 골목에 자리하고 있어 로마를 여행하다 보면 오다가다 한 번쯤은 반드시 지나치게 된다. 이런 관광 중심지에 있는 음식점이란 보통 맛은 없고 가격만 비싼 악덕 음식점이 되기 쉬운데, 졸리티는 기특하게도 백여 년 간 품질을 유지하며 명성을 이어나가고 있다. 전반적으로 고르게 맛있지만 특히 과일 맛 젤라토만큼은 이곳이 로마 최고다.

VOL.2 INFO P.314 MAP P.307B

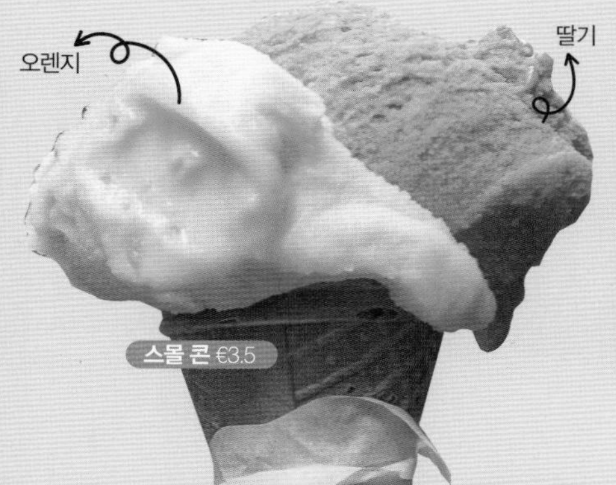

Old Bridge

한국어 & 우유 젤라토 담당
올드 브리지

공략 포인트

유지방이 듬뿍 들어가는 메뉴가 맛있다. 우유(Fior di Latte), 커피(Caffe), 초콜릿(Cioccolato), 누텔라(Nutella) 등을 골라볼 것.

이곳이 한국인들에게 유명 맛집이 된 데에는 재미난 '썰'이 하나 있다. 바티칸을 관람하고 나온 어느 관광객이 가이드에게 젤라토 맛집을 묻자 가이드가 얼떨결에 가리킨 곳이 올드 브리지였다는 것. 그런데 그곳이 진짜 꽤 맛있었던 덕에 지금까지 로마 3대 젤라토라는 명성이 전해 오고 있다는 것이다. 그러나 이것은 어디까지나 '썰'이고, 해외의 여행자들도 로마의 젤라토 맛집을 꼽을 때 올드 브리지가 다섯 손가락 바깥으로 나가는 일은 거의 없다. 이곳은 보통 젤라토보다는 좀 더 부드러운 타입으로, 이탈리아의 젤라토를 너무 뻑뻑하고 묵직하다고 느끼는 사람들이 좋아한다. 종업원들이 "뭐 드려요?", "한 스쿱이요?", "2유로요" 등 마치 동네 편의점 청년과 대화하는 착각이 들 정도로 친근한 한국어를 구사하는 것도 장점.

VOL.2 INFO P.331 MAP P.316A

Part 2
로마의 요즘 대세 젤라토

Frigidarium

초콜릿 코팅이 무료! 로마 젤라토계의 슈퍼 베이비

프리지다리움

초콜릿 코팅 (무료)
과자 (무료)
우유
딸기
초콜릿 코팅 (무료)
스몰 콘 €2.5
스몰 컵 €2.5

공략 포인트

딸기, 우유, 초콜릿 등 가장 기본적인 맛을 먹어 보자. 생크림과 초콜릿 코팅 중 선택할 수 있고, 초콜릿은 다크와 화이트 중에서 고른다. 과자는 무료로 얻어준다.

창업한 지 20년 남짓 되었고 몇 평 안 되는 작은 가게라 로마 젤라토계에서는 베이비에 지나지 않으나, 최근 로마 현지인과 관광객들이 로마 최고의 젤라토라며 엄지손가락을 치켜올리는 슈퍼 베이비다. 이곳의 가장 눈에 띄는 매력 포인트는 초콜릿 코팅, 또는 생크림을 무료로 준다는 것. 그러나 사실 이 집의 진가는 젤라토의 완성도가 아주 높다는 것이다. 약 스무 가지 맛을 선보이는데, 그 어느 것을 골라도 후회하지 않을 만큼 모두 맛있다.

VOL.2 INFO P.314 MAP P.307C

Della Palma

150개 맛의 즐거운 파상 공격

델라 팔마

공략 포인트

'평소 안 먹어본 맛+과일 맛' or '초콜릿 계열+두 가지 이상의 재료를 섞은 맛'의 조합으로 고르면 거의 실패하지 않는다.

소규모 젤라테리아는 보통 20~30개 정도, 대형 젤라테리아는 50~60개 정도의 맛을 선보인다. 그런데 무려 150종류의 맛을 내놓는 곳이 있다면? 심지어 그 맛이 대부분 수준급이라면? 이런 어려운 일을 해내는 곳이 있다. 바로 델라 팔마다. 넓은 매장에 빙 둘러가며 젤라토 쇼케이스가 놓여 있는 장관을 볼 수 있다. 무엇을 먹어야 할지 즐겁고도 괴로운 갈등을 유발하는 곳이지만, 극복과 승리의 확률이 매우 높은 곳이기도 하다.

VOL.2 INFO P.314 MAP P.307B

평소 밥보다 아이스크림을 더 좋아하는 사람이라면, 또는 남들이 다 좋다는 것에는 별로 관심이 가지 않는 힙스터 감성의 여행자라면 그 유명한 '로마 3대 젤라토'가 아닌 다른 젤라토집도 적잖이 궁금할 것이다. 아니나다를까, 로마에는 3대 젤라토 외에도 최근 현지인과 미식가들의 극찬을 듬뿍 받는 대세 젤라토들이 존재한다. 진정한 아이스크림 마니아라면 밥 한 끼를 덜 먹더라도 가 볼 것.

Gelateria del Teatro

초콜릿으로 승부한다

젤라테리아 델 테아트로

스몰 컵 €3.2

공략 포인트

카카오 함량과 산지, 배합 재료 등을 달리한 8~10종의 초콜릿 맛이 있으므로 취향에 따라 골라볼 것. 특히, 여름 한정 메뉴인 고추를 넣어 매콤한 '칠리 초콜릿 맛'을 이 집의 간판 메뉴로 치는 사람이 적지 않다.

로마에서 가장 아름다운 골목으로 손꼽히는 코로나리 거리에 자리하고 있는 젤라테리아. '델 테아트로'는 '극장 앞' 정도의 뜻. 실제로 바로 앞에 작은 극장이 하나 있으나 정작 극장보다 젤라테리아 델 테아트로가 훨씬 유명하다. 주로 외국의 여행 매체나 커뮤니티 등에서 로마 젤라토 최강자로 극찬하는 곳인데, 특히 초콜릿 젤라토가 발군인 것으로 유명하다. 끈적할 정도로 짙은 농도와 강렬한 맛이 일품. '아이스크림이라면 모름지기 초콜릿 맛!'이라고 생각한다면 꼭 들러볼 것.

VOL.2 INFO P.314 MAP P.307A

Fiordiluna

착한 재료, 착한 제조, 착한 맛

피오르딜루나

스몰 컵 €2.5

공략 포인트

우유, 크림이 들어간 메뉴가 가장 맛있다. 달콤하고 부드러운 맛을 싫어하지 않는다면 커스터드 크림에 쿠키가 들어간 프레드(Fred)를 꼭 먹어볼 것.

'달빛'이라는 뜻의 예쁜 이름을 자랑하는 조그만 젤라테리아로, 로마에서 가장 매력적인 동네 트라스테베레에 자리하고 있다. 이곳을 한마디로 표현하자면 '착한 젤레테리아'라는 말이 가장 어울리지 않을까? 유기농으로 재배된 재료를 공정 거래로 구매하고, 화학적인 처리를 최대한 배제한 전통 제조 공법으로 젤라토를 만든다. 그래서 원재료의 맛이 풍부하게 나며 부담스럽지 않고 편안한 느낌의 젤라토를 맛볼 수 있다. 트라스테베레를 걷다가 이 집 간판이 눈에 띄면 자석에 이끌리듯 들어가 볼 것.

VOL.2 INFO P.334 MAP P.332B

Part 3

그냥 지나치면 서운한 동네 젤라토 강자들

피렌체

Vivoli

전통과 역사는 나에게 맡겨라

비볼리

이탈리아에서 맛과 까다로움을 담당하고 있는 피렌체에서 무려 90년 가까이 역사를 이어오고 있는 젤라테리아라면 그것만으로도 신뢰할 가치는 충분하다. 비볼리는 그런 의미에서 존경받을 만한 곳이다. 피렌체에서 가장 오래 된 젤라테리아로, 무려 1932년부터 젤라토를 팔기 시작했다고. 뺌도 보탬도 없는 이탈리아 젤라토의 정수를 보여주는 곳으로 평가받고 있다. 과일 맛 젤라토는 대부분 맛있는데, 특히 딸기(Fragola)는 이탈리아 최고 수준. 그 외에도 크림(Crema), 쌀(Riso) 등이 맛있다.

VOL.2 INFO P.484 MAP P.473L

딸기

우유

스몰 컵 €2.5

피렌체

Perché no!...

안 먹어야 할 이유 같은 건 없다

페르케 노!...

'페르케 노!'는 영어로 'Why Not?'이란 뜻이다. 피렌체 구시가 중심 도로에서 살짝 빠지는 골목에 자리하고 있어 찾기 매우 쉽다. 그야말로 'Why Not?'의 마음으로 들를 수 있는 가게인 셈. 그러나 그렇게 만만한 곳은 아니다. 비볼리보다 7년 늦은 1939년에 문을 열어 아쉽게도 '가장 오래된'이라는 타이틀은 갖지 못했으나 2019년에 개업 팔순을 맞이한 노포 중의 노포이자 피렌체 최고의 젤라테리아로 꼽히는 곳이기 때문. 모든 젤라토가 맛있어 무엇을 골라도 상당히 만족도가 높으며, 한국인들 사이에서는 참깨 맛과 피스타치오 맛이 가장 인기 있다.

VOL.2 INFO P.485 MAP P.473K

참깨

피스타치오

스몰 컵 €3

젤라토 맛집이 로마에만 있다고 생각하면 그것은 매우 큰 오해. 젤라토는 이탈리아의 국민 간식이라 전국 어디에나 맛집이 있다. 로마의 유명 젤라테리아에 조금도 뒤지지 않는 전국 최강자 젤라테리아들을 알아보자.

피렌체

Gelateria Dei Neri

우피치 옆 초콜릿 젤라토

젤라테리아 데이 네리

이탈리아 젤라토의 차지고 묵직하며 진한 맛을 제대로 느껴보고 싶은가? 초콜릿 아이스크림을 좋아하는가? 그렇다면 젤라테리아 데이 네리로 가야 한다. 젤라토는 모두 맛있지만 특히 초콜릿 맛이 발군인 것으로 유명하다. 그러므로 몇 가지 맛을 고르든 무조건 한 가지 이상은 초콜릿 계열로 고를 것. 피렌체 유수의 젤라토 전문점 중 가격이 가장 저렴한 곳이기도 하다. 안쪽 깊숙한 곳에 먹고 갈 수 있는 자리가 마련되어 있다. 우피치 미술관과 가까워 관광객들이 어마어마하게 장사진을 치는 것이 단점.

VOL.2 INFO P.500 MAP P.491C

베네치아

Gelateria Nico

베네치아 단독, 원 톱

젤라테리아 니코

1937년에 문을 연 유서 깊은 젤라테리아로 베네치아에서 젤라토 원 톱으로 공고히 자리를 굳히고 있다. 외국의 한 매체에는 '베네치아에는 니코 외에 먹을 만한 젤라토가 하나도 없다고 봐도 된다'라는 막말이 실릴 정도. 혹시 모 여행 프로그램에서 가수와 셰프가 함께 베네치아를 찾아가 맛있게 먹던 젤라토가 어디 것이었는지 궁금했다면 주저하지 말고 니코를 찾을 것. 견과류 젤라토가 전반적으로 뛰어난데, 특히 피스타치오는 이 세상 맛이 아니다. 민트 초코칩, 일명 '민초' 맛의 애프터 에이트(After Eight)도 인기.

VOL.2 INFO P.374 MAP P.366I

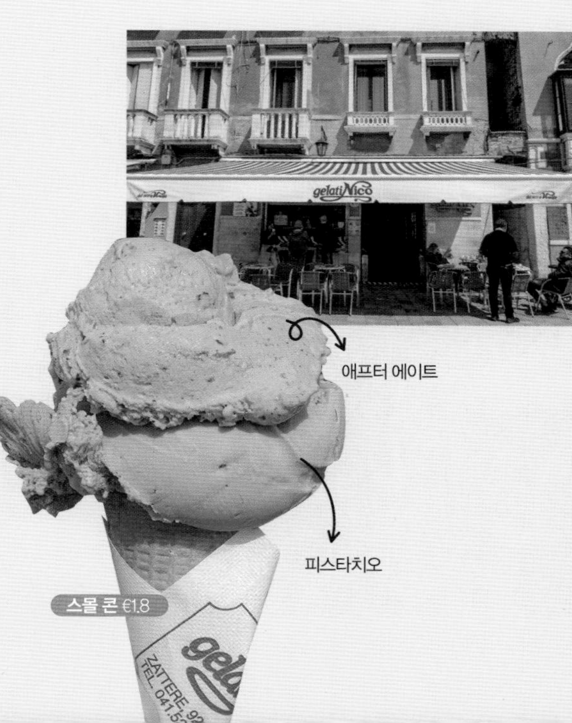

나폴리

Il Gelato Menella

우유 맛이 사르르

일 젤라토 메넬라

남부는 중부와 북부에 비해 젤라토 맛집이 적다는 것이 여행자들의 통념. 그러나 젤라토 마니아라면 남부라고 해서 그 맛을 포기할 수는 없을 것이다. 다행히 그 수가 적기는 해도 아예 없는 것은 아니다. 적어도 나폴리의 '일 젤라토 메넬라'는 믿어도 좋다. 1969년 문을 연 이래 대를 이어 영업하고 있는 유서 깊은 젤라테리아로, 현재는 나폴리 여러 곳에 매장을 운영하는 프랜차이즈로 발전했다. 엄선한 천연 재료만을 사용하는데, 특히 질 좋은 우유를 듬뿍 사용하고 있어 우유가 들어간 젤라토는 무엇이든 맛있다. 위에 생크림을 무료로 얹어주는 것도 고마운 점.

VOL.2 INFO P.600 MAP P.597D

우유

다크 초콜릿

스몰 컵 €2.5

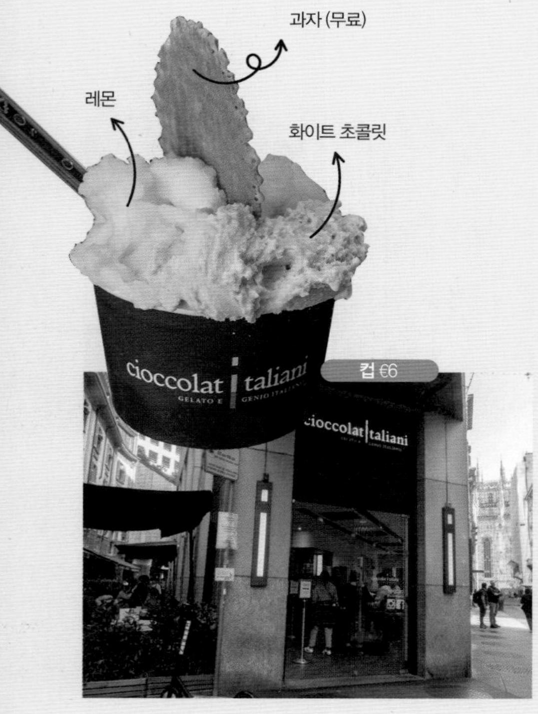

과자 (무료)

레몬

화이트 초콜릿

컵 €6

밀라노

Cioccolati Italiani

초콜릿 젤라토의 지존

초콜라티 이탈리아니

전 세계 카카오 생산량 중 약 8%의 최상품에만 붙는 '피노 디 아로마(Fino de Aroma)' 등급의 카카오만 사용하여 고급스러운 제품을 만드는 초콜릿 브랜드. 매장에서는 커피 · 젤라토 · 와플 · 크레페 등도 함께 판매하는데, 특히 젤라토가 맛있고 질 좋기로 유명하다. 초콜릿 젤라토가 가장 맛이 뛰어나지만 과일 맛이나 견과류 맛도 재료가 워낙 좋아 발군의 맛을 낸다. 맛을 직접 고를 수도 있고, 다양한 맛을 섞어 선보이는 콤보 메뉴도 있다. 콘이나 컵 안에 액상 초콜릿을 넣어주는 것도 빼놓을 수 없는 매력 포인트.

VOL.2 INFO P.403 MAP P.399D

SPECIAL

흔해서 더 고마운 젤라토 체인점

소문난 맛집을 일일이 찾아다니는 성격은 아니지만, 그래도 이탈리아까지 왔다면 어느 정도 맛과 질이 보장된 젤라토를 먹어 보고 싶은 사람이 분명 있을 것이다. 다행히 이탈리아에는 잘나가는 몇몇 젤라토 체인점들이 있다. 앞서 언급한 젤라토 맛집들에 뒤지지 않을 만큼 맛이 뛰어나며 굳이 멀리 찾아다니지 않아도 될 만큼 흔하게 널렸다. 거리를 걷다 핏속에 젤라토 성분이 부족해지면 눈을 들어 다음에 소개하는 두 곳의 간판을 찾아볼 것.

이탈리아에서 가장 유명한 젤라토 체인점

그롬 Grom

GROM

IL GELATO COME UNA VOLTA

그롬은 이탈리아의 모든 상점을 통틀어 가장 자주 눈에 띄는 곳 중 하나다. 토리노가 원조인 젤라토 체인점인데, 이제는 이탈리아 전역 어디를 가도 흔히 보인다. 이렇게 '반도에 흔한 젤라토'라면 맛이 별볼일 없어야 할 것 같지만, 의외로 그롬은 이탈리아 여행자들이 손에 꼽는 젤라토 명가다. 모든 맛이 고르게 훌륭하나 가장 인기 높은 것은 초콜릿 맛. 젤라토가 땡기는데 눈 앞에 그롬의 파란 간판이 보인다면 주저 말고 들어가도 좋다. 번호표를 뽑거나 돈 먼저 낼 필요 없이 그냥 콘 · 컵과 맛을 고른 뒤 돈을 내면 주문이 끝난다는 것도 은근히 장점.

초콜릿 젤라토의 세계적인 명가

벤키 Venchi

Venchi

여행과 단맛을 모두 좋아하는 사람이라면 이미 벤키를 알고 있을 것이다. 미국, 홍콩, 중국, 싱가포르를 비롯한 세계 15개국에 진출한 고급 초콜릿 브랜드로서, 최근에는 한국에도 들어왔다. 벤키의 원조 국가는 다름아닌 이탈리아. 1878년 토리노에서 초콜릿 공장 겸 상점으로 문을 연 것이 그 시초다. 벤키는 초콜릿 브랜드지만, 매장에서 판매하는 젤라토가 맛있기로도 유명하다. 워낙 원료가 좋다 보니 초콜릿과 헤이즐넛이 들어간 아이스크림은 무엇이든 OK.

SHOPPING

POLO
LPH LAUREN
RA
PIAZZA
DEL DUOMO

이탈리아 택스 리펀드 A to Z

이탈리아는 한 상점에서 총액 €154.94 이상 구매하면 최대 22%의 부가가치세를 환급받을 수 있다. 그러나 이것은 어디까지나 '최대'로, 보통 12~16% 정도를 환급받게 된다. 우선 소비자가 금액을 모두 낸 뒤 나중에 해당 금액을 돌려받는 식으로 진행된다. 백화점은 입점한 모든 브랜드의 구매액을 더한 금액이 총액이 되고, 아웃렛은 매장별로 총액을 별산한다. 이탈리아의 택스 리펀드의 원칙적인 과정을 나열하면 다음과 같은데, 개인의 사정과 택스 리펀드 회사 및 세관 직원의 숙련도와 일하는 스타일에 따라 천차만별의 과정을 겪을 수 있다. 세상일은 주로 '복잡해 보이지만 실제로 해보면 단순한 것'이 많은데 이탈리아의 택스 리펀드는 단순 명쾌해 보이지만 실제로 해보면 복잡하고 짜증나는 것이 큰 특징이다.

STEP 1

상점에서 여권을 제시한다.

물건 구매 시 여권을 제시하면 세금 환급 서류와 도장이 찍힌 영수증을 발급해준다. 이 서류를 여행이 끝날 때까지 잘 간직한다.

STEP 2

환급금, 미리 받아볼까?

더 몰 럭셔리 아웃렛 등 대형 쇼핑센터에 있는 택스 리펀드 사무소를 찾아가면 그 자리에서 바로 현금으로 환급받을 수도 있다. 수수료를 좀 많이 제하기 때문에 공항에서 환급받는 금액보다는 적다. 환급금 미리 받는 절차에 대한 정보는 P.197에!

STEP 3

짐을 쌀 때 택스 리펀드 대상 구매품은 핸드 캐리어에!

원칙적으로 택스 리펀드 대상이 되는 제품은 세관에 물건을 직접 육안으로 확인시켜줘야 한다. 이 과정은 거의 생략되지만 가끔 직접 확인을 요구할 때가 있다. 또한 택스 리펀드 대상 구매 물품이 든 큰 캐리어는 세관에서 부쳐야 한다. 여러모로 기내용 핸드 캐리어에 넣는 것이 편하다. 기내용 짐에 들어 있다면 보안 검색대 안쪽에 있는 세관에서 신고하는 것도 가능하다.

STEP 4

공항에서는 일단 체크인부터!

항공사 카운터에서 체크인을 하고 보딩 패스(항공권)를 받는다. 이때 구매 물품이 큰 캐리어에 들어 있다면 세관 신고를 해야 한다고 말할 것. 공항 측에서 짐표만 붙인 채로 넘겨준다.

STEP 5

세관 신고

공항 출구 부근에 있는 세관을 찾아 서류를 내밀고 도장을 받는다. 물건이 어디 있는지 물어보면 어느 짐에 들었다고 말한다. 큰 짐에 들었을 경우에는 세관에 해당 물건이 든 가방 또는 물건을 제시한 뒤 세관에서 가방을 부친다.

STEP 6

에어사이드 사무소 방문, 환급 완료!

보안 검색을 받고 출국 수속을 밟은 뒤 에어사이드(출국 게이트 안쪽)에 있는 택스 리펀드 사무소에 방문한다. 세관 도장을 받은 영수증 및 서류를 제출하고 신용카드와 현금 중 원하는 환급 방식을 택하면 복잡한 세금 환급 과정이 모두 끝난다.

PLUS TIP 이탈리아 아닌 곳에서도 환급이 가능한가요?

이탈리아가 아닌 다른 나라에서 출국한다면? 그래도 괜찮다. EU 가입국 중 마지막으로 귀국편 비행기를 타는 나라의 세관에 들러 도장을 받으면 된다. 단, 3개월 이내에 귀국편 비행기를 타야 한다는 것은 염두에 둘 것.

이탈리아 사이즈 무작정 따라하기

의류 사이즈

36	38	40	42	44	46	48	50	52
XXS	XXS - XS	XS - S	S - M	M - L	L - XL	XL -2XXL	2XL -3XL	3XL

신발 사이즈

한국(mm)	220	225	230	235	240	245	250	255	260	265	270	275	280	285	290	295
이탈리아	35.5	36	36.5	37	37.5	38	38.5	39	40	40.5	41	42	43	44	44.5	45

※ 브랜드마다 사이즈가 조금씩 다르므로 반드시 직접 신어보고 구매할 것.

아동화 사이즈

한국(mm)	80	85	90	95	100	105	110	115	120	125	130	135	140	145	150	155
이탈리아	17	18	18.5	19	19.5	20	21	21.5	22	22.5	23.5	24	25	25.5	26	26.5

PLUS TIP 유아복 및 어린이 의류의 사이즈는 대부분 월령 • 연령별로 출시된다. 한국과 별 차이는 없다.

THEME 13
아웃렛

버버리
Burberry

구찌
Gucci

버버리
Burberry

최고의 아웃렛을 찾아라!

이탈리아는 명품 아웃렛 부문에서는 타의 추종을 불허하는 유럽 넘버원 국가다. 상시 30~70%의 할인율을 자랑하는 아웃렛 타운이 나라 구석구석에 많이도 문을 열고 있다. 그렇다 보니 어딜 가야 할지 쉽사리 정하기 힘들다. 이에 〈무작정 따라하기 이탈리아〉에서 선정한 이탈리아 최고의 아웃렛 순위를 공개한다. 여행 커뮤니티 등을 통해 알아본 여행자들의 목소리와 취재 결과를 종합하여 저자 마음대로 정한 순위다. 재미로 보시고 쇼핑에 가볍게 참고해주시면 감사하겠다.

구찌
Gucci

프라다
Prada

미우미우
Miu Miu

발렌시아가
Balenciaga

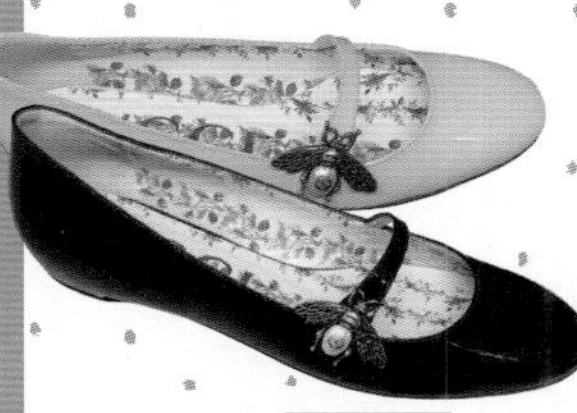

구찌
Gucci

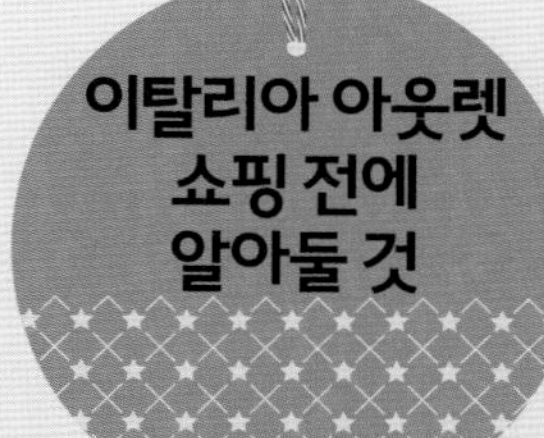

No 루이뷔통 & No 샤넬

이탈리아의 아웃렛에는 없는 브랜드가 없을 것 같지만 의외로 가장 인지도 높은 브랜드인 루이뷔통과 샤넬은 없다. 프랑스 브랜드라서 그런 거냐고? 아니다. 두 브랜드 모두 정책적으로 할인 판매를 전혀 하지 않기 때문이다.

여권은 필수!

이탈리아는 한 매장당 €154.95 이상 구매하면 최대 22%, 보통 12~16%의 부가가치세 환급(택스 리펀드 Tax Refund)을 받을 수 있는데 이는 아웃렛도 다르지 않다. 단, 세금을 환급받기 위해서는 반드시 여권이 필요하므로 아웃렛 쇼핑하는 날은 잊지 말고 여권을 챙기자.

세일을 노리자!

7~8월 여름 정기 세일 시즌이 되면 아웃렛도 일제히 세일에 들어간다. 안 그래도 저렴한 아웃렛 상품 가격이 더 자비로워진다. 원래 7~8월은 광란의 더위 때문에 이탈리아 여행 비수기에 해당하지만, 쇼퍼 여행자라면 오히려 기회를 노리고 떠날 만한 가치가 있다.

상품은 맡겨 두세요!

더 몰 등 대형 아웃렛에 입점한 명품 매장에서는 고른 물건을 들고 다닐 필요가 없다. 매장 스태프를 불러 원하는 물건을 보여주면 즉시 카운터에 예약을 해 둔다. 예약 내용은 번호표로 확인하는데, 입장할 때 주는 곳이 있고 예약할 때 즉석에서 발부해 주는 곳이 있다. 고른 물건은 카운터에 맡겨 두고 손 가볍게 쇼핑하다가 계산할 때는 카운터에 번호표만 내밀면 된다.

기본 라인을 공략하자!

아웃렛에는 보통 6개월 정도 지난 이월 상품이 들어온다. 연예인 협찬이나 패션 화보에 등장할 법한 신상품은 대부분 정가로 해당 시즌에 다 판매되기 때문에 아웃렛까지 들어오지 않을 확률이 높다. 가장 무난한 기본 아이템을 노리는 것이 아웃렛 쇼핑 성공의 지름길이다.

NO.1

★ **브랜드 라인업** ★★★★★
세계적인 명품 브랜드의 대향연.

위치 & 교통 ★★★★★
피렌체에서 버스가 30분에 한 대씩 다닌다.

규모 & 상품 ★★★★★
브랜드의 매장 하나가 거의 유럽 최대 규모.

편의성 ★★★☆☆
건물 내에 식당과 카페가 있다.
현금 면세도 가능하다.

지름신 강림도 ★★★★★
거의 반드시 그분이 오신다.

더 몰 럭셔리 아웃렛 The Mall Luxury Outlet

피렌체

유럽 최고의 명품 아웃렛

더 몰은 꼭 가야 할 이유보다는 가지 말아야 할 이유를 찾는 편이 빠르다. 피렌체에서 하루 미만으로 머문다면, 혹은 관광 일정이 너무 알차서 쇼핑에 반나절도 할애할 시간이 없다면, 명품 브랜드에 관심이 없다 못해 혐오한다면, 혹은 명품만 보면 가산을 탕진하는 소비 요정이라면, 더 몰은 관심도 두지 말자. 그러나 반대로 저런 특별한 이유가 없다면, 그러니까 피렌체 일정에서 반나절 정도는 쇼핑에 투자할 여유가 있고 적당히 명품 쇼핑을 할 의사가 있는 여행자라면 더 몰은 꼭 가야 할 곳 1순위로 올려도 좋은 곳이다. 구찌를 중심으로 버버리, 프라다 · 미우미우, 발렌시아가, 보테가 베네타, 지방시 등 전 세계에서 가장 인기 있는 명품 브랜드의 아웃렛 매장들이 들어서 있다. 입점 브랜드 수는 적지만, 캐주얼이나 생활용품은 뺀 오로지 패션 명품 브랜드만 있어 존재감이 상당한 편. 피렌체 교외 지역에 있어 주변 환경이 은근히 아름답다는 것도 소소한 장점이다.

VOL.2 Ⓘ INFO P.508

더 몰 럭셔리 아웃렛 가는 방법

피렌체 버스 터미널에서 더 몰 셔틀버스를 이용한다. 오전 8시 30분 전후부터 오후 6시까지 30분마다 한 대씩 출발한다.
소요 시간 50분 **가격** 편도 €8

피렌체 S.M.N. 역 앞에서 중국인 관광객용 더 몰 셔틀버스를 이용한다. 매시 정각에 출발한다.
소요 시간 50분 **가격** 편도 €5, 왕복 €10

당일 투어 상품을 이용한다. 민다, 클룩, 마이 리얼 트립 등에서 찾아볼 수 있다. 단독 상품보다는 프라다 스페이스 아웃렛과 묶인 것이 많다.

더 몰 셔틀버스

이 브랜드를 공략하라!
더 몰 럭셔리 아웃렛 Best 6

GUCCI

구찌 Gucci

전 세계에서 가장 규모가 큰 구찌 아웃렛 매장이다. 가방 · 지갑은 물론 의류, 신발, 액세서리까지 다양한 구색을 자랑한다. 핫한 브랜드인 만큼 입장 및 계산 줄은 다소 긴 편.

PRADA

프라다 Prada

과거에 프라다는 프라다 스페이스 아웃렛(Prada Space Outlet)에서 사는 것이 정석이었지만, 지금은 더 몰만 들러도 충분할 정도로 매장 규모와 상품 라인업 모두 빵빵하다.

BURBERRY

버버리 Burberry

버버리는 영국 브랜드임에도 이탈리아 전역의 아웃렛에서 다 찾아볼 수 있는데, 그중에서 더 몰의 매장이 단연 규모와 구색 면에서 최고를 달린다. 할인율도 상당한 편.

BALENCIAGA

발렌시아가 Balenciaga

발렌시아가도 아웃렛을 찾아보기 힘든 브랜드 중 하나. 하지만 더 몰에는 꽤 큰 규모의 매장이 있다. 아주 최신상품은 없지만 스니커 등 인기 아이템은 충분히 갖추고 있다.

GIVENCHY

지방시 Givenchy

이탈리아에서는 지방시의 아웃렛 매장을 찾아보기 쉽지 않은데, 더 몰이 그 쉽지 않은 일을 해냈다. 규모가 아주 크지는 않다.

ALEXANDER McQUEEN

알렉산더 맥퀸 Alexander Mcqueen

영국의 하이패션 디자이너 브랜드 알렉산더 맥퀸의 유일한 이탈리아 아웃렛 매장이 더 몰에 있다. 규모는 크지 않으나 해골 프린트 스카프 등 인기 아이템은 다 갖추고 있다.

PLUS TIP 현금 택스 리펀드가 가능!

더 몰 뒤쪽에는 '글로벌 블루(Global Blue)'의 택스 리펀드 출장소가 자리하고 있는데, 이곳에서는 면세 금액을 바로 현금으로 되돌려 받을 수 있다. 공항에서 택스 리펀드 수속을 하면 즉석에서 현금을 받거나 나중에 신용카드로 받게 되는데, 더 몰에서 수속을 밟아 바로 현금을 받으면 여행하면서 경비로 쓸 수 있기 때문에 더 편하다. 단, 출국 직전에 공항에서 '글로벌 블루(Global Blue)'의 부스를 찾아 현금 환급에 대한 확인 절차를 꼭 거쳐야 한다는 것은 명심할 것. 만일 이 절차를 밟지 않으면 받은 돈의 두 배를 토해내야 한다.

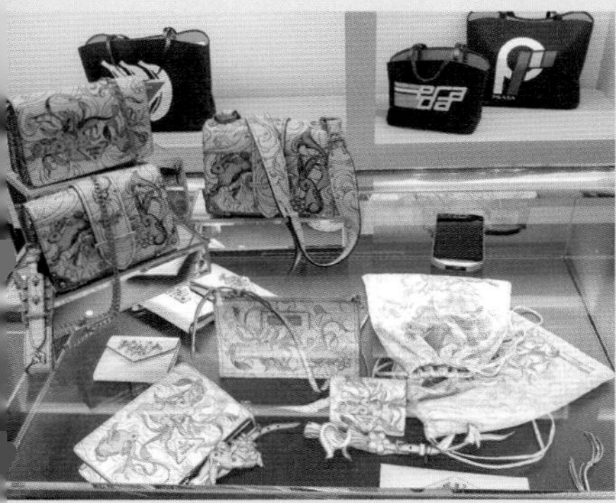

NO.2

노벤타 디 피아베 디자이너 아웃렛 Noventa di Piave Designer Outlet

베네치아

뭘 좀 아는 사람을 위한 아웃렛

브랜드 라인업 ★★★★☆
아웃렛에서는 보기 드물게 괜찮은 브랜드들이 포진!

위치 & 교통 ★★★★☆
셔틀버스와 대중교통을 모두 이용할 수 있다.

규모 & 상품 ★★★★☆
전반적으로 아담하고 예쁘다. 상품 구색도 좋은 편.

편의성 ★★★★★
화장실, 수유실, 키즈 파크 등 시설이 완비.

지름신 강림도 ★★★★☆
기대하지 않았던 브랜드에서 당할 수도?!

베네치아에서 약 1시간 떨어진 작은 마을 피아베(Piave)에 자리한 아웃렛으로, 입점 업체는 150개 남짓이라 크지 않지만 최근 이탈리아 아웃렛계의 대세로 불린다. 유럽 최대의 아웃렛 체인인 맥아더글렌(McArthurGlen) 소속이며, 명품 · 캐주얼 · 스포츠 · 잡화가 골고루 섞여 있다. 이곳의 가장 큰 특징은 이자벨 마랑, 마르니, 폴 스미스 등 이탈리아의 다른 아웃렛에서는 보기 힘든 개성 있는 브랜드들이 입점해 있다는 것. 아웃렛의 단골 브랜드인 구찌와 버버리, 프라다는 당연히 꽤 큰 규모로 들어서 있다. 아웃렛 건물은 베네치아의 곤돌라와 전통 주택을 모티브로 건축되어 매우 아기자기하고 예쁘다. '최고의 건축 쇼핑 센터상(Best Established Shopping Centre)'을 수상하기도 했다. 적당한 가격의 레스토랑과 카페도 곳곳에 있어 여러모로 쇼핑하기 편리하다. 더 몰이나 세라발레에 비해 인지도가 낮아 사람이 상대적으로 많지 않은 것도 큰 장점.

VOL.2 INFO P.380

© McArthurGlen

© McA

노벤타 디 피아베 디자이너 아웃렛 가는 방법

셔틀버스가 베네치아 본섬의 로마 광장 및 메스트레에서 하루 두 번 출발한다. 돌아오는 버스도 하루 두 번.
소요 시간 45분~1시간 **가격** 편도 €9

베네치아 메스트레 버스 터미널 또는 마르코 폴로 공항에서 1시간에 한 대꼴로 노벤타 아웃렛행 ATVO 버스가 다닌다. 중간에 산 도나 디 피아베(San Donà di Piave) 버스 터미널에서 1회 환승해야 한다.
소요 시간 약 1시간 20분 **가격** 편도 €5, 왕복 €9

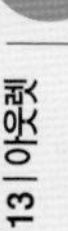

이 브랜드를 공략하라!
노벤타 디 피아베 아웃렛 Best 6

폴로 랄프 로렌 Polo Ralph Rauren

남녀 캐주얼 및 정장, 아동 의류를 30~50% 할인된 가격으로 판매한다. 가장 인기 있는 기본 라인들을 갖추고 있다. 가끔 말도 안 되는 가격의 땡처리 상품도 나온다.

ISABEL MARANT

이자벨 마랑 Isabel Marant

전 세계적으로 가장 핫한 디자이너 브랜드 중 하나인 이자벨 마랑의 이탈리아 아웃렛 매장은 여기에만 있다. 규모는 작은 편이나 가격이 너무나 매력적이다.

Paul Smith

폴 스미스 Paul Smith

영국의 디자이너 브랜드 폴 스미스는 이탈리아에는 매장이 몇 개뿐인데, 노벤타에 당당히 아웃렛이 입점해 있다. 가격 할인 폭은 약 50%대.

BOTTEGA VENETA

보테가 베네타 Bottega Veneta

보테가 베네타도 아웃렛에 잘 입점하지 않는 브랜드지만 노벤타 아웃렛에는 있다. 더 몰에도 보테가의 매장이 있으나 대기 시간이 길기 때문에 쇼핑하기는 노벤타가 더 편하다.

투미 Tumi

이번 이탈리아 쇼핑에서 괜찮은 여행 가방을 장만해 볼 생각이었다면 노벤타 아웃렛의 투미 매장을 꼭 들러볼 것. 미국 브랜드지만 오히려 여기에서 훨씬 저렴한 가격에 구할 수 있다.

sandro
PARIS

산드로 sandro

연예인들이 좋아하는 브랜드로 유명한 프랑스의 럭셔리 캐주얼 산드로의 매장도 자리 잡고 있다. 아웃렛 득템 소식이 가장 많이 들려오는 브랜드 중 하나.

Writer's Note 기본은 당연하게!

아웃렛 단골 브랜드 3대장인 버버리 · 프라다 · 구찌도 있습니다. 더 몰과 비교하면 규모가 많이 작은 편이지만, 상품 라인업이나 가격은 상당히 괜찮습니다.

NO.3

세라발레 디자이너 아웃렛 Serravalle Designer Outlet

밀라노

브랜드 라인업 ★★★★☆
낯선 로컬 브랜드들 사이에서 눈을 사로잡는 인기 브랜드!

위치 & 교통 ★★★☆☆
대중교통 이용 시 편도 2시간. 하루를 꼬박 투자해야 하는 곳.

규모 & 상품 ★★★★★
어쨌든 유럽 최대 규모!

편의성 ★★★★★
시설은 거의 완벽.

지름신 강림도 ★★★★☆
규모가 큰 만큼 더 치밀한 안목이 필요한 곳.

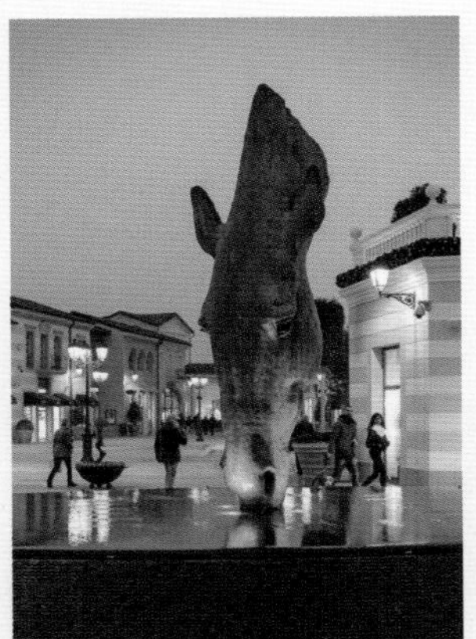

이탈리아에서 가장 큰 아웃렛

'명품도 좋지만 캐주얼은 더 좋다. 잡화나 라이프스타일 브랜드도 다양하게 보고 싶다. 어쨌든 다다익선은 진리다.' 이렇게 생각하는 사람이라면 밀라노 근방의 세라발레 아웃렛이 제격이다. 밀라노에서 남서쪽으로 약 100km 떨어진 곳에 자리한 대형 아웃렛으로, 이탈리아 최초의 아웃렛이기도 하다. 무려 240개의 브랜드가 들어서 있어 이탈리아 최대 규모인 것은 물론이고, 유럽 전체에서도 1~2등을 다툰다. 버버리 · 프라다 · 구찌 삼대장을 위시한 명품은 물론이고, 다양한 디자이너 브랜드, 하이-럭셔리 캐주얼 브랜드, 유러피언 캐주얼 및 이탈리아 로컬 브랜드, 잡화 등 브랜드 라인업의 스펙트럼이 엄청나게 넓다. 그러다 보니 우리에게는 생소한 로컬 브랜드는 많은 대신 한국 사람들에게 인지도가 높은 명품 브랜드 매장 비율은 적은 편이다. 위치가 썩 좋지 않아 대중교통으로 가면 꼬박 하루를 투자해야 하는 것도 부담스럽다. 그러나 맥아더글렌 계열인 만큼 라스트 미닛 찬스나 재고 정리 세일 등이 많은 편이고, 그런 찬스를 잘 잡은 여행자들의 득템을 넘어 '땡 잡은' 소식이 자주 들려온다.

VOL.2 INFO P.416

세라발레 디자이너 아웃렛 가는 방법

셔틀버스가 밀라노 중앙역 앞에서 매일 4회 출발한다. 같은 버스가 스포르체스코성 앞에도 정차한다. 아웃렛에서 출발지로 돌아가는 버스는 오후 4시 15분부터 네 번 있다.
소요 시간 약 2시간 **가격** 왕복 €25

밀라노 중앙역에서 기차를 타고 아르쿠타 스크리비아(Arquata Scrivia)까지 가서 세라발레 아웃렛 셔틀버스를 탄다. 기차는 2시간에 한 대꼴로 다닌다. 기차와 셔틀버스를 모두 합하면 1시간 30분~2시간 정도 걸린다. **가격** 기차 편도 €9.8+셔틀버스 €1.5

사진 제공 © McArthurGlen

이 브랜드를 공략하라!
세라발레 아웃렛 Best 6

SAINT LAURENT

생 로랑 Saint Laurent

전 세계에서 가장 저렴하게 생 로랑 제품을 구매할 수 있는 곳이라는 소문이 있다. 인기 아이템을 한국 판매 가격의 절반 정도에 구매할 수 있다.

BALMAIN PARIS

발망 BALMAIN

프랑스의 하이패션 브랜드. 이탈리아에서 보기 드문 발망의 아웃렛이 세라발레에 있다.

로로 피아나 Loro Piana

이탈리아의 최고급 니트 브랜드 로로 피아나의 매장이 있다. 더 몰에도 로로 피아나가 있으나 세라발레 쪽이 좀 더 규모가 크다.

FENDI

펜디 Fendi

펜디는 이탈리아의 아웃렛에서 가장 흔하게 볼 수 있는 브랜드지만, 세라발레에는 없다고 알려져 있었다. 하지만 걱정 말길. 이제는 펜디도 있다. 득템 소식도 종종 들려온다.

스톤 아일랜드 STONE ISLAND

이탈리아의 컨템포러리 패션 브랜드로, 우리나라의 젊은 남성층에서 매우 인기가 높다. 다른 아웃렛에서는 찾아보기 어려운 브랜드.

DOLCE & GABBANA

돌체 & 가바나 Dolce & Gabbana

파격적이고 화려한 디자인으로 유명한 이탈리아의 디자이너 브랜드. 어느 아웃렛에서나 쉽게 볼 수 있지만, 세라발레 매장이 규모와 구색 면에서 좋은 편.

Writer's Note 차를 빌려 가세요!

세라발레로 가는 가장 현명한 방법은 사실 렌터카일 것 같습니다. 셔틀버스는 편도 2시간 가까이 걸리는 데다 돌아오는 버스가 오후 4시 이후부터 다니기 때문에 오가는데 하루를 꼬박 바쳐야 합니다. 기차 편도 썩 좋다고는 할 수 없죠. 이에 비해 자동차로는 편도 1시간~1시간 30분 정도면 충분하고 오가는 시간도 자유롭습니다. 어차피 크고 아름다운 곳이라 짐이 많이 생길 확률이 높습니다. 아기용품, 생활용품, 주방기구 등 덩치 큰 아이템도 많거든요.

NO.4

카스텔 로마노 디자이너 아웃렛 Castel Romano Designer Outlet

로마

브랜드 라인업 ★★★☆☆
캐주얼, 생활 잡화, 로컬 브랜드 중심.

위치 & 교통 ★★★★☆
편도 1시간. 셔틀버스도 잘 되어 있다.

규모 & 상품 ★★★☆☆
규모는 노벤타와 비슷하나 브랜드 라인업이 썩 좋지는 않다.

편의성 ★★★★★
맥아더글렌 그룹인 만큼 각종 편의시설은 최고.

지름신 강림도 ★★★☆☆
기대를 적게 할수록 득템 확률이 올라간다.

'로마 아웃'을 위한 라스트 찬스

이탈리아를 여행하는 사람들이 가장 길게 머무는 도시는 아무래도 로마다. 귀국 비행기를 타는, 일명 '아웃'하는 도시도 높은 확률로 로마다. 그러므로 쇼핑에 별 생각 없던 사람들이 '떠나기 전에 마지막으로 아웃렛이라도 한번 가 볼까?'라는 마음을 먹을 수 있는 곳도 로마다. 그런데 로마 근교에 아웃렛이 있을까? 다행히, 있다. 바로 카스텔 로마노. 맥아더글렌 그룹의 아웃렛이라 시설도 좋고, 교통도 좋다. 입점 브랜드 수는 150개로 베네치아의 노벤타 아웃렛과 비슷한 수준이지만 브랜드 라인업이 다소 아쉬운 편이다. 명품이나 하이패션 디자이너 브랜드가 적고 대부분 캐주얼과 생활잡화, 로컬 브랜드로 채워져 있다. 이탈리아 아웃렛에 기대가 컸던 사람이라면 실망도 클 것이다. 그러나 떠나기 전에 가벼운 마음으로 돌아보거나 아예 캐주얼 쪽으로 타깃을 잡는다면 득템 확률은 충분하다.

VOL.2 Ⓘ INFO P.335

© McArthurGlen

카스텔 로마노 디자이너 아웃렛 가는 방법

로마 테르미니 역 부근에서 셔틀버스를 이용한다. 오전 8시 30분부터 오후 12시 30분까지 1시간 간격으로 총 4회 출발한다. 인터넷으로 예약이 가능하나 극성수기가 아니라면 충분히 예약 없이 탈 수 있다. **소요 시간** 50분 **가격** 왕복 €15

이 브랜드를 공략하라! 카스텔 로마노 디자이너 아웃렛 Best 3

BURBERRY

버버리 Burberry

다른 아웃렛에 비해 명품 및 디자이너 브랜드의 라인업이 약한 편이지만 버버리 매장만큼은 다른 곳에 지지 않을 정도로 충실하다.

Salvatore Ferragamo

살바토레 페라가모
Salvatore Ferragamo

이탈리아까지 와서 다른 나라 브랜드를 사고 싶지 않은 사람이라면 페라가모에서 막판 홈런을 노려도 좋다.

Samsonite

샘소나이트 Samsonite

샘소나이트 제품을 언제나 30~50% 정도 할인된 가격에 만날 수 있다. 여기저기에서 잔뜩 쇼핑을 한 덕분에 가방이 폭발할 지경이라면 꼭 들러볼 것.

NO.5

프라다 스페이스 아웃렛 Prada Space Outlet

피렌체

브랜드 라인업 ★★★☆☆
오로지 프라다와 미우미우! 이 브랜드 팬에게는 천국일 수도.

위치 & 교통 ★★☆☆☆
대중교통이 까다롭다. 셔틀버스도 없다. 투어나 택시 이용이 최고.

규모 & 상품 ★★★★☆
프라다 · 미우미우만 보면 가히 세계 최고.

편의성 ★★☆☆☆
화장실도 없다.

지름신 강림도 ★★★☆☆
프라다와 미우미우 팬이라면 별 5개일 수도.

프라다 마니아를 위한 선택

프라다는 이탈리아에서 득템 확률이 가장 높은 브랜드 중 하나다. 한국과 가격 차이도 크고, 우리나라까지 들어오지 않는 제품군도 다양하게 만날 수 있기 때문. 이탈리아의 아웃렛에는 대부분 입점해 있고, 심지어 더 몰 럭셔리 아웃렛에는 웬만한 소규모 쇼핑몰 규모의 프라다 아웃렛 매장이 있지만 여기에도 만족하지 못하는 프라다 팬이라면 프라다 스페이스 아웃렛을 들러 보자. 피렌체 인근의 작은 마을 몬테바르키(Montevarchi)에 자리한 창고형 팩토리 아웃렛으로, 거대한 물류 컨테이너 같은 매장 안에 프라다와 미우미우의 이월 상품이 가득하다. 프라다 단일 브랜드로만 보면 가히 세계 최대 규모. 교통이 워낙 불편해 오가기 쉽지 않은 데다 더 몰 럭셔리 아웃렛의 프라다 매장이 워낙 훌륭하므로 프라다에 큰 애착이 있는 사람이 아니라면 굳이 집착하지 않아도 괜찮다. 반대로 프라다의 팬이라면 다른 아웃렛 하나를 줄이더라도 갈 만한 곳이다.

VOL.2 INFO P.507

프라다 스페이스 아웃렛 가는 방법

피렌체 S.M.N 역 또는 아레초 역에서 기차를 타고 몬테바르키(Montevarchi)로 간 뒤 그곳에서 로컬 버스로 갈아탄다. 피렌체에서는 편도 약 2시간, 아레초에서는 1시간 정도 걸린다. 로컬 버스가 오전 11시부터 오후 3시까지는 운행하지 않기 때문에 시간을 맞추기 매우 힘들다.

더 몰과 엮어 가이드 투어로 돌아보는 것이 가장 현명하다. 클룩, 마이 리얼 트립 등에서 투어 프로그램을 쉽게 찾아볼 수 있다.

더 몰에서 택시를 탈 수 있다. 1인당 €15 정도. 프라다 스페이스 아웃렛부터 몬테바르키까지는 프리 나우나 우버 등으로 이동하거나 시간을 맞춰 로컬 버스를 탄다.

이탈리아 아웃렛

쇼핑 전에 알아둘 것

맥아더글렌 아웃렛 그룹 McArtherGlen Outlet Group

영국을 기반으로 한 유럽 최대의 아웃렛 체인으로, 현재 9개 국에 24곳의 센터가 있으며 앞으로도 속속 오픈 예정이다. 이탈리아에는 세라발레, 노벤타, 카스텔 로마노 외 총 5곳의 아웃렛이 있다. 시설과 브랜드 라인업 면에서 거의 흠잡을 곳이 없다. 맥아더글렌을 좀 더 제대로 즐길 수 있는 몇 가지 팁을 소개한다.

1. 10% 추가 할인 쿠폰 받기

각 센터의 인포메이션 데스크에서 SKT 멤버십 혹은 대한항공 탑승권을 제시하면 할인된 금액에서 10%를 추가로 할인해주는 패션 패스포트(Fashion Passport)를 발급해준다. 또한, 시럽 월릿(Syrup Wallet) 애플리케이션에서 '맥아더글렌'을 검색해서 브랜드 카드를 발급받으면 맥아더글렌 전체 센터 24곳에서 사용 가능한 10% 추가 할인 쿠폰 교환권을 다운로드할 수 있다. 시즌 오프 세일 기간에는 중복 할인이 불가능하지만, 할인 제외 품목에는 추가 10% 할인이 적용된다.

2. 무료 와이파이

아웃렛 곳곳에 와이파이 핫 스폿(Wi-Fi Hot Spot)이 설치되어 있어 자유롭게 인터넷을 사용할 수 있다.

3. 한국어 가이드 맵

맥아더글렌의 모든 이탈리아 센터에는 한국어 가이드 맵이 인포메이션 센터에 비치되어 있다.
브랜드 위치, 부대시설 소개, 셔틀버스 위치 등이 한국어로 표시되어 있어 이용하기 편리하다.

4. 키즈 존과 유명 레스토랑 및 종합 문화 센터

어린이용 놀이터 시설이 구비되어 있고, 애견용 물통들도 곳곳에 비치되어 있다. 또한 시즌별로 뮤직 페스티벌, 패션 쇼 및 뮤지컬 등 다양한 문화 이벤트가 1년 내내 펼쳐진다. 현지 유명 레스토랑이 센터 내에 입점해 있어 패션뿐만 아니라 먹거리까지 다양하게 즐길 수 있다.

5. 한국인 고객을 위한 설과 추석 스페셜 프로모션

한국인 고객을 위해 설 맞이 설레는 세일, 루나 뉴 이어 프로모션(Lunar New Year Promotion)과 풍성한 가을을 기대하는 원더 오브 어텀(Wonder of Autumn) 행사를 진행한다.

THEME 14
식료품

미식가와 먹거리 쇼퍼를 위한 쇼핑 리스트

어지러울 정도로 찬란하게 쏟아지는 햇빛. 잡초 씨를 뿌려도 최고급 작물로 자라날 것 같은 비옥한 토지. 이탈리아는 유럽에서 내로라하는 먹거리 강국이다. 새벽 배송하는 푸드 셀렉트 숍이나 고급 슈퍼마켓에서 비싸게 사던 이탈리아산 식료품을 캐리어 가득 쟁여올 기대에 부푼 먹거리 쇼퍼는 지금부터 눈을 조금만 더 크게 뜨자.

어머, 이건 사야 해!

꼭 사야 하는 식료품 Best 12

이탈리아의 농산물 및 식료품은 품질이 좋고 가격이 저렴해 수화물 무게가 허락하는 한 다 집어 오고 싶은 것이 사실. 그중에서 꼭 살 만한 것을 12개만 골라 보자면 다음과 같다. 이탈리아의 식료품 쇼핑 장소는 슈퍼마켓과 전통 시장으로 나눠볼 수 있는데, 다음에 소개하는 물건들은 두 곳에서 모두 구할 수 있다. 슈퍼마켓에서는 깔끔하고 믿을 수 있는 브랜드 상품을, 전통 시장에서는 저렴한 로컬 상품을 살 수 있다는 것이 차이라면 차이.

와인! Vino 비노

이탈리아는 세계 최대의 와인 생산국으로, 저렴하고 맛있는 와인부터 최고급 와인까지 다양한 제품을 생산한다. 산지, 품종, 빈티지를 까다롭게 따져가며 사려면 전문점에 가야 하지만, 가벼운 선물이나 편하게 마실 용도로 산다면 슈퍼마켓에서도 충분하다. 이탈리아의 슈퍼마켓에서 €10 정도 하는 와인이 한국에서는 5만 원도 넘는다는 유명한 소문이 있다. 바롤로, 브루넬로 디 몬탈치노, 비노 노빌레 같은 고급 와인도 얼마든지 살 수 있다. ❶ **화이트 와인** 750ml €3.54 (까르푸) ❷ **프로세코** 750ml €4.95 (코나드)

치즈 Formaggio 포르마조

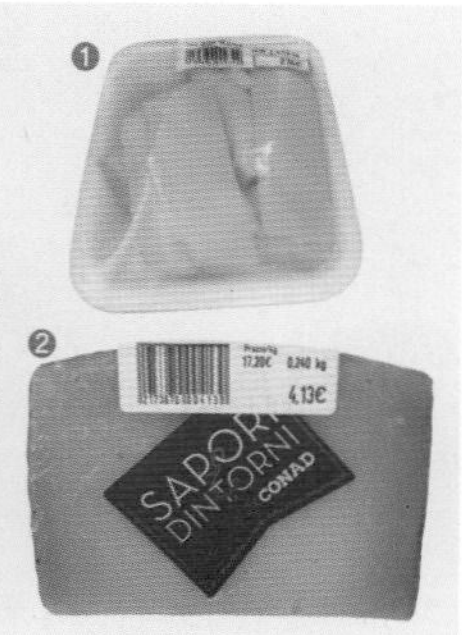

TIP 치즈는 원칙적으로 살균 제품만 국내 반입이 가능하다. 밀봉 상태의 시판 치즈는 살균 과정을 거친 것으로 간주하기 때문에 문제없이 통과할 수 있지만, 수제 치즈 등 포장되지 않은 것은 검역 대상이 되거나 압수될 수 있으므로 주의할 것.

파르미자노 레자노, 페코리노, 고르곤졸라, 그라나 파다노, 모차렐라 부팔라…. 우리나라에서는 초대형 슈퍼마켓이나 고급 수입 식품점까지 가야 구할 수 있는 이탈리아의 치즈들이, 이탈리아에서는 동네 슈퍼마켓과 시장에 무심히 널려 있다. 이렇게 잘 알려진 치즈 외에도 독특한 지역 특산 치즈 및 스위스나 프랑스 등 유럽 국가의 명물 치즈도 쉽게 구할 수 있다. ❶ **파르미자노 레자노** 112g €2.34 (코나드) ❷ **페코리노** 200g €4.05 (코나드)

커피 Caffè 카페

이탈리아의 유명 브랜드 커피를 사고 싶다면 주저하지 말고 가까운 슈퍼마켓이나 시장으로 달려가자. 볶은 원두, 분쇄 원두, 캡슐, 인스턴트 등 다양한 형태의 상품을 쉽게 구할 수 있다. 분쇄 원두를 패키지에 넣어 사각형으로 성형한 일명 '벽돌 커피'는 매우 가성비 좋은 선물로 통한다. 특히 라바짜 오로(Lavazza Oro)는 보이는 대로 쓸어 넣는 사람도 있을 정도. ❶ **쿱 PB 분쇄 원두** 250g €3.35 (1+1구매, 쿱) ❷ **라바짜 오로 분쇄 원두** 250g €4.59 (까르푸)

Writer's Note 저렴한 선물 거리를 찾는다면, 포켓 커피 & 에스프레소 투 고

부담 적고 생색낼 수 있는 선물이 필요한 분들께 포켓 커피(Pocket Coffee)와 에스프레소 투 고(Espresso To Go)를 추천합니다. '페레로 로쉐'로 유명한 초콜릿 브랜드 페레로에서 출시하는 제품인데요, 포켓 커피는 네모난 고형 초콜릿 안에 진한 에스프레소가 들어 있고 에스프레소 투 고는 조그만 플라스틱 용기 안에 액상 초콜릿과 에스프레소가 들어 있습니다. 포켓 커피는 가을 · 겨울에, 에스프레소 투 고는 봄 · 여름에 나옵니다. 슈퍼마켓은 물론이고 기차역이나 공항 커피숍에서도 구할 수 있습니다. 가격도 저렴해서 한 상자(포켓 커피 5개, 에스프레소 투 고 3개)에 €2 안팎이면 살 수 있습니다. 여행 선물을 챙겨주고는 싶은데 비싼 거 주기는 뭐한 사람들에게 돌리는 선물용으로 잔뜩 사가세요!

향신료와 양념 Erbe & Condimento
에르베 & 콘디멘토

서양 요리를 만들 때 쓰이는 다양한 향신료를 저렴하게 살 수 있다. 바질, 로즈메리, 오레가노, 커민, 타라곤, 딜 등 수십 종의 향신료를 다양한 용량과 패키지 형태로 판매하고 있다. 직접 사용하기에도 좋고, 패키지가 예뻐서 선물용으로도 괜찮다. 소금과 후추도 저렴하면서 맛있다. 특히 시칠리아에서 생산되는 천일염은 요리의 차원을 올려주는 아이템이므로 눈에 띄는 대로 사올 것. ❶ **시칠리아산 소금** 1kg €0.5 (동네 슈퍼마켓)

각종 주류 Liquore
리꾸오레

남부의 특산물인 레몬 술 리몬첼로(Limoncello), 와인을 증류하여 만든 달콤한 독주 그라파(Grappa), 베네치아가 원조인 이탈리아 국민 칵테일 스프리츠(Spritz)의 주재료인 아페롤(Aperol), 밀라노의 명물 리큐르 캄파리(Campari), 마티니 비앙코(Martini Bianco) 등 이탈리아 명물 주류를 눈여겨보자. 유럽의 다양한 리큐르와 스피리츠도 쉽게 구할 수 있다. ❶ **리몬첼로** 500ml €7.50 (쿱) ❷ **아페롤** 175mlX3 €5.48 (쿱) ❸ **아페롤** 700ml €8.35 (까르푸)

발사믹 식초 Aceto Balsamico
아세토 발사미코

TIP
발사믹 식초는 생산지, 숙성 기간, 순도 등에 따라 가격이 천차만별. '비싼 게 좋은 것'은 인류 역사상 불변의 진리지만, 나에게 과연 비싸고 좋은 것이 필요한가는 한번 더 생각할 필요가 있다. 발사믹은 두 가지 등급으로 나뉘며, 이 등급이 붙은 것만이 진짜배기 발사믹이라고 생각해도 무방하다.

이탈리아 전체 쇼핑 리스트를 통틀어서도 최상위권에 속하는 머스트 쇼핑 아이템이다. 트레비아노(Trebbiano), 또는 람브루스코(Lambrusco) 품종의 포도즙을 졸인 뒤 오크통에서 발효시킨 것으로, 새콤달콤하면서도 향긋하다. 볼로냐 인근의 모데나(Modena)와 레조 에밀리아(Reggio Emillia)에서만 생산되는 특산물이지만 이탈리아에서는 어디를 가나 쉽게 구할 수 있다. 발사믹이 들어간 드레싱이나 소스도 쉽게 구할 수 있다. ❶ **샐러드용 발사믹 크림** 310g €2.38 (코나드) ❷ **주세페 주스티 발사믹 식초** 250g €11.30 (쿱)

과일잼 Marmellata
마르멜라타

밥보다 빵을 좋아하는 사람이라면 이탈리아에서 과일잼을 꼭 사 볼 것. 산도와 당도의 조화가 완벽하면서 과일의 향이 잘 살아 있는 잼을 만날 수 있다. 종류가 어마어마하게 다양한데, 서양배 · 납작복숭아 · 레몬 · 체리 등 우리나라에서는 보기 힘든 잼도 많다. 가격이 몹시 저렴한 것도 매력적. ❶ **풀리아산 무화과잼** 350g €1.49 (코나드) ❷ **에밀리아 로마냐산 서양배잼** 350g €1.49 (코나드)

PLUS TIP 발사믹의 2가지 등급

- DOP : 모데나와 레조 에밀리아에서 생산하는 고급 발사믹에 붙는 등급. 순수한 포도즙을 사용해 전통 방식으로 만들며 다른 것은 전혀 섞지 않는다. 숙성 기간은 12 · 18 · 25년의 3개 단위로 나뉘는데, 25년산은 수십만 원을 호가하기도 한다. 이탈리안 파인 다이닝 요리에 쓰이며 감각이 예민한 사람들은 '한 방울만 써도 천상의 향기가 난다'고도 한다.
- IGP : 모데나에서 생산되는 일반 등급 발사믹으로, 다른 성분을 섞기도 한다. 주로 포도 식초를 많이 섞고 착색 용도의 캐러멜 시럽, 점성 증진을 위한 전분, 당분 등을 넣는다. 숙성 기간은 최소 2개월이고, 3년 이상 숙성한 제품에는 '인베키아토(Invecchiato)라는 명칭이 붙는다. 샐러드에 듬뿍 넣어 먹을 용도로는 DOP보다 오히려 이쪽이 낫다. 첨가제의 종류와 발사믹의 함량을 따져보고 구매할 것.

소스류 Salsa
살사

파스타를 비롯한 이탈리아 요리를 쉽게 만들 수 있는 소스들이 즐비하다. 바질 페스토 · 알프레도 · 라구 등 거의 모든 소스는 다 있다고 봐도 무방하다. 조미가 강하게 된 소스는 입맛에 안 맞을 확률도 있으나, 가장 단순한 포모도로 소스(토마토소스)는 실패 확률이 0에 가깝다. 집에서 파스타를 자주 만들어 먹는다면 튜브에 들어 있는 농축 토마토소스를 꼭 사올 것. ❶ **키아니나 소고기 라구** €5.50 (코나드) ❷ **바질 페스토** €6.40 (잇탈리)

트러플 제품 Tartufo
타르투포

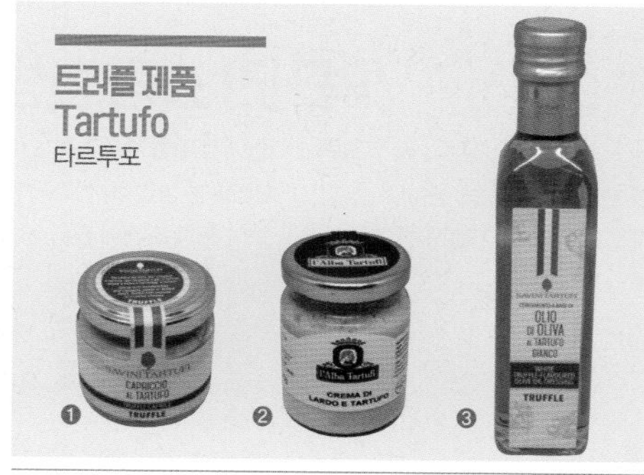

이탈리아는 트러플의 대표적인 생산 국가로서, EU 내에서 블랙 트러플 생산량 3위, 화이트 트러플 생산량 1위를 자랑한다. 진짜 생트러플은 너무 고가에 보관도 힘들어 사오기 어렵지만 트러플이 들어간 파스타 소스, 버터, 라드, 오일 등은 흔히 구할 수 있다. ❶**카프리초 타르투포**(버터+견과류+트러플) €6.90 (로컬 시장) ❷ **트러플 라드 크림** €4.95 (코나드) ❸ **화이트 트러플 오일** 250ml €11.80 (로컬 시장)

견과류 Noccioline
노촐리네

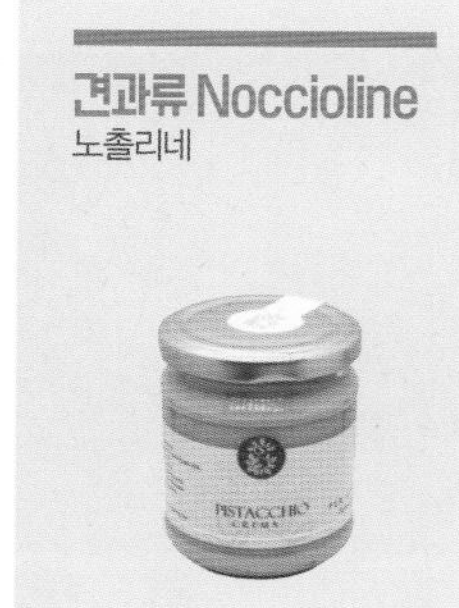

토리노가 있는 피에몬테주에서는 질 좋은 헤이즐넛이, 시칠리아섬에서는 세계 최고 수준의 피스타치오가, 피렌체 인근 중부 지방에서는 맛 좋은 호두가 생산된다. 견과류가 들어간 과자나 스프레드, 크림 등도 매우 맛있다. 헤이즐넛 초콜릿 크림인 누텔라의 원조가 이탈리아라는 것을 기억할 것. **피스타치오 크림** €6.70 (잇탈리)

파스타 Pasta
파스타

한국에서는 잘 유통되지 않는 부카티니, 페투치네, 피치 등 다양한 종류의 건파스타를 만나볼 수 있다. 오징어 먹물, 호박, 포르치니 버섯의 색과 향을 입힌 것, 매우 특이한 모양 등 기념품으로 살 만한 것도 많다. 품질 대비 가격도 저렴하다. 슈퍼마켓 PB 상품이나 약간 고가의 브랜드를 구매하면 실패 확률이 0에 수렴한다. ❶ **메체 마니케** 500g €1.2 (코나드) ❷ **푸실리 모듬** 500g €2.6 (쿱) ❸ **피치** 500g €3.04 (코나드)

올리브유 Olio d'oliva
올리오 돌리바

플라스틱 통에 담긴 저렴한 올리브유는 굳이 살 필요 없다. 우리나라의 슈퍼마켓에서도 그만한 품질의 올리브유는 쉽게 구할 수 있기 때문. 그러나 산지나 브랜드가 뚜렷하게 표시돼 있고 유리병에 담겨 있는 고급 엑스트라 버진 오일은 하나쯤 살 만하다. 한국에서 비슷한 품질의 제품을 구하려면 훨씬 비싸기 때문이다. ❶ **고급 엑스트라 버진 올리브오일** 750ml €14.8 (잇탈리)

Writer's Note 육가공품, 사올까 말까?

이탈리아는 육가공품으로도 유명합니다. 생햄 프로슈토(Prosciutto), 이탈리아 스타일 소시지 살시차(Salsiccia), 베이컨의 일종으로 카르보나라를 만들 때 꼭 필요한 관찰레(Guancale)나 판체타(Pancetta) 등은 셰프의 영혼을 지닌 여행자가 이탈리아를 여행하며 지나치기 힘든 아이템이죠. 우리나라에서는 유통이 거의 안 되거나 매우 비싸고요. 그러나 한 번 더 생각할 필요는 있습니다. 검역을 거치지 않은 육가공품의 국내 반입은 법적으로 금지되어 있기 때문이죠. 이유는 뚜렷합니다. 혹시 모를 가축 전염병이 국내에 전파되는 것을 막기 위해서죠. 꼭 가져오고 싶다면 공항에 있는 식품 검역소에 맡겨 각종 검사를 받아야 합니다. 구제역 등 가축 전염병 역학 조사에서 지목되면 벌금까지 물 수 있고요.

어디서 살까?

먹거리 쇼핑 한방에 해결, 슈퍼마켓

셰프, 또는 일등 주부의 피가 흐르는 사람에게 대형 슈퍼마켓은 박물관이다. 그 나라의 식생활이 깔끔한 모습으로 일목요연하게 정리되어 눈앞에 펼쳐지는 곳이니 말이다. 이탈리아는 농업 및 식가공이 발달한 나라라 아주 시골 동네만 아니라면 슈퍼마켓을 쉽게 볼 수 있다. 그중에서 꼭 가볼 만한 슈퍼마켓을 모아 모아 소개해 본다.

보아라, 먹어라, 감탄하라. 이것이 이탈리아다!

잇탈리

잇탈리를 두고 '슈퍼마켓'이라고 하는 것은 '구찌는 옷 가게'라고 하는 정도의 평가절하일 수도 있다. 이탈리아 전국 각지에서 생산되는 특산물과 최고급 식료품을 한자리에 모아둔 고급 식품 셀렉트 숍으로, 신선식품 · 가공식품 · 주류 · 조리도구 · 요리책 등 식생활 전반에 걸친 모든 것을 만나볼 수 있다. 중소형 매장은 식품 판매를 중심으로 운영하지만 토리노나 밀라노에 있는 대형 매장에는 고급 푸드코트와 레스토랑도 입점되어 있고 와인 · 모차렐라 치즈 등을 매장에서 직접 만들어 팔기도 한다. 2007년 토리노에서 처음 문을 열었고, 지금은 이탈리아 전국에 13개 매장이 성업 중이다. 미국 · 일본 · 파리 · 독일 · 브라질 등에도 지점이 있다.

밀라노 **잇탈리 스메랄도점**
Eataly Milano Smeraldo

포르타 가리발디 부근에 있는 대형 지점으로, 이탈리아의 잇탈리 전 지점 중 규모와 구색 면에서 가장 훌륭하다는 평가를 받고 있다. VOL.2 INFO P.397 MAP P.394A

토리노 **잇탈리 린고토 1호점**
Eataly Torino Lingotto

1호 매장으로, 지금도 잇탈리의 세계 플래그십 스토어 역할을 하고 있다. 토리노까지 갔다면 꼭 들러볼 만하다.
VOL.2 INFO P.457 MAP P.450E

중부의 최강자

코나드

볼로냐 원조의 고급 슈퍼마켓 브랜드. 상품 구색이 상당히 좋고 진열이 세련되어 사는 재미와 보는 재미를 동시에 만족시킨다. 코나드 사포리 에 딘토리(Conad Sapoi e Dintori)라는 자체 PB 브랜드를 통해 이탈리아 전국의 특산물을 선보이고 있는데, 웬만한 고급 식료품 브랜드 뺨치게 질이 좋다. 저렴하면서 품질 좋은 본격 식료품 쇼핑을 원한다면 가까운 코나드를 찾아볼 것. 매장이 주로 중부 이남의 대도시, 특히 피렌체에서 가장 눈에 잘 띈다. PB 상품을 중심으로 셀렉트 숍처럼 운영하는 코나드 사포리 에 딘토리(Conad Sapoi e Dintori), 쾌적한 대형 슈퍼마켓 코나드 시티(CONAD City) 등 하위 브랜드도 다양하다.

홈페이지 www.conad.it

코나드 사포리 에 딘토리
Conad Sapoi e Dintori

VOL.2 INFO P.464 MAP P.473G

코나드 시티
Conad City

VOL.2 INFO P.260 MAP P.269D

TEATRO ITALIA DESPAR

오래된 극장, 슈퍼마켓으로 변신하다

데스파르 테아트로 이탈리아

데스파르(Despar)는 네덜란드 원조의 세계적인 슈퍼마켓 브랜드 스파르(Spar)의 이탈리아 로컬 브랜드로, 이탈리아 식재료 및 반조리 식품을 전문으로 취급한다. 이탈리아는 물론 유럽 전역에 매우 흔한 체인점인데, 베네치아에서는 몹시 특별한 모습으로 자리하고 있다. 1915년에 세워진 오래된 극장인 '테아트로 이탈리아'를 개조하여 데스파르로 꾸민 것. 파사드, 건물 구조, 내부의 벽화 등이 거의 고스란히 남아 있는 20세기 초의 공간에 현대적인 슈퍼마켓이 영업하고 있는 모습이 상당히 이채롭고 재미있다. 이곳에서만 구할 수 있는 기념품 및 PB 상품도 있다.

VOL.2 INFO P.363 MAP P.354B

한정 PB 상품인 **곤돌라 파스타**

Writer's Note 강추! 코나드 와인

코나드의 PB 상품 중에는 와인도 있습니다. 저가형 팩 와인으로, 0.25ml짜리 팩 3개 묶음이 €1.5, 1L 팩이 €2 안팎입니다. 그런데, 진짜 맛있습니다. 지금까지 제가 마셔 본 저가형 데일리 와인 중에서는 거의 최고 수준입니다. 당도가 살짝 높아 와인을 좋아하지 않는 사람도 쉽게 마실 수 있습니다. 액체라 부피에 비해 무게가 좀 있어 한국으로 가져오는데 애로사항이 있습니다만 도착 후에는 '더 많이 사올 걸'하며 후회하곤 합니다.

어디서 살까?

삶의 냄새가 나는 곳, 전통 시장

전통 시장은 그 나라 식생활의 질박한 민낯이 전시되는 곳이다. 이탈리아의 시장에는 여행 중 꼭 사고 싶었던 아이템들과 더불어, 현지인들의 삶이 순박하고 유쾌한 냄새를 풍기며 기다린다. 흥정과 시식, 유쾌한 웃음이 기다리는 전통 시장으로 함께 떠나 보자.

Campo de' Fiori

로마

로마 한복판에 시장꽃이 피었습니다

캄포 데 피오리

캄포 데 피오리는 '꽃이 핀 들판'이라는 뜻이다. 중세까지는 목초지였는데, 주변에 건물과 도로가 생겨나면서 자연스럽게 광장이 형성됐다고 한다. 초창기에는 여러 목적으로 쓰이다 19세기 중반부터 시장이 생겨나 지금까지 이어지고 있다. 청과물 시장과 가공식품 시장이 적당히 섞인 곳으로 트러플 소스나 파스타, 치즈, 모카 포트 등을 저렴하게 구매할 수 있다.

VOL.2 INFO P.315 MAP P.307C

Mercato Trionfale

진짜배기 로마노들의 시장

트리온팔레 시장

캄포 데 피오리가 너무 관광객 대상이라 도저히 성에 차지 않는 '만렙' 여행자라면 트리온팔레 시장을 찾아가 보자. 로마 중심가 일대에서 가장 큰 전통 시장으로 알려져 있다. 매대 수가 300여 개에 이를 정도로 많아, 청과물 · 유제품 · 고기 · 반조리 식품 · 가공식품 등을 다양하게 만나볼 수 있다. 가격도 슈퍼마켓이나 캄포 데 피오리보다 훨씬 저렴하다.

VOL.2 INFO P.331 MAP P.316A

Mercato Centrale Firenze

피렌체

전통과 현대의 근사한 크로스

피렌체 중앙시장

19세기부터 영업 중인 피렌체의 대표적인 전통 시장이다. 2014년 대대적으로 보수해 쾌적하고 세련됐지만 질박한 옛맛은 살아 있는 멋진 시장으로 변신했다. 1층에서 식료품과 기념품, 선물용품 등을 판매하고, 2층에는 대형 푸드코트가 있다. 트러플을 비롯한 각종 병조림과 소스는 전반적으로 슈퍼마켓보다 더 저렴하다. 푸드코트는 메뉴와 업종이 다양한데 가격 대비 맛이 좋다.

VOL.2 INFO P.482 MAP P.473C

보이면 들어가자!

이탈리아 대표 수퍼마켓 체인

ESSELUNGA

Carrefour

에셀룽가 Esselunga

이탈리아 토착 슈퍼마켓 브랜드로, 주로 초대형 매장으로 운영한다. 깔끔하고 시원시원한 진열과 저렴한 가격이 큰 장점. 밀라노 일대에서 가장 많이 보인다.

쿱 Coop

이탈리아에서 가장 오래되고 흔한 슈퍼마켓 체인으로, 1854년에 토리노에서 최초로 문을 열었다. 시내 중심가의 편의점만 한 소규모 매장부터 교외의 초대형 매장까지 다양한 형태로 운영된다.

까르푸 Carrefour

프랑스 원조의 슈퍼마켓 체인으로, 이탈리아 곳곳에서 쉽게 볼 수 있다. 특히 편의점보다 조금 더 큰 규모의 도심형 슈퍼마켓 브랜드 까르푸 익스프레스(Carrefour Express)가 많이 보인다.

스파르 Spar

이탈리아 식재료를 중점적으로 취급하는 데스파르(Despar), 대형 매장으로 운영하는 인테르스파르(Interspar)와 에우로스파르(Eurospar) 등의 하위 브랜드가 있다.

리들 Lidl

독일 원조의 대형 슈퍼마켓 체인으로, 대부분 초대형 규모의 할인 매장으로 운영된다. 주택가 및 고속도로변에서 주로 발견된다.

심플리 마켓 Simply Market

프랑스의 대형 슈퍼마켓 체인 오샹(Auchan)에서 운영하는 하위 브랜드. 이탈리아 식재료를 주로 취급하는 푼토 심플리(Punto Simply)도 있다.

팜 Pam

이탈리아의 로컬 슈퍼마켓 및 편의점 브랜드로, 주로 북부 지역에서 발견된다.

THEME 15
잡화

메이드 인 이탈리아

이탈리아 쇼핑의 핵심은 단연 명품 브랜드와 식료품이다. 그러나 그것이 전부는 아니다. 이탈리아를 여행한 사람들은 생각지도 못했던 이런 저런 꿀템들을 잘도 사오곤 한다. '잡화'라고 쓰고 '이런 건 도대체 어디서 팔까'라고 읽는 이탈리아산 브랜드와 아이템에 대해 알아보자!

모카 포트의 명가 비알레티 Bialleti

BIALETTI

모카 포트(Moka Pot)는 거창하고 비싼 에스프레소 머신 없이도 집에서 간편하게 맛있는 에스프레소를 마실 수 있게 해주는 기특한 물건이다. 물 그릇–필터–커피 주전자의 3층 구조로 되어 있는데, 불에 올리면 물 그릇 속의 물이 끓고, 그 압력으로 필터에 들어 있는 분쇄 원두에서 에스프레소가 추출되어 커피 주전자로 용솟음친다. 이 기특한 주전자를 세계 최초로 만든 곳이 다름아닌 이탈리아의 비알레티. 비슷한 모조 제품이 수없이 많지만 뭐니뭐니해도 모카 포트는 비알레티의 제품이 최고라고. 추출되는 잔 수에 따라 크기와 가격이 조금씩 달라진다. 모카 포트는 나만 없고 남들 다 있다고 생각했던 커피 애호가라면 이탈리아 여행 중 꼭 하나쯤 장만해 볼 것.

모카 포트의 구조. A에 물을 넣고 B에 원두 가루를 채워 불에 올리면 물이 끓어 수증기의 압력으로 뜨거워진 물이 위로 솟구쳐 오르며 C에 추출된 커피가 채워진다.

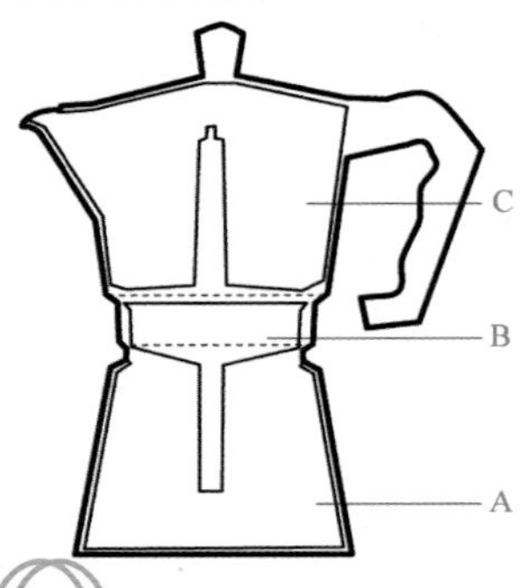

모카 포트 3컵용의 일반 매장 가격은 €20~25 안팎으로 한국의 인터넷 쇼핑과 큰 차이가 없다. 아웃렛+세일 찬스를 노릴 것.

기본 은색 외에도 다양한 색이 출시되어 있다. 인기 제품은 이탈리아 국기 컬러를 응용한 3색 디자인.

어디서 살까?

아웃렛 베네치아 노벤타, 밀라노 세라발레, 로마 카스텔 로마노 등에 비알레티의 매장이 있다. 상시 20~40% 할인된 가격으로 판매하며 세일 때는 50% 이하 가격도 흔히 볼 수 있다. 시내보다 매장도 크고 제품 구색도 더 다양하다.

시내 매장 및 백화점 로마, 베네치아, 피렌체 등 대도시에서는 어디서나 단독 매장을 쉽게 볼 수 있고, 리나센테 백화점의 거의 모든 지점에도 입점해 있다. 단, 매장이 그다지 크지 않아 원하는 물건이 없을 수 있고, 세일 기간이 아니라면 한국과 가격 차이가 거의 없다.

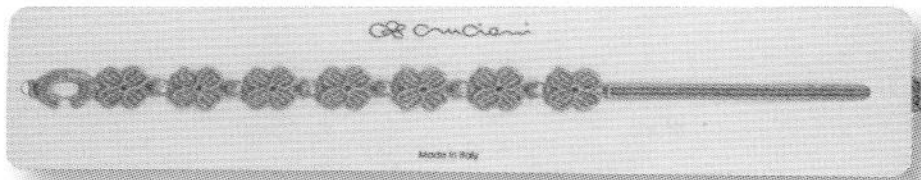

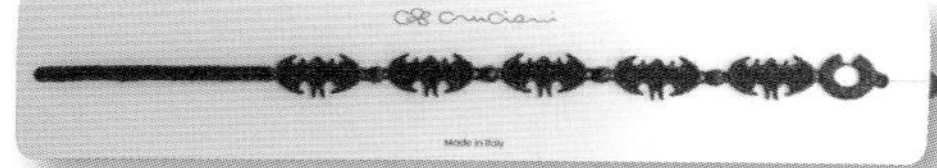

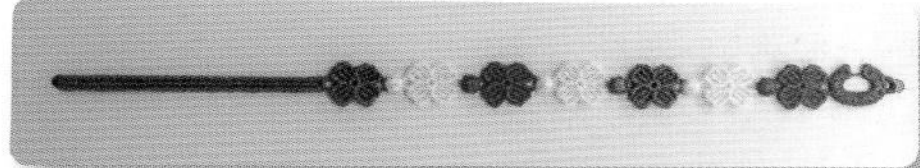

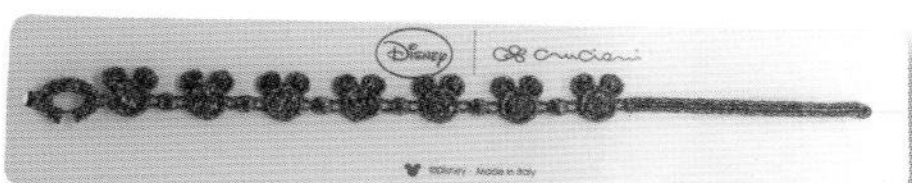

내 손목 위의 이탈리아

크루치아니

Cruciani

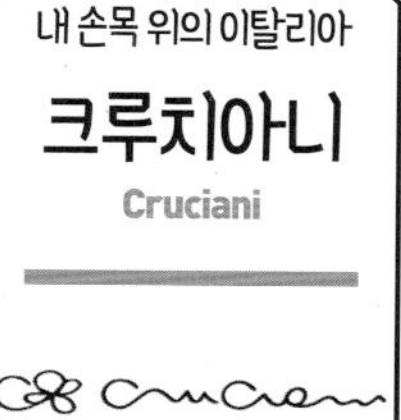

지금은 좀 덜하지만 한때 크루치아니 팔찌는 최고 인기 아이템 중 하나였다. 얇고 단순하면서 세련된 디자인의 레이스 팔찌로, 캐주얼이나 정장 어디에나 자연스럽고 멋스럽게 연출 가능하기 때문. 원래 크루치아니는 움브리아주를 기반으로 한 텍스타일 브랜드로서, 주력 상품은 양모 스웨터이다. 그 외에도 모자, 가방, 액세서리류를 골고루 생산하나 2000년대 중후반 레이스 팔찌가 세계적으로 '대박'이 나면서 일약 레이스 팔찌의 대명사로 부상한다. 지금도 여전히 이탈리아를 여행할 때 하나쯤은 사고 싶은 아이템인 것은 분명하다. 한국에서도 저렴한 가격으로 수입 중이나 현지에서는 훨씬 더 다양한 디자인, 특히 배트맨이나 디즈니, 별자리 등 국내에 잘 들어오지 않는 디자인의 팔찌를 구할 수 있다.

어디서 살까?

몇 년 전까지는 대도시에 브랜드 단독 매장이 있었으나 최근은 모두 문을 닫은 추세. 소규모의 부티크나 셀렉트 숍에서 취급하는 경우가 많다. 가장 대표적인 것이 아래 소개하는 로마의 부티크 숍이다.

쇼즈 부티크 Choses Boutique

VOL.2 INFO P.305 MAP P.297C

치약계의 샤넬

마비스
Marvis

MARVIS

'패셔너블한 치약'이라는 말은 뭔가 좀 어색하다. '아름다운 라면'이나 '청초한 계면활성제'처럼 전혀 상관없는 단어의 조합 같다. 그런데 그 어려운 걸 해낸 치약 브랜드가 있다. 이름하여 이탈리아의 명품 치약 마비스다. 마비스가 출시된 1958년 당시에는 강력한 미백 효과와 청량한 민트 향 덕분에 흡연자들 사이에서 큰 인기를 누렸다고 한다. 그러나 1970~1980년대 들어 회사가 내리막에 접어들고 마비스도 시장에서 자취를 감추었다. 그러다 1997년 피에솔레의 한 회사가 마비스를 인수했는데, 이번에는 패션 피플들을 사로잡으며 세계 치약계의 최고 명품으로 자리매김한다. 보통 치약들보다 약간 비싸긴 하나 그것조차 '명품'의 조건이라고 생각하면 수긍할 수 있다. 총 7개 맛, 용량은 풀 사이즈(85ml)와 미니 사이즈(25ml) 가 있다. 가격은 판매점이나 종류별로 조금씩 다르나 보통 풀 사이즈가 €3~5 정도이며, 2+1 프로모션도 흔히 찾아볼 수 있다.

Writer's Note 마비스는 어디에?
의외로 대형 슈퍼마켓에서는 마비스를 보기 힘든 경우가 많습니다. 특히 주요 취급 품종이 식품인 곳이나 완전 동네 사람을 대상으로 장사하는 곳에는 더욱 없습니다. 아무래도 관광객 아이템이라는 인식이 강한 듯 해요. 꼭 구매하고 싶다면 드러그 스토어를 중심으로 찾아보는 것을 추천합니다.

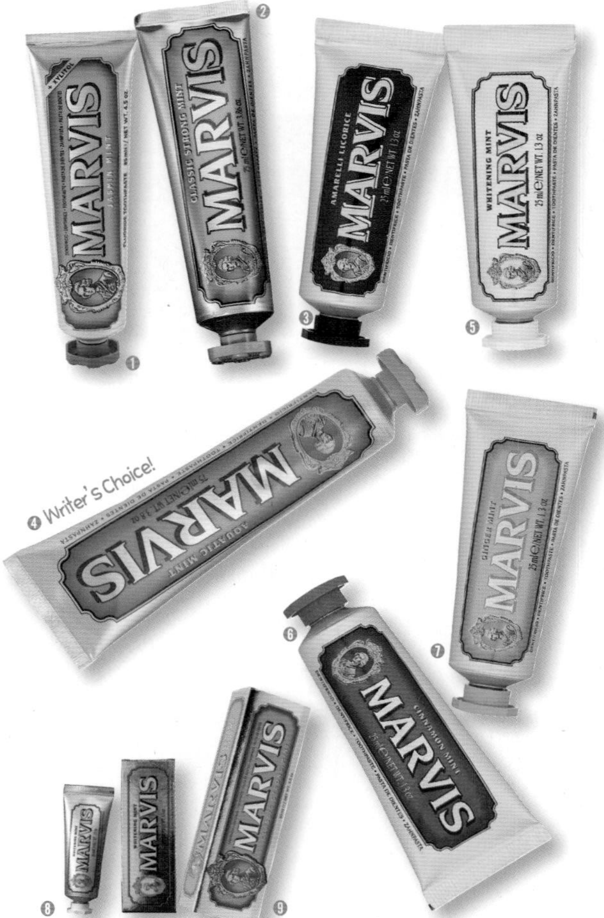

❶ **재스민 민트** Jasmin Mint 재스민과 민트 향이 의외로 개운하게 어우러진다. ❷ **클래식 민트** Classic Mint 민트 껌 한 통을 다 씹는 듯한 강렬한 민트 향. ❸ **아마렐리 리코리체** Amarelli Licorice 감초 맛. 민트 향과 더불어 은은한 달콤함이 감돈다. ❹ **아쿠아틱 민트** Aquatic Mint 깨끗하고 가벼운 민트 향. 살짝 달콤하다. ❺ **화이트닝 민트** Whitening Mint 화이트닝 효과가 있는 기능성 치약 ❻ **시나몬 민트** Cinnamon Mint 계피 향과 민트의 조화. 생각보다 계피 맛이 강하다. ❼ **진저 민트** Ginger Mint 생강 맛이 나는 민트 치약. 잇몸 질환 예방에 도움이 된다고 한다. ❽ 미니 사이즈 ❾ 풀 사이즈 패키지

어디서 살까?

드러그 스토어 일정 규모 이상의 드러그 스토어에서는 거의 반드시 판매한다. 특히 로마·피렌체·밀라노 같은 대도시의 중앙 기차역 내 드러그 스토어는 100%라고 봐도 무방하다.

동네 슈퍼마켓 동네마다 있는 조그만 슈퍼마켓에서 은근히 마비스를 저렴한 가격에 판매하는 경우가 많다. 특히, 에어비앤비나 한인 민박, 호스텔이 밀집한 지역의 슈퍼마켓은 마비스를 살 수 있는 확률이 높다.

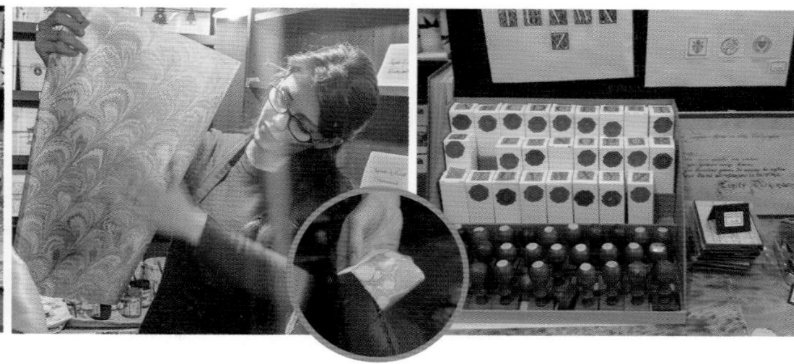

안 써도 갖고 싶은 예술적인 문구
일 파피로
Il Papiro

근사한 깃털 만년필, 중세를 배경으로 한 영화에서나 보던 밀랍 인장, 한 장 한 장 이태리 장인의 손길로 만든 것 같은 노트. 이런 고급 문구는 단 한 번도 쓰지 않고 장식장 안에 평생을 두는 한이 있더라도 꼭 하나쯤 갖고 싶다. 일 파피로는 이탈리아에서 고급 문구류를 구매하고 싶을 때 가장 손쉽게 찾아갈 수 있는 곳이다. 이탈리아의 대도시에는 그 도시를 대표하는 고급 문구점이 한두 개씩 있다. 일 파피로는 피렌체의 대표 선수였으나, 최근에는 이탈리아 전국으로 지점을 확대하고 나아가 전 세계로 뻗어나가는 중이다. 이곳의 대표 상품은 마블링 페이퍼(Marbling Paper)로, 유성 물감을 물 위에 뿌려 마블링 무늬를 만든 뒤 종이에 찍어내 만든다. 운이 좋으면 점포 내에서 마블링 페이퍼를 제작하는 것을 직접 볼 수도 있다. 형형색색 오묘한 무늬의 마블링 페이퍼를 이용하여 만든 노트, 액자, 엽서, 편지지 등을 판매하며, 물론 마블링 페이퍼도 따로 판매한다.

피렌체의 명소를 일러스트로 담은 엽서 각 €4

깃털로 만든 미니 깃펜 €17.5

마블링 페이퍼로 만든 집게 4개 패키지 €9

어디서 살까?

피렌체 두오모점
VOL.2 INFO P.488
MAP P.473G

THEME 16
화장품

피부 고민 & 선물 고민 두 마리 토끼를 잡는다!

이탈리아는 천혜의 자연과 유구한 역사, 뛰어난 미적 감각을 지닌 나라다. 이 세 가지가 그럴듯한 조합을 이루는 지점에 이탈리아의 화장품이 있다. 비옥한 땅에서 생산되는 허브와 천연 재료를 이용하여 전통적으로 전해 내려오는 비법으로 제조한 질 좋은 천연 기초 화장품, 그리고 타고난 유전자에 흐르는 뛰어난 색채 감각으로 빚어낸 색조 화장품이 이탈리아를 방문하는 '코덕'의 손길을 기다린다. 가격까지 착한 편이라 선물용으로도 부담 없다. 피부 보호를 위해 이탈리아산 수분 크림만 쓴다는 모 배우의 소문을 들어본 적 있다면, 이제는 스스로 체험해 볼 차례다.

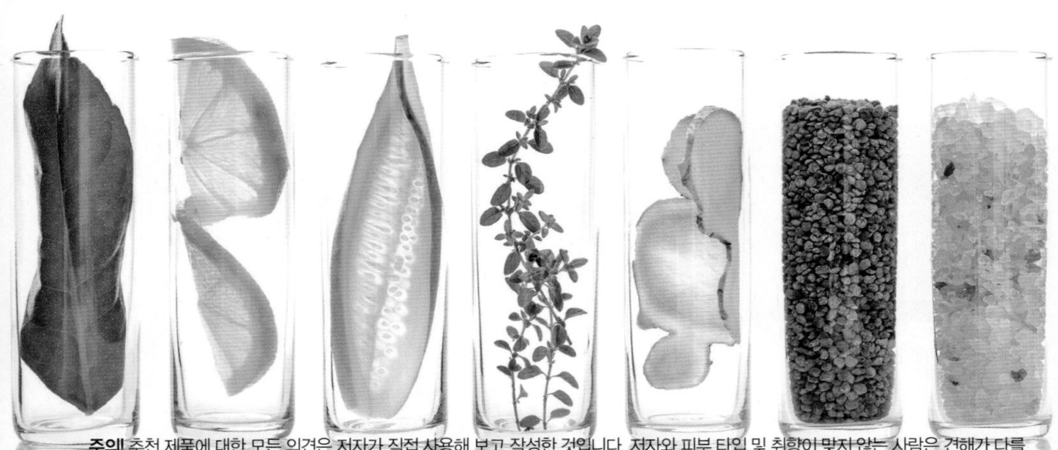

주의! 추천 제품에 대한 모든 의견은 저자가 직접 사용해 보고 작성한 것입니다. 저자와 피부 타입 및 취향이 맞지 않는 사람은 견해가 다를 수 있습니다. 저자는 중성 & 약민감성 피부이며 진한 향과 알코올에 민감한 편입니다.

산타 마리아 노벨라 약국

이탈리아 수도원 화장품의 간판 스타

과거 수도원은 단순한 종교 시설이 아니라 지금의 대학과 같은 교육 · 연구 기관을 겸하는 곳이었다. 개중에는 의 · 약학으로 일가를 이룬 수도원도 있었는데, 의약품과 더불어 화장품도 개발하는 곳이 적지 않았다. 피렌체의 대표적인 성당 중 하나인 산타 마리아 노벨라 대성당 수도회의 부설 약국이 바로 그 대표적인 예다. 1612년 창설된 이래 세계적인 품질의 천연 화장품을 생산 · 판매하고 있는데, 피렌체 중심가에서 약 3km 떨어진 공방에서 전통 재료와 방식을 고스란히 지키며 생산 중이다. 현재는 국내에서 정식 수입 판매 중인데, 아이템에 따라 현지 가격의 1.2~2배까지 비싸다. 이탈리아에서는 택스 리펀드까지 가능하므로 가급적이면 현지에서 사는 것이 이득. 대형 매장에는 한국인 직원도 있어 쉽게 도움을 받을 수 있다.

피렌체 본점 **VOL.2** INFO P.486 MAP P.472E

크레마 이드랄리아
Crema Idralia €75 (50ml)

장미 향이 은은하게 나는 수분 크림. 일명 '고X정 크림'으로 알려진 것으로, 산타 마리아 노벨라 화장품이 한국에서 유명해진 계기가 되었다.

크레마 알 폴리네
Crema Al Polline €70 (50ml)

꽃가루와 엑스트라 버진 올리브유로 만들어진 크림으로, 장미 향과 더불어 기분 좋은 꿀 냄새가 난다. 피부 재생 및 주름 방지에 탁월한 효과를 보이는 것으로 유명하다.

크레마 카렌둘라
Crema Carendula €30 (100ml)

금잔화 성분이 들어간 크림으로 민감성 피부 및 각종 트러블에 좋다. 금잔화 성분이 열감을 가라앉히고, 크림과 로션의 중간 정도의 제형이라 여름 피부 관리용으로도 딱!

아쿠아 디 로제
Acqua Di Rose €24(250ml)

장미수가 들어간 화장수. 산타 마리아 노벨라 약국에서 가장 최초로 만든 화장품이라고 한다. 깔끔하고 산뜻한 느낌으로 피부 정돈용 토너, 일명 '닦토'로 쓰기 좋다.

Writer's Note

산타 마리아 노벨라 약국, 어디로 갈까?

이제는 산타 마리아 노벨라 약국의 매장을 이탈리아 전국에서 볼 수 있습니다. 물품 구매만 할 거라면 아무 데나 가도 되겠지만, 그래도 저는 가급적 피렌체 본점에 들러 보는 것을 권하고 싶습니다. 매장의 규모나 제품의 구색이 다른 지점과 비교가 되지 않을 뿐더러 인테리어도 매우 아름답거든요. 예쁜 기념 사진 남기기도 딱이랍니다. 만약 피렌체를 여행하지 않을 예정이면 로마 매장이 차선이 될 것 같네요.

안눈치아타 약국

뚝배기보다 장맛이 진한 레어 아이템

산타 마리아 노벨라보다 낮은 인지도에, 상품의 패키지도 꽤나 허술해서 '정말 괜찮은 제품 맞나'라는 의문이 생길 수 있다. 그러나 알고 보면 정말 괜찮다. 피렌체에서 르네상스가 절정에 달했던 1561년에 문을 열어 450년 이상의 역사를 이어오고 있는 유서 깊은 약국이다. 현재는 가족이 경영하는 소규모 기업인데, 재료의 질과 배합 등은 전통 방식을 고수하고 제조 공정과 위생 관리는 현대화하여 품질 좋은 제품을 생산한다. 피렌체 외에 매장이 없어서 한국은커녕 이탈리아의 다른 지역에서도 구하기 쉽지 않다. 여행에서 돌아와 제품을 써보고는 '더 사왔어야 됐다'며 울부짖는 사람들도 있을 정도. 매장에서 직접 테스트해 보고 잘 맞는다 싶으면 짐과 경제적 여건이 허락하는 한에서 충분히 쟁여올 것.

피렌체 VOL.2 INFO P.488 MAP P.473H

카말돌리 수도원 약국

천년 된 수도원의 가성비 최강 크림

카말돌리 수도원은 몹시 깊은 시골에 있다. 변변한 대중교통도 없어 하루에 몇 번 안 다니는 버스를 타거나 거액을 주고 택시를 이용해야 한다. 이곳은 역사가 무려 11세기까지 거슬러 올라가는 유서 깊은 수도원으로, 14세기부터 약품과 해독제를 만들었고 19세기부터 본격적으로 화장품을 생산했다고 한다. 가격이 저렴한 데다 보습이 아주 뛰어난 것이 장점. 단, 민감성 피부라면 가려움이나 따가움을 느낄 수도 있다. 워낙 산골짜기 수도원에서 만드는 제품이라 유통이 제한적이라는 것이 단점. 직영점은 아예 없고, 중부 및 북부의 몇몇 화장품 숍과 드러그 스토어, 그리고 뜬금없지만 피렌체의 박물관과 성당 몇 곳의 기념품 숍에서 판매 중이다. 한국인들에게 유난히 인기가 많아 파는 곳마다 한국어 표시를 쉽게 볼 수 있다.

베네치아 VOL.2 INFO P.363 MAP P.354B

토니코 알라 로사
Tonico alla Rosa €27 (250ml)
안눈치아타 약국의 간판 아이템 중 하나인 장미 토너. 알코올이 없어 민감한 피부에도 안심하고 쓸 수 있다.

크레마 이페리드라탄테
Crema Iperidratante €70 (75ml)
카렌듈라 보습 크림과 더불어 안눈치아타 약국 최고의 인기 아이템인 보습 크림.

크레마 라브라 프로폴리
Crema Labbra Propoli €21 (7ml)
프로폴리스가 함유된 튜브 타입 립 크림. 건조하고 잘 트는 입술에 좋다.

고보습 크림
Crema Idratante Profonda €17.2 (50ml)
반나절 이상 바른 자리를 촉촉하게 유지시켜주는 수분 폭탄 크림. 베이비 파우더와 비슷한 향이 아주 은은하게 나긴 하나 거의 향이 없는 편이다. 한여름만 아니면 모든 계절에 OK.

네베 디 카말돌리
Neve di Camaldoli €17.2 (50ml)
'카말돌리의 눈(Snow)'이라는 낭만적인 이름을 가진 크림으로, 장미 추출물이 함유돼 은은한 장미 향이 난다. 보습 효과가 좋아 건조한 피부에 적합하다.

주름 개선 크림
Crema Antirughe €17.2 (50ml)
호호바 오일, 아보카도 오일 등 천연 식물성 오일이 함유되어 주름 개선에 도움을 주는 기능성 크림.

이탈리아의 화장품 멀티 숍

화장품 마니아라면 기왕 유럽까지 갔는데 결코 이탈리아 브랜드에서 끝내고 싶지는 않을 것이다. 맥, 나스, 어반 디케이 등 유명 코스메틱 브랜드의 신상품 중 한국에 들어오지 않는 것, 또는 한국에서는 가격이 지나치게 비싼 아이템들은 유럽 여행 중 하나쯤 꼭 업어오고 싶을 것이다. 다행히 이탈리아에는 유럽에서 가장 잘나가는 화장품 멀티 숍 브랜드는 거의 다 들어와 있다. 눈에 띄는 곳부터 차근차근 공략해 볼 것!

세포라 SEPHORA

프랑스 파리가 원조지만 이제는 전 세계 어디를 가도 쉽게 찾아볼 수 있는 화장품 멀티 숍의 대명사. 한국에도 얼마 전에 들어왔으나 아쉽게도 금세 철수했다. 주로 미국과 유럽의 다양한 브랜드가 입점해 있고, 간간히 라네즈나 에뛰드 하우스 같은 한국 브랜드를 들여 놓은 매장도 있다.

마리오노 Marionnaud

세포라보다는 인지도가 낮지만 규모와 역사는 결코 뒤지지 않는 프랑스의 화장품 멀티 숍 브랜드. 유럽을 중심으로 전 세계의 유명 브랜드 화장품을 충실히 갖추고 있고, 한국에는 거의 소개되지 않는 자체 상품도 출시한다. 이탈리아에서는 주로 피렌체 북쪽(중북부) 지방에서 매장을 찾아볼 수 있으며, 매장의 규모는 대부분 중간 정도.

더글러스 Douglas

독일의 화장품 멀티 숍 브랜드로, 향수와 색조 화장품에 강하다. 유럽의 유명 브랜드와 이탈리아의 로컬 브랜드 제품을 한자리에서 다양하게 만나볼 수 있다. 이탈리아에서 의외로 자주 눈에 띄는 매장으로, 남부를 제외하고는 거의 전 지역 소도시까지 구석구석 자리하고 있다.

코인 Coin

이탈리아의 중·소규모 백화점 및 쇼핑몰 브랜드로, 이탈리아 로컬 화장품을 중심으로 유럽 화장품 브랜드가 다양하게 입점해 있다. 원래는 의류, 잡화, 화장품 등 다양한 상품을 취급하나 중심가 매장 중에는 화장품 위주로 구색을 갖춘 곳들이 간간히 눈에 띈다. 자체 상품도 있으므로 레어 아이템을 찾는 눈 높은 쇼퍼라면 꼭 들러볼 것.

THEME 17
기념품

이탈리아를 기억나게 하는, 조금 특별한 물건들

여행을 하면서 기념품 한 번 사 보지 않은 사람은 없을 것이다. 기념품은 보통, 며칠 동안은 흐뭇하게 눈에 잘 띄는데 있다가 어느 순간 슬그머니 관심 밖으로 사라져 뽀얗게 먼지를 뒤집어 쓰기 마련. 자리를 지키고 있는 것 외에는 딱히 실용성은 없는 물건들이 대부분이다. 그러나 함부로 '예쁜 쓰레기' 취급은 하지 말자. 여행의 행복한 순간을 떠올리게 해 주는 것만으로도 기념품은 제값을 충분히 하고도 남으니까. 이탈리아 여행의 추억을 타임 캡슐처럼 간직해 줄, 쓸모는 적지만 예쁘고 설레는 물건들을 하나하나 소개한다.

SOUVENIR

01 Roma

로마

로마는 이탈리아의 수도이자 관광의 중심이지만 생각만큼 매력적인 기념품은 많지 않다. 일단 대부분의 기념품이 가톨릭 신앙과 연관되어 있어 신자가 아니라면 선뜻 손이 가지 않고, 저렴하고 조잡한 것이 많다 보니 상대적으로 품질 좋고 아이디어 넘치는 기념품은 존재감 없이 묻힌다. 그러나 번뜩이는 안목과 휘몰아치는 충동이 있다면 그중에서 쓸 만한 물건 몇 개 집어내는 것은 절대 어렵지 않을 것이다.

목제 묵주 팔찌 타우 십자가가 달린 단순한 디자인의 묵주 팔찌. 가톨릭 신자가 아니더라도 부담 없이 구매할 만하다. **€2**

성모자 카드 & 동전 지갑 중세 스타일의 성모자상이 그려진 카드 겸 동전 지갑. **€3**

산 조반니 인 라테라노 대성당 Basilica di San Giovanni in Laterano

로마에서 가장 흔한 기념품은 가톨릭 성구 및 회화 관련 제품으로, 거의 모든 성당의 기념품 숍에서 대동소이한 물건을 취급한다. 최근 가장 인기 있는 아이템은 프란치스코 교황의 얼굴이 들어간 상품.

VOL.2 INFO P.279 MAP P.275D

장식용 종 콜로세움 디자인이 들어간 작은 종. 콜로세움이 빙빙 돌아간다. **€2**

열쇠고리 겸 손톱깎이 이탈리아 국기를 가슴팍에 새긴 곰돌이와 콜로세움이 그려진 손톱깎이가 달린 열쇠고리. **€3**

콘칠리아치오네 거리 Via della Conciliazione

바티칸에서 테베레강 가로 이어지는 큰길로, 길 양옆에 기념품 숍이 촘촘하게 들어서 있다. 이 외에도 바티칸 경내 바깥쪽에는 기념품을 파는 노점 및 상점이 즐비하다.

VOL.2 INFO P.331 MAP P.316B

SPQR 마그넷 로마시의 상징 문구인 'SPQR'이 새겨진 마그넷. 질감이 대리석과 매우 비슷하다. **€3**

고양이 달력 로마 구석구석에 살고 있는 길고양이의 사진으로 열두 달을 구성한 달력. **€2.5**

코인 Coin

테르미니 역내에 자리한 쇼핑몰 코인(Coin)에는 기념품 매장 디스커버 로마(Discover Roma)가 숍 인 숍 형태로 자리하고 있다. 테르미니 역 주변에서 가장 괜찮은 기념품을 판매한다.

VOL.2 INFO P.281 MAP P.275C

AS 로마 스냅 백 로마를 대표하는 세리에 A구단 AS 로마의 엠블럼이 들어간 스냅 백. **€30**

AS 로마 스토어
AS Roma Store

로마가 연고지인 축구 구단 AS 로마의 공식 굿즈를 판매하는 숍. 레플리카 유니폼을 비롯한 다양한 상품을 판매한다. 나이키 제품이라 퀄리티도 좋은 편.

VOL.2 INFO P.305 MAP P.297C

Writer's Note 미남 신부님 달력을 아시나요?

로마를 대표하는 기념품 중에는 잘생긴 신부님의 사진을 모아서 만든 달력이 있습니다. 1년 열두 달 총 12장의 신부님 사진이 들어 있는데요, 정말 깜짝 놀랄 정도의 미남들이 등장합니다. 이분들이 정녕 성직자인가, 성직자의 옷만 입은 모델이 아닌가 의심스러울 정도죠. 실제로 외국의 여행 커뮤니티에서는 '신부님이라는 것은 다 뻥이다'라는 말도 나옵니다. 그런데 이분들, 진짜 신부님들이 맞다고 하네요. 이 달력의 사진은 베네치아의 사진작가 피에로 파치(Piero Pazzi)가 2003년부터 해오고 있는 작업으로, 매년 성 주간(Holy Week)에 바티칸을 방문해 그곳에서 눈에 띄는 미남 신부님을 촬영하고 있다고 합니다. 순수하게 바티칸의 진면목을 보여주려는 것이 목적이라고 합니다만, 과연 사람들이 그 뜻을 알아 주는지는 조금 의문입니다. 어쨌든 이 달력은 바티칸 주변부터 로마 시내 곳곳의 기념품 숍에서 판매 중입니다. 가격은 가게마다 조금씩 다른데 €6~10 정도입니다.

02 Nord

베네치아

북부 이탈리아

북부는 로마에 버금가는 이탈리아 최고의 관광 도시 베네치아, 이탈리아 경제·산업의 중심지 밀라노, 토리노, 이렇게 세 곳이 중심이라 할 수 있다. 베네치아는 지역의 특성을 살린 기념품류와 공예품이, 밀라노와 토리노는 브랜드의 MD 굿즈가 주종목이다. 어느 쪽이든 마음과 지갑이 쉽게 열린다는 점에서는 마찬가지.

❶ **코메디아 델라르테 엽서** 16~18세기에 유행한 희극 무대 '코메디아 델라르테(Commedia dell'Arte)'의 등장인물을 그린 엽서. 각 **€3** ❷ **책갈피** 심통 난 고양이 모습 일러스트가 들어간 합성 피혁 책갈피 1개당 **€2**

아쿠아 알타 서점
Libreria Acqua Alta

여기서 샀다!

산만하지만 유쾌하고 컬러풀한 인테리어 덕에 인스타그램 명소로 유명하다. 각종 기념품도 판매하는데, 고양이를 키우고 있는 탓인지 유난히 고양이 관련 기념품이 많다.

VOL.2 INFO P.362 MAP P.355C

❶ **스프리츠 에코 백** 베네치아 원조의 이탈리아 국민 아페리티보 칵테일 스프리츠를 모티프로 한 프린트의 에코 백. 같은 디자인의 티셔츠도 있다. **€14** ❷ **노트** 베네치아의 명물 두칼레 궁전과 바포레토를 세련되게 표현한 디자인의 노트. **€8** ❸ **엽서** 사은품 엽서. 산 마르코 종탑이 물에 잠기고 그 위에 곤돌라가 유유히 떠가고 있다.

필링 베니스
Feelin' Venice

여기서 샀다!

베네치아의 젊은 예술가와 디자이너들이 모여 만든 기념품 전문점으로, 베네치아의 명물들을 세련되고 참신한 도안으로 표현한 티셔츠, 에코 백, 노트, 마그넷 등을 선보인다. 식상하지 않고 실용성 높은 기념품을 원하는 사람에게 추천.

VOL.2 INFO P.364 MAP P.355C

❶ **곤돌리에 마그넷** 베네치아의 사나이, 곤돌라 뱃사공 '곤돌리에'가 매우 귀엽게 표현된 마그넷. **€2** ❷ **십자군 피겨** 중세 시대, 베네치아의 십자군을 묘사한 피겨. **€12** ❸ **곤돌라 스노 글로브** 곤돌리에가 모는 곤돌라 위에 베네치아의 명물을 담은 스노 글로브가 담긴 것. **€8**

리알토 시장
Mercato Rialto

여기서 샀다!

리알토 다리 서쪽 끝에 자리한 시장으로, 약 100m 남짓한 길과 광장에 기념품 상점과 좌판이 줄지어 성업 중이다. 베네치아의 여느 기념품 상점에서 파는 것은 대부분 이곳에서도 구할 수 있으며 가격도 가장 쌀 확률이 높다. VOL.2 INFO P.359 MAP P.355C

'위대한 근현대 화가' 필통 영국의 디자이너 앤디 투오이(Andy Tuohy)의 프로젝트 '위대한 근현대 화가(Great Modern Artists)' 시리즈 상품. 앤디 워홀, 살바도르 달리, 프리다 칼로, 피카소가 재미있게 표현되어 있다. **€14**

'위대한 근현대 화가' 안경집 '위대한 근현대 화가(Great Modern Artists)' 시리즈의 상품. 필통에는 없는 바스키아, 몬드리안, 리히텐슈타인, 클레 등이 포함되어 있다. **€14**

몬드리안 쇼퍼백 몬드리안의 작품인 〈구성(Composition)〉을 응용한 디자인의 비닐 소재 가방. 튼튼하고 물이 새지 않아 시장 가방으로 쓰기 좋다. **€14.5**

페기 구겐하임 컬렉션 Peggy Guggenheim Collection

세계 굴지의 미술 재단인 구겐하임 재단 현대 미술관. 뮤지엄 숍에서는 현대 미술 작품을 응용한 다양한 상품을 만나 볼 수 있는데, 미술관 밖에 별도의 매장으로 자리하고 있어 미술관 관람을 하지 않아도 들를 수 있다. VOL.2 INFO P.373 MAP P.366F

베네치안 마스크 베네치아 공화국 시민들의 비밀 파티에 사용되었던 마스크로, 베네치아 여행 기념품의 상징과 같다. 저렴한 것은 **€1**짜리도 있으나 아무래도 품질이 좋은 것은 가격대가 조금 나간다. **€30**

라 모레타
La Moretta

산 로코 스쿠올라 부근에 자리한 베네치아 마스크 전문 숍. 베네치아의 여러 기념품 숍에서 흔하게 파는 가면보다 한 차원 높은 고퀄리티의 가면을 판매한다.

VOL.2 INFO P.364 MAP P.354B

무라노 글라스 펜던트 투명한 유리 안에 작은 유리 조각이 촘촘히 들어 있어 햇빛에 비추면 오묘한 빛깔이 난다. 상점마다 가격 차이가 나므로 비교한 뒤 구매할 것.
작은 것 **€12**, 큰 것 **€15**

무라노 글라스 탁상시계
작은 유리 알갱이를 붙여 나무를 꾸며낸 섬세한 공예 시계. **€18**

폰다멘테 세레넬라 거리
Fondamenta Serenella

여객선 터미널부터 무라노섬을 왼쪽으로 ¼쯤 감싸고 도는 해안 산책로. 무라노 유리 공방과 상점이 줄지어 늘어서 있다.

VOL.2 INFO P.375 MAP P.375

밀라노

스타벅스 밀라노 텀블러
'MILANO'라는 글자가 박혀 있는 대형 텀블러. 찌그러진 것은 실수가 아니라 원래 디자인이다. **€30**

스타벅스 밀라노 스틸 컵
밀라노점의 로고가 세련되게 프린트된 스틸 컵. 몸통의 열전도율은 약간 높으나 손잡이는 뜨거워지지 않는다. **€20**

스타벅스 밀라노 컵 홀더 뜨거운 컵을 손으로 잡을 때 열전도를 낮춰주는 코르크 컵 홀더. **€16**

스타벅스 리저브 로스터리 밀라노
Starbucks Reserve Roastery Milano

스타벅스 리저브 밀라노점은 MD 상품 라인업이 빵빵한 것으로도 유명하다. 커피를 마시러 오는 사람보다 기념품을 사러 오는 사람이 더 많을 때도 있다.
VOL.2 INFO P.409 MAP P.404B

10 코르소 코모 우산
대부분의 상품이 명품 컬래버레이션 제품이라 가격대가 만만치 않으나 그중에서 압도적으로 저렴한 물건. **€30**

10 코르소 코모
10 Corso Como

명품 편집 숍과 아트 갤러리, 카페, 서점, 이벤트 스페이스가 결합된 복합 패션 공간. 우산·노트·열쇠고리 등의 기념품은 2층 서점에 있다. VOL.2 INFO P.395 MAP P.393A

잇탈리 쇼퍼백 매우 튼튼하고 실용적으로 만들어진 쇼퍼백. 컬러와 디자인도 예쁘다. **€9.8**

잇탈리 밀라노 스메랄도
Eataly Milano Smeraldo

고급 푸드 셀렉트 숍 체인 잇탈리의 밀라노 지점. 잇탈리 매장 중에서 토리노 본점과 더불어 이탈리아에서 가장 큰 매장이다. MD 상품 및 기념품은 토리노 본점보다도 더 다양하게 갖추고 있다. VOL.2 INFO P.397 MAP P.394A

토리노

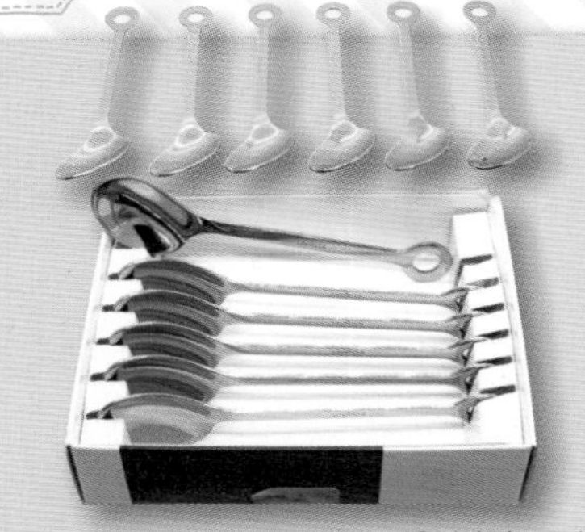

라바짜 에스프레소 스푼 세트 예쁘고 실용적인 것으로 소문난 라바짜 티스푼 6개들이 세트. **€15**

라바짜 커피 사탕 커피 가루로 만든 사탕. 진짜 커피 성분이 진하게 들어 있다. **€3**

라바짜 캡슐 커피 슈퍼마켓보다 좀 더 다양한 종류의 캡슐 커피를 만나볼 수 있다. 1개당 **€4.99**

라바짜 박물관

Lavazza Museum

토리노가 원조인 세계적인 커피 브랜드 라바짜 본사에 있는 박물관. 뮤지엄 숍에서는 원두 · 캡슐 커피를 비롯한 다양한 커피 관련 제품과 로고를 응용한 기념품을 판매한다. 뮤지엄 숍이 박물관 밖에 자리하고 있어 따로 방문 가능하다.

VOL.2 INFO P.455 MAP P.450B

유벤투스 기념 티셔츠 유벤투스가 이탈리아 축구 리그 왕중왕전 격인 '수페르코파 이탈리아나'에서 8회 우승한 것을 기념하는 티셔츠. **€24.95**

유벤투스 스토어

Juventus Store

이탈리아 세리에A 최고 명문 구단으로 손꼽히는 유벤투스 FC의 유니폼과 기념품을 판매하는 숍. 가장 인기 있는 아이템은 뭐니뭐니해도 레플리카 유니폼으로, 원하는 선수의 이름을 즉석에서 새길 수도 있다.

VOL.2 INFO P.457 MAP P.450C

볼로냐

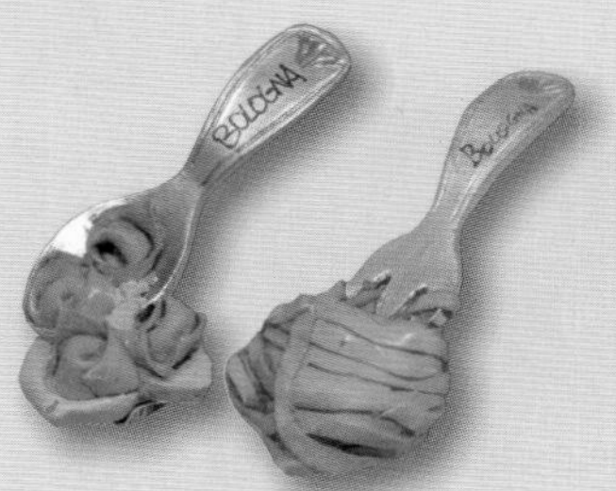

토르텔리니 마그넷, 탈리아텔레 마그넷 볼로냐의 명물 파스타 토르텔레니와 탈리아텔레를 재미있게 표현한 마그넷. 1개당 **€4**

라 보테가 델 레갈로

La Bottega del Regalo

볼로냐 역에서 시내로 가는 길목에 자리한 대형 기념품 상점. 예쁘고 특이한 기념품이 가득하다. 볼로냐에서 기념품을 보고 싶다면 딱 여기 한 군데만 가면 된다.

VOL.2 INFO P.443 MAP P.436B

03 Centrale

피렌체

중부 이탈리아

기념품을 좋아하는 사람이라면 피렌체를 비롯한 중부 이탈리아에서는 지갑 단속을 하는 것이 좋다. 마그넷이나 도자기 소품 등의 흔한 기념품부터 미술관·박물관 굿즈, 가죽 제품, 지역 특산 공예품 등 살 거리가 무궁무진하기 때문. 여기에 아웃렛과 로드 숍 쇼핑까지 더해지면 파산도 남의 일은 아니다.

명화 엽서 우피치 미술관에서 소장·전시 중인 작품을 담은 엽서. 눈에 띄는 주요 작품은 모두 엽서로 나와 있다고 봐도 좋다. 각 **€1**

〈비너스의 탄생〉 직소 보티첼리의 명화 〈비너스의 탄생〉을 엽서 크기의 직소 퍼즐로 만든 것. **€7**

여기서 샀다!

우피치 미술관 Galleria degli Uffizi

피렌체에 있는 뮤지엄 숍에서는 모두 비슷한 물건을 판매하지만, 우피치 미술관이 가장 규모와 구색 면에서 뛰어나다. 엽서•도록 같은 기본적인 기념품부터 명화를 응용한 우산•스카프 등의 패션 아이템까지 매우 다양한 상품이 있다.

VOL.2 INFO P.492 MAP P.490B

가죽 열쇠고리 도마뱀과 부엉이가 재미있게 표현된 소가죽 열쇠고리. 이 외에도 고양이·강아지·말 등 다양한 동물 모양이 있다. 각 **€4** (실제 구매 각각 **€**3)

여기서 샀다!

산 로렌초 시장 Mercato di San Lorenzo

주로 가방이나 의류, 지갑 등의 제품이 많으나 간단한 기념품도 판매한다. 가격은 흥정하기 나름이며 여러 개를 사면 좀 더 깎기 쉽다. VOL.2 INFO P.487 MAP P.473C

가죽 장갑 내 손의 피부처럼 밀착되는 착용감으로 유명한 피렌체의 명물 장갑. 디자인과 색을 고르면 그 자리에서 바로 시착해 준다. **€53.5**

여기서 샀다!

마도바 Madova

피렌체 '잇' 아이템으로 오랫동안 사랑받고 있는 가죽 장갑 전문점. €40~100 정도의 비교적 고가이나 우리나라에서는 2~3배의 가격으로 판매한다.

VOL.2 INFO P.500 MAP P.490F

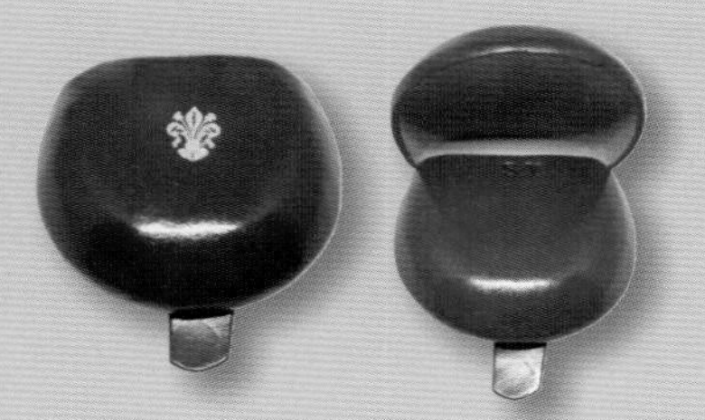

가죽 동전 지갑 피렌체 문장과 이름의 이니셜을 새겨주는 가죽 공예 동전 지갑. 신용카드가 대세인 세상에 쓸모는 좀 의문이나 멋 하나는 최고. **€63.5**

일 부세토 Il Busseto

1989년에 문을 연 핸드 메이드 가죽 소품 전문 숍. 이름 이니셜은 무료, 피렌체 문장은 €1를 내면 새길 수 있다. 피렌체 문장은 금박과 일반 각인 두 종류가 있다.

VOL.2 INFO P.488 MAP P.472E

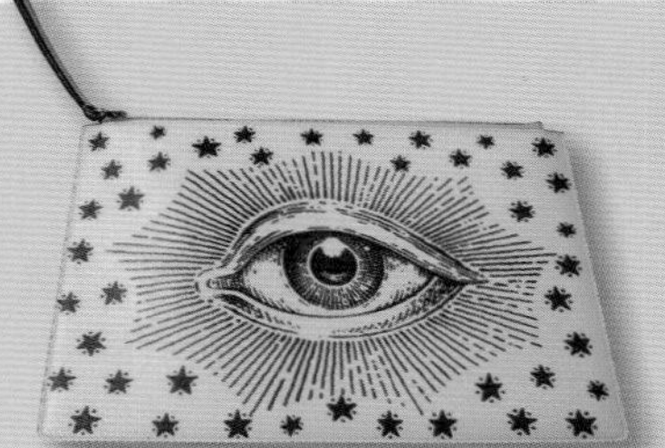

지퍼 클러치 거대한 눈이 프린트된 독특한 클러치. 실물은 매우 고급스럽다. 물론 이 가격이라면 당연히 고급스러워야 한다. **€570**

구찌 가든 Gucci Garden

구찌의 전 크리에이티브 디렉터인 알레산드로 미켈레가 프로듀싱한 구찌의 복합 공간. 레스토랑, 전시 공간, 부티크로 구성되어 있다. 부티크에서는 이곳에서만 구할 수 있는 한정 상품을 판매한다.

VOL.2 INFO P.495 MAP P.491C

가죽 커버 노트 수첩 커버가 가죽으로 된 무지 노트. 앞면에는 메디치 가문, 뒷면에는 피렌체시의 문장이 프린트되어 있다. **€12**

피렌체 문장 핀 배지 피렌체 문장이 그려진 핀 배지. 피렌체 시민이 된 기분을 낼 수 있다. **€3**

메디치 예배당 Le Cappelle Medicee

메디치 가문의 일족이 잠들어 있는 성당으로, 피렌체 내 다른 성당 및 박물관의 기념품 숍보다 메디치나 피렌체의 문장을 응용한 기념품이 많다.

VOL.2 INFO P.478 MAP P.473G

산지미냐노

부엉이 와인 코르크 마시던 와인을 잠시 닫아 놓을 때 쓰는 코르크. 머리 부분이 귀여운 부엉이 모양이다. **€3**

유아용 숄더백 왕골로 만든 깜찍한 유아용 가방. **€5**

산 마테오 거리 Via San Matteo

두오모 광장에서 북쪽으로 뻗은 길로, 기념품 숍이 줄지어 자리하고 있다. 가죽, 도자기, 공예품 등이 주종인데, 피렌체를 비롯한 토스카나 지방 도시들과 겹치지 않는 아이템이 은근히 많다.

VOL.2 MAP P.502

04 Sud

남부 이탈리아

뜨거운 햇살과 풍요로운 땅에서 생산되는 농산물로 만든 기념품이 많다. 특히 레몬 관련 제품은 남부에 갔다면 하나쯤은 꼭 업어 와야 하는 필수 아이템이라 할 수 있다. 산업의 발달이 더뎌 브랜드 MD 굿즈가 크게 발달하지는 않았으나 매력적인 기념품은 많다. 디자인도 예쁜 편.

나폴리

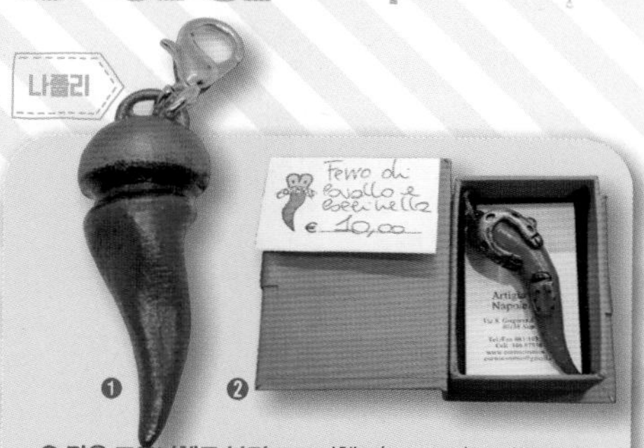

❶ **작은 코르니첼로 부적** 코르니첼로(Cornicell)는 나폴리의 전통적인 부적으로, 액을 막고 행운과 부를 가져다 준다고 한다. 가장 작은 사이즈 **€3** ❷ **무당벌레 코르니첼로** 부적 무당벌레와 말발굽 등 길한 상징으로 장식한 코르니첼로. 사이즈는 조금 큰 편. **€15**

여기서 샀다!

코스모스 Cosmos

나무를 깎아 수제로 만드는 코르니첼로를 전문으로 취급하는 상점. 다양한 크기와 디자인의 코르니첼로를 만나볼 수 있다. 선물용 상자나 봉투, 코르니첼로 의식 방법이 적힌 쪽지 등을 세심하게 챙겨준다.

VOL.2 INFO P.595 MAP P.590A

Writer's Note 코르니첼로 T.M.I.

코르니첼로는 유럽의 오래된 상징인 '풍요의 뿔'이 나폴리식으로 변모한 미신입니다. 그래서 작은 뿔이라는 뜻의 '코르네토(Cornetto)'라고도 불러요. 색깔은 다양하게 표현하는데요, 나폴리에서 가장 선호하는 색은 빨간색입니다. 빨간색으로 칠해 놓으면 꼭 고추 같아 보이는데, 그래서 나폴리에서는 코르니첼로 대신 고추를 걸어 놓기도 합니다. 코르니첼로는 그냥 주고 받으면 안되고, 반드시 가벼운 의식을 치러줘야 효험을 발휘한다고 합니다. 어려울 것 없습니다. 주는 사람이 받는 사람의 손바닥 한가운데를 코르니첼로의 뾰족한 끝으로 꾸욱 누르면, 받는 사람이 코르니첼로를 살그머니 손에 쥡니다. 이때부터 코르니첼로는 제 역할을 하기 시작하여 주인에게 다가오는 나쁜 꿈이나 부정한 것, 악한 것들을 물리쳐 준다고 합니다. 특히 어린아이를 해치려는 악령에게 특효라고 하니, 어린 자녀를 키우는 지인이 있다면 꼭 선물해 보세요!

풀치코르노 장식물 나폴리의 전통극 캐릭터인 '풀치넬라(Pullcinela)'와 코르니첼로가 결합한 형태인 풀치코르노 모양의 테라코타 장식물. **€8**

풀치넬라+코르니첼로 벽시계 귀엽게 묘사된 풀치넬라가 코르니첼로에 매달려 있는 모양의 벽시계. **€3**

레몬 비누 남부 전역의 기념품 상점과 노점에서 볼 수 있는데, 나폴리가 가장 저렴하다. 질은 그다지 좋지 않으므로 손빨래용이나 방향제로 쓴다. **€2**

여기서 샀다!

산 그레고리오 아르메노 거리 Via San Gregorio Armeno

나폴리의 대표적인 기념품 거리. 스파카나폴리와 가까워 찾아가기도 편하다. 다양한 종류의 기념품을 한 거리에서 볼 수 있어 보는 재미도 쏠쏠하고 쇼핑도 편리하다. VOL.2 INFO P.595 MAP P.590A

레몬 사탕 남부 기념품의 간판 스타. 남부의 특산물인 레몬으로 만든 사탕 안에 레몬 주스 또는 분말이 들어 있다. 아말피 코스트 지역 전체에서 팔지만 포지타노의 것이 가장 유명하다. **1kg €14**

여기서 샀다!

델리카테센 포지타노 Delicatessen Positano

레몬 사탕, 리몬첼로, 레몬 비누 등 각종 포지타노 특산 기념품을 판매하는 숍. 한국 손님에게 유난히 친절한데, 안내문이 한글로 되어 있고 종업원들이 간단한 한국말도 구사한다.

VOL.2 INFO P.619 MAP P.617B

소포장 레몬 사탕 레몬 사탕을 적당히 소분하여 예쁜 주머니에 넣은 것. 선물용으로 딱 좋다. **100g €5**

여기서 샀다!

사포리 에 프로푸미 디 포지타노 Sapori E Profumi di Positano

레몬으로 만든 각종 기념품을 직접 제조하여 판매하는 곳. 포지타노를 통틀어 가장 사탕의 질이 좋고 포장도 예쁘지만, 포지타노를 통틀어 가장 불친절한 곳으로도 유명하다. 인종 차별을 한다는 말도 있으나 그냥 전 세계 모든 사람에게 다 무례하다고.

VOL.2 INFO P.619 MAP P.617B

Writer's Note 레몬 사탕, 소렌토가 더 싸요!

레몬 사탕은 사실 이탈리아 모든 서부 바닷가 휴양 지역에서 다 파는 물건입니다. 특히 자가 제조가 아닌 공장 사탕은 어딜 가나 있습니다. 대표적인 것이 'Perle di Sole'라는 브랜드인데요, 이 물건은 심지어 한국 올리브영에서도 볼 수 있죠. 가장 저렴한 것은 소렌토였고요. 포지타노에서는 1kg에 €14였는데, 소렌토 산 체사레오 거리의 한 가게에서 €8에 살 수 있었습니다. 참고로 이 사탕 브랜드의 본사는 나폴리 근교에 있습니다.

각종 마그넷 이탈리아 반도를 묘사한 마그넷 및 소렌토·포지타노와 주변 지역 표지판을 표시한 마그넷. 각 **€3**

여기서 샀다!

산 체사레오 거리 Via San Cesareo

소렌토의 기념품 골목으로, 아말피 코스트 일대 전역의 기념품을 취급한다. 포지타노, 아말피, 라벨로 등지의 일반적인 기념품은 모두 이곳에서 구할 수 있으며 가격도 가장 저렴하다. 한글로 되어 있고 종업원들이 간단한 한국말도 구사한다.

VOL.2 INFO P.616 MAP P.614B

도자기 장식 접시 아말피 코스트 일대의 지리와 지명이 예쁘게 표현된 지도가 들어 있는 장식 접시. **€8**

미니 리몬첼로 도자기로 장식된 예쁜 병에 담겨 있는 리몬첼로. 집에 장식하기도 좋고 선물하기도 좋다. **€8**

여기서 샀다!

안티키 사포리 다말피 Antichi Sapori d'Amalfi

직접 제작한 레몬 관련 제품과 각종 그릇류를 판매하는 아말피의 숍. 도자기로 장식된 예쁜 병에 담긴 리몬첼로를 판매하는데, 이 병은 아말피 코스트 인근에서 유일하게 이곳에서만 구할 수 있다.

VOL.2 INFO P.623 MAP P.621D

이탈리아

로마 | 베네치아 | 밀라노 | 피렌체 | 나폴리

| 가이드북 |

꼭 가야할 지역별
대표 명소 완벽 가이드

정숙영 지음

길벗

1 단계 — 2 단계 — 3 단계 — 4 단계

무작정 따라하기 1단계 이탈리아 이렇게 간다

이탈리아 입국하기

한국을 떠난 비행기가 12시간 남짓의 긴 시간을 날아 마침내 이탈리아에 도착했다. 이탈리아가 소속된 EU(유럽 연합)의 입국 심사는 미국이나 영국보다 매우 쉽고 관대하여, 여권을 비롯한 기본적인 신원 확인만 되면 바로 통과할 수 있다. 입국 신고서나 세관 신고서 등 써야 할 서류 따위도 없다. 이전에 해외 여행을 한 번도 해보지 않았더라도 마음을 편하게 가져도 좋다.

PLUS TIP

자동 출입국이 돼요!

안 그래도 어려울 것 없는 이탈리아 출입국이 더욱더 쉬워졌다. 최근 이탈리아의 공항에서 자동 출입국 심사를 확대하는 분위기이기 때문. 심지어 2018년 7월부터 로마 피우미치노 공항에서는 한국 여권 소지자에게 자동 출입국을 허가했다. 유럽 최초의 비대면 자동 출입국으로서, 최초 시행은 딱 3개국이었는데 거기에 한국이 포함된 것. 베네치아 공항과 밀라노 말펜사 공항에서도 자동 출입국이 가능하다.

이탈리아 입국 한눈에 보기

공항마다 표지판의 색이나 폰트는 다를 수 있으나 내용 및 과정은 거의 동일하다. 로마, 밀라노, 베네치아, 심지어 피렌체, 어디로 입국하든 아래 요령만 따라갈 것.

1 비행기에서 내린 뒤 게이트에 진입한다.

2 '짐 찾기(Baggage Claim)' 표시를 따라간다.

3 입국 심사대에 도착한다. EU 시민과 외국인의 줄이 분리되어 있다. 'All Passports' 표시를 따라가자.

4 심사 과정은 매우 간단하다. 여권만 보여 주면 끝. 요즘은 자동 출입국 심사 서비스도 된다.

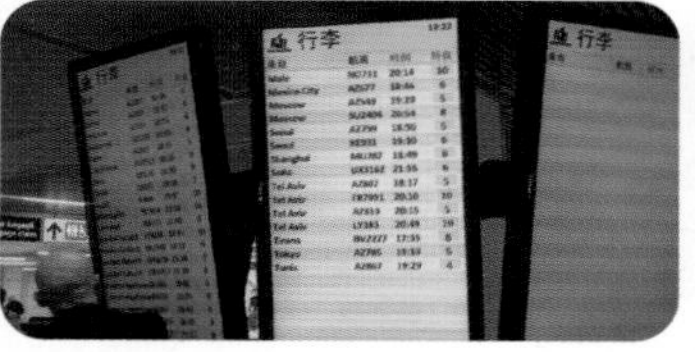

5 짐 찾는 곳으로 간다. 전광판에서 짐 나오는 곳의 번호를 확인한다.

6 짐을 잘 찾으면 모든 과정 완료! 같은 모양의 가방이 은근히 많으니 태그를 반드시 확인할 것.

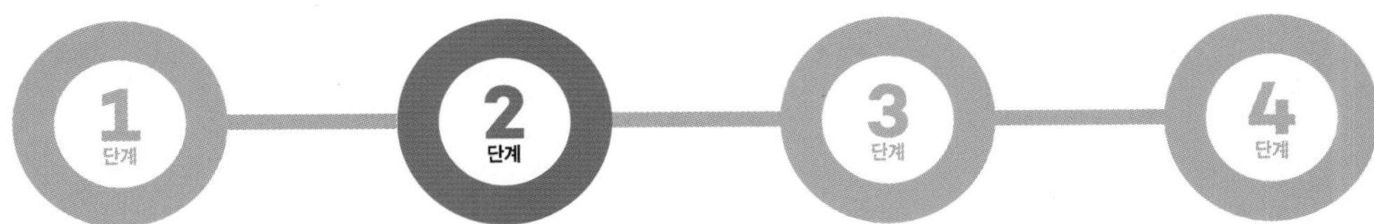

무작정 따라하기 2단계 이탈리아 도시 간 이동하기

기차

이탈리아 도시 간 이동의 기본 수단. 한때 이탈리아 기차는 낙후된 차량과 연착 · 연발 및 스케줄 취소를 밥 먹듯이 하는 것으로 악명이 높았으나, 최근 약 10년 사이에 엄청나게 발전하여 요즘은 유럽 평균 이상의 정확도와 쾌적함을 자랑한다. 과거 유럽 최고의 기차 시스템으로 유명했던 독일의 기차보다도 낫다는 사람이 있을 정도. 물론 아주 정확한 것은 아니라 5~10분 정도의 스케줄 지연은 늘 있는 편이고, 1~2시간 지연도 종종 발생한다.

트레니탈리아

이탈리아 기차의 대명사, 트레니탈리아 Trenitalia

이탈리아 국영 철도 노선으로, 이탈리아 전국을 촘촘하게 연결한다. 매우 다양한 종류의 열차가 쉴 새 없이 오간다. 특급 열차와 일반 열차로 나뉘는데, 특급 열차를 저렴하게 이용하기 위해서는 가급적 빨리 예약해야 하지만 그냥 제값으로 특급 열차를 타거나 일반 열차를 이용할 때는 당일 구매해도 자리가 충분하다.

1 특급 열차

로마, 밀라노, 볼로냐, 베네치아, 나폴리 등 주요 대도시를 잇는 노선에 '프레체(Frecce)'라는 이름의 특급 열차를 운행한다. 전석 지정 시간 • 지정 좌석제로 운영하며 정가 요금은 꽤 비싸지만 서둘러 예약하면 저렴한 요금에 예약할 수 있다. 알고 보면 유럽 내에서는 시설 및 속도 대비 꽤 저렴한 고속철도에 속한다. 예약 방법은 P.659를 참고할 것. 객실 구분은 열차의 종류에 따라 최대 7단계, 최소 2단계로 나뉜다. 7단계는 객실의 고급스러움과 디테일에 따라 나뉘고, 2단계는 우리 잘 아는 1등석 • 2등석으로 나뉘는데 가장 저렴한 객실인 스탠더드 또는 2등석도 전혀 불편하지 않다.

클로즈업 TIP

프레체는 세 종류!

프레체는 최고 속도에 따라 프레차비앙카(Frecciabianca, 최고 속도 200km/h), 프레차아르젠토(Frecciargento, 최고 속도 250km/h), 프레차로사(Frecciarossa, 최고 속도 300km/h) 세 종류가 있다. 승객이 스스로 고를 수 있는 것은 아니고 그냥 시간대 및 노선별로 배정된다. '프레차(Freccia)'는 프레체의 단수형.

2 일반 열차

대도시와 중소도시, 또는 중소도시 사이 등 특급 열차가 커버하지 않은 다양한 구간을 거미줄처럼 연결한다. 특급 열차보다 속도가 느리고 많은 역을 들르지만, 요금이 매우 저렴한 것이 장점. 대도시 간의 구간에도 일반 열차가 적지 않게 다니지만, 소요 시간이 특급 열차의 2~3배 정도라 한시가 아까운 여행자들에게는 권하기 힘들다. 다만 요금이 반 이하이므로 일정은 여유가 넘치지만, 비용은 아껴야 하는 저비용 여행자라면 이용할 만하다. 이탈리아의 일반 열차에는 여러 종류가 있는데, 다음이 가장 대표적이다.

인터시티 Intercity

약호는 IC. 대도시~대도시, 대도시~중소도시 구간을 이동하는 준특급 열차. 1등석과 2등석으로 나뉘고, 전석 지정 좌석으로 운영한다. 좌석 수가 많고 요금도 그다지 비싸지 않아 굳이 예약하지 않고 당일 표를 끊어도 충분하다.

레조날레 Regionale

약호는 R 또는 Regio. '보통 열차' 또는 '지방 열차' 정도로 번역할 수 있다. 주로 대도시와 중소도시, 또는 중소도시와 중소도시 사이를 잇는 완행열차로서 좌석을 자유롭게 선택할 수 있고, 티켓에 날짜와 시간 외엔 아무것도 적혀 있지 않아 같은 구간, 같은 등급이라면 아무 때나 이용 가능하다. 주로 근교 소도시 여행을 할 때 이용하게 되며 단층 차량이나 2층 차량도 적지 않다.

레조날레와 레조날레 벨로체는 거의 같은 차량을 사용하기 때문에 내부나 외관에서 두드러지는 차이가 없다.

레조날레 벨로체 Regionale Veloce

약호는 RV 또는 RegioV. 우리말로는 '지방 쾌속' 정도로 번역할 수 있다. 주로 대도시와 중소도시를 잇는 구간을 운행하는 열차로, 아주 작은 역은 지나치거나 일정 구간에서 속도를 올리는 식으로 운행하는 급행열차이다. 어느 정도 인지도가 있는 관광 도시는 대부분 정차한다고 봐도 무방하다. 소요 시간은 IC와 비슷하나 요금은 레조날레와 같아 시간대만 맞는다면 가장 추천할 만한 기차 편이다. 1등석과 2등석으로 나뉘는 경우와 2등석만 운행하는 경우가 있는데, 2등석은 레조날레처럼 날짜, 시간, 좌석 모두 자유롭게 이용할 수 있다.

PLUS TIP

다른 나라 열차도 다녀요!

수도인 로마나 국경에 가까운 대도시 밀라노, 베네치아에는 다른 유럽 국적의 열차도 다닌다. 대표적인 것이 밀라노~베네치아 구간에서 운행되는 스위스 기차. 요금은 일반 IC나 프레차와 다르지 않으므로 겁먹지 말 것. 다양한 기차를 체험해 보고 싶다면 자동발매기의 시간표를 유심히 보자.

트레니탈리아 자동발매기 무작정 따라하기

트레니탈리아의 티켓은 역사 내에 자리한 트레니탈리아 데스크와 자동발매기에서 판매한다. 자동발매기는 어느 역이나 로비와 플랫폼 부근에 넉넉하게 마련되어 있다. 작동이 그렇게 어려운 것은 아니나 단계가 지나치게 많고 귀찮은 과정이 좀 있는 데다 기계 고장도 잦은 편이다. 뭔가 아니다 싶으면 바로 데스크로 갈 것.

1 첫 화면. 화면 아래쪽의 국기를 눌러 언어를 영어로 바꾼다. 한국어는 없다.

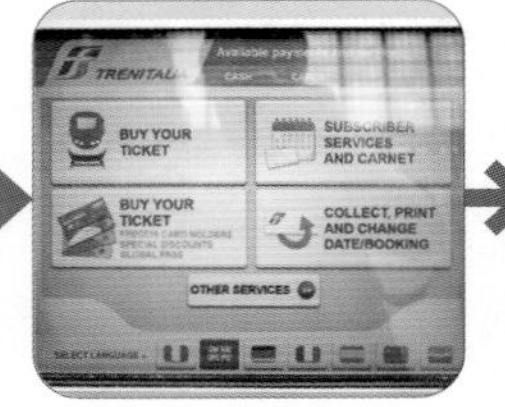

2 왼쪽 맨 위의 'BUY YOUR TICKET' 버튼을 누른다.

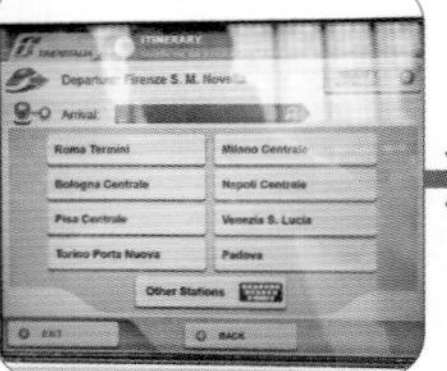

3 출발역과 도착역을 입력한다. 출발역은 티켓 구매 역이 자동으로 입력되고, 메인 화면에는 이용 빈도가 높은 역들이 후보로 등장한다.

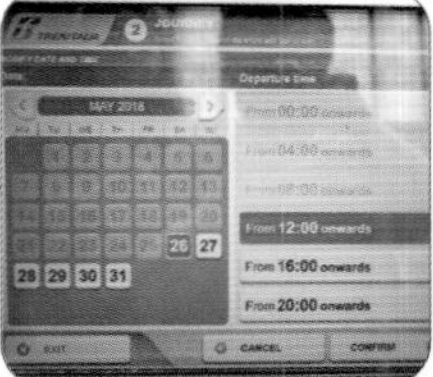

4 출발 날짜와 시간대를 선택한다.

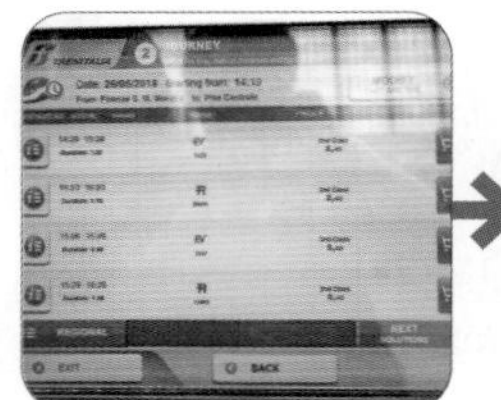

5 원하는 출발 스케줄을 선택한다. 소요 시간과 열차 종류, 가격이 상세하게 나온다.

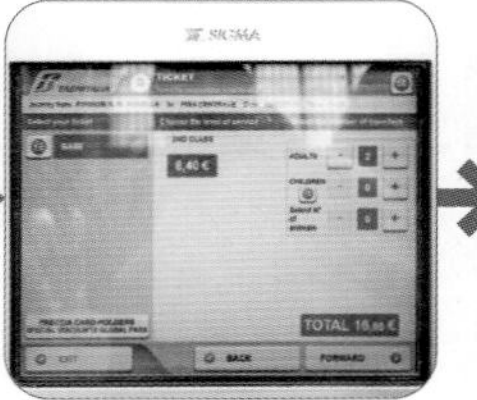

6 화면 오른쪽에 있는 +, - 버튼을 조정하여 인원수를 입력한다.

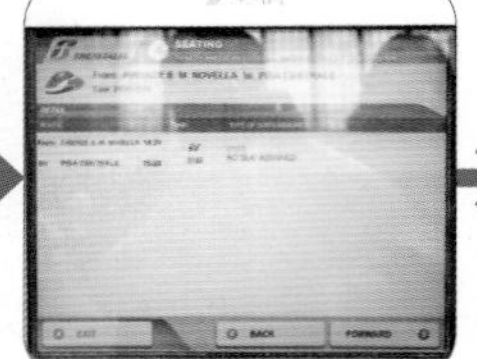

7 선택한 티켓에 대한 최종 확인 페이지가 나온다. 우측 하단의 'FORWARD' 버튼을 누른다.

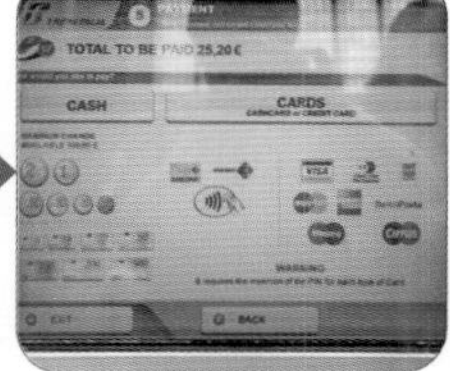

8 결제 수단을 선택한 뒤 돈을 지불하면 티켓이 출력된다.

PLUS TIP

트레니탈리아 티켓, 셀프 개찰 잊지 마세요!!

이탈리아에서 열차를 탈 때, 특히 레조날레와 레조날레 벨로체의 열차를 탈 때 절대 잊지 말아야 할 것이 바로 셀프 개찰. 이탈리아의 기차역에는 별도의 개찰구가 없고 레조날레 및 레조날레 벨로체 등급 열차의 티켓은 시간과 날짜가 찍히지 않고 발매된다. 그래서 탑승 날짜와 시간이 박힌 스탬프를 승객 본인이 직접 찍어야 한다. 스탬프 기계는 기차역 플랫폼 입구 부근에 마련되어 있고, 플랫폼 중간에 있는 경우도 있다. 이탈리아의 기차는 차내에서 승무원들이 돌아다니며 승차권 검사를 하는데, 스탬프가 찍혀 있지 않은 티켓은 구매 가격보다 훨씬 비싼 과태료를 물어야 한다. 날짜, 시간, 좌석이 모두 지정되는 프레차와 IC, 레조날레 벨로체의 1등석은 원칙적으로 스탬프를 찍지 않아도 되나 가끔 승무원이 시비를 걸었다는 사례도 있으므로 시간에 여유가 있다면 찍어두는 것도 좋다. 가끔 명함 사이즈의 티켓이 발매되는 역도 있는데, 그 경우에는 투입구에서 왼쪽으로 바짝 붙여서 찍으면 된다.

이탈로

PLUS TIP
이탈로의 티켓은 탑승 확인 스탬프를 찍지 않아도 된다.

이탈리아 고속 열차계의 또다른 강자, 이탈로 Italo

2012년부터 이탈리아를 누비기 시작한 유럽 최초의 민자 고속 철도이다. 최근에는 중소도시 노선까지 확장 추세에 있고, 전원도시 및 외딴 관광지를 잇는 버스 노선까지 이어지고 있다. 완행열차 없이 전체가 고속 열차로만 운영되고 있다. 좌석 등급은 스탠더드, 컴포트, 프리마, 클럽 이그제큐티브의 4단계로 되어 있는데, 가장 저렴한 스탠더드도 충분히 편안하다. 운임이 전반적으로 트레니탈리아보다 저렴한 것이 최고의 장점. 가격이 저렴하다 보니 언제나 사람이 많아 차내가 다소 어수선하고, 객차 안에 좌석을 빽빽하게 구성한 바람에 차량 앞뒤로 공간이 적어 큰 짐 놓기 어렵다는 단점이 있다. 큰 짐을 들고 이동하는 사람이 이탈로의 스탠더드를 끊었다면 가장 먼저 탑승해서 짐칸을 사수할 것.

클로즈업 TIP

이탈로의 매력, 무료 와이파이
과거에는 충전 콘센트나 무료 와이파이, 객차 상태 등에서 이탈로가 트레니탈리아를 월등히 압도했는데 최근에는 트레니탈리아가 많이 따라왔다. 단, 이탈로의 무료 와이파이는 여전히 매우 매력적이다. 스마트폰이나 웹사이트에서 이탈로를 접속하고 티켓에 적혀 있는 일련번호를 입력하면 도착지까지 무료 와이파이를 쓸 수 있다.

PLUS TIP

이탈리아에서 기차 이용 시 꼭 알아둘 것들

❶ 열차 스케줄을 확인하는 큰 전광판이 있다. 플랫폼 번호는 보통 출발 15~30분 전에 나오고 지연이나 사고 모두 전광판에 표시된다.

❷ 꽤 오래 기다린 것 같은데도 전광판에 좀처럼 내가 타야 할 기차의 플랫폼 번호가 뜨지 않는다면 조바심 내지 말고 플랫폼 근처의 벽에서 노란 종이를 찾아볼 것. 0시부터 24시까지 해당 역의 열차 출발 정보를 시간 단위로 모두 적어둔 것이다. 역과 열차의 상황에 따라 플랫폼 번호가 매우 가변적이기는 하나 그래도 노란 종이 정보가 맞을 확률이 70% 정도는 된다고 보면 된다.

아말피 코스트의 SS163 도로나 돌로미티 지역의 '위대한 돌로미티 로드(Grande Strada delle Dolomiti)'처럼 유명한 드라이브 코스를 달리거나, 토스카나주의 중심부 등 대중교통이 거의 없지만 너무나 아름다운 평야 지대를 돌아보기 위해서는 렌터카 이용이 거의 필수라 할 수 있다. 운전할 줄 알고 하루 10~20만 원 안팎의 렌트 비용과 기름값이 부담스럽지 않은 여행자라면 이탈리아 여행에서 최소 1~2일 정도는 렌터카를 이용해 보기를 권한다. 아래의 몇 가지 주의 사항만 숙지하면 큰 어려움 없이 이용할 수 있다.

❶ 픽업 & 반납은 공항이 최고

공항은 렌터카 사무소가 집중되어 있고 교통이 편해서 픽업 및 반납하기에 최적의 장소다. 특히 피렌체나 베네치아처럼 공항이 멀지 않은 도시에서는 공항으로 지정할 것을 추천한다. 시내 중심가에서 픽업 및 반납하면 요금이 올라가고, 외곽으로 가면 교통이 불편하다.

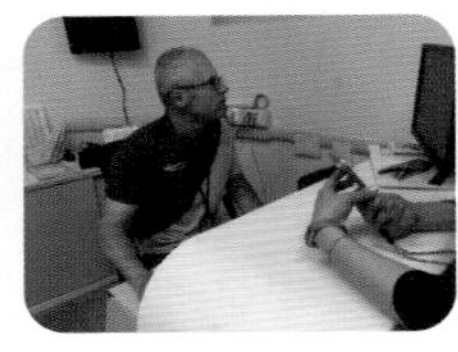

❷ 면허증은 둘 다!

렌트 픽업 과정은 그다지 어렵지 않다. 면허증과 예약 바우처를 제시하고 간단한 서류를 작성한 뒤 안내에 따라 차를 받으면 된다. 이때 면허증은 국내·국제 두 종류를 모두 챙기는 것이 좋다. 업체에 따라 두 종류를 모두 요구하는 경우가 있기 때문.

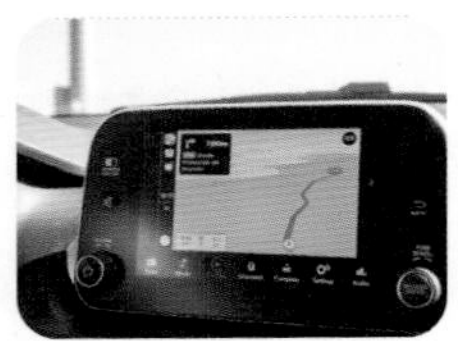

❸ 내비게이션 안 빌려도 돼요

스마트폰을 갖고 있고 모바일 인터넷을 이용한다면 굳이 내비게이션을 빌리지 않아도 된다. 스마트폰에서 구글 맵 등의 내비게이션 기능을 이용해도 되고, 자동차에 설치된 멀티미디어 패널에 스마트폰을 동기화할 수도 있다.

❹ 국도 & 지방도로 가자

고속도로는 빨리 가야 하는 때만 타자. 이탈리아의 진짜 예쁜 풍경은 모두 국도 및 지방도로 변에 숨어 있다. 도로명이 E로 시작하는 것이 고속도로이고, 국도나 지방도로는 S로 시작한다.

❺ ZTL, 조심하세요!

이탈리아의 오래된 도시들에는 모두 ZTL이라고 하는 구역이 있다. 'Zona Traffico Limitato'의 준말로, '차량 통행 제한 구역'이라는 뜻. 이 구역 내로는 허가받은 차량만 들어갈 수 있어서 렌터카가 멋모르고 들어갔다가 €100가 넘게 찍힌 벌금 고지서를 받아 들기 일쑤. 정확한 표지판이 없는 경우가 많은데, 일단 구시가 부근의 좁고 울퉁불퉁한 도로는 무조건 ZTL이라고 봐도 무방하다.

오늘만은 나도 난폭 운전자

이탈리아는 유럽에서 운전 매너가 가장 나쁜 나라로 유명하다. 과속이나 신호위반은 기본이고 고속도로에서 위협 운전도 흔히 일어난다. 이런 난폭 운전은 남쪽으로 내려갈수록 심해져 나폴리에서 절정에 달한다고 한다. 따라서 나폴리 시내에서는 가급적 운전을 피할 것. 남부에서 렌트를 할 예정이라면 나폴리 공항에서 픽업해서 바로 나폴리를 벗어나는 것이 좋다. 그러나 운전 습관이 거친 것에 비해 사망을 비롯한 심각한 사고율은 의외로 낮은 편이라고.

기차와 렌터카 외에 가장 많이 이용하는 교통수단으로는 버스와 페리를 들 수 있다. 버스는 주로 작은 마을을 연결하는 데 쓰이고, 페리는 바다 및 호수 지역에서 쓰인다. 지역마다 조금씩 차이가 있으므로 해당 도시 및 지역의 교통편 설명을 참조할 것.

1 단계 2 단계 3 단계 4 단계

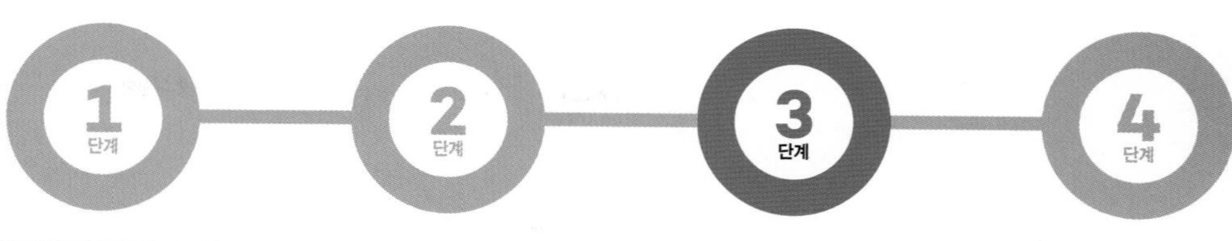

무작정 따라하기 3단계 이탈리아 여행 상식

이탈리아는 우리와 대부분 비슷하지만 가끔 치명적으로 다른 부분이 있다. 그런 부분이 신기하기도, 불편하기도, 짜증나기도 하는데, 미리 알고 몸과 마음의 준비가 되어 있으면 어느 정도 예방은 가능하다. 사실, 그런 '다름'이 이탈리아 여행 최고의 묘미일 수도 있다.

1 시내 대중교통의 기본

이탈리아의 도시들은 대부분 작기 때문에 도보로 다니는 경우가 많다. 그러나 로마, 밀라노, 토리노, 베네치아 같은 굴지의 대도시는 도보로만 다니기에는 규모가 크므로 버스 · 지하철 · 트램 등 대중교통을 적당히 이용해주는 것이 좋다. 한국과는 다른 이탈리아 대중교통 체계 중 몇 가지를 짚어본다.

☑ 티켓 구매

이탈리아의 대중교통은 각 도시의 운영 주체가 통합 운영하는 경우가 많다. 예를 들어 밀라노는 모든 지하철과 대부분의 버스 · 트램을 ATM이라는 회사에서 운영 중이고, 피렌체의 버스와 트램은 AT라는 곳에서 통합 운영한다. 그 때문에 티켓도 통합으로 발매하는 경우가 많다. 한 종류의 티켓으로 그 도시의 대중교통을 모두 이용 가능하다는 것. 교통 티켓의 주 판매처는 다름 아닌 담배 가게로, '타바키(Tabacchi)' 또는 'T'라고 적힌 간판을 찾으면 된다. 주변에 담배 가게가 없다면 2순위로 신문 가판대를 찾을 것. 지하철이 있는 도시에서는 지하철 자판기가 주 판매처인 경우가 많다. 최근에는 큰 버스 정류장과 트램 정류장에 티켓 자판기가 생기는 추세. 중소도시에서는 버스 기사가 차내에서 티켓을 판매하기도 한다.

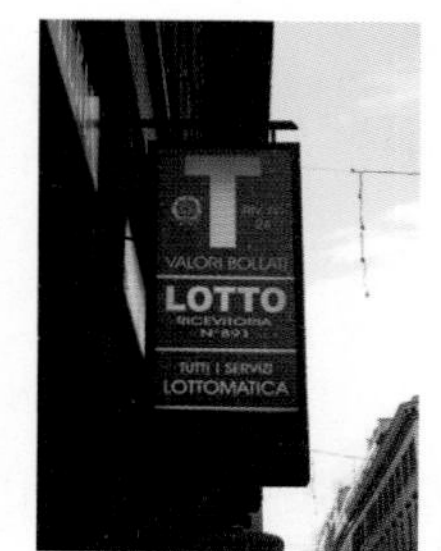

☑ 티켓, 반드시 펀칭하세요!

버스나 트램을 타면 우선 티켓부터 펀칭하자. 이탈리아의 대중교통은 모두 승객 스스로 개찰하는 시스템으로, 멀쩡한 펀칭 머신을 한 대라도 찾아내어 꼭 펀칭할 것. 모든 기계가 고장나 있다면 기사에게 알리자. 이탈리아 대중교통 수단에서는 무임승차자를 찾기 위한 불시 검문이 잦고 티켓을 가지고 있더라도 펀칭이 되어 있지 않으면 무조건 벌금을 부과한다. 무임승차 벌금은 도시마다 다르나 보통 1인당 €50 안팎.

2 도난, 이렇게 대비한다!

유럽은 어디를 가나 관광객의 주머니를 노리는 소매치기와 좀도둑이 바퀴벌레처럼 포진하고 있지만, 이탈리아는 유난히 더 심한 느낌이다. 다른 나라에 비해 관광객의 수가 압도적으로 많고 유명한 관광도시도 많기 때문에 전 유럽에서 활약하는 소매치기 선수들에게는 엘도라도 같은 곳이라고 한다. 그저께 로마 테르미니 역에서 털린 노트북을 오늘 포르타 포르테제 시장에서 발견했다는 얘기도 있을 정도. 가장 대표적인 도난 유형과 대비법을 소개한다.

PLUS TIP

비운의 민족, 롬족 Rome
전 유럽에 흩어져 살고 있는 나라 없는 민족으로, 집시(Gypsy)라는 명칭으로 더 잘 알려져 있다. 전통적으로 이탈리아에 가장 많이 살고 있다. 키가 작고 피부가 검은 편에 여성은 긴 치마를 입는다. 정착하지 않고 유랑을 하는 습성이 있고 유럽에서 오래도록 차별의 대상이 되어 변변한 일자리를 얻을 수 없다고. 그래서 구걸이나 좀도둑으로 생계를 이어가는 사람이 적지 않고, 그 때문에 전 유럽에서 가장 대표적인 관광객 범죄의 주범으로 악명이 높다. 외모적 특징이 강하기 때문에 쉽게 구분이 가능한데, 그들과 만나면 다소 복잡한 감정이 든다. 소매치기로부터 안전해지고 싶다면 되도록 멀리 피해 가는 것이 좋은 것만은 사실이다.

☑ 혼잡한 곳에서 슬쩍!

가장 흔한 유형. 사람이 많은 버스 · 지하철 · 트램 차내는 물론 버스 정류장, 지하철 플랫폼과 에스컬레이터 등에서 주머니에 든 것을 슬쩍 빼 가거나 가방을 연다. 독한 경우는 가방을 칼로 찢기도 한다. 진짜 고수 소매치기는 약간 사람 많은 길에서 그냥 행인처럼 가다가 재빨리 가방을 열거나 칼로 찢는다. 옷 주머니나 손가방 앞주머니 등 손이 잘 가는 곳에는 귀중품을 절대 넣지 말고, 복대나 보안성 높은 여행 지갑을 사용할 것. 칼이 잘 안 드는 소재의 가방을 사용하는 것도 추천한다. 뒷주머니나 상의 주머니에 최신형 스마트폰을 넣고 블루투스 이어폰을 귀에 꽂고 다니는 것은 그 물건들을 소매치기에게 적선하겠다는 것과 크게 다르지 않다.

☑ 친한 척 2인 조를 경계하세요!

유명 관광 명소에 많은 타입. 두 명 정도의 패거리가 다가와 한 명은 길을 물어보거나 악수를 청하는 듯 친한 척을 하면 나머지 한 명이 타깃의 정신이 팔린 사이에 주머니를 털어가는 유형이다. 갑작스럽게 다가와서 친한 척을 하는 사람을 무조건 경계할 것. 아이스크림을 들고 와 옷에 묻힌 후 닦는 사이에 털어가는 수법도 유명하다.

☑ 여러 명이 몰려 있으면 피해 가세요!

저자가 직접 당한 수법. 으슥한 골목이나 지하철 등지에서 여러 명으로 이뤄진 패거리가 관광객 한 명을 갑자기 둘러싸고 아주 짧은 시간 동안 가방이나 주머니를 뒤진 뒤 재빨리 달아나는 것. 대비하기 매우 어려우나 흔한 수법은 아니므로 그렇게 불안해하지 않아도 좋다. 여러 명의 패거리가 본인을 힐끔힐끔 보는 것이 느껴진다면 바로 피해 가자. 어떤 유형의 도난에 당할지 모르므로 귀중품을 분산 보관하고 중요한 서류와 돈, 카드는 반드시 복대나 잠금장치가 있는 지갑에 보관할 것.

☑ 팔찌 안 사요!

건장하고 무섭게 생긴 청년들이 실로 만든 팔찌를 짐이나 어깨, 팔뚝에 멋대로 올려놓고 돈을 내라고 강요하는 것으로, 원래는 프랑스 파리 몽마르트르의 명물 범죄(?)였으나 최근 이탈리아에 진출했다. 특히 밀라노, 토리노 등의 북부 주요 도시에서 발견된다. 피하는 것이 가장 현명하고, 만일 걸린다면 좀 심하다 싶을 정도도 괜찮으니 몹시 단호하게 거절할 것.

☑ 길가에 주차하지 마세요!

이탈리아에서 주차장을 찾는 것은 어렵지 않다. 구글 맵만 잘 검색해도 유료 주차장을 쉽게 찾을 수 있고, 길거리 곳곳에도 유료 주차 구역이 쉽게 눈에 뜨인다. 다만 이런 노상 주차 구역에 렌터카를 세웠다가는 도난의 표적이 되기 십상. 차 안에 가방이나 지갑 등을 두고 가까운 슈퍼마켓에 다녀왔더니 창문이 깨지고 가방이 없어졌더라는 식의 도시 괴담 같은 실화가 심심찮게 전해 내려온다. 조금 번거롭더라도 관리인이 있는 대규모 실외 주차장이나 실내 주차장을 찾을 것.

☑ 헉! 오토바이 날치기가!

나폴리에서 주로 일어나는 유형의 강력 범죄로, 오토바이를 탄 날치기가 차도에서 달리다가 인도로 지나가는 관광객의 카메라나 가방을 채가는 것. 우리나라 관광객이 가방을 뺏기지 않기 위해 실랑이하다 오토바이에 끌려갔다는 매우 충격적인 얘기도 들려온다. 최근 나폴리의 치안이 매우 나아졌지만, 아직 경계를 풀기는 이르고 다른 도시에서 또한 전혀 안 일어나는 범죄는 아니다. 백팩은 앞으로, 크로스백은 가방 몸체를 도로 반대편으로 메야 한다. 카메라 또한 크로스로 메거나 목에 거는 것이 좋다.

3 흡연, 어디까지 되고 어디까지 안될까?

유럽 국가는 대부분 우리나라보다 흡연에 대해 관대한 문화를 가졌다. 현재 이탈리아는 공공장소 및 식당·술집·카페 등의 실내 테이블에서 전면 금연을 실시하고 있으나 야외 테이블은 여전히 흡연이 가능한 곳이 많다. 특히 길거리 흡연이 상당히 흔한데, 2016년 전까지는 길에 담배꽁초를 마구 버려도 처벌받지 않았다고 한다. 2016년 법이 바뀌어 담배꽁초 무단 투기는 최대 €300까지 벌금을 부과할 수 있지만 많은 사람이 여전히 길에 담배꽁초를 버린다. 최근에는 아이코스, 액상 담배 등 전자담배의 사용이 크게 늘어서 담배 가게에 가면 아이코스용 담배를 쉽게 구할 수 있다.

4 화장실

박물관, 유명 관광 명소, 쇼핑센터 등의 화장실은 대부분 무료이지만, 기차역 등에서 깨끗하게 관리되는 공중화장실은 유료로 운영되는 경우가 종종 있다. 나폴리 중앙역 지하 화장실은 깨끗하지 않으면서도 유료라 악명이 높다. 가격은 €0.5~1 정도. 아쉽지만 대부분 성당은 관광객용으로 화장실을 개방하지 않는다. 공중화장실이 많지는 않으므로 가급적 식당이나 명소에서 해결하고 거리로 나오는 것이 바람직하다.

5 식수

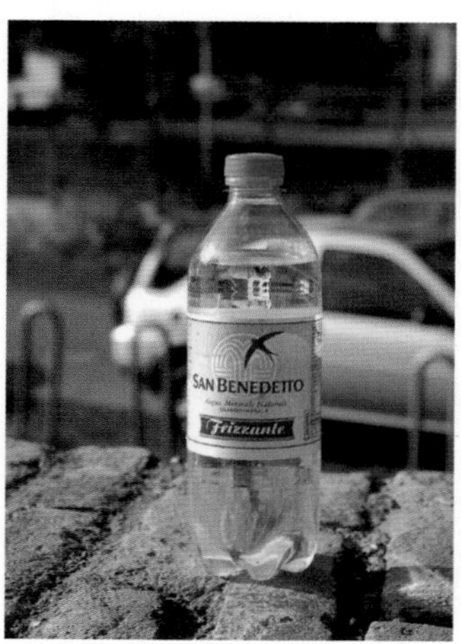

이탈리아는 물이 깨끗하기로 유명하다. 대도시 주민들은 수돗물을 별다른 정화 없이 그냥 식수로 사용하는 일이 많다. 중소도시는 수돗물을 그냥 먹거나 지하수를 끌어올린 식수대를 설치하여 그곳에서 물을 떠먹는다. 심지어 분수대 물도 깨끗해서 고인 물이 아닌 뿜어 나오는 물은 그냥 받아 마셔도 된다. 이탈리아에서는 빈 생수통을 가져다가 분수에서 물을 받는 사람들을 보는 것이 드문 일이 아니다. 물론 습관이 되지 않은 우리나라 사람들에게는 매우 찝찝한 일이므로 평소에는 생수를 사서 마셔도 무방하다. 다만 빈 통 하나쯤은 보관하고 있다가 물 파는 곳이 발견되지 않는다면 가까운 분수나 식수대 등을 이용하는 것도 요령 중 하나.

6 유용한 스마트폰 애플리케이션

구글 맵 Google Map

인터넷 지도의 왕. 이 앱만 있어도 여행이 가능할 정도.

파파고 Papago

한국 사람의 마음을 가장 잘 아는 번역기. 이탈리아어도 번역 가능하다.

트레닛 Trenit!

이탈리아에서 운행 중인 모든 기차의 스케줄을 보여준다.

롬투리오 Rome2rio

출발지~목적지 간의 교통수단과 소요 시간을 한눈에 보여 준다.

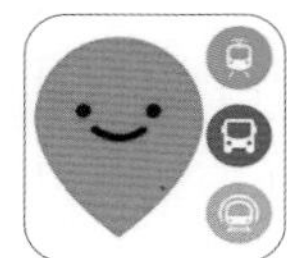

무빗 moovit

이탈리아 '잘알' 교통 앱. 주요 대도시의 시내 버스 루트를 한 번에 보여준다.

더포크 TheFork

유명 레스토랑 예약을 손쉽게 할 수 있다. 할인 & 프로모션도 많다.

트립어드바이저 TripAdviser

지금 가장 인기 있는 관광지, 식당, 호텔을 풍부한 리뷰와 함께 볼 수 있다.

호텔스컴바인 Hotelscombined

여러 호텔 예약 사이트의 가격을 한번에 비교 검색할 수 있다.

스카이스캐너 Skyscanner

항공권 비교 검색 앱.

오미오 Omio

유럽에 강한 교통수단 비교 검색 및 예약 앱.

어큐웨더 Accuweather

가장 정확하기로 소문난 날씨 앱.

프리나우 Freenow

(구)마이택시. 유럽의 카카오T로 불리는 콜택시 앱.

우버 Uber

세계적인 차량 공유 서비스. 요금이 택시와 비슷하거나 다소 저렴하다.

플릭스버스 Flixbus

저렴하게 이용 가능한 도시 간 장거리 버스 서비스.

겟바이버스 Getbybus

원래는 크로아티아의 버스 앱인데 이탈리아의 도시 간 장거리 버스 스케줄도 어느 정도 검색 가능하다.

왓츠앱 Whatsapp

한국에 카카오톡이 있다면 서양에는 왓츠앱이 있다. 에어비앤비 주인장들과 편하게 연락하고 싶다면 꼭 설치할 것.

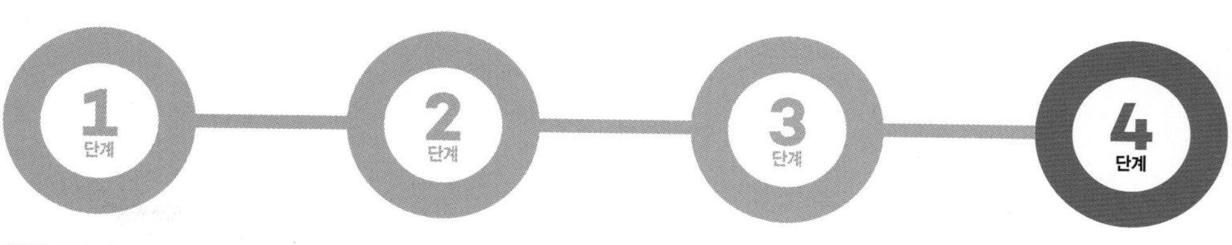

무작정 따라하기 4단계 이탈리아 추천 여행 코스

1. 이탈리아 여행 국민 코스 7일

한마디로 : 남녀노소 누구나 무난하게 만족할 만한 최강 코스
추천 계절 : 1년 365일 언제나 OK.
추천 대상 : 일주일 정도로 이탈리아를 여행하려는 사람이면 누구나
입국 & 출국 : 베네치아 In – 로마 Out

DAY 1

베네치아 도보로 베네치아와 인사하기

☑ **COURSE :** 베네치아 산타 루치아 역 → 노바 거리 → 리알토 다리 → 산 마르코 광장 → 카페 플로리안 → 산 마르코 대성당 → 아쿠아 알타 서점 → 베네치아 산타 루치아 역
☑ **MISSION :** 카페 플로리안 옆에서 공짜로 음악 듣기
☑ **STAY :** 베네치아

DAY 2

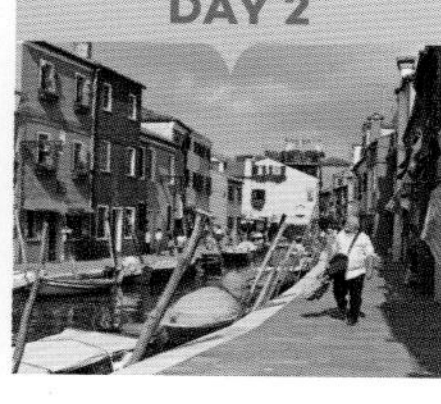

베네치아 무라노 & 부라노 산책

☑ **COURSE :** 베네치아 산타 루치아 역 → 무라노 → 부라노 → 산 마르코 광장 → 두칼레 궁전 & 탄식의 다리 → 산 조르조 마조레 성당 → 대운하 → 베네치아 산타 루치아 역
☑ **MISSION :** 무라노에서 내 옷 색깔과 가장 비슷한 색의 집을 찾아서 보호색 사진 찍기
☑ **STAY :** 베네치아

DAY 3

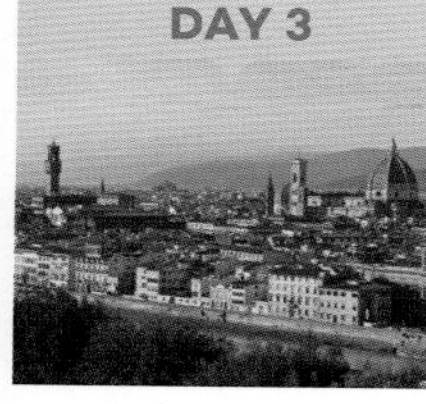

피렌체 르네상스의 꽃과 첫 만남

☑ **COURSE :** 베네치아에서 피렌체로 이동 → 숙소 체크인 → 피렌체 S.M.N 역 → 산 로렌초 대성당 → 피렌체 두오모 → 시뇨리아 광장 → 베키오 다리 → 산타 크로체 대성당 → 미켈란젤로 광장
☑ **MISSION :** 미켈란젤로 광장에서 노을 보기
☑ **STAY :** 피렌체

DAY 4

피사 피사의 사탑과 만나자!

☑ **COURSE :** 피렌체에서 피사로 이동 → 피사 중앙역에서 걸어서 미라콜리 광장으로 이동 → 피사의 사탑 및 두오모 → 피사 중앙역으로 이동 후 기차로 피렌체로 귀환 → 우피치 미술관 → 조토의 종탑
☑ **MISSION :** 피사의 사탑 세우는 사진 찍는 사람들의 사진 찍기, 종탑에서 노을 보기
☑ **STAY :** 피렌체

DAY 5

로마 로마와 나누는 첫 인사

☑ **COURSE :** 피렌체에서 로마로 이동 → 숙소 체크인 → 버스 또는 지하철로 콜로세오 역으로 이동 → 콜로세움 → 포로 로마노 → 캄피돌리오 언덕 → 비토리오 에마누엘레 2세 기념관 → 판테온 → 트레비 분수 → 스페인 광장 → 포폴로 광장 → 핀초 언덕 전망대
☑ **MISSION :** 트레비 분수에서 동전 던지기
☑ **STAY :** 로마

DAY 6

남부 투어 하루 만에 즐기는 남부 하이라이트 투어

☑ **COURSE :** 투어 상품으로 로마 출발 → 나폴리 → 폼페이 → 소렌토 → 포지타노 → 아말피 → 로마 귀환
☑ **MISSION :** 포지타노에서 레몬 사탕 사기
☑ **STAY :** 로마

DAY 7

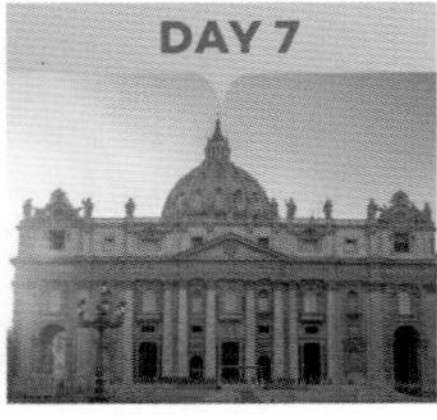

로마 최고의 감동, 바티칸 투어

☑ **COURSE :** 바티칸 박물관 → 시스티나 예배당 → 산 피에트로 대성당 → 산 피에트로 대성당 쿠폴라 → 산 피에트로 광장 → 천사의 성 → 나보나 광장
☑ **MISSION :** 노련한 가이드에게 바티칸에 대한 설명 듣기 & 성 베드로 동상 발 만지기
☑ **STAY :** 로마

2. 이탈리아 쇼핑 완전 정복 6일

한마디로 : 이탈리아의 주요 아웃렛과 쇼핑 거리를 섭렵하며 신상과 할인 아이템을 올 킬!

추천 계절 : 7월 세일 기간

추천 대상 : 이탈리아 명품 사냥 여행을 노리는 모든 쇼퍼 여행자

입국 & 출국 : 로마 In – 피렌체 Out

DAY 1

로마 로마의 쇼핑 거리를 누비자

☑ **COURSE :** 지하철 스파냐 역 하차 → 스페인 광장 → 콘도티 거리 → 코르소 거리 → 나보나 광장 → 코로나리 거리 → 천사의 성

☑ **MISSION :** 콘도티에서 명품을 살 수 없다면 크루치아니라도 구매하기

☑ **STAY :** 로마

DAY 2

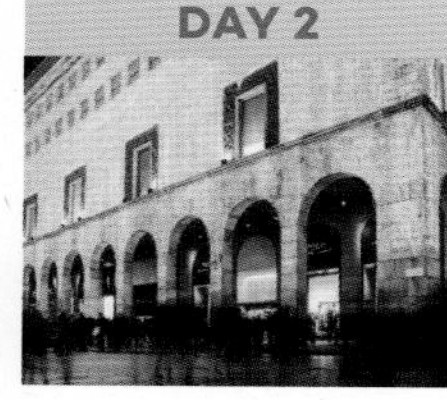

밀라노 신상 천국 밀라노 쇼핑 거리 정복

☑ **COURSE :** 로마에서 밀라노로 이동 → 숙소 체크인 → 밀라노 중앙역에서 지하철 탑승 → 두오모 역 하차 → 밀라노 두오모 → 리나센테 밀라노 → 몬테 나폴레오네 거리 → 브레라 지구

☑ **MISSION :** 리나센테 백화점에서 신상 득템하기

☑ **STAY :** 밀라노

DAY 3

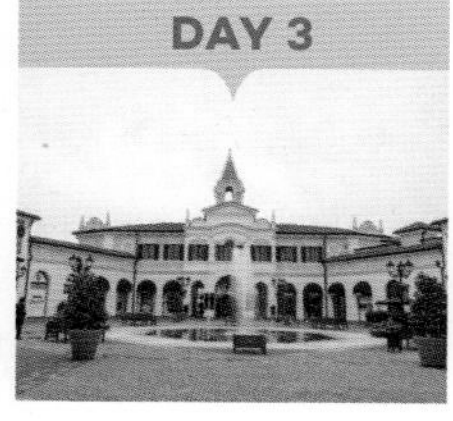

밀라노 세라발레 아웃렛 공략

☑ **COURSE :** 밀라노 중앙역에서 셔틀 버스 탑승 → 세라발레 디자이너 아웃렛 → 셔틀 버스로 밀라노 귀환 → 리나센테 백화점 & 몬테 나폴레오네 거리에서 못 다한 쇼핑 즐기기

☑ **MISSION :** 프로모션 중인 상품 말도 안되는 가격에 득템하기

☑ **STAY :** 밀라노

DAY 4

베네치아 노벤타 아웃렛으로!

☑ **COURSE :** 밀라노에서 베네치아로 이동 → 숙소 체크인 → 베네치아 메스트레에서 ATVO 버스 또는 셔틀 버스 탑승 → 노벤타 디 피아베 디자이너 아웃렛 → 베네치아 귀환
☑ **MISSION :** 폴 스미스, 이자벨 마랑 등 이탈리아에서 보기 드문 브랜드 득템하기
☑ **STAY :** 베네치아(메스트레 추천)

DAY 5

피렌체 피렌체 시내 쇼핑 명소 순례

☑ **COURSE :** 베네치아에서 피렌체로 이동 → 숙소 체크인 → 스트로치 거리 → 토르나부오니 거리 → 살바토레 페라가모 본점 → 시뇨리아 광장 → 구찌 가든 → 칼차이우올리 거리
☑ **MISSION :** 구찌 가든 한정 굿즈 득템하기
☑ **STAY :** 피렌체

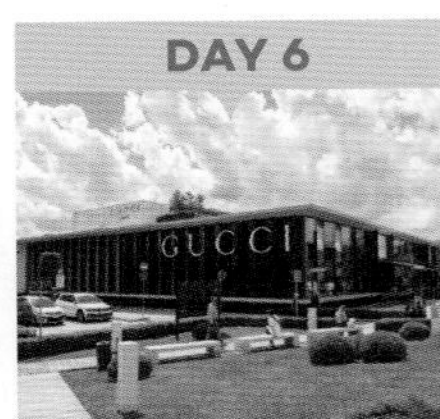

DAY 6

피렌체 대망의 더 몰 입성

☑ **COURSE :** 아웃렛 투어 상품으로 피렌체 출발 → 더 몰 럭셔리 아웃렛 → 프라다 스페이스 아웃렛 → 피렌체 귀환
☑ **MISSION :** 더 몰에서 구찌, 프라다 스페이스에서 프라다 득템하기
☑ **STAY :** 피렌체

3. 내 인생 최고의 로맨틱 이탈리아 9일

한마디로 : 사랑하는 사람과 함께하는, 세상에 오로지 둘만 있는 듯한 로맨틱 여행
추천 계절 : 4~5월, 최소한 한겨울만 피하자
추천 대상 : 신혼부부를 비롯한 커플 여행
입국 & 출국 : 베네치아 In – 로마 Out

DAY 1

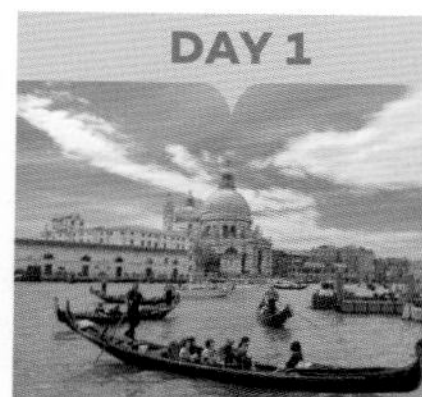

베네치아 베네치아 산책 & 곤돌라

☑ **COURSE :** 베네치아 산타루치아 역 → 노바 거리 → 리알토 다리 → 산 마르코 광장 → 카페 플로리안 → 산 마르코 대성당 → 산 마르코 대성당 종탑 → 곤돌라 타기
☑ **MISSION :** 낙조를 바라보며 곤돌라 타기
☑ **STAY :** 베네치아

DAY 2

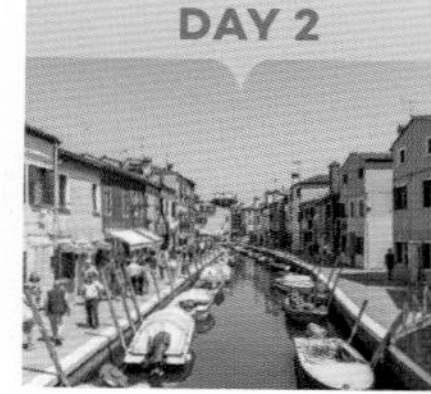

베네치아 부라노에서 보내는 하루

☑ **COURSE :** 베네치아 산타 루치아 역 → 부라노 → 무라노 → 산 마르코 광장 → 두칼레 궁전 → 산 조르조 마조레 성당
☑ **MISSION :** 산 조르조 마조레 성당 종탑에 올라가 노을 지는 베네치아 바라보기
☑ **STAY :** 베네치아

DAY 3

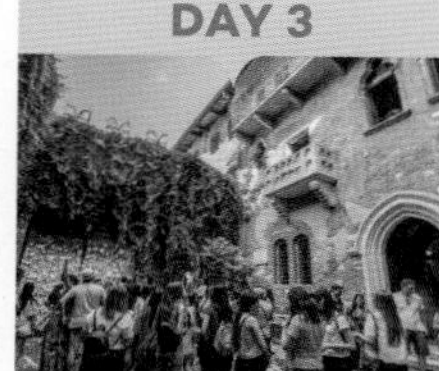

베로나 & 가르다 호수 호수를 향해 달려라!

☑ **COURSE :** 렌터카 픽업 & 드라이브 → 시르미오네 → 베로나로 이동 → 카스텔 베키오 다리 → 브라 광장 & 베로나 아레나 → 주세페 마치니 거리 → 줄리엣의 집 → 에르베 광장 → 산 피에트로성 → 베네치아 귀환
☑ **MISSION :** 줄리엣의 집에서 몰래 연인에게 편지 쓰기
☑ **STAY :** 베네치아(베로나도 OK)

DAY 4

피렌체 영원한 사랑을 약속하는 곳

☑ **COURSE :** 피렌체로 이동 → 숙소 체크인 → 피렌체 두오모 → 브루넬레스키의 쿠폴라 전망대 → 피렌체 스냅 투어(산티시마 안눈치아타 광장, 미켈란젤로 광장, 베키오 다리 등)
☑ **MISSION :** 영화 〈냉정과 열정 사이〉의 주인공처럼 사진 찍어 보기
☑ **STAY :** 피렌체

DAY 5

토스카나 드라이브 (더 몰 & 시에나 & 오르비에토) 인생은 아름다워!

☑ **COURSE :** 렌터카로 출발 → 더 몰 럭셔리 아웃렛 → 시에나 구시가 → 토스카나 드라이브 → 오르비에토 구시가
☑ **MISSION :** 토스카나 와이너리에 들러 한국 가격 반의 반 값에 와인 사기
☑ **STAY :** 오르비에토

DAY 6

카프리 황제의 섬에 도착하다

☑ **COURSE :** 나폴리 국제공항에서 렌터카 반납 → 몰로 베베렐로 항구 → 카프리 마리나 그란데 도착 → 아나카프리 이동 & 숙소 체크인 → 산책 및 휴식
☑ **MISSION :** 아나카프리에서 평화로운 휴식 즐기기
☑ **STAY :** 아나카프리

DAY 7

카프리 황제의 섬을 산책하다

☑ **COURSE :** 솔라로산 체어리프트 탑승 → 솔라로산 전망대 → 빌라 산 미켈레 → 마리나 그란데 이동 → 페리 투어 & 푸른 동굴 → 마리나 그란데 귀환 → 푸니콜라레로 카프리 이동 → 피아체타 도착 → 아우구스토 정원 및 카프리 산책
☑ **MISSION :** 푸른 동굴 안에서 수영 해보기
☑ **STAY :** 아나카프리

DAY 8

로마 우리 로마로 다시 돌아오자

☑ **COURSE :** 카프리 마리나 그란데에서 페리 탑승 → 나폴리 몰로 베베렐로 도착 → 나폴리 중앙역 이동 → 로마 도착 후 숙소 체크인 → 지하철 바르베리니 역 이동 → 네투노 분수 → 트레비 분수 → 스페인 광장 → 포폴로 광장 → 핀초 언덕 전망대
☑ **MISSION :** 둘이 함께 트레비 분수에 동전 던지기
☑ **STAY :** 로마

DAY 9

로마 로마의 최고 명소 완전 정복

☑ **COURSE :** (당일 투어 상품 추천) 바티칸 박물관 → 시스티나 예배당 → 산 피에트로 대성당 → 산 피에트로 광장 → 천사의 성 → 콜로세움 → 포로 로마노 → 비토리오 에마누엘레 2세 기념관
☑ **MISSION :** 비토리오 에마누엘레 2세 기념관 전망대에서 해 지는 로마의 모습 감상하기
☑ **STAY :** 로마

4. 이탈리아 예술 & 역사 트래블 11일

한마디로 : 이탈리아의 찬란한 문화유산을 탐닉하는 지적인 여행 코스
추천 계절 : 비수기 강추. 한겨울 OK
추천 대상 : 역사, 문학, 미술, 음악…. '고전'을 사랑하는 모든 지적인 여행자
입국 & 출국 : 밀라노 In – 로마 Out

DAY 1

밀라노 레오나르도 다 빈치 vs. 미켈란젤로

☑ **COURSE :** 밀라노 두오모 → 두오모 지붕 투어 → 산타 마리아 델레 그라치에 대성당 〈최후의 만찬〉 감상(예약 필수) → 스포르체스코성 〈론다니니 피에타〉 감상 → 브레라 미술관 → 스칼라 극장에서 오페라 or 발레 감상
☑ **MISSION :** 〈론다니니 피에타〉 앞에 오래오래 앉아 있기
☑ **STAY :** 밀라노

DAY 2

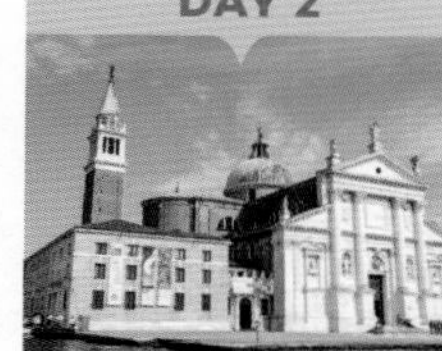

베네치아 베네치아의 예술과 사랑

☑ **COURSE :** 밀라노에서 베네치아로 이동 → 숙소 체크인 → 바포레토 48시간권 구매 → 아카데미아 미술관 → 페기 구겐하임 미술관 → 산 조르조 마조레 성당 → 산 마르코 광장
☑ **MISSION :** 산 조르조 마조레 성당에서 틴토레토의 〈최후의 만찬〉 보기
☑ **STAY :** 베네치아

DAY 3

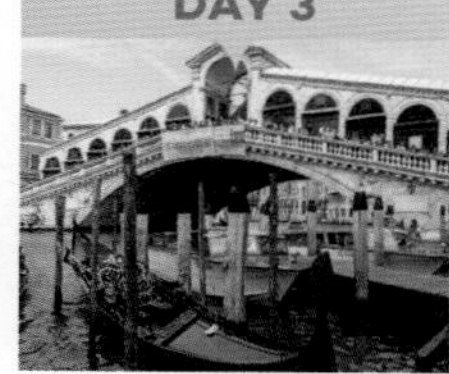

베네치아 베네치아 공화국의 어제와 오늘

☑ **COURSE :** 베네치아 산타 루치아 역 → 무라노 → 부라노 → 두칼레 궁전 → 산 마르코 광장 → 리알토 다리
☑ **MISSION :** 리알토 시장 부근에서 수백 년 된 술집 문화 '바카로' 즐기기
☑ **STAY :** 베네치아

DAY 4

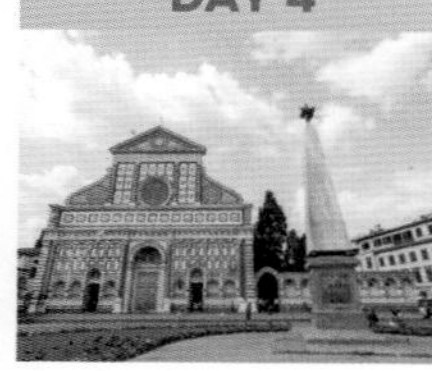

피렌체 꽃의 피렌체

☑ **COURSE :** 베네치아에서 피렌체로 이동 → 숙소 체크인 → 산타 마리아 노벨라 대성당 → 피렌체 두오모 → 시뇨리아 광장 → 베키오 다리 → 피티 궁전→ 산타 크로체 성당 → 미켈란젤로 언덕
☑ **MISSION :** 산타 마리아 노벨라 대성당에서 최초의 원근법이 그려진 그림 찾기
☑ **STAY :** 피렌체

DAY 5

피렌체 르네상스의 천재들과 만난다

☑ **COURSE :** 바르젤로 미술관 → 우피치 미술관 → 아카데미아 미술관 → 산티시마 안눈치아타 광장 → 피렌체 두오모 쿠폴라 전망대
☑ **MISSION :** 우피치 미술관 2층에서 바사리의 복도와 베키오 다리 사진 찍기
☑ **STAY :** 피렌체

DAY 6

피렌체 & 시에나 중세에 박제된 또 다른 도시

☑ **COURSE :** 메디치 예배당 → 메디치 라우렌차이나 도서관 → 피렌체 버스 터미널에서 버스로 시에나 이동→ 캄포 광장→ 시에나 두오모→ 피렌체 귀환
☑ **MISSION :** 시에나 미완성 파사드 전망대에서 시에나 풍경 감상하기
☑ **STAY :** 피렌체

DAY 7

나폴리 나폴리가 거쳐온 역사 더듬기

☑ **COURSE :** 피렌체에서 나폴리로 이동 → 숙소 체크인 → 나폴리 국립 고고학 박물관 → 산타 키아라 성당 → 산 세베로 예배당 박물관 → 스파카나폴리 → 지하 도시 투어
☑ **MISSION :** 나폴리 국립 고고학 박물관의 19금 컬렉션 '시크릿 캐비닛' 보기
☑ **STAY :** 나폴리

DAY 8

폼페이 2,000년 전에 박제된 고대 로마

☑ **COURSE :** 나폴리 가리발디 역에서 치르쿰베수비아나 탑승 → 폼페이 유적 → 나폴리 귀환 → 플레비시토 광장 →산텔모성
☑ **MISSION :** 산텔모성에서 나폴리 일몰 감상하기
☑ **STAY :** 나폴리

DAY 9

로마 고대 로마 탐사

☑ **COURSE :** 나폴리에서 로마로 이동 → 숙소 체크인 → 산타 마리아 마조레 대성당 → 산 피에트로 인 빈콜리 대성당 → 포리 임페리알리 → 콜로세움 → 포로 로마노 & 팔라티노 언덕 → 캄피돌리오 언덕 → 카피톨리노 박물관 → 비토리오 에마누엘레 2세 기념관
☑ **MISSION :** 캄피돌리오 광장 뷰포인트에서 포로 로마노 풍경 바라보기
☑ **STAY :** 로마

DAY 10

로마 로마 미술관 탐방

☑ **COURSE :** 로마 국립 박물관 마시모 궁전관 → 국립 고전 미술관 바르베리니 궁전관 → 산타 마리아 델라 비토리아 성당 → 퀴리날레 궁전 → 트레비 분수 → 스페인 광장 → 포폴로 광장 → 핀초 언덕 전망대 → 보르게제 공원 → 보르게제 미술관
☑ **MISSION :** 하루 동안 로마에서 만나게 되는 베르니니의 작품이 몇 개인지 세어 보기
☑ **STAY :** 로마

DAY 11

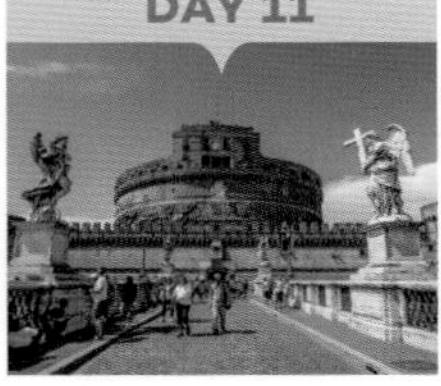

로마 마무리는 역시 바티칸!

☑ **COURSE :** 바티칸 박물관 → 시스티나 예배당 → 산 피에트로 대성당 → 산 피에트로 대성당 쿠폴라 전망대 → 산 피에트로 광장 → 천사의 성 → 나보나 광장
☑ **MISSION :** 바티칸 박물관 가이드 투어 없이 돌아보기
☑ **STAY :** 로마

5. 북부 & 중부 중심 자연 만끽 9일

한마디로 : 이탈리아의 축복받은 자연을 만끽하는 여유만만 코스
추천 계절 : 4~5월 강추. 10~11월 괜찮음. 한여름도 나쁘지 않음. 어쨌든 한겨울만 피할 것
추천 대상 : 힐링을 원하는 휴식 여행자 or 사진 여행자 or 이탈리아 방문 2회차 이상의 고수
입국 & 출국 : 밀라노 In – 로마 Out

DAY 1

코모 호수 알프스가 함께하는 호수 풍경

☑ **COURSE :** 밀라노 공항에서 렌터카 픽업 → 코모로 이동 후 숙소 체크인 → 벨라조 · 메나조 · 바렌나 등 코모 호수 마을 드라이브 → 코모 귀환
☑ **MISSION :** 한 코스 정도는 꼭 페리를 타고 호수를 만끽하기
☑ **STAY :** 코모

DAY 2

베로나 & 가르다 호수 두 번째의 호수

☑ **COURSE :** 코모에서 렌터카로 출발 → 시르미오네 → 베로나 이동 후 숙소 체크인 → 카스텔 베키오 다리 → 브라 광장 & 베로나 아레나 → 에르베 광장 → 산 피에트로성
☑ **MISSION :** 시르미오네에서 〈비긴 어게인3〉, 〈콜 미 바이 유어 네임〉 속 촬영지 찾아보기
☑ **STAY :** 베로나

DAY 3

돌로미티 최고의 알프스 드라이브 코스 즐기기

☑ **COURSE :** 베로나에서 렌터카로 출발 → 볼차노 → 코르티나담페초 → 숙소 체크인 후 마을 산책
☑ **MISSION :** 볼차노~코르티나담페초 구간 '위대한 돌로미티 로드'를 따라 드라이브하기
☑ **STAY :** 코르티나담페초

DAY 4

돌로미티 & 베네치아 돌로미티를 두 발로 만끽하기

☑ **COURSE :** 돌로미티 액티비티(하이킹 & 트레킹, 스키 등) → 베네치아 이동 후 숙소 체크인 → 베네치아 공항에서 렌터카 반납 → 베네치아 본섬 관광 또는 휴식
☑ **MISSION :** 팔로리아 케이블 카를 타고 전망대에 올라가서 하이킹하기
☑ **STAY :** 베네치아

DAY 5

피렌체 꽃만큼 아름다운 도시를 즐긴다

☑ **COURSE :** 베네치아에서 피렌체로 이동 → 숙소 체크인 → 산티시마 안눈치아타 광장 → 피렌체 두오모 → 시뇨리아 광장 → 베키오 다리 → 산타 크로체 성당 → 미켈란젤로 언덕 & 장미 정원

☑ **MISSION :** 피렌체가 가장 예쁘게 보이는 저녁 시간대에 아르노강 사진 찍기

☑ **STAY :** 피렌체

DAY 6

친퀘 테레 시리도록 푸른 지중해

☑ **COURSE :** 라 스페치아 역 → 몬테로소 도착 & 바다 즐기기 → 하이킹으로 베르나차 이동 → 기차 또는 페리로 마나롤라 이동 → 기차로 리오마조레 이동 → 기차로 라 스페치아 이동 → 피렌체 귀환

☑ **MISSION :** 하이킹 루트 정상에서 베르나차를 바라보며 사진 꼭 찍기

☑ **STAY :** 피렌체

DAY 7

토스카나 드라이브 사이프러스가 늘어선 들판을 달리다

☑ **COURSE :** 피렌체 공항에서 렌터카 픽업 → 토스카나 드라이브(몬테풀차노, 몬탈치노, 피엔차 등) → 숙소 체크인

☑ **MISSION :** 사이프러스가 늘어선 가로수길에서 사진찍기

☑ **STAY :** 몬탈치노 또는 몬테풀차노

DAY 8

아시시 & 오르비에토 작고 오래된 마을의 평화

☑ **COURSE :** 아시시로 이동 → 로카 마조레 → 코무네 광장 → 산타 키아라 성당 → 산 프란체스코 성당 → 오르비에토로 이동 → 오르비에토 두오모 → 모로의 탑 → 레푸블리카 광장

☑ **MISSION :** 오르비에토의 전망을 바라보며 와인 마시기

☑ **STAY :** 오르비에토

DAY 9

로마 로마의 오래된 동네

☑ **COURSE :** 오르비에토 출발 → 로마로 이동 후 숙소 체크인 → 트라스테베레 지역으로 이동 → 산책과 느긋한 저녁 시간 즐기기

☑ **MISSION :** 트라스테베레의 밤 분위기에 취하기

☑ **STAY :** 로마

PLUS TIP

로마에서 1~2박 추가도 OK!

PART 1
로마

AREA 01 로마 ROMA

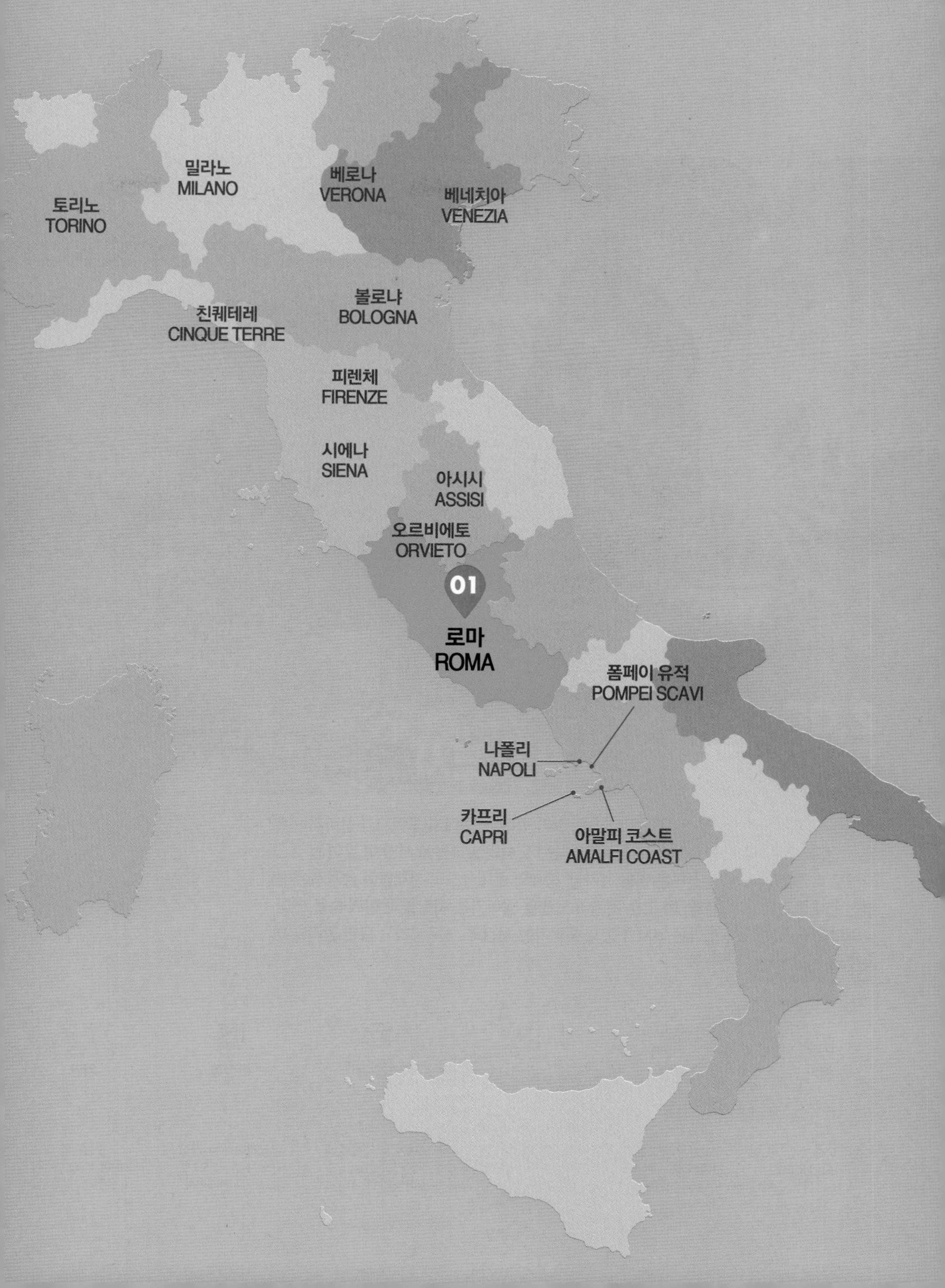

밀라노
MILANO

베로나
VERONA

토리노
TORINO

베네치아
VENEZIA

볼로냐
BOLOGNA

친퀘테레
CINQUE TERRE

피렌체
FIRENZE

시에나
SIENA

아시시
ASSISI

오르비에토
ORVIETO

01

로마
ROMA

폼페이 유적
POMPEI SCAVI

나폴리
NAPOLI

카프리
CAPRI

아말피 코스트
AMALFI COAST

• A R E A •

01 ROMA

로마 Rome

2,000년의 시간을 한 몸에 품은 감동적인 도시

'로마는 하루아침에 이루어지지 않았다'라는 말이 있다. 큰일이 이루어지기 전까지는 많은 시간과 노력이 필요하다는 뜻이지만, 로마라는 도시의 한복판에 서면 이 말이 날것 그 자체로 다가온다. 세월을 견뎌온 원형 경기장, 중세와 르네상스의 천재들이 남겨 놓은 눈부신 건축물과 예술 작품들. 이 모든 것들이 오늘을 살아가는 사람들과 함께 숨을 쉰다. 로마의 거리를 걸으며, 또다른 역사를 향해 흘러가는 시간의 그 무상하고 묘한 감각을 마음껏 누려 보시길.

인기 ★★★★★

이탈리아에서 단 한 곳만 간다면 로마!

관광 ★★★★★

우리가 이탈리아 하면 떠오르는 명소들은 대부분 로마에 있다.

쇼핑 ★★★★☆

기념품, 잡화, 명품 등 전국구 쇼핑은 모두 가능하다.

식도락 ★★★★★

로마 향토 음식과 젤라토만 먹어도 일주일이 짧다.

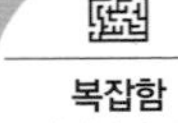

복잡함 ★★★★☆

이탈리아에서 가장 규모가 큰 도시. 대중교통과 친해지자.

치안 ★★★☆☆

주요 관광지와 대중교통에 소매치기가 극성! 철저히 대비할 것.

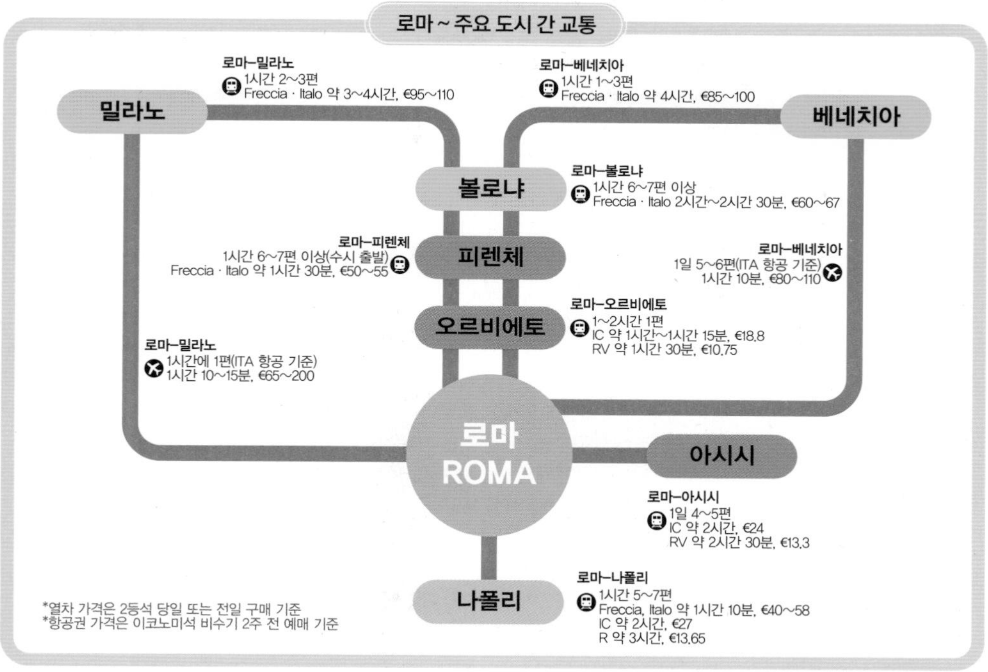

로마 ~ 주요 도시 간 교통

로마–밀라노
1시간 2~3편
Freccia · Italo 약 3~4시간, €95~110

로마–베네치아
1시간 1~3편
Freccia · Italo 약 4시간, €85~100

로마–볼로냐
1시간 6~7편 이상
Freccia · Italo 2시간~2시간 30분, €60~67

로마–피렌체
1시간 6~7편 이상(수시 출발)
Freccia · Italo 약 1시간 30분, €50~55

로마–베네치아 (항공)
1일 5~6편(ITA 항공 기준)
1시간 10분, €80~110

로마–오르비에토
1~2시간 1편
IC 약 1시간~1시간 15분, €18.8
RV 약 1시간 30분, €10.75

로마–밀라노 (항공)
1시간에 1편(ITA 항공 기준)
1시간 10~15분, €65~200

밀라노 · 베네치아 · 볼로냐 · 피렌체 · 오르비에토 · 로마 ROMA · 아시시 · 나폴리

로마–아시시
1일 4~5편
IC 약 2시간, €24
RV 약 2시간 30분, €13.3

로마–나폴리
1시간 5~7편
Freccia, Italo 약 1시간 10분, €40~58
IC 약 2시간, €27
R 약 3시간, €13.65

*열차 가격은 2등석 당일 또는 전일 구매 기준
*항공권 가격은 이코노미석 비수기 2주 전 예매 기준

MUST SEE 이것만은 꼭 보자!

No.1
로마의 옛 모습을 본다,
포로 로마노

No.2
〈글래디에이터〉의 무대,
콜로세움

No.3
이것이 바로 천재의 손길,
시스티나 예배당

No.4
천국의 열쇠가 그곳에 있다, **산 피에트로 대성당 쿠폴라**

No.5
〈로마의 휴일〉의 그곳,
스페인 광장

No.6
로마에서 제일 아름다운 광장,
나보나 광장

MUST EAT 이것만은 꼭 먹자!

No.1
원조의 맛을 느껴 보자,
카르보나라 파스타

No.2
골라 먹는 재미가 최고,
젤라토

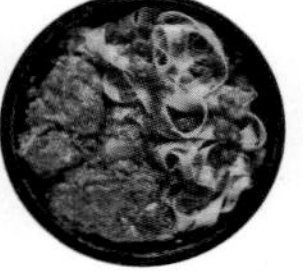
No.3
로마식 소꼬리찜,
코다 알라 바치나라

MUST DO 이것만은 꼭 하자!

No.1
트레비 분수에서 동전 던지기

No.2
트라스테베레의 주말 저녁 분위기

No.3
노련한 가이드가 이끄는 **바티칸 지식 투어**

1단계 로마 여행 정보 한눈에 보기

로마 역사 이야기

B.C. 8세기경, 팔라티노 언덕에서 도시 국가로 탄생했다. 암늑대의 젖을 먹고 자라난 쌍둥이 형제 로물루스와 레무스가 함께 나라를 세웠다가, 형인 로물루스가 레무스를 죽이고 자기 이름을 딴 왕국을 세운 것이 로마의 기원이라는 전설이 전해 온다. B.C. 6세기경에 왕국이 몰락하고 귀족이 다스리는 공화정이 시작되어 약 500년 간 지속되었고, B.C. 1세기 무렵 율리우스 카이사르가 독재 정치를 시작했다. 카이사르가 암살당한 뒤에는 그의 후계자 옥타비아누스가 아우구스티누스 황제로 취임하며 로마 제국의 역사가 시작된다. 로마 제국이 유럽과 북아프리카, 중동의 광활한 영토를 지배하는 대제국으로 성장하는 동안 지금의 로마는 제국의 수도 기능을 했다. 한편, 기독교가 전파되었으나 꾸준히 박해를 받다가 서기 4세기에 콘스탄티누스 황제가 공인하면서 로마는 기독교의 중심지가 된다. 이후 로마는 동서로 나뉘어 서로마 제국은 게르만족의 손에 망하고, 동로마 제국은 현재의 이스탄불로 수도를 옮긴다. 이로써 로마는 교황이 실질적인 통치권을 갖는 기독교의 중심지가 된다. 아비뇽 유수, 사코 디 로마 등 세속 권력과 교황권이 계속 충돌하면서도 로마는 교황의 도시로 자리매김한다. 19세기 말 사르데냐 왕국이 이탈리아 전체를 통일하고 수도를 로마로 옮기며 다시 왕국의 수도가 된다. 제2차 세계 대전 중 무솔리니와 교황은 라테란 조약을 맺고 교황은 바티칸에만, 왕국은 로마로 영역을 한정했다. 제2차 세계 대전이 끝난 후 국민투표로 이탈리아 공화국이 들어선 후에도 로마는 여전히 수도로 남아 지금까지 이어지고 있다.

로마 여행 꿀팁

☑ 최소 3박 추천

로마는 어느 정도 겉핥기로 '유명한 데는 다 봤다'고 하려 해도 최소 3박의 시간은 필요하다. 시내 명소, 콜로세움과 포로 로마노 등 로마 유적, 바티칸 시국에 각각 최소 하루씩은 투자해야 하기 때문. 역사에 전혀 관심이 없고 콜로세움이나 포로 로마노 등의 내부 입장을 하지 않을 생각이라고 해도 최소 2박은 필요하다. 남부 또는 중부를 당일치기로 돌아보고 싶다면 추가로 1박이 또 필요하다. 이래저래 3~4박은 필수.

☑ 지식 가이드 투어 최소 1회

로마의 관광 테마는 뭐니 뭐니 해도 역사. 즉, 어느 정도 사전 지식이 있어야 제대로 즐길 수 있다는 말이다. 특히 바티칸 시국과 콜로세움 & 포로 로마노 등 로마 유적은 배경 지식 없이 보기엔 부담스럽다. 다행히 로마에는 지식 가이드 투어가 크게 발달해 있다. 특히 바티칸이나 콜로세움은 예약하지 않으면 1~2시간씩 줄을 서야 하는데, 가이드 투어를 하면 우선 입장이 가능하다. 이상적인 것은 바티칸과 콜로세움 & 포로 로마노를 모두 가이드 투어로 다니는 것. 둘 중 하나만 선택한다면 바티칸을 추천한다.

☑ 대중교통과 친해지자

로마는 이탈리아의 모든 도시를 통틀어 가장 크다. 다행히 지하철, 버스, 트램의 3종 대중교통이 모두 잘 갖춰져 있다. 시내 중심가와 로마 유적 지역은 조금만 무리하면 걸어서 관광할 수 있으나,

바티칸이나 트라스테베레 지역까지는 웬만해서는 걸어서 가기 어렵다. 대중교통을 적당히 섞어서 여행하는 것이 여러모로 현명하다.

☑ 초행일 때 숙박은 테르미니 역 주변이 편하다

로마가 초행이라면 숙박은 테르미니 역 주변에 잡는 것이 가장 편하다. 공항 교통편이 밀집되어 있고 지하철 A, B 노선이 겹치는 유일한 환승역이며 시내버스 종점 터미널도 있어 여러모로 편리하기 때문. 이 일대에는 호텔, 호스텔이 많으며 특히 한국인들이 선호하는 한인 민박이 대거 몰려 있다. 다만 부랑자와 노점상이 많고 지저분한 편이다. 교통은 좀 불편해도 더 깔끔한 분위기를 원한다면 바티칸 주변인 지하철 A선 오타비아노(Ottaviano) 또는 치프로(Cipro) 역 주변을 추천한다. 최근 문을 연 아파트먼트 및 에어비앤비를 합리적인 가격에 구할 수 있다. 로마를 여러 차례 여행한 '선수'라면 나보나 광장 뒤쪽이나 트라스테베레에 숙소를 잡고 현지인 놀이를 즐겨 보는 것도 추천.

☑ 소매치기 대비는 철저히!

로마는 이탈리아의 모든 도시를 통틀어 소매치기 범죄가 가장 심한 곳이다. 대개는 평범한 시민처럼 보여서 구분하기도 쉽지 않을 뿐더러, 노인과 청소년 소매치기범도 많다. 가방 지퍼에 옷핀 채우기, 안전 지갑이나 복대 사용하기, 현금 적게 들고 다니기 등 기본적인 대책은 꼭 지킬 것. 지하철과 버스 안, 테르미니 역 안팎, 트레비 분수 주변 등이 소매치기가 노리는 주요 핫 스폿이다.

☑ 예약 습관이 편안한 여행을 만든다

로마의 주요 관광 명소와 유명 레스토랑들은 예약 문화가 매우 활성화되어 있다. 따라서 그냥 찾아가면 1~2시간씩 줄을 서거나 아예 허탕 치기 일쑤다. 홈페이지 또는 티켓 · 예약 대행 사이트를 통해 적어도 하루 전에는 예약할 것. 인기 레스토랑은 1~2주 전에 예약이 차는 경우도 흔하다.

로마 패스

로마 패스(Roma Pass)는 관광 명소 입장권과 할인권, 유효 기간 내 교통수단 무제한 이용권이 결합된 관광용 패스다. 약 50곳의 제휴 명소 중 1~2곳은 무료 입장 가능, 나머지는 할인이나 기념품 등의 혜택을 받을 수 있다. 바티칸이 빠져 있고 패스 가격이 은근히 비싸 본전을 찾으려면 하루에 대중교통 3회 이상 이용, 입장권 할인 혜택 3곳 이상을 받아야 한다. 패스 이용처 및 이용 방식도 수시로 바뀐다. 하지만 로마를 역사 · 예술 테마로 종횡무진하며 여행할 사람에게는 필수품이라 할 수 있다. 온라인 구매도 가능하고, 공항 · 테르미니 역 · 포리 임페리알리 거리 등에 자리한 관광 안내소에서도 판매한다. **홈페이지** www.romapass.it

클로즈업 TIP

로마 패스, 이렇게 이용한다!

❶ 맨 처음 입장하는 곳이 무료라는 것을 기억하자.
무조건 첫 번째, 혹은 첫 번째와 두 번째로 입장하는 곳이 무료다.

❷ 무료입장이 가장 이익인 곳은 콜로세움 & 포로 로마노!
티켓 가격도 비싸거니와 매표소에서 1~2시간씩 줄을 서야 하는 곳이기 때문.

❸ 콜로세움과 보르게제 미술관은 로마 패스를 가진 사람도 예약해야 한다.
특히 콜로세움은 예약 필수! 잊지 말고 미리미리 준비하자.

로마 패스 자세히 보기

종류	가격	혜택
48시간권	€32	- 처음 선택한 명소 1곳 무료 - 나머지 제휴 명소 할인 또는 기타 혜택 - 48시간 동안 대중교통(버스 · 트램 · 지하철) 무제한 이용
72시간권	€52	- 처음 선택한 명소 2곳 무료 - 나머지 제휴 명소 할인 또는 기타 혜택 - 72시간 동안 대중교통(버스 · 트램 · 지하철) 무제한 이용

〈주요 사용처〉
- 콜로세움, 포로 로마노 & 팔라티노 언덕 Colosseo, Foro Romano & Palatino
- 보르게제 미술관 Galleria Borghese
- 국립 고전 미술관 바르베리니 궁전관 Galleria Nazionale d'Arte Anticain di Palazzo Barberini
- 카피톨리니 박물관 Musei Capitolini
- 천사의 성 Museo Nazionaledi Castel Sant'Angelo
- 로마 국립 박물관 마시모 궁전관 Museo Nazionale Romano-Palazzo Massimo
- 카라칼라 욕장 Terme di Caracalla

유용한 시설 정보

유인 짐 보관소 Ki Point

MAP P.269H
구글 지도 GPS 41.89944, 12.5026 **찾아가기** 테르미니 역 1층 24번 플랫폼 부근 **시간** 07:00~21:00(접수 가능 시간 09:00~19:00) **가격** 짐 1개 €6(4시간 초과 시 1시간당 €1 가산, 12시간 초과 시 1시간당 €0.5 가산)

관광 안내소 ❶ 테르미니 역

MAP P.269H
구글 지도 GPS 41.899345, 12.502848 **찾아가기** 테르미니 역 1층 24번 플랫폼 부근 **시간** 08:00~18:45

관광 안내소 ❷ 포리 임페리알리 거리

MAP P.269G
구글 지도 GPS 41.89279, 12.48871 **찾아가기** 콜로세움에서 포리 임페리알리 거리를 따라 약 300m **시간** 09:30~19:00

관광 안내소 ❸ 코르소 거리

MAP P.269G
구글 지도 GPS 41.89981, 12.48105 **찾아가기** 베네치아 광장 부근 입구에서 코르소 거리를 따라 약 350m. 트레비 분수로 가는 길목이다. 팔각형의 가판대 형태를 하고 있다. **시간** 09:30~19:00

PLUS TIP
로마는 이탈리아 최대 도시라 슈퍼마켓이 상당히 많다. 여기서는 규모가 크고 찾기 편한 곳을 중심으로 소개했으나 까르푸 익스프레스 등의 소규모 매장은 여러 곳에서 찾을 수 있으므로 구글 맵 등을 참고할 것.

슈퍼마켓 ❶ Conad City 테르미니 역

MAP P.269D
구글 지도 GPS 41.90464, 12.50183 **찾아가기** 테르미니 역 1번 플랫폼 방향 출구에서 약 500m **시간** 월~토요일 07:30~22:00, 일요일 08:00~20:30

슈퍼마켓 ❷ Conad 비토리오 에마누엘레 역

MAP P.269D
구글 지도 GPS 41.89309, 12.50148 **찾아가기** 지하철 1호선 비토리오 에마누엘레(Vittorio Emanuele) 역에서 약 250m **시간** 월~토요일 08:0~21:00, 일요일 08:00~20:00

슈퍼마켓 ❸ Carrefour Express 스페인 광장 부근

MAP P.269C
구글 지도 GPS 41.907068, 12.479545 **찾아가기** 스페인 광장 끝에서 큰길을 따라 북쪽으로 한 블록 간 뒤 왼쪽으로 들어가서 100m **시간** 07:00~24:00

PLUS TIP
테르미니 역 지하상가에도 드러그 스토어가 여러 곳 있다. 점포마다 프로모션이 다르므로 비교해 본 뒤 구매할 것.

드러그 스토어 Farmacia Farmacrimi

MAP P.269H
구글 지도 GPS 41.90152, 12.5031 **찾아가기** 테르미니 역 1번 플랫폼 방향 출구 부근 **시간** 07:00~21:00

2단계 로마, 이렇게 간다!

적어도 이탈리아 여행에서만큼은, '모든 길은 로마로 통한다'는 속담이 현재형이다. 로마는 이탈리아의 어느 도시보다 항공편이 잘 발달되어 있고 어느 지역에서도 기차로 몇 시간 내에 연결된다. 한국 여행자들의 대다수는 입국 또는 출국 중 적어도 한 번은 로마를 거친다.

비행기로 가기

로마는 이탈리아에서 가장 많은 국제 항공편이 연결되는 도시다. 피우미치노(Fiumicino)와 참피노(Ciampino) 국제공항이 있는데, 피우미치노 공항의 이용도가 압도적으로 높다.

피우미치노 국제공항 Aeroporto Internazionale di Roma - Fiumicino

이탈리아에서 가장 큰 국제공항. 로마 중심부에서 남서쪽으로 약 35km 떨어져 있다. '피우미치노'는 공항이 자리한 지역 이름이고, 원래 공항 이름은 레오나르도 다빈치 국제공항(Aeroporto Internazionale Leonardo da Vinci)이다. 우리나라에서 대한항공, 아시아나항공, 티웨이항공의 직항편이 들어간다. 터미널은 총 4개(1, 2, 3, 5번)가 있는데 그중 5터미널은 미국과 이스라엘 항공기만 이용하고 있어 없는 셈 쳐도 무방하다. 1, 2, 3터미널은 나란히 자리하고 있고 3터미널과 1터미널의 사이가 최장 600m밖에 되지 않아 매우 자유롭게 오갈 수 있다. 표지판도 잘 되어 있어 처음 오는 사람도 쉽게 이용할 수 있다.

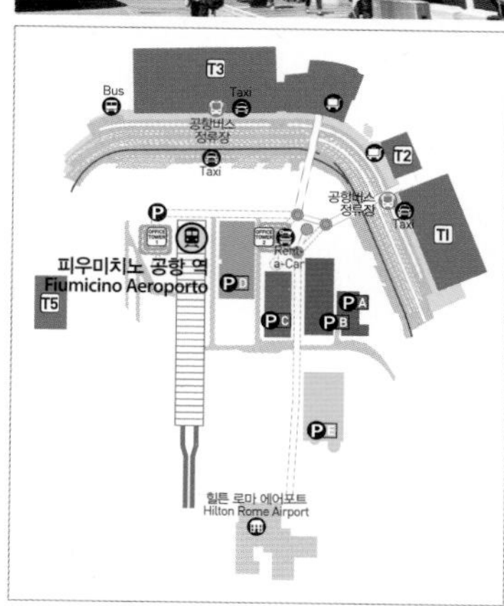

피우미치노 국제공항
주소 Via dell' Aeroporto di Fiumicino
전화 06-65951 **홈페이지** www.adr.it/fiumicino

참피노 국제공항 Aeroporto Internazionale di Roma - Ciampino

로마 중심부에서 남동쪽으로 약 15km 떨어진 곳에 자리한 중소 규모 국제공항. 참피노는 지명이고 정식 공항명은 조반 바티스타 파스티네 국제공항(Aeroporto Internazionale G. B. Pastine)이다. 아일랜드의 저비용 항공사 라이언에어(Ryanair)와 헝가리의 저비용 항공사인 위즈에어(Wizzair) 항공사만 취항 중인데, 라이언에어가 유럽에서 워낙 막강한 장악력을 보이는 항공사라 이용도는 제법 높은 공항이다.

참피노 국제공항
주소 Via Appia Nuova **전화** 06-65951 **홈페이지** www.adr.it/ciampino

기차로 가기

이탈리아 철도 교통에서 '모든 길은 로마로 통한다'는 말은 진리 중의 진리다. 로마는 이탈리아 철도 노선의 중심지로 전국 일정 규모 이상의 도시와는 거의 모두 직통으로 연결된다. 이탈리아의 수도인 만큼 기차역도 여러 곳에 있으나 여행자들이 이용할 만한 노선 및 핵심 기능은 거의 99%가 로마 테르미니(Roma Termini) 역에 집중되어 있으므로 이곳만 알아도 여행하는 데 아무 지장이 없다. '테르미니'는 '종점'이라는 뜻으로, 실제 많은 열차 노선의 종착점이 로마 테르미니 역이다. 트레니탈리아와 이탈로가 모두 다니는 것은 물론 다양한 지방 철도도 있다. 2층에는 식당가, 1층과 지하에는 쇼핑몰이 자리한다. 드러그 스토어 아이템 쇼핑은 테르미니 역만 잘 훑어도 충분할 정도.

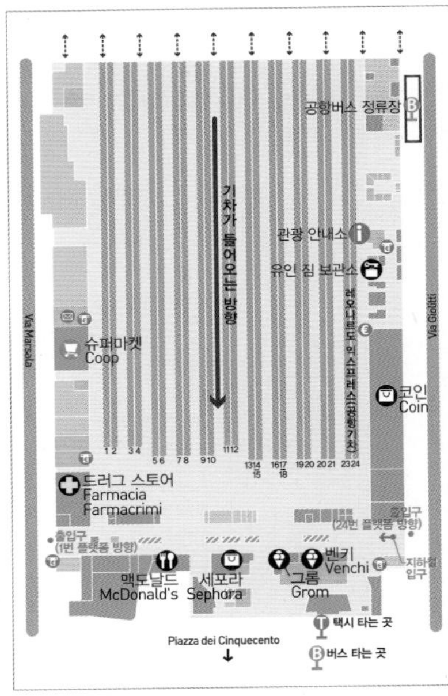

로마 테르미니 역 Roma Termini

MAP P.269H

구글 지도 GPS 41.90099, 12.50185

찾아가기 지하철 A, B선 테르미니(Termini) 역 하차

주소 Piazza dei Cinquecento, 1 **홈페이지** www.romatermini.com

PLUS TIP

로마 티부르티나 역 Roma Tiburtina

테르미니 역에서 동북쪽으로 약 3km 떨어진 곳에 위치한 기차역으로, 규모는 테르미니에 버금간다. 한때는 이 역이 이탈로 노선의 로마 종점이어서 이탈로 열차를 이용하는 여행자들은 무조건 이 역에서 내렸지만, 이제는 테르미니 역에도 이탈로가 서기 때문에 예전만큼 중요도가 높지는 않다. 중부 및 북부에서 로마로 내려오는 열차 중에는 티부르티나 역을 거쳐 테르미니 역으로 들어오는 것이 적지 않다. 헷갈리지 않기 위해 이름 정도는 알아둘 것.

구글 지도 GPS 41.911126, 12.531445

3단계 공항에서 시내로 이동하기

공항에서 로마 시내까지의 대중교통 편은 기차와 버스, 택시 세 종류가 있다.

피우미치노 국제공항에서 시내 가기

❶ 레오나르도 익스프레스

공항 특급 열차인 레오나르도 익스프레스가 피우미치노 국제공항과 로마 테르미니 역을 연결한다. 배차 간격은 15~30분, 소요 시간은 32분이다. 1~2인이 예산에 크게 구애받지 않고 이탈리아를 여행할 때 가장 무난하게 이용할 수 있는 교통수단이다. 공항 철도 정류장은 공항 도착 층 로비 밖으로 나가야 연결되는데, 표지판이 잘 되어 있으므로 믿고 따라갈 것.

시간 공항 → 테르미니 역 05:38~23:53
테르미니 역 → 공항 04:50~23:05
요금 편도 €14 **홈페이지** leonardo-express.com

PLUS TIP

다른 역으로 가는 일반 열차
레오나르도 익스프레스 외에도 로마 시내로 가는 일반 열차가 있다. 요금은 편도 €8이며 소요 시간은 30~40분 정도. 문제는 테르미니 역이 아닌 역으로 간다는 것이다. FL1 라인은 로마 티부르티나(Tiburitina) 역으로, FL5 라인은 오스티엔세(Ostiense) 역으로 간다. 이 두 역 근처로 갈 거라면 굳이 비싼 레오나르도 익스프레스를 타지 말고 일반 열차를 이용할 것. 그러나 테르미니 역으로 간다면 헷갈리지 말고 오로지 '레오나르도 익스프레스'만 보고 갈 것.

❷ 공항버스

버스는 SIT, T.A.M., 테라비전(Terravision), 로마 에어포트 버스(Rome Airport Bus), 코트랄(COTRAL) 이렇게 5개 회사에서 공항버스를 운영한다. 2, 3터미널 앞 회사별 정류장에서 출발하며 소요 시간은 1시간 정도. 로마 시내 도착지는 버스 회사별로 조금씩 다르나 모두 테르미니 역 부근에 도착한다. 버스는 기차에 비해 요금이 저렴하다는 것이 최고 강점이다. 일찍 예약하거나 프로모션 기회를 잘 잡으면 €5 미만으로도 예매할 수 있다. 다만 오버 부킹이 잦아 예약을 하고도 좌석을 못 잡는 일이 종종 일어나고, 출퇴근 시간대에는 로마 시내의 고질적인 교통 체증에 막혀 배차 간격이 엉망이 되기도 한다. 비수기의 한가한 시간대에 이용하는 것이 바람직하지만 그럴 수 없다면 마음의 준비를 좀 할 것. 티켓은 가급적 인터넷으로 예매하는 것이 좋고 공항 도착 층 로비의 매표소에서 현장 구매도 가능하다. 차에 사람이 많지 않으면 버스에서 직접 구매해도 OK.

공항버스 정보 자세히 보기

회사명	공항 정류장	로마 시내 정류장	배차 간격	시간	요금(편도)	홈페이지
SIT	3터미널 12번 정류장	Via Marsala	20~40분	07:45~00:40	€7	www.sitbusshuttle.com
T.A.M.	3터미널 13번 정류장	Via Giovanni Giolitti 34	25분~1시간	24시간 (야간버스 운영)	€6~8	www.tambus.it
테라비전 (Terravision)	3터미널 14번 정류장	Via Giovanni Giolitti, 38	40분~1시간	07:10~00:30	€6	www.terravision.eu
로마 에어포트 버스 (Rome Airport Bus)	3터미널 15번 정류장	Via Giovanni Giolitti 34/36	30분~1시간	05:50~24:00	€5.9	romeairportbus.it
코트랄(COTRAL)	2터미널	Piazza dei Cinquecento	약 1시간	24시간 (야간버스 운영)	€7	www.cotralspa.it

※ 정류장 Via Marsala는 테르미니 역 북쪽 출구, Via Giovanni Giolitti는 남쪽 출구 쪽이다. 코트랄 버스가 서는 곳은 테르미니 역 정면 출구 앞 광장 쪽이다.

참피노 국제 공항에서 시내 가기

❸ 택시

피우미치노 공항 택시는 고정 요금제로 운영되고 있어 바가지 걱정 없이 합리적인 가격으로 이용 가능하다. 2명까지는 기차가 더 저렴하나 3명부터는 크게 차이나지 않으며 4명은 오히려 택시가 더 저렴하다. 인원과 짐이 많거나 어린이, 또는 어르신을 동반하고 있다면 택시 이동을 진지하게 고려해 볼 것. 1터미널과 3터미널의 택시 정류장을 이용하면 된다. 흰색에 'TAXI' 표시가 있는 것이 공식 공항 택시이다.

Ⓔ **요금** 공항→로마 중심가 €50

공항부터 시내까지는 공항 셔틀 버스를 이용한다. SIT, 테라비전(Terravision), 로마 에어포트 버스(Rome Airport Bus) 3개 회사의 버스가 운행 중이다. 도착 층 로비 바깥으로 나가면 공항 버스 정류장을 바로 만날 수 있으며 티켓은 도착 층 로비에 있는 매표소 또는 버스 기사에게 구매한다. 도착지는 버스 회사마다 조금씩 다르나 테르미니 역은 공통적으로 들른다.

Ⓔ **요금** €6~7

4단계 로마 시내 교통 한눈에 보기

로마는 주요 관광지가 약 5km 거리 내에 분포해 있어 전부 걸어 다니는 것은 아무래도 무리이다. 때문에 로마에서는 가급적 대중교통과 친해지는 것이 좋다. 다행히 대중교통이 잘 구축되어 있으니, 평소 지하철과 시내버스를 잘 타고 다녔다면 로마에서도 걱정 없이 적응할 수 있을 것이다.

로마 교통권

로마의 지하철 · 트램 · 버스는 ATAC이라는 회사에서 운영하고 있다. 교통권은 지하철, 버스, 트램 모두 통합 운영된다. 지하철역 자판기, 담배 가게, 신문 가게 등에서 판매한다. 1~3일권은 가격이 비싼 편이라 본전을 찾기가 힘들다. 1회권을 여러 장 사서 이용하다 남으면 환불하거나 차라리 로마 패스를 쓸 것.

요금 1회권(100분 유효-지하철은 편도 이용) €1.5
24시간권 €7
48시간권 €12.5
72시간권 €18

지하철

A, B, C 총 3개의 노선이 있으나 C선은 관광지가 아닌 곳을 운행하므로 여행자는 A, B선만 알아도 별 지장이 없다. 현재 C선이 바티칸 방향으로 연장하는 공사 중이라 완성되면 관광객에게도 상당히 도움이 되겠지만 언제 완성될지는 아무도 모른다.

시간 05:30~11:30(토요일은 1시간 연장)

티켓 자판기의 모습.
자판기 개수는 어느 역이든 넉넉하다.

로마 지하철 무작정 따라하기

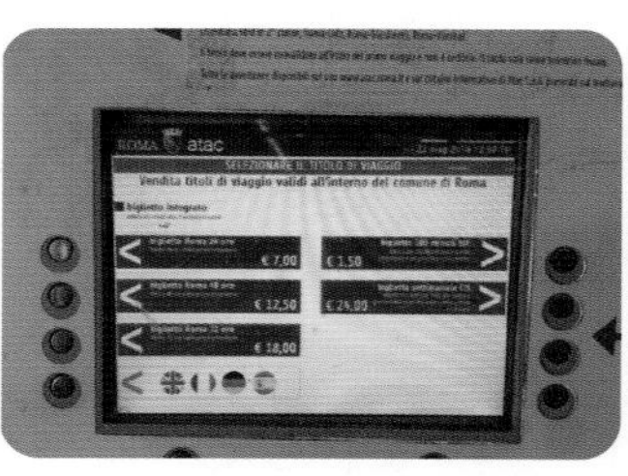

❶ 초기 화면은 이탈리아어. 언어 선택 버튼을 누른다.

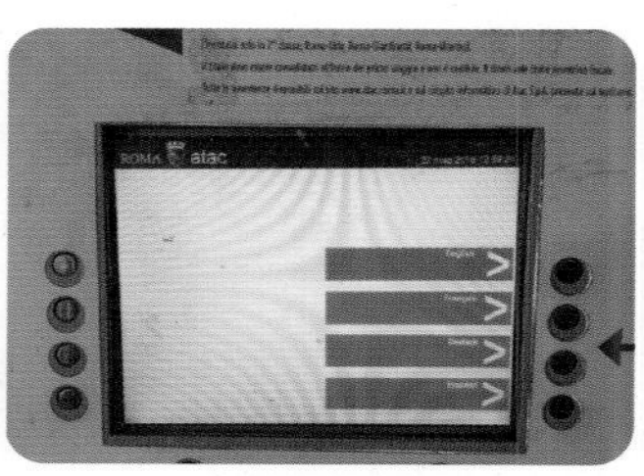

❷ 언어 선택 화면. 영어를 누른다.

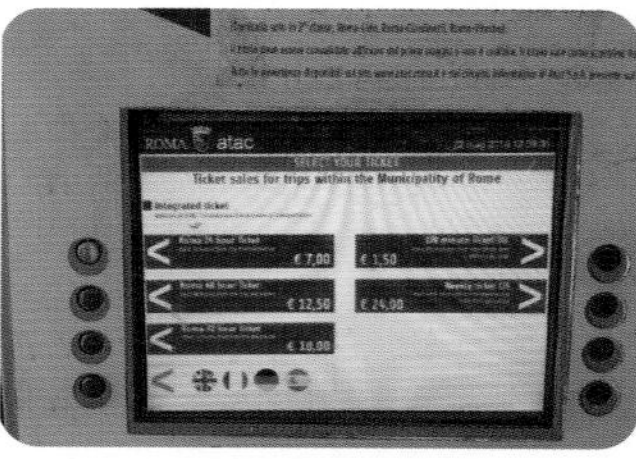

❸ 원하는 티켓을 고른다. 뭐가 뭔지 모를 때는 가격을 보고 고르자.

❹ 돈을 넣으면 티켓이 나온다.

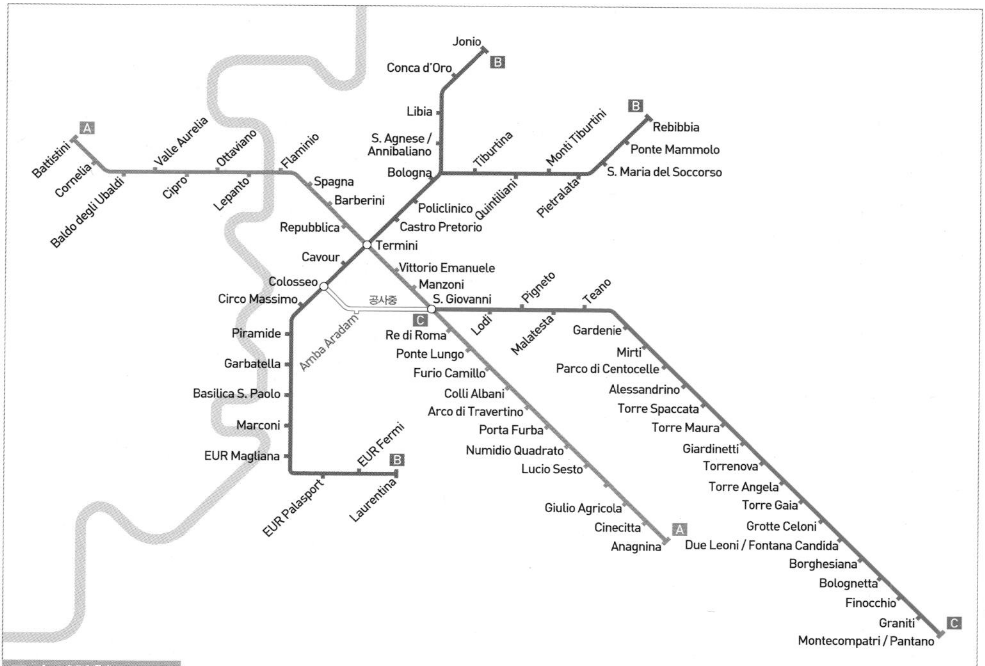

로마 지하철 노선도

버스

지하철이 굵직굵직한 관광지를 연결한다면 버스는 좀 더 세심하게 구석구석을 커버한다. 버스 노선이 300개가 넘으므로 일일이 다 파악하는 것은 불가능하니, 인터넷 지도를 적극적으로 이용하자. 구글 지도에 경로 검색을 하면 버스 편을 거의 정확히 알려주는데, 도로 정체 때문에 배차 시간은 틀리기 일쑤다. 버스에서는 대부분 안내 방송이나 다음 정류장 표시 안내판을 운영하므로 잘 못 내릴 걱정은 안 해도 된다.

시간 05:30~24:00(노선마다 약간씩 다름)

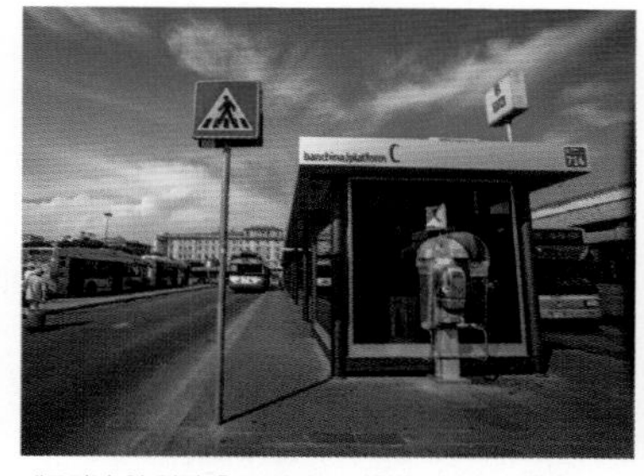

테르미니 역 정면 출구 앞에 자리한 친퀘첸토 광장(Piazza dei Cinquecento)에는 여러 노선이 정차하는 버스 터미널이 있다.

트램

현재 6개 노선이 운행 중인데, 대부분이 중심가가 아닌 외곽을 연결한다. 시내와 트라스테베레를 연결하는 3번, 트라스테베레에서 대전차 경기장, 콜로세움을 잇는 8번은 꽤 쓸모 있는 노선이므로 구글 지도에 추천 교통편으로 뜨면 망설이지 말고 타자.

시간 05:30~24:00

택시

로마 시내에서 은근히 보기 힘든 것이 택시다. 테르미니 역 앞에는 대거 몰려 있으나 시내는 차가 진입하지 못하는 구간이 많은 데다가 길이 좁아 택시가 거의 없다. 프리 나우나 우버를 적극적으로 이용하자. 요금은 이탈리아 평균 정도이나 도로 정체가 심해서 차는 꼼짝도 못하고 미터기만 열심히 달리는 모습을 종종 보게 된다. 시내 주요 관광지를 택시로 이동할 경우 보통 €15~20 안팎의 요금이 나온다.

요금 기본요금 주간 €3~6.5, 1km당 요금 €1.1~1.6

PLUS TIP

주요 명소 도보 이동 거리
테르미니 역 ↔ 베네치아 광장 2km(30~40분)
베네치아 광장 ↔ 포폴로 광장 1.7km(25~35분)
베네치아 광장 ↔ 나보나 광장 1km(15~20분)
베네치아 광장 ↔ 콜로세움 1km(15~20분)
테르미니 역 ↔ 콜로세움 2km(30~40분)

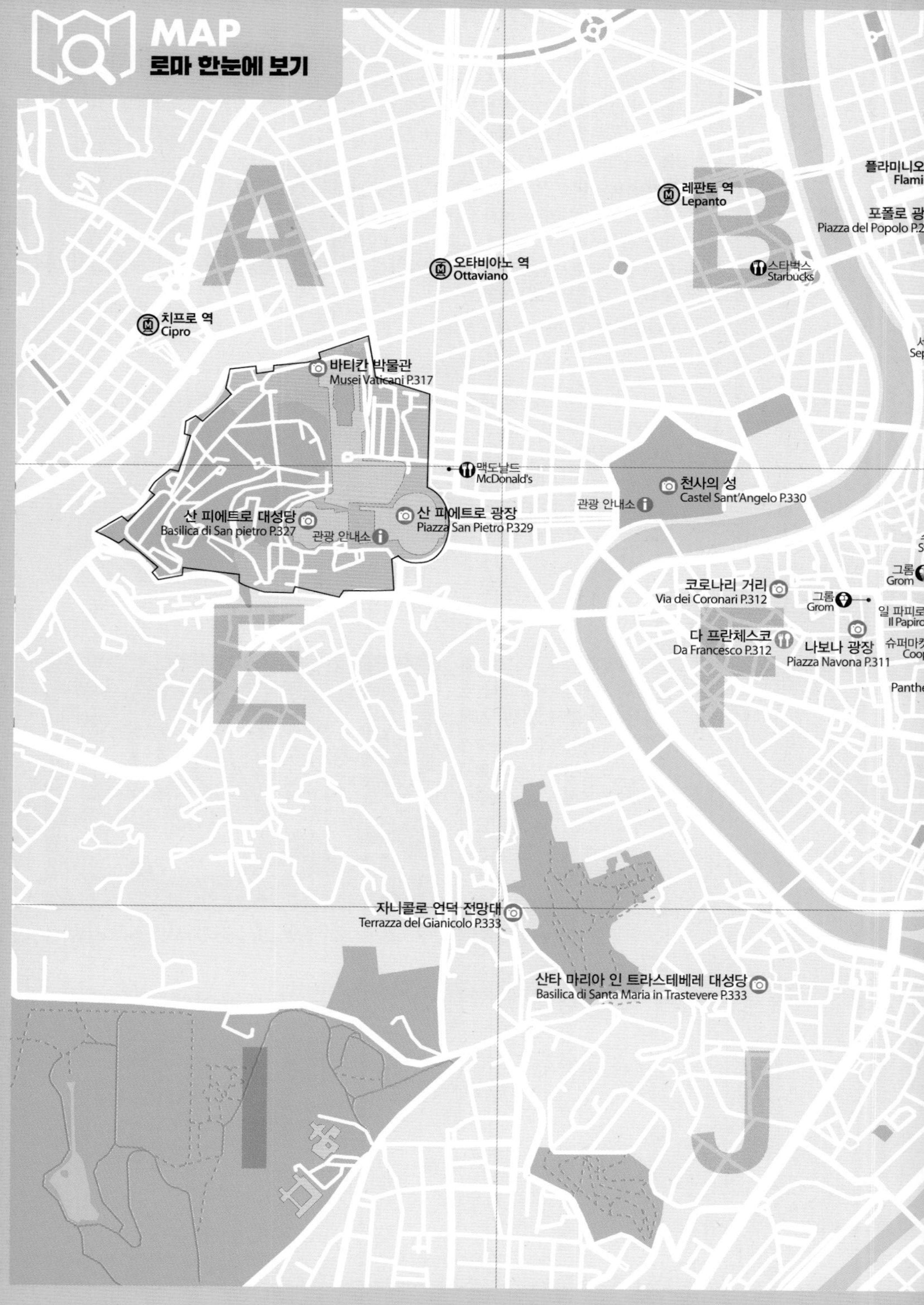
MAP
로마 한눈에 보기
A
B
E
F
I
J
플라미니오
레판토 역
Lepanto
포폴로 광
Piazza del Popolo
오타비아노 역
Ottaviano
스타벅스
Starbucks
치프로 역
Cipro
바티칸 박물관
Musei Vaticani P.317
맥도날드
McDonald's
천사의 성
Castel Sant'Angelo P.330
관광 안내소
산 피에트로 대성당
Basilica di San pietro P.327
산 피에트로 광장
Piazza San Pietro P.329
관광 안내소
그롬
Grom
코로나리 거리
Via dei Coronari P.312
그롬
Grom
일 파피로
Il Papiro
다 프란체스코
Da Francesco P.312
나보나 광장
Piazza Navona P.311
슈퍼마켓
자니콜로 언덕 전망대
Terrazza del Gianicolo P.333
산타 마리아 인 트라스테베레 대성당
Basilica di Santa Maria in Trastevere P.333

N
0 200m
보르게제 공원
Villa Borghese P.301
언덕 전망대
za del Pincio P.301
C
D
슈퍼마켓
Carrefour
Express
스파냐 역
Spagna
스페인 광장
Piazza di Spagna P.299
세포라
ephora
맥도날드
McDonald's
키코
KIKO
바르베리니 역
Barberini
바르베리니 광장
Piazza Barberini P.278
디즈니 스토어
Disney Store
세포라
Sephora
졸리티
Giolitti P.314
카스트로 프레토리오 역
Castro Pretorio
슈퍼마켓
Conad City
레푸블리카 광장
Piazza della Repubblica P.277
레푸블리카 역
Repubblica
맥도날드
McDonald's
우체국
Poste Italiane
테르미니 역
Termini
드러그 스토어
Farmacia Farmacrimi
테르미니 기차역
Roma-Termini
그롬 Grom
벤키 Venchi
키코
KIKO
스타벅스 Starbucks
트레비 분수
Fontana di Trevi P.298
맥도날드
McDonald's
안내소
파출소
Rome police
headquarters
슈퍼마켓
Coop
맥도날드
McDonald's
관광 안내소
유인 짐 보관소 Ki Point
카스텔 로마노
버스 정류장
G
H
산타 마리아 마조레 대성당
Basilica Papale di
Santa Maria Maggiore P.276
네치아 광장
Venezia P.291
카보우르 역
Cavour
비토리오 에마누엘레 2세 기념관
Monumento Nazionale a
Vittorio Emanuele II
P.292
라 타베르나 데이 포리
임페리알리 La Taverna dei
Fori Imperiali P.294
비토리오 에마누엘레 역
Vittorio Emanuele
슈퍼마켓
Conad - Supermarket
피돌리오 광장
el Campidoglio
P.293
관광 안내소
포로 로마노
Foro Romano P.287
콜로세오 역
Colosseo
콜로세움
Colosseo P.286
만조니 역
Manzoni
팔라티노 언덕
Palatino P.287
대전차 경기장
Circo Massimo P.290
K
L
산 조반니 인 라테라노 대성당
Basilica di San Giovanni in Laterano P.279
치르코 마시모 역
Circo Massimo

COURSE 1

로마 핵심 정복 2일 코스 - DAY 1

로마는 이탈리아의 수도로 규모가 제법 큰 데다 2,000년의 역사가 깃들어 있는 도시라 제대로 보려면 한 달이 모자랄 수도 있다. 그러나 슬프게도 여행자들에게는 머물 시간이 한정돼 있다. 로마에서 가장 중요한 명소를 아쉽지 않게 돌아볼 수 있는 최소한의 시간은 얼마큼일까? 최소 꽉 채운 이틀은 필요하다. 이틀간의 로마 여행, 그 첫째 날의 일정을 소개한다.

S

지하철 B선 콜로세오 역

Colosseo

교통권 1회권 사용. 미리 여러 장 사두면 편하다. 오전 9시 전후에는 일정을 시작하자.

역 출구를 등지고 큰 길을 건넌다. → 콜로세움 도착

▶

1

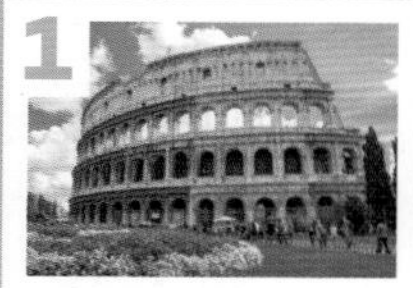

콜로세움 / 1hr

Colosseo

티켓은 미리 예약해 두자. 꼼꼼하게 돌아보고 싶다면 가이드 투어도 고려할 것.

콘스탄티누스 개선문 부근에 있는 언덕길로 올라간다. → 포로 로마노 & 팔라티노 언덕 도착

▶

2

포로 로마노 & 팔라티노 언덕 / 1hr 30min

Foro Romano & Palatino

팔라티노 언덕을 먼저 갔다가 포로 로마노로 내려오는 것이 좋다.

포리 임페리알리 거리 출구로 나가 카보우르 거리(Via Cavour) 방향으로 간다. → 라 타베르나 데이 포리 임페리알리 도착

▶

3

라 타베르나 데이 포리 임페리알리 / 1hr

La Taverna dei Fori Imperiali

로마 요리의 진수를 맛볼 수 있다(예약 필수).

포리 임페리알리 거리로 나와서 북쪽으로 약 250m 직진하다 왼쪽에 보이는 경사로로 쭉 올라간다. → 캄피돌리오 광장 도착

TIP 예약 없이 저렴하게 식사하려면 근처의 라 베이스(La Base)를 추천한다.

4

캄피돌리오 광장 / 40min

Piazza del Campidoglio

미켈란젤로가 만든 광장의 풍경을 만끽하자.

계단을 따라 내려와서 오른쪽으로 직진 → 비토리오 에마누엘라 2세 기념관 도착

TIP 캄피돌리오 광장으로 진입하는 길목에 포로 로마노가 가장 아름답게 보이는 무료 전망 스폿이 있다.

▶

5

비토리오 에마누엘레 2세 기념관 / 20min

Monumento Nazionale a Vittorio Emanuele II

로마 시내에서 가장 눈에 띄는 건물. 기념사진을 남기자.

코르소 거리를 따라 약 450m 직진하다 갈레리아 알베르토 소르디 옆 골목으로 우회전한다. → 트레비 분수 도착

▶

6

트레비 분수 / 30min

Fontana di Trevi

동전을 던지고 올 것. 소매치기가 많은 곳이므로 조심하자.

트리톤 거리(Via del Tritone)로 나와 두에 마첼리 거리(Via dei Due Macelli)로 좌회전 후 북쪽으로 직진 → 스페인 광장 도착

▶

7

스페인 광장 / 1hr

Piazza di Spagna

계단에 앉아서 휴식과 낭만을 즐겨 보자. 바로 앞 콘도티 거리도 들러볼 것.

계단을 오른쪽에 두고 북쪽으로 직진 → 포폴로 광장 도착

8

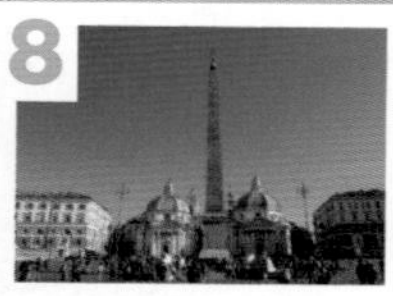

포폴로 광장 / 10min

Piazza del Popolo

시내 관광이 거의 끝났다고 봐도 OK. 광장의 분위기를 즐기자.

코르소 거리를 등지고 오른쪽에 언덕으로 올라가는 길이 있다. → 핀초 언덕 전망대 도착

▶

9

핀초 언덕 전망대 / 20min

Terrazza del Pincio

포폴로 광장과 바티칸의 풍경을 즐기는 전망대. 해 질 무렵이 최고!

언덕을 내려와 포폴로 광장으로 돌아간 뒤 북쪽 성문 밖으로 나간다. → 플라미니오 역 도착

▶

F

지하철 A선 플라미니오 역

Flaminio

교통권 1회권 사용. 지하철을 타고 숙소로 돌아간다.

코스 무작정 따라하기 START
S. 지하철 B선 콜로세오 역
도보 5분
1. 콜로세움
도보 5분
2. 포로 로마노 & 팔라티노 언덕
도보 10분
3. 라 타베르나 데이 포리 임페리알리
도보 15분
4. 캄피돌리오 광장
도보 5분
5. 비토리오 에마누엘레 2세 기념관
도보 15분
6. 트레비 분수
도보 15분
7. 스페인 광장
도보 10분
8. 포폴로 광장
도보 10분
9. 핀초 언덕 전망대
도보 10분
F. 지하철 A선 플라미니오 역

COURSE 2

로마 핵심 정복 2일 코스 - DAY 2

1일차 코스에서 고대 로마의 유적과 대표 관광 스폿을 돌아봤다면, 2일차에는 바티칸과 테베레강 주변의 명소를 돌아볼 차례다. 대중교통을 이용하기 애매해 종일 걷게 되는 코스이므로 신발은 되도록 편하게 신을 것. 시간과 효율을 위해 바티칸 가이드 투어를 추천한다. 이 코스는 민다 트립 투어(25,000원)의 소요 시간과 코스를 기준으로 잡았다.

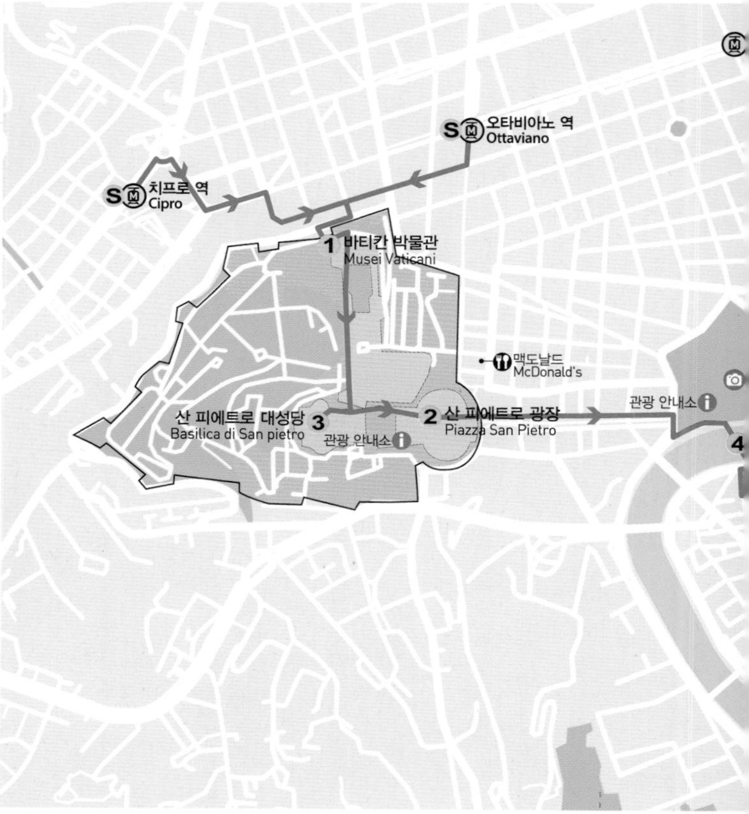

TIP 바티칸 오전 반일 코스 가이드 투어를 꼭 예약해 둘 것. 가이드 미팅은 오전 7시 30분 전후다.

S

지하철 A선 오타비아노 or 치프로 역

Ottaviano or Cipro

교통권 1회권 사용. 정해진 역 주변에서 투어 가이드와 미팅하면 된다.

가이드를 따라 이동한다. → 바티칸 박물관 도착

▼

1

바티칸 박물관 / 2hr

Musei Vaticani

교과서에서만 보던 위대한 인류 유산들이 즐비하다. 시스티나 예배당은 감동 그 자체.

가이드를 따라 외부 연결 통로로 이동. → 산 피에트로 대성당 도착

S 오타비아노 역 Ottaviano

S 치프로 역 Cipro

1 바티칸 박물관 Musei Vaticani

맥도날드 McDonald's

3 산 피에트로 대성당 Basilica di San pietro

관광 안내소

2 산 피에트로 광장 Piazza San Pietro

관광 안내소

4

▼

2

산 피에트로 대성당 & 광장 / 1h

Basilica&Piazza San Pietro

성당과 광장 모두 눈을 떼기 힘들 정도로 아름답다. 투어는 성당 정문 앞 또는 광장에서 해산한다.

성당 정면 우측에서 줄을 선다. 줄 서는 시간 최장 30분. → 산 피에트로 대성당 쿠폴라 도착

▶

3

산 피에트로 대성당 쿠폴라 / 1hr

La Cupola di San Pietro

고소공포증 환자라도 올라가 볼 가치가 있는 곳.

광장을 지나 콘칠리아치오네 거리를 따라 테베레 강가로 간 뒤 좌회전. → 천사의 성 도착

▶

4

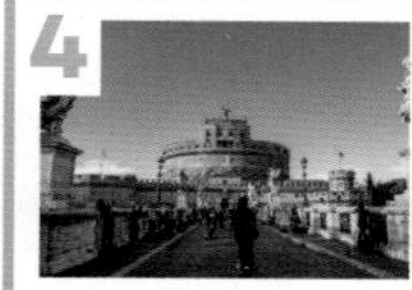

천사의 성 / 20min

Castel Sant'Angelo

다리와 성이 어우러진 아름다운 풍경을 배경으로 기념사진을 남기자.

다리를 건넌 뒤 골목으로 들어가 70m 직진하다 좌측 골목으로 들어간다. → 코로나리 거리 도착

▶

5

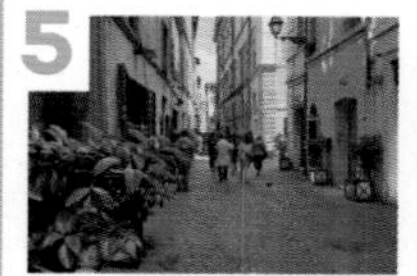

코로나리 거리 / 20min

Via dei Coronari

로마에서 가장 예쁜 뒷골목 중 하나. 윈도 쇼핑을 즐기는 것도 OK.

거리가 끝나면 바로 앞길로 직진하다 우측 골목으로 들어간다. → 나보나 광장 도착

▶

코스 무작정 따라하기
START

- S. 지하철 A선 오타비아노 역 or 치프로 역
- 도보 10분
- 1. 바티칸 박물관
- 도보 5분
- 2. 산 피에트로 대성당 & 광장
- 도보 5분
- 3. 산 피에트로 대성당 쿠폴라
- 도보 20분
- 4. 천사의 성
- 도보 5분
- 5. 코로나리 거리
- 도보 5분
- 6. 나보나 광장
- 도보 10분
- 7. 다 프란체스코
- 도보 5분
- 8. 판테온
- 도보 5분
- 9. 졸리티
- 도보 15분
- F. 베네치아 광장

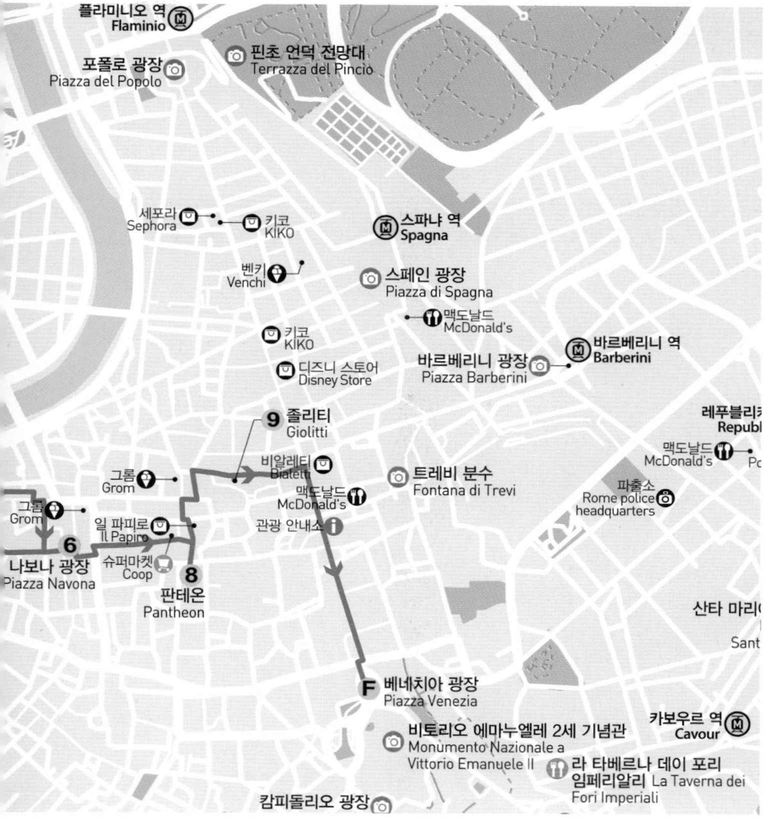

플라미니오 역 Flaminio
핀초 언덕 전망대 Terrazza del Pincio
포폴로 광장 Piazza del Popolo
세포라 Sephora
키코 KIKO
스파냐 역 Spagna
벤키 Venchi
스페인 광장 Piazza di Spagna
맥도날드 McDonald's
키코 KIKO
디즈니 스토어 Disney Store
바르베리니 광장 Piazza Barberini
바르베리니 역 Barberini
9 졸리티 Giolitti
레푸블리카 Republ
맥도날드 McDonald's
비알레티 Bialetti
그롬 Grom
트레비 분수 Fontana di Trevi
맥도날드 McDonald's
파출소 Rome police headquarters
그롬 Grom
일 파피로 Il Papiro
관광 안내소
6 나보나 광장 Piazza Navona
슈퍼마켓 Coop
8 판테온 Pantheon
산타 마리 Sant
F 베네치아 광장 Piazza Venezia
카보우르 역 Cavour
비토리오 에마누엘레 2세 기념관 Monumento Nazionale a Vittorio Emanuele II
라 타베르나 데이 포리 임페리알리 La Taverna dei Fori Imperiali
캄피돌리오 광장

F

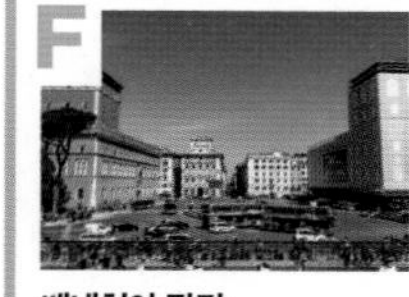

베네치아 광장

Piazza Venezia

피곤하다면 숙소로 돌아갈 것. 저녁을 먹으려면 나보나 광장 주변이나 트라스테베레 지역을 추천한다.

6

나보나 광장 / 30min

Piazza Navona

베르니니가 만든 분수와 보로미니가 만든 성당 파사드는 꼭 찾아볼 것.

광장 서쪽 토르 밀리나 거리(Via di Tor Millina)로 들어가 150m 직진 후 좌회전. → 다 프란체스코 도착

7

다 프란체스코 / 1hr

Da Francesco

메뉴가 다양하고 가격이 합리적인 레스토랑.

나보나 광장 모로 분수 부근에서 동쪽으로 빠져나가 큰길을 건넌 뒤 표지판을 따라 이동. → 판테온 도착

TIP 나보나 광장 일대에 맛집이 많다. 미리 알아보거나 예약해 두자.

8

판테온 / 20min

Pantheon

로마 시대의 건물이라는 것이 믿어지지 않을 정도로 상태가 좋다. 내부도 꼭 들어갈 것.

판테온을 등지고 북쪽으로 간다.

TIP 판테온 광장 북쪽에 로마에서 가장 유명한 젤라테리아가 몇 곳 있다. 단 것을 싫어한다면 카페 타차 도로(Tazza d'Oro)의 에스프레소를 맛보는 것도 OK!

9

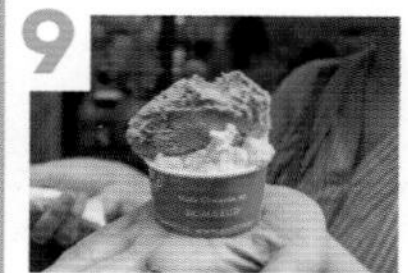

졸리티 / 20min

Giolitti

로마 3대 젤라토 중 한 곳의 맛을 보자.

코르소 거리로 나온 뒤 남쪽으로 직진. → 베네치아 광장 도착

테르미니 역 주변
Stazione Termini

외부에서 로마로 들어오는 교통의 허브이자 로마 시내 교통의 중심. 가장 많은 여행자들이 이 일대에 숙소를 정한다. 테르미니 역 정문 부근에는 로마에서 가장 중요한 박물관과 성당들이 대거 몰려 있다. 반면, 워낙 많은 여행자들이 오고가는 지역이라 소매치기와 부랑자도 많고 환경도 약간 지저분한 편이나 최근 빠른 속도로 개선되고 있다.

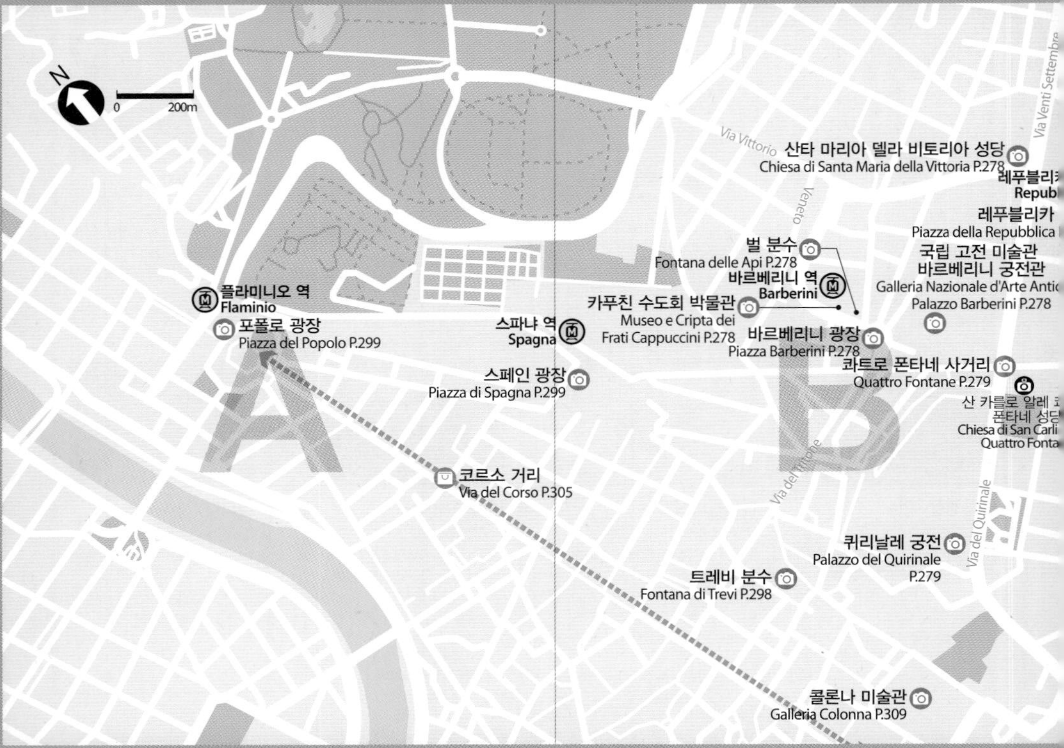

N
0 200m
Via Vittorio
산타 마리아 델라 비토리아 성당
Chiesa di Santa Maria della Vittoria P.278
Via Venti Settembre
레푸블리카
Repub
Veneto
레푸블리카
Piazza della Repubblica
벌 분수
Fontana delle Api P.278
국립 고전 미술관
바르베리니 궁전관
Galleria Nazionale d'Arte Antic
Palazzo Barberini P.278
바르베리니 역
Barberini
플라미니오 역
Flaminio
카푸친 수도회 박물관
Museo e Cripta dei
Frati Cappuccini P.278
포폴로 광장
Piazza del Popolo P.299
스파냐 역
Spagna
바르베리니 광장
Piazza Barberini P.278
콰트로 폰타네 사거리
Quattro Fontane P.279
스페인 광장
Piazza di Spagna P.299
산 카를로 알레 콰
폰타네 성당
Chiesa di San Carli
Quattro Fonta
A
B
Via del Tritone
코르소 거리
Via del Corso P.305
Via del Quirinale
퀴리날레 궁전
Palazzo del Quirinale
P.279
트레비 분수
Fontana di Trevi P.298
콜론나 미술관
Galleria Colonna P.309

추천 동선 ❶	추천 동선 ❷
테르미니 역	테르미니 역
▼	▼
산타 마리아 마조레 대성당	레푸블리카 광장
▼	▼
콰트로 폰타네 사거리	산타 마리아 델라 비토리아 성당
▼	▼
퀴리날레 궁전	바르베리니 광장
▼	▼
트레비 분수	트레비 분수

건트 호텔
ent Hotel
베스트 웨스턴 프리미어 호텔 로열 산티나
Best Western Premier Hotel Royal Santina
레치아노 욕장 유적
di Diocleziano P.277
NH 컬렉션 로마 팔라초 친퀘첸토
Hotel NH Collection Roma Palazzo Cinquecento
Via Marsala
아 델리 안젤리 에 데이
리 성당 Santa Maria
Angeli e dei Martiri
테르미니 기차역
Roma-Termini
테르미니 역
Termini
코인 Coin
P.281
로마 중앙 시장
Mercato Centrale Roma P.281
Via Giovanni Giolitti
로마 국립 박물관 마시모 궁전관
Museo Nazionale Romano Palazzo Massimo alle Terme P.277
트램재즈
Tram Jazz P.281
르네
280
알레시오
Alessio P.280
Via del Viminale
Via Principe Eugenio
로마 국립 오페라 극장 P.277
Teatro dell'Opera di Roma
비토리오 에마누엘레 역
Vittorio Emanuele
팔라초 델 프레도 조반니 파시
Palazzo del Freddo Giovanni Fassi P.281
산타 마리아 마조레 대성당
Basilica Papale di Santa
Maria Maggiore P.276
IQ 호텔 로마
IQ Hotel Roma
호텔 퀴리날레 Hotel Quirinale
호텔 아르테미데
Hotel Artemide
베키아 로마
Vecchia Roma P.280
만초니 역
Manzoni
Via Cavour
C
D
바이아 키아 로마
Baia Chia Roma P.280
카보우르 역
Cavour
산 조반니 역
S. Giovanni
스칼라 산타
Scala Sancta P.279
산 조반니 인 라테라노 대성당
Basilica di San Giovanni in Laterano P.279

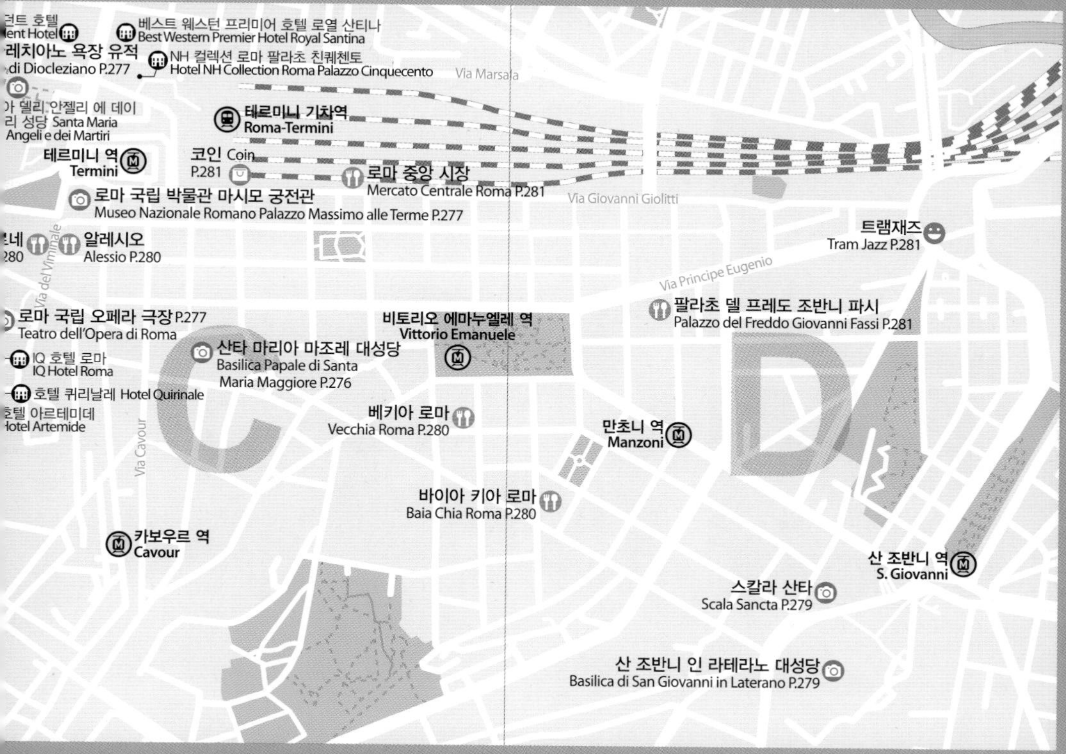

01 산타 마리아 마조레 대성당

Basilica Papale di Santa Maria Maggiore
바질리까 파팔레 디 싼타 마리아 마죠레

로마에서 산 피에트로 대성당과 라테라노 대성당 다음 가는 중요한 위치를 가진 대성당. 최초 건립 연대가 무려 5세기까지 올라간다. 전설에 따르면 아이가 없던 로마의 귀족 부부가 성모에게 자비를 빌자 성모가 꿈에 현현하여 '내일 아침 눈이 내린 곳에 성당을 지으라'고 말했다. 다음날, 한여름임에도 에스퀼리노 언덕 위에 새하얀 눈이 내렸고, 귀족 부부는 그곳에 성모에게 봉헌하는 성당을 지었다고 한다. 하지만 정확한 기록도 없고 가톨릭에서도 기적으로 공인한 바 없는 그냥 구전 설화라고. 산타 마리아 인 트라스테베레 대성당과 더불어 성모에게 봉헌된 최초의 성당 중 하나로 손꼽힌다. 아비뇽 유수 이후 잠시 교황이 머물기도 했다. 큰길인 카보우르 거리(Via Cavour)에서 보이는 문은 사실 뒤쪽이고, 파사드와 정면 출입구는 반대편에 있다. 내부에는 가톨릭의 귀중한 보물들이 다수 소장되었다. 5세기에 만들어진 모자이크, 최초의 성모 마리아 성상, 탄생 직후 예수를 눕힌 말구유의 일부 등이 대표적이다. 바로크의 사나이로 불리는 예술가 베르니니의 묘소가 이 성당 안에 있다.

MAP P.276C
구글 지도 GPS 41.89759, 12.4984 **찾아가기** 테르미니 역 24번 플랫폼 방향 출입구 또는 정면 출입구로 나와서 왼쪽으로 꺾어 카보우르 거리(Via Cavour)를 따라 약 350m 직진하면 왼쪽에 보인다. **주소** Piazza di S. Maria Maggiore **전화** 06-6988-6800 **시간** 07:00~18:30 **휴무** 연중무휴 **가격** 무료입장

❶ 보르게제 예배당(Cappella Borghese)에 자리한 성모 마리아의 성상. 현재 알려진 것 중 가장 오래된 성모의 성상이다.
❷ 성당 가장 안쪽에 자리한 5세기의 모자이크

02 로마 국립 박물관 마시모 궁전관

★★★

Museo Nazionale Romano Palazzo Massimo alle Terme
무쎄오 나치오날레 로마노 팔라쪼 마씨모 알레 떼르메

고대 로마 시대의 중요한 유물을 소장·전시하는 고고학 중심의 국립 박물관. 로마 국립 박물관은 로마 시내의 건물 네 곳에 분산되어 있는데, 마시모 궁전관에 가장 유명한 소장품이 집중되어 있다. 마시모 궁전(Palazzo Massimo)은 19세기의 건축물로서 1960년대까지 학교로 쓰였다. 가장 유명한 것은 1층에 자리한 〈휴식 중인 복싱 선수(Terme Boxer)〉 동상이다. 퀴리날레 언덕에서 출토되었고, 정교한 인체 묘사와 인물의 심리까지 엿보이는 듯한 섬세한 표현 등 헬레니즘 예술의 최고봉으로 여겨진다.

MAP P.275C

구글 지도 GPS 41.90135, 12.49825 **찾아가기** 테르미니 역 24번 플랫폼 방향 출구를 바라보고 왼쪽 방향으로 난 졸리티 거리(Via Giolitti)를 따라 약 250m 직진하면 왼쪽에 보인다. **주소** Largo di Villa Peretti, 2 **전화** 06-3996-7700 **시간** 화~일요일 09:30~19:00 **휴무** 월요일 **가격** 단독 입장권 €8, 로마 국립 박물관 공통 입장권 €13 **홈페이지** www.museonazionaleromano.beniculturali.it

03 디오클레치아노 욕장 유적

★★★

Terme di Diocleziano
떼르메 디 디오클레치아노

달마티아(지금의 크로아티아 서부 해안) 지방 출신으로 말단 병사에서 황제의 자리까지 올라간 풍운아 디오클레치아노 황제 시대에 건설된 목욕탕 유적. 이 욕장은 3세기 말에서 4세기 초에 건설되었다. 10세기 이후에 일부가 수도원 및 성당으로 개조되기도 했는데, 그중에서 수도원 안뜰은 미켈란젤로가 설계한 것으로 알려져 있다. 현재 중심 부분 및 수도원 안뜰은 로마 국립 박물관의 일부로 조성돼 있다. 욕장 유적 중 냉탕 부분은 16세기 중순경, 산타 마리아 델리 안젤리 에 데이 마르티리(Santa Maria degli Angeli e dei Martiri) 성당으로 용도 변경되었다.

MAP P.275C

구글 지도 GPS 41.90365, 12.49879 **찾아가기** 지하철 A선 레푸블리카(Repubblica) 역에서 내리면 광장 너머로 바로 보인다. **주소** Viale Enrico de Nicola, 79 **전화** 06-477-881 **시간** 화~일요일 09:00~19:30 **휴무** 월요일 **가격** 단독 입장권 €8, 로마 국립 박물관 공통 입장권 €13 **홈페이지** www.museonazionaleromano.beniculturali.it

04 레푸블리카 광장

★★★

Piazza della Repubblica
피아짜 델라 레푸블리카

테르미니 역에서 약 500m 떨어진 반원형 광장. 한가운데에 물의 요정이 조각된 분수가 있고 고풍스러운 건물 두 채가 마치 날개처럼 광장을 감싸고 있다. 로마에서도 손꼽히게 아름다운 광장으로 특히 밤에 분수와 건물에 조명이 켜지면 매우 인상적인 풍경이 된다. 옛 이름은 에세드라 광장(Piazza dell'Esedra)이었는데, 이탈리아 통일 이후 지금의 이름으로 바뀌었다. 두 채의 건물 사이로 나 있는 넓은 길은 로마의 핵심 도로 중 하나인 나치오날레 거리(Via Nazionale)로, 이 길을 쭉 따라가면 베네치아 광장이 나온다.

INFO P.145 MAP P.275C

구글 지도 GPS 41.90273, 12.49622 **찾아가기** 지하철 A선 레푸블리카(Repubblica) 역에서 내린다. **주소** Piazza della Repubblica **전화** 없음 **시간** 24시간 **휴무** 연중무휴 **가격** 무료입장

05 로마 국립 오페라 극장

★★★

Teatro dell'Opera di Roma
떼아뜨로 델로페라 디 로마

19세기 후반 유명 호텔업자였던 도메니코 콘스탄치(Domenico Costanzi)가 건축하여 소유하던 것을 1926년에 로마시 정부에서 사들여 국립 극장이 되었다. 다른 국립 극장들과 구분할 때는 '콘스탄치 극장(Teatro Costanzi)'이라고도 부른다. 지금도 월 1회 정도는 꾸준히 공연이 열린다. 카라칼라 오페라 페스티벌의 주최 기관이라 티켓도 이곳에서 발매한다. 외관은 매우 평범하고 큰 볼거리가 없으므로 오페라 마니아에게만 추천한다.

MAP P.275C

구글 지도 GPS 41.90088, 12.49532 **찾아가기** 레푸블리카 광장에서 포로 로마노 방향으로 직진하다 왼쪽 두 번째 블록에서 왼쪽으로 간다. 테르미니 역에서 걸어갈 수 있다. **주소** 1, Piazza Beniamlno Glgli **전화** 06-481-601 **시간** 공연마다 다름. **휴무** 부정기 **가격** 공연마다 다름. **홈페이지** www.operaroma.it

06 산타 마리아 델라 비토리아 성당

Chiesa di Santa Maria della Vittoria
끼에자 디 싼타 마리아 델라 빗또리아

'승리의 성모 마리아 성당'이라는 뜻으로, 17세기 초에 건축되었다. 베르니니의 걸작 조각 작품 중 하나인 〈성녀 테레사의 환희(L'Estasi di Santa Teresa)〉를 소장하고 있다. 성녀 테레사 데헤수스는 16세기 스페인 아빌라 출신으로, 천사가 쏘는 금화살을 심장에 맞는 환시를 통해 놀라운 환희를 겪었다고 한다. 베르니니의 작품은 성녀 테레사가 환희를 느끼는 장면을 특유의 섬세한 터치로 옷자락 하나까지 세밀하게 묘사해 놓았다. 성당 내부는 눈길 닿는 모든 곳이 감탄이 나도록 화려하고 아름다워, 성녀 테레사를 보러 왔다가 성당 자체에 반하는 사람들이 많다.

MAP P.274B

구글 지도 GPS 41.9047, 12.49436 **찾아가기** 레푸블리카 광장에서 나치오날레 거리(Via Nazionale) 시작점 방향을 바라보고 오른쪽으로 큰길을 따라 약 300m 가면 사거리 모퉁이에 있다. **주소** Via Venti Settembre, 17 **전화** 06-4274-0571 **시간** 08:30~12:00, 15:30~18:00 **휴무** 연중무휴 **가격** 무료입장 **홈페이지** www.chiesasantamariavittoriaroma.it

07 국립 고전 미술관 바르베리니 궁전관

Galleria Nazionale d'Arte Antica in Palazzo Barberini
갈레리아 나치오날레 다르떼 안티카 인 팔라쪼 바르베리니

19세기 이전의 고전 미술 작품을 전문으로 소장 · 전시하는 국립 미술관. 시내 중심가 부근의 바르베리니 궁전(Palazzo Barberini)과 트라스테베레 부근의 코르시니 궁전(Palazzo Corsini)으로 분리되어 운영한다. 이 중 바르베리니 궁전관은 소규모이지만 미술 애호가들이 사랑하는 작품들을 은근히 많이 소장하고 있다. 대표 작품으로는 라파엘로의 〈라 포르나리나(La Fornarina)〉, 카라바조의 〈유디트와 홀로페르네스(Giuditta e Oloferne)〉와 〈나르치소(Narciso)〉 등이 있고, 그 외에도 티치아노, 틴토레토, 리피 등의 걸작이 전시 중이다.

MAP P.274B

구글 지도 GPS 41.90314, 12.49004 **찾아가기** 지하철 A선 바르베리니(Barberini) 역에서 내리면 바로 보인다. **주소** Via delle Quattro Fontane, 13 **전화** 06-481-4591 **시간** 화~일요일 10:00~19:00 **휴무** 월요일, 12/25, 1/1 **가격** 국립 고전 미술관 통합 입장권(바르베리니+코르시니) €15 **홈페이지** www.barberinicorsini.org

08 바르베리니 광장

Piazza Barberini
피아짜 바르베리니

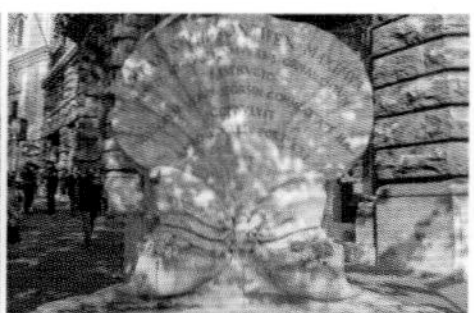

16세기부터 자리를 지키고 있는 유서 깊은 광장. 현재는 8개의 길을 잇는 원형 교차로 한복판에 있다. '바르베리니'는 광장 한쪽에 자리한 바르베리니 궁전(Palazzo Barberini)에서 따온 이름으로, 17세기에 교황을 배출한 로마 귀족 바르베리니 가문이 살던 곳이다. 바로크의 거장 베르니니가 만든 분수 2개가 이 광장에 있어 일부러 찾아오는 사람도 적지 않다. 광장 한복판에 물의 신 트리톤이 우주 대홍수를 일으키는 장면을 담은 트리톤 분수(La Fontana del Tritone)가 있고, 광장 북쪽 길 건너편에 바르베리니 가문의 문장인 벌 세 마리가 새겨져 있는 벌 분수(Fontana delle Api)가 있다.

MAP P.274B

구글 지도 GPS 41.90378, 12.48863(광장 중심부), 41.90431, 12.48876(벌 분수) **찾아가기** 지하철 A선 바르베리니(Barberini) 역에서 내리면 바로 보인다. **주소** Piazza Barberini **전화** 없음 **시간** 24시간 **휴무** 연중무휴 **가격** 무료입장

09 카푸친 수도회 박물관

Museo e Cripta dei Frati Cappuccini
무제오 에 크립타 데이 프라티 카푸치니

카푸치노 커피의 어원이 된 카푸친 수도회의 비아 베네토 지회에 자리한 박물관. 카푸친 수도회를 소개하는 다양한 전시물을 볼 수 있다. 특이하게도 지하 납골당을 박물관의 일부로 개방 중인데, 수도사들의 뼈를 이용하여 바로크풍의 실내 장식을 해 놓은 매우 그로테스크한 풍경을 볼 수 있다. 누가 어떤 이유로 시작했는지 알 수 없으나 상당히 오래된 전통으로, '새디즘'이라는 용어의 기원인 사드 후작이 18세기에 이곳을 둘러보고 극찬한 것이 기록에 남아 있다. 규모가 크지 않은 것에 비해 입장료가 다소 비싼 편. 사진 촬영은 금지.

MAP P.274B

구글 지도 GPS 41.90475, 12.48862 **찾아가기** 벌 분수에서 언덕길을 약간 올라가면 오른쪽에 보인다. **주소** Via Vittorio Veneto, 27 **전화** 06-8880-3695 **시간** 09:00~19:00(11/2, 12/24, 12/31 09:00~14:30) **휴무** 부활절, 12/25 **가격** 일반 €10, 18세 이하 및 65세 이상 €6.5 **홈페이지** www.cappucciniviaveneto.it

10 콰트로 폰타네 사거리

Quattro Fontane
콰트로 폰타네

'콰트로 폰타네'란 '4개의 분수'라는 뜻으로, 사거리 네 모퉁이에 후기 르네상스 시대에 만들어진 아름다운 조각 분수가 자리하고 있다. 조각은 각각 테베레강의 신, 아니에네강의 신, 로마 신화의 다이애나 여신과 유노를 나타낸다. 이 중 테베레강의 신이 조각된 건축물은 산 카를로 알레 콰트로 폰타네 성당(Chiesa di San Carlino alle Quattro Fontane)으로, 로마의 대표적인 바로크 건축물로 손꼽힌다. 건축을 담당한 사람은 베르니니 버금가는 바로크의 거장 보로미니. 사거리는 다소 높은 고지대에 있으며, 사거리 가운데서 각 길의 끝을 바라보면 산타 마리아 마조레 대성당과 퀴리날레 궁전, 스페인 광장 앞의 오벨리스크가 보인다.

MAP P.274B

구글 지도 GPS 41.90197, 12.49072 **찾아가기** 산타마리아 델라 비토리아 성당에서 퀴리날레 궁전으로 향하는 벤티 세템브레 거리(Via Venti Settembr)를 따라 450m 직진한다. **주소** Via del Quirinale, 23(산 카를로 알레 콰트로 폰타네 성당) **전화** 06-4274-0571 **시간** 24시간 **휴무** 연중무휴 **가격** 무료입장

11 퀴리날레 궁전

Palazzo del Quirinale
팔라쪼 델 뀌리날레

이탈리아 대통령의 공식 거주지. 16세기에 교황의 여름 별장으로 지어진 이래, 아비뇽 유수 이후 교황의 주요 주거지 중 한 곳으로 쓰였다. 한때 나폴레옹이 유럽의 통일 황제를 꿈꿀 때 이곳을 왕궁으로 점찍기도 했다. 통일 이탈리아 왕국 시대에 로마로 수도를 확정한 후 국왕의 공식 왕궁이 되었고, 이탈리아 공화국이 탄생한 후에는 대통령궁으로 쓰였다. 매주 일요일 오후에 궁전 앞 광장에서 근위병 교대식이 열리는데, 런던 버킹엄 궁전의 근위병 교대식이나 서울 궁궐들의 수문장 교대식에 비교하면 좀 조촐한 편이다. 시간이 맞는다면 한 번쯤 볼만하지만 굳이 노력하지는 말 것.

MAP P.274B

구글 지도 GPS 41.89964, 12.48702 **찾아가기** 콰트로 폰타네 사거리에서 퀴리날레 거리(Via del Quirinale)를 따라 직진한다. **주소** Piazza del Quirinale **전화** 06-46991 **시간** 광장 24시간 개방. 근위병 교대식 매주 일요일 6~9월 18:00, 10~5월 16:00(20~30분간 진행) **휴무** 연중무휴 **가격** 광장 무료입장 **홈페이지** www.quirinale.it

12 산 조반니 인 라테라노 대성당

Basilica di San Giovanni in Laterano
바질리까 디 싼 조반니 인 라테라노

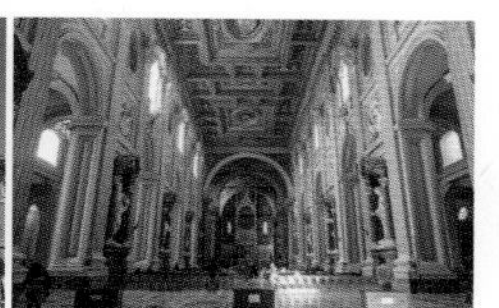

아비뇽 유수 전까지 교황청이 있던 성당으로, 현재도 로마 교구의 주교좌성당이자 로마 내의 모든 성당 중 으뜸을 차지하는 곳이다. 로마 시대에 지어진 라테라노 궁전(Palazzo Laterano)이 성당의 시초로서, 기독교를 공인한 콘스탄티누스 대제가 당시 교황에게 이 궁전을 헌사한다. 그 다음 교황이 궁전에 딸린 성당을 증축하고 이곳을 공식적인 교황 주거지이자 주교좌성당으로 공표한다. 그후 1309년 아비뇽 유수 전까지 모든 교황들이 이곳에서 거주했다. 역사 마니아 및 가톨릭 신자들은 필수 코스로 여겨도 좋은 곳.

INFO P.069 MAP P.275D

구글 지도 GPS 41.88588, 12.50567 **찾아가기** 지하철 A선 산 조반니(S. Giovanni) 역에서 나오면 보이는 산 조반니 문을 통과하면 왼쪽에 성당이 보인다. **주소** Piazza di S. Giovanni in Laterano, 4 **전화** 06-6988-6433 **시간** 07:00~18:30 **휴무** 연중무휴 **가격** 성당 무료입장, 박물관 €5

13 스칼라 산타

Scala Sancta
스칼라 싼타

'신성한 계단'이라는 뜻. 예수님이 본디오 빌라도에게 재판을 받을 때 올라갔던 대리석 계단으로, 서기 4세기에 콘스탄티누스 대제가 이스라엘에서 로마로 가져왔다. 가톨릭의 대표적인 성소로 신도들은 이 계단을 오를 때 반드시 무릎으로 올라가야 한다. 18세기 이후로 보존을 위해 나무 덮개를 만들어 덮어두었고 아주 가끔씩만 일반인에게 공개를 했는데, 2019년에 한 차례 공개했고 2020년 복원을 마무리 한 뒤 일반에 전면 공개하고 있다. 가톨릭 신도가 아닌 경우에는 옆의 비상 계단을 이용해 올라갈 수 있다.

MAP P.275D

구글 지도 GPS 41.88714, 12.50662 **찾아가기** 산 조반니 인 라테라노 대성당 길 건너편 **주소** Piazza di S. Giovanni in Laterano, 14 **전화** 06-772-6641 **시간** 09:00~13:30, 15:00~18:30 **가격** €3.5 **홈페이지** www.scala-santa.com

14 베키아 로마
Vecchia Roma

★★★★

코페르토 X 카드 결제 O 영어 메뉴 O

지하철 비토리오 에마누엘레 역 부근에 자리한 트라토리아 겸 피체리아. 현지인에게 인기가 높아 식사 시간대에는 언제나 줄이 길다. 로마 전통 음식을 다양하게 선보이고 있어 다른 지방 사람이 로마에 오면 꼭 들르는 식당 중 하나라고 한다. 카르보나라, 그리차, 아마트리차나와 같은 로마 원조 파스타나 코다 알라 바치나라, 살팀보카 같은 유명 전통 음식을 폭넓게 선보인다. 일 처리가 느리고 불친절한 것이 흠.

MAP P.275C

구글 지도 GPS 41.89371, 12.50239 **찾아가기** 지하철 A선 비토리오 에마누엘레(Vittorio Emanuele) 역 근처 공원을 바라보고 왼쪽으로 가다 왼쪽 큰길로 들어가 100m 가면 오른쪽 사거리 모퉁이에 있다. **주소** Via Ferruccio, 12/b/c **전화** 06-446-7143 **시간** 월~토요일 12:30~15:00, 19:00~23:00 **휴무** 일요일 **가격** 전채 €3~15, 파스타 €12~16, 메인 요리 €12~39, 피자 €7.5~10 **홈페이지** trattoriavecchiaroma.it

이탈리아식 소시지 피자 Pizza con Salsiccia €9

15 바이아 키아 로마
Baia Chia Roma

★★★

코페르토 X 카드 결제 O 영어 메뉴 O

사르데냐 지방 음식 전문 레스토랑. 다종다양한 메뉴를 선보이는데, 그중에서 특히 해산물 테이스팅 메뉴를 상당히 합리적인 가격에 선보인다. 모둠 전채, 파스타, 메인, 곁들임 채소에 디저트를 포함한 총 5코스에 물, 와인 1병, 커피가 포함된다. 맛도 준수하고 무엇보다 양이 어마어마하다. 해산물을 좋아하는 대식가에게 강추.

MAP P.275D

구글 지도 GPS 41.89168, 12.50243 **찾아가기** 지하철 A선 비토리오 에마누엘레(Vittorio Emanuele) 역 근처 공원을 바라보고 오른쪽으로 가다가, 오른쪽에 나오는 마키아벨리 거리(Via Machiavelli)로 들어가 250m 직진. **주소** Via Machiavelli, 5A **전화** 339-113-5460 **시간** 월~토요일 12:30~15:30, 19:00~23:30 **휴무** 일요일 **가격** 해산물 테이스팅 메뉴(Menu Degustazione Baia Chia di Pesce) 1인당 €40 **홈페이지** ristorantebaiachia.it

해산물 테이스팅 메뉴 1인당 €40

16 알레시오
Alessio

★★★

코페르토 €1(식전 빵) 카드 결제 O 영어 메뉴 O

로마에 온 한국인들이 가장 즐겨 찾는 레스토랑 중 한 곳. 파스타가 맛있기로 유명하다. 간판 메뉴는 홈메이드 버섯 파스타와 해물 파스타인데 쫄깃하면서 부드럽게 씹히는 생면 파스타의 참맛을 즐길 수 있다. 연어 등 생선을 사용한 요리도 맛있기로 유명하다. 전반적으로 재료의 질이 좋은 편이다. 종업원들이 몹시 친절한데, 한국 손님에게는 '안녕하세요' 같은 간단한 한국말부터 '엄지 척' 같은 유행어까지 구사할 정도. 단, 서비스 속도는 그다지 빠르지 않다.

MAP P.275C

구글 지도 GPS 41.90096, 12.49706 **찾아가기** 테르미니 역 24번 플랫폼 방향 출구를 왼쪽에 두고 약 300m 직진, 큰 사거리가 나오면 좌회전해 두 블록 더 가면 왼쪽 **주소** Via del Viminale, 2/g **전화** 06-488-5271 **시간** 월~금요일 12:00~15:00, 18:00~23:00, 토요일 18:00~23:00 **휴무** 일요일 **가격** 전채 €4~15, 파스타 €10~15, 고기 요리 €16~27, 해물 요리 €16~20 **홈페이지** ristorantealessio.it

해물을 넣은 홈메이드 파스타 Tonnarelli Ai Fruttii di Mare €15

17 네로네
Nerone

★★★★

코페르토 X 카드 결제 O 영어 메뉴 O

로마에서 경험하기 힘든 수준의 친절과 착한 가격을 겸비해 관광객들에게 큰 인기를 끌고 있는 리스토란테 겸 피체리아. 겉보기에는 허름한데 의외로 내부 인테리어가 상당히 예쁘다. 웰컴 푸드와 리몬첼로까지 무료로 제공한다. 음식 맛은 전반적으로 합격점으로, 파스타 · 피자 · 스테이크류가 가장 인기가 높다. 저녁에만 영업하며 피크 시간에는 예약하지 않으면 줄을 설 수도 있다.

MAP P.275C

구글 지도 GPS 41.90108, 12.49688 **찾아가기** 테르미니 역 24번 플랫폼 방향 출구를 왼쪽에 두고 약 300m 직진, 큰 사거리가 나오면 좌회전해 두 블록 더 가면 오른쪽에 있다. 알레시오 맞은편. **주소** Via del Viminale, 7A **전화** 06-488-0737 **시간** 월~토요일 16:30~22:00 **휴무** 일요일 **가격** 전채 €2~12, 파스타 €12~17, 메인 요리 €12~28, 피자 €8~12 **홈페이지** neronealviminale.it

볼로녜제 소스 생면 페투치네 Fresh Home-made Fettuccine with Bolognese Sauce €14

18 로마 중앙 시장

Mercato Centrale Roma (메르카토 첸트랄레 로마)

코페르토 X 카드 결제 O 영어 메뉴 O

테르미니 역 24번 플랫폼 방향, 외부에 자리한 대형 푸드코트. 2015년 대성공을 거둔 피렌체 중앙 시장 리노베이션 프로젝트가 로마에 진출한 결과다. 과거에는 이 자리에 지저분한 상가가 있었는데 2018년 여름 리노베이션을 통해 깔끔하고 세련된 공간으로 재탄생했다. 커피, 젤라토 같은 간단한 음식부터 시푸드 · 스테이크 등의 제법 본격적인 요리까지 다양한 음식을 만나볼 수 있다. 간단하게 요기를 하고 카페인이나 당분 충전할 장소로 최적.

MAP P.275C

구글 지도 GPS 41.89874, 12.50376 **찾아가기** 테르미니 역 24번 플랫폼 방향 출구로 나와 정면 반대편으로 역사를 따라 약 250m 간다. **주소** Via Giovanni Giolitti, 36 **전화** 06-4620-2900 **시간** 08:00~24:00 **휴무** 연중무휴 **가격** 무료입장, 가격대는 매장마다 다름. **홈페이지** mercatocentrale.it

19 팔라초 델 프레도 조반니 파시

Palazzo del Freddo Giovanni Fassi

코페르토 X 카드 결제 X 영어 메뉴 X

1880년에 문을 연 이래 130년이 넘게 로마의 대표적인 젤라테리아로 군림하고 있다. 이탈리아에서 가장 오래된 젤라테리아 중 한 곳이라고 공인되었다. 쌀(Riso) 맛은 이탈리아를 통틀어 가장 맛있다는 평가를 받고 있다. 내부에 자리가 많아 성수기만 아니면 편하게 먹고 갈 수 있다. 생크림을 공짜로 얹어준다. '조반니 파시'는 창업자의 아들이자 젤라토 사업을 시작한 인물의 이름이다.

INFO P.182 MAP P.275D

구글 지도 GPS 41.89354, 12.50811 **찾아가기** 지하철 A선 비토리오 에마누엘레(Vittorio Emanuele) 역에서 공원을 가로질러 간 뒤 공원을 등지고 오른쪽으로 큰길을 따라 쭉 간다. **주소** Via Principe Eugenio, 65A **전화** 06-446-4740 **시간** 월~목요일 12:00~24:00, 금 · 토요일 12:00~24:30, 일 · 공휴일 10:00~24:00 **휴무** 연중무휴 **가격** 컵/콘 스몰 €1.8, 미디엄 €2.5 **홈페이지** gelateriafassi.com

스몰 컵 €1.8

20 코인

Coin
코인

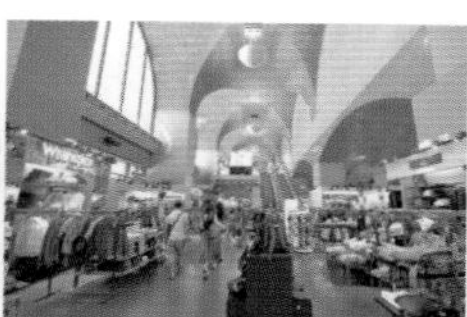

테르미니 역사 내에 자리한 쇼핑몰. 주로 테르미니 역 24번 출구 부근의 길 찾기 지표 역할을 한다. 의류나 화장품 외에도 여행 가방 등 실용적인 제품을 판매한다. 특히 기념품 매장인 디스커버 로마(Discover Roma)가 숍인숍 형태로 자리하고 있는데, 테르미니 역 주변에서 가장 질 좋은 기념품을 판매한다.

MAP P.275C

구글 지도 GPS 41.89991, 12.50157 **찾아가기** 테르미니 역 24번 플랫폼 방향 출구로 나와 역사 아케이드를 따라가다 보면 입구가 나온다. **주소** Via Giovanni Giolitti, 10 **전화** 06-4782-5909 **시간** 08:00~21:00(디스커버 로마는 20:00까지) **휴무** 연중무휴 **홈페이지** www.coin.it

21 트램재즈

Tram Jazz
트람 재즈

근사한 클래식 트램으로, 로마 시내를 달리며 밴드 연주와 코스 요리를 즐기는 테마 투어다. 야경 포인트에서 정차도 하고, 차내에서 연주하던 밴드가 콜로세움 앞에 정차할 때는 야외 공연을 펼치기도 한다. 와인을 무제한 제공하는 것도 무시 못할 장점. 단, 가격이 비싸고 음식이 맛없으며 에어컨이 없어 여름에는 말도 못하게 덥다. 전체 예약제로 운영되고, 2 · 4명의 짝수로만 예약 가능하다. 최소 1~2주 전에는 예약해야 원하는 날짜를 고를 수 있다. 홈페이지에서 예약.

MAP P.275D

구글 지도 GPS 41.89154, 12.5144 **찾아가기** 트램 3, 5, 8, 14, 19번을 타고 P.za Di Porta Maggiore 정류장에서 내린다. 또는 지하철 A선 비토리오 에마누엘레(Vittorio Emanuele) 역에서 공원을 가로질러 간 뒤 공원을 등지고 오른쪽으로 큰길을 따라 약 1km 가도 된다. **주소** Piazza di Porta Maggiore **전화** 339-633-4700 **시간** 주 2~3회 출발 21:00~24:00 **휴무** 부정기(홈페이지 참고) **가격** 셰어 테이블(1인당) €75, 2인석(1인당)€90 / 로마 패스, 메트로 버스 패스 소지 1인당 €5 할인 **홈페이지** www.tramjazz.com

B.

고대 로마 유적지 Antica Roma

한때 세계의 절반을 호령했던 로마 제국의 심장. 이탈리아의 가장 중요한 상징물인 콜로세움을 비롯해 고대 로마 시대의 유적들이 이 일대에 집중적으로 남아 있다. 기원전 만들어진 건물과 광장의 흔적 사이로 21세기의 사람들과 차가 지나다닌다. 타임머신이 언제 개발되는지 궁금해 할 필요 없다. 고대 로마 유적지를 여행하는 것, 그것만으로도 근사한 시간 여행이니까.

추천 동선

콜로세움
▼
팔라티노 언덕
▼
포로 로마노
▼
포리 임페리알리 거리
▼
캄피돌리오 광장
▼
비토리오 에마누엘레 2세 기념관

베네치아 궁전
Palazzo Venezia
NH 컬렉션 로마 포리 임페리알리
Hotel NH Collection Roma Fori Imperiali
포리 임페리알리 매표소
베네치아 광장
Piazza Venezia P.291
비토리오 에마누엘레 2세 기념관
Monumento Nazionale a Vittorio Emanuele II P.292
포리 임페리알리
Fori Imperiali P.291
산타 마리아 인 아라첼리 대성당
Basilica di Santa Maria in Aracoeli P.294
라 타베르나 데이 포리 임페리알리
La Taverna dei Fori Imperiali P.294
캄피돌리오 광장
Piazza del Campidoglio P.293
카피톨리노 박물관
Musei Capitolini P.294
알레산드리나 거리 입구
라 베이스
La Base P.294
산 피에트로 인 빈콜리 성당
Basilica di San Pietro in Vincoli P.291
셉티미우스 세베루스 개선문
Arco di Settimio Severo
관광 안내소
포로 로마노
Foro Romano P.287
포로 로마노 정문 매표소
포리 임페리알리 거리
Via dei Fori Imperiali P.290
베스타 신전
Tempio di Vesta
콜로세오 역
Colosseo
막센티우스의 바실리카
Basilica di Massenzio
티투스 개선문
Arco di Tito
포로 로마노–팔라티노 언덕 출입구 매표소
콘스탄티누스 개선문
Arco di Costantino P.286
콜로세움
Colosseo P.286
팔라티노 언덕
Palatino P.287
진실의 입
Bocca della Verità P.290
팔라티노 언덕 입구 매표소
대전차 경기장
Circo Massimo P.290
치르코 마시모 익스피리언스
Circo Maximo Experience
치르코 마시모 역
Circo Massimo
카라칼라 욕장 유적
Terme di Caracalla P.290
피라미드 역
Piramide
카보우르 역
Cavour
Via del Plebiscito
Via Cavour
Via Celio Vibenna
Via dei Cerchi
Viale delle Terme di Caracalla
Viale Aventino
Via Marmorata
Viale Guido Baccelli
테베레강
N
0
100m

TRAVEL INFO
ⓘ 핵심 여행 정보

콜로세오 고고학 공원 주변

01 콜로세오 고고학 공원

Parco Archeologico del Colosseo
빠르꼬 아르케로니코 델 콜로쎄오

고대 로마 시대의 원형 경기장이자 이탈리아를 대표하는 랜드마크 콜로세움(Colosseum), 고대 로마의 다운타운인 포로 로마노(Foro Romano)와 고대 로마 왕국의 발상지이자 로마 시대의 업타운 팔라티노 언덕(Palatino)을 하나로 묶어 일종의 고고학 공원으로 조성한 것. '콜로세오(Colosseo)'는 콜로세움의 이탈리아어 이름이다. 이 세 곳은 로마 시내에서 가장 중요한 고대 로마 유적지이자 모두 가까이에 자리하고 있는데, 포로 로마노와 팔라티노 언덕은 한 부지에 모여 있고 콜로세움은 옆에 따로 떨어져 있다. 통합 입장권을 사면 세 곳을 모두 돌아볼 수 있다. 이탈리아 여행을 한다면 반드시 들러 봐야 할 명소 중의 명소다. 입장하지 않고 앞까지만 가서 봐도 충분히 감동적이지만, 자신이 역사적 지식이나 감수성이 어느 정도 있다고 생각한다면 반드시 직접 안으로 들어가 보기를 추천한다. 각 명소와 입장권에 대한 자세한 설명은 Zoom In을 참고할 것.

MAP P.283A~D
찾아가기 지하철 B선 콜로세오(Colosseo) 역에서 내리면 콜로세움이 보인다. 혹은, 테르미니 역 24번 플랫폼 출구 부근에서 카보우르 거리(Via Cavour)를 따라 약 1.5km 직진, 포리 임페리알리 거리(Via dei Fori Imperiali)에서 왼쪽으로 꺾어 약 300m 더 걷는다(20~30분 소요).
전화 06-699841
시간

기간	시간
1/2~2월 말일	08:30~16:30
3/1~3/30	08:30~17:30
3/31~9/30	08:30~19:15
10/1~10월 마지막 토요일	08:30~18:30
10월 마지막 일요일~12/31	08:30~16:30

※ 최종 입장은 폐관 1시간 전

휴무 1/1, 12/25
가격

구분	종류	가격	내용
일반	기본	€16	콜로세움(2~3층)+포로 로마노 +팔라티노 언덕 ※1일간 사용 가능
	기본+아레나	€20	콜로세움(바닥 무대~3층)+포로 로마노+팔라티노 언덕 ※ 2일 연속으로 사용 가능
	기본+지하~꼭대기	€22	콜로세움(지하부터 꼭대기까지 전체 입장)+포로 로마노+팔라티노 언덕 ※ 2일 연속으로 사용 가능
만 18세 이하			무료

※온라인 예약 시 수수료 €2 추가

홈페이지 parcocolosseo.it

ZOOM IN

콜로세오 고고학 공원

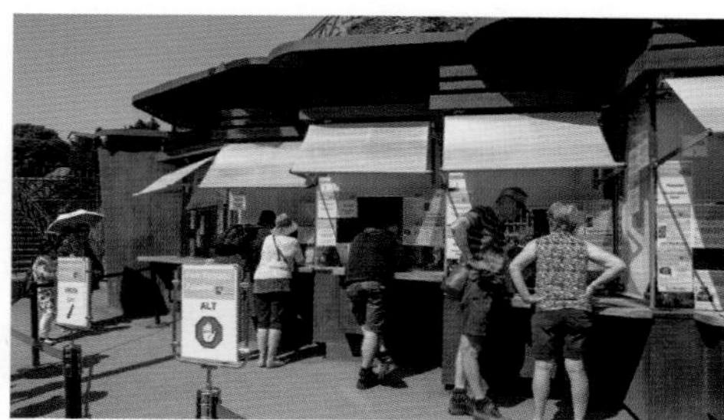

포로 로마노-팔라티노 언덕 입구에 위치한 예매자 전용 부스. 예매, 현장 구매, 로마 패스 예약 모두 가능하다.

콜로세오 고고학 공원은 요금 체계와 입장권 판매 및 입장 방식이 꽤 다양하다. 이런 사실을 모르고 갔다가 콜로세움 앞에 늘어선 어마어마한 줄을 보고 질려서 돌아서는 사람도 적지 않다. 하지만 그렇다고 포기하기는 너무도 아까운 곳이다. 안에 들어가 보기로 마음먹었다면 입장권 판매 방식을 숙지할 것. 보통 콜로세움을 가장 먼저 들른 후 팔라티노 언덕을 돌아보고 평지인 포로 로마노를 들르는 코스가 많다. 물론 반대로 가도 전혀 문제 없다.

티켓 구매 및 입장 방법

❶ 온라인 예매

가장 보편적이고 속 편한 방법. 공식 예매 사이트를 통해 원하는 날짜와 시간에 입장권을 예매한 뒤 실물 또는 바우처를 이메일로 받는다. 티켓 가격에 예매 수수료 €2가 추가된다. 집에서 종이 입장권으로 출력해도 되고, 모바일 티켓으로도 사용할 수 있다. 원하는 날짜 · 시간대에 가고 싶다면 성수기에는 1~2주 전에 예매하는 것이 좋고 평 · 비수기는 하루 전이나 당일에도 가능하다.

공식 예매 사이트(영문) www.coopculture.it/en/colosseo-e-shop.cfm

❷ 현장 구매

콜로세움 입구, 포로 로마노 입구, 포리 임페리알리 거리에 위치한 포로 로마노 매표소 등에서 콜로세움 티켓을 구할 수 있다. 콜로세움 입구의 매표소는 줄이 지나치게 길어 최소 30분은 대기해야 하지만, 다른 매표소는 그 정도로는 줄이 길지 않다. 콜로세움이 안전 문제로 하루에 단 3,000명밖에 입장시키지 않는 데다 철저하게 예약자 및 단체 입장객 중심으로 운영하기 때문에 현장 구매 · 개별 방문자는 다소 소홀하게 취급하고, 예매나 단체 입장 등으로 티켓이 다 소진되어 당일입장 가능한 수량은 많지 않기 때문에 현장 구매에 성공하려면 되도록 아침 일찍 가야 한다는 것은 염두에 둘 것. 티켓 오피스는 오전 9시에 연다.

❸ 로마 패스

로마 시내 관광용 패스로, 콜로세움-포로 로마노 말고도 1~2곳 이상의 명소를 더 들를 계획이라면 고려해 볼 만하다. 과거에는 로마 패스 전용 입장 줄이 따로 있어 콜로세움 여행자들의 필수품처럼 통했으나, 이제는 그 줄이 없어지고 패스 사용자가 미리 원하는 시간대를 예약하는 것으로 바뀌었다. 온라인, 전화, 방문 세 가지 예약 방법이 있다. 온라인 예약은 €2의 수수료가 추가된다. 방문 예약은 콜로세움 맞은편 포로 로마노로 올라가는 길에 있는 예매자 전용 부스에서 가능하다. 전화 예약은 다소 복잡한 편이라 추천하지 않는다.

온라인 예약 ecm.coopculture.it

❹ '스킵 더 라인 Skip-The-Line' 상품

콜로세움의 출입구가 개인용/단체용이 구분되어 있고 단체용의 줄이 훨씬 짧다는 것을 이용한 상품. 10~15인 정도를 모아 단체용 출입구로 통과한 뒤 내부에서는 해산하여 자유롭게 돌아본다. 콜로세움을 1시간 정도 돌아본 뒤 지정된 장소에서 다시 모여 포로 로마노로 갔다가 그 안에서 완전히 해산하는 식으로 운영된다. 최고의 장점은 뭐니뭐니해도 줄을 덜 선다는 것이다. 국내보다는 외국에서 활성화된 상품으로, 가격은 시즌과 회사마다 다르나 입장권을 포함하여 €25~35 선.

티켓츠닷컴 www.tiqets.com

❺ 가이드 투어 상품

노련한 가이드와 함께 로마 콜로세움과 포로 로마노, 팔라티노 언덕을 다니며 구석구석에 얽힌 역사 이야기를 듣는 것. 최근 한국어 투어 회사에서 콜로세움-포로 로마노 상품을 하나둘 선보이기 시작했다. 포로 로마노와 팔라티노 언덕은 역사적 지식이 없으면 그냥 다 돌무더기로만 보이기 십상이기 때문에 가급적 투어를 듣는 것이 좋다. 단, 콜로세움-포로 로마노의 한국어 투어 상품이 바티칸만큼 활성화되어 있지 않아 원하는 날짜에 상품이 없거나 모집 인원이 부족하여 취소될 수도 있다. 상품 가격은 회사나 시기, 상품 형태마다 다르나 보통 4~7만 원 선에 형성되어 있다(입장권 요금 별도).

민다 트립 www.theminda.com/tg
마이 리얼 트립 www.myrealtrip.com

01 콜로세움

Colosseo (콜로세오)

고대 로마 시대에 만들어진 원형 경기장으로, 로마를 넘어 이탈리아 전체를 대표하는 상징물이다. 서기 72년 베스파시아누스 황제가 만들기 시작하여 그의 아들인 티투스 황제가 1차 완공하고, 그 다음 황제인 도미티아누스가 마무리했다. 콜로세움은 로마 제국의 최첨단 기술을 총동원하여 지은 건축물로, 더위를 막기 위한 차양, 지하에서 동물이나 검투사가 올라오게 만든 승강 장치 등이 대표적인 기술이었다. 총 수용 인원이 무려 5만 명 이상이었던 것으로 추정되는데, 출입구가 80여 개에 복도가 넓고 효율적으로 설계되어 있어 한꺼번에 수만 명이 출입해도 혼선이 생기지 않았다고 한다. 원래는 온전한 원형에 외벽이 대리석으로 덮여 있었지만, 로마 제국이 멸망한 이후 방치되었고 르네상스 시대에 고대 로마의 석재로 새 건물을 짓는 유행이 도는 바람에 절반 이상이 훼손되고 말았다. 현재는 관광 시설로 개방되어 있고 가끔 오페라나 이탈리아 국가 행사의 회장으로 사용된다.

INFO P.036 MAP P.283B
구글 지도 GPS 41.89021, 12.49223 **주소** Piazza del Colosseo, 1

02 콘스탄티누스 개선문

Arco di Costantino (아르코 디 콘스탄티노)

콜로세움에서 포로 로마노-팔라티노 언덕으로 향하는 곳에 자리한 고대 로마 시대의 개선문. 4세기 초반에 로마 황제 콘스탄티누스가 일명 '가짜 황제'라고 불리는 막센티우스와의 전쟁에서 승리한 것을 기념하기 위해 세운 것. 로마 시대에는 이 문이 있던 자리에 '승리의 길'이라고는 군대 개선로가 자리하고 있었다고 한다. 파리 개선문을 비롯한 유럽 여러 개선문의 모델이 되었다. 유료 입장 구역이 아닌 곳에 있어 아무때나 가도 볼 수 있다.

MAP P.283D
구글 지도 GPS 41.89021, 12.49223 **주소** Piazza del Colosseo, 1

03 팔라티노 언덕

Palatino (팔라티노)

로마 건국 신화의 주인공 로물루스와 레무스 형제가 나라를 세운 곳. 팔라티노 언덕은 로마를 구성하는 일곱 언덕 중 하나로, 로마에서 사람이 가장 먼저 살기 시작한 지역이라고 전해온다. '팔라티노'라는 말에는 하늘, 천국, 낙원이라는 뜻이 들어 있다. 영어 팰리스(Place), 이탈리아어 팔라초(Palazzo), 프랑스어 팔레(Palais) 등 '궁전'을 뜻하는 단어의 어원도 바로 팔라티노다. 워낙 오래된 유적들이라 포로 로마노보다 복원도가 떨어지고 고고학적으로 중요한 곳은 출입이 제한되어 사실상 볼거리가 많지는 않다. 하지만 포로 로마노의 풍경을 한눈에 볼 수 있는 전망 테라스가 있고 비교적 한적하기 때문에 고대 로마의 흔적을 고즈넉하게 즐기기는 이쪽이 더 낫다.

INFO P.060 MAP P.283D

구글 지도 GPS 41.88843, 12.4871 **주소** Via di San Gregorio, 30

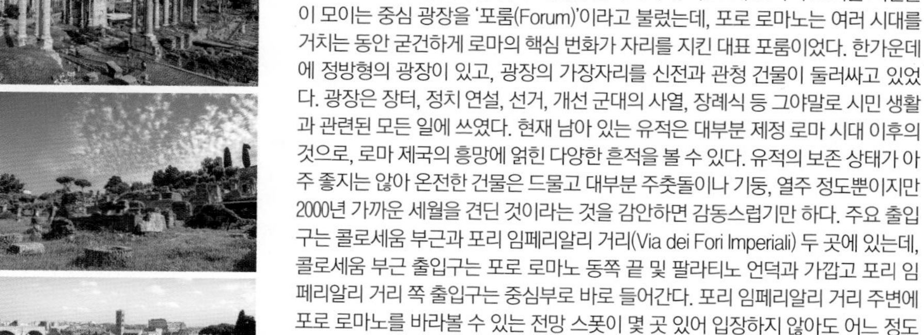

04 포로 로마노

Foro Romano (포로 로마노)

고대 로마 시민 생활의 중심이 되었던 번화가의 유적. 고대 로마의 도시는 시민들이 모이는 중심 광장을 '포룸(Forum)'이라고 불렀는데, 포로 로마노는 여러 시대를 거치는 동안 굳건하게 로마의 핵심 번화가 자리를 지킨 대표 포룸이었다. 한가운데에 정방형의 광장이 있고, 광장의 가장자리를 신전과 관청 건물이 둘러싸고 있었다. 광장은 장터, 정치 연설, 선거, 개선 군대의 사열, 장례식 등 그야말로 시민 생활과 관련된 모든 일에 쓰였다. 현재 남아 있는 유적은 대부분 제정 로마 시대 이후의 것으로, 로마 제국의 흥망에 얽힌 다양한 흔적을 볼 수 있다. 유적의 보존 상태가 아주 좋지는 않아 온전한 건물은 드물고 대부분 주춧돌이나 기둥, 열주 정도뿐이지만 2000년 가까운 세월을 견딘 것이라는 것을 감안하면 감동스럽기만 하다. 주요 출입구는 콜로세움 부근과 포리 임페리알리 거리(Via dei Fori Imperiali) 두 곳에 있는데, 콜로세움 부근 출입구는 포로 로마노 동쪽 끝 및 팔라티노 언덕과 가깝고 포리 임페리알리 거리 쪽 출입구는 중심부로 바로 들어간다. 포리 임페리알리 거리 주변에 포로 로마노를 바라볼 수 있는 전망 스폿이 몇 곳 있어 입장하지 않아도 어느 정도 감상할 수는 있지만 기왕 입장권을 끊었다면 놓치지 말고 둘러볼 것.

INFO P.062 MAP P.283A

구글 지도 GPS 41.89246, 12.48532 **찾아가기** 베네치아 광장과 콜로세움 사이를 넓게 차지하고 있다. **주소** Via della Salara Vecchia, 5/6

포로 로마노 자세히 보기

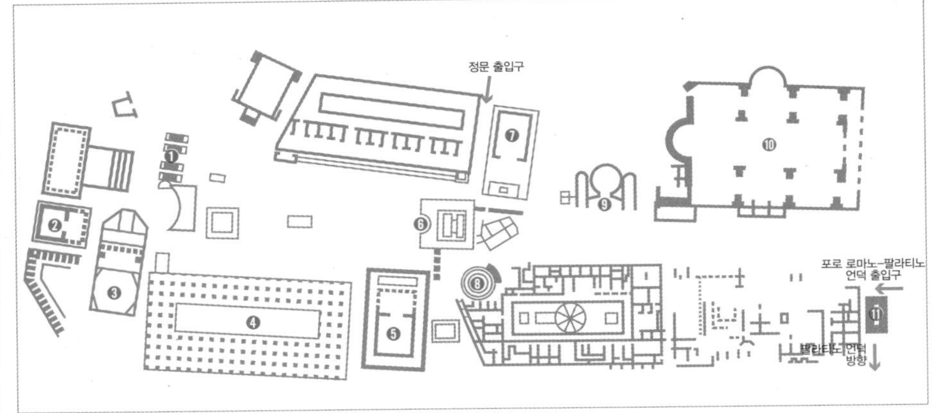

❶ **셉티미우스 세베루스의 아치**
Arco di Settimio Severo
북아프리카 출신 황제 셉티미우스 세베루스가 현재 이란 일대에 존재했던 파르티아 왕국 정벌 기념으로 세운 것.

❷ **베스파시아누스 신전**
Tempio di Vespasiano
로마 황제 베스파시아누스가 죽은 뒤 그의 아들 티투스 황제가 세운 신전.

❸ **사투르누스 신전**
Tempio di Saturno
주피터의 아버지이자 농업의 신 사투르누스를 모시는 신전. 영어에서 토성을 뜻하는 새턴(Saturn)의 어원이다.

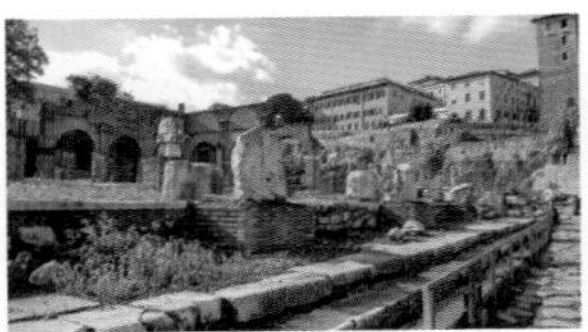

❹ **율리우스의 바실리카**
Basilica Julia
율리우스 카이사르의 명령으로 건설된 공회당. 당시에는 법정으로 사용되었다. 현재는 벽면 일부와 주춧돌만 남아 있다.

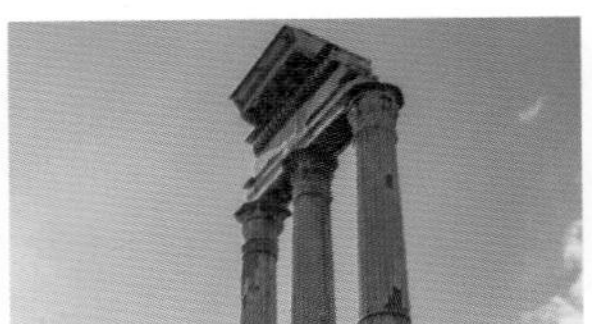

❺ **카스토르와 폴룩스 신전 II**
Tempio dei Dioscuri
로마 신화에 등장하는 주피터의 쌍둥이 아들 카스토르와 폴룩스의 신전. 두 형제는 나중에 하늘에 올라가 쌍둥이자리가 된다.

❻ **율리우스 카이사르의 신전**
Tempio del Divo Giulio
로마가 공화정에서 제정으로 넘어가는 결정적인 단초를 제공한 문제적 독재자 카이사르. 그가 황제의 자리에는 오르지 못하고 심복에게 암살당한 뒤 화장된 곳이다.

❼ 안토니누스와 파우스티나의 신전
Tempio di Antonino e Faustina
안토니누스 황제와 파우스티나 왕비를 모시는 신전. 열주 부분만 신전이고 뒤의 건물은 후대에 지어진 교회다.

❽ 베스타 신전
Tempio di Vesta
가정, 가족, 화목을 관장하는 처녀 신 베스타를 모시는 곳. 신전 뒤쪽에는 여성 신관이 거주하던 집터도 남아 있다.

❾ 로물루스 신전
Tempio del Divo Romolo
로마를 건국한 로물루스를 모신 신전. 중세에 개축되어 일부가 교회로 쓰인 덕에 원형이 비교적 잘 남아 있다.

❿ 막센티우스의 바실리카
Basilica di Massenzio
'가짜 황제'로 불리던 막센티우스가 만든 대형 공회당. 이후 콘스탄티누스가 막센티우스와의 전투에서 승리하여 로마의 황제로 등극하기 때문에 이 바실리카를 '콘스탄티누스 바실리카'라고도 부른다.

⓫ 티투스 개선문
Arco di Tito
콜로세움을 완공한 뒤 재위 2년만에 사망한 티투스 황제의 개선문. 콜로세움에서 포로 로마노로 들어올 때 이 문과 가장 먼저 마주하게 된다.

02 대전차 경기장

Circo Massimo
치르코 마씨모

검투사 경기와 함께 로마에서 가장 인기 높은 엔터테인먼트였던 대전차 경기장. 길이 621m, 너비 118m로 최대 15만 명을 수용할 수 있었다고 한다. 현대에도 종종 대규모 야외 콘서트가 열린다. 동쪽 일부에만 유적의 일부가 남아 있을 뿐 대부분은 그냥 푸른 들판이어서 시민 공원으로 개방 중이다. 2019년 5월부터 '치르코 막시모 익스피어리언스(Circo Maximo Experience)'라는 VR 서비스가 운영 중이다.

MAP P.283C
구글 지도 GPS 41.88429, 12.48868(치르코 막시모 익스피어리언스) **찾아가기** 지하철 B선 치르코 마시모(Circo Massimo) 역에서 내린다. 트램이나 버스는 Aventino/Circo Massimo 정류장행을 검색한다. **주소** Via del Circo Massimo/Viale Aventino **전화** 06-0608(치르코 막시모 익스피어리언스) **시간** 공원 24시간 / 치르코 막시모 익스피어리언스 화~일요일 여름 09:30~19:00 겨울 19:30~16:30 (12/24~31 09:30~14:00) **휴무** 공원 연중무휴 / 치르코 막시모 익스피어리언스 월요일 **가격** 공원 무료입장 / 치르코 막시모 익스피어리언스 €12 **홈페이지** www.circomaximoexperience.it

03 진실의 입

Bocca della Verità
보까 델라 베리타

발렌타인 데이의 원조가 된 성 발렌티노의 유해를 모신 산타 마리아 인 코스메딘(Santa Maria in Cosmedin) 성당의 입구에 자리한 로마 시대의 대리석 조각. 입에 손을 넣고 거짓말하면 손이 잘린다는 전설이 전해온다. 입이 뚫린 덕분에 중세 시대에 참과 거짓을 가르는 심판 도구로 사용된 데서 유래한 전설인데, 사실은 그냥 로마 시대의 흔한 하수도 뚜껑 중 하나였다고 한다. 1950년대까지는 그다지 유명한 볼거리가 아니었으나 영화 〈로마의 휴일〉에 등장한 이래 로마 최고의 관광 명소로 발돋움하여 비수기에도 20~30분은 줄을 서야 할 정도이다.

INFO P.109 MAP P.283C
구글 지도 GPS 41.8881, 12.48144 **찾아가기** 지하철 B선 치르코 마시모(Circo Massimo) 역에서 내린 뒤 대전차 경기장을 따라 테베레강 방향으로 쭉 가다가 경기장 다음 블록에서 큰 사거리가 나오면 오른쪽으로 간다. **주소** Piazza della Bocca della Verità **전화** 06-678-7759 **시간** 하절기(4~10월) 09:30~18:00, 동절기(11~3월) 09:00~17:00 **휴무** 연중무휴 **가격** €2(기념사진 촬영 시)

04 카라칼라 욕장 유적

Terme di Caracalla
떼르메 디 카라칼라

서기 212년, 카라칼라 황제 시절에 건설된 대규모 목욕탕의 유적이다. 로마인에게 공중 목욕탕은 일상에 깊게 자리한 휴식 및 친교 시설이었고, 주요 도시에는 시설 좋은 목욕탕이 꼭 있었다. 그중에서도 카라칼라 황제가 로마에 건설한 목욕탕은 시설과 규모 면에서 압도적이다. 이런 거대한 공간이 목욕탕이었다는 사실이 무척 경이롭지만, 고대 로마사에 큰 관심이 없다면 돌덩이로만 보일 확률이 매우 높다. 매년 여름에는 이곳에서 오페라 페스티벌인 '카라칼라 욕장 유적 서머 뮤직 페스티벌'도 열린다. 기간은 매년 조금씩 바뀌지만 대개 6월 말에서 8월 말까지이다.

MAP P.283F
구글 지도 GPS 41.87903, 12.49243 **찾아가기** 지하철 B선 치르코 마시모(Circo Masimo) 역에서 내린 뒤 표지판을 따라 약 5분 걷는다. **주소** Viale delle Terme di Caracalla **전화** 06-3996-7700 **시간** 화~일요일 09:00~18:00(시기에 따라 변동) **휴무** 월요일 **가격** €8

05 포리 임페리알리 거리

Via dei Fori Imperiali
비아 데이 포리 임페리알리

베네치아 광장과 콜로세움을 잇는 약 1km의 직선 도로. 이 도로를 사이에 두고 포로 로마노와 포리 임페리알리가 마주보고 펼쳐져 있다. 원래 포로 로마노와 포리 임페리알리는 그렇게 딱 구분되는 공간이 아니었는데, 1933년 당시 이탈리아 왕국의 총리였던 파시스트 독재자 무솔리니가 이 도로를 만들면서 둘로 나뉘고 말았다. 때문에 이 도로 아래에 깔린 유적도 많아 역사 애호가들에게는 아직도 원망의 대상이 되고 있다. 2017년부터 보행자 우선 도로로 지정되어 버스와 택시 외의 일반 차량은 전혀 들어올 수 없다.

MAP P.283B
구글 지도 GPS 41.89576, 12.48285(베네치아 광장 부근 시작점) **찾아가기** 베네치아 광장 또는 콜로세움 앞에서 바로 연결된다. **주소** Via dei Imperiali **전화** 없음 **시간** 24시간 **휴무** 연중무휴 **가격** 무료입장

06 포리 임페리알리

Fori Imperiali
포리 임뻬리알리

★★★★

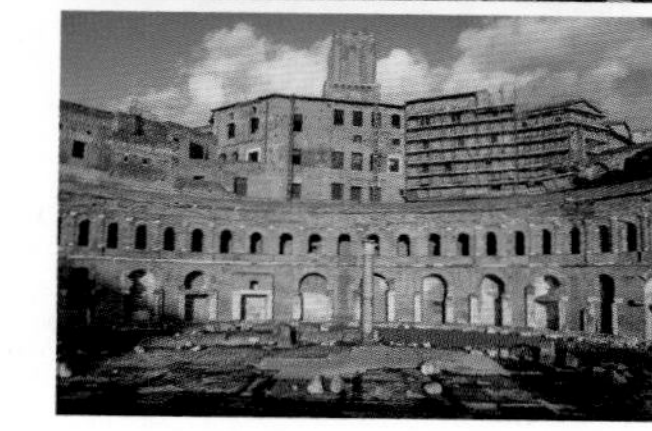

'황제들의 포룸'이라는 뜻. 현재까지 발굴과 정비가 어느 정도 완료된 신전과 포룸 다섯 곳을 묶어 고고학 견학 시설로 개방 중이다. 율리우스 카이사르가 포로 로마노를 확장하기 위해 조성한 카이사르 포룸(Foro di Cesare), 아우구스투스가 대부였던 카이사르를 추모하고 그의 암살범에 복수한 것을 신에게 감사하기 위해 만든 아우구스투스 포룸(Foro di Augusto), 도미티아누스 황제가 만든 미네르바 신전과 그 주변을 일컫는 네르바 포룸(Foro di Nerva), 베스파시아누스 황제가 평화의 여신 팍스를 위해 만든 평화의 신전(Tempio della Pace), 트라야누스 황제가 만든 시장 유적이 있는 트라야누스 포룸(Foro Traiano). 이렇게 다섯 곳이 속해 있다. 포리 임페리알리 거리에 조성된 견학로를 따라가면 유적이 대부분 보이기 때문에 굳이 입장료를 내고 들어가는 사람은 많지 않다.

MAP P.283A

구글 지도 GPS 41.89617, 12.48601(매표소 부근), 41.89341, 12.48689(알레산드리나 거리 입구) **찾아가기** 알레산드리나 거리(Via Alessandrina) 견학로만 따라가면 거의 다 보인다. **주소** Via Quattro Novembre, 94(트라야누스 시장) **전화** 없음 **시간** 09:30~19:30 **휴무** 1/1, 5/1, 12/25 **가격** €16(포로 로마노, 팔라티노 언덕, 포리 임페리알리 통합 입장권)

07 산 피에트로 인 빈콜리 대성당

Basilica di San Pietro in Vincoli
바질리까 디 싼 삐에뜨로 인 빈꼴리

★★★★

'쇠사슬의 성 베드로 성당'이라는 뜻으로, 초대 교황 성 베드로(산 피에트로)가 예루살렘에 갇혀 있을 때 그를 묶었던 쇠사슬 조각을 보관하고 있어 붙은 이름이다. 미켈란젤로의 걸작 조각품 중 하나인 〈모세〉가 바로 이곳에 있다. 〈모세〉는 교황 율리오 2세 영묘에 놓기 위해 만든 조각 시리즈 중 하나로서, 모세 머리에 뿔이 달려 있는 것으로 유명하다. 구약 출애굽기에 묘사된 히브리어 '빛'을 중세에 '뿔'로 오역하면서 생긴 해프닝이라고. 율리오 2세가 이 성당에 영면하게 됨에 따라 작품 〈모세〉도 이곳에 놓이게 되었다.

MAP P.283B

구글 지도 GPS 41.89379, 12.4928 **찾아가기** 지하철 B선 카보우르(Cavour) 역에서 내려 포로 로마노 방향으로 경사로를 따라 약 160m 내려오다 왼쪽에 보이는 계단으로 올라간다. **주소** Piazza di San Pietro in Vincoli, 4/A **전화** 06-9784-4950 **시간** 08:00~12:30, 15:00~18:00 **휴무** 부정기 **가격** 무료입장

08 베네치아 광장

Piazza Venezia
피아짜 베네치아

★★★

로마의 최중심에 자리한 광장으로, 시내 주요 도로 6개가 이곳으로 모인다. 버스, 트램이 지나는 경우가 많아 로마 여행 중에는 딱히 가고 싶지 않아도 한 번 이상은 반드시 들르게 된다. 교통의 요지인 것에 비해 근처에 지하철 역이 없는데, 사실 10여 년 전부터 지하철 C선이 들어오기로 예정되어 있으나 언제 개통될지는 미정이다. 이름의 '베네치아'는 광장 앞에 자리한 르네상스 양식의 베네치아 궁전(Palazzo Venezia)에서 따온 것이다. 이 궁전은 15세기에 지어진 베네치아 공화국의 로마 대사관저로, 기하학적 균형과 실용성에 충실한 르네상스 건축의 모범을 보여주는 건축물로 평가받는다. 내부는 박물관으로 개방 중이다.

MAP P.283A

구글 지도 GPS 41.89576, 12.48257 **찾아가기** 버스·트램을 타고 Venezia 또는 P. Venezia 정류장을 검색할 것. 레푸블리카 광장에서 나치오날레 거리(Via Nazionale)를 따라 약 1.5km 걷는 루트도 인기. **주소** Piazza Venezia **전화** 없음 **시간** 24시간 **휴무** 연중무휴 **가격** 무료입장

❶ 무료 전망 테라스에서 바라본 베네치아 광장.
❷ 건물을 돌아가면 유료 전망대로 가는 엘리베이터가 있다.
❸ 콜로세움과 포로 로마노, 멀리 팔라티노 언덕까지 한눈에 볼 수 있다.

09 비토리오 에마누엘레 2세 기념관

Monumento Nazionale a Vittorio Emanuele II
모누멘토 나치오날레 아 빗또리오 에마누엘레 세콘도

베네치아 광장에 우뚝 선 거대하고 새하얀 신고전주의 건축물로, 로마 중심가 남쪽에서 가장 눈에 띄는 랜드마크다. 이탈리아 반도를 통일하고 통일 이탈리아의 왕위에 오른 비토리오 에마누엘레 2세를 기념하는 기념관으로, 1885년부터 짓기 시작하여 거의 50년에 걸쳐 만들어졌다. '조국의 제단(Altare della Patria)'이라는 별명으로도 불리는데, 실제로 이탈리아를 위해 산화한 무명용사를 위한 제단도 마련되어 있다. 옥상은 로마 시내를 동서남북 모두 볼 수 있는 유일한 전망대로 손꼽힌다. 시내 전망을 예쁘게 보려면 오전, 포로 로마노를 예쁘게 보려면 늦은 오후가 좋다. 굳이 유료 전망대까지 올라가지 않고 무료로 개방하는 중간 전망 테라스까지만 올라가도 베네치아 광장과 코르소 거리 일대의 전망을 즐길 수 있다. 무료인 전망 테라스까지는 계단으로, 유료 전망대는 그 층에서 다시 엘리베이터를 타야 한다.

INFO P.087 MAP P.283A
구글 지도 GPS 41.89459, 12.48312 **찾아가기** 베네치아 광장 남쪽. 건물 오른쪽 출입구로 들어가 계단을 오르면 정면에 박물관이 있고 양쪽에 출입구가 보인다. 왼쪽 출입구로 나가면 무료 전망 테라스, 오른쪽으로 나가면 유료 전망대로 향하는 엘리베이터가 나온다. **주소** Piazza Venezia **전화** 06-0608 **시간** 09:00~19:00 **휴무** 연중무휴 **가격** 옥상 전망대 엘리베이터 €7

유료 전망대에서 본 베네치아 광장과 코르소 거리의 풍경.

10 캄피돌리오 광장

Piazza del Campidoglio
피아짜 델 깜삐돌리오

로마를 구성하는 7개의 언덕 중 하나인 캄피돌리오 언덕 위에 자리한 광장. 캄피돌리오 언덕은 예로부터 팔라티노 언덕과 더불어 고대 로마 중심가의 주요 거주지였고, 13~16세기에 주요 관청 건물 세 곳이 들어서며 행정 중심지가 되었다. 가운데의 세나토리오 궁전(Palazzo Senatorio), 오른쪽의 콘세르바토리 궁전(Palazzo dei Conservatori), 왼쪽의 누오보 궁전(Palazzo Nuovo)이 한가운데의 광장을 바라보고 서 있는 형태인데, 이 광장을 설계한 것은 다름아닌 르네상스 시대의 천재 미켈란젤로다. 미켈란젤로는 3개의 오래된 궁전을 수리하고, 세 궁전 사이에 애매하게 비뚤어진 부지를 기하학적 도형으로 가득한 아름다운 광장을 조성하였다. 언덕부터 지면 사이에는 코르도나타(Cordonata)라는 이름의 매우 독특한 계단이 놓여 있는데, 이 또한 그의 작품이다. 계단이 길고 넓은 데다 위로 올라갈수록 미묘하게 넓어져 실제보다 경사가 덜해 보이는 착시가 일어난다. 계단 위 양쪽으로 서 있는 아름다운 동상은 그리스-로마 신화에 나오는 쌍둥이 신 카스토르와 폴룩스이다. 광장 한가운데에 서 있는 동상의 주인공 말탄 아저씨는 로마의 철학자 황제로 유명한 마르쿠스 아우렐리우스. 3개의 건물 중 한가운데에 자리한 세나토리오 궁전은 로마 시청이다. 세나토리오 궁전 뒤쪽으로 돌아가면 포로 로마노가 가장 아름답게 보이는 뷰 포인트가 나온다.

INFO P.110 MAP P.283A

구글 지도 GPS 41.89335, 12.4828 **찾아가기** 비토리오 에마누엘레 2세 기념관을 바라보고 오른쪽으로 난 큰길을 따라 약 200m 가면 왼쪽으로 코르도나타 계단이 보인다. **주소** Piazza del Campidoglio **전화** 없음 **시간** 24시간 **휴무** 연중무휴 **가격** 무료입장

❶ 마르쿠스 아우렐리우스 황제 기마상. 진품은 카피톨리노 박물관에서 볼 수 있다.
❷ 광장 바닥의 기하학 도형의 타일이 아름답다.
❸ 정면 시청 건물 뒤에서 아름다운 포로 로마노의 전경을 볼 수 있다.

11 카피톨리노 박물관

Musei Capitolini
무제이 까삐똘리니

캄피돌리노 광장에 자리한 3개의 궁전 중 가운데의 시청 건물을 제외한 양쪽 건물(콘세르바토리 궁전 Palazzo dei Conservatori, 누오보 궁전 Palazzo Nuovo)에 자리하고 있는 고고학 박물관이다. 고대 로마 시대의 예술품과 유물을 비롯하여 16세기까지의 예술품을 제법 알차게 갖추고 있다. 로마 건국의 상징인 암늑대의 젖을 빨아먹는 로물루스와 레무스 형제 석상과 캄피돌리오 광장에 놓여 있는 마르쿠스 아우렐리우스 황제 기마상의 진품 등이 유명하다. 두 건물 사이에는 지하 통로가 있고 이 통로 중간에 포로 로마노가 정면으로 보이는 뷰 포인트가 있다.

MAP P.283A
구글 지도 GPS 41.89294, 12.48255(콘세르바토리 궁전) 41.89354, 12.48322(누오보 궁전) **찾아가기** 캄피돌리오 광장 **주소** Piazza del Campidoglio, 1 **전화** 60-608 **시간** 09:30~19:30(12/24, 12/31 단축 영업 가능) **휴무** 연중무휴 **가격** 일반 €13(특별전 개최 시 변동) **홈페이지** www.museicapitolini.org

12 산타 마리아 인 아라첼리 대성당

Basilica di Santa Maria in Aracoeli
바질리까 디 싼따 마리아 인 아라첼리

코르도나타 계단을 마주하고 왼쪽 옆에 있는 더 아찔한 계단 위에 오롯이 오래된 성당이 자리해 있으니, 그 이름은 '하늘 제단 위의 성모 마리아'라는 뜻이다. 이 자리에 최초로 성당이 세워진 것은 6세기이고, 완공된 것은 12세기라고 한다. 내부에 아라첼리의 산토 밤비노(Santo Bambino di Aracoeli)라는 성스러운 조각이 유명하다. 이 조각품은 아기 예수의 모습을 본떠 만든 15세기의 목제품으로, 전하는 바에 따르면 예수님의 기도처였던 예루살렘의 겟세마니 동산에서 가져온 올리브나무로 만들었다고 한다. 병을 낫게 하는 신성한 힘이 있다고 전해오는데, 진본은 1994년에 도둑맞았고 현재 소장 중인 것은 모조품이다.

MAP P.283A
구글 지도 GPS 41.89399, 12.48323 **찾아가기** 코르도나타 계단 왼쪽 옆 계단을 올라간다. **주소** Scala dell'Arce Capitolina, 12 **전화** 06-6976-3839 **시간** 09:00~12:30, 15:00~18:30 **휴무** 부정기 **가격** 무료입장

13 라 타베르나 데이 포리 임페리알리

La Taverna dei Fori Imperiali

코페르토 €1.5(식전 빵) 카드 결제 O 영어 메뉴 O

포리 임페리알리 거리 뒤쪽, 한적한 골목에 자리한 레스토랑. 로마 전통 음식을 다양하게 선보이는데, 로마 정통 파스타를 잘하기로 유명하다. 특히 카르보나라와 그리차는 완벽에 가깝다. 살팀보카 등 전통 고기 요리도 다양하게 선보인다. 과거에는 전화 예약만 가능해 방문하기 꽤 어려운 식당으로 꼽혔으나 이제는 홈페이지를 통한 예약도 가능하다.

INFO P.143 MAP P.283B
구글 지도 GPS 41.89406, 12.48847 **찾아가기** 포리 임페리알리 거리 뒤쪽으로 들어가 골목 안쪽으로 들어간다. 구글 맵 등 인터넷 지도를 참고할 것. **주소** Via della Madonna dei Monti, 9 **전화** 06-679-8643 **시간** 수~월요일 12:30~15:00, 19:30~22:30 **휴무** 화요일 **가격** 전채 €10~16, 파스타 €14~18, 메인 메뉴 €13~22 **홈페이지** www.latavernadeiforiimperiali.com

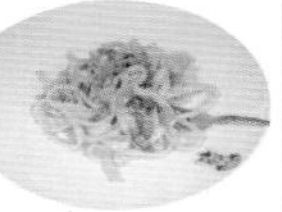
그리차 Gricia €14

14 라 베이스

La Base

코페르토 X 카드 결제 O 영어 메뉴 O

카보우르 거리에 자리한 큰 대중 식당. 프랜차이즈나 호프집처럼 익숙한 맛이라 이탈리아 정통 음식이 입에 맞지 않아 패스트푸드를 찾는 사람들이 좋아한다. 비싼 메뉴보다는 피자나 파스타류가 맛있다. 브레이크 타임 없이 영업하고 테이블 수가 많아 아무때나 가도 자리를 잡을 수 있는 것이 큰 장점. 실내가 워낙 넓고 사람도 많다 보니 종업원이 불친절하거나 음식이 제때 나오지 않는 경우는 종종 있다.

MAP P.283B
구글 지도 GPS 41.89376, 12.48996 **찾아가기** 포리 임페리알리 거리 중간의 교차로에서 라르고 코라도 리치(Largo Corrado Ricci) 길로 진입해 카보우르 거리가 나오면 약 200m 이동. **주소** Via Cavour, 272 **전화** 06-474-0659 **시간** 11:00~05:00 **휴무** 연중무휴 **가격** 튀김 스낵 €2.5~16, 전채 €6.5~18, 파스타 €8.5~14, 햄버거 €10.5~16, 샐러드 €7~7.5, 고기 요리 €12.5~21, 피자 €8~11 **홈페이지** www.labaseristorante.it

링귀네 라 베이스 La Base (새우, 호박꽃, 방울토마토) €12

TRAVEL INFO

ⓘ 핵심 여행 정보

로마 남부 지역 유적

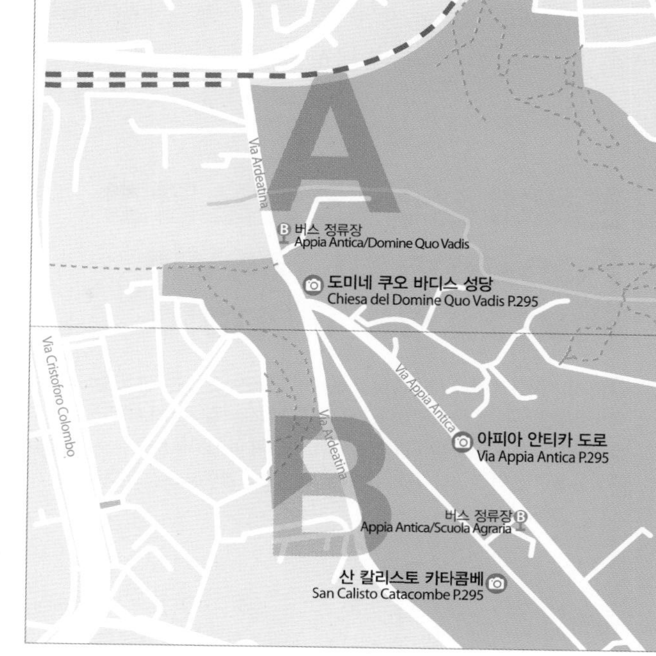

01 아피아 안티카 도로 ★★

Via Appia Antica
비아 아삐아 안띠까

B.C. 3세기경, 로마와 이탈리아 남부의 브린디시 항구를 잇기 위해 만든 총 62km의 도로. 로마 시대에 최초로 만들어진 장거리 도로다. 우리나라에서는 '아피아 가도'라는 명칭으로 알려졌다. 이 길로 인해 '모든 길은 로마로 통한다'라는 말이 생겨났다고 한다. 2.5km 구간까지는 차가 많은 편이나 그 아래로 내려가면 아름답고 호젓한 도로가 나타난다. 자전거나 렌터카로 돌아보는 것을 추천.

MAP P.295B
구글 지도 GPS 41.87028, 12.5019(시작점 부근) **찾아가기** 118, 218번 버스를 이용한다. 이 두 버스는 아피아 안티카 도로 여러 곳에서 정차한다. **주소** Via Appia Antica **전화** 없음 **시간** 24시간 **휴무** 연중무휴 **가격** 무료입장

02 도미네 쿠오 바디스 성당 ★★

Chiesa del Domine Quo Vadis
끼에자 델 도미네 꾸오 바디스

원래 이름은 산타 마리아 델레 피안테 성당(Chiesa di Santa Maria delle Piante)이다. '도미네 쿠오 바디스'란 "주여, 어디로 가십니까?"라는 뜻으로 성서 외경 중 하나인 베드로 사도행전에 이곳이 등장해서 따온 이름이다. 이 자리에 베드로를 기리는 예배당은 9세기부터 있었고, 현재의 성당은 17세기에 세워졌다.

MAP P.295A
구글 지도 GPS 41.86646, 12.50372 **찾아가기** 118, 218번 버스를 타고 Appia Antica/Domine Quo Vadis 정류장에 내린다. **주소** Via Appia Antica, 51 **전화** 06-512-0441 **시간** 여름 08:00~20:00, 겨울 08:00~17:00 **휴무** 부정기 **가격** 무료입장 **홈페이지** www.dominequovadis.com

03 산 칼리스토 카타콤베 ★★

San Calisto Catacombe
싼 깔리스또 까따꼼베

카타콤베는 고대 로마 시대의 지하 공동묘지를 뜻하는 말이다. 주로 성당 부설 시설이어서 기독교인들이 많이 묻혔다. 아피아 안티카 거리를 따라 자리한 여러 개의 카타콤베 중에서 이곳이 가장 크고 접근성이 좋다. 가이드 투어로만 돌아볼 수 있으며, 투어 시간은 약 45분.

MAP P.295B
구글 지도 GPS 41.86082, 12.50875 **찾아가기** 118번 버스를 타고 Appia Antica/Scuola Agraria 정류장에서 내린 뒤 표지판을 따라 약 500m 걷는다. **주소** Via Appia Antica, 110/126 **전화** 06-513-0151 **시간** 목~화요일 09:00~12:00, 14:00~17:00 **휴무** 수요일, 1/1, 부활절, 12/25(겨울에는 사전 예고 후 휴무) **가격** 일반 €10, 만 7~16세 €7 **홈페이지** www.catacombe.roma.it

C.

트레비 분수~포폴로 광장 Fontana di Trevi~ Piazza del Popolo

로마 시내 중심가 동쪽 지역으로, 트레비 분수와 스페인 광장 등 가장 유명한 볼거리가 대거 몰려 있다. 지하철 A선 바르베리니(Barberini) – 스파냐(Spagna) – 플라미니오(Flaminio) 라인이 이 지역을 잇는다. 시내 전체 관광을 할 시간이 부족하다면 이 일대만 속성으로 돌아보는 것을 추천한다.

추천 동선

트레비 분수
▼
코르소 거리
▼
스페인 광장
▼
포폴로 광장
▼
핀초 언덕
▼
보르게제 공원

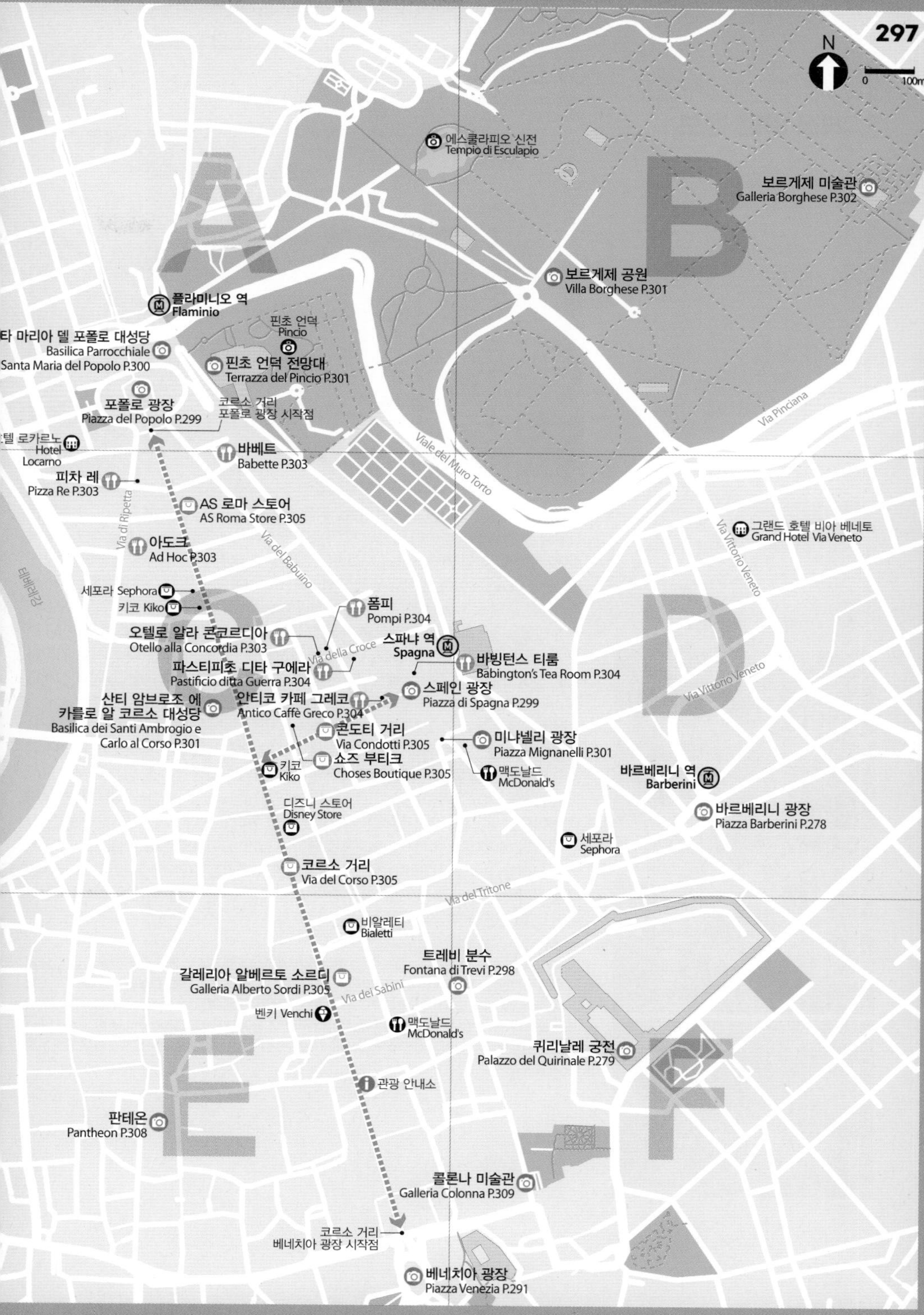

N
0
100m
A
B
C
D
E
F
에스쿨라피오 신전
Tempio di Esculapio
보르게제 미술관
Galleria Borghese P.302
보르게제 공원
Villa Borghese P.301
플라미니오 역
Flaminio
핀초 언덕
Pincio
타 마리아 델 포폴로 대성당
Basilica Parrocchiale
Santa Maria del Popolo P.300
핀초 언덕 전망대
Terrazza del Pincio P.301
포폴로 광장
Piazza del Popolo P.299
코르소 거리
포폴로 광장 시작점
Via Pinciana
Viale del Muro Torto
텔 로카르노
Hotel
Locarno
바베트
Babette P.303
피차 레
Pizza Re P.303
AS 로마 스토어
AS Roma Store P.305
Via di Ripetta
그랜드 호텔 비아 베네토
Grand Hotel Via Veneto
아도크
Ad Hoc P.303
Via del Babuino
Via Vittorio Veneto
세포라 Sephora
키코 Kiko
폼피
Pompi P.304
오텔로 알라 콘코르디아
Otello alla Concordia P.303
Via della Croce
스파냐 역
Spagna
바빙턴스 티룸
Babington's Tea Room P.304
파스티피초 디타 구에라
Pastificio ditta Guerra P.304
스페인 광장
Piazza di Spagna P.299
산티 암브로조 에
카를로 알 코르소 대성당
Basilica dei Santi Ambrogio e
Carlo al Corso P.301
안티코 카페 그레코
Antico Caffè Greco P.304
콘도티 거리
Via Condotti P.305
미냐넬리 광장
Piazza Mignanelli P.301
쇼즈 부티크
Choses Boutique P.305
키코
Kiko
맥도날드
McDonald's
바르베리니 역
Barberini
바르베리니 광장
Piazza Barberini P.278
디즈니 스토어
Disney Store
세포라
Sephora
코르소 거리
Via del Corso P.305
Via del Tritone
비알레티
Bialetti
트레비 분수
Fontana di Trevi P.298
갈레리아 알베르토 소르디
Galleria Alberto Sordi P.305
Via dei Sabini
벤키 Venchi
맥도날드
McDonald's
퀴리날레 궁전
Palazzo del Quirinale P.279
관광 안내소
판테온
Pantheon P.308
콜론나 미술관
Galleria Colonna P.309
코르소 거리
베네치아 광장 시작점
베네치아 광장
Piazza Venezia P.291

01 트레비 분수

Fontana di Trevi
폰타나 디 트레비

이탈리아를 통틀어 가장 유명한 분수. 뒤쪽에는 폴리 궁전(Palazzo Poli)이, 앞쪽에는 좌우로 긴 반원형의 수반이 있는데 그 가운데에는 높이 26.3m, 너비 49.15m의 크고 우아하면서도 역동적인 조각상들이 자리한다. 한가운데 우뚝 선 조각상은 대양의 신 오케아누스(Oceanus)이며, 양쪽에서 해신 트리톤(Triton)이 거친 말을 다루고 있다. 원래 이 자리에는 고대 로마 시대에 '처녀의 샘(Aqua Virgo)'이라는 수원지에서 끌어온 수도 시설이 있었는데, 고대 이후 오랫동안 폐허였다가 르네상스 시대에 재건되었다. 1629년 교황 우르바노 8세가 베르니니에게 이 시설을 재건하는 설계를 맡겼으나 공사를 시작하기도 전에 교황이 선종하여 베르니니는 직접 손대지 못했다. 이후, 베르니니의 설계도를 바탕으로 작업이 계속되어 1762년에 니콜라 살비(Nicola Salvi)가 완성했다.

트레비 분수는 낮에도 멋지지만 밤에 조명이 켜지면 더욱 근사하기 때문에 로마의 대표적인 야경 명소로도 꼽힌다. 분수에 동전을 던지면 언젠가 로마로 돌아오게 된다는 유명한 전설 때문에 유난히 관광객이 많다. 동전 던지기 방법은 분수를 등지고 서서 오른손에 동전을 쥐고 왼쪽 어깨 너머로 던져 분수 안으로 넣는 것. 동전을 1개 던지면 로마로 돌아오고, 2개 던지면 사랑하는 사람과 만나게 된다고 한다. 3개를 던지면 지금 만나는 사람과 헤어지게 된다는 설과 결혼을 한다는 설, 소원이 이뤄진다는 설이 있다. 근본이나 유래를 찾아보기 어려운 '썰'이지만 무해하고 즐거운 것만은 사실이라 로마에 들르는 사람이라면 누구나 한 번은 도전한다. 덕분에 분수에는 하루 평균 €3,000의 동전이 쌓이고, 이 돈은 전액 기부된다.

INFO P.040 MAP P.297F

구글 지도 GPS 41.90093, 12.48331 **찾아가기** 베네치아 광장에서 코르소 거리(Via del Corso)를 따라 약 350m 직진한 뒤 우회전해 다시 200m가량 들어간다. 쇼핑몰 갈레리아 알베르토 소르디(Galleria Alberto Sordi) 옆 골목으로 들어가는 방법이 가장 확실하다. 지하철 A선 바르베리니(Barberini) 역에서 약 700m. 버스를 이용하려면 구글 맵 등에서 Corso/Minghetti, 또는 Largo Chigi로 가는 버스를 검색할 것. **주소** Piazza di Trevi **전화** 없음 **시간** 24시간 **휴무** 연중무휴 **가격** 무료입장

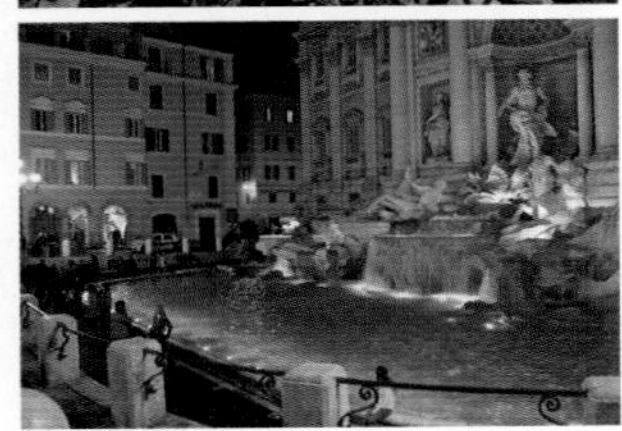

02 스페인 광장
Piazza di Spagna
피아짜 디 스빠냐

로마 중심가 한복판에 자리한 역삼각형의 광장. 광장의 언덕 위에는 16세기에 축성된 트리니타 데이 몬티(Trinità dei Monti) 성당이 우뚝 서 있고, 그 아래로 135개의 계단이 펼쳐져 있다. 18세기에 교황이 지면과 언덕 위의 성당을 연결하기 위해 만든 것이다. 흔히 '스페인 계단'이라고 부르지만 정식 명칭은 트리니타 데이 몬티 계단(Scalinata di Trinità dei Monti)이다. 영화 〈로마의 휴일〉에 등장한 이래 로마 최고의 명물로 사랑받고 있다. 영화에서는 오드리 헵번이 젤라토를 먹으며 계단에 서 있었지만, 지금은 이곳에서 음식을 먹는 것은 금지되어 최대 €500까지 벌금을 물 수도 있다. 계단 아래에는 바르카차 분수(Fontana della Barcaccia)라는 큼직한 배 모양의 분수가 있다. 잔 로렌초 베르니니의 아버지인 피에트로 베르니니의 작품이다. '스페인 광장'이라는 이름은 이 주변에 17세기부터 스페인 대사관 관저가 있어서 붙은 것이라고 한다.

INFO P.109 MAP P.297C
구글 지도 GPS 41.90569, 12.48232 **찾아가기** 지하철 A선 스파냐(Spagna) 역에서 바로 **주소** Piazza di Spagna **전화** 없음 **시간** 24시간 **휴무** 연중무휴 **가격** 무료입장

03 포폴로 광장
Piazza del Popolo
피아짜 델 뽀뽈로

코르소 거리(Via del Corso)의 가장 북쪽에 있는 광장. 중세 시대에는 이 광장에서 교수형이 집행되었다. 포폴로(Popolo)는 이탈리아어로 '민중' 혹은 '국민'을 뜻하는 단어이므로 민중 광장쯤으로 해석할 수 있다. 광장 한가운데에는 이집트에서 가져온 오벨리스크가 세워져 있고, 이 오벨리스크를 등지고 정면에 비아 델 코르소(Via del Corso), 왼쪽에 비아 델 바우이노(Via del Babuino), 오른쪽에 비아 디 리페타(Via di Ripetta) 이렇게 3개 길이 나 있다. 이 세 갈래 길을 삼지창(Tridente)이라고도 한다. 삼지창의 사이에는 2개의 성당이 있는데, 광장을 등지고 왼쪽이 산타 마리아 인 몬테산토 대성당(Basilica di Santa Maria in Montesanto)이고, 오른쪽이 산타 마리아 데이 미라콜리 성당(Chiesa di Santa Maria dei Miracoli)이다. 왼쪽 몬테산토 대성당은 거장 베르니니가 설계에 참여한 것으로도 유명하다. 광장 북쪽 끝으로 가면 큰 성문이 있는데, 로마 시대부터 성벽의 북쪽 출입구였다. 보통 로마 시내 관광 코스의 북쪽 끝 지점을 여기로 본다.

INFO P.111 MAP P.297A
구글 지도 GPS 41.910746, 12.476356 **찾아가기** 코르소 거리 북쪽 끝. 또는 지하철 A선 플라미니오(Flaminio) 역을 나온 뒤 성문을 통과한다. **주소** Piazza del Popolo **전화** 없음 **시간** 24시간 **휴무** 연중무휴 **가격** 무료입장

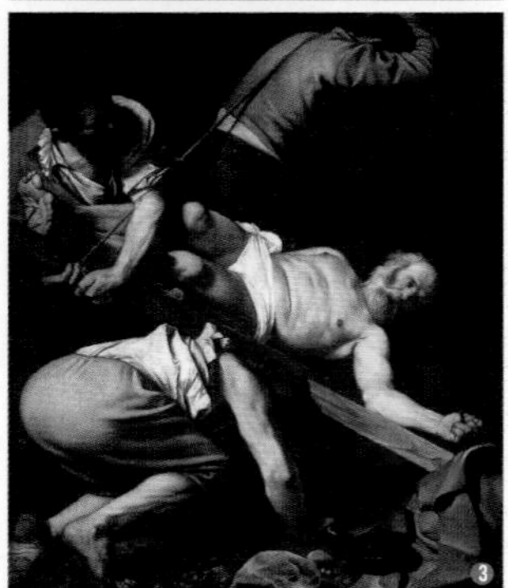

❶ 키지 예배당 내 베르니니의 작품 〈하바쿡과 천사〉
❷ 키지 예배당 내 베르니니의 작품 〈다니엘과 사자〉
❸ 체라시 예배당에 있는 카라바조의 제단화 〈십자가에 못 박힌 성 베드로〉

04 산타 마리아 델 포폴로 대성당

Basilica Parrocchiale Santa Maria del Popolo
바질리까 파로키알레 싼타 마리아 델 뽀뽈로

포폴로 광장 북쪽 성문 옆에 위치한 성당으로, 겉은 허름해서 그냥 지나치기 쉽지만 내부에 바로크 시대의 걸작을 여러 점 보유한 보물창고 같은 곳이다. 11세기에 이 일대에 악마의 상징인 까마귀가 출몰한다는 소문이 돌자 교황이 그 자리에 있던 거대한 나무를 베어내고 성당을 축성했다는 전설이 전해온다. 이후 몇 번 개축을 거쳐 17세기 중반 베르니니의 설계로 보수한 것이 현재의 모습이다. 총 12개의 예배당이 있는데, 그중 꼭 봐야 하는 것은 키지 예배당(Cappella Chigi)과 체라시 예배당(Cappella Cerasi)이다. 키지 예배당은 16세기에 유명했던 은행가 아고스티노 키지의 개인 예배당으로, 전체 설계 및 예배당 돔 지붕의 벽화를 르네상스의 거장 라파엘로가 담당했다. 예배당의 네 모퉁이에 놓인 대리석 조각 작품 중 〈하바쿡과 천사〉, 〈다니엘과 사자〉는 베르니니의 작품이다. 키지 예배당은 소설 및 영화 〈천사와 악마〉의 주요 배경이기도 하다. 체라시 예배당은 안니발레 카라치의 〈성모 승천〉 제단화가 가운데에 있고, 양옆에 카라바조가 그린 〈십자가에 못 박힌 성 베드로〉와 〈다마스쿠스로 가는 길〉이 자리한다. 그 외에도 사방에 아름다운 조각과 벽화가 꽉 차 있어 규모가 작은데도 생각보다 오래 머물게 되는 곳이다.

MAP P.297A
구글 지도 GPS 41.91149, 12.47665 **찾아가기** 포폴로 광장 북쪽 끝 성문을 바라보고 오른쪽에 성벽과 수직으로 서 있다. **주소** Piazza del Popolo, 12 **전화** 06-361-0836 **시간** 월~금요일 07:30~12:30, 16:00~19:00, 토요일 07:30~19:00, 일요일 07:30~13:30, 16:00~19:00(미사 중 일반인 출입 금지) **휴무** 부정기 **가격** 무료입장 **홈페이지** www.santamariadelpopolo.it

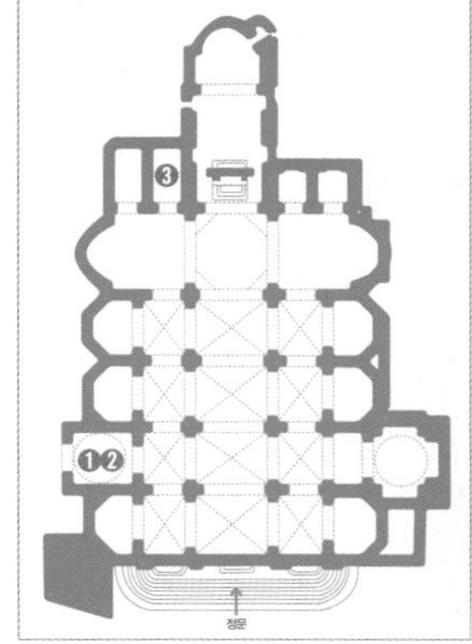

05 핀초 언덕 전망대

Terrazza del Pincio
테라짜 델 핀쵸

포폴로 광장 동쪽에 자리한 야트막한 언덕으로, 포폴로 광장과 멀리 바티칸까지 한 눈에 담기는 전망대가 있다. 특히 서쪽으로 향하고 있어 석양 무렵에 더욱 아름답다. 언덕 위에는 산책로와 작은 공원이 조성되어 있는데, 남쪽으로 향하는 산책로를 따라 가면 스페인 계단까지 닿고 동쪽 방향으로 공원을 가로질러 가면 보르게제 공원과 이어진다.

MAP P.297A

구글 지도 GPS 41.91135, 12.47959 **찾아가기** 광장 북쪽 성문 앞에서 오른쪽을 보면 산타 마리아 델 포폴로 대성당과 광장 사이의 찻길이 보인다. 이 길을 따라가면 왼쪽에 언덕 위로 올라가는 계단이 보인다. **주소** Viale Gabriele D'Annunzio **전화** 없음 **시간** 24시간 **휴무** 연중무휴 **가격** 무료입장

06 산티 암브로조 에 카를로 알 코르소 대성당

Basilica dei Santi Ambrogio e Carlo al Corso
바질리까 데이 싼티 암브로조 에 까를로 알 코르소

베네치아 광장과 포폴로 광장을 잇는 코르소 거리(Via del Corso) 한복판에 자리한 성당. 17세기에 롬바르디아 지역을 위해 건축한 것으로, 밀라노의 수호 성인에게 봉헌되었다. 코르소 거리에서 볼 때는 그저 크고 밋밋한 성당인 듯싶지만, 내부와 돔 지붕까지 한눈에 보면 생각보다 매우 아름답다. 핀초 언덕이나 천사의 성에서 시내를 내려다 보면 제법 존재감이 크다.

MAP P.297C

구글 지도 GPS 41.905455, 12.477841 **찾아가기** 포폴로 광장에서 남쪽으로 코르소 거리를 따라 약 600m 간다. **주소** Via del Corso, 437 **전화** 06-6819-2527 **시간** 07:00~19:00(미사 중에는 일반인 출입 금지) **휴무** 부정기(예고 없이 휴무 가능) **가격** 무료입장 **홈페이지** www.arciconfraternitasantiambrogioecarlo.it

07 미냐넬리 광장

Piazza Mignanelli
피아짜 민냐넬리

스페인 광장 남쪽에 딸린 작은 광장으로, 한가운데에 '무죄 잉태의 원주(La Colonna della Immacolata)'라는 아름답고 인상적인 기둥이 서 있다. 19세기 말, 성모는 원죄 없이 잉태되어 태어났다는 '성모 무죄 잉태설'이 공인된 것을 기념하기 위해 세워진 것이다. 스페인 광장 이름의 유래가 된 스페인 대사관이 바로 이 광장에 있다. 일부러 찾아가지 않아도 스페인 광장 주변을 오가다 보면 한두 번은 들르게 되는 곳이다.

MAP P.297C

구글 지도 GPS 41.90498, 12.48295 **찾아가기** 스페인 광장 남쪽 **주소** Piazza Mignanelli **전화** 없음 **시간** 24시간 **휴무** 연중무휴 **가격** 무료입장

08 보르게제 공원

Villa Borghese
빌라 보르게제

시내 중심가 북쪽에 자리한 넓은 공원으로, 로마의 공원 중 세 번째로 크다. 17세기 초에 교황 바오로 5세의 조카이자 로마의 실력자였던 시피오네 보르게제 추기경이 조성한 개인 정원이었다. 20세기 초에 로마시에서 사들여 시민 공원으로 탈바꿈했다. 넓은 부지에 다양한 전시 공간과 동물원을 비롯한 각종 위락 시설이 자리하고 있어 로마 시민들의 힐링 장소로 사랑받고 있다. 기왕 공원까지 왔다면 가장 안쪽에 자리한 에스쿨라피오 신전(Tempio di Esculapio)과 그 앞의 호수에 꼭 들러보자. 공원 내에서 가장 로맨틱한 풍경을 볼 수 있는 곳으로, 영화 〈로마 위드 러브〉 등에도 등장했다.

INFO P.111 MAP P.297B

구글 지도 GPS 41.91288, 12.4852 **찾아가기** 포폴로 광장에서 북쪽 성문 밖으로 나간 뒤 큰길을 건너다가 오른쪽을 보면 공원 입구가 보인다. 또는 핀초 언덕에서 동쪽으로 가서 다리를 건너 한참 가면 공원 입구에 닿는다. **주소** Piazzale Napoleone I(중심부) **전화** 시설마다 다름 **시간** 24시간 **휴무** 연중무휴 **가격** 무료입장, 나룻배 대여(20분) €3

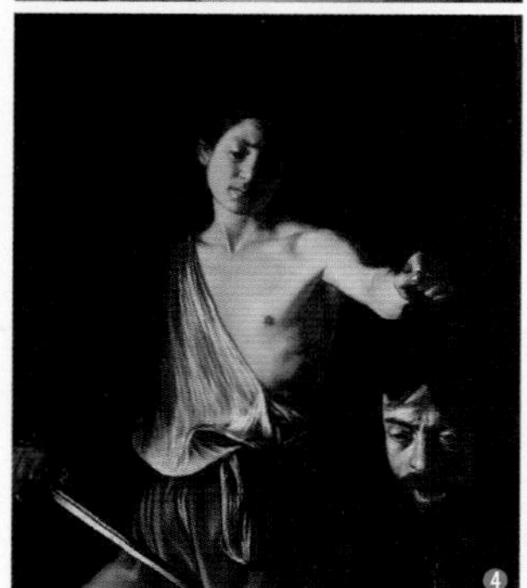

❶ 베르니니 〈페르세포네의 납치〉
❷ 베르니니 〈아폴로와 다프네〉
❸ 베르니니 〈다비드〉
❹ 카라바조 〈다윗과 골리앗〉

09 보르게제 미술관

Galleria Borghese
갈레리아 보르게제

시피오네 보르게제 추기경이 수집한 회화 · 조각 작품을 전시하는 미술관. 보르게제 추기경의 별장이었던 건물을 미술관으로 사용하고 있는데, 르네상스-바로크 사조의 걸작들이 많아 미술 애호가 사이에서는 이탈리아에서 꼭 가 봐야 하는 미술관으로 손꼽힌다. 이탈리아 전체에서 바티칸 미술관 다음으로 소장품 수가 많은 미술관이라고 한다. 특히 베르니니의 대표작이 대거 소장 · 전시 중이다. 베르니니가 보르게제 추기경의 후원을 받으며 별장을 장식하기 위해 제작했던 〈페르세포네의 납치〉, 〈아폴로와 다프네〉, 〈다비드〉가 모두 이곳에 있다. 베르니니 특유의 소름끼칠 정도로 정교하고 섬세한 터치를 제대로 감상할 수 있다. 카라바조의 〈다윗과 골리앗〉, 〈병든 바쿠스〉, 〈과일바구니를 든 소년〉, 라파엘로의 〈유니콘을 안고 있는 젊은 여인의 초상〉, 〈십자가에서 내려지는 예수〉, 티치아노 〈천상과 세속의 사랑〉 등도 꼭 봐야 할 대표 작품이다. 입장 인원을 1시간마다 360명으로 철저히 제한하고, 2시간의 관람 제한 시간이 있다. 하지만 보통 1시간 정도면 꼼꼼히 돌아볼 수 있으므로 시간이 모자랄 걱정은 안 해도 된다. 온라인 공식 예매처인 티켓원(Ticketone)에서 예매하는 것이 가장 좋고, 비수기에는 직접 방문하면 당일 2~3회차 이후, 또는 다음날의 티켓을 구할 수 있다. 한국어 오디오 가이드가 있으므로 꼭 이용해보자. 예산에 여유가 있고 미술에 관심이 많다면 가이드 투어를 듣는 것도 추천.

MAP P.297B
구글 지도 GPS 41.91421, 12.49214 **찾아가기** 보르게제 공원 내. 공원 곳곳에 표지판이 있다. 테르미니 역에서 출발할 경우 910번 버스를 타고 Pinciana/Allegri에서 내린다. **주소** Piazzale Scipione Borghese, 5 **전화** 06-841-3979 **시간** 화~일요일 09:00~19:00(1시간 단위로 입장) **휴무** 월요일 **가격** 일반 €13(온라인 예약시 예약비 €2+서비스 수수료 €2 추가) **홈페이지** galleriaborghese.beniculturali.it(공식 사이트), www.ticketone.it(예매 사이트)

10 피차 레
Pizza Re

★★★★★

코페르토 X 카드 결제 O 영어 메뉴 O

포폴로 광장에서 몇 발자국 떨어진 곳에 자리한 피체리아로, 로마에서 가장 맛있는 피자를 꼽을 때 세 손가락 안에 들어간다. 나폴리 바깥에서 가장 나폴리다운 피자를 선보이는 피체리아 중 하나로도 유명하다. 특히 피차 비앙카(Pizza Bianca) 메뉴가 다양하므로 토마토소스를 선호하지 않는 사람에게 강추한다. 메뉴가 다양한 편이고 피자 외에도 식사류와 디저트도 선보인다. 가격대도 무난한 편. 여럿이 찾아가서 푸짐하게 주문해 놓고 피맥 즐기기 딱 좋다. 단, 전반적으로 짠 편이다.

INFO P.131 MAP P.297C

구글 지도 GPS 41.90925, 12.47621 **찾아가기** 포폴로 광장에서 미라콜리 성당 오른쪽 리페타 거리(Via di Ripetta)로 약 100m 가면 왼쪽에 있다. **주소** Via di Ripetta, 14 **전화** 06-321-1468 **시간** 일~목요일 12:00~24:00, 금·토요일 12:00~00:30 **휴무** 연중무휴 **가격** 각종 피자 €8~13, 샐러드 €7~11 **홈페이지** pizzare.it

이탈리아식 소시지 피자 Salsiccia €10

11 아도크
Ad Hoc

★★★★★

코페르토 X 카드 결제 O 영어 메뉴 O

로마 전통 음식 및 지중해 요리를 바탕으로 창의적인 메뉴를 선보이는 레스토랑으로, 한때 트립 어드바이저 로마 맛집 1위를 차지했던 곳이다. 현재도 최상위권에 올라 있다. 프로슈토· 훈제 연어 등을 자체 제조할 정도로 재료에 상당히 신경쓴다. 로마에서 조금 특별한 카르보나라를 먹어 보고 싶다면 이곳의 카르보나라 3종 세트인 큐브드 카르보나라를 맛볼 것. 서비스가 친절하고 섬세한 것도 장점. 홈페이지에서 예약하면 10% 할인을 받을 수 있다.

INFO P.163 MAP P.297C

구글 지도 GPS 41.90809, 12.47607 **찾아가기** 포폴로 광장에서 쌍둥이 성당을 바라보고 오른쪽 성당의 오른쪽으로 난 리페타 거리(Via di Ripetta)를 따라 약 100m 간다. **주소** Via di Ripetta, 43 **전화** 06-323-3040 **시간** 18:30~22:30 **휴무** 연중무휴 **가격** 전채 €18~22, 파스타 €19~30, 메인 메뉴 €26~29 **홈페이지** ristoranteadhoc.com

큐브드 카르보나라 Cubed Carbonara €19.9

12 바베트
Babette

★★★★

코페르토 €3(식전 빵) 카드 결제 O 영어 메뉴 O

예쁜 인테리어와 친절한 서비스, 정성이 느껴지는 맛깔스러운 음식 덕분에 골목 안쪽에 있음에도 꾸준히 인기를 끌고 있는 로마의 대표 맛집. 가격대가 아주 저렴하지는 않으므로 예산을 다소 넉넉하게 잡은 여행자에게 추천한다. 안뜰에 매우 사랑스러운 야외 좌석이 있으므로 너무 춥거나 덥지 않은 계절엔 안내를 부탁해 볼 것. 파스타와 수프는 하프 포션으로 주문 가능하다.

MAP P.297C

구글 지도 GPS 41.90956, 12.47817 **찾아가기** 포폴로 광장에서 바부이노 거리(Via del Babuino)를 따라 약 120m 간 뒤 왼쪽 골목으로 들어간다. **주소** Via Margutta, 1d **전화** 06-321-1559 **시간** 화~일요일 12:30~14:45, 19:00~22:30 **휴무** 월요일 **가격** 전채 €15~20, 수프 €14~21, 파스타 €18~23, 메인 메뉴 €22~32(점심 기준) **홈페이지** www.babetteristorante.it

바질 소스 안심 스테이크 Filetto di Manzo con Salsa al Basilico €25

13 오텔로 알라 콘코르디아
Otello alla Concordia

★★★

코페르토 €1~3(식전 빵) 카드 결제 O 영어 메뉴 O

스페인 광장에서 걸어서 5분 이내 거리에 위치한 트라토리아. 외관은 무뚝뚝하고 평범하나, 내부에는 예상과 달리 아주 예쁜 야외 좌석까지 있다. 밤이면 제법 로맨틱한 분위기가 날 정도. 다양한 로마 전통 음식을 선보이는데 특히 고기 요리에 강하다. 살팀보카, 양고기 요리 등 모두 맛도 수준급이다. 스페인 광장 일대에서 무난하게 저녁 먹을 곳을 찾는 육식주의자에게 추천.

MAP P.297C

구글 지도 GPS 41.90644, 12.48041 **찾아가기** 스페인 광장에서 포폴로 광장 방향으로 올라가다가 광장이 끝나는 지점에서 왼쪽으로 이어지는 길. **주소** Via della Croce, 81 **전화** 06-679-1178 **시간** 월~토요일 12:30~15:00, 17:30~23:00 일요일 12:15~15:00 **휴무** 연중무휴 **가격** 전채 €8~13, 튀김 €5~16, 파스타 €11~14, 생선 요리 €18, 고기 요리 €12~21 **홈페이지** otelloallaconcordia.it

감자를 곁들인 양고기 로스트 Abbacchio al Forno con Patate €16

14 파스티피초 디타 구에라

Pastificio ditta Guerra

코페르토 X 카드 결제 X 영어 메뉴 X

1917년에 문을 열어 장장 100년을 넘게 영업 중인 건파스타 판매점이다. 매일 점심 · 저녁 시간에는 생파스타로 조리한 메뉴를 테이크아웃으로 판매한다. 로소(토마토)와 비앙코(오일-크림) 파스타 두 종류가 있다. 가격이 단 €4.5인데 양이 상당하고 맛도 제법 좋다. 특히 면이 맛있다. 테이크아웃이 기본이나 매장 안에서 서서 먹고 가는 것은 말리지 않으며, 마실 물도 마련되어 있다. 매장 안은 정말 혼잡하므로 소매치기 등에 유의할 것.

MAP P.297C

구글 지도 GPS 41.90637, 12.48098 **찾아가기** 스페인 광장에서 포폴로 광장 부근으로 가다가 광장 끝 부근에서 왼쪽 크로체 거리(Via della Croce)로 들어가면 왼쪽에 있다. **주소** Via della Croce, 84 **전화** 06-679-3102 **시간** 13:00~20:00 **휴무** 연중무휴 **가격** 파스타 €4.5

비앙코 파스타 Bianco Pasta €4.5

15 안티코 카페 그레코

Antico Caffè Greco

코페르토 X 카드 결제 O 영어 메뉴 O

1760년에 문을 연 로마에서 가장 오래된 카페. 베네치아의 카페 플로리안에 이어 이탈리아에서 두 번째로 오래된 카페다. 그레코는 '그리스 사람'이라는 뜻으로, 1대 사장이 그리스인이었다고 한다. 18세기 로마 최고의 핫 플레이스로, 스탕달, 바이런, 리스트, 입센, 안데르센, 멘델스존, 괴테 등 어마어마한 예술가들이 단골이었다. 18~19세기에 이곳을 들락거리던 화가들이 남긴 300여 점의 그림을 여러 점 전시하고 있어 마치 미술관 같은 느낌도 난다. 바와 테이블의 음식 가격 차이가 매우 크다.

INFO P.175 MAP P.297C

구글 지도 GPS 41.90562, 12.48155 **찾아가기** 스페인 광장에서 콘도티 거리를 따라 약 50m 가면 오른쪽에 있다. **주소** Via dei Condotti, 86 **전화** 06-679-1700 **시간** 09:00~21:00 **휴무** 연중무휴 **가격** 각종 커피 €7~10(테이블), €2.5~7(바) **홈페이지** caffegreco.shop

아메리카노 Caffe Americano €8

16 바빙턴스 티룸

Babington's Tea Room

코페르토 X 카드 결제 O 영어 메뉴 O

1893년에 문을 연 영국풍 티 룸. '바빙턴'은 개업 당시 주인이었던 영국인 앤 마리 바빙턴의 이름에서 따온 것. 우아하고 예쁜 실내 인테리어와 수준 높은 차 블렌드 및 셀렉션으로 100년 넘게 꾸준히 이름을 떨치고 있다. 스페인 계단 바로 옆에 붙어 있어 찾기도 편하다. 차는 기본적으로는 모두 뜨겁게 서빙되지만, 몇몇 종류는 아이스 메뉴도 있으므로 취향에 따라 서버와 상의할 것. 스콘, 케이크, 아이스크림 등 디저트도 고급스럽고 맛있다. 블렌드 티와 쿠키류는 판매도 하고 있으니 마음에 든다면 구매해 볼 것. 가격대는 상당히 높다.

MAP P.297C

구글 지도 GPS 41.90605, 12.48241 **찾아가기** 스페인 계단 왼쪽 바로 옆 건물. **주소** Piazza di Spagna, 23 **전화** 06-678-6027 **시간** 수~월요일 10:00~21:00 **휴무** 화요일 **가격** 각종 차 €13~22 **홈페이지** babingtons.com

바빙턴스 스페셜 블렌드 Babingtons Special Blend €11

17 폼피

Pompi

코페르토 X 카드 결제 O 영어 메뉴 O

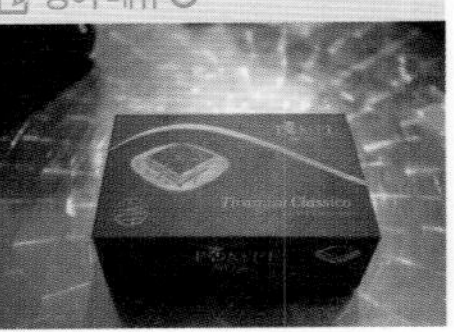

로마에서 가장 유명한 티라미수 맛집. '천상의 맛', '인생 티라미수'와 같은 극찬을 듣는다. 본점은 시내에서 약간 떨어져 있고 중심가의 여러 지점 중에서 스페인 광장 지점이 가장 유명하다. 사방의 냉장고에 티라미수가 들어 있지만 직접 꺼내지 말 것. 카운터에서 주문하면 종업원이 가져다 준다. 종류는 클래식, 딸기, 아몬드, 피스타치오, 헤이즐넛, 바나나 초코가 있는데, 클래식과 딸기가 가장 인기 있다. 맛은 준수하나 본점의 소문을 듣고 갔다면 실망할 수 있으므로 기대는 약간 줄일 것.

MAP P.297C

구글 지도 GPS 41.90645, 12.48055 **찾아가기** 스페인 광장에서 포폴로 광장 부근으로 향하다가 광장 끝 부근에서 왼쪽의 크로체 거리(Via della Croce)로 들어가면 오른쪽에 있다. **주소** Via della Croce, 82 **전화** 06-2430-4431 **시간** 일~목요일 11:00~21:30, 금 · 토요일 11:00~22:30 **휴무** 연중무휴 **가격** 각종 티라미수 1박스 €5 **홈페이지** barpompi.it

클래식 티라미수 Classic Tiramisu €5

18 콘도티 거리

Via Condotti
비아 콘도띠

스페인 광장 앞부터 코르소 거리까지 동서로 이어지는 약 300m의 길. 로마 최고의 명품 거리로 꼽힌다. 1905년에 불가리 2호 매장이 들어선 것을 시작으로 루이뷔통, 에르메스, 구찌, 프라다, 살바토레 페라가모, 카르티에, 티파니, 발렌티노 등이 속속 들어와 지금과 같은 최고의 명품 거리가 되었다. 이곳에 자리한 명품 매장들은 지금 세계에서 가장 잘 나가는 '잇템'들을 충실하게 갖춘 것으로 유명하다.

MAP P.297C
구글 지도 GPS 41.905713, 12.482047(스페인 광장 시작점) **찾아가기** 지하철 A선 스파냐(Spagna) 역에서 스페인 광장 방향 출구로 나온 뒤 왼쪽 바르카차 분수 바로 앞에서 시작하는 길. **주소** Via Condotti **전화** 상점마다 다름. **시간** 24시간 **휴무** 상점마다 다름.

19 쇼즈 부티크

Choses Boutique
쇼즈 부띠끄

콘도티 거리에 있는 작은 부티크. 로마 시내에서 크루치아니 브레이슬릿(Cruciani Bracelet)을 취급하는 몇 안 되는 가게 중 하나다. 기본 디자인부터 별자리, 판다 등 다양한 디자인을 만나볼 수 있다. 8개를 사면 1개를 덤으로 주는 프로모션을 진행하기도 한다. 1개당 가격은 €10~15 정도.

INFO P.215 MAP P.297C
구글 지도 GPS 41.90518, 12.4796 **찾아가기** 콘도티 거리에서 티파니 매장 옆 골목으로 들어간다. **주소** Via Belsiana, 32 **전화** 06-678-1119 **시간** 10:00~19:00 **휴무** 일요일 **홈페이지** www.instagram.com/cruciani.roma

20 코르소 거리

Via del Corso
비아 델 꼬르소

북쪽의 포폴로 광장부터 남쪽의 베네치아 광장을 일직선으로 잇는 1.5km 길이의 도로. 로마 시대부터 있어 온 거리이며 오랫동안 로마 시내의 중심 도로 역할을 하고 있다. 로마에서 가장 중요한 쇼핑 거리 중 하나로, 이름만 대면 알 만한 인터내셔널 브랜드 및 SPA 브랜드는 거의 대부분 이 거리에 매장이 있다. 주말에는 차 없는 거리도 실시 중이다.

MAP P.297C · E
구글 지도 GPS 41.9101, 12.47659(포폴로 광장 시작점) **찾아가기** 베네치아 광장 또는 포폴로 광장에서 보이는 가장 큰 일직선의 길. **주소** Via del Corso **전화** 상점마다 다름. **시간** 24시간 **휴무** 상점마다 다름.

21 AS 로마 스토어

AS Roma Store
AS 로마 스토어

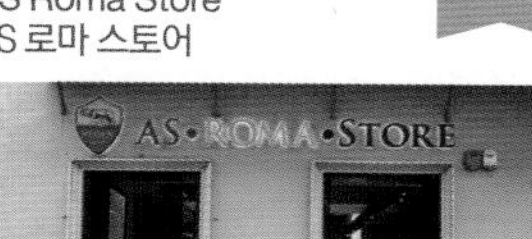

로마를 연고지로 하는 축구 구단 AS 로마의 공식 굿즈 판매 숍. 레플리카 유니폼을 비롯한 다양한 상품을 구할 수 있다. 나이키 제품이라 제품의 질도 상당히 좋은 편이다. AS 로마 스토어는 로마 시내에 몇 곳 더 있으나 코르소 지점이 가장 찾기 편하다.

MAP P.297C
구글 지도 GPS 41.90874, 12.47726 **찾아가기** 포폴로 광장에서 코르소 거리를 따라 200m 직진하면 왼쪽에 보인다. **주소** Via del Corso, 25 **전화** 6-6452-1063 **시간** 10:00~20:00 **휴무** 연중무휴 **홈페이지** www.asromastore.com

22 갈레리아 알베르토 소르디

Galleria Alberto Sordi
갈레리아 알베르토 소르디

20세기 초반에 건축된 갤러리아형 쇼핑몰. 규모는 작지만 꽤 우아하고 예쁘다. 2003년 리노베이션한 뒤 이탈리아의 유명 배우 알베르토 소르디의 이름으로 바꿨다. 크리스마스 장식용품을 전문으로 판매하는 매장 미스터 크리스마스(Mister Christmas)도 꼭 들러 볼 것.

MAP P.297E
구글 지도 GPS 41.90088, 12.48072 **찾아가기** 베네치아 광장에서 북쪽으로 코르소 거리를 따라 500m. 정문 앞에 피아차 콜론나 거리가 있다. 버스는 Largo Chigi행을 검색한다. **주소** Piazza Colonna **전화** 06-6919-0769 **시간** 09:00~20:00(매장마다 다름) **휴무** 매장마다 다름. **홈페이지** galleriaalbertosordi.it

D.

판테온~나보나 광장 Pantheon~Piazza Navona

로마 시내 중심가 서쪽 지역으로, 테베레강 우안에 해당한다. 유명한 유적과 광장, 시장들 사이에는 잘 알려지지 않은 예쁜 골목과 광장들이 숨듯이 자리해 보물찾기 같은 산책을 즐길 수 있다. 맛집이 유난히 많은 지역으로서 특히 잘 나가는 젤라테리아는 거의 이 일대에 몰려 있다.

추천 동선

몬테치토리오 궁전
▼
판테온
▼
산 루이지 데이 프란체시 성당
▼
나보나 광장
▼
움베르토 1세 다리 or 코로나리 거리

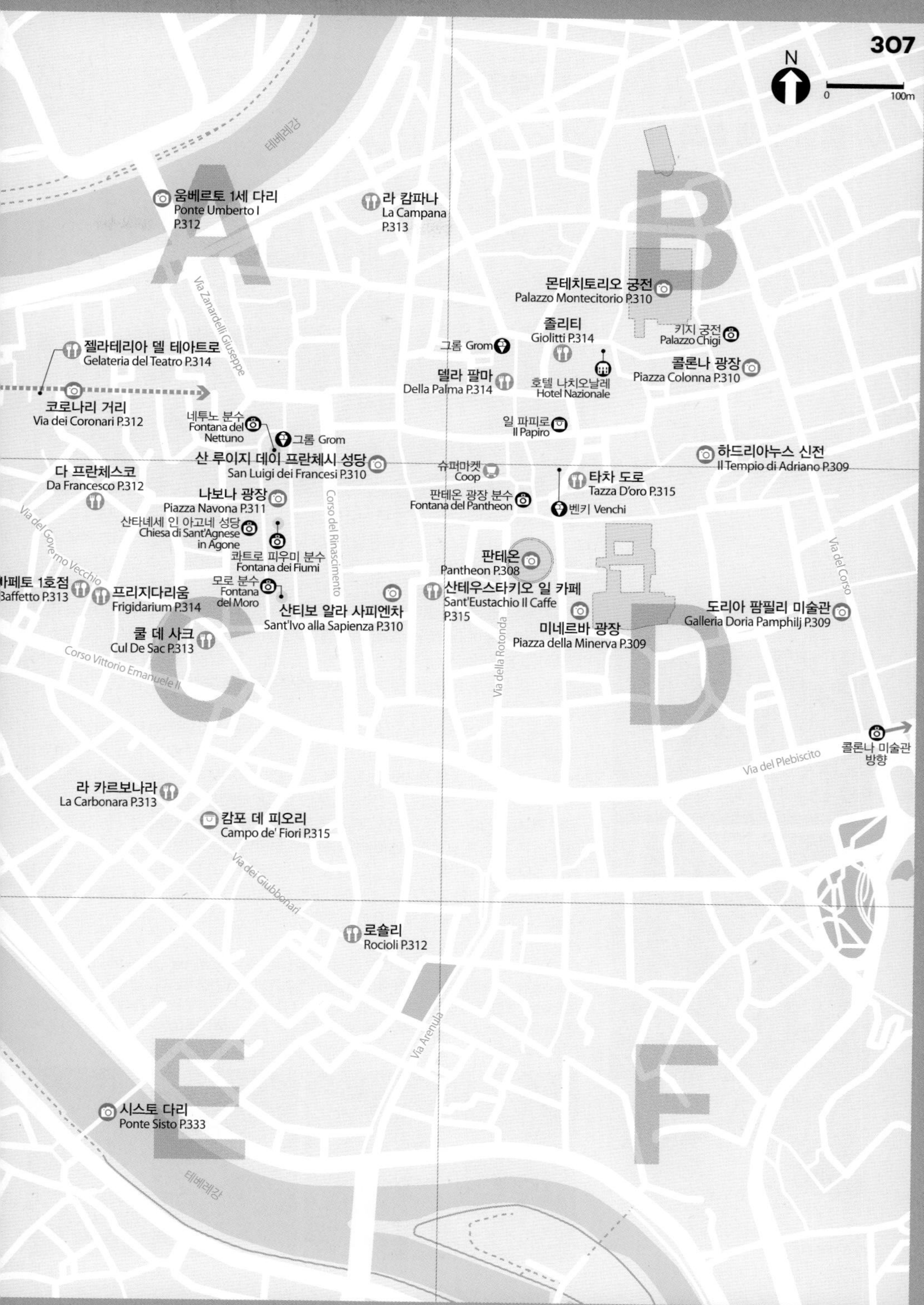

N
0
100m
테베레강
A
B
C
D
E
F
움베르토 1세 다리
Ponte Umberto I
P.312
라 캄파나
La Campana
P.313
Via Zanardelli Giuseppe
몬테치토리오 궁전
Palazzo Montecitorio P.310
졸리티
Giolitti P.314
키지 궁전
Palazzo Chigi
그롬 Grom
젤라테리아 델 테아트로
Gelateria del Teatro P.314
콜론나 광장
Piazza Colonna P.310
델라 팔마
Della Palma P.314
호텔 나치오날레
Hotel Nazionale
코로나리 거리
Via dei Coronari P.312
네투노 분수
Fontana del Nettuno
일 파피로
Il Papiro
그롬 Grom
산 루이지 데이 프란체시 성당
San Luigi dei Francesi P.310
하드리아누스 신전
Il Tempio di Adriano P.309
슈퍼마켓
Coop
다 프란체스코
Da Francesco P.312
타차 도로
Tazza D'oro P.315
나보나 광장
Piazza Navona P.311
판테온 광장 분수
Fontana del Pantheon
벤키 Venchi
Corso del Rinascimento
산타녜세 인 아고네 성당
Chiesa di Sant'Agnese in Agone
Via del Governo Vecchio
콰트로 피우미 분수
Fontana dei Fiumi
판테온
Pantheon P.308
Via del Corso
바페토 1호점
Baffetto P.313
프리지다리움
Frigidarium P.314
모로 분수
Fontana del Moro
산테우스타키오 일 카페
Sant'Eustachio Il Caffe
P.315
산티보 알라 사피엔차
Sant'Ivo alla Sapienza P.310
도리아 팜필리 미술관
Galleria Doria Pamphilj P.309
미네르바 광장
Piazza della Minerva P.309
쿨 데 사크
Cul De Sac P.313
Corso Vittorio Emanuele II
Via della Rotonda
콜론나 미술관 방향
Via del Plebiscito
라 카르보나라
La Carbonara P.313
캄포 데 피오리
Campo de' Fiori P.315
Via dei Giubbonari
로숄리
Rocioli P.312
Via Arenula
시스토 다리
Ponte Sisto P.333
테베레강

01 판테온

Pantheon
빤떼온

고대 로마 시대의 신전으로, 모든 신을 모시는 만신전(萬神殿)이다. B.C. 27년에 로마 최초의 황제인 아우구스투스의 오른팔 아그리파가 자기 영지에 세웠으나 서기 80년에 일어난 대화재로 전소되었다. 이후 125년경 하드리아누스 황제가 재건한 이래 2,000년 가까운 세월 동안 자리를 지키고 있다. 7세기 무렵 동로마 제국 황제가 교황에게 선사해 가톨릭 성당이 되었고, 르네상스 시대 이후로는 이탈리아 위인들의 묘소로 사용되고 있다. 르네상스의 예술가 라파엘로, 이탈리아 통일왕 비토리오 에마누엘레 2세의 묘소가 대표적이다. 판테온 앞의 제법 큰 광장 한가운데에는 17세기에 교황의 명령으로 조성된 분수가 있다. 분수 한가운데에 고대 이집트에서 가져온 오벨리스크가 꽂혀 있어 오묘한 조화를 보여준다.

판테온은 고대 로마의 건축 기술을 유감없이 보여주는 최고의 건축물로, 지붕에 올린 거대한 돔은 현대 건축가들도 혀를 내두를 정도로 뛰어난 구조라고 한다. 중세 시대에는 이렇게 거대한 돔을 인간이 만들었을 리가 없다며 악마의 건축물로 경원시됐지만, 르네상스 시대에는 배워야 할 건축의 고전으로 칭송받았다. 브루넬레스키가 판테온의 돔을 연구하여 피렌체 두오모의 쿠폴라에 응용한 것이나 미켈란젤로가 '천사의 건물'이라고 말한 것 등은 유명한 사실이다. 이외에도 천장에 뚫린 구멍 하나만으로 채광을 하는데 내부가 그다지 어둡지 않은 것, 대류 현상 때문에 비가 와도 천장의 구멍으로 비가 들이치지 않는 것은 21세기 현대인들도 놀랍게 여기는 부분이다. 줄곧 무료 입장 시설이었으나 2023년 7월 이후부터 유료로 전환되었다.

INFO P.064 MAP P.307D

구글 지도 GPS 41.89861, 12.47687 **찾아가기** 코르소 거리(Via del Corso)에서 표지판을 따라 서쪽으로 간다. 도리아 팜필리 미술관 옆길로 들어가는 것이 가장 빠르다. **주소** Piazza della Rotonda **전화** 06-6830-0230 **시간** 09:00~19:00 **휴무** 연중무휴 **가격** 입장료 €5, 오디오 가이드 포함 €15 **홈페이지** www.pantheonroma.com, 티켓 예매 portale.museiitaliani.it/b2c/buyTicketless

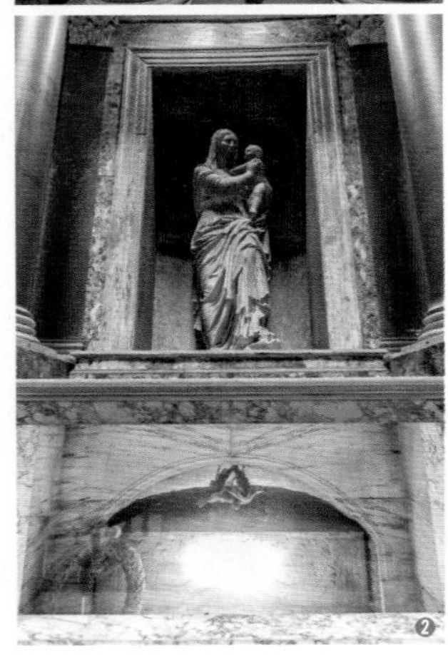

❶ 비토리오 에마누엘레 2세의 묘소
❷ 라파엘로의 묘소

02 미네르바 광장

Piazza della Minerva
피아짜 델라 미네르바

판테온에서 남쪽으로 약간 떨어진 곳에 자리한 자그마한 광장. 로마 시대에 이곳에 미네르바 여신의 신전이 있어서 그 이름을 따왔다고 한다. 로마 시내의 주요 성당 중 하나인 산타 마리아 소프라 미네르바 대성당(Basilica di Santa Maria Sopra Minerva)이 이곳에 있다. 이 성당은 미켈란젤로가 만든 〈십자가를 든 예수상〉과 베르니니가 건축한 마리아 라지(Maria Raggi) 기념비를 소장하고 있다. 광장 한가운데에 귀여운 코끼리상이 받치고 있는 오벨리스크가 서 있는데, 코끼리상은 베르니니가 디자인하고 그의 제자가 만들었다.

MAP P.307D
구글 지도 GPS 41.89797, 12.47757 **찾아가기** 판테온을 바라보고 왼쪽 옆으로 난 골목으로 들어가서 조금만 가면 왼쪽에 보인다. **주소** Piazza della Minerva **전화** 없음 **시간** 24시간 **휴무** 연중무휴 **가격** 무료입장

03 도리아 팜필리 미술관

Galleria Doria Pamphilj
갈레리아 도리아 팜필리

17세기에 건축된 귀족의 저택에 자리한 미술관. 16세기 이후 이탈리아를 비롯한 유럽 각지의 르네상스-바로크 회화와 가구, 실내 장식품 등이 주요 컬렉션이다. 도리아와 팜필리는 각각 유명한 이탈리아 귀족 가문인데 두 가문이 결혼해 도리아 팜필리라는 새로운 이름이 생겨났다. 특히 팜필리 가문에서 배출한 교황 인노첸시오 10세를 모델로 벨라스케스가 그린 초상화와 베르니니가 만든 대리석 토르소상이 이 미술관에서 가장 유명한 작품이다. 그 외에도 라파엘로, 티치아노, 카라바조 등 이탈리아의 거장과 한스 멤링, 피터르 브뤼헐 등 북유럽 거장들의 숨겨진 걸작품을 다수 볼 수 있다.

MAP P.307D
구글 지도 GPS 41.89798, 12.48156 **찾아가기** 코르소 거리의 베네치아 광장 방향 초입에서 길을 따라 약 150m 걸으면 왼쪽에 있다. **주소** Via del Corso, 305 **전화** 06-679-7323 **시간** 월~목요일 09:00~19:00, 금~일요일 10:00~20:00 **휴무** 매월 셋째주 수요일, 1/1, 부활절, 12/25 **가격** 일반 €16 **홈페이지** www.doriapamphilj.it

04 콜론나 미술관

Galleria Colonna
갈레리아 꼴론나

17세기에 지어진 바로크 스타일 궁전으로, 추기경을 배출한 로마의 명문가 콜론나 가문의 궁전이었던 곳이다. 외관은 비교적 수수하나 내부는 매우 화려하다. 영화 〈로마의 휴일〉의 마지막에서 앤 공주가 이탈리아를 떠나기 전 기자 회견을 여는 장면에서 배경으로 등장한다. 미술관 개방은 토요일 단 하루뿐이고 나머지 날짜는 개인 가이드 투어로만 돌아볼 수 있다.

INFO P.109 MAP P.297F
구글 지도 GPS 41.89787, 12.48392 **찾아가기** 베네치아 광장 북쪽에서 동서로 체사레 바티스티 거리(Via Cesare Battisti)에서 코르소 거리 입구를 바라보고 오른쪽으로 약 250m 가다가 왼쪽 두 번째 골목으로 들어가면 왼쪽에 입구. **주소** Via della Pilotta, 17 **전화** 06-678-4350 **시간** 토요일 09:00~13:15 **휴무** 월~금요일 **가격** 미술관+추기경 사저+정원 €15, 건물 전체 €25 **홈페이지** www.galleriacolonna.it

05 하드리아누스 신전

Il Tempio di Adriano
일 뗌삐오 디 아드리아노

트레비 분수 쪽에서 판테온을 향해 가는 중, 좁은 골목을 지나 광장이 나오면서 갑자기 등장하는 거대한 로마 시대 유적. 서기 2세기의 로마 황제인 하드리아누스를 신으로 모시는 신전으로, 그의 아들인 안토니누스 피우스 황제가 건축했다. 17세기에 열주와 건물 얼개를 두고 새 건물을 개축하였고, 현재까지 증권거래소 등 다양한 용도로 쓰이는 중이다. 굳이 찾아가기보다는 우연히 마주쳤을 때 '로마는 길거리만 다녀도 이런 유적이 튀어나오는구나'라고 감동받는 것으로 충분하다.

MAP P.307B
구글 지도 GPS 41.89988, 12.47939 **찾아가기** 코르소 거리에서 피에트라 거리(Via di Pietra) 골목으로 들어가 약 100m 직진. **주소** Piazza di Pietra **전화** 없음 **시간** 외부인 출입 금지

06 콜론나 광장
Piazza Colonna
피아짜 꼴론나

★★★

코르소 거리에 닿아 있는 작은 광장. '콜론나'는 기둥 혹은 원주(Column)를 뜻하는 말로 광장 한가운데에 거대한 기둥이 서 있어서 붙은 이름이다. 이 기둥은 '마르쿠스 아우렐리우스 원주'라는 것인데, 로마의 철학자 황제인 마르쿠스 아우렐리우스를 기리기 위해 만들어진 것이다. 원주 겉면에 마르쿠스 아우렐리우스 황제가 승리를 거둔 전투에 대한 기록이 촘촘하게 부조로 새겨져 있다. 작은 광장이지만 규모에 비해 중요한 건축물이 꽤 많다. 특히 북쪽에 자리한 키지 궁전(Palazzo Chigi)은 17세기 귀족의 궁전이었으나 현재는 이탈리아 총리 관저로 쓰이고 있다.

MAP P.307B
구글 지도 GPS 41.90085, 12.47998 **찾아가기** 코르소 거리. 베네치아 광장 방향 입구에서 약 550m 들어간다. 맞은편에 갈레리아 알베르토 소르디가 있다. 버스 정류장 Palazzo Chigi가 가까이에 있다. **주소** Piazza Colonna **전화** 없음 **시간** 24시간 **휴무** 연중무휴 **가격** 무료입장

07 몬테치토리오 궁전
Palazzo Montecitorio
팔라쪼 몬테치또리오

★★

17세기에 지어진 궁전. 현재 이탈리아 국회의 하원 의사당이다. 초기 설계자는 베르니니였으나 건축을 의뢰한 건축주가 죽자 베르니니도 자연스럽게 손을 떼었고, 다른 건축가가 공사를 마무리했다. 완공 이후 줄곧 주요 관공서 건물로 쓰였다. 이탈리아 통일 이후에 하원 의사당으로 지정됐으나 겨울에는 춥고 여름에는 더워 의원들이 거부했다고 한다. 20세기 초에 파사드만 남기고 거의 다시 짓는 수준의 리모델링 공사를 거친 후에야 하원의회가 들어갔다. 코르소 거리에서 나보나 광장 방향으로 갈 때 종종 지나치게 되는 건물이다.

MAP P.307B
구글 지도 GPS 41.90156, 12.47874 **찾아가기** 콜론나 광장에서 코르소 거리 방향을 등지고 쭉 직진하면 오른쪽에 나타난다. 앞에 큰 광장이 있다. **주소** Piazza di Monte Citorio **전화** 없음 **시간** 외부인 출입 금지

08 산 루이지 데이 프란체시 성당
Chiesa di San Luigi dei Francesi
끼에자 디 산 루이 데이 프란체시

★★★★

16세기에 건축된 바로크 성당. 산 루이지 데이 프란체시는 '프랑스의 성인 루이'라는 뜻으로, 프랑스의 왕이자 가톨릭 성인인 루이 9세에게 봉헌된 성당이라는 뜻이다. 외관이나 내부는 수수하지만, 예배당 중 한 곳인 콘트라렐리 예배당(Cappella Contarelli)에 카라바조가 그린 제단화가 있어 예술 애호가들에게는 순례 코스로 통하는 곳이다. 이 그림은 〈마태복음〉의 저자 성 마태오에 대한 연작으로, 카라바조가 생애 최초로 그린 제단화이다. 왼쪽부터 〈성 마태오의 소명〉, 〈성 마태오의 영감〉, 〈성 마태오의 순교〉로 구성되어 있고, 이 중 〈성 마태오의 소명〉은 바로크 미술의 걸작이자 카라바조 최고의 역작 중 하나로 손꼽힌다.

MAP P.307C
구글 지도 GPS 41.89958, 12.47454 **찾아가기** 나보나 광장에서 네투노 분수를 등지고 동쪽 판테온 방향으로 가다가 큰길을 건넌 뒤 골목 안으로 들어간다. **주소** Piazza di S. Luigi de' Francesi **전화** 06- 688-271 **시간** 월~금요일 09:30~12:45, 14:30~18:30, 토요일 09:30~12:15, 14:30~18:45, 일요일 11:30~12:45, 14:30~18:45 **휴무** 부정기 **가격** 무료입장 **홈페이지** saintlouis-rome.net

09 산티보 알라 사피엔차
Sant'Ivo alla Sapienza
산티보 알라 사피엔짜

★★

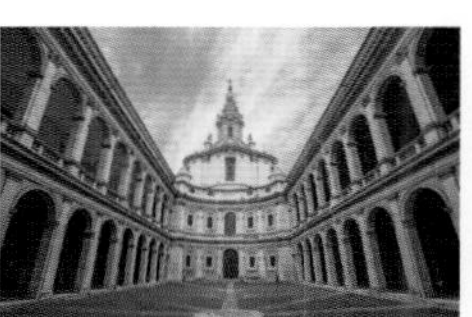

바로크 시대의 성당으로, 이름은 '사피엔차의 성 이보 성당' 정도로 해석할 수 있다. '사피엔차'는 로마 대학의 옛 별칭인데, 이 성당이 로마 대학의 부속 예배당으로 지어진 데에서 유래한 이름이다. 바로크 건축의 거장 보로미니의 대표작 중 하나로 손꼽힌다. 현재는 건물 대부분이 로마 시립 문헌 보관소로 쓰이고 있어 내부에 출입할 수는 없다. 교회는 일요일 오전에만 잠깐 문을 열지만 안뜰은 자유롭게 드나들 수 있는데, 상당히 아름다운데 비해 사람은 많지 않아 괜찮은 포토 스폿으로 통한다.

MAP P.307C
구글 지도 GPS 41.8982, 12.47481 **찾아가기** 나보나 광장 동쪽 큰길 건너편. **주소** Corso del Rinascimento, 40 **전화** 371-313-6165 **시간** 교회 일요일 09:00~12:00, 안뜰 상시 10:00~17:00 **휴무** 교회 월~토요일, 안뜰 부정기 **가격** 무료입장 **홈페이지** sivoallasapienza.eu

10 나보나 광장

Piazza Navona
피아짜 나보나

★★★★★

로마 시내 중심가 서쪽에 자리한 아름다운 광장. 남북으로 약 250m 길이의 길쭉한 타원형이다. 이 자리에는 고대 로마 시대에 '아고날리아(Agonalia)'라고 하는 제전이 열리던 경기장이 있었는데, 그 형태가 지금까지 고스란히 남아 있는 것이라고 한다. 15세기부터 큰 장이 열리기 시작하여 로마에서 가장 중요한 시민 광장 중 하나로 발돋움했고, 16~17세기에 아름다운 바로크 건축물이 경쟁적으로 들어서 지금과 같은 아름다운 광장이 되었다. 광장 서쪽면에는 바로크의 거장 보로미니가 건축한 산타네세 인 아고네(Sant'Agnese in Agone) 성당이 우뚝 서 있고, 주변에는 주로 바로크 시대에 건축된 다양한 궁전과 건물이 둘러싸고 있다. 광장에는 분수가 3개 있는데, 그중 가장 가운데에 있는 콰트로 피우미 분수(Fontana dei Quattro Fiumi)는 베르니니의 공공 건축물 중 가장 유명한 것 중 하나다. 콰트로 피우미는 '4개의 강'이라는 뜻으로, 한가운데에 이집트 오벨리스크의 모조품이 우뚝 서 있고 사방에 각 대륙을 대표하는 4개 강의 신(다뉴브강, 갠지스강, 나일강, 라 플라타강)이 조각되어 있다. 그 외 남쪽에 있는 분수는 모로의 분수(Fontana del Moro)', 북쪽의 분수는 네투노 분수(Fontana del Nettuno)'라고 한다. 사시사철 거리에는 음악가와 화가들이 진을 치며 낭만적인 분위기를 자아낸다. 광장 뒤쪽에는 로마에서 가장 예쁜 골목과 광장들이 숨어 있어 현지인들도 매우 즐겨 찾는다.

MAP P.307C

구글 지도 GPS 41.89896, 12.47308(콰트로 피우미 분수) **찾아가기** 판테온을 바라보고 오른쪽 방향으로 약 350m 가면 도착한다. 버스를 탈 경우에는 Senato, Rinascimento 등의 정류장을 검색할 것. **주소** Piazza Navona **전화** 없음 **시간** 24시간 **휴무** 연중무휴 **가격** 무료입장

1

2

3

4

❶ 산타네세 인 아고네 성당. 오목한 파사드는 보로미니의 작품.
❷ 네투노 분수. 바다의 신 네투노가 역동적으로 표현되었다.
❸ 콰트로 피우미 분수. 소설과 영화 〈천사와 악마〉의 무대로도 쓰였다.
❹ 모로 분수. '모로'는 무어인(북아프리카인)을 뜻한다. 가운데 무어인 조각은 베르니니의 작품.

11 코로나리 거리

Via dei Coronari
비아 데이 코로나리

나보나 광장 주변에는 아름다운 골목과 작은 광장들이 수없이 있는데, 그중 가장 대표적인 골목이 코로나리 거리이다. 나보나 광장 북쪽과 천사의 성 부근을 잇는 약 500m 길이의 좁은 직선 골목으로, 양옆에 15~16세기에 지어진 르네상스-바로크 건물이 빽빽히 들어서 있고 그 건물들의 1층은 대부분 카페와 식당, 바, 상점 등으로 쓰이고 있다. 고풍스러운 건물과 세련된 상점의 외관이 묘한 조화를 이루며 상당히 멋스러운 분위기를 연출한다. 이곳에 자리한 상점은 대부분 골동품점이라 기념품 고르기도 좋다.

MAP P.307A

구글 지도 GPS 41.90049, 12.46983(중심부) **찾아가기** 나보나 광장 북쪽에서 네투노 분수를 등지고 정면에 난 길을 따라 왼쪽 방향으로 간다. **주소** Via dei Coronari **전화** 상점마다 다름. **시간** 24시간 **휴무** 상점마다 다름. **가격** 무료입장

12 움베르토 1세 다리

★★★

Ponte Umberto I
폰테 움베르또 프리모

나보나 광장에서 멀지 않은 곳에 위치한 다리로, 천사의 다리와 성 피에트로 성당 쿠폴라가 한 화면에 잡히는 유명 포토 스폿. 특히 저녁 노을이 아름답다고 소문나 있다. 쿠폴라 뒤로 넘어가는 해를 본다면 로마 여행 최고의 순간으로 삼아도 좋다. 다리와 하늘, 쿠폴라를 모두 다 또렷하게 찍고 싶다면 아침 시간에 갈 것. 다리 건너편으로 보이는 건물은 이탈리아 대법원이다.

MAP P.307A

구글 지도 GPS 41.90259, 12.4713 **찾아가기** 나보나 광장 북쪽에서 테베레강 가로 이어지는 주세페 차나르델리 거리(Via Giuseppe Zanardelli)를 따라간다. **주소** Ponte Umberto I **시간** 24시간 **휴무** 연중무휴 **가격** 무료입장

13 로숄리

★★★★★

Roscioli

코페르토 €4(식전 빵) 카드 결제 O 영어 메뉴 O

원래는 치즈나 햄 등을 판매하는 고급 식료품점인데, 내부에서 식당도 운영한다. 음식 맛도 대부분 좋은데, 특히 로마에서 카르보나라를 가장 잘하는 곳으로 알려졌다. 꼬들꼬들하게 잘 삶은 면에 질 좋은 페코리노 치즈와 관찰레를 아낌없이 사용한다. 단, 치즈가 워낙 듬뿍 들어가기 때문에 토종 한국 입맛이라면 짜고 느끼하다고 느낄 수 있다. 홈페이지에서 예약 필수이고, 평일은 1~2일 전, 주말과 성수기는 일주일 전이 적당하다.

INFO P.143 MAP P.307E

구글 지도 GPS 41.89423, 12.47424 **찾아가기** 캄포 데 피오리 분수 길 건너의 라 카르보나라 레스토랑을 등지고 광장을 가로지르면 주보나리 거리(Via dei Giubbonari)의 입구가 나온다. 이 길을 따라 약 150m 직진하면 오른쪽에 있다. **주소** Via dei Giubbonari, 21/22 **전화** 06-687-5287 **시간** 12:30~15:30, 19:00~23:30 **휴무** 연중무휴 **가격** 전채 €16~55, 파스타 €15~26, 생선 요리 €20~38, 고기 요리 €16~36 **홈페이지** www.salumeriaroscioli.com

카르보나라 La Carbonara €17

14 다 프란체스코

★★★★

Da Francesco

코페르토 €3(식전 빵) 카드 결제 O 영어 메뉴 O

합리적인 가격에 다채로운 메뉴 구성, 뛰어난 맛으로 현지인과 관광객 모두에게 인기있는 레스토랑. 피자 맛집으로 유명하나 고기 요리, 파스타도 상당히 잘한다. 특히 이곳의 오소부코는 흔한 밀라노식이 아닌 로마식 레시피로, 입에 착착 감기는 맛을 자랑한다. 성수기·준성수기에는 자리를 잡기 힘들 정도 사람이 많으므로 가급적 영업 시작 시간에 맞춰갈 것. 그다지 친절한 편은 아니지만 이해하고 넘어갈 수 있는 정도다.

MAP P.307C

구글 지도 GPS 41.89934, 12.47041 **찾아가기** 나보나 광장에서 성당 오른쪽 옆 골목으로 들어가 파체 광장 지나서 왼쪽 첫 번째 골목으로 들어간다. 구글 지도 등을 이용할 것. **주소** Piazza del Fico, 29 **전화** 06-686-4009 **시간** 12:00~16:00, 19:00~11:30 **휴무** 연중무휴 **가격** 전채 €10~35, 파스타 €14~26, 메인 요리 €18~32 **홈페이지** dafrancesco.it

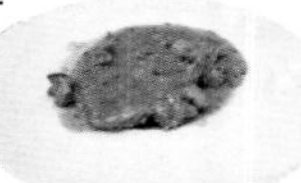

로마식 오소부코 Ossobuco alla Romana €26

15 쿨 데 사크

Cul De Sac

★★★★

코페르토 €1.5(식전 빵) 카드 결제 O 영어 메뉴 O

나보나 광장 부근의 한적한 길가에 자리한 자그마한 와인 바 겸 식당으로 관광객과 현지인들에게 모두 골고루 사랑받고 있다. 로마의 전통 소꼬리찜인 코다 알라 바치나라를 잘하는 것으로 유명하다. 한국 여행자들이 워낙 많이 들르다 보니 종업원들이 먼저 "소꼬리?"라고 물으며 선수를 치기도 한다. 좋은 와인을 다양하게 보유하고 있으므로 종업원에게 추천을 부탁해 볼 것.

INFO P.151 MAP P.307C

구글 지도 GPS 41.89768, 12.47212 **찾아가기** 나보나 광장 남쪽에서 광장을 바라보고 왼쪽 큰길을 따라가다 보면 길이 끝나는 지점 맞은편에 있다. **주소** Piazza di Pasquino, 73 **전화** 06-6880-1094 **시간** 12:00~0:30 **휴무** 연중무휴 **가격** 수제 파테 €10~20, 파스타 €12~13, 메인 메뉴 €10~20 **홈페이지** enotecaculdesacroma.it

코다 알라 바치나라 Coda alla Vaccinara €15.9

16 라 캄파나

La Campana

★★★★

코페르토 €2(식전 빵) 카드 결제 O 영어 메뉴 O

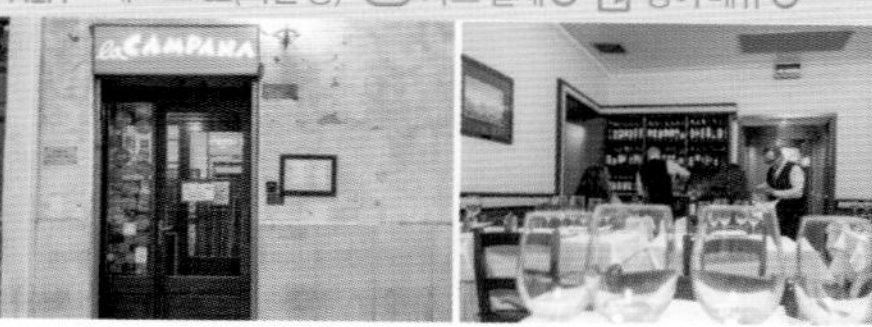

한적한 골목에 자리한 레스토랑으로 로마 전통 요리를 전문으로 선보인다. 미슐랭 셀렉션-플레이트 등급에 단골로 선정되고 있는데 특히 살팀보카, 트리파 등 고기 요리에 강하다. 전반적으로 짠 편이므로 와인은 필수다. 메뉴판이 모두 재료명과 조리법으로 되어 있어 요리명으로 찾기는 어렵다. 이탈리아어와 영어 메뉴판을 모두 받거나, 종업원과 상의하는 것이 좋다.

MAP P.307A

구글 지도 GPS 41.90262, 12.4745 **찾아가기** 움베르토 1세 다리의 시내 방향 끝에서 다리를 등지고 큰길을 건너 이면 도로를 따라 약 250m 간 뒤 사거리에서 오른쪽으로 꺾는다. **주소** Vicolo della Campana, 18 **전화** 06-687-5273 **시간** 화~일요일 12:30~15:00, 19:30~23:00 **휴무** 월요일 **가격** 전채 €6~25, 샐러드 €10~12, 생선 요리 €12~20, 고기 요리 €12~22 **홈페이지** ristorantelacampana.com

토마토와 루콜라를 곁들인 버펄로 모차렐라 Fresh Buffalo Mozzarella with Tomato and Rucola €12

17 라 카르보나라

La Carbonara

★★★★

코페르토 €2(식전 빵) 카드 결제 O 영어 메뉴 O

1912년부터 캄포 데 피오리에서 꿋꿋이 한 자리를 지키며 로마 전통 요리를 선보이 있는 레스토랑. 카르보나라를 최초로 만든 곳이라는 '썰'도 있으나 사실은 아니라고 한다. 그러나 로마 중심가에서 제대로 만든 카르보나라를 맛볼 수 있는 곳 중 하나인 것만은 팩트라고 봐도 좋다. 각종 로마 전통 요리 및 고기 요리, 디저트류도 맛있는 편이다. 특히 티라미수는 두고두고 생각날 정도로 맛있으므로 꼭 주문해서 먹어볼 것.

MAP P.307C

구글 지도 GPS 41.89588, 12.47162 **찾아가기** 캄포 데 피오리의 북서쪽 끝. **주소** Piazza Campo de' Fiori, 23 **전화** 06-686-4783 **시간** 수~월요일 10:00~15:30, 18:30~23:30 **휴무** 화요일 **가격** 전채 €9~16, 파스타 €15~18, 고기 요리 €15~24, 디저트 €8~10 **홈페이지** www.ristorantelacarbonara.it

카르보나라 Carbonara €16

18 바페토 1호점

Baffetto

★★★★

코페르토 X 카드 결제 O 영어 메뉴 O

나보나 광장 뒤쪽에 자리한 아담한 피체리아로, 1·2호 지점이 있다. 로마에서 가장 오래된 피자집 중 하나이며 바페토는 가게를 처음 연 주인의 이름이라고 한다. 이탈리아식 피자 만두라 할 수 있는 칼초네가 맛있기로 유명하다. 버섯, 이탈리아 소시지, 파프리카, 아티초크에 달걀 반숙을 얹어 내는 피자 바페토도 간판 메뉴이다. 이탈리아의 피자 맛집 중에서는 간이 비교적 한국인의 입맛에 잘 맞는 편. 모든 피자는 미디엄과 라지 두 종류가 있는데, 잘 먹는 사람이라면 1인당 미디엄 크기 한 판이 충분히 가능하다. 남은 피자는 포장도 해준다.

INFO P.131 MAP P.307C

구글 지도 GPS 41.89827, 12.47029 **찾아가기** 나보나 광장 남쪽에서 천사의 성 방향으로 이어지는 고베르노 베키오 거리(Via del Governo Vecchio)에 있다. 나보나 광장 남쪽 끝에서 약 250m 이동. **주소** Via del Governo Vecchio, 114 **전화** 06-686-1617 **시간** 수~월요일 12:00~15:30, 18:30~24:00 **휴무** 화요일 **가격** 각종 피자 €7~14

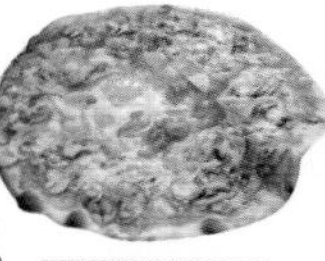

피자 바페토 Pizza Baffetto (M) €10

19 졸리티

Giolitti

코페르토 X 카드 결제 X 영어 메뉴 X

역사가 1900년까지 거슬러 올라가는 젤라토 노포. 일명 '로마 3대 젤라테리아' 중 한 곳이다. 특히 과일맛 젤라토만큼은 로마 최고로 평가받는다. 수박(Anguria), 망고(Mango)는 알레르기만 없다면 꼭 먹어볼 것. 피스타치오(Pistachio)도 추천. 테이크아웃 매장과 테이블이 있는 카페로 나뉘어 있는데, 테이크아웃 주문한 젤라토는 테이블에서 먹을 수 없고 별도로 테이블 서비스 메뉴를 주문해야 한다. 테이크아웃 매장에서는 카운터에서 계산을 한 뒤 쇼케이스에서 젤라토를 고른다.

INFO P.183 MAP P.307B

구글 지도 GPS 41.90105, 12.47724 **찾아가기** 코르소 거리에서 마르쿠스 아우렐리우스 원주 옆 골목으로 들어가 몬테치토리오 궁전을 지나 앞에 보이는 골목 안으로 들어간다. **주소** Via degli Uffici del Vicario, 40 **전화** 06-699-1243 **시간** 07:30~24:00 **휴무** 연중무휴 **가격** 콘/컵 스몰 €3.5, 미디엄 €5, 빅 €6(크기별로 2/3/4가지 맛) **홈페이지** giolitti.it

스몰 콘/컵 €3.5

20 델라 팔마

Della Palma

코페르토 X 카드 결제 X 영어 메뉴 X

좋은 재료를 사용하여 자체 제조한 질 좋은 젤라토를 무려 150종이나 선보이는 젤라테리아. 초콜릿 맛, 과일 맛, 두 가지 이상의 재료를 섞은 맛은 믿고 골라도 좋다. 킷캣 맛, 마스(Mars) 맛 등의 매우 특이한 젤라토도 있다. 글루텐 프리, 두유, 무설탕, 다양한 알레르기 환자 및 채식주의자를 위한 젤라토도 준비되어 있다. 카운터에서 계산을 한 뒤 영수증을 갖고 쇼케이스에서 젤라토를 고르는 방식이다.

INFO P.184 MAP P.307B

구글 지도 GPS 41.90053, 12.47653 **찾아가기** 졸리티에서 판테온으로 가는 방향. 졸리티를 왼쪽에 두고 길 끝까지 간 뒤 왼쪽으로 틀어 약 70m 간다. **주소** Via della Maddalena, 19-23 **전화** 06-6880-6752 **시간** 08:30~00:30 **휴무** 연중무휴 **가격** 컵/콘 스몰 €3.8, 미디엄 €5, 라지 €6(크기별로 2/3/4가지 맛) **홈페이지** dellapalma.it

스몰 컵 €3.8

21 프리지다리움

Frigidarium

코페르토 X 카드 결제 X 영어 메뉴 X

나보나 광장 뒤쪽 고즈넉한 골목에 자리한 작은 젤라테리아로, 창업한 지 20년도 되지 않았으나 최근 유명 젤라테리아 노포들을 제치고 로마에서 가장 맛있는 젤라토라는 평가를 받고 있다. 가장 눈에 띄는 매력 포인트는 초콜릿 코팅 또는 생크림을 무료로 준다는 것. 가격도 비교적 저렴하다. 완성도가 아주 높아 20여 가지 맛 중 어느 것을 골라도 후회가 없을 정도. 생크림과 초콜릿 코팅 중에서 선택할 수 있고, 초콜릿은 다시 다크와 화이트 중에서 고른다. 과자는 무료로 얹어준다. 딸기, 우유, 초콜릿 등 가장 기본적인 맛을 추천한다.

INFO P.184 MAP P.307C

구글 지도 GPS 41.89823, 12.47045 **찾아가기** 나보나 광장 뒤쪽 골목 고베르노 베키오 거리(Via del Governo Vecchio)에 있다. **주소** Via del Governo Vecchio, 112 **전화** 06-3105-2934 **시간** 10:30~01:00 **휴무** 연중무휴 **가격** 콘/컵 스몰 €2.5, 미디엄 €3.5, 라지 €5(크기별로 2/3/4가지 맛) **홈페이지** www.frigidarium-gelateria.com

스몰 콘/컵 €2.5

22 젤라테리아 델 테아트로

Gelateria del Teatro

코페르토 X 카드 결제 X 영어 메뉴 X

로마에서 가장 아름다운 골목으로 손꼽히는 코로나리 거리에 자리하고 있는 젤라테리아. '델 테아트로'는 '극장 앞'이라는 뜻인데, 실제로 바로 앞에 소극장이 하나 있다. 외국의 유명 여행 매체나 커뮤니티 등에서 로마 젤라토 최강자로 극찬하는데, 특히 초콜릿 젤라토가 발군이다. 카카오 함량과 산지, 배합 재료 등을 달리하여 8~10종의 초콜릿 맛이 있으므로 취향에 따라 골라볼 것. 여름철 한정 메뉴로 매콤한 고추를 넣은 칠리 초콜릿 맛을 내놓는데, 이것을 간판 메뉴로 치는 사람이 적지 않다. 사람이 많을 때는 번호표를 뽑아야 한다.

INFO P.185 MAP P.307A

구글 지도 GPS 41.900465, 12.469445 **찾아가기** 나보나 광장 북쪽에서 천사의 다리로 이어지는 코로나리 거리(Via dei Coronari)에 있다. **주소** Via dei Coronari, 65/66 **전화** 06-4547-4880 **시간** 10:30~23:00 **휴무** 연중무휴 **가격** 콘·컵 스몰 €3.2, 미디엄 €4.5, 라지 €6.5(각 2·3·4개 맛) **홈페이지** www.gelateriadelteatro.it

스몰 컵 €3.2

23 타차 도로

Tazza D'oro

코페르토X 카드 결제O 영어 메뉴X

1944년에 창업한 이래 한 자리를 굳건하게 자리를 지키며 전 세계의 커피 마니아들을 불러모으고 있는 로스터리 겸 카페. 남아프리카에서 수입한 원두를 직접 블렌딩·로스팅하여 커피를 만든다. 특히 진한 에스프레소가 일품이므로 경험해보는 것을 강추한다. 에스프레소 초보라면 마키아토나 콘 판나를 주문할 것. €1 미만 비용에 최고의 이탈리아 정통 에스프레소를 맛볼 수 있다. 카운터에서 계산을 한 뒤 바에서 주문을 하는 방식이다. 테이블은 없고 스탠딩 바와 간이 의자만 있다.

INFO P.177 MAP P.307D

구글 지도 GPS 41.89943, 12.4774 **찾아가기** 판테온 광장 북동쪽에서 골목으로 약간 들어간 곳. **주소** Via degli Orfani, 84 **전화** 06-678-9792 **시간** 월~토요일 07:00~20:00, 일요일 10:00~19:00(사정에 따라 시간 변동 있음) **휴무** 연중무휴 **가격** 각종 커피 €0.9~4.4 **홈페이지** tazzadorocoffeeshop.com

카페 마키아토 Caffe Macchiato €0.9

24 산테우스타키오 일 카페

Sant'Eustachio Il Caffe

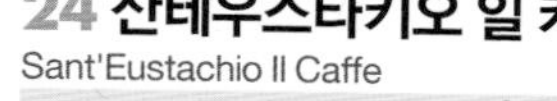

코페르토X 카드 결제X 영어 메뉴X

1938년부터 영업한 유서깊은 로마의 커피 바. 주력 메뉴는 그란 카페(Gran Cafe)라는 이름의 거대한 에스프레소로, 추출 과정에서 설탕을 살짝 넣기 때문에 일반 에스프레소보다 마시기 편하다. 그 외에도 라테, 카푸치노, 샤케라토 등 우유나 설탕이 들어간 음료가 매우 맛있다. 선 계산 후 주문 스타일로 운영하는데, 테이크아웃과 바 이용을 엄격하게 구분하므로 실내 스탠딩 바에서 마시고 싶다면 반드시 '바'라고 말할 것. 테이블 차지가 몹시 비싸서 스틴댕 바·테이크아웃 가격과의 차이가 크다. 로스터리를 겸하고 있어 원두도 판매한다.

MAP P.307C

구글 지도 GPS 41.89827, 12.47542 **찾아가기** 나보나 광장과 판테온 사이에 자리한 산테우스타키오 광장에 있다. **주소** Piazza di S. Eustachio, 82 **전화** 06-6880-2048 **시간** 일~금요일 07:30~24:00 토요일 07:30~01:00 **휴무** 연중무휴 **가격** 각종 커피 €1~2.5 **홈페이지** santeustachioilcaffe.it

카페 라테(테이크아웃) €1.5

25 캄포 데 피오리

Campo de' Fiori
캄뽀 데 피오리

캄포 데 피오리는 이탈리아어로 '꽃이 핀 들판'이라는 뜻으로, 로마 중심가에 자리한 오래된 전통 시장이다. 중세까지는 아무것도 없는 목초지였다가 주변에 건물과 도로가 생겨나면서 자연스럽게 광장이 형성되었다. 시장이 생겨난 것은 19세기 중반경. 중세 시대에는 이교도의 심판과 화형장으로 쓰였는데, 한가운데 서 있는 동상도 여기에서 화형된 철학자이다. 지금은 현지인 대상의 청과물 시장과 관광객 대상의 가공식품 시장이 적당히 섞여 있는 곳으로 트러플 소스나 파스타, 치즈, 비알레티 모카 포트 등을 시중보다 저렴하게 구매할 수 있다. 유럽 시장 특유의 활기찬 분위기와 컬러풀한 느낌이 가득해 눈요기하거나 인증 사진을 남기기도 좋다.

INFO P.212 MAP P.307C

구글 지도 GPS 41.89556, 12.47205 **찾아가기** 나보나 광장에서 남쪽으로 약 400m 이동. **주소** Piazza Campo de' Fiori **전화** 없음 **시간** 07:00~14:00(부정기 변동) **휴무** 부정기

E.

바티칸 시국 Stato della Città del Vaticano

추천 동선
바티칸 박물관
▼
산 피에트로 대성당
▼
산 피에트로 광장
▼
천사의 성

세계에서 가장 작은 독립국이자 전 세계 가톨릭의 총 본산이다. 상주인구가 아무리 최대한으로 잡아도 겨우 1,000명, 전체 넓이는 경복궁 부지와 비슷한 수준의 초미니 국가지만 전 세계에 미치는 영향력만큼은 어느 대국 못지않다. 영토의 대부분은 비공개 구역이지만 일반인에게 공개 중인 곳만 돌아보는데에도 꼬박 하루가 필요하다.

찾아가기 바티칸 박물관의 입구는 바티칸 성벽 북쪽에 있다. 산 피에트로 광장 입구에서 산 피에트로 성당을 바라보고 오른쪽으로 성벽을 따라 약 1km 가면 박물관 입구가 보인다. 지하철 A선 오타비아노(Ottaviano) 또는 치프로(Cipro) 역, 또는 버스를 이용하면 좀 더 쉽게 갈 수 있다.

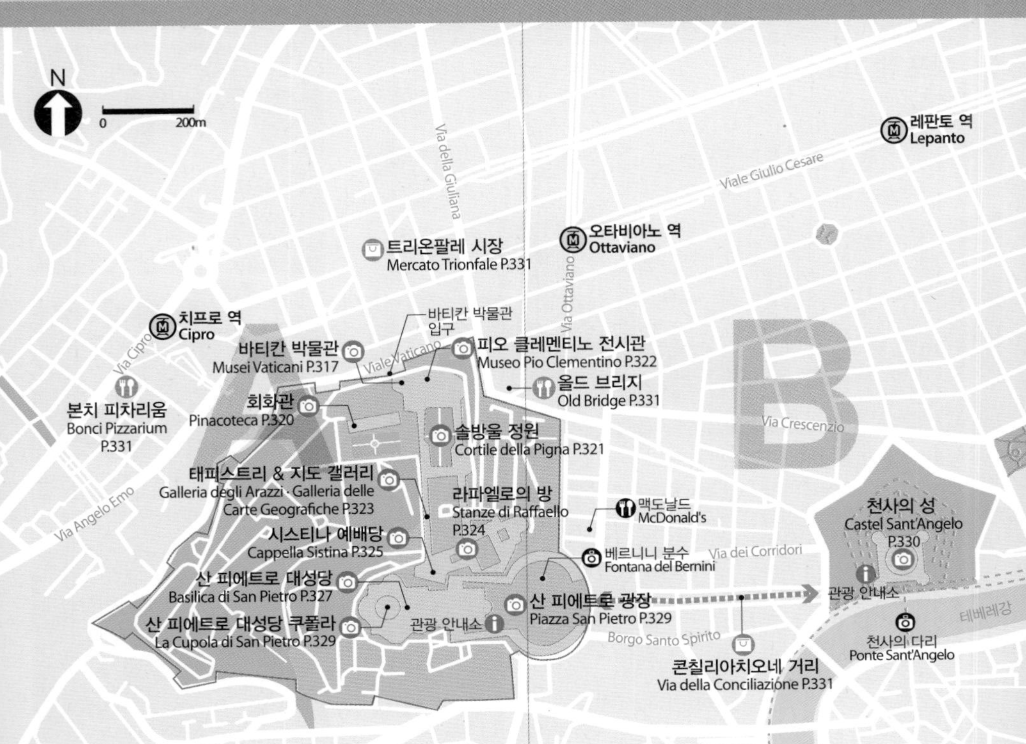

01 바티칸 박물관

Musei Vaticani
무제이 바티카니

★★★★★

16세기 초부터 역대 교황들이 수집한 예술품과 인류의 유산을 소장 · 전시하고 있는 박물관. 1506년 산타 마리아 마조레 대성당 근처에서 발견된 라오콘(Laocoön, 트로이 전설의 등장인물) 대리석상을 교황 율리오 2세가 사들여 교황궁 안에 놓고 일반인에게 공개한 것이 시초라고 한다. 이후 본격적으로 로마 일대에서 출토되는 조각품을 교황청에서 사들이고 여러 곳에서 선물과 기증도 들어와 상당한 양의 소장품이 쌓이게 되자, 클레멘스 14세와 피오 6세가 궁전 북쪽에 정식으로 전시관을 열어 전시하게 된다. 그 후로도 역대 교황들이 교황청에서 소장하고 있는 다양한 분야의 예술품과 문화유산을 공개하는 전시관을 만들어 왔고, 이제는 교황 실거주지를 제외한 대부분의 궁전 공간이 박물관으로 공개되고 있다. 소장품 수는 무려 7만 점에 달하고 그중 약 2만여 점을 26개의 전시관에 나누어 상설 전시 중이다. 워낙 중요한 소장품들이 많거니와, 뭐니 뭐니 해도 미켈란젤로의 역작 〈최후의 심판〉 벽화와 천장 벽화가 있는 시스티나 예배당을 박물관의 일부로 공개 중이라 로마 여행에서 반드시 가야 할 곳 1순위로 꼽힌다. 교황청과 가톨릭의 역사 및 이탈리아 예술사를 어느 정도 알아야 좀 더 재미있게 볼 수 있는 곳이라 이탈리아의 어느 곳보다 한국어 지식 가이드 투어 상품이 활성화돼 있다. 자세한 설명은 Zoom In을 참고하자.

MAP P.316A

구글 지도 GPS 41.90648, 12.45364 **찾아가기** 지하철 A선 오타비아노(Ottaviano) 또는 치프로(Cipro) 역에서 내린 뒤 약 1km 걷는다. **주소** Viale Vaticano **전화** 06-6988-4676, 06-6988-3145 **시간** 월~토요일 09:00~18:00(4시 입장 마감), 매월 마지막 일요일 09:00~14:00(무료입장, 12시 30분 입장 마감) **휴무** 일요일(마지막 일요일 제외) · 공휴일 **가격** 일반 €20, 만 6~18세(국제학생증 제시 필수) €8, 온라인 예약 수수료 €5 **홈페이지** www.museivaticani.va

ZOOM IN

바티칸 박물관

바티칸 박물관은 콜로세움-포로 로마노, 피렌체의 우피치 미술관, 베네치아의 두칼레 궁전과 더불어 이탈리아에서 대기 줄이 긴 명소 중 하나다(거의 1등이라고 봐도 무방할 것이다). 예전에는 '아침 일찍 가서 1시간쯤 줄을 서면 표 사서 들어갈 수 있다'라고 했으나, 요즘은 언제 가든 족히 2~3시간은 줄을 서야 겨우 매표소 구경을 할 수 있다. 좀 더 나은 관람을 위한 다음의 세 가지 방법을 추천한다.

❶ 한국어 가이드 투어

인터넷으로 예약해서 한국어 가이드 투어 일일 상품에 참여하는 것으로, 한국 여행자들이 가장 선호하는 방법이다. 가톨릭과 교황청의 역사, 각종 유물과 예술품에 대한 심도 깊은 해설을 들을 수 있는데다 상대적으로 대기 줄이 짧은 단체 전용 출입구를 이용한다. 최근에는 5시간 안팎의 반나절에 바티칸 박물관과 산 피에트로 대성당을 돌아보는 투어가 주류를 이루고 있으며, 가격대는 한화로 60,000~65,000원 선이다. 티켓비는 포함되어있지 않다. 루트는 일반적으로 바티칸 박물관을 먼저 본 뒤 산 피에트로 대성당을 돌아보고 해산한다.

예약 홈페이지
민다 트립 www.theminda.com/tg/index.php
유로 자전거나라 www.eurobike.kr
마이 리얼 트립 www.myrealtrip.com

❷ 일반 입장권 예매

바티칸 공식 예매 사이트에서 입장권을 예매하는 것. 한국어 페이지는 없으나 영어 페이지가 잘 되어 있다. 인터넷 예매 시 예약 수수료 €5를 더 내야 하지만 하염없이 2~3시간 줄 서는 것 대신이라고 생각하면 결코 아깝지 않다. 7~8월 성수기와 비수기 금·토·월요일 입장권은 최소 2주에서 한 달 전, 비수기 평일 입장권도 3~7일 전에는 예약해야 한다. 마스터·비자 신용카드로 지불 가능하고, 예약하면 티켓을 이메일로 받게 된다. 이 티켓을 출력하거나 스마트폰에 저장한 뒤 당일 입구에서 신분증과 함께 확인시켜주면 된다. 구매한 티켓의 날짜나 지정 방문 시간은 수정 불가능하다. 사전 지식이 충분하거나 자유로운 감상을 원하는 사람에게 추천.

공식 예매처 tickets.museivaticani.va

❸ 우선 입장권 구매

주로 '스킵 더 라인(Skip-the-Line)'이나 '패스트트랙(Fasttrack)' 등의 이름으로 판매되는 상품. 10~20명 정도의 개별 여행자들이 단체로 모여 가이드를 따라 입장하고, 내부에서 해산해 자유롭게 돌아보는 것이다. 단체 방문객의 줄이 훨씬 짧다는 것을 이용한 방법이다. 회사마다 가격은 모두 다르나 입장권을 포함하여 €50 안팎이 많으며, 가끔 입장권+예약비 정도의 가격에 프로모션을 하기도 한다. 당일 구매도 얼마든지 가능한데, 일반 구매를 하려고 줄을 서 있거나 그 근처에서 서성대기만 해도 이 상품을 판매하는 사람들이 와서 말을 걸 정도다. 가이드 투어에 참여하고 싶지는 않지만 입장권을 미리 예매하지 못했다면 이 방법을 고려해 볼 것. 가이드 투어 상품을 판매하는 국내 여행사 중에서는 아직 직접 운영하는 곳이 없고, 몇몇 유명 액티비티 예약 사이트에서 해외 여행사의 상품을 판매하고 있다. 예약까지는 우리말로 가능하나 현지에서는 영어로 진행된다는 것을 감안할 것.

예매 홈페이지
마이 리얼 트립 www.myrealtrip.com
클룩 www.klook.com

PLUS TIP

바티칸 박물관 방문 전에 알면 좋은 몇 가지

☑ 반드시 바티칸 박물관을 관람 첫 코스로 잡을 것.
산 피에트로 대성당이나 광장 쪽에서는 바티칸 박물관으로 가기가 매우 까다로우며 입장 대기 줄도 한없이 길지만, 바티칸 박물관에서는 산 피에트로 대성당까지 코스가 자연스럽게 이어지고 줄을 설 필요도 없기 때문.

☑ 시스티나 예배당에서 산 피에트로 대성당을 잇는, 박물관 관람객만이 출입 가능한 외부 통로가 있다.
이 덕분에 줄을 오래 서지 않고 산 피에트로 대성당에 들어갈 수 있으나, 2019년 7월부터 €2의 통로 이용료를 내야 한다.

☑ 짐은 최대한 작은 가방에 단출하게 챙길 것.
입구에서 보안 검사를 철저하게 하는데, 조금이라도 위험한 물건을 지닌 사람은 통과시키지 않는다.

☑ 내부에 휴식 공간이 적으니 체력을 충분히 비축해서 갈 것.
물도 미리 사 가는 것이 좋다. 매표소를 지나면 바로 자동판매기가 있으므로 그곳에서라도 사서 들어갈 것.

☑ 자유 관람 시 입장하면 일단 회화관부터 들른다.
그 후에 시스티나 예배당(Capella Sistina)이라는 표지판만 따라가면 박물관의 주요 전시관을 모두 돌아본 뒤 시스티나 예배당까지 무사히 도착할 수 있다. 물론 가이드 투어에 참여하면 이런 고민을 할 필요 없다.

☑ 한국어 오디오 가이드가 있다.
이탈리아에서 드물게 한국어 오디오 가이드를 구비하고 있다. 자유 관람 시 전시물에 대한 지식 서포트가 필요하다고 생각한다면 오디오 가이드를 적극적으로 고려해 볼 것. 티켓을 예매할 때 함께 신청하는 것이 좋다. 현장에서 즉석 대여도 가능하지만 수량이 많지 않아 가능 여부는 복불복이다. 온라인 예약 대여 €7, 현장 대여 €8.

☑ 26개 전시관을 다 돌아보려면 최소한 3일이 걸린다고 한다.
그중에서도 유명한 작품은 이 책에서 소개하는 핵심 4개 전시관에 거의 다 모여 있다. 4개 전시관을 돌아보는 데는 최소 반나절, 길게는 하루 정도 걸린다.

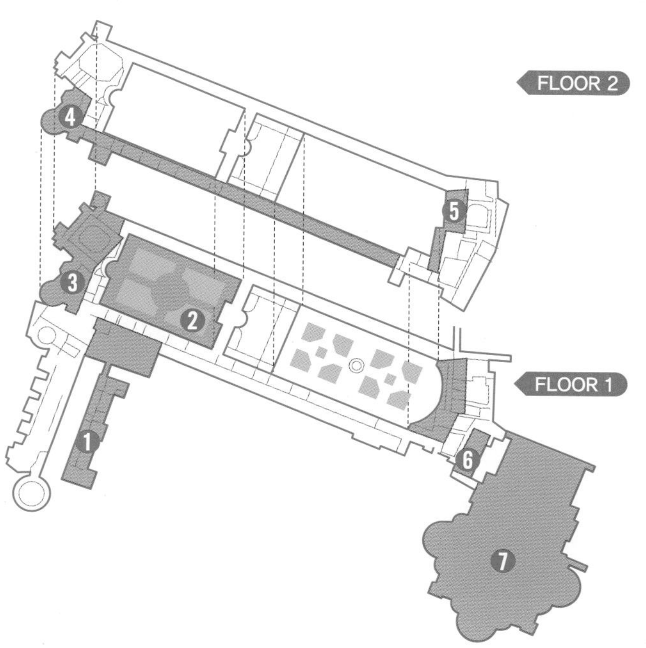

추천 동선

❶회화관
↓
❷솔방울 정원
↓
❸피오 클레멘티노 전시관
↓
❹태피스트리 & 지도 갤러리
↓
❺라파엘로의 방
↓
❻시스티나 예배당
↓
❼산 피에트로 대성당

소요 시간

약 3~4시간

01 회화관 Pinacoteca

12~19세기의 고딕 · 르네상스 · 바로크 걸작 회화를 모아둔 전시관. 입구와 가까워 가장 먼저 들르게 되는 곳이다. 총 18개의 방에 400여 점의 걸작 회화가 시대 순으로 정리되어 있다. 바티칸 박물관 내에서 비교적 최근에 만들어진 방인데, 18세기 후반부터 착실하게 회화 컬렉션이 모이자 별도의 전시관이 필요하다는 교황의 판단 하에 1932년에 생겼다고 한다. 이탈리아 예술 사조와 역사에 대한 사전 지식이 있으면 좀 더 재미있게 볼 수 있다.

Room IV 멜로초 다 포를리 Melozzo da Forlì

15세기의 화가이자 건축가인 멜로초 다 포를리의 작품들이 전시 중이며, 가장 눈에 띄는 것은 〈음악을 연주 중인 천사(Angeli Musicanti)〉 연작이다. 예쁜 그림체와 동화적인 색채가 눈길을 사로잡는 프레스코이다. 로마 중심가에 자리한 산티 아포스톨리 대성당(Basilica dei Santi Apostoli)의 천장화였던 것을 떼어서 바티칸 박물관 회화관에서 소장 · 전시하는 것이다. 원래는 중심에 예수가 있고 그 주변에 천사들이 둘러싸는 형태였다고 한다.

라파엘로가 밑그림을 그린 벨기에산 태피스트리

Room VIII 라파엘로 산치오 Raffaello Sanzio 걸작선

르네상스의 천재 화가 라파엘로 산치오의 대표작인 〈그리스도의 변모(Trasfigurazione di Gesù)〉, 〈폴리뇨의 성모(Madonna di Foligno)〉, 〈성모의 대관식(Incoronazione della Vergine)〉 세 점이 한쪽 벽면을 가득 채우고 있다. 라파엘로의 유작인 〈그리스도의 변모〉가 한가운데에 있고 다른 두 그림이 양쪽에 자리한다. 이외에도 레오 10세가 시스티나 예배당의 벽을 장식하기 위해 라파엘로에게 밑그림을 주문하여 브뤼셀에서 제작해온 태피스트리도 볼 수 있다.

〈그리스도의 변모〉

〈폴리뇨의 성모〉

〈성모의 대관식〉

Room IX 레오나르도 다 빈치 Leonardo Da Vinci

레오나르도 다 빈치의 몇 안 되는 회화 작품 중 하나인 〈광야의 성 히에로니무스(San Girolamo)〉를 이곳에서 볼 수 있다. 아직 베로키오의 문하생이었던 20대 후반에 그린 이 작품은 최초로 성경을 라틴어로 번역했다고 알려진 성 히에로니무스의 모습을 그린 것이다. 다 빈치의 많은 회화 작품이 그렇듯 이 작품도 미완성이다.

Room XII 17세기 걸작선

바로크 양식의 걸작들이 대거 모여 있다. 카라바조가 그린 〈예수의 매장(Deposizione)〉, 니콜라 푸생 〈성 에라스무스의 순교(Martirio di S. Erasmo)〉 등 매우 강렬한 화풍의 회화 작품들이 이 전시실 벽을 채우고 있다.

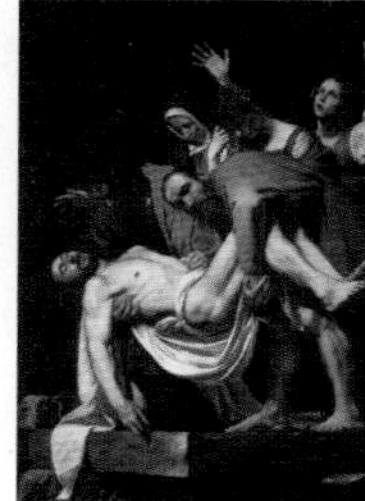

02 솔방울 정원 Cortile della Pigna

바티칸 박물관 북쪽에 널찍하게 자리한 안뜰. '피냐(Pigna)'는 이탈리아어로 '솔방울'이라는 뜻인데, 광장 벽면 한쪽에 높이 4m에 달하는 거대한 솔방울 청동상이 놓여 있어서 붙은 이름이다. 이 솔방울 청동상은 원래 로마 시대에 판테온 근처에 있던 분수였던 것으로 4세기경 바티칸으로 옮겨졌다. 바티칸 박물관은 관람객이 앉아 쉴 공간이 없기로 악명이 매우 높은데, 솔방울 정원에는 제법 앉을 곳이 있어 지친 관람객들의 쉼터로 쓰이고 있다. 가이드 투어에 참여하면 이곳에서 시스티나 예배당에 대한 오리엔테이션을 한다.

03 피오 클레멘티노 전시관
Museo Pio Clementino

조각품을 모아둔 전시관. '피오'와 '클레멘티노'는 이 전시관을 짓는데 주도적인 역할을 한 교황들의 이름이다. 고대 그리스 로마 시대의 조각 작품이 주를 이루며, 대부분 로마를 비롯한 라치오 지역에서 출토됐다. 고대 그리스 시대의 유명 조각 작품을 고대 로마 시대에 모작한 것이 많다. 총 10개의 전시실로 구성되어 있고, 그중에서 시스티나 예배당으로 향하는 루트에 있는 가장 중요한 전시실은 다음의 세 곳이다.

❶ 팔각 정원 Cortile Ottagono

피오 클레멘티노 전시관에서 가장 아름다운 곳. 바티칸 박물관의 설립자라 할 수 있는 율리오 2세 때부터 있었던 가장 오래된 전시품도 여기에 있다. 대표적으로 바티칸 박물관의 효시가 된 바로 그 작품 〈라오콘 군상(Laocoön)〉이 있다. 라오콘은 트로이의 신관(神官)으로 그리스 군이 보낸 목마를 성 안에 들이지 말라고 주장하다가 신들의 노여움을 사서 바다의 신 포세이돈이 보낸 바다뱀에 물려 죽는다. 〈라오콘 군상〉은 라오콘과 두 아들이 바다뱀에 물리는 장면을 표현한 것인데, 몸의 근육과 동작, 표정 등이 매우 정교하고 생생하여 르네상스 이후의 조각에 막대한 영향을 주었다. 이 외에도 〈벨베데레 아폴로(Belvedere Apollo)〉, 〈아르노강의 신(Divinità fluviale Arno)〉 등이 있다.

〈벨베데레 아폴로〉

〈라오콘 군상〉

〈아르노강의 신〉

❷ 뮤즈의 방 Sala delle Muse

아폴론과 음악의 여신 뮤즈의 대리석상이 주위를 둘러싸고 있고 한가운데에 매우 강렬한 느낌의 토르소가 놓여 있다. 이 토르소는 〈벨베데레의 토르소(Belvedere Torso)〉인데, 트로이 전쟁의 영웅 아이아스가 자살하는 장면을 조각한 것이라고 한다. 근육의 묘사가 너무도 정교하여 마치 진짜 사람의 몸통을 보는 것 같은 느낌이 들 정도. 미켈란젤로가 극찬한 것으로도 유명하다.

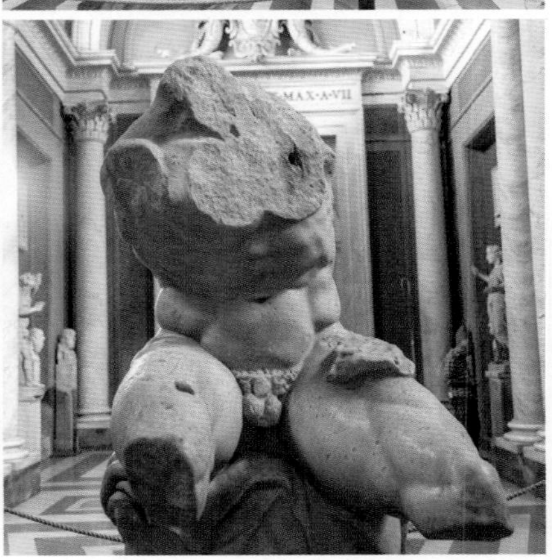

❸ 원형 전시실 Sala Rotonda

이름 그대로 원형의 전시실. 입상과 흉상이 번갈아 놓여 벽면을 장식하고, 바닥에는 3세기경의 모자이크 타일이, 한가운데에는 고대 로마 시대의 수반이 놓여 있다. 조각 작품들의 완성도도 뛰어나거니와 전시실 자체가 매우 아름답다. 그리스 신화의 영웅 〈헤라클레스(Hercules)〉를 조각한 청동상과 하드리아누스 황제의 총애를 받던 동성 연인으로 나일강에서 익사한 뒤 황제가 신으로 추대한 청년 〈안티노(Antino)〉의 대리석상이 가장 대표적인 작품으로 꼽힌다.

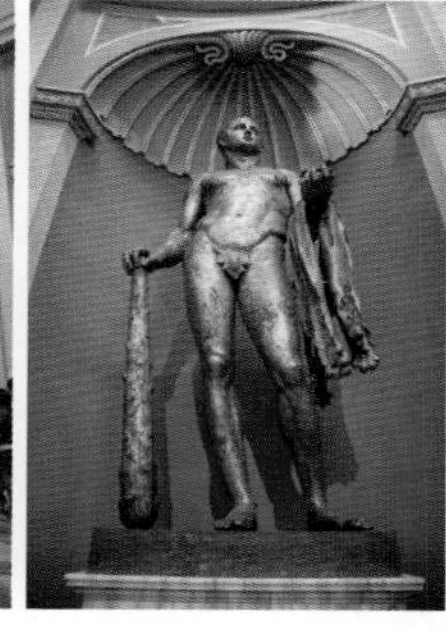

04 태피스트리 & 지도 갤러리

Galleria degli Arazzi ·
Galleria delle Carte Geografiche

북쪽에 자리한 피오 클레멘티노 전시관과 남쪽의 라파엘로의 방 혹은 시스티나 예배당을 잇는 긴 복도. 이 복도에 발을 들이면 처음에는 피오 클레멘티노 전시관의 일부인 조각 컬렉션이 나오다가 자연스럽게 태피스트리 갤러리로 연결되고, 마지막에 지도 갤러리가 나온다. 태피스트리 갤러리는 교황 클레멘테 7세가 라파엘로의 제자들에게 밑그림을 그리라고 명하고 브뤼셀에서 제작해 온 태피스트리로 구성되어 있다. 지도 갤러리에는 15~16세기에 그려진 이탈리아 전도 및 각 지방의 아름다운 대형 지도들이 전시되어 있다.

05 라파엘로의 방
Stanze di Raffaello

라파엘로가 교황 율리오 2세의 명을 받아 제자들과 함께 1508년부터 1524년까지 벽화 작업을 한 4개의 방을 일컫는다. 이 방들은 종교용 공간이 아닌 일상 주거 공간으로서, 율리오 2세뿐 아니라 이후 교황들도 사용했다. 라파엘로의 프레스코 벽화 〈아테네 학당〉이 있는 '서명의 방'이 가장 유명하기 때문에 그 방만 들르는 사람이 많으며, 가이드 투어도 서명의 방 중심으로 진행된다. 그러나 나머지 3개의 방도 그냥 지나치면 아쉬울 정도로 훌륭한 벽화가 있으므로 시간에 여유가 있다면 꼭 들러볼 것.

❶ 서명의 방 Stanza della Segnatura

교황 율리오 2세의 개인 서재 겸 사무실로 쓰이던 공간으로, 라파엘로의 바티칸 첫 벽화 작업이자 최고의 걸작으로 꼽히는 〈아테네 학당(Scuola di Atene)〉이 이곳에 있다. '서명의 방'이라는 이름은 율리오 2세 이후의 교황들이 이 방을 응접실로 쓰면서 여러 가지 사건에 얽힌 서명이 이 방에서 이뤄졌기 때문이라고. 라파엘로는 방의 네 면을 각각 철학, 신학, 법, 예술을 테마로 꾸몄는데, 〈아테네 학당〉은 철학을 의미한다. 플라톤 · 아리스토텔레스 · 소크라테스 · 조로아스터 등 동서고금의 철학자 54명이 시대와 장소를 초월하여 아테네에 모였다는 설정으로, 각각의 철학자는 라파엘로가 존경하는 화가를 모델로 그렸다. 한가운데 플라톤이 레오나르도 다빈치를 모델로 그렸다는 것은 매우 유명한 사실.

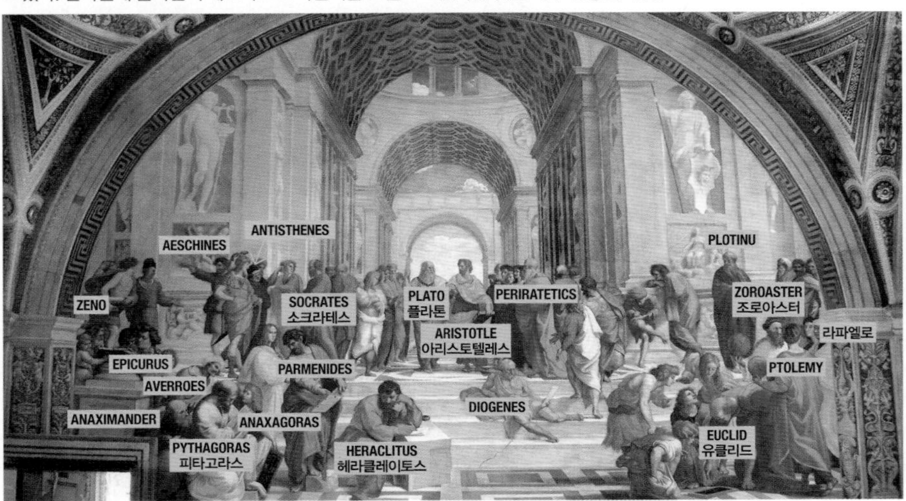

❷ 콘스탄티누스의 방 Sala di Constantino

라파엘로가 마지막으로 작업한 방. 밑그림은 모두 라파엘로가 직접 그렸으나, 채색 작업 도중 라파엘로가 젊은 나이에 세상을 떠나는 바람에 마무리는 제자들이 작업했다. 기독교를 공인한 로마 황제 콘스탄티누스의 일생을 벽화로 표현했는데, 특히 막센티우스와 로마 황제 자리를 놓고 전투를 펼치는 벽화가 압권이다.

06 시스티나 예배당

Cappella Sistina

바티칸 박물관의 하이라이트. 바티칸 궁전에 딸린 작은 성당으로서, 교황의 개인 기도실로 이용되는 곳이다. 교황이 선종하거나 퇴위할 경우 전 세계의 추기경들이 모여 다음 교황을 선출하는 이른바 '콘클라베(Conclave)'가 열리는 장소이기도 하다. 1508년에 만들어진 이래 교황 식스토 6세, 율리오 2세, 클레멘테 7세 재위 기간 동안 다양한 벽화 사업을 벌여 르네상스 미술의 총아로 불리는 아름다운 성당으로 거듭났다. 정말 사람의 손으로 만든 것인지 믿어지지 않을 정도로 화려하고 정교한 아름다움으로 가득한 곳. 단, 언제나 사람이 지나치게 많아 혼잡함의 끝을 달리기 때문에 그 아름다움을 온전히 느끼기는 쉽지 않다. 가이드 투어로 입장하면 5~10분 이상 머무르지 못하고 빠져 나오기 때문에 가이드가 사전에 상당히 공을 들여 오리엔테이션을 한다. 해외 가이드 투어 중에는 공식 입장 시간 전에 들어가서 한가하게 오래 머무는 상품도 있으므로 관심이 있다면 찾아볼 것. 사진 촬영은 금지되어 있는데, 예전에는 간단하게 주의만 주는 정도였으나 최근에는 단속이 매우 엄격해져 스마트폰을 들기만 해도 경비원이 바로 달려온다.

❶ 정면 〈최후의 심판 Giudizio Universale〉

미켈란젤로가 만년에 그린 작품으로 시스티나의 벽화들 중 가장 나중에 그려졌다. 기독교의 세계관 중 최후 심판의 날을 주제로 해, 예수가 재림하여 선한 자는 천국으로 악한 자를 지옥으로 보내는 모습이 생생하고 역동적으로 묘사되어 있다. 그림이 그려질 당시 종교 개혁으로 어지러워진 세상에 경고를 보내고 교황청의 위엄을 세우고자 하는 목적으로 제작되었으나, 미켈란젤로는 의뢰자의 의도와는 상관없이 본인의 예술혼을 불태웠다. 그 덕분에 무섭기보다는 경이롭고 아름다운 벽화가 탄생했다. 미켈란젤로는 모든 등장인물을 나체로 그렸으나 이를 보고 경악한 교황청이 나중에 미켈란젤로의 제자를 시켜 나뭇잎이나 천을 그려 넣은 것은 유명한 사실.

❶ 예수와 성모
❷ 초대 교황인 성 베드로. 천국의 열쇠를 들고 있다.
❸ 바르톨롬메오 성인이 들고 있는 인간 가죽이 바로 미켈란젤로의 자화상이다.
❹ 옷이 그림과 어울리지 않아 보이는 것은 기분 탓만은 아니다. 나중에 억지로 그려 넣었기 때문.
❺ 구원받고 승천하는 사람들
❻ 구원받지 못한 사람들을 지옥으로 실어 나르는 저승의 뱃사공
❼ 〈최후의 심판〉을 비웃은 인물을 지옥의 가장 어두운 곳에 배치하고 뱀이 성기를 물고 있는 모습으로 묘사했다.

❷ 천장 〈시스티나 예배당 천장화 Volta della Cappella Sistina〉

미켈란젤로의 역작. 〈최후의 심판〉보다 약 20년 전에 완성되었다. 율리오 2세의 영묘 작업을 놓고 교황청과 갈등을 벌이던 미켈란젤로는 당시 바티칸 공사의 총감독이었던 브라만테의 추천으로 시스티나 예배당의 천장화를 그리게 된다. 하지만 본인의 전문 분야도 아닌데다가, 천장을 향해 몸을 꺾어서 그려야 하는 작업 환경으로 인해 각종 지병까지 얻어가며 4년 만에 혼자서 이 작업을 마무리한다. 한가운데에는 성서 〈창세기〉의 내용 중 천지 창조, 아담과 이브, 노아 이야기를 아홉 폭의 그림으로 표현했고, 그 주변에는 예언자와 예수의 조상 인물화가 그려져 있다. 오래된 벽화라 때가 많이 묻었을 것 같지만 실제로 보면 마치 어제 그려진 것처럼 선명하고 환하다. 1990년대 초까지 잘못된 복원과 양초 그을음으로 심하게 훼손된 상태였는데, 1992~1994년에 재복원 작업을 거쳐 깨끗하게 만들었다. 당시의 연구에 따르면 현대 이전의 복원가들은 그림을 세정하기 위해 빵에 와인을 묻혀 닦아냈는데, 이것이 그림의 훼손을 가속시킨 원인 중 하나였다고 한다. 흔히 알고 있는 〈천지 창조〉라는 이름은 일본에서 멋대로 붙인 것이다.

❶ 빛과 어둠의 구분
❷ 해와 달의 창조
❸ 바다와 육지의 분리
❹ 아담의 창조
❺ 이브의 창조
❻ 낙원에서 추방당함
❼ 노아의 번제
❽ 노아의 홍수
❾ 만취한 노아

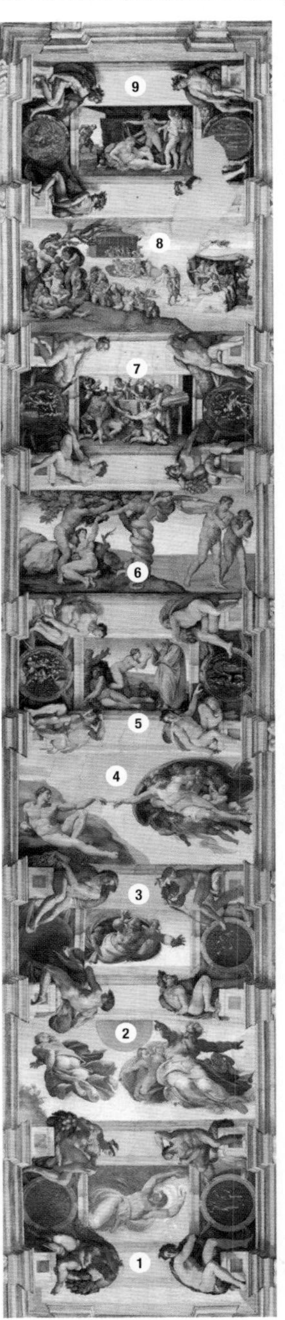

최후의 심판 방향
↓

❸ 벽면 프레스코 벽화

〈최후의 심판〉을 정면에 두고 보면 양쪽 벽면에도 빽빽하게 아름다운 프레스코 벽화들이 그려져 있다. 이것은 시스티나 예배당이 완공된 뒤 가장 먼저 그려진 그림들로, 보티첼리 · 기를란다요 · 페루지노 등 초기 르네상스의 거장들이 대거 투입되었다. 대부분 성서의 내용을 바탕으로 그렸으며, 특히 보티첼리가 그린 〈그리스도의 유혹〉과 〈반란자의 처벌〉이 매우 아름답다. 시스티나 예배당에서는 미켈란젤로의 작품이 워낙 압도적이다 보니 거기에만 정신이 팔리기 쉬운데 르네상스 미술에 조금이라도 관심 있는 사람이라면 벽면의 프레스코화에도 눈길을 돌려 보자.

02 산 피에트로 대성당

Basilica di San pietro
바질리까 디 싼 삐에뜨로

예수의 제1 제자이자 최초의 교황인 베드로의 무덤 위에 세워진 성전. 베드로는 64년에 네로 황제의 기독교 박해를 받아 순교했는데, 서기 313년 콘스탄티누스 1세가 기독교를 공인한 뒤 베드로가 묻힌 곳에 성전을 지으라고 명한다. 이후 333년에 최초의 기독교 성전이 건축되었고, 1505년 교황 율리오 2세가 대대적인 개축을 시작했으며 약 120년에 걸친 공사 끝에 현재 모습으로 완공되었다. 가톨릭의 성지 바티칸을 대표하는 성전 중의 성전이자 이탈리아의 르네상스와 바로크가 건축으로 완벽하게 승화된 최고의 건축물로서 로마 여행자들 사이에서는 반드시 들러야 할 최고의 명소로 꼽힌다. 건축과 장식에 참여한 예술가들만 해도 브라만테, 상갈로, 라파엘로, 미켈란젤로, 베르니니 등 그야말로 르네상스-바로크의 올스타라고 해도 무방할 정도다. 내부에 미켈란젤로의 〈피에타(Pietà)〉나 베르니니의 〈발다키노(Baldacchino)〉 등 세계문화유산급 작품도 많다. 특히 베르니니가 공사 총감독을 맡았던 시절에는 주로 내부 장식에 집중했기 때문에 유난히 베르니니의 작품을 많이 볼 수 있다. 성수기나 주말에는 1시간 이상 줄을 서야 간신히 입장할 수 있을 정도로 사람이 많다. 가급적 바티칸 박물관 다음 코스로 잡아서 박물관에서 시스티나 예배당과 이어진 외부 통로를 통해 건너오는 것이 바람직하다. 바티칸 박물관 가이드 투어에는 거의 반드시 산 피에트로 대성당 투어도 포함되어 있다. 성당만 단독으로 돌아보고 싶다면 가급적 오전 일찍, 또는 아예 늦은 시간에 들러볼 것. 성스러운 장소이므로 복장은 어느 정도는 단정하게 갖춰 입어야 한다. 민소매, 핫팬츠, 미니스커트, 모자, 선글라스는 금지다. 남성은 긴바지를 착용해야 하고 여성은 무릎을 덮는 길이의 하의를 입어야 한다.

INFO P.086 **MAP** P.316A

구글 지도 GPS 41.90216, 12.45393 **찾아가기** 바티칸 중심부. 테르미니 역 부근에서는 40번 버스를 타고 Borgo Sant'angelo 정류장에서 내려 천사의 성 반대 방향으로 성벽을 따라 약 500m 직진한다. **주소** Piazza San Pietro **전화** 06-690-011(바티칸 방문객 안내 대표 전화) **시간** 07:00~19:10 **휴무** 부정기 **가격** 무료입장 **홈페이지** www.vatican.va

ZOOM IN

산 피에트로 대성당

산 피에트로 성당 내부는 바로크의 거장 베르니니가 공사 감독을 맡아 작업한 것으로, 그 자체가 하나의 위대한 작품이다. 그냥 바라만 봐도 넋을 잃을 정도로 아름답지만, 구석구석 놓인 인류 유산들의 유래와 의미를 알면 더욱 뜻깊게 즐길 수 있다.

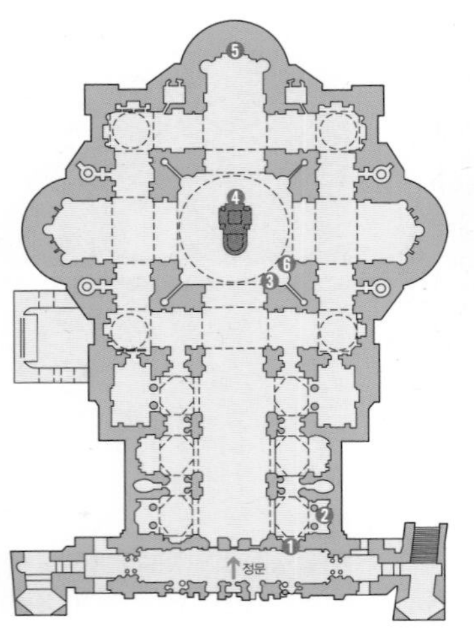

❶ 포르타 산타 Porta Sancta

'성스러운 문'이라는 뜻. 평소에는 시멘트로 단단히 봉해 두었다가 50년에 한 번씩 찾아오는 희년(Jubilee)에만 연다. 메인 출입구는 포르타 산타 왼쪽 옆에 있다.

❷ 미켈란젤로 〈피에타〉

미켈란젤로가 24세에 만든 작품으로, '피에타(예수의 죽음을 슬퍼하는 마리아)'라는 일반명사를 마치 고유명사처럼 만들었다. 1972년에 정신 질환자가 훼손한 후 보호용 유리 장치를 했다.

❸ 성 베드로의 동상

천국의 열쇠를 들고 있는 모습을 표현했다. 5세기에 만들어졌다는 설과 13세기에 아르놀포 디 캄비오가 만들었다는 설이 있다. 발을 만지면 행운이 온다는 전설이 있다.

❹ 베르니니 〈발다키노〉

30m 높이의 장엄한 청동제 장식 덮개로, 돔 지붕 바로 아래 자리하고 있다. 이 아래로는 오로지 교황만이 출입 가능하다. 바로크 장식 미술의 극치라는 평가를 받는다.

❺ 베르니니 〈성 베드로의 성좌〉

성 베드로가 앉았다고 알려진 나무 의자에 청동을 입히고 4명의 성인이 의자를 떠받치며 사방에서 햇빛이 찬란하게 비추도록 설계했다.

❻ 베르니니 〈성 롱기누스의 석상〉

발다키노를 바라봤을 때 네 귀퉁이의 벽감에 각각 약 2m 높이의 성인 대리석상이 놓여 있다. 그중 성 롱기누스의 석상은 베르니니가 만든 것이다.

03 산 피에트로 대성당 쿠폴라

La Cupola di San Pietro
라 꾸뽈라 디 싼 삐에트로

'쿠폴라'는 돔 지붕을 일컫는 것으로 산 피에트로 대성당에는 피렌체 두오모와 어깨를 나란히 하는 거대하고 아름다운 돔 지붕이 있다. 성당 축성을 시작할 당시부터 돔 지붕에 대한 설계와 수정이 계속되었으나 결국 1547년 미켈란젤로가 현재의 디자인으로 확정했고, 오랜 공사 끝에 1590년 자코모 델라 포르타(Giacomo della Porta)가 완성했다. 돔 지붕 꼭대기에 설치된 전망대에서는 산 피에트로 광장과 진입로, 테베레강 일대의 로마 시내 풍경이 환상적으로 펼쳐진다. 산 피에트로 광장은 '천국의 열쇠 구멍'이라는 별명도 있는데, 이 전망대에서 풍경을 바라보면 그 별명이 제대로 실감난다. 본당 건물을 올라간 뒤 옥상을 가로질러 돔 안으로 들어가서 좁은 철제 계단을 오르는데, 본당 건물을 올라갈 때는 계단과 엘리베이터 중에서 선택할 수 있다. 계단을 이용하면 비용은 조금 싸지만 처음부터 체력을 지나치게 소진하게 되므로, 웬만하면 엘리베이터로 올라가는 것이 좋다.

MAP P.316A

구글 지도 GPS 41.90216, 12.45393 **찾아가기** 산 피에트로 대성당 전면에 매표소 및 계단과 엘리베이터로 입구가 있다. 본당을 마주보고 오른쪽에 줄 서는 곳이 있다. **주소** Piazza San Pietro **전화** 06-690-011(바티칸 방문객 안내 대표 전화) **시간** 4~9월 07:30~18:00(계단 ~17:00), 10~3월 07:30~17:00(계단 ~16:00) **휴무** 부정기 **가격** 계단 € 8, 엘리베이터 €10

04 산 피에트로 광장

Piazza San Pietro
피아짜 싼 삐에트로

산 피에트로 대성당 앞에 넓게 펼쳐진 광장으로, 이탈리아 바로크 사조의 위대한 장인 중 한 명인 베르니니가 설계했다. 성당을 광장보다 약간 높게 두고 성당과 광장을 잇는 진입로를 사다리꼴로, 광장을 타원형으로, 다시 광장부터 대로까지의 진입로를 사다리꼴로 설계했다. 이런 설계 덕분에 먼 곳에서 성당을 보면서 광장으로 들어설 때 그 어떤 성당이나 광장보다 드라마틱한 느낌을 받게 된다. 이탈리아의 바로크 건축을 논할 때 오히려 성당보다 광장이 자주 언급된다. 광장 한가운데에는 이집트에서 가져온 오벨리스크가 꽂혀 있고 비슷하게 생긴 2개의 분수가 절묘한 비례를 이루며 자리 잡고 있다. 성당을 바라봤을 때 오른쪽 분수는 베르니니가 만든 것이다. 오벨리스크 주변에는 풍신의 얼굴로 바람의 방향을 표시하는 풍배도(Wind Rose)가 16개 방향마다 바닥에 놓여 있다. 영화 〈천사와 악마〉에 중요한 모티브로 등장하므로 영화를 봤다면 꼭 찾아볼 것.

INFO P.113 MAP P.316A · B

구글 지도 GPS 41.90222, 12.45672 **찾아가기** 바티칸 입구. 테르미니 역 부근에서는 40번 버스를 타고 Borgo Sant'angelo 정류장에서 내려 천사의 성 반대 방향으로 성벽을 따라 약 500m 직진한다. **주소** Piazza San Pietro **전화** 06-690-011(바티칸 방문객 안내 대표 전화) **시간** 24시간 **휴무** 연중무휴 **가격** 무료입장

베르니니가 만든 분수

영화 〈천사와 악마〉 등장한 풍배도는 '서쪽의 바람'

바티칸 근위병

05 천사의 성

Castel Sant'Angelo
까스뗄 산딴젤로

★★★★

바티칸 외곽 테베레강 옆에 자리한 예쁜 모양의 거대한 중세 성채. 서기 2세기에 로마 황제 하드리아누스의 영묘로 건축되었다가 바티칸의 방어용 성채 및 대피소로 쓰였고, 현재는 내부 전체를 박물관으로 공개 중이다. '천사의 성'이라는 이름은 서기 6세기 교황이 흑사병을 퇴치하고자 기도를 올리던 중 대천사 성 미카엘이 이 성 위에 나타나 칼을 칼집에 넣는 장면을 환시로 본 후 흑사병이 사라졌다는 이야기에서 시작됐다. 성 위에는 16세기에 만들어진 성 미카엘 동상이 서 있다. 내부에는 교황 및 귀족의 거주 공간과 고대부터 현대까지의 무기 및 군복을 전시하는 전시관이 있다. 전망대로 꾸며진 옥상에서는 테베레강 가의 풍경이 다정하고 아늑한 느낌으로 다가온다.

성 앞에 놓여 있는 다리는 천사의 다리(Ponte Sant'Angelo)라고 불리며, 최초 건립 시기는 무려 2세기까지 올라간다. 다리 난간에는 16세기에 베르니니가 만들어 세운 10명의 아름다운 천사상이 도열해 있다. 천사상의 손에는 예수의 수난 도구 열 종류가 들려 있다. 현재 다리 위의 조각상은 모조품으로, 진품은 만들어 세운 지 얼마 안 되어 교황이 개인 수집품으로 모두 가져가 버렸다. 진품이든 아니든 다리 위의 천사상과 그 앞의 성이 어우러진 풍경은 매우 인상적으로, 특히 저녁노을이 질 때와 야경이 매우 아름답다.

MAP P.316B

구글 지도 GPS 41.90306, 12.46627 **찾아가기** 바티칸 입구에서 테베레강 가로 나오다 보면 바로 보인다. 또는 나보나 광장에서 코로나리 거리(Via dei Coronari)를 통해 강가로 가면 건너편에 보인다. **주소** Lungotevere Castello, 50 **전화** 06-681-9111 **시간** 화~일요일 09:00~19:30 **휴무** 월요일, 1/1, 5/1, 12/25(부정기 휴무) **가격** 일반 €17.9 **홈페이지** castelsantangelo.beniculturali.it

전망대의 뷰가 아름답다.

옥상 전망대에서 내려다본 천사의 다리

천사의 다리

06 본치 피차리움

Bonci Pizzarium

코페르토X 카드 결제O 영어 메뉴X

치프로(Cipro) 역 근처의 조각 피자 전문점으로, 두툼하면서도 고소한 도우와 다양한 토핑 덕에 오랫동안 최고의 인기를 누리고 있다. 특히 이곳을 이탈리아 최고의 피자 맛집으로 꼽는 미국인들도 있을 정도. 번호표를 뽑고도 한참 기다려야 할 정도이므로 적어도 30분 정도의 여유를 갖고 들를 것. 조각 피자치고 약간 비싼 편이고 도우가 두꺼워 한국인에게는 호불호가 다소 갈린다. 바티칸 박물관 관람 전 간단하게 한 끼 때우기 좋은 곳 중 하나다.

MAP P.316A

구글 지도 GPS 41.90667, 12.44667 **찾아가기** 지하철 A선 치프로(Cipro) 역에서 나와 앞의 공원에서 큰길로 나온 뒤 길을 바라보고 왼쪽으로 가다가 왼쪽 첫 번째 골목으로 들어간다. **주소** Via della Meloria, 43 **전화** 06-3974-5416 **시간** 월~토요일 11:00~22:00, 일요일 12:00~16:00, 18:00~22:00 **휴무** 부정기 **가격** 조각 피자 1kg당 €20~50 **홈페이지** www.bonci.it

조각 피자(200g당) €6~8

07 올드 브리지

Old Bridge

코페르토X 카드 결제X 영어 메뉴X

일반적인 젤라토보다는 좀 더 크리미한 질감으로 한국인들에게 유난히 사랑받고 있는 유명 젤라테리아. 졸리티, 조반니 파시와 더불어 일명 '로마 3대 젤라토' 중 하나로 꼽힌다. 한국 가이드가 젤라토 맛집을 찾는 손님에게 얼떨결에 가리킨 곳이 지금까지 이어진다는 '썰'도 있지만 원래 유명 맛집으로, 외국의 유명 매체에서도 로마의 대표 젤라토 맛집으로 꼭 선정하는 곳이다. 우유(Fior di Latte), 커피(Caffe), 초콜릿(Cioccolato), 누텔라(Nutella) 등 부드러운 맛에 유난히 강하다. 종업원들이 간단한 한국말을 친근하게 구사한다.

INFO P.183 MAP P.316A

구글 지도 GPS 41.9064, 12.45636 **찾아가기** 바티칸 박물관 입구 부근. **주소** Viale dei Bastioni di Michelangelo, 5 **전화** 06-4559-9961 **시간** 10:00~00:30 **휴무** 연중무휴 **가격** 콘/컵 크기별 €3, €4.5, €5.5 **홈페이지** gelateriaoldbridge.com

스몰 컵 €3.5

08 트리온팔레 시장

Mercato Trionfale

메르카토 트리온팔레

바티칸에서 멀지 않은 곳에 자리한 대형 실내 시장. 매대 수가 300여 개에 달할 정도로 로마 중심가 일대에서 가장 큰 전통 시장이라고 한다. 청과물 · 유제품 · 고기 · 반조리식품 · 가공식품 등을 다양하게 만나볼 수 있다. 가격도 슈퍼마켓이나 캄포 데 피오리보다 훨씬 저렴하다. 쇼핑이 목적이어도 좋고 주변 에어비앤비나 아파트에서 묵는 경우에 장보러 가기도 좋다.

MAP P.316A

구글 지도 GPS 41.90921, 12.45281 **찾아가기** 바티칸에서 북쪽으로 두 블록 떨어져 있다. 지하철 A선 오타비아노(Ottaviano) 역에서 서쪽으로 약 400m. **주소** Via la Goletta, 1 **전화** 상점마다 다름. **시간** 월 · 수 · 목요일 07:00~14:30, 화요일 07:00~19:00, 금 · 토요일 07:00~23:00 **휴무** 일요일

09 콘칠리아치오네 거리

Via della Conciliazione

비아 델라 콘칠리아찌오네

바티칸에서 테베레강 가로 이어지는 큰길로, 길 양옆에 기념품 숍들이 촘촘히 들어서 있다. 제품의 질이 아주 뛰어나지는 않으나, 노점상보다는 좀 더 믿을 수 있는 기념품용 물건을 구하고 싶다면 들러볼 만하다.

MAP P.316B

구글 지도 GPS 41.9024, 12.46428(테베레강 변 천사의 성 부근 시작점) **찾아가기** 산 피에트로 광장에서 성당을 등지고 강 방향으로 직진한다. 테르미니 역에서 40번 버스를 타면 도착한다. **주소** Via della Conciliazione **전화** 상점마다 다름. **시간** 24시간 **휴무** 상점마다 다름.

F.

트라스테베레 Trastevere

추천 동선
시스토 다리
▼
산타 마리아 인 트라스 테베레 대성당
▼
자니콜로 언덕 전망대

테베레 강 좌안 남쪽에 자리한 오래된 동네로, 고대 로마 시대부터 사람들이 살았다. 벽마다 덩굴 식물들이 늘어진 작은 골목 사이사이에 카페와 맛집이 자리했으며, 현지인들이 저녁 모임이나 데이트 코스로 즐겨찾는다. 이렇다 할 볼거리가 없어 관광객이 쉽게 찾아가는 곳은 아니나, 이 동네의 매력을 아는 사람들은 서슴없이 로마 최고의 지역으로 꼽곤 한다.

찾아가기 ❶ H번 버스를 타고 Sonnino/S. Gallicano 정류장에 내린다. 테르미니 역 부근에서 오갈 때 가장 좋다. 트라스테베레 동쪽에 있는 큰길에 닿게 된다.
❷ 베네치아 광장에서 8번 트램을 타고 Belli 정류장에서 내린다. 정류장은 트라스테베레 동쪽에 있다.
❸ 23, 280번 버스를 타고 Lgt Farnesina/Trilussa 정류장에서 내린다. 트라스테베레 북쪽 테베레강 변에 닿는다. 바티칸 일대에서는 약 1.5~2km 정도라 걸어서도 오갈 수 있다.

TRAVEL INFO
핵심 여행 정보

01 산타 마리아 인 트라스테베레 대성당
Basilica di Santa Maria in Trastevere
바질리까 디 싼타 마리아 인 뜨라스떼베레

★★★★

겉보기에는 작고 수수하지만 알고 보면 로마에서 가장 유서 깊고 중요도 높은 성당 중 하나. 최초 건립 연대는 무려 4세기로 거슬러 올라가고, 현재의 모습을 갖춘 것은 11~12세기 중세 시대다. 외벽의 아름다운 모자이크 장식은 12세기에 만들어진 것이다. 교황이 아비뇽 유수에서 로마로 돌아왔을 때 거주지로 삼았던 곳 중 하나이기도 하다. 성당 앞에 조성된 광장은 트라스테베레의 중심지로서 주말 밤에는 이곳을 중심으로 트라스테베레 전체에 장터가 열린다.

MAP P.332A
구글 지도 GPS 41.88946, 12.46966 **찾아가기** H번 버스를 타고 Sonnino/S. Gallicano 정류장에서 내려 남쪽으로 가다가 오른쪽 첫 번째 골목으로 들어가 쭉 직진한다. **주소** Piazza di Santa Maria in Trastevere **전화** 06-581-4802 **시간** 07:30~21:00(8월 토 · 일요일 07:30~20:00) **휴무** 부정기 **가격** 무료입장

02 시스토 다리
Ponte Sisto
폰테 씨스토

★★★

테베레강에 15세기에 지어진 다리로, 다리를 건설하라고 명령한 교황 식스토 6세의 이름을 땄다. 테베레강과 산 피에트로 성당 쿠폴라가 어우러진 아름다운 저녁 풍경을 볼 수 있어서 인기가 높다. 이 다리 건너편에 자리한 트릴루사 광장(Piazza Trilussa) 왼쪽 골목으로 들어가면 본격적으로 트라스테베레 탐험이 시작된다.

MAP P.332A
구글 지도 GPS 41.89235, 12.47075 **찾아가기** 23, 280번 버스를 타고 Lgt Farnesina/Trilussa 정류장에서 내리거나 천사의 성 일대에서 테베레강을 따라 남쪽으로 약 1.5km 걷는다. **주소** Piazza Trilussa **전화** 없음 **시간** 24시간 **휴무** 연중무휴 **가격** 무료입장

03 포르타 세티미아나
Porta Settimiana
뽀르따 세띠미아나

★★

트라스테베레 북쪽에 자리한 문으로, 그냥 별 뜻 없는 오래된 문처럼 보이나 알고 보면 서기 3세기 고대 로마 시대에 지어진 유적이다. 당시 트라스테베레와 야니쿨룸(자니콜로) 지역 전체를 둘렀던 성벽의 일부라고 한다. 트라스테베레가 얼마나 오래된 주거 지역인지 알 수 있는 증거 중 하나이다. 영화 〈로마 위드 러브〉에서 등장 인물들이 이 문 앞에서 수다를 떠는 장면이 등장한다.

INFO P.110 MAP P.332A
구글 지도 GPS 41.89222, 12.4676 **찾아가기** 트라스테베레 북쪽. 시스토 다리 및 트릴루사 광장과 가깝다. **주소** Via di Porta Settimian **전화** 없음 **시간** 24시간 **휴무** 연중무휴 **가격** 무료입장

04 자니콜로 언덕 전망대
Terrazza del Gianicolo
테라짜 델 자니콜로

★★★

트라스테베레 서쪽 자니콜로 언덕 위에 자리한 주세페 가리발디 광장(Piazzale Giuseppe Garibaldi)에 마련된 전망 테라스다. 로마 시내 전체가 거의 한눈에 보이는 전망이 일품으로, 로마 시민들은 주로 데이트 코스로 이용한다. 극성수기가 아니라면 사람들이 적어 한가하다. 버스나 택시로 쉽게 올라갈 수 있다.

MAP P.332A
구글 지도 GPS 41.89146, 12.46074 **찾아가기** 테베레강 좌안 또는 Paola 정류장에서 115, 870번 버스를 타고 Piazzale Giuseppe Garibaldi 정류장에서 내린다. 트라스테베레에서는 Mameli 정류장에서 115번 버스를 탄다. **주소** Piazzale Giuseppe Garibaldi **전화** 없음 **시간** 24시간 **휴무** 연중무휴 **가격** 무료입장

05 글라스 오스타리아

Glass Hostaria

★★★★

코페르토 X 카드 결제 O 영어 메뉴 O

현대적이고 힙한 느낌의 이탈리안-오리엔탈 퓨전 레스토랑으로, 미슐랭 1스타를 보유하고 있다. 김치, 일본 된장, 김 등의 아시아 식재료를 적극적으로 도입한 창의적인 이탈리아 요리를 선보인다. 계절마다 메뉴를 바꾸며 20여 가지의 알라카르트 메뉴를 선보인다. 가격이 파인 다이닝 레스토랑치고는 상당히 합리적이라 디너 시간대에 즐기기에도 부담이 적다. 식후에 제공되는 커피가 웬만한 스페셜티 커피 뺨치게 맛있으므로 꼭 마셔볼 것.

INFO P.159 MAP P.332A
구글 지도 GPS 41.89048, 12.46917 **찾아가기** 산타 마리아 디 트라스테베레 성당 뒤쪽으로 한 블록 떨어진 곳에 있다. **주소** Vicolo del Cinque, 58 **전화** 06-5833-5903 **시간** 수~금요일 19:30~22:30, 토 · 일요일 12:30~15:30, 19:30~22:30 **휴무** 월 · 화요일 **가격** 알라카르트 €35~70, 디저트 €15 **홈페이지** glasshostaria.it

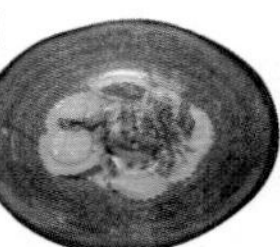
60개월 동안 숙성시킨 파르미자노 치즈를 넣은 라비올리 €70

06 카를로 멘타

Carlo Menta

★★★★★

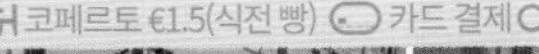
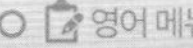
코페르토 €1.5(식전 빵) 카드 결제 O 영어 메뉴 O

트라스테베레에서 가장 유명한 식당으로, 로마 물가에 비해 저렴한 가격과 괜찮은 맛을 자랑한다. 특히 해물이 들어간 파스타류의 인기가 높고 피자도 맛있는 편이다. 늘 손님이 많지만 테이블 회전이 좋아 생각보다 오래 기다리지는 않는다. 단, 늦은 시간에는 술 손님이 많으므로 저녁 식사를 할 생각이라면 조금 빨리 가는 것이 좋다.

MAP P.332B
구글 지도 GPS 41.88963, 12.47278 **찾아가기** 트라스테베레 동쪽 끝. 8번 트램이나 H번 버스를 타고 Gioacchino Belli 정류장에서 내린 뒤 트라스테베레로 들어가면 바로 보인다. **주소** Via della Lungaretta, 101 **전화** 06-580-3733 **시간** 일~목요일 12:00~23:30, 금 · 토요일 12:00~24:00 **휴무** 연중무휴 **가격** 전채 €3~10, 파스타 €7~10, 메인 메뉴 €7~15, 피자 €3~9, 투어리스트 코스 메뉴 점심 €16 · 저녁 €18

해산물 탈리올리니 Tagliolini allo Scoglio €8

07 피오르딜루나

Fiordiluna

★★★★

코페르토 X 카드 결제 X 영어 메뉴 X

작지만 기특한 콘셉트와 뛰어난 맛으로 로마 시내에서 손꼽히는 젤라테리아가 된 곳이다. 유기농으로 재배된 재료를 공정 거래로 구매해, 화학적인 처리를 최대한 배제한 전통 제조 공법으로 젤라토를 만든다. 원재료의 맛이 풍부하게 나면서도 편안한 느낌의 젤라토가 매력적인데, 특히 우유와 크림이 들어간 메뉴는 무엇을 먹어도 맛있다. 커스터드 크림에 쿠키가 들어간 프레드(Fred)가 간판 메뉴이다. 상호 '피오르 디 루나'는 '달빛'이라는 뜻이다.

INFO P.185 MAP P.332B
구글 지도 GPS 41.88962, 12.47258 **찾아가기** 카를로 멘타 왼쪽으로 보이는 골목으로 들어가면 몇 발자국 안 가면 오른쪽에 바로 보인다. **주소** Via della Lungaretta, 96 **전화** 06-6456-1314 **시간** 화~일요일 부활절(3월 말 또는 4월 초)~10월 13:00~24:00, 11월~부활절 13:00~20:00 **휴무** 월요일 **가격** 컵 스몰 €2.5, 미디엄 €3, 라지 €3.5 **홈페이지** fiordiluna.com

스몰 컵 €2.5

08 포르타 포르테제 시장

Il Mercato di Porta Portese
일 메르카토 디 뽀르타 뽀르테제

★★★

매주 일요일에 로마 중심가 남부에 자리한 포르타 포르테제 성문 앞에서 열리는 대규모 시장. 깔리는 좌판 숫자만 600~700개 달하는 엄청난 시장으로 유럽 전체에서도 손에 꼽히는 규모이다. 골동품을 중심으로 생활용품, 식품, 기념품, 의류 등 없는 것이 없는데, 구석구석 파고들다 보면 망가진 가전제품, 정체를 알 수 없는 부품 등 도대체 이런 건 누가 살지 알 수 없는 물건들도 심심찮게 나와 있다. 사는 재미보다는 구경하는 재미가 더 크지만, 앤티크 제품을 좋아하는 사람이라면 쏠쏠한 득템의 기회도 될 것이다.

MAP P.332B
구글 지도 GPS 41.88395, 12.47398 **찾아가기** 3, 8번 트램 또는 44, 75번 버스를 타고 Porta Portese 정류장에서 내린다. 테르미니 역에서 75번 버스가 한번에 간다. **주소** Piazza di Porta Portese **전화** 없음 **시간** 일요일 07:00~14:00 **휴무** 월~토요일

+PLUS AREA 1

카스텔 로마노 디자이너 아웃렛
Castel Romano Designer Outlet

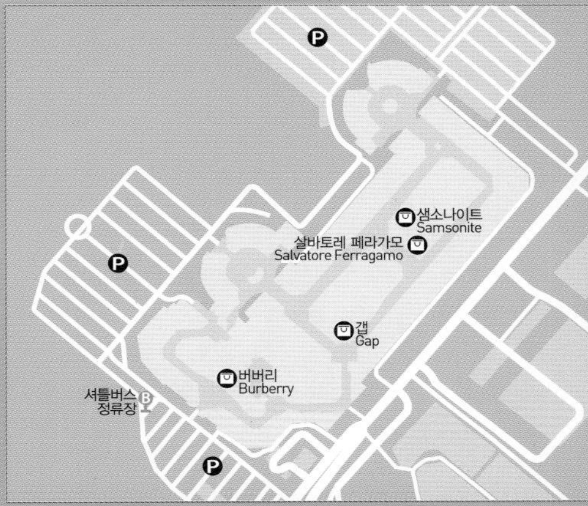

로마에서 남쪽으로 약 25km 떨어진 카스텔 로마노(Castel Romano) 지역에 자리한 중소규모 아웃렛 타운으로 유럽 최대의 아웃렛 체인 맥아더글렌 아웃렛 그룹(McArtherGlen Outlet Group) 소속이다. 총 150개 브랜드가 입점해 있는데, 주로 캐주얼과 생활 잡화, 로컬 · 스포츠 브랜드 중심으로 구성되어 있다. 본격적으로 명품 쇼핑을 즐기기에는 약간 부족한 감이 있으나, 가벼운 마음으로 다양한 쇼핑을 즐기기는 딱 좋다. 로마에서 귀국편 비행기를 타기 전 반나절 정도 시간이 남을 때 들러보는 것을 추천한다. 맥아더글렌 그룹답게 다양한 프로모션과 쿠폰이 마련되어 있으니 인포메이션 센터는 꼭 들러볼 것.

VOL.1 P.258

이렇게 간다!

로마 테르미니 역 부근의 'via Giolitti, 48'(MAP P.269H)에서 셔틀 버스를 이용한다. 오전 9시 30분부터 12시 30분까지 총 4회 출발한다(09:30, 10:30, 11:30, 12:30). 인터넷으로 예약이 가능하나 극성수기가 아니라면 현장 예매로도 충분하다. 소요시간 50분. 돌아오는 편도 총 4편이다(16:30, 17:30, 19:00, 20:05).

요금 왕복 €15

주요 입점 브랜드 리스트		
아디다스 adidas	훌라 Furla	모스키노 Moschino
아식스 Asics	주목! 갭 GAP	나이키 Nike
비알레티 Bialletti	게스 GUESS	뿌빠 PUPA
주목! 버버리 Burberry	거터리지 Gutteridge	주목! 살바토레 페라가모 Salvatore Ferragamo
캘빈 클라인 Calvin Klein	지미추 Jimmy Choo	샘소나이트 Samsonite
코치 Coach	칼 라거펠트 Karl Lagerfeld	주목! 스톤 아일랜드 Stone Island
콜럼비아 Columbia	로레알 L'Oreal	토미 힐피거 Tommy Hilfiger
데시구알 Desigual	리바이스 Levi's	트루사르디 Trussardi
디젤 Diesel	마이클 코어스 Michael Kors	발렌티노 Valentino
에트로 Etro	미소니 Missoni	베르사체 Versace

PART 2
북부 이탈리아

AREA 01 베네치아 VENEZIA
AREA 02 밀라노 MILANO
AREA 03 베로나 VERONA
AREA 04 볼로냐 BOLOGNA
AREA 05 토리노 TORINO

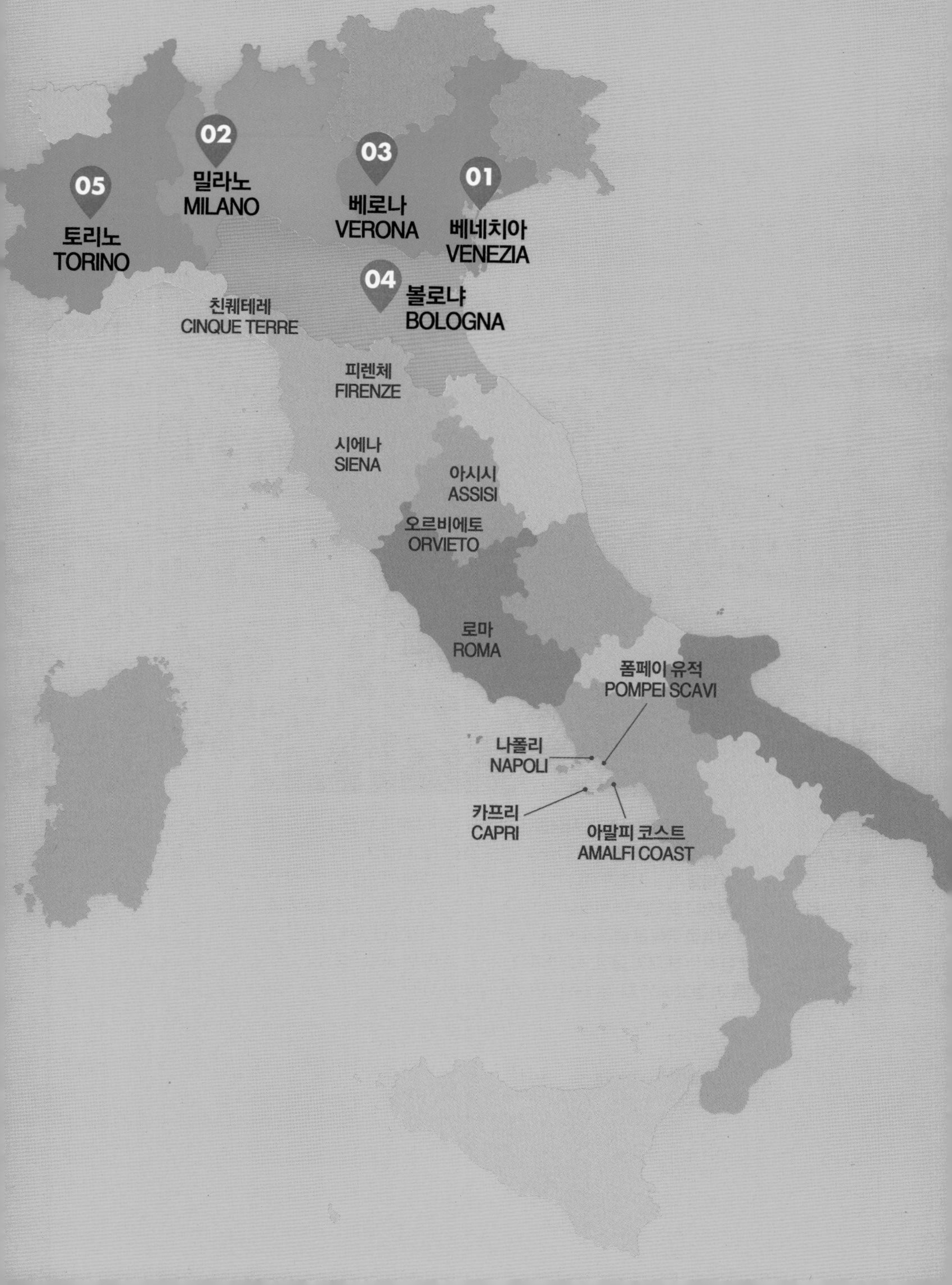

05
토리노
TORINO

02
밀라노
MILANO

03
베로나
VERONA

01
베네치아
VENEZIA

04
볼로냐
BOLOGNA

친퀘테레
CINQUE TERRE

피렌체
FIRENZE

시에나
SIENA

아시시
ASSISI

오르비에토
ORVIETO

로마
ROMA

폼페이 유적
POMPEI SCAVI

나폴리
NAPOLI

카프리
CAPRI

아말피 코스트
AMALFI COAST

AREA

01 VENEZIA

베네치아 Venice

신비와 경이를 품은 아름다운 물의 도시

베네치아의 풍경과 처음으로 마주치는 순간, 사람들은 마법에 걸린 기분에 빠진다. 운하 사이를 오가는 곤돌라와 뱃사공의 노래, 골목과 집들을 잇는 그림 같은 다리들, 산 마르코 광장을 박차고 날아오르는 비둘기…. 사진으로나 봤고, 그래서 상상 속에서만 존재했던 풍경이 고스란히 눈앞에 펼쳐지니 오히려 더 비현실적으로 보인다. 그러나 알고 보면 베네치아의 이런 풍경은 치열한 현실을 극복한 결과에 가깝다. 사람이 살기 힘들었던 곳에 물길을 뚫고 땅을 올려 118개의 섬과 수천 개의 물길, 400여 개의 다리를 놓아 만들어진 풍경이기 때문. 모르고 보면 신비롭고, 알고 보면 더 경이로운 곳이 바로 베네치아다.

인기 ★★★★★

이탈리아에서 로마와 베네치아만 돌아보는 사람들도 있을 정도.

관광 ★★★★★

세상 One & Only의 풍경을 가진 곳.

쇼핑 ★★★★☆

브랜드 숍이 많고 아웃렛도 있으며 특산물, 공예품도 있다.

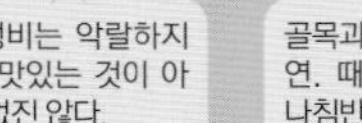

식도락 ★★★☆☆

가성비는 악랄하지만, 맛있는 것이 아주 없진 않다.

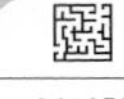

복잡함 ★★★★★

골목과 샛길의 대향연. 때론 지도보다 나침반이 더 쓸모 있다.

치안 ★★★☆☆

기차역 및 관광지에서는 소매치기 주의. 식당에서는 바가지 주의.

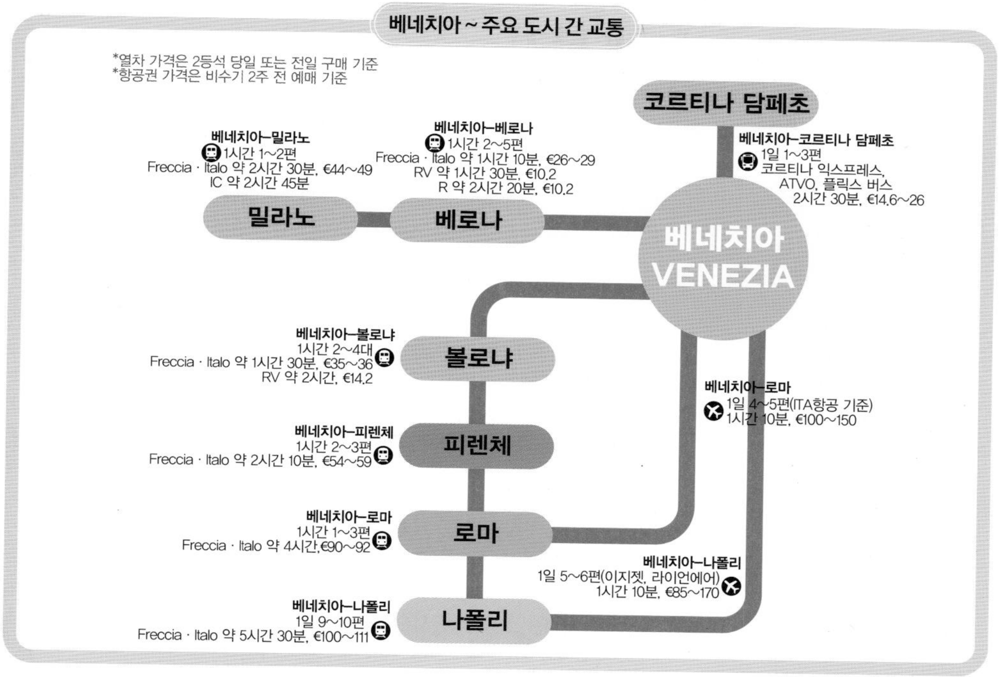

베네치아 ~ 주요 도시 간 교통

*열차 가격은 2등석 당일 또는 전일 구매 기준
*항공권 가격은 비수기 2주 전 예매 기준

코르티나 담페초

베네치아–코르티나 담페초
1일 1~3편
코르티나 익스프레스, ATVO, 플릭스 버스
2시간 30분, €14.6~26

베네치아–밀라노
1시간 1~2편
Freccia · Italo 약 2시간 30분, €44~49
IC 약 2시간 45분

베네치아–베로나
1시간 2~5편
Freccia · Italo 약 1시간 10분, €26~29
RV 약 1시간 30분, €10.2
R 약 2시간 20분, €10.2

밀라노 — 베로나 — 베네치아 VENEZIA

베네치아–볼로냐
1시간 2~4대
Freccia · Italo 약 1시간 30분, €35~36
RV 약 2시간, €14.2

베네치아–피렌체
1시간 2~3편
Freccia · Italo 약 2시간 10분, €54~59

베네치아–로마
1시간 1~3편
Freccia · Italo 약 4시간,€90~92

베네치아–로마
1일 4~5편(ITA항공 기준)
1시간 10분, €100~150

베네치아–나폴리
1일 5~6편(이지젯, 라이언에어)
1시간 10분, €85~170

베네치아–나폴리
1일 9~10편
Freccia · Italo 약 5시간 30분, €100~111

볼로냐 — 피렌체 — 로마 — 나폴리

MUST SEE 이것만은 꼭 보자!

No.1
해 질 무렵의
산 마르코 광장

No.2
다리 위 또는
바포레토에서 바라보는
대운하의 풍경

No.3
컬러풀의 끝판왕
부라노섬

MUST EAT 이것만은 꼭 먹자!

No.1
베네치아 원조의
이탈리아 국민 칵테일,
스프리츠

No.2
골라 먹는 재미가 최고,
치케티

MUST BUY 이것만은 꼭 사자!

No.1
무라노의 명물,
베니션 글라스 공예품

No.2
부라노의 특산물,
레이스 직물

No.3
얼떨결에 베네치아
특산물,
카말돌리 화장품

MUST DO 이것만은 꼭 하자!

No.1
베네치아 시민의 발,
바포레토 타 보기

No.2
물길을 헤매는
최고의 낭만 경험,
곤돌라

1 단계

베네치아 여행 정보 한눈에 보기

베네치아 역사 이야기

베네치아는 5세기경 훈족, 게르만족, 고트족 등 로마에 침입한 이민족에게 쫓기던 유민들이 토르첼로 및 리도까지 흘러들어와 자리 잡으면서 시작됐다. 이 일대는 긴 사주에 가로막혀 얕은 바닷물이 호수처럼 찰랑거리며 고여 있는 석호(Lagoon) 지형이라, 농사 짓기나 외부와의 교통이나 모두 좋지 않았다. 설상가상으로 프랑크족이 침공해 리도섬까지 버려야 했고, 당시에는 척박한 지역이었던 리알토 일대로 이주하게 된다. 그러나 베네치아인들은 이에 굴복하지 않고 리알토 일대에 말뚝을 박고 인공 섬을 만드는 방식으로 개간하여 베네치아 땅을 118개의 섬과 수천 개의 물길이 연합한 독특한 지형으로 개조한다. 또한, 베네치아는 7세기경부터 투표로 선출직 수장인 '도제(Doge)'를 선발하는 공화정을 실시했고, 지형적인 이점을 살려 동지중해 무역을 장악하여 막대한 부를 쌓았다. 오스만 튀르크, 제노바 등과 끝없이 무력 충돌을 하며 성쇠를 반복했지만 동지중해의 패권은 잃지 않았다. 그러나 17세기부터 국력이 기울면서 중요 무역 거점을 오스만 튀르크에게 뺏겼고, 18세기 말 나폴레옹에게 점령당하며 베네치아 공화국의 역사는 종언을 맞는다.

베네치아 여행 꿀팁

☑ 1~2박 잡자!

베네치아를 후회 없이 돌아보기 위한 최소 일정은 이틀. 하루는 본섬의 주요 명소를 돌아보고, 또 하루는 무라노·부라노섬을 들르는 것이 베네치아 여행의 국민 스케줄로 통한다. 본인의 일정과 취향에 따라 일정을 늘리는 것은 얼마든지 OK. 당일치기로 돌아보는 것도 아예 불가능하지는 않으나, 거의 하루가 꼬박 소요되므로 웬만하면 숙박을 잡는 것이 좋다.

☑ 숙박은 본섬? 육지?

베네치아의 숙소는 관광 중심지인 본섬과 현지인들이 주로 거주하는 육지 지역으로 나눌 수 있다. 본섬은 관광지인 만큼 숙박비가 육지 지역의 1.5~2배 정도나 될 정도로 비싸다. 그러나 편의성이나 낭만 등을 생각하면 비용을 좀 들이더라도 본섬 숙박이 정답이긴 하다. 산타 루치아 역 주변에 숙소를 잡으면 섬의 주요 관광지를 모두 걸어 다닐 수 있어서 하루치 바포레토 요금 정도는 절약 가능하다. 다만 가성비주의자나, 극성수기에 섬 안의 숙소를 잡지 못한 비운의 여행자는 육지 쪽의 숙소를 알아볼 것. 메스트레(Mestre) 기차역에서 가까운 곳에 잡는 것이 이동하기 편리하다.

☑ 겨울 여행, 아쿠아 알타 조심!

베네치아에서는 '아쿠아 알타(Aqua Alta)'라고 하는 홍수가 종종 발생한다. 아드리아해 북쪽에서 불어오는 강풍과 밀물이 만나 만들어진 거대 조류가 도시 쪽으로 밀려오는 것으로서, 심할 때는 도시가 침수된다. 특히 2018년 10월 말에 생긴 아쿠아 알타 때는 산 마르코 광장이 잠겨 철없는 관광객들이 광장에서 수영을 하는 해프닝도 벌어졌다. 계절풍이 부는 10~4월에 주로 발생하며 특히 11~2월에 집중적으로 일어난다. 이 시기에 여행한다면 일기 예보를 좀 더 꼼꼼히 살필 것. 아쿠아 알타용 예보 애플리케이션도 출시되어 있다.

☑ 식당은 검증된 곳만 가자

혹시, '이탈리아 음식은 어차피 다 거기서 거기니까 아무데서나 먹을 테다'라고 생각하고 있는지? 다른 도시라면 몰라도 베네치아에서는 그 생각을 좀 달리 하는 것이 좋다. 베네치아는 이탈리아에서 관광객을 대상으로 한 바가지가 가장 심한 곳이다. 꺼진 불도 다시 보는 기분으로 눈 앞에 있는 레스토랑의 평판을 인터넷 별점 등으로 다시 한 번 검증해 볼 것.

☑ 표지판만 따라가자

베네치아는 전 세계에서 골목이 가장 복잡한 도시 중 하나일 것이다. 운하와 수로를 따라 오래된 집이 늘어서 있는데, 그 사이사이 도저히 길이 있을 것 같지 않은 곳에 믿을 수 없을 정도로 좁은 골목이 실핏줄처럼 뻗어 있다. 지나치게 후미진 골목은 구글 실시간 경로에도 제대로 표시되지 않는다. 그러나 걱정하지 말자. 중요한 갈림길이나 초행이 헷갈릴 만한 골목에는 반드시 표지판이 나타나 기차역(Ferrovia), 리알토(Rialto) 다리, 산 마르코(San Marco) 광장, 폰다멘테 노베(Fondamente Nove) 선착장 등 주요 목적지로 가는 방향을 안내한다.

PLUS TIP

구글 지도로 해변가에서 길을 찾거나 섬 간의 교통을 찾으려고 하면 종종 바다 위를 걸으라고 나온다. 그럴 때는 현재 위치와 목적지 대신 가장 가까운 거리의 바포레토 선착장 간의 정보를 찾으면 쉽게 답을 얻을 수 있다.

☑ 축제 캘린더를 확인할 것!

베네치아는 유난히 축제와 행사가 많다. 여행 시기가 축제와 겹친다면 날짜를 잘 맞춰 보자. 재미있는 볼거리를 야무지게 챙길 기회다. 또한 축제 때는 베네치아 주변의 숙소 요금이 상당히 오르므로 숙박비에 예산을 많이 쓰고 싶지 않다면 되도록 이 시기를 피하는 것을 추천한다.

베네치아 주요 축제 리스트

축제명	개최 시기
베네치아 비엔날레(La Biennale di Venezia)	2년에 한 번(홀수 해) 6~11월
베네치아 카니발(Carnevale di Venezia)	1월 말~2월 초
베니스 국제 영화제(Venice Film Festival)	8월 마지막 주~9월 첫째 주
레가타 스토리카(Regata Storica)	9월 첫째 주 일요일

우니카 카드

베네치아에는 교통과 관광 명소 입장권을 다양한 형태로 묶은 패키지형 관광 패스 우니카 카드(UNICA Card)가 있다. 관광 명소 입장용 패스는 종류만 많고 가성비는 떨어져 추천하지 않으나, 교통 전용 우니카 카드는 일정 시간 동안 대중교통(바포레토, 일반 버스)을 무제한 이용할 수 있어 베네치아 여행의 필수품으로 통한다. 특히 바포레토는 편도 요금이 워낙 비싸서 우니카 카드로 세 번만 타도 24시간권의 본전을 뽑을 수 있다. 루트를 현명하게 짜서 바포레토 이용을 24시간 내에 몰아버리는 것이 베네치아 여행의 중요한 요령 중 하나. 산타 루치아 역, 산 마르코 광장 등 주요 지역의 유인 매표소 및 무인 발매기에서 판매한다.

홈페이지 www.veneziaunica.it

우니카 카드 종류 & 가격

1일권(24시간) €25
2일권(48시간) €35
3일권(72시간) €45
7일권(168시간) €65

PLUS TIP

만 29세 이하는 '롤링 베니스 카드(Rolling Venice Card)'

나이가 만 6~29세이고, 베네치아를 이틀 이상 여행할 예정이라면 '롤링 베니스 카드(Rolling Venice Card)'를 꼭 구매할 것. 3일(72시간) 동안 대중교통(바포레토+일반버스)을 무제한 이용할 수 있고, 주요 관람시설 및 레스토랑·공연장 등에서 할인 혜택을 받을 수 있으며, 사용 개시 첫날에는 24시간 시티 핫스폿 와이파이를 무료로 사용 가능한 '꿀템'이다. 가격은 일반 교통 3일권보다 €10 이상 저렴하다. 공항, 산타 루치아 역 관광 안내소 등 바포레토 티켓을 판매하는 유인 매표소에서 모두 판매한다. 나이를 증명할 수 있도록 여권 등의 신분증은 꼭 지참할 것.

가격 €33

유용한 시설 정보

유인 짐 보관소 ❶ Ki Point 산타 루치아 역

MAP P.348F
구글 지도 GPS 45.442065, 12.320623 **찾아가기** 산타 루치아 역 1번 플랫폼 부근, 'Ki Point'라는 간판을 찾아가자. **시간** 07:00~23:00 **가격** 5시간 €6(초과 시 1시간당 €0.9 추가, 13시간 이후 1시간당 €0.4 추가)

유인 짐 보관소 ❷ Kuddus 로마 광장

MAP P.348F
구글 지도 GPS 45.437899, 12.317154 **찾아가기** 피플 무버 로마 광장 역 부근 **시간** 08:00~20:00 **가격** €5 **홈페이지** www.bagaglivenezia.com

PLUS TIP
베네치아의 관광 안내소는 '우니카(Unica)'라고 한다.

관광 안내소 Unica ❶ 산타 루치아 역

MAP P.348F
구글 지도 GPS 45.441236, 12.32208 **찾아가기** 산타 루치아 역사 부근 **시간** 07:00~21:00

관광 안내소 Unica ❷ 산 마르코 광장

MAP P.349G
구글 지도 GPS 45.433349, 12.337465 **찾아가기** 산 마르코 대성당에서 바라본 산 마르코 광장 대각선 끝 **시간** 09:00~19:00

PLUS TIP
베네치아 곳곳에는 쿱(Coop), 코나드(Conad), 데스파르(Despar), 푼토 심플리(Punto Simply) 등의 슈퍼마켓들이 있다. 숙소 주변의 슈퍼마켓을 체크할 것.

슈퍼마켓 ❶ Coop 로마 광장 지점

MAP P.348F
구글 지도 GPS 45.439539, 12.317821 **찾아가기** 바포레토 P.le Roma 선착장 부근 **시간** 08:30~21:00

슈퍼마켓 ❷ Coop 리알토 지점

MAP P.349G
구글 지도 GPS 45.436678, 12.3342334 **찾아가기** 바포레토 Rialto 선착장 부근 **시간** 08:30~21:00

빨래방 Lavanderia Self-Service

MAP P.348F
구글 지도 GPS 45.43936, 12.32299 **찾아가기** 산타 루치아 역 건너편 골목 안쪽 **시간** 07:30~22:30

PLUS TIP
카말돌리 화장품 판매

드러그 스토어 ❶ The Speziere Of Venice

MAP P.349G
구글 지도 GPS 45.43424, 12.33618 **찾아가기** 산 마르코 광장 부근 **시간** 08:30~19:30 **휴무** 부정기

PLUS TIP
카말돌리 화장품 판매

드러그 스토어 ❷ Farmacia San Polo

MAP P.349G
구글 지도 GPS 45.43712, 12.33009 **찾아가기** 바포레토 San Silvestro 또는 San Toma 선착장에서 내려서 도보 10분 **시간** 09:00~13:00 15:30~19:30 **휴무** 일요일

2단계 베네치아, 이렇게 간다!

베네치아는 전 세계의 사랑과 동경을 한 몸에 받는 최고의 관광지다. 그 덕분에 이탈리아는 물론 세계 각지와의 연결이 원활한 편. '섬인데 출입이 불편하지 않을까?'라는 기우는 접어 둬도 좋다. 그런 건 이미 오래전에 극복했다.

비행기로 가기

우리나라 여행자들은 이탈리아를 북→남으로 여행하는 루트를 가장 선호해서 베네치아를 일명 '인(In)'으로 하는 경우도 많다. 베네치아의 국제공항은 베네치아 마르코 폴로 공항(Aeroporto Marco Polo di Venezia)으로, 관광 중심지에서 약 12km 떨어져 있다.

베네치아 마르코 폴로 공항 Aeroporto Marco Polo di Venezia
MAP P.346B
주소 Viale Galileo Galilei, 30 **전화** 041-260-9260 **홈페이지** www.veniceairport.it

PLUS TIP

트레비소(Treviso) 공항도 있다!
유럽의 도시에서 저가 항공으로 베네치아로 이동하는 경우, 트레비소(Treviso) 공항에 도착하게 된다. 트레비소는 베네치아에서 북쪽으로 30km 떨어진 작은 도시로, 시골 버스 터미널보다 조금 큰 규모의 아담한 공항이 있다. 베네치아에서는 버스로 약 1시간 30분 정도 걸린다.

기차로 가기

이탈리아 전역 및 유럽 각지와 기차로 연결된다. 트레니탈리아와 이탈로가 모두 다니고, 스위스나 독일에서 온 기차도 볼 수 있다. 볼로냐, 밀라노, 베로나, 피렌체 등 북부와 중부의 가까운 도시는 물론 로마나 나폴리 등 꽤 먼 도시에서도 직행 편이 있다. 다만 토리노 · 제노바와 같은 북서부 도시와는 연결이 썩 좋지 않은데, 직행 편수가 적거나 시간대가 불편하다. 베네치아 본섬 기차역의 이름은 베네치아 산타 루치아(Venezia Santa Lucia) 역으로, 이곳에서 내린 뒤 수상 버스(바포레토)나 도보로 섬 곳곳을 돌아보게 된다.

산타 루치아 역은 작지만 알찬 쇼핑몰과 각종 편의 시설을 두루 갖추었다.

베네치아 산타 루치아 역 Venezia Santa Lucia
MAP P.348F
주소 Fondamenta Santa Lucia
홈페이지 www.veneziasantalucia.it

PLUS TIP

베네치아 메스트레(Venezia Mestre)
베네치아 현지인들은 대부분 육지에 거주한다. 육지의 '메스트레(Mestre)' 지구는 본섬과 긴 다리 하나를 사이에 두고 마주한 곳으로서, 육지 지역의 관광 전진 기지와 같은 역할도 하고 있다. 저렴한 숙소와 가성비 좋은 식당도 많고, 공항, 노벤타 아웃렛, 코르티나 담페초 등으로 향하는 장거리 버스가 출발하는 큰 버스 터미널도 있다. 이곳에 들를 예정이 없더라도 이름만은 꼭 숙지하는 것이 좋다. 숙소를 예약할 때 '베네치아'라는 이름만 보고 예약했는데 막상 가 보니 메스트레였다거나, 기차를 타고 베네치아로 갈 경우 산타 루치아 역 전에 메스트레 역에 정차하는데, '베네치아'만 듣고 이곳에 내려 버리는 등의 소소한 불상사(?)가 적지 않기 때문.

3단계 공항에서 시내로 이동하기

시설 좋은 버스와 수상택시가 수시로 운행하면서 베네치아 마르코 폴로 공항과 섬을 잇고 있으므로 교통편이 없을까 봐 걱정하지 않아도 좋다.

ATVO 공항 익스프레스 버스

마르코 폴로 공항과 베네치아 본섬을 한번에 연결하는 버스. 좌석이 안락하고 짐칸이 따로 있어 편리하다. 소요 시간은 약 20분. 공항에서는 입 · 출국장 바깥쪽 버스 정류장에서 타고 내리며, 본섬에서는 산타 루치아 역 부근 로마 광장(Piazzale Roma)에 자리한 버스 터미널에서 타고 내린다. 공항과 버스 터미널의 매표소에서 티켓을 살 수 있으나 급하면 그냥 버스에 타면서 기사에게 구매해도 된다. 배차 간격은 20~30분. 노선 번호는 35번.

Ⓔ **요금** 편도 €10, 왕복 €18

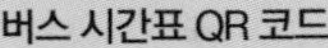

버스 시간표 QR 코드

일반 버스

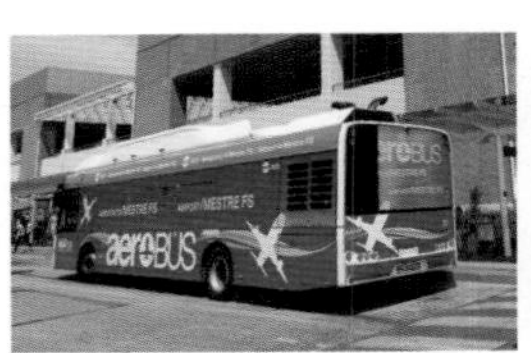

베네치아 시내버스 5번이 공항과 본섬 사이를 운행한다. 장점은 5개의 정류장을 들르는데도 소요 시간이 불과 23~25분으로 익스프레스 버스와 별로 차이 나지 않는다는 것. 게다가 요금이 저렴하고 우니카 카드도 사용이 가능하다. 단, 일반 노선 버스라 앉을 자리가 적고 짐 수납이 불편하며 성수기에는 언제나 꽉꽉 차기 때문에 20분 남짓 지옥 체험을 할 수 있다.

Ⓔ **요금** 편도 €1.5(탑승 후 기사에게 구입시 €3)

버스 시간표 QR 코드

PLUS TIP

비용에 여유가 있으면서 짐이 많고 피로도가 높다면, 게다가 인원이 3인 이상이라면 수상 택시 이동을 고려하자. 택시 요금은 공항부터 로마 광장까지 약 €40 정도.

수상 셔틀

섬 도시라 가능한 특별한 교통수단. 마르코 폴로 공항부터 본섬까지 알리라구나(AliLaguna)에서 운영하는 스피드 보트가 다닌다. 산 마르코, 리알토, 폰다멘테 노베, 카레초니코, 리도섬, 무라노섬 등으로 바로 이동이 가능한 것이 최고의 장점. 보트가 작아 파도가 치면 심하게 요동치므로 뱃멀미하는 사람에게는 비추천. 소요 시간은 20~30분 정도이고, 티켓은 입국장 내에 있는 매표소에서 살 수 있다. 선착장이 공항 건물에서 도보로 약 5분 정도 떨어져 있지만 표지판만 따라가면 쉽게 찾을 수 있다.

Ⓔ **요금** €15~27

4단계 베네치아 시내 교통 한눈에 보기

베네치아는 세계에서 가장 독특한 도시 중 하나인 만큼, 시내 교통편도 몹시 특이하다. 육상 교통 수단은 거의 없고, 주요 이동 수단은 모두 물길로 다닌다. 물길을 찻길이라고 생각하면 어렵지 않으나, 그렇다 해도 도시에서 차가 아닌 배를 타고 다니는 것이 단번에 친숙하게 다가올 리는 없다. 그래도 괜찮다. 걸어 다니면 된다. 베네치아 본섬 관광 중심지는 끝부터 끝까지 약 3km 정도라 무릎을 조금만 희생시키면 모두 도보로 커버하는 것도 불가능하지는 않다.

바포레토 Vaporetto

베네치아 관광객과 시민의 발이 되는 수상 버스로, 베네치아섬에서 유일한 실질적 대중교통 수단이다. 대운하, 본섬 외곽, 무라노 · 부라노 · 리도 · 주데카를 비롯한 주변 섬을 굵직굵직하게 연결한다. 하지만 노선과 배차 간격이 그다지 효율적이지 않아 웬만한 곳은 차라리 걷는 것이 나을 때가 많으며 가격도 몹시 비싼 것이 단점. 인기 노선은 말도 못하게 혼잡한 것도 매력을 떨어뜨리는 요인이다. 그러나 바포레토를 타야만 갈 수 있는 곳이 있어 베네치아에서 최소 한 번은 꼭 타게 된다. 피할 수 없으면 즐기자. 티켓은 자동 발매기나 우니카 카드 판매소에서 구할 수 있는데, 모든 바포레토 정류장에 발매기나 판매소가 있지는 않다. 편도 티켓보다는 우니카 카드를 사는 것이 여러모로 편리하다. 노선도는 P.126~127 참고

€ **요금** 편도 €9.5(75분 유효)

베네치아 바포레토 무작정 따라하기

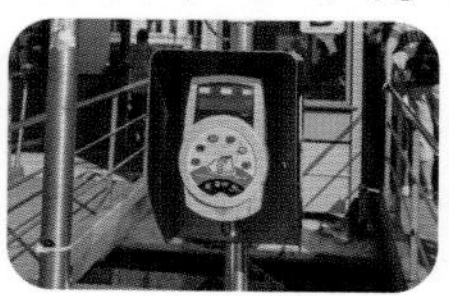

1 우니카 카드 또는 티켓을 단말기에 터치한다.

2 줄을 서거나 대합실에서 기다린다. 바포레토는 보통 15~20분에 한 대씩 있다.

PLUS TIP
대합실 안에 있는 노선도를 잘 보면 바포레토 진행 방향을 확인할 수 있다.

3 탑승한다. 승무원에게 번호와 방향을 다시 한 번 확인할 것.

4 경치를 보려면 갑판에, 편하게 가려면 내부 좌석에 앉는다.

PLUS TIP
바포레토는 정류장을 안내하는 방송은 없고 내부 전광판에 정류장 이름이 뜨거나 승무원이 큰 소리로 정류장 이름을 외치므로 잘 보고 잘 듣고 내릴 것!

수상 택시

베네치아에서는 택시도 물길로 다닌다. 작은 스피드 보트가 택시 영업을 하는 것으로, 주로 대운하를 따라가지만 아주 좁은 물길만 아니면 웬만한 곳은 다 헤치고 들어간다. 일반 육지 택시처럼 이동 거리가 표시된 미터대로 요금을 낼 수도 있고, 정액제로도 운행한다. 원하는 곳을 손쉽게 갈 수 있다는 것에 더해 베네치아의 신기한 물길을 마치 전세 낸 것처럼 누빌 수 있어 '베네치아를 제대로 즐기려면 택시를 꼭 한번쯤 타라'는 사람들도 적지 않다. 하지만 요금이 상당히 비싼 것이 함정. 산타 루치아 역에서 산 마르코 광장이나 리알토 지역까지 가는데 €100를 넘나든다. 인원이 3명 이상이거나 예산을 3인분 이상으로 넉넉하게 쓰는 여행자에게 추천.

일반 버스

메스트레, 공항 등 섬 이외 지역 및 리도섬에서는 일반 버스가 다닌다. 이용법은 다른 지역의 버스와 같다. 티켓은 담배 가판대 타바키나 매표소에서 살 수 있으며 우니카 카드도 이용 가능하다.

€ **요금** 편도 €1.5(75분 유효)
(탑승 후 기사에게 구입시 €3)

N
0 1km
베네치아 마르코 폴로 공항
Aeroporto Marco Polo di Venezia
베네치아 메스트레 역
Venezia Mestre
A
B
부라노
Brano P.376
무라노
Murano P.375
베네치아 산타 루치아 역
Venezia Santa Lucia
리도 Lido

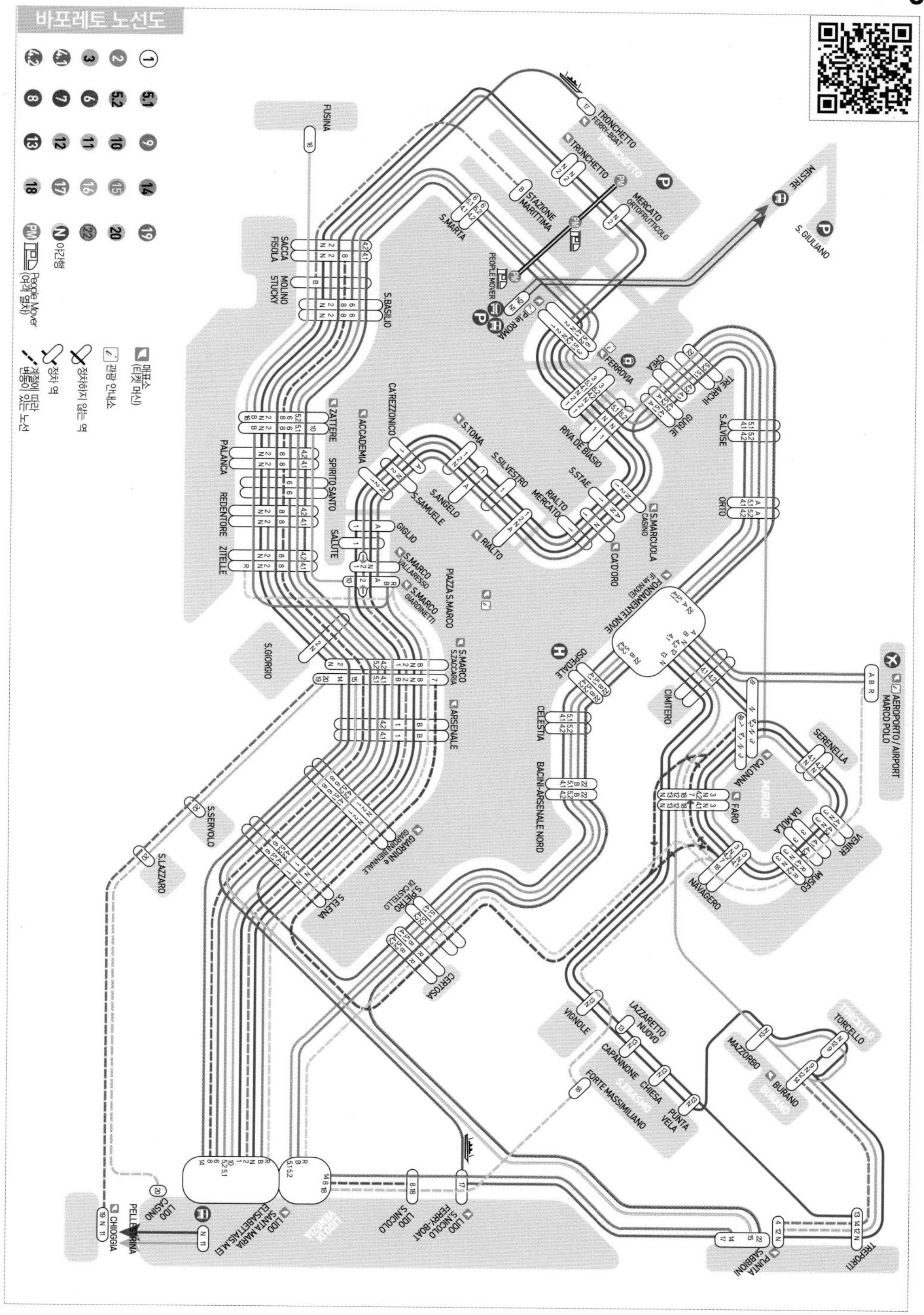

바포레토 노선도

AEROPORTO / AIRPORT MARCO POLO
MESTRE
S. GIULIANO
TRONCHETTO FERRY-BOAT
TRONCHETTO
MERCATO ORTOFRUTTICOLO
STAZIONE MARITTIMA
PEOPLE MOVER
P.le ROMA
FERROVIA
S.MARTA
FUSINA
SACCA FISOLA
MOLINO STUCKY
S.BASILIO
ZATTERE
SPIRITO SANTO
PALANCA
REDENTORE
ZITELLE
SALUTE
GIGLIO
ACCADEMIA
CA'REZZONICO
S.SAMUELE
S.ANGELO
S.TOMA
S.SILVESTRO
RIALTO
RIALTO MERCATO
S.STAE
RIVA DE BIASIO
S.MARCUOLA CASINO
CA'D'ORO
CREA
TRE ARCHI
GUGLIE
S.ALVISE
ORTO
FONDAMENTE NOVE (F.te NOVE)
OSPEDALE
CELESTIA
BACINI-ARSENALE NORD
CIMITERO
PIAZZA S.MARCO
S.MARCO VALLARESSO
S.MARCO GIARDINETTI
S.MARCO S.ZACCARIA
ARSENALE
S.GIORGIO
GIARDINI e GIARDINI BIENNALE
S.PIETRO DI CASTELLO
S.ELENA
CERTOSA
MURANO
CALONNA
FARO
SERENELLA
VENIER
MUSEO
DA MULA
NAVAGERO
TORCELLO
BURANO
MAZZORBO
TREPORTI
PUNTA SABBIONI
LAZZARETTO NUOVO
VIGNOLE
CAPANNONE
CHIESA
PUNTA VELA
S.ERASMO
FORTE MASSIMILIANO
LIDO S.NICOLO FERRY-BOAT
LIDO S.NICOLO
LIDO DI VENEZIA
LIDO SANTA MARIA ELISABETTA(S.M.E)
LIDO CASINO
S.SERVOLO
S.LAZZARO
PELLESTRINA
CHIOGGIA

1 · 5.1 · 9 · 14 · 19
2 · 5.2 · 10 · 15 · 20
3 · 6 · 11 · 16 · 22
4.1 · 7 · 12 · 17 · N 야간행
4.2 · 8 · 13 · 18 · PM People Mover (여객 열차)

매표소 (티켓 머신)
관광 안내소
정차하지 않는 역
정차 역
계절에 따라 변동이 있는 노선

MAP
베네치아 본섬 한눈에 보기

무라노 Murano
약 1km P.375
부라노 Burano
약 8km P.376
S. Alvise
Madonna dell'Orto
C
D
F.te Nove "A"
F.te Nove
F.te Nove "C"
Casino' di Venezia
데이 투르키
dei Turchi P.357
카 도로
Ca' d'Oro P.358
카 페사로
Ca' Pesaro P.358
Ca' d'Oro
슈퍼마켓
Coop
노바 거리
Strada Nova P.364
Ospedale
벤키
Venchi
그롬
GROM
세포라
Sephora
Celestia
리알토 다리
Ponte di Rialto P.359
아쿠아 알타 서점
Libreria Acqua Alta P.362
Rialto
디즈니 스토어
The Disney Store
드러그 스토어
armacia San Polo
G
H
슈퍼마켓
Coop
키코 KIKO
비알레티 Bialetti
대운하
rande P.356
Sant' Angelo
벤키
Venchi
콘타리니 델 보볼로 궁전
Palazzo Contarini del Bovolo
드러그 스토어
The Speziere Of Venice
두칼레 궁전 & 탄식의 다리
Palazzo Ducale & Ponte dei Sospiri P.370
산 마르코 광장
Piazza San Marco P.368
초니코
ezzonico P.358
San Marco-San Zaccaria"D"
San Marco-San Zaccaria"A"
S. Samuele
라 페니체 극장
Teatro La Fenice P.372
관광 안내소
Citypass Venezia Unica (Tourist Information)
Fermata S. Marco
San Marco-San Zaccaria"E"
San Marco-San Zaccaria"B"
Arsenale
카데미아 미술관
e dell'Accademia P.373
S. Maria del Giglio
San Marco Vallaresso "A"
Accademia "C"
산타 마리아 델라 살루테 대성당
Basilica di Santa Maria della Salute P.373
페기 구겐하임 컬렉션
Collezione Peggy Guggenheim P.373
"B"
San Giorgio
산 조르조 마조레 성당
Chiesa di San Giorgio Maggiore P.372
Zattere Gesuati
Spirito Santo
K
L
Redentore

COURSE 1

베네치아 도보로 정복하기 하루 코스

베네치아에서 반드시 배를 타야만 하는 것은 아니다. 생선의 등뼈 같은 큰길과 잔가시 같은 골목을 잘 조합하면 바포레토를 타지 않고도 주요 관광 명소를 돌아볼 수 있다. 베네치아는 무심코 지나치는 길에서 만나는 골목과 수로의 풍경을 즐기는 도시라는 것을 잊지 말 것.

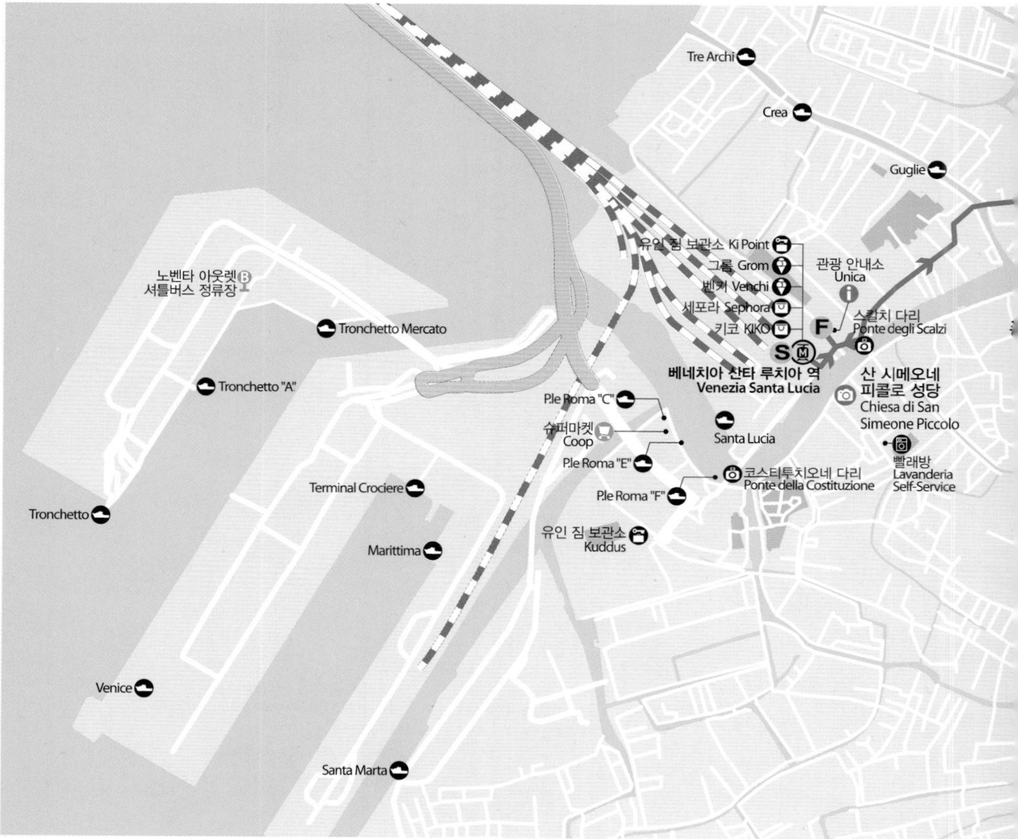

Tre Archi
Crea
Guglie
유인 짐 보관소 Ki Point
그롬 Grom
벤키 Venchi
세포라 Sephora
키코 KIKO
관광 안내소 Unica
F
스칼치 다리 Ponte degli Scalzi
S
베네치아 산타 루치아 역 Venezia Santa Lucia
산 시메오네 피콜로 성당 Chiesa di San Simeone Piccolo
노벤타 아웃렛 셔틀버스 정류장
Tronchetto Mercato
Tronchetto "A"
P.le Roma "C"
슈퍼마켓 Coop
Santa Lucia
P.le Roma "E"
코스티투치오네 다리 Ponte della Costituzione
빨래방 Lavanderia Self-Service
P.le Roma "F"
Terminal Crociere
Tronchetto
유인 짐 보관소 Kuddus
Marittima
Venice
Santa Marta

베네치아 산타 루치아 역

Venezia Santa Lucia

운하 건너편의 산 시메오네 피콜로 성당과 인사하자.

역을 등지고 왼쪽 방향 길을 따라 약 1km → 노바 거리 도착

노바 거리 / 20min

Strada Nova

각종 상점이 늘어선 쇼핑 거리이자 리알토 다리로 향하는 지름길. 천천히 거닐자.

계속 직진하다 보면 오른쪽 → 리알토 다리 도착

리알토 다리 / 30min

Ponte di Rialto

다리 위에서 대운하의 풍경을 한눈에 담자. 건너편 리알토 시장도 한 바퀴 둘러볼 것.

표지판을 따라 약 500m. 메르체리아 델롤로조 거리(Via Merceria dell'Orologio)를 지난다. → 산 마르코 광장 도착

산 마르코 광장 / 20min

Piazza San Marco

유럽에서 가장 아름다운 광장을 한껏 감상해 보자. 비둘기에 주의할 것.

광장 남쪽으로 간다. → 카페 플로리안 도착

코스 무작정 따라하기
START

S. 베네치아 산타 루치아 역
도보 20분
1. 노바 거리
도보 5분
2. 리알토 다리
도보 10분
3. 산 마르코 광장
도보 5분
4. 카페 플로리안
도보 5분
5. 산 마르코 대성당
도보 15분
6. 아쿠아 알타 서점
도보 30분
F. 베네치아 산타 루치아 역

F.te Nove "A"
F.te Nove
F.te Nove "C"
카 도로 Ca' d'Oro
카 페사로 Ca' Pesaro
Ca' d'Oro
슈퍼마켓 Coop
Ospedale
1 노바 거리 Strada Nova
벤키 Venchi
그롬 GROM
세포라 Sephora
리알토 다리 Ponte di Rialto 2
6 아쿠아 알타 서점 Libreria Acqua Alta
Rialto
디즈니 스토어 The Disney Store
슈퍼마켓 Coop
키코 KIKO
비알레티 Bialetti
Sant' Angelo
벤키 Venchi
콘타리니 델 보볼로 궁전 Palazzo Contarini del Bovol
두칼레 궁전 & 탄식의 다리 Palazzo Ducale & Ponte dei Sospiri
드러그 스토어 The Speziere Of Venice
산 마르코 광장 Piazza San Marco
San Marco-San Zaccaria"D"
San Marco-San Zaccaria"A"
3 4 5
라 페니체 극장 Teatro La Fenice
관광 안내소 Citypass Venezia Unica (Tourist Information)
Fermata S. Marco
San Marco-San Zaccaria"E"
San Marco-San Zaccaria"B"

4

카페 플로리안 / 1hr

Caffè Florian

유서 깊은 노천 카페에서 음악 연주와 분위기를 만끽하며 쉬자.

광장 동쪽으로 간다. → 산 마르코 대성당 도착

5

산 마르코 대성당 / 1hr

Basilica di San Marco

내부가 이루 말로 할 수 없이 화려하다. 종탑도 올라가 볼 것.

동북쪽으로 약 700m. 구글 맵을 이용할 것. → 아쿠아 알타 서점 도착

6

아쿠아 알타 서점 / 30min

Libreria Acqua Alta

베네치아의 명물 서점. SNS에 올릴 근사한 사진을 찍어 보자.

노바 거리를 지나 역으로 돌아간다. → 베네치아 산타 루치아 역 도착

F

베네치아 산타 루치아 역

Venezia Santa Lucia

COURSE 2

바포레토 본전 뽑기 하루 코스

바포레토는 한 코스 탑승에 무려 €9.5를 지불해야 하는 매우 비싼 교통수단이다. 아예 안 타도 된다면 모를까, 베네치아 최고의 명소로 꼽히는 부라노섬을 가기 위해서라도 꼭 한 번은 타야 하는 것이 베네치아 여행자의 운명. 그러므로 1일권(€20)을 구매해 3회 이상 탑승하는 '본전 뽑기'는 필수라 할 수 있다.

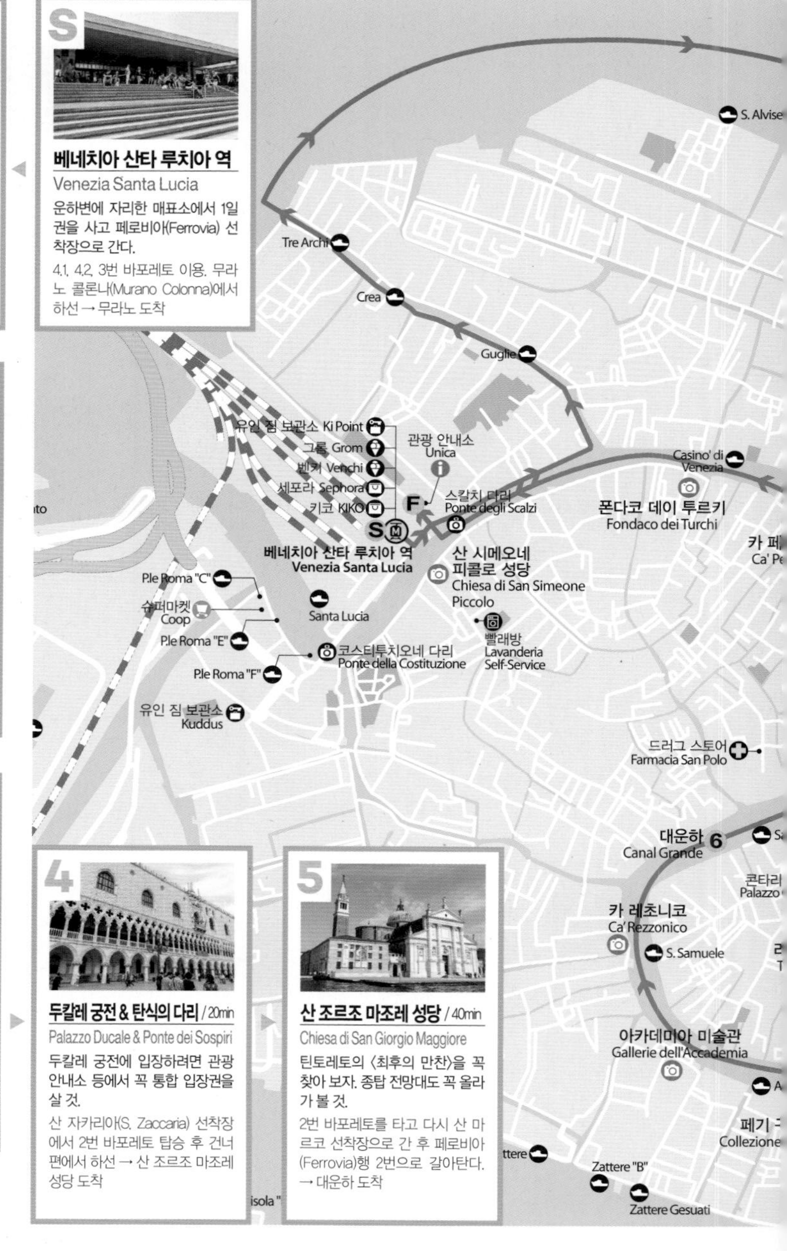

S 베네치아 산타 루치아 역

Venezia Santa Lucia

운하변에 자리한 매표소에서 1일권을 사고 페로비아(Ferrovia) 선착장으로 간다.

4.1, 4.2, 3번 바포레토 이용. 무라노 콜론나(Murano Colonna)에서 하선 → 무라노 도착

1 무라노 / 30min

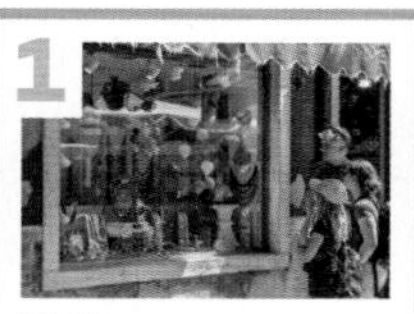

Murano

유리 공방과 기념품 상점을 가볍게 돌아보자. 부라노의 워밍업으로 생각하면 충분.

무라노 파로(Murano Faro) 선착장에서 12번 바포레토에 탑승하여 부라노 하선 → 부라노 도착

2 부라노 / 2hr

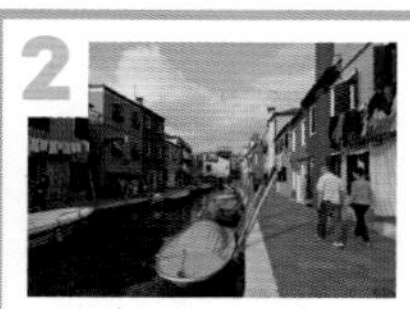

Burano

베네치아 일대에서 가장 인기 있는 관광지. 전국구 리조토 맛집이 두 곳 있으므로 점심식사도 이곳에서 할 것.

12번 바포레토 승선. 폰다멘테 노베(Fondamete Nove) 선착장에서 내려 표지판을 따라 이동 → 산 마르코 광장 도착

3 산 마르코 광장 / 20min

Piazza San Marco

몇 번을 봐도 아름다운 광장. 비둘기와 소매치기에 주의할 것.

성당 앞에서 오른쪽 소광장(Piazzetta) 방향으로 간다. → 두칼레 궁전 도착

4 두칼레 궁전 & 탄식의 다리 / 20min

Palazzo Ducale & Ponte dei Sospiri

두칼레 궁전에 입장하려면 관광 안내소 등에서 꼭 통합 입장권을 살 것.

산 자카리아(S. Zaccaria) 선착장에서 2번 바포레토 탑승 후 건너편에서 하선 → 산 조르조 마조레 성당 도착

5 산 조르조 마조레 성당 / 40min

Chiesa di San Giorgio Maggiore

틴토레토의 〈최후의 만찬〉을 꼭 찾아 보자. 종탑 전망대도 꼭 올라가 볼 것.

2번 바포레토를 타고 다시 산 마르코 선착장으로 간 후 페로비아(Ferrovia)행 2번으로 갈아탄다. → 대운하 도착

S. Alvise
Tre Archi
Crea
Guglie
유인 짐 보관소 Ki Point
그롬 Grom
벤키 Venchi
세포라 Sephora
키코 KIKO
관광 안내소 Unica
스칼치 다리 Ponte degli Scalzi
Casino' di Venezia
폰다코 데이 투르키 Fondaco dei Turchi
베네치아 산타 루치아 역 Venezia Santa Lucia
산 시메오네 피콜로 성당 Chiesa di San Simeone Piccolo
P.le Roma "C"
수퍼마켓 Coop
Santa Lucia
P.le Roma "E"
코스티투치오네 다리 Ponte della Costituzione
빨래방 Lavanderia Self-Service
P.le Roma "F"
유인 짐 보관소 Kuddus
드러그 스토어 Farmacia San Polo
대운하 6 Canal Grande
카 레초니코 Ca' Rezzonico
S. Samuele
아카데미아 미술관 Gallerie dell'Accademia
Zattere "B"
Zattere Gesuati

코스 무작정 따라하기
START

S. 베네치아 산타 루치아 역
바포레토 35분
1. 무라노
바포레토 35분
2. 부라노
바포레토+도보 1시간
3. 산 마르코 광장
도보 5분
4. 두칼레 궁전 & 탄식의 다리
바포레토 5분
5. 산 조르조 마조레 성당
바포레토 5분
6. 대운하
바포레토 20분
F. 베네치아 산타 루치아 역

무라노 Murano 약 1km 1
2 부라노 Burano 약 8km
na dell'Orto
F.te Nove "A"
F.te Nove
F.te Nove "C"
Ospedale
Celestia
슈퍼마켓 Coop
노바 거리 Strada Nova
그롬 GROM
세포라 Sephora
알토 다리 e di Rialto
Rialto
디즈니 스토어 The Disney Store
아쿠아 알타 서점 Libreria Acqua Alta
키코 KIKO
비알레티 Bialetti
벤키 Venchi
그 스토어 Of Venice
산 마르코 광장 Piazza San Marco 3
4 두칼레 궁전 & 탄식의 다리 Palazzo Ducale & Ponte dei Sospiri
관광 안내소 ypass Venezia Unica (Tourist Information)
Fermata S. Marco
San Marco-San Zaccaria"D"
San Marco-San Zaccaria"A"
San Marco-San Zaccaria"E"
San Marco-San Zaccaria"B"
San Marco Vallaresso "A"
l Giglio
산타 마리아 델라 살루테 성당 Basilica di Santa Maria della Salute
San Giorgio
5 산 조르조 마조레 성당 Chiesa di San Giorgio Maggiore

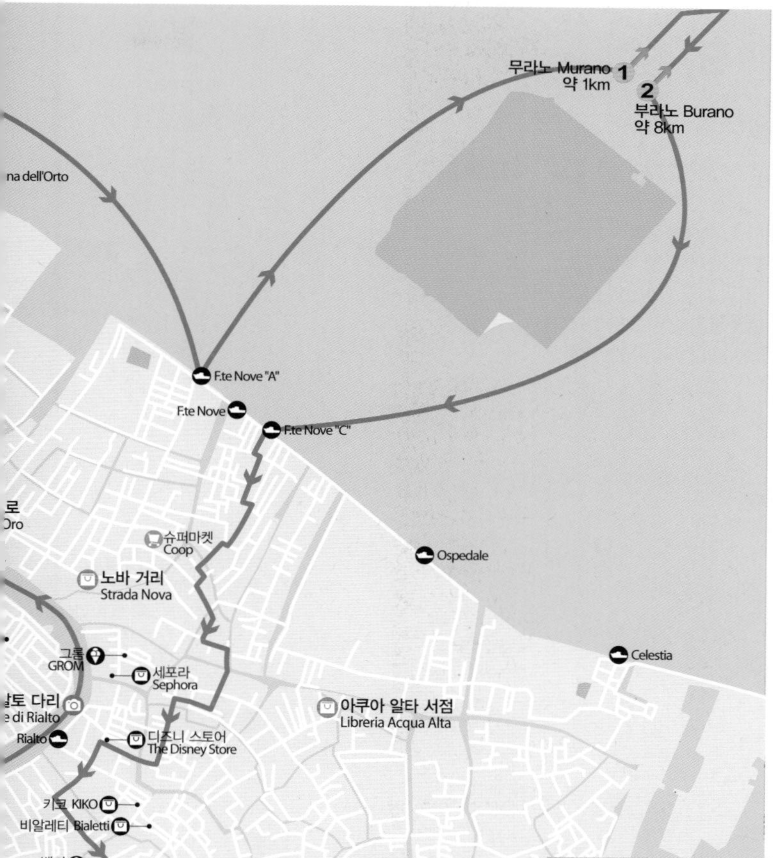

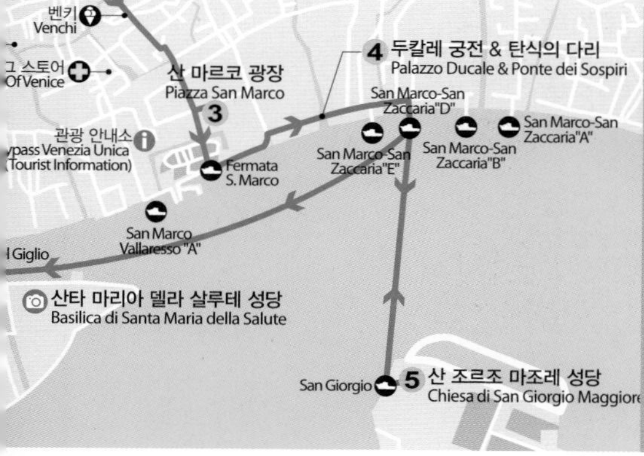

6

대운하 / 30min
Canal Grande

바포레토를 타고 대운하를 거슬러 올라가며 풍경을 만끽하자.

2번 바포레토를 타고 역까지 간다. 중간에 리알토에서 환승할 수도 있다. → 베네치아 산타 루치아 역 도착

F

베네치아 산타 루치아 역
Venezia Santa Lucia

산타 루치아 역 ~ 리알토 다리
Santa Lucia~Ponte di Rialto

본섬의 북부에 해당하는 지역으로, 여행자들이 베네치아에서 가장 먼저 마주치는 곳이다. 활기 넘치고 왁자지껄한 분위기에 숙소와 맛집, 쇼핑 명소들이 집중되어 있다. 폰다멘테 노베 선착장, 로마 광장 같은 곳은 매력적인 관광지는 아니나 베네치아 여행 시 꼭 알아야 하는 교통 핵심 스폿이다.

추천 동선

베네치아 산타루치아 역
▼
노바 거리
▼
리알토 다리

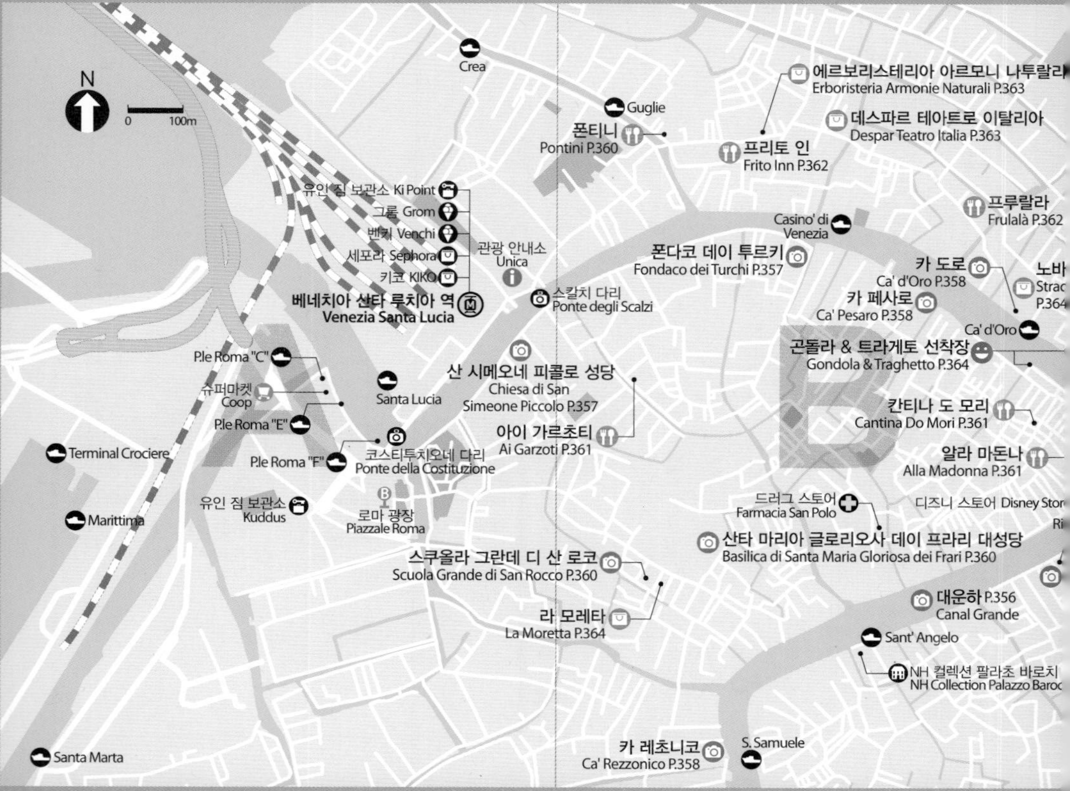

N
0 100m
Crea
Guglie
에르보리스테리아 아르모니 나투랄리
Erboristeria Armonie Naturali P.363
데스파르 테아트로 이탈리아
Despar Teatro Italia P.363
폰티니
Pontini P.360
프리토 인
Frito Inn P.362
프루랄라
Frulalà P.362
유인 짐 보관소 Ki Point
그롬 Grom
벤키 Venchi
세포라 Sephora
키코 KIKO
관광 안내소
Unica
베네치아 산타 루치아 역
Venezia Santa Lucia
스칼치 다리
Ponte degli Scalzi
Casino' di Venezia
폰다코 데이 투르키
Fondaco dei Turchi P.357
카 도로
Ca' d'Oro P.358
카 페사로
Ca' Pesaro P.358
노바
Strad
P.364
Ca' d'Oro
곤돌라 & 트라게토 선착장
Gondola & Traghetto P.364
P.le Roma "C"
슈퍼마켓
Coop
Santa Lucia
산 시메오네 피콜로 성당
Chiesa di San Simeone Piccolo P.357
P.le Roma "E"
아이 가르초티
Ai Garzoti P.361
칸티나 도 모리
Cantina Do Mori P.361
Terminal Crociere
P.le Roma "F"
코스티투치오네 다리
Ponte della Costituzione
알라 마돈나
Alla Madonna P.361
유인 짐 보관소
Kuddus
로마 광장
Piazzale Roma
드러그 스토어
Farmacia San Polo
디즈니 스토어 Disney Stor
Marittima
산타 마리아 글로리오사 데이 프라리 대성당
Basilica di Santa Maria Gloriosa dei Frari P.360
스쿠올라 그란데 디 산 로코
Scuola Grande di San Rocco P.360
대운하 P.356
Canal Grande
라 모레타
La Moretta P.364
Sant' Angelo
NH 컬렉션 팔라초 바로치
NH Collection Palazzo Baroc
카 레초니코
Ca' Rezzonico P.358
S. Samuele
Santa Marta

VE 8440

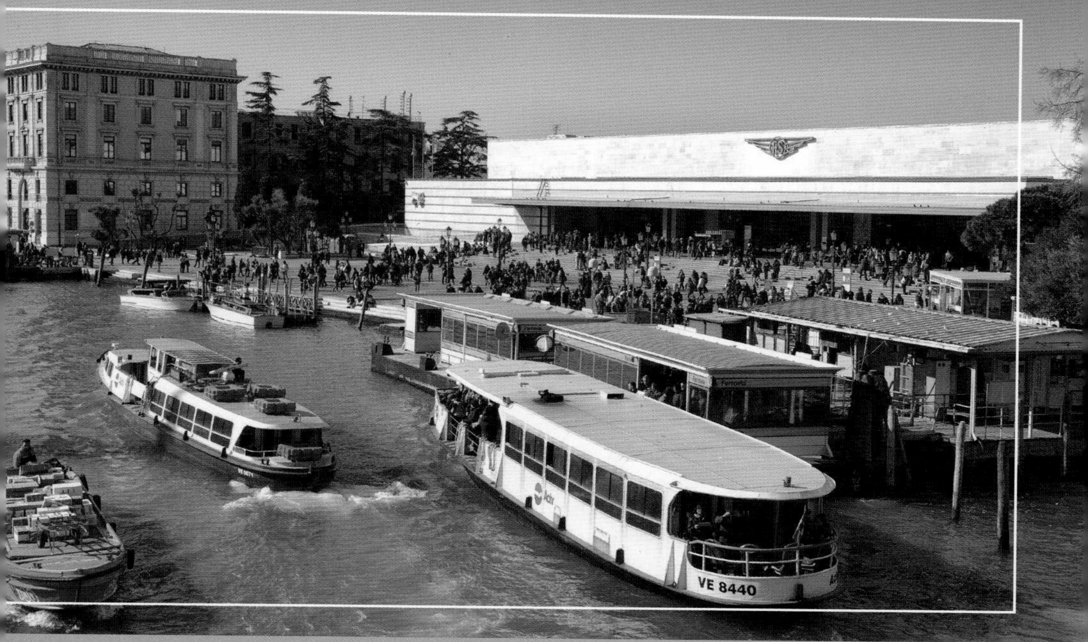

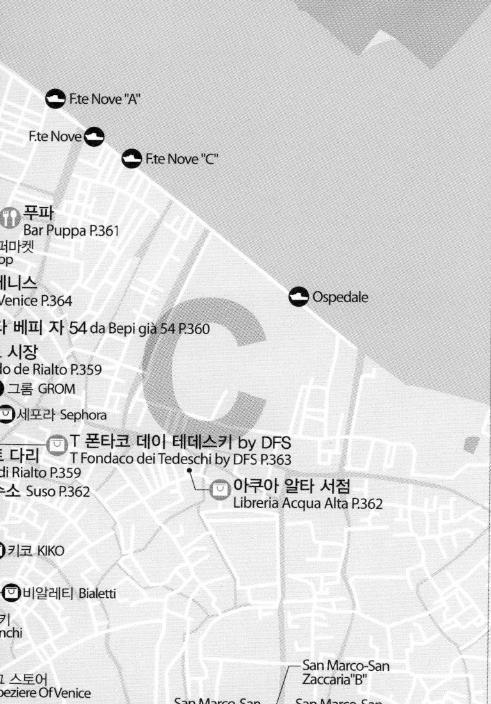

F.te Nove "A"
F.te Nove
F.te Nove "C"
푸파
Bar Puppa P.361
퍼마켓
oop
베니스
Venice P.364
Ospedale
다 베피 자 54 da Bepi già 54 P.360
C
D
시장
do de Rialto P.359
그롬 GROM
세포라 Sephora
Celestia
T 폰타코 데이 테데스키 by DFS
T Fondaco dei Tedeschi by DFS P.363
다리
di Rialto P.359
수소 Suso P.362
아쿠아 알타 서점
Libreria Acqua Alta P.362
키코 KIKO
비알레티 Bialetti
enchi
그 스토어
Speziere Of Venice
San Marco-San Zaccaria"B"
San Marco-San Zaccaria"E"
San Marco-San Zaccaria"D"
San Marco-San Zaccaria"A"

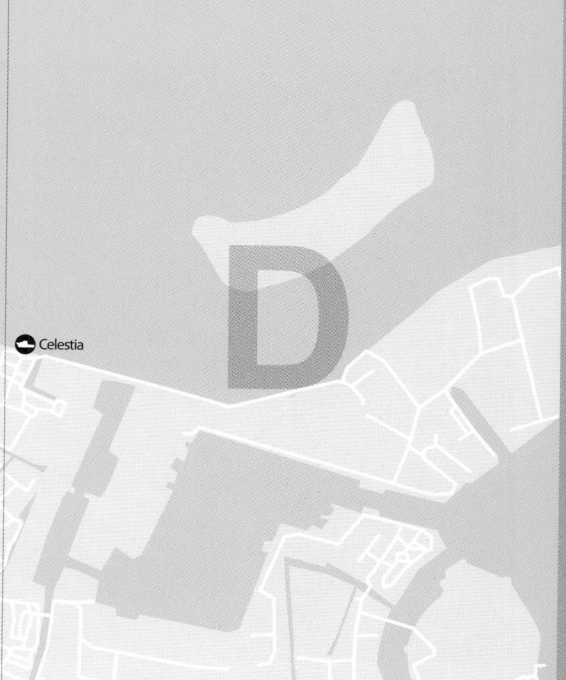

01 대운하
Canal Grande
까날 그란데

대운하는 베네치아 본섬 한가운데를 역 S자 모양으로 관통하는 큰 운하로, 베네치아의 모든 운하 중 가장 규모가 크다. 과거에는 이 자리에 강이 흐르고 있었는데, 간척 사업을 통해 베네치아 본섬의 영토가 넓어지며 지금과 같은 운하가 되었다. 다른 도시의 다차선 중심 도로와 같은 역할을 하는 중심 물길로, 바포레토가 이 운하를 따라 운행한다. 산타 루치아 역부터 리알토 다리를 거쳐 산 마르코 광장까지 베네치아의 핵심 관광 명소가 모두 이 운하에 닿아 있다. 베네치아의 특별한 풍경을 만드는 주역 중 하나.

INFO P.046 MAP P.354B
구글 지도 GPS 45.436376, 12.332242 **찾아가기** 산타 루치아 역(Ferrovia 선착장)부터 산 마르코 광장(S. Marco 선착장)을 잇는 바포레토를 이용한다. 현재는 1번과 2번 바포레토가 기차역과 산 마르코 광장을 잇고 있다.

PLUS TIP

대운하의 다리
대운하는 생각보다 폭이 넓지는 않으나 다리가 딱 4개뿐이다. 기차역 부근에서 로마 광장을 잇는 코스티투치오네 다리(Ponte della Costituzione), 기차역 바로 앞에 있는 스칼치 다리(Ponte degli Scalzi), 가장 유명한 리알토 다리, 아카데미아 미술관 앞에 있는 아카데미아 다리(Ponte dell'Accademia)가 바로 그것. '건너갈 수 있겠지'라고 막연하게 생각하고 바포레토를 안 탔다가 큰 코를 다치는 사람들이 적지 않다.

ZOOM IN

대운하

베네치아에서 가장 아름다운 건축물들이 이 운하를 따라 줄지어 있으나 몇몇 미술관과 성당을 제외한 대부분의 건축물은 바포레토나 수상 택시 위에서 감상하고 지나가게 되는 경우가 많다. 그냥 '와! 예쁘다'라고 지나치긴 아쉬운 대운하 주변의 멋진 건축물들에 대해 알아본다.

01 산 시메오네 피콜로 성당

Chiesa di San Simeone Piccolo (끼에자 디 싼 시메오네 삐꼴로)

산타 루치아 역 바로 건너편에 자리한 작은 성당. 기차역에서 나오는 순간 가장 먼저 만나는 베네치아의 첫인상과 같은 곳이다. 18세기에 건립된 건물인데, 베네치아의 성당 중에서는 비교적 최근에 만들어졌다. 네오 르네상스 양식으로 안팎 모두 단순 깔끔하다.

구글 지도 GPS 45.4403, 12.32243 **찾아가기** 기차역 앞에서 스칼치 다리를 건넌다. **주소** Santa Croce, 698 **전화** 041-719-438 **시간** 11:00~18:00 **휴무** 연중무휴 **가격** 무료입장 **홈페이지** venezia.fssp.it

02 폰다코 데이 투르키

Fondaco dei Turchi

13세기에 건축된 건물로, 베니션 비잔틴 양식을 보여주는 대표적인 건축물로 손꼽힌다. 건물명은 '터키인의 숙소'라는 뜻. 원래는 베네치아 공화국의 영빈관이었는데 17세기에 오스만 튀르크인들이 대거 몰려들어 이 건물을 시장 겸 숙소로 쓰면서 이런 이름이 붙었다고 한다. 현재는 자연사 박물관으로 쓰이고 있다.

구글 지도 GPS 45.44199, 12.32871 **찾아가기** 바포레토 San Stae 선착장에서 가장 가깝다. **주소** Santa Croce, 1730 **전화** 041-275-0206 **시간** 화~금요일 09:00~17:00, 토·일요일 10:00~18:00 **휴무** 월요일 **가격** 일반 €10, 25세 이하 €7.5 **홈페이지** msn.visitmuve.it

03 카 페사로
Ca' Pesaro

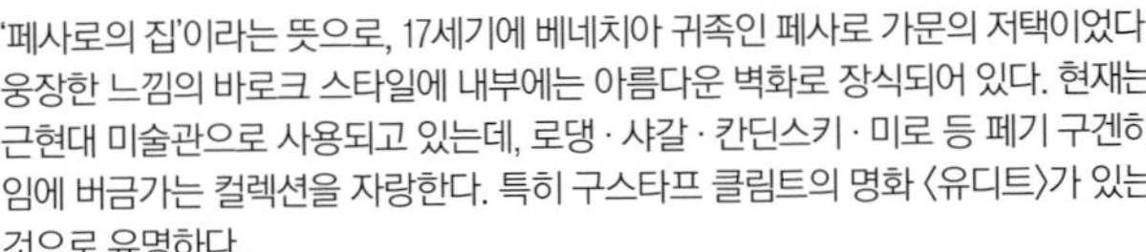

'페사로의 집'이라는 뜻으로, 17세기에 베네치아 귀족인 페사로 가문의 저택이었다. 웅장한 느낌의 바로크 스타일에 내부에는 아름다운 벽화로 장식되어 있다. 현재는 근현대 미술관으로 사용되고 있는데, 로댕 · 샤갈 · 칸딘스키 · 미로 등 페기 구겐하임에 버금가는 컬렉션을 자랑한다. 특히 구스타프 클림트의 명화 〈유디트〉가 있는 것으로 유명하다.

구글 지도 GPS 45.44106, 12.33163 **찾아가기** 바포레토 San Stae 선착장에서 가장 가깝다. **주소** Santa Croce, 2076 **전화** 041-721-127 **시간** 화~일요일 10:00~17:00 **휴무** 월요일 **가격** 일반 €15, 25세 미만 & 65세 이상 €12 **홈페이지** capesaro.visitmuve.it

04 카 도로
Ca' d'Oro

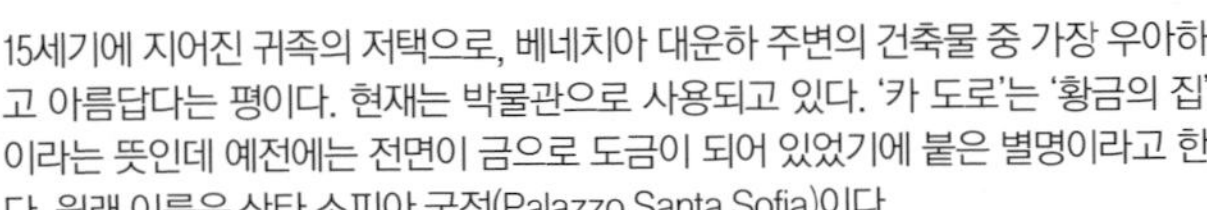

15세기에 지어진 귀족의 저택으로, 베네치아 대운하 주변의 건축물 중 가장 우아하고 아름답다는 평이다. 현재는 박물관으로 사용되고 있다. '카 도로'는 '황금의 집'이라는 뜻인데 예전에는 전면이 금으로 도금이 되어 있었기에 붙은 별명이라고 한다. 원래 이름은 산타 소피아 궁전(Palazzo Santa Sofia)이다.

구글 지도 GPS 45.44083, 12.33379 **찾아가기** 바포레토 Ca' d'Oro 선착장에서 내린다. **주소** Cannaregio, 3932 **전화** 041-5200-345 **시간** 화~일요일 09:00~19:00(전시에 따라 변동) **휴무** 월요일, 1/1, 5/1, 12/25 **가격** €6 **홈페이지** www.cadoro.org

05 카 레초니코
Ca' Rezzonico

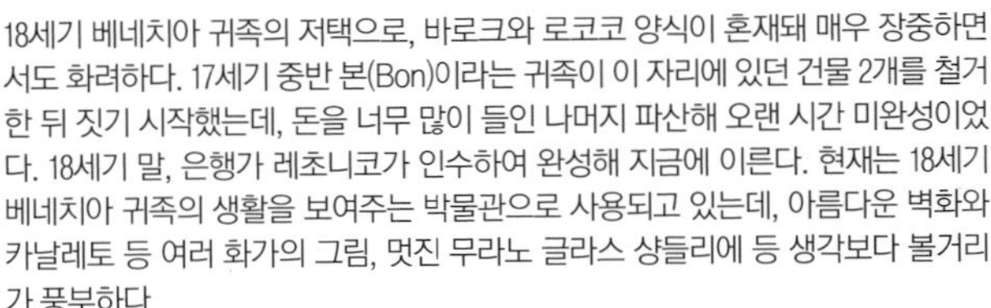

18세기 베네치아 귀족의 저택으로, 바로크와 로코코 양식이 혼재돼 매우 장중하면서도 화려하다. 17세기 중반 본(Bon)이라는 귀족이 이 자리에 있던 건물 2개를 철거한 뒤 짓기 시작했는데, 돈을 너무 많이 들인 나머지 파산해 오랜 시간 미완성이었다. 18세기 말, 은행가 레초니코가 인수하여 완성해 지금에 이른다. 현재는 18세기 베네치아 귀족의 생활을 보여주는 박물관으로 사용되고 있는데, 아름다운 벽화와 카날레토 등 여러 화가의 그림, 멋진 무라노 글라스 샹들리에 등 생각보다 볼거리가 풍부하다.

구글 지도 GPS 45.43354, 12.32682 **찾아가기** 바포레토 Ca' Rezzonico 선착장에서 내린다. **주소** Dorsoduro, 3136 **전화** 041-241-0100 **시간** 수~월요일 11/1~3/31 10:00~17:00, 4/1~10/31 10:00~18:00 **휴무** 화요일 **가격** 일반 €10, 6~25세 및 65세 이상 €7.5 **홈페이지** carezzonico.visitmuve.it

06 곤돌라
Gondola

대운하를 중심으로 베네치아의 물길 곳곳을 다니는 멋스러운 검은색 쪽배. 곤돌라는 '곤돌리에'라고 불리는 뱃사공이 긴 삿대를 이용하여 천천히 저어간다. 수백 년 동안 베네치아의 대중교통이었으나 현재는 관광용으로 운행한다. 리알토, 산 마르코 등에 자리한 곤돌라 전용 정류장에서 탑승한다. 요금은 한 대에 €80~100선, 여기에서 €5~10 정도는 흥정 가능하다. 한 대 탑승 인원은 최대 6명이고 성수기에는 일행이 아닌 사람끼리도 묶어 무조건 5~6명을 채워 운행하기도 한다. 운행 시간은 약 30분 정도로 생각보다 짧은 편이나 베네치아 곤돌라가 아니면 경험할 수 없는 낭만적인 분위기 때문에 만족도는 높은 편.

02 리알토 다리

Ponte di Rialto
폰테 디 리알토

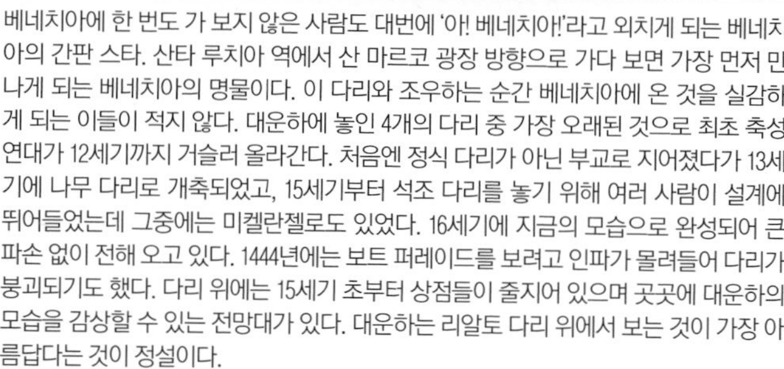

베네치아에 한 번도 가 보지 않은 사람도 대번에 '아! 베네치아!'라고 외치게 되는 베네치아의 간판 스타. 산타 루치아 역에서 산 마르코 광장 방향으로 가다 보면 가장 먼저 만나게 되는 베네치아의 명물이다. 이 다리와 조우하는 순간 베네치아에 온 것을 실감하게 되는 이들이 적지 않다. 대운하에 놓인 4개의 다리 중 가장 오래된 것으로 최초 축성 연대가 12세기까지 거슬러 올라간다. 처음엔 정식 다리가 아닌 부교로 지어졌다가 13세기에 나무 다리로 개축되었고, 15세기부터 석조 다리를 놓기 위해 여러 사람이 설계에 뛰어들었는데 그중에는 미켈란젤로도 있었다. 16세기에 지금의 모습으로 완성되어 큰 파손 없이 전해 오고 있다. 1444년에는 보트 퍼레이드를 보려고 인파가 몰려들어 다리가 붕괴되기도 했다. 다리 위에는 15세기 초부터 상점들이 줄지어 있으며 곳곳에 대운하의 모습을 감상할 수 있는 전망대가 있다. 대운하는 리알토 다리 위에서 보는 것이 가장 아름답다는 것이 정설이다.

MAP P.354B

구글 지도 GPS 45.43798, 12.33589 **찾아가기** 바포레토 Rialto 선착장 하선. 기차역 · 산 마르코 · 폰다멘테 노베 등에서 'Rialto'라는표지판을 쉽게 찾을 수 있다. **주소** Sestiere San Polo **시간** 24시간(상점 영업 시간은 모두 다름.) **가격** 무료입장

ZOOM IN
리알토 다리

01 리알토 시장

Mercato Rialto

리알토 다리 서쪽 끝 일대에 자리한 전통 시장으로, 약 100m 남짓한 길과 광장을 따라 기념품 상점과 좌판이 줄지어 성업 중이다. 베네치아의 여느 기념품 상점에서 팔고 있는 것은 대부분 이곳에서 구할 수 있으며 가격도 가장 쌀 확률이 높다. 상품 질의 편차가 큰 편이라 안목이 제법 필요하다.

구글 지도 GPS 45.43844, 12.33536 **찾아가기** 리알토 다리 서쪽 끝에서 바로 이어진다.
시간 상점마다 다름. 보통 10:00~19:00

03 산타 마리아 글로리오사 데이 프라리 대성당

Basilica di Santa Maria Gloriosa dei Frari
바질리까 디 싼타 마리아 글로리오자 데이 프라리

14세기에 축성된 중세 성당으로, 산 마르코 대성당에 버금가는 규모를 자랑한다. 이름이 몹시 긴 편인데, 그 뜻은 '프라리의 성모 영광 성당'이다. '프라리'는 '형제'를 뜻하는 이탈리아어 'frati'의 베네치아 방언으로, 프란체스코 형제회를 뜻한다. 현지에서는 '이 프라리(I Frari)'라고 줄여서 부른다. 내부에 중요 문화재급 예술 작품이 많이 소장돼 있는데, 특히 티치아노의 〈성모 승천〉이 유명하다. 그 외에도 도나텔로의 〈세례 요한〉 등 중세와 르네상스의 걸작이 심심찮게 눈에 띄며 스테인드글라스도 아주 아름답다.

MAP P.354B
구글 지도 GPS 45.43698, 12.3266 **찾아가기** 산타 루치아 역에서 다리를 건너간 뒤 산 시메오네 피콜로 옆 길로 쭉 들어간다. **주소** Calle del Scaleter, 3072 **전화** 041-272-8611 **시간** 월~금요일 09:00~19:30, 토요일 09:00~18:00, 일요일 · 공휴일 13:00~18:00 **휴무** 연중무휴(부정기 휴무 있음) **가격** 일반 €5, 30세 이하 학생 €1.5, 만 11세 미만 및 장애인 무료 **홈페이지** www.basilicadeifrari.it

04 스쿠올라 그란데 디 산 로코

Scuola Grande di San Rocco
스꾸올라 그란데 디 싼 로꼬

스쿠올라 그란데(Scuola Grande)는 중세 베네치아 공화국의 종교 자선 단체로, 베네치아 시민들이 자유롭게 가입하여 빈민 구호, 병원 건립, 축제 기획 등을 하던 조직이다. 베네치아 공화국에는 예닐곱 개의 대표적인 스쿠올라 그란데가 있었고 산 로코(San Rocco)도 그중 하나였다. 스쿠올라 그란데 디 산 로코의 본부 건물은 15세기에 지어졌다. 내부에 4개의 방과 천장에는 성경을 주제로 한 아름다운 벽화가 그려져 있는데, 대부분 베네치아파의 거장 틴토레토가 그린 것이다. 이 벽화들은 틴토레토의 최고 걸작으로 손꼽힌다.

MAP P.354B
구글 지도 GPS 45.4365, 12.32532 **찾아가기** 이 프라리 성당 파사드를 등지고 오른쪽으로 가면 왼쪽에 보인다. **주소** Calle Fianco de la Scuola, 311 **전화** 041-523-4864 **시간** 09:30~17:30 **휴무** 연중무휴 **가격** 일반 €10, 만 26세 미만 및 65세 이상 €8 **홈페이지** www.scuolagrandesanrocco.it

05 폰티니

Pontini

코페르토 €1.8 카드 결제 O 영어 메뉴 O

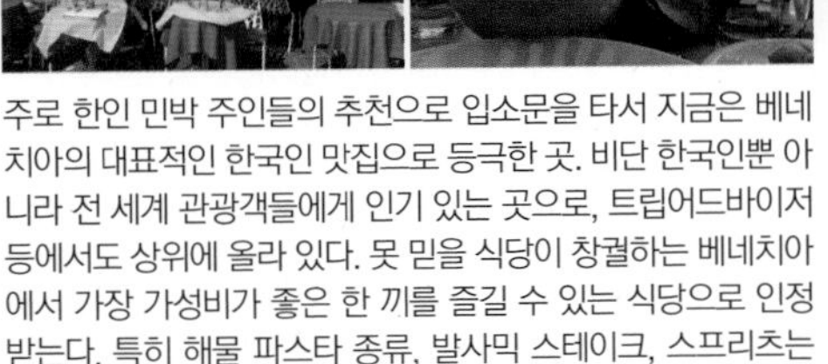

주로 한인 민박 주인들의 추천으로 입소문을 타서 지금은 베네치아의 대표적인 한국인 맛집으로 등극한 곳. 비단 한국인뿐 아니라 전 세계 관광객들에게 인기 있는 곳으로, 트립어드바이저 등에서도 상위에 올라 있다. 못 믿을 식당이 창궐하는 베네치아에서 가장 가성비가 좋은 한 끼를 즐길 수 있는 식당으로 인정받는다. 특히 해물 파스타 종류, 발사믹 스테이크, 스프리츠는 만족도 80%에 육박하는 메뉴이므로 딱히 먹고 싶은 것을 고르지 못했다면 꼭 주문해 볼 것. 파스타는 해물 외에 전반적인 메뉴가 모두 맛있다는 평을 듣고 있다.

MAP P.354B
구글 지도 GPS 45.44399, 12.32535 **찾아가기** 기차역에서 리알토로 가는 도보 루트를 따라가다 첫 번째 다리를 건넌 뒤 왼쪽으로 간다. **주소** Cannaregio, 1268 **전화** 041-714-123 **시간** 화~토요일 07:30~22:30, 일요일 10:00~23:00 **휴무** 월요일 **가격** 파스타 €12~20, 메인 요리 €14~32

해산물 스파게티 Spaghetti allo Scoglio €15

06 다 베피 자 54

Da Bepi Gia 54

코페르토 €2 카드 결제 △ (현금 선호) 영어 메뉴 O

노바 거리 부근에 있는 소박하면서 알찬 동네 맛집. 해물이 들어간 메뉴나 알리오 올리오 등의 기본적인 파스타류가 전반적으로 맛있다. 평소에 아주 싱겁게 먹는 편이 아니라면 소금 조절을 부탁하지 않아도 될 정도로 우리 입맛에 간이 잘 맞는 편. 분위기도 정겹고 서비스도 친절한 편이다. 멀리서 찾아갈 필요까지는 없으나 숙소가 그 근처거나 무라노 · 부라노섬을 돌아보고 폰다멘테 노베로 돌아온 뒤 밥 먹을 곳을 찾을 때 가볼 만하다.

MAP P.355C
구글 지도 GPS 45.44055, 12.3364 **찾아가기** 노바 거리 동쪽 끝에서 왼쪽 골목으로 들어간다. 리알토 다리에서도 멀지 않다. 구글 맵을 참고할 것. **주소** Cannaregio, 4550 **전화** 041-528-5031 **시간** 금~수요일 12:00~14:00, 19:30~21:45 **휴무** 목요일 **가격** 전채 €8~20, 파스타 €8~15, 메인 요리 €12~20, 비프 스테이크 (1kg) €55 **홈페이지** www.dabepi.it

알리오 올리오 페페론치노 스파게티 Spaghetti Alio, Olio e Peperoncino €8

07 알라 마돈나
Alla Madonna

코페르토 €2 서비스 요금 12% 카드 결제 O 영어 메뉴 O

몇 년 전 방송에 나온 뒤로 특히 한국 여행자에게 베네치아 대표 맛집으로 자리 잡았다. 바가지가 난무하는 베네치아 관광 식당계에서 무난히 믿고 들러도 좋은 곳이다. 단, 음식이 짠 편인데 특히 파스타류가 거의 다 짜다. 대표 메뉴는 차가운 게살 냉채로 거의 모든 테이블에서 먹고 있다. 게가 들어간 메뉴는 대체로 맛있는 편. 코페르토와 서비스 요금을 모두 받는다는 것도 미리 알고 갈 것.

MAP P.354B
구글 지도 GPS 45.43822, 12.3345 **찾아가기** 리알토 다리 동쪽에서 시장 방향으로 길을 건넌 뒤 좌회전, 대운하를 따라 가다가 오른쪽 골목으로 들어간다. **주소** Calle della Madonna, 594 **전화** 041-522-382 **시간** 목~화요일 12:00~15:00, 19:00~22:00 **휴무** 수요일 **가격** 전채 €13~20, 파스타 €16~20, 메인 요리 €12~25, 랍스터 100g당 €6 **홈페이지** www.ristoranteallamadonna.com

게살 냉채 Granzeola €16

08 푸파
Bar Puppa

코페르토 X 카드 결제 X 한국어/영어 메뉴 O

눈에도 잘 띄지 않는 작은 식당이나 뛰어난 가성비와 베네치아에서는 드문 친절함으로 여행자들 사이에서 은근히 입소문 난 곳이다. 한국인 여행자들에게 좋은 평가를 받아 한국어 메뉴까지 갖추고 있다. 메뉴는 파스타, 피자, 치케티까지 다양하게 선보이는 무규칙 만능 식당인데, 파스타가 웬만한 번듯한 레스토랑보다 맛있다. '오늘의 메뉴'를 이용하면 식사에 음료, 커피까지 포함된 세트를 €20 미만에 즐길 수 있다.

MAP P.355C
구글 지도 GPS 45.442011, 12.337902 **찾아가기** 바포레토 F.te Nove 선착장에서 리알토 방향으로 가는 골목으로 들어가서 250m 직진. 수로를 2개 건넌다. **주소** Calle dello Spezier, 4800 **전화** 041-541-0410 **시간** 09:00~23:00 **휴무** 연중무휴 **가격** 오늘의 메뉴(파스타 or 피자 or 햄버거 or 샐러드+음료+커피) €15~18, 치케티 €2~5 **홈페이지** www.facebook.com/BarPuppaVenezia

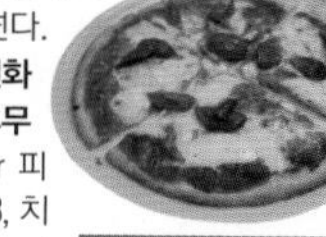
파스타+피자+커피 세트 메뉴 €15

09 칸티나 도 모리
Cantina Do Mori

코페르토 X 카드 결제 X 한국어/영어 메뉴 X

베네치아의 전통 와인 주점을 '바카로(Bacaro)'라고 하는데, 칸티나 도 모리는 베네치아에서 가장 오래된 바카로로 공인되어 있다. 개업 연도가 1462년으로 무려 550년이 넘는 역사를 자랑한다. 주메뉴는 와인과 치케티. 특히 베네토 지방의 전통술인 딸기 와인(Fragolino)을 맛볼 수 있는 몇 안 되는 곳이다. 치케티도 종류가 상당히 다양하며 맛도 좋은 편. 카운터에 가서 술과 음식을 주문해야 되고, 주문할 때마다 값을 치러야 한다. 점포가 좁지는 않으나 좌석이 몇 개 없어 대부분 서서 마셔야 하므로 편하게 즐기고 싶은 사람은 패스할 것.

MAP P.354B
구글 지도 GPS 45.44399, 12.32535 **찾아가기** 기차역에서 리알토로 가는 도보 루트를 따라가다 첫 번째 다리를 건넌 뒤 왼쪽으로 간다. **주소** Cannaregio, 1268 **전화** 041-714-123 **시간** 월~토요일 08:00~19:30 **휴무** 일요일 **가격** 와인 1잔 €4~, 치케티 €2~

치케티 Cicchetti (1개) €2~

10 아이 가르초티
Ai Garzoti

코페르토 €2 카드 결제 O 영어 메뉴 X

기차역 건너편, 섬 안쪽 조용한 곳에 자리한 작은 피체리아 겸 식당. 가격이 저렴한 것에 비해 양이 실하고 맛이 뛰어나 최근 은근히 뜨거운 인기를 누리고 있다. 간이 짜지 않아 한국인들 입맛에도 잘 맞는 편이다. 작은 운하 바로 옆에 있어 운치를 즐기기도 좋으며 특히 저녁 시간에 맥주나 와인에 곁들에 피자를 즐기기 딱 좋다. 조각 피자와 튀김 도넛 등을 저렴한 가격에 테이크아웃으로 판매한다.

MAP P.354B
구글 지도 GPS 45.43977, 12.32492 **찾아가기** 산타 루치아 역을 등지고 다리를 건넌 뒤 왼쪽으로 가다가, 수로가 나오면 오른쪽으로 꺾어 수로를 따라간다. 첫 번째 다리가 나오면 건너간 뒤 다시 수로를 따라 쭉 걸으면 두 번째 다리 앞에 식당이 보인다. **주소** O dei Garzoti, Fondamenta Rio Marin, 890 **전화** 041-716-636 **시간** 11:30~15:00, 16:30~22:30 **휴무** 공휴일 **가격** 피자 €6~11, 샐러드 €7~9, 파스타 €9.5~12, 리조토 €14~16 **홈페이지** aigarzoti.it

마르게리타 피자 Margherita (1판) €6

11 프리토 인
Frito Inn

코페르토 X 카드 결제 X 한국어/영어 메뉴 O

산타 루치아 역에서 리알토로 가는 길목에 자리한 작은 해물 튀김 테이크아웃 전문점. 신선한 해물을 사용하여 맛이 준수하다. 특히 한국인 여행자들 사이에서 유명해서 아주 작은 안내문까지 모조리 한글로 되어 있다. 다양한 해물을 맛보고 싶다면 모둠 튀김, 가장 맛있는 것을 골라 선택과 집중을 하고 싶다면 오징어(한치) 튀김이나 안초비 튀김을 고르자. 간이 다소 짭짤한 편이므로 음료나 맥주를 꼭 곁들일 것.

MAP P.354B
구글 지도 GPS 45.44362, 12.327 **찾아가기** 기차역에서 리알토로 향하는 도보 루트에서 첫 번째 다리를 건넌 뒤 길을 따라 약 80m 가면 오른쪽에 작은 광장이 있는데, 그 광장에 있다. **주소** Campo San Leonardo, 1587 **전화** 041-564-7451 **시간** 성수기 24시간, 비수기 10:30~14:30, 17:00~20:30 **휴무** 부정기 **가격** 각종 해산물 튀김 €6~12 **홈페이지** 없음

모둠 튀김 €8

12 프루랄라
Frulalà

코페르토X 카드 결제X 영어 메뉴 O

생과일 주스를 중심으로 스무디, 요거트, 칵테일, 커피, 차 등 마실거리를 다양하게 선보이는 스탠딩 노점. 딸기, 바나나 등의 스무디가 뛰어나게 맛있다. 뮈슬리, 그래놀라 등 맛있는 아침도 준비되어 있다. 가격대가 약간 비싼 것이 흠.

MAP P.354B
구글 지도 GPS 45.44264, 12.33232 **찾아가기** 노바 거리에 두 곳의 지점이 있다. **주소** Cannaregio, Fronte Civico 2292 **전화** 338-387-8537 **시간** 일~목요일 09:00~24:00, 금요일 09:00~19:00, 토요일 09:30~01:00 **휴무** 연중무휴 **가격** 스무디 €5~6, 칵테일 €7~9, 요거트 €5~7, 과일 샐러드 €4~5 **홈페이지** frulala.com

과일 스무디 €5~6

13 수소
Suso

코페르토 X 카드 결제 X 한국어/영어 메뉴 X

베네치아의 여러 젤라테리아 중, 최근 가장 맛있다는 평가를 받고 있는 곳. 베네치아를 중심으로 이탈리아에서 생산된 질 좋은 재료를 사용한 수제 아이스크림인데, 인공 색소와 향료는 전혀 넣지 않는다. 질감이 쫀득하고 많이 달지 않은 것이 최고 장점. 초콜릿 맛이 단연 인기가 높고 무화과를 비롯한 과일 아이스크림도 훌륭하다. 리알토 다리와 가까워 교통은 좋은 편이나 가게 입구가 잘 눈에 띄지 않으므로 구글 맵을 잘 볼 것.

MAP P.355C
구글 지도 GPS 45.43772, 12.33736 **찾아가기** 리알토 다리에서 100m쯤 떨어진 곳. 위치가 매우 애매하므로 구글 맵 등을 반드시 이용할 것. **주소** Calle della Bissa, 5453 **전화** 348-564-6545 **시간** 10:00~10:30(금 · 토요일에는 30분 연장영업할 때도 있음) **휴무** 연중무휴 **가격** 1스쿱 €2.5, 2스쿱 €4.5, 3스쿱 €6.5 **홈페이지** suso.gelatoteca.it

젤라토 (1스쿱) €2.5

14 아쿠아 알타 서점
Libreria Acqua Alta
리브레리아 아쿠아 알타

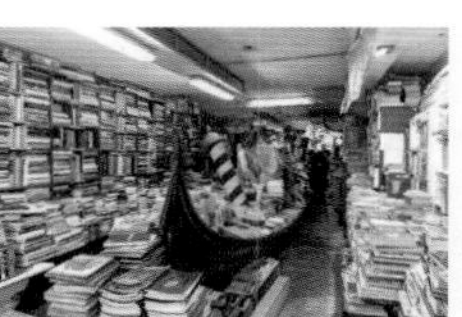

여러 매체에서 '전 세계에서 가장 아름다운 서점'으로 선정된 베네치아의 명물 서점. 곤돌라, 욕조, 바구니 등에 책을 가득 담아 전시해 두었는데, 아쿠아 알타 때 홍수가 나면 책을 물 위에 띄워 보호하기 위한 조치라고 한다. 다소 산만하지만 유쾌하고 컬러풀한 인테리어 덕에 어디를 찍어도 예쁜 사진이 나오고, 덕분에 인스타그램 명소로 유명해졌다.

MAP P.355C
구글 지도 GPS 45.43784, 12.34224 **찾아가기** 산 마르코 광장에서 약 550m. 다소 외진곳에 자리하고 있어 길잡이 삼을 지형지물이 마땅치 않으므로 인터넷 지도를 이용해서 찾는 것이 현명하다. **주소** B, Calle Lunga Santa Maria Formosa, 5176 **전화** 041-296-0841 **시간** 09:00~20:00 **휴무** 연중무휴 **홈페이지** www.facebook.com/libreriaacquaalta

15 T 폰다코 데이 테데스키 by DFS

★★★

T Fondaco dei Tedeschi by DFS
티 폰다코 데이 테데스키 바이 DFS

세계적인 면세점 DFS 갤러리아의 베네치아 지점. 보테가 베네타, 살바토레 페라가모, 버버리, 발렌티노를 주력 브랜드로 내세우고 있다. 굳이 노벤타 아웃렛까지 가지 않고 베네치아에서 다양한 명품 브랜드를 만나보고 싶다면 가장 좋은 선택이다. 리알토 다리와 가까워 찾기도 쉽다. 이 일대에 코인, 세포라 등 쇼핑 스폿이 몰려 있다는 것도 참고할 것.

MAP P.355C

구글 지도 GPS 45.43821, 12.3368 **찾아가기** 리알토 다리 부근. **주소** Ramo del Fontego dei Tedeschi **전화** 041-314-2000 **시간** 10:00~19:00 **휴무** 연중무휴 **홈페이지** www.dfs.com

PLUS TIP

폰다코 데이 테데스키 옥상 전망대

건물 옥상에 전망 테라스가 마련되어 있다. 대운하 일대의 풍경을 파노라마로 즐길 수 있는 전망 명소다. 입장은 무료이나, 한 번에 입장 가능한 인원을 70명으로 제한하고 있어 가급적 예약하는 것이 좋다. 예약은 홈페이지 또는 3층과 4층에 마련된 아이패드로 가능하다.

16 에르보리스테리아 아르모니 나투랄리

★★★

Erboristeria Armonie Naturali
에르보리스테리아 아르모니 나투랄리

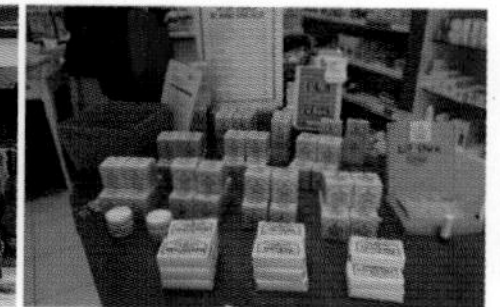

천연 성분 화장품과 약품을 판매하는 드러그 스토어로, 현재 베네치아에서 카말돌리 크림을 가장 저렴하게 판매하는 곳이다. 카말돌리 외에도 이탈리아 각지의 수도원 화장품 및 천연 화장품을 다양하게 구경할 수 있다.

MAP P.354B

구글 지도 GPS 45.44378, 12.32766 **찾아가기** 기차역에서 리알토로 향하는 도보 루트에서 첫 번째 다리를 건넌 뒤 길을 따라 150m 직진. **주소** A, Rio Terà S. Leonardo, 1373 **전화** 041-718-567 **시간** 월~토요일 09:30~19:00 **휴무** 일요일 **홈페이지** www.erboristerietop.com

17 데스파르 테아트로 이탈리아

★★★★

Despar Teatro Italia
데스파르 테아트로 이딸리아

1915년에 세워진 오래된 극장인 '테아트로 이탈리아'를 개조한 슈퍼마켓. 데스파르(Despar)는 이탈리아 식재료 및 반조리 식품을 전문으로 취급하는 고급 슈퍼마켓 체인이다. 파사드, 건물 구조, 내부의 벽화 등이 거의 고스란히 살아있는 20세기 초의 공간에 현대적인 슈퍼마켓이 영업하고 있는 모습이 매우 이채롭다. 이곳에서만 구할 수 있는 기념품 및 PB 상품도 있다.

INFO P.211 MAP P.354B

구글 지도 GPS 45.44401, 12.32945 **찾아가기** 베네치아 산타루치아 역에서 약 800m. 산타루치아 역에서 리알토 다리로 향하는 도보 루트 선상에 있다. **주소** Campiello de l'Anconeta, 1944 **전화** 041-244-0243 **시간** 08:00~20:30 **휴무** 연중무휴 **홈페이지** www.despar.it

18 노바 거리

Strada Nova
스트라다 노바

'누오바 거리(Strada Nuova, 스트라다 누오바)'라고도 한다. 산타 루치아 역에서 리알토 방향으로 가는 도보 루트 중간에 자리한 약 800m의 거리로, 각종 상점과 노점, 식당들이 모여 있다. 상점들 대부분이 기념품점이므로 엽서·냉장고 자석·스노 볼 등 평범한 기념품을 구하고 싶다면 이 거리로 갈 것. 산타 루치아 역에서 리알토 다리 쪽으로 걸어가는 경우엔 굳이 가려고 하지 않아도 반드시 들르게 되는 거리다. 은행의 지점과 ATM이 많이 있으므로 현금 인출이 필요할 때도 이쪽으로 올 것.

MAP P.354B
구글 지도 GPS 45.44144, 12.33372(기차역 방향 시작점 부근) **찾아가기** 기차역과 리알토 다리 사이의 도보 루트. **주소** Strada Nova **전화** 상점마다 다름. **시간** 24시간 **휴무** 상점마다 다름.

19 필링 베니스

Feelin' Venice
필링 베니스

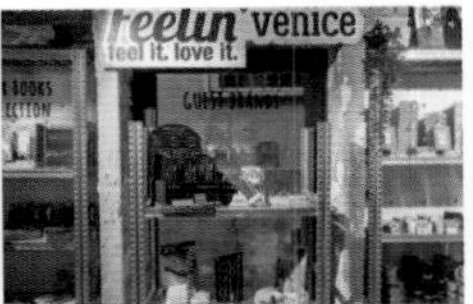

노바 거리에 자리한 기념품 숍으로, 베네치아의 젊은 예술가와 디자이너들이 의기투합하여 문을 열었다. 베네치아의 명물들을 세련되고 참신한 도안으로 표현한 티셔츠, 에코백, 노트, 마그넷 등을 선보인다. 뻔하지 않은 기념품을 사고 싶다면 꼭 들러볼 것.

MAP P.354B
구글 지도 GPS 45.44096, 12.33495 **찾아가기** 노바 거리 중간에 있다. 바포레토 Ca' dOro 선착장에서 가깝다. **주소** Strada Nova, 4194 **시간** 10:00~21:30 **휴무** 연중무휴 **홈페이지** www.feelinvenice.com

20 라 모레타

La Moretta
라 모레타

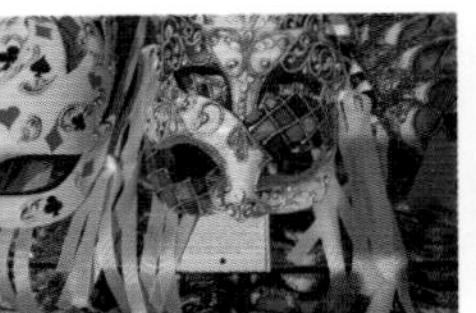

스쿠올라 그란데 디 산 로코 부근에 자리한 베네시안 마스크 전문 숍. 베네치아의 여러 기념품 숍에서 흔하게 팔고 있는 가면보다 한 차원 높은 퀄리티의 가면을 판매한다. €1~2짜리 마그넷부터 수십 수백 유로에 달하는 정교한 공예품까지 다양한 구색을 자랑한다. 하나를 사도 제대로 사고 싶은 사람에게 추천한다.

MAP P.354B
구글 지도 GPS 45.43645, 12.32578 **찾아가기** 스쿠올라 그란데 디 산 로코 맞은편. **주소** Calle S. Rocco, 3046 **전화** 041-476-9096 **시간** 10:00~20:00 **휴무** 연중무휴 **홈페이지** www.la-moretta.com

21 트라게토

Traghetto
트라게토

이탈리아어로 '연락선'을 가리키는 단어로, 베네치아에서는 곤돌라를 이용해 대운하를 건너는 일종의 수상 마을버스를 말한다. 대운하에는 다리가 4개밖에 없기 때문에 예로부터 트라게토가 운하 횡단 수단으로 많이 쓰였다. 곤돌라는 한 번쯤 타보고 싶은데 비용이 너무 비싸다고 생각하는 사람에게 추천. 대운하 일대에 여러 곳의 선착장이 있다.

MAP P.354B
구글 지도 GPS 45.44046, 12.33455(카 도로 부근-우안), 45.43998, 12.33418(카 도로 부근-좌안), 45.43676, 12.33437(리알토 부근-우안), 45.43528, 12.32954(산 토마 부근-우안), 45.43551, 12.32831(산 토마 부근-좌안), 45.43162, 12.33298(살루테 부근-우안), 45.43099, 12.33312(살루테 부근-좌안) **찾아가기** 스폿마다 다름. **주소** 스폿마다 다름. **전화** 없음 **시간** 대략 07:00~19:00 **휴무** 부정기 **가격** 편도 €2

B.

산 마르코 광장 주변
Piazza San Marco

베네치아의 대표적인 볼거리들이 몰려 있는 곳. 대운하를 사이에 두고 동쪽에는 베네치아 관광의 하이라이트인 산 마르코 광장, 산 마르코 대성당 등이, 서쪽에는 베네치아를 대표하는 주요 미술관과 박물관이 자리하고 있다.

추천 동선

산 마르코 광장
▼
산 마르코 대성당
▼
두칼레 궁전
▼
탄식의 다리
▼
산 조르조 마조레 성당

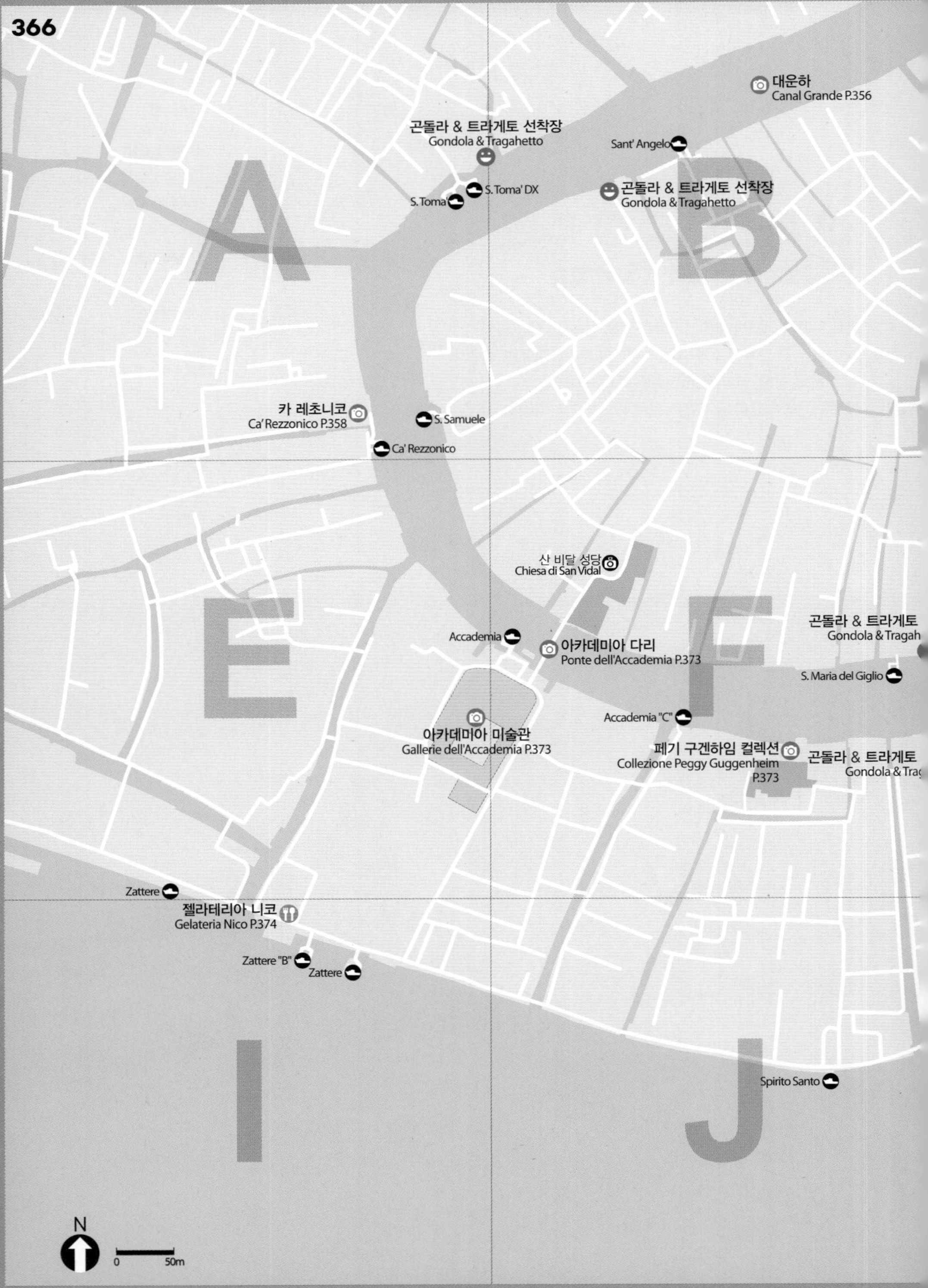

대운하
Canal Grande P.356

곤돌라 & 트라게토 선착장
Gondola & Tragahetto

Sant' Angelo

S. Toma' DX

S. Toma'

곤돌라 & 트라게토 선착장
Gondola & Tragahetto

A

B

카 레초니코
Ca' Rezzonico P.358

S. Samuele

Ca' Rezzonico

산 비달 성당
Chiesa di San Vidal

E

F

곤돌라 & 트라게토
Gondola & Tragah

Accademia

아카데미아 다리
Ponte dell'Accademia P.373

S. Maria del Giglio

Accademia "C"

아카데미아 미술관
Gallerie dell'Accademia P.373

페기 구겐하임 컬렉션
Collezione Peggy Guggenheim
P.373

곤돌라 & 트라게토
Gondola & Trag

Zattere

젤라테리아 니코
Gelateria Nico P.374

Zattere "B"

Zattere

I

J

Spirito Santo

N

0 50m

키코
KIKO
달 모로스 프레시 파스타 투 고
Dal Moro's Fresh Pasta to Go P.374
비알레티
Bialetti
메르체리에 거리
Mercerie P.374
벤키
Venchi
시계탑
Torre dell'Orologio
P.369
콘타리니 델 보볼로 궁전
Palazzo Contarini del Bovolo
P.372
산 마르코 대성당
Basilica di San Marco P.369
호텔 다니엘리
Hotel Danieli
드러그 스토어
The Speziere of Venice
산 마르코 광장
Piazza San Marco P.368
산 마르코 대성당 종탑
Campanile di San Marco
P.370
탄식의 다리
Ponte dei Sospiri P.370
페니체 극장
ro La Fenice P.372
코레르 박물관
Museo Correr P.371
카페 플로리안
Caffè Florian P.374
두칼레 궁전
Palazzo Ducale P.371
San Marco-San Zaccaria"D"
San Zaccaria
관광 안내소
Unica
마르차나 도서관
Biblioteca Marciana
P.371
소광장
Piazzetta
P.370
San Marco-San Zaccaria"F"
San Marco-San Zaccaria"E"
발리오니 호텔 루나
Baglioni Hotel Luna
Fermata S. Marco
San Marco (Giardinetti)
San Marco (Vallaresso) SX
San Marco Vallaresso "A"
Salute
타 마리아 델라 살루테 대성당
asilica di Santa Maria della Salute
P.373
San Giorgio
산 조르조 마조레 성당
Chiesa di San Giorgio Maggiore
P.372
C
D
G
H
K
L

01 산 마르코 광장

Piazza San Marco
피아짜 싼 마르코

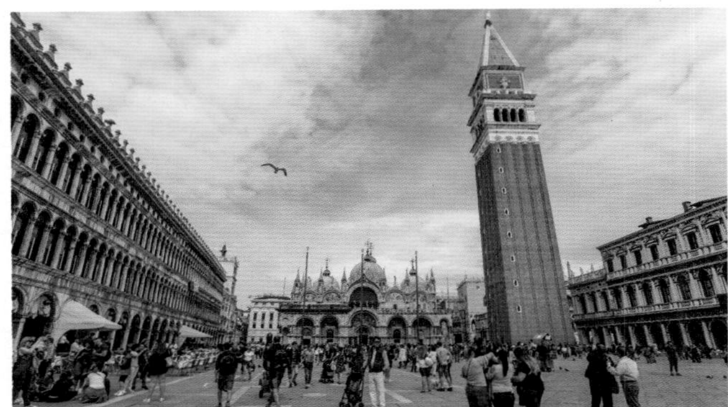

시에나의 캄포 광장과 더불어 이탈리아에서 가장 아름다운 광장 넘버원을 다투는 곳. 이탈리아를 넘어 유럽, 아니 전 세계적으로도 가장 아름다운 광장에 꼽힌다. 10세기경 산 마르코 대성당 앞에 자연스럽게 조성된 광장이었는데, 12~13세기에 이 일대가 무역과 성지 순례로 번잡해지자 현재와 같이 깔끔하게 정비했다고 한다. 산 마르코 대성당을 위시하여 두칼레 궁전, 코레르 박물관, 종탑, 카페 플로리안 등 베네치아에서 가장 명성 높은 관광 스폿들이 주변에 포진하고 있고, 그 외에도 베네치아 공화국이 겪은 영욕의 순간들이 광장 곳곳에 남아 있다. 탁 트인 광장과 사방을 둘러싼 우아한 건물들, 그 가운데를 채운 사람과 비둘기의 물결, 그 위를 감싸고 도는 카페의 라이브 음악 등을 즐기다 보면 베네치아 특유의 비현실적인 느낌이 최대치로 증폭되곤 한다.

산 마르코 광장은 통통한 ㄱ자, 또는 권총과 비슷한 구조를 띠고 있다. 광장은 동쪽의 산 마르코 대성당을 기준으로 동서로 길게 뻗어 있고, 광장의 삼면을 프로쿠라티에(Procuratie)라고 하는 주랑형 건물이 둘러싸고 있다. 이 건물은 과거 베네치아 공화국의 관청으로서, 시계탑이 있는 북쪽 건물을 '구 관청'이라는 뜻의 프로쿠라티에 베키에(Procuratie Vecchie), 바닷가를 따라 세워진 남쪽 건물을 '신 관청'이라는 뜻의 프로쿠라티에 누오베(Procuratie Nuove)라고 부른다. 프로쿠라티에 누오베의 동쪽 끝은 다시 남쪽으로 살짝 꺾어져 마르차나 도서관으로 이어지고, 그 맞은편에 두칼레 궁전이 있다.

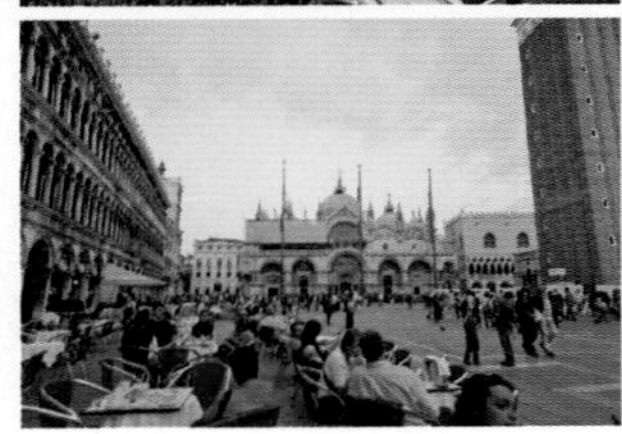

INFO P.050 MAP P.367C

구글 지도 GPS 45.43416, 12.33847 **찾아가기** 바포레토 S.Marco 또는 S.Zaccaria 선착장에서 가깝다. 리알토와 기차역, 폰다멘테 노베 등에서 표지판을 쉽게 찾을 수 있다. **주소** Piazza San Marco **전화** 없음 **시간** 24시간 **휴무** 연중무휴 **가격** 무료입장

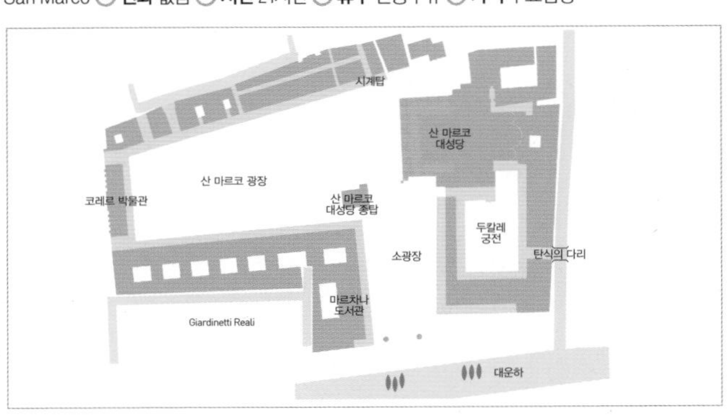

ZOOM IN

산 마르코 광장

비록 나폴레옹이 '유럽에서 가장 아름다운 응접실'이라고 극찬했다는 얘기는 근거 없는 낭설일지 몰라도, 유럽에서 가장 아름다운 광장을 꼽을 때 다섯 손가락 바깥으로 나갈 일은 없어 보이는 산 마르코 광장. 이곳 구석구석에 자리한 대표적인 명소들을 하나하나 꼽아본다.

01 산 마르코 대성당

Basilica di San Marco (바질리까 디 싼 마르코)

9세기에 세워진 성당으로, 신약 4대 복음서 중 하나인 〈마가복음〉의 저자이자 베네치아의 수호성인인 성 마르코의 유해를 모시고 있다. 성 마르코는 1세기에 이집트의 알렉산드리아에서 교회를 세우고 전도하다 그곳에 묻혔는데, 9세기에 베네치아의 상인들이 마르코 성인의 유해를 훔쳐 베네치아로 가져온다. 당시 베네치아를 통치하던 도제(Doge, 선출직 수장)는 서기 828년에 성인의 유해를 모실 성당을 두칼레 궁전 옆에 지을 것을 명하고, 832년에 현재의 산 마르코 대성당이 완공되었다. 산 마르코 대성당은 주로 터키나 동유럽 등지에서 보이는 비잔틴 양식으로 지어져 이탈리아의 다른 성당에 비해 고풍스러우면서도 화려하고 이국적인 느낌이 가득하다. 베네치아가 동서양 문명의 가교였다는 것을 절실하게 느낄 수 있는 지점이기도 하다. 이탈리아의 모든 성당 중 가장 출입이 까다로운 곳으로, 복장 검사는 물론 짐도 제한을 둔다. 여행용 큰 짐은 당연히 안 되고 중간 사이즈의 백팩조차 통과가 되지 않는다. 산 마르코 대성당 내에는 짐 보관소가 없고 부근에 자리한 산 바소 대학 성당(Ateneo San Basso)에 맡겨야 한다. 처음부터 짐을 가볍게 가져가는 것을 추천. 스마트폰으로 기념 사진을 찍는 정도는 괜찮으나 큰 카메라를 이용한 본격적인 사진 촬영, 그리고 모든 종류의 동영상 촬영은 금지되어 있다.

구글 지도 GPS 45.43456, 12.33971 **찾아가기** 산 마르코 광장 동쪽. **주소** Piazza San Marco, 328 **전화** 041-270-8311 **시간** 월~토요일 09:30~17:15, 일 · 공휴일 14:00~17:00(겨울 30분 단축) **휴무** 연중무휴 **가격** €3 **홈페이지** www.basilicasanmarco.it

02 시계탑

Torre dell'Orologio (토레 델로롤로조)

산 마르코 대성당을 바라봤을 때 왼쪽에 자리한 시계탑으로, 산 마르코 광장 주변의 다른 건축, 구조물보다 크지는 않으나 아기자기한 생김새 때문에 눈에 확 띈다. 15세기에 르네상스 양식으로 지어졌으며, 곳곳에 재미있는 상징과 에피소드가 깃들어 있다. 맨 꼭대기에 있는 청년과 노인이 종을 치는 조각은 사람의 노화를 통해 시간의 흐름을 보여주려는 의도라고 한다. 그 아래에는 푸른 바탕에 금색 별이 수놓인 가운데 베네치아의 상징인 날개 달린 사자가 조각되어 있는데, 원래는 사자 앞에 무릎 꿇은 도제의 조각이 있었으나 나폴레옹 군대가 점령했을 때 없애버렸다. 또 그 아래에는 성모마리아가 아기 예수를 안고 있는 조각이 있고 양 옆에 시간을 나타내는 숫자판이 있다. 1월 6일 공현절과 부활절 후 40일째인 예수 승천일에는 숫자판에서 동방 박사 인형이 나온다. 맨 아래에 뚫려 있는 입구 안으로 들어가면 베네치아 최고의 쇼핑 거리인 메르체리에 거리가 나온다.

구글 지도 GPS 45.43473, 12.33893 **찾아가기** 산 마르코 대성당을 바라보고 왼편에 있다. **주소** Piazza San Marco

03 산 마르코 대성당 종탑
Campanile di San Marco (깜파닐레 디 싼 마르코)

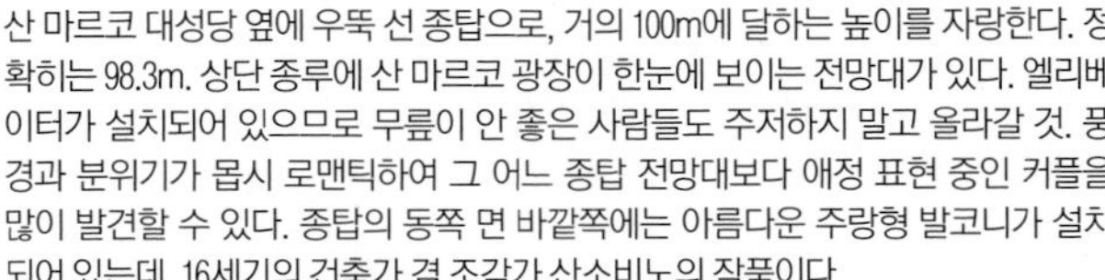

산 마르코 대성당 옆에 우뚝 선 종탑으로, 거의 100m에 달하는 높이를 자랑한다. 정확히는 98.3m. 상단 종루에 산 마르코 광장이 한눈에 보이는 전망대가 있다. 엘리베이터가 설치되어 있으므로 무릎이 안 좋은 사람들도 주저하지 말고 올라갈 것. 풍경과 분위기가 몹시 로맨틱하여 그 어느 종탑 전망대보다 애정 표현 중인 커플을 많이 발견할 수 있다. 종탑의 동쪽 면 바깥쪽에는 아름다운 주랑형 발코니가 설치되어 있는데, 16세기의 건축가 겸 조각가 산소비노의 작품이다.

구글 지도 GPS 45.43411, 12.33905 **찾아가기** 산 마르코 광장에서 남쪽 소광장으로 나가는 길목에 있다. **주소** San Marco, 328 **전화** 041-270-8311 **시간** 09:30~21:15 **휴무** 부정기(행사 및 유지 보수 시에는 홈페이지에 사전 예고. 기상 악화일 때는 사전 예고 없이 닫기도 함) **가격** €10 **홈페이지** www.basilicasanmarco.it

04 소광장
Piazzetta (피아쩨따)

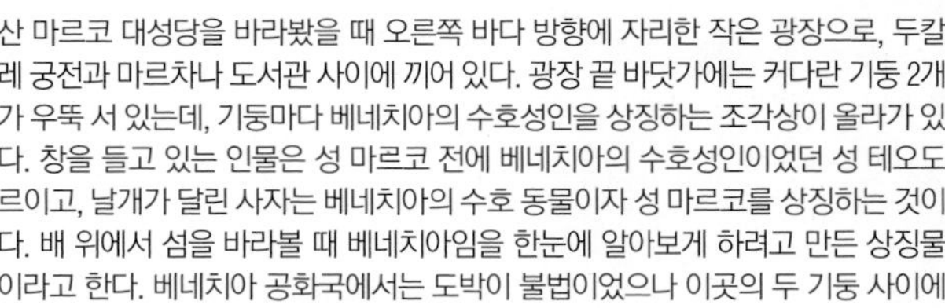

산 마르코 대성당을 바라봤을 때 오른쪽 바다 방향에 자리한 작은 광장으로, 두칼레 궁전과 마르차나 도서관 사이에 끼어 있다. 광장 끝 바닷가에는 커다란 기둥 2개가 우뚝 서 있는데, 기둥마다 베네치아의 수호성인을 상징하는 조각상이 올라가 있다. 창을 들고 있는 인물은 성 마르코 전에 베네치아의 수호성인이었던 성 테오도르이고, 날개가 달린 사자는 베네치아의 수호 동물이자 성 마르코를 상징하는 것이다. 배 위에서 섬을 바라볼 때 베네치아임을 한눈에 알아보게 하려고 만든 상징물이라고 한다. 베네치아 공화국에서는 도박이 불법이었으나 이곳의 두 기둥 사이에서는 유일하게 허락되었다고 한다.

구글 지도 GPS 45.43334, 12.33993(기둥 부근) **찾아가기** 산 마르코 대성당에서 바다를 바라보고 오른쪽으로 가면 바로 연결된다. **주소** San Marco

05 탄식의 다리
Ponte dei Sospiri (뽄떼 데이 쏘스삐리)

두칼레 궁전의 심문실에서 수로 건너편 감옥을 잇는 석조 통로로, 제법 우아한 모습과 근사한 이름 덕에 베네치아를 상징하는 풍경 중 하나로 오랫동안 인기를 누리고 있다. 탄식의 다리라는 이름을 붙인 장본인은 영국의 낭만파 시인 바이런으로, 죄수들이 다리를 건너다가 작은 창문으로 보게 될 베네치아의 풍경이 인생에서 마지막으로 보는 베네치아일 수도 있다는 생각에 한숨을 쉴 것이라는 상상에서 지은 것이라 한다.

구글 지도 GPS 45.43404, 12.34085 **찾아가기** 두칼레 궁전 뒤쪽. **주소** Piazza San Marco, 1 **전화** 041-271-5911 **시간** 입장 불가

06 두칼레 궁전

Palazzo Ducale (팔라쪼 두깔레)

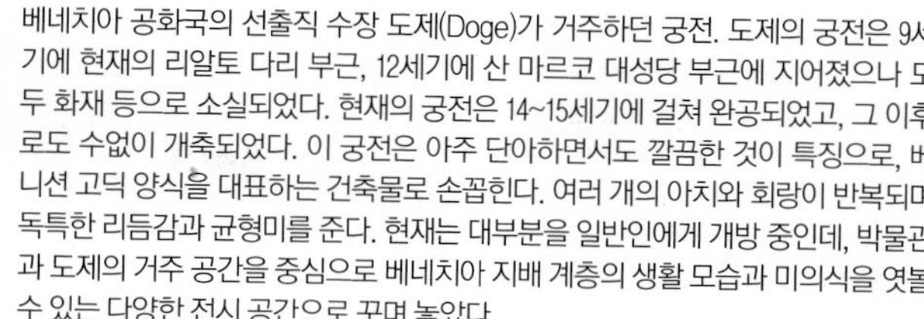

베네치아 공화국의 선출직 수장 도제(Doge)가 거주하던 궁전. 도제의 궁전은 9세기에 현재의 리알토 다리 부근, 12세기에 산 마르코 대성당 부근에 지어졌으나 모두 화재 등으로 소실되었다. 현재의 궁전은 14~15세기에 걸쳐 완공되었고, 그 이후로도 수없이 개축되었다. 이 궁전은 아주 단아하면서도 깔끔한 것이 특징으로, 베니션 고딕 양식을 대표하는 건축물로 손꼽힌다. 여러 개의 아치와 회랑이 반복되며 독특한 리듬감과 균형미를 준다. 현재는 대부분을 일반인에게 개방 중인데, 박물관과 도제의 거주 공간을 중심으로 베네치아 지배 계층의 생활 모습과 미의식을 엿볼 수 있는 다양한 전시 공간으로 꾸며 놓았다.

구글 지도 GPS 45.4337, 12.34038 **찾아가기** 산 마르코 광장에서 산 마르코 대성당을 바라봤을 때 오른쪽. **주소** Piazza San Marco, 1 **전화** 041-271-5911 **시간** 4~10월 09:00~19:00, 11~3월 09:00~18:00 **휴무** 연중무휴 **가격** 일반 €30, 만 25세 미만 및 65세 이상 €15(두칼레 궁전+코레르 박물관+마르차나 도서관 통합권), 30일 이전에 온라인으로 예매 시 일반 €25, 만 25세 미만 및 65세 이상 €13 **홈페이지** palazzoducale.visitmuve.it

07 마르차나 도서관

Biblioteca Marciana (비블리오테카 마르차나)

두칼레 궁전과 소광장을 사이에 두고 자리한 르네상스 양식의 건물로, 16세기에 건축되었다. 베네치아 르네상스를 대표하는 건축가 산소비노의 작품이다. 이탈리아에서 가장 오래된 도서관 중 하나이며 중요한 고문헌을 다수 소장하고 있다. 내부는 아직도 도서관으로 운영 중이고, 도서관의 역사를 보여주는 박물관도 자리하고 있다.

구글 지도 GPS 45.43333, 12.33939 **찾아가기** 두칼레 궁전 맞은편. **주소** Piazza San Marco, 7 **전화** 041-240-7211 **시간** 월~토요일 09:30~15:30 **휴무** 일요일, 공휴일 **가격** 일반 €30, 만 25세 미만 및 65세 이상 €15(두칼레 궁전+코레르 박물관+마르차나 도서관 통합권), 30일 이전에 온라인으로 예매 시 일반 €25, 만 25세 미만 및 65세 이상 €13 **홈페이지** marciana.venezia.sbn.it

08 코레르 박물관

Museo Correr (무제오 꼬레르)

산 마르코 광장의 삼면을 감싼 프로쿠라티에 중 서쪽 면은 가장 늦게 지어진 곳으로, 나폴레옹 점령 시기에 만들어져서 '알라 나폴레오니카(Ala Napoleonica)'라고 한다. 코레르 박물관은 알라 나폴레오니카의 2층에 자리한 박물관으로, 베네치아의 귀족 테오도르 코레르가 수집한 베네치아파의 명작을 다수 소장하고 있다. 규모는 작은 편이나 소장품의 수준은 높은 것으로 평가받고 있다.

구글 지도 GPS 45.43353, 12.3372 **찾아가기** 산 마르코 대성당을 등지면 정면에 보인다. **주소** Piazza San Marco, 52 **전화** 041-240-5211 **시간** 4~10월 10:00~18:00, 11~3월 10:00~17:00 **휴무** 연중무휴 **가격** 일반 €30, 만 25세 미만 및 65세 이상 €15(두칼레 궁전+코레르 박물관+마르차나 도서관 통합권), 30일 이전에 온라인으로 예매 시 일반 €25, 만 25세 미만 및 65세 이상 €13 **홈페이지** correr.visitmuve.it

❶ 종탑 전망대에서 볼 수 있는 풍경
❷ 틴토레토 〈최후의 만찬〉

02 산 조르조 마조레 성당

Chiesa di San Giorgio Maggiore
끼에자 디 싼 죠르죠 마죠레

산 마르코 광장에서 남쪽에 자리한 소광장(Piazzetta) 끝 바닷가로 가면, 건너편 작은 섬에 우뚝 선 교회 하나가 시선을 사로잡는다. 이곳이 바로 산 조르조 마조레 성당으로, 15~16세기에 르네상스 양식으로 지어진 베네딕트회(Bebedict會)의 교회다. 단순 깔끔하지만 특색 없는 모습 때문에 굳이 바포레토까지 타고 찾아가야 할까도 싶지만, 이곳에는 여행자를 사로잡는 두 가지의 강력한 포인트가 있다. 첫 번째는 내부 제단 뒤쪽에 자리한 틴토레토의 〈최후의 만찬〉벽화로, '최후의 만찬'을 소재로 한 중세-르네상스 회화 중에서는 레오나르도 다빈치 작품에 버금갈 정도로 유명한 작품이다. 두 번째는 종탑 전망대로, 산 마르코 광장과 주데카섬 일대를 360도 파노라마로 감상할 수 있다. 엘리베이터로 편하게 오르내릴 수 있다는 것도 사소하지만 중요한 장점. 극성수기 이외 시기엔 대부분 한산한데다, 바다와 섬이 어우러진 아름다운 풍경을 볼 수 있다.

MAP P.367L
구글 지도 GPS 45.42941, 12.3432 **찾아가기** 산 마르코 광장 부근의 바포레토 선착장 S.Zaccaria에서 2번 바포레토를 타고 간다. **주소** Isola di S.Giorgio Maggiore **전화** 041-522-7827 **시간** 09:00~19:00 **휴무** 연중무휴(일요일 10:40~12:00에는 미사로 인해 관광객 제한) **가격** 성당 무료 입장, 종탑 일반 €6, 만 26세 미만 및 65세 이상 €4

03 라 페니체 극장

Teatro La Fenice
떼아뜨로 라 페니체

베네치아를 대표하는 오페라 하우스 밀라노의 스칼라 극장, 나폴리의 산 카를로 극장과 더불어 이탈리아 3대 오페라 하우스로 손꼽힌다. '페니체'는 불사조를 뜻하는데, 18세기 오페라 협회가 옛 오페라 극장을 땅 주인에게 뺏긴 뒤 불사조처럼 다시 세운 극장이라서 붙인 이름이라고 한다. 19세기에 베르디, 도니체티, 벨리니 등 거장들의 여러 작품이 이곳에서 초연되었는데, 그중에서도 베르디와의 인연이 깊어 〈라 트라비아타〉, 〈리골레토〉 등의 유명한 걸작이 이곳에서 첫 막을 올렸다. 오페라의 연주가 없는 낮에는 자유롭게 돌아볼 수 있으며, 가이드 투어도 진행된다.

MAP P.367C
구글 지도 GPS 45.43363, 12.33375 **찾아가기** 산 마르코 광장에서 약 350m. **주소** Campo San Fantin, 1965 **전화** 041-786-654 **시간** 09:30~18:00(계절 · 요일마다 다름) **휴무** 연중무휴 **가격** 가이드 투어 €12 **홈페이지** www.teatrolafenice.it

04 콘타리니 델 보볼로 궁전

Palazzo Contarini del Bovolo
팔라쪼 콘타리니 델 보볼로

산 마르코 광장과 대운하 사이, 인적이 드문 곳에 자리한 15세기의 저택으로 건물 외부에 돌출된 원통형 나선 계단이 몹시 독특하여 건축에 관심이 많은 여행자들을 불러모으고 있다. 과거에는 안전 문제로 출입이 금지되었으나 2016년부터 개방되어 직접 계단을 올라가 볼 수 있게 되었다. 맨 꼭대기에는 작은 규모의 전망대가 마련되어 있다. 단, 지금도 가끔 안전 문제로 예고 없이 출입이 금지되곤 한다.

MAP P.367C
구글 지도 GPS 45.43484, 12.33452 **찾아가기** 산 마르코 광장에서 350m. **주소** San Marco, 4303 **전화** 041-309-6605 **시간** 10:00~18:00 **휴무** 부정기 **가격** 일반 €8, 만 26세 이하 및 65세 이상 €6 **홈페이지** www.gioiellinascostidivenezia.it

05 산타 마리아 델라 살루테 대성당

Basilica di Santa Maria della Salute
바질리까 디 싼타 마리아 델라 살루떼

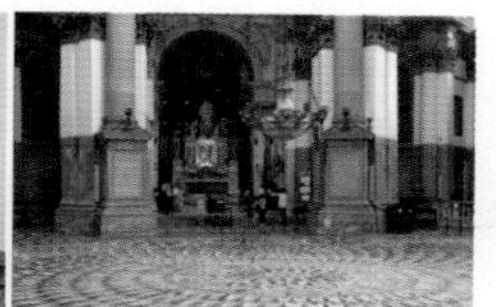

1번 또는 2번 바포레토를 타고 산 마르코 광장 쪽으로 가다 보면 오른쪽으로 보이는 화려한 바로크 양식의 성당이다. 긴 풀 네임보다는 '살루테'라는 약칭으로 불리는데, 살루테란 이탈리아어로 '건강' 또는 '안녕'을 뜻한다. 베네치아에는 16~17세기에 걸쳐 전염병이 여러 번 돌았는데, 특히 1630~1631년에 발발한 흑사병 때문에 1년 동안 전 인구의 1/3이 사망하는 대참사가 벌어진다. 이에 베네치아 공화국에서는 성모 마리아의 가호를 구하기 위해 새로운 성당을 지었는데, 이것이 바로 살루테 성당이다. 내부에 있는 그림이나 성물 또한 대부분 흑사병 및 건강과 연관된 의미를 담고 있다.

MAP P.367G
구글 지도 GPS 45.43067, 12.33476 **찾아가기** 바포레토 Salute 선착장에서 내린다. **주소** Dorsoduro, 1 **전화** 041-274-3928 **시간** 4~10월 09:00~12:00, 15:00~17:30 11~3월 09:30~12:00, 15:00~17:30 **휴무** 연중무휴 **가격** 일반 €4, 학생 및 만 65세 이상 €2 **홈페이지** basilicasalutevenezia.it

06 페기 구겐하임 컬렉션

Collezione Peggy Guggenheim
꼴레지오네 페기 구겐하임

세계적인 현대미술관 〈구겐하임 미술관〉의 베네치아 분원. 페기 구겐하임은 구겐하임 미술 재단의 창시자 솔로몬 구겐하임의 조카로, 거부였던 아버지가 타이타닉호 사고로 사망한 뒤 거액의 유산을 물려받았다. 갑부가 된 그녀는 베네치아의 18세기 저택에 살면서 근현대 미술품을 수집했다. 페기 구겐하임이 사망한 후, 구겐하임 미술 재단에서 페기가 살던 저택에 개인 소장품을 중심으로 박물관을 꾸민 것이 현재의 페기 구겐하임 컬렉션이다. 피카소, 몬드리안 등 주로 20세기 초에 활약한 세계 주요 현대 미술가의 작품은 거의 대부분 볼 수 있다.

MAP P.366F
구글 지도 GPS 45.43082, 12.33153 **찾아가기** 바포레토 Accademia 선착장에서 내려 표지판을 따라 걸어간다. **주소** Dorsoduro, 701-704 **전화** 041-240-5411 **시간** 수~월요일 10:00~18:00 **휴무** 화요일, 12/25 **가격** 일반 €16, 만 65세 이상 €14, 만 26세 이하 €9, 만 10세 이하 무료(온라인 예매 시 예약비 €1 추가) **홈페이지** www.guggenheim-venice.it

07 아카데미아 미술관

Gallerie dell'Accademia
갈레리아 델라까데미아

14~18세기에 활약한 베네치아파의 걸작을 모아둔 미술관. 18세기에 베네치아 국립 미술원 부설 미술관으로 문을 열었으나, 19세기에 국립 미술원이 다른 곳으로 이전하면서 독립 미술관이 되었다. 베네치아까지 온 김에 틴토레토, 티치아노의 작품을 마음껏 보고 싶다면 최고의 선택이 될 것이다. 그 외에도 조반니 벨리니, 히에로니무스 보쉬 등의 작품을 소장하고 있다. 가장 완벽한 인체 비례도로 유명한 레오나르도 다 빈치의 〈비트루비우스적 인간〉 스케치가 바로 이곳에 소장돼 있는데, 상설 전시는 하지 않고 5년에 한 번 꼴로 특별 공개를 한다. 대운하에 놓인 4개의 다리 중 하나인 '아카데미아 다리(Ponte Dell'Accademia)'가 바로 이 미술관 앞에 놓여 있다.

MAP P.366E
구글 지도 GPS 45.43107, 12.32813 **찾아가기** 바포레토 Accademia 선착장에서 내려 표지판을 따라 걸어간다. **주소** Dorsoduro, 1050 **전화** 041-522-2247 **시간** 월요일 08:15~14:00, 화~일요일 08:15~19:15 **휴무** 1/1, 5/1, 12/25 **가격** €15, 조조할인 €10(08:15~09:00 사이에만 판매하며 09:15까지 입장하는 티켓) **홈페이지** www.gallerieaccademia.it

❶ 아카데미아 다리
❷ 다리 위에 올라서면 베네치아를 대표하는 풍경을 볼 수 있다.

08 달 모로스 프레시 파스타 투 고
Dal Moro's Fresh Pasta to Go
★★★

코페르토 X 카드 결제 O 한국어/영어 메뉴 △(QR코드)

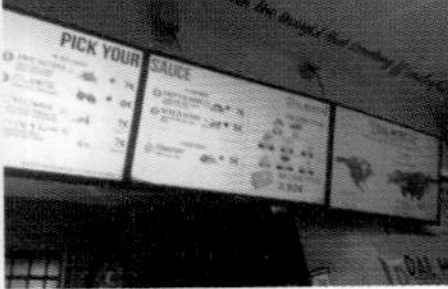

파스타 테이크아웃 전문점. 세계 최초의 생파스타 테이크아웃 전문점이라고 주장하고 있다. 구글 맵에 의존하지 않으면 찾기 힘들지만 저렴한 가격과 뛰어난 맛으로 언제나 인산인해를 이룬다. 주문대 앞은 이탈리아어만 보이나, QR코드로 된 다국어 메뉴판에 한국어도 있다. 면을 기본 스파게티 외에 다른 것을 선택하거나 토핑을 추가하면 추가 요금을 내야 한다. 가장 인기가 높은 메뉴 3번 버섯 크림 파스타는 약간 짠 편.

MAP P.367D

구글 지도 GPS 45.43618, 12.3398 **찾아가기** 산 마르코 광장에서 250m **주소** Calle de la Casseleria. 5324 **전화** 041-476-2876 **시간** 12:00~20:00 **휴무** 연중무휴 **가격** 테이크 아웃 파스타 €6~8(면과 토핑에 따라 €1~3 추가) **홈페이지** instagram.com/dalmoros

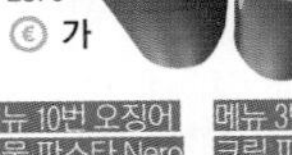
메뉴 10번 오징어 먹물 파스타 Nero di Seppia €6
메뉴 3번 버섯 크림 파스타 Boscaiola €8

09 젤라테리아 니코
Gelateria Nico
★★★★★

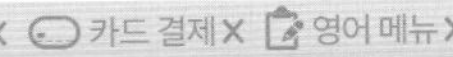
코페르토 X 카드 결제 X 영어 메뉴 X

1937년에 문을 연 유서 깊은 젤라테리아로, 베네치아에서 젤라토 원탑으로 공고히 자리를 굳히고 있다. 외국의 한 매체에 '베네치아에서는 니코 외에 먹을 만한 젤라토가 하나도 없다고 봐도 된다'라는 막말이 실릴 정도. 특히 진한 민트 맛의 애프터 에이트(After Eight)가 맛있기로 유명하다. 그 외에도 헤이즐넛, 피스타치오 등 견과류 젤라토가 전반적으로 뛰어난데, 특히 피스타치오는 이탈리아 최고 수준.

INFO P.187 MAP P.366I

구글 지도 GPS 45.4296, 12.32614 **찾아가기** 아카데미아 미술관에서 대운하 반대편으로 직진하다가 바다가 나오면 우회전해 다시 직진한다. 바포레토 Zattere 선착장 부근에 있다. **주소** Dorsoduro, 922 **전화** 041-522-5293 **시간** 07:00~21:00 **휴무** 연중무휴 **가격** 1스쿱 €1.8, 2스쿱 €2.8, 3스쿱 €3.5 **홈페이지** www.gelaterianico.com

2스쿱 €2.8

10 카페 플로리안
Caffè Florian
★★★

코페르토 €6 카드 결제 O 영어 메뉴 O

무려 1760년에 문을 연 전 세계 카페의 조상. 이탈리아에서 가장 오래된 카페로 세계적인 공인을 받았다. 여성과 남성이 한 자리에 모일 수 있는 사교 공간이 거의 없었던 18세기, 카페 플로리안이 남녀 공용의 사교장으로 문을 열었다. 괴테, 찰스 디킨스 등 기라성 같은 문호들이 이 카페의 단골이었다고 한다. 현재는 거의 모든 메뉴가 비싸고, 야외 테이블에서는 '음악 감상료' 명목으로 코페르토를 1인당 무려 €6나 내야 하며, 이탈리아에서 가장 불친절한 곳으로 유명하다. 하지만 그 특별한 상징성 때문에 언제나 사람으로 가득하다.

INFO P.175 MAP P.367C

구글 지도 GPS 45.4336, 12.33822 **찾아가기** 프로쿠라티에 누오베(남쪽 회랑)의 중간 부분에 있다. **주소** Piazza San Marco, 57 **전화** 041-520-5641 **시간** 일~목요일 09:00~20:00, 금·토요일 09:00~23:00 **휴무** 연중무휴 **가격** 커피 €7~20, 각종 차 €10~15, 디저트 €15~25 **홈페이지** www.caffeflorian.com

카푸치노 Cappuccino €10

11 메르체리에 거리
Mercerie
메르체리에
★★

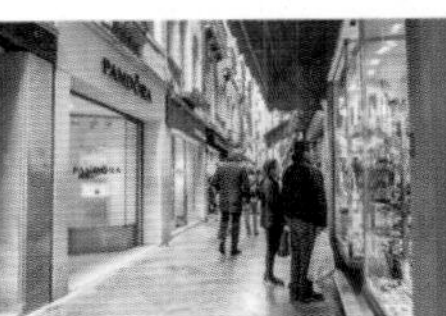

시계탑부터 리알토 다리 부근까지 이어지는 길로, 좁은 골목 양쪽에 기념품점과 브랜드 숍, 공예품 상점이 빽빽하게 자리한 베네치아 최고의 쇼핑 거리다. 베네치아 공화국 시대부터 각종 상점이 들어차 있던 유서 깊은 쇼핑 거리다. 메르체리에(Mercerie)는 이탈리아어로 잡화점이라는 뜻의 메르체리아(Merceria)의 복수형. 시계탑에서 이어지는 메르체리아 오롤로조(Merceria Orologio)에서 시작하여, 메르체리아 산 줄리안(Merceria S. Zulian), 메르체리아 데이 카피텔로 (Merceria del Capitello)로 이어진다. 막스 마라, 발리, 만다리나 덕, 키코, 비알레티 등 이탈리아 브랜드가 대지 입점해 있다.

MAP P.367C

구글 지도 GPS 45.43473, 12.33893(시계탑) **찾아가기** 시계탑 아래의 입구를 통해 들어간다. **주소** Merceria Orologio, Merceria S. Zulian, Merceria del Capitello **전화** 상점마다 다름. **시간** 24시간 **휴무** 상점마다 다름.

+PLUS AREA 1

무라노 Murano

본섬에서 동북쪽으로 약 2km 떨어진 부속 섬. 13세기경 유리 공예 기술이 외부로 새어나가는 것을 막기 위해 베네치아 정부가 유리 장인들을 모두 무라노섬으로 이주시킨 이래 1,000년 가까이 베네치안 글라스의 고향으로 명성을 빛내고 있다. 현재도 수많은 공방에서 장인들이 유리 공예품을 생산하고 있으며, '무라노'라는 이름이 이탈리아의 고급 유리 공예품을 상징하는 대명사로 쓰일 정도다. 부라노섬으로 가는 길목에 자리하고 있어 중간에 잠깐 들러서 돌아보는 정도면 충분하나, 의외로 풍경이 아기자기하고 예뻐 기대 없이 들렀다가 반하는 여행자들도 많다. 섬 크기가 작아 모두 걸어서 볼 수 있다.

TRAVEL INFO
핵심 여행 정보

이렇게 간다!

산타 루치아 역 앞 선착장인 페로비아(Ferrovia), 또는 본섬 북쪽에 폰다멘테 노베(Fondamente Nove)에서 4.1, 4.2번 또는 3번 바포레토를 탄다. 폰다멘테 노베에서는 12번을 타도 갈 수 있다. 산 마르코 광장 앞의 산 자카리아(S. Zaccaria)에서도 7번 바포레토가 연결되나, 편수가 한정적이다. 본섬과 오갈 때는 무라노 콜론나(Murano Colonna) 선착장을, 부라노를 오갈 때는 무라노 파로(Murano Faro) 선착장을 이용한다.

01 리오 데이 베트라이 운하

Rio dei Vetrai
리오 데이 베뜨라이

무라노 콜론나 선착장 부근에서 시작하여 북쪽으로 약 500m가량 이어지는 운하. 무라노에 자리한 8개의 운하 중 가장 예쁘고 번화하다. 운하 양쪽에는 기념품 상점과 유리 공예품 전시장, 카페, 레스토랑 등이 늘어서 있다. 무라노에 아주 잠깐 머물 예정이라면 이 주변만 돌아봐도 충분하다. 이 운하를 따라 북쪽으로 쭉 올라가면 무라노에서 가장 큰 운하인 '카날 그란데(Canal Grande)'와 만난다.

MAP P.375

구글 지도 GPS 45.45353, 12.35185 **찾아가기** 무라노 콜론나 선착장을 등지고 오른쪽 방향으로 보이는 운하. **주소** Fondamenta dei Vetrai/Fondamenta Manin **전화** 상점마다 다름. **시간** 24시간 **휴무** 연중무휴

02 폰다멘테 세레넬라 거리

Fondamenta Serenella
폰다멘떼 세레넬라

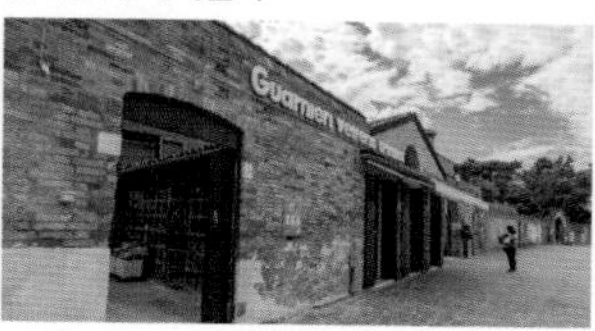

여객선 터미널부터 무라노섬을 왼쪽으로 4분의 1정도 감싸고 도는 해안 산책로. 무라노 글라스 공방과 상점이 줄지어 있어 장인들이 뜨거운 유리에 숨을 불어넣어 멋진 공예품으로 탄생시키는 모습을 직접 볼 수 있다. 대부분 공방에서는 견학과 기념품 구매가 가능하며, 원할 경우 소정의 요금을 내고 직접 유리 공예 체험도 할 수 있다. 여러 곳에서 비슷한 제품을 팔고 있으므로 가격과 디자인을 비교해 볼 것.

MAP P.375

구글 지도 GPS 45.451546, 12.347946 **찾아가기** 무라노 콜론나 선착장을 등지고 왼쪽으로 바닷가를 따라 이어진 길을 걷는다. **주소** Fondamenta Serenella **전화** 상점마다 다름. **시간** 24시간 **휴무** 상점마다 다름.

부라노 Burano

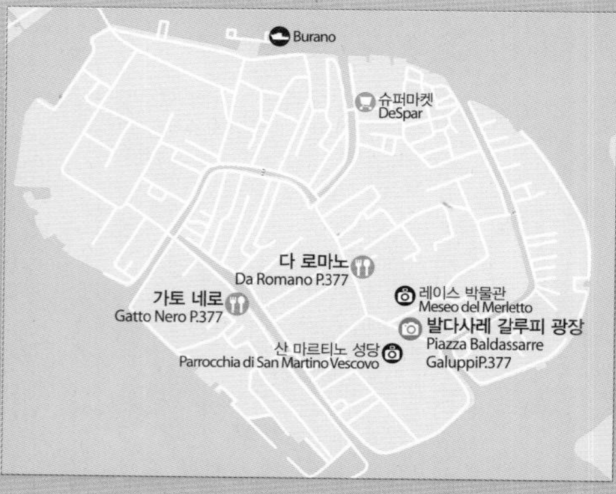

본섬에서 동북쪽으로 약 7km 떨어진 부속 섬으로, 베네치아 일대에서 인기 높은 관광지 중 한 곳이다. 과거에는 고기잡이와 레이스 짜기로 생업을 잇는 소박한 어촌이었는데, 예쁜 색으로 칠한 집이 운하를 따라 조르르 늘어서 있는 풍경 덕분에 지금은 최고의 관광지로 각광받고 있다. 짙은 안개 속에서도 쉽게 찾을 수 있도록 고기잡이배와 집을 알록달록하게 색칠했던 것이 현재 모습의 유래라는 설이 있다. SNS에 올릴 인생 사진을 원하는 사람이라면 필수 코스로 넣어도 좋다.

INFO P.052

이렇게 간다!

12번 바포레토를 탄다. 본섬에서는 북쪽에 자리한 폰다멘테 노베(Fondamente Nove) 선착장, 무라노에서는 무라노 파로(Murano Faro) 선착장에서 탄다. 폰다멘테 노베부터 부라노까지는 약 30분 걸린다.

이렇게 돌아본다!

면적이 여의도 공원보다도 작은 섬이라 별 교통수단이 없고 이렇다 할 관광 스폿도 없다. 운하와 골목을 느릿느릿 헤매며 걸어다니는 것으로 충분하다. 빠른 걸음으로 1시간 정도면 모든 곳을 돌아볼 수 있으나 워낙 예쁜 곳이라 생각보다 시간을 쓰게 되므로 3시간 정도는 할애하는 것이 좋다. 인생 사진을 얻고 싶다면 반드시 밝은 색 옷을 입고 갈 것. 햇빛 가릴 곳이 마땅치 않으니 여름철이나 햇빛이 강한 날에는 양산과 선글라스를 꼭 챙겨가자.

TRAVEL INFO

핵심 여행 정보

01 발다사레 갈루피 광장

Piazza Baldassarre Galuppi
피아짜 발다사레 갈루피

★★

부라노에서 가장 큰 광장. 발다사레 갈루피는 18세기에 부라노에서 태어난 유명한 작곡가의 이름인데, 광장 한쪽에 그의 동상이 서 있다. 부라노에서 가장 큰 성당인 산 마르티노 성당(Parrocchia di San Martino Vescovo), 부라노 레이스 공예의 역사와 명품 레이스를 한눈에 볼 수 있는 레이스 박물관 등이 이 광장에 자리하고 있다. 광장 주변에 레이스 공예품을 파는 전문점 및 기념품 가게가 늘어서 있다.

MAP P.376

구글 지도 GPS 45.48445, 12.41877 **찾아가기** 부라노섬 남동쪽 끝. **주소** Piazza Baldassarre Galuppi **시간** 24시간 **휴무** 연중무휴 **가격** 무료입장

02 가토 네로

Gatto Nero

★★★★

코페르토 €4 카드 결제 O 영어 메뉴 O

1965년부터 영업 중인 부라노의 대표적인 레스토랑. 미슐랭 플레이트 등급을 받았다. 2011년 영국의 스타 셰프 제이미 올리버가 TV 프로그램에서 이곳의 리조토를 배우는 장면이 등장한 이래 세계적인 맛집으로 유명세를 얻었다. 간판 메뉴인 리조토 알라 부라넬라(Risotto alla Buranella)는 부라노의 전통 레시피로, 조개로 맛을 내 개운하면서도 감칠맛이 난다. 전반적으로 가격이 매우 높다는 것과 리조토는 2인분부터 주문 가능하다는 것은 미리 알고 가자. 가급적 예약하는 것이 좋다.

INFO P.145 MAP P.376

구글 지도 GPS 45.48473, 12.41634 **찾아가기** 부라노섬 가장 남쪽 운하 가장자리에 있다. 구글 지도 등을 참고할 것. **주소** Via Giudecca, 88 **전화** 041-730-120 **시간** 화·금·토요일 12:30~15:00, 19:30~21:00, 수·목·일요일 12:30~15:00 **휴무** 월요일 **가격** 전채 €22~40, 파스타 €18~32, 메인 요리 €22~38 **홈페이지** www.gattonero.com

리조토 알라 부라넬라
Risotto alla Buranella
€26

03 다 로마노

Da Romano

★★★★

코페르토 €4 카드 결제 O 영어 메뉴 O

19세기 말에 잡화점을 운영하며 어부들을 위한 음식을 팔기 시작해 4대째 부라노에서 영업하고 있는 노포 중에 노포. 로버트 드 니로, 실베스터 스텔론, 키스 리처드 등 해외 스타들이 부라노에 방문했을 때 들른 곳이라고 한다. 해산물 요리를 다양하게 선보이는데, 특히 망둑어 일종의 생선인 고(Gò)로 육수를 내어 만드는 부라노의 전통 리조토가 유명하다. 해외의 미식가들 중에는 세계에서 가장 맛있는 리조토라고 극찬하는 사람도 있다. 한국 사람들 입맛에는 다소 짠 편.

MAP P.376

구글 지도 GPS 45.48509, 12.41813 **찾아가기** 발다사레 갈루피 광장 주변. **주소** Via Baldassarre Galuppi, 221 **전화** 041-73-0030 **시간** 수~월요일 12:00~15:00(금·토요일 저녁 영업 18:30~20:30) *동절기에는 금·토요일 저녁 시간에만 영업 **휴무** 화요일 **가격** 전채 €18~28, 파스타 €18~50, 생선 구이 €23~ **홈페이지** www.daromano.it

로마노식 생선 리조토
Risotto di Pesce alla 'ROMANO'(2인분) €42

+PLUS AREA 3

코르티나담페초
Cortina D'ampezzo

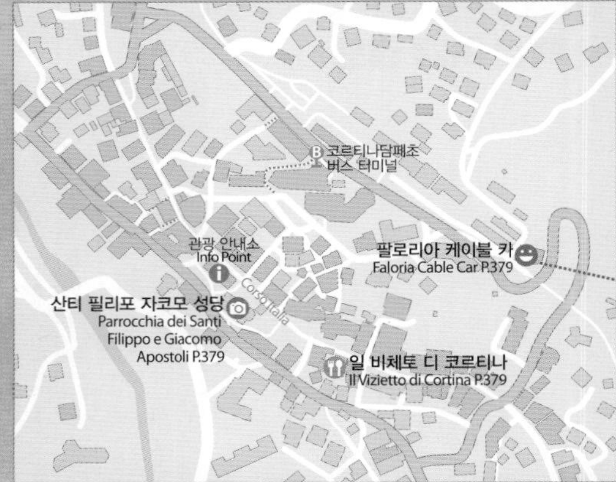

이탈리아 북동부의 돌로미티(Dolomiti) 지역은 알프스의 환상적이고 장엄한 설산에 석회암 산맥 특유의 기묘한 느낌이 더해진 풍경이 매우 독특하고 아름다운 곳으로, 최근 우리나라 여행자들 사이에서 핫한 여행지로 떠오르고 있다. 그중 돌로미티의 작은 산악 도시 코르티나담페초는 스위스 마을 느낌을 물씬 풍긴다. 질 좋은 자연설에서 스키 · 스노보드를 즐길 수 있는 동계 스포츠 명소로 2026년 동계올림픽 개최지로 확정되었다. 돌로미티는 전반적으로 대중교통 편이 불편한 곳인데, 코르티나담페초는 베네치아에서 정기 버스 편이 있어 뚜벅이 여행자의 돌로미티 체험지로도 딱 좋은 곳이다.

이렇게 간다!

베네치아에서 버스를 탄다. 소요 시간은 약 2시간 30분 정도. 버스의 시설은 상당히 쾌적한 편이다. 차창 밖으로 돌로미티의 환상적인 풍경도 덤으로 감상할 수 있다.

❶ ATVO 버스

본섬의 로마 광장과 메스트레 버스 터미널, 공항에서 탈 수 있다. 로마 광장 기준 07:50, 10:20, 12:20 하루 세 번 출발하는 스케줄이 있는데, 월별 및 요일별로 운행 스케줄이 매우 다채롭게 변한다. 기본적으로 07:50은 매일 출발하고, 나머지는 주말과 성수기에 출발한다고 생각하면 된다. 10~4월에는 거의 운행하지 않는다.

가격 편도 €14~20 **홈페이지** www.atvo.it

❷ 코르티나 익스프레스 Cortina Express

본섬의 로마 광장 및 베네치아 공항에서 비수기(11~5월)에는 주 4~5일간 하루 5회, 성수기 (6~9월) 및 동절기에는 매일 5~7회 운행한다. 운행 스케줄은 3~6개월마다 바뀌는데, 성수기에는 1~2시간 간격으로, 비수기에는 10~14시 사이에 출발한다. 가장 이른 출발편만 로마 광장에서 출발하고 나머지는 대부분 베네치아 공항에서 출발하므로 예매시 유의할 것(성수기 06:30, 비수기 10:30 11:00). 계절별로 스케줄이 유동적이므로 공식 웹사이트에서 스케줄을 직접 확인할 것을 권한다.

가격 편도 €15~25 **홈페이지** www.cortinaexpress.it

❸ 플릭스 버스 Flixbus

베네치아 메스트레 역 부근 정류장에서 성수기 기준 1일 5~8회, 비성수기 기준 1일 1~3회 출발한다. 플릭스 버스답게 월별 및 계절별로 스케줄이 매우 유동적이다. 원하는 스케줄과 가격에 맞는 버스가 있다면 행운이라고 생각하고 빨리 예약할 것.

가격 편도 €9~18 **홈페이지** www.flixbus.com

TRAVEL INFO
핵심 여행 정보

01 산티 필리포 자코모 성당
Parrocchia dei Santi Filippo e Giacomo Apostoli
파로키아 데이 산티 필리포 에 자코모 아포스톨리

코르티나담페초의 중심 성당으로 코르티나담페초의 수호성인에게 봉헌되었다. 마을 중심부에 자리하고 있어 마을을 돌아볼 때 기준점으로 삼기 좋다. 이 주변에서 교회의 탑과 설산, 마을이 어우러진 예쁜 풍경을 볼 수 있다.

MAP P.378
구글 지도 GPS 46.53728, 12.13668 **찾아가기** 마을의 중심도로인 메르카토 거리(Via del Mercato) 선상에 있다. **주소** Via del Mercato, 12 **전화** 0436-5747 **시간** 09:30~17:30 **휴무** 연중무휴 **가격** 무료입장 **홈페이지** www.parrocchiacortina.it

02 일 비체토 디 코르티나
Il Vizietto di Cortina
코페르토 €4 카드 O 영어 메뉴 O

북부 이탈리아에서 생산되는 신선한 식재료를 맛깔나게 조리해내는 식당으로, 최근 코르티나에서 가장 평판 좋은 곳으로 통한다. 파스타류는 전반적으로 다 맛있는데, 사슴 고기로 만드는 라구 파스타인 탈리아텔레 델라 노나(Tagliatella della Nonna)가 매우 독특하면서 맛있다.

MAP P.378
구글 지도 GPS 46.53681, 12.13775 **찾아가기** 산티 필리포 자코모 성당에서 동남쪽으로 빠지는 큰길 코르소 이탈리아 거리(Corso Italia)를 따라 약 100m. **주소** Corso Italia, 53 **전화** 0436-860789 **시간** 12:15~23:00 **휴무** 연중무휴 **가격** 전채 €17~35, 파스타 €16~21, 메인 요리 €27~34 **홈페이지** www.ilviziettodicortina.it

03 팔로리아 케이블 카
Faloria Cable Car
팔로리아 케이블 카

코르티나담페초 동쪽에 있는 봉우리인 팔로리아산으로 올라가는 케이블 카. 코르티나담페초에서 돌로미티의 매력을 100% 즐기고 싶다면 반드시 타야 하는 필수 코스다. 팔로리아산 주변을 가볍게 돌아보는 하이킹 코스부터 돌로미티의 유명한 봉우리인 크리스탈로(Cristallo)로 향하는 트레킹 코스 등이 팔로리아 정류장 부근부터 시작한다. 팔로리아 정류장 부근에 코르티나담페초를 한눈에 내려다 볼 수 있는 전망대도 자리하고 있다. 자연설에서 스키와 스노보드를 만끽할 수 있는 슬로프가 있는데, 한여름 외에는 언제나 동계 스포츠를 즐길 수 있다. 소박한 전망 휴게 시설과 카페테리아식 식당이 있는데 식당 창문에서 코르티나담페초의 전경이 한눈에 들어온다.

MAP P.378
구글 지도 GPS 46.53794, 12.14065 **찾아가기** 성당 앞에서 코르소 이탈리아 거리(Corso Italia)와 수직을 이루며 뻗어가는 29마조 거리(Via XXIX Maggio)를 쭉 따라간다. **주소** Via Ria de Zeto, 10 **전화** 0436-2517 **시간** 08:30~16:30(15분 간격) 하행 막차 17:00 **휴무** 연중무휴(예고 없이 휴무 가능) **가격** 편도 €19, 왕복 €26 **홈페이지** www.faloriacristallo.it

+PLUS AREA 4

노벤타 디 피아베 디자이너 아웃렛
Noventa di Piave Designer Outlet

베네치아에서 약 1시간 떨어진 작은 마을 피아베(Piave)에 자리한 아웃렛으로, 입점 업체 150개의 크지 않은 규모지만 최근 이탈리아 아웃렛계의 대세로 불린다. 아웃렛 단골 브랜드인 구찌, 버버리, 프라다는 물론 이자벨 마랑, 마르니, 폴 스미스 등 이탈리아의 다른 아웃렛에서는 보기 힘든 개성 넘치는 브랜드들도 입점해 쇼퍼 여행자들에게는 필수 코스 중 하나로 통한다. 건물들도 베네치아의 곤돌라와 전통 주택을 모티브로 지어져 매우 아기자기하고 예쁘다. 맥아더글렌 계열이라 각종 시설이 잘 되어 있는 것도 매력적. 최근 한국에서 출발하는 이탈리아 여행자들 사이에서 베네치아 인 · 아웃이 늘며 중요도가 점점 더 커지고 있다.

INFO P.198

이렇게 간다!

❶ 셔틀버스

베네치아에서 하루 두 번 출발한다. 베네치아 산타 루치아 역 부근의 로마 광장에서 출발하여 메스트레 버스 터미널과 기차역, 공항을 들른 뒤 아웃렛으로 간다. 돌아오는 버스도 하루 두 번. 소요 시간 45분~1시간.

시간		요금
베네치아 로마 광장→노벤타	노벤타→로마 광장	
09:25	16:05	편도 €9
13:25	19:35	

❷ 시외버스

베네치아 메스트레 버스 터미널 또는 마르코 폴로 공항에서 1시간에 한 대꼴로 노벤타 아웃렛 행 ATVO 버스가 다닌다. 중간에 산 도나 디 피아베(San Donà di Piave) 버스 터미널에서 한 번 환승해야 한다. 소요 시간은 약 1시간 20분.

가격 편도 €5, 왕복 €9(메스트레 출발 기준)

주요 입점 브랜드 리스트

아디다스 adidas
아르마니 Armani
아식스 asics
주목! 보테가 베네타 Bottega Veneta
버버리 Burberry
보스 Boss
비알레티 Bialletti
캘빈 클라인 Calvin Klein
코치 Coach
콜럼비아 Columbia
데시구알 Desigual
디젤 Diesel
돌체 앤 가바나 Dolce & Gabbana
펜디 Fendi
훌라 Furla
제옥스 GEOX
지방시 GIVENCHY
구찌 GUCCI
게스 GUESS
거터리지 Gutteridge
하리보 HARIBO
 이자벨 마랑 Isabel Marant
지미추 Jimmy Choo
칼 라거펠트 Karl Lagerfeld
록시땅 L'Occitane
로레알 L'Oreal
리바이스 Levi's
로로 피아나 Loro Piana
 마르니 Marni
마이클 코어스 Michael Kors
미소니 Missoni
모스키노 Moschino
나이키 Nike
오프화이트 Off-White
주목! 폴 스미스 Paul Smith
폴로 랄프 로렌 Polo Ralph Lauren
프라다 Prada
푸마 Puma
뿌빠 PUPA
살바토레 페라가모 Salvatore Ferragamo
샘소나이트 Samsonite
 산드로 Sandro
토미 힐피거 Tommy Hilfiger
트루사르디 Trussardi
 투미 TUMI
발렌티노 Valentino
베르사체 Versace

• A R E A •

02 MILANO

밀라노 Milan

어쩌면 현대 이탈리아의 진짜 수도

로마가 이탈리아의 과거를 대변하는 도시라면, 밀라노는 이탈리아의 현재를 말해주는 곳이다. 수도인 로마보다도 인구가 많은 이탈리아 최대 규모의 도시로서, 경제와 금융, 산업, 국제 관계 주요 시설 중 상당수가 밀라노에 집중되어 있다. 글로벌 기업이 이탈리아에 진출할 때 본부나 A/S 센터를 설치하는 곳도 다름아닌 밀라노다. 패션, 자동차, 축구 등 현대 이탈리아를 대표하는 모든 것의 중심지이며, 연중 거의 매일 박람회와 다종다양한 국제 행사가 벌어진다. 그래서 로마는 이탈리아의 상징적인 수도이고, 실제 수도 역할은 밀라노가 한다고도 말한다.

인기 ★★★☆☆

관광객보다는 비즈니스맨이 많다.

관광 ★★★☆☆

관광 도시는 아니지만 강력한 볼거리들이 있다!

쇼핑 ★★★★★

명품 '신상'은 밀라노가 세계 최고. 식료품 쇼핑도 Good.

식도락 ★★★★☆

밀라노 원조의 명물 요리가 많다. 길거리 음식도 유명하다.

복잡함 ★★★☆☆

지하철과 트램만 타면 못 가는 곳이 없다. 지리도 단순한 편.

치안 ★★★★☆

지하철이 있으면 소매치기도 있다. 중앙역과 두오모 광장도 주의.

밀라노 ~ 주요 도시 간 교통

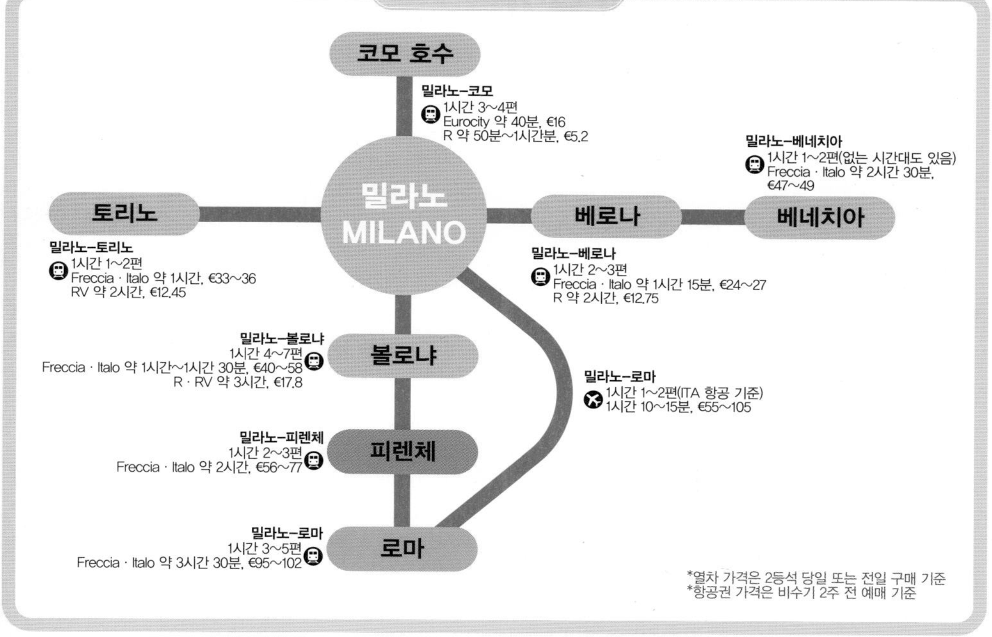

코모 호수

밀라노–코모
1시간 3~4편
Eurocity 약 40분, €16
R 약 50분~1시간분, €5.2

밀라노–베네치아
1시간 1~2편(없는 시간대도 있음)
Freccia · Italo 약 2시간 30분, €47~49

토리노 — **밀라노 MILANO** — **베로나** — **베네치아**

밀라노–토리노
1시간 1~2편
Freccia · Italo 약 1시간, €33~36
RV 약 2시간, €12.45

밀라노–베로나
1시간 2~3편
Freccia · Italo 약 1시간 15분, €24~27
R 약 2시간, €12.75

밀라노–볼로냐
1시간 4~7편
Freccia · Italo 약 1시간~1시간 30분, €40~58
R · RV 약 3시간, €17.8

볼로냐

밀라노–로마
1시간 1~2편(ITA 항공 기준)
1시간 10~15분, €55~105

밀라노–피렌체
1시간 2~3편
Freccia · Italo 약 2시간, €56~77

피렌체

밀라노–로마
1시간 3~5편
Freccia · Italo 약 3시간 30분, €95~102

로마

*열차 가격은 2등석 당일 또는 전일 구매 기준
*항공권 가격은 비수기 2주 전 예매 기준

MUST SEE 이것만은 꼭 보자!

No.1
이탈리아에서 가장 고딕다운 고딕 성당, **밀라노 두오모**

No.2
스포르체스코성에서 소장 중인 미켈란젤로의 작품, **론다니니 피에타**

No.3
활기차고 세련된 거리, **브레라 지구**

MUST EAT 이것만은 꼭 먹자!

No.1
노란 리조토를 곁들여 먹는 도가니찜(?), **오소부코 밀라네제**

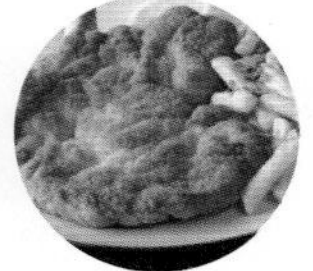

No.2
돈가스를 좋아하는 당신에게 추천, **코톨레타**

MUST BUY 이것만은 꼭 사자!

No.1
리나센테 백화점 or **몬테 나폴레오네**의 **명품 신상**

No.2
잇탈리 밀라노 지점에서 판매하는 **이탈리아 식료품**

No.3
10 코르소 코모의 컬래버레이션 **상품** or **기념품**

MUST DO 이것만은 꼭 하자!

No.1
비토리오 에마누엘레 2세 회랑 바닥에 그려진 **황소 모자이크** 밟기

No.2
스칼라 극장에서 오페라를 비롯한 공연 보기

No.3
날씨 좋은 때, **나빌리오 그란데** 산책하기

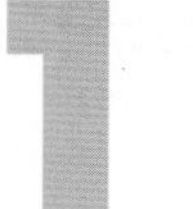

1 단계 밀라노 여행 정보 한눈에 보기

밀라노 역사 이야기

밀라노는 B.C. 3세기, 로마가 정복한 땅으로 이탈리아 역사에 처음 등장했다. 로마가 동서로 분열된 다음에는 오랫동안 서로마 제국의 도시였다가, 서로마 제국이 멸망하자 랑고바르드족이 지배하기도 했다. 이후 신성 로마 제국으로 편입되었다. 13세기 즈음 비스콘티 가문이 귀족들의 지지를 얻으면서 밀라노의 영주로 추대되었고, 신성 로마 제국 공작의 작위를 받으며 밀라노 공국이 탄생한다. 비스콘티가는 15세기 중반까지 권력을 유지하였으나 근위 대장이었던 프란체스코 스포르차의 배신으로 실각하고, 스포르차 가문이 16세기까지 밀라노 공국을 지배한다. 스포르차 가문은 르네상스 시대의 예술가를 후원한 것으로도 유명한데, 이 당시 브라만테나 레오나르도 다빈치 같은 인물이 밀라노에서 활동했다. 스포르차 가문의 후손이 끊긴 뒤 밀라노는 스위스, 프랑스, 스페인, 나폴레옹, 오스트리아 등의 지배를 받다가 19세기에 통일 이탈리아 왕국에 합류하게 됐다.

밀라노 여행 꿀팁

☑ 취향과 목적을 타는 도시

이탈리아에서 가장 중요한 도시 중 하나인 것은 분명하나 로마 · 베네치아 · 피렌체에 비해 관광거리가 많은 곳은 아니다. 7~10일 정도 관광 중심으로 돌아볼 예정으로 이탈리아 여행을 계획하고 있다면 무리해서 포함시킬 필요까지는 없다. 쇼핑이나 축구, 음악 등 꼭 밀라노에서 봐야 하는 취향이 있거나 출장 · 시장 조사 등 분명한 목적이 있는 사람들에게 좀 더 흥미로운 도시다.

☑ 기왕 간다면 최소 1박

여행 일정이 길거나 쇼핑 · 축구 관람 · 오페라 감상 · 미술품 감상 등 특별한 목적이 있는 여행자라면 밀라노를 제외하기 아쉬울 것이다. 그렇다면 1박 이상의 일정을 잡을 것. 목적+시내 관광이면 하루가 꽉 찬다. 코모 등 근교 지역을 돌아보는 것도 Good!

☑ 숙소는 중앙역 or 두오모

특별한 취향이 있거나 절대로 꼭 가보고 싶은 숙소가 있는 게 아니라면, 중앙역에서 걸어 다닐 수 있는 숙소를 잡는 것이 가장 무난하다. 지하철과 트램을 모두 손쉽게 이용할 수 있는 교통의 요지이기 때문. 관광 목적이 강하여 주요 관광지를 걸어 다니길 원한다면 두오모 광장 부근에 잡는 것이 좋다. 최고급 호텔은 주로 몬테 나폴레오네 거리 주변에 있다.

☑ 대중교통+도보

밀라노는 상당히 큰 도시지만 관광 중심지는 대부분 도보로 충분히 다닐 수 있다. 중심지에서 떨어진 명소도 있으므로 지하철과 트램, 도보를 적절히 이용하여 다니는 것이 현명하다.

밀라노 여행
무작정 따라하기

2단계 밀라노, 이렇게 간다!

밀라노는 이탈리아 북부 교통의 중심이자, 유럽 각지에서 이탈리아로 들어가는 교통의 허브 도시다. 한국에서 출발하는 직항 항공편도 있어 이탈리아 여행의 시작 도시로 삼는 사람들도 적지 않다. 이탈리아 어디서든 교통편이 없어서 못 갈 걱정은 하지 않아도 좋다. 약간 과장하면 로마로 가는 교통편은 없어도 밀라노 가는 교통편은 반드시 있다.

비행기로 가기

한국에서, 유럽의 다른 도시에서, 로마의 남부 지역에서 밀라노로 갈 때는 대부분 비행기를 이용하게 된다. 밀라노 인근에는 말펜사 국제공항(Aeroporto di Malpensa)과 리나테 국제공항(Aeroporto di Linate), 오리오 알 세리오 국제공항(Aeroporto di Orio al Serio) 이렇게 3개의 국제공항이 있다.

말펜사 국제공항 Aeroporto di Malpensa

밀라노 주변에서 가장 큰 국제공항. 밀라노 중심가에서 서북쪽으로 약 50km 떨어져 있다. 알리탈리아항공, 이지젯을 비롯한 수많은 항공편이 취항 중이다. 대한항공 직항편도 이 공항을 이용한다. 공항부터 밀라노 시내를 잇는 교통편은 기차와 버스 두 종류가 있다.

말펜사 국제공항
주소 Ferno, Province of Varese
전화 02-232323
홈페이지 www.milanomalpensa-airport.com/en

리나테 국제공항 Aeroporto di Linate

밀라노 시내에서 7km 남짓 떨어져 있는 소규모 공항. 주로 유럽 내에서 오가는 항공기가 착발한다. 특히 알리탈리아항공의 허브 공항이라 로마, 나폴리 등지에서 알리탈리아 국내선을 타고 밀라노로 오는 항공편은 거의 전부 리나테 국제공항에서 내린다.

리나테 국제공항
주소 Viale Enrico Forlanini
전화 02-232323
홈페이지 www.milanolinate-airport.com/en

오리오 알 세리오 국제공항 Aeroporto di Orio al Serio

밀라노에서 동북쪽으로 약 50km 떨어진 근교 도시 베르가모(Bergamo)에 자리한 공항으로, 베르가모 공항, 또는 카라바조 공항으로도 불린다. 유럽 전역을 연결하는 저가 항공사인 라이언에어가 이 공항을 이용하기 때문에 생각보다 이용도가 높다.

오리오 알 세리오 국제공항
주소 Via Aeroporto
전화 035-326323 **홈페이지** www.milanbergamoairport.it

기차로 가기

밀라노는 이탈리아의 교통 중심 도시로, 기차 편도 잘 발달해 있다. 이탈리아뿐 아니라 스위스, 프랑스, 오스트리아 등과 오가는 기차 편이 있을 정도. 넓은 도시라 기차역도 여러 개가 있으나 핵심 철도 기능은 밀라노 중앙역(Milano Centrale)에 집중되어 있다. 밀라노 중앙역은 중심가에서 북쪽으로 약 2km 떨어진 곳에 자리한다.

밀라노 중앙역 Milano Centrale
MAP P.392B
찾아가기 지하철 2 · 3호선 첸트랄레(Centrale) FS 역과 바로 연결된다. **주소** Piazza Duca d'Aosta, 1
시간 역사 04:00~02:00, 매장 08:00~21:00 **홈페이지** www.milanocentrale.it

PLUS TIP

밀라노에서 알아두면 좋은 또 다른 기차역

포르타 가리발디 역 Porta Garidaldi
이탈리아 북부 지역의 로컬 기차 라인인 '트레노르드(TreNord)'가 거의 전용으로 사용하는 역으로, 코모 호수로 가는 기차가 이곳에서도 다닌다.
구글 지도 GPS 45.484317, 9.187679

카도르나 역 Cadorna
밀라노의 최고 관광 명소 중 한 곳인 스포르체스코성 바로 옆에 자리한 역으로, 말펜사 익스프레스의 노선 2개 중 하나가 이 역으로 다닌다.
구글 지도 GPS 45.46843, 9.17553

3단계 공항에서 시내로 이동하기

비행기를 타고 밀라노로 간다면 이 페이지를 주목할 것. 밀라노에 있는 3개의 공항은 모두 걱정하지 않아도 좋을 정도로 시내와 연결되는 교통편이 잘 갖춰져 있다. 비행기 표를 다시 한번 확인해 이용하게 될 공항을 체크해 볼 것.

말펜사 국제공항에서 시내 가기

❶ 말펜사 익스프레스

말펜사 국제공항 1, 2터미널에서 밀라노 중심가까지 말펜사 익스프레스(Malpensa Express) 열차가 운행한다. 배차 간격은 30분에 한 대씩이고, 소요 시간은 약 1시간. 밀라노 포르타 가리발디 및 중앙역에서 발착하는 노선과 밀라노 카도르나역에서 발착하는 노선, 두 종류가 있으므로 숙소 및 목적지와 가까운 쪽으로 선택할 것. 보통은 중앙역을 더 많이 이용한다.

시간

구간	시간
공항(2터미널)→중앙역	05:37~22:37(매시 07, 37분 출발)
중앙역→공항(2터미널)	05:25~ 23:25(매시 25, 55분 출발. 단, 22:25/ 23:25는 1시간 간격)
공항(2터미널)→카도르나 역	05:20~23:50(매시 20, 50분 출발)
카도르나 역→공항(2터미널)	04:27~22:57(매시 27, 57분 출발)

요금 편도 €13 **홈페이지** www.malpensaexpress.it

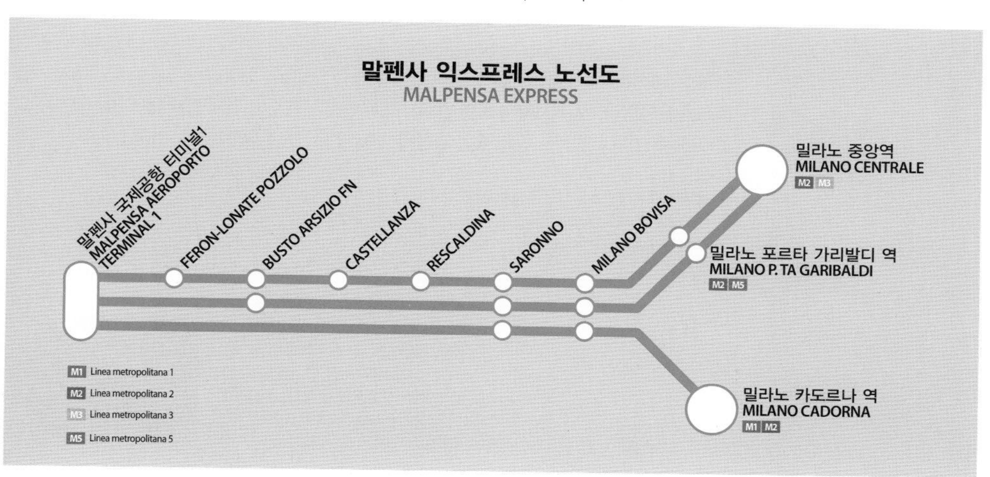

❷ 공항버스

말펜사 셔틀(Malpensa Shuttle), 말펜사 버스 익스프레스(Malpensa Bus Express), 테라비전(Terravision) 3개 회사의 버스가 20분 간격으로 출발한다. 아주 이른 새벽이나 늦은 밤을 제외하고 거의 끊임없이 버스가 다닌다고 봐도 무방하다. 도착 로비로 나와 'BUS TO MILANO'라고 쓰인 표지판을 따라 공항 밖으로 나오면 셔틀 버스 정류장이 바로 보인다. 3개 버스 모두 밀라노 중앙역에서 발착한다. 홈페이지에서 예약도 가능하지만 3개 회사의 버스가 모두 운행하는 시간이라면 굳이 예약하지 않아도 탑승이 가능하다.

시간

업체	시간
말펜사 셔틀	공항→시내 05:20~01:20 / 시내→공항 03:40~23:40
말펜사 버스 익스프레스	공항→시내 05:00~00:50 / 시내→공항 03:20~02:30
테라비전	공항→시내 24시간(30분 간격) / 시내→공항 03:30~24:00

요금 편도 €10, 왕복 €16
홈페이지 말펜사 셔틀 www.malpensashuttle.it
말펜사 버스 익스프레스 autostradale.it
테라비전 www.terravision.eu

리나테 국제공항에서 시내 가기

❶ 지하철

지하철 4호선을 타면 시내 중심가까지 이동할 수 있다. 산 바빌라(San Babila)역에서 내려 1호선으로 갈아타면 두오모까지 한 정거장이다. 소요 시간은 단 12분.

요금 편도 €2.2(일반 시내 교통권으로 탑승 가능)

❷ 셔틀 버스

공항과 밀라노 중앙역을 오가는 셔틀 버스가 운행된다. 배차 간격은 30분, 소요 시간은 25분.

시간 공항→시내 06:30~23:30(30분 간격) / 시내→공항 06:00, 06:15~20:15(30분 간격), 21:00~23:00(30분 간격)
요금 편도 €7, 왕복 €9
홈페이지 www.milano-aeroporti.it/linate-shuttle

오리오 알 세리오 국제공항에서 시내 가기

아우토스트라달레(Autostradale), 오리오 셔틀(Orio Shuttle), 테라비전(Terravision)에서 셔틀 버스를 운행한다. 각 회사마다 20분 간격으로 운행하기 때문에 거의 쉴새 없이 버스가 다닌다고 봐도 무방하다. 밀라노 중앙역 앞에 정차하며, 약 1시간 걸린다.

요금 편도 €10
홈페이지 아우토스트라달레 autostradale.it
오리오 셔틀 orioshuttle.com
테라비전 www.terravision.eu

PLUS TIP

공항으로 갈 때는 어디서 타지?

밀라노에서 나갈 경우 공항버스를 타려면 일단 밀라노 중앙역으로 갈 것. 공항으로 향하는 버스들이 중앙역 양옆의 버스 정류장에서 착발한다. 중앙역 주변에서 버스 티켓 매표소도 쉽게 발견할 수 있다.

4단계 밀라노 시내 교통 한눈에 보기

밀라노는 이탈리아에서 가장 상식적인 대중교통 체계가 갖춰진 곳이다. 비록 노선이 단출하긴 하나 엄연히 지하철이 다니고, 트램과 버스 노선이 효율적으로 운행 중이다. 심지어 버스와 트램은 구글 지도의 안내와 거의 맞아떨어질 정도로 배차 간격이 정확하다. 그러나 정작 관광 중심 지역은 그다지 크지 않아 약간만 무리하면 다 걸어 다닐 수 있다는 것이 반전.

밀라노 교통권

밀라노의 지하철 · 트램 · 버스는 ATM이라는 회사에서 운영하고 있다. 그 덕분에 교통편은 달라도 교통권은 통합으로 운영된다. 지하철역 자판기, 담배 가게, 신문 가판대 등에서 판매한다. 티켓은 출입구의 개찰기나 차 내의 펀칭 기기로 반드시 개찰해야 하고, 펀칭이 되어 있지 않은 티켓은 무임 승차로 간주돼 벌금을 물 수 있다.

요금 1회권(90분 유효, 환승 가능) €2.2 / 1일권(24시간 유효) €7.6 / 3일권 €15.5

지하철

총 5개의 노선이 있다. 1, 2, 3, 5선은 일반적으로 운행 중이고, 4호선은 재정비 공사를 마치고 순차 개통 중에 있다. 매우 평범하고 상식적인 지하철이라 한국에서 지하철을 잘 타고 다녔다면 쉽게 이용할 수 있다. 로마나 유럽의 지하철이 보통 탈 때만 개찰하고 그냥 내리는 것에 비해, 밀라노는 탈 때와 내릴 때 모두 티켓을 입구 개찰기에 통과시켜야 한다.

시간 06:00~24:30

밀라노 지하철 무작정 따라하기

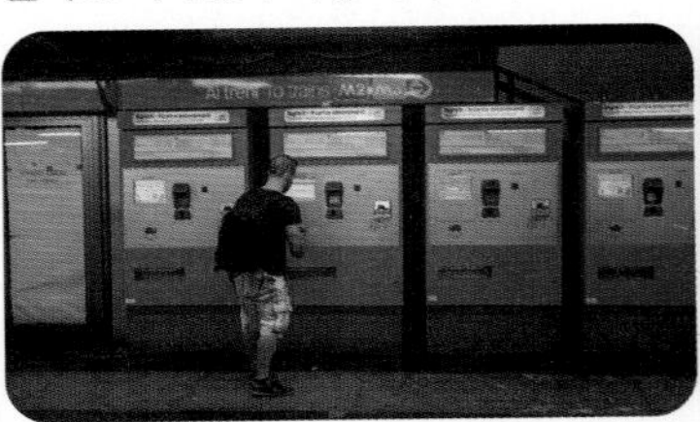

❶ 자판기의 모습. 아주 후미진 역이 아니라면 자판기 개수는 넉넉한 편.

SELEZIONE

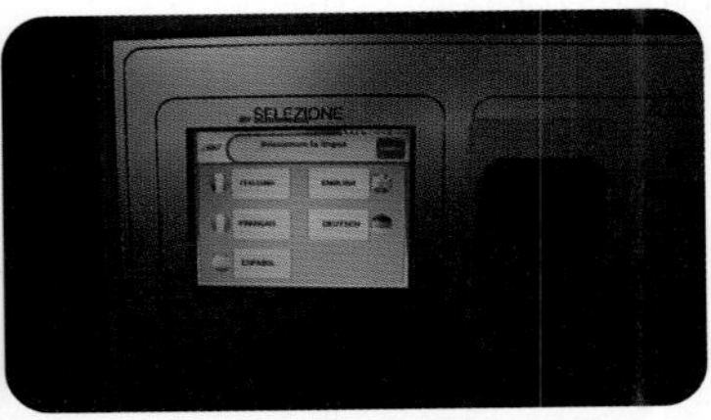

❷ 언어 버튼을 선택하여 영어로 바꾼다.

SELEZIONE
Select ticket
or insert travel card
Extra Urban
Railway Tickets
Special Tickets
Urban tickets
Through cards

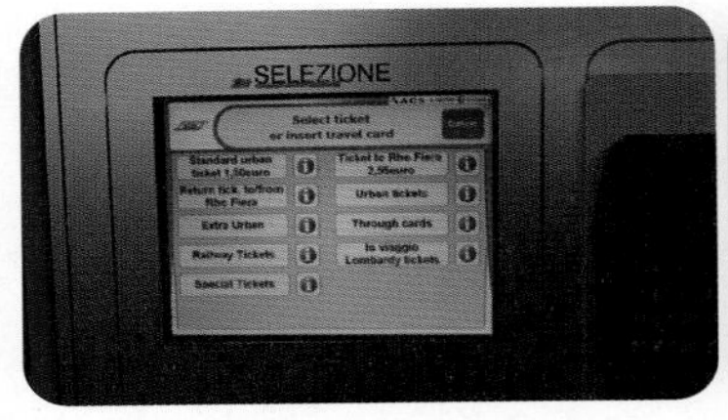

❸ 티켓을 고른다. 싱글 티켓은 왼쪽 맨 위, 1일권은 '스페셜 티켓'을 고른다.

SELEZIONE

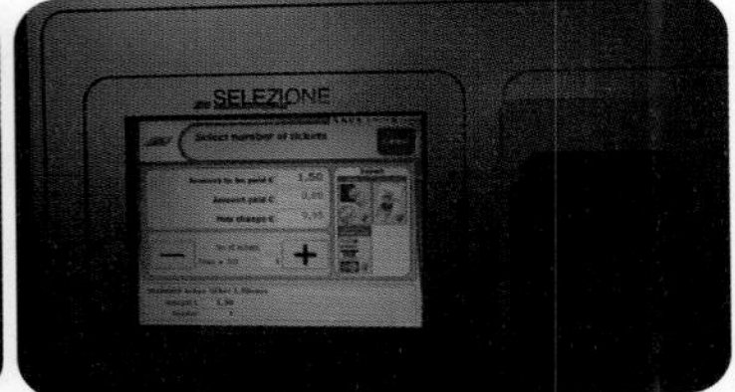

❹ 현금을 넣으면 티켓이 나온다. 신용카드로도 구매 가능하다.

밀라노 지하철 노선도

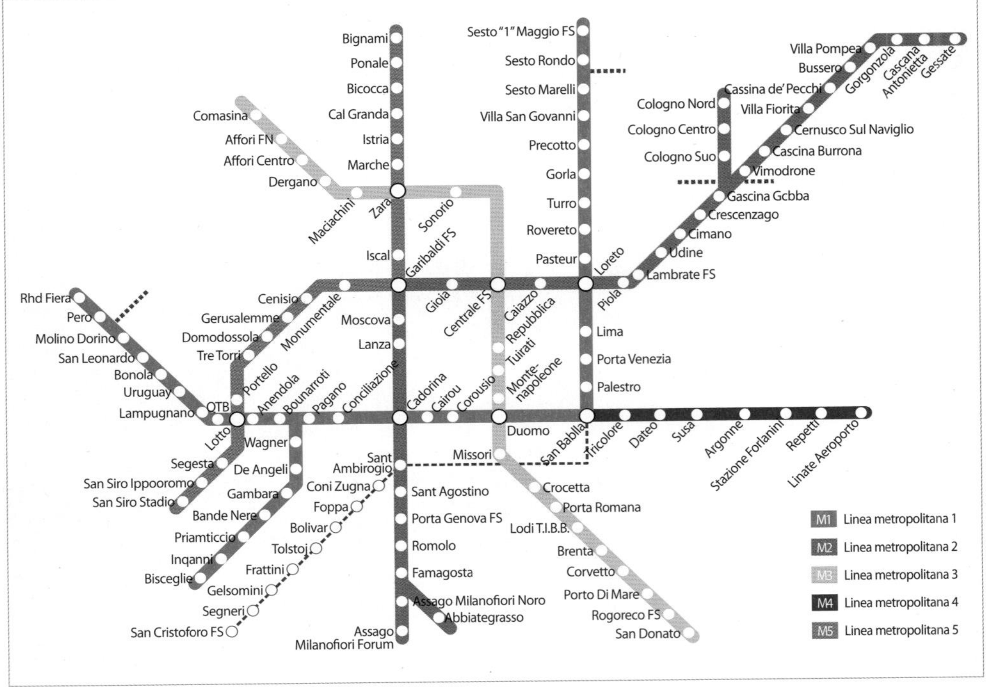
Bignami
Ponale
Bicocca
Cal Granda
Istria
Marche
Zara
Maciachini
Dergano
Affori Centro
Affori FN
Comasina
Sonorio
Garibaldi FS
Iscal
Sesto "1" Maggio FS
Sesto Rondo
Sesto Marelli
Villa San Govanni
Precotto
Gorla
Turro
Rovereto
Pasteur
Loreto
Lambrate FS
Udine
Cimano
Crescenzago
Cascina Gcbba
Vimodrone
Cascina Burrona
Cernusco Sul Naviglio
Villa Fiorita
Cassina de' Pecchi
Bussero
Villa Pompea
Gorgonzola
Cascana Antonietta
Gessate
Cologno Nord
Cologno Centro
Cologno Suo
Rhd Fiera
Pero
Molino Dorino
San Leonardo
Bonola
Uruguay
Lampugnano
QTB
Cenisio
Gerusalemme
Domodossola
Tre Torri
Monumentale
Moscova
Lanza
Gioia
Centrale FS
Caiazzo
Repubblica
Tuirati
Monte-napoleone
Piola
Lima
Porta Venezia
Palestro
Portello
Anendola
Bounarroti
Pagano
Conciliazione
Cadorina
Cairou
Corousio
Duomo
San Bablla
Tricolore
Dateo
Susa
Argonne
Stazione Forlanini
Repetti
Linate Aeroporto
Lotto
Wagner
Segesta
De Angeli
San Siro Ippooromo
San Siro Stadio
Gambara
Bande Nere
Priamticcio
Inqanni
Bisceglie
Sant Ambirogio
Missori
Coni Zugna
Foppa
Bolivar
Tolstoj
Frattini
Gelsomini
Segneri
San Cristoforo FS
Sant Agostino
Porta Genova FS
Romolo
Famagosta
Assago Milanofiori Noro
Abbiategrasso
Assago Milanofiori Forum
Crocetta
Porta Romana
Lodi T.I.B.B.
Brenta
Corvetto
Porto Di Mare
Rogoreco FS
San Donato
M1 Linea metropolitana 1
M2 Linea metropolitana 2
M3 Linea metropolitana 3
M4 Linea metropolitana 4
M5 Linea metropolitana 5

트램

총 33개의 노선이 밀라노 시내를 구석구석 커버하고 있다. 지하철이 없어 트램으로 가야 하는 명소들도 몇 군데 있고, 많이 걷고 싶지 않을 때도 효율적으로 이용할 만하다. 지하철보다 운행 시간이 길어 밤 늦게 숙소로 돌아갈 때 이용하기도 좋다. 구글 지도의 안내가 잘 맞는 편.

시간 첫차 04:30~05:00, 막차 02:00~02:30(노선마다 조금씩 다름)

PLUS TIP

트람 스토리코(Tram Storico)를 타 보자!

밀라노의 트램은 신형인 일반 트램과 레트로 느낌의 트람 스토리코, 이렇게 두 종류가 있다. '트람 스토리코'란 '역사적 트램'이라는 뜻으로, 20세기 초반 밀라노에 처음 선보인 트램을 재현한 것이다. 외관도 고풍스럽거니와 내부의 바닥재나 마감재에 나무를 사용하여 마치 백 년쯤 시대를 거슬러 올라간 기분을 준다. 관광 전용이 아닌 일반 트램으로, 시내에서 흔히 보이고 쉽게 탈 수 있다. 단, 차고가 높고 흔들림이 심하므로 큰 짐을 들었거나 어린아이를 동반한 경우는 약간 비추.

버스

밀라노 전역에는 수백 개의 시내 버스 노선이 뻗어 있다. 이 중에서 몇몇 노선은 시내의 관광 중심가에도 운행하여 편안하고 기동성 있는 여행에 은근히 도움을 준다. 다음 목적지까지 1km 안팎의 거리인데 걷기는 싫다면 바로 버스 노선부터 검색해 볼 것.

시간 첫차 05:30~06:00, 막차 24:30~새벽01:45(노선마다 다름)

택시

택시도 밀라노 시내 어디서든 쉽게 볼 수 있다. 요금이 저렴하지는 않으므로 인원이 많거나 다리가 많이 아플 때, 짐이 아주 많을 때 등 꼭 필요할 때만 이용할 것. 콜택시를 부르고 싶다면 밀라노 택시 조합과 제휴한 앱인 'SIXT'를 사용할 것.

요금 기본 요금 €3.9~7.2, Km당 요금 €1.2

PLUS TIP

주요 명소 도보 이동 거리

밀라노 중앙역 ↔ 두오모 2.5km (40분~1시간)
밀라노 중앙역 ↔ 포르타 가리발디 역 1.2km (20~25분)
두오모 ↔ 스포르체스코성 1km (15~20분)

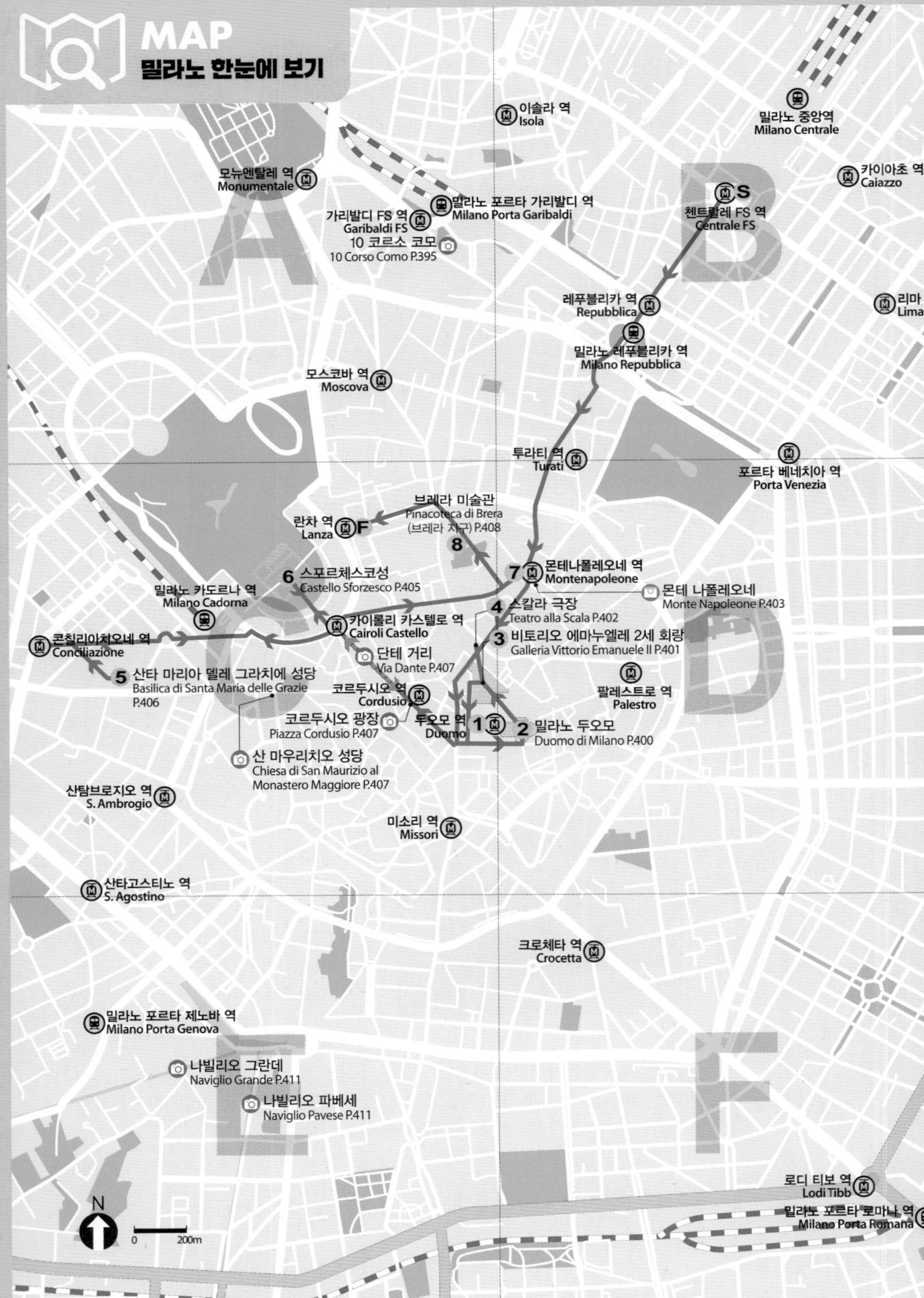
MAP
밀라노 한눈에 보기
이솔라 역
Isola
밀라노 중앙역
Milano Centrale
모뉴멘탈레 역
Monumentale
카이아초 역
Caiazzo
S
첸트랄레 FS 역
Centrale FS
밀라노 포르타 가리발디 역
Milano Porta Garibaldi
가리발디 FS 역
Garibaldi FS
10 코르소 코모
10 Corso Como P.395
A
B
레푸블리카 역
Repubblica
리마 역
Lima
밀라노 레푸블리카 역
Milano Repubblica
모스코바 역
Moscova
투라티 역
Turati
포르타 베네치아 역
Porta Venezia
브레라 미술관
Pinacoteca di Brera
(브레라 지구) P.408
란차 역
Lanza
F
8
7
몬테나폴레오네 역
Montenapoleone
6
스포르체스코성
Castello Sforzesco P.405
몬테 나폴레오네
Monte Napoleone P.403
밀라노 카도르나 역
Milano Cadorna
4
스칼라 극장
Teatro alla Scala P.402
카이롤리 카스텔로 역
Cairoli Castello
콘칠리아치오네 역
Conciliazione
3
비토리오 에마누엘레 2세 회랑
Galleria Vittorio Emanuele II P.401
단테 거리
Via Dante P.407
5
산타 마리아 델레 그라치에 성당
Basilica di Santa Maria delle Grazie
P.406
팔레스트로 역
Palestro
C
D
코르두시오 역
Cordusio
코르두시오 광장
Piazza Cordusio P.407
두오모 역
Duomo
1
2
밀라노 두오모
Duomo di Milano P.400
산 마우리치오 성당
Chiesa di San Maurizio al
Monastero Maggiore P.407
산탐브로지오 역
S. Ambrogio
미소리 역
Missori
산타고스티노 역
S. Agostino
크로체타 역
Crocetta
밀라노 포르타 제노바 역
Milano Porta Genova
E
F
나빌리오 그란데
Naviglio Grande P.411
나빌리오 파베세
Naviglio Pavese P.411
로디 티보 역
Lodi Tibb
밀라노 포르타 로마나 역
Milano Porta Romana
N
0
200m

COURSE 1

밀라노 명소 정복 하루 코스

밀라노는 이탈리아에서 가장 큰 도시지만 관광 중심가는 의외로 크지 않다. 두오모를 중심으로 지름 약 2km의 원형 ZTL(교통제한) 구역 내에 볼거리가 대부분 집중되어 있고 교통도 편리해 마음만 먹으면 하루 안에 주요 볼거리 섭렵이 가능하다. 물론 더 세심하게 돌아보고 싶은 곳이 있다면 하루 이틀 정도를 추가하거나 관심이 덜 가는 곳을 빼는 식으로 조정해 볼 것.

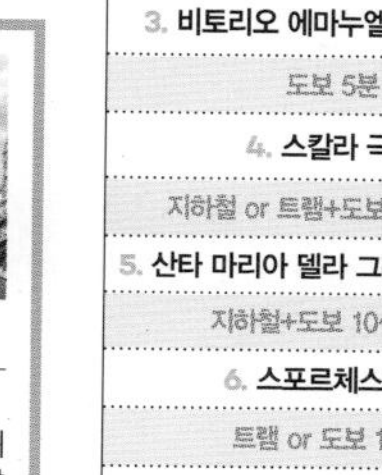

코스 무작정 따라하기

START

S. 밀라노 중앙역

지하철 5분

1. 밀라노 두오모

도보 5분

2. 두오모 지붕 테라스

도보 5분

3. 비토리오 에마누엘레 2세 회랑

도보 5분

4. 스칼라 극장

지하철 or 트램+도보 15~20분

5. 산타 마리아 델라 그라치에 대성당

지하철+도보 10~15분

6. 스포르체스코성

트램 or 도보 10분

7. 몬테 나폴레오네

도보 10분

8. 브레라 지구

도보 5분 이내

F. 지하철 란차 역

S

밀라노 중앙역

Milano Centrale

지하철역에서 교통 1일권을 끊자. 근사한 모습의 역사를 배경으로 기념사진도 한 방!

지하철 1·3호선 두오모(Duomo) 역 하차 → 밀라노 두오모 도착

1

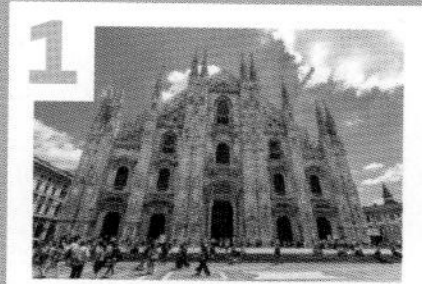

밀라노 두오모 / 15min

Duomo di Milano

두오모를 배경으로 인증 사진을 찍자. 소매치기와 비둘기를 조심할 것.

두오모 오른쪽의 출구로 이동해 엘리베이터 탑승 → 두오모 지붕 테라스 도착

2

두오모 지붕 테라스 / 30min

Duomo di Milano

두오모의 화려한 지붕을 한 바퀴 돌아볼 찬스. 내부를 관람하지 않아도 OK.

광장에서 두오모를 바라보고 왼쪽 → 비토리오 에마누엘레 2세 회랑 도착

3

비토리오 에마누엘레 2세 회랑 / 15min

Galleria Vittorio Emanuele II

소원을 이뤄준다는 소 모자이크 바닥을 찾아 뒤꿈치 턴을 시도해 볼 것.

회랑을 통과하여 광장 반대 방향 출구로 나온다. → 스칼라 극장 도착

4

스칼라 극장 / 10min

Teatro alla Scala

세계 최고의 오페라 극장 중 하나.

지하철 콘칠리아치오네(Conciliazione) 역 또는 트램 16번을 타고 S. Maria Delle Grazie 정류장 하차 → 산타 마리아 델라 그라치에 대성당 도착

5

산타 마리아 델라 그라치에 대성당 / 30min

Basilica di Santa Maria delle Grazie

〈최후의 심판〉은 최소 3개월 전에 예약해야 한다. 영화 속에 나온 안뜰도 거닐어 보자.

지하철 1호선 카이롤리 카스텔로(Cairoli Castello) 역 하차 → 스포르체스코성 도착

6

스포르체스코성 / 30min

Castello Sforzesco

스포르차 공작의 성. 미술 애호가는 미켈란젤로의 유작 〈론다니니 피에타〉를 찾아 보자.

트램 1번을 타고 Montenapoleone M3 정류장 하차 → 몬테 나폴레오네 거리 도착

7

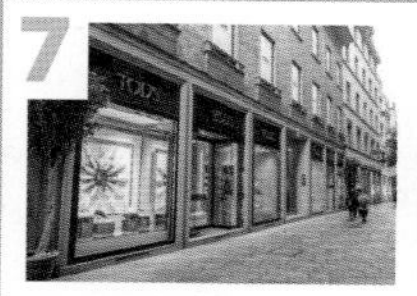

몬테 나폴레오네 / 1hr

Monte Napoleone

유럽 최대의 명품 거리. 한 바퀴 돌고 나면 안목이 쑥 올라간 듯한 기분이 든다.

보르고누오보 거리(Via Borgonuovo)를 따라 북쪽으로 쭉 올라간다. → 브레라 지구 도착

8

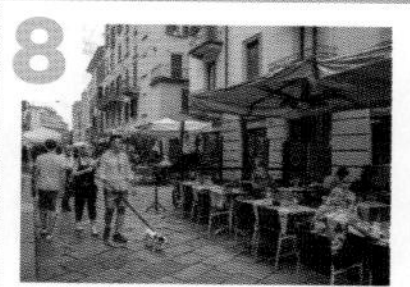

브레라 지구 / 1hr

Brera

예쁜 카페와 맛있는 레스토랑이 몰려 있는 힙한 골목. 식사 시간이라면 맛집 '나부코' 강력 추천.

티볼리 거리(Via Tivoli) 서쪽 끝으로 이동 → 지하철 란차 역 도착

F

지하철 란차 역

Lanza

중앙역 주변
Stazione Milano Centrale

밀라노 중심가에서 북쪽으로 1~2km 떨어진 지역. 밀라노에서 가장 중요한 기차역 2개가 있고, 중앙역 주변에는 저렴한 숙소가 많아 밀라노 여행의 전진 기지로 삼는 사람이 많다. 포르타 가리발디 역 주변에는 지금 주목 받는 핫 플레이스가 자리해 있다.

추천 동선

밀라노 중앙역
▼
10 코르소 코모
▼
잇탈리 밀라노 스메랄도

N
0 200m

밀라노 중앙역
Milano Centrale
유인 짐 보관소
Ki Point
카이아초 역
Caiazzo
로레토 역
Loreto
첸트랄레 FS 역
Centrale FS
스타호텔스 에코
Starhotels Echo
세포라
Sephora
맥도날드
McDonald's
밀라노 포르타 가리발디 역
Milano Porta Garibaldi
가리발디 FS 역
Garibaldi FS
에셀룽가
Esselunga P.397
그롬
Grom
호텔 베르나
Hotel Berna
스폰티니 본점
Spontini P.396
10 코르소 코모
10 Corso Como P.395
Via Vittor Pisani
비앤비 호텔 밀라노 센트럴 스테이션
B&B Hotel Milano Central Station
가리발디 문
Porta Garibaldi
빨래방
Lavanderia Schiuma
레푸블리카 역
Repubblica
리마 역
Lima
세포라
Sephora
잇탈리 밀라노 스메랄도
Eataly Milano Smeraldo P.397
밀라노 레푸블리카 역
Milano Repubblica
파베
Pavè P.396
사바티니
Sabatini P.396
모스코바 역
Moscova
Corso Buenos Aires
Viale Città di Fiume
빨래방
Lavanderia self-service milano
키코
KIKO
포르타 베네치아 역
Milano Porta Venezia
투라티 역
Turati

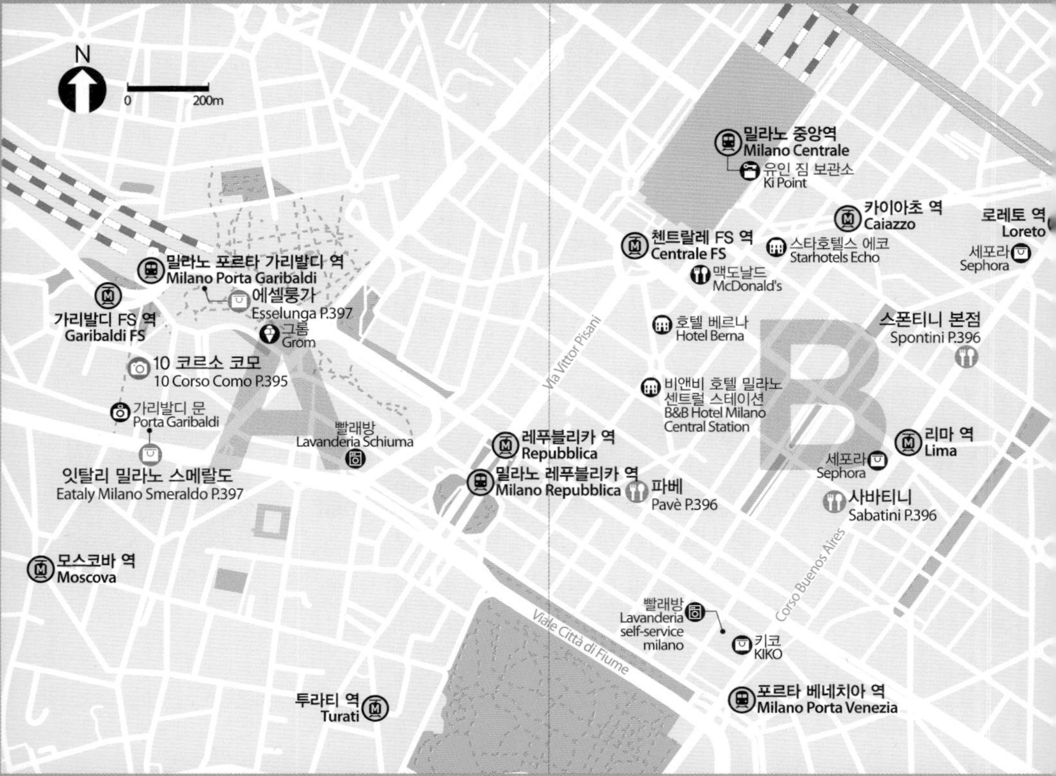

TRAVEL INFO
ⓘ 핵심 여행 정보

01 10 코르소 코모

10 Corso Como
디에치 꼬르소 꼬모

1990년 이탈리아의 유명 패션 에디터 카를라 소차니(Carla Sozzani)가 런칭한 멀티 패션 공간. 명품 셀렉트 숍을 중심으로 카페 · 전시실 · 서점 · 이벤트실 등이 결합되어 있다. 오래된 건물을 개조하여 자연스러우면서도 세련미 가득한 공간으로 연출했다. 생 로랑 · 꼼 데 가르송 · 메종 마르지엘라 등 하이 패션 브랜드의 상품을 10 코르소 코모만의 감각으로 엄선하여 선보이며, 때로는 10 코르소 코모 한정 컬래버레이션 상품을 내놓기도 한다. 카페 또한 사진발 잘 받고 분위기 좋기로 유명하다. 10 코르소 코모는 '코르소 코모 10번지'라는 뜻인데, 최근에는 코르소 코모 거리 전체가 핫해져 밀라노에서 가장 활기찬 패션 거리로 손꼽히고 있다.

MAP P.394A
구글 지도 GPS 45.48194, 9.18751 **찾아가기** 코르소 코모 거리 중심부에 있다. 지하철 2 · 5호선 가리발디(Garibaldi) FS 역에서 표지판이나 구글 지도 등을 참고하여 10번지로 간다. **주소** Corso Como, 10 **전화** 02-2900-2674 **시간** 매장 및 갤러리 10:30~19:30 카페 일~목요일 11:00~24:00, 금 · 토요일 11:00~01:00 **휴무** 연중무휴 **홈페이지** www.10corsocomo.com

02 스폰티니 본점
Spontini

코페르토 X 카드 결제 O 영어 메뉴 O

두툼하고 고소한 도우가 일품인 시칠리아식 피자를 선보이면서 밀라노를 대표하는 피자 맛집으로 등극했다. 큼직한 피자 위에 치즈와 토핑이 아주 두껍게 올라가 있는 형태인데, 토핑 없이 치즈만 두껍게 올라간 피자가 가장 맛있었다는 평이다. 이곳이 본점이며, 시내 곳곳에 지점들이 있다. '본점이 역시 훨씬 더 맛있다'는 의견과 '별 차이 없다'는 의견이 6:4 정도로 나뉜다. 근처까지 갈 일이 있거나 숙소가 멀지 않은 사람에게 추천.

MAP P.394B
구글 지도 GPS 45.48224, 9.21277 **찾아가기** 지하철 1호선 리마(Lima) 역에서 약 250m. 역에서 나와 큰길을 따라 북쪽으로 쭉 직진, 두 번째 사거리에서 우회전. **주소** Via Gaspare Spontini, 4 **전화** 02-204-7444 **시간** 월~금요일 11:30~15:00, 18:00~20:30, 토 · 일요일 11:30~22:30 **휴무** 연중무휴 **가격** 조각피자 €5.5~10.5 **홈페이지** spontinimilano.com

마르게리타 더블 모차렐라(레귤러) Margherita Doppia Mozzrella(R) €8

03 사바티니
Sabatini

코페르토 €2.5 카드 결제 O 영어 메뉴 O

피체리아와 레스토랑을 겸한 소박한 식당. 현지인들에게는 피자 맛집으로 더 잘 알려져 있으나 코톨레타나 오소부코 등의 밀라노 전통 요리도 상당히 잘한다. 관광 중심가에서 약간 떨어져 있는데도 맛과 메뉴 구성, 가격 면에서 모두 만족스러워 현지인들이 관광객에게 종종 추천하는 곳이다. 감자 튀김이 곁들여 나오는 깔끔한 코톨레타와 맛깔스러운 피자에 맥주를 한 잔 곁들이고 싶은 사람에게 강력 추천.

INFO P.152 MAP P.394B
구글 지도 GPS 45.47922, 9.20906 **찾아가기** 지하철 1호선 리마(Lima) 역에서 약 200m **주소** Via Ruggero Boscovich, 54 **전화** 02-2940-2814 **시간** 12:00~23:00 **휴무** 연중무휴 **가격** 전채 €10~18, 파스타 €12~20, 메인 요리 €15~25, 피자 €8~16 **홈페이지** ristorantesabatini.com

감자 튀김을 곁들인 코톨레타 알라 밀라네제 Costoletta di Vitello alla Mianese con Patatine Fritte €20

04 파베
Pavé

코페르토 €1 카드 결제 O 영어 메뉴 O

저렴한 호텔들이 밀집된 지역에 자리한 카페로, 직접 구운 빵과 페이스트리가 맛있기로 유명하다. 음료도 전반적으로 맛이 뛰어난데, 아메리카노 커피를 제외한 모든 음료의 평이 좋다. 밀라노의 대표적인 호텔 밀집 지역에 자리하고 있으므로 근처의 숙소에 묵는다면 한번쯤 들러볼 것. 사람들이 줄을 서서 아침을 먹는 모습에 놀랄 수도 있다.

MAP P.394B
구글 지도 GPS 45.47911, 9.20249 **찾아가기** 지하철 3호선 레푸블리카(Repubblica) 역에서 약 300m **주소** Via Felice Casati, 27 **전화** 02-9439-2259 **시간** 08:00~19:00 **휴무** 부정기 **가격** 음료 €1.2~5, 각종 크루아상 €2~5.5, 각종 조식 메뉴 €4~12 **홈페이지** pavemilano.com

할머니의 아침(빵+버터+잼) Granny's Breakfast €4

05 잇탈리 밀라노 스메랄도

Eataly Milano Smeraldo
이딸리 밀라노 스메랄도

이탈리아 전국 각지에서 생산되는 특산물과 최고급 식료품을 한자리에 모아둔 고급 식품 셀렉트 숍, 잇탈리의 밀라노 지점. 이탈리아 전체 지점 중에서 토리노 본점과 더불어 규모와 구색 면에서 가장 훌륭하다. 신선 식품, 가공식품, 주류 등 이탈리아의 특산품을 판매하는 매장을 기본으로 치즈나 햄 등을 즉석에서 제조하여 판매하는 매장, 책이나 주방 도구 등을 판매하는 매장, 다종 다양한 식당 등을 한자리에서 만나볼 수 있다.

INFO P.228 MAP P.394A

구글 지도 GPS 45.48059, 9.18799 **찾아가기** 코르소 코모 거리 남단에서 10 코르소 코모 건물을 등지고 왼쪽으로 보면 포르타 가리발디 문이 보인다. 문 뒤쪽으로 간다. **주소** Piazza Venticinque Aprile, 10 **전화** 02-4949-7301 **시간** 08:30~23:00 **휴무** 연중무휴 **홈페이지** eataly.net

06 에셀룽가

Esselunga
에셀룽가

밀라노를 비롯한 이탈리아의 중부와 북부에서 흔히 볼 수 있는 이탈리아 토착 슈퍼마켓 브랜드로, 가리발디역 부근의 독특한 복합 공간인 '피아차 가에 아울렌티(Piazza Gae Aulenti)' 지하에 위치하고 있다. 밀라노의 여러 에셀룽가 매장 중에서 가장 시내와 접근성이 좋고 매장 규모와 물건 구색이 가장 좋은 곳으로 평가받고 있다. 밀라노에서 본격적인 저렴 마트 쇼핑을 즐기고 싶다면 위치를 파악해 둘 것.

INFO P.213 MAP P.394A

구글 지도 GPS 45.48406, 9.19012 **찾아가기** '피아차 가에 아울렌티' 지하 **주소** Viale Luigi Sturzo, 13 **전화** 02-6556-0991 **시간** 24시간 **휴무** 연중무휴 **홈페이지** www.esselunga.it

B.

밀라노 두오모 주변
Duomo di Milana

밀라노 최중심부에 해당하는 지역으로 밀라노 관광의 핵심이다. 밀라노에서 가장 유명한 볼거리와 쇼핑 스폿은 모두 이곳에 있다. 밀라노를 처음 여행하는데 시간은 하루 정도밖에 없다면 이 일대만 충실하게 돌아봐도 부족함이 없을 정도.

추천 동선

밀라노 두오모
▼
리나센테 밀라노
▼
비토리오 에마누엘레 2세 회랑
▼
스칼라 극장
▼
몬테 나폴레오네

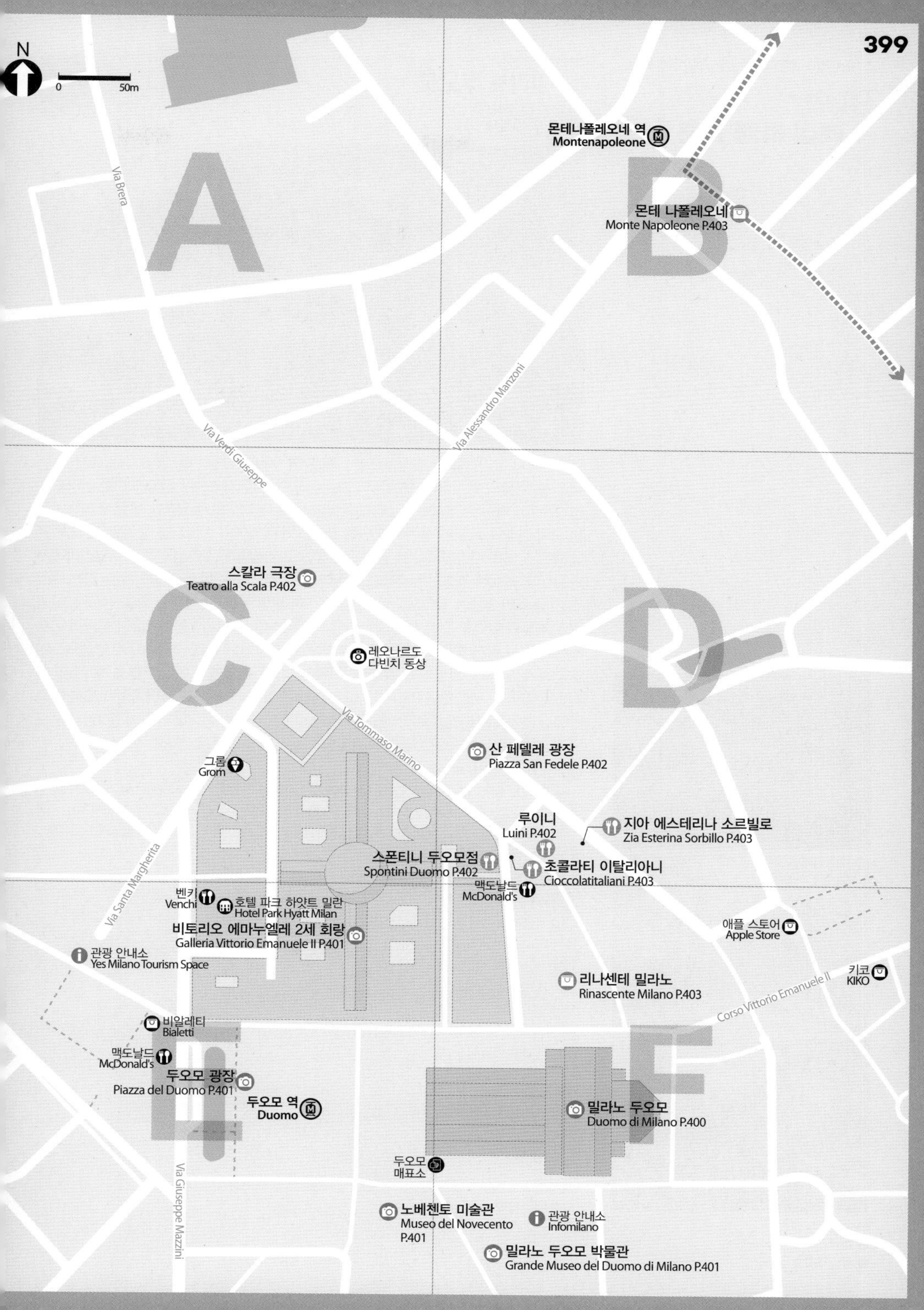
N
0
50m
A
B
C
D
E
몬테나폴레오네 역
Montenapoleone
몬테 나폴레오네
Monte Napoleone P.403
Via Brera
Via Verdi Giuseppe
Via Alessandro Manzoni
스칼라 극장
Teatro alla Scala P.402
레오나르도
다빈치 동상
Via Tommaso Marino
산 페델레 광장
Piazza San Fedele P.402
그롬
Grom
루이니
Luini P.402
지아 에스테리나 소르빌로
Zia Esterina Sorbillo P.403
스폰티니 두오모점
Spontini Duomo P.402
초콜라티 이탈리아니
Cioccolatitaliani P.403
맥도날드
McDonald's
벤키
Venchi
호텔 파크 하얏트 밀란
Hotel Park Hyatt Milan
Via Santa Margherita
비토리오 에마누엘레 2세 회랑
Galleria Vittorio Emanuele II P.401
관광 안내소
Yes Milano Tourism Space
애플 스토어
Apple Store
키코
KIKO
리나센테 밀라노
Rinascente Milano P.403
Corso Vittorio Emanuele II
비알레티
Bialetti
맥도날드
McDonald's
두오모 광장
Piazza del Duomo P.401
두오모 역
Duomo
밀라노 두오모
Duomo di Milano P.400
두오모
매표소
Via Giuseppe Mazzini
노베첸토 미술관
Museo del Novecento
P.401
관광 안내소
Infomilano
밀라노 두오모 박물관
Grande Museo del Duomo di Milano P.401

TRAVEL INFO
ⓘ 핵심 여행 정보

01 밀라노 두오모

Duomo di Milano
두오모 디 밀라노

밀라노에서 볼거리를 단 하나만 꼽는다면 단연 첫손에 꼽힐 만한 명소. 유럽에서 세 번째로 큰 가톨릭 성당이다. 비스콘티 가문이 밀라노를 지배하던 1386년에 착공하여 무려 565년이 지난 1951년에 완공되었다. 비스콘티 대공은 당시 최첨단 유행 스타일이었던 고딕 양식을 제대로 구현하기 위해 프랑스와 독일에서 기술자를 불러왔고, 그 덕분에 알프스 북쪽 지방에서나 볼 법한 전형적인 고딕 성당으로 축성되었다. 이탈리아에서 가장 고딕 양식에 충실한 건축물로 꼽힌다. 성당 위 지붕을 한 바퀴 돌아볼 수 있는 테라스 자율 투어 코스는 밀라노 두오모 관광의 하이라이트라고 불러도 좋을 정도다. 고딕 성당 특유의 뾰족한 지붕 장식과 플라잉 버트리스를 눈앞에서 볼 수 있고, 성당과 어우러진 두오모 광장 일대의 풍경이 깊은 인상을 남긴다. 계단과 엘리베이터 중 선택하여 올라갈 수 있는데, 아무래도 엘리베이터가 낫다. 요금 체계가 매우 세분화되어 현장에서 보면 머리가 아프므로 미리 숙지하고 가는 것이 좋다. 내부에 들어가거나 지붕 테라스에 올라가려면 티켓을 미리 예약해두는 것이 가장 좋고, 현장에서 구매하려면 두오모 옆 매표소보다는 두오모 박물관 매표소를 이용하는 것이 줄을 덜 서는 팁이다.

INFO P.082 MAP P.399F

구글 지도 GPS 45.46409, 9.19192 **찾아가기** 지하철 1 · 3호선 두오모(Duomo) 역에서 내리면 바로 보인다. **주소** Piazza del Duomo **전화** 02-7202-3375 **시간** 성당 08:00~19:00, 지붕 테라스 09:00~19:00, 지하 묘소 월~금요일 11:00~17:30, 토요일 11:00~17:30, 일요일 13:00~15:30 **휴무** 연중무휴 **가격**

추천 통합 티켓

티켓	내용	가격
① 컬처 패스 Culture Pass	성당+고고학 발굴 영역+두오모 박물관+산 고타르도 교회	€12
② 콤보 리프트 Combo Lift	① 컬처 패스+지붕 테라스(엘리베이터 이용)	€25
③ 콤보 스테어스 Combo Stairs	① 컬처 패스+지붕 테라스(계단 이용)	€20
④ 패스트 트랙 패스 Fast Track Pass	② 콤보 리프트+전용 입구로 테라스 입장	€30

개별 티켓

성당 본당+박물관 Duomo+Museum		€10
지붕 테라스 Terrace	계단 이용	€14
	엘리베이터 이용	€16
	엘리베이터+패스트 트랙	€26

홈페이지 www.duomomilano.it

❶ 본당 내부 모습
❷ 지붕의 모습
❸ 지붕 테라스

02 밀라노 두오모 박물관

Grande Museo del Duomo di Milano
그란데 무제오 델 두오모 디 밀라노

밀라노 두오모가 소장한 다양한 보물을 전시하는 박물관으로, 광장 바깥쪽에 자리한 16세기 궁전 팔라초 레알레(Palazzo Reale)에 별도로 조성돼 있다. 박물관에서는 주교의 보관, 홀, 의상 등의 보물과 미술품, 조각품을 비롯한 보물을 전시 중이다. 특히 1층의 스테인드글라스가 최고의 압권이며 밀라노 두오모의 목조 모델도 볼 수 있다. 역사나 종교, 미술에 별 관심이 없다면 굳이 들를 필요는 없으나 기왕 두오모 통합권을 샀다면 잊지 말고 찾아볼 것.

MAP P.399F
구글 지도 GPS 45.46348, 9.19155 **찾아가기** 두오모 광장에서 두오모를 바라보고 오른쪽 사선 방향에 있다. **주소** Piazza del Duomo, 12 **전화** 02-7202-3375 **시간** 10:00~19:00 **휴무** 연중무휴 **가격** 두오모+박물관 €10 **홈페이지** www.duomomilano.it

03 노베첸토 미술관

Museo del Novecento
무제오 델 노베첸또

현대미술 작품을 전문으로 전시하는 미술관. '노베첸토'는 이탈리아어로 1900년대, 즉 20세기를 뜻하는 단어로 밀라노 외에도 여러 도시에 같은 이름의 현대미술관이 있다. 밀라노의 노베첸토 미술관은 규모는 작지만 컬렉션이 아주 훌륭한 것으로 유명하다. 칸딘스키, 피카소, 몬드리안, 마티스, 브라크 등의 세계적인 거장과 조르조 데 키리코(Giorgio de Chirico) 등 이탈리아의 현대미술 거장의 작품을 다수 소장하고 있다.

MAP P.399E
구글 지도 GPS 45.46342, 9.19027 **찾아가기** 두오모 광장에서 두오모를 바라보고 오른쪽에 있다. **주소** Piazza del Duomo, 8 **전화** 02-8844-4061 **시간** 화·수·목·토·일요일 10:00~19:30, 금요일 10:00~19:30 **휴무** 월요일 **가격** 일반 €5, 만 18~25세 및 65세 이상 €3 **홈페이지** museodelnovecento.org

04 두오모 광장

Piazza del Duomo
피아짜 델 두오모

두오모 앞에 17,000㎡ 넓이로 펼쳐진 광장. 이탈리아의 여러 광장 중 넓기로는 손에 꼽힐 정도인데, 우리나라 광화문 광장보다 약간 작은 수준이다. 두오모와 비토리오 에마누엘레 2세 광장으로 둘러싸여 매우 고풍스럽고 장엄한 느낌이 든다. 가운데에 서 있는 동상의 주인공은 이탈리아를 통일한 왕 비토리오 에마누엘레 2세이다. 밀라노에서 가장 많은 인파가 몰리는 곳이니만큼 소매치기와 팔찌 사기꾼이 기승을 부리므로 주의하는 것이 좋다.

INFO P.057 MAP P.399E
구글 지도 GPS 45.4642, 9.18903(비토리오 에마누엘레 2세 동상) **찾아가기** 두오모 앞. 지하철 1·3호선 두오모(Duomo) 역에서 내리면 바로 연결된다. **주소** Piazza del Duomo **전화** 없음 **시간** 24시간 **휴무** 연중무휴 **가격** 무료입장

05 비토리오 에마누엘레 2세 회랑

Galleria Vittorio Emanuele II
갈레리아 빗또리오 에마누엘레 세콘도

밀라노 두오모 바로 옆에 자리한 쇼핑 구역. 건축물 여러 채가 모인 블록 안 사거리에 철골과 유리로 된 지붕을 덮어 거대한 아케이드로 만든 것이다. 이탈리아의 대표적인 신고전주의 건축물이자 최초의 현대적 쇼핑몰로 꼽힌다. 지금도 최고급 브랜드와 명물 카페가 몰려 있어 '밀라노의 거실'이라는 별명으로 불린다. 바닥에 이탈리아의 4대 도시(로마, 피렌체, 토리노, 밀라노)를 상징하는 모자이크화가 있는데, 그중에서 토리노를 상징하는 황소의 성기를 발뒤꿈치로 밟고 세 바퀴 돌며 소원을 빌면 그 소원이 이뤄진다는 미신이 있다.

INFO P.087 MAP P.399E
구글 지도 GPS 45.46561, 9.19005 **찾아가기** 두오모 광장에서 두오모를 바라보고 왼쪽을 보면 개선문처럼 생긴 입구가 보인다. **주소** Galleria Vittorio Emanuele II **전화** 상점마다 다름. **시간** 24시간 **휴무** 상점마다 다름.

06 스칼라 극장

★★★

Teatro alla Scala
떼아뜨로 알라 스칼라

뉴욕 메트로폴리탄 오페라 하우스, 빈 국립 오페라 극장 등과 더불어 세계 최고의 오페라 극장으로 손꼽히는 곳이다. 베르디를 비롯하여 푸치니, 도니제티 등 기라성 같은 작곡가들의 수많은 명작이 이곳에서 초연되었다. 줄여서 '라 스칼라'라고도 한다. 1776년에 지어졌는데, 원래 '산타 마리아 알라 스칼라(Santa Maria alla Scala)'라는 교회가 있던 자리라 그 이름을 붙였다. 지금도 거의 매일 세계 최고 수준의 오페라 · 발레 · 오케스트라 공연이 열린다. 예매는 공식 홈페이지에서 할 수 있다.

MAP P.399C
구글 지도 GPS 45.4674, 9.18955 **찾아가기** 두오모 광장에서 비토리오 에마누엘레 2세 회랑으로 들어가 직진한 뒤 회랑을 빠져나와 광장을 가로질러 가면 큰길 건너편에 보인다. **주소** Via Filodrammatici, 2 **전화** 02-88791 **시간** 공연마다 다름. **휴무** 부정기 **홈페이지** www.teatroallascala.org

07 산 페델레 광장

★★

Piazza San Fedele
피아짜 싼 페델레

비토리오 에마누엘레 2세 회랑 뒷골목에 자리한 한적한 광장. '산 페델레'라는 이름은 광장 한쪽에 지어진 '산 페델레 성당'에서 따온 것이다. 광장 한가운데에는 19세기의 문학가 알레산드로 만초니(Alessandro Manzoni)의 동상이 서 있다. 튀김 피자나 판체로티 등 길거리 먹거리를 사 들고 먹을 곳이 마땅치 않다면 주저 말고 이곳을 찾을 것.

MAP P.399D
구글 지도 GPS 45.466406, 9.191242 **찾아가기** 비토리오 에마누엘레 2세 회랑 뒷골목에서 스칼라 극장으로 가는 방향에 있다. **주소** Piazza San Fedele **전화** 없음 **시간** 24시간 **휴무** 연중무휴 **가격** 무료입장

08 스폰티니 두오모점

★★★★

Spontini

코페르토 X 카드 결제 O 영어 메뉴 O

도우가 두툼한 시칠리아식 피자로 인기가 높은 스폰티니의 두오모 지점. 본점이 따로 있고 밀라노 시내에도 지점이 여러 군데 있지만 이곳이 가장 대표적인 지점으로 알려져 있다. 두오모와 가까워 찾기 편하다는 것이 최고의 장점. 저렴하게 판매하는 조각 피자는 한 조각 크기가 끼니를 때울 수 있을 정도로 크다. 단, 좌석이 없고 입석만 있다는 것은 미리 알고 가자.

INFO P.131 MAP P.399D
구글 지도 GPS 45.46567, 9.19121 **찾아가기** 리나센테 백화점 왼쪽 옆 골목으로 쭉 들어간다. **주소** Via Santa Radegonda, 11 **전화** 02-8909-2621 **시간** 11:00~23:00 **휴무** 연중무휴 **가격** 조각 피자 €5~8.5 **홈페이지** spontinimilano.com

마르게리타 오르톨라나 (마르게리타+가지+호박) Margherita Ortolana (R) €7

09 루이니

★★★

Luini

코페르토 X 카드 결제 X 영어 메뉴 X

'판체로티(Panzerotti)'는 튀김 도넛 내지는 피자 같은 음식으로서, 작은 도우 안에 햄 · 치즈 등의 속 재료를 넣고 튀겨낸다. 루이니는 밀라노의 명물 판체로티 전문점으로, 주말이나 성수기에는 가게 안팎이 터져 나갈 정도로 사람이 몰린다. 다양한 종류의 판체로티를 쇼 케이스에 전시해 두어 손님이 고르면 내주는 방식. 특별히 먹고 싶은 게 없다면 오리지널 또는 루이니를 고르면 크게 실망하지 않는다. 식사량이 적은 사람이라면 1개로 점심 한 끼 정도는 때울 수 있다.

MAP P.399D
구글 지도 GPS 45.46582, 9.19155 **찾아가기** 두오모 옆 리나센테 백화점 옆 골목으로 들어가 쭉 직진한 후 사거리에서 오른쪽에 보이는 골목으로 들어간다. **주소** Via Santa Radegonda, 16 **전화** 02-8646-1917 **시간** 월~토요일 10:00~20:00 **휴무** 일요일 **가격** 각종 판체로티 €2~5 **홈페이지** www.luini.it

루이니 프리토(매운 살라미, 모차렐라) Luini Fritto €3

10 지아 에스테리나 소르빌로

Zia Esterina Sorbillo

★★★★★

코페르토 X 카드 결제 X 영어 메뉴 X

튀김 피자 Pizza Fritta €4.8

나폴리의 유명 피체리아인 지노 소르빌로(Gino Sorbillo) 계열의 튀김 피자 전문점. 피자 반죽 안에 햄, 치즈 등을 넣고 반으로 접은 뒤 즉석에서 기름에 튀겨내는데, 바삭바삭한 피 안에 쫀득한 도우와 신선한 토핑이 고스란히 살아 있어 입맛에만 맞으면 일반 피자보다도 더 맛있게 느껴진다. 밀라노 지점은 나폴리 본점보다 약간 맛이 떨어진다는 평가가 있으나 훨씬 깔끔하고 친절하다. 두오모에서 라 스칼라로 가는 황금 길목에 자리하고 있어 찾기도 편하다.

MAP P.399D

구글 지도 GPS 45.46599, 9.19177 **찾아가기** 두오모 옆 리나센테 백화점 옆 골목으로 들어가 쭉 직진한 후 오른쪽에 루이니(Luini)가 있는 골목으로 들어간 뒤 다시 직진, 골목이 끝나면 오른쪽으로 꺾는다. **주소** Via Agnello, 19 **전화** 02-4549-1628 **시간** 11:00~21:00 **휴무** 연중무휴 **가격** 튀김 피자 €4.8 **홈페이지** sorbillo.it

11 초콜라티 이탈리아니

Cioccolati Italiani

★★★★

코페르토 X 카드 결제 X 영어 메뉴 X

두 가지 맛 컵 €6

원래는 최고급 카카오로 만드는 초콜릿 전문 브랜드인데, 매장에서 판매하는 젤라토의 맛이 워낙 뛰어나 오히려 밀라노를 대표하는 젤라토 맛집으로 소문났다. 초콜릿 젤라토가 가장 뛰어나고, 과일 맛이나 견과류도 재료가 워낙 좋아 발군의 맛을 낸다. 콘이나 컵 안에 액상 초콜릿을 넣어주는 것도 빼놓을 수 없는 매력 포인트. 밀라노에 매장이 여러 개 있으나 두오모 지점이 가장 규모가 크다. 커피 · 와플 · 크레페 등도 팔고 있다.

INFO P.188 MAP P.399D

구글 지도 GPS 45.46575, 9.19133 **찾아가기** 가장 유명한 두오모 지점은 두오모 광장에서 두오모를 바라보고 왼쪽으로 들어간 뒤 리나센테 바로 앞 골목에서 좌회전한 후 쭉 간다. **주소** Via S. Raffaele, 6 **전화** 02-8909-3820 **시간** 월~금요일 08:00~23:00, 토요일 08:30~23:00, 일요일 08:30~23:00 **휴무** 연중무휴 **가격** 콘 · 컵 두 가지 맛 €6, 세 가지 맛 €8 **홈페이지** www.cioccolatitaliani.it

12 몬테 나폴레오네 거리

Monte Napoleone

몬떼 나뽈레오네

★★★★

몬테 나폴레오네 거리(Via Monte Napolenone)와 스피가 거리(Via della Spiga) 사이의 찌그러진 직사각형 구역으로, 패션 브랜드 매장이 무려 120여 개가 들어서 있다. 구찌, 프라다, 루이뷔통, 에르메스 같은 유명 명품 브랜드는 물론 톰 브라운, 메종 마르지엘라 등의 핫한 디자이너 브랜드, 불가리, 티파니를 위시한 수많은 주얼리 브랜드들이 몰려 있다. 전 세계 쇼퍼홀릭들이 가장 동경하는 거리로, 쇼핑과 패션을 좋아한다면 이 거리에서 반나절을 보내도 심심하지 않을 것이다.

MAP P.399B

구글 지도 GPS 45.4703, 9.19295(지하철역 인근) **찾아가기** 지하철 3호선 몬테 나폴레오네(Monte Napoleone) 역에서 바로 **주소** 상점마다 다름. **전화** 상점마다 다름. **시간** 24시간 **휴무** 상점마다 다름.

13 리나센테 밀라노

Rinascente Milano

리나센테 밀라노

★★★★

이탈리아의 유일한 백화점 브랜드로, 전국에 있는 총 9개의 지점 중 밀라노 지점이 단연 지존으로 통한다. 10층 건물에 의류 · 잡화 · 화장품 · 식품 등 무려 1,500개의 브랜드가 입점돼 있다. 명품, 하이패션 디자이너 브랜드, 럭셔리 캐주얼 할 것 없이 전 세계의 웬만한 브랜드는 다 있다고 봐도 무방하다. 유럽에서 신상품이 가장 먼저 선보이는 백화점으로도 유명하다. 전체 쇼핑 금액이 €154.95가 넘으면 세금 환급 신청이 가능하고, 10% 추가 할인 쿠폰 행사도 자주 한다.

MAP P.399F

구글 지도 GPS 45.46502, 9.19196 **찾아가기** 밀라노 두오모 광장에서 두오모를 바라보고 왼쪽으로 간다. **주소** Via S. Raffaele **전화** 800-121-211(이탈리아), 02-4539-9200(해외) **시간** 10:00~22:00 **휴무** 연중무휴 **홈페이지** www.rinascente.it

C.

스포르체스코성 주변
Costello Sforzesco

밀라노를 한층 더 깊숙이 보고 싶은 사람에게 권하는 지역. 밀라노의 문제적 인물이었던 스포르차 공작의 옛 성과 최근 밀라노의 젊은이들이 가장 좋아하는 힙 플레이스 브레라 지구가 이 지역에 있다. 밀라노가 가진 세계적인 문화유산 레오나르도 다빈치의 〈최후의 만찬〉을 소장 중인 산타 마리아 델레 그라치에 대성당도 이 일대에 있다.

추천 동선

산타 마리아 델레 그라치에 성당
▼
산 마우리초 성당
▼
코르두시오 광장
▼
단테 거리
▼
스포르체스코 성
▼
브레라 지구

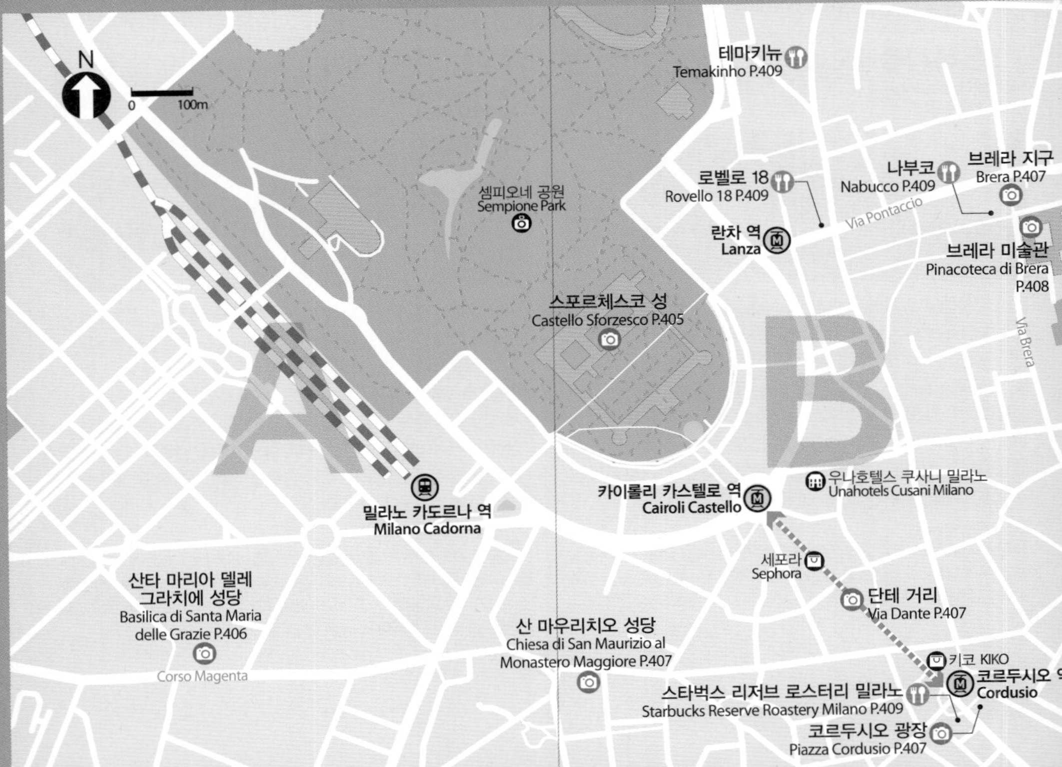

TRAVEL INFO
핵심 여행 정보

01 스포르체스코성
Castello Sforzesco
카스텔로 스포르체스코

밀라노의 르네상스 시대에 해당하는 15~16세기에 밀라노를 지배했던 스포르차 가문이 살았던 성. 비스콘티 공작의 사위이자 용병대장이었던 프란체스코 스포르차는 공작 가문이 위기에 빠지자 공작을 배신하고 그 자리를 차지했다. 이후 약 100년 간 스포르차 가문이 밀라노를 지배한다. 스포르체스코성은 1370년에 방어용 성채로 축성되어 비스콘티 공작 가문의 거주지로 쓰이다가 공격을 받아 크게 훼손되었던 것을 스포르차 가문이 보수하여 현재의 모습으로 만들었다. 성의 개 · 보수 작업에는 르네상스의 거장 브라만테와 레오나르도 다빈치가 참여한 것으로 알려져 있다.

현재 성 내부를 박물관으로 꾸며 개방하고 있으며, 회화 · 도자기 · 악기 · 무기 · 갑옷 등 스포르차 가문이 소장했던 다종다양한 분야의 수집품을 감상하며 성의 구석구석을 돌아볼 수 있다. 최고의 소장품은 단연 미켈란젤로 부오나로티의 유작 〈론다니니 피에타(Rondanini Pieta)〉로서, 성 입구 부근에 자리한 별도 전시실에서 단독 전시 중이다. 이 작품은 미켈란젤로가 만들었다고 믿기 힘들 정도로 완성도가 떨어지는데, 워낙 노령에 시력이 크게 떨어진 상태였기 때문이라고. '론다니니'라는 이름은 이 작품이 로마의 론다니니 궁 안뜰에 있던 데서 유래했다고 한다.

성 뒤로는 셈피오네 공원이라는 시민 공원이 넓게 펼쳐져 있는데 밀라노 도심의 허파 같은 곳으로, 아름다운 호수와 넓은 초지가 도심 속의 휴식을 선사한다.

INFO P.072 MAP P.404B

구글 지도 GPS 45.47047, 9.17933 **찾아가기** 지하철 1호선 카이롤리 카스텔로(Cairoli Castello) 역에서 약 100m **주소** Piazza Castello **전화** 02-8846-3700 **시간** 성 내부 07:00~19:30, 박물관 화~일요일 10:00~17:30, 셈피오네 공원 06:30~21:00 **휴무** 성 연중무휴, 박물관 월요일, 1/1, 5/1, 12/25 **가격** 성 내부 무료입장, 박물관 일반 €5 **홈페이지** milanocastello.it

미켈란젤로의 유작 〈론다니니 피에타〉

아름다운 셈피오네 공원

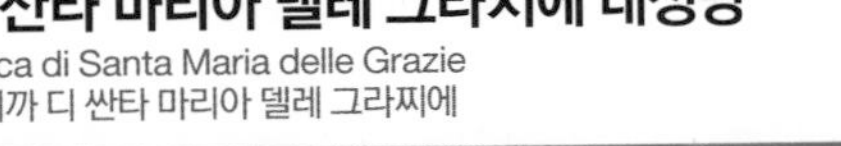

02 산타 마리아 델레 그라치에 대성당

Basilica di Santa Maria delle Grazie
바질리까 디 싼타 마리아 델레 그라찌에

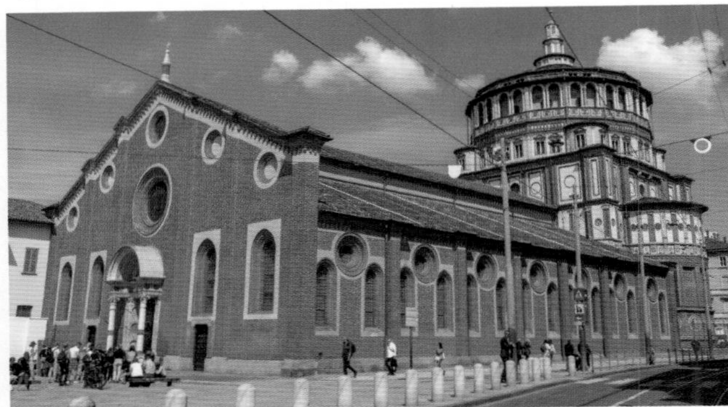

프란체스코 스포르차의 명령으로 15세기에 축성된 도미니코 수도회의 성당. 이후 4대 스포르차 공으로 밀라노의 르네상스를 이끌었던 루도비코 스포르차가 가문의 묘지로 쓰기 위해 대대적으로 증 · 개축했다. 이때 공사 총책임자가 르네상스 건축의 거장 중 한 명인 브라만테였고, 수도원 식당 벽화를 담당했던 사람이 다름아닌 레오나르도 다빈치다. 다빈치는 예수가 체포되기 전에 열두 제자와 가졌던 마지막 저녁 식사 장면을 그렸는데, 물감에 달걀노른자를 섞는 템페라 기법을 쓰는 바람에 그림에 금세 곰팡이가 피었다. 이후 복원에 다방면으로 노력을 기울였지만 완벽하게 살려내지는 못했고, 지금도 일부가 훼손된 상태로 유지 중이다. 그럼에도 레오나르도 다빈치의 몇 안 되는 완성 작품이자 그의 장기가 모두 발휘된 최고의 걸작으로 손꼽힌다. 일명 〈최후의 만찬〉은 일반인에게 개방 중이기는 하나, 더 이상 훼손되는 것을 막기 위해 하루 관람 인원을 극도로 제한한다. 반드시 사전에 예약해야 관람할 수 있으므로 여행 준비 시 미리 예약 상황을 알아볼 것. 〈최후의 만찬〉 관람 입구는 성당 입구와 직각으로 마주보고 있다. 성당 내부는 무료로 개방 중이며, 안뜰은 영화 〈냉정과 열정 사이〉의 후반부에 여자 주인공이 남자 주인공에게 받은 편지를 읽는 장면에서 등장한다.

INFO P.115 MAP P.404A

구글 지도 GPS 45.46596, 9.17096 **찾아가기** 두오모 부근 또는 코르두시오 광장에서 San Siro Stadio Mm 방향으로 가는 16번 트램을 타고 S. Maria Delle Grazie 정류장에서 내린다. **주소** Piazza di Santa Maria delle Grazie **전화** 02-467-6111 **시간** 성당 월~토요일 07:00~13:00, 15:00~19:30, 일요일 및 공휴일 07:00~12:30, 15:00~21:00 최후의 만찬 화~일요일 08:15~19:00 **휴무** 성당 부정기적, 최후의 만찬 월요일 **가격** 성당 무료입장, 최후의 만찬 €15 **홈페이지** 성당 legraziemilano.it 최후의 만찬 예약 cenacolovinciano.vivaticket.it

PLUS TIP

〈최후의 만찬〉 관람 예약

3~4개월 전부터 예약을 받는데 보통 티켓 오픈하는 날 매진된다. 오픈 날짜는 홈페이지에 예고되므로 예의 주시할 것. 1인당 최대 5매까지 구매할 수 있다. 보존을 위해 한 번에 30명씩 15분간만 공개한다. 전화 예약(+39-02-9280-0360)도 가능하며 영어로 통화할 수 있다.

여행사에서 €50~100선의 가이드 투어 상품을 만들어 판매하기도 하는데, 그것도 보통 한 달 전쯤에 마감된다. 성당 옆에 취소한 표를 판매하는 오프라인 티켓 매장이 있으나 크게 기대하지는 말자.

03 산 마우리치오 성당

★★★

Chiesa di San Maurizio al Monastero Maggiore
끼에자 디 싼 마우리치오 알 모나스테로 마조레

밀라노에서 가장 큰 베네딕트회 수녀원의 부설 성당으로, 16세기에 지어졌다. 현재 수녀원 터 전체가 밀라노 고고학 박물관으로 쓰인다. 성당 내부 전체가 매우 아름다운 벽화로 뒤덮여 있는데, 레오나르도 다빈치의 제자인 베르나르디노 루이니(Bernardino Luini)를 비롯한 르네상스-바로크 시대의 유명 화가들이 작업한 것이라고 한다. 성경 내용 및 성 마우리치오의 생애를 그리고 있다. 크게 기대하지 않고 갔다가 감동받는 여행자들이 적지 않은 곳.

MAP P.404B
구글 지도 GPS 45.46557, 9.17894 **찾아가기** 16·19번 트램을 타고 C.so Magenta Via Nirone 정류장에서 내리면 바로 보인다. **주소** Corso Magenta, 15 **전화** 02-8844-5208 **시간** 화~일요일 10:00~17:30 **휴무** 월요일 **가격** 무료입장

04 코르두시오 광장

★★

Piazza Cordusio
피아짜 코르두시오

밀라노 중심부에 자리한 원형 광장. 스포르체스코성과 단테 거리(Via Dante) 일대의 지리를 파악할 때 알아두면 좋은 곳이다. 광장 주변은 19세기에 지어진 아름다운 건물들이 둘러싸고 있는데, 대부분이 우체국·증권 거래소·은행 등의 관공서로 쓰였다. 이 중 우체국 건물이었던 팔라초 델레 포스테(Palazzo delle Poste)는 현재 스타벅스 리저브 밀라노 지점으로 쓰이고 있다. 약간 떨어진 곳에 20세기 초에 지어진 이탈리아 은행(Banca d'Italia)의 건물도 있다.

MAP P.404B
구글 지도 GPS 45.46523, 9.1862 **찾아가기** 지하철 1호선 코르두시오(Cordusio) 역에서 바로 **주소** Piazza Cordusio **전화** 없음 **시간** 24시간 **휴무** 연중무휴 **가격** 무료입장

05 단테 거리

★★★

Via Dante
비아 단테

스포르체스코성 입구부터 시내 중심부의 스타벅스 밀라노 지점이 있는 코르두시오 광장까지 400m가량 이어진 거리로, 밀라노에서 가장 활기찬 쇼핑 지역 중 하나다. 주로 캐주얼 의류, 로컬 중저가 브랜드, 인터내셔널 SPA 브랜드, 화장품 매장이 많다.

MAP P.404B
구글 지도 GPS 45.467946, 9.182585(스포르체스코성 방향 시작점) **찾아가기** 지하철 1호선 카이롤리 카스텔로(Cairoli Castello) 역에서 스포르체스코성 반대 방향으로 이어진 길을 찾는다. **주소** Via Dante **전화** 상점마다 다름. **시간** 24시간 **휴무** 상점마다 다름.

06 브레라 지구

★★★

Brera
브레라

두오모 북쪽, 스포르체스코성 동쪽에 넓게 펼쳐진 행정 구역으로 '밀라노 몽마르트'나 '밀라노 홍대' 같은 별명을 갖고 있다. 밀라노의 명문 미술 대학인 브레라 미술 아카데미가 있다 보니 예술가와 유행에 민감한 젊은 층이 이 지역에 모이고, 자연스럽게 밀라노에서 가장 핫하고 세련된 지역이 되었다. 메인 스트리트라 할 수 있는 브레라 거리(Via Brera), 피오리 키아리 거리(Via Fiori Chiari) 등을 따라 맛집과 예쁜 카페 등이 줄지어 있다.

MAP P.404B
구글 지도 GPS 45.47232, 9.18755(비아 피오리 키아리와 비아 브레라의 교차점) **찾아가기** 지하철 2호선 란차(Lanza) 역 남쪽 **주소** Via Brera 일대 **전화** 상점마다 다름. **시간** 24시간 **휴무** 상점마다 다름.

❶ 라파엘로 〈성모의 결혼〉
❷ 프란체스코 아예츠 〈입맞춤〉
❸ 안드레아 만테냐 〈죽은 예수〉

07 브레라 미술관

Pinacoteca di Brera
피나코테카 디 브레라

밀라노의 유서 깊은 명문 미술 대학인 브레라 미술 아카데미(Accademia di Belle Arti di Brera) 부설 미술관. 대학과 미술관 모두 17세기 초에 지어진 아름다운 건축물 브레라 궁전(Palazzo Brera)에 자리하고 있다. 미술관은 규모가 아주 크지는 않으나 소장품의 수준은 상당히 높은 편으로, 라파엘로 · 만테냐 · 브라만테 · 벨리니 · 틴토레토 · 브론치노 등의 주옥 같은 작품을 소장 · 전시하고 있다. 라파엘로의 페루자 수업 시절 초기 작품인 〈성모의 결혼〉, 예수를 발부터 그리며 전무후무한 원근감을 선보인 만테냐의 〈죽은 예수〉, 이탈리아 근대 낭만파 회화의 대표 작품 프란체스코 아예츠의 〈입맞춤〉 등이 대표 작품들이다.

MAP P.404B
구글 지도 GPS 45.47195, 9.18781 **찾아가기** 브레라 지구의 중심인 베라 거리(Via Bera) 북쪽 초입에 있다. **주소** Via Brera, 28 **전화** 02-7226-3264 **시간** 화~일요일 08:30~19:15 **휴무** 월요일, 1/1, 12/25(부정기 휴일 홈페이지에 사전 공지) **가격** €15 **홈페이지** pinacotecabrera.org

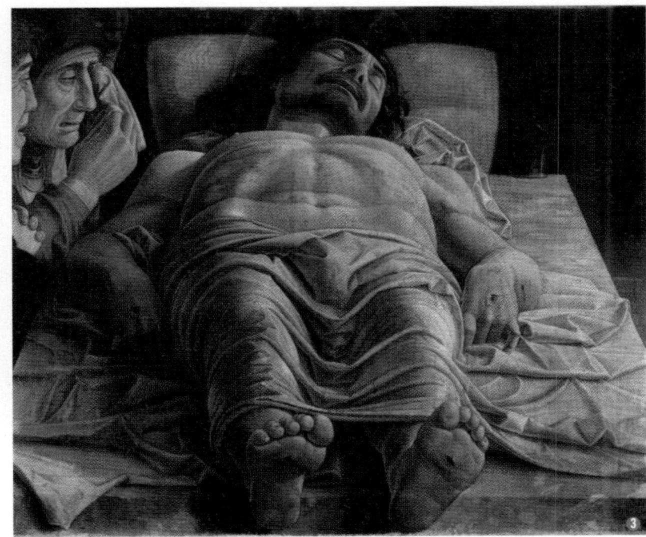

08 스타벅스 리저브 로스터리 밀라노

Starbucks Reserve Roastery Milano

★★★★

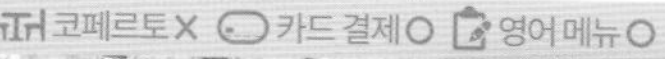

코페르토 X 카드 결제 O 영어 메뉴 O

2018년 9월 문을 연 이탈리아 최초의 스타벅스. 화려하고 우아한 건물은 1901년에 지어진 근대식 빌딩으로, 불과 얼마 전까지만 해도 밀라노 중앙 우체국으로 쓰였다. 단숨에 밀라노 최고의 핫 플레이스로 등극, 매일 사람들이 인산인해를 이루고 매장 내부도 상당히 혼잡하다. 일반 스타벅스보다 페이스트리와 이탈리아 전통 커피 메뉴가 좀 더 많은 편. 머천다이저 상품(MD)도 다양하다.

INFO P.228 MAP P.404B

구글 지도 GPS 45.46496, 9.18626 **찾아가기** 지하철 코르두시오(Cordusio) 역에서 도보 5분 이내. 스포르체스코성에서 단테 거리(Via Dante)를 따라가다가 길이 끝나는 지점의 건너편에 있다. 두오모에서도 멀지 않다. **주소** Via Cordusio, 1 **전화** 02-9197-0326 **시간** 07:30~22:00 **휴무** 연중무휴 **가격** 시그니처 한정메뉴 €6~10, 에스프레소 베이스 커피 €2~7.5 **홈페이지** www.roastery.starbucks.it

아메리카노

Americano(Tall) €4

09 나부코

Nabucco

★★★★

코페르토 €3 카드 결제 O 영어 메뉴 O

브레라 지구에서도 가장 예쁜 골목에 자리한 레스토랑으로, 맛 · 분위기 · 서비스 어디 하나 나무랄 데 없어 현지인과 관광객 모두가 칭찬하는 곳이다. 메뉴는 밀라노 전통 음식을 다양하게 선보이는데, 어느 것을 주문해도 실패 확률이 적을 정도로 음식 솜씨가 뛰어나다. 양이 상당히 많다는 것은 미리 알고 갈 것. 코톨레타나 오소부코 같은 밀라노 전통 음식을 두려움 없이 도전하고 싶은 사람에게 강력 추천한다.

INFO P.152 MAP P.404B

구글 지도 GPS 45.47235, 9.18694 **찾아가기** 브레라 지구의 메인 길 중 하나인 피오리 키아리 거리(Via Fiori Chiari)에 있다. 지하철 2호선 란차(Lanza) 역과 가깝다. **주소** Via Fiori Chiari, 10 **전화** 02-860-663 **시간** 12:00~24:00 **휴무** 연중무휴 **가격** 전채 €18~30, 파스타 €20~30, 메인 요리 €22~39 **홈페이지** nabucco.it

오소부코 콘 리조토

Ossobuco con Risotto €25

10 로벨로 18

Rovello 18

★★★

코페르토 €3 카드 결제 O 영어 메뉴 O

증조 할아버지부터 4대째 요리사를 배출하고 있는 집안의 딸이 야심만만하게 문을 연 아담한 레스토랑. 미슐랭 플레이트 등급에 선정됐다. 사장과 노련한 소믈리에가 직접 구성한 와인 셀러가 최고의 자랑거리로, 풍부하면서도 알찬 와인 리스트를 갖추고 있다. 이탈리아 정통 레시피에 셰프의 창의력이 더해진 요리들을 선보이는데, 종업원이 능숙한 영어로 그날의 추천 메뉴와 와인 조합을 친절하게 설명해준다. 데이트 코스로도 인기. 가급적 예약하는 것이 좋다.

MAP P.404B

구글 지도 GPS 45.47214, 9.18379 **찾아가기** 지하철 2호선 란차(Lanza) 역에서 약 100m **주소** Via Tivoli, 2 **전화** 02-7209-3709 **시간** 12:00~14:30, 19:00~22:30 **휴무** 연중무휴 **가격** 전채 €15~20, 파스타 €12~18, 메인 요리 €20~30 **홈페이지** www.rovello18.it

참치 파프리카 말이

Peperoni Tonnati €18

11 테마키뉴

Temakinho

★★★

코페르토 €1.5 카드 결제 O 영어 메뉴 O

브라질 스타일의 일본 음식을 맛볼 수 있는 매우 독특한 레스토랑. 한때 밀라노에서 가장 핫한 레스토랑이었다. 브라질 스타일의 음료와 튀김류, 디저트, 일본 스타일의 튀김과 롤을 한자리에서 맛볼 수 있다. 이탈리아 음식이 입에 맞지 않거나 깔끔한 맛과 캐주얼한 분위기의 음식점을 찾는 사람에게 추천.

MAP P.404B

구글 지도 GPS 45.4746, 9.18325 **찾아가기** 지하철 2호선 란차(Lanza) 역에서 큰길을 따라가다 로벨로 18(Rovello 18)이 보이면 좌회전한 뒤 약 250m 더 간다. **주소** Corso Garibaldi, 59 **전화** 02-7201-6158 **시간** 월~금요일 12:00~15:30, 19:00~24:00 토 · 일요일 12:00~16:00, 19:00~24:00 **휴무** 연중무휴 **가격** 브라질식 타파스(1접시) €7~16, 일본식 롤 (1접시) €7.5~13 **홈페이지** temakinho.com

D.

나빌리 지역
Navigli

추천 동선

포르타 제노바 FS 역

▼

나빌리오 그란데

▼

나빌리오 파베세

밀라노 시내 남쪽에 자리한 지역으로, 12세기부터 16세기까지 지어진 오래된 인공 운하(나빌리)가 있다. 인공 운하는 주변 도시와 교통을 원활히 하기 위해 만들었는데, 밀라노 곳곳에 총 5개의 운하가 있고 나빌리 지역에는 가장 중요한 2개가 있다. 운하 주변으로 예쁜 카페와 레스토랑이 늘어서 있어 분위기가 좋다. 한 달에 한 번씩 열리는 장터도 상당한 볼거리.

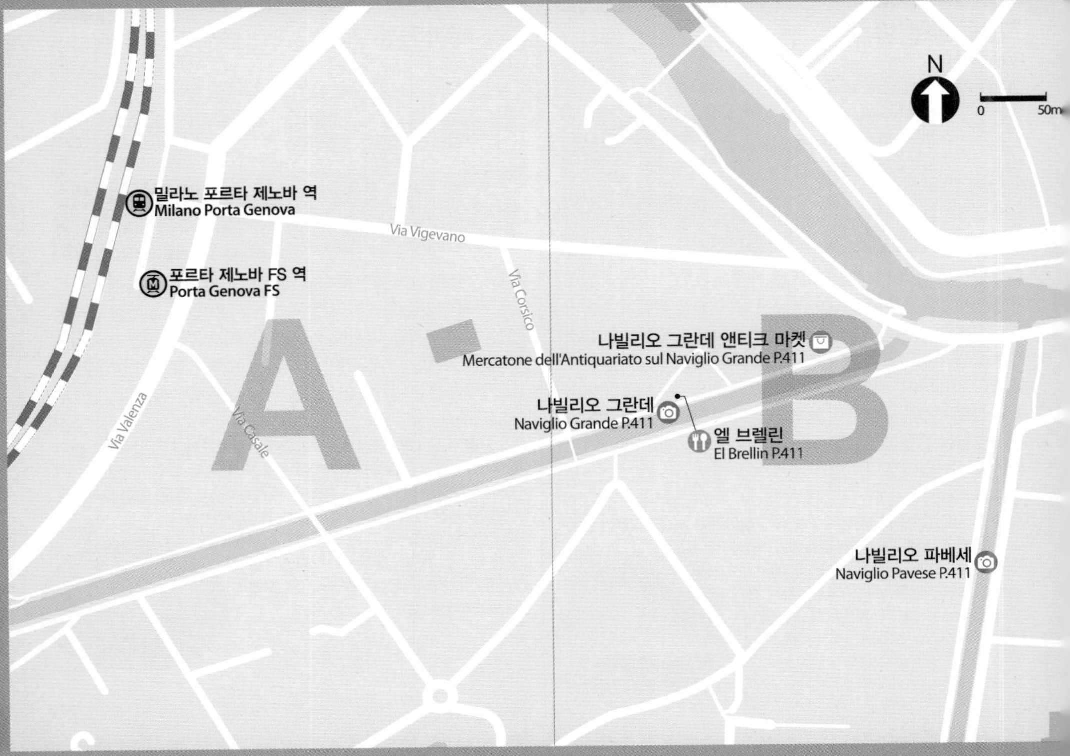

01 나빌리오 그란데

★★★★

Naviglio Grande
나빌리오 그란데

밀라노에 현존하는 5개의 운하 중 가장 크고 역사가 오래된 것으로, 총 길이가 50km에 달한다. 12세기에 짓기 시작하여 16세기 전후에 마무리되었는데, 일설에 의하면 레오나르도 다빈치도 공사에 참여했다고 한다. 19세기에는 연간 8,000대가 넘는 보트가 운하를 오갔으나 현재는 교통 및 물류 용도로는 거의 쓰이지 않고 밀라노의 역사를 보여주는 유적 및 관광 명소로 사랑받고 있다. 운하를 따라서는 카페와 레스토랑이 줄지어 있고 골목 안쪽으로 들어가면 작은 공방이나 개성 강한 숍들이 많다.

MAP P.410B

구글 지도 GPS 45.45103, 9.17128(포르타 제노바 역 방향 시작점) **찾아가기** 지하철 2호선 포르타 제노바(P.TA Genova) FS 역에서 내린 뒤 큰길로 나와 길을 건넌다. 왼쪽으로 난 카살레 거리(Via Casale)를 따라 약 200m 직진한다. **주소** Alzaia Naviglio Grande **전화** 상점마다 다름. **시간** 24시간

02 나빌리오 파베세

★★

Naviglio Pavese
나빌리오 파베세

나빌리오 그란데와 약 50도 각도를 이루고 있는 작은 운하로, 파비아(Pavia)와 밀라노를 잇는 용도로 지어졌다. 나빌리오 그란데에 비해 관광 개발이 덜 된 편이라, 좀 더 차분하고 현지인이 사는 동네의 느낌이 강하다. 사람이 많지 않은 곳, 혹은 관광지의 때가 덜 묻은 곳을 선호하는 힙스터 취향의 여행자들은 이곳을 더 좋아하기도 한다.

MAP P.410B

구글 지도 GPS 45.45068, 9.17774 **찾아가기** 나빌리오 그란데의 동쪽 끝에서 이어진다. **주소** Alzaia Naviglio Pavese **전화** 상점마다 다름. **시간** 24시간

03 엘 브렐린

★★★★

El Brellin

코페르토 €3 카드 결제 O 영어 메뉴 O

한때 유명했던 미식 탐방 프로그램 〈테이스티 로드〉에 밀라노 맛집으로 소개되어 우리나라에도 많이 알려진 곳이다. 밀라노 및 롬바르디아 지방의 전통 음식을 전문으로 선보이며, 특히 제대로 된 밀라노식 오소부코를 맛볼 수 있다. 오소부코에 곁들여 나오는 리조토가 오소부코 이상으로 맛있다. 골목과 운하 두 곳에 야외 좌석이 있는데, 저녁때라면 가급적 운하 쪽 좌석을 잡는 것이 훨씬 운치 있고 좋다.

INFO P.150 MAP P.410B

구글 지도 GPS 45.45189, 9.17475 **찾아가기** 포르타 제노바(Porta Genova) 역에서 카살레 거리(Via Casale)를 따라 나빌리오 그란데로 들어온 뒤 왼쪽에 있는 운하를 따라 약 300m 더 간다. **주소** Vicolo dei Lavandai, Alzaia Naviglio Grande, 14 **전화** 02-5810-1351 **시간** 월~금요일 19:30~23:00, 토·일요일 12:30~15:00, 19:30~23:00 **휴무** 연중무휴 **가격** 전채 €13~16, 파스타 €14~16, 메인 메뉴 €25~30 **홈페이지** brellin.com

오소부코와 밀라노식 리조토
Ossobuco di Vitello in Gremolata con Risotto alla Milanese €30

04 나빌리오 그란데 앤티크 마켓

★★★★

Mercatone dell'Antiquariato sul Naviglio Grande
메르까또네 델란티콰리아또 술 나빌리오 그란데

나빌리오 그란데 주변에서 한 달에 한 번씩 열리는 골동품 벼룩시장. 아레초 골동품 시장, 로마 포르타 포르테세 시장과 더불어 이탈리아의 대표 골동품 시장이다. 이걸 누가 사나 싶은 낡은 가재도구부터 오래된 음반과 책, 상당히 수준 높은 골동품까지 다양한 상품이 운하 양쪽을 꽉 채운다. 흥겹고 왁자지껄한 분위기도 좋거니와 의외로 지갑을 열게 만드는 매력적인 물건도 많다. 날짜가 맞고 재미있는 구경거리를 좋아한다면 놓치지 말고 들러볼 것.

MAP P.410B

구글 지도 GPS 45.45068, 9.17774 **찾아가기** 나빌리오 그란데 전역 **주소** Alzaia Naviglio Grande **전화** 02-8940-9971(마켓 연합회) **시간** 매달 첫 번째 일요일 08:30~18:30 **휴무** 연중무휴

+PLUS AREA 1

코모 호수 Lago di Como

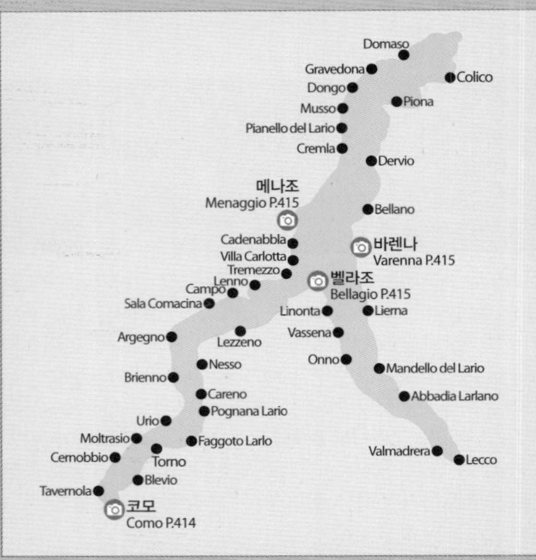

밀라노에서 북쪽으로 약 40km 떨어진 곳에 자리한 'ㅅ'자 모양의 호수로, 알프스의 만년설이 녹아 내려 형성된 빙하호다. 유럽에서 가장 깊은 호수 중 하나라고 한다. 알프스의 설산과 푸르다 못해 검은 빛깔의 호수, 호수가에 옹기종기 자리한 어여쁜 마을이 어우러져 매우 아름다운 풍경을 연출한다. 밀라노에서 기차로 30분~1시간 정도면 닿기 때문에 밀라노 근교 여행지 중에서 가장 보편적인 인기를 누리고 있다. 호수 안쪽으로 들어갈수록 더욱 예쁘고 인상적인 풍경이 펼쳐지므로 시간을 넉넉하게 내서 찾아볼 것. 밀라노에서 당일치기로 여행할 경우 오전 일찍부터 저녁 늦게까지 꼬박 하루를 다 투자하는 것이 바람직하다.

이렇게 간다!

밀라노에서 기차로 이동한다. 밀라노의 여러 역에서 코모 호수 주변 역들을 다채롭게 연결하고 있어 본인의 여행 루트와 편의에 따라 다양한 선택이 가능하다. 복잡하게 생각하고 싶지 않다면 1번만 알고 있어도 무방하다.

❶ 코모 산 조반니(Como San Giovanni) 역으로 가기

코모 호수의 중심 마을인 코모(Como)의 중앙역으로 간다. 밀라노에서 코모로 갈 때 가장 보편적인 루트이다. 밀라노 중앙역에서 레조날레(Regionale) 열차를 이용하는 루트가 운행 편수도 가장 많으며 열차 승차권도 저렴하다. 코모 산 조반니 역이 호숫가에서 약간 멀다는 것이 사소한 단점. 코모 산 조반니 역 바로 앞에서 벨라조로 가는 C30번 버스를 탈 수 있으므로 코모 버스 여행을 계획하는 사람도 이 역으로 갈 것.

주요 기차 편 정보
추천 밀라노 중앙역(Milano Centrale) ← Regionale → **코모 산 조반니**(Como S.Giovanni) **시간** 1시간에 1~2대(편도 약 40분 소요) **가격** €5.2
밀라노 중앙역(Milano Centrale) ← Eurocity → **코모 산 조반니**(Como S.Giovanni) **시간** 1~2시간에 한 대(편도 약 40분 소요) **가격** €16
밀라노 포르타 가리발디(Milano Porta Garibaldi) ← S11(교외선) → **코모 산 조반니**(Como S.Giovanni) **시간** 1시간에 두 대(편도 약 1시간 소요) **가격** €5.2

❷ 코모 노르드 라고(Como Nord Lago) 역으로 가기

코모 마을에 자리한 작은 기차역으로, 호숫가 가까이에 붙어 있다. 기차에서 내리자마자 기동력 있게 바로 호수로 가고 싶은 사람에게 추천. 아쉬운 것은 밀라노 중앙역이 아니라 스포르체스코성 부근에 있는 밀라노 카도르나(Milano Cadorna) 역에서 출발한다는 것. 밀라노에서 코모로 갈 때보다는 코모 마을에서 밀라노로 돌아갈 때, 코모 산 조반니 역까지 걸어가기 귀찮을 경우 많이 이용하는 루트이다.

주요 기차 편 정보
밀라노 카도르나(Milano Cadorna) ← Regionale → **코모 노르드 라고**(Como Nord Lago) **시간** 1시간에 1~2대(편도 약 1시간 10분 소요) **가격** €5.2

❸ 바렌나(Varenna)로 가기

코모 호수 중심부에 있는 마을 중 하나인 바렌나에 기차역이 있다. 코모 마을에서 페리를 타고 벨라조-메나조를 돌아본 뒤 바렌나에서 기차를 타고 밀라노로 돌아오는 것이 코모 여행의 가장 일반적인 루트이다. 밀라노에서 바렌나로 간 뒤 코모 마을을 거치지 않고 바로 중심부로 간다거나 바렌나에서 코모로 향하는 역루트도 해볼 만하다.

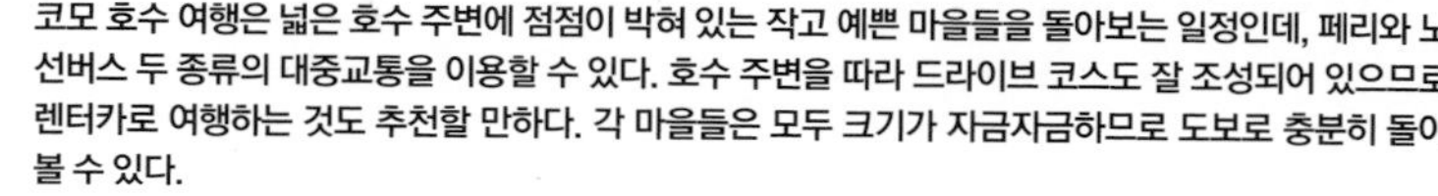

주요 기차 편 정보

밀라노 중앙역(Milano Centrale) ← Regionale → **바렌나-에시노**(Varenna-Esino)

시간 1시간에 한 대(편도 약 1시간 10분 소요) **가격** €7.4

이렇게 돌아본다!

코모 호수 여행은 넓은 호수 주변에 점점이 박혀 있는 작고 예쁜 마을들을 돌아보는 일정인데, 페리와 노선버스 두 종류의 대중교통을 이용할 수 있다. 호수 주변을 따라 드라이브 코스도 잘 조성되어 있으므로 렌터카로 여행하는 것도 추천할 만하다. 각 마을들은 모두 크기가 자금자금하므로 도보로 충분히 돌아볼 수 있다.

❶ 페리

코모 호수 지역의 핵심 이동 수단이자 코모 호수를 여행하는 가장 재미있고 확실한 방법이다. 호수 주변의 여러 마을을 여러 루트의 페리가 연결하고 있는데, 인기 관광지가 모두 몰려 있는 코모-콜리코(Como-Colico) 루트가 단연 이용도가 높다. 티켓은 구간 티켓과 일일권 두 종류가 있으므로 본인의 여행 패턴에 따라 선택할 것. 운항 시간표는 계절과 상황에 따라 수시로 바뀌므로 홈페이지에 있는 운항표를 꼭 참고할 것. 코모부터 레노, 벨라조, 메나조 방향으로 운항하는 페리는 약 1~2시간에 1대, 벨라조-메나조 구간은 1시간에 2~3대 , 벨라조-바렌나 구간은 1시간 1대 꼴로 운항한다.

홈페이지 www.navigazionelaghi.it(페리 시간표 및 요금 확인, 티켓 예매도 가능)

티켓 종류		시간	가격(편도 기준)
구간권(편도)	코모(Como) ↔ 레노(Lenno)	소요 시간 1~2시간	일반 €8.3 만 4~11세 €4.2
	코모(Como) ↔ 벨라조(Bellagio)	소요 시간 2시간 15~30분	일반 €10.4 만 4~11세 €5.2
	코모(Como) ↔ 메나조(Menaggio)	소요 시간 2시간 30~50분	일반 €10.4 어린이 €5.2
	메나조(Menaggio) ↔ 벨라조(Bellagio)	소요 시간 15~30분	일반 €4.6 만 4~11세 €2.3
	벨라조(Bellagio) ↔ 바렌나(Varenna)	소요 시간 20~50분	일반 €4.6 만 4~11세 €2.3
일일권	코모-벨라조 페리 일일 이용권 Free-circulation ticket Como-Bellagio	코모 마을부터 호수 중심부의 메나조-벨라조-바렌나까지 23개 마을을 하루 동안 자유롭게 돌아보는 티켓.	일반 €23.3 만 4~11세 €11.7

❷ 버스

코모 마을부터 벨라조까지 호숫가를 따라 노선버스가 다닌다. 버스 번호는 C30번, 정류장은 코모 산 조반니 역 앞, 배차 간격은 30~40분에 한 대꼴, 소요 시간은 약 1시간 10분 정도다. 같은 버스를 토르노(Torno)에서도 탈 수 있으므로 토르노까지 배를 타고 거기서 버스로 갈아타는 것도 OK! 자리만 잘 잡으면 마치 전망 관광 버스를 탄 기분을 느낄 수 있다. 아리바(Arriva) 앱을 이용하면 요금 검색과 티켓 구입이 손쉬워진다.

요금 코모 산 조반니 ↔ 벨라조 편도 €4.3(차내 구매 +€1.3)

TRAVEL INFO
핵심 여행 정보

코모 마을 Como

코모 호수의 서남쪽 끝에 자리한 마을로, 밀라노에서 직통 열차가 다니고 호수 여러 곳으로 이어지는 큰 선착장이 있어 코모 호수 여행의 전진 기지처럼 여겨지는 곳이다. 시간이 없는 여행자들은 이곳만 들르기도 한다. 호수 주변에 조성된 산책로와 공원을 중심으로 산책하듯 돌아보면 충분하다.

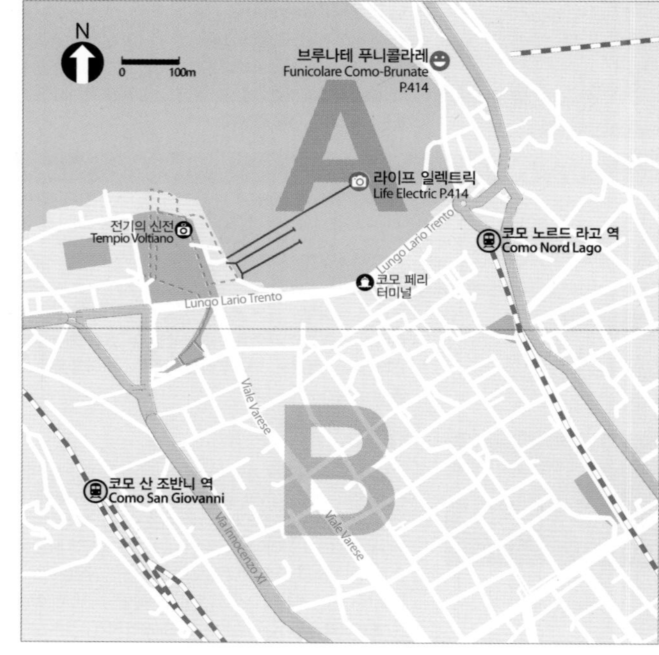

01 라이프 일렉트릭

Life Electric
라이프 일렉트릭

호수 한가운데에 우뚝 선 조형물로 2015년부터 자리를 지키고 있다. 코모 출신의 물리학자로 전압의 단위인 볼트(Volt)의 어원이 된 알레산드로 볼타(Alessandro Volta)를 기념하는 현대 미술 조각 작품이다. 조형물 앞까지 긴 다리가 놓여 있어 바로 앞까지 갈 수 있는데, 이곳에서 바라보는 호수 주변의 풍경이 매우 아름답다.

MAP P.414A
구글 지도 GPS 45.81537, 9.08025 **찾아가기** 호수 산책로를 따라 서쪽으로 가다 보면 조형물 앞까지 이어진 다리를 볼 수 있다. **주소** Diga foranea Piero Caldirola **전화** 없음 **시간** 24시간 **휴무** 연중무휴 **가격** 무료입장

02 브루나테 푸니콜라레

Funicolare Como-Brunate
푸니꼴라레 꼬모 브루나테

코모 마을 동쪽에 자리한 해발 500m의 고지대 마을인 브루나테(Brunate)와 코모 호숫가를 잇는 푸니콜라레. 1894년에 놓였으니 무려 100년이 넘는 역사를 자랑한다. 브루나테 마을 북쪽 높은 지대에 자리한 등대 부근과 동쪽에 자리한 전망대, 이 두 곳이 가장 아름다운 전망을 볼 수 있는 곳이다.

MAP P.414A
구글 지도 GPS 45.81764, 9.0828 **찾아가기** 선착장에서 호수를 바라보고 오른쪽 방향으로 산책로를 따라 약 650m 간다. **주소** Piazza Alcide de Gasperi, 4 **전화** 031-303-608 **시간** 06:00~22:30(20:30까지 15분 간격, 이후 30분 간격 운행) **휴무** 연중무휴 **가격** 편도 €3.6, 왕복 €6.6 **홈페이지** www.funicolarecomo.it

TRAVEL INFO
ⓘ 핵심 여행 정보

호수 중심부 Centro Lago

코모 여행의 하이라이트. 알프스 산맥의 설산과 검푸른 호수, 이탈리아와 스위스가 반반 섞인 듯한 예쁜 모습의 호수 마을이 어우러진 풍경을 제대로 즐길 수 있다. 작은 마을 여러 개가 호수 중심을 따라 자리하고 있는데, 그중에서도 벨라조-메나조-바렌나 이 3개 마을이 가장 유명하다.

01 벨라조

Bellagio
벨라조

★★★★★

코모 여행의 중심이자 가장 아름다운 마을로 손꼽힌다. 코모 호수의 거의 정중앙에 볼록 튀어나온 작은 곶에 자리하고 있어 마을에서 호수의 풍경을 파노라마로 즐길 수 있다. 코모 마을에서는 보이지 않던 만년설 덮인 알프스의 풍경이 이곳에서는 제대로 펼쳐진다. 로마 시대 이전부터 사람이 거주하던 오래된 마을이라 중심부에 중세풍 건물이 적지 않게 남아 있다. 호숫가를 따라 전망 레스토랑과 카페, 산책로가 줄지어 있어 낭만적인 호수 마을의 분위기가 물씬 풍긴다. 선착장이 있는 반대편 호숫가로 가면 본격적으로 전망을 즐길 수 있는 전망 방파제도 있다.

MAP P.412

구글 지도 GPS 45.98585, 9.25993 **찾아가기** 코모에서 페리, 또는 버스로 간다. **주소** Bellagio **시간** 24시간 **휴무** 연중무휴 **가격** 무료입장

02 메나조

Menaggio
메나조

★★★

벨라조의 서쪽 호수 건너편에 자리한 작은 마을. 벨라조-메나조-바렌나 세 마을이 역삼각형을 그리는데, 메나조는 왼쪽 꼭짓점에 해당하는 곳에 있다. 벨라조와 비슷한 느낌의 아기자기하고 예쁜 호수 마을로 메나조가 벨라조보다 좀 더 작다. 벨라조보다 더 한적하고 고즈넉하여 이쪽을 관광지로 더 높게 치는 사람들도 있다.

MAP P.412

구글 지도 GPS 46.017, 9.23699 **찾아가기** 벨라조-메나조-바렌나를 잇는 페리가 있다. 코모에서도 직행 페리가 있다. **주소** Menaggio **시간** 24시간 **휴무** 연중무휴 **가격** 무료입장

03 바렌나

Varenna
바렌나

★★★★★

벨라조-메나조-바렌나 세 마을이 이루는 역삼각형의 오른쪽 꼭짓점에 해당한다. 밀라노에서 직통 열차가 다니는 기차역이 있어 코모 여행의 최종 터미널처럼 이용된다. 중심부까지 들어왔다면 좋든 싫든 한 번은 꼭 들러야 하는 곳인 셈. 다행히 이곳도 다른 중심부 마을들처럼 매우 아름다운 풍경을 자랑한다. 선착장에서 호수를 바라보고 왼쪽으로 아주 아름다운 산책로가 이어지므로 기차를 타러 가기 전에 꼭 걸어볼 것.

MAP P.412

구글 지도 GPS 46.017, 9.23699 **찾아가기** 벨라조-메나조-바렌나를 잇는 페리가 있다. 밀라노에서는 직통 열차가 다닌다. **주소** Varenna **시간** 24시간 **휴무** 연중무휴 **가격** 무료입장

+PLUS AREA 2

세라발레 디자이너 아웃렛
Serravalle Designer Outlet

불가리 BVLGARI
로로 피아나 Loro Piana
돌체 & 가바나 Dolce & Gabbana
프라다 Prada
발렌시아가 Balenciaga
에르메네질도 제냐 Ermenegildo Zegna
생 로랑 Saint Laurent
인포메이션
셔틀버스 정류장
산드로 Sandro
폴로 랄프 로렌 Polo Ralph Lauren
구찌 GUCCI
펜디 Fendi
버버리 Burberry

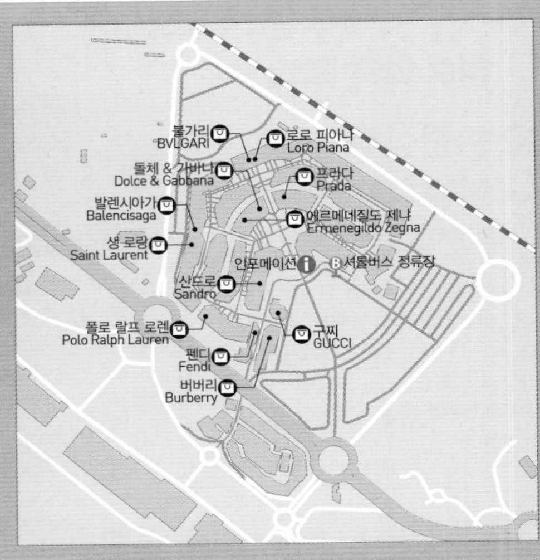

밀라노에서 남서쪽으로 약 100km 떨어진 곳에 자리한 맥아더글렌 계열 대형 아웃렛. 무려 240개 브랜드가 입점한 규모는 이탈리아 최초이자 최고이며, 유럽 전체에서도 1~2등을 다투는정도다. 다양한 명품, 디자이너, 캐주얼, 유러피언 캐주얼 및 이탈리아 로컬 브랜드, 잡화 등 브랜드 라인업의 스펙트럼이 엄청나게 넓다. 우리에게는 생소한 유럽 및 이탈리아 로컬 브랜드가 많고 상대적으로 한국 여행자들이 선호하는 명품 브랜드의 매장 비율은 적은 편. 그러나 라스트 미닛 찬스나 재고 정리 등의 이벤트와 세일이 많아 득템 확률이 높다. 쇼퍼홀릭 여행자가 밀라노에서 3일 이상을 머문다면 하루 정도는 투자할 만하다.

INFO P.200

이렇게 간다!

❶ 셔틀 버스

차니 비아지(ZANI VIAGGI)라는 회사에서 운행하는 셔틀버스가 밀라노 중앙역 앞에서 매일 4회 출발한다. 같은 버스가 출발 30분 뒤에 스포르체스코성 앞 카이롤리 광장(Piazza Cairoli)의 정류장에도 정차하므로 동선에 따라 탈 곳을 결정할 것. 출발 시간에 따라 돌아오는 버스 시간도 자동으로 예약되는데, 거의 하루를 모두 투자해야 하는 스케줄이다. 소요 시간은 편도 약 2시간.

출발 시간		요금
밀라노 중앙역→세라발레	세라발레→밀라노 중앙역	
09:00	16:15	€25
09:30	17:00	€25
10:30	19:30	€25
13:00	20:15	€25

PLUS TIP

위의 4편 외에도 '프리게리오 비아지(FRIGERIO VIAGGI)'라는 회사에서 운행하는 버스도 하루 2회 다닌다. 밀라노 중앙역 서쪽의 콰트로 노벰브레(IV Novembre) 광장에서 오전 10시와 12시에 출발한다. 차니 비아지의 셔틀보다 쇼핑 시간이 훨씬 긴 것이 특징으로, 돌아오는 버스편이 각각 오후 6시, 8시 반에 마련되어 있다.

요금 €25

❷ 기차

밀라노 중앙역에서 기차를 타고 아르콰타 스크리비아(Arquata Scrivia)로 가서 세라발레 아웃렛 셔틀을 이용한다. 기차는 2시간에 한 대꼴로 다닌다. 기차와 셔틀을 모두 합하면 1시간 30분~2시간 정도 걸린다.

요금 편도 €9.8+셔틀버스 €1.5

PLUS TIP

사실 세라발레 아웃렛으로 가는 가장 현명한 방법은 렌터카다. 셔틀 버스는 편도 2시간 가까이 걸리는데다 돌아오는 버스가 오후 4시 이후부터 다니기 때문에 오가는데 하루를 꼬박 바쳐야 한다. 기차편도 썩 좋다고는 할 수 없다. 이에 비해 자동차로는 편도 1시간~1시간 30분 정도면 충분하고 오가는 시간도 자유롭다. 짐이 많이 생길 확률이 높으니 여러모로 렌터카가 편리!

주요 입점 브랜드 리스트

아디다스 adidas
아르마니 Armani
아식스 asics
주목! 발렌시아가 Balencisaga
발리 Bally
주목! 발망 BALMAIN
베네통 Benetton
버버리 Burberry
보스 Boss
비알레티 Bialletti
브리오니 Brioni
캘빈 클라인 Calvin Klein
코치 Coach
콜럼비아 Columbia
컨버스 Converse
데시구알 Desigual
디젤 Diesel
주목! 돌체 앤 가바나 Dolce & Gabbana
에트로 Erto
주목! 펜디 Fendi
훌라 Furla
갭 GAP
지방시 GIVENCHY
구찌 GUCCI
게스 GUESS
거터리지 Gutteridge
지미추 Jummy Choo
칼 라거펠트 Karl Lagerfeld
겐조 KENZO
록시땅 L'Occitane
로레알 L'Oreal
라코스테 Lacoste
랑방 LANVIN
리바이스 Levi's
로로 피아나 Loro Piana
만다리나 덕 Mandarina Duck
마이클 코어스 Michael Kors
주목! 몽클레어 Moncler
나이키 Nike
오프화이트 Off-White
폴로 랄프 로렌 Polo Ralph Lauren
프라다 Prada
푸마 Puma
주목! 생 로랑 Saint Laurent
살바토레 페라가모 Salvatore Ferragamo
샘소나이트 Samsonite
산드로 Sandro
스텔라 맥카트니 Stella McCartney
스톤 아일랜드 STONE ISLAND
토미 힐피거 Tommy Hilfiger
투미 TUMI
발렌티노 Valentino
베르사체 Versace

AREA

03 VERONA 베로나

오페라 선율이 가득한 로미오와 줄리엣의 도시

베로나에는 여행자를 사로잡는 거대한 매력 포인트가 두 가지 있다. 첫 번째는 세상에서 가장 애절한 러브 스토리인 〈로미오와 줄리엣〉의 무대라는 것. 두 번째는 2000년 된 로마의 원형 경기장 유적에서 세계 최고 수준의 오페라 공연을 볼 수 있다는 것. 그렇다면 〈로미오와 줄리엣〉, 오페라에 모두 관심 없는 사람은 베로나에 갈 필요가 없을까? 그건 아닐 것 같다. 중세의 정취가 고스란히 남아 있는 구시가와 아디제강 가의 평온한 풍경은 누구나 반할 만큼 충분히 아름다우니까.

인기 ★★★★☆

북부에서 가장 예쁘다고 이름난 소도시.

관광 ★★★★☆

중세 느낌의 구시가, 로미오와 줄리엣, 여름밤을 수놓는 오페라.

쇼핑 ★★★☆☆

고급 쇼핑가가 있어 기본적인 의류 및 브랜드 쇼핑은 가능하다.

식도락 ★★★★☆

발폴리첼라 와인의 본고장. 고기 요리도 매우 맛있다.

복잡함 ★★★☆☆

구시가는 매우 자그마하고 지리도 단순한 편.

치안 ★★★★☆

아주 혼잡한 관광 성수기 외에는 소매치기도 잘 없는 편.

베로나 ~ 주요 도시 간 교통

가르다 호수

베로나–가르다 호수(Peschiera Del Garda 역 기준)
1시간 2~4편(없는 시간대도 있음)
Freccia · Italo 15분, €11~15
R 15~30분, €3.9

베로나 VERONA

밀라노

베로나–밀라노
1시간 2~3편(없는 시간대도 있음)
Freccia, Italo 약 1시간 15분, €23~27
Eurocity 약 1시간 25분, €24.5
R 약 1시간 50분, €12.75

베네치아

베로나–베네치아
1시간 2~5편
Freccia · Italo 약 1시간 10분, €26~29
RV 약 1시간 30분, €10.2
R 약 2시간, €10.2

볼로냐

베로나–볼로냐
1시간 1~2편(불규칙, 없는 시간대도 있음)
Freccia · Italo 약 50분, €24~32
Eurocity 약 1시간, €10~10.4
RV 약 1시간 35분, €10.4

피렌체

베로나–피렌체
1일 4~5편
Freccia · Italo 1시간 30분, €43~120

로마

베로나–로마
2~3시간 1편
Freccia · Italo 약 3시간 20분, €80~91

*열차 가격은 2등석 당일 또는 전일 구매 기준

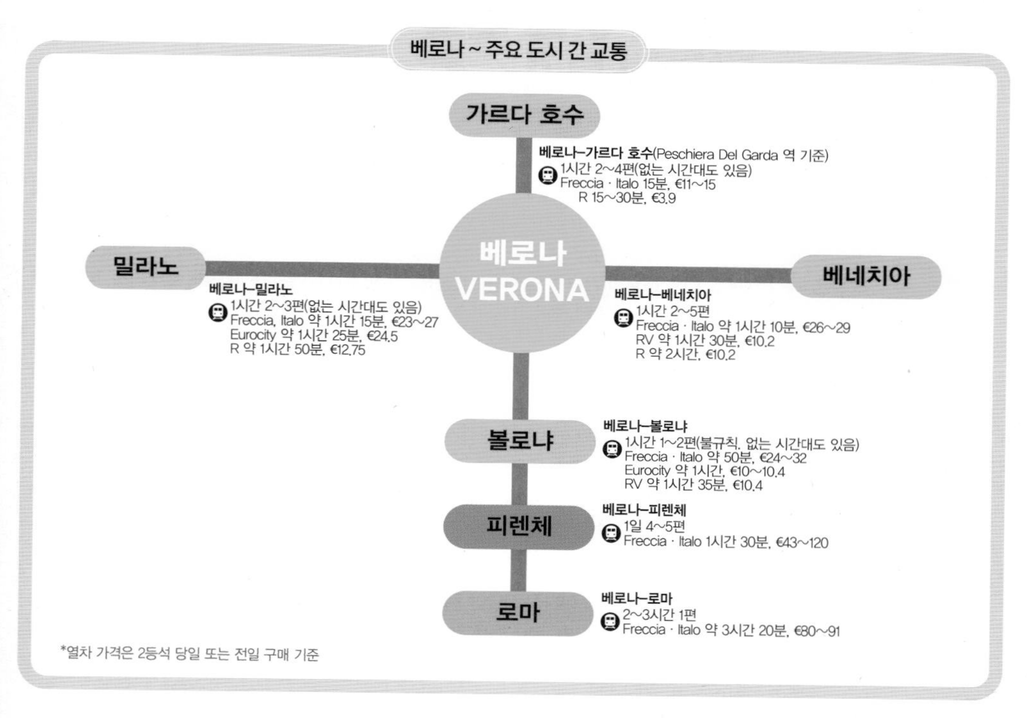

MUST SEE 이것만은 꼭 보자!

No.1
람베르티의 탑에서 바라보는 **에르베 광장과 구시가**

No.2
카스텔베키오 다리의 독특한 모습

No.3
이탈리아 원형 경기장 **베로나 아레나**

MUST EAT 이것만은 꼭 먹자!

No.1
베네토주(州)의 명품 와인, **발폴리첼라**

MUST DO 이것만은 꼭 하자!

No.1
2,000년짜리 로마 유적에서 즐기는 **오페라 페스티벌**

No.2
줄리엣의 집에서 줄리엣과 **기념사진 찍기**

1단계 베로나 여행 정보 한눈에 보기

베로나 역사 이야기

베로나는 기원전 1세기경에는 로마의 땅이었다가, 로마가 동서로 분열된 뒤에는 서로마 제국의 영향력 아래에서 여러 지배 세력이 다투는 전장이 되었다. 그러다 8~9세기경부터는 이탈리아 왕이 지배하는 도시 국가로 재탄생했다. 이 시기에는 귀족간의 치열한 권력 다툼 끝에 13세기경부터 영주인 스칼라(Scala 또는 스칼리제리 Scaligeri) 가문과 시 의회가 공존하는 형태가 된다. 특히, 스칼라 가문의 영주 중 칸그란데 1세(Cangrande I)는 파도바, 트레비소, 비첸차까지 영토를 넓히고 단테, 페트라르카, 조토 등의 예술가를 후원하는 등 큰 업적을 쌓아 지금까지도 가장 존경받는 위인으로 꼽힌다. 이후 베로나는 15세기에 베네치아, 16세기에 신성 로마 제국의 지배를 받았고, 17세기에 흑사병으로 대부분의 인구가 사망하며 큰 쇠퇴기를 겪다가 18세기에는 나폴레옹이 잠시 점령하기도 했다. 여러 세력간의 반목과 전쟁, 파괴와 재건이 반복되면서 로마 시대부터 중세, 르네상스, 바로크, 근대까지 다양한 시대의 건축물과 역사 유산이 꾸준히 도시 안에 모이게 됐고 이 점을 높이 평가받아 2000년, 구시가 전체가 유네스코 문화유산에 등재되었다.

베로나 여행 꿀팁

☑ 당일치기 가능

베로나는 작은 도시라 한나절 정도만 투자하면 웬만한 명소는 다 돌아볼 수 있다. 베네치아에 숙박을 정하고 열차로 왕복하며 당일치기하는 패턴이 가장 흔하다. 베로나-베네치아 사이에는 열차가 1시간에도 서너 대씩 운행하고 소요 시간도 편도 1시간 남짓이라 당일치기하기에는 더할 나위 없이 좋다.

☑ 숙박은 구시가 or 기차역 주변

오페라 페스티벌을 보려면 베로나에서 숙박이 불가피하다. 공연 시작 시간이 밤 8~9시이기 때문. 베로나의 숙소는 주로 구시가에 집중되어 있고 기차역 주변에도 적지 않게 자리한다. 보통 구시가 쪽은 가격대가 높은 고급스럽고 로맨틱한 숙소가, 기차역 주변에는 가성비 좋은 숙소가 많다. 렌터카를 이용한다면 외곽 숙소도 OK.

☑ 도보로 Go!

베로나의 구시가는 2차 함수 그래프 내지는 거꾸로 세워놓은 U자 모양으로 생겼으며, 가장자리를 아디제강이 휘감고 있다. 끝부터 끝까지 아무리 넉넉 잡아도 2km가 넘지 않을 정도로 자그마해서 걸어서도 충분히 돌아볼 수 있다. 기차역에서 구시가까지는 1.5km 정도로 약간 멀기 때문에 버스를 타는 편이 나을 수도 있다. 그 외에는 모두 도보로 커버 가능하다.

☑ 월요일은 피하자!

많은 명소가 월요일에 문을 닫는다. 뭐니뭐니해도 가장 핵심 명소라 할 수 있는 줄리엣의 집이 월요일 휴뮤다. 화요일부터 일요일까지로 일정을 잡을 것.

베로나 여행
무작정 따라하기

STEP 1 2

2단계 베로나, 이렇게 간다!

베로나는 '로미오와 줄리엣의 스토리가 탄생한 중세 도시'라는 이미지 때문인지 아주 작은 시골 마을이라고 생각하는 사람들이 많지만, 의외로 꽤 번화한 도시로 교통편도 매우 편하다.

기차로 가기

베로나 포르타 누오바(Verona Porta Nuova) 역은 베네치아, 밀라노, 볼로냐, 토리노 등 북부의 주요 도시는 물론 중부의 피렌체에서도 직통 열차가 다닌다. 가장 교통편이 원활한 지역은 단연 베네치아로, 트레니탈리아(Trenitalia)의 특급 열차(프레체) · 인터시티(IC) · 레조날레(R)는 물론 이탈로(Italo)까지 운행하고 있어 선택의 범위가 아주 넓다. 배차 간격도 1시간에 2~3대꼴이라 대부분의 시간대에 이동할 수 있다. 단, 기차가 없는 시간대도 있으므로 반드시 미리 확인해 볼 것. 밀라노에서는 1~2시간에 한 대꼴, 볼로냐 · 토리노 · 피렌체에서는 2~3시간에 한 대꼴로 다닌다.

베로나 포르타 누오바 역 Verona Porta Nuova
MAP P.422E
구글 지도 GPS 45.429098, 10.982471

PLUS TIP
베로나에서 짐 맡기기
포르타 누오바 역에 유인 보관소가 있다.
시간 08:00~20:00
가격 5시간 €6, 6~12시간은 시간당 €0.9 가산, 13시간 이후 시간당 €0.4 가산

버스로 가기

베로나는 이탈리아에서 플릭스 버스로 이동하기 가장 좋은 곳 중 하나다. 밀라노, 베네치아, 피렌체, 토리노 등에서 수시로 플릭스 버스가 다닌다. 밀라노에서는 거의 매일 1~2시간에 한 대꼴로 다닐 정도. 베네치아 공항에서 베로나로 바로 오는 플릭스 버스 편도 있다. 소요 시간은 기차와 비슷한데 요금은 상당히 저렴하므로 저예산 여행자라면 플릭스 버스를 진지하게 고려해 볼 것. 단, 운행 스케쥴이 불규칙하므로 여행 전 꼼꼼하게 검색해 봐야 한다. 플릭스 버스를 비롯한 장거리 버스들은 포르타 누오바 역 앞 광장 부근에 정차한다.

기차역에서 시내 가기

포르타 누오바 역에서 구시가 입구까지는 약 1.5km로, 걸어서도 충분히 갈 수 있는 수준이다. 도보가 부담스럽다면 버스를 타자. 포르타 누오바 역 앞 광장은 일종의 버스 터미널이라, 시내로 가는 다양한 버스 노선이 있다. B1 정류장에서 11, 12, 13, 52번을 타면 브라 광장까지 약 8분 정도 걸린다. 버스 티켓은 광장에 자리한 티켓 포인트에서 사면 된다. 'ATV'라는 앱을 이용하면 온라인 구매도 가능하나, 버스 이용도가 높은 도시는 아니기 때문에 꼭 이용할 필요는 없다.
가격 편도 €1.5(차내 구매 시 €2)

렌터카로 가기

베로나 구시가 안쪽은 ZTL(교통 제한 구역)이 적용되므로 모두 걸어 다녀야 한다. 다행히 ZTL 바로 바깥쪽에 대형 실외 주차장이 있는데, 브라 광장 및 베로나 아레나와 가까워 동선 잡기도 편리하므로 그쪽을 이용할 것. 근처에 넓은 지하 실내 주차장도 있다.

MAP
베로나 한눈에 보기

COURSE 1 베로나 핵심 정복 한나절 코스

많은 여행자가 베로나를 당일치기로 여행한다. 베네치아나 밀라노 등지에서 기차를 타고 베로나로 와, 한나절 돌아본 뒤 다시 숙박하는 도시로 돌아가는 것. 이런 여행 패턴에 가장 적합한 추천 루트를 소개한다.

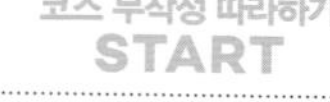

코스 무작정 따라하기 START

S. 베로나 포르타 누오바 역

도보 or 버스 30분

1. 브라 광장 & 베로나 아레나

도보 5분

2. 주세페 마치니 거리

도보 5분

3. 줄리엣의 집

도보 5분

4. 에르베 광장

도보 5분

5. 람베르티의 탑

도보+푸니콜라레 20분

6. 산 피에트로성

도보 30분

7. 카스텔베키오 다리

도보 or 버스 30분

F. 베로나 포르타 누오바 역

S

베로나 포르타 누오바 역

Verona Porta Nuova

구시가까지 1.5km 떨어져 있다. 버스와 도보 중 편한 것을 고를 것. 소요 시간은 얼추 비슷하다.

도보는 큰길인 포르타 누오바 거리(Corso Porta Nuova)를 따라간다. 버스는 노선마다 루트가 조금씩 다르다. → 브라 광장 도착

1

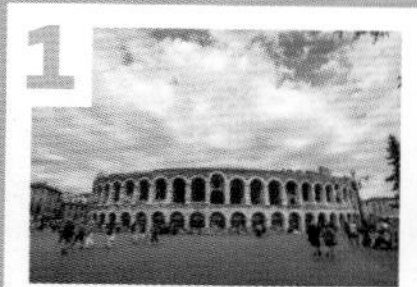

브라 광장 & 베로나 아레나 / 20min

Piazza Bra & Verona Areana

구시가는 이곳에서 시작한다. 아레나는 굳이 들어가지 않아도 OK.

아레나를 바라보고 왼쪽 11시 방향에 있는 루이 비통 매장 오른쪽 옆길 → 주세페 마치니 거리 도착

2

주세페 마치니 거리 / 30min

Via Giuseppe Mazzini

베로나 구시가의 대표적인 번화가. 천천히 윈도 쇼핑을 즐기며 걷자.

길이 끝나는 지점에서 오른쪽으로 꺾어 약 50m 이동 → 줄리엣의 집 도착

3

줄리엣의 집 / 20min

Casa di Giulietta

줄리엣과 기념사진 찍기와 줄리엣에게 편지 쓰기. 이 둘 중 하나는 꼭 해보자.

줄리엣의 집을 오른편에 두고 길을 따라 약 100m.

4

에르베 광장 / 20min

Piazza delle Erbe

베로나 구시가에서 가장 예쁜 광장. 뒤쪽의 시뇨리 광장도 꼭 돌아볼 것.

시뇨리 광장 쪽으로 들어가다 보면 오른쪽에 입구가 보인다. → 람베르티 탑 도착

5

람베르티의 탑 / 30min

Torre dei Lamberti

에르베 광장 주변의 풍경이 한눈에 들어오는 전망대. 엘리베이터로 올라간다.

길이 끝나는 지점에서 오른쪽으로 꺾어 약 50m 이동 → 줄리엣의 집 도착

6

산 피에트로성 / 30min

Castel San Pietro

아디제강에 둘러싸인 구시가의 풍경이 한눈에 들어온다.

아디제강 가를 반시계 방향으로 따라서 걷는다. → 카스텔베키오 다리 도착

7

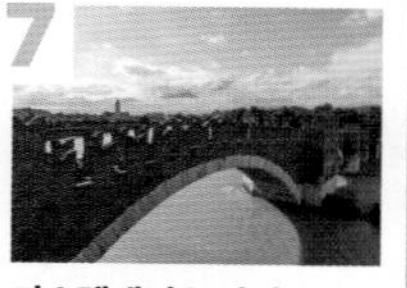

카스텔베키오 다리 / 20min

Ponte di Castelvecchio

강가를 따라 산책하며 유서 깊은 벽돌 다리에서 휴식을 즐길 것.

표지판을 따라 브라 광장까지 간 뒤 왔던 길을 따라 걷는다. 버스도 OK. → 베로나 포르타 누오바 역 도착

F

베로나 포르타 누오바 역

Verona Porta Nuova

TRAVEL INFO
ⓘ 핵심 여행 정보

01 베로나 아레나

Arena di Verona
아레나 디 베로나

1세기경에 지어진 로마 시대의 원형 극장 유적. 현재 이탈리아에 남은 원형 극장 유적 중에는 세 번째로 크다. 건축 당시에는 외벽이 분홍색 석회암으로 덮여 있었으나 12세기에 일어난 지진으로 대부분 떨어져 나갔다고 한다. 그러나 그 외에는 크게 훼손된 곳이 없어 현재 로마 원형 극장 중에서 보존 상태가 가장 양호한 것으로 손꼽힌다. 로마 시대 이후로도 계속 야외 공연장 및 검술 시합 장소로 쓰였으며, 특히 20세기 초부터는 오페라 공연이 단골로 열렸다. 건축 당시의 음향 구조가 훼손되지 않아 별다른 확성 장치 없이도 공연이 가능한 곳으로 유명했다. 최근에는 그 기능에 한계가 와서 2011년부터 간단한 확성 장치를 사용 중이다. 여름에 열리는 오페라 페스티벌을 비롯해 다양한 공연이 수시로 열리면서 건재함을 뽐내는 중이다. 로마 시대에는 무려 3만 명을 수용했다고 하나 현재는 1만 5,000명 정도만 수용한다. 공연이 없을 때는 일반 관람이나 투어 등으로 내부를 돌아볼 수 있다.

MAP P.422C

구글 지도 GPS 45.43899, 10.99435 **찾아가기** 브라 광장 한복판. 기차역 및 구시가 곳곳에 표지판이 있다. **주소** Piazza Bra, 1 **전화** 045-800-5151 **시간** 화~일요일 09:00~17:00 **휴무** 월요일 **가격** 일반 €17, 18~24세 €8, 경로 €14, 17세 미만 €1 **홈페이지** www.arena.it(오페라 페스티벌 및 관현악단)

ZOOM IN

베로나 아레나

01 아레나 디 베로나 페스티벌

Arena di Verona Festival

매년 여름 베로나 아레나에서 열리는 야외 오페라 페스티벌. 1913년 베르디 탄생 100주년 기념 오페라 공연을 시작으로, 제1 · 2차 세계 대전이 한창이던 1915~1918년과 1940~1945년을 제외한 매년 여름 열리고 있다. 기간은 6월 말~7월 초에 시작하여 9월 초~중에 마무리된다. 1년에 3~5개의 레퍼토리를 공연하는데, 주로 〈아이다〉, 〈나부코〉, 〈카르멘〉, 〈투란도트〉 등 화려하고 볼거리가 많은 극이 올라간다. 좋은 자리는 가격이 비싸고 빨리 매진되지만 일명 '하느님석'이라 불리는 고층 계단석은 가격이 저렴하고 표도 많아 예매하지 않아도 아레나 매표소에서 구할 수 있다. 가장 저렴한 좌석이 €25~30 정도. 클래식 음악에 대한 기초적인 애정과 지식만 있다면 충분히 감동받으며 즐길 수 있다. 방석은 꼭 챙겨갈 것.

02 카스텔베키오

Castelvecchio
까스뗄베키오

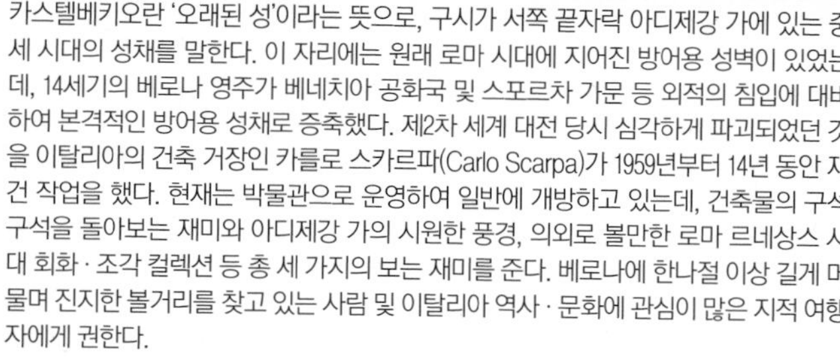

카스텔베키오란 '오래된 성'이라는 뜻으로, 구시가 서쪽 끝자락 아디제강 가에 있는 중세 시대의 성채를 말한다. 이 자리에는 원래 로마 시대에 지어진 방어용 성벽이 있었는데, 14세기의 베로나 영주가 베네치아 공화국 및 스포르차 가문 등 외적의 침입에 대비하여 본격적인 방어용 성채로 증축했다. 제2차 세계 대전 당시 심각하게 파괴되었던 것을 이탈리아의 건축 거장인 카를로 스카르파(Carlo Scarpa)가 1959년부터 14년 동안 재건 작업을 했다. 현재는 박물관으로 운영하여 일반에 개방하고 있는데, 건축물의 구석구석을 돌아보는 재미와 아디제강 가의 시원한 풍경, 의외로 볼만한 로마 르네상스 시대 회화 · 조각 컬렉션 등 총 세 가지의 보는 재미를 준다. 베로나에 한나절 이상 길게 머물며 진지한 볼거리를 찾고 있는 사람 및 이탈리아 역사 · 문화에 관심이 많은 지적 여행자에게 권한다.

MAP P.422C
구글 지도 GPS 45.43969, 10.98778(성채) 45.44034, 10.98729(다리) **찾아가기** 브라 광장 남단의 큰길에서 아레나를 바라보고 왼쪽으로 쭉 가면 정면에 성채가 보인다. 다리는 성채 왼쪽에 있다. **주소** Corso Castelvecchio, 2 **전화** 045-806-2611 **시간** 화~일요일 10:00~18:00 **휴무** 월요일(부활절 및 4월 첫번째 월요일은 특별 개방) **가격** 일반 €9, 만 60세 이상 €6, 만 8~25세 €2, 0~7세 무료입장 **홈페이지** museodicastelvecchio.comune.verona.it

ZOOM IN
카스텔베키오

01 카스텔베키오 다리

Ponte di Castelvecchio (폰테 디 까스텔베키오)

카스텔베키오 성채 옆에 자리한 중세 시대의 다리로, 성채와 아디제강 건너편을 연결한다. 중세 시대의 아치형 다리 중에서는 가장 큰 규모라고 한다. 다리는 벽돌 탑 여러 개가 삐쭉삐쭉 올라가 있는 독특한 모습인데, 완공된 후 건축가가 성주에게 큰 포상을 받았다는 전설과 다리가 무너질 것을 걱정한 건축가가 몰래 말을 한 필 사서 도망갈 준비를 했다는 매우 극과 극의 전설이 내려온다. 제2차 세계 대전 때 독일군의 폭격에 완전히 무너졌다가 1951년에 재건되었다. 다리의 모습도 독특하거니와 이곳에서 바라보는 아디제강의 풍경이 몹시 아름답다. 카스텔베키오는 유료 입장이나 다리는 무료이므로 부담 없이 들러볼 것.

03 브라 광장

Piazza Bra
피아짜 브라

베로나 아레나 앞에 넓게 펼쳐진 광장. 베로나에서 가장 넓은 광장이다. 기차역이나 버스 터미널에서 관광 중심가로 향하는 사람은 구시가에서 가장 먼저 마주치게 되는 곳이기도 하다. 커다랗고 둥글게 조성됐으며, 북쪽 가운데에 베로나 아레나가 있고 가장자리를 따라 카페와 레스토랑이 늘어서 있다. 남쪽 길 건너편에는 2개의 고풍스러운 건물이 서 있고, 그 가운데 구시가의 경계인 성문이 자리하고 있다. 2개의 건물 중 동쪽에 있는 것은 현재 베로나 시청으로 사용되고 있다.

MAP P.422E
구글 지도 GPS 45.43861, 10.9928 **찾아가기** 기차역에서 구시가로 향하다 보면 가장 먼저 마주치게 된다. **주소** Piazza Bra **전화** 없음 **시간** 24시간 **휴무** 연중무휴 **가격** 무료입장

04 에르베 광장

Piazza delle Erbe
피아짜 델레 에르베

구시가 중심부에서 약간 북쪽 위에 자리한 소규모 광장. 베로나에서 가장 아름다운 곳으로 손꼽힌다. 중세와 르네상스, 바로크 시대에 지어진 고풍스럽고 아름다운 건물에 둘러싸인 곳이라 '에르베'라는 이름이 뭔가 대단한 것처럼 느껴질 수도 있으나, 사실은 허브(herb)의 이탈리아어 표현이다. 과거에 이곳에 채소를 파는 시장이 있어서 붙은 이름이라고 한다. 지금도 기념품을 비롯한 다양한 노점이 자리하고 있다. 한가운데 자리한 분수는 가운데에 있는 여성 동상을 성모상으로 여겨서 '성모의 분수(Fontana Madonna)'라고 불러왔는데, 사실 동상은 4세기에 만들어진 로마 시대의 유물이라 기독교 신앙과는 무관하다.

MAP P.422D
구글 지도 GPS 45.44323, 10.99708(성모 분수) **찾아가기** 브라 광장에서 주세페 마치니 거리를 따라 쭉 직진한다. **주소** Piazza delle Erbe **전화** 없음 **시간** 24시간 **휴무** 연중무휴 **가격** 무료입장

05 람베르티의 탑

Torre dei Lamberti
또레 데이 람베르티

에르베 광장에서 가장 눈에 띄는 건축물로, 람베르티라는 중세 귀족이 살던 저택에 붙어 있는 종탑이다. 탑의 높이가 84m로 베로나 구시가에서는 가장 높은 건물이다. 꼭대기에는 2개의 종이 있는데 '마란고나(Marangona)'라는 종은 화재 경보 및 노동 시간을 알리는 용도이고, '렌고(Rengo)'라는 종은 군대 또는 의회의 소집 등 중요한 일을 알리는 용도였다고 한다. 현재는 박물관 겸 전망대로 사용되는데, 에르베 광장 일대의 풍경이 한눈에 보이는 최고의 뷰 포인트로 사랑받고 있다. 엘리베이터로 편하게 올라갈 수 있는 것도 큰 장점.

MAP P.422D
구글 지도 GPS 45.44298, 10.99774 **찾아가기** 에르베 광장으로 들어가면 바로 눈에 띈다. 입구는 시뇨리 광장 쪽. **주소** Via della Costa, 2 **전화** 045-927-3027 **시간** 월~금요일 10:00~18:00, 토 · 일 · 공휴일 11:00~19:00 **휴무** 연중무휴(기상 상황에 따라 변동 가능) **가격** 일반 €6, 8~14세 및 60세 이상 €4.5 0~7세 무료 / 베로나 카드로 입장할 때는 엘리베이터 이용료 €1를 내야 함. **홈페이지** torredeilamberti.it

06 시뇨리 광장

Piazza dei Signori
피아짜 데이 시뇨리

에르베 광장과 건물 하나를 사이에 두고 있는 또 하나의 광장. 한가운데에 단테의 동상이 우뚝 서 있어 '단테 광장(Piazza Dante 피아짜 단테)'라고도 불린다. 12~16세기에 지어진 귀족의 저택 및 관공서 건물이 둘러싸고 있는 광장으로 '베로나의 응접실'이라는 별명도 있다. 주변의 건물이 대부분 아치와 기둥으로 이뤄진 주랑형 건물이라는 것도 특이한 점 중 하나.

MAP P.422D
구글 지도 GPS 45.44351, 10.9981 **찾아가기** 에르베 광장에서 람베르티의 탑이 보이는 방향으로 가면 아치가 겹겹이 서 있는 골목이 보인다. 아치 아래로 들어가면 바로 연결된다. **주소** Piazza dei Signori **전화** 없음 **시간** 24시간 **휴무** 연중무휴 **가격** 무료입장

07 줄리엣의 집

Casa di Giulietta
까자 디 줄리에따

★★★★

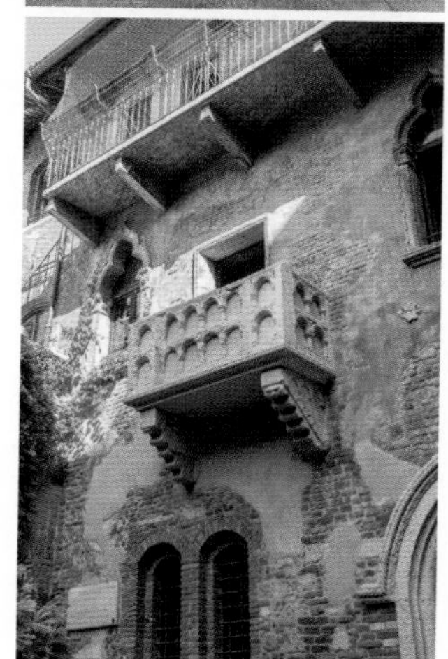

베로나 최고의 관광 명소로 〈로미오와 줄리엣〉의 주인공 줄리엣이 살던 집이라고 '설정'된 곳이다. 에르베 광장 부근 도로 한쪽 깊숙한 곳에 자리한 고풍스러운 건물에는 아늑하고 예쁜 안뜰이 있고, 그 옆에 오래된 느낌이 가득한 벽면에는 발코니가 달려 있다. 이 발코니가 로미오와 줄리엣이 사랑을 속삭이던 바로 그 발코니라는 이야기가 전해 온다. 그러나 이것은 모두 '설정'일 뿐 사실이 아니다. 원래는 13세기의 베로나 귀족 카펠로(Cappello) 가문이 살던 집이었는데, 1905년에 베로나시에서 관광객을 유치할 목적으로 이곳을 '줄리엣의 집'으로 지정해 버린 것.

사실 〈로미오와 줄리엣〉은 14세기에 베로나에서 일어난 두 가문 간의 반목과 치정 사건이 모티프라는 설이 있고, 실제 집주인이었던 카펠로 가문이 줄리엣의 가문 캐풀렛(Capulet)과 이름도 비슷해서 연관이 있지 않을까 추측하는 사람들이 많다. 하지만, 〈로미오와 줄리엣〉의 오리지널 스토리에 의하면 줄리엣의 이탈리아 이름은 줄리에타 카펠레티(Giulietta Capelletti)로서 카펠로와는 조금 거리가 있다. 심지어 발코니조차 원래 이 집에 있던 것이 아니라 1930년에 만들어 단 것이다.

그러나 진실이 무엇이든 간에 이곳은 수십 년간 '줄리엣의 집'으로 관광객의 사랑을 듬뿍 받고 있다. 언제 찾아가도 사람이 지나치게 많아 사진 한 장 찍기조차 쉽지 않다. 뜰 안쪽으로 들어가면 줄리엣의 동상이 있는데, 왼쪽 가슴을 만지며 소원을 빌면 이뤄진다는 낭설이 있다. 영화 〈레터스 투 줄리엣〉에 나온 것처럼 짝사랑을 하는 여인들이 부치지 못한 편지를 매다는 벽도 있으므로 꼭 보고 올 것.

INFO P.116 MAP P.422D

구글 지도 GPS 45.44191, 10.9984 **찾아가기** 에르베 광장 반대편으로 길을 따라 쭉 가다 보면 왼쪽에 나온다. 입구가 의외로 눈에 잘 띄지 않으므로 표지판을 잘 볼 것. **주소** Via Cappello, 23 **전화** 045-803-4303 **시간** 화~일요일 09:00~19:00 **휴무** 월요일(4월 마지막 월요일 특별 개방) **가격** 안마당 무료입장 / 내부 일반 €12, 만 65세 이상 €9, 만 18~25세 €3, 0~17세 무료입장 **홈페이지** casadigiulietta.comune.verona.it

08 로미오의 집

Casa di Romeo
까자 디 로메오

줄리엣의 집에서 멀지 않은 곳에 자리한 중세 시대의 대저택. 로미오 집안인 몬터규 가문이 실존했다면 딱 이 위치에 이 정도 규모의 저택에 살지 않았을까 하는 느낌이 드는 곳으로, 심지어 파사드에는 〈로미오와 줄리엣〉의 대사가 적힌 명판도 붙어 있다. 그러나 이곳도 다른 귀족 가문이 살던 곳이라고 한다. 개인 소유라 내부 출입은 할 수 없다.

MAP P.422D
구글 지도 GPS 45.44356, 10.99931 **찾아가기** 시뇨리 광장에서 에르베 광장 반대 방향으로 간 뒤 사거리가 나오면 오른쪽으로 꺾는다. **주소** Via Arche Scaligere, 2 **시간** 내부 출입 불가능

09 줄리엣의 무덤

Tomba di Giulietta
톰바 디 줄리에타

13세기에 지어진 프란체스코 수도원 지하에 자리한 무덤. '16세기에 커플이 이곳에 합장됐다'라는 기록이 남아, 19세기부터 이곳이 로미오와 줄리엣이 묻힌 곳이라는 루머가 돌며 방문객과 도굴꾼이 들끓었다. 현재는 일종의 박물관으로 운영 중이다.

MAP P.422F
구글 지도 GPS 45.43368, 10.99783 **찾아가기** 브라 광장 남쪽 큰길에서 아레나를 바라보고 오른쪽으로 직진, 아디제강이 나오면 오른쪽으로 쭉 내려간다. **주소** Via Luigi da Porto, 5 **전화** 045-800-0361 **시간** 화~일요일 10:00~18:00 **휴무** 월요일 **가격** 일반 €6, 65세 이상 €4, 만 18~25세 €2 **홈페이지** museodegliaffreschi.comune.verona.it

10 로마 극장 유적

Teatro Romano di Verona
떼아뜨로 로마노 디 베로나

아디제강 동쪽 건너편 언덕 위에 자리한 로마 시대의 반원형 극장 유적. 기원전 1세기에 지어졌으나 좌석과 무대만 남았다. 현재는 고고학 박물관으로 이곳에서 아디제강의 풍경을 보러 들르는 사람이 많다. 여름철에는 다양한 음악 공연도 열린다.

MAP P.422B
구글 지도 GPS 45.44745, 11.00173 **찾아가기** 구시가 북쪽 끝에서 피에트라 다리를 건너 길을 따라 남쪽으로 내려가다 보면 왼쪽에 있다. **주소** Rigaste Redentore, 2 **전화** 045-800-0360 **시간** 화~일요일 10:00~18:00 **휴무** 월요일 **가격** 일반 €9, 65세 이상 €6, 만 18~25세 €2 / 10~5월의 첫 번째 주 일요일 €1

11 포르타 보르사리

Porta Borsari
뽀르따 보르싸리

구시가 서쪽에 자리한 로마 시대의 관문으로, 1세기경에 만들어진 것이다. 당시에는 이 주변에 감시용 초소와 막사도 있었으나 현재는 문의 파사드만 남았다. '보르사리'는 중세 시대 이탈리아어로 세금 징수원을 가리키던 부르사리(Bursarii)가 시대에 따라 변형된 것으로, 중세 시대에는 이 문에서 여행자와 상인들에게 통행세를 걷었다고 한다.

MAP P.422C
구글 지도 GPS 45.44194, 10.99341 **찾아가기** 카스텔베키오 앞 큰길에서 강을 바라보고 오른쪽으로 길을 따라 쭉 간다. **주소** Corso Porta Borsari, 57A **전화** 없음 **시간** 24시간 **휴무** 연중무휴 **가격** 무료입장

12 산타 아나스타시아 성당

Chiesa di Santa Anastasia
끼에자 디 싼타 아나스타지아

1280년에 건설을 시작하여 1400년에 마무리된 오래된 고딕 양식의 성당으로, 도메니코 수도회에 소속되어 있다. 베로나 중심부에서 가장 큰 성당이라 이곳을 두오모로 착각하는 사람들이 적지 않으나 두오모는 가까운 곳에 따로 있다. 내부에 베로나에서 활약한 여러 예술가들이 만든 조각, 벽화, 성물이 가득하므로 종교 미술에 관심있는 여행자라면 한번쯤 들러볼 것.

MAP P.422B
구글 지도 GPS 45.44507, 10.99969 **찾아가기** 시뇨리 광장에서 동북쪽으로 약 300m. **주소** Piazza S.Anastasia **전화** 045-800-4325 **시간** 월~금요일 09:00~18:30, 토요일 09:30~18:00, 일요일 · 공휴일 13:00~18:00 **휴무** 연중무휴 **가격** €4

13 베로나 두오모

Duomo di Verona
두오모 디 베로나

정식 명칭은 '산타 마리아 마티콜라레 대성당(Cattedrale Santa Maria Matricolare)'. 12세기에 축성되었으며 이탈리아에는 흔하지 않은 로마네스크 양식이다. 이후 개축과 보수가 반복됐으나 축성 당시의 기본 구조는 고스란히 남아 있다. 내부에는 르네상스 시대의 북부 지역 대스타 산소비노가 만들고 베네치아 화단의 거장 티치아노가 제단화를 그린 예배당이 있다.

MAP P.422B
구글 지도 GPS 45.44717, 10.99692 **찾아가기** 구시가 북쪽 끝. 시내 곳곳에 표지판이 있다. **주소** Piazza Duomo, 21 **전화** 045-800-8813 **시간** 월~금요일 11:00~17:30, 토요일 11:00~15:30, 일요일 · 공휴일 13:30~17:30 **휴무** 연중무휴 **가격** €4

14 산 피에트로성

Castel San Pietro
까스텔 싼 피에뜨로

베로나 구시가 동북쪽, 강 건너편 야트막한 언덕 위에 자리한 오래된 방어용 성채. 9~10세기에 축성되어 오랫동안 베로나의 안전을 지키다 18세기에 프랑스 군의 공격으로 완전히 파괴되었다. 현재는 거의 토대만 남아 일반인의 출입이 불가한 상태다. 성 앞은 아디제강에 둘러싸인 베로나 구시가의 모습이 한눈에 들어오는 최고의 전망 포인트이다. 특히 석양 시간에 가장 아름답다. 여름철에는 해가 지기 전에 푸니콜라레 영업이 끝날 때도 있으니 일몰과 야경을 보고 싶다면 올라갈 때는 푸니콜라레를 이용하고 내려올 때는 걸어가는 것이 요령.

MAP P.422B

구글 지도 GPS 45.44797, 11.00291 **찾아가기** 구시가 동북쪽에 자리한 피에트로 다리를 건넌 뒤 언덕 위로 올라간다. 푸니콜라레 정류장은 피에트로 다리를 건너간 뒤 왼쪽 방향으로 난 길로 들어가면 오른쪽에 보인다. **주소** Castel San Pietro **전화** 없음 **시간** 푸니콜라레 운영 시간 4~10월 10:00~21:00, 11~3월 10:00~17:00 **휴무** 12월 25일, 1월 1일(푸니콜라레) **가격** 무료입장, 푸니콜라레 편도 €2, 왕복 €3 **홈페이지** www.funicolarediverona.it(푸니콜라레)

15 마페이

Maffei

코페르토 €3 카드 결제 O 영어 메뉴 O

에르베 광장에 자리한 17세기의 바로크 스타일 저택 팔라초 마페이(Palazzo Maffei) 안에 자리한 고급 리스토란테. 미슐랭 가이드에서 꾸준히 플레이트 등급에 선정되고 있다. 17세기 저택이라는 멋진 공간에서 훌륭한 식사를 즐길 수 있어 인기가 높다. 특히 오페라 페스티벌 기간에는 1~2일 전에 예약하지 않으면 자리 잡기 힘들 정도. 베로나를 비롯한 베네토 지방의 전통 요리를 다양하고 수준 높게 선보이는데, 특히 고기 요리와 디저트가 뛰어나다.

MAP P.422D

구글 지도 GPS 45.44363, 10.99676 **찾아가기** 에르베 광장 막다른 곳. **주소** Piazza Erbe, 38 **전화** 045-801-0015 **시간** 12:00~14:15, 19:00~22:15 **휴무** 연중무휴 **가격** 전채류 €17~39, 파스타 €18~29, 메인 요리 €20~32, 테이스팅 코스 €75~82 **홈페이지** www.ristorantemaffei.it

아마로네 와인 소스를 뿌린 소 볼살 찜 Braised Beef Cheek with Amarone Wine €25

16 라 그릴리아

La Griglia

코페르토 €2 카드 결제 O 영어 메뉴 O

베로나 아레나 부근의 골목에 있어 야외 테이블에 앉으면 아레나의 모습이 보인다. '그릴'이라는 상호명에서 눈치챌 수 있듯 구이 요리를 주 종목으로 하는데, 베로나의 비프 스테이크 맛집으로 소문이 자자하다. 모든 메뉴가 기본 이상의 맛을 보장하지만, 무엇을 고를지 어렵다면 간판 메뉴인 라 그릴리아(La Griglia)를 주문해 볼 것. 발사믹 소스를 얹은 럼프 스테이크에 루콜라와 치즈를 얹어서 나온다. 하우스 와인도 상당히 맛있다.

MAP P.422F

구글 지도 GPS 45.43851, 10.99593 **찾아가기** 브라 광장에서 아레나를 바라보고 오른쪽 옆으로 난 길로 들어간다. **주소** Via Leoncino, 29 **전화** 045-803-1212 **시간** 12:00~15:00, 18:30~24:00 **휴무** 연중무휴 **가격** 전채 €12~15, 파스타 €12~16, 그릴 & 스테이크 €20~60 **홈페이지** www.lagrigliaverona.it

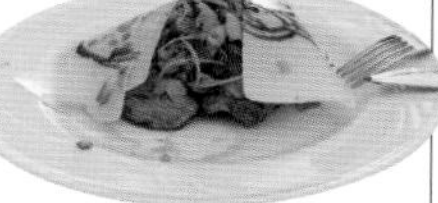

라 그릴리아 La Griglia €23

17 레반젤리스타

L'Evangelista

코페르토 €5 카드 결제 O 영어 메뉴 O

현재 트립어드바이저를 비롯한 여러 여행 포럼에서 베로나 최고의 맛집으로 손꼽히는 곳. 과거 이 자리에는 베로나 유명 맛집이었던 '칸그란데 Cangrande'가 있었는데, 코로나 유행 전후로 문을 닫고 현재의 레반젤리스타가 문을 열었다. 이탈리아 요리를 다양한 방식으로 해석한 창의적인 요리를 선보여 전세계 미식가들에게 찬사를 받고 있다. 가격가 상당히 높은 편이므로 예산이 넉넉한 여행자에게 권한다.

MAP P.422C

구글 지도 GPS 45.43933, 10.9919 **찾아가기** 브라 광장에서 왼쪽 방향으로 빠지는 골목 중 비콜레토 리스토네(Vicoletto Listone)를 찾아 쭉 들어간다. **주소** Via Dietro Listone, 19D **전화** 045-832-1011 **시간** 12:12~14:00, 18:15~21:45 **휴무** 연중무휴 **가격** 전채 €18~23, 파스타 €20~25, 생선·고기 요리 €25~35, 테이스팅 코스 메뉴 €70~100 **홈페이지** www.ristorantelevangelista.it

18 일 체나콜로
Il Cenacolo

코페르토 €4 카드 결제 O 영어 메뉴 O

'최후의 만찬'이라는 뜻을 지닌 이름의 레스토랑으로, 그릴 요리를 주종목으로 한다. 레스토랑 한쪽에 자리잡은 이글이글 불타오르는 그릴 위에서 직화로 구운 스테이크 요리를 선보인다. 소고기 스테이크 외에도 돼지, 염소, 양 등 고기 선택의 범위도 넓다. 베로나 특산 아마로네 와인을 사용한 리조토도 특기. 식기도 예쁘고 종업원들이 친절한 것도 장점의 요인이다. 가격대가 다소 높고 코페르토도 비싼 것이 단점.

MAP P.422E
구글 지도 GPS 45.43917, 10.9912 **찾아가기** 브라 광장 남쪽 큰길에서 아레나를 바라보고 왼쪽으로 가다가 오른쪽 두 번째 골목으로 들어간다. **주소** Via Teatro Filarmonico, 10 **전화** 045-592-288 **시간** 월~금요일 19:00~22:30, 토·일요일 12:30~14:30, 19:00~22:30 **휴무** 연중무휴 **가격** 전채 €16~24, 파스타 €17~22, 메인 요리 €22~35, 테이스팅 코스€48~70 **홈페이지** www.ristoranteilcenacolo.it

아마로네 와인을 넣은 리조토 Risotto with Amarone Wine €18

19 라 보테가 델라 지나
La Bottega della Gina

코페르토X 카드 결제O 영어 메뉴X

'지나네 가게' 정도로 해석 가능한 소박한 이름의 상점. 원래는 조리하지 않은 생파스타를 테이크아웃으로 판매하는 식료품점인데, 식사 시간대에 간단하게 조리한 파스타를 저렴한 가격에 선보인다. 종류는 토르텔리니, 탈리아텔레, 라자냐, 뇨끼 등이고 탈리아텔레 · 뇨끼 · 라자냐는 라구, 토마토, 트러플 중에서 선택 가능하다. 파스타의 질이 좋다 보니 소박하면서도 꽤 괜찮은 맛을 즐길 수 있다. 가게 내부에 먹고 갈 자리가 있긴 하나 많지는 않으므로 되도록 일찍 움직일 것.

MAP P.422D
구글 지도 GPS 45.44345, 10.99546 **찾아가기** 산타 아나스타시아 성당 부근 **주소** Via Abramo Massalongo, 5/a **전화** 045-594-725 **시간** 10:00~21:30(파스타 식사류는 12시부터 판매 시작) **휴무** 부정기 **가격** 각종 파스타 €10~15 **홈페이지** instagram.com/labottegadellagina

라구 탈리아텔레 TAGLIATELLE AL RAGÙ €11.35

20 카페 보르사리
Cafe Borsari

코페르토X 카드 결제O 영어 메뉴X

포르타 보르사리 근처에 있는 작고 소박한 카페로, 수집품을 잔뜩 진열해놓은 귀여운 인테리어와 편안한 분위기 덕분에 인기가 높다. 가격이 저렴한 것에 비해 음료의 맛이 전반적으로 괜찮은 편인데, 특히 핫 초콜릿과 라테류가 맛있기로 유명하다. 크루아상 등 페이스트리도 수준급이라 이곳에서 아침을 즐기는 사람도 많다. 입구에 식기와 인형을 진열한 쇼 케이스가 있어 잡화점으로 착각하기 쉬운데, 카페가 맞으니 자신있게 들어갈 것.

MAP P.422D
구글 지도 GPS 45.44303, 10.99571 **찾아가기** 에르베 광장에서 포르타 보르사리 방향으로 직진하다 보면 왼쪽에 있다. 클락스(Clarks) 매장 맞은편 부근이다. **주소** Corso Porta Borsari, 15 **전화** 045-803-1313 **시간** 07:30~19:00 **휴무** 연중무휴 **가격** 커피 €1.3~2.8, 핫 초콜릿 €3~4.1

에스프레소 Espresso €1.3

21 주세페 마치니 거리
Via Giuseppe Mazzini
비아 주세뻬 마치니

베로나 아레나에서 에르베 광장으로 향하는 길로, 베로나에서 가장 번화한 거리로 꼽힌다. 루이 비통, 구찌, 막스 마라 등의 명품 브랜드부터 OVS, 디즈니 스토어, 세포라, 맥 등 가장 대중적인 브랜드까지 모두 총망라됐다. 베로나에서 쇼핑을 원한다면 이 거리 하나만 돌아봐도 충분할 정도.

MAP P.422C · D
구글 지도 GPS 45.43957, 10.99374 (아레나 부근 시작점) **찾아가기** 브라 광장에서 아레나를 바라봤을 때 왼쪽. 루이비통과 인티미시미 사이 골목이다. **주소** Via Giuseppe Mazzini **전화** 상점마다 다름. **시간** 24시간 **휴무** 상점마다 다름.

+PLUS AREA 1

가르다 호수
Lago di Garda

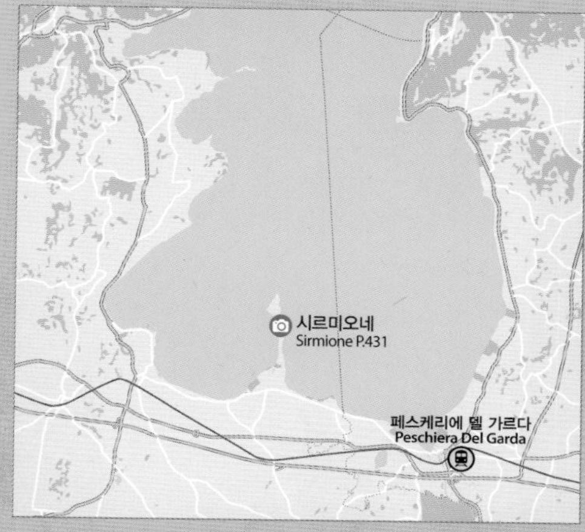

베로나에서 서쪽으로 약 30km 떨어진 곳에 자리한 넓은 호수로, 이탈리아의 모든 호수를 통틀어 가장 크다. 지금으로부터 약 500~600만 년 전에 뜨거운 증기에 빙하가 녹아 생성된 빙하호로, 사방이 산으로 둘러싸인 가운데 눈부신 푸른색으로 빛나는 아름다운 풍경이 매력적이다. 이탈리아는 물론 유럽 각국에서 여름 휴양지로 인기가 높다. 우리나라에서는 인지도가 높지 않았으나, 영화 〈콜 미 바이 유어 네임(Call Me by Your Name)〉의 촬영지로 조금씩 이름을 알리다가 2019년 TV 프로그램 〈비긴 어게인 3〉에서 버스킹 장소로 등장한 이후 예전과는 다른 명성을 갖게 되었다.

TRAVEL INFO
핵심 여행 정보

이렇게 간다!

❶ 기차

호수 남부에 페스케리에 델 가르다(Peschiera Del Garda)라는 기차역이 있는데, 베네치아, 밀라노, 베로나에서 모두 환승할 필요없이 바로 이어진다. 베네치아에서는 1시간 반, 베로나에서는 15분, 밀라노에서는 1시간 정도 걸린다.

❷ 버스

베로나의 포르타 누오바 역 앞 버스 터미널에서 가르다 호수 방향으로 가는 버스가 여러 노선 있다. LN026번을 타면 시르미오네(Sirmione)로, 162 · 163 · 164 · 185번을 타면 가르다(Garda)로 간다. 소요 시간은 약 1시간. 버스 요금은 매표소에서 사면 시르미오네 기준 €4.2, 차내에서 사면 €5.7이다. 왕복으로 사두는 것이 좋다.

01 시르미오네
Sirmione
시르미오네

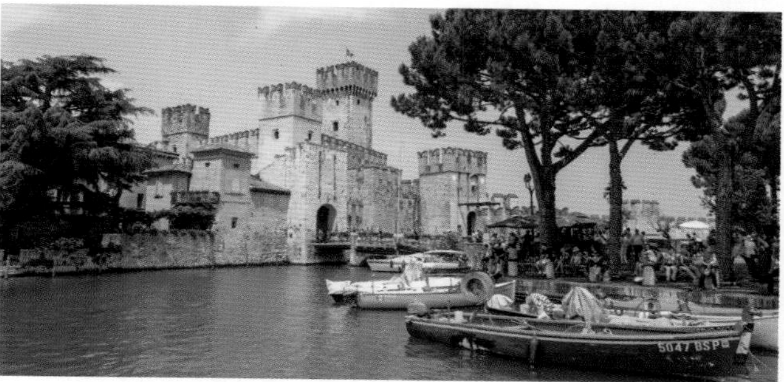

호수 남쪽에 있는 작은 육계도. 가르다 호수에서 가장 인기 높은 관광지 마을이다. 영화 〈콜 미 바이 유어 네임〉에 나오는 유적지와 TV 프로그램 〈비긴 어게인 3〉의 버스킹 장소 스칼리제로성(Rocca Scaligera)이 있는 바로 그곳이다. 13~14세기에 지어진 것으로 추측되는 중세 시대 성채가 호숫가에 있고, 그 안에 중세풍의 도시가 오롯이 자리했다. 리조트를 비롯한 휴양 시설이 많고 해변 시설이 잘 되어 유럽 사람들은 휴양지로 즐겨 찾는다. 동네가 워낙 작아 2~3시간이면 충분히 돌아볼 수 있어 베로나와 묶어 당일치기로 돌아보기 좋다. 낭만적인 풍경이라 데이트 코스 및 스냅 사진 촬영 코스로도 인기.

MAP P.431

구글 지도 GPS 45.49238, 10.6084 **찾아가기** 베로나 포르타 누오바 역 앞 버스 터미널에서 LN026번 버스를 탄다. 시르미오네 근처의 환승장에서 내려 셔틀버스로 갈아타야 한다. 셔틀버스 요금은 €1. **주소** Sirmione **시간** 24시간 **휴무** 연중무휴 **가격** 무료입장

AREA

04 BOLOGNA 볼로냐

책 읽는 도시, 지적인 도시, 맛있는 도시

볼로냐는 원래 여행자보다 비즈니스맨들에게 친숙한 곳이었다. 밀라노와 토리노에 버금가는 산업 도시로서, 다양한 전시회와 박람회가 수시로 열리기 때문. 특히 세계적인 출판 도시로 유명해 책 마니아와 출판인들이 유난히 동경하는 도시기도 했다. 그런데 요즘은 사정이 조금 달라졌다. 이탈리아의 유명 도시들에 질린 얼리 어답터 여행자들이 볼로냐로 눈길을 돌리기 시작한 것. 중세 도시에 현대 도시가 세 들어 사는 듯 고풍스러우면서 편리한 구시가의 풍경도 멋지거니와, 세계에서 가장 오래된 대학이 있어 지적인 기운이 감돈다. 무엇보다 '뚱보의 도시'라는 별명까지 붙을 정도로 맛있는 음식이 많다.

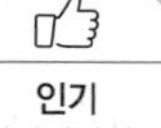
인기 ★★★☆☆
아직은 관광보다는 출장의 도시.

관광 ★★★☆☆
구시가의 풍경은 꽤 인상적. 대부분의 볼거리가 취향을 탄다.

쇼핑 ★★★☆☆
대중적인 브랜드 쇼핑을 즐기기에는 나쁘지 않다.

식도락 ★★★★☆
뚱보의 도시. 라구의 원조. 셰프들도 인정하는 맛의 도시.

복잡함 ★★★☆☆
관광 중심가는 그다지 크지 않고 지리도 단순한 편.

치안 ★★★★★
이탈리아에서 치안이 가장 좋은 도시 중 한 곳.

볼로냐 ~ 주요 도시 간 교통

토리노
볼로냐-토리노
1시간 1~2편
Freccia · Italo
약 2시간 30분,
€50~60

밀라노
볼로냐-밀라노
1시간 4~7편
Freccia · Italo 약 1~2시간, €40~52
Intercity 약 2시간 30분, €28.5
R · RV 약 3시간, €17.8

베로나
볼로냐-베로나
1시간 1~2편(불규칙. 없는 시간대도 있음)
Freccia · Italo 약 50분, €20~32
Eurocity 약 1시간, €10~10.3
RV 약 1시간 35분, €10.4

베네치아
볼로냐-베네치아
1시간 2~4편
Freccia · Italo 약 1시간 30분, €35~59
RV 약 2시간, €14.2

볼로냐 BOLOGNA

피렌체
볼로냐-피렌체
1시간 6~7편 이상
Freccia · Italo 약 40분, €29~56

로마
볼로냐-로마
1시간 6~7편 이상
Freccia · Italo 2시간~2시간 30분, €56~104

나폴리
볼로냐-나폴리
1시간 4~6편
Freccia · Italo 약 3시간 45분, €84~143

*열차 가격은 2등석 당일 또는 전일 구매 기준

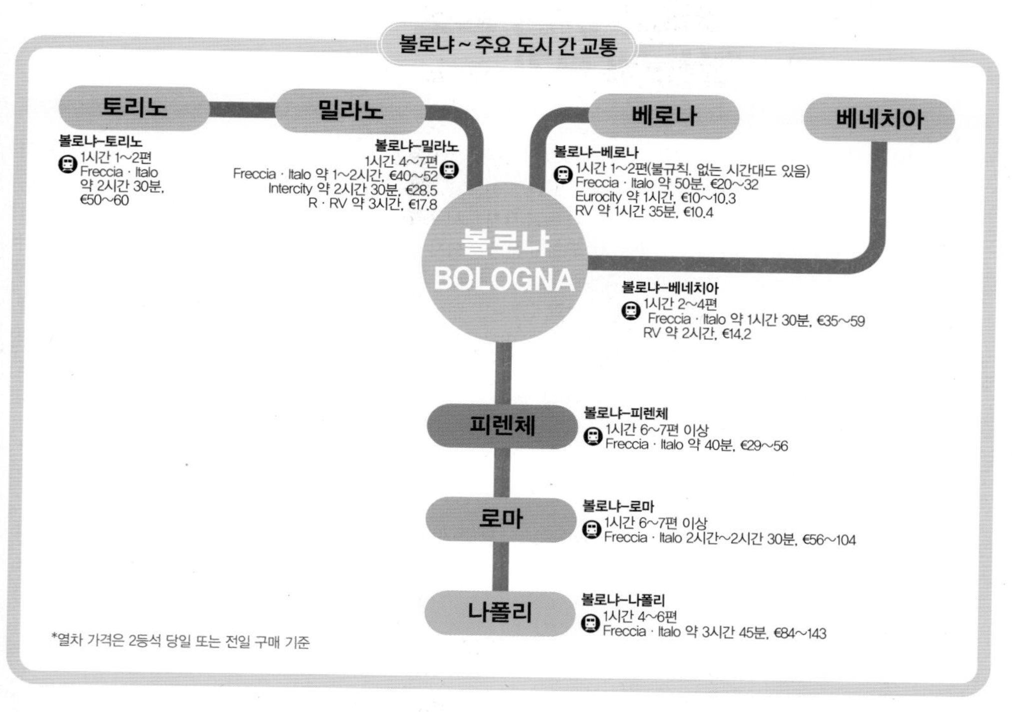

MUST SEE 이것만은 꼭 보자!

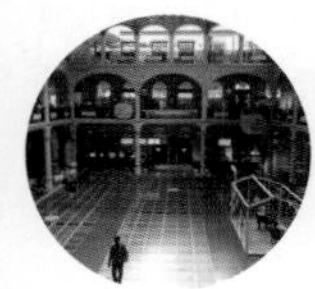

No.1
볼로냐 시민의 자부심,
살라보르사 도서관

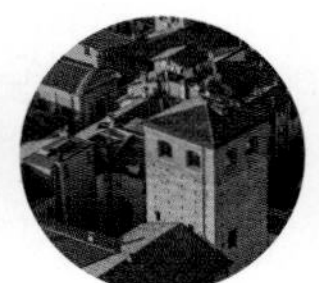

No.2
아시넬리 탑에서
바라보는 볼로냐
구시가

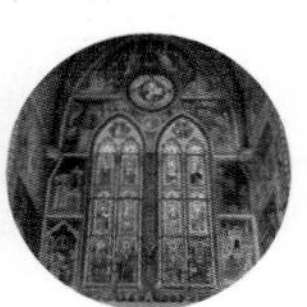

No.3
산 페트로니오 대성당의
정교하고 아름다운
벽화와 스테인드글라스

MUST EAT 이것만은 꼭 먹자!

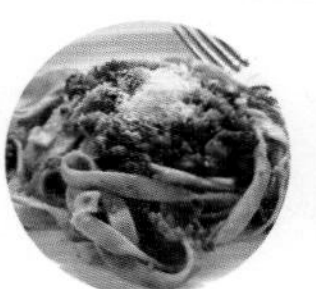

No.1
원조의 도시에서 즐기는
'잘 아는 맛',
라구 볼로녜제

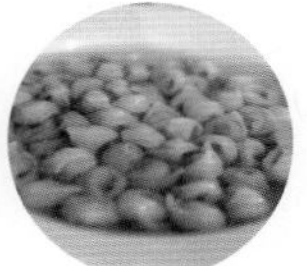

No.1
볼로냐 원조
새알 만두 파스타,
토르텔리니

1 단계

볼로냐 여행 정보 한눈에 보기

볼로냐 역사 이야기

기원전 6세기경 에트루리아의 주요 도시로 처음 역사에 발을 들였고, 그 후 로마 시대까지 이탈리아 중북부의 주요 도시로 성장했다. 로마 제국이 멸망한 후에는 훈족, 고트족, 롬바르드족 등의 지배를 받다가 독립 자치 도시로 발전해 나간다. 특히 1080년 세계 최초의 대학인 볼로냐 대학이 설립되며 유럽의 학문 중심지 중 하나로 발돋움했다. 볼로냐는 이탈리아 중북부의 교통 요지로서 중세와 르네상스 시대를 거쳐 경제적 · 정치적으로 크게 번영했으나, 볼로냐를 차지하려는 교황 세력과 오랫동안 전쟁을 치르다가 16세기에 정복당하고 말았다. 이후 나폴레옹 지배 시기를 거쳐 통일 이탈리아의 일부가 된다. 제2차 세계 대전 때는 도시 40%가 파괴될 정도로 큰 피해를 입었는데, 이탈리아에서 가장 격렬한 레지스탕스 활동이 일어난 도시로도 유명하다. 현재는 이탈리아에서 가장 진보 성향이 강한 도시로 공공 복지 및 편의가 상당히 발달되어 있다.

볼로냐 여행 꿀팁

☑ 취향 타는 도시

볼로냐는 미식가와 책 '덕후', 역사 마니아에게는 상당히 인상적인 도시이지만, 반대로 이런 분야에 관심이 없다면 매력을 느끼기 어려울 수도 있다. 이탈리아의 예쁜 풍경과 찬란한 문화 유산을 중심으로 여행하려는 사람은 볼로냐를 패스해도 무방하다. 그러나 관심사가 저 세 분야에 걸쳐 있는 사람이라면 지나치지 말고 들러볼 것.

☑ 가급적 1박, 가급적 세 끼

볼로냐의 구시가는 그다지 크지 않고 볼거리도 아주 많지는 않으나 그 적은 볼거리 하나하나가 묵직한 무게감이 있어 시간은 적지 않게 드는 편이다. 한 바퀴 휙 둘러보기만 한다면 반나절 정도 걸려 당일치기도 가능하나 가급적 하루 정도 시간을 내서 천천히 깊게 보는 것을 권한다. 특히 '뚱보의 도시'를 체험하려는 미식 여행자라면 적어도 세 끼는 볼로냐에서 먹어볼 것.

☑ 맛집 투어는 화요일부터

볼로냐의 맛집을 순례하려고 마음 먹은 여행자라면 가급적 월요일은 빼고 계획할 것. 볼로냐의 이름난 맛집 중에는 월요일이 정기 휴일인 곳이 적지 않다.

☑ 차, 필요 없어요!

볼로냐 구시가는 찌그러진 다이아몬드 모양으로, 외곽이 도로로 둘러싸여 있다. 외곽 도로 안쪽은 철저한 ZTL(교통 제한 구역)이라 렌터카를 가지고 들어올 수 없다. 역 주변의 주차장에 세워두거나 아예 기차로 움직이는 것이 답. 대중교통은 그 어느 도시보다 잘 되어 있고, 구시가가 크지 않아 모두 걸어서 다닐 수 있다. 숙소는 짐이 적은 경우 구시가 중심부에, 짐이 많을 경우는 기차역 주변에 잡는 것을 추천한다.

2단계 볼로냐, 이렇게 간다!

볼로냐는 이탈리아 중북부 내륙의 교통 요지로 항공 · 기차 · 버스 편 모두 원활하게 연결된다. 주로 베네치아 · 로마 · 피렌체에서 이동하는 한국 여행자들은 기차를 가장 흔하게 이용한다.

기차로 가기

볼로냐의 중앙역(Bologna Centrale)은 구시가 북쪽에 자리하고 있다. 볼로냐는 워낙 교통이 좋은 도시라 이탈리아 대부분의 주요 도시에서 직통 기차가 다니는데, 로마 · 베네치아 · 피렌체 · 베로나 등에서는 1~2시간에 한 대 정도로 자주 다닌다. 트레니탈리아(Trenitalia)의 특급 열차 프레체(Frecce)와 지역 열차 레조날레(Regionale)가 모두 운행 중이고, 이탈로(Italo)도 다닌다. 기차역의 플랫폼이 지상과 지하로 나뉘어 있고 특급 열차는 대부분 지하 플랫폼에서 착발한다는 정도는 미리 알고 가는 것이 좋다.

PLUS TIP

볼로냐에서 짐 맡기기

볼로냐 중앙역 지상층에 유인 보관소가 있다.

시간 07:00~21:00

가격 기본 5시간 €6, 6~12시간 시간당 €0.9 가산, 13시간 이후 시간당 €0.4 가산

볼로냐 중앙역 Bologna Centrale

MAP P.436A

구글 지도 GPS 44.505917, 11.34332

기차역에서 시내 가기

볼로냐 중앙역에서 기차역을 등지고 큰길을 건너기만 하면 바로 구시가. 구시가 중심가까지는 1km 남짓 가야 한다. 볼로냐는 대중교통이 잘 되어 있으나, 사실 구시가의 크기가 2km 남짓 정도라 걸어 다니는 것이 더 편하다. 단, 숙소를 구시가에서 먼 곳에 잡았다면 버스 또는 트램 노선을 미리 알아둘 것.

가격 교통권 1회권 €1.5(펀칭 후 75분간 무제한 환승), 탑승 후 구매 시 €2, 1일권 €6(펀칭 후 24시간 이용)

버스로 가기

이탈리아의 웬만큼 규모 있는 도시에서는 모두 볼로냐로 향하는 플릭스 버스 편을 찾을 수 있다. 로마와 밀라노에서도 하루 4~5편 가까이 다닐 정도이나 소요 시간이 5시간 안팎으로 길어 그다지 추천하지는 않는다. 가장 쓸모 있는 노선은 피렌체 또는 베로나로서, 소요 시간은 기차와 비슷하면서도 요금은 훨씬 저렴하다. 중앙역 바로 앞에 있는 버스 터미널에서 타고 내릴 수 있다.

렌터카로 가기

볼로냐는 구시가 전역에 ZTL(교통 제한 구역)이 철저하게 적용되는 도시라 안쪽으로는 차를 가지고 들어갈 수 없다. 그러나 그만큼 주차장도 많아서 ZTL 존 시작점에는 어김없이 주차장이 나타날 정도. 주차 요금 및 설비, 동선 등을 고려할 때 가장 무난한 주차장은 트레니탈리아에서 운영하는 볼로냐 역 공영 주차장으로, 볼로나 중앙역 뒤쪽에 자리하고 있다.

볼로냐 중앙역 주차장 Parcheggio Bologna Centrale P1

MAP P.436B

구글 지도 GPS 44.50653, 11.34759 **시간** 05:30~24:00 **가격** 시간당 €2.5

MAP
볼로냐 한눈에 보기
N
0
100m
볼로냐 중앙역 주차장
Parcheggio
볼로냐 중앙역
Bologna Centrale
S·F
슈퍼마켓
Despar
키코 KIKO
라 보테가 델 레갈로
La Bottega del Regalo P.443
1 인디펜덴차 거리
Via dell'Indipendenza P.443
일 파니노
Il Panino P.442
슈퍼마켓
Coop
Via dei Mille
Via Irnerio
브레이킹 토스트
Breaking Toast P.442
맥도날드
McDonald's
빨래방
Wash and Dry
빨래방
Lava e Lava
슈퍼마켓
Pam
피네스트렐라
Finestrella P.440
달 비아사노트
dal Biassanot P.441
비알레티 Bialetti
키코 KIKO
슈퍼마켓
InCoop
오스테리아 델로르사
Osteria dell'Orsa P.441
볼로냐 대학교
Università di Bologna P.440
키코 KIKO
디즈니 스토어
Disney Store
오지
Oggi P.442
우고 바시 거리
ViaUgo Bassi P.443
오백 O Bag
맥도날드 McDonald's
애플 스토어 Apple Store
Via Pescherie Vecchie
살라보르사 도서관 2
Biblioteca Salaborsa P.439
네투노 분수 P.439
Fontana del Nettuno
7 2개의 탑
Le Due Torri P.438
드러그 스토어
Farmacia Comunale
벤키 Venchi
5 메초 시장 Mercato di Mezzo P.442
마조레 광장
Piazza Maggiore P.439
잇탈리 Eataly
메르칸치아 광장 Piazza della Mercanzia P.439
3 산 페트로니오 대성당
Basilica di San Petronio P.438
관광 안내소
그롬 Grom
6 산토 스테파노 광장
Piazza Santo Stefano P.440
아르키지나시오 궁전 4
Palazzo Archiginnasio P.440
콰드릴라테로
Quadrilatero P.441
Via Farini
다 체사리나
Da Cesarina P.441
세포라 Sephora
갈레리아 카보우르
Galleria Cavour P.443
A
B
C
D
E
F

COURSE 1

볼로냐 완전 정복 한나절 코스

볼로냐의 구시가는 그다지 크지 않기 때문에 천천히 걸어서 한나절 정도면 충분히 돌아볼 수 있다. 여행의 원래 목적이 무엇이든 이 정도는 꼭 돌아보고 갈 것.

코스 무작정 따라하기
START

S. 볼로냐 중앙역
도보 5분
1. 인디펜덴차 거리
도보 10분
2. 살라보르사 도서관
도보 5분
3. 산 페트로니오 대성당
도보 5분
4. 아르키지나시오 궁전
도보 5분
5. 메초 시장
도보 10분
6. 산토 스테파노 광장
도보 5분
7. 2개의 탑
도보 25분
F. 볼로냐 중앙역

S

볼로냐 중앙역
Bologna Centrale
역사에 대형 슈퍼마켓이 있다. 물을 하나 사들고 발걸음 가볍게 출발!
역을 등지고 길을 건넌 뒤 왼쪽으로 약 200m 가서 오른쪽 큰길로 꺾는다. → 인디펜덴차 거리 도착

1

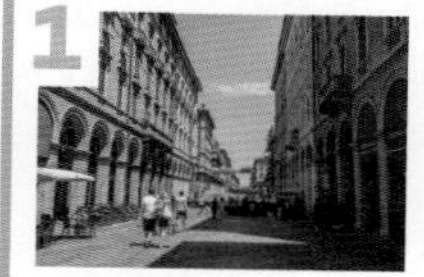

인디펜덴차 거리 / 20min
Via dell'Indipendenza
'회랑의 도시' 볼로냐의 진가를 만끽할 것. 윈도 쇼핑하기도 좋은 거리.
길이 끝나는 지점에서 큰길을 건너 건너편 광장으로 간다. → 살라보르사 도서관 도착

2

살라보르사 도서관 / 30min
Biblioteca Salaborsa
이탈리아에서 가장 지적이고 살기 좋은 도시로 꼽히는 볼로냐의 진면목을 볼수 있는 곳.
도서관 입구를 오른쪽으로 두고 직진하면 왼쪽에서 보인다. → 산 페트로니오 성당 도착

3

산 페트로니오 대성당 / 1hr
Basilica di San Petronio
동방박사 예배당은 꼭 볼 것.
성당 왼쪽 골목으로 들어가 약 150m 직진 → 아르키지나시오 궁전 도착

4

아르키지나시오 궁전 / 30min
Palazzo Archiginnasio
역대 학생회장들이 자랑스럽게 붙여놓은 문장을 감상할 것. 안뜰 구경은 공짜.
왔던 길로 되돌아 간 뒤 오른쪽 회랑 뒤쪽으로 난 골목을 따라 쭉 들어간다. → 메초 시장 도착

5

메초 시장 / 1hr
Mercato di Mezzo
전통시장 겸 먹자골목. 가볍게 요기를 해도 좋다.
클라바투레 거리(Via Clavature)-삼피에리 거리(Via Sampieri)를 따라간 뒤 오른쪽으로 꺾는다. → 산토 스테파노 광장 도착

6

산토 스테파노 광장 / 20min
Piazza Santo Stefano
볼로냐 현지인들의 삶을 엿볼 수 있는 곳에서 잠시 쉬어가자.
산토 스테파노 성당을 등지고 눈앞에 보이는 큰길을 따라 직진. → 2개의 탑 도착

7

2개의 탑 / 30min
Le Due Torri
체력이 남았다면 아시넬리 탑 전망대에 꼭 올라보자.
리촐리 거리(Via Rizzoli)를 따라 350m 간 뒤 오른쪽에 인디펜덴차 거리가 나오면 꺾어 직진 → 볼로냐 중앙역 도착

F

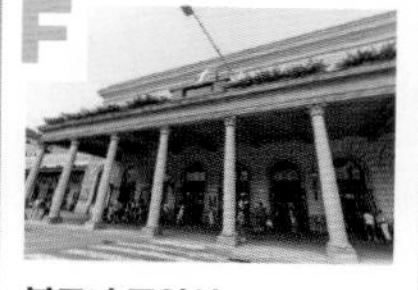

볼로냐 중앙역
Bologna Centrale

TRAVEL INFO
ⓘ 핵심 여행 정보

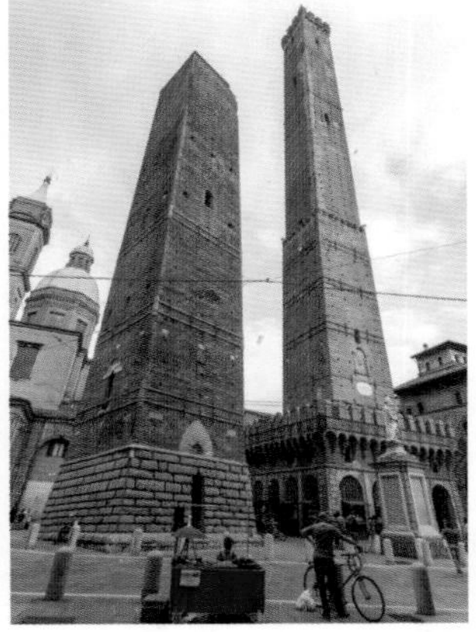

01 2개의 탑

Le Due Torri
레 두에 또리

볼로냐 구시가 중심부에 우뚝 선 중세 시대의 탑. 12세기 볼로냐에서는 적병 감시 및 방어의 목적으로 높은 탑을 여러 개 세웠는데, 당시에는 현재 구시가 전역에 최소 100개의 탑이 있었다고 전해진다. 현재는 20개 남짓만 남아 있고, 그중 시내 중심부에 나란히 서 있는 97.2m의 아시넬리 탑(Torre degli Asinelli)과 43m의 가리센다 탑(Torre Garisenda)을 묶어 '2개의 탑'이라고 부른다. 아시넬리 탑 꼭대기에는 전망대가 있는데, 엘리베이터가 없어 무려 498개의 계단을 걸어서 올라가야 한다. 이탈리아의 고층 전망대 중 난도와 전망 품질이 최상급으로 꼽힌다. 단정하고 소박하면서도 포근한 느낌의 볼로냐 구시가를 만끽할 수 있는 최고의 뷰 포인트이므로 심장이나 무릎 연골, 십자인대 등에 큰 문제가 없다면 꼭 도전해 볼 것. 홈페이지에서 예매 가능하다.

MAP P.436D
구글 지도 GPS 44.4942, 11.34673 **찾아가기** 네투노 분수가 있는 네투노 광장을 등지고 오른쪽 방향으로 난 리촐리 거리(Via Rizzoli)를 따라 약 500m 가면 정면에 보인다. **주소** Piazza di Porta Ravegnana **전화** 045-800-5151 **시간** 1/1~1/8 10:00~17:15, 1/9~3/2 10:00~16:30, 3/3~3/31 10:00~18:00, 4/1~10/1 10:00~19:00(6/1~10/1의 목~일요일 10:00~20:15), 10/2~11/5 10:00~18:00, 11/6~12/31 10:00~16:30 **휴무** 연중무휴 **가격** 일반 €5, 만 12세 미만 및 65세 이상 €3 **홈페이지** www.duetorribologna.com

동방박사 예배당 내 벽화에는 이슬람교의 교조인 마호메트가 지옥 불에 타는 모습이 그려져 있어 이슬람 테러리스트들에게 경고를 받기도 했다.

02 산 페트로니오 대성당

Basilica di San Petronio
바질리까 디 싼 뻬트로니오

14세기에 지어진 볼로냐를 대표하는 성당. 산 페트로니오는 15세기의 주교로 볼로냐의 수호성인이다. 전 세계에서 가장 큰 성당 10위 안에 들어가고, 벽돌로 지어진 성당 중에서는 단연 최고 규모를 자랑한다. 이곳을 볼로냐 두오모라고 생각하기 쉬우나 진짜 두오모는 따로 있다. 파사드가 반쪽밖에 없는 것이 가장 눈에 띄는데, 파손된 것이 아니라 반쪽밖에 못 지은 미완성 건물이다.

무료 입장이지만 사진 촬영을 원하는 경우에는 소정의 요금을 내고 종이 팔찌를 받아야 한다. 내부에는 22개의 예배당이 있으며, 예배당마다 아름다운 벽화가 그려져 있다. 특히 산 페트로니오 예배당과 동방박사 예배당의 벽화가 유명하다.

MAP P.436C
구글 지도 GPS 44.49297, 11.34313 **찾아가기** 마조레 광장 남쪽 **주소** Piazza Maggiore **전화** 051-231-415 **시간** 성당 월~금요일 07:45~13:30, 15:00~18:30 토 · 일요일 07:45~18:30 / 전망 테라스 월~금요일 10:00~13:00, 15:00~18:00 토 · 일요일 10:00~13:00, 14:30~18:30 / 동방박사 예배당 10:00~18:00 **휴무** 부정기 **가격** 무료입장, 사진 촬영 티켓 €2, 동방박사 예배당 €3, 전망 테라스 €3 **홈페이지** www.basilicadisanpetronio.org

03 살라보르사 도서관

Biblioteca Salaborsa
비블리오테카 쌀라보르싸

옛 시청사인 아쿠르시오 궁전의 별관에 자리한 공공 도서관. 약 3층 규모에 가운데가 천장까지 시원하게 탁 트여 있고, 가운데에 넓은 광장이 조성되어 있다. 외관은 중세 시대에 지어진 오래된 건물의 뼈대를 그대로 살려 전반적으로 매우 고풍스러운데, 내부 시설이나 인포그래픽은 최첨단을 달린다. 볼로냐를 대표하는 도서전, 도서상 시상식 등도 이곳에서 열린다. 볼로냐의 과거 · 현재 · 미래를 한눈에 볼 수 있어 볼로냐 시민들이 이방인에게 가장 자신 있게 추천하는 스폿이기도 하다.

MAP P.436C
구글 지도 GPS 44.49472, 11.34182 **찾아가기** 아쿠르시오 궁전 남쪽. 마조레 광장에서 바라봤을 때 건물 오른쪽이다. **주소** Piazza del Nettuno, 3 **전화** 051-219-4400 **시간** 월요일 14:30~20:00, 화~금요일 10:00~20:00, 토요일 10:00~19:00 **휴무** 일요일 · 공휴일, 12/24~26 **가격** 무료입장 **홈페이지** www.bibliotecasalaborsa.it

04 네투노 분수

Fontana di Nettuno
폰타나 디 네뚜노

마조레 광장과 이어진 작은 네투노 광장(Piazza del Nettuno) 한복판에 자리한 근사한 분수로, 16세기에 만들어졌다. 당시 추기경의 후원으로 제작되었다고 한다. 맨 꼭대기에는 바다의 신 네투노(영어명 넵튠) 조각이 눈길을 사로잡는데, 르네상스 매너리즘의 대가 잠볼로냐가 만든 것이다.

MAP P.436C
구글 지도 GPS 44.4943, 11.34265 **찾아가기** 네투노 광장 **주소** Piazza del Nettuno **전화** 없음 **시간** 24시간 **휴무** 없음 **가격** 무료입장

05 마조레 광장

Piazza Maggiore
피아짜 마조레

볼로냐 구시가 한복판에 자리한 광장으로, 구시가에서 가장 큰 중심 광장이다. 12세기에 형성되기 시작하여 15세기에 현재의 꼴을 갖추었다. 시에나나 피렌체의 중심 광장보다도 역사가 훨씬 오래되었다. 볼로냐의 두오모인 산 페트로니오 성당을 중심으로 옛 시청 건물인 아쿠르시오 궁전(Palazzo d'Accursio), 14세기의 공증인 길드 건물인 노타이 궁전(Palazzo dei Notai, 팔라초 데이 노타이), 오래된 은행 건물인 반키 궁전(Palazzo dei Banchi), 최고 재판관이 거주하던 포데스타 궁전(Palazzo del Podestà) 등 볼로냐에서 가장 아름다운 건물들이 둘러싸고 있다.

MAP P.436C
구글 지도 GPS 44.49375, 11.34309 **찾아가기** 2개의 탑을 등지고 정면에 보이는 리촐리 거리(Via Rizzoli)를 따라 약 500m 가면 왼쪽으로 포데스타 궁전의 뒷면이 보인다. 궁전 옆길 두 군데 중 아무데로 들어가도 된다. **주소** Piazza Maggiore **전화** 없음 **시간** 24시간 **휴무** 연중무휴 **가격** 무료입장

06 메르칸치아 광장

Piazza della Mercanzia
피아짜 델라 메르칸치아

2개의 탑에서 길 하나 건너면 바로 나타나는 작은 광장으로, 멋진 중세풍의 건물에 둘러싸여 있어 근사한 기념 사진을 건지기에 좋다. 멋진 로자가 딸린 진한 붉은색 벽돌 건물이 가장 눈에 띄는데, 그것이 바로 광장 이름의 유래가 된 건물인 메르칸치아 궁전(Palazzo della Mercanzia)이다. '메르칸치아'는 이탈리아어로 '상업'을 뜻하는 단어로, 중세 시대부터 현재까지 볼로냐의 상업과 경제를 총괄하는 시 정부 기관의 건물로 쓰이고 있다. 그 외에는 중세 볼로냐의 귀족 및 실력자들이 살던 건물들로 현재는 대부분 상점으로 변모했다. 광장에 벤치가 많아 쉬어가기도 좋다.

MAP P.436D
구글 지도 GPS 44.49372, 11.34654 **찾아가기** 2개의 탑 남쪽. 리촐리 거리(Via Rizzoli) 도로를 등지고 탑을 바라보면 오른쪽. **주소** Piazza della Mercanzia **전화** 없음 **시간** 24시간 **휴무** 연중무휴 **가격** 무료입장

07 아르키지나지오 궁전

Palazzo Archiginnasio
팔라쪼 아르키지나지오

16세기에 만들어진 건축물로, 대학에 준하는 고등 교육기관이 자리하고 있었다. 당시에는 교회법과 세속법을 가르치는 레지스티(Legisti)와 의학 · 수학 · 철학 · 과학 등을 가르치는 아르티스티(Artisti) 2개의 학부로 구성되어 있었고 특히 해부학 교실로 유명했다. 건물 내벽 전체를 뒤덮은 수천 개의 문장이 상당히 볼만한데, 역대 학생회장들의 가문이나 출신 지역의 문장을 붙인 것이라고 한다. 19세기에 볼로냐 대학에 흡수되어 대학 본부 건물로 사용되었고, 현재는 고문서를 보관하는 도서관 겸 해부학 교실 전시 시설로 쓰인다.

MAP P.436D
구글 지도 GPS 44.49197, 11.34342 **찾아가기** 산 페트로니오 성당 정면을 바라보고 왼쪽 길로 쭉 들어간다. **주소** Piazza Galvani, 1 **전화** 051-276-811 **시간** 안뜰 및 건물 내부 월~금요일 09:00~19:00, 토요일 09:00~18:00 / 해부학 교실 월~토요일 10:00~18:00 **휴무** 일요일, 크리스마스 및 연말연시 **가격** 안뜰 및 건물 내 무료입장, 해부학 교실 €3 **홈페이지** www.archiginnasio.it

08 산토 스테파노 광장

Piazza Santo Stefano
피아짜 싼토 스테파노

구시가 중심에서 동쪽으로 약간 떨어진 한적한 곳에 자리한 세모꼴의 광장으로, 볼로냐 구시가에서 가장 아기자기한 아름다움을 뽐내는 곳이다. 산토 스테파노 성당을 중심으로 7개의 교회가 모여 있어 '일곱 교회 광장'이라는 뜻의 세테 키에자 광장(Piazza Sete Chiesa)로도 불린다. 볼로냐가 가장 번영했던 16세기 전후의 아름다운 건축물이 광장을 둘러싸고 있어 고풍스러우면서도 차분한 매력이 넘친다. 음악 공연과 벼룩시장을 비롯한 각종 이벤트도 자주 열린다.

MAP P.436D
구글 지도 GPS 44.4924, 11.34814 **찾아가기** 메르칸치아 광장에서 메르칸치아궁을 바라보고 왼쪽 옆길로 들어가 약 200m 직진 **주소** Piazza Santo Stefano **전화** 없음 **시간** 24시간 **휴무** 연중무휴 **가격** 무료입장

09 볼로냐 대학교

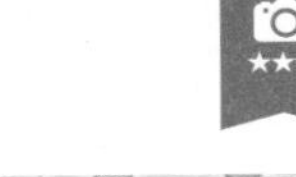

Università di Bologna
우니베르시타 디 볼로냐

1088년에 설립되어 설립 천 년을 바라보는 세계적인 명문 대학교. 수많은 교황을 비롯해 페트라르카, 단테, 에라스무스, 알브레히트 뒤러 등 그 시대를 대표하는 예술가와 석학을 무수히 배출했고, 움베르토 에코를 비롯한 유명한 학자들이 이곳에서 교수를 역임했다. 한국의 대학처럼 담장을 쳐서 캠퍼스를 구분한 것이 아니라 볼로냐 구시가 동쪽을 널찍하게 점유하고 있는 형태라 작정하고 '대학 구경!'을 하려는 사람에게는 약간 실망스러울 수도 있다. 학생들이 즐겨 찾는 식당이나 카페테리아, 바의 가격이 저렴하고 전기 콘센트 등이 잘 되어 있어 여행자들이 이용하기에도 좋다.

MAP P.436D
구글 지도 GPS 44.49623, 11.35415 **찾아가기** 2개의 탑에서 북쪽으로 나 있는 참보니 거리(Via Zamboni)를 따라간다. 길 주변에 대학 건물 여러 개가 자리하고 있다. **주소** Via Zamboni **전화** 051-2099349 **시간** 홈페이지 참고 **가격** 무료입장(단, 시설 중 유료 입장하는 곳 있음) **홈페이지** www.unibo.it

10 피네스트렐라

Finestrella
피네스트렐라

볼로냐 구시가에는 20세기 초에 건설된 운하가 있다. 몰리네 대운하, 레노 운하, 나빌레 운하 등 전부 다 합치면 60km에 이르나 대부분의 구간은 아예 복개되었거나 교통이 좋지 않다. 피네스트렐라는 레노 운하의 풍경이 가장 예쁘게 보이는 전망 포인트로, 볼로냐의 비밀 명소를 찾거나 SNS에 올릴 만한 특별한 풍경을 찾는 사람들에게 인기가 높다. 찾아가기가 약간 까다로운 것에 비해 볼거리는 다리 난간 위에서 바라보는 작은 운하 풍경이 전부라 큰 기대를 갖고 갔다면 실망할 가능성이 높다. '피네스트렐라'란 '작은 창문'이라는 뜻.

MAP P.436D
구글 지도 GPS 44.49854, 11.34533 **찾아가기** 볼로냐 역에서 인디펜덴차 거리를 따라 구시가 중심부 방향으로 직진하다 오른쪽에 자라(Zara) 매장이 나오면 왼쪽으로 나오는 골목 아무데나 들어간다. 약간 후미진 곳에 있으므로 구글 맵을 꼭 참고할 것. **주소** Via Piella, 5 **전화** 없음 **시간** 24시간 **휴무** 연중무휴 **가격** 무료입장

11 콰드릴라테로

★★★

Quadrilatero
꽈드릴라테로

'콰드릴라테로'란 사각형 모양의 일정 지역을 일컫는 일반 명사로, 이탈리아의 여러 도시에 같은 이름을 가진 지구가 다수 존재한다. 볼로냐의 콰드릴라테로는 마조레 광장 동쪽에 자리한 오래된 생활 지구로, 주로 먹자골목과 재래시장으로 구성되어 있다. 산타 마리아 델리 비타 성당(Santuario di Santa Maria della Vita)을 중심으로 회랑과 좁은 골목이 여러 개 교차한다. 현지인의 삶의 냄새가 물씬 풍기는 곳을 찾는 여행자라면 꼭 들러볼 만한 곳이다. 가장 찾기 쉬우면서 분위기 좋은 골목인 '페스케리에 베키에 거리(Via Pescherie Vecchie)'만이라도 꼭 찾아볼 것.

MAP P.436D

구글 지도 GPS 44.49377, 11.34377(페스케리에 베키에 거리 입구) **찾아가기** 마조레 광장에서 산 페트로니오 성당을 마주보고 왼쪽 방향으로 가면 회랑 사이로 숨듯이 자리한 골목의 입구가 보인다. 그리로 들어가면 페스케리에 베키에 거리가 나온다. **주소** Via Piella, 5 **전화** 상점마다 다름. **시간** 24시간 **휴무** 연중무휴 **가격** 무료입장

12 달 비아사노트

★★★★

Dal Biassanot

코페르토 €3 카드 결제 O 영어 메뉴 O

볼로냐 구시가 조용한 골목에 자리한 트라토리아로, 이탈리아 먹방을 다룬 모 TV프로그램에서 유명 스타 셰프가 '미슐랭 2스타보다 맛있다'고 극찬한 곳이다. 볼로냐 음식을 중심으로 이탈리아 중북부의 전통 음식을 다양하게 선보이는데, 특히 오소부코가 맛있는 것으로 유명하다. 아주 부드럽게 익혀서 포크로 뚝뚝 잘라질 정도. 셀러리와 올리브의 향이 은은하게 감도는 것도 기분 좋다. 간이 좀 짠 편이므로 와인을 곁들일 것. 하루 전에는 예약하는 것이 좋다.

INFO P.150 MAP P.436D

구글 지도 GPS 44.49846, 11.34512 **찾아가기** 피네스트렐라 부근. 중심부와 약간 떨어진 뒷골목이라 구글 맵 등을 참고. **주소** Via Piella, 16 **전화** 051-230-644 **시간** 월·화·목·금·토 12:00~14:15, 19:00~22:15 수요일 19:00~22:15 **휴무** 일요일 **가격** 전채 €6~16, 파스타 €13.5~19, 메인 & 고기 요리 €16.5~22.5 **홈페이지** dalbiassanot.it

오소부코 & 매시드 포테이토 Ossobuco di vitello con pure €17.5

13 오스테리아 델로르사

★★★★

Osteria dell'Orsa

코페르토 X 카드 결제 O 영어 메뉴 X

우리 말로는 '엄마 곰 식당' 이라는 뜻. 식사 메뉴는 밤 9시 반까지 운영하는 낮 메뉴(Menu del Giorno)와 밤 9시 반부터 내는 밤 메뉴(Menu del Sera)로 나뉜다. 특히 낮 메뉴로 나오는 라구 파스타가 상당히 맛있다. 사람 많을 때는 합석이 기본이고, 계산서를 받은 뒤 카운터에서 계산하는 방식이다.

INFO P.144 MAP P.436D

구글 지도 GPS 44.49713, 11.34749 **찾아가기** 볼로냐 역에서 인디펜덴차 거리(Via dell'Independensia)를 따라 구시가 중심부로 가다가 더글러스(Douglas)와 비알레티(Bialetti) 매장 부근에서 왼쪽으로 꺾어 마르살라 거리(Via Marsala)를 따라 300m 간 뒤 왼쪽에 성당이 나오면 그 옆 골목으로 좌회전한다. **주소** Via Mentana, 1 **전화** 051-231-576 **시간** 12:15~22:30 **휴무** 연중무휴 **가격** 낮 메뉴 €5~16, 밤 메뉴 €9~20 **홈페이지** osteriadellorsa.com

탈리아텔레 알 라구 Tagliatelle al Ragù €10

14 다 체사리나

★★★

Da Cesarina

코페르토 €3.5 카드 결제 O 영어 메뉴 O

산토 스테파노 광장에 자리한 분위기 좋은 레스토랑. 신선한 재료를 써서 볼로냐 전통 음식을 요리해 내는 곳으로 좋은 평가를 받고 있다. 특히 토르텔리니 요리를 잘하기로 볼로냐 구시가에서 손에 꼽힌다. 다양한 속 재료를 사용한 토르텔리니를 여러 조리 방식으로 만나볼 수 있다. 야외 테이블에 자리를 잡으면 산토 스테파노 광장의 풍경을 감상하며 즐길 수 있다. 미슐랭 가이드 플레이트 등급에 꾸준히 선정되고 있다.

MAP P.436D

구글 지도 GPS 44.49185, 11.34832 **찾아가기** 산토 스테파노 광장에 있다. 산토 스테파노 성당을 바라봤을 때 오른쪽 회랑에 있다. **주소** Via Santo Stefano, 19/B **전화** 051-232-037 **시간** 12:15~14:30, 19:15~22:30 **휴무** 부정기 **가격** 전채 €12~18, 파스타 €14~33, 메인 메뉴 €16~30 **홈페이지** ristorantecesarina.it

매콤한 돼지고기로 속을 채운 토르텔리니 수프 Tortellini Pasta Stuffed with Spicy Pork Filling in Meat Broth €16

15 브레이킹 토스트
Breaking Toast

코페르토 X 카드 결제 O 영어 메뉴 O

아마겟돈 Armageddon €6.5

볼로냐 대학 부근에 자리한 토스트 샌드위치 전문점으로, 최근 트립 어드바이저 등에서 볼로냐 최고의 저예산 맛집으로 인기를 누리고 있다. 샌드위치치고는 좀 비싸지 않나 싶지만, 보기보다 속이 실하고 양이 상당하다. 약간 짠 편이므로 음료를 꼭 곁들일 것. 메뉴명이 모두 영화 제목인 것도 재미있다. 메뉴판에 속 재료명이 모두 나와 있으므로 좋아하는 것을 고른 뒤 번호나 이름으로 주문하면 된다.

MAP P.436D

구글 지도 GPS 44.49997, 11.34992 **찾아가기** 볼로냐 역을 등지고 왼쪽으로 난 길을 따라 약 800m. 길 건너편으로 보이는 큰 성문 아래로 들어가 직진 후 큰 사거리가 나오면 우회전한다. **주소** Via Irnerio, 18/D **전화** 051-253-838 **시간** 월·화요일 11:30~15:30, 수~토요일 11:30~15:30, 19:00~21:30 **휴무** 일요일 **가격** 토스트 샌드위치 €5~8 **홈페이지** www.facebook.com/breakingtoast

16 일 파니노
Il Panino

코페르토 X 카드 결제 X 영어 메뉴 X

질 좋은 재료로 즉석에서 만든 거대 파니니로 볼로냐의 명물이 된 파니니 전문점. 가격은 저렴하나 파니니 1개로 2명이 요기할 정도로 양이 많다. 기본 재료는 모르타델라 소시지(Mortadela), 생햄(Crudo), 익힌 햄(Cotto), 살라미(Salame) 등 각종 소시지와 햄. 여기에 치즈, 채소 등 다양한 재료를 더하고 조합한 수십 가지의 메뉴를 선보인다. 모든 메뉴명이 볼로냐 구시가의 거리명으로 되어 있는 것도 재미있는 점. 언제나 사람이 많아 대기 줄이 다소 긴 편이고, 매장 안에 충전 콘센트가 있다.

MAP P.436B

구글 지도 GPS 44.50272, 11.34424 **찾아가기** 볼로냐 역을 등지고 왼쪽 큰길 건너편에 보이는 작은 공원의 왼쪽 옆길로 들어가 200m 직진한 뒤 삼거리에서 우회전한다. **주소** Via Galliera, 91 **전화** 051-039-4249 **시간** 월~금요일 11:30~15:30, 18:30~22:00 토요일 12:00~16:00, 18:30~22:00 **휴무** 연중무휴 **가격** 각종 파니니 €5~10

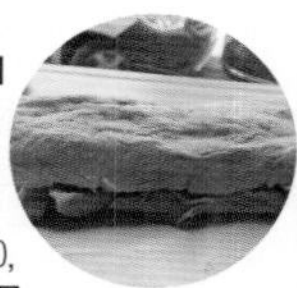
비아 잠보니
Via Zamboni €5

17 오지
OGGI

코페르토 X 카드 결제 X 영어 메뉴 X

최근 볼로냐 구시가 일대에서 가장 맛있는 젤라토로 소문난 곳. 상호명인 '오지'는 이탈리아어로 '오늘'이라는 뜻인 동시에 '이탈리아 맛의 아이스크림 전문점(Officina Gelato Gusto Italiano)'의 준말이다. 가공 과정을 전혀 거치지 않은 천연 재료만 사용해 건강한 맛의 젤라토를 선보인다. 특히 일반 우유를 농축해 놓은 듯 진한 우유 맛이 일품이다.

MAP P.436C

구글 지도 GPS 44.49568, 11.33817 **찾아가기** 네투노 광장을 등지고 왼쪽 큰길 우고 바시 거리(Via Ugo Bassi)를 따라 약 450m 이동. **주소** Via Ugo Bassi, 25 **전화** 051-031-4343 **시간** 월~목요일 14:00~22:00, 금요일 14:00~23:00 토요일 13:00~24:00 일요일 13:00~22:00 **휴무** 연중무휴 **가격** 젤라토 콘·컵 €2.5~3.5 **홈페이지** oggigelato.it

스몰 콘 €2.5

18 메초 시장
Mercato di Mezzo

코페르토 X 카드 결제 X 영어 메뉴 X

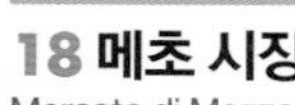

콰드릴라테로 내에 자리한 재래시장. 골목을 따라 옥외 시장이, 골목 한 면을 차지한 거대한 건물 안에 실내 시장이 자리하고 있다. 옥외 시장에서는 청과물, 생선 등을 판매하고, 실내 시장에는 다양한 음식을 판매하는 푸드코트가 자리하고 있다. 간단한 요깃거리부터 제법 근사한 식사까지 가능하다. 지하에는 근사한 펍이, 2층에는 정통 피체리아도 있다. 가장 유명한 메뉴는 이탈리아식 튀김 도넛인 아란치니(Arnacini)로, 간식으로도 좋고 맥주 안주로도 그만이다.

MAP P.436D

구글 지도 GPS 44.49343, 11.34482 **찾아가기** 산타 마리아 델라 비타 성당 뒤쪽. 페스케리에 베키에 거리와도 통한다. **주소** Via Clavature, 12 **전화** 051-228782 **시간** 09:00~24:00 **휴무** 연중무휴 **가격** 무료입장

19 인디펜덴차 거리

Via dell'Indipendenza
비아 델 인디펜덴차

볼로냐 역 부근에서 구시가 중심부까지 남북으로 이어지는 약 1km의 대로. 볼로냐 최고의 쇼핑 거리라 불리는데, 그 명성에 걸맞게 이탈리아 로컬 브랜드는 물론 자라, 판도라, 세포라, 더글러스 등 유명 유럽 및 인터내셔널 브랜드의 매장이 줄지어 있다. 볼로냐에서 쇼핑을 원한다면 이 거리 하나만 뒤져도 충분할 정도. 주말에는 차 없는 거리를 시행하고 있어 더욱 활기를 띤다.

MAP P.436B~C

구글 지도 GPS 44.50463, 11.34546 (볼로냐 역 방향 시작점) **찾아가기** 볼로냐 역을 등지고 왼쪽 큰길 건너편으로 보이는 작은 공원의 왼쪽 옆길로 들어간다. **주소** Via dell'Indipendenza **전화** 상점마다 다름. **시간** 24시간 **휴무** 연중무휴 **가격** 무료입장

20 우고 바시 거리

Via Ugo Bassi
비아 우고 바시

살라 보르사 도서관 북쪽 부근에서 시작하여 서쪽으로 약 450m 가량 뻗어 있는 큰길. 서민적이고 실용적인 브랜드들과 약국, 전통 시장 등이 자리하고 있다. 길 이름의 유래인 우고 바시는 이탈리아 통일 운동의 영웅으로, 길 한쪽에 그의 동상이 서 있다.

MAP P.436C

구글 지도 GPS 44.49486, 11.3426 **찾아가기** 네투노 광장을 등졌을 때 왼쪽 방향으로 뻗어 있는 큰길이다. **주소** Via Ugo Bassi **전화** 상점마다 다름. **시간** 24시간 **휴무** 연중무휴 **가격** 무료입장

21 갈레리아 카보우르

Galleria Cavour
갈레리아 까보우르

구시가 남쪽에 자리한 대형 쇼핑몰로, 1959년에 문을 연 이래 지금까지 볼로냐 최고의 럭셔리 쇼핑몰이라는 명성을 구가하고 있다. 티파니 · 프라다 · 구찌 · 미우미우 등 25개의 브랜드 매장이 널찍널찍하게 입점해 있다. 주 업종은 명품 브랜드이지만 아이코스나 테슬라 자동차 등의 매장도 볼 수 있고 엠포리오 아르마니 카페도 자리하고 있다. 분위기가 좋아 예쁜 사진 남기기에도 좋다.

MAP P.436D

구글 지도 GPS 44.4916, 11.3441 **찾아가기** 산 페트로니오 대성당을 정면으로 바라봤을 때 왼쪽 길로 들어가 직진하다 왼쪽으로 막스 마라가 나오면 옆 골목으로 좌회전한다. 조금 걷다가 오른쪽으로 프라다 매장이 보이면 건물 안으로 들어간다. **주소** Via Luigi Carlo Farini, Via Massei, Via Dè Foscherari **전화** 051-222-621 **시간** 일반적으로 10:00~19:30(매장마다 다름) **휴무** 상점마다 다름. **홈페이지** www.galleriacavour.it

22 라 보테가 델 레갈로

La Bottega del Regalo
라 보테가 델 레갈로

볼로냐 역에서 시내로 가는 길목에 자리한 대형 기념품 상점. 예쁘고 특이한 상품이 가득하다. 볼로냐의 대표 음식인 토르텔리니, 라구 등을 표현한 마그넷이나 2개의 탑을 응용한 배지와 스노우볼 등 재치가 넘치는 디자인의 기념품을 다양하게 갖추고 있다. 볼로냐에서 기념품을 구입하고 싶다면 다른 곳 필요 없이 딱 이곳으로 충분하다.

MAP P.436B

구글 지도 GPS 44.50461, 11.34425 **찾아가기** 볼로냐 중앙역을 등지고 왼편 10시 방향으로 길을 건넌 뒤 건물 입구로 들어가면 시내로 들어가는 아케이드가 나온다. 입구에서 왼쪽 방향으로 조금 들어가면 바로 보인다. **주소** Galleria II Agosto 1980 **전화** 346-496-7801 **시간** 08:00~20:00 **휴무** 연중무휴 **홈페이지** labottegadelregalobologna.com

AREA

05 TORINO

토리노 Turin

우리가 잘 몰랐던 이탈리아의 숨은 강자

'토리노'라는 이름은 어쩐지 익숙하지 않은 게 사실이다. 프랑스 국경과 가깝고 역사적으로도 연관이 많은데다 구시가의 건축물 대부분이 16세기 바로크 시대에 지어져 프랑스 도시 같은 느낌도 든다. 그러나 알고 보면 토리노는 이탈리아에서 상당히 중요한 위치를 차지하고 있다. 19세에 이탈리아를 통일한 사보이아가(家)의 근거지이며, 피아트로 대표되는 자동차 공업의 도시이자 라바짜 · 일리 · 그롬 · 잇탈리 · 누텔라 등 수많은 유명 식음료 브랜드가 탄생한 도시다. 로마, 코르티나담페초와 더불어 이탈리아의 3대 올림픽 개최 도시이기도 하다. 알고 보면 강한 곳, 토리노는 그런 곳이다.

인기 ★★☆☆☆

관광지 위주로 본다면 눈에는 잘 띄지 않는 도시.

관광 ★★★☆☆

인지도에 비해서 은근히 볼거리가 있는 편.

쇼핑 ★★★★☆

'잇탈리' 본점이 여기 있다. 기념품 쇼핑도 은근히 Good!

식도락 ★★★★☆

이른 저녁의 진수성찬 '아페리티보'의 원조 도시.

복잡함 ★★☆☆☆

네모 반듯하게 잘 정비된 도시. 교통도 편리하다.

치안 ★★★★☆

관광객 대상 범죄는 적은 편. 지하철과 중심가만 조심할 것.

토리노 ~ 주요 도시 간 교통

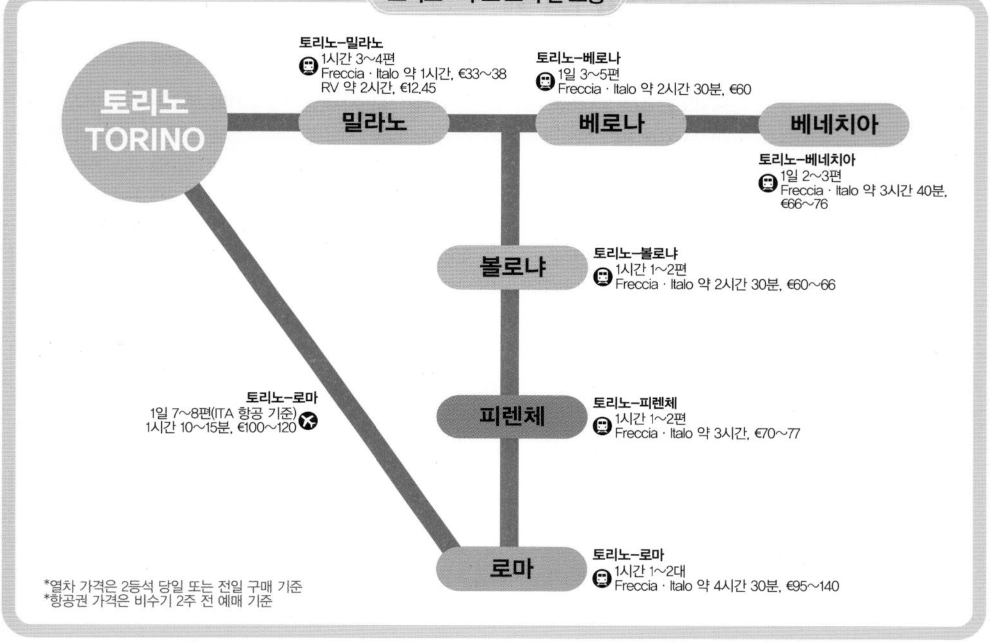

토리노 TORINO — 밀라노 — 베로나 — 베네치아
볼로냐 — 피렌체 — 로마

토리노-밀라노
1시간 3~4편
Freccia · Italo 약 1시간, €33~38
RV 약 2시간, €12.45

토리노-베로나
1일 3~5편
Freccia · Italo 약 2시간 30분, €60

토리노-베네치아
1일 2~3편
Freccia · Italo 약 3시간 40분, €66~76

토리노-볼로냐
1시간 1~2편
Freccia · Italo 약 2시간 30분, €60~66

토리노-로마
1일 7~8편(ITA 항공 기준)
1시간 10~15분, €100~120

토리노-피렌체
1시간 1~2편
Freccia · Italo 약 3시간, €70~77

토리노-로마
1시간 1~2대
Freccia · Italo 약 4시간 30분, €95~140

*열차 가격은 2등석 당일 또는 전일 구매 기준
*항공권 가격은 비수기 2주 전 예매 기준

MUST SEE 이것만은 꼭 보자!

No.1
카푸치니 언덕에서 내려다보는 **시내 풍경**

No.2
포강 주변의 저녁 풍경

No.3
진위를 떠나 이제는 그냥 성물, **토리노의 수의**

MUST EAT 이것만은 꼭 먹자!

No.1
토리노가 원조인 저녁 간식 뷔페, **아페리티보**

No.2
달콤쌉싸름한 토리노의 명물 커피, **비체린**

No.3
매우 특별한 채소 요리, **바냐 카우다**

MUST BUY 이것만은 꼭 사자!

No.1
잇탈리 본점에서 판매하는 식료품

No.2
유벤투스 숍에서 판매하는 정품 기념품

No.3
라바짜 박물관 기념품 숍의 캡슐과 기념품

STEP 1 2 3

1 단계 토리노 여행 정보 한눈에 보기

토리노 역사 이야기

토리노는 B.C. 1세기경 로마의 식민 도시가 되면서 이탈리아 역사에 처음 발을 들인다. 로마가 분열되었을 때는 서로마 제국의 식민 도시였고, 서로마 제국이 멸망한 뒤에는 롱고바르드, 프랑크 왕국 등이 차례로 토리노를 지배했다. 11~12세기경에는 '사보이아(Savoia, 프랑스어 사부아 Savoy)'라는 가문이 토리노 지방을 지배하기 시작한다. 사보이아 가문은 12세기부터 프랑스 남부와 이탈리아 서북부를 지배하다가 1416년 공작 작위를 받으면서 '사보이아 공국'으로 격상되고, 1563년에는 수도를 토리노로 옮긴다. 토리노는 이때부터 사보이아 공국의 중심 도시로 부상하여, 16세기 말부터 19세기까지 전성기를 누렸다. 18세기, 사보이아 공국이 사르데냐 왕국이 되고 이탈리아를 통일하는 과정에서는 계속 중심에 있었으나 이탈리아 왕국이 수도를 피렌체, 로마로 옮기면서 토리노의 전성기는 끝나고 만다. 근대에 들어 이탈리아에서 가장 빨리 공업화가 이뤄져 경제적으로 탄탄한 도시로 성장했다.

토리노 여행 꿀팁

☑ 당일치기 가능

토리노는 역사 · 산업 · 경제 · 학술 면에서는 상당히 중요한 도시지만 관광거리는 적은 편이다. 자신이 관심 있는 분야의 볼거리를 찾아보고, 중심가의 주요 관광 명소만 돌아보는 데는 한나절이면 충분하다. 밀라노에서 기차로 1~2시간이면 닿는 거리에 있어, 주로 밀라노에서 숙박하며 토리노는 당일치기로 다녀가는 사람들이 많다. 좀 더 차분하게 돌아보고 싶다면 1박을 할 것. 워낙 교통편이 좋은 도시이므로 숙소는 중심부에서 크게 벗어나지 않은 곳이라면 아무데나 잡아도 OK.

☑ 목적이 확실할수록 즐거운 도시

토리노는 도시를 돌아다니는 것만으로 눈요기가 되는 곳은 아니나, 콘텐츠가 많아 특별한 목적과 취미에 맞는 것이 있다면 그 매력을 확실하게 느낄 수 있다. 토리노의 콘텐츠는 주로 역사, 지식, 축구, 미식, 자동차 분야에 집중되어 있다.

☑ 대중교통+도보

토리노는 이탈리아의 그 어느 도시보다 대중교통이 편리하다. 버스는 워낙 노선이 많아서 외우는 것이 불가능할 정도. 구글 맵에 정류장 위치와 배차 시간이 거의 정확하게 뜨므로 믿고 가도 좋다. 포르타 누오바 역에서 시작해서 왕궁 및 포강 주변의 주요 관광 명소를 돌아보는 당일치기 코스는 모두 걸어서 가능하다.

☑ 아페리티보를 즐기자!

'아페리티보(Aperitivo)'는 원래 식전주를 가리키는 단어인데, 최근 이탈리아에서는 저녁 6~9시 사이에 식전주 또는 와인 · 맥주를 한 잔 곁들여 간단하게 뷔페식으로 즐기는 저녁 간식의 의미가 더 강하다. 이 저녁 식사 문화의 원조가 바로 토리노다. 식전주(aperitivo)와 저녁 식사(cena)를 합성한 말 아페리체나(Apericena)라고도 부른다. 토리노 시내의 카페나 바 어디를 가든 저녁 6시 무렵에는 뷔페가 차려진 것을 쉽게 볼 수 있다. 토리노에 머문다면 한 끼쯤은 아페리티보로 즐겨볼 것.

2단계 토리노, 이렇게 간다!

토리노는 밀라노와 더불어 이탈리아 북부 교통의 중심 도시 중 한 곳이라 북부 어느 도시에서든 직행 교통편을 쉽게 찾을 수 있다. 이탈리아 전국 각지에서도 기차, 비행기, 버스 등으로 모두 원활하게 연결되므로 교통편이 없어서 오가지 못할 걱정은 할 필요 없다.

비행기로 가기

시내에서 북쪽으로 약 15km 떨어진 곳에 토리노 국제공항이 있다. 유럽 각지의 주요 도시에서, 또는 로마·나폴리 등 먼 도시에서 토리노로 들어올 때 이용하게 된다. 공항에서 시내로 갈 때는 공항버스를 이용하면 된다. 도착 로비에서 버스 표를 사서 공항 밖으로 나가면 버스 정류장을 쉽게 찾을 수 있다. 공항버스는 포르토 누오바 역 및 포르타 수자 역까지 이동하며 소요 시간은 약 50분.

토리노 공항 Aeroporto di Torino
주소 Strada Aeroporto, 12 **전화** 011-567-6361 **홈페이지** www.aeroportoditorino.it

공항버스
요금 €6.5(탑승 후 구매 요금 €7.5)

기차로 가기

토리노는 북부 지역 철도 노선의 중심지로서, 이탈리아의 거의 모든 도시에서 기차 편이 연결된다. 단, 밀라노처럼 모든 도시와 수시로 원활하게 연결되는 것은 아니고 북부 도시에서는 2~3시간에 한 대, 중부 아래 도시에서는 하루 2~3대 정도 직통이 있다. 주로 밀라노에서 이동하는 경우가 많다. 시내 중심가에는 포르타 누오바(Porta Nuova)와 포르타 수자(Porta Susa) 이렇게 기차역이 2개 있으며, 이 중 포르타 누오바 역이 중앙역 및 종점의 역할을 한다. 두 역 모두 중심가와 가까운 곳에 비슷한 거리로 떨어져 있으므로, 숙소 및 목적지에서 오가기 편한 곳으로 선택하면 된다. 참고로 포르타 누오바 역 쪽이 관광지를 돌아보기에 더 편하다. 베로나, 베네치아에서 토리노를 오가는 열차 중에는 포르타 수자에서만 착발하는 것도 있다.

포르타 누오바 역 Porta Nuova
MAP P.450D
주소 Corso Vittorio Emanuele II, 58

STEP 1 2 3

3단계 토리노 시내 교통 한눈에 보기

토리노는 이탈리아에서 대중교통이 잘 발달된 도시 중 하나다. 지하철, 트램, 버스가 시내 구석구석을 원활하게 잇는데, 중심가만 볼 예정이라면 대중교통을 이용할 일이 별로 없긴 하다. 짧은 시간 내에 되도록 많은 곳을 돌아보고 싶을 때, 또는 다리가 정말 아플 때 효율적으로 이용할 만한 토리노의 대중교통을 알아본다.

토리노 교통권

토리노의 지하철 · 트램 · 버스는 GTT라는 회사에서 통합 운영하고 있어 모든 교통편에 한 가지 교통권을 이용하게 된다. 교통권은 지하철역 자판기, 담배 가게, 신문 가게 등에서 판매한다. 단, 포르타 누오바 역, 포르타 수자 역은 주변 담배 가게나 신문 가게에서 티켓을 거의 팔지 않으므로, 가까운 지하철 역으로 가서 구매할 것.

종류	요금
1회권 (100분 유효. 버스/트램 무제한 환승 가능. 지하철은 1회 탑승)	€2.0(GTT 앱 이용시 €1.9)
1일권 (24시간 유효)	€4.5(GTT 앱 이용시 €3.7)
2일권 (48시간 유효)	€9.5

지하철

현재 1개 노선이 운행 중이다. 지하철이라기보다 경전철에 가까운 작고 아담한 차량이 다닌다. 그렇지만 시내 중심가를 통과하지 않고 가장자리를 빙 둘러 외곽을 연결하고 있어 관광하다 보면 별로 탈 일이 없다. 포르타 누오바 역과 포르타 수사 역 사이를 오갈 때, 잇탈리를 방문하기 위해 린고토(Lingotto) 지역을 갈 때 이용한다.

시간 월요일 05:30~22:00, 화~목요일 05:30~00:30, 금 · 토요일 05:30~새벽01:30, 일요일 07:00~새벽01:00

PLUS TIP
토리노를 오래 여행할 예정이라면 토리노 교통 애플리케이션 'GTT'를 설치할 것. 교통 상황을 한 눈에 볼 수 있고 티켓도 할인 가격에 구매 가능하다.

토리노 지하철 노선도

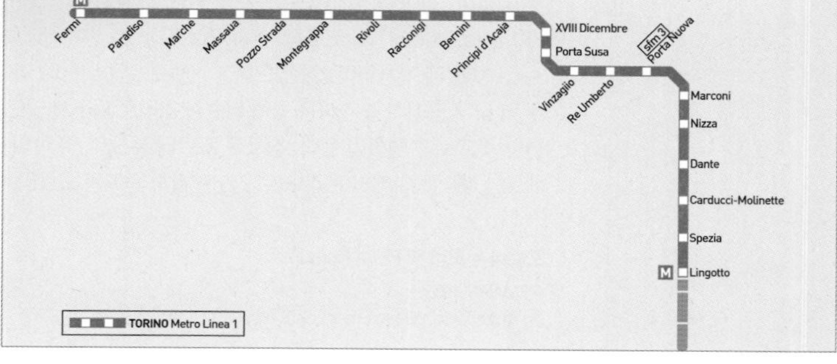

토리노 지하철 무작정 따라하기

❶ 언어 버튼을 선택하여 영어로 바꾼다.

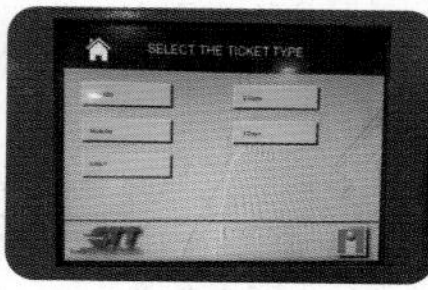

❷ 티켓 종류를 선택한다.

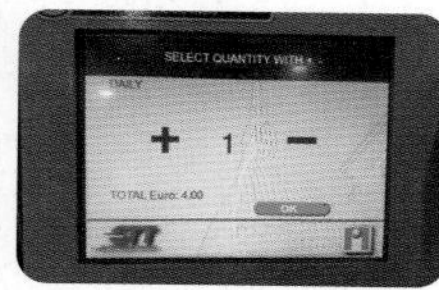

❸ 티켓 매수를 선택한다.

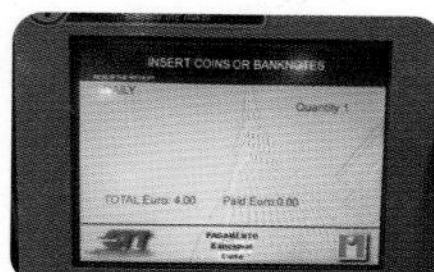

❹ 돈을 넣는다. 신용카드로 결제하려면 아랫단에 보이는 'Parament Bancomato Carte'를 누른다.

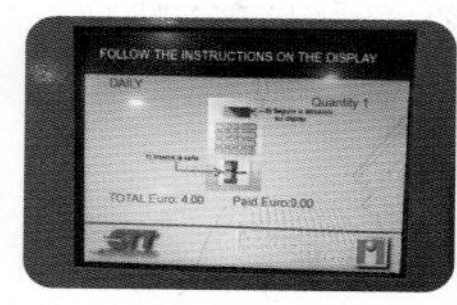

❺ 신용카드 결제를 선택하면 보이는 화면. 지시대로 단말기에 카드를 넣는다.

❻ 카드가 인쇄되어 나오면 끝!

버스

토리노 관광 교통편의 핵심. 수백 개의 노선이 시내를 중심가부터 외곽까지 매우 촘촘하게 잇는다. 여행자가 원하는 행선지는 대부분 직행 노선이 다니고, 환승도 거의 1회 정도로 해결된다. 라바짜 박물관, 카푸치니 언덕 등 버스가 아니면 찾아가기 힘든 관광지도 있다. 버스 노선은 다소 복잡한 편이므로 이해하거나 따지지 말고 그냥 구글 지도에서 가리키는 대로 타는 게 가장 속편하다. 다행히 구글 지도의 배차 간격 안내나 노선은 거의 100% 맞는 편.

트램

19세기 말부터 운행하고 있는, 토리노에서는 가장 오래된 대중교통 수단이다. 현재 10개 노선이 운행 중이다. 시내 외곽과 중심가를 널찍널찍하게 커버한다. 중심가의 명소 중에는 트램과 연결되는 곳이 꽤 많다. 다만 노선이 노후하여 운행을 쉬는 경우가 잦고, 배차 간격도 드문드문하다. 최근에는 몇몇 트램 노선이 버스로 대체되었다.

PLUS TIP

주요 명소 도보 이동 거리

포르타 누오보 역 ↔ 이집트 박물관 800m(15~20분)
포르타 누오보 역 ↔ 토리노 왕궁 1.4km(25~30분)
포르타 누오보 역 ↔ 비토리오 베네토 광장 1.6km(30~35분)

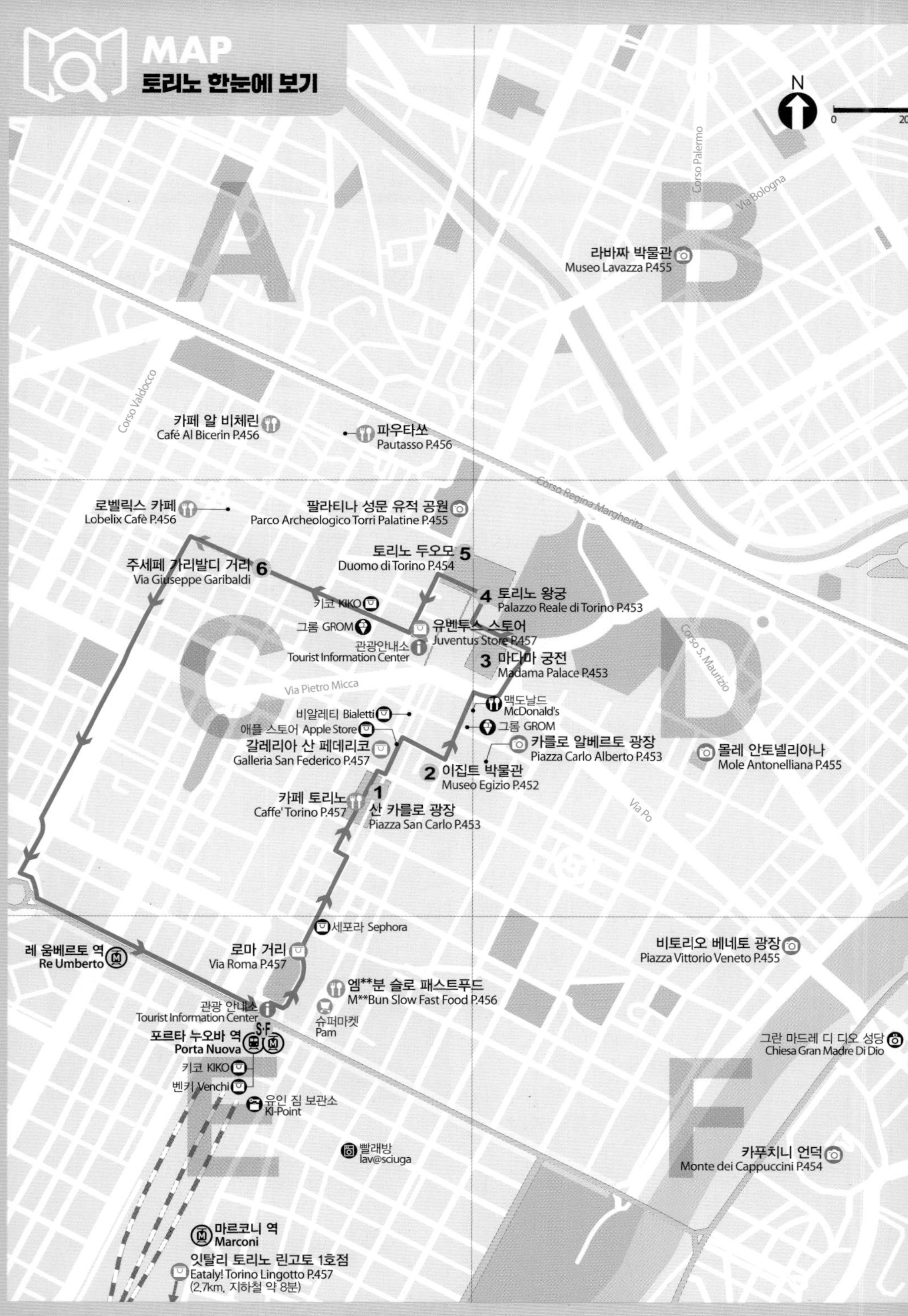
MAP
토리노 한눈에 보기
N
0
200
Corso Palermo
Via Bologna
라바짜 박물관
Museo Lavazza P.455
Corso Valdocco
카페 알 비체린
Café Al Bicerin P.456
파우타쏘
Pautasso P.456
Corso Regina Margherita
로벨릭스 카페
Lobelix Cafè P.456
팔라티나 성문 유적 공원
Parco Archeologico Torri Palatine P.455
토리노 두오모 5
Duomo di Torino P.454
주세페 가리발디 거리 6
Via Giuseppe Garibaldi
4 토리노 왕궁
Palazzo Reale di Torino P.453
키코 KIKO
그롬 GROM
유벤투스 스토어
Juventus Store P.457
관광안내소
Tourist Information Center
3 마다마 궁전
Madama Palace P.453
Corso S. Maurizio
Via Pietro Micca
맥도날드
McDonald's
비알레티 Bialetti
애플 스토어 Apple Store
그롬 GROM
갈레리아 산 페데리코
Galleria San Federico P.457
카를로 알베르토 광장
Piazza Carlo Alberto P.453
몰레 안토넬리아나
Mole Antonelliana P.455
2 이집트 박물관
Museo Egizio P.452
1
카페 토리노
Caffe' Torino P.457
산 카를로 광장
Piazza San Carlo P.453
Via Po
세포라 Sephora
비토리오 베네토 광장
Piazza Vittorio Veneto P.455
레 움베르토 역
Re Umberto
로마 거리
Via Roma P.457
엠**분 슬로 패스트푸드
M**Bun Slow Fast Food P.456
관광 안내소
Tourist Information Center
슈퍼마켓
Pam
포르타 누오바 역
Porta Nuova
S·F
그란 마드레 디 디오 성당
Chiesa Gran Madre Di Dio
키코 KIKO
벤키 Venchi
유인 짐 보관소
Ki-Point
빨래방
lav@sciuga
카푸치니 언덕
Monte dei Cappuccini P.454
마르코니 역
Marconi
잇탈리 토리노 린고토 1호점
Eataly! Torino Lingotto P.457
(2.7km, 지하철 약 8분)

COURSE 1

토리노 하루 정복 코스

토리노의 핵심 관광 스폿은 포르타 누오바 역 북쪽 구시가에 대부분 몰려 있다. 이 코스를 기본으로 외곽에 위치한 잇탈리 본점까지 추가하면 토리노 완전 정복 코스가 될 수 있다. 토리노는 대중교통편이 매우 잘 되어 있으므로 교통권 1일권을 끊고 마음 편히 여기 저기 누벼 보자.

코스 무작정 따라하기
START

S. 포르타 누오바 역
도보 10분
1. 산 카를로 광장
도보 5분
2. 이집트 박물관
도보 5분
3. 마다마 궁전
도보 5분
4. 토리노 왕궁
도보 5분
5. 토리노 두오모
도보 5분
6. 주세페 가리발디 거리
버스 또는 트램 15분
F. 포르타 누오바 역

S

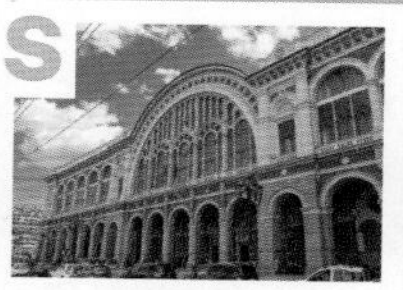

포르타 누오바 역

Porta Nuova

역사의 모습도 멋지다. 역을 등지고 큰 길을 건넌 뒤 작은 공원을 하나 지나면 구시가로 이어지는 길이 나온다.

로마 거리(Via Roma)를 따라 직진 → 산 카를로 광장 도착

1

산 카를로 광장 / 20min

Piazza San Carlo

구시가의 시작. 광장 한가운데서 동상을 배경으로 기념사진을 찍어볼 것.

광장 북쪽 끝(포르타 누오바 역 반대쪽)에서 오른쪽으로 간다. → 이집트 박물관 도착

2

이집트 박물관 / 1hr

Museo Egizio

지적 호기심이 강한 여행자라면 꼭 들러볼 것. 주변 분위기와 광장만 구경해도 OK.

아카데미아 델레 셴체 거리(Via Accademia delle Scienze)를 따라 직진 → 마다마 궁전 도착

3

마다마 궁전 / 20min

Madama Palace

앞과 뒤가 판이하게 다른 모습이다. 광장의 풍경도 근사하다.

광장을 가로질러 간다. → 토리노 왕궁 도착

4

토리노 왕궁 / 1hr

Palazzo Reale di Torino

토리노 관광의 하이라이트 중 하나. 이탈리아를 통일한 왕가가 살던 현장을 직접 둘러보자.

왕궁 정문을 등지고 오른쪽으로 보이는 아치 통로로 들어가 빠져나온다. → 토리노 두오모 도착

5

토리노 두오모 / 20min

Duomo di Torino

내부에 예수님의 수의를 모시고 있다. 분위기는 매우 엄숙하고 성스럽다.

마다마 궁전까지 되돌아와 관광안내소가 보이면 우회전한다. → 주세페 가리발디 거리 도착

6

주세페 가리발디 거리 / 30min

Via Giuseppe Garibaldi

토리노 최고의 번화가. 느긋하게 윈도 쇼핑을 즐겨보자.

길 서쪽 끝에서 버스 52, 67번을 타고 이동한다 → 포르타 누오바 역

F

포르타 누오바 역

Porta Nuova

PLUS TIP

포르타 누오바 역에서 지하철을 이용해 린고토(Lingotto) 역으로 이동하면 토리노의 자랑 잇탈리 본점으로 갈 수 있다. 시간이 남는 사람에게 추천!

TRAVEL INFO
핵심 여행 정보

01 이집트 박물관
Museo Egizio
무제오 에지치오

1824년에 문을 연 유서 깊은 박물관으로, 고대 이집트의 유물을 전문으로 소장 전시한다. 토리노의 큰 자랑거리 중 하나이며 유럽인들은 토리노를 방문할 때 꼭 들러야 하는 곳으로 첫손에 꼽는다. 17세기 초, 토리노로 전해진 고대 이집트의 유물에 홀딱 반한 사보이아 공작이 이집트로 사람을 보내 유물을 모으기 시작해 여러 대에 걸쳐 수집했다고 한다. 소장 유물의 수가 무려 3만여 점 이상으로, 전 세계에서 가장 큰 규모의 이집트 박물관 중 하나로 꼽힌다. 파라오 석상, 스핑크스, 미이라, 파피루스, 점토판, 그릇 등 다종다양한 유물이 다양한 시대와 테마에 따라 잘 정리되어 있다.
입장객에게 오디오 가이드를 무조건 나눠주는데, 사전 지식이 없어도 가이드에서 알려주는 관람 순서를 지키며 내용을 잘 듣기만 해도 이집트가 친숙해지는 느낌이 들 정도다. 아쉽게도 한국어 가이드는 없다. 백팩은 절대 메고 들어갈 수 없으므로 지하 1층의 로커를 이용할 것.

MAP P.450C
구글 지도 GPS 45.06842, 7.6843 **찾아가기** 산 카를로 광장에서 대각선으로 한 블록 떨어져 있다. **주소** Via Accademia delle Scienze, 6 **전화** 011-440-6903 **시간** 월요일 09:00~14:00, 화~일요일 09:00~18:30 **휴무** 연중무휴 **가격** 어른 €15, 만 15~18세 €11, 만 6~14세 €1, 만 0~5세 무료 **홈페이지** museoegizio.it

02 산 카를로 광장

Piazza San Carlo
피아짜 싼 까를로

16~17세기에 조성된 토리노의 메인 광장 중 하나로, 포르타 누오바 역에서 관광을 시작할 경우 가장 먼저 마주치는 광장이다. 한가운데 서 있는 동상의 주인공은 19세기의 사보이아 공작인 에마누엘 필리베르이다. 사방이 바로크 시대 건축물로 둘러싸여 있어 매우 아름답고 고풍스러운 분위기가 가득하다. 토리노가 다른 도시들과 얼마나 다른 질감을 가지고 있는지 처음으로 실감할 수 있는 곳이다. 사시사철 이벤트가 열리는 것을 볼 수 있다.

MAP P.450C
구글 지도 GPS 45.06774, 7.68257 **찾아가기** 포르타 누오바 역 정면 출구에서 약 600m. **주소** Piazza S. Carlo **전화** 없음 **시간** 24시간 **휴무** 연중무휴 **가격** 무료입장

03 카를로 알베르토 광장

Piazza Carlo Alberto
피아짜 까를로 알베르토

이집트 박물관에서 멀지 않은 곳에 자리한 광장으로, 매우 아름다운 건축물 2개가 마주보고 있다. 하나는 사보이아 가문의 방계인 카리냐노 가문이 거주하던 카리냐노 궁전(Palazzo Carignano)이다. 처음에는 17세기에 바로크 스타일로 지어졌다가 19세기에 현재와 같은 파사드를 재건축한 것이라고. 현재는 리소르지멘토 박물관, 도서관, 이집트 박물관 아카데미 등으로 쓰인다. 맞은편에 있는 바로크 궁전은 토리노 대학 도서관이다. 광장 이름의 '카를로 알베르토'는 카리냐노 궁전 앞 동상의 주인공이자 18세기 사르데냐 왕국의 왕이었다.

MAP P.450D
구글 지도 GPS 45.06774, 7.68257 **찾아가기** 포르타 누오바 역 정면 출구에서 약 600m. **주소** Piazza S. Carlo **전화** 없음 **시간** 24시간 **휴무** 연중무휴 **가격** 무료입장

04 마다마 궁전

Palazzo Madama
팔라쪼 마다마

정면 파사드는 매우 화려한 바로크 스타일 궁전인데 뒷면은 중세풍 요새인, 앞뒤가 매우 다른 독특한 궁전이다. 원래 이곳에는 로마 시대의 성문이 있었는데, 15세기에 사보이아 가문의 방계인 사보이아 아카야(Savoia-Acaja) 가문에서 확장 공사를 해서 아카야 성을 지었다. 그후 17세기에 사보이아 왕가에서 이 건물을 수리하면서 한쪽 면은 아카야 성을 내버려둔 채 반쪽만 바로크식 궁전으로 만들었다. 두 건물이 같은 곳이라는 것을, 다 둘러보고 떠날 때까지 모르는 사람도 많다. 현재는 고미술품을 전시하는 박물관으로 쓰이고 있다.

MAP P.450D
구글 지도 GPS 45.071000, 7.685899 **찾아가기** 포르타 누오바 역부터 로마 거리(Via Roma)를 따라 약 1km 직진. **주소** Piazza Castello **전화** 011-443-3501 **시간** 수~월요일 10:00~18:00 **휴무** 화요일 **가격** 일반 €10, 만 18~25세 및 65세 이상 €8, 만 18세 미만 무료 **홈페이지** www.palazzomadamatorino.it

05 토리노 왕궁

Palazzo Reale di Torino
팔라쪼 레알레 디 토리노

사보이아 공국은 1563년 토리노로 수도를 옮기면서 본격적으로 이탈리아의 왕국 중 하나가 된다. 이때부터 사보이아 왕가가 거주하던 궁전이 바로 토리노 왕궁이다. 원래 있던 주교의 궁전을 1584년부터 개보수하여 사용했고, 1799년까지 꾸준히 증축했다. 겉은 우아하고 수수하지만 내부는 아주 화려한데, 프랑스 베르사유 궁전의 영향을 받았다고 한다. 현재는 박물관으로 쓰이며 궁전 안팎과 거주 공간, 부속 건물인 사바우다(Sabauda) 궁전의 고고학 박물관까지 티켓 한 장으로 돌아볼 수 있다.

INFO P.074 MAP P.450D
구글 지도 GPS 45.07283, 7.68633 **찾아가기** 포르타 누오보 역에서 약 1.5km. 버스 · 트램 이용 시 472-Piazza Castello, 또는 243-Duomo/Museil Reali 정류장에서 하차. **주소** Piazzetta Reale, 1 **전화** 11-436-1455 **시간** 월요일 10:00~19:00(매표소 09:30~18:00), 화~일요일 09:00~19:00(매표소 08:30~18:00) **휴무** 연중무휴(월요일은 부분 개방) **가격** 어른 €15(월요일 €10), 만 18~25세 €2, 만 18세 미만 무료 **홈페이지** www.museireali.beniculturali.it/palazzo-reale

06 토리노 두오모

Duomo di Torino
두오모 디 토리노

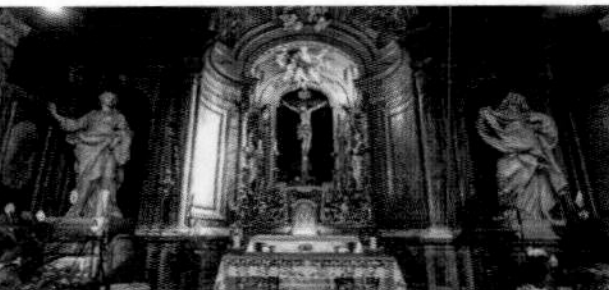

정식 명칭은 성 세례 요한 대성당(Cattedrale di San Giovanni Battista). 15세기에 축성된 유서 깊은 성당으로, 특히 예수의 시신을 감쌌던 아마포 수의 '신도네(Sindone)'를 보관하는 것으로 더 유명하다. 14세기경 프랑스 남부 지역에서 출현했고 16세기 이후부터 사보이아 왕가가 소장했다. 현재는 교황청의 소유 하에 이곳에 보관 중인데, 진품은 약 5년에 한 번씩 일정 기간만 공개한다. 성당 내의 예배당에 안치된 것은 모조품이다. 예수의 수의는 출현 당시부터 진위 논쟁이 끊이지 않았고, 가톨릭계에서도 성물로 정식 공인은 하지 않은 상황. 그러나 많은 성도들이 기도와 경배의 대상으로 삼고 있고 교황청에서도 아예 가짜라고 배격하거나 부정은 하지 않고 있다. 〈세계의 미스테리〉 등에도 종종 등장한다.

MAP P.450C

구글 지도 GPS 45.07351, 7.68522 **찾아가기** 왕궁 정문을 바라보고 왼쪽에 있는 아치 밑을 통과하면 오른쪽에 보인다. **주소** Piazza San Giovanni, **전화** 011-436-1540 **시간** 월~금요일 10:00~12:30, 16:00~19:00 토 · 일요일 09:00~12:30, 15:00~19:00 **휴무** 연중무휴 **가격** 무료입장 **홈페이지** www.duomoditorino.it

카푸치노 수도원

07 카푸치니 언덕

Monte dei Cappuccini
몬테 데이 카푸치니

토리노의 전경이 가장 예쁘게 보이는 전망 스폿으로 유명하다. 정식 전망대는 아니고 언덕 위에 있는 카푸치노 수도원의 앞마당인데, 워낙 소문난 곳이라 언제나 관광객은 많은 편. 토리노를 소개하는 책자 등에서 등장하는 대표 사진은 십중팔구 이곳에서 찍은 것이다. 날씨가 좋을 때는 멀리 알프스 산맥까지 보인다. 일몰 시간대에 특히 예쁘다.

MAP P.450F

구글 지도 GPS 45.05953, 7.6974 **찾아가기** 53번 버스를 타고 1423-Cappuccini 정류장에서 내리는 것이 가장 가깝다. 근처까지 오는 버스 편이 많으므로 구글 맵 등에서 검색할 것. **주소** Piazzale Monte dei Cappuccini, 3 **시간** 24시간 **가격** 무료입장

08 팔라티나 성문 유적공원

★★

Parco Archeologico Torri Palatine
파르코 아르케올로지코 또리 팔라티네

1세기에 지어진 로마의 성문 유적 주위에 조성된 시민 공원. 현재 전 세계에 남아 있는 1세기 로마 성문 유적 중 보존 상태가 가장 좋은 것으로 평가받고 있다. 공원 내에 로마 시대 성벽 터 일부가 남아 있다. 토리노 젊은이들이 피크닉을 하거나 반려견과 시간을 보내는 등 애용하는 공원이다.

MAP P.450C
구글 지도 GPS 45.07479, 7.6852 **찾아가기** 두오모를 등지고 대각선 오른쪽으로 광장을 가로질러 간다. **주소** Via Porta Palatina **전화** 없음 **시간** 5~9월 09:00~23:00 10~4월 09:00~20:00 **휴무** 부정기적 **가격** 무료입장

09 몰레 안토넬리아나

★★★★

Mole Antonelliana
몰레 안또넬리아나

19세기 말에 만들어진 거대한 탑으로 토리노의 상징이라고 할 수 있다. '몰레'는 거대하다는 뜻이고, '안토넬리아나'는 건축가 알레산드로 안토넬리의 이름에서 따왔다. 원래는 토리노의 유대인들이 시민권을 획득한 것을 기념하기 위해 지은 시나고그(synagogue, 유대교 회당)였다고 한다. 총 높이 167.5m로 토리노 중심가에서는 가장 높은 건물이다. 현재는 국립 영화 박물관 겸 전망대로 쓰이는 중이다. 전망대는 토리노에서 가장 인기 높은 관광 명소라 사전에 예약하지 않으면 1~2시간 줄을 서거나 아예 못 올라가기 일쑤다.

MAP P.450D
구글 지도 GPS 45.06901, 7.69321 **찾아가기** 마다마 궁전이 있는 광장에서 포강 방향으로 뻗은 주세페 베르디 거리(Via Giuseppe Verdi)를 따라 약 500m 걷다가, 왼쪽으로 몬테벨로 거리(Via Montebello) 골목이 보이면 들어간다. **주소** Via Montebello, 20 **전화** 011-813-8560 **시간** 수~월요일 09:00~19:00 **휴무** 화요일 **가격** 박물관 €12, 전망대 €9, 박물관+전망대 €17 **홈페이지** www.moleantonellianatorino.it

10 비토리오 베네토 광장

★★

Piazza Vittorio Veneto
피아짜 비토리오 베네토

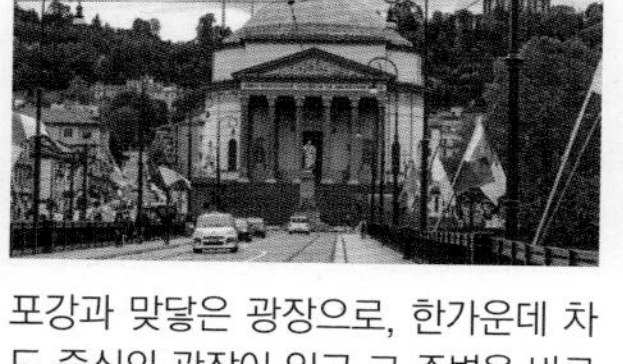

포강과 맞닿은 광장으로, 한가운데 차도 중심의 광장이 있고 그 주변을 바로크풍 건물의 아케이드가 둘러싸고 있다. 아케이드 내에는 유서 깊은 카페와 음식점이 즐비하다. 비토리오 에마누엘레 1세 다리와 연결되는데, 이 일대에서 보이는 포강의 저녁 풍경이 매우 아름답다. 다리 건너편 '그란 마드레 디 디오(Gran Madre Di Dio)' 성당은 토리노에서 나폴레옹을 몰아낸 기념으로 지어진 것.

MAP P.450F
구글 지도 GPS 45.06448, 7.69591 **찾아가기** 트램 7, 13, 14번 또는 버스 24, 30, 53, 55, 56번 등을 타고 Fermata 478-Vittorio Veneto 정류장에서 내린다. **주소** Piazza Vittorio Veneto **전화** 없음 **시간** 24시간 **휴무** 연중무휴 **가격** 무료입장

11 라바짜 박물관

★★★

Museo Lavazza
무제오 라바짜

토리노에서 탄생한 세계적인 커피 브랜드 라바짜의 본사 건물 내 자리한 박물관. 텍스트 정보가 많아 이탈리아어를 모르면 관람 내내 심심할 수 있으나, 사진 찍기 좋은 설치물이나 장식물이 많아 좋은 기념사진은 얻을 수 있다. 마지막에 솜씨 좋은 바리스타가 내려주는 커피를 한 잔 마실 수 있다. 볼거리는 부족한 편이지만, 기념품만 살 사람도 가볼 만하다.

MAP P.450B
구글 지도 GPS 45.08078, 7.69256 **찾아가기** 18, 57번 버스를 타고 Parma, 또는 Lavazza HQ 등에서 내린다. 구글 맵 참고. **주소** Via Bologna, 323 **전화** 011-217-9621 **시간** 수~일요일 10:00~18:00 **휴무** 월·화요일 **가격** 일반 €10, 만 18~26세 및 65세 이상 €8 **홈페이지** museo.lavazza.com

12 로벨릭스 카페
Lobelix Cafè

코페르토 X 카드 결제 O 영어 메뉴 O

토리노 시내에서 가장 유명한 아페리티보 바 중 하나. '아페리체나(식전주와 저녁 식사의 합성어)'라는 개념을 처음으로 만든 가게 중 하나라고 한다. 메뉴의 종류가 매우 다양하고 맛도 뛰어난데 가격은 시내의 다른 아페리티보 바에 비해 저렴한 편. 가게가 넓은 편이라 자리 잡기는 쉽다. 현지인들은 클럽 가기 전에 잠시 요기하는 곳으로 애용한다고. 시내 중심가에서 편하게 즐길 만한 아페리티보 카페로 추천.

MAP P.450C

구글 지도 GPS 45.07476, 7.6778 **찾아가기** 왕궁에서 두오모를 지나 4번 마르초 거리(Via IV Marzo)를 따라 직진하다 길 끝에서 코르테 다펠로 거리(Via Corte d'Apello)를 따라간다. 52, 67번 버스를 타고 Fermata 2178-Garibaldi 정류장에서 내려도 된다. **주소** Piazza Savoia, 4 **전화** 011-436-7206 **시간** 화·수·목·일요일 18:30~01:00 금·토요일 18:30~03:00 **휴무** 월요일 **가격** 아페리티보 €12(주류 한 잔+뷔페) **홈페이지** lobelix.it

13 파우타쏘
Pautasso

코페르토 €2.5 카드 결제 O 영어 메뉴 X

토리노 지방의 향토 요리인 '바냐 카우다(Bagna Cauda)'를 맛볼 수 있는 레스토랑. '바냐 카우다'란 '뜨거운 목욕탕'이라는 뜻으로, 올리브유·다진 안초비·마늘을 섞어 만든 소스를 따뜻하게 데워 각종 채소를 찍어 먹는 요리다. 토리노를 비롯한 피에몬테 지역에서만 먹는 향토 요리라 토리노 외의 도시에서는 먹어보기 힘들다. 요리 및 미식에 큰 관심이 있는 사람이라면 놓치지 말고 경험해 볼 것.

MAP P.450A

구글 지도 GPS 45.07648, 7.68143 **찾아가기** 3, 16CD 트램 또는 W60번 버스를 타고 Fermata 199-Porta Palalzzo 정류장에 내린 뒤 골목 안으로 들어가 첫 번째 갈림길에서 우회전. **주소** Piazza Emanuele Filiberto, 6 **전화** 011-436-6706 **시간** 화~금요일 19:30~20:30 토·일요일 12:00~14:00, 19:30~22:30 **휴무** 월요일 **가격** 전채 €12~20, 파스타 €14~20, 메인 메뉴 €16~28 **홈페이지** pautasso.it

바냐 카우다 Bagna Cauda €19

14 엠**분 슬로 패스트푸드
M**Bun Slow Fast Food

코페르토 X 카드 결제 O 영어 메뉴 O

피에몬테 지방에서 생산되는 신선한 식재료로 만든 햄버거를 선보이는 패스트푸드점. 음식은 빨리 나오지만 재료를 준비하는 과정은 상당히 신경쓴다고. 맛 또한 수제 버거와 패스트푸드의 중간 정도 느낌이다. 세트 메뉴는 햄버거를 고르고, 음료를 한 가지 선택하게 되어 있다. 1번 세트는 탄산 음료, 2번 세트는 맥주(작은 잔) 또는 와인, 3번 세트는 맥주(큰 잔) 또는 와인이다. 포르타 누오바 역 근처에서 빨리, 저렴하게 한 끼를 해결하고 싶은 사람에 추천.

MAP P.450E

구글 지도 GPS 45.06327, 7.68136 **찾아가기** 포르타 누오바 역에서 구시가 방향으로 길을 건넌 뒤 오른쪽으로 꺾어 큰길을 따라 직진, 왼쪽 두 번째 골목인 우르바노 라타치 거리(Via Urbano Rattazzi)로 들어가 직진하면 왼쪽에 보인다. **주소** Via Urbano Rattazzi, 4 **전화** 011-1970-4606 **시간** 12:00~23:00 **휴무** 연중무휴 **가격** 햄버거 단품 €8.2~9.7, 세트 메뉴 €14.5~17.5 **홈페이지** www.mbun.it

1번 메뉴(햄버거+프렌치 프라이+탄산 음료) €14.5

15 카페 알 비체린
Café Al Bicerin

코페르토 X 카드 결제 O 영어 메뉴 O

비체린(Bicerin)은 에스프레소에 잔두이오토(Gianduiotto) 초콜릿과 스팀 밀크를 넣고 작은 유리잔에 부은 뒤 초콜릿을 깎아 올리는 음료다. 토리노를 비롯한 피에몬테 지역에서 맛볼 수 있는 향토 음식 중 하나다. 카페 알 비체린은 18세기에 문을 연 작은 카페로, 비체린을 최초로 만들었다고도 하지만 정확하지는 않다. 다만 토리노에서 가장 대표적인 비체린 카페이자, 가장 전통적인 비체린을 선보이는 곳인 것 만은 확실하다. 유명세에 비해 규모는 아주 작아 길게 줄을 서기 일쑤.

INFO P.177 MAP도 P.450A

구글 지도 GPS 45.07632, 7.67918 **찾아가기** 토리노 왕궁에서 약 800m. 로벨릭스 카페와 가깝다. **주소** Piazza della Consolata, 5 **전화** 011-436-9325 **시간** 목~화요일 08:45~19:30 **휴무** 수요일, 신년 휴무(1/7~1/10) **가격** 비체린 €7.9, 기타 커피 €2.5~5, 초콜릿 음료 €5~11 **홈페이지** bicerin.it

비체린 Bicerin €7.9

16 카페 토리노

Caffè Torino

★★★

코페르토 X 카드 결제 X 영어 메뉴 O

1903년에 문을 연, 토리노에서 가장 유명한 카페로 손꼽힌다. 다른 도시의 대표 카페에 비하면 약간 서민적이고 덜 관리된 듯한 느낌은 있으나 그래서 왠지 더 친숙한 느낌이다. 가게 정면 길 한 복판에는 토리노의 상징인 황소가 동판으로 조각되어 있다. 이 황소의 고환을 발로 밟으면 언젠가는 토리노로 돌아온다는, 왠지 여기저기 짜깁기해서 만든 듯한 속설이 전해 온다. 비체린 등 토리노의 대표 메뉴를 취급하고 저녁 6시 이후에는 아페리티보 뷔페도 맛볼 수 있다.

MAP P.450C
구글 지도 GPS 45.06759, 7.68181 **찾아가기** 산 카를로 광장. 포르타 누오바 역을 등지고 왼쪽 아케이드에 있다. **주소** Piazza S. Carlo, 204 **전화** 011-547-356 **시간** 07:30~~24:00 **휴무** 연중무휴 **가격** 각종 커피 €3.5~7.8

비체린 Bicerin €7.5

17 잇탈리 토리노 린고토 1호점

Eataly! Torino Lingotto
잇딸리 토리노 린고또

★★★★★

이탈리아 전국 각지에서 생산되는 특산물과 최고급 식료품을 한자리에 모아둔 고급 식품 셀렉트 숍 잇탈리의 세계 1호 매장이자 플래그십 스토어. 밀라노 지점이 오픈하며 그 명성이 약간 빛이 바래긴 했으나 여전히 세계 최고의 규모와 구색을 자랑한다. 식료품 매장은 물론 고급 푸드 코트와 레스토랑도 입점해 있고, 와인 · 모차렐라 치즈 등을 매장에서 직접 만들어 팔기도 한다. 오로지 이곳에 들르기 위해 일부러 토리노를 찾아오는 사람도 있을 정도. 시내에서 약간 떨어진 곳에 있으나 지하철을 타면 쉽게 찾아갈 수 있다.

INFO P.210 MAP P.450E
구글 지도 GPS 45.03499, 7.66793 **찾아가기** 지하철 스페치아(Spezia) 역에서 남쪽 방향으로 난 큰길을 따라 약 400m 직진. **주소** Via Nizza 230, 14 **전화** 11-1950-6801 **시간** 10:00~22:30 **휴무** 연중무휴 **홈페이지** eataly.net

18 주세페 가리발디 거리

Via Giuseppe Garibaldi
비아 주세뻬 가리발디

★★★

마다마 궁전 앞 카스텔로 광장(Piazza Castello)에서 시작하여 북서쪽으로 약 1km가량 이어지는 보행자 전용 도로. 주로 생활용품, 캐주얼 의류, 프랜차이즈 음식점 등이 늘어서 있다. 키코, 인티미시미, 제옥스 등 가장 대중적인 쇼핑을 원할 때 갈 만한 곳. 길 분위기도 매우 유쾌하고 즐겁다.

MAP P.450C
구글 지도 GPS 45.07335, 7.67898(마다마 궁전 방향 시작점) **찾아가기** 마다마 궁전 앞 광장에서 궁전을 등졌을 때 앞에 보이는 길 **주소** Via Giuseppe Garibaldi **전화** 상점마다 다름. **시간** 24시간

19 로마 거리

Via Roma
비아 로마

★★★

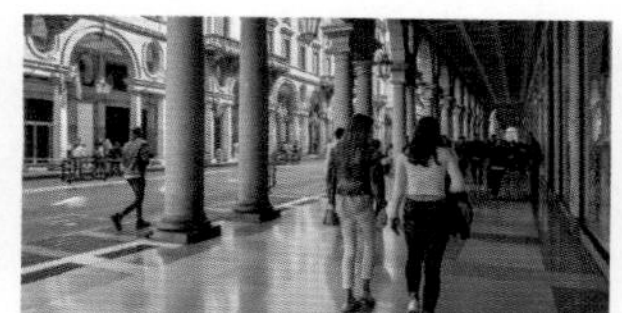

포르타 누오바 역 부근에서 시작하여 산 카를로 광장을 가로질러 마다마 궁전 부근까지 약 1km가량 이어지는 길로, 토리노 구시가의 핵심 도로이자 최대 쇼핑 거리이다. 구찌, 에르메스, 루이 비통 등의 명품부터 자라, H&M 같은 SPA 브랜드에 애플 스토어 등 전자 제품, 각종 화장품 로드 숍까지 그야말로 브랜드라는 브랜드는 이 길에 모두 모여 있다.

MAP P.450E
구글 지도 GPS 45.06427, 7.68006(포르타 누오바 역 방향 시작점) **찾아가기** 포르타 누오바 역 정면에서 길을 건넌 뒤 작은 공원 하나를 지나가면 바로 시작한다. **주소** Via Roma **전화** 상점마다 다름. **시간** 24시간 **휴무** 상점마다 다름.

20 유벤투스 스토어

Juventus Store
유벤뚜스 스토어

★★★

이탈리아 세리에A 최고 명문 구단으로 손꼽히는 유벤투스 FC의 유니폼과 기념품을 판매하는 숍. 가장 인기 있는 아이템은 뭐니 뭐니 해도 레플리카 유니폼으로, 원하는 선수의 이름을 즉석에서 새길 수도 있다. 굳이 알리안츠 구장까지 갈 시간이나 열정이 없는 사람은 이곳에서 기념품을 사면 좋다.

MAP P.450C
구글 지도 GPS 45.07179, 7.68371 **찾아가기** 카스텔로 광장에서 주세페 가리발디 거리(Via Giuseppe Garibaldi)를 따라 한 블록 이동 **주소** Via Giuseppe Garibaldi, 4/E **전화** 011-656-3851 **시간** 10:30~19:00 **휴무** 연중무휴 **홈페이지** store.juventus.com

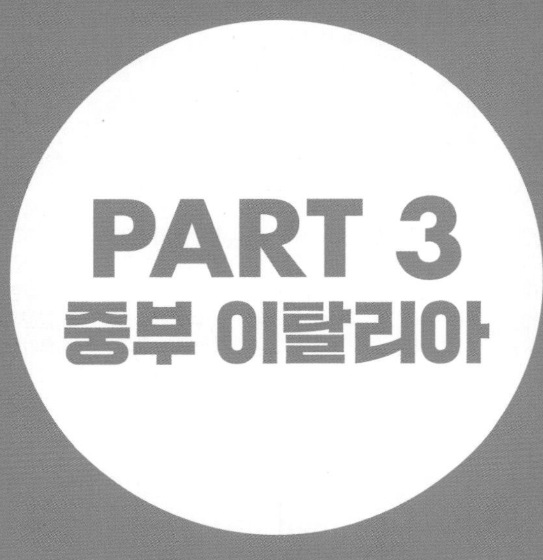

PART 3
중부 이탈리아

AREA 01 피렌체 FIRENZE

AREA 02 시에나 SIENA

AREA 03 아시시 ASSISI

AREA 04 오르비에토 ORVIETO

AREA 05 친퀘 테레 CINQUE TERRE

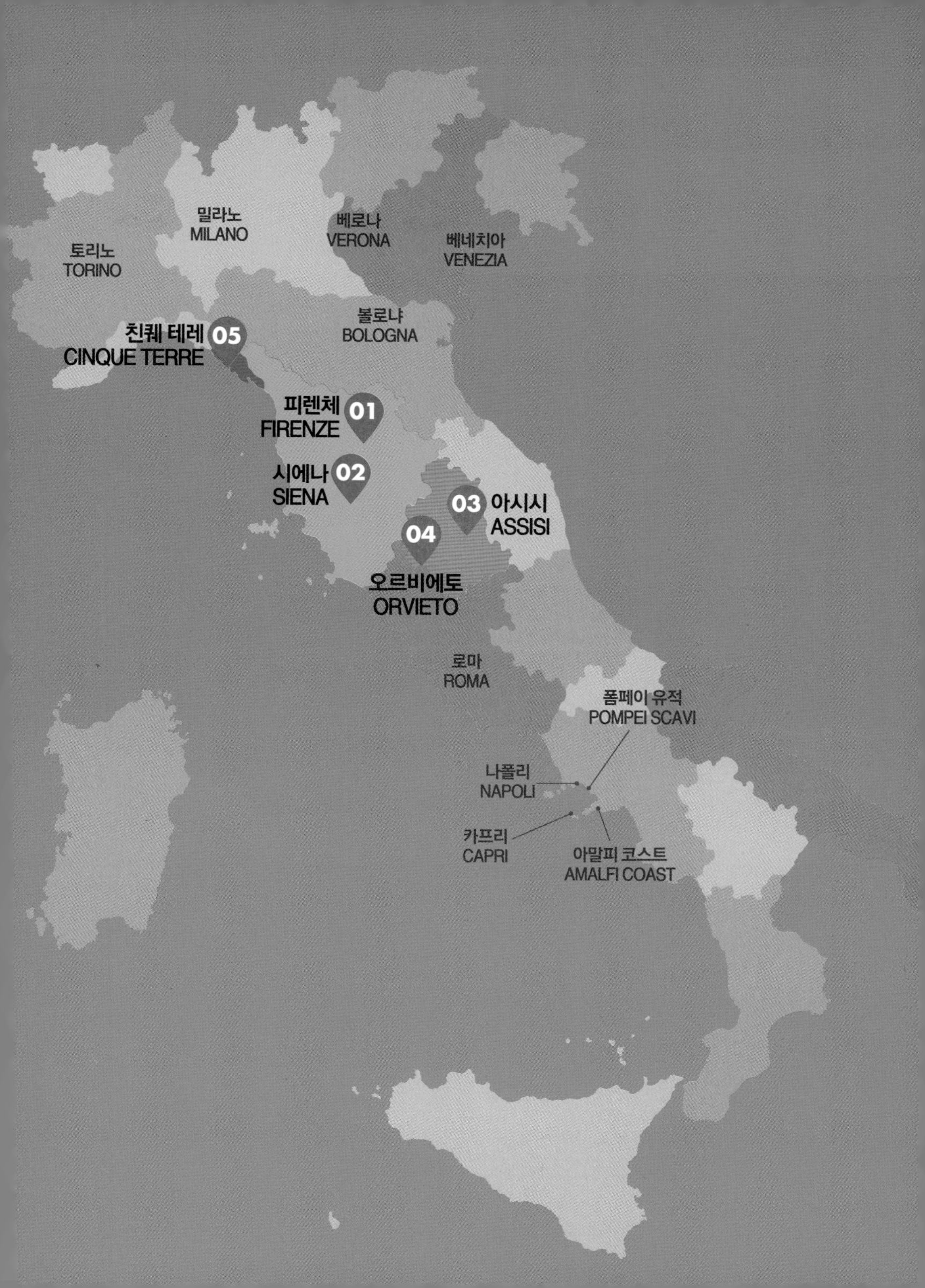

밀라노
MILANO

베로나
VERONA

토리노
TORINO

베네치아
VENEZIA

볼로냐
BOLOGNA

친퀘 테레 05
CINQUE TERRE

피렌체 01
FIRENZE

시에나 02
SIENA

03 아시시
ASSISI

04

오르비에토
ORVIETO

로마
ROMA

폼페이 유적
POMPEI SCAVI

나폴리
NAPOLI

카프리
CAPRI

아말피 코스트
AMALFI COAST

AREA

01 FIRENZE
피렌체 Florence

인류의 황금기가 탄생한 아름다운 꽃의 도시

르네상스는 인류 역사의 중대한 전환점이었다. 중세 시대까지 신을 위해 살았던 유럽인들은 인간이 만든 세계의 아름다움에 눈을 돌려 이를 찬양하고 기념하는 수많은 명작들을 남겼다. 피렌체는 이탈리아 르네상스의 중심 도시 중 한 곳으로, 당시의 문화유산들을 도시 곳곳에 간직하고 있어 세계에서 가장 고풍스럽고 아름다운 도시 중 하나로 손꼽힌다. '꽃의 도시'라는 오래된 별명이 더할 나위 없이 잘 어울린다. 토스카나주(州)의 주도이자 이탈리아 중부의 산업 중심지로 이탈리아의 부유한 도시 중 하나이기도 하다.

인기 ★★★★★

이탈리아 인기 도시 No3. 로마, 베네치아, 그 다음은 피렌체.

관광 ★★★★★

르네상스의 천재들에게 진심으로 감사하게 되는 곳.

쇼핑 ★★★★★

이탈리아에서 가장 유명한 아웃렛과 약국 화장품, 가죽 시장이 있다.

식도락 ★★★★☆

비스테카 알라 피오렌티나를 먹지 않고 소고기를 논하지 말라.

복잡함 ★★★☆☆

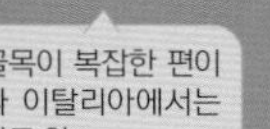

골목이 복잡한 편이나 이탈리아에서는 난도 하.

치안 ★★★★☆

소매치기가 가장 적은 도시 중 하나. 그래도 두오모 앞은 요주의.

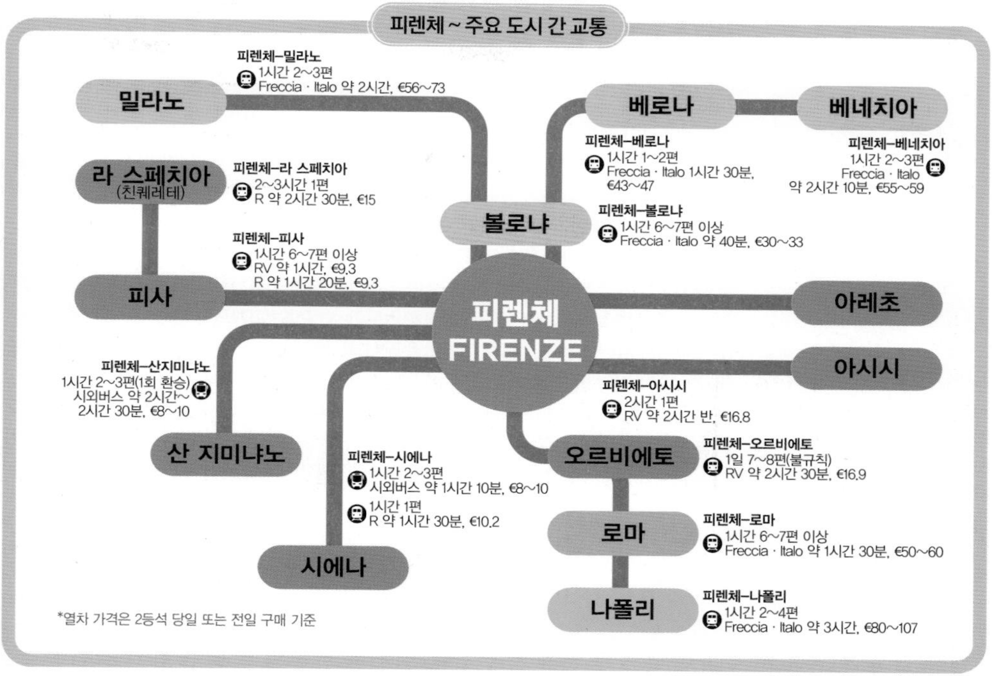
피렌체 ~ 주요 도시 간 교통
피렌체–밀라노
1시간 2~3편
Freccia · Italo 약 2시간, €56~73
밀라노
라 스페치아
(친퀘레테)
피렌체–라 스페치아
2~3시간 1편
R 약 2시간 30분, €15
피렌체–피사
1시간 6~7편 이상
RV 약 1시간, €9.3
R 약 1시간 20분, €9.3
피사
피렌체–산지미냐노
1시간 2~3편(1회 환승)
시외버스 약 2시간~
2시간 30분, €8~10
산 지미냐노
베로나
베네치아
피렌체–베로나
1시간 1~2편
Freccia · Italo 1시간 30분,
€43~47
피렌체–베네치아
1시간 2~3편
Freccia · Italo
약 2시간 10분, €55~59
볼로냐
피렌체–볼로냐
1시간 6~7편 이상
Freccia · Italo 약 40분, €30~33
피렌체
FIRENZE
아레초
아시시
피렌체–아시시
2시간 1편
RV 약 2시간 반, €16.8
피렌체–시에나
1시간 2~3편
시외버스 약 1시간 10분, €8~10
1시간 1편
R 약 1시간 30분, €10.2
시에나
오르비에토
피렌체–오르비에토
1일 7~8편(불규칙)
RV 약 2시간 30분, €16.9
로마
피렌체–로마
1시간 6~7편 이상
Freccia · Italo 약 1시간 30분, €50~60
나폴리
피렌체–나폴리
1시간 2~4편
Freccia · Italo 약 3시간, €80~107
*열차 가격은 2등석 당일 또는 전일 구매 기준

MUST SEE 이것만은 꼭 보자!

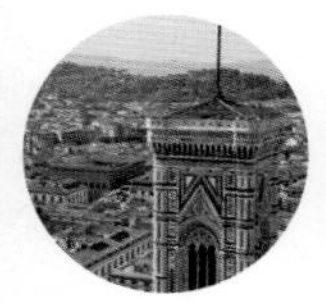

No.1

종탑 또는 **쿠폴라**에서 바라보는 **피렌체 시내 전경**

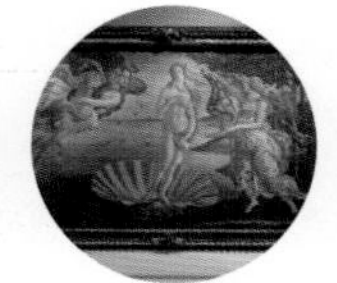

No.2

우피치 미술관에서 만나는 르네상스 천재들의 작품

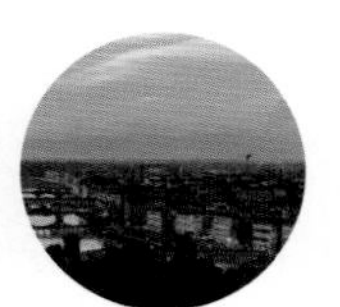

No.3

미켈란젤로 광장에서 바라보는 노을 진 피렌체 구시가

MUST EAT 이것만은 꼭 먹자!

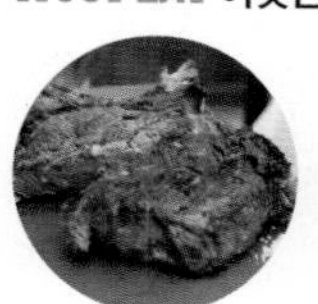

No.1

고기 마니아의 행복, **비스테카 알라 피오렌티나**

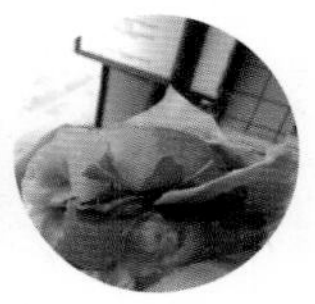

No.2

길에서 즐기는 간편한 미식, **파니니**

MUST BUY 이것만은 꼭 사자!

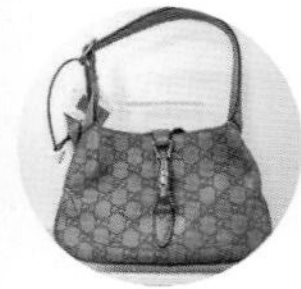

No.1

아웃렛에서 득템하는 **명품 아이템**

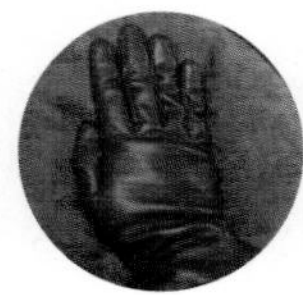

No.2

우리나라의 반값에 구하는 **가죽 제품**

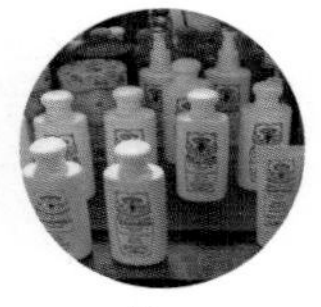

No.3

산타 마리아 노벨라 등 유서 깊은 **약국 화장품**

MUST DO 이것만은 꼭 하자!

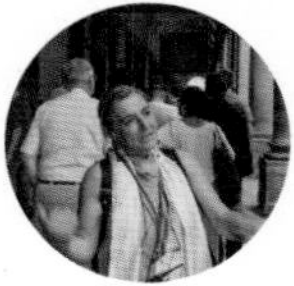

No.1

노련한 가이드와 함께하는 **우피치 투어**

단계 피렌체 여행 정보 한눈에 보기

피렌체 역사 이야기

피렌체는 로마 시대에 세워진 군인용 캠프에서 시작됐다. 당시 로마 군인들은 아르노강 가 옆 평원에 꽃이 만발한 풍경에 반해 이곳을 '꽃의 도시'라고 불렀다. 8세기경부터는 토스카나 공국의 일부였다가, 10세기에 공국의 영주가 죽자 독립을 선언하고 피렌체 공화국을 선포한다. 13세기부터는 금융업과 무역, 직물, 공예 등으로 거대한 부를 쌓았는데, 특히 조반니 메디치라는 은행가가 개업한 메디치 은행이 크게 약진한다. 조반니의 아들 코지모 메디치는 공화국 정부의 주요한 자리에 앉아 재력으로 의회를 쥐락펴락하며 피렌체를 지배하기 시작했고, 코지모의 손자 로렌초 메디치에 이르면 메디치 가문이 실질적인 피렌체의 지배 세력이 된다. 로렌초 메디치는 막대한 부와 안목을 바탕으로 당시 최고의 예술가였던 미켈란젤로, 라파엘로, 레오나르도 다 빈치 등을 물심양면으로 후원해 르네상스의 싹을 틔웠다. 이후 메디치가는 토스카나 대공 작위를 받아 피렌체를 중심으로 한 토스카나 일대를 지배했는데, 이를 '토스카나 대공국'이라 했다. 토스카나 대공국은 18세기 중반 메디치가의 대가 끊기면서 세가 기울었고, 결국 오스트리아와 프랑스 가문의 지배를 받다가 1860년 이탈리아 왕국에 통합되었다.

피렌체 여행 꿀팁

☑ 최소 1박

도시 크기는 아담하지만 볼거리가 워낙 많아 가장 기본적인 것만 봐도 꼬박 하루가 걸린다. 당일치기도 불가능하진 않으나 아무래도 놓치는 것이 많아진다. 문화예술 여행자나 미식가, 쇼퍼 홀릭에게는 3박도 결코 길지 않다.

☑ 가이드 투어를 해보자

피렌체는 그냥 봐도 아름답지만 그 안에 담긴 이야기를 듣고 나면 또 다른 풍경이 눈앞에 펼쳐진다. 특히 르네상스 회화의 정수를 모은 우피치 미술관에서는 필수라고 생각해도 좋다.

☑ 먹는 게 남는 것

1일 1식을 실천 중인 다이어터도, 식빵과 컵라면으로 때우는 배낭여행자도, 이탈리아 음식이 너무 짜서 학을 뗀 여행자도 피렌체에서는 한 끼쯤 허리띠와 지갑을 풀어 놓고 즐겨 보자. 이탈리아에서 손꼽히는 미식 도시로서, 한국인의 입맛에도 잘 맞는 편이다.

☑ 숙소는 기차역 or 구시가

저렴하면서 넓고 교통 좋은 숙소는 단연 피렌체 S.M.N. 역 주변. 구시가 안쪽은 대부분 비싸고 객실이 좁아 가성비가 떨어진다. 그래도 낭만적인 전망을 즐길 수 있고 우피치 미술관 등 인기 관광지를 기동력 있게 찾아갈 수 있으므로 신혼여행 등 예산이 넉넉한 여행에 추천한다. 렌터카 여행자는 무료 주차장을 제공하는 외곽의 숙소를 알아볼 것. 시내의 숙소는 대부분 주차장이 없다.

☑ 월요일은 참아주세요

주요 명소 중에는 월요일에 쉬는 곳이 적지 않다. 1월 1일이나 크리스마스에도 문 닫는 곳이 많다.

PLUS TIP

비티켓(B-Ticket)은 피렌체의 박물관 및 미술관의 공식 예약 사이트로 우피치 외의 다른 명소도 이곳에서 예약 가능하나, 우피치 외에는 그렇게 줄이 긴 곳이 없으므로 굳이 예약하지 않아도 된다. 단, 성수기의 아카데미아 미술관은 예약하는 것을 추천한다.

☑ 우피치 미술관은 예약 or 가이드 투어로!

피렌체의 미술관이나 박물관은 예약자에게 우선 입장 특혜를 준다. 웬만한 곳은 '우선 입장'이 간절할 정도로 줄이 길지는 않은데, 우피치 미술관은 사람이 워낙 많은 데다 15분 단위로 일정 인원만 들여보내기 때문에 길게는 2시간까지 줄을 서야 한다. 이 줄을 피하는 방법은 예약과 가이드 투어, 피렌체 카드가 있다. 예약자와 피렌체 카드 소지자는 우선 입장 출구를, 가이드 투어 신청자는 단체 전용 출구로 들어간다. 개별 예약은 인터넷으로 가능하며, 최근에는 국내의 각종 여행 예약 사이트에서도 대행하는 추세. 인터넷 예약시 별도의 예약 수수료 €4 가 부가된다.

홈페이지 webshop.b-ticket.com

피렌체 카드

피렌체 카드(Firenze Card)는 72시간 동안 피렌체 주요 박물관 및 명소 60여곳을 우선 입장할 수 있는 카드. 각종 입장료가 비싸고 줄도 오래 서는 것으로 악명 높은 피렌체에서 시간을 크게 절약할 수 있는 아이템이다. 그러나 가격이 무려 €85나 되는 탓에 2박 이하의 단기 여행자는 오히려 손해일 수도 있다. 피렌체를 3일 이상 여행하며, 아래 사용처 중 우피치 미술관, 아카데미아 미술관을 포함해 다섯 곳 이상 방문할 사람이라면 고려해 볼 것.

가격	€85
혜택	- 60개 이상의 박물관 · 미술관 · 명소 자유 입장 - 박물관 및 명소 예약 없이 우선 입장 각 1회
주요 사용처	▫ 우피치 미술관 Galleria degli Uffizi ▫ 아카데미아 미술관 Galleria dell'Accademia ▫ 베키오 궁전 박물관 Museo di Palazzo Vecchio ▫ 베키오 궁전 탑 전망대 Torre di Palazzo Vecchio ▫ 산타 마리아 노벨라 대성당 Basilica di Santa Maria Novella ▫ 메디치 예배당 Cappelle Medicee ▫ 피티 궁전 Palazzo Pitti ▫ 보볼리 정원 박물관 Museo Giardino di Boboli ▫ 국립 바르젤로 박물관 Museo Nazionaledel Bargello ▫ 산타 크로체 대성당 Basilica di Santa Croce ▫ 단테 하우스 Museo Casa di Dante ▫ 오스페달레 델리 인노첸티 박물관 Museo degli Innocenti ▫ 산 로렌초 대성당 Basilica San Lorenzo ▫ 살바토레 페라가모 박물관 Museo Salvatore Ferragamo
구입처	온라인 예매, 또는 피렌체 시내 11개 판매처 (피렌체 S.M.N. 역 앞 관광 안내소, 피렌체 시청 관광 안내소, 산타 노벨라 성당 매표소, 우피치 미술관 매표소, 국립 바르젤로 박물관 매표소, 베키오 궁전 박물관 매표소, 피티 궁전 매표소 등)
온라인 예매	- 홈페이지(www.firenzecard.it)에서 구매하면 이메일을 통해 바우처를 받게 된다. 바우처를 통해 실물 티켓과 모바일 티켓 중 하나를 선택하게 된다. 실물 티켓을 선택하면 피렌체에 도착해 지정 교환처에서 인쇄한 바우처를 제시 후 실물 카드와 교환한다. 모바일 티켓을 선택하면, 'Firenzecard' 앱을 다운받은 뒤 your card>add a card에 바우처에 있는 코드 번호를 넣는다. - 추천 교환처 : 피렌체 S.M.N. 역 앞 관광 안내소, 피렌체 공항 관광 안내소, 피렌체 시청 관광 안내소, 베키오 궁전 박물관 매표소
주의 사항	- 사용을 개시한 시점부터 72시간 동안 유효하다. - 만 18세 미만 미성년은 티켓을 소지한 부모와 함께 '우선 입장' 입구로 가서 무료 티켓을 발급받아야 한다. 무료 티켓이 있더라도 우피치 미술관과 아카데미아 미술관에서는 예약비로 €4를 더 내야 한다. - 사용법이 자주 바뀌는 편이므로 여행 직전 홈페이지를 방문해 미리 확인하는 것이 좋다.

유용한 시설 정보

유인 짐 보관소

MAP P.472A
구글 지도 GPS 43.77748, 11.24817 **찾아가기** 피렌체 S.M.N. 역사 내 16번 플랫폼 부근 **시간** 짐 1개 €6(초과 시 1시간당 €1 가산, 12시간 초과 시 1시간당 €0.5 가산)

파출소

MAP P.472A
구글 지도 GPS 43.77797, 11.24795 **찾아가기** 피렌체 S.M.N. 역사 내 16번 플랫폼 부근

관광 안내소

MAP도 P.472F
구글 지도 GPS 43.77513, 11.24892 **찾아가기** 피렌체 S.M.N. 역 정문 길 건너편 산타 마리아 노벨라 성당 입구 **시간** 09:00~19:00

TIP
피렌체는 대도시라 대형 슈퍼마켓이 많다. 소개한 곳은 그 중 규모가 큰 곳이고, 이보다 작은 슈퍼마켓은 좀 더 많다.

슈퍼마켓 ❶ Conad City 시내

MAP P.472B
구글 지도 GPS 43.7762, 11.25006 **찾아가기** 피렌체 S.M.N. 역 동쪽에서 남쪽으로 걷다가 맥도널드가 있는 삼거리에서 왼쪽으로 간다.
시간 월~토요일 07:30~21:00, 일요일 08:00~21:00

슈퍼마켓 ❷ Conad Sapori & Dintorni 산 로렌초 성당 부근

MAP P.473G
구글 지도 GPS 43.77387, 11.25453 **찾아가기** 산 로렌초 성당에서 두오모로 가는 길 **시간** 월~토요일 08:00~21:00, 일요일 09:00~21:00

한인 마트 Sapori di Korea

MAP P.473K
구글 지도 GPS 43.77064, 11.25682 **찾아가기** 시뇨리아 광장에서 단테 하우스로 가는 골목 **시간** 화~일요일 11:30~20:00 **휴무** 월요일

TIP
피렌체 시내에는 빨래방이 상당히 많은 편이다. 이 두 곳 외에도 구시가 주변에만 5~6곳이 성업 중이다. 숙소 관계자에게 더 가까운 곳이 있는지 꼭 물어볼 것.

빨래방 ❶ Expess Wash

MAP P.472B
구글 지도 GPS 43.7753, 11.25152 **찾아가기** 산타 마리아 노벨라 대성당 동쪽의 회전교차로 건너편 골목 안 **시간** 화~토요일 08:00~22:00

빨래방 ❷ Speed Queen Lavanderia

MAP P.472A
구글 지도 GPS 43.77592, 11.24513 **찾아가기** 피렌체 S.M.N. 역 우체국 길 건너편 정면 골목 안쪽 **시간** 08:00~21:30

2단계 피렌체, 이렇게 간다!

피렌체는 이탈리아에서 손꼽히는 대도시인 만큼 교통망도 잘 되어 있다. 외국에서 오가는 항공편도 제법 많고 이탈리아 전역과 기차로 잘 연결되어 있으며 이탈리아 중부의 소도시를 오가는 버스 네트워크도 촘촘하게 깔려 있다. 어느 모로 보나 이탈리아를 통틀어 여행 난도 최하를 자랑하는 도시이므로 마음 편하게 준비해도 좋다.

비행기로 가기

피렌체 공항은 시내에서 약 6km가량 떨어져 있는 피렌체 페레톨라 공항(Aeroporto di Firenze-Peretola)으로, 정식 명칭은 아메리고 베스푸치 공항(Aeroporto Amerigo Vespucci)이다. 한국에서 피렌체 공항으로 바로 가는 직항은 없으나, 유럽계 항공사를 이용하면 1회 경유를 통해 피렌체 인 · 아웃이 가능하다. 밀라노, 베네치아, 로마에 비해 공항의 규모가 아주 작은 데다 이용자 수가 많지 않다.

피렌체 페레톨라 공항 Aeroporto di Firenze-Peretola
주소 Via del Termine, 11 **전화** 055-30615 **홈페이지** www.aeroporto.firenze.it

공항에서 시내 가기

몇 년 전까지만 해도 30분 간격으로 운행하는 공항버스가 유일한 교통수단이었으나, 2018년 하반기에 트램 T2 노선이 완공되며 공항 교통의 신세계가 열렸다. 구시가 입구 또는 피렌체 S.M.N. 역과 공항을 20분 만에 연결하고, 배차 간격도 5~10분으로 짧으며 일반 시내 교통권(€1.7)으로 탈 수 있어 최근에는 거의 모든 공항 이용자가 트램을 이용하는 추세다. 티켓은 담배 가게(Tabacchi), 또는 트램 정류장에 설치된 자판기에서 판매한다.

시간 월~목 · 일요일 · 공휴일 05:06~11:59, 금 · 토요일 05:06~새벽01:44 **가격** 편도 €1.7

클로즈업 TIP
피렌체 S.M.N. 역 앞 정류장에 발착하는 공항버스
공항→시내 05:30, 06:00, 06:30, 21:30, 23:45, 00:30
시내→공항 05:00, 05:30, 06:00(일요일), 22:30, 23:45, 00:30

PLUS TIP
인원이 많으면 택시로!
피렌체 공항은 시내와 가깝기 때문에 택시비도 많이 나오지 않는다. 예산이 넉넉하거나 인원이 3명 이상이라면 택시도 고려할 것. 공항부터 시내 중심가까지는 고정 요금으로 평일 €22, 주말 €24, 야간 €25가 적용된다. 짐 1개당 €1씩 추가 요금이 있다.

기차로 가기

PLUS TIP

서쪽 출구, 지하로 가면 편해요!
피렌체 S.M.N. 역의 서쪽 출구는 지상까지 계단으로 연결돼 있다. 큰 짐을 들고 오르내리기엔 꽤 힘든 높이. 그러나 걱정할 필요는 없다. 뒤로 돌아 역사 안으로 들어가 지하상가로 통하는 에스컬레이터를 타고 내려간 뒤, 지하상가의 서쪽 출구로 나가면 약간 멀어도 훨씬 편하게 움직일 수 있다.

피렌체는 이탈리아 중부의 교통 중심지라 철도 운행도 활성화되어 있다. 피렌체 전역에는 기차역이 여러 개 있으나 중앙역인 피렌체 S.M.N.(Firenze S.M.N.) 역만 알면 충분하다. 'S.M.N.'은 '산타 마리아 노벨라 Santa Maria Novella'의 줄임말로, 역 맞은편에 자리한 성당의 이름이다. 피렌체 S.M.N. 역 동남쪽 2~3km 안팎이 관광 중심가인 구시가다.

20세기 초반, 역이 처음 지어질 때 모습을 간직하고 있어 매우 고풍스럽다.

피렌체 S.M.N. 역 Firenze S.M.N.

MAP P.472A
구글 지도 GPS 43.77652, 11.24788 **찾아가기** 피렌체 중심부 **주소** Piazza di Santa Maria Novella **전화** 055-235-2190 **시간** 역사 24시간. 매표소 08:00~21:00(트레니탈리아), 07:00~20:30(이탈로) **휴무** 연중무휴 **홈페이지** www.firenzesantamarianovella.it

버스로 가기

피렌체 S.M.N. 역에서 멀지 않은 곳에 피렌체 버스 터미널이 자리하고 있다. 시에나, 산 지미냐노 등 이웃 도시를 여행할 때는 버스가 편할 때가 많다. 또한 더 몰 럭셔리 아웃렛 단지를 방문할 사람은 반드시 버스 터미널의 위치를 파악해 둘 것.

피렌체 버스 터미널 Busitalia SITA Nord Autostazione

MAP P.472A
구글 지도 GPS 43.77552, 11.24666 **찾아가기** 피렌체 S.M.N. 역 서쪽 출구로 나와 길을 건넌 뒤 직진하면 오른쪽에 있다. **주소** Via Santa Caterina da Siena 15/17 **전화** 800-373-760

더 몰 럭셔리 아웃렛 단지행 버스가 버스 터미널에 선다.

3단계 피렌체 시내 교통 한눈에 보기

일단 피렌체에서는 걷기가 진리다. 관광 중심지가 아무리 길게 잡아도 3km 정도라 약간 힘들지만 모두 걸어서 이동 가능하다. 좀 더 정직하게 말하면 구시가의 대부분이 보행자 전용 구역인데다 교통 노선이 비효율적이라 어쩔 수 없이 걷게 되는 것. 90% 이상은 걷고, 너무 먼 거리를 이동하거나 더 이상 걸으면 다음 날 생사가 불투명할 정도로 힘들 때 대중교통이나 택시를 이용하는 것이 현명하다.

피렌체 교통권

피렌체의 대중교통(버스 · 트램)은 대부분 AT(Autolinee Toscane)라는 회사에서 운영하고 있어 교통권도 공통 승차권으로 발행된다. 구매는 다른 도시와 마찬가지로 담배 가게에서 가능하고, 피렌체 S.M.N. 역과 각 트램 정류장에 설치된 자동판매기에서도 살 수 있다. 1일권 · 일주일권 등의 정액권은 없다.

Ⓔ **요금** 1회권(90분 유효, 편도 이용) €1.7
1회권 차내 구매(90분 유효, 편도 이용) €3

버스

무려 80여 개의 버스 노선이 시내의 안팎을 연결하고 있으나, 관광객은 관광 특화 마을버스인 C1 · C2만 알아도 충분하다. 걸어서만 다닐 작정이라면 이 페이지를 가뿐히 패스해도 OK.

C1 버스

시내 북부와 아르노강을 남북으로 잇는 노선. 북→남 노선과 남→북 노선이 있는데, 북→남 노선이 아카데미아 미술관, 산 로렌초 성당, 두오모, 우피치 미술관 등 주요 관광지를 대부분 지나간다. 배차 간격은 8~10분.

C1 · C2 버스는 작고 귀여운 마을버스로 관광지에 특화된 노선이다.

C2 버스

시내 중심가를 동서로 가로지르는 노선. 피렌체 S.M.N. 역을 거쳐 시내 중심부로 간다. 서→동 노선은 역에서 두오모로 갈 때, 동→서 노선은 시뇨리아 광장에서 역으로 갈 때 이용하기 좋다. 배차 간격은 8~10분.

PLUS TIP 미켈란젤로 광장, 걸어서 가자!
미켈란젤로 광장은 피렌체 시내에서 가장 고지대에 있어 될 수 있으면 뭔가 타고 가고 싶어진다. 실제로 버스가 있다. 12번과 13번이 바로 언덕 위 광장까지 간다. 그러나 불행하게도, 두 버스 노선은 관광 중심지에 정류장이 없다. 언덕길을 올라가기 싫어서 버스를 타려다가 되레 더 걷거나 헤맬 가능성이 있다. 그냥 걷자. 그렇게 끔찍하게 힘들지는 않다.

트램

피렌체에는 T1 · 2 · 3 총 3개 노선의 트램이 운행 중이고, T4 노선을 공사하고 있다. 이중 T1과 T3은 피렌체 S.M.N. 역 부근에서 외곽으로 빠지는 노선이라 관광에는 거의 쓸모가 없으나, T2는 구시가 입구와 공항을 싸고 빠르게 연결해주는 노선으로 피렌체 인 · 아웃 여행자 및 공항에서 렌터카를 픽업할 여행자는 꼭 알아두는 것이 좋다. T2의 시내 방향 종점이 구시가 바로 앞에 있으므로 뚜벅이 여행자가 숙소를 외곽에 구할 생각이라면 되도록 T2 노선상에서 찾는 것을 추천한다.

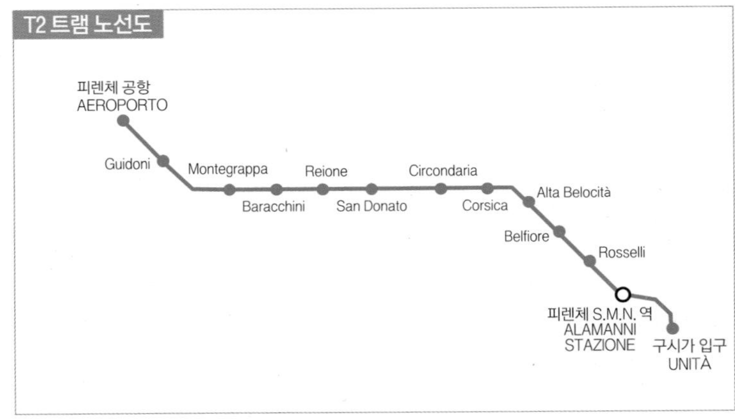

택시

피렌체 S.M.N. 역 앞 및 구시가의 여러 곳에서 택시를 쉽게 볼 수 있다. 기본요금은 한국보다 약간 비싼 수준이나 미터당 요금이 비싸고 시간 거리 병산이라 최종 요금은 꽤 많이 나온다. 또한 피렌체 구시가는 대부분이 ZTL 구역이라 택시가 들어갈 수 없다. 때문에 어쩔수 없이 빙빙 돌아가야해서 지도상에서는 가까워 보였던 곳도 막상 도착해 보면 소요 시간과 요금이 예상을 훌쩍 뛰어넘을 때가 많다. 2~3인 이상이, 정말 피곤할 때 한 번씩 이용할 만하다.

€ **요금** 기본 주간(06:00~22:00) €3.3, 야간(22:00~06:00) €6.6
1km당 €0.91~1.64
1분당 €0.5

PLUS TIP
주요 명소 도보 이동 거리
피렌체 S.M.N. 역 ↔ 두오모 1.5km(20~30분)
피렌체 S.M.N. 역 ↔ 미켈란젤로 광장 2km(30~40분)
두오모 ↔ 미켈란젤로 광장 1.5km(20~30분)

파출소

S 피렌체 S.M.N. 역
Firenze S.M.N.

빨래방
Express Wash

관광 안내소
Tourist Information

산타 마리아 노벨라 대성당
Basilica di Santa Maria Novella

피렌체 중앙시장
Mercato Centrale Firenze

산 로렌초 대성당
Basilica di San Lorenzo

1

관광 안내소

메디치 리카르디 궁전
Palazzo Medici Riccardi

메디치 예배당
Cappelle Medicee

두오모
매표소

잇탈리
Eataly

슈퍼마켓
Conad Sapori
& Dintorni

세포라
Sephora

아카데미아 미술관
Galleria dell'Accademia

산티시마 안눈치아타 대성당
Basilica della Santissima Annunziata

오스페달레 델리 인노첸티
Ospedale degli Innocenti

로자 델 비갈로
Loggia del
Bigallo

2 3 피렌체 두오모
Cattedrale di Santa Maria del Fiore

디즈니 스토어
Disney Store

그롬 GROM

비알레티
Bialetti

키코 KIKO

레푸블리카 광장
Piazza della Repubblica

벤키 Venchi

단테 하우스
Museo Casa di Dante

한인 마트
Sapori di Korea

우체국

오르산미켈레
Chiesa e Museo di
Orsanmichele

바르젤로 미술관
Museo Nazionale del Bargello

시뇨리아 광장 4
Piazza della
Signoria

산타 트리니타 다리
Ponte Santa Trinita

베키오 궁전
Palazzo Vecchio

7 산타 크로체 대성당
Basilica di Santa Croce

6 베키오 다리
Ponte Vecchio

5 우피치 미술관
Galleria degli Uffizi

산토 스피리토 대성당
Basilica di Santo Spirito

슈퍼마켓
Conad Sapori & Dintorni

피티 궁전
Palazzo Pitti

보볼리 정원
Giardino di Boboli

장미 정원
Folon e il Giardino delle Rose

F 미켈란젤로 광장
Piazzale Michelangelo

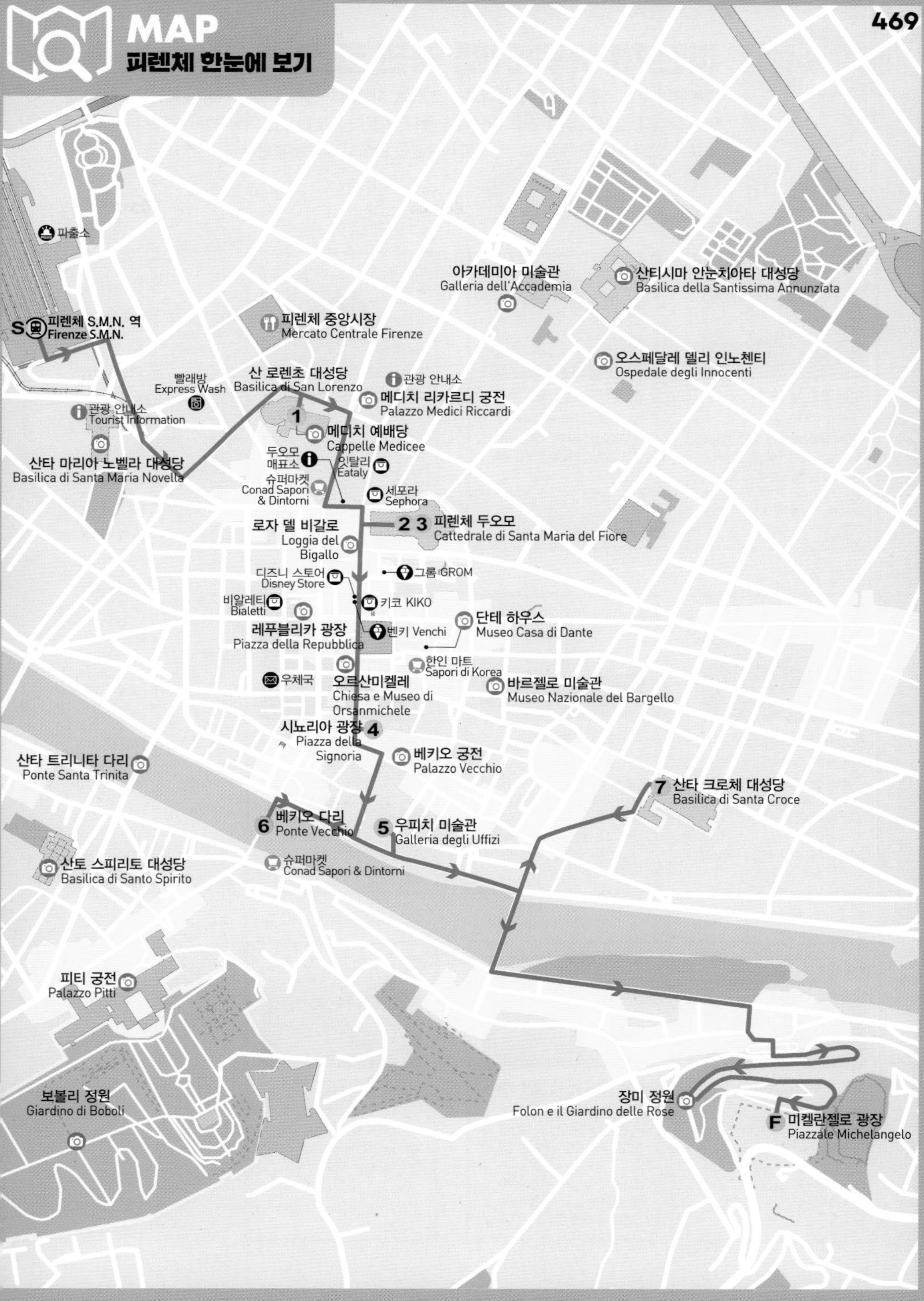

COURSE 1

피렌체 하루 여행 국민 코스

피렌체의 주요 스폿을 하루에 돌아보는 코스로, 피렌체 여행자의 절반 이상이 이렇게 다닌다 해도 과언이 아니다. 실제로 이 코스로 피렌체를 돌다 보면 아침에 만났던 여행자들과 종일 마주치는 현상을 겪을 수 있다. 두오모 쿠폴라와 우치피 미술관은 반드시 예약해야 한다.

S

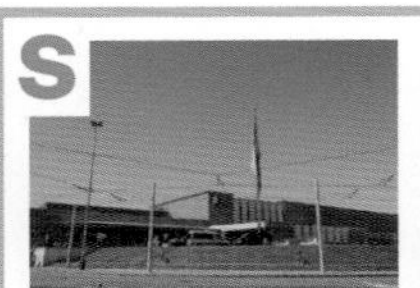

피렌체 S.M.N. 역

Firenze S.M.N.

산타 마리아 노벨라 성당 앞이나 T2 트램 종점에서 출발해도 OK.

역을 등지고 남쪽으로 T2 트램 종점을 지나 쭉 직진한 뒤 Via del Giglio로 좌회전해서 다시 직진 → 산 로렌초 성당 도착

1

산 로렌초 대성당 / 10min

Basilica di San Lorenzo

본격적으로 구시가 시작. 내부 입장은 유료이므로 패스해도 좋다.

성당 파사드를 오른쪽에 두고 쭉 직진 → 피렌체 두오모 도착

2

피렌체 두오모 본당 / 20min

Il Duomo di Firenze

예약해 둔 통합 입장권으로 두오모 내부를 돌아보자.

본당에서 나와 입구로 간다. → 쿠폴라 or 조토의 종탑 도착

3

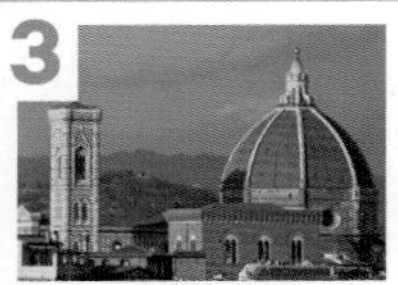

쿠폴라 or 조토의 종탑 / 1hr

Cupola or Campanile di Giotto

쿠폴라 전망대에 올라갈 사람은 미리 시간 예약도 해야 한다. 통합 입장권으로 입장 가능.

칼차이우올리 거리(Via dei Calzaiuoli)를 따라 직진 → 시뇨리아 광장 도착

4

시뇨리아 광장 / 30min

Piazza della Signoria

다비드 상 옆에서 기념사진을 남기자. 이쯤에서 점심 식사를 하는 것을 추천.

광장 남쪽 '헤라클레스와 카쿠스' 동상 방향으로 가면 바로 연결 → 우피치 미술관 도착

5

우피치 미술관 / 1hr

Galleria degli Uffizi

가이드 투어도 고려해 볼 것. 예약하지 않으면 최소 2시간은 줄을 서야 한다.

아르노강 가로 나와 우피치를 등지고 오른쪽으로 간다. → 베키오 다리 도착

6

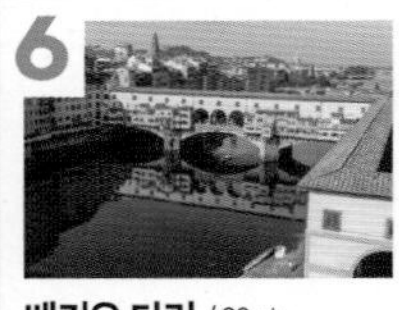

베키오 다리 / 30min

Ponte Vecchio

산타 트리니타 다리(Ponte Santa Trinita)에서 감상하는 것도 좋다.

동쪽으로 500m 간 뒤 그라치에 다리(Ponte alle Grazie) 앞에서 좌회전 후 직진 → 산타 크로체 성당 도착

7

산타 크로체 대성당 / 10min

Basilica di Santa Croce

두오모에 버금가는 아름다운 파사드를 지닌 성당. 내부 입장은 유료.

다리를 건넌 뒤 좌측으로 500m 가서 표지판을 따라 언덕으로 올라간다. → 미켈란젤로 광장 도착

F

미켈란젤로 광장 / 1hr

Piazzale Michelangelo

피렌체의 노을은 여기서 보자. 시내로 돌아와 저녁 식사는 비스테카 알라 피오렌티나를 추천.

코스 무작정 따라하기 START
S. 피렌체 S.M.N 역
도보 10분
1. 산 로렌초 대성당
도보 5분
2. 피렌체 두오모 본당
도보 3분
3. 쿠폴라 or 조토의 종탑
도보 10분
4. 시뇨리아 광장
도보 5분
5. 우피치 미술관
도보 5분
6. 베키오 다리
도보 10분
7. 산타 크로체 대성당
도보 20분
F. 미켈란젤로 광장

피렌체 S.M.N. 역 & 피렌체 두오모 주변
Stazione Firenze S.M.L & Cattedrale di Santa Maria del Fiore

여행자가 피렌체와 처음으로 마주하게 되는 곳이다. 대부분 폭이 좁은 보행자 전용 도로인데, 아무데로나 걸어도 몇십 걸음 안에 이탈리아의 중요 문화재와 마주칠 정도로 볼거리가 가득하다. 뭐니 뭐니 해도 하이라이트는 두오모!

추천 동선

피렌체 S.M.N. 역
▼
피렌체 중앙 시장
▼
산 로렌초 성당
▼
피렌체 두오모
▼
아카데미아 미술관
▼
산티시마 안눈치아타 광장

A
B
E
F
I
J
파출소
유인 짐 보관소
Left Luggage
피렌체 S.M.N. 역
Firenze S.M.N.
맥도날드
McDonald's
슈퍼마켓
Conad City
Via Nazionale
Mercato Centrale Fire
달 오스테
Dall'Oste P.482
트램 정류장
Alamanni - Stazione
Santa Maria Novella
빨래방
Speed Queen
Lavanderia
피렌체 버스 터미널
Busitalia SITA Autostazione
더 몰 셔틀버스 정류장
공항버스 정류장
관광 안내소
Tourist Information
트램 T2 종점
빨래방
Express Wash
Via del Giglio
산타 마리아 노벨라 대성당
Basilica di Santa Maria Novella P.477
일 부세토
Il Busseto P.488
Via della Scala
산타 마리아 노벨라 약국
Farmaceutica di Santa Maria Novella P.486
Via Palazzuolo
오스테리아 파스텔라
Osteria Pastella P.486
부카 마리오
Buca Mario P.481
이 투스카니 두에
I'Tuscani 2 P.482
일 라티니
Il Latini P.482
Via dei Federighi
Via degli Stroz
토르나부오니 거
Via dè Tornabuoni
라 부솔라
La Bussola P.485
살바토레 페라가모 박물관
Museo Salvatore Ferragamo

N
0 50m

C D G H K L

소르젠티
orgenti P.485
다 미켈레 피렌체
chele Firenze P.486
마리오
Mario P.483
차차
ZàZà P.483
체르보네
erbone
다 가리바르디
Da Garibardi P.483
Via Guelfa
일 데스코
Il Desco P.486
일 파피로
Il Papiro
Via Camillo Cavour
산티시마 안눈치아타 대성당
Basilica della Santissima Annunziata
P.481
아카데미아 미술관
Galleria dell'Accademia P.481
산티시마 안눈치아타 광장
Piazza della Santissima Annunziata
오스페달레 델리 인노첸티
Ospedale degli Innocenti P.481
산 로렌초 시장
Mercato di San Lorenzo P.487
예배당
pelle Medicee P.478
메디치 리카르디 궁전
Palazzo Medici Riccardi P.478
안눈치아타 약국
Farmacia SS. Annunziata P.488
Via dei Servi
산 로렌초 대성당
Basilica di San Lorenzo P.478
메디치 라우렌치아나 도서관
Biblioteca Medicea Laurenziana P.478
잇탈리 Eataly
슈퍼마켓
Sapori & Dintorni
세포라 Sephora
두오모 매표소
입구
피렌체 두오모
Cattedrale di Santa Maria del Fiore P.474
브루넬레스키의 쿠폴라 Cupola di Brunelleschi P.475
일 파피로
Il Papiro
P.488
파니니 토스카니
Panini Toscani P.484
산 조반니 세례당
stero di San Giovanni P.476
피렌체 두오모 박물관
Museo dell'Opera del Duomo P.476
피렌체 두오모 본당
Duomo di Firenze P.475
조토의 종탑
Campanile di Giotto P.475
산타 레파라타 지하 묘소
Cripta di Santa Reparata P.476
로자 델 비갈로
Loggia del Bigallo P.479
입구
그롬 GROM
칼차이우올리 거리
Via dei Calzaiuoli P.487
Via dell' Oriuolo
카페 질리
è Gilli P.485
디즈니 스토어
Disney Store
벤키 Venchi
키코 KIKO
체키
Zecchi P.488
Via del Proconsolo
알레티
Bialetti
레푸블리카 광장
Piazza della Repubblica P.479
코인
COIN
Via del Corso
리나센테 백화점
ascente Firenze P.488
달 오스테 2호점
Dall'Oste
단테 하우스
Museo Casa di Dante P.479
페르케 노!...
Perché no!... P.485
오르산미켈레
Museo di Orsanmichele
P.479
이 프라텔리니
I Fratellini P.484
한인 마트
Sapori di Korea
바르젤로 미술관
Museo Nazionale del Bargello
P.480
Via della Condotta
아쿠아 알 두에
Acqua Al 2 P.484
Via dell'Anguillar
비볼리
Vivoli P.484
시뇨리아 광장
Piazza della Signoria P.494

TRAVEL INFO
ⓘ 핵심 여행 정보

01 피렌체 두오모
Cattedrale di Santa Maria del Fiore
까테드랄레 디 싼타 마리아 델 피오레

정식 명칭은 '산타 마리아 델 피오레 대성당(Cattedrale di Santa Maria del Fiore)'으로, '꽃의 성모 마리아 대성당'이라는 뜻. 이탈리아에서 가장 예쁜 두오모로 손꼽힌다. 13세기 말, 경제적으로 번성하기 시작한 피렌체가 주변 도시의 거대한 두오모에 뒤지지 않으려고 오래된 성당을 개축한 것이 시초다. 유명 건축가 아르놀포 디 캄비오(Arnolfo di Cambio)가 설계하고 1296년부터 짓기 시작해, 1310년 아르놀포가 사망한 후에는 조토(Giotto), 피사노(Pisano), 탈렌티(Talenti), 기니(Ghini) 등 당대 최고의 건축가들이 총감독을 이어받았다. 전 세계에서 가장 큰 돔 지붕과 전망대는 영화 〈냉정과 열정 사이〉 이후 이탈리아 관광 필수 코스로도 손꼽히고 있다.

INFO P.042 MAP P.473G
구글 지도 GPS 43.77314, 11.25596(성당 중심부) **찾아가기** 피렌체 S.M.N. 역에서는 산타 마리아 노벨라 성당 쪽으로 길을 건넌 뒤 왼쪽으로 가다가, 그랜드 호텔 발리오니(Grand Hotel Baglioni)의 오른쪽 차도를 따라 500m 정도 걸으면 나온다. **주소** Piazza del Duomo **전화** 055-230-2885 **홈페이지** duomo.firenze.it

PLUS TIP

두오모 통합 티켓 구입하기

피렌체 두오모의 티켓은 두오모 본당을 제외한 부속 건물, 즉 쿠폴라 전망대, 조토의 조탑, 산 조반니 세례당, 두오모 박물관, 산타 레파라타 지하 묘소 등을 묶은 패스 형태의 통합 티켓으로 판매한다. 패스는 3종류가 있으며, 입장 가능 범위에 조금씩 차이가 있다. 두오모 본당은 무료 입장 가능하다. 패스의 명칭은 모두 이탈리아 르네상스의 거장 이름을 딴 것으로, 패스 이름에 붙어있는 아티스트의 작품이 해당 패스의 메인 볼거리라고 생각하면 틀리지 않다. 모든 패스는 개시일 부터 3일간 연속으로 사용 가능하다.

패스이름	포함 갯수	입장 가능 명소	가격
브루넬레스키 패스 Brunelleschi Pass	5곳	쿠폴라 전망대, 조토의 종탑, 산 조반니 세례당, 두오모 박물관, 산타 레파라타 지하 묘소	성인 €30 어린이 €12
조토 패스 GIOTTO PASS	4곳	조토의 종탑, 산 조반니 세례당, 두오모 박물관, 산타 레파라타 지하 묘소	성인 €20 어린이 €7
기베르티 패스 GHIBERTI PASS	3곳	산 조반니 세례당, 두오모 박물관, 산타 레파라타 지하 묘소	성인 €15 어린이 €5

※ 성인 요금은 만 15세 이상. 어린이는 만 7~14세. 만 0~6세는 무료 입장 가능.

두오모 티켓 및 입장에 대해 꼭 알아야 할 것들

✔ 티켓은 현재 온라인 예매 및 현장 구매가 가능하다.

✔ 브루넬레스키 패스를 예매하면 쿠폴라 전망대 관람 시간까지 동시에 예매할 수 있다. 예매 시간대에서 5분 지각까지는 용서되나 그 이후로는 노쇼 처리된다.

✔ 티켓을 구매하면 공식 사이트의 마이페이지와 이메일로 PDF 티켓 및 바코드를 받을 수 있다. PDF를 인쇄하거나 바코드 이미지를 스마트폰에 다운 받아서 사용하면 된다.

✔ 환불 및 변경이 불가능하다. 시간과 날짜를 신중하게 선택할 것.

✔ 입장 시간 및 휴무 일정이 수시로 변동된다. 공식 홈페이지에서 입장 시간을 확인할 수 있으므로 방문 전에 시간을 꼭 미리 확인할 것을 추천한다.

ZOOM IN

피렌체 두오모

이탈리아에는 수없이 많은 두오모가 있지만, 피렌체의 두오모만큼 섬세한 아름다움을 뽐내는 곳은 없다. '꽃의 산타 마리아 대성당'이라는 명칭의 '꽃'이라는 수식어가 조금도 부족하지 않는 자태를 자랑한다. 그리고 그 위에서 보는 피렌체 시내의 아름다운 풍경. 두오모는 피렌체 관광의 핵심이자 하이라이트라 해도 과언이 아닌 곳이다.

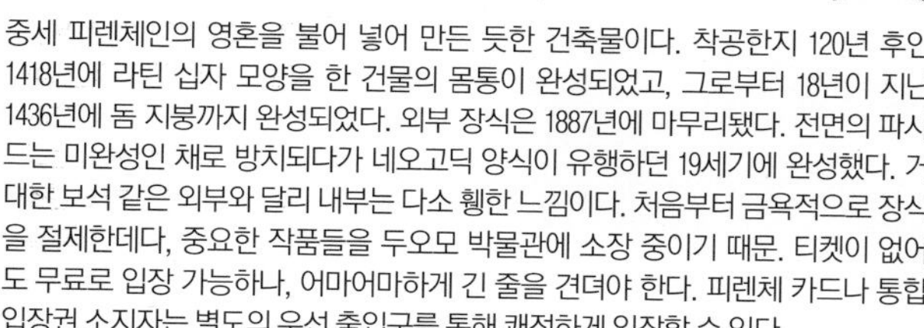

01 피렌체 두오모 본당

Il Duomo di Firenze (일 두오모 디 피렌체)

중세 피렌체인의 영혼을 불어 넣어 만든 듯한 건축물이다. 착공한지 120년 후인 1418년에 라틴 십자 모양을 한 건물의 몸통이 완성되었고, 그로부터 18년이 지난 1436년에 돔 지붕까지 완성되었다. 외부 장식은 1887년에 마무리됐다. 전면의 파사드는 미완성인 채로 방치되다가 네오고딕 양식이 유행하던 19세기에 완성했다. 거대한 보석 같은 외부와 달리 내부는 다소 휑한 느낌이다. 처음부터 금욕적으로 장식을 절제한데다, 중요한 작품들을 두오모 박물관에 소장 중이기 때문. 티켓이 없어도 무료로 입장 가능하나, 어마어마하게 긴 줄을 견뎌야 한다. 피렌체 카드나 통합 입장권 소지자는 별도의 우선 출입구를 통해 쾌적하게 입장할 수 있다.

구글 지도 GPS 43.77314, 11.25596(성당 중심부) **시간** 월~토요일 10:15~15:45 **휴무** 일요일 및 천주교 축일(행사에 따라 수시 휴무)

02 브루넬레스키의 쿠폴라

Cupola di Brunelleschi (꾸뽈라 디 브루넬레스키)

두오모의 천장을 덮은 거대한 벽돌 쿠폴라(돔 지붕). 당시에는 어느 쿠폴라보다 크고 아름다우며 기술적으로 발전한 돔을 만들려고 했으나, 본당의 몸통이 완성되고 20년이 지나도 지붕을 올리지 못하자 1418년 돔 설계 공모전이 열렸다. 여기서 브루넬레스키와 기베르티가 최후까지 경쟁하다 결국 브루넬레스키가 당선되었다. 쿠폴라 꼭대기의 전망대는 피렌체 구시가를 한눈에 볼 수 있는 최고의 장소다. 특히 영화 〈냉정과 열정 사이〉에 등장한 이후 연인이 찾는 명소로 각광받고 있다. 463개의 좁은 계단을 걸어 올라가야 하지만 반드시 시간을 예약해야 할 정도로 인기가 높다. 피렌체 카드 이용자도 마찬가지. 돔 내부에 바사리(Vasari)가 그린 〈최후의 심판〉 벽화가 있으니 쿠폴라 전망대 오르는 길에 감상해 보자.

구글 지도 GPS 43.77311, 11.25694 **시간** 월~금요일 08:15~18:45, 토요일 08:15~16:30, 일요일 및 공휴일 12:45~16:30 **휴무** 부정기

03 조토의 종탑

Campanile di Giotto (깜파닐레 디 조또)

피렌체 두오모에 속한 높이 85m의 종탑. 피렌체의 대표적인 고딕 건축물이자 이탈리아에서 가장 아름다운 종탑으로 명성이 높다. '조토'는 피렌체 두오모 건축을 맡은 2대 총감독의 이름에서 딴 것이다. 조토는 1334년부터 두오모의 건축을 총괄했는데, 설계와 일부 기초 공사가 끝난 1337년 세상을 떠나는 바람에 이후의 실무는 조토의 조수였던 피사로가 마무리했다. 꼭대기에 있는 전망대는 두오모의 쿠폴라를 포함해서 피렌체 구시가가 어우러진 풍경을 볼 수 있어 전망으로만 보면 쿠폴라 전망대보다 한수 위라고도 한다. 계단은 총 414개이고, 엘리베이터는 없다.

구글 지도 GPS 43.7728, 11.2557 **시간** 08:15~18:45 **휴무** 부정기

04 산 조반니 세례당

Battistero di San Giovanni (바티스테로 디 싼 조반니)

두오모 파사드 맞은편에 자리한 작은 예배당으로, 피렌체 최초의 8각 성당이자 오래된 성당 중 한 곳이다. 옛날에는 이 세례당이 1세기의 로마 신전을 개축한 것으로 알려져 있었으나, 최근 연구에 따르면 4~5세기에 기독교 예배당으로 지어졌다가 6세기에 개축되었다고 한다. 어쨌든 건축 연대만 놓고 보면 두오모 본당보다 조상이다. 지금의 단아하면서 화려한 모습은 르네상스 시대에 더해진 것인데, 특히 동·남·북에 자리한 동제(銅製) 출입구에는 피렌체 르네상스의 위대한 예술가들이 만든 화려한 부조가 눈길을 끈다. 미켈란젤로가 '천국의 문'이라는 별명을 붙인 동쪽 출입문은 브루넬레스키의 라이벌, 기베르티의 작품이다. 브루넬레스키와 기베르티의 첫 번째 대결이 바로 이 조각이었는데, 여기서 패배한 브루넬레스키는 로마로 떠나 건축에 몰두했다. 현재 성당의 문은 모두 모조품이고, 진품은 피렌체 두오모 박물관에 있다. 내부는 최후의 심판을 묘사한 화려한 모자이크로 장식되어 있다.

구글 지도 GPS 43.77311, 11.25502 **시간** 08:30~19:30 **휴무** 부정기

05 산타 레파라타 지하 묘소

Cripta di Santa Reparata (크립타 디 싼타 레파라타)

산타 레파라타는 피렌체 두오모가 지어지기 전에 그 자리에 있던 성당이다. 1965년부터 8년에 걸친 발굴 작업을 통해 주춧돌과 지하실을 발굴해 일반인에게 공개하고 있다. 이 지하실에는 산타 레파라타 성당과 피렌체 두오모에 연관된 수많은 위인들이 잠들어 있다. 대표적으로 쿠폴라를 지은 위대한 건축가 브루넬레스키가 묻혀 있고 조토, 아르놀포 디 캄비오, 피사노 등의 건축가도 여기에 있다고는 하나 아직 발견된 증거는 없다.

구글 지도 GPS 43.77298, 11.25598 **시간** 월~토요일 10:15~16:00, 일요일·공휴일 13:30~16:00 **휴무** 부정기 **홈페이지** www.ilgrandemuseodelduomo.it/monumenti/5-cripta

06 피렌체 두오모 박물관

Museo dell'Opera del Duomo (무제오 델로페라 델 두오모)

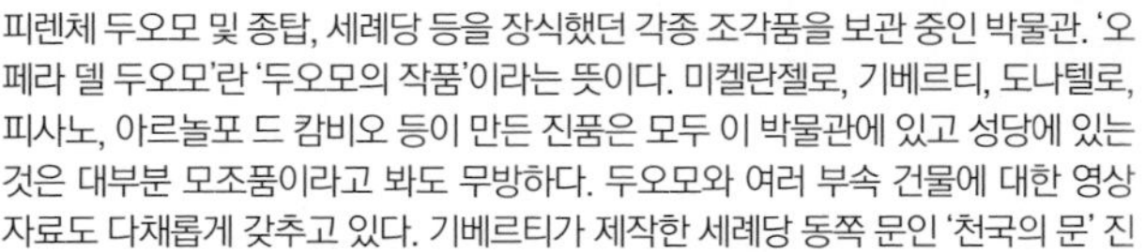

피렌체 두오모 및 종탑, 세례당 등을 장식했던 각종 조각품을 보관 중인 박물관. '오페라 델 두오모'란 '두오모의 작품'이라는 뜻이다. 미켈란젤로, 기베르티, 도나텔로, 피사노, 아르놀포 드 캄비오 등이 만든 진품은 모두 이 박물관에 있고 성당에 있는 것은 대부분 모조품이라고 봐도 무방하다. 두오모와 여러 부속 건물에 대한 영상자료도 다채롭게 갖추고 있다. 기베르티가 제작한 세례당 동쪽 문인 '천국의 문' 진품과 북쪽 문, 미켈란젤로의 '피에타 반디니(Pietà Bandini)' 등을 볼 수 있다.

구글 지도 GPS 43.77319, 11.25802 **시간** 8:30~19:00 **휴무** 매월 첫 번째 화요일 **가격** €16

❶ 미켈란젤로 〈피에타 반디니〉
❷ 도나텔로 〈세례 요한〉
❸ 미켈란젤로 〈피렌체 두오모 파사드 모델〉
❹ 기베르티 〈천국의 문 진품〉

02 산타 마리아 노벨라 대성당

Basilica di Santa Maria Novella
바질리까 디 산타 마리아 노벨라

피렌체 S.M.N. 역 길 건너편에 자리한 오래된 성당. 피렌체에 도착한 여행자가 가장 먼저 볼 확률이 높은 관광지다. 역 쪽에서 보이는 수수한 외관은 건물 뒤편이고, 반대쪽으로 가면 매우 화려한 파사드가 매력을 뽐낸다. '산타 마리아 노벨라'는 '새로운 성모 마리아'라는 뜻으로, 9세기에 지어졌던 성모 마리아를 대신해 14세기에 새로 지은 것이다. 이 성당은 중세시대 피렌체에서 가장 중요한 4대 성당 중 하나였다. 밖에서는 별로 커 보이지 않으나 내부는 상당히 커서, 본당 외에 다양한 기도실, 전시 공간, 회랑 등이 자리하고 있다. 본당에는 피렌체 르네상스를 대표하는 걸작이 여러 점 있는데, 그중에서도 최초로 원근법을 사용한 마사초(Masaccio)의 〈성 삼위일체(La Trinità)〉는 피렌체에서 꼭 봐야 할 작품 중 하나다. 그 외에도 피렌체 두오모의 돔 지붕을 설계한 천재 건축가 브루넬레스키(Brunelleschi)가 만든 목제 십자가, 피렌체 두오모의 종탑을 지은 조토(Giotto)의 십자가 회화 등을 보유하고 있다.

MAP P.472F
구글 지도 GPS 43.77463, 11.24938 **찾아가기** 피렌체 S.M.N. 역 정문에서 광장을 지나 큰 길을 건너면 바로 있다. **주소** Piazza Santa Maria Novella 18 **전화** 055-219-257 **시간** 월~목요일 09:00~17:30, 금요일 11:00~17:30, 토요일 및 천주교 축일 전 09:00~17:30, 일요일 및 천주교 축일 13:00~17:30(7~9월의 일요일은 12:00 오픈) **휴무** 1/1, 1/6, 부활절, 8/15, 11/1, 12/8, 12/25 **가격** 입장료 €7.5 **홈페이지** www.smn.it

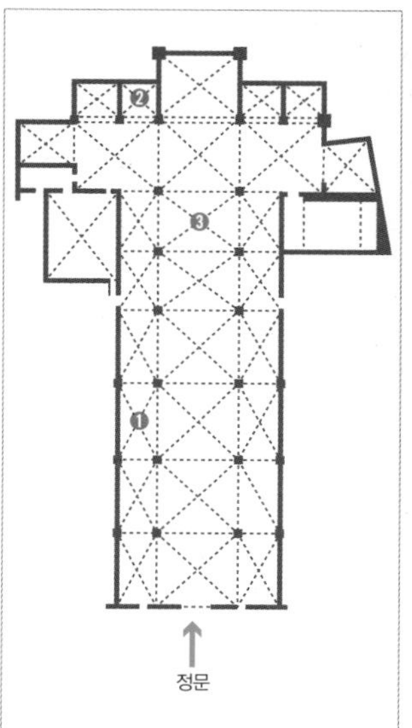

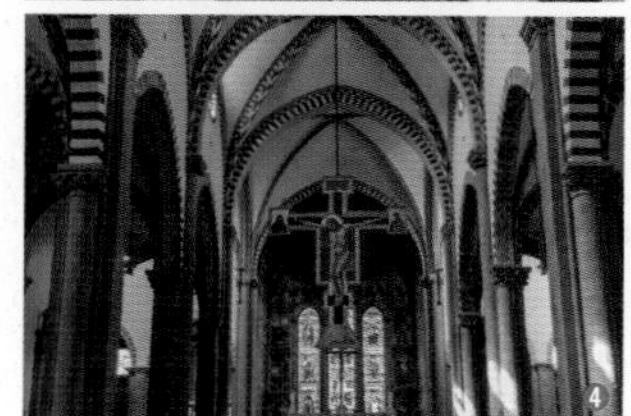

❶ 피렌체 S.M.N. 역 쪽에서 보이는 외관.
❷ 마사초 〈성 삼위일체〉
❸ 브루넬레스키의 목제 십자가
❹ 조토의 십자가 회화

03 산 로렌초 대성당

Basilica di San Lorenzo
바질리까 디 싼 로렌초

피렌체 최대 규모와 최고의 역사를 자랑하는 유서 깊은 성당 중 한 곳. 393년에 건립되어 11세기에 로마네스크 양식으로 개축되었고, 1419년에 메디치가에서 천재 건축가 브루넬레스키에게 재건축을 의뢰했다. 그러나 브루넬레스키가 세상을 떠나고, 메디치가의 경제 상황이 악화되는 등 여러 악재가 겹치면서 미완성으로 남았다. 내부는 웅장하고 단아한 르네상스 건축의 전형을 보여준다. 1519년 미켈란젤로가 디자인한 파사드의 목제 모형이 내부에 전시되어 있다.

MAP P.473G
구글 지도 GPS 43.77496, 11.25387 **찾아가기** 두오모 본당과 산 조반니 세례당 사이로 난 길에서 북쪽, 두오모를 바라보고 왼쪽으로 직진하다 사거리가 나오면 다시 왼쪽으로 꺾는다. **주소** Piazza di San Lorenzo 9 **전화** 055-216-634 **시간** 월~토요일 10:00~17:30 **휴무** 일요일, 1/1, 1/6, 8/10 **가격** 성당 €9

04 메디치 라우렌치아나 도서관

Biblioteca Medicea Laurenziana
비블리오테카 메디체아 라우렌치아나

메디치가에서 만든 사설 도서관으로, 미켈란젤로가 설계를 맡아 더욱 유명하다. 이 도서관은 1만 개가 넘는 필사본과 4,000권 이상의 출판물을 소장하고 있다. 건물은 미켈란젤로의 건축물 중에서도 중요한 작품으로 손꼽히며, 매너리즘 건축의 효시로도 일컬어진다. 사실 미켈란젤로가 직접 공사를 진행한 것은 10년 미만이고, 실제 그의 손길이 닿은 것은 독서실 입구뿐이라고 한다. 과거에는 일반인의 접근이 가능했으나, 최근에는 도서관의 역할을 강화해 하루 12명만 출입이 가능하고 예약도 전화로만 받는다. 전시실은 일반 출입이 가능하나, 진행되는 전시가 없을 때는 출입할 수 없다.

MAP P.473G
구글 지도 GPS 43.77432, 11.25404 **찾아가기** 산 로렌초 대성당 내에 연결 통로가 있다. **주소** Piazza San Lorenzo, 9 **전화** 055-293-7911 **시간** 월·수·금요일 08:15~14:00, 화·목요일 08:15~17:30 **휴무** 토·일요일, 1/1, 1/6, 4/25, 5/1, 6/24, 8/15, 11/1, 12/25·26 **홈페이지** www.bmlonline.it

05 메디치 예배당

Le Cappelle Medicee
레 카펠레 메디체

산 로렌초 성당의 부속 건물로, 메디치 가문 전용 예배당이자 가족 묘소로 쓰였다. 입구로 들어가면 지하 묘소가 제일 먼저 나오고, 위층으로 올라가면 8각형의 본당이 나오며 표지판을 따라 이동하면 이 건물의 하이라이트인 '신 성구실(Sagrestia Nuova)'이 나온다. 신 성구실은 교황 피오 10세가 젊어서 죽은 자신의 두 형제를 기리기 위해 조성한 기도실로, 미켈란젤로가 설계와 장식을 담당했다. 이곳에 있는 줄리아노 메디치(Giuliano Medici)의 석상은 일명 '줄리앙'이라고 불리는 석고 소묘용 두상으로 매우 유명하다. 산 로렌초 성당 뒤쪽에 입구가 따로 있고 요금도 별도로 받는다.

MAP P.473G
구글 지도 GPS 43.77509, 11.25339 **찾아가기** 산 로렌초 성당 뒤쪽 **주소** Piazza di Madonna degli Aldobrandini, 6 **전화** 055-064-9430 **시간** 수~월요일 08:15~18:50 **휴무** 화요일 **가격** €9

06 메디치 리카르디 궁전

Palazzo Medici Riccardi
팔라쪼 메디치 리카르디

메디치가 사람들이 썼던 궁전으로 르네상스 건축의 특징이 잘 나타난 건축물로 손꼽힌다. 건축가는 기베르티의 문하생이었던 미켈로초(Michelozzo)인데, 깔끔하고 단아한 스타일로 메디치가의 총애를 받았다고 한다. 메디치가의 전성기에는 집무실 겸 예술가들과의 미팅 장소였으나 가세가 기울자 리카르디 가문에게 팔렸다. 현재는 피렌체 의회가 자리하고 있는데, 몇몇 방과 예배실을 박물관으로 꾸며 일반인에게 공개하고 있다. 가장 유명한 작품은 동방박사 예배실(Magi Chapel)에 그려진 고촐리(Gozzoli)의 프레스코화 〈동방박사의 행렬〉이다.

MAP P.473G
구글 지도 GPS 43.77519, 11.25577 **찾아가기** 두오모와 산 조반니 세례당 사이의 좁은 길을 따라 북쪽, 즉 두오모를 바라보고 왼쪽으로 쭉 직진한다. **주소** Via Camillo Cavour 3 **전화** 055-276-0340 **시간** 목~화요일 09:00~19:00 **휴무** 수요일 **가격** 박물관 €15 **홈페이지** www.palazzo-medici.it

07 로자 델 비갈로

★

Loggia del Bigallo
로자 델 비갈로

피렌체 두오모 맞은편에 자리한 로자(loggia, 이탈리아 건축에서 한쪽 벽이 없이 트인 방이나 넓은 홀)로 작지만 화려한 모습이 눈을 사로잡는다. 중세 시대에 고아와 순례자, 여행자, 무연고 사망자 등을 돕던 콤파냐 델 비갈로(Compagnia del Bigallo)라는 단체가 사용하던 건물이다. 로자에 누군가가 아이를 놓고 가면 단체에서 운영하는 고아원에 보내거나 입양을 보내는 구조였다고 한다. 콤파냐 델 비갈로에 대한 자료를 전시하는 박물관으로 꾸며져 있다.

MAP P.473G

구글 지도 GPS 43.77264, 11.25526 **찾아가기** 두오모 본당을 등지고 왼쪽 대각선 방향에 바로 보인다. **주소** Piazza di San Giovanni, 1 **전화** 055-288-496 **시간** 박물관 수~월요일 09:30~17:30 **휴무** 박물관 화요일, 1/1, 부활절, 12/8, 12/25 **가격** €5 **홈페이지** museicivicifiorentini.comune.fi.it

08 오르산미켈레

★★★

Chiesa e Museo di Orsanmichele
키에자 에 무제오 디 오르산미켈레

잠볼로냐가 만든 성 루카의 조각. 복제품이다.

피렌체의 부와 명예를 견인하던 상공업 길드들이 세운 성당 겸 곡물 창고. 건물 외벽에 14개의 벽감(벽에 움푹 파놓은 장식용 벽장)이 설치되어 있고, 그 안에 각 길드의 수호신 조각이 놓여 있는데 하나하나가 르네상스 최고 예술가들의 작품이다. 무역상의 수호성인 성 토마는 베로키오, 포목업 길드의 수호성인 성 마르코와 갑옷 장인 길드의 수호성인 성 조르조는 도나텔로, 정육업자의 수호성인 성 베드로는 도나텔로와 브루넬레스키의 합작품이다. 현재 외부에 장식된 조각과 벽감은 모두 모조품이고, 진품은 내부의 박물관과 바르젤로 미술관 등에서 소장 · 전시 중이다.

MAP P.473K

구글 지도 GPS 43.77068, 11.255 **찾아가기** 칼차이우올리 거리. 두오모 정면을 바라보고 오른쪽으로 길을 따라 약 300m. **주소** Wia Arte della Lana 1 **전화** 055-23-885 **시간** 월 · 수 · 목 · 금 · 토요일 08:30~18:30 일요일 08:30~13:30 **휴무** 1/1, 5/1, 12/25 **가격** €8

09 단테 하우스

★

Museo Casa di Dante
무제오 까자 디 단테

천국 · 지옥 · 연옥을 아우르는 대 서사시, 이탈리아어로 쓰인 르네상스 시대 최고의 문학 작품인 〈신곡(神曲)〉의 작가 단테 알레기에리의 집을 재현한 박물관. 피렌체시에서는 단테가 살았던 집이라고 홍보하지만 사실 증거는 없다고 한다. 내부는 13세기 단테가 살았던 집안 환경 및 〈신곡〉에 관련된 내용이 전시되어 있는데, 규모가 작고 전시 내용도 어려워 큰 관심이 없다면 다소 흥미가 떨어진다. 오래된 명소이므로 '여기가 단테의 집!'이라고 발도장만 찍어도 충분하다.

MAP P.473K

구글 지도 GPS 43.77114, 11.25711 **찾아가기** 칼차이우올리 거리에서 페르케 노가 있는 골목으로 들어가 직진한 뒤 왼쪽 두 번째 골목에서 좌회전한다. **주소** Via Santa Margherita 1 **전화** 055-219-416 **시간** 하절기(4/1~10/31) 10:00~18:00 동절기(11/1~3/31) 화~금요일 10:00~7:00, 토 · 일요일 10:00~18:00 **휴무** 12/24 · 25 **가격** 일반 €8, 만 7~12세 €5, 만 6세 미만 및 장애인 무료 **홈페이지** www.museocasadidante.it

10 레푸블리카 광장

★★★

Piazza della Repubblica
피아짜 델라 레푸블리카

두오모 광장, 시뇨리아 광장 등과 더불어 구시가 중심부에서 가장 큰 광장 중 하나. 이탈리아의 광장치고는 몹시 네모반듯한 모양인데, 19세기 피렌체 재개발 시절에 조성된 비교적 '젊은' 광장이기 때문. 사방이 카페와 레스토랑으로 둘러싸여 있고 한쪽엔 회전목마도 있어 유쾌한 분위기가 가득하다. 특히 회전목마에 환한 조명이 들어오는 저녁 시간에 더욱 예쁘다. 피렌체의 대표적인 쇼핑 스폿인 리나센테 백화점, 칼차이우올리 거리, 스트로치 거리 등이 모두 이 일대에 몰려 있다.

MAP P.473K

구글 지도 GPS 43.77142, 11.25401 **찾아가기** 칼차이우올리 거리에서 리나센테 백화점이 나오면 반대편으로 꺾어 한 블록 간다. **주소** Piazza della Repubblica **전화** 상점마다 다름. **시간** 24시간 **휴무** 연중무휴 **가격** 무료입장

11 바르젤로 미술관

Museo Nazionale del Bargello
무제오 나치오날레 델 바르젤로

★★★★

메디치가에서 소장하던 조각 및 공예 작품을 전시 중인 미술관. '바르젤로'는 르네상스 시대의 경찰로, 당시에는 이 건물이 경찰청 겸 감옥이었다. 미켈란젤로, 잠볼로냐, 도나텔로 등의 작품을 비롯한 소장품의 수준이 상당히 높아 역사 마니아 및 미술 애호가들에게는 우피치 미술관에 버금간다는 평가를 받고 있다. 대표 작품으로는 미켈란젤로의 〈바쿠스〉, 잠볼로냐의 〈헤르메스〉, 도나텔로의 〈다비드〉 등이 있고, 미켈란젤로의 스무 살 때 습작으로 알려진 〈갈리노의 십자가〉를 별도의 전시실에서 공개 중이다. 개관 시간이 짧고 휴관이 잦으므로 꼭 방문하려면 시간 조절에 신경을 쓸 것.

MAP P.473L

구글 지도 GPS 43.77039, 11.258 **찾아가기** 시뇨리아 광장에서 베키오 궁전 옆 골목으로 들어가 직진하다 사거리가 나오면 좌회전한다. **주소** Via del Proconsolo 4 **전화** 055-238-8606 **시간** 월·수·목·금·일요일 08:15~13:50, 토요일 08:15~18:50(2024년 3/1~7/31 기간은 월요일 08:15~18:50) **휴무** 화요일 **가격** €10(특별 전시는 가격 변동될 수 있음, 예약비 €3) **홈페이지** bargellomusei.it

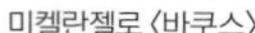

미켈란젤로 〈바쿠스〉

잠볼로냐 〈헤르메스〉

도나텔로 〈다비드〉

미켈란젤로 〈갈리노의 십자가〉

12 아카데미아 미술관

★★★★

Galleria dell'Accademia
갈레리아 델라카데미아

피렌체의 공립 미술 교육 기관인 피렌체 아카데미아의 부설 미술관으로, 1784년에 설립되었다. 수준 높은 작품을 다수 소장·전시 중이나, 무엇보다 미켈란젤로의 〈다비드(David)〉가 있는 미술관으로 명성이 높다. 〈다비드〉는 완성된 후 한동안 시뇨리아 광장 한복판에 서 있었는데, 훼손을 우려한 피렌체시에서 그 자리에 복제품을 놓고 진품은 아카데미아 미술관으로 옮겼다. 미술관의 긴 전시실을 거닐다 갑자기 끝에서 〈다비드〉가 보일 때의 전율은 생각보다 어마어마하다.

MAP P.473D

구글 지도 GPS 43.77678, 11.25875 **찾아가기** 두오모 정면을 바라보고 왼쪽으로 들어가 직진하다 왼쪽 첫 번째 골목인 리카솔리 거리(Via Ricasoli)로 들어가 약 450m 직진한다. **주소** Via Ricasoli 58/60 **전화** 055-238-8609 **시간** 화~일요일 08:15~18:50 **휴무** 월요일, 1/1, 12/25 **가격** €16(예약비 €4) **홈페이지** www.galleriaaccademiafirenze.it

13 산티시마 안눈치아타 대성당

★★★

Basilica della Santissima Annunziata
바질리까 델라 산티씨마 안눈치아타

'산티시마 안눈치아타'는 '가장 신성한 수태고지'라는 뜻으로, 성모 마리아 시종회(Servite Order)라는 수도회에서 1250년에 설립했다. 내부의 수태고지 그림에는, 성모의 얼굴만 그리고 잠들었더니 다음날 천사의 은혜로 모두 완성되었다는 전설이 전해온다. 성당 앞에는 르네상스 시대의 단층 건물로 둘러싸인 넓은 광장이 있는데 산티시마 안눈치아타 광장(Piazza della Santissima Annunziata)이라고 한다. 영화 〈냉정과 열정 사이〉에서 남녀 주인공이 재회하는 장면을 이 광장에서 찍어 스냅 투어 장소로 인기가 높다.

INFO P.115 MAP P.473D

구글 지도 GPS 43.7768, 11.26089 **찾아가기** 두오모 정면을 바라보고 왼쪽으로 들어가 직진하다가, 왼쪽 두 번째 골목인 세르비 거리(Via dei Servi)로 들어가 400m 직진. **주소** Piazza SS Annunziata/Via Cesare Battisti 6 **전화** 055-266-181 **시간** 07:30~12:30, 16:00~18:30, 20:45~21:45(공휴일만 추가 오픈) **휴무** 연중무휴 **가격** 무료입장 **홈페이지** annunziata.xoom.it

14 오스페달레 델리 인노첸티

★★

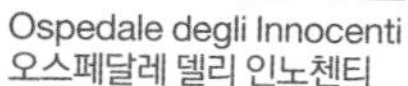

Ospedale degli Innocenti
오스페달레 델리 인노첸티

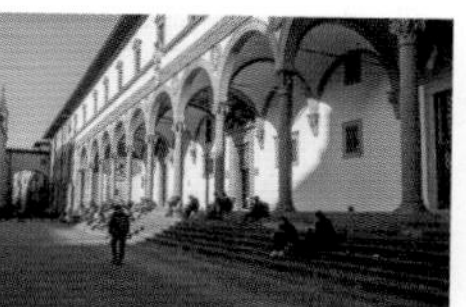

르네상스 시대 피렌체의 상인 길드에서 만든 고아원 겸 어린이 병원으로, 유럽 최초의 고아 복지 시설이다. 언뜻 봐서는 평범하지만 르네상스 건축의 거장 브루넬레스키가 건축 초기 공사 감독을 맡았다. 브루넬레스키는 주로 외부 회랑을 작업했는데, 당시로서는 상당히 고도의 기술을 사용해 그의 대표작 중 하나로 손꼽힌다. 내부에는 박물관과 아동 센터가 자리하고 있다. 종종 '스페달레(Spedale)'라고도 표기되는데, 오기가 아니라 중세 토스카나 사투리라고 한다.

MAP P.473D

구글 지도 GPS 43.7763, 11.26098 **찾아가기** 산티시마 안눈치아타 광장. 산티시마 안눈치아타 대성당을 바라보고 오른쪽에 있는 건물이다. **주소** Piazza della Santissima Annunziata 12 **전화** 055-20-371 **시간** 박물관 10:00~19:00 **휴무** 부정기 **가격** €9 **홈페이지** www.museodeglinnocenti.it

15 부카 마리오

★★★★

Buca Mario

코페르토 €4 카드 결제 O 영어 메뉴 O

초대형 티본스테이크 '비스테카 알라 피오렌티나(Bistecca alla Fiorentina)'가 맛있기로 소문난 레스토랑. 살코기가 많고 겉을 많이 태우지 않으며 고기의 질도 좋아 여행자들에게 특히 사랑받는다. 1인분이 살코기로만 600g에 육박하며, 굽기는 레어만 주문할 수 있다. 예약하지 않으면 자리를 잡기 어려우니 2~5일 전에는 홈페이지를 통해 예약할 것.

INFO P.149 MAP P.472F

구글 지도 GPS 43.77228, 11.2492 **찾아가기** 산타 마리아 노벨라 대성당 정면을 등지고 광장을 가로질러 간 뒤 눈앞에 보이는 골목으로 들어간다. 직진 후 첫 번째 작은 사거리에서 좌회전하면 바로 보인다. **주소** Piazza degli Ottaviani 16/r **전화** 055-214-179 **시간** 월~토요일 19:00~24:00(주방 마감 22:00) **휴무** 일요일 **가격** 전채 €12~24, 파스타 €16~38, 메인 요리 €18~114 **홈페이지** www.bucamario.com

비스테카 알라 피오렌티나
Bistecca alla Fiorentina(1인분) €50

16 일 라티니

Il Latini

코페르토 €3 카드 결제 O 영어 메뉴 O

1960년대에 문을 연 이래 피렌체에서 가장 사랑받는 레스토랑 중 하나로 군림하고 있는 곳. 피렌체의 전통 음식들을 선보이는데, 대표 메뉴는 역시 비스테카 알라 피오렌티나. 야성적이고 육향이 강하며 큰 뼈가 붙어 있다. 등심 위주의 '코스톨라(Costola)'와 안심 위주의 '필레토(Filetto)' 두 종류의 비스테카가 있다. kg 단위로 주문받으며, 1kg이면 성인 3명이 먹을 수 있다. 주말은 예약해야 된다.

INFO P.149 MAP P.472J

구글 지도 GPS 43.77161, 11.24933 **찾아가기** 부카 마리오를 바라보고 왼쪽으로 쭉 가다가 오른쪽에 나오는 골목으로 들어간다. **주소** Via dei Palchetti 6R **전화** 055-210-916 **시간** 화~금요일 19:30~22:30, 토 · 일요일 12:30~14:30, 19:30~22:30 **휴무** 월요일 **가격** 전체 €7~16, 파스타 · 샐러드 €11~15, 메인 요리 €15~60 **홈페이지** www.illatini.com

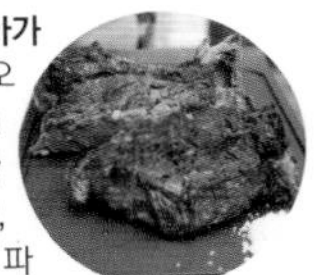
비스테카 알라 피오렌티나 Bistecca alla Fiorentina(1kg, 코스톨리) €50

17 달 오스테

Dall'Oste

코페르토 €3.9(세금 포함) 카드 결제 O 한글·영어 메뉴 O

세계 각지의 내로라하는 품종의 소고기를 드라이 에이징으로 숙성시켜 비스테카 알라 피오렌티나를 만드는 레스토랑. 한국인 여행자들이 특히 좋아하는 곳으로, 한국어 메뉴판 및 홈페이지가 있다. 더 포크나 트립 어드바이저에서 예약 가능하고, 한인 민박 및 유명 여행 커뮤니티에서 할인 쿠폰을 쉽게 구할 수 있다. 좌석 수가 많고 분점도 두 곳이나 있다. 살라미 모둠, 비스테카 알라 피오렌티나(1kg), 감자 구이 또는 샐러드, 생수로 구성된 1인 €40.8의 세트 메뉴가 있으니 뭘 먹을지 망설여진다면 세트 메뉴를 주문해 볼 것.

INFO P.149 MAP P.472A

구글 지도 GPS 43.775928, 11.246876 **찾아가기** 피렌체 S.M.N. 역에서 플랫폼을 등지고 서쪽 출구로 나간 뒤 길을 건넌다. **주소** Via Luigi Alamanni 3/5r **전화** 055-212-048 **시간** 12:00~10:30 **휴무** 연중무휴(부정기 휴무 있음) **가격** 비스테카 알라 피오렌티나 €69.8~87, 기타 스테이크 €25~250, 파스타 €12.8~24.8 **홈페이지** trattoriadalloste.com

비스테카 알라 피오렌티나 Bistecca alla Fiorentina(1kg) €69.8

18 이 투스카니 두에

I'Tuscani 2

코페르토 €2.5 카드 결제 O 영어 메뉴 O

전통의 강호들을 제치고 피렌체에서 맛있는 비스테카 알라 피오렌티나로 꼽히는 스테이크계의 신성. 오로지 고기 중심의 메뉴로 뚝심 있게 운영 중이다. 소고기 스테이크를 중심으로 소시지, 새끼돼지 구이, 햄버거 등 다양한 메뉴가 있고 당연히 비스테카 알라 피오렌티나도 있다. 전체류도 알고보면 죄다 육류일 정도. 비스테카 알라 피오렌티나는 처음엔 무조건 미디엄 레어 정도의 굽기로 나오지만 먹다가 요청하면 좀 더 구워주기도 한다. 가급적 예약할 것.

MAP P.472J

구글 지도 GPS 43.77187, 11.24953 **찾아가기** 일 라티니와 같은 선상에 있다. **주소** Piazza San Pancrazio, 2/R **전화** 055-906-5507 **시간** 목~월요일 12:00~14:30, 18:30~23:00 **휴무** 화 · 수요일 **가격** 전체 €12~36, 스테이크 및 고기 요리 €15.8~62, 비스테카 알라 피오렌티나 €80(1kg) **홈페이지** ituscani.com

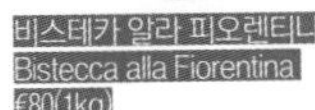
비스테카 알라 피오렌티나 Bistecca alla Fiorentina €80(1kg)

19 피렌체 중앙 시장

Mercato Centrale Firenze

코페르토 X 카드 결제 X 영어 메뉴 X

19세기부터 영업 중인 피렌체의 대표 전통 시장. 1층은 식료품과 기념품, 선물용품 등을 판매하는 시장이고 2층은 푸드 코트다. 몇 년 전까지 2층도 시장이었는데, 2014년 대대적인 개보수를 거쳐 세련되고 쾌적한 푸드 코트로 변신했다. 피자, 파스타, 디저트, 커피, 와인 등 업종도 다양하며, 가격은 저렴하지만 맛이 전반적으로 준수하다. 무료 와이파이도 잘 돼 잠시 쉬다 가기도 좋다. 다양한 음식을 한 곳에서 맛보고 싶다면, 그리고 도전 정신이 있는 미식가라면 한 번쯤은 들러볼 만한 곳이다.

INFO P.212 MAP P.473C

구글 지도 GPS 43.77656, 11.25323 **찾아가기** 산 로렌초 성당에서 북쪽으로 난 델라리엔토 거리(Via dell'Ariento)를 따라 약 100m 직진. **주소** Via dell'Ariento **전화** 055-239-9798 **시간** 09:00~24:00(매장마다 다름) **홈페이지** www.mercatocentrale.it

20 다 네르보네
Da Nerbone

코페르토 X 카드 결제 X 영어 메뉴 X

피렌체 중앙시장 1층에 자리한 자그마한 음식 가판대. 일명 '곱창 버거'라 불리는 파니노 콘 일 람프레도토(Panino con il Lampredotto)로 세계적인 인기를 끌고 있다. 소의 막창을 푹 끓여낸 뒤 빵 사이에 넣은 음식인데, 이탈리아의 노동자들이 즐겨 먹던 것이라고 한다. 따로 매운 양념을 요청하면 넣어주므로 꼭 부탁할 것. '피칸테(Picante)'라고 말하면 된다. 곱창에서 약간 냄새가 나므로 비위가 약한 사람에게는 비추. 일찍 열고 일찍 닫으므로 아침 식사나 브런치용으로 좋다.

INFO P.155 MAP P.473C
구글 지도 GPS 43.77625, 11.25316 **찾아가기** 피렌체 중앙시장 내. 산 로렌초 시장 쪽 문을 등지고 오른쪽 끝에 있다. **주소** Mercato Centrale **전화** 055-219-9499 **시간** 월~토요일 08:30~15:00 **휴무** 일요일 **가격** 파니노 콘 일 람프레도토 €5

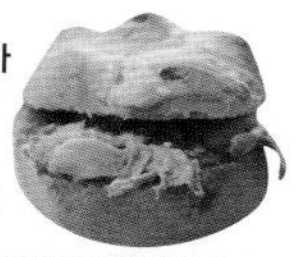
곱창 버거 Panino con il Lampredotto 파니노 콘 일 람프레도토, €5

21 차차
ZàZà

코페르토 €2.5 카드 결제 O 한글·영어 메뉴 O

1977년부터 산 로렌초 시장 부근 먹자 거리에서 영업해 온 트라토리아로, 한국인에게 가장 유명한 피렌체 음식점이다. 토스카나 전통 음식을 다양하게 선보이는데, 특히 비스테카 알라 피오렌티나가 피렌체에서 가장 저렴한 편이라 주머니가 가벼운 배낭여행자들이 '썰러' 가는 곳으로 유명했다. 비스테카 알라 피오렌티나 외에도 고기 요리가 전반적으로 맛있다.

MAP P.473C
구글 지도 GPS 43.77635, 11.25444 **찾아가기** 산 로렌초 성당을 등지고 비스듬히 오른쪽으로 난 보르고 라 노체(Borgo la Noce) 길로 쭉 들어가면 나오는 작은 광장에 있다. **주소** Piazza del Mercato Centrale 26r **전화** 055-215-411 **시간** 11:00~23:00 **가격** 전채 €4~12, 파스타 €7~16, 메인 요리 €10~30, 비스테카 알라 피오렌티나 1kg €50, 티본 안심 스테이크 1kg €55 **홈페이지** www.trattoriazaza.it

비스테카 알라 피오렌티나 Bistecca alla Fiorentina (1kg) €40

22 다 가리바르디
Da Garibardi

코페르토 X 카드 결제 O 한글·영어 메뉴 O

차차 바로 옆에 있는 식당으로 메뉴, 스타일, 가격대 모두 차차와 비슷하다. 오랫동안 배낭 여행자들 사이에서 '차차 옆집'으로 반사 이익을 누리고 있는데, 맛만으로 비교하면 다 가리바르디가 낫다는 사람도 적지 않다. 대표 메뉴는 비스테카 알라 피오렌티나. 다른 가게와 마찬가지로 kg 단위로 판매하나, 점심 시간대에 '비스테카 메뉴'라고 하는 1인분 메뉴를 내놓을 때가 있다. 메뉴판에는 없고 가게 밖의 홍보용 입간판에 써 두므로 비스테카를 먹고 싶은 나홀로 여행자라면 속는 셈 치고 가리바르디 앞을 서성여 보자.

MAP P.473C
구글 지도 GPS 43.77609, 11.25434 **찾아가기** 차차를 바라봤을 때 오른쪽에 있다. **주소** Piazza del Mercato Centrale 38R **전화** 055-212-267 **시간** 11:00~23:00 **가격** 비스테카 알라 피오렌티나 1kg €50~54, 전채 €7~26, 파스타 €11~18 **홈페이지** www.garibardi.it

비스테카 메뉴 Bistecca Menu (브루스케타+감자를 곁들인 스테이크) €25

23 마리오
Mario

코페르토 €0.5 카드 결제 O 영어 메뉴 X

현지인들에게 조용하지만 뜨겁게 사랑받고 있는 작은 트라토리아. 고기 요리는 거의 다 맛있고 파스타나 샐러드도 훌륭하다. 영업 시간이 매우 짧고 메뉴판이 손글씨로 되어 있으며 종업원들도 영어를 거의 못하기 때문에 주문 난도는 최상급. 그러나 토스카나 서민 요리의 진수를 맛보고 싶은 미식가라면 도전 가치가 충분하다. 고기 요리를 주문하면 정말 고기만 나오므로 사이드 메뉴도 주문하는 것이 좋다. 예전에는 영어 메뉴가 아예 없었으나 요즘은 메뉴를 영어로도 병기한다.

MAP P.473C
구글 지도 GPS 43.77656, 11.25458 **찾아가기** 차차를 바라보고 왼쪽으로 몇 걸음만 가면 된다. **주소** Via Rosina 2r **전화** 055-218-550 **시간** 월~토요일 12:00~15:30 **휴무** 일요일·공휴일 **가격** 전채 €4~8, 파스타 €7~12, 고기 요리 €9.5~28, 비스테카 알라 피오렌티나 1kg €45~55 **홈페이지** www.trattoriamario.com

소고기 스테이크 Filetto di Manzo €20

24 아쿠아 알 두에
Aqua Al 2

바르젤로 미술관 뒤쪽에 자리한 레스토랑. 발사믹소스 스테이크로 한국인 여행자들에게 큰 사랑을 받고 있다. 진하고 감칠맛 나는 소스가 얹어져 고기 맛에 강하게 의존하는 비스테카 알라 피오렌티나에 비해 부담이 덜하다. 스테이크의 굽기도 손님이 정해서 주문할 수 있다. 샘플러 메뉴가 샐러드, 파스타, 스테이크, 치즈, 디저트 등 다양하게 마련된 것도 장점. 라비올리나 샐러드 등도 맛있다. 실내가 좁고 테이블 수가 적으므로 가급적 예약할 것.

MAP P.473L

구글 지도 GPS 43.77021, 11.25883 **찾아가기** 바르젤로 미술관 뒤쪽. **주소** Via della Vigna Vecchia 40r **전화** 055-284-170 **시간** 월 · 수요일 17:00~22:00, 금요일 17:00~23:00, 토 · 일요일 14:00~22:00 **휴무** 화요일 **가격** 각종 샘플러 €18~46, 파스타 €17~32, 메인 요리 €16~46 **홈페이지** www.acquaal2.it

발사믹 안심 스테이크 Filetto all' Aceto Balsamico €44

25 파니니 토스카니
Panini Toscani

코페르토 X 카드 결제 O 영어 메뉴 X

이탈리아식 샌드위치인 파니니(Panini) 전문점으로, €6의 비교적 저렴한 가격에 맛은 매우 좋다. 손님이 속 재료를 선택해서 만드는 방식인데 햄 3종, 치즈 4종 중에서 1개씩 선택하고 채소를 3종 더 골라서 넣는다. 햄과 치즈는 직접 시식하고 고를 수 있으며 종류와 특징에 대한 친절한 설명도 들을 수 있다. 두오모와 가깝다는 것도 사소하지만 중요한 장점.

MAP P.473G

구글 지도 GPS 43.77325, 11.2579 **찾아가기** 두오모 뒤쪽, 두오모 박물관 부근. **주소** Piazza del Duomo 34R **전화** 347-004-33911 **시간** 10:00~19:00 **휴무** 부정기 **가격** 파니니 1개 €6, 각종 와인 1잔 €3~7 **홈페이지** www.facebook.com/Panini-Toscani-1617564911791557

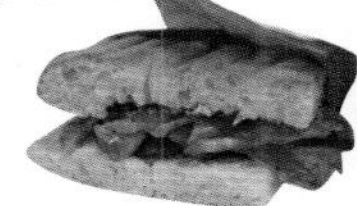

파니니 Panini €6

26 이 프라텔리니
I Fratellini

코페르토 X 카드 결제 O 한글·영어 메뉴 O

1895년에 문을 열어 120년이 넘는 역사를 자랑하는 피렌체의 터줏대감 격 파니니 전문점. 단돈 €5에 맛있고 양 많은 파니니를 먹을 수 있다. 메뉴가 총 29가지인데, 가격이 모두 같다. 메뉴판에 속 재료명이 친절하게 나와 있으므로 자기 입맛에 맞는 것을 고르면 되는데, 보통 구운 햄과 트러플소스가 들어간 메뉴가 가장 인기가 높다. 한글 메뉴판도 있으며, 주문할 때는 메뉴 이름 옆의 숫자를 가리키면 된다.

MAP P.473K

구글 지도 GPS 43.77062, 11.25548 **찾아가기** 오르산미켈레 성당 맞은편. **주소** Via dei Cimatori 38/red **전화** 055-239-6096 **시간** 월~금요일 10:00~17:00, 토 · 일요일 10:00~21:30 **휴무** 연중무휴 **가격** 파니니 1개 €5

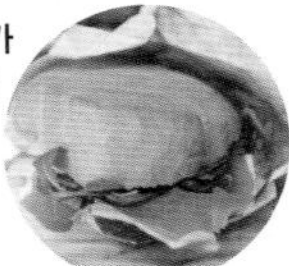

파니니 1번 프로슈토, 크림치즈, 루꼴라 €5

27 비볼리
Vivoli

코페르토 X 카드 결제 X 영어 메뉴 X

무려 1932년부터 젤라토를 팔기 시작한, 피렌체에서 가장 오래된 젤라테리아라고 한다. 페르케 노, 젤라테리아 산타 트리니타와 더불어 피렌체 3대 젤라토로 불린다. 이탈리아 젤라토의 정수를 선보이는 곳으로 정평이 나 있다. 과일맛 젤라토로 유명한데, 특히 딸기(Fragola)는 이탈리아 최고 수준. 그 외에도 우유, 크림, 쌀 맛 등도 맛있다. 젤라토 외에도 간단한 디저트와 와인도 팔고 있으며 테이블도 있다.

INFO P.186 MAP P.473L

구글 지도 GPS 43.76993, 11.26008 **찾아가기** 바르젤로 미술관 뒤쪽에서 동쪽으로 뻗어나간 비냐 베치아 거리(Via della Vigna Vecchia)를 따라가다 사거리가 나오면 우회전한다. **주소** Via Dell'Isola delle Stinche 7r **전화** 055-292-334 **시간** 목~화요일 12:00~21:00 **휴무** 수요일 **가격** 젤라토 컵 · 콘 €2.5~5 **홈페이지** vivoli.it

스몰 컵 Coppa Piccolo €2.5

28 페르케 노!...

Perché no!...

코페르토 X 카드 결제 X 영어 메뉴 X

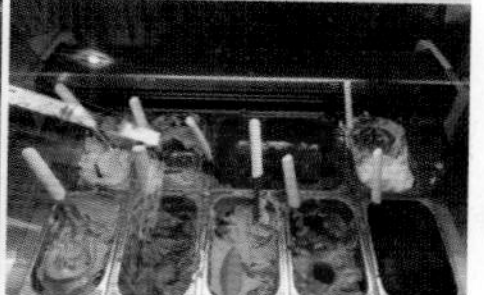

피렌체의 3대 젤라테리아 중 하나. 영어로 'Why Not?'이라는 뜻의 재미있는 상호가 돋보인다. 1939년에 문을 열었으니, 가장 오래된 곳은 아니지만 역사와 전통의 젤라토 맛집 중 한 곳임은 분명하다. 다 맛있지만 그중에서도 참깨 맛과 피스타치오 맛이 가장 인기가 높은데, 한국인 관광객이 많이 찾아와 '참깨'라고만 말해도 알아듣는다. 최근에는 그라니따도 개시했다. 서울과 부천의 뉴코아아울렛에도 매장이 영업 중이다.

INFO P.186 MAP P.473K

구글 지도 GPS 43.77082, 11.25543 **찾아가기** 오르산미켈레 성당 맞은편 골목으로 들어가면 오른쪽에 보인다. **주소** Via dei Tavolini 19r **전화** 055-239-8969 **시간** 화요일 12:00~20:00, 수~월요일 11:00~22:00 **가격** 젤라토 콘 · 컵 €3~10 **홈페이지** www.facebook.com/GelateriaPercheNo

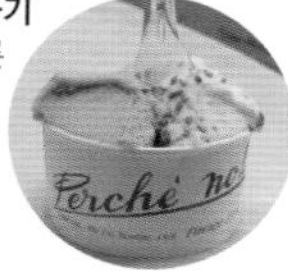

가장 작은 컵 €3

29 카페 질리

Caffe Gilli

코페르토 €2.5 카드 결제 O 한글·영어 메뉴 O

1733년에 문을 연, 피렌체에서 가장 오래된 카페다. 원래는 칼차이우올리 거리에 있다가 1920년대에 지금의 자리로 옮겼다. 피렌체에 들렀던 수많은 명사들의 단골집으로, 피렌체 카페 문화의 산증인이라 할 수 있다. 칵테일, 커피, 디저트의 맛 또한 수준급이고 분위기도 매우 좋으나, 가격이 지나치게 비싼데다 불친절하다는 평가도 심심치 않게 많다. '가장 오래된 카페'를 가본다는 일종의 기념적인 의미가 크다.

INFO P.176 MAP P.473K

구글 지도 GPS 43.77196, 11.25433 **찾아가기** 레푸블리카 광장 북쪽. 리나센테나 사보이 호텔을 바라보고 왼쪽으로 간다. **주소** Via Roma 1r **전화** 055-213-896 **시간** 08:00~24:00 **가격** 커피류 €4.5~14, 차 €10, 각종 칵테일 €14~25 **홈페이지** www.gilli.it

카푸치노 Cappuchino €6

30 라 부솔라

La Bussola

코페르토 €3 카드 결제 O 한글·영어 메뉴 O

1960년대에 문을 연 이래 피렌체 중심가 맛집 중 한 곳으로 유명한 곳. 최근에는 신예 강호들에 다소 밀린 감은 있으나 여전히 믿고 먹어도 좋을 정도로 안정적인 맛을 선보인다. 해물을 사용한 파스타가 장기로, 간이 짜지 않아 한국인 입맛에도 잘 맞는다. 피체리아를 겸하고 있어 피자도 맛볼 수 있다. 주말이나 성수기에는 예약을 하는 것이 좋은데, 홈페이지와 트립 어드바이저에서 손쉽게 예약할 수 있다. 종업원들이 영어를 잘하고 서비스가 노련한 것도 빼놓을 수 없는 장점.

MAP P.472J

구글 지도 GPS 43.77027, 11.25253 **찾아가기** 시뇨리아 광장에서 칼차이우올리 거리를 따라 한 블록 올라간 뒤 좌회전해 약 200m 직진한다. **주소** Via Porta Rossa, 56r **전화** 055-293376 **시간** 12:00~15:30, 18:30~22:30 **휴무** 연중무휴 **가격** 전채 €11~24, 파스타 €13~35, 메인 요리 €20~100 **홈페이지** labussolafirenze.com

해물 스파게티 Spaghetti allo Scoglio €23

31 레 소르젠티

Le Sorgenti

코페르토 X 카드 결제 O 영어 메뉴 O

토스카나 전통 음식점처럼 보이지만 사실 중국집이다. 한국인 여행자들에게는 한자를 잘못 읽은 '만가원식관'으로 알려져 있지만, '만가원찬관(萬家源餐館)'이 맞다. 짬뽕과 비슷한 면 요리가 있어 한국인에게는 피렌체 최고의 맛집 중 하나로 통한다. 볶음밥, 볶음면, 완탕을 비롯한 메뉴 대부분이 맛있고 가격 또한 매우 저렴하다. 이탈리아 음식의 맛과 가격에 모두 지친, 주머니가 가벼운 여행자에게 강력 추천한다. 짬뽕면은 메뉴판에서 찾기 힘드나 종업원에게 '짬뽕'이라고 말하면 금세 알아듣는다.

MAP P.473C

구글 지도 GPS 43.77732, 11.25305 **찾아가기** 피렌체 중앙 시장 부근. **주소** Via Chiara, 6/R **전화** 055-213-959 **시간** 12:00~15:00, 17:30~23:00 **휴무** 연중무휴 **가격** 밥 · 면 €1.3~5.5, 해산물 메뉴 €6~13

매운 해물면(짬뽕) Zuppa Taglierini Frutti Mare €7.5

32 일 데스코

Il Desco

코페르토 X 카드 결제 O 영어 메뉴 O

직영 농장에서 생산된 유기농 재료를 사용하여 신선하고 깔끔한 음식을 만드는 작은 비스트로. 제철 재료로 음식을 만들기 때문에 계절마다 메뉴가 바뀐다. 브레이크 타임 없이 운영하고 있어 애매한 시간에 식사하려고 할 때 이용하기 가장 좋다. 채식주의자 메뉴도 잘 갖추고 있다. 정통 이탈리아 요리라기보다는 창작 요리에 가깝다. 2015년부터 매년 미슐랭 가이드의 셀렉션 또는 플레이트 등급에 선정되고 있다.

MAP P.473C

구글 지도 GPS 43.77653, 11.25702 **찾아가기** 메디치 리카르디 궁전을 마주보고 오른쪽으로 직진한다. **주소** Via Cavour, 27 **전화** 055-288-330 **시간** 12:00~15:00, 19:00~23:00 **휴무** 부정기 **가격** 애피타이저 €8~18, 파스타 €14~23, 메인 요리 €18~32 **홈페이지** www.ildescofirenze.it

화이트 와인과 허브를 넣어 조린 토끼 스튜 Stewed Rabbit with Vernacia White Wine and Aromatic Herbs €16.5

33 오스테리아 파스텔라

Osteria Pastella

코페르토 €3 카드 결제 O 영어 메뉴 O

이곳의 주력 메뉴는 그라나 파다노 치즈를 '플람베(Flambé)' 방식으로 녹여 면을 비비는 치즈 파스타. 치즈 플람베 파스타는 두 종류가 있는데 한 가지는 트러플을 얹는 것이고, 나머지 하나는 어란을 뿌리는 것이다. 파스타를 완성한 뒤 트러플이나 어란을 즉석에서 잘라 얹어준다. 실내 분위기도 매우 고풍스럽고 예뻐서 사진 찍기도 좋다. 3~5일 전에는 예약하는 것이 바람직하며, 홈페이지에서 예약 가능하다.

INFO P.144 MAP P.472E

구글 지도 GPS 43.77382, 11.2479 **찾아가기** 산타 마리아 노벨라 약국 본점 맞은편. **주소** Via della Scala, 17 **전화** 055-267-0240 **시간** 12:00~14:30, 19:00~22:30 **휴무** 연중무휴 **가격** 전채 €15~18, 파스타 €16~27, 메인 메뉴 €25~30, 비스테카 알라 피오렌티나 1kg €65~80 **홈페이지** www.osteriapastella.it

생 트러플을 넣은 그라나 파다노 치즈 플람베 탈리아텔레 Tagliatelle Flambé al tartufo Fresco in Crosta di Garana Padano €27

34 다 미켈레 피렌체

Da Michele Firenze

코페르토 €1.5 카드 결제 O 영어 메뉴 O

줄리아 로버츠 주연의 영화 〈먹고 기도하고 사랑하라〉에 등장했던 나폴리 최고의 피체리아 다 미켈레의 피렌체 지점. 본점과 비교하면 가격이 조금 더 비싸고 맛은 다소 떨어지는 느낌은 있으나 피렌체만 놓고 봤을 때는 가장 맛있는 피자집이라고 해도 큰 과장은 아니다. 나폴리 본점에는 없는 토스카나 특색 가득한 메뉴도 있고, 로컬 수제 맥주도 맛볼 수 있어 '피맥'하기도 좋다. 식사 시간대에는 줄을 제법 길게 서야 하므로 차라리 애매한 시간에 방문하는 것을 추천한다.

MAP P.473C

구글 지도 GPS 43.77669, 11.25436 **찾아가기** 중앙 시장 앞 광장 부근. **주소** Piazza del Mercato Centrale, 22R **전화** 055-269-6173 **시간** 12:00~16:00, 18:00~23:00 **휴무** 연중무휴 **가격** 각종 피자 €6.5~13 **홈페이지** www.pizzeriadamichelefirenze.it

마르게리타 더블 모차렐라 Margherita Mozzarella Doppio €9

35 산타 마리아 노벨라 약국

Farmaceutica di Santa Maria Novella

파르마체우티카 디 싼타 마리아 노벨라

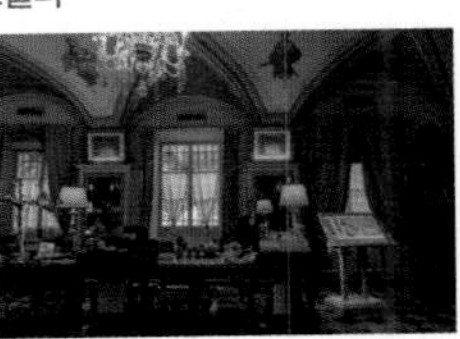

천연 화장품을 생산·판매하는 산타 마리아 노벨라 성당 부설 약국. 1220년대 수도사들이 만들어 팔기 시작해, 1612년부터 정식으로 화장품 생산 판매를 시작했다. 천연 재료로 만든 기초 화장품, 향수, 비누, 향초 등을 피렌체 중심가에서 약 3km 떨어진 공방에서 전통 재료와 방식대로 생산 중이다. '고현정 크림'으로 잘 알려진 크레마 이드랄리아(Crema Idralia), 주름 예방 크림 크레마 알 폴리네(Crema Al Polline), 장미수 화장수 아쿠아 디 로제(Acqua Di Rose) 등이 가장 유명하다. 한국인 직원이 상주하고 있어 쉽게 도움을 받을 수 있고, 면세도 가능하다.

INFO P.219 MAP P.472E

구글 지도 GPS 43.77406, 11.24774 **찾아가기** 산타 마리아 노벨라 성당 정면 파사드를 등지고 광장을 끝까지 가로질러간 뒤 눈앞의 길을 따라 오른쪽으로 약 200m가량 간다. **주소** Via della Scala 16 **전화** 055-216-276 **시간** 09:30~20:00 **휴무** 부정기 **홈페이지** www.smnovella.com

크레마 이드랄리아 Crema Idralia(50ml) €75

36 산 로렌초 시장

Mercato di San Lorenzo
메르카토 디 싼 로렌초

산 로렌초 성당과 중앙 시장 주변의 골목과 광장을 빽빽하게 채운 노천 시장. 주로 가죽 제품과 의류, 기념품을 판매한다. 이곳의 가죽 제품은 질이 썩 좋진 않지만 가격이 상당히 싸다. 가격은 흥정하기 나름이라, 처음에는 €40~50씩 부르던 제품을 €20 안팎에 사는 것도 흔한 일이다. 보통 처음 부른 가격에서 30~50% 정도 깎으면 성공. 길가 노점상 뒤쪽으로 들어가면 조금 더 질 좋은 가죽 제품을 판매하는 오래된 숍들도 있다. 상인들이 어설픈 한국어를 구사하며 호객하는 것도 소소한 재미 중 하나.

MAP P.473C
구글 지도 GPS 43.77551, 11.25358 (산 로렌초 성당 부근 시작점) **찾아가기** 산 로렌초 성당 뒤편. **주소** Via dell'Ariento **시간** 상점마다 다름(09:00~10:00에서 17:00~19:00. 계절마다 차이 있음)

37 칼차이우올리 거리

Via dei Calzaiuoli
비아 데이 칼짜이우올리

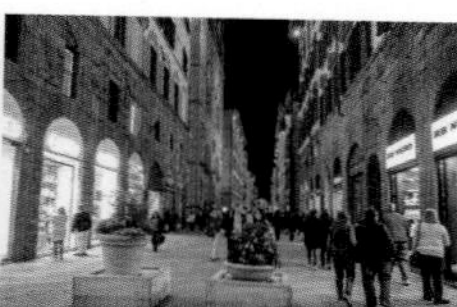

두오모와 시뇨리아 광장을 잇는 약 400m의 길로, 피렌체 구시가 제1의 번화가다. 길 양쪽으로 의류 · 잡화 · 선물용품 등을 파는 상점과 음식점이 빽빽하게 들어차 있는데, 주로 체인점 및 중저가 숍이 많아 실속 쇼핑을 즐기기에 좋다. 소규모 백화점 코인(Coin), 디즈니 마니아의 천국 디즈니 스토어(Disney Store), 깜찍하고 실용적인 프랑스 생활 잡화 브랜드 필론스(Pylones) 등은 쇼퍼홀릭이라면 한 번 들어가 볼 만하다. 피렌체 구시가 여기저기와 사통팔달하는 길이라 알아두면 지리 파악하기도 좋다.

MAP P.473G · K
구글 지도 GPS 43.77137, 11.25532 **찾아가기** 두오모 파사드를 바라보고 오른쪽 방향으로 뻗은 길. **주소** Via dei Calzaiuoli **전화** 상점마다 다름. **시간** 24시간 **휴무** 상점마다 다름.

38 토르나부오니 거리

Via de' Tornabuoni
비아 데 토르나부오니

피렌체 최고의 명품 거리. 중세까지는 개울이 흐르던 곳인데, 르네상스 시대에 복개하여 구시가에서 손에 꼽히는 넓은 도로 중 한 곳이 되었다. 살바토레 페라가모 본점과 구찌의 플래그십 스토어를 비롯해 프라다, 에르메스, 막스 마라, 티파니, 불가리, 몽블랑, 펜디, 로로 피아나, 셀린, 버버리 등 세계적인 명품 브랜드 매장이 거리 전체를 가득 채우고 있다. 중세부터 르네상스 시대에 지어진 오래된 건물을 크게 훼손하지 않고 리모델링하여 매장을 만든 것도 인상적이다.

MAP P.472J · F
구글 지도 GPS 43.77092, 11.25137 **찾아가기** 산타 트리니타 다리 북단에서 북쪽으로 약 300m 정도 이어진 길. **주소** Via de' Tornabuoni **전화** 상점마다 다름. **시간** 24시간 **휴무** 상점마다 다름.

39 스트로치 거리

Via degli Strozzi
비아 델리 스트로치

레푸블리카 광장에서 서쪽으로 뻗어나가 토르나부오니 거리와 만나는 150m 남짓의 짧은 거리. 토르나부오니 거리에 버금가는 명품 거리다. 몽클레어, 돌체 앤 가바나, 루이 비통, 보테가 베네타 등이 자리하고 있다.

MAP P.472J · 473K
구글 지도 GPS 43.77151, 11.25301 **찾아가기** 레푸블리카 서쪽 끝의 성문 밖으로 나가면 바로 연결된다. 또는 토르나부오니 거리의 불가리 매장 옆 골목으로 들어간다. **주소** Via degli Strozzi **전화** 상점마다 다름. **시간** 24시간 **휴무** 상점마다 다름.

40 리나센테 피렌체

Rinascente Firenze
리나센테 피렌체

이탈리아의 유일한 백화점 브랜드 리나센테 백화점의 피렌체 지점. 밀라노나 로마에 비해 규모는 작지만 입점 브랜드나 구색은 나쁘지 않다. 가정용품, 속옷 등 백화점에서 판매하는 아이템을 사려면 이곳으로 갈 것.

MAP P.473K
구글 지도 GPS 43.77131, 11.2547 **찾아가기** 레푸블리카 광장 동쪽. **주소** Piazza della Repubblica **전화** 055-219-113 **시간** 10:00~21:00 **휴무** 부정기 **홈페이지** www.rinascente.it

41 일 파피로

Il Papiro
일 파피로

일 파피로는 이탈리아에서 고급 문구류를 사고 싶을 때 가장 손쉽게 찾아갈 수 있는 곳이다. 이곳의 대표 상품은 '마블링 페이퍼(Marbling Paper)'로, 유성 물감을 물 위에 뿌려 마블링 무늬를 만든 뒤 종이에 찍어내 만든다. 운이 좋으면 점포 내에서 마블링 페이퍼의 제작 시연을 직접 볼 수도 있다.

INFO P.217 MAP P.473G
구글 지도 GPS 43.77371, 11.25711 **찾아가기** 두오모 뒤쪽 **주소** Piazza del Duomo, 24-red **전화** 055-281-628 **시간** 10:30~19:00 **휴무** 연중무휴 **홈페이지** ilpapirofirenze.eu

42 일 부세토

Il Busseto
일 부쎄또

1989년에 문을 연 핸드 메이드 가죽 소품 전문 숍. 이름 이니셜은 무료, 피렌체 문장은 €1를 내면 새길 수 있다. 피렌체 문장은 금박과 일반 각인 중에 선택 가능하다. 지갑, 열쇠고리, 명함지갑, 카드지갑 등이 있다.

MAP P.472E
구글 지도 GPS 43.77442, 11.245 **찾아가기** 피렌체 S.M.N 역에서 버스 터미널 방향으로 직진하다가 길 끝에서 보이는 골목으로 들어가 다시 직진. 골목이 끝나면 우회전해서 약 20m 간다. **주소** Via Palazzuolo, 136r **전화** 055-290-697 **시간** 월~금요일 09:15~12:30, 15:30~19:00 **휴무** 토·일요일 **홈페이지** www.ilbussettofirenze.com

43 안눈치아타 약국

Farmacia SS. Annunziata
파르마치아 산티시마 안눈치아타

피렌체가 상업과 공예로 꽃피던 1561년에 문을 연 유서 깊은 약국. 지금은 소규모 가족 기업으로 운영되고 있다. 향수, 방향제, 기초 화장품, 헤어용품, 바디용품 등을 선보이고 있는데, 산타 마리아 노벨라 약국보다 인지도가 다소 떨어지나 품질 면에서는 뒤지지 않는다고 평가받는다. 특히 수분 크림 크레마 이페리드라탄테(Crema Iperidratante), 카렌듈라 보습 크림(Crema Idratante alla Carendula)의 인기가 높다.

INFO P.220 MAP P.473H
구글 지도 GPS 43.77527, 11.25932 **찾아가기** 두오모와 산티시마 안눈치아타 광장 사이의 골목인 세르비 거리에 있다. **주소** Via dei Servi 80/R **전화** 055-210-738 **시간** 월~금요일 09:30~19:00, 토요일 10:30~19:00 **휴무** 일요일 **홈페이지** www.farmaciassannunziata1561.it

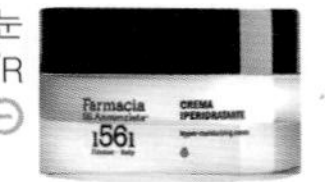

크레마 이페리드라탄테 Crema Iperidratante(75ml) €70

44 체키

Zecchi
체키

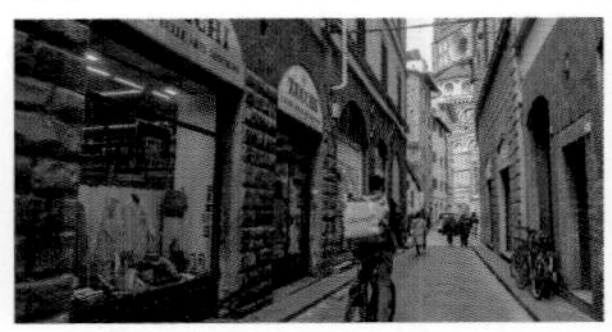

피렌체의 유명한 화방으로, 수채화·유화·템페라화 등의 물감을 중심으로 다양한 미술 재료를 판매한다. 영화 〈냉정과 열정 사이〉에서 남자 주인공이 자전거를 타고 지나갈 때 배경으로 여러 번 등장한다. 미술 전공자나 화가들 사이에서는 꽤 알려진 화구 브랜드이므로 주변에 그림 그리는 사람이 있다면 선물거리를 찾아 들러보자.

INFO P.114 MAP P.473K
구글 지도 GPS 43.77188, 11.2568 **찾아가기** 두오모 파사드를 정면에 두고 오른쪽 길로 들어가 직진하다가 우측 세 번째 골목으로 들어가서 다시 직진. **주소** Via dello Studio, 19 **전화** 055-211470 **시간** 월~금요일 09:00~13:00, 15:00~19:00, 토요일 09:00~13:00 **휴무** 일요일 **홈페이지** www.zecchi.it

B.

아르노강 주변
Fiume Arno

피렌체 구시가 남쪽 아르노강 양안 지역으로, 구시가 중심부보다는 다소 한산한 매력이 있다. 강 남쪽은 주택가와 관광지가 공존한다. 최근 이 일대에 에어비앤비가 많이 생기며 새로운 맛집들이 속속 드러나는 중이다. 바쁜 관광보다는 느긋한 산책과 의외의 발견이 어울리는 곳이다.

추천 동선

시뇨리아 광장
▼
우피치 미술관
▼
베키오 다리
▼
산타크로체 대성당
▼
미켈란젤로 광장

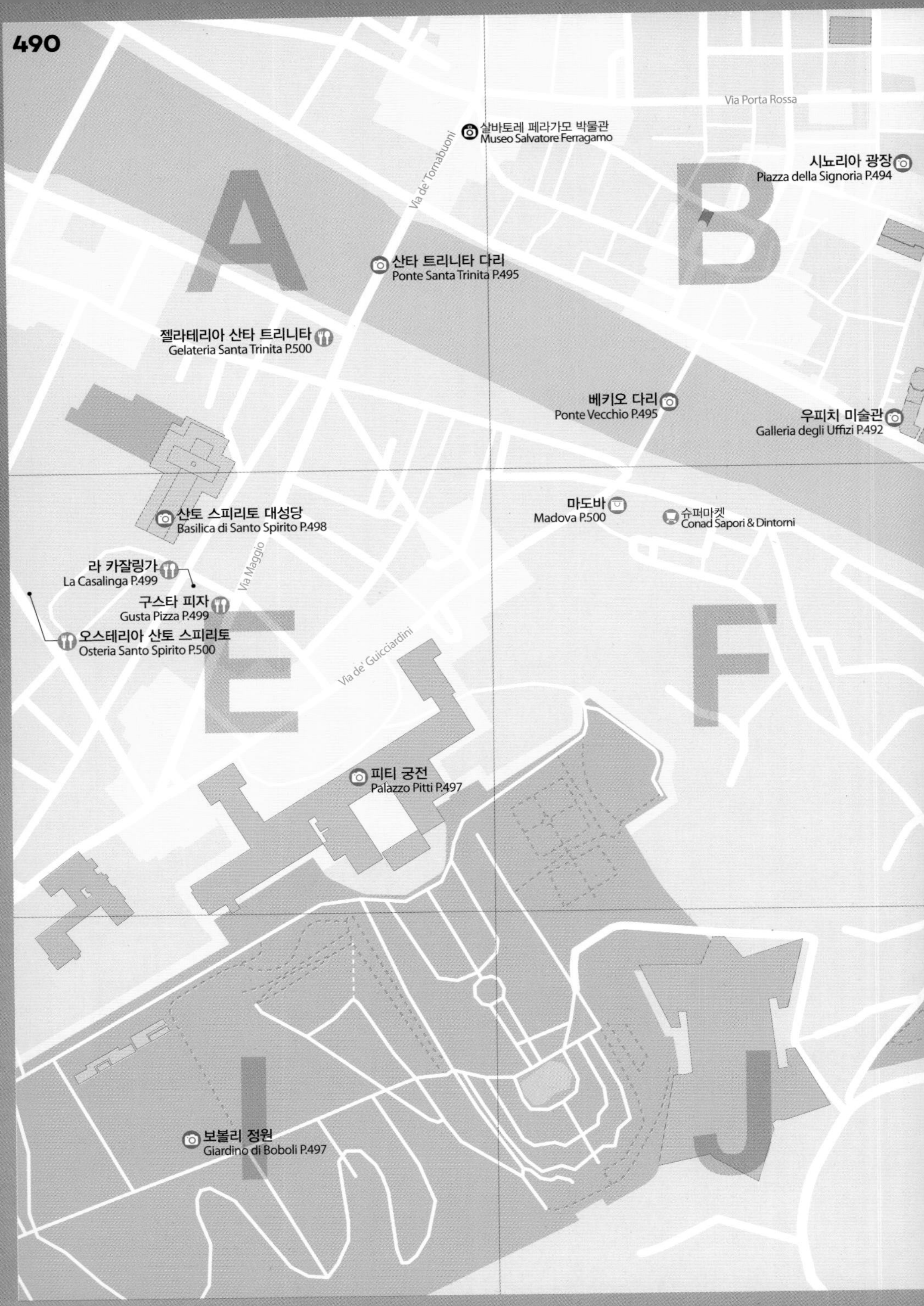

Via Porta Rossa
살바토레 페라가모 박물관
Museo Salvatore Ferragamo
Via de' Tornabuoni
시뇨리아 광장
Piazza della Signoria P.494
A
B
산타 트리니타 다리
Ponte Santa Trinita P.495
젤라테리아 산타 트리니타
Gelateria Santa Trinita P.500
베키오 다리
Ponte Vecchio P.495
우피치 미술관
Galleria degli Uffizi P.492
산토 스피리토 대성당
Basilica di Santo Spirito P.498
마도바
Madova P.500
슈퍼마켓
Conad Sapori & Dintorni
라 카잘링가
La Casalinga P.499
Via Maggio
구스타 피자
Gusta Pizza P.499
오스테리아 산토 스피리토
Osteria Santo Spirito P.500
Via de' Guicciardini
E
F
피티 궁전
Palazzo Pitti P.497
I
J
보볼리 정원
Giardino di Boboli P.497

바르젤로 미술관
Museo Nazionale del Bargello P.480
아쿠아 알 두에
Acqua Al 2 P.484
비볼리
Vivoli P.484
오스타리아 디 구찌
Ostaria di Gucci P.498
구찌 가든
Gucci Garden P.495
키오 궁전
lazzo Vecchio P.495
알 안티코 비나이오
All'Antico Vinaio P.499
젤라테리아 데이 네리
Gelateria Dei Neri P.500
산타 크로체 대성당
Basilica di Santa Croce P.496
파치 예배당
Cappella Pazzi P.496
그라치에 다리
Ponte alle Grazie
라 보테가 델 부온 카페
La Bottega Del Buon Caffè P.499
장미 정원
Giardino delle Rose P.498
미켈란젤로 광장
Piazzale Michelangelo P.498
lla Condotta
Via dei Pepi
Via dei Benci
Via dei Neri
dei Leoni
Corso dei Tintori
N
0
50m
C
D
G
H
K
L

01 우피치 미술관

Galleria degli Uffizi
갈레리아 델리 우피찌

르네상스 시대에 피렌체를 지배한 메디치가에서 수집한 걸작 예술품을 소장 · 전시 중인 미술관. '우피치'는 이탈리아어로 사무실이라는 뜻으로, 실제로 메디치가의 집무실이었다. 다 빈치, 미켈란젤로, 보티첼리, 라파엘로, 카라바조 등 누구나 한번쯤 이름을 들어봤을 법한 거장들의 명작들이 대거 전시 중이다. 특히 산드로 보티첼리의 작품들은 매년 12명 정도가 이른바 '스탕달 신드롬(예술 작품에서 감동을 받아 실신함)'을 겪는 것으로 유명하다. 이탈리아에서 미술관을 단 한 곳만 갈 예정이라면, 이곳을 제1 후보로 계획해도 후회하지 않을 것이다. 1회 입장 인원을 제한하고 있어 당일 티켓을 구매하는 개인 방문자는 하염없이 기다려야 한다. 가급적 예약하거나 피렌체 카드, 또는 가이드 투어를 이용할 것. 과거에는 전면 촬영 금지였으나, 2016년부터 금지가 풀려 현재는 모두 촬영 가능하다. 특히 3층 창가에서 보이는 베키오 다리의 풍경을 놓치지 말 것. 르네상스 시대의 유명 건축가이자 화가인 바사리가 설계한 건물 자체도 소장품에 뒤지지 않는 좋은 볼거리다.

MAP P.490B
구글 지도 GPS 43.76778, 11.25531 **찾아가기** 시뇨리아 광장에서 다비드상 너머로 보이는 골목으로 들어간다. **주소** Piazzale degli Uffizi 6 **전화** 055-294-883 **시간** 화~일요일 08:15~18:50 **휴무** 월요일, 1/1, 12/25 **가격** 일반 €25(+예약비 €4) / 18세 미만 무료(여권 등 증명 서류 지참, 12세 미만은 부모 동반 필수), 매월 첫 번째 일요일 무료 **홈페이지** www.uffizi.it

3층 창가에서 베키오 다리와 바사리의 복도가 한눈에 보인다.

ZOOM IN

우피치 미술관

티켓을 예약한 사람은 메일로 받은 바우처를 프린트해서 3번 매표소에서 교환한다. 현장 구매는 1번 매표소를 이용하는데, 1~2시간 줄을 서기 일쑤다. 가이드 투어는 티켓 구입부터 입장까지 가이드가 모두 알아서 해 준다.

우피치 미술관은 총 3층으로 이뤄져있는데, 거의 모든 소장품은 2층과 3층에 전시되어있다. 1층은 사무실 및 특별전시 공간으로 쓰인다. 3층에는 이탈리아의 중세-르네상스-바로크의 명작이 시대순 및 화풍을 따라 전시되어 있고, 2층에는 주로 르네상스 전후의 회화가 국가별로 전시되어있다. 입장한 뒤 바로 계단을 따라 3층으로 올라가 1번 전시실부터 45번 전시실까지 돌아본 뒤 2층으로 내려가 46번 전시실부터 돌아보면 된다. 전부 다 돌아보는 데는 2~3시간 정도 소요되고, 가장 유명한 그림만 훑어봐도 최소 1시간은 예상해야 한다.

※ 전시실은 공식 홈페이지 기준. 전시실 공사 또는 작품 대여 등으로 인해 위치가 바뀌는 경우도 있음.

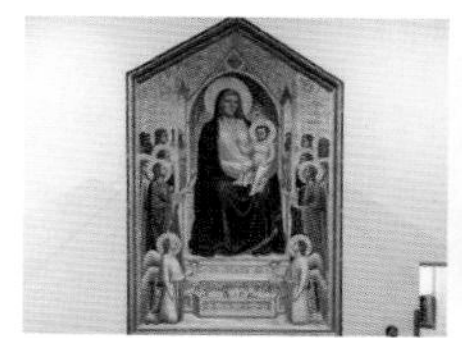

조토
〈옥좌의 성모〉

2번 전시실. 르네상스의 시작을 알린 작품 중 하나. 이전 시대에 비해 성모와 예수 모두 인간미 있게 그려졌다.

젠틸레 다 파브리아노
〈동방박사의 경배〉

5~6번 전시실. 초기 르네상스의 걸작. 화려하고 섬세한 표사가 일품으로 당시 피렌체가 얼마나 부유했는지 증명하는 작품으로 꼽힌다.

피에로 델라 프란체스카
〈우르비노 공작부부의 초상〉

8번 전시실. 원근법을 활용한 초상화로, 인물 뒤로 원경이 넓게 펼쳐진 것을 볼 수 있다.

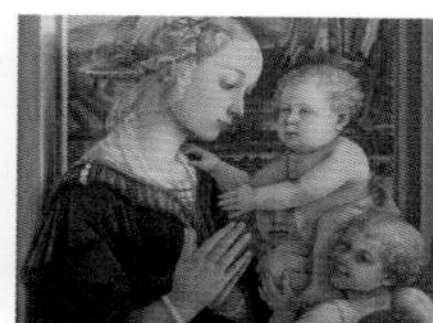

필리포 리피
〈성 모자와 두 천사〉

8번 전시실. 티켓에 있는 바로 그 그림. 인증 사진을 찍어 볼 것.

보티첼리
〈봄〉

10~14번 전시실. 초기 르네상스의 대표작이자 우피치 미술관 최고의 인기 작품.

보티첼리
〈베누스의 탄생〉

10~14번 전시실. 미의 여신 베누스(비너스) 탄생 설화를 그린 유명 작품.

미켈란젤로
〈성 가족〉

35번 전시실. 현재 전 세계에 유일하게 남아 있는 미켈란젤로의 템페라 회화 작품.

레오나르도 다 빈치
〈수태고지〉

35번 전시실. 희소한 다빈치의 진품 완성작 중 하나로, 공방 제자 시절에 그린 초기 작품.

베로키오
〈그리스도의 세례〉

35번 전시실. 다빈치의 스승 베로키오의 작품. 왼쪽 하단에 있는 2명의 천사는 다빈치가 그린 것.

라파엘로
〈검은 방울새의 성모〉

66번 전시실. 라파엘로의 대표작인 성 가족 시리즈의 하나. 라파엘로의 장기인 자애로운 표정의 여성이 잘 나타나 있다.

티치아노
〈우르비노의 비너스〉

83번 전시실. 베네치아 화파의 대표 주자 티치아노의 작품. 수많은 누드화의 롤모델이 되었다.

카라바조
〈바쿠스〉

90번 전시실. 이탈리아 바로크의 대표 주자 카라바조의 작품.

02 시뇨리아 광장

Piazza della Signoria
피아짜 델라 시뇨리아

베키오 궁전 앞에 널찍하게 펼쳐진 광장. 피렌체 공화국의 중심 광장이었고, 피렌체에서 가장 화려하고 볼거리 많은 광장으로 첫손에 꼽힌다. '시뇨리아'라는 이름도 베키오 궁전의 또 다른 이름인 '시뇨리아 궁전'에서 따온 것이다. 르네상스 시대에 지어진 아름다운 건축물들이 광장 주변을 둘러싸고 있으며, 베키오 궁전 가까운 곳에는 시원한 분수와 함께 아름다운 조각 작품이 늘어서 있다. 유명 작품은 대부분 모조품이지만 피렌체가 예술적으로 얼마나 풍요로운 곳인지 실감하기에는 부족하지 않다.

MAP P.490B
구글 지도 GPS 43.76969, 11.25565 **찾아가기** 두오모와 우피치 미술관 사이. 칼차이우올리 거리를 따라 남쪽으로 쭉 직진한다. **주소** Piazza della Signoria **전화** 없음 **시간** 24시간 **휴무** 연중무휴 **가격** 무료입장

ZOOM IN 시뇨리아 광장

시뇨리아 광장은 무료 공공 야외 조각 미술관이라고 불러도 좋을 만큼 아름다운 조각 작품이 많이 전시되어 있다.

로자 데이 란치

〈메두사의 목을 든 페르세우스〉
벤베누토 첼리니(Benvenuto Cellini)의 16세기 작품. 페르세우스는 토스카나 대공을 상징한다고 한다.

〈사비니 여인의 납치〉
르네상스 후기의 대표 조각가 중 잠볼로냐(Giambologna)의 작품. 고대 로마 시대의 약탈혼 풍습을 그린 것.

〈메디치 사자〉
메디치 가문을 상징하는 사자의 조각상. 오른쪽에 있는 것은 로마 시대, 왼쪽에 있는 것은 르네상스 시대에 제작된 것.

베키오 궁전 주변

〈다비드 〉
미켈란젤로의 〈다비드〉 모조품. 원래 이 자리에 진품이 있었다.

〈헤라클레스와 카쿠스〉
바치오 반디넬리(Baccio Bandinelli)의 16세기 작품. 다비드와 함께 베키오 궁전 입구에 나란히 서 있다.

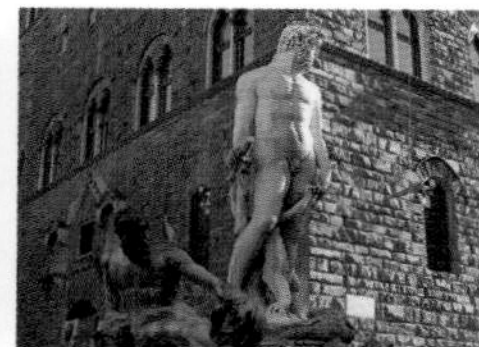

〈네투노 분수〉
바르톨로메오 아마난티(Bartolomeo Ammannati)의 작품으로 분수 한가운데에 네투노(넵튠) 조각이 우뚝 서 있다.

03 베키오 궁전

Palazzo Vecchio
팔라쪼 베키오

르네상스 초기 건축의 아버지로서 두오모와 산타 크로체 성당을 탄생시킨 아르놀포 디 캄비오의 작품이다. 피렌체의 길드들은 이곳에 모여 피렌체의 대소사를 논했다. 이후 메디치가가 피렌체를 지배하게 되자 베키오 궁전의 시 의회는 역할을 잃었다. 이후 19세기 말 이탈리아가 통일된 후 현재까지 피렌체시 의회 회관으로 사용되고 있다. 내부는 일종의 박물관으로, 시계탑은 전망대로 사용된다.

INFO P.070 MAP P.491C

구글 지도 GPS 43.7693, 11.25615 **찾아가기** 시뇨리아 광장에 있다. **주소** Piazza della Signoria **전화** 055-276-8325 **시간** 박물관 금~수요일 09:00~19:00, 목요일 09:00~14:00 / 전망대 월·화·수·금요일 09:00~17:00, 목요일 09:00~14:00(시간 변동이 잦음. 홈페이지 참고) **휴무** 전망대 토·일요일 **가격** 박물관 €12.5, 전망대 €10 **홈페이지** museicivicifiorentini.comune.fi.it

04 구찌 가든

Gucci Garden
구찌 가든

이탈리아를 대표하는 패션 브랜드 구찌의 의류, 가방, 신발, 액세서리 등 다양한 제품을 전시하는 공간. 베키오 궁전 바로 옆, 르네상스 시대의 건물에 자리하고 있다. 구찌의 크리에이티브 디렉터와 디자이너들의 상상력을 최대한 엿볼 수 있다. 신상품 외에도 전설적인 디자인 및 오트 쿠튀르 작품을 다양하게 전시한다. 미슐랭 가이드 3스타 셰프, 마시모 보투라(Massimo Bottura)가 프로듀싱한 레스토랑도 이곳에서 영업 중이다. 이곳에서만 구할 수 있는 한정 상품도 다양하게 만나볼 수 있다.

MAP P.491C

구글 지도 GPS 43.76975, 11.25675 **찾아가기** 시뇨리아 광장. 베키오 궁전을 바라보고 왼쪽 건물에 있다. **주소** Piazza della Signoria 10 **전화** 055-7592-70105 **시간** 10:00~19:00 **홈페이지** on.gucci.com

05 베키오 다리

Ponte Vecchio
폰테 베키오

다리 위에 판잣집이 덕지덕지 붙은 것 같은 재미난 모습의 다리로, 피렌체의 주요 포토 포인트 중 한 곳이다. 10세기에 최초로 생긴 이래 유실과 재건축을 반복하다 14세기부터 현재의 모습이 되었다. 그 이후로는 어느 전란이나 자연 재해에도 파괴되지 않고 원형을 유지하고 있다. 상점들은 13세기부터 다리 위에 들어서기 시작했는데, 원래는 생선 가게나 정육점을 비롯한 온갖 종류의 가게들이 다 있었다. 그러나 16세기에 강의 오염을 막기 위해 귀금속 및 보석상으로 업종을 제한하였다. 현재는 피렌체의 내로라하는 보석 및 귀금속 장인들의 숍과 미술상, 기념품 숍이 들어서 있다.

MAP P.490B

구글 지도 GPS 43.76792, 11.25314 **찾아가기** 우피치 미술관 부근에서 강을 바라보고 오른쪽으로 강변을 따라 약 170m 걷는다. **주소** Ponte Vecchio **전화** 상점마다 다름. **시간** 상점마다 다름.(다리는 24시간, 연중무휴 개방) **휴무** 상점마다 다름.(다리는 24시간, 연중무휴 개방)

06 산타 트리니타 다리

Ponte Santa Trinita
폰테 싼타 트리니타

베키오 다리에서 서쪽으로 약 250m 떨어진 곳에 자리한 수수한 모습의 르네상스 양식 다리로, 16세기에 축성되었다. 다리 밑의 아치가 완만한 타원형으로 되어 있는데, 이러한 타원 아치 다리 중에서는 세계에서 가장 오래되었다고 한다. 베키오 다리를 배경으로 한 예쁜 사진을 얻을 수 있는 포토 포인트이다. '산타 트리니타'는 '성 삼위일체'라는 뜻으로, 과거 이 부근에 있던 교회에서 유래한 이름이라고 한다.

MAP P.490A

구글 지도 GPS 43.76899, 11.25033 **찾아가기** 베키오 다리에서 강을 마주보고 오른쪽으로 강변도로를 따라 간다. 토르나부오니 거리에서 강 쪽(역 반대편)으로 쭉 가도 닿는다. **주소** Ponte Santa Trinita **시간** 24시간

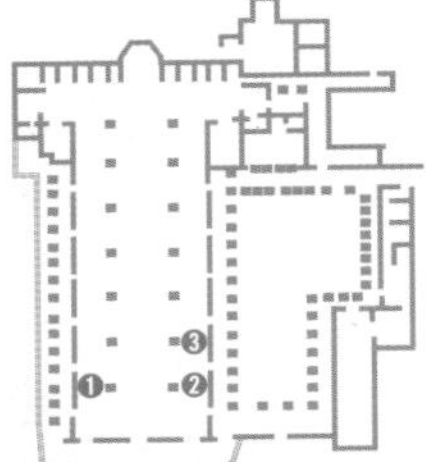

❶ 갈릴레오 갈릴레이 ❷ 단테 ❸ 미켈란젤로

07 산타 크로체 대성당

Basilica di Santa Croce
바질리까 디 싼타 크로체

12~14세기에 지어진 프란체스코 수도회 소속의 성당으로, 세계에서 가장 큰 프란체스코 성당이다. 르네상스 시대의 피렌체 4대 주요 성당 중 한 곳이었다. 프란체스코 수도회 특유의 청빈 정신 때문에 피렌체의 황금기에 지어진 주요 성당치고는 외관이 수수한 편이다. 성당 내에는 미켈란젤로, 갈릴레이, 단테, 마키아벨리, 로시니 등 기라성 같은 이탈리아 위인들의 묘소가 있어 '이탈리아 영광의 신전(Tempio dell'Itale Glorie)'이라는 별명이 붙었다. 내부의 벽에는 인상적인 벽화가 그려져 있는데, 대부분 두오모 종탑을 지은 건축가 겸 화가 조토가 그린 것이다.

MAP P.491D
구글 지도 GPS 43.76856, 11.26226 **찾아가기** 시뇨리아 광장에서 강 및 우피치 미술관 방향을 등지고 베키오 궁전 옆으로 난 골목으로 들어가 400m가량 직진하면 성당 앞 광장에 닿는다. **주소** Piazza di Santa Croce 16 **전화** 055-246-6105 **시간** 월~토요일 09:30~17:30, 일·공휴일 12:30~17:45(매표소는 17:00에 종료) **휴무** 1/1, 부활절, 6/14, 10/4, 12/25~26(이외에도 부정기적으로 홈페이지에 사전 고지) **가격** 일반 €8, 만 11~17세·15인 이하 단체 €6, 만 11세 미만 무료입장 **홈페이지** www.santacroceopera.it

ZOOM IN

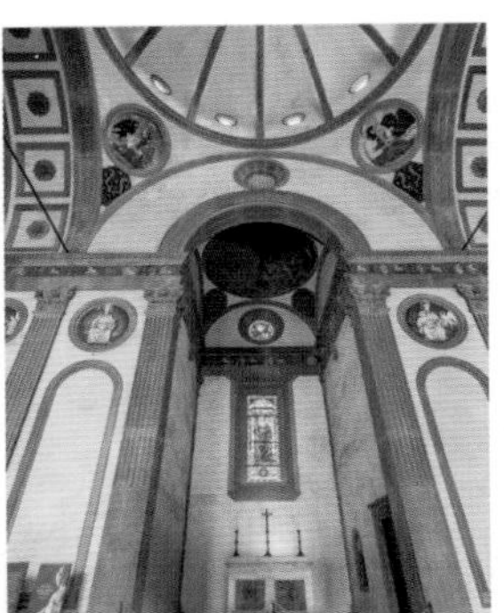

파치 예배당

Cappella Pazzi (까펠라 파찌)

산타 크로체에 부속된 작은 예배당. '파치'는 건축주 가문의 이름으로, 이 예배당이 축성될 당시에는 메디치가에 버금가는 부와 권력을 자랑했다고 한다. 각종 기하학적인 무늬와 장치를 통하여 완벽한 균형미를 구현하고 있어 초기 르네상스 건축의 걸작으로 손꼽힌다. 브루넬레스키가 설계한 것으로 알려져 있으나 학자들 사이에서는 반론도 만만치 않게 제기되는 중이다. 건축학도들이 피렌체에서 꼭 찾아봐야 할 명소로 손꼽힌다.

08 피티 궁전

Palazzo Pitti
팔라쪼 피띠

필리포 리피 〈성모와 아기 예수〉

라파엘로 〈옥좌의 성모〉

15세기에 축성된 르네상스 스타일 궁전으로, 내부에 5개의 미술관 · 박물관이 자리하고 있다. 원래는 피렌체의 은행가였던 루카 피티(Luca Pitti)의 저택이었는데, 메디치가에서 사들여 별궁으로 사용했다. 1층에는 17세기 피렌체 대공이 소장하던 보물을 보여주는 대공 보물전(Tesoro dei Granduchi), 2층에는 메디치가에서 수집한 회화 작품을 전시하는 팔라티나 미술관(Galleria Palatina)과 메디치가의 거주 공간을 전시하는 로열 아파트먼트(Royal Apartment), 3층에는 근현대 미술관(Galleria d'Arte Moderna)과 패션 & 의상 박물관(Museo della Moda e del Costume)이 자리하고 있다. 이중에서 팔라티나 미술관은 라파엘로 · 카라바조 · 루벤스 · 티치아노 등 미술 애호가들이 환호할 작품들이 많아 피렌체 필수 관람 코스로도 꼽힌다.

MAP P.490E
구글 지도 GPS 43.76515, 11.25 **찾아가기** 베키오 다리 남단에서 길을 따라 350m가량 직진하면 왼쪽에 큰 광장이 나오고, 광장 건너편에 피티 궁전의 정문이 보인다. **주소** Piazza de' Pitti 1 **전화** 055-294-883 **시간** 화~일요일 08:15~18:30 **휴무** 월요일, 1/1, 12/25 **가격** €16, 피티궁전+보볼리 정원 €22 **홈페이지** www.uffizi.it

ZOOM IN

보볼리 정원

Giardino di Boboli (자르디노 디 보볼리)

메디치가의 궁정 정원으로, 수많은 분수와 꽃나무, 조각으로 화려하게 장식돼 이탈리아와 유럽 정원의 모범 사례가 되었다. 정원 구석구석에는 '그로토(Grotto)'라는 종유 동굴 모양의 공간이 있는데, 바사리 · 카찰리 · 잠볼로냐 등 르네상스 예술가들의 손길이 닿은 곳이다. 이곳의 가장 큰 매력은 정원 꼭대기에서 보는 피렌체 시내의 전경으로, 두오모의 둥근 지붕이 손에 잡힐 듯 보인다.

MAP P.490I
구글 지도 GPS 43.76249, 11.24839 **찾아가기** 피티 궁전 정문으로 입장한 뒤 표지판을 따라 건물을 빠져나가면 뒤편. **주소** Piazza Pitti 1 **전화** 055-229-8732 **시간** 11~2월 08:15~16:30, 3월 08:15~17:30(서머타임 시작 ~18:30), 4 · 5 · 9 · 10월 08:15~18:30(서머타임 종료 ~17:30) 6~8월 08:15~19:10 **휴무** 매월 첫 번째 및 마지막 월요일, 1/1, 12/25 **가격** €10, 피티궁전+보볼리 정원 €22

09 산토 스피리토 대성당

Basilica di Santo Spirito
바질리까 디 싼토 스피리토

두오모의 돔 지붕을 설계한 르네상스의 천재 건축가 브루넬레스키 최후의 작품. 브루넬레스키가 설계와 시공을 모두 맡아 의욕적으로 진행했으나 여러 불운이 겹치며 늦어졌고, 브루넬레스키는 결국 완공을 보지 못하고 세상을 떠났다. 외관이 아주 수수하고 내부도 언뜻 평범해 보이나 르네상스 건축 특유의 균형미가 가장 잘 드러난 건축물로 평가받고 있다. 일반 관광객보다는 건축 전공자들에 좀 더 매력적인 곳이다. 성당 앞의 큰 광장에서는 매월 둘째 주 일요일에는 공예품 시장이, 셋째 주 일요일에 와인과 식품을 파는 시장이 열린다.

MAP P.490E
구글 지도 GPS 43.7671, 11.24811 **찾아가기** 산타 트리니타 다리 남단에서 약 250m 직진한 뒤 구스타 피자(Gusta Pizza) 옆 골목으로 우회전하여 골목 끝까지 들어가면 오른쪽에 보인다. **주소** Piazza Santo Spirito 30 **전화** 055-210-030 **시간** 월·화·목~토요일 10:00~13:00, 15:00~18:00, 일요일 및 공휴일 11:30~13:30, 15:00~18:00 **휴무** 수요일 **가격** €2 **홈페이지** www.basilicasantospirito.it

10 미켈란젤로 광장

Piazzale Michelangelo
피아찰레 미켈란젤로

아르노강 남동쪽에 자리한 야트막한 언덕 꼭대기에 조성된 광장으로, 피렌체의 무료 뷰포인트로 큰 사랑을 받고 있다. '미켈란젤로'라는 이름이 붙은 이유는 광장 중앙에 다비드상이 놓여 있기 때문. 당연히 모조품이지만, 광장이 처음 만들어진 19세기 중반부터 그 자리를 지키고 있던 터줏대감으로 나름의 역사와 전통을 자랑한다. 어느 시간에 방문해도 좋지만 가장 좋은 것은 뭐니 뭐니 해도 야경. 저녁노을이 피렌체 시내를 새빨갛게 물들이다 사위가 어두워지면 불빛이 하나둘 켜지는 풍경은 몇 번을 보아도 질리지 않을 정도로 아름답다.

MAP P.491L
구글 지도 GPS 43.76293, 11.26505 **찾아가기** 그라치에 다리 남단에서 강을 등지고 왼쪽 방향으로 도로를 따라 한 블록 정도 걷다가 길을 건넌 뒤 표지판을 따라간다. 도보 약 15분 정도. 시내 외곽에서 12·13번 버스를 타면 종점이 미켈란젤로 광장이다. **주소** Piazzale Michelangelo **시간** 24시간 **휴무** 연중무휴 **가격** 무료입장

11 장미 정원

Folon e il Giardino delle Rose
폴로네일 쟈르디노 델레 로제

미켈란젤로 광장 부근 언덕배기에 자리한 작은 정원. 미켈란젤로 광장보다 고도가 낮아 전망은 덜하나 정원의 분위기가 아늑한데다 5~6월에 장미가 만발한 풍경이 몹시 아름답다. 몇 년 전까지만 해도 5~6월에만 일반인에게 개방했는데 최근 연중 개방으로 방침이 바뀌어 관광객들이 서서히 늘고 있다. 사진 프레임 모양 등 재미있는 조형물이 많아 사진 찍기에도 좋다. 미켈란젤로 광장으로 올라가는 길에 잠시 들르는 것을 추천.

MAP P.491L
구글 지도 GPS 43.76298, 11.26282 **찾아가기** 미켈란젤로 광장으로 오르는 계단에서 표지판을 따라 왼쪽으로 빠진다. **주소** Viale Giuseppe Poggi 2 **전화** 055-234-2426 **시간** 5~9월 09:00~20:00 3~4월, 10월 09:00~18:00, 11~2월 19:00~17:00 **휴무** 연중무휴(부정기 휴무 있음) **가격** 무료입장

12 구찌 오스테리아

Gucci Osteria

코페르토 X 카드 결제 O 영어 메뉴 O

구찌 가든 내에 자리한 레스토랑으로 미슐랭 1스타이다. 이탈리아 최고의 스타 셰프 중 한 명인 마시모 보투라가 총괄 프로듀싱을 맡고 있다. 이탈리아 전통 식재료에 구찌의 세계관과 마시모 보투라의 창조적인 감각을 더해 재구성한 메뉴를 선보이는데, 햄버거, 캐서롤 등 짐짓 파인 다이닝 레스토랑에 맞지 않아 보이는 메뉴도 일단 맛을 보면 충분히 납득하게 된다. 식기와 인테리어도 매우 고급스럽고 예쁘다. 코스와 알라카르트를 모두 선보이는데, 시기에 따라 코스로만 주문 가능할 때도 있다.

INFO P.160 MAP P.491C
구글 지도 GPS 43.76975, 11.25675 **찾아가기** 시뇨리아 광장에 자리한 구찌 가든 내. 입구는 구찌 가든 1층 내부에 있다. **주소** Piazza della Signoria, 10 **전화** 055-7592-7010 **시간** 12:30~15:00, 19:30~22:00 **휴무** 연중무휴 **가격** 디저트 €22, 테이스팅 메뉴 €120~340 **홈페이지** www.gucciosteria.com/it/florence

13 라 보테가 델 부온 카페
La Bottega Del Buon Caffè

★★★

코페르토 X 카드 결제 O 영어 메뉴 O

미켈란젤로 광장이 있는 언덕 아래 아르노강 가에 자리한 아담한 레스토랑. 미슐랭 가이드에서 1스타를 받았는데, 피렌체 내의 미슐랭 스타 레스토랑 중 가격이 합리적이고 접근성이 좋은 편에 속한다. 디너 타임에는 약간 고가의 단품 요리만 주문 가능하나, 런치에는 3코스로 구성된 런치 코스 메뉴를 비교적 합리적인 가격에 선보이고 있다. 코스 요리는 한 테이블에 한 종류만 주문 가능하다.

MAP P.491H
구글 지도 GPS 43.76473, 11.26608 **찾아가기** 그라치에 다리의 남단에서 강을 왼쪽에 두고 강변로를 따라 도보 600m. **주소** Lungarno Benvenuto Cellini 69/R **전화** 055-553-5677 **시간** 화·일요일 12:30~15:00 수~토요일 12:30~15:00, 19:30~20:30 **휴무** 월요일, 1/1, 12/25 **가격** 런치 코스 €65(음료 별도), 일반 코스 €130~135, 단품 €40~170 **홈페이지** www.borgointhecity.com

런치 메뉴 Lunch Menu 1인 €80

14 알 안티코 비나이오
All'Antico Vinaio

★★★

코페르토 X 카드 결제 X 영어 메뉴 X

리미티드 에디션 Limited Edition (월별 한정 메뉴) €9

트립 어드바이저, 옐프 등 여행 관련 커뮤니티에서 피렌체 음식 분야 상위권을 장기간 고수하고 있는 파니니 전문점. 가격 대비 맛이 뛰어나고 우피치 미술관 다녀오기 전후에 간단하게 요기하기 좋다. 과거에는 작은 테이크아웃 전문점이었으나 최근에는 그 골목의 한 블록을 모두 차지할 정도로 무섭게 성장했다. 완성품 메뉴를 주문하는 방식과 〈서브웨이〉처럼 빵과 속 재료를 모두 직접 골라서 만드는 오더 메이드 방식으로 주문 가능하다.

MAP P.491C
구글 지도 GPS 43.76845, 11.25743 **찾아가기** 우피치 미술관과 베키오 궁전 사잇길로 약 150m 직진하면 왼쪽에 있다. **주소** Via dei Neri 74/R **전화** 055-238-2723 **시간** 10:00~22:00 **휴무** 연중무휴(부정기 휴무 있음) **가격** 완성품 파니니 메뉴 €7~11, 빵 및 속재료 €0.5~3 **홈페이지** www.allanticovinaio.com

15 구스타 피자
Gusta Pizza

★★★

코페르토 X 카드 결제 X 영어 메뉴 O

피자 한 판에 최대 €8라는 매우 저렴한 가격에 맛이 상당히 좋아 현지인과 관광객에게 모두 사랑받는 피자 전문점이다. 피렌체 피자집 중 일명 '가성비'가 가장 좋은 곳으로, 토핑과 도우가 모두 맛있다. 크기가 작은 편이라 양이 적은 사람도 1인 1피자가 충분히 가능하다. 먼저 계산을 하고 번호표를 받은 뒤 자기 번호가 불리면 받아오는 방식이다. 내부에 테이블도 꽤 있으나 워낙 인기가 많아 심각하게 혼잡하다. 합석은 무조건 기본.

MAP P.490E
구글 지도 GPS 43.7665, 11.24867 **찾아가기** 산타 트리니타 다리 남단에서 강을 등지고 눈앞의 도로를 따라 남쪽으로 약 250m 직진하면 오른쪽에 보인다. **주소** Via Maggio 46/r **전화** 055-010-6637 **시간** 화~일요일 11:30~15:30, 19:00~23:00 **휴무** 월요일 **가격** 피자 1판 €6~12

구스타 피자 Gusta Pizza 루콜라+방울토마토+파르미자노 €9

16 라 카잘링가
La Casalinga

★★★★

코페르토 €2 카드 결제 X 영어 메뉴 X

산토 스피리토 성당 부근에 자리한 작은 트라토리아로, 50년이 넘는 역사를 지닌 곳이다. 원래는 현지인들이 찾는 동네 식당이었는데, 주변 호텔이나 에어비앤비에서 이곳을 가성비 좋은 맛집으로 소개하며 관광객에게도 유명해졌다. 파스타를 비롯한 소박한 식사 메뉴를 폭넓게 선보이는데, 다른 곳에서는 보기 힘든 피렌체 향토 요리도 맛볼 수 있다. 영어 메뉴판이 없으나 주변 식탁을 보며 눈치껏 시켜도 실패할 확률이 적다.

INFO P.154 MAP P.490E
구글 지도 GPS 43.76661, 11.24841 **찾아가기** 구스타 피자에서 산토 스피리토 성당 쪽으로 조금 더 간다. **주소** Via dei Michelozzi, 9/R **전화** 055-218-624 **시간** 월~토요일 12:00~14:30, 19:00~22:00 **휴무** 일요일 **가격** 전채 €7~13, 파스타 €8.5~11.5, 메인 메뉴 €10~25, 비스테카 알라 피오렌티나 1kg €45 **홈페이지** www.trattorialacasalinga.it

페포소 Peposo dell'Impruneta €12.5

17 오스테리아 산토 스피리토

Osteria Santo Spirito

코페르토 €2.5 카드 결제 O 영어 메뉴 O

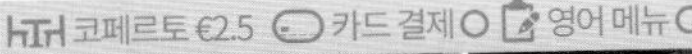

산토 스피리토 광장 한쪽에 있는 흥겨운 분위기의 현지인 맛집. 메뉴 대부분이 수준급이지만 그중 제일은 뭐니 뭐니 해도 트러플 향이 나는 치즈 뇨키 그라탕이다. 잘 빚은 뇨끼 위에 치즈를 얹어 오븐에 구워낸 뒤 화이트 트러플 오일을 뿌린 것인데, 뇨키의 쫄깃함과 치즈의 고소함, 트러플 오일의 향긋함 세 가지 요소가 근사하게 어우러진다. 양과 질에 비해 가격이 저렴한 것도 매력적.

INFO P.144 MAP P.490E

구글 지도 GPS 43.76655, 11.24675 **찾아가기** 산토 스피리토 광장에서 성당을 등지고 광장의 오른쪽 끝까지 간다. **주소** Piazza Santo Spirito, 16/R **전화** 055-238-2383 **시간** 12:00~23:30 **휴무** 공휴일 및 부정기 휴일 **가격** 전채 €6.5~16.5, 파스타 €8~16, 메인 메뉴 €14.5~40, 비스테카 알라 피오렌티나 1kg €40 **홈페이지** www.osteriasantospirito.it

트러플 오일을 넣은 모르비디 치즈 뇨끼 그라탕 Gnocchi Gratinati ai Formaggio Morbidi al Profumo di Tartufo €12

18 젤라테리아 데이 네리

Gelateria Dei Neri

코페르토 X 카드 결제 X 영어 메뉴 X

피렌체에서 가장 유명한 젤라테리아 중 한 곳으로, 이탈리아 젤라토 특유의 차지고 묵직하며 진한 맛을 제대로 실감할 수 있는 곳으로 정평이 나 있다. 이곳은 특히 초콜릿 맛이 발군인 것으로 유명하다. 피렌체 유명 젤라토 전문점 중 가격이 가장 저렴한 곳이기도 하다. 우피치 미술관과 가까워 관광객들이 어마어마하게 장사진을 치는 것이 단점.

INFO P.187 MAP P.491C

구글 지도 GPS 43.76776, 11.25909 **찾아가기** 우피치 미술관과 베키오 궁전 사잇길로 약 3000m 직진한다. 알 안티코 비나이오와 같은 선상에 있다. **주소** Via dei Neri 9/11 **전화** 055-210-034 **시간** 09:00~24:00 **휴무** 연중무휴(부정기 휴무 있음) **가격** 컵 €2.5~7, 콘 €1.8~5

스몰 컵 €2.5

19 젤라테리아 산타 트리니타

Gelateria Santa Trinita

코페르토 X 서비스 차지 X 카드 결제 X 영어 메뉴 X

산타 트리니타 다리 남단에서 엎어지면 코 닿을 데 자리한 젤라테리아. 이 집은 세사모 네로(Sesamo Nero) 맛 젤라토가 맛있기로 유명한데, 세사모 네로란 다름 아닌 검은 깨. 이외에도 피스타치오, 호두 등 견과류 아이스크림이 전반적으로 맛있다.

MAP P.490A

구글 지도 GPS 43.76853, 11.24981 **찾아가기** 산타 트리니타 다리 남단에서 강을 등지고 길 건너편에 바로 있다. **주소** Piazza Dei Frescobaldi 8/red **전화** 055-238-1130 **시간** 11:00~24:00 **휴무** 연중무휴(부정기 휴무 있음) **가격** 컵 €2.1~7.1, 콘 €2.1~5.1 **홈페이지** www.gelateriasantatrinita.it

스몰 콘 €2.1

20 마도바

Madova

마도바

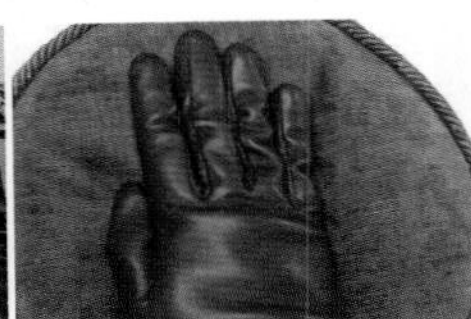

손에 딱 맞는 기가 막힌 착용감과 고급스러운 스타일 덕분에 피렌체 '잇' 아이템으로 오랫동안 사랑받고 있는 가죽 장갑 전문점. 색을 고른 뒤 손을 보여주면 종업원이 알맞은 사이즈의 장갑을 가져와 시착하게 해준다. 영어는 비교적 원활히 통하는 편. 가격대는 €50~100 선으로 썩 저렴하다고는 할 수 없으나 우리나라에서는 2~3배의 가격에 판매하고 있으므로 아무래도 현지에서 구입하는 것이 이득이다. 카드 결제와 면세가 모두 가능하다.

MAP P.490F

구글 지도 GPS 43.76726, 11.25263 **찾아가기** 베키오 다리 남단에서 강을 등지고 길을 건너면 왼쪽에 있다. **주소** Via de' Guicciardini 1/R **전화** 055-239-6526 **시간** 월~토요일 10:00~19:00 **휴무** 일요일 **홈페이지** www.madova.it

+PLUS AREA 1

피에솔레 Fiesole

피렌체 중심부에서 동북쪽으로 약 8km 떨어진 곳에 자리한 언덕 마을. 기원전부터 사람이 거주하던 유서 깊은 곳으로, 로마 시대의 유적이 곳곳에서 발견된다. 예로부터 부유층이 별장지로 애용하던 곳이라 언덕 곳곳에 여러 시대에 지어진 아름다운 저택과 별장 건물이 수없이 남아 있다. 피에솔레의 하이라이트는 단연 피렌체의 전망으로, 피렌체 구시가의 장미꽃 같은 풍경이 한눈에 들어온다. 특히 노을 지는 저녁 풍경이 압권. 피렌체에 2박 이상 머무른다면 하루 저녁은 이곳에서 피렌체 시내에 내리는 노을을 즐겨볼 것.

TRAVEL INFO
핵심 여행 정보

이렇게 간다!

피렌체 산타 마리아 노벨라 역 부근에서 7번 버스를 탄다. 산타 마리아 노벨라 역을 바라보고 오른쪽 건너편에 보이는 맥도날드의 오른쪽으로 뻗은 길로 살짝 꺾어진 곳에 버스 정류장이 있다. 피에솔레의 미노 광장(Piazza Mino)이 종점으로, 약 30분 걸린다. 피렌체 일반 교통 티켓(€1.7)으로 탈 수 있다.

01 산 프란체스코 수도원 전망 포인트

Panorama dalla Strada Per S. Francesco
파노라마 달라 스트라다 뻬르 싼 프란체스코

피에솔레 서쪽 고지대에 있는 산 프란체스코 수도원으로 올라가는 길목에 자리한 전망 포인트. 정식 전망대가 아니라 그냥 동네 언덕길인데, 피렌체 시내 전체가 한눈에 보이는 풍경이 그야말로 일품이다. 올라가는 언덕길의 경사가 만만치 않으나 풍경이 모든 것을 보상한다. 피렌체 시내가 남서쪽에 위치하게 되므로 특히 일몰 시간대에 아름다운 풍경을 볼 수 있다. 야경도 매우 인상적.

MAP P.501

구글 지도 GPS 43.80727, 11.28984 **찾아가기** 미노 광장에서 큰길을 오른쪽으로 두고 광장을 가로지르다 앞에 보이는 길을 건너면 산 프란체스코 수도원으로 향하는 표지판이 나타난다. 표지판이 가리키는 방향으로 급경사 언덕길을 따라 약 200m 올라간다. **주소** Via S. Francesco, 1 **전화** 없음 **시간** 24시간 **휴무** 연중무휴 **가격** 무료입장

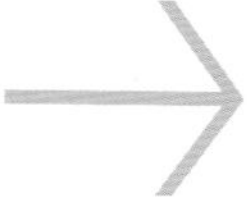

+PLUS AREA 2

산 지미냐노
San Gimignano

피렌체와 시에나 중간쯤 토스카나의 아름다운 평원 사이로 솟은 야트막한 언덕 위에 자리한 자그마한 도시. 마치 14세기에 시간이 멈춘 듯 중세 시대의 성벽과 광장, 골목을 고스란히 간직하고 있어 구시가 전체가 유네스코 문화유산으로 지정됐다. '탑의 도시'라는 별명으로도 불리는데, 중세 시대에 귀족들이 도시 내에 높은 탑을 경쟁적으로 쌓아 올려 한때는 탑의 숫자가 72개에 이르렀다고 한다. 현재는 12개만 남아 있다. 도보로 1~2시간 정도면 모두 돌아볼 수 있을 정도로 작지만, 구석구석 예쁘지 않은 곳이 없어 되도록 오래 머물고 싶어지는 도시다. 세븐틴의 〈나나투어〉에서 본 것 같은 느낌이 든다면, 제대로 봤다고 할 수 있다.

이렇게 간다!

PLUS TIP

산 지미냐노는 교통편이 좋지 않은 것이 흠이므로 렌터카 여행자 및 이탈리아 중부에 오래 머무는 여행자에게 좀 더 적합한 근교 여행지다.

피렌체와 시에나의 버스 터미널에서 산 지미냐노까지 가는 버스 티켓을 한 번에 살 수 있다. 일단 시외버스를 타고 포지본시(Poggibonsi)까지 가서, 산 지미냐노행 버스로 환승한다. 산 지미냐노에서 내리는 정류장은 포르타 산 조반니(Porta San Giovanni)인데 버스 타는 곳과 내리는 곳이 다르므로 유의할 것. 산 지미냐노와 포지본시에는 버스 티켓을 살 곳이 마땅치 않으므로 피렌체나 시에나에서 출발할 때 왕복 티켓을 사는 것이 좋다. 원칙적으로는 차내에서도 티켓을 판매하나 늦은 오후에는 티켓이 다 떨어졌다며 팔지 않는 경우가 종종 생긴다. 보통은 무임 승차를 시켜주지만 그것도 그때마다 다르다. 포지본시까지는 기차로도 갈 수 있다. 소요 시간은 피렌체 출발 환승 대기 포함 편도 1시간 30분~2시간, 시에나 출발 환승 대기 포함 편도 1시간~1시간 30분.

€ **요금** 피렌체↔산 지미냐노 €6~9
시에나↔산 지미냐노 €3~5

TRAVEL INFO
ⓘ 핵심 여행 정보

01 치스테르나 광장
Piazza della Cisterna
피아짜 델라 치스테르나

산 지미냐노에서 처음 마주하게 되는 삼각형의 광장으로, '탑의 도시' 산 지미냐노의 진면목을 첫 번째로 경험하는 곳이다. 광장을 빙 둘러싼 7개의 탑을 볼 수 있다. 한가운데에 놓인 중세풍 우물은 산 지미냐노를 대표하는 포토 스폿이다.

MAP P.502
구글 지도 GPS 43.46743, 11.0436 **찾아가기** 포르타 산 조반니 성문을 통해 구시가로 들어간 뒤 경사로를 따라 쭉 올라오다가 오른쪽 1시 방향으로 보이는 성문으로 들어간다. **주소** Piazza della Cisterna **전화** 없음 **시간** 24시간 **휴무** 연중무휴 **가격** 무료입장

02 전망 산책로
Punto Panoramico
푼토 파노라미코

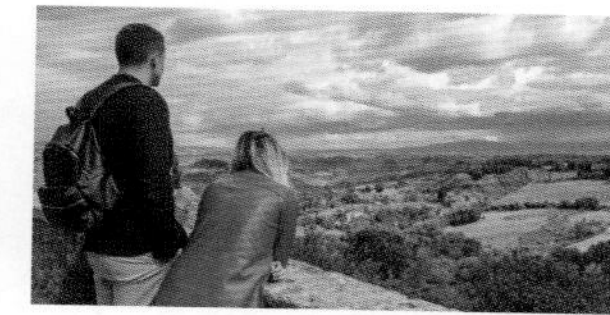

산 지미냐노 동쪽 성곽을 따라 조성된 산책로로, 산 지미냐노가 자리한 언덕을 둘러싼 토스카나의 아름다운 평원을 그야말로 파노라마로 즐길 수 있다. 길이가 200m 정도밖에 되지 않는 짧은 길이라는 게 아쉬운 점. 길 시작점 부근에 노천 카페도 있으므로 풍경을 즐기며 시간을 오래 보내고 싶은 사람이라면 이용해 볼 것.

MAP P.502
구글 지도 GPS 43.4671, 11.04332 **찾아가기** 치스테르나 광장으로 들어가는 성문 앞에서 오른쪽을 보면 표지판과 함께 길의 입구가 보인다. **주소** Via Degli Innocenti **전화** 없음 **시간** 24시간 **휴무** 연중무휴 **가격** 무료입장

03 산타 마리아 아순타 성당
Collegiata di Santa Maria Assunta
콜레자타 디 산타 마리아 아순타

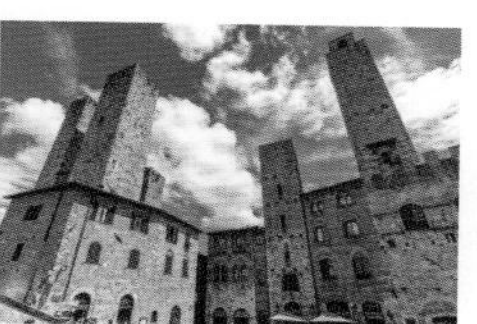

산 지미냐노에서 가장 중요한 성당. 두오모라고 알려져 있으나 실제로는 두오모와 성격이 약간 다른 종류의 성당이라고 한다. 12세기에 로마네스크 양식으로 지어졌다. 두꺼운 벽과 작은 창문 등 로마네스크 양식의 특징을 잘 볼 수 있다. 파사드는 매우 수수하다 못해 밋밋하지만 내부는 르네상스 시대에 그려진 아름다운 벽화로 덮여 있어 상당히 화려하고 아름답다. 벽화를 그린 화가 중에는 고촐리(Gozzoli)나 미켈란젤로의 스승인 기를란다요(Ghirlandaio) 등 초기 르네상스의 거장들도 있다. 성당 앞 광장은 두오모 광장(Piazza di Duomo)이라고 하는데, 산 지미냐노의 상징인 높은 탑들이 우뚝 서 있는 모습을 볼 수 있다.

MAP P.502
구글 지도 GPS 43.467774, 11.042625 **찾아가기** 산 지미냐노 중심부. **주소** Piazza Duomo, 2 **전화** 0577-94-0316 **시간** 월~금요일 10:00~19:30, 토요일 10:00~17:00, 일요일 12:30~19:30 **휴무** 연중무휴 **가격** €5 **홈페이지** www.duomosangimignano.it

04 쿰 퀴부스
Cum Quibus

코페르토 X 카드 결제 O 영어 메뉴 O

산 지미냐노는 물론 토스카나 전체에서 내로라하는 레스토랑 중 한 곳이다. 토스카나에서 생산된 최고의 식재료를 사용하여 전통과 현대, 동양과 서양이 조화된 창의적인 요리를 선보인다. 특히 트러플과 푸아그라를 사용한 요리는 두고두고 생각 날 정도로 맛있다. 테이블 수가 많지 않으므로 최소 방문 1~2일 전에는 예약할 것. 알라카르트와 코스 메뉴가 모두 주문 가능한데, 알라카르트 메뉴 중에서 2가지 이상을 골라 나만의 코스를 만들 수 있다. 한 테이블에는 한 종류의 코스만 주문 가능하다.

INFO P.162 MAP P.502
구글 지도 GPS 43.47004, 11.04181 **찾아가기** 두오모 광장에서 산 마테오 거리(Via San Matteo)를 따라 북쪽으로 약 250m 가서, 오른쪽에 나오는 산 마르티네 거리(Via San Martine)로 들어간다. **주소** Via S. Martino, 17 **전화** 0577-943-199 **시간** 12:30~14:00, 19:30~21:15 **휴무** 부정기 **가격** 알라카르트 €20~40 **홈페이지** www.cumquibus.it

+PLUS AREA 3

피사 Pisa

피렌체에서 서쪽으로 80km 떨어진 소도시. 당장이라도 쓰러질 듯 위태로운 자태로 1000년 가까운 세월을 버텨온 기적과 미스테리의 건축물, 피사의 사탑이 바로 이 도시에 있다. 피사는 11세기경부터 15세기까지 '피사 공화국(Repubblica di Pisa)'이라는 막강한 세력의 독립 도시 국가였다. 비록 15세기에 피렌체 공화국에 복속되며 독립국으로서의 역사는 끝났지만 피사 공화국의 영광은 두오모와 피사의 사탑에 아로새겨져 현재까지 남아 있다.

INFO P.044

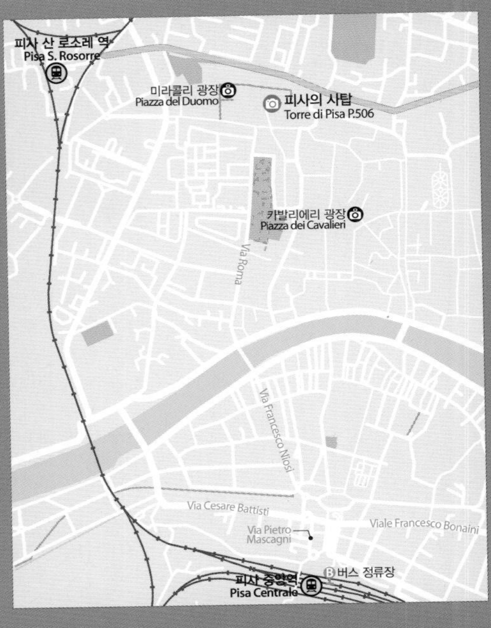

이렇게 간다!

❶ 기차

피렌체와 라 스페치아에서 피사 중앙역(Pisa Cetrale)까지 직통 열차가 다닌다. R 또는 RV 열차라 비용이 싸고 소요 시간도 비교적 짧은 편이라 여행자들이 가장 많이 애용한다. 소요 시간은 피렌체↔피사가 1시간 안팎. 라 스페치아↔피사 구간은 특급 열차도 다니기 때문에 40~1시간 20분으로 편차가 크다.

요금 피렌체↔피사 €8.7~10.1 / 라 스페치아 ↔ 피사 €7.9~15.5

❷ 플릭스 버스

시간대만 맞는다면 가장 좋은 교통수단. 가격이 저렴하고 소요 시간도 짧고, 미라콜리 광장과 꽤 가까운 곳에 자리한 주차장에 정차한다. 다만 스케줄이 워낙 유동적인 플릭스 버스의 특성상 내가 원하는 시간에 운행하는 버스가 없을 가능성이 늘 있다.

요금 €5~10

PLUS TIP

우리나라에서는 '피사'라고 쓰지만 현지에서는 '삐자'에 가깝게 발음하기도 한다. 주로 북부와 중부에서는 '삐자'라고 발음한다.

이렇게 돌아본다

❶ 도보 또는 버스

피사 중앙역부터 피사의 사탑이 있는 미라콜리 광장까지는 약 2km 거리로, 여행자들은 대부분 걸어 다닌다. 걷기가 불편한 사람이라면 버스를 이용해도 OK. 중앙역부터 두오모 주변까지 여러 편의 버스가 오가는데, LAM 로사(Rossa)나 21번 버스를 타고 Torre1 정류장에서 내리는 것이 가장 가깝다. 버스 요금은 편도 €1.4, 티켓은 중앙역 역사 내의 담배 가게에서 판매한다. 두오모 광장 주변에는 매표소가 마땅치 않으므로 왕복으로 오갈 계획이면 미리 2장을 사둘 것.

지도상에서는 피사 산 로소레(Pisa S. Rosorre) 역이 미라콜리 광장과 가까워 보이는데, 실제로는 역부터 광장까지 길이 매우 복잡하여 결과적으로는 중앙역에서 오가는 것과 거의 비슷한 시간이 든다.

이렇게 돌아본다

❷ 피사의 사탑 및 피사 두오모 입장권

피사의 사탑과 두오모 일대의 건물은 통합 입장권과 개별 입장권을 통해 들어갈 수 있다. 부속 건물 1곳과 두오모 입장권이 콤보처럼 된 티켓이 많은데, 사실 두오모는 무료 입장 가능한 곳이기 때문에 그냥 해당 건물의 개별 입장권이라고 생각하면 무방하다.

피사의 사탑+두오모+산 조반니 세례당+콤포산토+두오모 박물관+시노피에 박물관	€27
두오모+산 조반니 세례당+캄포산토+두오모 박물관+시노피에 박물관	€10
피사의 사탑+두오모	€20
두오모+산 조반니 세례당	€7
두오모+캄포산토	€7
두오모+두오모 박물관	€7
두오모+시노피에 박물관	€7

TRAVEL INFO
ⓘ 핵심 여행 정보

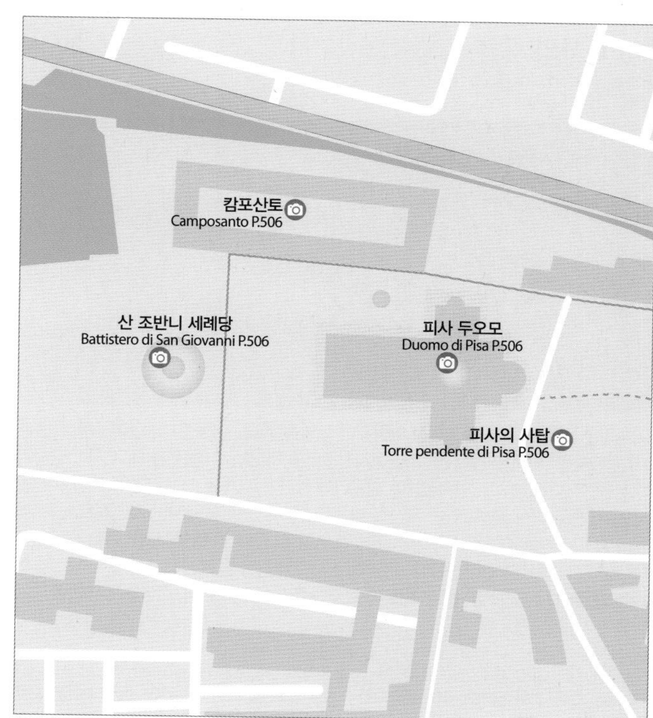

01 피사 두오모

Duomo di Pisa
두오모 디 삐자

피사 여행의 팔할은 두오모와 부속 건물을 돌아보는 것이다. '미라콜리 광장(Piazza dei Miracoli)' 또는 '두오모 광장(Piazza del Duomo)'이라 불리는 넓은 잔디밭에 두오모 본당과 여러 부속 건물이 우뚝 서 있다. 가장 유명한 것은 피사의 사탑이지만 본당 또한 이탈리아의 중세를 대표하는 건축물 중 하나로 꼽힌다. 이 성당은 피사 공화국이 사라센과의 전투에서 거둔 막대한 전리품을 투자하여 지은 것으로, 1063년부터 짓기 시작해 16세기까지 꾸준히 개축과 보수를 거듭했다. 이탈리아 중세 로마네스크 건축물의 대표 작품으로, 벽면과 파사드의 아치 장식과 벽체, 축조 방식 모두 훌륭한 로마네스크 건축의 표본을 보여준다. 내부로 들어가면 높은 천장 위로 듬성듬성 뚫린 창문과 평평한 천장 등 로마네스크의 특징이 더욱 드러난다. 중세 피사의 건축 명인 피사노(Pisano)의 손길이 여러 곳에 닿아 있는데, 내부에는 피사노가 만든 아름다운 설교단이 있다. 입장은 무료이나, 입장 시간이 지정된 티켓을 매표소에서 받아야 들어갈 수 있다.

INFO P.081 MAP P.505
구글 지도 GPS 43.72328, 10.39586 **찾아가기** 두오모 광장 내 **주소** Piazza del Duomo **전화** 050-835-011~2(관리 사무소) **시간** 4~10월 10:00~20:00, 11~3월 10:00~19:00(날짜 및 계절별로 변동, 홈페이지에 상세 입장 시간 고지) **휴무** 연중무휴 **가격** 무료입장 **홈페이지** opapisa.it

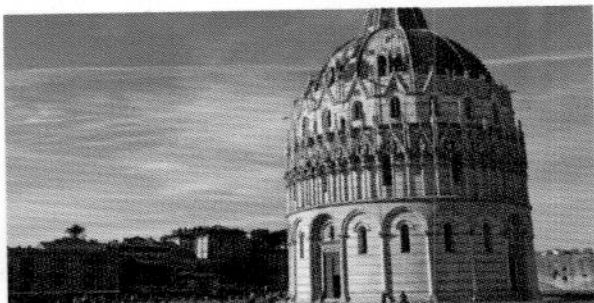

02 산 조반니 세례당

Battistero di San Giovanni
바티스테로 디 싼 조반니

두오모의 부속 건물로 이탈리아에서 가장 큰 세례당으로 꼽힌다. 본당보다 약 90년 늦게 건축되었는데, 본당과 마찬가지로 이탈리아 중세 로마네스크 건축의 대표작이다.

MAP P.505
구글 지도 GPS 43.7233, 10.39405 **찾아가기** 두오모 파사드 맞은편. **주소** Piazza del Duomo, 23 **전화** 050-835-011~2(관리 사무소) **시간** 4~10월 09:00~20:00, 11~3월 09:00~19:00(수시 변동. 홈페이지에 날짜별 상세 입장 시간 사전 고지) **휴무** 연중무휴 **가격** €7(두오모+산조반니 세례당) **홈페이지** opapisa.it

03 피사의 사탑

Torre pendente di Pisa
또레 펜덴테 디 삐자

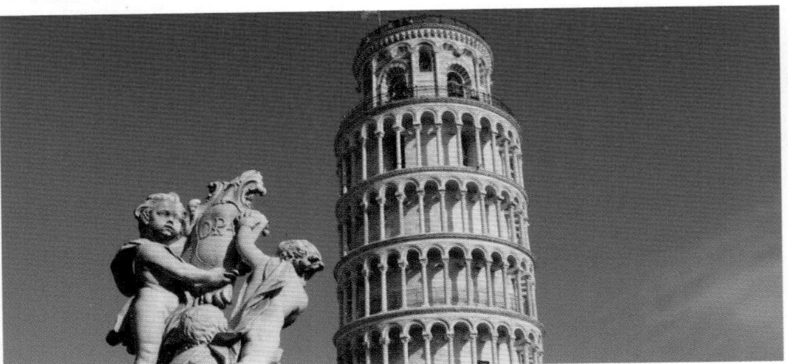

피사라는 도시보다 더 유명해진 이탈리아의 명물 종탑. 1173년부터 짓기 시작했는데, 1178년 2층을 올리면서 종탑이 기울어지기 시작한다. 토양이 물렀던 데다 지반 공사가 부실했던 탓이었다. 그 이후 전쟁에 휘말리며 공사가 지체됐고, 1372년이 되어야 완공되었다. 완공 이후 몇 차례 큰 지진을 맞고도 쓰러지지는 않았지만 자연적으로 1년에 1cm 정도씩 기울었다. 피사시가 각고의 노력을 한 끝에 2008년에 탑이 기울기를 멈추었다고 공식 발표가 났다. 꼭대기 전망대는 시간당 입장 인원이 정해져 있다. 만 8세 이하는 출입 금지, 만 18세 미만은 반드시 보호자를 동반해야 한다. 전망대까지 이어진 계단의 숫자는 251개.

INFO P.044 MAP P.505
구글 지도 GPS 43.72295, 10.39659 **찾아가기** 두오모 본당 뒤쪽. **주소** Piazza del Duomo, 23 **전화** 050-835-011~2 **시간** 4~10월 09:00~22:00, 11~3월 09:00~19:00(수시 변동. 홈페이지 참고) **휴무** 연중무휴 **가격** €20(피사의 사탑+두오모) **홈페이지** opapisa.it

04 캄포산토

Camposanto
캄포산또

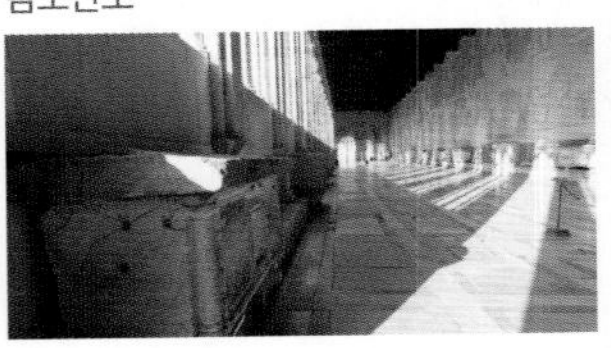

1277년에 지어진 아름다운 건축물로, 용도는 다름아닌 공동 묘지다. 남쪽 벽면에는 부오나미코 부팔마코(Buonamico Buffalmacco)가 그린 〈죽음의 승리〉가 있는데, 섬뜩하고 생생한 묘사로 이탈리아의 대표적인 벽화 예술품 중 하나이다.

MAP P.505
구글 지도 GPS 43.724, 10.39489 **찾아가기** 미라콜리 광장 북쪽. 두오모 파사드를 바라보고 왼쪽 방향으로 광장 끝까지 간다. **주소** Piazza del Duomo, 17 **전화** 050-835-011~2(관리 사무소) **시간** 4~10월 09:00~20:00, 11~3월 09:00~19:00(수시 변동. 홈페이지에 날짜별 상세 입장 시간 사전 고지) **휴무** 연중무휴 **가격** €7(두오모+캄포산토) **홈페이지** opapisa.it

+PLUS AREA 4

프라다 스페이스 아웃렛
Prada Space Outlet

피렌체와 아레초 사이의 작은 마을 몬테바르키(Montevarchi)에 자리한 창고형 팩토리 아웃렛으로, 전 세계에서 가장 규모가 큰 프라다 할인 매장이다. 거대한 컨테이너를 개조한 매장이 프라다와 미우미우의 이월 상품으로 꽉꽉 차 있다. 프라다만 봤을 때는 타의 추종을 불허하는 물량과 구색을 자랑한다. 예전에는 다른 브랜드는 모두 더 몰에서 보더라도 프라다만은 이곳에서 보는 것이 정석이었는데, 더 몰에 대형 프라다 매장이 생긴 후로는 이곳까지 오는 사람은 많이 줄어들었다. 교통이 불편한 것도 감점 요인. 그러나 다른 아웃렛의 프라다 매장과 비교가 불가할 정도로 저렴한 프로모션 상품들이 종종 있으므로 프라다 마니아라면 도저히 거부하기 힘든 곳이다.

INFO P.204

구글 지도 GPS 43.51196, 11.59848 **찾아가기** 055-919-6528 **주소** Via Aretina, 403, Montevarchi **전화** 055-919-6528 **시간** 10:30~19:00 **휴무** 연중무휴 **홈페이지** 없음

이렇게 간다!

❶ 대중교통

피렌체 S.M.N. 역에서 기차를 타고 몬테바르키(Montevarchi)까지 간 뒤 그곳에서 로컬 버스로 환승한다. 피렌체에서는 편도 약 2시간 정도 걸린다. 로컬 버스의 운행이 불규칙하므로 미리 구글맵 등을 통해 루트 계획을 잘 해둘 것.

❷ 가이드 투어

가장 현명한 방법. 단독 투어는 거의 찾기 힘들고, 더 몰과 함께 반나절 투어로 구성된 경우가 가장 많다. 민다, 클룩, 마이 리얼 트립 등에서 쉽게 찾아볼 수 있다.

❸ 택시

더 몰과 약 30km 거리로, 두 아웃렛을 택시로 오가는 사람들도 종종 있다. 소요 시간은 30분~1시간 정도. 과거에는 더 몰 앞에서 호객하는 택시들이 많았으나 최근에는 우버나 마이 택시 등을 이용하는 경우가 많다. 요금은 1대당 €50~60, 또는 1인당 €15 정도.

이렇게 돌아본다!

❶ 택스 리펀드가 가능하니 여권을 꼭 챙길 것. 자체 현금 환급 센터는 없으므로 공항에서 받아야 한다.

❷ 더 몰처럼 번호표로 상품을 예약하고 카운터에서 수령하는 방식이다.

❸ 본격적인 아웃렛 단지가 아닌 창고형 아웃렛이라 고객 서비스 시설이 아주 좋지는 않다. 식당이나 화장실도 기대하기 힘든 곳이므로 체류 시간을 너무 길게 잡지는 말 것.

+PLUS AREA 5

더 몰 럭셔리 아웃렛
The Mall Luxury Outlet

피렌체에서 동남쪽으로 20km 남짓 떨어진 지역인 레초(Leccio)에 자리한 명품 전문 아웃렛 단지. 한 부지에 '비아 유로파(Via Europa)'라는 큰길 하나를 사이에 두고 2개의 중소 규모 아웃렛 단지가 모여 있다. 북쪽에 있는 것이 그 유명한 더 몰 럭셔리 아웃렛이고, 남쪽에 있는 것은 캐주얼과 디자이너 브랜드가 모여 있는 레초 아웃렛이다. 이중에서 더 몰 럭셔리 아웃렛은 인기 명품 브랜드를 30~80% 정도 저렴하게 판매 중이라 이탈리아는 물론 유럽 전체에서 가장 인기 높은 아웃렛으로 군림 중이다. 유럽 어느 나라를 여행하든 상관없이 더 몰 럭셔리 아웃렛을 방문하기 위해 일부러 피렌체를 끼워 넣는 사람들도 있을 정도. 아웃렛 단지를 둘러싼 토스카나의 아름다운 자연 풍경은 보너스다.

INFO P.196

구글 지도 GPS 43.70216, 11.46409 **찾아가기** 더 몰 전용 셔틀버스, 중국인 관광 버스 등에서 내리면 바로 연결된다. 내린 자리에서 오른쪽 방향이 더 몰 럭셔리, 왼쪽이 레초 아웃렛이다. **주소** Via Europa 8, Leccio Reggello **전화** 055-865-7775 **시간** 10:00~19:00 **휴무** 연중무휴 **홈페이지** firenze.themall.it/ko (한국어)

이렇게 간다!

❶ 더 몰 셔틀버스

피렌체 버스 터미널에서 오전 8시 50분 전후부터 오후 5시까지 30분~1시간마다 한 대씩 출발한다. 소요 시간은 50분.

요금 편도 €8, 왕복 €15

❷ 중국인 관광 버스

주로 중국인 관광객을 대상으로 영업하는 사설 셔틀버스. 더몰 공식 셔틀보다 가격이 저렴하고 일찍 도착하는 것이 장점. 피렌체 산타 마리아 노벨라 역 앞에서 매시 정각에 출발한다. 역 건너편 맥도날드 부근에서 호객꾼을 쉽게 만날 수 있다. 소요 시간은 50분.

요금 편도 €5, 왕복 €10

❸당일 투어 상품

민다 트립, 클룩, 마이 리얼 트립 등에서 찾아볼 수 있다. 단독 상품보다는 프라다 스페이스 아웃렛과 묶인 것이 많다. 단순히 교통편만 제공하는 투어부터 바이어 출신 쇼핑 전문가가 통역 및 노하우 전수까지 해주는 투어 등 다양한 상품이 있다. 가격은 천차만별로 1인당 5~10만원 선에서 25~30만원까지 매우 다양하다.

PLUS TIP 프라다 아웃렛 Prada Outlet

더 몰 단지 옆의 큰 건물에 자리한 프라다 아웃렛 매장은 더 몰에 속하지 않은 독립 매장이지만 영업 방식이나 영업 시간은 별 차이가 없다. 몬테바르키의 프라다 스페이스 아웃렛에 버금가는 규모와 구색을 자랑한다.

이렇게 돌아본다!

❶ 더 몰의 주요 매장을 돌아보는 데는 최소 2시간 정도 걸린다.

모든 매장을 꼼꼼하게 돌아보고 레초 아웃렛까지 보려면 적어도 반나절은 필요하다. 왕복 이동 시간까지 생각하면 피렌체 여행의 하루 낮 일정은 모두 이곳에서 보내기로 생각하는 편이 좋다.

❷ 여권을 반드시 챙길 것.

한 매장당 €154.95 이상 구매 시 10~16%의 택스 리펀드를 받을 수 있다. 방법은, 일단 영수증에 증명을 받은 뒤 출국할 때 공항에서 받을 수도 있고, 더 몰 럭셔리 아웃렛 단지 내에 자리한 글로벌 블루(Global Blue) 사무소에서 현금으로 바로 받을 수도 있다. 단지 내 사무소는 줄이 매우 길고 수수료가 제법 높다는 것은 미리 알아둘 것. 또, 이곳에서 택스 리펀드를 현금으로 받으면 출국 전에 반드시 공항에 있는 글로벌 블루의 사무실에 들러 택스 리펀드 관련 서류를 제출해야 한다. 택스 리펀드를 현금으로 받을 때 신용카드를 보증용으로 등록하는데, 서류를 제출하지 않으면 보증용 신용카드로 미리 환급받은 금액의 두 배를 지불해야 한다.

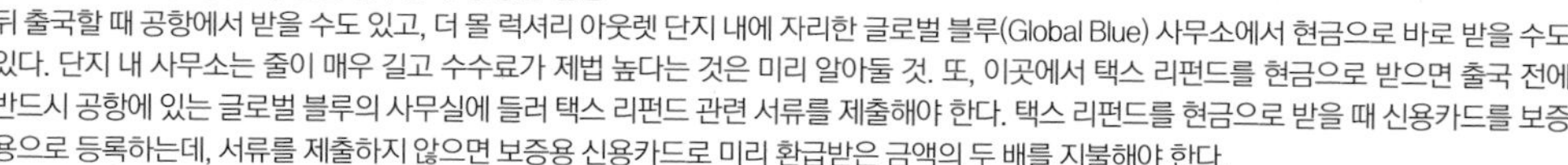

❸ 구매할 물건은 카운터에 맡겨두자.

더 몰에서는 구매할 물건을 일일이 들고 다닐 필요가 없다. 가까이 있는 직원을 불러서 예약을 걸어둔 뒤 카운터에서 찾으면 되기 때문. 예약을 걸 때는 번호표가 필요한데, 입장할 때 나눠주기도 하고 구매 예약을 걸 때 직원에게 부탁하면 발부해 주기도 한다.

주요 입점 브랜드 리스트

주목! 알렉산더 맥퀸 Alexander Mcqueem
주목! 발렌시아가 Balencisaga
보테가 베네타 Bottega Veneta
주목! 버버리 Burberry
셀린느 Celine
클로에 Chloé
코치 Coach
돌체 앤 가바나 Dolce & Gabbana
에트로 Etro
펜디 Fendi
조르지오 아르마니 Giorgio Armani
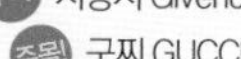
주목! 지방시 Givenchy
주목! 구찌 GUCCI

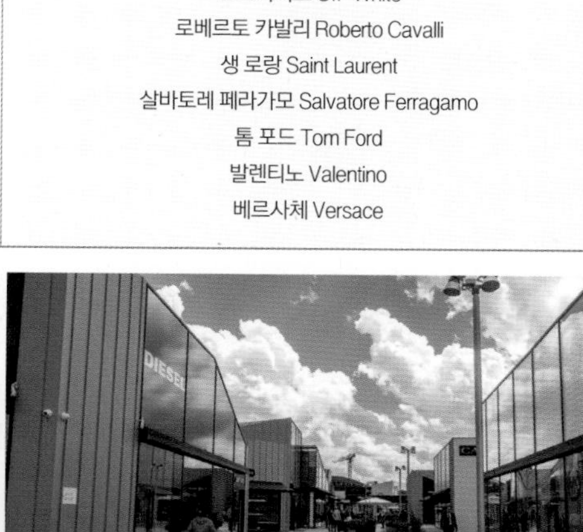

질 샌더 Jil Sander
지미추 Jummy Choo
로로 피아나 Loro Piana
메종 마르지엘라 Maison Margiela
모스키노 Moschino
멀버리 Mulberry
오프화이트 Off-White
로베르토 카발리 Roberto Cavalli
생 로랑 Saint Laurent
살바토레 페라가모 Salvatore Ferragamo
톰 포드 Tom Ford
발렌티노 Valentino
베르사체 Versace

더 몰 북쪽 전경

레초 아웃렛

AREA

02 SIENA 시에나

토스카나 제2의 도시에서 즐기는 중세로의 타임 워프 체험

시에나는 이탈리아 어느 곳보다 중세 도시 국가의 형태를 완벽하게 보존하고 있는 도시다. 중세 시대 중 한때는 피렌체와 호각을 겨룰 정도로 번영을 누렸지만, 여러 환란이 겹치며 국력이 쇠퇴하면서 피렌체에 무릎을 꿇고 말았다. 이후 줄곧 역사의 뒤편에서 조용히 보냈고, 제2차 세계 대전의 무차별 폭격도 무사히 비켜 갔다. 그 덕분에 중세의 모습이 지금까지 고스란히 남게 되었다. 붉은 벽돌로 뒤덮인 골목과 광장을 거닐다 보면 한순간 중세로 들어온 듯한 멋진 착각을 선물로 받을 수 있다.

인기 ★★★★☆

피렌체 근교 도시 중 가장 인기 높은 곳.

관광 ★★★★★

이탈리아에서 손꼽히게 아름다운 광장과 전망대가 있다.

쇼핑 ★★★☆☆

질 좋은 토스카나산 먹거리를 살 수 있다.

식도락 ★★★☆☆

미식으로 이름난 도시는 아니지만, 먹거리는 대체로 맛있다.

복잡함 ★★★★☆

캄포 광장 주변은 언덕과 골목이 많아 약간 헷갈린다.

치안 ★★★★☆

소매치기 등 범죄에 있어서는 안전한 편.

시에나 ~ 주요 도시 간 교통

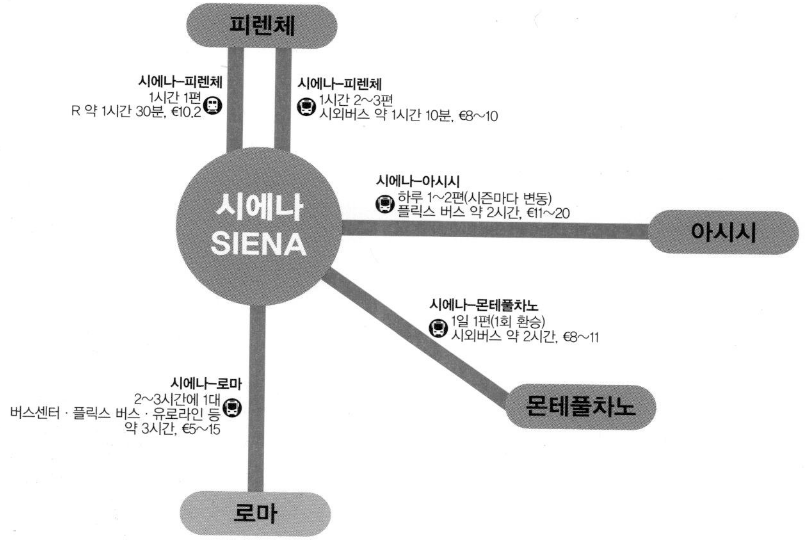

피렌체

시에나-피렌체
1시간 1편
R 약 1시간 30분, €10.2

시에나-피렌체
1시간 2~3편
시외버스 약 1시간 10분, €8~10

시에나 SIENA

시에나-아시시
하루 1~2편(시즌마다 변동)
플릭스 버스 약 2시간, €11~20

아시시

시에나-몬테풀차노
1일 1편(1회 환승)
시외버스 약 2시간, €8~11

몬테풀차노

시에나-로마
2~3시간에 1대
버스센터 · 플릭스 버스 · 유로라인 등
약 3시간, €5~15

로마

*열차 가격은 2등석 당일 또는 전일 구매 기준

MUST SEE 이것만은 꼭 보자!

No.1
만자의 탑에서 바라보는 **캄포 광장**과 구시가

No.2
시에나의 자부심, **시에나 두오모**

No.3
푸블리코 궁전에서 바라보는 네모난 하늘

No.4
산 주세페 성당 부근 언덕길에서 바라보는 **구시가 전경**

MUST EAT 이것만은 꼭 먹자!

No.1
통통하고 쫄깃한 식감의 시에나 토종 파스타, **피치**

No.2
미슐랭 빕 구르망, **타베르나 디 산 주세페**의 트러플 요리

1 단계 시에나 여행 정보 한눈에 보기

시에나 역사 이야기

시에나의 건국 신화는 우리나라의 백제 설화와 비슷한 구석이 있다. 고구려의 패권 다툼에서 패배한 비류-온조 형제가 백제를 건국했듯, 로마를 건국한 로물루스와 레무스 형제 중 패배한 레무스의 아들들이 중부로 도망쳐 세운 도시가 시에나라는 것. 역사적 근거는 없으나 시에나 사람들의 자긍심의 뿌리가 되는 설화라고 한다.

중세 시대에 접어들며 시에나는 무역과 금융업으로 큰돈을 벌어 도시 국가로 성장하다가, 1167년에 '시에나 공화국'으로 독립을 선언했다. 특히 유럽 최초의 은행이 문을 열 정도로 금융업이 융성하여 '교황의 은행'이라는 별명까지 얻었다. 숙명의 라이벌 피렌체와 엇비슷할 정도로 막강한 힘을 자랑했으나 1348년에 발발한 흑사병으로 인구의 절반이 줄어 큰 타격을 입었다. 그 후 1555년 피렌체와의 전투에서 패배하면서 공화국의 역사를 마감했고, 이탈리아가 통일될 때까지 피렌체를 중심으로 한 토스카나 대공국의 지배를 받았다.

시에나 시내에서는 로마 건국의 상징인 암늑대 동상을 쉽게 볼 수 있다.

시에나 여행 꿀팁

☑ 당일치기가 가능하다

피렌체에서 버스 · 기차로 편도 1~2시간 거리라 하루 동안 충분히 돌아볼 수 있다. 시에나의 볼거리가 집중된 구시가의 크기가 반경 1km를 넘지 않는다. 볼거리는 꽤 알차서 하루를 꼬박 투자하는 것이 바람직하나, 핵심만 훑어본다면 3~4시간에도 가능하다.

☑ 숙소는 구시가 외곽에

1박 이상을 계획하고 있다면 숙소는 구시가 바깥쪽에서 알아보자. 구시가 중심부인 캄포 광장 주변은 계단과 언덕이 많아서 짐을 끌고 다니기 어렵기 때문. 버스 종점이 있는 비아 토치(Via Tozzi), 또는 기차역과 구시가를 잇는 길인 비토리오 에마누엘레 2세 거리(Viale Vittorio Emanuele II) · 카몰리아 거리(Via Camollia) · 몬타니니 거리(Via dei Montanini) 부근을 추천한다.

☑ 시내 이동은 도보로

시에나 구시가에는 쓸 만한 대중교통이 별로 없다. 기차역 부근에서 구시가 안쪽까지 들어가는 버스가 있긴 하나 효율적이지 않아 걷는 것만 못하다. 튼튼한 두 다리로 열심히 걸을 것. 급할 때는 택시를 이용하자. 택시 기본요금은 €5~7 정도이고, 기차역 부근에서 구시가까지 요금은 €15 안팎이다.

2단계 시에나, 이렇게 간다!

시에나는 피렌체의 뒤를 잇는 토스카나 제2의 도시이지만 교통이 아주 좋지는 않다. 피렌체에서 오가는 교통편은 나쁘지 않으나, 다른 중부 도시들은 거리는 가까워도 마땅한 교통편이 없는 경우가 많다. 뚜벅이 여행자라면 피렌체에 숙소를 잡고 당일치기로 오가는 것이 여러모로 가장 편리한 여행법이다. 무엇보다 렌터카가 최고!

버스로 가기

비아 토치 정류장은 지상에 넓은 주차장이, 지하에 매표소 · 화장실 · 유인 로커 · 관광 안내소 등이 있다.

피렌체에서 시에나를 여행하려면 버스를 1순위로 알아볼 것. 요금이 싸고 소요 시간도 짧으며, 무엇보다 버스 터미널이 구시가와 가까워 접근성이 좋다. 시에나의 시외버스 정류장은 구시가 중심부에서 약 700m 떨어진 비아 토치(Via Tozzi)에 있다. 이곳에서 정류장을 왼쪽을 두고 길을 따라 100m 남짓 걷다가 왼쪽에 나오는 완만한 경사로로 접어들면 구시가와 연결된다. 단, 일반 시외버스만 비아 토치 정류장에 서고, 플릭스 버스(FlixBus)와 밀라노 · 로마 등을 잇는 장거리 유로라인(Eurolines) 버스는 시내에서 한참 떨어진 시에나 기차역 앞에 정차하므로 혼동하지 말 것.

비아 토치 버스 정류장 Siena-Via Tozzi
MAP P.515C
구글 지도 GPS 43.322819, 11.327631

기차로 가기

PLUS TIP

시에나 역에는 짐 보관소가 없어요!

피렌체에서 로마로 이동하는 도중에 시에나에 잠시 들러 보려는 계획이라면? 혹시 큰 짐을 갖고 있는지? 그렇다면 계획을 좀 더 꼼꼼하게 세울 필요가 있다. 시에나 기차역에는 짐 보관소가 없기 때문. 제법 큰 도시의 기차역에 설마 짐 보관소가 없겠냐고 생각했다가 큰 코 다칠 수가 있다.

피렌체에서 당일치기로 시에나에 오는 사람들이 많이 택하는 교통수단으로, 요금이 싼 편이고 소요 시간도 짧은 것이 장점. 그러나 기차역에서 구시가가 약 2km로 너무 멀고, 대중교통도 전혀 없다는 큰 단점이 있다. 기차역에서 구시가로 가기 위해서는 급경사로를 올라야 하는데, 긴 에스컬레이터가 설치되어 있지만 고장이 잦은 편이라 계단을 등산할 때처럼 올라가야 할 때가 종종 있다. 시외버스를 이용할 수 없는 경우 차선으로 생각하자. 큰 짐을 들고 시에나로 와야 한다면 아예 버스를 알아볼 것.

시에나 역 Siena-Ferroviaria

MAP P.515A

구글 지도 GPS 43.331558, 11.323169

렌터카로 가기

실외 주차장

실내 주차장

구시가 바깥쪽 포르테차 메디체아(Fortezza Medicea) 부근에 대형 야외 주차장이 있다. 주차장부터 구시가 입구까지는 약 1km. 되도록 구시가 가까운 곳에 대고 싶거나 야외 주차장이 불안하다면, 구시가 입구 바로 앞에 있는 실내 주차장을 이용해 볼 것. 단, 주차비가 상당히 비싸다. 시에나는 구시가 전체에 ZTL(교통 제한 구역) 단속이 엄격하게 적용되고 있어 자칫 차를 가지고 들어왔다가는 딱지를 뗄 각오를 해야 한다. 가급적 주차장에 주차한 뒤 걸어서 구시가에 진입하자.

MAP
시에나 광역 한눈에 보기

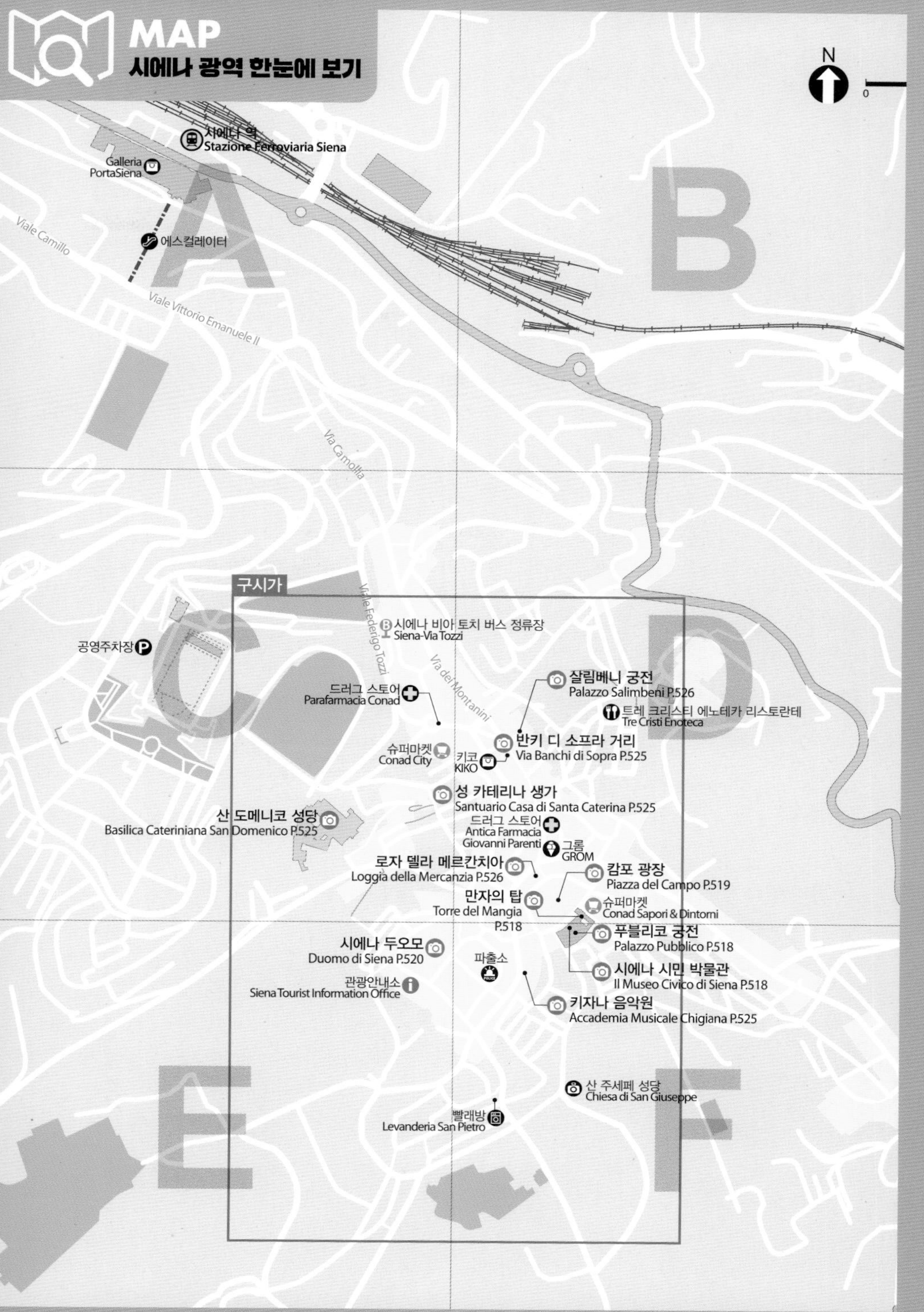

MAP
시에나 구시가 한눈에 보기

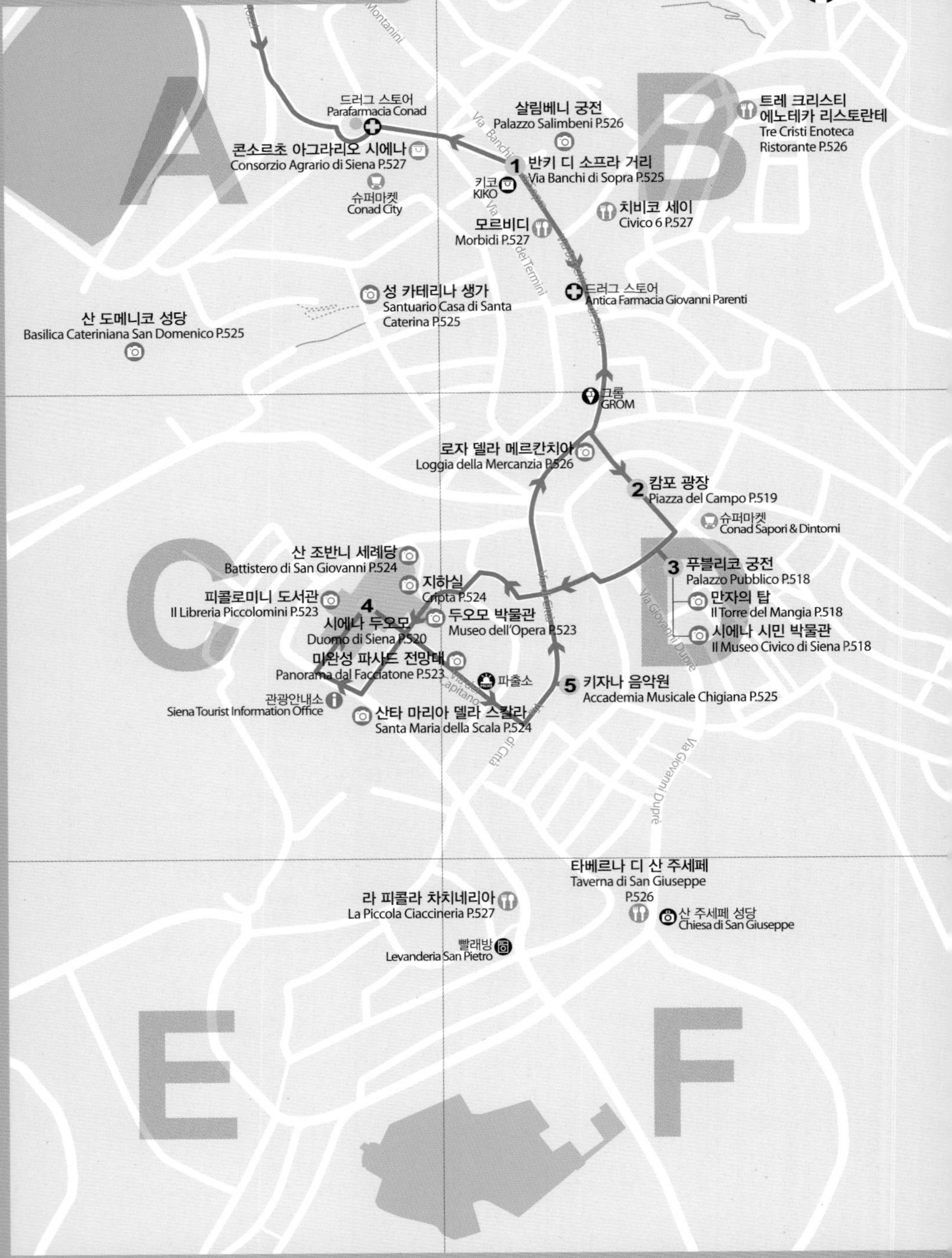

COURSE 1

시에나 핵심 한나절 코스

시에나는 일반적으로 피렌체에서 당일치기로 돌아보게 된다. 구시가는 모두 걸어서 다닐 수 있는데, 그냥 쓱 돌아보기만 하면 두세 시간 정도로도 충분하다. 역사에 관심이 많거나 구시가의 정서를 좋아하는 사람이라면 시간을 조금 더 넉넉하게 잡을 것.

코스 무작정 따라하기
START

S. 비아 토치 버스 정류장
도보 5분
1. 반키 디 소프라 거리
도보 5분
2. 캄포 광장
도보 3분
3. 만자의 탑
도보 10분
4. 시에나 두오모
도보 5분
5. 키자나 음악원
도보 20분
F. 비아 토치 버스 정류장

S

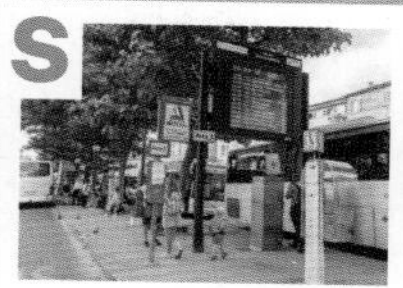

비아 토치 버스 정류장

Siena-Via Tozzi

시외버스를 타고 시에나로 오면 이곳에 도착하게 된다.

주차장을 왼쪽에 두고 직진하다 왼쪽의 경사로로 올라가 광장을 지나간다. → 반키 디 소프라 거리 도착

1

반키 디 소프라 거리 / 10min

Via Banchi di Sopra

250m 밖에 안되는 길이므로 되도록 천천히 걸으며 즐길 것. 입구 부근의 살림베니 광장에서 인증사진도 찍어보자.

로자 델라 메르칸치아 왼쪽 옆의 골목을 따라 내려간다. → 캄포 광장 도착

2

캄포 광장 / 20min

Piazza del Campo

독특하고 아름다운 광장. 바깥쪽에서 보는 것과 중심부에서 보는 것의 느낌이 꽤 다르다.

광장 중심부로 이동 → 만자의 탑 도착

3

만자의 탑 / 1hr

Torre del Mangia

푸블리코 궁전 안에 출입구가 있다. 체력이 있다면 꼭 올라가 볼 것.

광장 서쪽으로 나가 표지판을 따라 이동한다. → 시에나 두오모 도착

4

시에나 두오모 / 2hr

Duomo di Siena

시에나 관광의 하이라이트. 전 구역이 유료 입장이다.

두오모를 마주보고 오른쪽으로 약 80m 가면 오른쪽 미완성 벽면 사이로 길이 보인다. 그 길이 끝나는 곳에서 왼쪽으로 간다. → 키자나 음악원 도착

5

키자나 음악원 / 20min

Accademia Musicale Chigiana

시에나 뒷골목 여행의 시작점. 운이 좋으면 작은 음악회를 볼 수 있다.

음악원을 오른쪽에 두고 쭉 직진. 로자 델라 메르칸치아가 나오면 반키 디 소프라 거리로 접어든다. → 비아 토지 버스 정류장 도착

F

비아 토치 버스 정류장

Siena-Via Tozzi

피렌체 등 출발지로 돌아가거나 다음 관광지로 Go!

TRAVEL INFO
핵심 여행 정보

01 푸블리코 궁전
Palazzo Pubblico
팔라쪼 푸블리코

시에나 공화국의 시 청사였던 곳으로, 시에나를 상징하는 대표적인 랜드마크다. 13세기에 지어졌으며 이탈리아 중부, 중세 건축의 전형적인 스타일이라고 한다. 지금도 시에나시 청사로 쓰이고 있으나, 내부의 중요한 장소들은 박물관 및 전시실로 공개 중이다. 특히 만자의 탑은 시에나 필수 코스 중 하나로 손꼽힌다. 가운데에 중정을 두고 건물이 사면을 둘러싼 형태라 중정에서 올려다 보면 하늘이 사각형으로 보여 이곳에서 재미있는 사진을 찍는 사람들이 많다.

MAP P.516D
구글 지도 GPS 43.31799, 11.33202 **찾아가기** 구시가 중심부 **주소** Piazza del Campo, 1 **전화** 0577-292-111 **시간** 만자의 탑 10/16~2/28 10:00~16:00, 3/1~10/15 10:00~19:00 / 시에나 시민 박물관 11/10~3/15 10:00~18:00, 3/16~10/31 10:00~19:00(마지막 입장은 폐관 45분 전) **휴무** 12/25 **가격** 만자의 탑 €13, 시에나 시민 박물관 €13, 만자의 탑+시에나 시민 박물관 €20 **홈페이지** www.comune.siena.it(시에나 시청)

ZOOM IN
푸블리코 궁전

01 만자의 탑
Torre del Mangia (또레 델 만자)

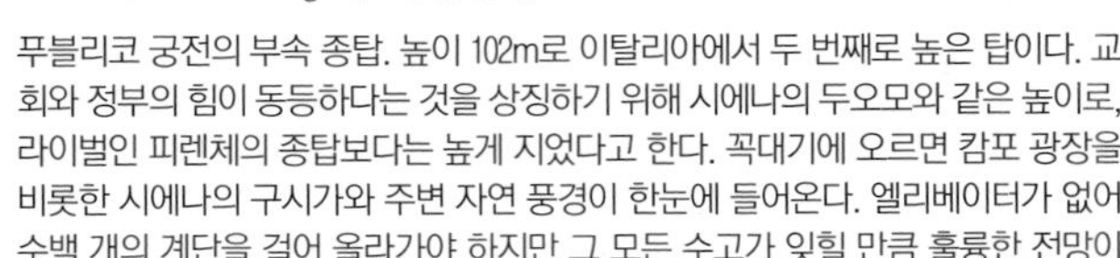

푸블리코 궁전의 부속 종탑. 높이 102m로 이탈리아에서 두 번째로 높은 탑이다. 교회와 정부의 힘이 동등하다는 것을 상징하기 위해 시에나의 두오모와 같은 높이로, 라이벌인 피렌체의 종탑보다는 높게 지었다고 한다. 꼭대기에 오르면 캄포 광장을 비롯한 시에나의 구시가와 주변 자연 풍경이 한눈에 들어온다. 엘리베이터가 없어 수백 개의 계단을 걸어 올라가야 하지만 그 모든 수고가 잊힐 만큼 훌륭한 전망이 기다린다.

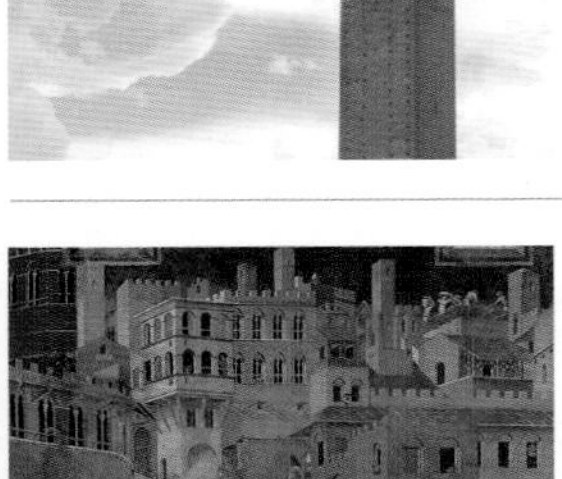

02 시에나 시민 박물관
Il Museo Civico di Siena (일 무제오 치비코 디 시에나)

푸블리코 궁전의 일부를 전시실로 꾸며 일반인에게 개방 중이다. 궁전 내부 곳곳에 그려진 르네상스 시대의 아름다운 프레스코 벽화들을 감상할 수 있다. 이중 가장 유명한 것은 9인의 방(Sala dei Nove)에 그려진 암브로조 로렌체티(Ambrogio Lorenzetti)의 〈좋은 정부와 나쁜 정부가 도시와 국가에 미치는 영향에 대한 우화〉이다. 3면의 벽 가운데에는 정치에 대한 전반적인 우화가, 왼쪽 벽에는 선한 정치를 했을 때의 결과, 오른쪽 벽에는 악한 정치를 했을 때의 결과가 그려져 있다.

02 캄포 광장

Piazza del Campo
피아짜 델 깜뽀

푸블리코 궁전 앞에 넓게 펼쳐진 광장. 이탈리아에서 가장 아름다운 광장을 꼽을 때 단연 첫손에 오르며 유럽 전체에서도 세 손가락 안에 들어간다. 광장의 가장자리는 중세 귀족의 저택이 둘러싸고 있다. 바닥은 중심부터 가장자리까지 완만하게 경사가 있어 마치 조개껍질 같은 입체감이 느껴진다. 또 바닥을 잘 보면 중심부에서 바깥쪽으로 9개의 사선이 뻗어나가 광장을 10등분하고 있다. 이는 시에나를 통치하던 과두 정치 시스템 '9인회(Noveschi)'를 뜻하는 것이라고 한다. 빗물이나 오수를 푸블리코 궁전 앞 하수도로 모으는 물길 역할도 겸하고 있다. 시에나 팔리오 축제의 메인 장소이기도 하다.

MAP P.516D

구글 지도 GPS 43.31842, 11.33169 **찾아가기** 구시가 중심부 **주소** Il Campo **전화** 없음 **시간** 24시간 **가격** 무료입장 **홈페이지** www.comune.siena.it(시에나 시청)

03 시에나 두오모

Duomo di Siena
두오모 디 시에나

시에나 중심가에서 가장 높은 지대에 우뚝 선 대성당. 시에나가 가장 번영했던 시대를 보여주는 시에나의 자존심 같은 곳이다. 공식 이름은 '성모 승천 대성당(Cattedrale Metropolitana di Santa Maria Assunta)'이다. 1215년부터 1263년까지 50여 년 동안 지었는데, 시에나가 승승장구하던 시기였던지라 어마어마한 투자가 이뤄졌다. 시에나의 석공 길드는 두오모 건축에 큰 재원을 투입했고, 그 덕분에 파사드, 제단, 기도실, 바닥 모자이크 등 곳곳에 중세 시대 스타 예술가들의 손길이 닿게 되었다. 하지만 이에 만족하지 못한 시에나 시민들은 2배 이상 확장할 계획으로 1339년부터 공사를 시작했지만 1348년 유럽을 덮친 흑사병 때문에 외벽 공사도 채 마치지 못한 채 중단되었다. 지금도 두오모에는 그때의 공사 흔적이 있다. 이후로도 내부는 꾸준히 개보수를 거듭하여 13세기부터 16세기 이탈리아의 예술 조류를 망라한 놀라운 보물 창고가 되었다. 본당을 중심으로 피콜로미니 도서관, 두오모 박물관, 세례당, 지하실, 미완성 파사드 전망대, 두오모 지붕 투어, 산타 마리아 델라 스칼라 등 총 7곳을 묶은 일종의 종합 전시 시설로 개방되고 있다. 관람에 대한 자세한 안내는 Zoom In을 참고하자.

INFO P.083 MAP P.516C
구글 지도 GPS 43.3177, 11.3289 **찾아가기** 구시가 곳곳에 표지판이 있다. 언덕 위쪽에 있어 오르막길을 따라가야 한다. **주소** Piazza del Duomo **전화** 0577-286-300(시에나 두오모 관광 안내소) **홈페이지** www.operaduomo.siena.it

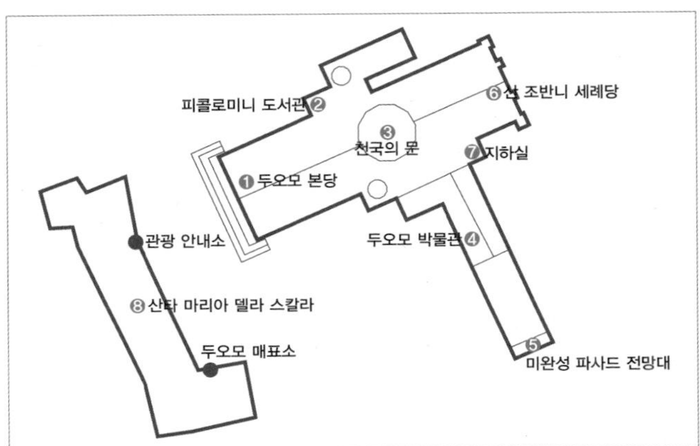

ZOOM IN

시에나 두오모

시에나 두오모는 본당을 중심으로 부속 건물 및 주변 교회를 두루 아우른 종합 시설로 꾸며져 있다. 티켓 가격이 인지도에 비해 다소 비싸다는 생각도 들 수 있지만, 워낙 볼거리가 다채롭고 수준이 높아 역사·문화·예술·종교 분야에 관심이 많은 여행자들에게는 입장료가 조금도 아깝지 않다는 찬사를 듣곤 한다. 관람 범위에 따라 두 종류의 통합 티켓이 있으므로 본인의 관심도에 따라 선택할 것. 각 명소마다 개별 입장료를 내고 들어갈 수도 있으나, 2곳 이상만 봐도 통합 티켓을 이용하는 것이 더 저렴하다.

PLUS TIP
티켓 이름이 복잡하니 굳이 이름을 말하지 말고, 패스의 마크를 손가락으로 가리키는 편이 더 낫다. 또는 티켓 가격을 말해도 알아듣는다.

통합 티켓 종류

❶ 기본 패스 OPA SI

두오모 본당, 피콜로미니 도서관, 두오모 박물관, 미완성 파사드 전망대, 세례당, 지하실을 관람할 수 있다.

€ **가격** 두오모 본당 바닥화 공개 기간(6/27~7/31, 8/18~10/16) €16
평상 시(1/1~6/26, 8/1~8/17, 10/17~12/31) €14, 어린이 (만 7~11세) €3

PORTA del CIELO All inclusive

❷ 포르타 델 첼로 올 인클루시브 Porta del Cielo All Inclusive

기본 패스+두오모 지붕 투어. 겨울 비수기(1/7~2/28)에는 판매하지 않는다.

€ **가격** 어른 €21, 어린이(만 7~11세) €6

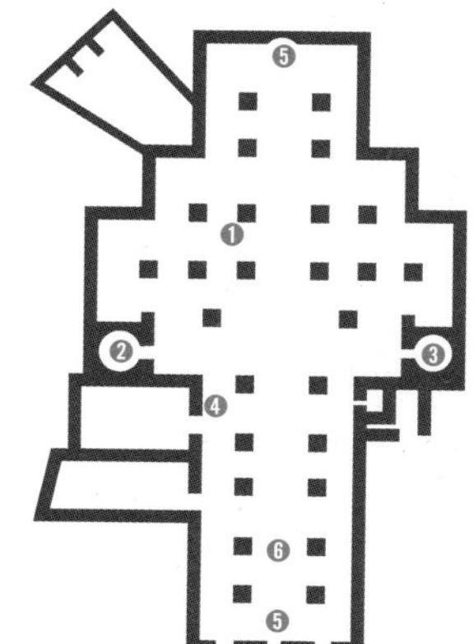

01 두오모 본당

Cattedrale di Siena (카테드랄레 디 시에나)

PLUS TIP

바닥의 모자이크는 여름 성수기에만 잠시 개방하고, 그 기간에는 특별 요금을 적용한다.

시에나 두오모의 본당은 이탈리아의 중세-르네상스 시대 건축물 중 가장 뛰어난 것으로 손에 꼽힌다. 내부로 들어가기 전 시선을 사로잡는 화려한 파사드는 중세 이탈리아의 대표 조각가인 니콜로 피사노의 아들 조반니 피사노가 대부분 작업했다. 내부는 이탈리아 르네상스의 거장들이 총출동한 보물창고 같은 곳으로, 어디에 눈을 둬야 할지 모를 정도로 아름답고 볼거리가 풍부하다. 눈에 뜨이는 모든 것이 시대의 걸작이라고 해도 과언은 아니나, 다음에 소개하는 대표작들은 잊지 말고 꼭 찾아보길.

ⓖ **구글 지도 GPS** 43.3177, 11.3289 ⓣ **시간** 3/1~11/3 월~토요일 10:00~19:00, 일 · 공휴일 13:30~18:00, 11/4~2/28 월~토요일 10:00~19:00, 일 · 공휴일 13:30~17:30, 12/26~1/7 월~토요일 10:00~19:00, 일 · 공휴일 13:30~17:30 바닥화 공개 기간(6/27~7/31, 8/18~10/16) 월~토요일 10:00~19:00, 일 · 공휴일 09:30~18:00 ⊖ **휴무** 부정기 € **가격** 바닥화 공개 기간(6/27~7/31, 8/18~10/16) €8, 그 외 €5

❶ 설교단

이탈리아 두오모 내의 설교단 중 피사의 설교단과 더불어 최고의 작품으로 꼽힌다. 니콜라 피사노가 메인을 맡았고 그의 아들인 조반니 피사노, 그리고 이후 스승을 뛰어넘는 예술가로 성장한 아르놀포 디 캄비오가 조수로 함께 작업했다. 팔각형의 구조로, 각 면에는 예수의 생애를 그린 섬세한 부조가 새겨져 있다.

❷ 세례 요한 예배당

두오모 내의 여러 예배당 중에서도 가장 눈에 띄게 화려한 곳이다. 가운데에 있는 검은 브론즈의 세례 요한 조각은 르네상스 시대의 스타 조각가 중 한 명인 도나텔로의 작품이다. 내벽을 둘러싸고 있는 아름다운 벽화는 16세기에 움브리아를 대표하는 화가 핀투리키오가 그린 것.

❸ 키지 예배당

5세기에 건축된 예배당을 17세기에 바로크 예술가 베르니니가 이탈리안 바로크 스타일로 새로 디자인한 것이다. 키지(Chigi)는 이 예배당 건축을 후원한 17세기의 시에나 출신 교황의 이름이다. 가운데에 있는 성모의 그림은 피렌체와의 전투에서 시에나를 가호한 성모의 은혜를 기리기 위해 13세기에 그려진 것.

❹ 피콜로미니 제단

피콜로미니 도서관으로 들어가는 입구 왼쪽에 자리한 제단. 성경 속 인물들의 조각으로 꾸며져 있다. 그중에서 아래쪽 단에 자리한 성 베드로, 성 바울, 성 그레고리오, 성 피우스 이렇게 4개 조각을 미켈란젤로가 젊은 시절에 만들었다.

❺ 스테인드글라스

정면 제단 위와 맞은편 파사드 출입구 위에 각각 원형 스테인드글라스가 자리하고 있다. 정면 제단 위의 것은 이탈리아에서 가장 오래된 것 중 하나다. 파사드 출입구 위의 것은 최후의 만찬을 묘사한 것으로, 빼어나게 아름답다.

❻ 암늑대 모자이크

시에나 두오모의 바닥에는 아름다운 모자이크 장식이 가득한데, 그중 가장 눈에 띄는 것이다. 시에나와 주변 도시들을 동물로 표현한 것으로, 시에나는 로마 건국 신화의 인물들이 세웠다는 설화에 따라 암컷 늑대로 표현되어 있다.

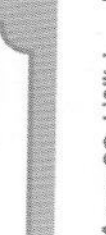

02 피콜로미니 도서관

Libreria Piccolomini (리브레리아 삐꼴로미니)

두오모의 한구석에 딸린 아담한 규모의 중세 악보 도서관. 내부의 프레스코 벽화가 너무도 아름다워 별도의 전시 시설로 분리되어 있다. '피콜로미니'는 시에나 출신 교황 피우스 2세의 성으로, 내부의 벽화 내용이 바로 그의 일생을 그린 것이다. 벽화는 16세기의 화가 핀투리키오가 그렸는데, 당시 벽화 작업에 참여한 제자 중에 라파엘로가 있었다고 전해진다.

Ⓖ **구글 지도 GPS** 43.3178, 11.3287 Ⓛ **시간** 두오모 본당과 동일 ⊖ **휴무** 부정기 € **가격** 통합 티켓 ①·②에 포함

03 천국의 문

Porta del Cielo (포르타 델 첼로)

두오모 지붕에 마련된 관람 루트로, 두오모의 안팎을 높은 곳에서 드라마틱하게 돌아볼 수 있다. 개별 입장은 불가능하고 1시간에 한 번씩 진행되는 가이드 투어를 통해서만 들어갈 수 있다. 1회 투어 인원이 18명 한정이므로, 티켓을 살 때 미리 시간을 예약해야 한다. 투어 소요 시간은 약 30분.

Ⓖ **구글 지도 GPS** 43.3177, 11.3289 Ⓛ **시간** 두오모 본당과 동일 ⊖ **휴무** 부정기 € **가격** 통합 티켓 ②에 포함

04 두오모 박물관

Museo dell'Opera (무제오 델로페라)

시에나 두오모에서 소장 중인 각종 예술품과 보물을 전시하는 박물관. 과거 두오모 안팎을 장식하던 다양한 회화 및 조각 작품을 이곳에서 감상할 수 있다. 가장 감동스러운 것은 두오모 중앙 제단 뒤쪽의 스테인드글라스로, 두오모에 있는 것은 모조품이고 이곳에 있는 것이 진품이다. 생각보다 큰 규모와 정교한 만듦새에 많은 이들이 반하곤 한다.

Ⓖ **구글 지도 GPS** 43.31763, 11.32958 Ⓛ **시간** 3/1~11/3 09:30~19:30, 11/4~12/24 10:30~17:30, 12/26~1/7 09:30~19:30 ⊖ **휴무** 크리스마스 및 부정기 € **가격** 통합 티켓 ①·②에 포함

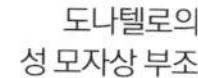

도나텔로의
성 모자상 부조

05 미완성 파사드 전망대

Panorama dal Facciatone (파노라마 달 파치아토네)

시에나 두오모는 1339년 확장 공사를 시작했지만 10년도 채 되지 않아 흑사병 때문에 중단됐다. 그때 짓다 만 파사드의 상단부가 현재 전망대로 쓰이고 있다. 시에나 두오모의 전체 모습을 가까이에서 보는 것은 물론 만자의 탑과 푸블리코 궁전을 포함한 캄포 광장 일대도 조망할 수 있어 전망만 따지면 만자의 탑보다도 낫다는 평가도 있다.

Ⓖ **구글 지도 GPS** 43.317364, 11.329878 Ⓛ **시간** 3/1~11/3 09:30~19:30, 11/4~12/24 10:30~17:30, 12/26~1/7 09:30~19:30 ⊖ **휴무** 크리스마스 및 부정기 € **가격** 통합 티켓 ①·② 에 포함

06 산 조반니 세례당

Battistero di San Giovanni (바티스테로 디 싼 조반니)

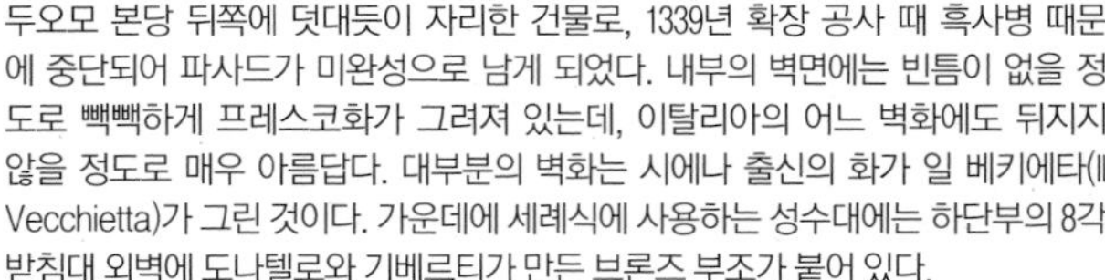

두오모 본당 뒤쪽에 덧대듯이 자리한 건물로, 1339년 확장 공사 때 흑사병 때문에 중단되어 파사드가 미완성으로 남게 되었다. 내부의 벽면에는 빈틈이 없을 정도로 빽빽하게 프레스코화가 그려져 있는데, 이탈리아의 어느 벽화에도 뒤지지 않을 정도로 매우 아름답다. 대부분의 벽화는 시에나 출신의 화가 일 베키에타(Il Vecchietta)가 그린 것이다. 가운데에 세례식에 사용하는 성수대에는 하단부의 8각 받침대 외벽에 도나텔로와 기베르티가 만든 브론즈 부조가 붙어 있다.

구글 지도 GPS 43.31814, 11.32931 **시간** 3/1~11/3 10:00~19:00, 11/4~12/24 10:30~17:30, 12/26~1/7 10:00~19:00 **휴무** 크리스마스 및 부정기 **가격** 통합 티켓 ①·②에 포함

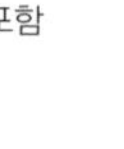

07 지하실

Cripta (크립타)

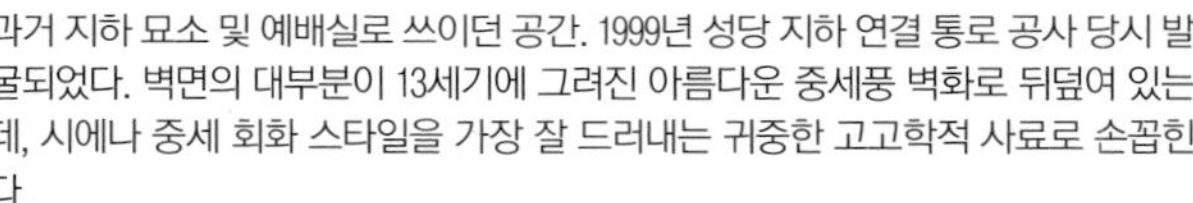

과거 지하 묘소 및 예배실로 쓰이던 공간. 1999년 성당 지하 연결 통로 공사 당시 발굴되었다. 벽면의 대부분이 13세기에 그려진 아름다운 중세풍 벽화로 뒤덮여 있는데, 시에나 중세 회화 스타일을 가장 잘 드러내는 귀중한 고고학적 사료로 손꼽힌다.

구글 지도 GPS 43.3179, 11.32935 **시간** 3/1~11/3 10:00~19:00, 11/4~12/24 10:30~17:30, 12/26~1/7 10:00~19:00 **휴무** 크리스마스 및 부정기 **가격** 통합 티켓 ①·②에 포함

08 산타 마리아 델라 스칼라

Santa Maria della Scala

두오모와 광장을 사이에 두고 마주보고 있는 중세풍 빌딩으로, 빈자·어린이·순례자 등을 위한 공공 병원이 있던 곳이다. 유럽에서 가장 오래된 병원 중 한 곳으로 꼽힌다. 현재 내부는 박물관으로, 아름다운 프레스코화와 제단, 조각 등을 볼 수 있다. 관광 안내소와 두오모 매표소가 이 건물에 있으며 산타 마리아 델라 스칼라 박물관의 입구도 매표소 부근에 있다.

구글 지도 GPS 43.31694, 11.32892(입구) **시간** 3/15~10/31 10:00~19:00, 11/1~3/14 월·수·목·금요일 10:00~17:00 토·일·공휴일 10:00~19:00 **가격** 별도 입장료 €8 **홈페이지** www.santamariadellascala.com

04 성 카테리나 생가

Santuario Casa di Santa Caterina
산뚜아리오 까자 디 싼타 카테리나

시에나 출신의 가톨릭 성자인 카테리나가 태어난 곳. 한국 가톨릭에서는 '성 가타리나'라고 부른다. 성 카테리나는 중세의 교회학자로, 아비뇽 유수로 로마를 떠나게 된 교황을 다시 이탈리아로 모시고 오는데 공헌을 한 인물이다. 이탈리아의 2대 수호성인이자 유럽 6대 수호성인 중 한 명이다. 내부에는 작은 성당이 자리하고 있다.

MAP P.516A

구글 지도 GPS 43.32008, 11.3289 **찾아가기** 반키 디 소프라 거리의 이면도로인 테르메 거리(Via del Terme)에서 표지판을 따라 서쪽 방향으로 간다. **주소** Costa Sant'Antonio, 4 **전화** 0577-288-175 **시간** 09:30~17:00 **휴무** 부정기 **홈페이지** www.caterinati.org

05 산 도메니코 대성당

Basilica Cateriniana San Domenico
바질리까 카테리니아나 싼 도메니꼬

12세기에 만들어진 성당으로, 언덕 위에 우뚝 선 당당한 모습 때문에 유난히 눈에 띈다. 이탈리아 이름에서 짐작할 수 있듯 성 카테리나의 유해를 모시고 있다. 성 카테리나는 로마에서 선종하여 산타 마리아 소프라 미네르바 성당에 모셔졌는데, 유해 중 머리와 오른손이 부패하지 않는 기적이 일어나자 이 부분만 금으로 덮은 뒤 고향 시에나로 옮겨와 산 도메니코 대성당에 안치하였다.

MAP P.516A

구글 지도 GPS 43.31967, 11.32659 **찾아가기** 성 카테리나 생가 뒤쪽에 있는 계단을 오른 뒤 언덕길을 따라간다. **주소** Piazza San Domenico, 1 **전화** 0577-286-848 **시간** 3~10월 07:00~18:30, 11~2월 09:00~18:00 **휴무** 부정기 **홈페이지** www.basilicacateriniana.com

06 키자나 음악원

Accademia Musicale Chigiana
아카데미아 무지칼레 키자나

시에나의 유서 깊은 명문 음악 학교로, 12세기에 지어진 귀족 저택 치기 사라치니 궁전(Palazzo Chigi-Saracini)에 자리해 있다. 내부에는 학교 외에도 악기 박물관 등 전시 시설과 방문객을 위한 기념품 상점, 카페도 갖춰져 있다. 아늑한 느낌의 안마당이 인상적으로, 예쁜 우물이 있어 기념사진을 찍기 위해 들르는 사람도 많다. 운이 좋으면 음악원 학생들이 연주하는 모습을 볼 수도 있다. 내부는 가이드 투어로만 돌아볼 수 있다.

MAP P.516D

구글 지도 GPS 43.31716, 11.33096 **찾아가기** 캄포 광장 가장자리 뒷길에서 로자 델라 메르칸치아(Loggia della Mercanzia)를 뒤로 하고 언덕을 따라 쭉 올라간다. **주소** Via di Città, 89 **전화** 0577- 22091 **시간** 가이드 투어 월~토요일 11:30(이외 입장 시간은 변동) **휴무** 부정기 **가격** 무료입장, 가이드 투어 €7 **홈페이지** www.chigiana.it

07 반키 디 소프라 거리

Via Banchi di Sopra
비아 반키 디 소프라

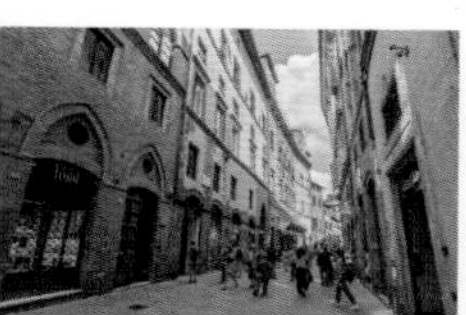

시에나 구시가 북쪽에서 남쪽 캄포 광장 방향을 잇는 약 250m의 길로, 길 양쪽엔 5층 높이의 중세풍 건물이 늘어서 있어 마치 중세로 가는 시간 여행 통로 같은 느낌을 준다. 기차역 · 버스 터미널 · 공영 주차장 등에서 구시가 중심으로 갈 때 거의 반드시 통과하게 되는 길이다. 길 양쪽에 늘어선 건물은 대부분 상점으로 쓰이고 있다.

MAP P.516B

구글 지도 GPS 43.32134, 11.32972 **찾아가기** 버스 터미널에서 찾아갈 경우 터미널 주차장을 왼쪽에 두고 직진하다 왼쪽의 경사로로 올라가 광장을 지나간다. **주소** Via Banchi di Sopra **전화** 상점마다 다름. **시간** 24시간 **휴무** 상점마다 다름.

08 살림베니 궁전

Palazzo Salimbeni
팔라쪼 쌀림베니

반키 디 소프라 거리의 북쪽 초입, 살림베니 광장(Piazza Salimbeni)에 있는 오래된 건물. 15세기에 지어졌고 19세기에 지금의 네오 고딕 양식으로 보수했다. 세계에서 가장 오래된 은행인 몬테 데이 파스키 디 시에나 은행(Banca Monte dei Paschi di Siena)의 사옥으로, 1472년에 창업하여 지금까지 건재하게 영업 중이다. 일반인은 건물 안으로 출입할 수 없다. 광장 한가운데 우뚝 선 동상의 주인공은 시에나 출신의 경제학자 살루스티오 반디니(Sallustio Bandini)이다.

MAP P.516B
구글 지도 GPS 43.3213, 11.3308 **찾아가기** 반키 디 소프라 거리의 버스 터미널 방향 초입에서 캄포 광장 방향으로 약 100m 이동, 키코 매장 맞은편. **주소** Piazza Salimbeni, 3

09 로자 델라 메르칸치아

Loggia della Mercanzia
로자 델라 메르칸찌아

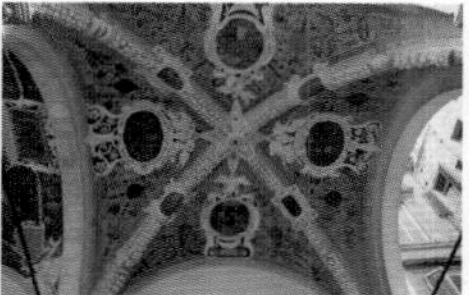

반키 디 소프라 거리의 남쪽 끝자락에 자리한 커다란 주랑형 건축물로, 시에나의 길드 사무소였던 메르칸치아 궁전(Palazzo della Mercanzia)의 외부 발코니에 해당한다. 시에나의 상인 길드는 중세 시대 시에나의 번영을 이끌던 주체 중 하나로, 시에나 공화국 정부와도 거의 대등한 위치에 있었다. 이 뒤쪽에 바로 캄포 광장이 있으므로 버스 터미널이나 기차역에서 걸어오다가 이 건물이 보이면 '다 왔다!'라고 생각해도 좋다.

MAP P.516D
구글 지도 GPS 43.31895, 11.33117 **찾아가기** 반키 디 소프라 거리의 캄포 광장 방향 끝 부근. **주소** Via di Città, 2 **전화** 0577-46-776 **시간** 24시간

10 타베르나 디 산 주세페

Taverna di San Giuseppe
코페르토 X 서비스 요금 10% 카드 결제 X 영어 메뉴 O

겉으로는 그냥 소박한 동네 식당이지만 알고 보면 미슐랭 가이드 빕 구르망에 선정된 시에나 대표 맛집이다. 대표적인 음식은 블랙 트러플을 사용한 스테이크와 파스타. 먹기 직전 서버가 다가와 최상품의 신선한 블랙 트러플을 음식 위에 갈아서 얹어주는 향기로운 이벤트도 경험할 수 있다. 예약 없이는 자리를 잡기 힘드니 비수기라도 평일에는 최소 1~2일 전, 주말이나 성수에는 일주일 전에 예약하기를 권한다.

INFO P.163 MAP P.516F
구글 지도 GPS 43.31536, 11.33172 **찾아가기** 산 주세페 성당 맞은편. 푸블리코 궁전을 마주보고 오른쪽으로 난 길로 약 350m 가면 오른쪽에 있다. **주소** Via Giovanni Duprè, 132 **전화** 0577-42-286 **시간** 월~토요일 12:00~14:30, 19:00~21:30 **휴무** 일요일 **가격** 전채 €12~15, 파스타 €13~20, 메인 요리 €20~50

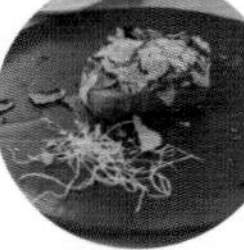

생 트러플 비프 스테이크 Grilled Fillet of Beef with Frech Truffle €28

11 트레 크리스티 에노테카 리스토란테

Tre Cristi Enoteca Ristorante
코페르토 €3 카드 결제 O 영어 메뉴 O

1820년에 문을 연 유서 깊은 레스토랑. 감베로 로소를 비롯한 이탈리아 미식 관련 매체에서 시에나 대표 맛집으로 여러 번 선정되었고 미슐랭 가이드에서도 플레이트 등급을 받았다. 지중해 스타일 해산물 요리가 주특기인 곳이나, 토스카나 전통 고기 요리도 수준급이다. 코스와 단품 요리가 있는데, 코스 메뉴가 가격 대비 잘 나오는 편이다. 서비스가 약간 느리다.

MAP P.516B
구글 지도 GPS 43.32147, 11.33285 **찾아가기** 반키 디 소프라 거리에서 동쪽으로 약 200m 떨어진 프란체스코 수도원 부근에 있다. 구글 맵 등을 꼭 이용할 것. **주소** Vicolo Provenzano, 1-7 **전화** 0577-280-608 **시간** 월~토요일 12:30~14:30, 19:30~22:00 **휴무** 일요일 **가격** 디너 해산물 3코스 €48 · 5코스 €65, 전통 메뉴 3코스 €37, 알라카르트 €11~50 **홈페이지** www.trecristi.com

전통 메뉴 테이스팅 코스 Local Traditional Menu €37 디너

12 모르비디
Morbidi

★★★★

코페르토 X 카드 결제 O 영어 메뉴 X

반키 디 소프라 거리에 자리한 고급 식료품점 겸 카페. 매일 낮 12시 15분부터 2시간 남짓 지하층에서 뷔페 식당이 열린다. 파스타 · 채소 · 고기 · 샐러드 · 디저트 · 빵 등 약 10여 종의 음식 중 원하는 것을 골라 먹을 수 있다. 종류는 많지 않으나 맛은 모두 합격점 이상이다. 카운터석이 있어 1인 여행자가 식사하기도 좋다. 다양한 토스카나 음식을 한 곳에서 맛볼 수 있고 생수 500ml가 포함되며 코페르토도 없다는 것을 생각하면 상당히 합리적인 가격이라고도 볼 수 있다. 1층 카페에서 먼저 계산한 뒤 영수증을 들고 지하로 내려가서 식사를 즐기면 된다.

MAP P.516B
구글 지도 GPS 43.3207, 11.33073 **찾아가기** 반키 디 소프라 거리의 막스 마라 매장 옆에 있다. **주소** Via Banchi di Sopra 75 **전화** 0577-280-268 **시간** 점심 뷔페 월~토요일 12:15~14:30 **휴무** 일요일 **가격** 점심 뷔페 €12 **홈페이지** www.morbidi.com

점심 뷔페 €12

13 라 피콜라 차치네리아
La Piccola Ciaccineria

★★★

코페르토 X 카드 결제 X 영어 메뉴 X

구시가 남쪽 약간 높은 지대에 자리한 자그마한 테이크아웃 피자 전문점으로, 커다란 조각 피자를 최저 €1.5에 팔고 있어 시에나를 찾는 저예산 여행자들에게 큰 인기를 누리고 있다. 피자 한 조각이 상당히 커서 소식가라면 충분히 한 끼가 될 정도. 한국인 입맛에는 약간 짠 편이므로 맥주나 음료수를 꼭 곁들이자. 테이블이 없지만 가게 바로 앞에 계단이 있어 많은 손님들이 그곳에서 먹고 간다.

MAP P.516F
구글 지도 GPS 43.31549 11.33046 **찾아가기** 키자나 음악원이 있는 치타 거리(Via di Citta)를 따라 남쪽으로 가다가 사거리가 나오면 왼쪽으로 꺾는다. **주소** Via San Pietro, 52 **전화** 0577-151-3263 **시간** 월~토요일 10:30~21:30, 일요일 11:30~22:00 **휴무** 부정기 **가격** 조각 피자 €1.5~3, 풀 사이즈 피자 €8~11 **홈페이지** lapiccolaciaccineria.altervista.org

페퍼로니 피자 1조각 €2

14 치비코 세이
Civico 6

★★★

코페르토 €2 카드 결제 O 영어 메뉴 O

반키 디 소프라 거리 한복판에서 살짝 동쪽으로 빠지는 골목에 자리한 바. 계절과 재료 수급을 감안하여 매일매일 조금씩 바뀌는 메뉴를 선보인다. 파스타 5~6종, 피자 5~6종 정도로 아주 다양한 편은 아니나 맛은 준수한 편. 브레이크 타임 없이 운영하므로 식사 시간대를 놓쳤다면 찾아가 볼 것. 저녁 6시 반부터는 아페리티보 뷔페를 선보인다.

MAP P.516B
구글 지도 GPS 43.32085, 11.3313 **찾아가기** 반키 디 소프라 거리에서 프란체스코 수도원으로 향하는 길, 로시 거리(Via del Rossi)로 약 50m 들어간다. **주소** Via dei Rossi, 6 **전화** 340-862-1028 **시간** 월~토요일 08:00~01:30 **휴무** 일요일 **가격** 파스타 8~12€, 피자 8~14€, 샐러드 및 사이드 메뉴 8~12€ **홈페이지** www.facebook.com/Civico-6-1536463036657396

로즈마리를 넣은 비프 라구 피치 Pici with Ragu Beef and Rosmary 12€

15 콘소르치오 아그라리오 시에나
Consorzio Agrario Siena
꼰소르찌오 아그라리오 씨에나

★★★

우리말로 하면 '시에나 농협 공판장'쯤 되는 곳. 시에나 일대에서 생산되는 질 좋은 농축산물 및 가공품, 특산물 등을 판매하는 곳이다. 치즈 · 와인 · 파스타 · 프로슈토 · 올리브유 · 빵 등 이탈리아의 특산 식료품을 구매하려는 사람이라면 꼭 한 번 들러볼 것. 물건 질이 좋은 대신 가격이 비싼 편이다.

MAP P.516A
구글 지도 GPS 43.321474, 11.329899 **찾아가기** 반키 디 소프라 거리 입구에서 버스 터미널 방향으로 50m 직진. **주소** Via Pianigiani, 9 **전화** 0577-2301 **시간** 08:00~20:00 **휴무** 연중무휴 **홈페이지** www.capsi.it

+PLUS AREA 1

몬테풀차노 Montepulciano

와인을 좋아하는 사람이라면 한 번쯤 이름을 들어 봤을 지역. 예로부터 토스카나 농업의 중심지 중 한 곳으로, 특히 이탈리아 최고의 와인을 생산하는 곳으로 유명하다. 이곳에서 생산되는 비노 노빌레(Vino Nobile) 와인은 이탈리아 와인의 최고 등급인 D.O.C.G를 받을 정도로 품질을 인정받았다. 뿐만 아니라 페코리노 치즈, 돼지고기, 꿀, 파스타 등 다양한 특산물이나 질 좋은 농산물로 만드는 맛있는 음식으로도 유명한데, 그래서 오히려 풍경이 빼어나게 예쁘다는 사실은 비교적 덜 알려진 편.

이렇게 간다!

대중교통은 좀 불편하다. 시에나에서 기차 또는 버스를 타는데, 한 번에 가는 것은 없고 적어도 한 번은 환승해야 한다. 기차로 가면 몬테풀차노(Montepulciano) 역에서 내려 마을까지 가는 버스로 갈아타야 하고, 버스로 가면 부온콘벤토(Buonconvento)나 베톨레(Bettolle)에서 갈아타야 한다. 시에나에서 70km 정도밖에 떨어져 있지 않지만 어느 교통편이든 2시간 30분은 걸리고, 배차 간격도 매우 멀어 시간 맞추기가 쉽지 않다. 가급적 렌터카로 여행하는 것이 바람직하다. 혹은 피렌체나 로마에서 출발하는 당일치기 또는 1박 투어 상품 중에 '토스카나'라고 이름 붙은 것은 대부분 몬테풀차노를 들르므로 잘 찾아보기를 추천한다.

이렇게 돌아본다!

아주 작은 중세 마을이므로 모두 걸어서 돌아볼 수 있다. 마을이 언덕 위에 있는데, 관광 핵심인 그란데 광장이 그중에서도 가장 높은 곳에 있다. 몬테풀차노 여행은 순한 등산 내지는 하이킹이라고 생각하고 마음의 준비를 할 것.

TRAVEL INFO
ⓘ 핵심 여행 정보

01 그란데 광장
Piazza Grande
피아짜 그란데

몬테풀차노의 중심 광장으로, 마치 중세 시대에 박제라도 된 것 같은 고풍스러운 분위기가 가득하다. 몬테풀차노에서 가장 중요한 건물인 시청과 두오모가 바로 이 광장에 있다. 광장 한 구석에 영화 〈트와일라잇 : 뉴 문〉에 등장했던 우물도 있으므로 꼭 찾아볼 것. 마을에서 가장 높은 곳에 있어 약간 순례자가 된 기분으로 언덕길을 한참 올라와야 한다. 시청 뒤로 가면 주차장이 하나 있는데, 색다른 느낌 있는 오래된 토담집과 토스카나의 평원이 펼쳐진 아름다운 풍경을 무료로 즐길 수 있다.

MAP P.528
구글 지도 GPS 43.0928, 11.78059(몬테풀차노 시청) **찾아가기** 마을 안에서 표지판을 따라간다. **주소** Piazza Grande **시간** 24시간 **휴무** 연중무휴 **가격** 무료입장

02 그라차노 넬 코르소 거리
Via di Gracciano nel Corso
비아 디 그라짜노 넬 꼬르소

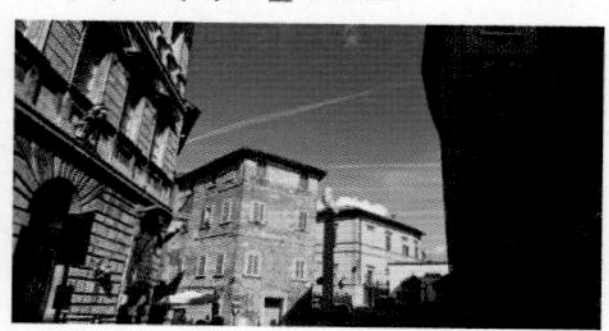

마을 북쪽의 중심 도로로, 중세 시대에서 시간이 별로 흐르지 않은 것 같은 분위기의 거리다. 이 길을 따라 양쪽으로 와인 숍과 시음장이 늘어서 있다. 대부분의 숍에서 무료 시음을 해주므로 운전을 할 필요가 없는 사람이라면 하나하나 들러서 소문난 몬테풀차노의 와인을 맛보는 것을 추천한다.

MAP P.528
구글 지도 GPS 43.09596, 11.78473 **찾아가기** 마을의 북쪽 입구인 포르타 알 프라토(Porta al Prato)로 들어온 뒤 좁은 골목을 따라 쭉 들어오다가 기둥이 서 있는 삼거리를 만나면 오른쪽으로 꺾는다. **주소** Via di Gracciano nel Corso **시간** 24시간 **휴무** 연중무휴 **가격** 무료입장

03 라 브리촐라
La Briciola

코페르토 €2 카드 O 영어 메뉴 O

토스카나 지역색과 손맛을 제대로 발휘해 전통 요리를 구현해내는 작은 레스토랑. 피치 알랄레오네(Pici Al'aglione)가 강추 메뉴이다. 이 외에도 시금치 수프 등 토스카나에서만 맛볼 수 있는 요리를 다양하게 선보인다.

INFO P.145 MAP P.528
구글 지도 GPS 43.096433, 11.784927 **찾아가기** 그라차노 넬 코르소 거리와 이어지는 뒷골목에 있다. 구글 맵을 추천. **주소** Via delle Cantine, 23 **전화** 0578-75-7555 **시간** 목~화요일 12:30~14:30, 19:30~21:30 **휴무** 수요일 **가격** 전채 €8~25, 파스타 €10~15, 메인 요리 €12~28

피치 알랄리오네
Pici Al'aglione €10

04 라 치타 소테라네아
La Città Sotterranea
라 치타 소테라네아

그라차노 넬 코르소 거리에 자리한 와인 시음장 겸 와인 숍. 라 치타 소테라네아는 '지하 도시'라는 뜻으로, 원하는 사람에게는 지하 와인 셀러를 견학시켜 주기도 한다. 몬테풀차노에서 생산되는 여러 와인과 치즈를 한 자리에서 시음 및 시식하고 괜찮은 가격에 살 수 있다. 영어를 잘하는 직원이 있어 한결 편안하게 안내받을 수 있다.

MAP P.528
구글 지도 GPS 43.09594, 11.78482 **찾아가기** 그라차노 넬 코르소 거리(Via di Gracciano nel Corso)의 포르타 알 프라토 쪽 입구 부근에 있다. **주소** Via di Gracciano nel Corso, 82 **전화** 0578-71-6764 **시간** 08:00~22:00 **휴무** 연중무휴 **홈페이지** www.ercolanimontepulciano.it

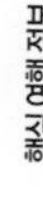

AREA

03 ASSISI 아시시

성인의 생애를 닮은 평화로운 느낌의 언덕 마을

아시시와 가장 어울리는 단어는 단연 '평화'가 아닐까. 조용하다 못해 고요한 골목, 순례와 관광과 일상의 중간에서 예쁘게 나이 든 집과 광장, 자기가 얼마나 중요한 유산인지 겉으로는 조금도 뽐내지 않는 착한 느낌의 교회들, 그리고 멀리 보이는 움브리아의 너른 벌판. 수백 년 전 이 마을에서 태어나 존경받는 성자가 된 프란체스코의 기도가 이 마을 어디선가 계속 맴돌고 있는 듯한 기분이 든다. 인생에서 마음의 평화가 필요한 순간을 지나고 있다면, 망설이지 말고 아시시로 떠나자.

인기 ★★★★☆

피렌체에서 로마 가는 길에 들르기 좋은 곳.

관광 ★★★★☆

입이 딱 벌어지도록 아름다운 풍경과 성당 벽화가 있다.

쇼핑 ★☆☆☆☆

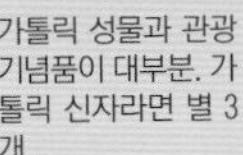

가톨릭 성물과 관광 기념품이 대부분. 가톨릭 신자라면 별 3개.

식도락 ★★★☆☆

소문난 맛집이나 대표 음식은 없으나 의외로 대부분 맛있다.

복잡함 ★★☆☆☆

아주 작은 동네인데다 곳곳에 표지판이 잘 되어 있다.

치안 ★★★★★

사람이 아주 많지 않은 한 소매치기는 걱정할 필요가 없다.

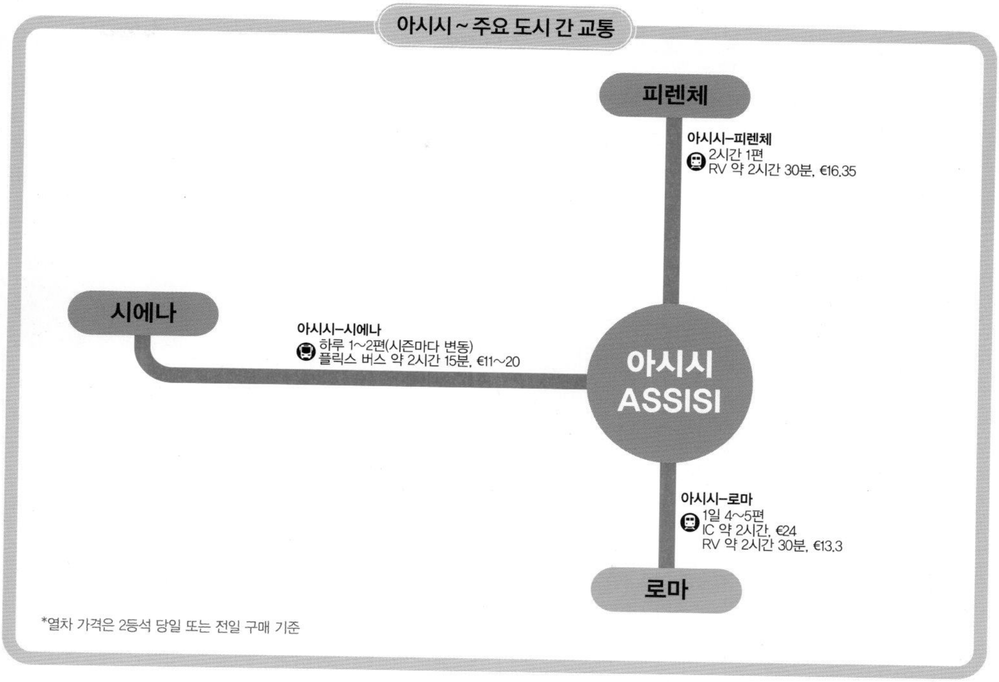

아시시 ~ 주요 도시 간 교통

피렌체

아시시–피렌체
2시간 1편
RV 약 2시간 30분, €16.35

시에나

아시시–시에나
하루 1~2편(시즌마다 변동)
플릭스 버스 약 2시간 15분, €11~20

아시시
ASSISI

아시시–로마
1일 4~5편
IC 약 2시간, €24
RV 약 2시간 30분, €13.3

로마

*열차 가격은 2등석 당일 또는 전일 구매 기준

MUST SEE 이것만은 꼭 보자!

No.1
산 프란체스코 대성당 안벽을 가득 채운 **벽화**

No.2
로카 마조레에서 바라보는 **아시시의 전경**과 **페루자 평원**

No.3
산타 키아라 성당에 모셔진 **산 다미아노의 십자가**

1 단계 아시시 여행 정보 한눈에 보기

아시시 역사 이야기

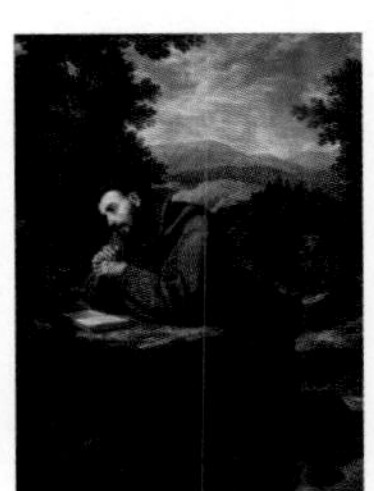

아시시는 로마 시대에 도시의 형태가 시작되었다. 르네상스 이전에는 지배 세력이 여러 번 바뀌었으나, 15세기에 교황의 영향력 아래 포함된 후로는 조용한 세월을 보냈다. 이곳이 유명해진 것은 가톨릭에서 예수에 버금가는 존경을 받고 있는 성 프란체스코(S. Francesco d'Assisi) 덕분. 성 프란체스코는 12기 초반 아시시의 부유한 상인 집안에서 태어나 사치스럽고 화려한 젊은 시절을 보냈다. 그러나 페루자와의 전쟁에 참여했다가 아시시로 돌아온 뒤로는 다른 삶을 살아가기 시작한다. 화려한 생활을 접고 로마로 순례를 떠나거나 동굴에 은둔하고 거지 무리에 끼어 생활한 것. 그렇게 고행을 하던 프란체스코는 예수를 영접한 뒤 깨달음을 얻고는 청빈, 순결, 복종을 강조하는 프란체스코 수도회를 창립한다. 그리고 평생 빈자와 병자를 위해 희생하는 삶을 살다 아시시에서 잠든다. '주여, 나를 평화의 도구로 써주소서'라는 평화의 기도문으로도 유명하다.

아시시 여행 꿀팁

☑ 당일치기 OK

규모가 아주 작은 마을이기 때문에 아무리 넉넉하게 잡아도 반나절이면 모두 볼 수 있다. 피렌체와 로마 사이에 있는데, 두 곳 다 기차로 2시간~2시간 반 정도 걸리므로 어느 곳에서도 하루 여행이 가능하다. 피렌체에서 로마로 가는 길에 잠시 들러 돌아보는 방식이 가장 흔하다.

☑ 숙박도 OK

볼거리는 당일 여행으로도 충분하나 마을에 감도는 고즈넉하고 평화로운 분위기 때문에 1~2박 머무는 사람들도 적지 않다. 숙소는 기차역 앞과 마을 안쪽에 모두 있다. 기차역 앞쪽은 이동이 편하고 빨래방 등 편의시설이 많으나 마을의 매력을 온전히 느끼기에 부족하다. 마을 안쪽에도 호텔, 호스텔, 에어비앤비 등 다양한 형태의 숙소가 있는데, 델 질리오 수녀원에서 운영하는 소규모 호텔이 가격, 깔끔한 방, 맛있는 식사로 인기가 높다. 여성만 숙박 가능하며 이메일로 예약을 받는다. 단, 마을 내에 대형 슈퍼마켓이나 빨래방 등 편의시설이 부족하여 2박 이상 머물기는 약간 힘들다.

델 질리오 수녀원 숙소 예약 이메일 sfmahospitality@gmail.com / casamaria.assisi@yahoo.it

☑ 옷차림에 신경 쓸 것

아시시의 중심 볼거리들은 모두 성당이며 특히 산 프란체스코 성당은 전 세계 가톨릭 신자들이 순례로 방문하는 성지이므로 입장객의 옷차림에 제한을 둔다. 민소매, 짧은 반바지나 치마, 발가락이 드러나는 슬리퍼 등은 지양할 것.

아시시 여행
무작정 따라하기

STEP 1 2 3

2단계 아시시, 이렇게 간다!

움브리아 산골의 작은 마을이지만 교통은 나쁘지 않은 편이다. 비슷한 규모의 작은 마을 중에는 시외버스도 제대로 들어가지 않는 곳도 많은데, 이곳에는 당당히 '아시시'라는 이름이 박힌 예쁜 기차역도 있다.

기차로 가기

피렌체, 아레초, 로마에서 직행 기차를 탈 수 있다. 트레니탈리아에서 인터시티(IC)와 레조날레 벨로체(RV), 레조날레(R)를 운행한다. 대부분은 RV나 R 등의 완행열차라고 봐도 무방하다. 피렌체와 로마에서는 2시간~2시간 30분 정도, 아레초에서는 1시간 30분 정도 걸린다. 피렌체나 로마 모두 아시시행 기차가 2~3시간에 한 대 정도 다니므로 계획을 꼼꼼하게 세우는 것이 좋다.

아시시 역 Assisi
MAP P.534A
구글 지도 GPS 43.059111, 12.585335

PLUS TIP
아시시의 원래 현지 발음은 '아씨지'에 가깝다.

예쁜 폰트로 유명한 아시시 역의 간판

PLUS TIP
아시시 역에서 짐 맡기기
아시시 역에는 유인 보관소가 없는 대신 역 내 매점에서 유료로 짐을 보관해 준다. 다소 허술해 보이지만 오래도록 별 문제없이 운영되고 있으므로 믿어도 좋다. 한국인 여행자가 워낙 많아 한글 안내판도 있다. 점심시간 전후로 문 닫는 시간이 있다는 것은 염두에 둘 것. 버스와 기차 티켓까지 판매하는 만능 매점이다.
시간 06:30~12:30, 13:00~19:30 **가격** 짐 1개당 €5

버스로 가기

시에나, 피렌체에서 주말을 중심으로 하루 1~2번 정도 플릭스(FLIX) 버스가 다닌다. 특히 시에나는 플릭스 버스로 2시간 내외에 직통으로 연결되는 데다 요금도 저렴하다. 시간만 잘 맞추면 아주 유용하지만 워낙 플릭스 버스의 스케줄이 유동적이어서 맞추기 어려운 것이 함정. 플릭스 버스 스케줄을 검색하다 시에나-아시시 구간에 원하는 날짜와 시간에 있다면 만세 한 번 부르고 예약할 것. 아시시 기차역 부근에서 정차한다.

렌터카로 가기

기차역과 마을 주변에 주차장이 여럿 있다. 가장 넓고 유용한 주차장은 산타 키아라 성당 부근에 있는 모야노 주차장(Mojano Assisi Parking)으로, 기념품 상점과 식당까지 갖춘 대형 주차 타운이다. 이곳에 차를 세우고 에스컬레이터를 통해 마을 언덕 위 버스 종점이 있는 마테오티(Matteotti)까지 올라가면 자연스럽게 동선이 이어진다.

Ⓔ **가격** 1시간 €1.5~1.8, 7시간 이상 €14

PLUS TIP

걷는 동선을 더 줄이고 싶다면 일단 로카 마조레(Rocca Maggiore)까지 차를 타고 올라간 뒤 내려와 모야노 또는 마테오티 주차장에 차를 대는 것도 추천한다.

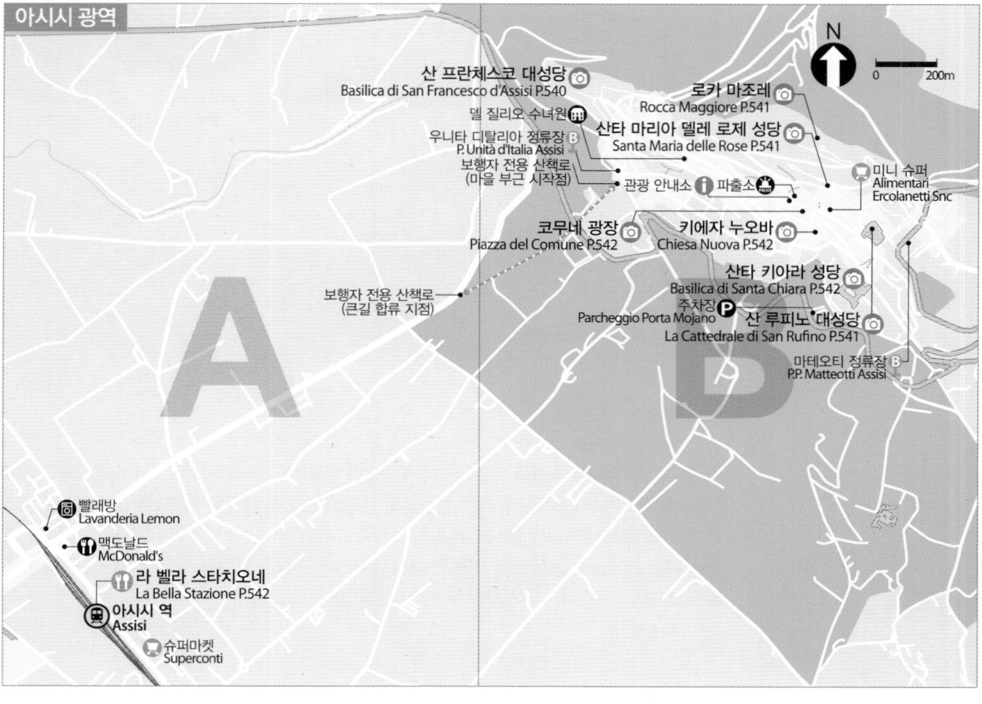

아시시 광역

N
0 200m

산 프란체스코 대성당
Basilica di San Francesco d'Assisi P.540
델 질리오 수녀원
우니타 디탈리아 정류장
P. Unità d'Italia Assisi
보행자 전용 산책로
(마을 부근 시작점)
로카 마조레
Rocca Maggiore P.541
산타 마리아 델레 로제 성당
Santa Maria delle Rose P.541
관광 안내소
파출소
미니 슈퍼
Alimentari Ercolanetti Snc
코무네 광장
Piazza del Comune P.542
키에자 누오바
Chiesa Nuova P.542
산타 키아라 성당
Basilica di Santa Chiara P.542
보행자 전용 산책로
(큰길 합류 지점)
주차장
Parcheggio Porta Mojano
산 루피노 대성당
La Cattedrale di San Rufino P.541
마테오티 정류장
P.P. Matteotti Assisi
A
B
빨래방
Lavanderia Lemon
맥도날드
McDonald's
라 벨라 스타치오네
La Bella Stazione P.542
아시시 역
Assisi
슈퍼마켓
Superconti

3단계 아시시 시내 교통 한눈에 보기

아시시 마을은 기차역에서 2km 남짓 떨어져 있다. 기차역과 마을을 연결하는 방법에는 버스와 도보가 있는데, 압도적으로 많은 여행자들이 버스를 이용한다.

버스

아시시 기차역 앞에서 1시간에 두 대꼴로 마을로 가는 버스가 다닌다. 노선명은 C선(Linea C). 티켓은 기차역 내 매점에서 판매한다. 차내에서 기사에게 살 수 있으나 가격이 더 비싸다. 매점에서 아예 왕복으로 두 장을 사 두는 것이 여러모로 편하다. 가장 고지대에 있는 마테오티 아시시 정류장(P. Matteotti Assisi)에서 내려야 동선이 높은 곳에서 낮은 곳으로 자연스럽게 이어진다. 다시 시내로 돌아갈 때는 마을 저지대 광장에 자리한 우니타 디탈리아 아시시 정류장(Unita d' litalia Assisi)에서 타는 것이 가장 편하다.

마테오티 정류장 P. Matteotti Assisi
MAP P.537H
구글 지도 GPS 43.07029, 12.61935

우니타 디탈리아 정류장 Unita d' litalia Assisi
MAP P.536E
구글 지도 GPS 43.07224, 12.60717
요금 편도 €1.3(기사에게 구매 시 €2)

도보

마을 저지대부터 움브리아의 평원을 가로질러 기차역 부근을 잇는 길이 여러 갈래 조성되어 있다. 2km가 훌쩍 넘는 꽤 먼 거리지만, 언덕 위에 오롯이 자리한 아시시 마을의 아름다운 풍경을 볼 수 있다. 왕복 모두 걷는 것은 무리고, 마을로 갈 때는 버스를 이용하고 기차역으로 돌아갈 때 걸어가는 것을 추천한다. 대부분은 차도이거나 사람과 차가 모두 다니는 공용도로라 몹시 위험한데, 보행자 전용 산책로와 보도가 잘 놓인 걷기 좋은 길이 딱 하나 있다. 가급적 그 길을 택할 것.

보행자 전용 산책로
MAP P.536E
구글 지도 GPS 43.07186, 12.60734(마을 부근 시작점), 43.06831, 12.60053(산책로-큰길 합류 지점)

MAP
아시시 한눈에 보기

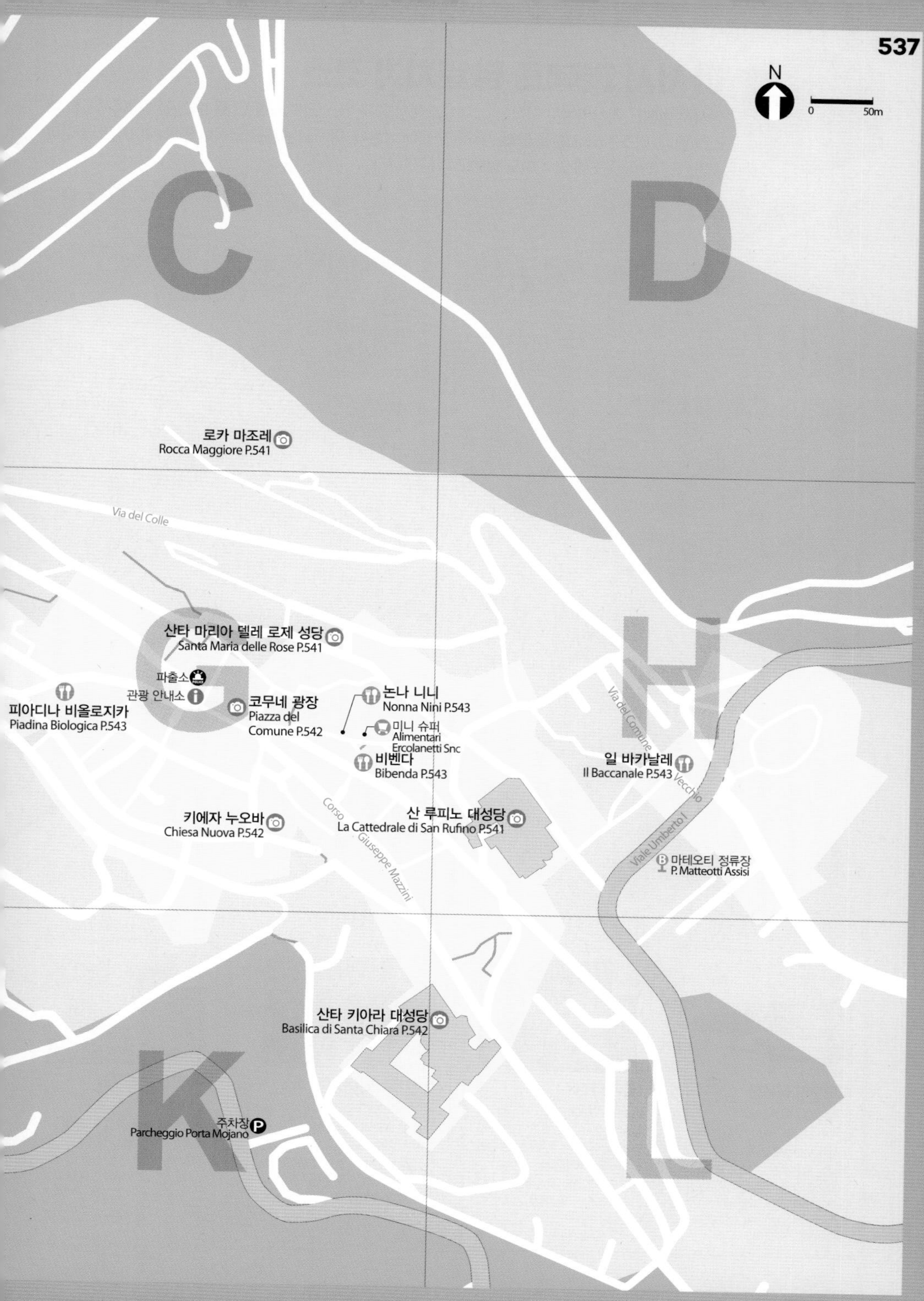
N
0
50m
C
D
G
H
K
L
로카 마조레
Rocca Maggiore P.541
Via del Colle
산타 마리아 델레 로제 성당
Santa Maria delle Rose P.541
파출소
관광 안내소
피아디나 비올로지카
Piadina Biologica P.543
코무네 광장
Piazza del Comune P.542
논나 니니
Nonna Nini P.543
미니 슈퍼
Alimentari Ercolanetti Snc
비벤다
Bibenda P.543
Via del Comune Vecchio
일 바카날레
Il Baccanale P.543
키에자 누오바
Chiesa Nuova P.542
Corso Giuseppe Mazzini
산 루피노 대성당
La Cattedrale di San Rufino P.541
Viale Umberto I
마테오티 정류장
P. Matteotti Assisi
산타 키아라 대성당
Basilica di Santa Chiara P.542
주차장
Parcheggio Porta Mojano

COURSE 1

아시시 퍼펙트 당일치기 코스

아시시 여행은 기차역에서 시작한다. 매표소에서 왕복 버스표(€2.6)를 산 뒤 버스 정류장에서 C번 버스를 탄다. 버스는 약 20분을 달려 평화의 마을에 닿는다. 아시시는 좁은 골목이 많아 길이 다소 헛갈리지만, 표지판이 곳곳에 있어 지도 없이도 다닐 만하다.

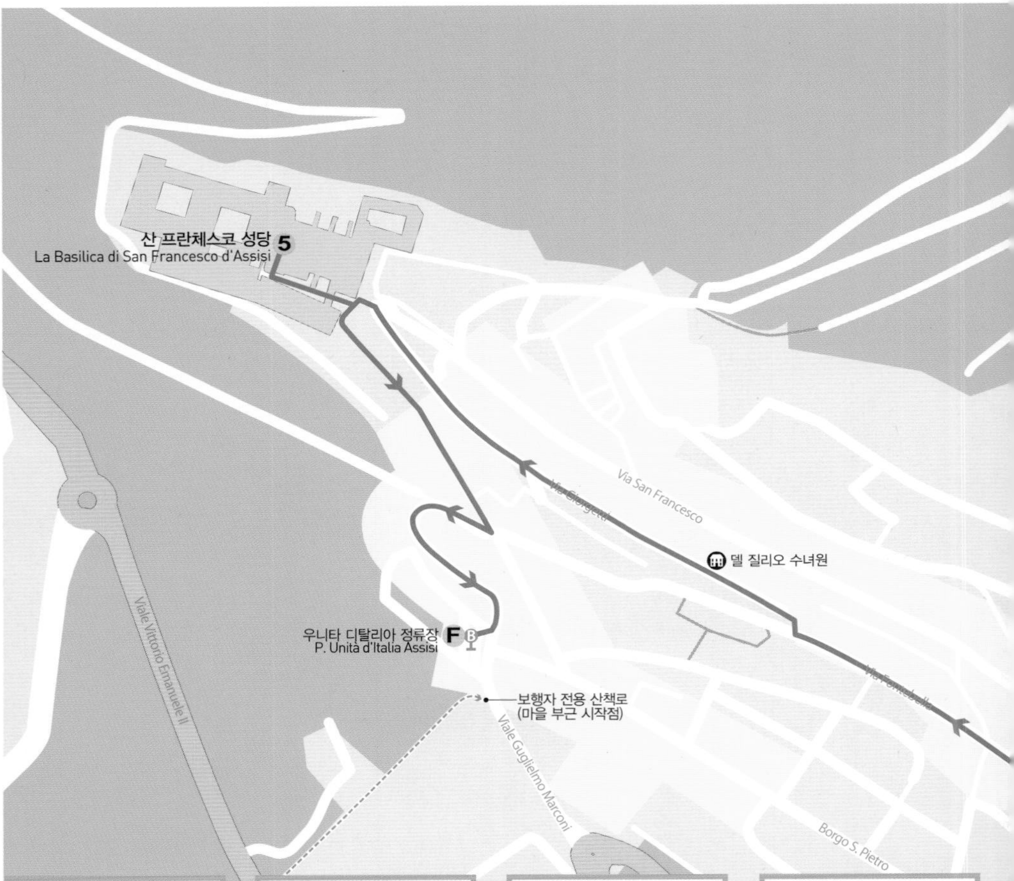

산 프란체스코 성당 5
La Basilica di San Francesco d'Assisi
Via San Francesco
Via Giorgetti
델 질리오 수녀원
우니타 디탈리아 정류장 F
P. Unità d'Italia Assisi
보행자 전용 산책로
(마을 부근 시작점)
Viale Vittorio Emanuele II
Viale Guglielmo Marconi
Via Fontebella
Borgo S. Pietro

S

마테오티 정류장

P. Matteotti Assisi

C번 버스 종점. 버스 기사가 모두 내리라는 신호를 준다.

종점을 오른쪽으로 두고 걷다가 왼쪽으로 길을 건너 골목으로 들어간다. 길이 끝난 지점에서 오른쪽으로 간다. 표지판을 참고할 것. → 로카 마조레 도착

1

로카 마조레 / 20min

Rocca Maggiore

아시시에서 가장 높은 곳이라 첫 코스로 두는 게 체력적으로 유리하다. 풍경을 즐기자.

길을 따라 내려오다 마을 중심부로 이어지는 계단으로 가 오른쪽 골목을 빠져나가면 바로 보인다. → 산 루피노 교회 도착

2

산 루피노 대성당 / 10min

La Cattedrale di San Rufino

마을 관광의 시작점. 내부는 안 들어가도 무방하다.

성당을 등지고 정면에 보이는 가장 왼쪽 골목으로 들어가 직진 → 코무네 광장 도착

3

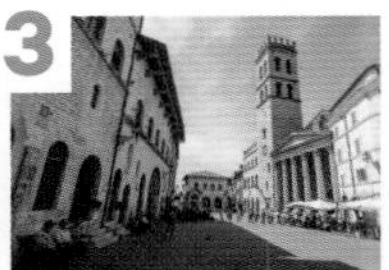

코무네 광장 / 20min

Piazza del Comune

아시시의 중심 광장. 노천카페에서 잠시 쉬어가는 것도 OK.

광장 중심부에서 분수를 바라봤을 때 가장 오른쪽에 있는 골목으로 직진 → 산타 키아라 대성당 도착

4 산타 키아라 대성당 / 30min

Basilica di Santa Chiara

성당 앞 광장에서 바라보는 풍경을 놓치지 말 것. 성당 내부도 상당히 볼만하다.

성당을 등지고 보이는 왼쪽 내리막으로 간다. 갈림길이 나오면 오르막으로 간다. → 산 프란체스코 대성당 도착

5 성 프란체스코 대성당 / 1hr

Basilica di San Francesco d'Assisi

아시시 관광의 하이라이트. 성당의 상부와 하부를 모두 돌아볼 것.

하부 성당의 광장을 지나쳐 작은 골목을 따라 직진. 성문을 지나고 오른쪽으로 간다. → 우니타 디탈리아 정류장 도착

F 우니타 디탈리아 정류장

P. Unità d'Italia Assisi

C선 버스를 타고 아시시 역으로 돌아간다.

코스 무작정 따라하기 **START**

S. 마테오티 아시시 정류장
도보 20분
1. 로카 마조레
도보 10분
2. 산 루피노 교회
도보 5분
3. 코무네 광장
도보 5분
4. 산타 키아라 대성당
도보 20분
5. 산 프란체스코 대성당
도보 5분
F. 우니타 디탈리아 정류장

1 로카 마조레 Rocca Maggiore
Via del Colle
산타 마리아 델레 로제 성당 Santa Maria delle Rose
파출소
관광 안내소
나 비올로지카 na Biologica
3 코무네 광장 Piazza del Comune
논나 니니 Nonna Nini
미니 슈퍼 Alimentari Ercolanetti Snc
비벤다 Bibenda
Via del Comune Vecchio
일 바카날레 Il Baccanale
Corso Giuseppe Mazzini
키에자 누오바 Chiesa Nuova
산 루피노 대성당 2 La Cattedrale di San Rufino
Viale Umberto I
S 마테오티 정류장 P. Matteotti Assisi
산타 키아라 대성당 4 Basilica di Santa Chiara

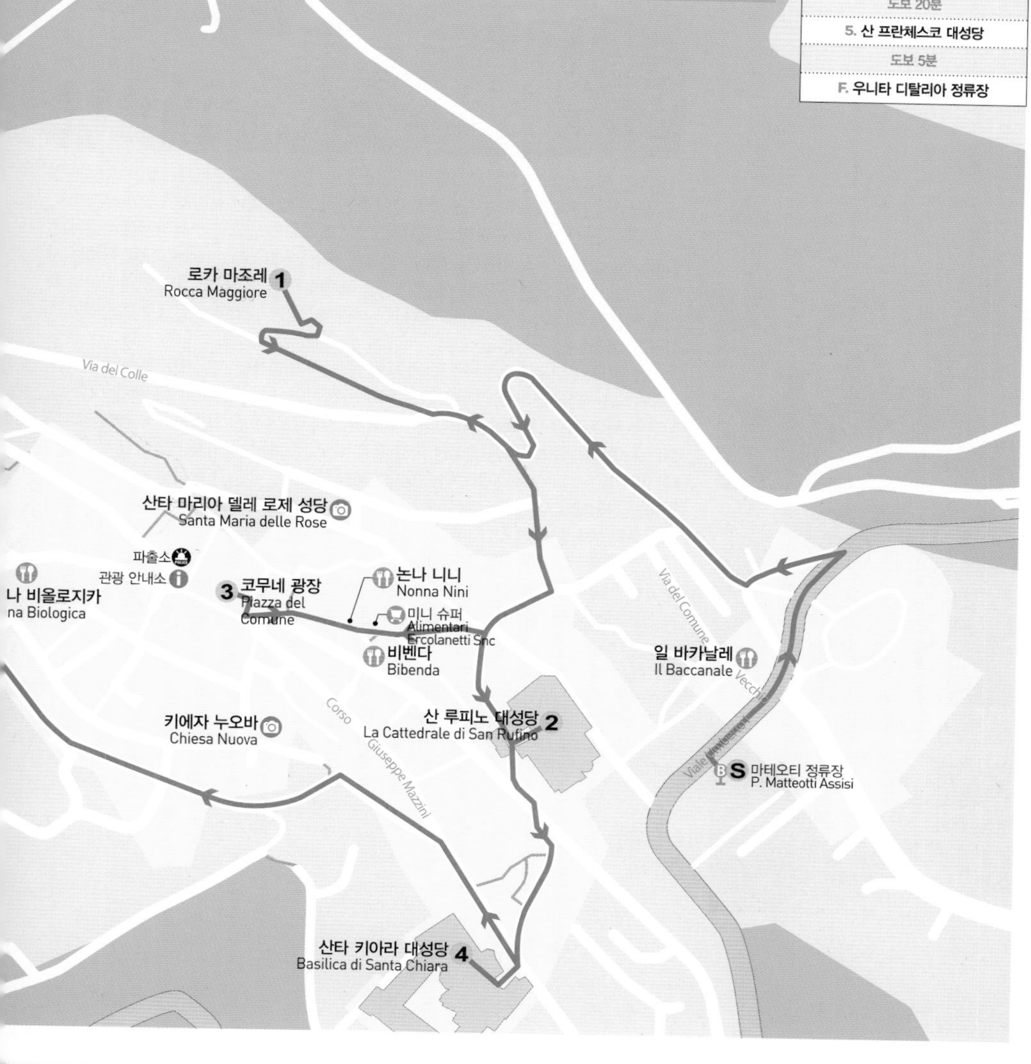

TRAVEL INFO
ⓘ 핵심 여행 정보

01 산 프란체스코 대성당

Basilica di San Francesco d'Assisi
바질리까 디 싼 프란체스꼬 다씨지

프란체스코 수도회의 창시자이자 이탈리아의 수호성인인 성 프란체스코가 잠들어 있는 성당으로 전 세계 프란체스코 수도회의 총본산이다. 1226년 프란체스코가 선종하고, 그로부터 2년 후인 1228년 교황 그레고리오 9세가 그를 성인으로 추서하면서 성당을 건립할 것을 명했다. 성당이 위치한 곳은 원래 죽음의 언덕(Colle d'Inferno)으로 불리는 사형장이었는데, 성 프란체스코는 생전에 그곳이 예수가 돌아가신 골고다 언덕 같다며 자신을 사후에 그곳에 묻어달라고 했다. 성 프란체스코는 1230년 이곳으로 이장되었고, 성당은 1253년 완공되었다.

성당은 상부와 하부의 2층 구조로 되어 있는데, 각각 별개의 성당으로 축성된 것이다. 상부는 높은 천장에 탁 트인 구조이고, 하부는 천장이 낮고 구성이 좀 더 아기자기하다. 상부와 하부 성당 내부에는 아름다운 벽화가 그려져 있다. 산 프란체스코 대성당의 벽화는 치마부에, 조토, 로렌제티 등 중세 후기 및 초기 르네상스의 대가들이 대거 참여했다. 안쪽에는 치마부에와 조토의 그림이 나란히 있는데, 중세가 끝나고 르네상스가 시작하는 현장으로 아주 중요한 미술사적 가치를 지닌다. 상부의 벽화는 성경과 성 프란체스코의 생애를 그린 것. 이 성당의 모든 벽화는 경건하면서 아름다워 종교를 막론하고 감동을 준다. 사진 촬영은 엄격하게 금지되어 경비원이 상시 감시 중이고 엄중하게 경고를 한다. 상부 성당 입구 앞, 넓은 잔디밭에는 말을 타고 있는 젊은 시절의 성 프란체스코 동상이 있다. 하부 성당 앞에는 주랑과 광장이 조성되어 있다.

MAP P.536A

구글 지도 GPS 43.07497, 12.6054 **찾아가기** 마을 가장 서쪽에 자리하고 있다. 코무네 광장에서 서쪽으로 향하는 두 갈래 길 중 왼쪽 내리막길로 가다가, 다시 갈림길이 나오면 오른쪽 산 프란체스코 거리(Via San. Francesco)로 가서 쭉 직진한다. **주소** Piazza Inferiore di S. Francesco, 2 **전화** 075-819-001 **시간** 하부 성당 06:00~19:00 상부 성당 08:30~18:45 지하 묘소 06:00~18:30 **휴무** 부정기 **가격** 무료입장 **홈페이지** www.sanfrancescoassisi.org

02 로카 마조레

★★★★★

Rocca Maggiore
로카 마조레

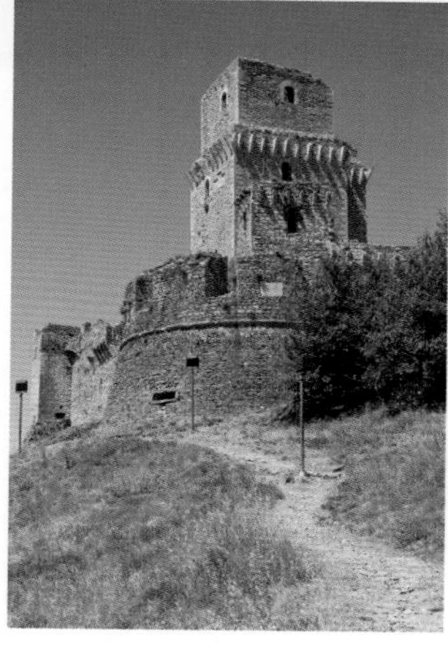

마을 북쪽 언덕 위에 자리한 중세 시대의 방어용 요새. '로카 마조레'란 '큰 요새'라는 뜻으로, 동쪽 옆 언덕 위에는 '작은 요새(Rocca Minore, 로카 미노레)도 있다. 요새 앞에 큰 공터가 있는데, 비탈을 따라 오롯하게 자리한 아시시 마을과 멀리 그림 같은 평원이 한눈에 들어오는 천혜의 전망대다. 오르기는 꽤 수고스럽지만 풍경을 한 번 보고 나면 모든 것이 잊힐 정도. 도로가 잘 닦여 있어 차로도 오를 수 있다. 요새 내부는 작은 박물관으로 꾸며져 있다.

MAP P.537C

구글 지도 GPS 43.07326, 12.61517 **찾아가기** 산 루피노 성당 부근에서 계단을 따라 올라가거나 마테오티 아시시 정류장 부근에서 찻길을 따라 올라간다. **주소** Via della Rocca **전화** 075-813-8680 **시간** 언덕 위 공터 24시간 / 요새 박물관 3월 10:00~18:00, 4~5월 10:00~19:00, 6~8월 10:00~20:00, 9~10월 10:00~19:00, 11~2월 10:00~17:00 **휴무** 크리스마스 및 부정기 **가격** 언덕 위 공터 무료입장 / 요새 박물관 €11(로카 마조레, 미술관, 로마 유적 통합 입장권) **홈페이지** www.coopculture.it

03 산 루피노 대성당

★★★

La Cattedrale di San Rufino
라 까테드랄레 디 싼 루피노

마을 동쪽에 자리한 대성당으로, 아시시 최초의 주교이자 3세기의 성인 성 루피노에게 봉헌된 곳이다. 흔히 산 프란체스코 성당이 아시시의 중심 성당일 것이라고 생각하나, 진짜 중심 대성당은 바로 이곳이다. 성 루피노가 순교한 뒤 유해를 묻은 묘소 위에 12세기에 건축한 것으로, 지하 묘소에는 성 루피노의 묘소가 있다. 성 프란체스코와 성 키아라가 이곳에서 세례를 받았다고 한다. 마테오티 아시시 종점이나 로카 마조레에서 마을 안쪽으로 들어갈 때 가장 먼저 마주치게 되는 곳이다.

MAP P.537H

구글 지도 GPS 43.07036, 12.61773 **찾아가기** 마테오티 아시시 종점 광장을 등지고 왼쪽 방향으로 가다가 언덕 끝 직전에서 오른쪽으로 빠지는 델 토리오네 거리(Via del Torrione)로 들어가 쭉 직진한다. **주소** Piazza San Rufino, 3 **전화** 075-812-283 **시간** 07:30~19:00 **휴무** 부정기 **가격** 무료입장, 지하 일부 유료

04 산타 마리아 델레 로제 성당

★★

Santa Maria delle Rose
싼타 마리아 델레 로제

시내 중심부에서 약간 북쪽으로 올라가 비탈길 위에 자리한 오래된 성당으로, 12세기에 로마 신전을 개조하여 만들어졌다고 한다. 내부에서는 이탈리아의 조각가 귀도 데토니 델라 그라치아(Guido Dettoni della Grazia)의 작품 〈마리아 Maria〉를 상설 전시 중인데, 성모 마리아의 모습을 단순화한 조각을 다양한 형태로 그려내고 있다. 생각 외로 감동적인 전시이므로 가톨릭 신자나 예술에 관심 있는 사람들은 한번쯤 들러볼 것.

MAP P.537G

구글 지도 GPS 43.07165, 12.61605 **찾아가기** 산타 루피노 대성당 앞 광장을 등졌을 때 두 갈래가 보이는데, 오른쪽 오르막길로 들어가 조금 올라가면 오른쪽에 보인다. **주소** Via Santa Maria delle Rose, 10 **전화** 328-825-0692 (전시 관련 문의) **시간** 10:30~13:30, 15:00~18:00 **휴무** 부정기

05 코무네 광장

Piazza del Comune
피아짜 델 코무네

마을 중심부에 자리한 화려하고 예쁜 광장으로, 가장 아시시다운 기념사진을 남길 수 있는 포인트 중 하나. 마을 골목의 허브 같은 위치라 굳이 찾아가려고 하지 않아도 발길이 닿게 된다. 코무네는 이탈리아어로 시나 군에 해당하는 지자체를 뜻하는 단어로, 이 광장에 시청이 자리하고 있다. 한가운데에 있는 주랑형 건물은 로마 시대에 지어진 미네르바 여신의 신전이다. 현재는 내부에 성당이 있다. 로마 시대에는 이 자리에 로마의 공회당(Roman Forum)이 있었다고 하며, 주변에는 관련 유물을 전시 중인 박물관도 있다. 한가운데에 자리한 분수는 18세기에 만들어진 〈세 마리의 사자 분수(Fontana dei Tre Leoni)〉로 가운데의 수반에 사자 조각이 3개 놓여 있다.

MAP P.537G
구글 지도 GPS 43.07111, 12.61489 **찾아가기** 산 루피노 성당을 등지고 왼쪽으로 보이는 내리막길을 따라 쭉 내려간다. **주소** Piazza del Comune, 1 **전화** 없음 **시간** 24시간 **휴무** 연중무휴 **가격** 무료입장

06 키에자 누오바

Chiesa Nuova
키에자 누오바

시청 뒤에 숨듯이 자리한 작은 교회로, 겉으로 보기엔 큰 특징이 없으나 아시시를 찾는 가톨릭 순례자들에게는 지나치기 힘든 곳이다. 성 프란체스코의 생가 자리에 지은 성당이기 때문. 17세기에 한 스페인 순례자가 성 프란체스코의 생가를 방문했는데, 집이 너무 낡고 허물어진 것에 한탄하며 그 자리에 이 성당을 지었다고 한다. 키에자 누오바란 '새 교회'라는 뜻인데, 17세기 당시 아시시에서 가장 새 교회여서 붙은 이름이라고 한다.

MAP P.537G
구글 지도 GPS 43.07038, 12.61525 **찾아가기** 코무네 광장에서 시 청사를 보면 건물 한가운데 통로가 뚫려 있다. 그 통로로 시 청사를 관통하자마자 왼쪽을 보면 작은 광장 건너편에 성당이 보인다. **주소** Piazza Chiesa Nuova, 7 **전화** 075-812-339 **시간** 08:00~12:30, 14:30~18:00 **휴무** 부정기

07 산타 키아라 대성당

Basilica di Santa Chiara
바질리까 디 싼타 키아라

성 프란체스코에 이어 아시시를 대표하는 또 한 명의 성인, 성녀 키아라를 기리는 성당이다. 성 키아라는 성 프란체스코에게 감명 받아 그를 따르는 제자가 되어 여성 수도회를 조직했다고 한다. 산타 키아라 성당에는 성 프란체스코가 앞에 두고 기도를 하다 하느님께 계시를 받았다고 전해지는 '산 다미아노의 십자가(Il Crocifisso di San Damiano)'도 소장 중이다. 수수한 겉모습에 비해 내부는 몹시 장엄하고 화려하게 장식되어 있고, 특히 중앙 제단화와 스테인드글라스가 인상적이다. 사진 촬영은 금지되어 있다. 성당 정면 앞에는 넓은 광장이 조성되어 있는데, 광장 가장자리 테라스에서 아름다운 전망을 즐길 수 있다.

MAP P.537L
구글 지도 GPS 43.06884, 12.617 **찾아가기** 코무네 광장에서 시청사를 바라보고 왼쪽 아래로 이어지는 내리막을 따라 간다. **주소** Piazza Santa Chiara, 1 **전화** 075-812-282 **시간** 06:30~12:00, 14:00~19:00 (서머타임 해제 시에는 18:00에 닫음) **휴무** 부정기 **홈페이지** www.assisisantachiara.it

08 라 벨라 스타치오네

La Bella Stazione

코페르토 €1.5 카드 결제 O 영어 메뉴 O

상호의 뜻인 '아름다운 기차역'이라는 말 그대로 아시시 기차역 2층에 있다. 테라스 석에 자리를 잡으면 아시시 마을의 모습을 감상하며 식사를 즐길 수 있다. 움브리아 지방 전통 요리를 중심으로 다양한 이탈리아 요리를 선보이는데, 가격대는 비교적 저렴하면서 맛은 상당히 준수한 편이다. 특히 피자의 가성비가 뛰어나다. 웰컴 푸드와 드링크를 내오는 등 전반적으로 친절한 것도 호평 요인 중 하나.

MAP P.534A
구글 지도 GPS 43.05913, 12.58529 **찾아가기** 아시시 기차역 2층. 역사 안쪽에 2층으로 올라가는 계단이 있다. **주소** Via Dante Alighieri, 5 **전화** 075-804-1647 **시간** 월~목요일 19:30~22:30 금~일요일 12:00~14:30, 19:30~22:30 **휴무** 연중무휴 **가격** 전채 €7~18, 파스타 €7~12, 메인 요리 €8.5~18.5, 샐러드 €9, 피자 €5.5~10.0

블랙 트러플 향 감자튀김을 곁들인 와인소스 돼지고기 스테이크 Filleto di Miale al Vino con Patate Crocantti e Pioggia di Tartufo €14

09 논나 니니
Nonna Nini

★★★★

코페르토 €2.5 카드 결제 O 영어 메뉴 O

아시시에서 손꼽히는 맛집. 파스타가 전반적으로 다 맛있고, 특히 뇨끼가 유명하다. 움브리아 지방의 미각을 제대로 즐겨 보고 싶다면 트러플 크림소스에 움브리아 소시지가 들어간 뇨끼 알라 노르치아(Gnocchi alla Norcia)를 주문해 볼 것. 식사를 마칠 무렵 종업원에게 디저트를 먹겠다고 알리면 디저트를 모두 가져와 직접 고를 수 있게 해 준다. 인도풍 메뉴가 많은 것도 특이한 점.

MAP P.537G

구글 지도 GPS 43.07103, 12.6159 **찾아가기** 산 루피노 성당에서 코무네 광장으로 향하는 내리막길 중간에 있다. **주소** Via San Rufino, 4 **전화** 320-913-0509 **시간** 목~화요일 12:00~15:00, 19:00~22:00 **휴무** 수요일 **가격** 전채 €12~18, 파스타 €14~15, 메인 요리 €12~18, 디저트 €15~22

뇨끼 알라 노르치아 €14

10 일 바카날레
Il Baccanale

★★★

코페르토 €2 카드 결제 O 영어 메뉴 O

움브리아 지방의 전통 요리를 이탈리아 가정식 백반 느낌으로 선보인다. 움브리아 지방 전통 화덕 빵 토르타 알 테스토(Torta al Testo)에 프로슈토, 페코리노 치즈 등 다양한 속을 넣은 샌드위치가 간판 메뉴. 고기 요리 등 주 요리도 평균 이상의 맛을 낸다. 주말에는 작가 및 음악가를 초대해 소박한 분위기의 낭독회나 라이브를 개최하는 등 지역 문화 사랑방 역할도 하고 있다. 평일에는 저녁에만 영업한다.

MAP P.537H

구글 지도 GPS 43.07082, 12.61933 **찾아가기** 마테오티 아시시 버스 정류장 광장을 등지고 오른쪽으로 가다가 왼쪽 첫 번째 골목으로 들어간다. **주소** Via del Comune Vecchio, 2 **전화** 075-812-327 **시간** 월~금요일 19:00~22:00, 토·일요일 12:00~14:30, 19:00~22:00 **휴무** 연중무휴(부정기 휴무 있음) **가격** 파스타 €10~16, 메인 요리 €12~22 **홈페이지** ilbaccanale.it

중세풍 멧돼지 요리 Cingiale Medioevale €16

11 피아디나 비올로지카
Piadina Biologica

★★★★

코페르토 X 카드 결제 X 영어 메뉴 O

이탈리아 중부 지방의 향토 음식 중에 얇은 빵 피아디나(Piadina)를 이용한 샌드위치를 선보이는 곳. €10 미만에 맛있고 배부른 식사를 할 수 있다. 파니니와 비슷한 샌드위치 메뉴가 무려 20종에 달하는데, 도저히 무엇을 골라야 할 지 모를 때는 주인아주머니께 물어보면 친절한 답을 얻을 수 있다. 가장 인기가 높은 메뉴는 로스트 포크와 레드 치커리, 레몬, 모차렐라가 들어간 잭(Jack)으로 짭짤한 돼지고기와 상큼한 레몬이 의외로 잘 어우러진다. 채식주의자용 메뉴도 갖추고 있다. 내부에 소박하게 좌석이 마련되어 있어 먹고 갈 수도 있다.

MAP P.537G

구글 지도 GPS 43.07137, 12.61313 **찾아가기** 코무네 광장에서 산 프란체스코 성당 쪽을 바라보고 왼쪽 내리막길로 가다 보면 다시 길이 갈라지는 지점 왼쪽에 있다. **주소** Via Giotto, 3 **전화** 075-815-5210 **시간** 10:30~19:00 **휴무** 연중무휴(부정기 휴무 있음) **가격** 피아디나 €5~7

잭 Jack €6.5

12 비벤다
Bibenda

★★★

코페르토 X 카드 결제 O 영어 메뉴 X

이탈리아 중부를 비롯하여 전 세계의 맛있는 와인을 한자리에 모아놓은 와인 셀러. 로컬 와인부터 이탈리아 간판 와인까지 다종다양한 와인을 맛볼 수 있고 안주류가 맛있어 아시시를 방문하는 주당들의 순례지가 되고 있다. 주인과 소믈리에가 와인 산지와 포도 구성비까지 친절하게 설명해 주어, 와인을 잘 몰라도 흥미롭게 즐길 수 있다. 실내 분위기도 좋고 음악도 잘 나오는 편. 와인 외에도 올리브유와 초콜릿 테이스팅 코스도 운영 중이다. 가격대는 약간 높은 편.

MAP P.537G

구글 지도 GPS 43.07083, 12.61615 **찾아가기** 산 루피노 성당에서 코무네 광장으로 향하는 내리막길 중간에서 표지판을 따라 작은 터널로 들어간다. **주소** Vicolo dei Nepis **전화** 075-815-5176 **시간** 12:00~23:00 **휴무** 부정기 **가격** 와인 1잔 €5~15 **홈페이지** www.bibendaassisi.it

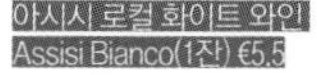
아시시 로컬 화이트 와인 Assisi Bianco(1잔) €5.5

AREA

04 ORVIETO 오르비에토

교황들이 사랑한 산꼭대기 요새 마을

오르비에토의 역사에는 유난히 '교황'들의 이름이 많이 등장한다. 10세기에 최초로 교황의 발걸음이 닿은 이래 중세 시대의 수많은 교황들이 이곳에 족적을 남겼다. 왜 교황들은 오르비에토를 사랑했을까? 그럴듯한 이유는 많다. 로마에서 비교적 가깝고, 로마 시대 이전부터 번듯한 도시였으며, 연둣빛 응회암 절벽 꼭대기에 자리한 천혜의 요새였으니까. 중세 느낌을 고스란히 간직한 골목과 집, 산비탈을 촘촘히 메운 포도와 올리브 나무가 자아내는 풍경이 몹시도 로맨틱한 마을이다. 로마를 여행하는 동안 한가로운 쉼표 하나를 찍어보고 싶다면 제 1순위로 오르비에토를 떠올리자.

인기 ★★★☆☆

로마에서 떠나는 당일치기 여행지로 꽤 인지도가 있는 곳.

관광 ★★★★☆

중세 느낌 물씬 나는 골목과 아름다운 자연, 그리고 두오모!

쇼핑 ★★☆☆☆

규모는 작지만 상점과 쇼핑 골목이 잘 조성돼 있다.

식도락 ★★★☆☆

초콜릿 소스 스테이크를 먹으러 오는 사람이 적지 않다.

복잡함 ★☆☆☆☆

길이 몇 갈래 안 되는데 표지판은 많다. '코르소 카보우르'만 외워 두자.

치안 ★★★★★

사람 자체가 그다지 많지 않다. 기본적인 대비만 해도 충분.

오르비에토 ~ 주요 도시 간 교통

피렌체

오르비에토-피렌체
1일 7~8편(다소 불규칙)
RV 약 2시간 30분, €16.9

시에나

오르비에토-아레초
1~3시간 1편
IC 약 1시간, €10.9~15.5
RV 약 1시간 10분, €10.10

오르비에토 ORVIETO

오르비에토-로마
1~2시간 1편
IC 약 1시간~1시간 15분, €17.5
RV 약 1시간 30분, €8.25

로마

*열차 가격은 2등석 당일 또는 전일 구매 기준

MUST SEE 이것만은 꼭 보자!

No.1
오르비에토 두오모의
이탈리아 최고의
파사드

No.2
알보르노치아나
요새에서 바라보는
포도밭과 평원의 풍경

MUST EAT 이것만은 꼭 먹자!

No.1
세계적으로 소문난
화이트 와인,
오르비에토 클라시코

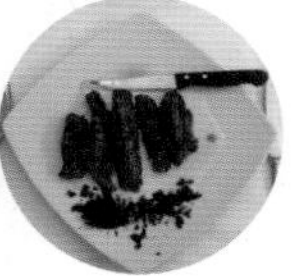

No.2
의외로 꿀조합,
델 모로 아로네의
초콜릿 소스 스테이크

1단계 오르비에토 여행 정보 한눈에 보기

오르비에토 역사 이야기

오르비에토는 이탈리아에서 역사가 가장 오래된 도시 중 하나다. 이탈리아 도시들은 대부분 로마 시대에 형성됐지만, 오르비에토는 그보다 몇 백 년 전에 에트루리아인들이 만든 도시이기 때문이다. 에트루리아인의 유물은 3세기경 로마가 점령하면서 대부분 파괴돼 지금은 거의 없다고 한다. 오르비에토는 피렌체와 로마를 잇는 길목에 자리한 덕에 지배 세력이 바뀌어도 계속 발전해 나갈 수 있었고, 역대 교황의 총애를 받으며 이탈리아가 통일될 때까지 교황 세력권에서 안정적으로 발전해 나갔다. 10세기에 방문한 교황 베네딕토 7세의 조카 필리포 알베리치가 이곳의 집정관이 된 이후에는 교황령의 도시가 되었다. 13세기까지 여러 교황들이 이곳에 방문하며 교황 궁이 3개나 지어졌다. 특히 13세기의 교황 우르바노 4세는 로마의 내란을 피해 1262년부터 3년간 오르비에토에 머물렀고, 이때 일어난 '볼세나의 기적'을 기념하기 위해 교황 궁 옆으로 두오모를 짓기 시작했다. 이 무렵 '구시가지'라는 뜻의 '우르브스 베투스(Urbs Vetus)'라 불리던 이름이 '오르비에토'로 변했다고 한다. 중세의 유명한 교회학자 토마스 아퀴나스가 활약한 도시로도 유명하다.

오르비에토 여행 꿀팁

☑ **로마 당일치기 최적화**

로마에 3일 이상 머물면서 하루쯤 시간이 남을 때는 오르비에토를 꼭 염두에 둘 것. 기차로 1시간 거리인데다 반나절이면 마을의 모든 볼거리를 돌아볼 수 있어 당일치기로 여행하기 딱 좋다. 북적거리는 로마와는 대조적으로 한가롭고 예스러운 분위기를 느낄 수 있다. 렌터카 여행자라면 피렌체나 시에나 등에서 로마 방향으로 내려가다가 잠깐 들르는 것도 좋다.

☑ **숙박은 마을 안에서**

워낙 작은 마을이라 하루로도 충분하지만 와인이라도 한잔하며 천천히 즐기고 싶다면 1박 정도는 괜찮다. 다만 오르비에토의 숙소들은 시설에 비해 가격이 조금 비싼 편이며 길이 험하고 엘리베이터가 없는 곳이 많아 큰 짐을 들고 다니기 힘들다는 것은 미리 염두에 두자. 숙소는 기차역 주변과 마을 안쪽에 몰려 있는데, 기차역 주변 숙소는 낡고 교통이 불편한 곳이 많으므로, 조금 번거롭더라도 마을 안쪽에서 알아볼 것.

☑ **정처 없이 돌아다니기**

두오모 하나 정도만 챙겨 보길 추천한다. 그 외에는 '강추'할 정도는 아니니 강박관념을 가질 필요가 없다. 그저 발길 닿는 대로 골목을 쏘다니다 눈에 들어오는 오래된 집과 건물, 지붕과 담장, 멀리 보이는 포도밭과 평원 등을 느긋한 마음으로 즐기자.

☑ **화요일은 피하자**

오르비에토의 관광지나 레스토랑 중에는 화요일에 쉬는 곳이 적지 않다. 4~8월 성수기에는 매일 영업하다가, 비수기만 화요일에 쉬는 곳들도 있으나 어쨌든 화요일을 피해서 날을 잡으면 실패할 위험이 적다.

오르비에토 여행 무작정 따라하기

STEP 1 2

2단계 오르비에토, 이렇게 간다! & 시내 교통 한눈에 보기

오르비에토는 '기차 타고 가는 곳'이라고 생각하고 계획을 짜는 것이 몸도 마음도 편하다. 시외버스나 플릭스 버스 노선은 거의 없다시피 하고, 있어도 매우 불규칙하기 때문. 물론 렌터카를 이용하면 굳이 기차를 탈 필요는 없다.

기차로 가기

로마에서 1시간에 1대 꼴로 운행하며, 직행으로 1시간~1시간 30분 정도 걸린다. 인터시티(IC)와 레조날레 벨로체(RV) 두 가지 노선이 운행 중이다. 소요 시간은 비슷한데 IC의 가격이 RV의 두 배에 육박하므로 알뜰 여행자는 가급적 RV를 이용할 것. 대부분의 시간대가 로마 테르미니-오르비에토 구간이며, 오전 10시와 11시대에는 티부르티나-오르비에토 구간을 운행한다. 피렌체에서도 직행 열차가 운행하며 약 2시간 소요된다. 피렌체에서 로마로 가는 길에 잠시 들르는 것도 좋은 계획이다.

오르비에토 역 Orvieto
MAP P.549D
구글 지도 GPS 42.723891, 12.126517

PLUS TIP

오르비에토 역에서 짐 맡기기
오르비에토 역사에는 로커가 없고, 역사 뒤편 주차장 부근에 자리한 관광 안내소에서 짐 보관소를 운영한다. 문제는 운영 시간이 짧고, 한겨울에는 아예 운영하지 않는다는 것. 오르비에토를 여행할 때는 짐을 맡기지 않는 방식으로 계획하거나, 사설 보관소 서비스를 이용하는 것이 좋다.
시간 4~12월 09:00~18:00 **가격** 큰 짐 4시간 €5, 24시간 €15 / 작은 짐 4시간 €3.5, 24시간 €10

렌터카로 가기

기차역 뒤쪽에 있는 대형 무료 주차장에 차를 주차하고, 푸니콜라레를 타고 마을로 이동하는 것이 가장 저렴하고 속 편한 방법이다. 주차비를 조금 내더라도 기동력 있게 움직이고 싶다면 마을 입구 쪽 푸니콜라레 정류장까지 올라올 것. 푸니콜라레 정류장 바로 맞은편에 작은 유료 주차장이 하나 있고, 바로 뒤 블록에 좀 더 큰 규모의 유료 주차장이 또 하나 있다. 주차료는 1시간에 €2 정도. 단, 마을 쪽 주차장에는 승용차만 가능하고 차고가 2.1m 이상인 SUV나 승합차 등은 들어갈 수 없다. 또한 오르비에토는 전체적으로 ZTL(교통 제한 구역)이 적용되고 있으므로 마을 안쪽까지는 차를 가지고 들어가지 말 것.

푸니콜라레

기차역을 나서면 건너편에 바로 푸니콜라레 정류장이 보이는데, 건물 안으로 들어가 표를 개찰한 뒤 탑승하면 끝. 중간에 거치는 정류장 없이 마을 입구로 바로 올라간다. 티켓은 기차역 안의 바겸 매점에서 판매한다. 왕복용으로 두 장을 사 두는 게 편리하다.

시간 월~토요일 07:15~20:30, 일요일 · 공휴일 08:00~20:30(10분 간격으로 운행) **가격** 편도 €1.3

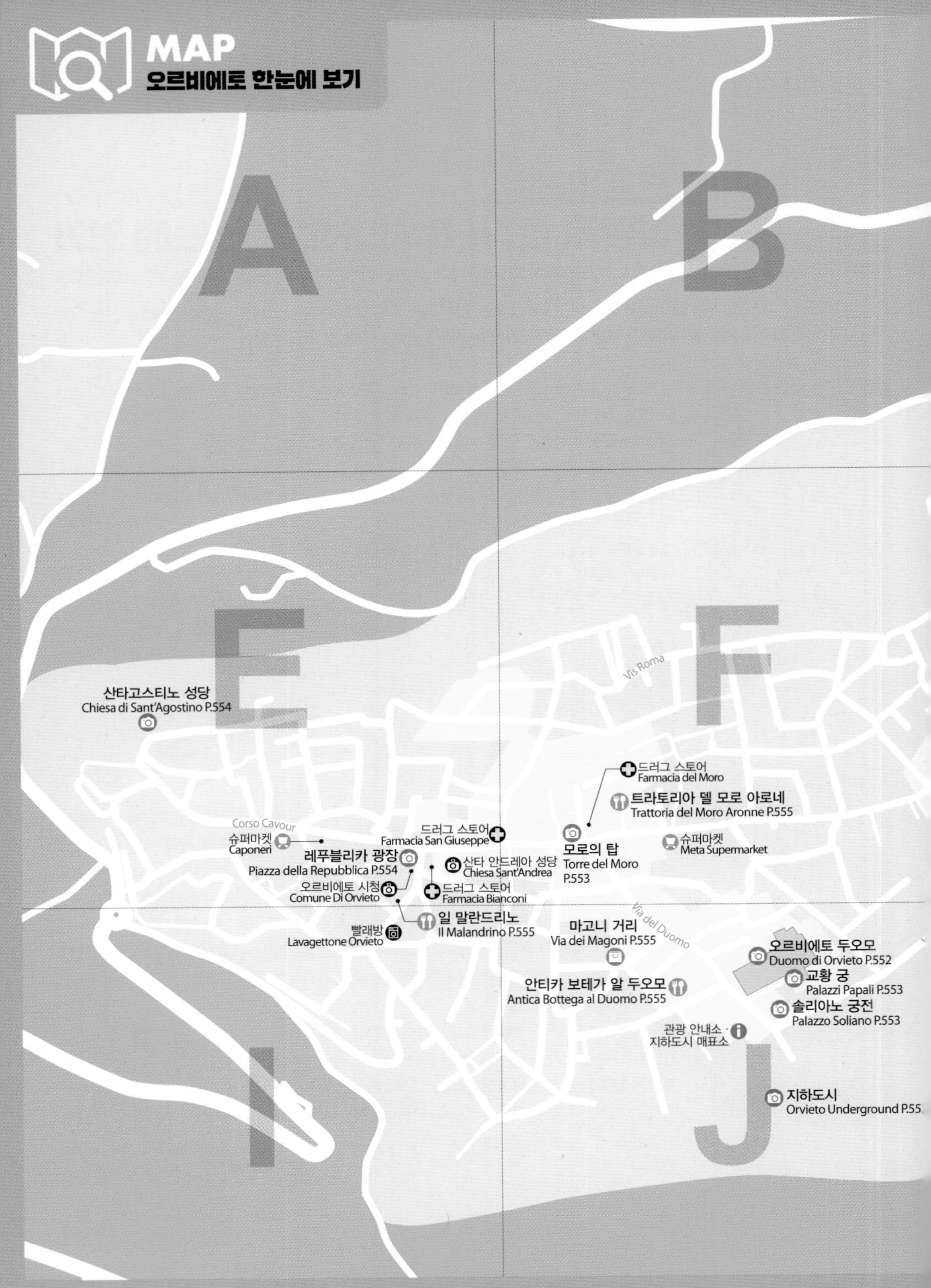
MAP
오르비에토 한눈에 보기
A
B
E
F
I
J
Vis Roma
산타고스티노 성당
Chiesa di Sant'Agostino P.554
Corso Cavour
슈퍼마켓
Caponeri
레푸블리카 광장
Piazza della Repubblica P.554
오르비에토 시청
Comune Di Orvieto
드러그 스토어
Farmacia San Giuseppe
산타 안드레아 성당
Chiesa Sant'Andrea
드러그 스토어
Farmacia Bianconi
일 말란드리노
Il Malandrino P.555
빨래방
Lavagettone Orvieto
드러그 스토어
Farmacia del Moro
트라토리아 델 모로 아로네
Trattoria del Moro Aronne P.555
모로의 탑
Torre del Moro
P.553
슈퍼마켓
Meta Supermarket
Via del Duomo
마고니 거리
Via dei Magoni P.555
안티카 보테가 알 두오모
Antica Bottega al Duomo P.555
오르비에토 두오모
Duomo di Orvieto P.552
교황 궁
Palazzi Papali P.553
솔리아노 궁전
Palazzo Soliano P.553
관광 안내소 ·
지하도시 매표소
지하도시
Orvieto Underground P.55

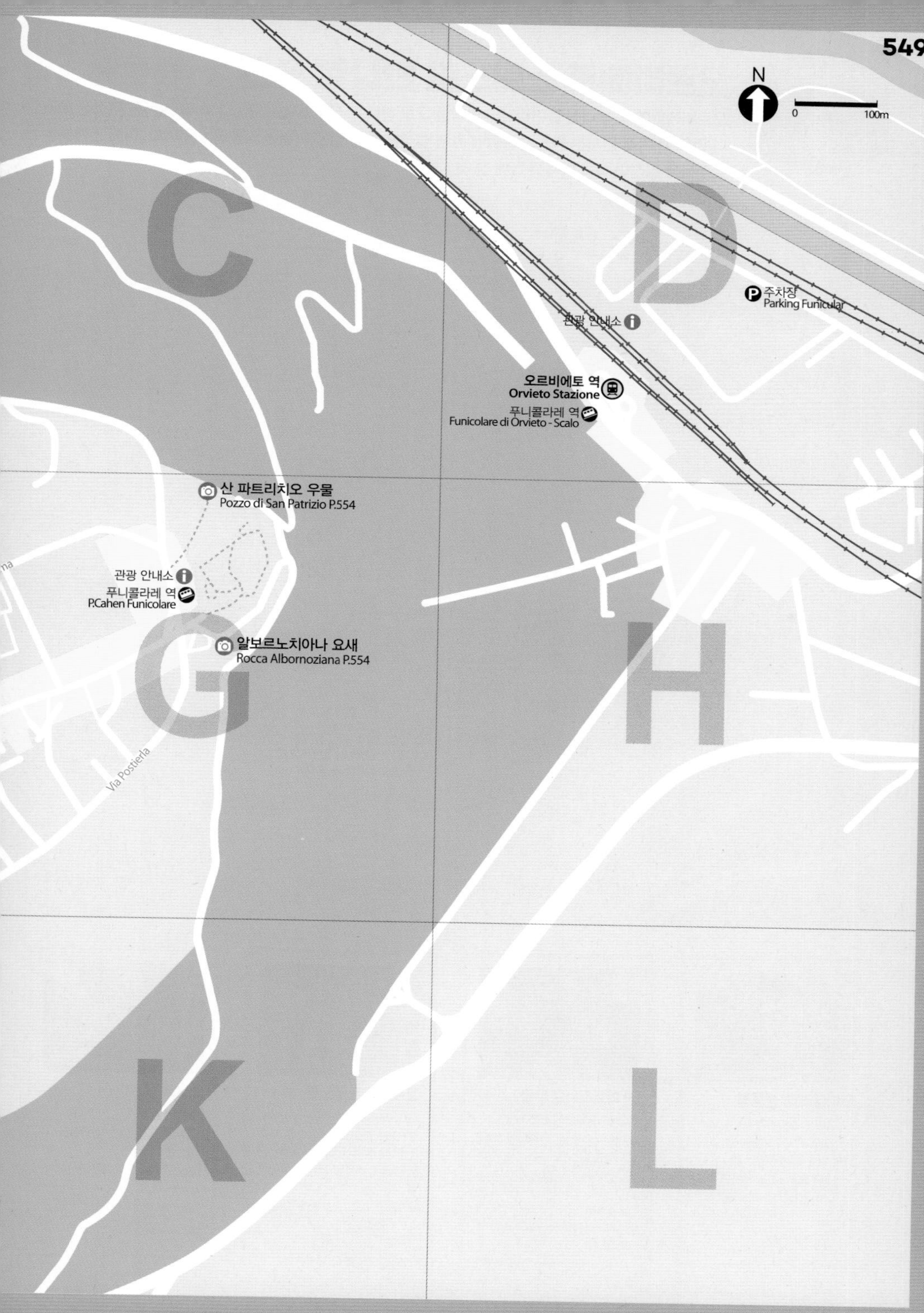
N
0
100m
C
D
주차장
Parking Funicular
관광 안내소
오르비에토 역
Orvieto Stazione
푸니콜라레 역
Funicolare di Orvieto - Scalo
산 파트리치오 우물
Pozzo di San Patrizio P.554
관광 안내소
푸니콜라레 역
P.Cahen Funicolare
알보르노치아나 요새
Rocca Albornoziana P.554
G
H
Via Postierla
K
L

COURSE 1

오르비에토 느릿느릿 반나절 코스

오르비에토에 똑 부러진 볼거리라면 아마 두오모 하나가 전부일지도 모른다. 마을 골목을 무작정 헤매다 언덕 저 아래 펼쳐진 평원의 풍경에 가슴 설레는 휴식 같은 여행이 어울리는 곳이다. 여기 소개하는 스폿들을 길잡이 삼아 마음껏 헤매 볼 것.

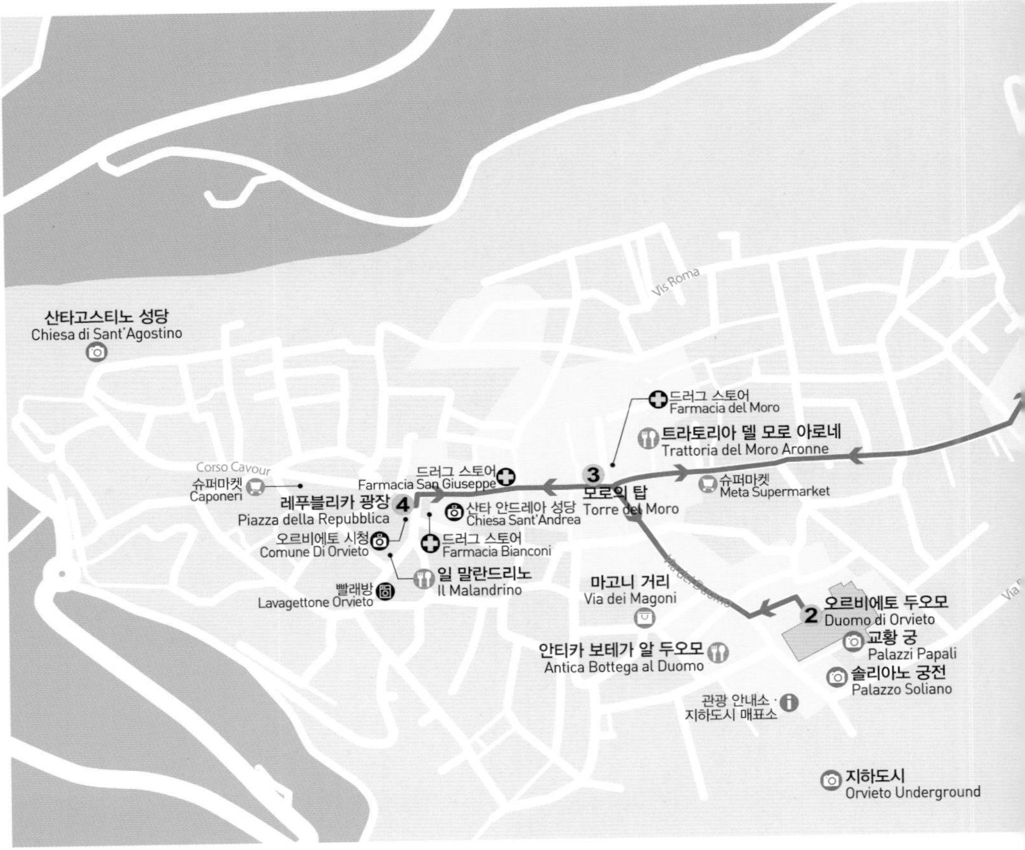

Via Roma

산타고스티노 성당 Chiesa di Sant'Agostino

드러그 스토어 Farmacia del Moro

트라토리아 델 모로 아로네 Trattoria del Moro Aronne

Corso Cavour

슈퍼마켓 Caponeri

드러그 스토어 Farmacia San Giuseppe

3 모로의 탑 Torre del Moro

슈퍼마켓 Meta Supermarket

4 레푸블리카 광장 Piazza della Repubblica

산타 안드레아 성당 Chiesa Sant'Andrea

오르비에토 시청 Comune Di Orvieto

드러그 스토어 Farmacia Bianconi

일 말란드리노 Il Malandrino

빨래방 Lavagettone Orvieto

마고니 거리 Via dei Magoni

Via del Duomo

2 오르비에토 두오모 Duomo di Orvieto

교황 궁 Palazzi Papali

안티카 보테가 알 두오모 Antica Bottega al Duomo

솔리아노 궁전 Palazzo Soliano

관광 안내소 · 지하도시 매표소

지하도시 Orvieto Underground

S 푸니콜라레 정류장

P.Cahen Funicolare

기차역에서 푸니콜라레를 타고 언덕 위로 올라온다.

정류장을 바라보고 왼쪽으로 가다가 표지판을 보고 오른쪽으로 들어간다. → 산 파트리치오 우물 도착

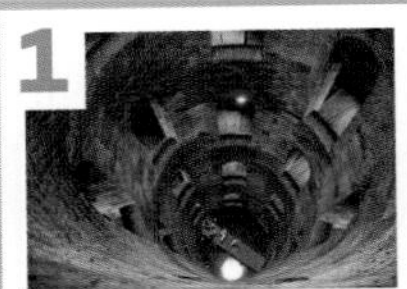

1 산 파트리치오 우물 / 20min

Pozzo di San Patrizio

특이한 볼거리를 원한다면 추천. 아니라면 패스해도 OK.

푸니콜라레 정류장 방향으로 걷다가 우측 카보우르 거리(Corso Cavour)로 약 700m 직진. 표지판을 보고 좌회전 → 오르비에토 두오모 도착

2 오르비에토 두오모 / 30min

La Cattedrale di San Rufino

오르비에토의 하이라이트. 작은 마을이지만 두오모의 존재감만은 엄청나다. 내부도 가급적 들어가 볼 것.

두오모를 바라보고 왼쪽 길로 직진 → 모로의 탑 도착

3 모로의 탑 / 30min

Torre del Moro

오르비에토를 한눈에 바라볼 수 있는 전망대.

탑을 오른쪽, 두오모를 왼쪽에 두고 카보우르 거리를 따라 직진 → 레푸블리카 광장 도착

코스 무작정 따라하기
START

S. 푸니콜라레 정류장
도보 10분
1. 산 파트리치오 우물
도보 20분
2. 오르비에토 두오모
도보 5분
3. 모로의 탑
도보 5분
4. 레푸블리카 광장
도보 25분
5. 알보르노치아나 요새
도보 5분
F. 푸니콜라레 정류장

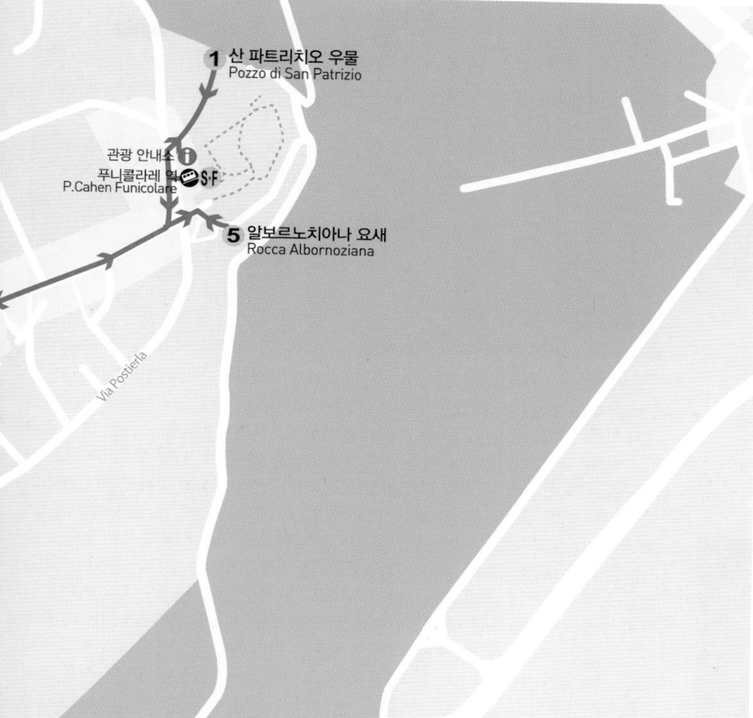

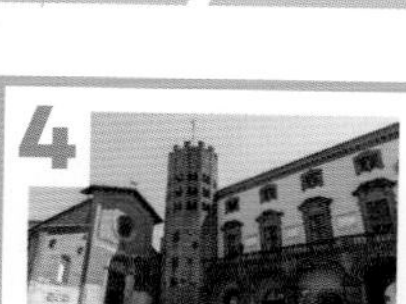

레푸블리카 광장 / 30min
Piazza della Repubblica

구시가 중심지의 끝이라고 보면 된다. 마을 구석구석을 자유롭게 돌아다닐 것.

카보우르 거리를 따라가다 푸니콜라레 정류장 부근에 도달하면 길을 건넌 뒤 성문 안으로 들어간다. → 알보르노치아나 요새 도착

알보르노치아나 요새 / 20min
Rocca Albornoziana

오르비에토가 자리한 언덕을 둘러싼 아름다운 평원을 감상하자.

성문을 등지고 오른쪽으로 길을 따라간다. → 푸니콜라레 정류장 도착

푸니콜라레 정류장
P.Cahen Funicolare

기차역으로 돌아간다.

01 오르비에토 두오모

Duomo di Orvieto
두오모 디 오르비에또

오르비에토의 중심 성당으로, 공식 명칭은 '성모 마리아 승천 대성당(Cattedrale di Santa Maria Assunta'. 1263년, 오르비에토에서 약 25km 떨어진 볼세나(Bolsena) 마을에서 성체가 피를 흘리는 기적이 일어났다. 당시 오르비에토에 머물고 있던 교황 우르바노 4세는 피 흘린 성체와 피에 젖은 성체포(성체를 올려두는 천)를 오르비에토로 가져 오라고 하고, 교황 궁 옆에 성체와 성체포를 모실 성당을 지을 것을 명한다. 이것이 오르비에토 두오모이다. 성당은 300년이나 지나 1607년에 완공됐는데 워낙 공사 기간이 길어 로마네스크부터 고딕까지 다양한 양식이 섞여 있다. 이탈리아의 모든 두오모 중 가장 화려하고 아름다운 파사드를 자랑한다. 황금빛으로 빛나는 모자이크는 성모의 일생을, 화려한 부조는 성서의 내용을 다루고 있다. 내부는 전체적으로는 수수하지만 전면 제단 쪽의 벽화와 작은 예배당의 벽과 천장에 그려진 정교한 프레스코화는 매우 화려하다. 정면 제단 양쪽에 위치한 작은 예배당 중 왼쪽 예배당에 바로 그 기적의 성체가 있는데, 일반 관광객의 출입은 허가되지 않고 가톨릭 신자만 전용 출입구를 통해 기도를 하러 들어갈 수 있다. 오른쪽 예배당은 산 브리치오의 성모 예배당(La Cappella di San Brizio)이라고 하는데, 천장과 벽이 고촐리 등 중세의 유명한 화가들이 그린 화려한 프레스코화로 덮여 있다.

INFO P.083 MAP P.548J
구글 지도 GPS 42.71707, 12.11331 **찾아가기** 코르소 카보우르 거리에서 모로의 탑이 있는 갈림길이 나오면 델 두오모 거리(Via del Duomo)로 빠져서 직진한다. **주소** Piazza del Duomo, 26 **전화** 0763-341-167 **시간** 월~토요일 3·10월 09:30~18:00, 4~9월 09:30~19:00, 11~2월 09:30~17:00 / 일요일·공휴일 3~10월 13:00~17:30, 11~2월 14:30~16:30 **가격** 통합 입장권(두오모+두오모 박물관+에밀리오 그레코 박물관) €5 **홈페이지** duomodiorvieto.it

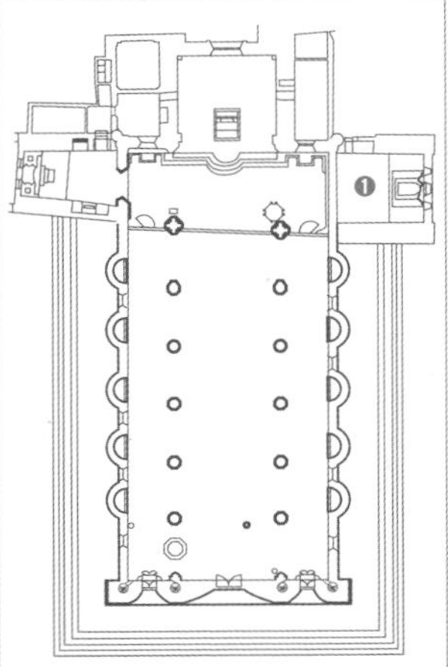

❶ 산 브리치오의 성모 예배당

02 교황 궁

Palazzi Papali
팔라찌 파팔리

★★

두오모와 연결된 건물로, 중세 시대에 교황이 거주하던 3개의 궁전 중 한 곳이다. 현재는 오르비에토 두오모의 소장품을 전시하는 두오모 박물관과 고고학 박물관이 자리하고 있다. 두오모 박물관은 두오모 옆의 출입구로 들어가 두오모의 지하를 거쳐 교황 궁으로 이어진다. 고고학 박물관은 정면의 출입구를 이용한다.

MAP P.548J

구글 지도 GPS 42.71689, 12.11425 **찾아가기** 두오모를 정면으로 바라보고 오른쪽으로 쭉 들어간다. **주소** Piazza del Duomo **전화** 두오모 박물관 0763-343-592 / 고고학 박물관 0763-341-039 **시간** 두오모 박물관 1·2·11·12월 10:00~13:00, 14:00~17:00, 3·10월 10:00~17:00, 4~9월 09:30~19:00 / 고고학 박물관 08:00~18:30 **휴무** 두오모 박물관 1~3·10~12월 화요일 / 고고학 박물관 없음 **가격** 두오모 박물관 박물관 단독 티켓 €4, 통합 입장권(두오모+두오모 박물관+에밀리오 그레코 박물관) €5 / 고고학 박물관 어른 €4, 만 18~25세 €2 **홈페이지** 두오모 박물관 www.museomodo.it / 고고학 박물관 www.archeopg.arti.beniculturali.it

03 솔리아노 궁전

Palazzo Soliano
팔라쪼 솔리아노

★

13세기의 교황 궁 중 하나로, 교황 보니파시오 8세가 직접 지었다는 설과 오르비에토 시민들이 보니파시오 8세를 위해 지었다는 설이 있으나 어느 것도 정확하지는 않다. 원래는 단층 건물이었는데 우르바노 4세가 2층을 증축했다고 한다. 현재 1층은 두오모의 청동 출입문을 제작한 이탈리아의 조각가 에밀리오 그레코의 작품을 전시하는 박물관으로 쓰이고 있다.

MAP P.548J

구글 지도 GPS 42.71661, 12.11368 **찾아가기** 두오모 파사드를 바라보고 오른쪽을 보면 바로 보인다. **주소** Piazza del Duomo 1 **전화** 0763-344-605 **시간** 10:30~13:00, 14:30~18:00 **가격** 에밀리오 그레코 박물관 단독 입장 €2.5, 통합 입장권(두오모+두오모 박물관+에밀리오 그레코 박물관) €5

04 지하 도시

Orvieto Underground
오르비에토 언더그라운드

★★★

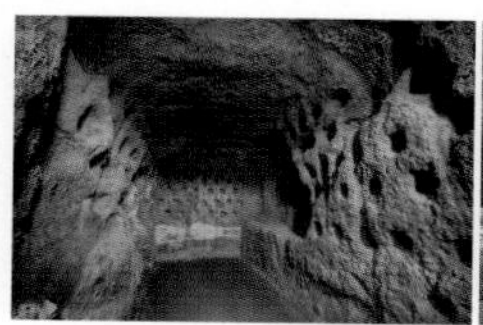

고대 에트루리아인들이 만든 정체불명의 지하 공간으로, 무려 1200여 개의 인공 지하 동굴이 개미굴처럼 이어져 있다. 사람이 살았던 흔적이 분명히 남아 있으나 이러한 공간을 만든 이유는 아직까지 미스터리로 남아 있다. 발견 이후 오랜 세월 동안 오르비에토 주민들이 와인 저장고, 방공호, 식품 저장고 등으로 쓰다가 현대에 들어 오르비에토 최고의 관광 명소가 되었다. 약 400여 개의 동굴을 가이드 투어로 돌아볼 수 있다. 투어가 하루 4회뿐이라 시간 맞추기 쉽지 않다는 것이 단점. 가이드 투어 예약은 부근에 있는 매표소에서 해야 하며 영어, 이탈리아어, 독일어, 러시아어, 스페인어 투어가 있다.

MAP P.548J

구글 지도 GPS 42.71551, 12.11377 **찾아가기** 두오모를 등지고 왼쪽으로 건너편 건물. 두오모 관광 안내소 바로 옆에 매표소가 있다. **주소** Piazza del Duomo, 23 **전화** 347-383-1472 **시간** 11:00, 12:15, 16:00, 17:15 **휴무** 부정기 **가격** 어른 €8, 학생 및 노인 €6, 만 6세 이하 무료, 피크닉 구역 €2 **홈페이지** www.orvietounderground.it

05 모로의 탑

Torre del Moro
또레 델 모로

★★★

오르비에토 시내 한복판에 우뚝 선 중세 시대의 탑. 오르비에토 구시가의 중심 도로인 코르소 카보우르 거리와 레푸블리카 광장, 두오모로 가는 길의 갈림길에 거대한 이정표처럼 우뚝 서 있다. 중세 시대에는 '교황의 탑'이라고 불렸는데, '모로(무어인)'라는 별명을 가진 사람이 이 주변에 살면서 그 일대가 모두 '모로'라고 불리기 시작했다고 한다. 꼭대기에 오르비에토 시내를 한눈에 볼 수 있는 전망대가 있다. 엘리베이터는 한 층만 올라갈 수 있고, 대부분의 구간은 좁은 계단을 따라 걸어 올라가야 된다.

MAP P.548F

구글 지도 GPS 42.71851, 12.11062 **찾아가기** 오르비에토 구시가 중심부. 카보우르 거리를 따라가다 보면 보인다. **주소** Corso Cavour, 87 **전화** 0763-344-567 **시간** 3·4·9·10월 10:00~19:00, 5~8월 10:00~20:00, 11~2월 10:30~16:30 **휴무** 부정기 **가격** 입장료 일반 €3, 10세 이하 무료

06 레푸블리카 광장

Piazza Della Repubblica
피아짜 델라 레푸블리까

오르비에토 마을 한복판에 자리한 작은 규모의 광장. 오르비에토 시청이 이곳에 자리하고 있다. 원통형 탑 때문에 유난히 눈에 띄는 건물 하나 있는데, 이는 산탄드레아 성당(Chiesa Sant'Andrea)으로, 중세의 교회를 20세기 초에 복원한 것이다. 관광 명소라기보다는 오르비에토 지리를 가늠하는 기준으로 삼을 만한 곳이다.

MAP P.548E
구글 지도 GPS 42.71825, 12.10873 **찾아가기** 오르비에토 구시가 중심부. 카보우르 거리를 따라 동쪽에서 서쪽으로 가다가 모로의 탑을 지나가면 바로 나온다. **주소** Piazza Della Repubblica **전화** 없음 **시간** 24시간 **휴무** 연중무휴 **가격** 무료입장

07 산타고스티노 성당

Chiesa di Sant'Agostino
끼에자 디 싼따고스띠노

시내 중심가에서 서쪽으로 약간 떨어진 한적한 곳에 자리한 자그마한 중세 시대의 성당으로, 13세기에 만들어졌다. 내부는 두오모 박물관 별관으로 쓰이고 있는데, 12사도와 성인들의 동상 컬렉션을 전시 중이다. 두오모 통합 입장권을 샀다면 한 번쯤 들러볼 만하나 일부러 찾아갈 정도는 아니다. 이 주변은 관광객이 잘 찾지 않는 골목이 많아 한가롭게 즐기기 좋으므로 산책 삼아 오는 것을 권한다.

MAP P.548E
구글 지도 GPS 42.71977, 12.10419 **찾아가기** 카보우르 거리를 따라 서쪽으로 쭉 직진하다 길이 완전히 끝나고 두 갈래 길이 나오면 오른쪽으로 간다. **주소** Piazza S. Giovenale, 7 **전화** 0763-344-445 **시간** 1·2·11·12월 10:00~13:00, 14:00~17:00, 3·10월 10:00~17:00, 4~9월 09:30~19:00 **휴무** 1~3, 10~12월 화요일 **가격** 두오모 통합 입장권(두오모+두오모 박물관+에밀리오 그레코 박물관) €5

08 산 파트리치오 우물

Pozzo di San Patrizio
포쪼 디 싼 빠트리치오

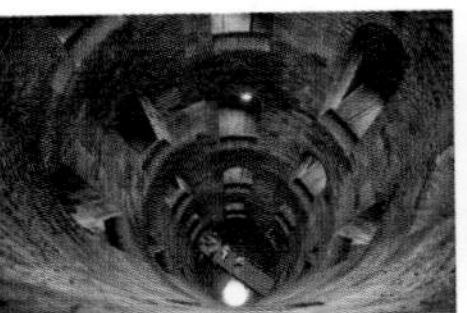

푸니콜라레 정류장에서 북쪽으로 약간 떨어진 곳에 자리한 오래된 우물. 겉으로는 창고나 축사처럼 보이지만 문을 열고 들어가면 깊이 50m가 넘는 우물이 나타난다. 16세기에 신성 로마제국 황제가 로마를 점령하자 오르비에토로 도망 온 교황 클레멘스 7세가 식수 부족을 염려하여 만들었다. 당시 이탈리아 최고의 건축가 중 한 명이었던 안토니오 다 상갈로(Antonio da Sangallo)가 공사 총감독을 맡았다. 2개의 계단이 나선형으로 엇갈리게 설계되어 올라가는 사람과 내려가는 사람이 마주치지 않는 신기한 구조로 되어 있다.

MAP P.549G
구글 지도 GPS 42.72256, 12.12032 **찾아가기** 푸니콜라레 정류장을 마주보고 왼쪽으로 약 100m 간다. **주소** Piazza Cahen, 5B **전화** 0763-343-768 **시간** 1·2·11·12월 10:00~17:00, 3·4·9·10월 09:00~19:00, 5~8월 09:00~20:00 **휴무** 부정기 **가격** 어른 €5, 학생 및 노인 €3.5, 만 6세 이하 무료

09 알보르노치아나 요새

Rocca Albornoziana
로까 알보르노치아나

마을 동쪽 푸니콜라레 정류장 부근에 자리한 14세기의 방어용 성채 유적. 교황의 특사로 오르비에토에 왔던 알보르노츠 추기경이 지은 것이라고 한다. 절벽 가장자리를 둘러싼 성벽 너머로 오르비에토 주변 평원의 아름다운 풍경이 한눈에 들어온다. 유적 안쪽은 예쁜 공원이어서 쉬거나 인증 샷을 남기기도 좋다.

MAP P.549G
구글 지도 GPS 42.72085, 12.12064 **찾아가기** 푸니콜라레 정류장을 마주보고 오른쪽으로 간다. **주소** Via Postierla, 301 **전화** 0763-344-445 **시간** 24시간 **휴무** 연중무휴 **가격** 무료입장

10 트라토리아 델 모로 아로네
Trattoria del Moro Aronne

코페르토 €2 카드 결제 O 영어 메뉴 O

초콜릿 소스를 사용한 비프스테이크로 한국 여행자들에게 오르비에토 제일의 맛집으로 소문난 곳이다. 움브리아 향토 요리를 중심으로 한 다양한 메뉴 중에서 단연 초콜릿 소스 비프스테이크가 인기가 높다. 초콜릿에 고르곤졸라 치즈를 섞은 끈적한 소스를 스테이크에 곁들여 먹는데, 의외의 조합이지만 깜짝 놀랄 정도로 맛있다.

MAP P.548F

구글 지도 GPS 42.71883, 12.11119 **찾아가기** 카보우르 거리를 따라 동쪽에서 서쪽으로 걷다가 모로의 탑 도착하기 전, 가스트로노미아 아로네(Gastronomia Aronne) 옆으로 난 좁은 골목으로 들어간다. **주소** Via San Leonardo, 7 **전화** 0763-342-763 **시간** 수~월요일 12:30~14:30, 19:30~21:30 **휴무** 화요일 **가격** 전채 €5~13, 파스타 €12~14, 메인 요리 €12~17 **홈페이지** www.trattoriadelmoro.info

초콜릿 소스 비프 스테이크 Beef with Gorgonzola Cheese and Chocolate €17

11 일 말란드리노
Il Malandrino

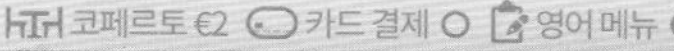
코페르토 €2 카드 결제 O 영어 메뉴 O

시청 뒤쪽, 자그마한 규모의 식당으로 최근 오르비에토를 찾는 여행자들에게 잔잔히 인기를 끌고 있다. 재즈 라이브 바를 겸한 식당인데 라이브 연주를 하지 않을 때는 근사한 재즈 연주곡을 틀어놓곤 한다. 음식을 주문하면 무료로 아뮤즈 부쉬(Amuse-bouche)를 내오는데, 주 요리가 기대될 정도로 맛이 좋다. 전반적으로 솜씨가 뛰어나 무엇을 주문해도 기본 이상은 한다. 미식가라면 오르비에토 전통 요리 메뉴에 도전해 보길 추천한다.

MAP P.548E

구글 지도 GPS 42.71781, 12.10792 **찾아가기** 시청 건물을 관통하는 길을 따라 시청 뒤쪽으로 약 50m 간다. **주소** Via Garibaldi, 20 **전화** 0763-344-315 **시간** 화~일요일 12:00~15:30, 19:00~23:00 **휴무** 월요일 **가격** 전채 €7~14, 파스타류 €13~15, 메인 요리 €15~24 **홈페이지** www.facebook.com/MalandrinoBistro

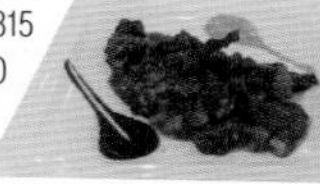
멧돼지 스튜 Wild Boar Stew €15

12 안티카 보테가 알 두오모
Antica Bottega al Duomo

코페르토 X 카드 결제 O 영어 메뉴 O

두오모 근처 작은 골목길 어귀에 자리한 와인 주점 겸 파니니 전문점. 커다랗고 두툼한 파니니를 저렴한 가격에 선보인다. 파니니가 워낙 커서 1개만 먹어도 충분히 배가 부를 정도. 속 재료도 신선하고 맛있다. 다양한 와인도 저렴하게 갖추고 있으므로 저예산 여행자라면 오르비에토 클라시코의 맛을 경험해 보는 곳으로 삼아도 좋다.

MAP P.548J

구글 지도 GPS 42.71674, 12.11204 **찾아가기** 두오모를 등지고 광장 건너편 정면으로 보이는 골목으로 들어가 오른쪽 첫 번째 골목으로 들어간다. **주소** Via Pedota, 2 **전화** 0763-341-366 **시간** 월~토요일 09:00~21:00, 일요일 09:00~18:30 **가격** 파니니 €7.5~9.5 **홈페이지** www.facebook.com/anticabottegaalduomo

페코리노 치즈와 루콜라를 넣은 생햄 샌드위치 Sella di San Venzano con Pecorino e Rucola €9.5

13 마고니 거리
Via dei Magoni
비아 데이 마고니

두오모 부근에 자리한 조붓한 골목으로, 독특한 소품 가게와 선물 가게 여러 개가 모인 오르비에토의 대표적인 쇼핑 골목이다. 입구의 작은 터널을 빠져나가면 머리 위로 덩굴 식물이 드리워진 예쁜 길이 나타난다. 상점들마다 독특한 외관을 자랑하며 다양한 조형물이나 벽화를 선보여 사진 찍기도 좋다. 6~7개의 가게 중 가장 눈에 띄는 곳은 '오즈의 마법사(Il Magi di Oz)'로, 마치 개구쟁이 마법사의 장난감 통을 털어 놓은 듯 재미있는 장난감과 장식물, 기념품으로 가득하다.

MAP P.548J

구글 지도 GPS 42.7174, 12.1119 **찾아가기** 모로의 탑에서 두오모로 가는 길인 두오모 거리(Via del Duomo)에 있다. **주소** Via dei Magoni **전화** 상점마다 다름. **시간** 24시간 **휴무** 상점마다 다름.

AREA

05 CINQUE TERRE 친퀘 테레

눈부신 지중해와 맞닿은 5개의 어여쁜 청정 마을

친퀘 테레. 발음과 어조가 특이해 뭔가 엄청난 의미가 있을 것 같지만, 사실은 '5개의 마을'이라는 평범한 뜻이다. 이탈리아 중부 북서쪽의 리비에라(Riviera) 해안에 쪼르르 늘어선 마을 5개를 부르는 명칭. 다섯 마을 모두 '유럽의 작고 예쁜 바닷가 마을'이라는 말에서 풍기는 분위기가 최대치로 구현된 느낌으로, 소도시나 시골 마을 취향인 여행자들에게 세계 최고 여행지 중 하나로 꼽힌다. 물속이 훤히 보일 정도로 투명한 지중해, 바닷가에 놓인 선로를 따라 달리는 오래된 기차, 언덕 위에 촘촘히 매달린 파스텔 톤의 예쁜 집, 저녁마다 바다를 붉게 물들이는 낙조…. 친퀘 테레는 있는 그대로를 묘사하기만 해도 아름다운 문장이 되는 곳이다.

인기 ★★★☆☆

위치가 애매하여 중장기 여행자에게 적합하다.

관광 ★★★★☆

꿈에 나올 듯 예쁜 집과 새파란 바다가 있다.

쇼핑 ★★☆☆☆

특산물과 기념품이 전부. 바질 페스토와 와인을 추천.

식도락 ★★★★☆

바질 페스토와 해산물로 이름난 맛집이 은근히 많다.

복잡함 ★★☆☆☆

마을들이 아주 작아 길 잃을 염려는 없다.

치안 ★★★★☆

범죄의 위험은 적으나 그래도 성수기에는 소매치기에 주의.

친퀘 테레 ~ 주요 도시 간 교통

밀라노

레반토-밀라노
2~3시간 1편
IC 약 3시간, €18.22.9

몬테로소-밀라노
2~3시간 1편
IC 약 3시간, €23.9

레반토 LEVANTO — 몬테로소 — 베르나차 — 코르닐리아 — 마나롤라 — 리오마조레 — 라 스페치아 LA SPEZIA

라 스페치아-피사
1시간 1~3편
Freccia 약 50분, €15.5
IC 약 1시간, €11
R 약 1시간 20분, €8.4

피사

라 스페치아-피렌체
2~3시간 1편
R 약 2시간 30분, €15

피렌체

*열차 가격은 2등석 당일 또는 전일 구매 기준

MUST SEE 이것만은 꼭 보자!

No.1
항공사 광고에 나온 그곳, **마나롤라**의 노을

No.2
하이킹 트레일 위에서 바라보는 **베르나차** 마을

No.3
몬테로소 비치의 믿을 수 없게 투명한 **바닷물**

MUST EAT 이것만은 꼭 먹자!

No.1
지역 특산물 바질로 만든 **바질 페스토** or **바질 젤라토**

No.2
지중해가 주는 풍요로운 선물, **해산물 요리**

No.3
친퀘 테레 원산, **화이트 와인**

MUST DO 이것만은 꼭 하자!

No.1
리비에라의 자연을 두 발로 만끽하는 **하이킹**

No.2
시리도록 투명한 지중해에서 즐기는 **해수욕**

STEP 1 2

1단계 친퀘 테레 여행 정보 한눈에 보기

친퀘 테레 역사 이야기

11세기 무렵 역사서에 베르나차, 몬테로소 등 마을 이름이 처음으로 등장한다. 12세기에 제노바 공국의 일부가 되었고, 15세기부터 '친퀘 테레'라는 지명으로 불렸다. 뒤로는 험준한 언덕이 있고 가장 가까운 항구에서도 2~3일이나 걸리는 몹시 외진 위치 덕분에 외적의 침입에서 비교적 안전했다. 17세기까지는 와인 제조와 올리브 농사로 조용한 번영을 누렸으나, 풍랑으로 큰 타격을 입은 후 침체기를 맞고 세상에서 잊힌다. 그러다 19세기에 제노바부터 라 스페치아까지 선로가 놓이고 1960년대에 꼬불꼬불한 해안선을 잇는 철도가 완성되며 비로소 외부와 연결된다. 이 열차를 타고 찾아온 미국인 여행자들이 1970년대부터 친퀘 테레를 세계에 알리기 시작했고, 이에 힘입어 오랜 세월 숨겨진 보석처럼 잠들었던 친퀘 테레는 세계적인 유명 관광지로 발돋움하였다.

PLUS TIP
친퀘 테레는 역사적으로 제노바 공국의 일부였고 지금도 제노바와 같은 리구리아(Liguria)주에 속해 있으므로, 원칙적으로는 북부가 맞다. 이 책에서는 우리나라 여행객들이 주로 피렌체에서 출발하는 것을 감안하여 중부로 넣었다

친퀘 테레 여행 꿀팁

☑ 피렌체에서 당일치기, 가능하지만…
일반적으로 친퀘 테레 여행은 서부에 위치한 라 스페치아(La Spezia)에서 시작한다. 라 스페치아는 피렌체에서 자동차로 2시간, 기차로 2시간 반 정도의 거리라 약간 빠듯하긴 해도 충분히 당일치기 여행도 할 수 있다. 단, 해수욕이나 하이킹 등을 즐기며 친퀘 테레를 만끽할 만한 시간을 내기는 힘들다.

☑ 1박은 어디서?
친퀘 테레를 여유롭게 즐기려면 1박을 하는 편이 좋다. 가장 무난한 곳은 라 스페치아. 제법 규모가 있는 도시라 호텔, B&B, 호스텔을 쉽게 찾아볼 수 있다. 친퀘 테레 마을 내에도 B&B나 민박, 호텔이 있지만 워낙 언덕과 계단이 많아 무거운 캐리어를 들고 여행하는 사람에게는 힘들다. 친퀘 테레에서 묵고 싶다면 짐을 되도록 가볍게 할 것. 5개의 마을 중에는 베르나차와 마나롤라가 가장 추천할 만하며, 기차역부터 마을까지 수백여 개의 계단을 올라야 하는 코르닐리아는 몹시 비추.

☑ 거꾸로 가자!
일반적인 루트는 라 스페치아에서 시작하여 가까운 곳부터 돌아보는 코스로, 리오마조레→마나롤라→코르닐리아→베르나차→몬테로소 순서다. 하지만 성수기에는 지나치게 많은 인파에 휩쓸리는 단점이 있다. 이럴 땐 거꾸로, 몬테로소→베르나차→코르닐리아 →마나롤라→리오마조레로 다니면 훨씬 낫다. 몬테로소-베르나차 구간 하이킹에서도 몬테로소 쪽 입구가 좀 더 찾기 쉽고, 마나롤라와 리오마조레에서 낙조를 보기 쉽다는 소소한 장점도 있다.

☑ 기차+도보(+페리)

친퀘 테레는 너무 외진 덕에 해적조차 잘 침입하지 않았던 곳이다. 지금도 교통 불편하기로는 어디 내놔도 지지 않아 마을과 마을을 잇는 교통수단이 완행열차와 페리뿐이다. 마을 내에는 그 흔한 버스 한 대 없어 모두 걸어 다녀야 한다. 유네스코 세계문화유산 지정 지역이자 이탈리아 지정 자연보호 구역이라 오염 물질을 배출하는 차량 통행을 엄격히 제한하고 있기 때문. 해안선을 따라 달리는 기차와 지중해를 가르는 페리, 그리고 도보를 잘 조합해 친환경 친퀘 테레 여행을 해보자.

☑ 몸으로 즐기자!

친퀘 테레는 아름다운 풍경이 일품이지만, 즐길 거리도 풍부하다. 걷는 것을 좋아한다면 몬테로소-베르나차 구간의 하이킹을 꼭 해볼 것. 길이 험하기는 하나 체력이 최하위만 아니라면 충분히 가능하다. 6~9월엔 해수욕을 꼭 해보자. 느긋하게 즐기고 싶다면 몬테로소의 넓은 해변이, 다이내믹하게 즐기고 싶다면 리오마조레나 마나롤라의 절벽이 제격. 유럽에서 손꼽히는 다이빙 포인트도 몇 곳 있으므로 스쿠버 다이버나 프리 다이버들은 미리 정보를 챙겨 가면 좋다.

☑ 친퀘 테레는 여름이 좋아

친퀘 테레에는 여름만 장사하고 겨울에 문을 닫는 곳이 적지 않다. 대부분의 손님이 해수욕 휴양객인 탓에 겨울에는 가게 문을 여는 것이 손해일 정도로 손님이 뚝 떨어지기 때문. 풍경도 햇빛 찬란한 여름에 비해 겨울은 확실히 쓸쓸하다. 꼭 친퀘 테레를 여행하고 싶다면 봄~가을 안에 여행 계획을 잡을 것.

친퀘 테레 종합 안내 홈페이지 www.facebook.com/ant

친퀘 테레 카드

친퀘 테레 트레노 카드(Cingue Terre Treno Card)는 레반토~라 스페치아 구간의 열차를 일정 기간 무제한 탑승할 수 있는 열차 패스. 친퀘 테레 여행의 필수품으로 통한다. 기차표를 한 번에 사는 편리함 외에 다양하고 소소한 혜택도 덤으로 주어진다. 친퀘 테레 '올 킬'을 노린다면 반드시 사야 할 아이템. 그러나 가격이 비싼 편이므로 1~2개 마을만 골라 여행할 경우는 구간권을 사는 것이 더 나을 수도 있다. 레반토~라 스페치아 구간 내 모든 친퀘 테레 기차역의 매표소와 관광 안내소에서 살 수 있다.

		비수기 (3·4·5·10월 주중)	성수기 (6·9월 및 비수기 주말 중 일부)	극성수기 (8·9월 및 주말과 공휴일)
가격	대인(12~69세)	€19.5/€34/€46.5	€27/€48.5/€65.5	€32.5/€59/€78.5
	어린이(4~11세)	€12.5/€22/€30.5	€17.5/€31/€42	€21/€38/€51
	가족(대인 2+어린이 2)	€49/€86.5/€118	€69.5/€124.5/€167.5	€84/€151.5/€203
	경로(70세 이상)	€16/€28/€38.5	€22.5/€40/€53.5	€27/€48.5/€65
	※ 1일권/2일권/3일권			
혜택	- 레반토~라 스페치아 구간 열차 기간 내 무제한 이용(2등석) - 트레킹·하이킹 코스 무료입장 - 공공 화장실 무료 사용(기차역 내 화장실 포함) - 공공 와이파이 무료 사용 - 열차 시간표 및 상세 지도			
주의 사항	- 반드시 개찰 후 사용해야 한다. - 뒷면에는 필수로 적어야 하는 이름과 날짜 칸이 있다. 대부분은 개찰 여부만 확인하나 가끔 뒷면까지 체크하는 차장도 있다. - 유효 기간은 시간 단위가 아니라 일 단위라서, 마지막 날 밤 12시까지가 유효 기간이다.			

PLUS TIP

열차 구간별 패스의 가격은 매우 저렴하다.
라 스페치아에서 레반토까지는 €5, 1~2개 역 사이는 €3~5 안팎이다. 이런 저런 특전을 고려해도 1일 기차 탑승 회수가 4회 미만이라면 친퀘 테레 카드가 약간 손해라고 볼 수 있다. 단, 하이킹을 할 예정이라면 구매하는 것이 좋다.

2단계 친퀘 테레, 이렇게 간다!

친퀘 테레 여행은 대부분 라 스페치아(La Spezia)와 레반토(Levanto)에서 시작한다. 친퀘 테레 다섯 마을을 잇는 완행열차의 남쪽 종점이 라 스페치아, 북쪽 종점이 레반토이기 때문. 철도가 해안선을 따라 놓여 있어 아름다운 풍경과 낭만을 동시에 즐길 수 있고 기본적인 이동 루트 또한 철도 중심으로 짜여 있어 렌터카 이용자들도 대부분 열차로 다닌다.

기차로 가기

라 스페치아는 피렌체와 피사에서 기차로 한 번에 갈 수 있다. 라 스페치아에는 기차역이 2개 있는데, 반드시 라 스페치아 중앙역(La Spezia Centrale)에서 내려야 한다. 밀라노에서 이동할 경우에는 북쪽 종점인 레반토 역에서 내리는 것이 가깝다. 밀라노에서 이동할 경우 친퀘 테레의 북쪽 첫 번째 마을인 몬테로소로 바로 갈 수 있으므로 그곳에서 내려도 OK.

라 스페치아 중앙역이나 레반토 역에서 레반토~라스페치아 구간의 친퀘 테레 전용 완행열차로 갈아탄다. 이 열차는 다섯 마을 모두 정차하고, 1시간에 2~3대 정도 운행한다. 교통 앱 트레닛(Trenìt)에는 정확한 정보가 뜨지 않으므로 친퀘 테레 카드를 사면서 받는 타임 테이블이나 역사에 부착된 종이 시각표, 공식 홈페이지의 시각표를 확인할 것. 마을 간의 소요 시간은 5분 안팎이다.

PLUS TIP

라 스페치아 역 짐 보관 정보

라 스페치아 역에는 유인 보관소가 있다. 역사에서 플랫폼 방향으로 나간 뒤 왼쪽으로 가면 어렵지 않게 찾을 수 있다.

시간 08:00~20:00
휴무 부정기
가격 1일 €5

라 스페치아 중앙역 La Spezia Centrale

MAP P.563H
구글 지도 GPS 44.111349, 9.813372

친퀘 테레 열차 시간표

PLUS TIP

IC(Intercity, 급행열차)에 주의하세요!!

친퀘 테레의 모든 역을 운행하는 열차는 레조날레(Regionale) 등급의 지방 완행열차. 그런데 친퀘 테레 노선에는 이 열차만 다니는 것은 아니다. 밀라노에서 서해안을 거쳐 로마까지 가는 인터시티(IC) 열차도 레반토, 몬테로소, 라 스페치아에서 정차한다. 한 정거장마다 내려서 천천히 여행하는 사람이 IC 열차를 타버리면 내려야 할 역을 지나칠 위험이 있는 것. 열차가 지나치게 좋아 보이면 일단 IC 열차인지 의심해 볼 것. 반대로 작은 역을 거치지 않고 바로 이동하고 싶은 사람이라면 반갑게 탑승해도 OK.

렌터카로 가기

라 스페치아 또는 레반토로 가서 역 앞 주차장에 차를 세워둔 뒤 기차를 이용한다. 친퀘 테레의 다섯 마을을 잇는 외곽 도로가 있긴 하나, 마을별 주차장이 마을 입구에서 멀리 떨어져 있어 오히려 더 번거롭고 불편하다. 얼마 전까지는 마나롤라의 공영 주차장이 무료여서 그곳에 차를 대고 가는 것이 친퀘 테레 여행의 꿀팁으로 통했으나 최근 유료로 전환되었다. 주차비는 주차장마다 조금씩 다르나 일반적으로 1시간에 €2 안팎, 종일 주차 €15 안팎이다.

PLUS TIP

레반토 역으로 가자!

대부분의 여행자들이 라 스페치아 중앙역 앞 주차장을 이용하기 때문에 성수기에는 조금만 늦게 가도 빈 자리가 없기 일쑤다. 그럴 때는 재빨리 레반토 역으로 갈 것. 압도적으로 많은 사람들이 라 스페치아에서 여행을 시작하기 때문에 레반토 역은 상대적으로 한가한 경우가 많다. 리오마조레나 마나롤라의 주차장도 라 스페치아가 꽉 찼다면 비슷한 사정일 것. 라 스페치아에서 레반토는 차로 1시간 정도 걸린다.

페리로 가기

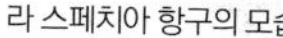
라 스페치아 항구의 모습

포르토 베네레는 친퀘 테레 다섯 마을에는 포함되지 않으나 친퀘 테레 국립공원에는 들어간다.

라 스페치아 항구에서 출발하여 포르토 베네레(Porto Venere)에서 배를 갈아탄 뒤 레반토까지 북쪽으로 거슬러 올라가는 페리 노선을 이용할 수 있다. 친퀘 테레의 다섯 마을을 바다 위에서 바라볼 수 있다는 것, 잘 알려지지 않은 아름다운 마을인 포르토 베네레에 들러볼 수 있다는 것, 지중해를 배로 가로지르는 낭만적인 경험을 할 수 있는 등의 장점이 있다. 단, 기차보다는 불편하며, 당일 여행자가 즐기기에는 시간이 빠듯하다. 라 스페치아에서 1~2박을 하며 하루 이상을 온전히 친퀘 테레에서 보내는 여행자에게 가장 적합하다. 특히 2일차 스케줄로 좋다. 페리 티켓은 라 스페치아 항구에서 판매하며, 숙소 중에도 티켓을 판매하는 곳이 있다.

페리 시간표

홈페이지 www.navigazionegolfodeipoeti.it

페리 티켓 가격표

구분	어른	어린이 (만 6~11세)
1일 무제한 이용권 **추천**	€41	€15
★라 스페치아 → 리오마조레 or 마나롤라 편도 **추천**	€22	€10
★라 스페치아 → 베르나차 or 몬테로소 편도 **추천**	€30	€15
라 스페치아 → 레반토 편도	€30	€15
애프터 눈 티켓 (오후 12시 이후 무제한 이용)	€28	€15
라 스페치아 → 포르토 베네레 왕복	€15	€8
라 스페치아 → 포르토 베네레 편도	€8	€6

MAP
친퀘 테레 한눈에 보기

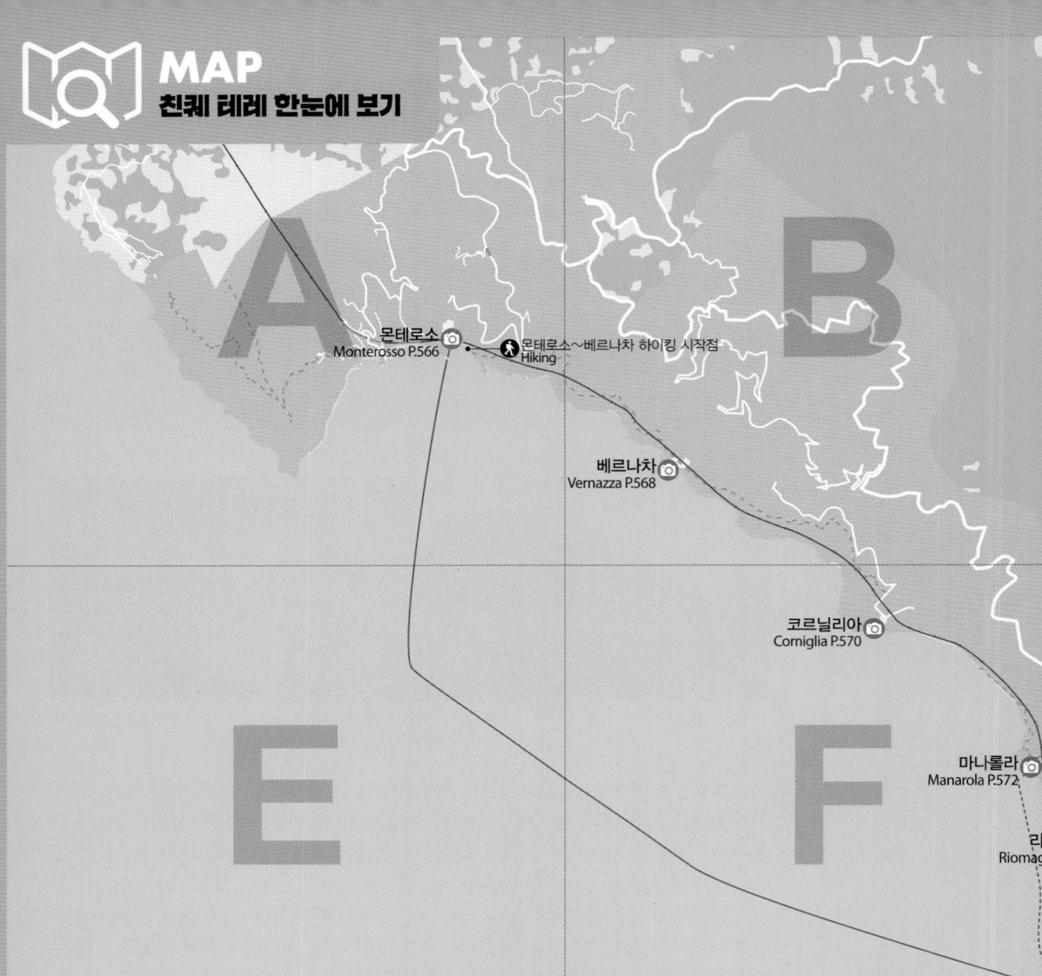

N
0
1km
C
D
G
H
K
L
라 스페치아 중앙역
La Spezia Centrale
라 스페치아 여객선 터미널
Terminal Traghetti di La Spezia
포르토 베네레
Porto Venere

COURSE 1

친퀘 테레 당일치기 퀵 루트

많은 여행자들이 친퀘 테레를 당일치기로 여행한다. 피렌체에서 왕복하는 경우가 압도적으로 흔하고, 라 스페치아에서 1박 한 뒤 친퀘 테레를 돌아보고 다른 곳으로 이동하는 경우도 많다. 이때 친퀘 테레에서 쓸 수 있는 시간은 반나절 정도. 이 시간을 가장 효율적으로 즐길 수 있는 루트를 소개한다. 되도록 이른 시각에 출발해서 시간을 넉넉하게 확보할 것.

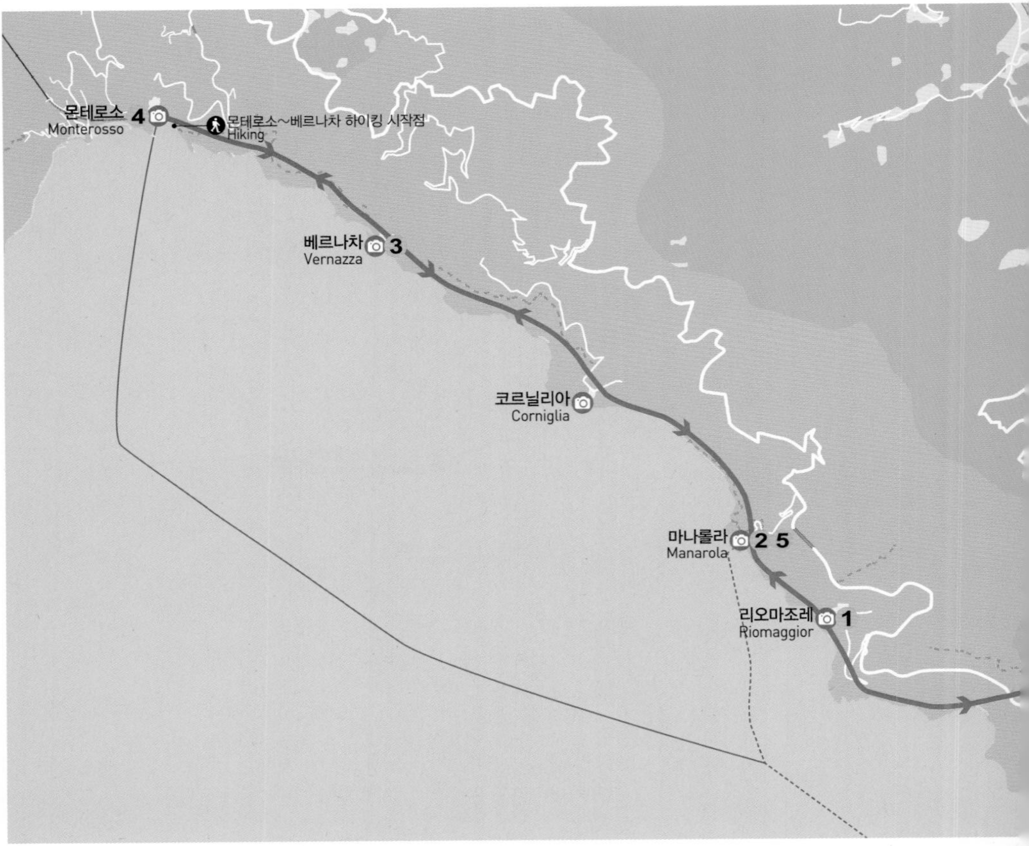

몬테로소 4 Monterosso
몬테로소~베르나차 하이킹 시작점 Hiking
베르나차 3 Vernazza
코르닐리아 Corniglia
마나롤라 2 5 Manarola
리오마조레 1 Riomaggior

S

라 스페치아 중앙역

La Spezia Centrale

기차 구간권을 끊는다. 미리 6장을 모두 사도 무방하다.

기차 탑승, 한 정거장 후 하차. → 리오마조레 도착

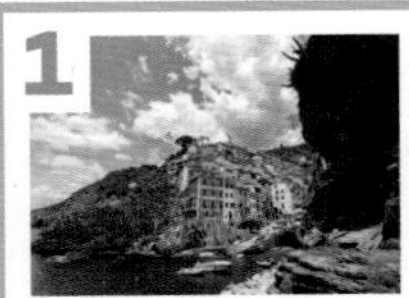

1

리오마조레 / 30min

Riomaggiore

바닷가 뷰 포인트에서 바라보는 마을의 풍경을 놓치지 말 것.

기차 탑승, 한 정거장 후 하차. → 마나롤라 도착

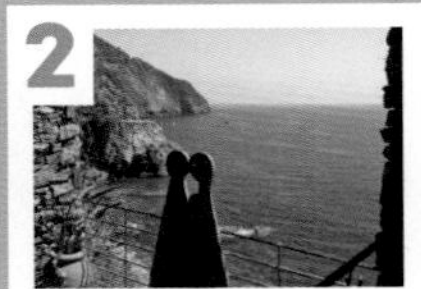

2

마나롤라 / 1hr

Manarola

뷰포인트의 풍경은 꼭 챙겨서 보자. 이름난 맛집들이 있으므로 점심은 이곳에서 먹을 것.

기차 탑승, 두 정거장 후 하차. → 베르나차 도착

3

베르나차 / 30min

Vernazza

하이킹을 하지 않더라도 트레일 매표소까지 올라가 볼 것. 베르나차가 한눈에 담긴다.

기차 탑승, 한 정거장 후 하차 → 몬테로소 도착

코스 무작정 따라하기
START

S. 라 스페치아 중앙역
기차 10분
1. 리오마조레
기차 2분
2. 마나롤라
기차 6분
3. 베르나차
도보 5분
4. 몬테로소
기차 10분
5. 마나롤라
기차 10분
F. 라 스페치아 중앙역

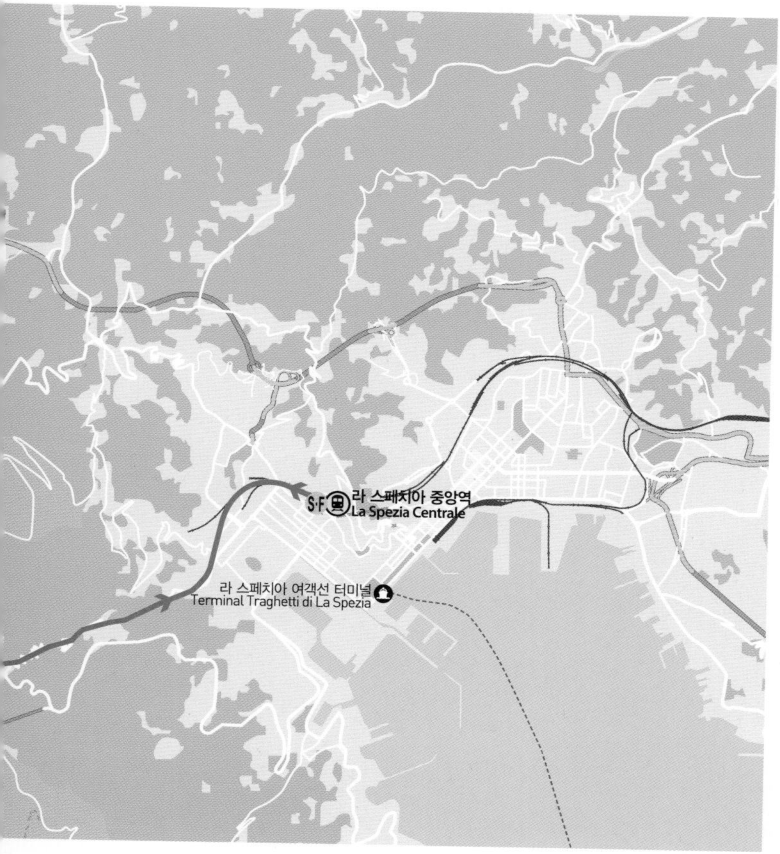

S·F 라 스페치아 중앙역
La Spezia Centrale

라 스페치아 여객선 터미널
Terminal Traghetti di La Spezia

몬테로소 / 1hr
Monterosso

가장 넓은 모래사장이 있는 마을. 춥지 않은 계절이라면 바닷가에 발이라도 담가 보자.

반대 방향 기차 탑승, 세 정거장 후 하차. → 마나롤라 도착

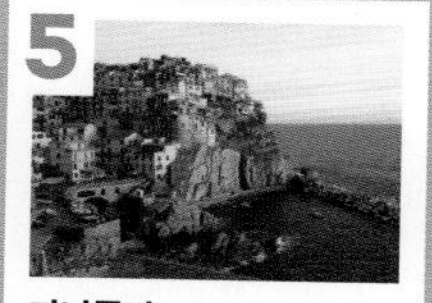

마나롤라 / 30min
Manarola

낙조가 가장 아름다운 곳. 해 질 무렵이라면 꼭 들렀다 갈 것.

기차 탑승, 두 정거장 후 하차. → 라 스페치아 도착

라 스페치아 중앙역
La Spezia Centrale

친퀘 테레 여행 끝!

몬테로소 Monterosso

풀 네임은 몬테로소 알 마레(Monterosso Al Mare). 다섯 마을 중 가장 북쪽에 있는데, 넓은 해변과 잘 다듬어진 산책로 등 여러모로 휴양지 느낌이 물씬 나는 곳이다. 터널을 사이에 두고 마을이 동서로 나뉜다. 서쪽은 해변 중심의 해수욕 마을, 동쪽은 본격적인 마을 중심가이다.

찾아가기 몬테로소(Monterosso) 역에서 내린다. 마을 중심가로 가려면 역 출입구를 등지고 왼쪽으로 간다. 갈림길에서 왼쪽으로 가면 마을 중심가로 향하는 터널이고, 오른쪽으로 가면 베르나차로 향하는 트레일 입구로 이어진다.

TRAVEL INFO
ⓘ 핵심 여행 정보

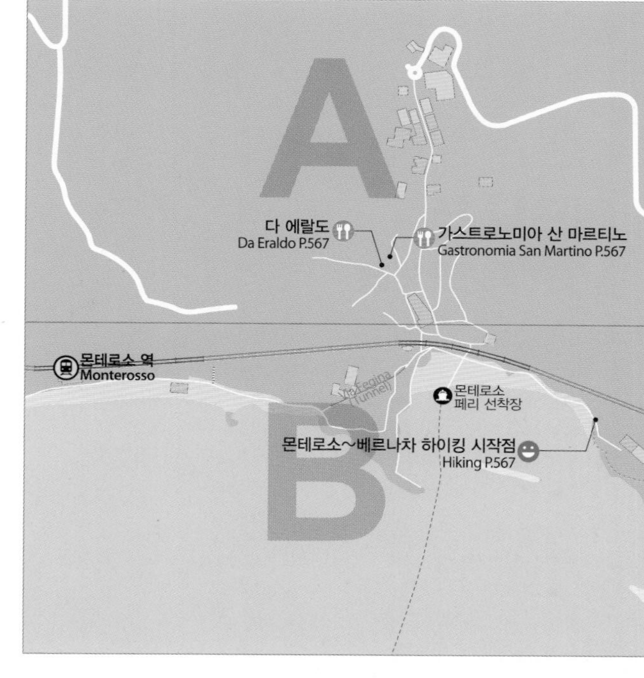

01 다 에랄도
Da Eraldo

★★★★

코페르토 X 카드 O 영어 메뉴 O

몬테로소의 대표 맛집. 파스타류는 무엇을 시켜도 수준급이다. 식전 빵이 너무 맛있어서 재방문하는 사람도 있을 정도. 저녁 시간에는 가급적 예약할 것.

MAP P.567A
구글 지도 GPS 44.14716, 9.65431 **찾아가기** 성당을 바라보고 오른쪽 길로 가다가 갈림길이 나오면 왼쪽으로 간다. **주소** Piazza Giacomo Matteotti, 6 **전화** 366-338-8440 **시간** 금~수요일 12:00~14:30, 19:00~21:30 **휴무** 목요일 **가격** 전채 €9~25, 파스타 €13~25, 메인 코스 €11~20 **홈페이지** www.eraldo.info

바질 페스토 파스타
Trenette Tradizionali al Pesto €14

02 가스트로노미아 산 마르티노
Gastronomia San Martino

★★★

코페르토 X 카드 O 영어 메뉴 O

쇼 케이스를 보고 메뉴를 고른 뒤 계산을 하고 테이블에서 기다리고 있으면 음식을 가져다 준다. 규모가 아주 작다. 파스타가 저렴한 편이고, 각종 해산물도 맛있다.

MAP P.567A
구글 지도 GPS 44.14724, 9.65443 **찾아가기** 성당을 바라보고 오른쪽 길로 가다가 갈림길이 나오면 왼쪽, 다시 갈림길이 나오면 오른쪽으로 간 뒤 왼쪽 좁은 골목으로 들어간다. **주소** Via San Martino, 3 **전화** 346-186-0764 **시간** 화~일요일 12:30~15:00, 18:00~21:00 **휴무** 월요일 **가격** 파스타 €8~12, 시푸드 €10~13

03 몬테로소~베르나차 하이킹
Hiking
하이킹

★★★★

몬테로소와 베르나차를 잇는 하이킹 코스. 친퀘 테레는 '아주레 트레일(Azure Trail)'이라는 길로 모든 마을이 이어졌는데, 다른 구간은 닫히고 이곳만 열려 있다. 베르나차에서는 미로 같은 길을 따라가야 입구에 닿고 몬테로소에서는 바닷가를 따라가다 보면 입구와 이어진다. 코스는 약 3.3km로, 비포장 산길을 오르내려야 해서 꽤 힘든 편이나 하이킹이 끝날 무렵 감동은 말로 표현하기 힘들다.

MAP P.567B
구글 지도 GPS 44.14502, 9.65781 **찾아가기** 몬테로소 역을 등지고 왼쪽 방향으로 바닷가를 따라간다. 중간 중간 표지판이 있어 찾기 쉽다. **시간** 일출~일몰 **가격** €7.5(친퀘 테레 카드 소지 시 무료)

B.

베르나차 Vernazza

북쪽에서 두 번째 자리한 마을. 길게 빠져나온 방파제가 인상적인 풍경을 연출한다. 다른 마을들이 와인 생산과 올리브 재배를 주업으로 하는 데 비해, 베르나차는 오래 전부터 어업으로 생계를 이었다. 몬테로소에 버금가는 큰 마을이라 기념품 상점이나 약국 등을 쉽게 찾을 수 있다. 볼거리가 풍부하지는 않으나 몬테로소–베르나차 하이킹 트레일 위에서 바라보는 풍경만큼은 상당히 아름답다.

찾아가기 베르나차(Vernazza) 역에서 내린다. 플랫폼에서 계단을 따라 내려와 내리막길을 따라 쭉 내려가면 바로 마을 중심가이고, 또 그 길을 따라 더 내려가면 바다가 나온다.

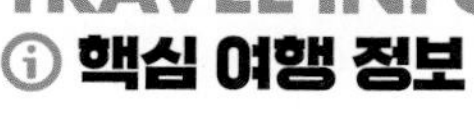

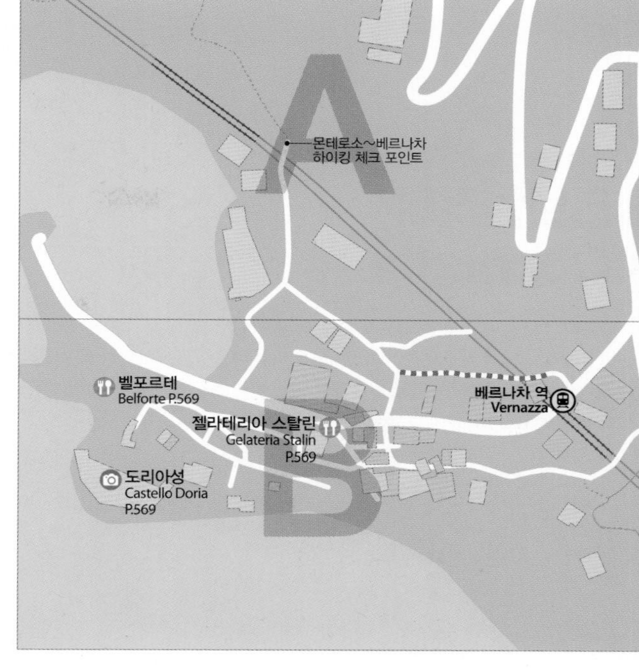

01 도리아성 ★★

Castello Doria
까스뗄로 도리아

13세기에 지어진 방어용 성채. 현재 친퀘 테레 일대에 남은 중세 시대 건축물 중 가장 오래된 것이다. 가파른 계단을 따라 올라가면 마을과 바다를 모두 돌아볼 수 있는 360도 전망이 펼쳐진다. 다만 노력만큼의 보람은 없는 편이므로 시간이 없거나 다리가 아프다면 패스해도 좋다.

MAP P.569B
구글 지도 GPS 44.13446, 9.68176 **찾아가기** 마을 중심가 끝, 광장에서 바다를 바라보고 왼쪽 방파제 쪽으로 간다. 언덕을 따라 놓인 가파른 계단을 올라가야 한다. **시간** 10:00~19:00(동절기에는 18:00에 닫을 수 있음) **휴무** 부정기 **가격** 입장료 €1.5

02 벨포르테 ★★★

Belforte

코페르토 €4 카드 O 영어 메뉴 X

높은 성채 위에 자리한 50년 역사를 자랑하는 베르나차의 간판 레스토랑 중 하나다. 해산물 및 지중해 요리가 특기로 맛은 상당히 좋은데 가격이 비싸다. 그럼에도 불구하고 바다 배경 전망이 아름다워 비싼 가격도 감수하게 된다. 가급적 예약을 할 것.

MAP P.569B
구글 지도 GPS 44.13488, 9.68172 **찾아가기** 바닷가 끝에 자리한 성채 위. 마을을 등지고 바다를 바라보면 왼쪽에 있다. **주소** Via Guidoni, 42 **전화** 0187-812-222 **시간** 수~월요일 12:00~15:00, 19:00~21:30 **휴무** 화요일 **가격** 전채 €13~23, 해물 특선 €30~40, 파스타 €13~29, 메인 €16~31 **홈페이지** www.ristorantebelforte.it

03 젤라테리아 스탈린 ★★★

Gelateria Stalin

코페르토 X 카드 X 영어 메뉴 X

1968년에 문을 연 오래된 젤라토집으로, 바질 맛 아이스크림이 유명하다. 바질 맛도 좋지만 이 집의 진짜 강자는 레몬 맛 젤라토. 이탈리아 어디에 내놔도 지지 않을 정도다. 가게 앞에 테이블이 있어 편하게 먹고 갈 수 있다.

MAP P.569B
구글 지도 GPS 44.1347, 9.68306 **찾아가기** 역에서 바닷가로 가는 큰길 가운데 있다. **주소** Via Quirino Ennio Visconti 24 **전화** 333-954-1420 **시간** 목~화요일 08:30~23:00 **휴무** 수요일, 1/1~3/10 **가격** 컵 €2~6, 콘 €2~4 **홈페이지** www.vernazzavacanze.it

스몰 컵 €2

C.

코르닐리아 Corniglia

북쪽에서 세 번째 마을로, 다섯 마을 중 유일하게 바다에 접하지 않은 곳이다. 바닷가 절벽 언덕 위에 오롯이 자리하고 있어서 마을까지는 아찔한 계단을 올라야 갈 수 있다. 다섯 마을 중 규모는 가장 작아 인구가 겨우 150명이다. 한가한 골목과 아찔한 바다 풍경은 이곳만의 큰 매력이나, 시간이 부족한 여행자들은 지나치곤 한다.

찾아가기 코르닐리아(Corniglia) 역에서 내린다. 역에서 표지판을 따라 한참 가면 '라르다리나 계단'이 나타나고, 이 계단을 오르면 마을에 도착한다. 역 앞에서 마을버스를 타도 되는데, 공식 배차 간격이 30분에 그나마 제때 오지 않을 때가 많다. 요금은 편도 €7.5, 친퀘 테레 카드 소지 시 무료.

TRAVEL INFO
ⓘ 핵심 여행 정보

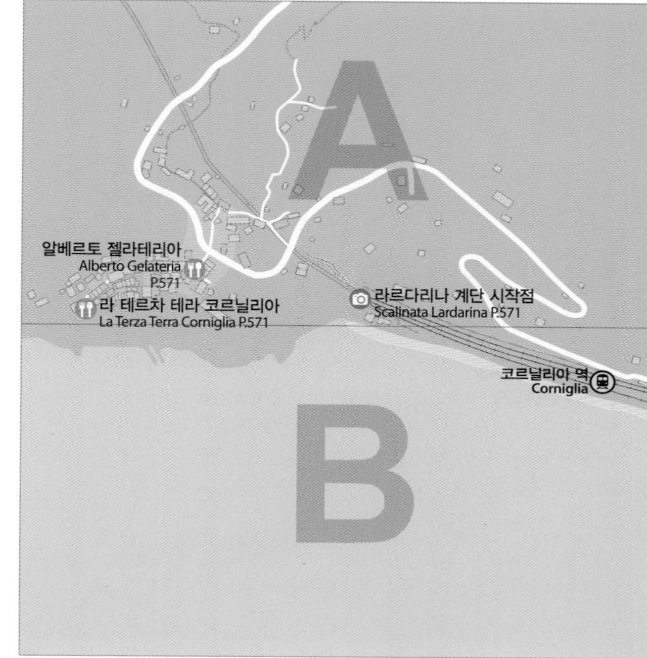

01 라르다리나 계단

Scalinata Lardarina
스칼리나타 라르다리나

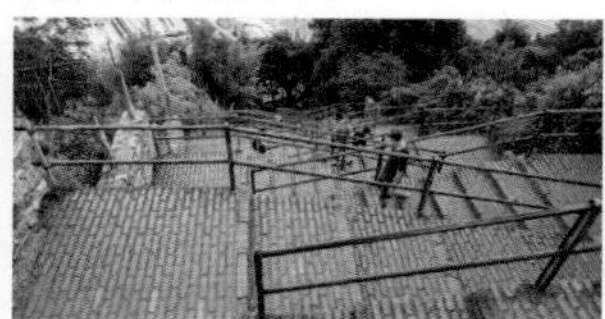

코르닐리아 역 부근에서 언덕 위 마을을 잇는 계단. 일반적으로는 365계단이라고 하나 실제로는 더 많다고 한다. 꼬불꼬불한 계단이 끝도 없이 이어지는 가운데 쉬어 가는 층계참이 있는데, 이곳에서 바라보는 기차역과 바다의 풍경이 매우 아름답다. 이 풍경을 보기 위해 수고를 무릅쓰고 오르는 사람들이 많다. 중간 중간 벤치가 있어 지친 다리를 쉬어 갈 수도 있다. 찬 생수는 꼭 준비할 것.

MAP P.571A
구글 지도 GPS 44.11972, 9.71157 (계단 시작점) **찾아가기** 기차역에서 '코르닐리아(Corniglia)'라고 적힌 표지판을 따라간다. **시간** 24시간

02 알베르토 젤라테리아

Alberto gelateria

코페르토 ✕ 카드 ✕ 영어 메뉴 ✕

마을 안 좁은 골목 한구석에 자리한 귀여운 젤라테리아. 수백 개의 계단을 올라와 목마르고 지친 여행자들에게 휴식을 제공한다. 가장 인기가 높은 것은 단연 바질 맛으로, 생바질 향이 제대로 난다. 친퀘 테레에서 가장 뛰어난 바질 젤라토라는 평도 있다. 레몬 젤라토와 그라니타도 훌륭하다.

MAP P.571A
구글 지도 GPS 44.12005, 9.70882 **찾아가기** 마을 서쪽 전망대 방향으로 가는 외길을 따라가다 보면 있다. **주소** Via Fieschi, 74 **전화** 366-717-7602 **시간** 10:00~22:00 **휴무** 연중무휴(부정기 휴무 있음) **가격** 컵 & 콘 €2~5

작은 컵 2가지 맛 €2

03 라테르차테라코르닐리아

La Terza Terra Corniglia

코페르토 ✕ 카드 ✕ 영어 메뉴 ○

마을 서쪽 끝 언덕 뷰 포인트에 자리한 노천 바. 눈앞에 활짝 펼쳐진 지중해의 풍경을 보며 느긋하게 차나 칵테일을 즐길 수 있다. 전채, 식사, 안주류 등을 다채롭게 갖추고 있는데 가격이나 맛이 생각보다 괜찮은 편. 풍경도 멋져서 이 작은 동네에서 자리 잡기 어려울 정도로 인기가 높다. 2인 이상이 방문한다면 2인용 아페리티보 세트를 추천한다.

MAP P.571A
구글 지도 GPS 44.11958, 9.707 **찾아가기** 마을을 동서로 관통하는 외길을 따라 서쪽 끝까지 가면 나오는 뷰 포인트 한쪽 구석에 자리하고 있다. **주소** Via Fieschi, 215 **전화** 0187-821-411 **시간** 12:00~23:00 **휴무** 부정기 **가격** 아페리티보 세트 €15~20

D.

마나롤라 Manarola

북쪽에서 네 번째 마을로, 규모는 코르닐리아에 이어 두 번째로 작지만 인기는 최상위권인 곳이다. 대한항공 광고에도 등장했던 아름다운 풍경이 일품으로, 보통 친퀘 테레하면 이 마을의 모습을 떠올리는 사람들이 많다. 〈오버 워치〉 등의 인기 게임 배경으로도 유명하다. 모래 해안이 없음에도 절벽 다이빙을 즐기는 사람들 때문에 언제나 해수욕객으로 붐빈다.

찾아가기 마나롤라(Manarola) 역에서 내린다. 출구 왼쪽에 있는 터널로 들어가 빠져나간 뒤, 왼쪽에 보이는 계단으로 올라가 작은 테라스 하나를 가로질러 반대 방향으로 내려가면 마을 중심부가 나온다. 그곳부터 바다까지는 외길로 이어진다.

TRAVEL INFO
핵심 여행 정보

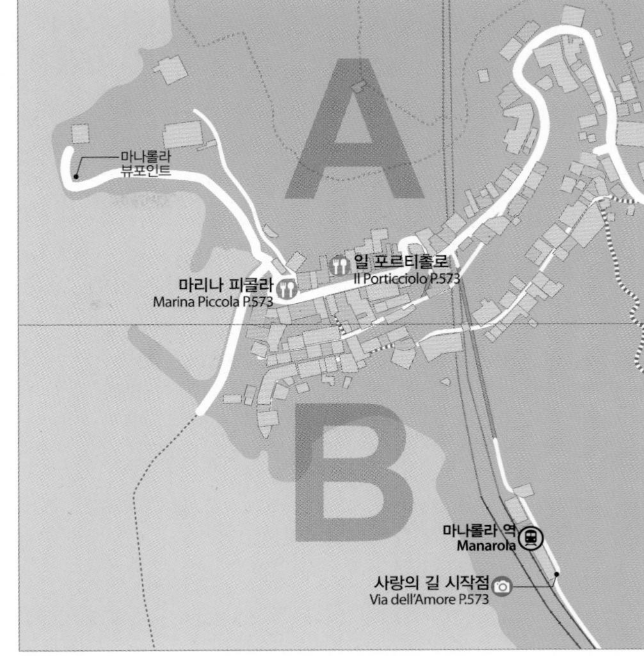

01 사랑의 길
Via dell'Amore
비아 델라모레

★★

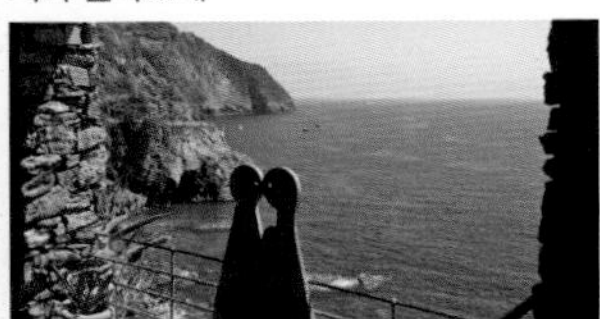

마나롤라와 리오마조레를 잇는 하이킹 트레일의 이름. 연인을 위해 조성된 길로, 휠체어로 다닐 수 있을 정도로 잘 조성된 데다 사랑을 표현한 예쁜 조형물들이 곳곳에 놓여 있어 친퀘 테레 필수 인증 스폿으로 큰 사랑을 받았다. 그러나 2012년 산사태 이후 구간 대부분이 폐쇄된 뒤 현재까지 열리지 않고 있다. 2024년 7월에 재개장 예정이라고는 하나 확실치는 않다.

MAP P.573B
구글 지도 GPS 44.10482, 9.72954 **찾아가기** 마나롤라 역에서 출구로 나와 오른쪽으로 간다. 좁은 길을 통과하여 역 위쪽으로 올라가면 하이킹 트레일과 이어지는 길이 나온다.

02 일 포르티촐로
Il Porticciolo

★★★★

코페르토 €2 카드 O 영어 메뉴 O

피자와 파스타가 맛있기로 유명한 레스토랑. 별로 친절하지 않은 것까지도 용서할 수 있을 정도로 맛이 뛰어나다. 특히 간판 메뉴인 해물 스파게티는 가격 대비 상당히 퀄리티가 좋다.

INFO P.145 MAP P.573A
구글 지도 GPS 44.10679, 9.72769 **찾아가기** 바닷가 방향으로 큰길을 따라 가다 보면 오른쪽. **주소** Via Renato Birolli, 103 **전화** 0187-920-083 **시간** 목~화요일 12:00~15:00, 18:30~21:30 **휴무** 수요일 **가격** 전채 €12~19, 파스타 €9~15, 메인 요리 €10~22 **홈페이지** ilporticciolo.metro.bar

해산물 스파게티 일 포르티촐로 Spaghetti 'Il Porticciolo' with Mixed Seafood €14.8

03 마리나 피콜라
Marina Piccola

★

코페르토 €2 카드 O 영어 메뉴 O

바다가 한눈에 들어오는 전망과 수준급의 맛으로 종종 미슐랭 플레이트에 선정된다. 해산물 요리는 거의 다 맛있다. 단, 서비스가 불친절하며, 저녁 무렵 야외 테이블에서 식사를 하면 벌레와 따가운 햇살에 시달린다.

MAP P.573A
구글 지도 GPS 44.10668, 9.72722 **찾아가기** 바닷가 방향으로 큰길을 따라 가다 길과 바다가 닿는 지점 오른쪽. **주소** Via lo scalo, 16 **전화** 0187-920-923 **시간** 12:00~21:30 **휴무** 부정기 **가격** 전채 €9~16, 파스타 €10~13, 해물 리조토(2인분) €30 **홈페이지** www.hotelmarinapiccola.com

농어 구이 Grilled Sea Bass €17.50

E.

리오마조레 Riomaggiore

다섯 마을 중 가장 남쪽 끝에 자리한 마을로, 라 스페치아와 가까워 보통은 첫 번째로 들르는 사람이 많다. 중세 시대부터 와인 생산과 판매로 이름을 널리 알린 곳이다. 언덕과 절벽으로 이뤄진 아담한 마을로 주로 다이빙을 즐기는 사람들이 몰린다. 마나롤라와 더불어 '친퀘 테레'하면 가장 먼저 떠오르는 풍경을 볼 수 있는 곳이다.

찾아가기 리오마조레(Riomaggiore) 역에서 내린 뒤 오른쪽으로 보이는 표지판을 따라가면 터널이 나온다. 터널을 통과하면 마을 중심부에 곧 닿는다.

TRAVEL INFO
ⓘ 핵심 여행 정보

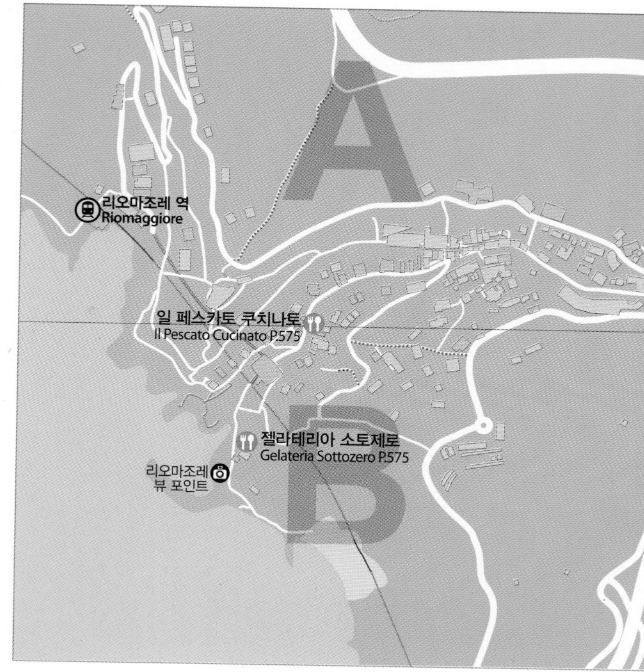

01 일 페스카토 쿠치나토
Il Pescato Cucinato

★★★★★

코페르토 X 카드 결제 X 영어 메뉴 O

그날 잡은 해산물을 맛깔나게 튀겨 종이컵에 수북이 담아주는 해산물 테이크아웃 전문점. 가격 대비 양이 푸짐하고 재료와 조리 상태 모두 좋아 큰 인기를 끌고 있다. 대부분이 싱싱하고 맛있지만 한치와 새우의 인기가 압도적으로 높다. 그날 들어온 재료를 가게 앞 흑판에 써놓아 어떤 재료가 물이 가장 좋은지 쉽게 알 수 있다. 도저히 맥주를 곁들이지 않고는 견딜 수 없는 맛인데, 다행히 내부에서 캔맥주를 판매하고 있다. 점포 앞에 먹고 갈 수 있는 자리가 조촐하게 마련되어 있으나 언제나 만원. 회전은 빠른 편이므로 조금만 인내심을 갖고 기다릴 것. 겨울에는 영업하지 않는다.

MAP P.575A

구글 지도 GPS 44.0996, 9.73863 **찾아가기** 터널을 빠져나온 뒤 언덕길을 따라 약간 올라가면 오른쪽에 보인다. **주소** Via Colombo, 199 **전화** 339-262-4815 **시간** 4~11월 11:30~20:30 **휴무** 겨울(11월 중하순~3월 하순) **가격** 작은 컵 €3~6, 큰 컵 €5~10 **홈페이지** www.facebook.com/Il-pescato-cucinato-280031868784026

모둠 튀김 Fried Mix Cono (해산물+채소+감자) 스몰 사이즈 €6

02 젤라테리아 소토제로
Gelateria Sottozero

★★

코페르토 X 카드 X 영어 메뉴 X

뷰 포인트로 가는 언덕길에 자리한 작은 젤라테리아. 소박하다 못해 허름하지만, 직접 만든 젤라토를 내놓는 곳이다. 더위에 지친 사람들에게 시원한 휴식을 제공한다. 맛 또한 생각보다 괜찮은 편. 특히 레몬 맛 아이스 바가 일품이다.

MAP P.575B

구글 지도 GPS 44.09857, 9.73768 **찾아가기** 바닷가를 바라보고 왼쪽 뷰 포인트 올라가는 절벽 경사로를 오르다 보면 왼쪽. **주소** Via San Giacomo, 105 **전화** 0187-760-066 **시간** 10:00~22:00 **휴무** 부정기 **가격** 젤라토 €2.5~5

레몬 맛 아이스 바 Popsicle €2.5

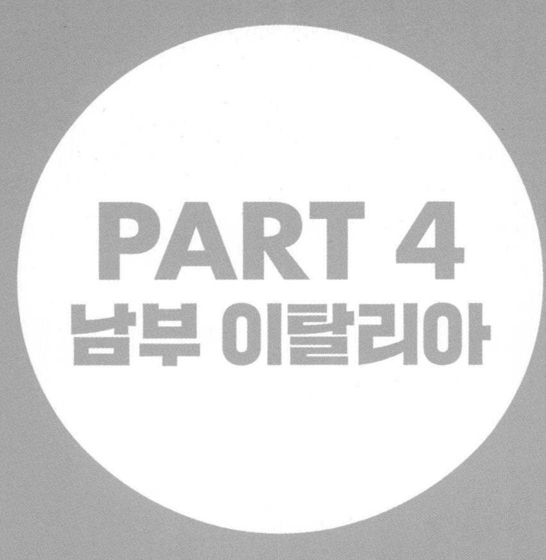

PART 4
남부 이탈리아

AREA 01 나폴리 NAPOLI
AREA 02 아말피 코스트 AMALFI COAST
AREA 03 폼페이 유적 POMPEI SCAVI
AREA 04 카프리 CAPRI

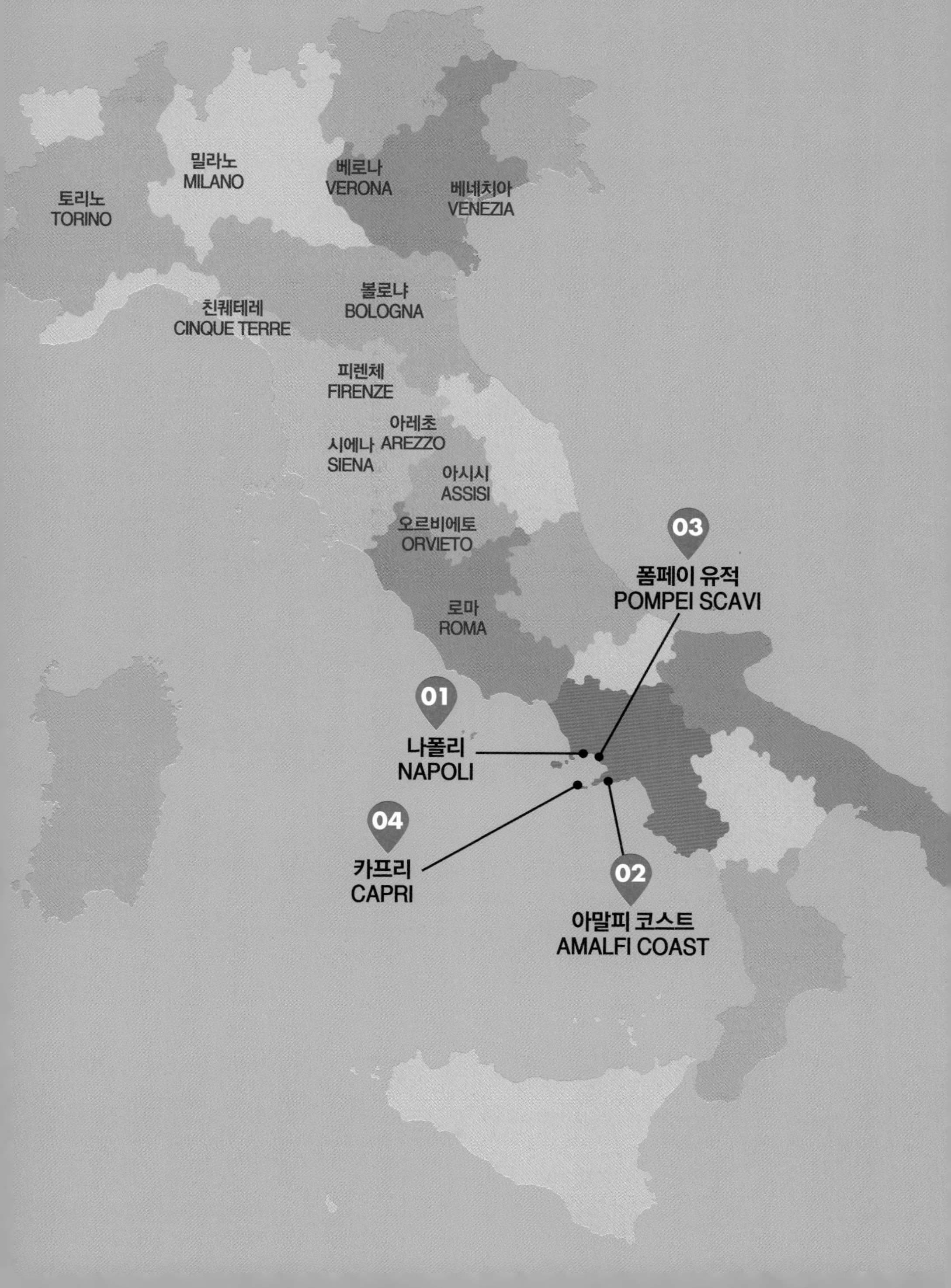

밀라노
MILANO

베로나
VERONA

토리노
TORINO

베네치아
VENEZIA

볼로냐
BOLOGNA

친퀘테레
CINQUE TERRE

피렌체
FIRENZE

아레초
AREZZO

시에나
SIENA

아시시
ASSISI

오르비에토
ORVIETO

03
폼페이 유적
POMPEI SCAVI

로마
ROMA

01
나폴리
NAPOLI

04
카프리
CAPRI

02
아말피 코스트
AMALFI COAST

AREA

01 NAPOLI

나폴리 Naples

전통적인 미항 vs. 마피아의 도시

오래 전에 쓰인 나폴리에 대한 문장 중에는 '세계 3대 미항(美港)'이라거나, '나폴리를 보고, 죽어라'라는 최상의 찬사들이 있었다. 하지만 최근 수십 년 간 쓰인 나폴리에 대한 문장은 그다지 아름답지 못하다. 마피아 거점 도시라거나, 치안이 몹시 불안하다거나. 부인할 수 없는 나폴리의 어두운 면인 것은 사실이다. 그러나 어쩌면 이것도 몇년 후면 옛말이 될 것 같다. 최근 도시를 깨끗하게 정비하고 치안을 강화하며 다시 태어나는 중이기 때문. 맛있는 피자와 아름다운 바다, 유쾌하고 순박한 사람들이 있는 나폴리의 진면목을 더 많은 사람들이 안전하게 즐길 수 있는 날이 오기를 기다려 본다.

인기 ★★☆☆☆

치안 문제 때문에 피하는 사람들이 많다.

관광 ★★★★☆

나폴리 왕국의 수도였던 만큼 볼거리는 정말 풍부.

쇼핑 ★★★☆☆

코르니첼로, 레몬 사탕, 공예품 등 기념품에 주목.

식도락 ★★★★★

피자 하나만 보고 나폴리 여행을 계획해도 좋을 정도.

복잡함 ★★★☆☆

겁만 먹지 않으면 의외로 지리는 쉬운 편.

치안 ★★★☆☆

예전보다는 나아졌지만 아직 많이 조심해야 한다.

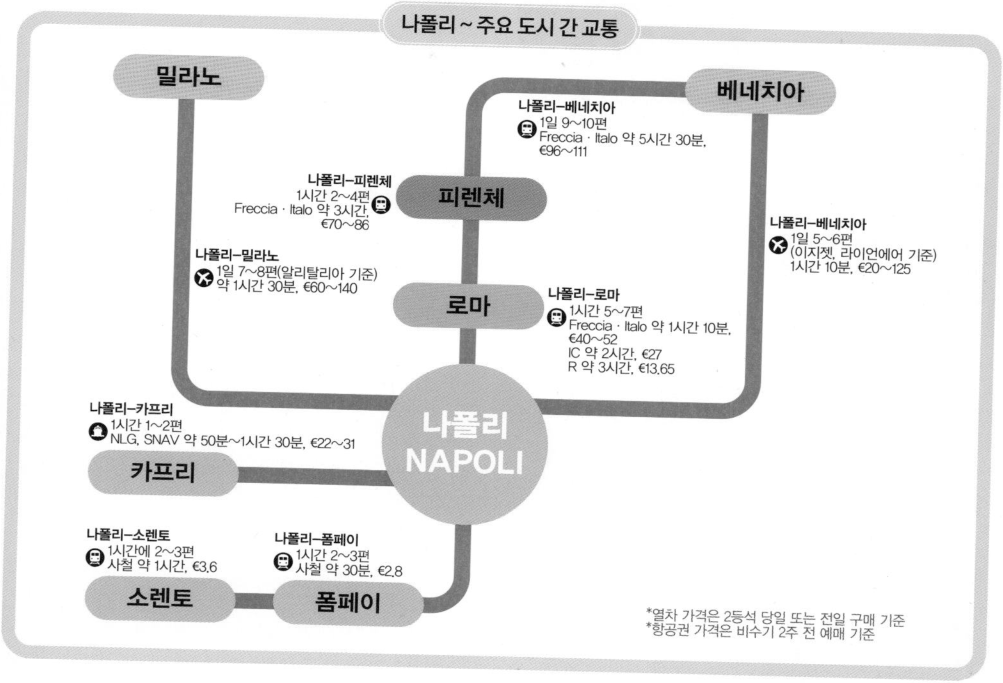

나폴리 ~ 주요 도시 간 교통

밀라노

베네치아

나폴리–베네치아
1일 9~10편
Freccia · Italo 약 5시간 30분, €96~111

나폴리–피렌체
1시간 2~4편
Freccia · Italo 약 3시간, €70~86

피렌체

나폴리–베네치아
1일 5~6편
(이지젯, 라이언에어 기준)
1시간 10분, €20~125

나폴리–밀라노
1일 7~8편(알리탈리아 기준)
약 1시간 30분, €60~140

로마

나폴리–로마
1시간 5~7편
Freccia · Italo 약 1시간 10분, €40~52
IC 약 2시간, €27
R 약 3시간, €13.65

나폴리 NAPOLI

나폴리–카프리
1시간 1~2편
NLG, SNAV 약 50분~1시간 30분, €22~31

카프리

나폴리–소렌토
1시간에 2~3편
사철 약 1시간, €3.6

나폴리–폼페이
1시간 2~3편
사철 약 30분, €2.8

소렌토

폼페이

*열차 가격은 2등석 당일 또는 전일 구매 기준
*항공권 가격은 비수기 2주 전 예매 기준

MUST SEE 이것만은 꼭 보자!

No.1
산텔모성에서 바라보는 **나폴리 항구와 바다 풍경**

No.2
유쾌함이 가득한 좁은 골목, **스파카나폴리**

No.3
소름끼치게 정교한 **산 세베로 예배당 박물관**의 조각 작품들

MUST BUY 이것만은 꼭 사자!

No.1
행운을 가져다 주는 나폴리의 부적, **코르니첼로**

MUST EAT 이것만은 꼭 먹자!

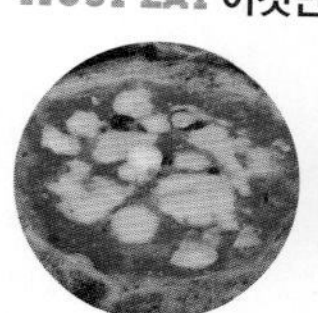

No.1
이것이 원조의 맛, **나폴리 피자**

No.2
세상에나 피자를 튀겼다! **튀김 피자**

MUST DO 이것만은 꼭 하자!

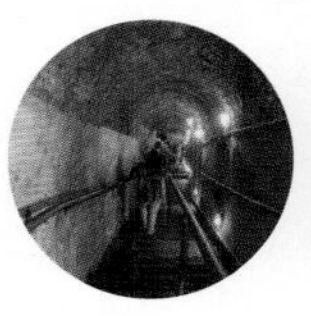

No.1
나폴리의 땅속을 탐험한다, **지하 도시 투어**

No.2
산 카를로 극장에서 즐기는 **오페라**

STEP 1 2 3

1 단계 나폴리 여행 정보 한눈에 보기

나폴리 역사 이야기

나폴리는 그리스의 식민지가 되면서 도시로 개발되기 시작했다. 이후 로마 제국에 종속됐고, 로마가 멸망한 뒤에는 동로마 제국 소속이 된다. 12세기에 시칠리아섬을 중심으로 '시칠리아 왕국(Regno di Sicilia)'이 일어나고, 13세기에 시칠리아 왕국에서 '나폴리 왕국(Regno di Napoli)'이 분리되어 나온다. 사실 두 왕국 모두 자기가 시칠리아 왕국임을 주장했지만 편의상 나폴리를 수도로 한 쪽을 나폴리 왕국이라고 칭한다. 나폴리 왕국의 역사는 매우 파란만장하여, 프랑스의 앙주 왕가부터 스페인의 아라곤 왕국, 오스트리아의 합스부르크, 프랑스의 보나파르트 왕가와 부르봉 왕가 등 정말 다양한 세력의 지배를 받는다. 1816년 시칠리아 왕국과 나폴리 왕국이 통합하여 '양 시칠리아 왕국(Regno delle Due Sicilie)'으로 정리된다. 이 왕국은 이탈리아반도에 존재하던 수많은 나라 중 가장 큰 국토를 차지했으나 이탈리아 통일 전쟁에서 사르데냐 왕국에게 패하면서 역사 속으로 사라진다. 이후 제2차 세계 대전이 일어나 큰 피해를 입었지만 항구의 물동량과 자동차 등 다양한 산업을 기반으로 이탈리아를 대표하는 항구 도시 겸 산업 도시가 된다. 그러나 1990년대 말 경제 위기가 찾아와 많은 공장이 도산하고 실업자가 늘며 빈곤률이 높아지고 범죄도 크게 증가한다. 이 상황은 지금까지도 다 회복되지 않은 상태로, 이탈리아에서 가장 범죄율이 높고 가난한 도시라는 불명예를 안고 있다.

나폴리 여행 꿀팁

☑ 2박 하거나, 지나치거나

나폴리를 제대로 즐기려면 2박 이상 잡는 것이 좋다. 시내를 돌아보는데 최소 1일, 폼페이나 카프리 등을 당일치기로 즐기는 데 1일이 필요하기 때문. 그러나 나폴리의 치안 때문에 걱정된다면 다음을 기약하고 지나쳐도 좋다.

☑ 로마에서 당일치기 가능

나폴리에서 꼭 보고 싶은 것이 있거나 나폴리 피자를 꼭 먹고 싶은데, 시간이 많지 않고 나폴리 숙박도 꺼려진다면 로마에서 당일치기하는 것도 고려해볼 만하다. 로마-나폴리는 특급 열차로 편도 1시간 30분 이내의 거리인 데다 2~3주 전에 예매하면 티켓 가격도 저렴하다.

☑ 중앙역을 등지고 왼쪽 라인

나폴리의 숙소는 중앙역 일대에 집중되어 있다. 중앙역 앞은 큰 광장이 있고 그 양옆으로 건물이 줄지어 있는데, 되도록 중앙역을 등졌을 때 왼쪽 라인에 있는 숙소를 고르자. 오른쪽 라인, 일명 '맥도날드 라인'은 매우 지저분하고 부랑자들이 많아 소매치기 등 범죄가 자주 일어난다.

☑ 소매치기 & 날치기 대비는 철저히!

최근 들어 나폴리의 치안은 상당히 좋아졌다. 경찰과 군인이 주요 관광 포인트마다 깔려 있는 것이 눈에 보여 한결 마음이 놓인다. 다만 좋아졌을 뿐이지 완벽히 안전한 것은 아니다. 주요 관광지에서는 소매치기에 대한 대비를 다른 도시에서보다 한 단계 이상 올리고, 오토바이 날치기에도 최대한 주의할 것. 또한 밤 늦은 시간에는 현지 사정을 잘 아는 사람이 반드시 동행해야 한다.

아르테 카드

나폴리를 비롯한 캄파니아주에는 '아르테 카드(Arte Card)'라고 하는 관광용 패스가 있다. 제휴된 관광 명소 중 두세 곳을 무료입장할 수 있고, 다른 관광지는 최대 50%까지 할인받을 수 있으며 카드의 유효 기간 동안 대중교통을 무제한 이용할 수 있다. 과거에는 1, 2, 3일권 등의 다양한 선택지가 있었고, 캄파니아 패스에는 아말피 코스트 여행의 황금 치트키인 시타 수드 버스 무제한 혜택이 들어 있어 남부 여행의 필수품처럼 여겨졌으나 몇년 전 대대적으로 개편되며 모든 패스의 사용 기간이 3일 이상으로 늘어났고 캄파니아 패스의 시타 수드 버스 무제한 혜택도 사라져 패스 사용의 메리트가 크게 줄었다. 다만 나폴리 패스 3일권은 리스트에 포함된 명소를 세 곳 이상 무료입장한다면 무조건 본전을 뽑을 수 있다. 명소 세 곳 이상을 입장할 예정이라면 3일 이하로 여행한다고 해도 살 만한 가치가 있다.

홈페이지 www.campaniartecard.it

> **PLUS TIP**
>
> **디지털 아르테 카드도 있어요!**
>
> 아르테 카드는 디지털 카드와 실물 카드 모두 구입 가능하다. 디지털 카드는 공식 홈페이지 및 앱에서 가능하다. 공식 홈페이지에서 구입하면 이메일로 바우처 형태의 티켓을 받고, 앱에서는 앱 내에 티켓이 표시된다. 실물 카드는 나폴리 중앙역 부근에서 판매하는 곳을 쉽게 찾아볼 수 있다.

주요 패스 자세히 보기

종류	가격	혜택
나폴리 패스 3일권 Napoli 3 Days	일반 €27 만 18~25세 €16	- 나폴리 교통 무제한 - 처음 명소 3곳 무료입장(고고학 박물관, 누오보성, 산텔모성, 나폴리 왕궁 등) - 나머지 명소 입장료 10~50% 할인
캄파니아 패스 3일권 Campania 3 Days	일반 €41 만 18~25세 €30	- 나폴리 교통 무제한 - 명소 2곳 무료입장(고고학 박물관, 누오보성, 산 텔모성, 나폴리 왕궁 등+폼페이, 헤르쿨라네움 등 유적지) - 나머지 명소 10~50% 할인

※ 만 18~25세용 패스인 '조바니 Giovani' 패스는 가격이 저렴한 대신 무료 입장이 1곳으로 제한된다.

유용한 시설 정보

슈퍼마켓 ❶ Conad Sapori & Dintori 나폴리 중앙역

MAP P.587C
구글 지도 GPS 40.85163, 14.27232 **찾아가기** 나폴리 중앙역 역사. 역사를 바라보고 오른쪽 끝 부분에 있다. **시간** 09:00~22:00

슈퍼마켓 ❷ Carrefour Express 스파카나폴리

MAP P.586B
구글 지도 GPS 40.8471, 14.25575 **찾아가기** 지하철 우니베르시타(Università) 역 부근에서 스파카나폴리로 올라가는 길목 **시간** 월~토요일 08:00~21:00, 일요일 09:00~14:00, 16:30~20:30

2단계 나폴리, 이렇게 간다!

나폴리는 이탈리아 남부 모든 교통의 중심지이자 허브 도시다. 카프리, 소렌토~아말피 코스트, 폼페이 등 남부의 다른 관광지로 이동할 때도 일단 나폴리는 한 번 거쳐 가야 한다. 나폴리를 돌아보지 않더라도 남부 여행 계획이 있다면 나폴리로 오고가는 교통편 만큼은 꼭 숙지해 두는 것이 좋다.

비행기로 가기

나폴리 중심가에서 동북쪽으로 약 5km 떨어진 곳에 나폴리 국제공항(Aeroporto Internazionale di Napoli)이 있다. 공항이 위치한 지역명을 따서 카포디키노(Capodichino) 공항이라고도 한다. 유럽의 도시 및 이탈리아 북부의 밀라노 · 토리노 · 베네치아 등에서 나폴리로 이동할 때 이용하게 된다.

나폴리 국제공항 Aeroporto Internazionale di Napoli
주소 Viale F. Ruffo di Calabria **홈페이지** www.aeroportodinapoli.it

공항에서 시내 가기

공항에서 시내까지는 셔틀버스인 알리 버스(Ali Bus)를 이용한다. 공항 버스 정류장은 도착층 바깥으로 나가면 쉽게 찾을 수 있다. 공항에서 나폴리 중앙역까지 약 15분, 몰로 베베렐로까지는 약 20분 걸린다.

시간 공항 → 시내 05:00~24:00(5~20분 간격)
시내(몰로 베베렐로) → 공항 05:10~23:31
가격 편도 €5

기차로 가기

나폴리로 떠나는 여행자들이 압도적으로 많이 선택하는 교통편. 나폴리 전역에 많은 역이 있으나 나폴리 중앙역(Napoli Centrale) 하나만 알면 OK. 남부 교통의 중심지답게 트레니탈리아와 이탈로가 모두 다닌다. 나폴리 중앙역은 이탈리아에서 가장 낙후된 기차역 중 하나였으나, 2010년 리노베이션을 마친 뒤에는 가장 깔끔하고 편리한 역으로 거듭났다. 현재는 역 앞 광장을 대대적으로 공사하는 중인데 지하철 연결 통로를 겸한 지하 상가가 최근 새로 탄생했다.

PLUS TIP

사설 철도 치르쿰베수비아나

나폴리 일대에는 트레니탈리아·이탈로 등의 일반 철도 외에도 지방 철도가 발달되어 있다. 그중에서 가장 많이 이용되는 것이 나폴리와 소렌토를 잇는 사설 철도 치르쿰베수비아나(Circumvesuviana) 라인이다. 나폴리에서 시작해 폼페이와 아말피 코스트로 가려는 여행자라면 필수로 알아야 하는 노선이다. 자세한 설명은 P.428를 참고할 것.

나폴리 중앙역 Napoli Centrale

MAP P.587C

구글 지도 GPS 40.85292, 14.27234 **찾아가기** 나폴리 중심부. 지하철 1·2호선 피아차 가리발디(Piazza Garibaldi) 역과 이어진다. **주소** Piazza Giuseppe Garibald **전화** 081-759-0406

페리로 가기

나폴리는 이탈리아 남부 지중해 연안 관광의 중심지라 기차 편 만큼이나 배편이 발달되어 있다. 카프리, 소렌토, 포지타노 등에서 수시로 배편이 오가고 이스키아, 프로치다 등 주변의 작은 섬으로 향하는 배편도 모두 나폴리를 중심으로 운항된다. 나폴리에는 항구가 여러 개 있으나, 중심가와 가장 가깝고 배편이 집중된 몰로 베베렐로만 알아도 여행하는 데는 거의 지장이 없다. 매표소가 행선지별이 아닌 선박 회사별로 되어 있다는 것 정도만 미리 알면 편리하다.

몰로 베베렐로 페리 터미널 Molo Beverelo

MAP P.586F

구글 지도 GPS 40.83768, 14.25464 **찾아가기** 누오보성 맞은편. 지하철 1호선 무니치피오(Municipio) 역에서 약 350m

3단계 나폴리 시내 교통 한눈에 보기

나폴리의 대중교통망에는 매우 뚜렷한 장점과 단점이 있다. 도시 전체를 지하철 · 트램 · 버스가 구석구석 꼼꼼하게 커버하고 있다는 것은 큰 장점, 그러나 교통망 모두에 소매치기가 득실거린다는 것은 매우 큰 단점이다. 관광 중심가는 최장 약 3km 정도에 달하기 때문에 약간만 무리하면 모두 걸어서 다닐 만하다. 대중교통은 정말 다리가 아플 때, 최대한 조심해서 1~2번 정도 이용하기를 추천한다.

나폴리 교통권

나폴리의 대중교통은 지하철 · 버스 · 트램 · 푸니콜라레 모두 'UNICO TIC'이라는 공통 승차권을 사용한다. 지하철 매표소 및 자판기 등에서 판매한다.

요금 일반 티켓(90분간 무제한 탑승 유효) €1.3
1일권(펀칭한 날짜의 자정까지 유효) €4.5

지하철

나폴리 지하철에는 약간의 착시 현상이 있다. 노선도가 꽤 복잡한데다 'Line 6'까지 표시되어 있어 노선이 6개쯤 되어 보이는 것이다. 그러나 하나하나 뜯어보면 사실은 다르다. 2호선은 트레니탈리아에서 운영하는 배차 간격 15~20분짜리 국철 노선이고, 6호선은 시 외곽으로 나가는 경전철이다. 3~5호선은 아예 없고, 노선도에 표시된 것은 도시 철도 라인이다. 즉, 나폴리에서 쓸 만한 지하철은 1호선 딱 하나뿐인 셈. 1호선 라인만 숙지하고 탑승해도 아무 문제 없다. 나폴리의 여러 교통수단 중 가장 깔끔하고 안전한 수단이기도 하다. 물론 '비교적' 안전한 것이므로 이탈리아의 어느 도시보다 소매치기 대비는 철저하게 할 것.

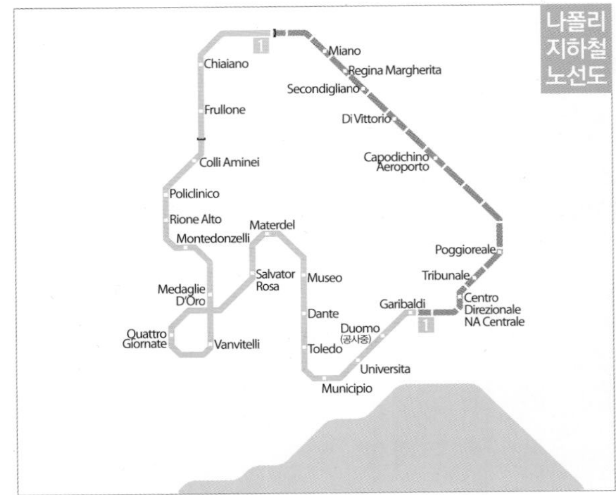

버스 · 트램

지하철이 커버하지 못하는 골목은 버스와 트램이 꼼꼼하게 다니고 있다. 그러나 불행히 나폴리의 버스와 트램은 소매치기가 가장 기승을 부리는 곳으로 유명하다. 구글 맵의 안내가 비교적 잘 맞는 편이므로 정류장에서 기다렸다가 너무 혼잡하다 싶으면 그냥 미련없이 보내고 지하철이나 택시로, 혹은 걸어서 갈 것.

PLUS TIP

주요 명소 도보 이동 거리

나폴리 중앙역 ↔ 스파카나폴리 입구 1km(15~20분)
나폴리 중앙역 ↔ 나폴리 국립 고고학 박물관 2km(30~40분)
나폴리 중앙역 ↔ 몰로 베베렐로 항구 2.7km(50분~1시간)

푸니콜라레

나폴리는 언덕과 평지를 잇는 푸니콜라레(산악 케이블카)가 상당히 발달해 있다. 전용 티켓이 있으나 UNICO TIC도 통용된다. 총 4개의 노선이 있는데 그중에서 산텔모성을 오가는 몬테산토 라인(Montesanto Line)은 꼭 알아둘 것.

택시

나폴리의 택시는 비교적 친절하고 깔끔하며 요금도 나쁘지 않은 편. 기차역 · 몰로 베베렐로 등지에서 큰 짐을 들고 오가야 할 때는 버스나 지하철보다는 택시를 이용하는 편이 안전하고 편리하다. 다만 가끔 바가지요금을 요구하는 택시 기사들이 있는데, 액수가 크지 않다면 싸우지 말고 그냥 주거나 적당히 타협하는 쪽이 좋다. 중앙역부터 몰로 베베렐로까지는 약 €10~15 정도가 나온다.

 **요금** 기본요금 €3.5~6, 이후 1km마다 €1~2

PLUS TIP

나폴리 운전, 절대 비추!

이탈리아 전국을 렌터카로 누비고 다니는 베스트 드라이버라도 나폴리 운전만은 다시 한 번 생각할 필요가 있다. 전반적으로 운전 매너가 몹시 나쁜 것으로 유명한 이탈리아에서도 최악으로 꼽히는 곳이 바로 나폴리다. 도로 교통법이 과연 존재하나 싶을 정도로 배려 없고 위험하게 운전하며, 도로 상태도 매우 나쁘다. 꼭 차를 운전해야 한다면 마음의 각오를 단단히 할 것. 그리고 노상 주차는 차량 절도의 위험이 매우 높으므로 절대 금물. 단 한 번을 세우더라도 실내 주차장을 찾을 것.

MAP
나폴리 한눈에 보기

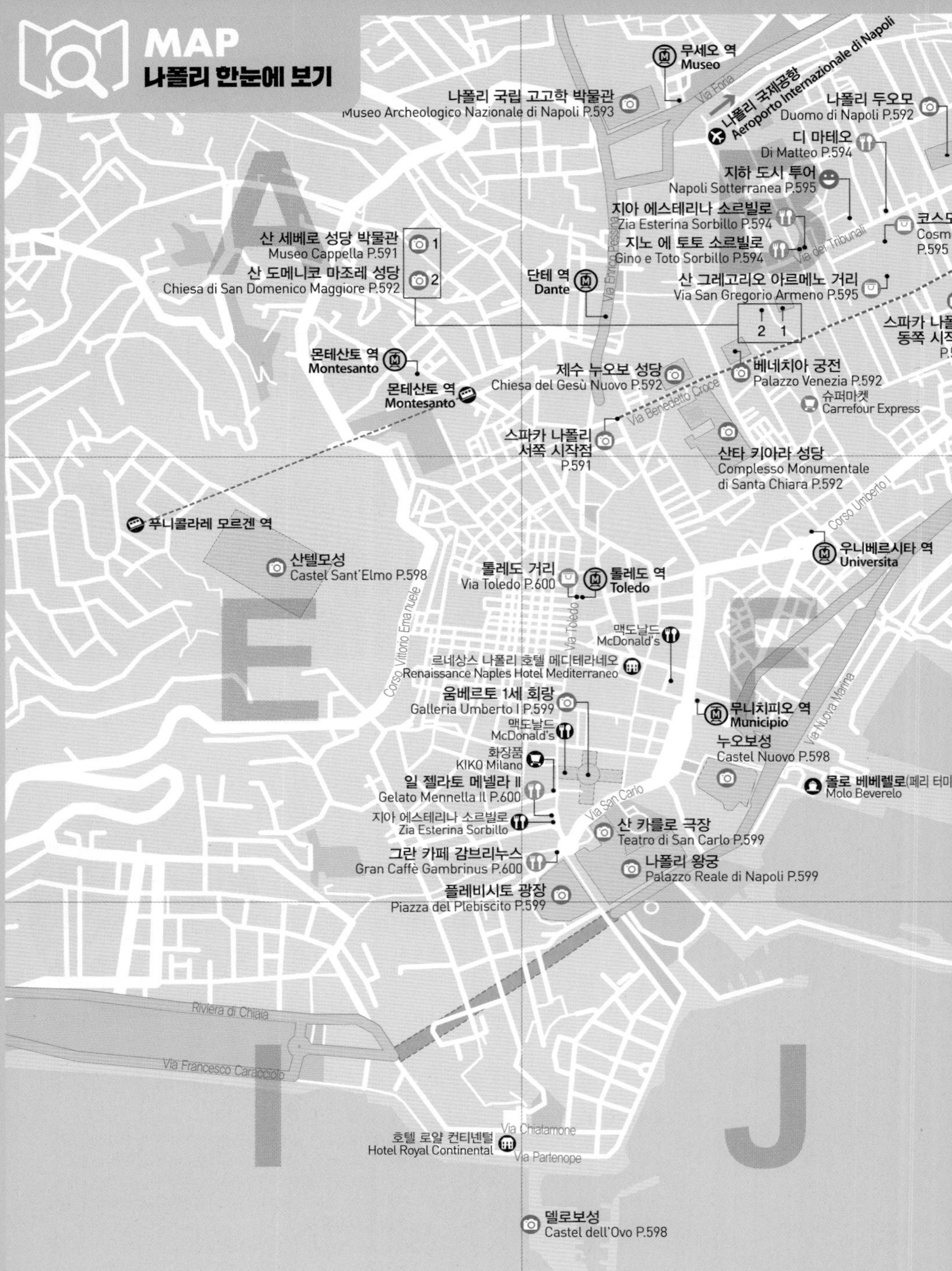

Via Carbonara
Corso Meridionale
맥도날드
McDonald's
나폴리 중앙역
Napoli Centrale
슈퍼마켓
Discount
permarket
MD
가리발디 광장
Piazza Garibaldi
P.592
가르발디 역
Garibaldi
슈퍼마켓
Conad
주세페 가리발디 동상
Monumento a Giuseppe Garibaldi
라마다 나폴리
Ramada by Wyndham Naples
Via Galileo Ferraris
Corso Umberto I
Corso Giuseppe Garibaldi
Corso Arnaldo Lucci
다 미켈레
Da Michele P.594
Via Nuova Marina
C
D
G
H
K
L
N
0
150m

COURSE 1

나폴리 최고 명소 하루에 정복하기

나폴리는 2~3일에 걸쳐 돌아보는 것이 이상적이지만, 여행자들이 나폴리에 할애하는 시간은 보통 하루 정도. 아쉽기는 하지만 코스만 잘 짜면 중요한 명소를 하루에 돌아볼 수 있다. 곳곳에 통행·교통 위험 지역이 지뢰처럼 포진한 도시 나폴리를 가장 안전하고 쾌적하게 돌아볼 수 있는 루트를 제안한다.

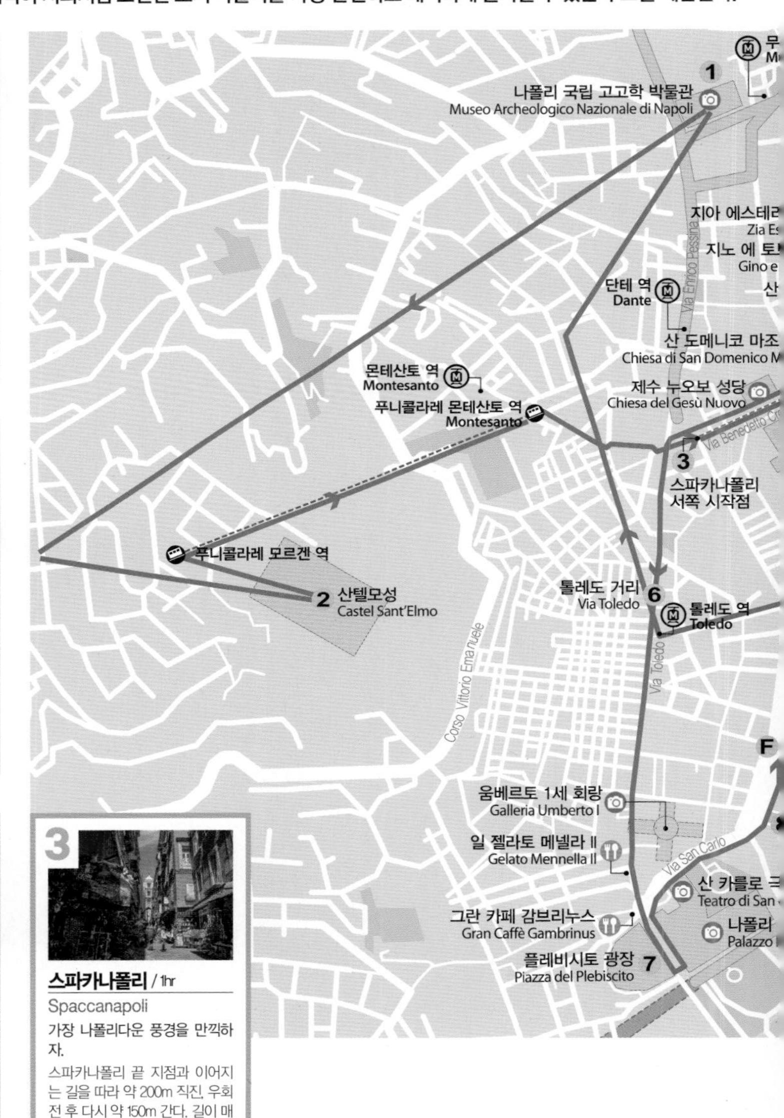

S

나폴리 중앙역

Napoli Centrale

역사를 등지고 가리발디 광장에서 지하 상가로 내려가 지하철을 탄다. 아르테 카드 나폴리 패스 3일권을 사자.

지하철 1호선 여섯 정거장 이동. 무제오(Museo) 역 하차 → 나폴리 고고학 박물관 도착

▼

1

나폴리 국립 고고학 박물관 / 1hr

Museo Archeologico Nazionale di Napoli

고대 로마의 19금 컬렉션 '시크릿 캐비닛'은 꼭 볼 것. 아르테 카드 소지 시 무료입장.

지하철 1호선 네 정거장 이동. 반비텔리(Vanvitelli) 역 하차 후 표지판을 따라 이동 → 산텔모성 도착

2

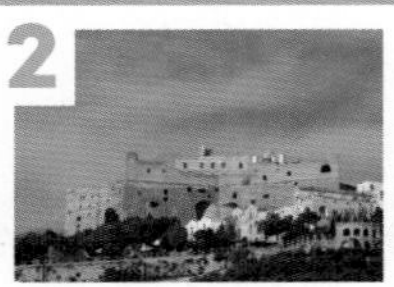

산텔모성 / 2hr

Castel Sant'Elmo

나폴리만 풍경이 한 눈에 보이는 곳. 아르테 카드 무료입장.

푸니콜라레를 타고 몬테산토(Montesanto) 역으로 이동. 역을 나와 직진 후 큰길을 건넌다. → 스파카나폴리 도착

TIP 낙조 시간대가 가장 예쁘다. 혼자는 위험할 수 있으니 여러 명이 모여서 저녁 시간대에 들르는 것도 추천!

3

스파카나폴리 / 1hr

Spaccanapoli

가장 나폴리다운 풍경을 만끽하자.

스파카나폴리 끝 지점과 이어지는 길을 따라 약 200m 직진. 우회전 후 다시 약 150m 간다. 길이 매우 복잡하니 구글 맵 등을 참고하자. → 다 미켈레 도착

1 나폴리 국립 고고학 박물관 Museo Archeologico Nazionale di Napoli
지아 에스테르 Zia Es
지노 에 토 Gino e
단테 역 Dante
Via Enrico Pessina
산 도메니코 마조 Chiesa di San Domenico M
몬테산토 역 Montesanto
푸니콜라레 몬테산토 역 Montesanto
제수 누오보 성당 Chiesa del Gesù Nuovo
Via Benedetto Cr
3 스파카나폴리 서쪽 시작점
푸니콜라레 모르겐 역
2 산텔모성 Castel Sant'Elmo
톨레도 거리 Via Toledo 6
톨레도 역 Toledo
Corso Vittorio Emanuele
Via Toledo
F
움베르토 1세 회랑 Galleria Umberto I
일 젤라토 메넬라 II Gelato Mennella II
Via San Carlo
산 카를로 극 Teatro di San
그란 카페 감브리누스 Gran Caffè Gambrinus
나폴리 Palazzo
플레비시토 광장 Piazza del Plebiscito 7

코스 무작정 따라하기
START

- S. 나폴리 중앙역
- 지하철+도보 15분
- 1. 나폴리 국립 고고학 박물관
- 지하철+도보 25분
- 2. 산텔모성
- 푸니콜라레+도보 30분
- 3. 스파카나폴리
- 도보 10분
- 4. 다 미켈레
- 도보 20분
- 5. 산타 키아라 성당
- 도보 10분
- 6. 톨레도 거리
- 도보 5분
- 7. 플레비시토 광장
- 도보 10분
- 8. 누오보성
- 도보 5분
- F. 지하철 무니치피오 역

TIP 스파카나폴리에서 한 블록 떨어져 있는 트리부날리 거리(Via dei Tribunali)에 유명 피자집이 대거 몰려 있다.

4

다 미켈레 / 1hr

Da Michele

피자의 도시 나폴리에서도 가장 맛있다고 소문난 곳. 배불러도 먹고 가자. 줄은 30분 정도 설 각오해야 한다.

다시 스파카나폴리로 돌아가 서쪽으로 직진 → 산타 키아라 성당 도착

5

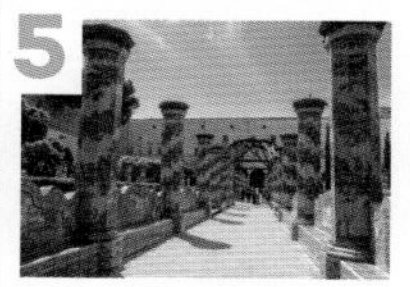

산타 키아라 성당 / 20min

Complesso Monumentale di Santa Chiara

마욜리카 기둥에서 멋진 사진을 남기자. 아르테 카드 무료입장.

스파카나폴리 서쪽 끝까지 간 뒤 작은 찻길을 하나 건너고, 다시 좁은 골목을 통과한다. → 톨레도 거리 도착

6

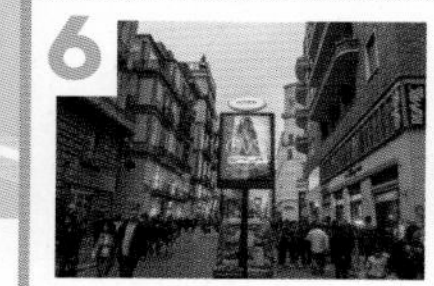

톨레도 거리 / 30min

Via Toledo

나폴리의 대표적인 번화가. 버스킹하는 사람들을 쉽게 볼 수 있다. 톨레도 지하철역도 들러볼 것.

톨레도 거리 남쪽 끝에서 이어진다. → 플레비시토 광장 도착

7

플레비시토 광장 / 30min

Piazza del Plebiscito

나폴리에서 가장 아름다운 광장. 움베르토 1세 회랑, 나폴리 왕궁, 카페 감브리누스, 산 카를로 극장 등도 함께 감상하자.

왕궁을 바라보고 왼쪽 움베르토 1세 회랑이 있는 길을 따라가서 길 건너편 → 누오보

8

누오보성 / 20min

Castel Nuovo

영화에 나올 것 같은 중세 성채. 내부에 들어가지 않아도 기념사진을 찍어둘 것.

성을 바라보고 왼쪽 큰길을 따라간다. → 지하철 무니치피오 역 도착

F

지하철 무니치피오 역

Municipio

숙소로 돌아가거나 다른 곳으로 이동한다.

A.

구시가 Centro Storico

나폴리 최중심부에 자리한 오래된 마을이다. 스파카나폴리를 중심으로 여러 개의 좁은 길이 동서로 뻗어 있고, 그 사이사이를 마치 사다리 게임처럼 좁은 골목들이 잇고 있다. 성당 등의 주요 볼거리와 음식점, 기념품점 등이 골목마다 가득하다. 골목이 매우 좁고 길이 복잡하므로 구글 맵 등 인터넷 지도로 길을 찾는 것이 현명하다.

추천 동선

나폴리 국립 고고학 박물관
▼
스파카나폴리
▼
산타 키아라 성당
▼
지하 도시 투어
▼
산 그레고리오 아르메노 거리
▼
나폴리 두오모

TRAVEL INFO
ⓘ 핵심 여행 정보

01 스파카나폴리
Spaccanapoli
스파카나폴리

★★★★

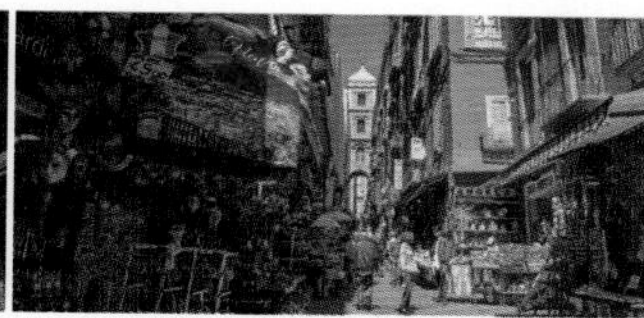

구시가의 한가운데를 동서로 가로지르는 약 2km 길이의 좁은 길. 스파카나폴리는 '나폴리를 반으로 가르는 길'이라는 뜻으로, 고지대에서 보면 마치 케이크를 자른 듯 또렷하게 길이 나 있는 것을 확인할 수 있다. 로마 시대부터 존재했던 데쿠마누스(Decumanus, 동서로 길게 늘어선 길)가 현재까지 남아 있는 것. 나폴리 구시가에는 스파카나폴리와 나란히 몇 개의 데쿠마누스가 있는데, 이 중에서 트리부날리 거리(Via dei Tribunali)는 스파카나폴리와 함께 구시가의 메인 도로이다. 높은 건물이 늘어선 골목 사이에 좁은 골목이 실핏줄처럼 무수히 이어진 나폴리 구시가만의 독특한 매력을 즐기고 싶다면 꼭 찾아봐야 할 거리. 행정 구역상으로는 비아 베네데토 크로체(Via Benedetto Croce)와 비아 산 비아조 데이 리브라이(Via S. Biagio dei Librai), 이렇게 2개의 길이 이어진 것으로 표시되지만, 실제로는 하나로 이어져 있다.

MAP P.590A
구글 지도 GPS 40.85009, 14.26025(동쪽 시작점), 40.84667, 14.25008(서쪽 시작점) **찾아가기** 동쪽 시작점은 중앙역 또는 가리발디 광장에서 1km 정도 떨어져 있다. 지하철 1호선 단테(Dante) 역에서 톨레도 거리(Via Toledo)를 따라 250m 남쪽으로 직진하다 왼쪽 골목으로 들어간다. 구글 맵 등을 꼭 참고할 것. **주소** Via Benedetto Croce, Via S. Biagio dei Librai **전화** 상점마다 다름. **시간** 24시간 **휴무** 연중무휴 **가격** 무료 입장

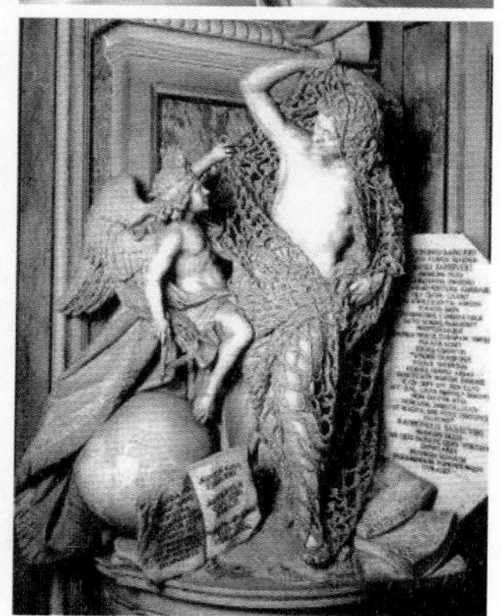

02 산 세베로 예배당 박물관
Museo Cappella Sansevero
무제오 까뻴라 싼쎄베로

★★★★

이탈리아 남부 도시인 산 세베로(San Severo)의 영주 가문이 묘소로 사용하던 예배당. 후기 바로크의 걸작 조각품들이 소장돼 있어 나폴리 최고의 관광 명소 중 한 곳으로 꼽힌다. 예수가 얇은 베일을 쓰고 누워 있는 모습을 자세히 묘사한 주세페 산마르티노(Giuseppe Sanmartino)의 작품 〈베일에 덮인 예수(Cristo Velato)〉와 도저히 대리석 조각이라는 것을 믿을 수 없을 정도로 섬세하게 그물을 표현한 프란체스코 퀴롤로(Francesco Queirolo)의 〈속임수로부터의 해방(Il Disinganno)〉이 대표 작품. 이 외에도 약 30여 개의 대리석 조각품을 볼 수 있다. 매표소는 성당과 골목 하나를 사이에 둔 별도의 건물에 있다. 실내가 워낙 좁고 한 번에 정해진 인원만 들여보내기 때문에 비수기에도 보통 30분 정도는 기다려야 한다. 내부에서 사진 촬영은 완전히 금지되어 있다. 지하에는 18세기 영주의 개인 소장품인 인체 모형이 있는데, 혈관이나 내장 등이 기괴할 정도로 자세하게 묘사되어 있다. 공식 홈페이지에서 2개월 전부터 티켓 예매가 가능하다.

MAP P.590A
구글 지도 GPS 40.84929, 14.25488 **찾아가기** 구시가 안쪽에 있다. 골목이 매우 복잡하므로 구글 맵 등을 이용해서 찾는 편이 좋다. **주소** Via Francesco de Sanctis, 19/21 **전화** 081-551-8470 **시간** 수~월요일 09:00~19:00, 5~12월 토요일 09:00~20:30 **휴무** 화요일 **가격** 일반 €10, 만 10~25세 €7, 만 9세 미만 무료입장 **홈페이지** www.museosansevero.it

03 나폴리 두오모

★★★

Duomo di Napoli
두모오 디 나폴리

나폴리의 중심 성당으로, 정식 명칭은 성모 승천 대성당(Cattedrale di Santa Maria Assunta)이다. 13세기에 축성되었다가 19세기에 재건축되었다. 나폴리의 수호성인이자 3세기의 순교자인 성 젠나로(San Gennaro)에게 봉헌되었으며, 성 젠나로가 순교할 때 흘렸던 피가 유리병에 담겨 보관 중이다.

MAP P.590A
구글 지도 GPS 40.85256, 14.25967 **찾아가기** 스파카나폴리 동쪽 끝 지점에서 두오모 거리(Via Duomo)를 따라 북쪽으로 약 250m 직진. **주소** Via Duomo, 147 **전화** 081-44-9097 **시간** 08:00~19:30 **휴무** 연중무휴 **가격** €4

04 베네치아 궁전

★★

Palazzo Venezia
팔라쪼 베네찌아

15세기부터 베네치아 공화국의 나폴리 총영사관으로 쓰이던 건물로, 현재는 나폴리의 젊은 예술가들이 다양한 프로젝트를 여는 다목적 예술 공간으로 탈바꿈했다. 꼬불꼬불한 좁은 계단을 올라가면 예쁜 옥상 정원이 나타나고 카페도 영업하고 있으므로 잠시 쉬어가는 것도 Good.

MAP P.590A
구글 지도 GPS 40.84795, 14.2538 **찾아가기** 스파카나폴리 서쪽, 산타 키아라 성당 부근. **주소** Via Benedetto Croce, 19 **전화** 081-552-8739 **시간** 10:00~13:30, 15:30~24:00(수시로 단축영업함) **휴무** 부정기 **가격** 무료입장 **홈페이지** www.palazzoveneziananapoli.com

05 산타 키아라 성당

★★★

Complesso Monumentale di Santa Chiara
콤플레소 모누멘탈레 디 싼타 끼아라

나폴리에서 가장 중요한 가톨릭 시설 중 하나로 수도원, 성당, 박물관이 모여 있는 종합 시설이다. 일반인들도 즐겨 찾는 명소인데, 성당 안마당에 아름다운 마욜리카(Majolica) 타일로 장식된 기둥들이 서 있어 예쁜 사진을 찍기 좋기 때문. '마욜리카'는 르네상스 시대부터 전해오는 화려한 채색 도자기이다.

MAP P.590A
구글 지도 GPS 40.846992, 14.253391 **찾아가기** 스파카나폴리 서쪽, 제수 누오보 성당 건너편 건물. **주소** Via Santa Chiara, 49/C **전화** 081-797-1224 **시간** 월~토요일 09:30~17:00, 일요일 10:00~14:00 **휴무** 12/25~1/1 **가격** 일반 €7, 65세 이상 및 30세 미만의 학생 €5, 7~17세 €4 **홈페이지** monasterodisantachiara.it

06 제수 누오보 성당

★★

Chiesa del Gesù Nuovo
끼에자 델 제수 누오보

겉모습만 봐서는 도저히 용도를 알 수 없는 건물이나 알고 보면 나폴리 구시가에서 가장 중요한 성당 중 하나. 15세기 말 귀족의 저택으로 지어졌다가 이후 예수회에 팔리며 성당이 되었다. 단순 깔끔한 겉모습과 달리 내부는 상당히 화려한 바로크 예술의 극치로 유명하다. 구시가 서쪽 외곽에서 안쪽으로 들어오다기 이 성당이 보이면 스파카나폴리로 본격 진입한다고 생각해도 틀리지 않다.

MAP P.590A
구글 지도 GPS 40.84761, 14.25192 **찾아가기** 스파카나폴리 서쪽 시작점에서 약 185m. **주소** Piazza del Gesù Nuovo, 2 **전화** 081-557-8151 **시간** 08:00~13:00, 16:00~19:30 **휴무** 연중무휴 **가격** 무료입장 **홈페이지** www.gesunuovo.it

07 산 도메니코 마조레 성당

★★

Chiesa di San Domenico Maggiore
끼에자 디 산 도메니꼬 마조레

13~14세기에 지어진 나폴리 도메니코 수도회의 본산이자 나폴리 대학의 전신으로, 유럽에서 가장 중요한 신학자인 토마스 아퀴나스가 강의를 했던 곳으로도 유명하다. 성당의 광장이 눈에 잘 띄어서 주변의 산 세베로 성당, 팔라초 베네치아 등의 명소를 찾아갈 때 길잡이로 삼기도 좋다. 수수한 외관에 비해 내부는 볼거리가 많다.

MAP P.590A
구글 지도 GPS 40.84879, 14.25441 **찾아가기** 스파카나폴리 서쪽 시작점 부근에서 약 400m. **주소** Piazza S. Domenico Maggiore, 8A **전화** 081-459-188 **시간** 10:00~8:00 **휴무** 연중무휴 **가격** 일반 입장권 €5, 전 구역 입장 €7 **홈페이지** www.museosandomenicomaggiore.it

08 가리발디 광장

★★★

Piazza Garibaldi
피아짜 가리발디

중앙역 앞에 넓게 펼쳐진 광장. 볼거리가 있는 것은 아니나 중앙역 일대의 지리를 파악하기 위해서는 꼭 알아야 하는 곳이다. 역부터 서쪽 끝까지 약 300m가량 널찍하게 펼쳐져 있고, 광장 서쪽 끝 부분에 이탈리아 통일 영웅 주세페 가리발디의 동상이 있다. 광장 서쪽 끝에서 다시 서쪽으로 한두 블록 가면 바로 구시가가 시작된다.

MAP P.590B
구글 지도 GPS 40.85216, 14.26781(가리발디 동상 부근) **찾아가기** 중앙역 바로 앞. **주소** Piazza Garibaldi **전화** 없음 **시간** 24시간 **휴무** 연중무휴 **가격** 무료입장

09 나폴리 국립 고고학 박물관

Museo Archeologico Nazionale di Napoli
무제오 아키올로지코 나지오날레 디 나폴리

이탈리아는 물론 전 유럽을 통틀어 가장 중요한 고고학 박물관 중 하나로 손꼽히는 곳. 주로 로마 시대의 유물을 대거 소장하고 있다. 파르네제 추기경이 수집했던 로마 시대의 그리스 조각 작품을 모아둔 파르네제 컬렉션과 폼페이-헤르쿨라네움 등 베수비오 산의 분화로 자취를 감춘 도시들의 유물들이 그 주인공. 파르네제 헤라클레스, 파르네제 아틀라스, 알렉산더 모자이크 등이 가장 유명하다. 특히 폼페이의 유적지에는 모조품이 놓여 있고 진품은 모두 여기에 있으므로 폼페이 유적지를 꼼꼼하게 돌아볼 사람이라면 이곳에 꼭 들르는 것을 추천한다. 왕실에서 은밀하게 수집한 폼페이-헤르클라네움의 19금 유적 컬렉션, 일명 '시크릿 캐비닛'은 성인이라면 꼭 보고 올 것. 14세 미만은 반드시 어른을 동반해야 하는데 웬만하면 안 보는게 낫다.

INFO P.067 MAP P.590A

구글 지도 GPS 40.85359, 14.25052 **찾아가기** 지하철 1호선 무제오(Museo) 역에서 내리면 바로 연결된다. **주소** Piazza Museo, 19 **전화** 081-442-2149 **시간** 수~월요일 09:00~19:30 **휴무** 화요일, 1/1, 12/25(부정기 휴무는 홈페이지에 게시) **가격** 일반 €22, 아르테 카드 할인 €11(무료 입장 횟수 소진 후), 만 18세 미만 무료입장, 10~3월 첫 번째 일요일 무료입장 **홈페이지** www.museoarcheologiconapoli.it

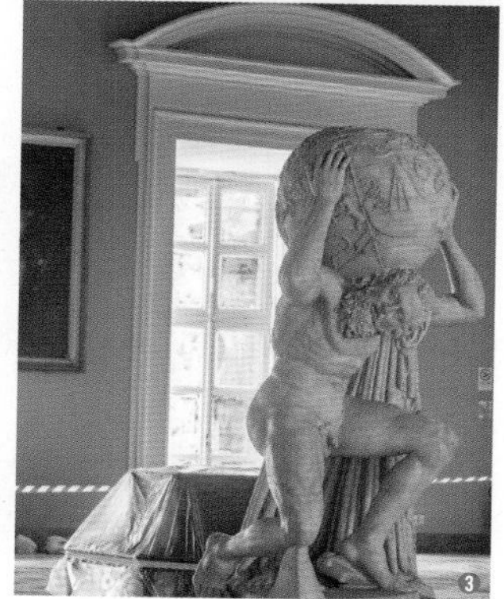

❶ 폼페이 출토물 〈알렉산더 모자이크〉
❷ 파르네제 컬렉션 〈파르네제 헤라클레스〉
❸ 파르네제 컬렉션 〈파르네제 아틀라스〉

10 다 미켈레
Da Michele

★★★★★

코페르토 X 카드 결제 X 영어 메뉴 O

이탈리아 최고의 피체리아를 넘어 세계 최고라는 평가를 받는 곳. 줄리아 로버츠 주연의 영화 〈먹고 기도하고 사랑하라〉에 등장했던 식당이다. 쫀득한 도우와 상큼하고 진한 토마토소스, 풍부한 맛의 모차렐라 등 나폴리 피자가 갖춰야 할 모든 미덕이 한입에 느껴진다. 매장 내에서 먹고 가려면 30분~1시간 정도는 줄을 서야 하며 합석은 기본. 메뉴는 마리나라, 마르게리타, 코사카, 마리타 네 종류가 있는데 마르게리타의 인기가 가장 높다. 불친절과 불편이 난무하나 피자 맛을 보고 나면 모든 것이 용서된다.

INFO P.130 MAP P.590B

구글 지도 GPS 40.84975, 14.2633 **찾아가기** 가리발디 광장 시내 쪽 끝에서 큰길인 움베르토 프리모 거리(Corso Umberto I)를 따라 450m가량 간 뒤 오른쪽으로 들어간다. **주소** Via Cesare Sersale, 1 **전화** 081-553-9204 **시간** 11:00~23:00 **휴무** 일요일 **가격** 일반 사이즈 피자 1판 €5.5 **홈페이지** damichele.net

마르게리타 더블 모차렐라 Margherita Double Mozzarella €5.5

11 디 마테오
Di Matteo

★★★★

코페르토 X 카드 결제 X 영어 메뉴 O

피자 월드컵을 비롯한 수많은 피자 관련 대회에서 우승을 차지한 나폴리의 대표적인 피체리아. 빌 클린턴 前 미국 대통령이 이탈리아를 방문했을 때 들렀던 것을 기념해 아직도 메뉴판에 빌 클린턴의 얼굴이 있다. 지금까지 수상했던 메뉴들을 메뉴판에 고스란히 실어 놓아 우승 피자의 맛을 직접 체험해 볼 수 있다. 앞에 늘 긴 줄이 늘어서 있으나 대부분 테이크 아웃 손님이므로 매장에서 먹고 갈 예정이라면 종업원에게 얘기를 할 것.

INFO P.130 MAP P.590A

구글 지도 GPS 40.85125, 14.25796 **찾아가기** 스파카나폴리 내 트리부날리 거리(Via dei Tribunali)에 있다. **주소** Via dei Tribunali, 94 **전화** 081-455-262 **시간** 월~토요일 10:00~23:00 **휴무** 일요일 **가격** 각종 피자 €5~10 **홈페이지** pizzeriadimatteo.com

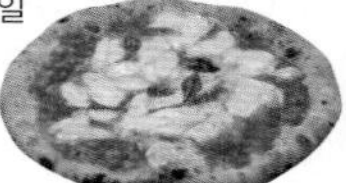
물소 치즈 마르게리타 Margherita con Buffala €7.5

12 지노 에 토토 소르빌로
Gino e Toto Sorbillo

★★★★

코페르토 €1.5 카드 결제 O 영어 메뉴 O

나폴리에서 가장 오래된 피체리아 중 하나. 오래된 다른 피체리아들이 매우 허름한 것에 비해 이곳은 깔끔하고 세련된 인테리어를 자랑한다. 질 좋은 물소젖 모차렐라를 쓴 마르게리타를 맛볼 수 있다. 나폴리 피자가 전반적으로 짠 편인데 이곳은 좀 더 짜다. 가게 앞의 줄이 아비규환급이고 매장 안 식사는 최소 1시간은 줄을 서서 기다려야 한다. 숙소가 멀지 않다면 테이크아웃할 것.

INFO P.130 MAP P.590A

구글 지도 GPS 40.85039, 14.25537 **찾아가기** 트리부날리 거리(Via dei Tribunali)의 서쪽. 지하철 1호선 단테(Dante) 역에서 약 500m. **주소** Via dei Tribunali, 32 **전화** 081-442-1364 **시간** 월~토요일 12:00~15:30, 19:00~23:30 **휴무** 일요일 **가격** 각종 피자 €7.9~15 **홈페이지** sorbillo.it

물소 치즈 마르게리타 Margherita Buffala €12

13 지아 에스테리나 소르빌로
Zia Esterina Sorbillo

★★★★★

코페르토 X 카드 결제 X 영어 메뉴 X

지노 소르빌로의 친척 아주머니 이름을 내세운 일명 튀김 피자, 피차 프리타(Pizza Fritta) 전문점. 피자 반죽 안에 햄, 치즈 등을 넣고 반으로 접은 뒤 즉석에서 기름에 튀겨내는데, 겉은 바삭바삭하고 속은 쫀득한 도우와 신선한 토핑이 살아 있어 입맛에만 맞으면 보통 피자보다도 더 맛있다. 줄을 서서 주문을 한 뒤 번호표를 받아들고 나중에 번호를 호명하면 물건을 받아든다. 줄 서는 전후로 소매치기에 주의할 것.

MAP P.590A

구글 지도 GPS 40.85049, 14.25554 **찾아가기** 트리부날리 거리(Via dei Tribunali)에서 지노 소르빌로를 왼쪽에 두고 길 안쪽으로 약 20m 이동. **주소** Via dei Tribunali, 35 **전화** 081-442-1364 **시간** 월~토요일 12:00~23:30 **휴무** 일요일 **가격** 튀김 피자 €4.9 **홈페이지** sorbillo.it

튀김 피자 Pizza Fritta €4.9

14 산 그레고리오 아르메노 거리

Via San Gregorio Armeno
비아 싼 그레고리오 아르메노

구시가 한복판에 자리한 나폴리의 대표적인 기념품 거리로, 트리부날리 거리(Via dei Tribunali)와 스파카나폴리를 잇는 아주 좁은 골목이다. 200m 조금 안 되는 거리가 모두 기념품점 및 공예품점으로 차 있다. 코르니첼로, 풀치코르노 등 나폴리 전통 기념품은 물론 레몬 사탕이나 모조 마욜리카 도자기 등 남부 이탈리아의 보편적인 기념품은 모두 다 있다. 다양한 종류의 기념품이 한 거리에 있어 보는 재미도 쏠쏠하고 쇼핑도 편리하다.

MAP P.590A
구글 지도 GPS 40.84985, 14.25785 **찾아가기** 스파카 나폴리. 트리부날리 거리(Via dei Tribunali)에서 나폴리 지하 도시 입구를 등졌을 때 눈앞에 보이는 골목이다. **주소** Via San Gregorio Armeno **전화** 상점마다 다름. **시간** 24시간 **휴무** 상점마다 다름.

15 코스모스

Cosmos
코스모스

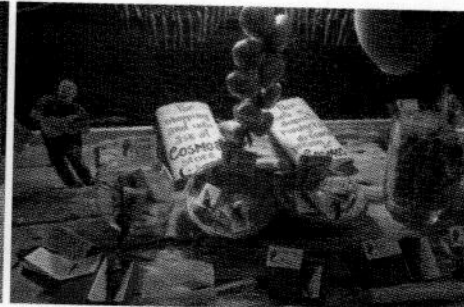

나쁜 꿈이나 부정한 것, 악한 것들을 물리쳐 준다고 알려진 고추 모양의 나폴리 전통 부적 코르니첼로 전문 상점. 공장 제품이 아니라 직접 나무를 깎아 만드는 수제품만 취급한다. 다양한 크기와 디자인의 코르니첼로를 만나볼 수 있다. 선물용 상자나 봉투, 코르니첼로 의식 방법이 적힌 쪽지 등을 세심하게 챙겨준다. 카드 결제도 가능하다.

MAP P.590A
구글 지도 GPS 40.85054, 14.25786 **찾아가기** 스파카나폴리. 트리부날리 거리(Via dei Tribunali)에서 산 그레고리오 아르메노 거리(Via S. Gregorio Armeno)로 꺾으면 초입 왼쪽에 있다. **주소** Via S. Gregorio Armeno, 5 **전화** 081-1935-1165 **시간** 10:00~19:00 **휴무** 연중무휴 **홈페이지** cosmosangregorioarmeno.com

16 지하 도시 투어

Napoli Sotterranea
나폴리 소테라네아

나폴리 구시가 지하에 있는 로마 시대 유적을 돌아보는 가이드 투어. 주로 상수도 라인, 우물 등을 본 뒤 마지막에 일반 가정집 지하에 숨듯이 자리한 로마 시대의 극장 유적을 돌아본다. 나폴리의 감춰진 면을 보는 재미는 물론이고, 사람 1명이 간신히 지나갈 정도로 좁은 통로를 통과하거나 지하에서 식물을 키우는 실험 재배장에 들르는 등 이곳에서만 할 수 있는 특별한 체험이 다양하다. 반드시 가이드 투어로만 돌아볼 수 있고, 영어 가이드 투어는 4시간에 한 번꼴로 있다. 줄을 서 있다 보면 직원이 나와서 영어 가이드 투어에 참가할 사람을 모집하는 식. 나폴리 시내 곳곳에 지하 도시 투어 출발점이나 모집 포인트가 있는데, 가장 유명한 곳은 구시가 내 트리부날리 거리(Via dei Tribunali)에 있는 입구이다.

MAP P.590A
구글 지도 GPS 40.85107, 14.2569 **찾아가기** 트리부날리 거리(Via dei Tribunali)의 동쪽. 피체리아 디 마테오와 가깝다. **주소** Piazza San Gaetano, 68 **전화** 081-019-0933 **시간** 영어 가이드 투어 10:00, 14:00, 18:00 **휴무** 연중무휴 **가격** €12 **홈페이지** www.napolisotterranea.org

B.

누오보성 주변 Castel Nuovo

구시가 서쪽에 넓게 펼쳐진 지역. 몇몇 중세 시대 건축물과 주로 18세기 이후에 지어진 건물들이 어우러진 나폴리의 새로운 모습을 볼 수 있는 곳이다. 이 일대의 남쪽 바닷가 지역이 바로 이탈리아 민요에 나오는 산타 루치아(Santa Lucia)이다. 구시가가 오래된 나폴리의 독특한 매력을 즐기는 곳이라면 이 지역은 세계 3대 미항 나폴리의 매력을 제대로 풍기는 곳이다.

추천 동선

누오보성
▼
플레비시토 광장
▼
움베르토 1세 회랑
▼
톨레도 거리
▼
산텔모성

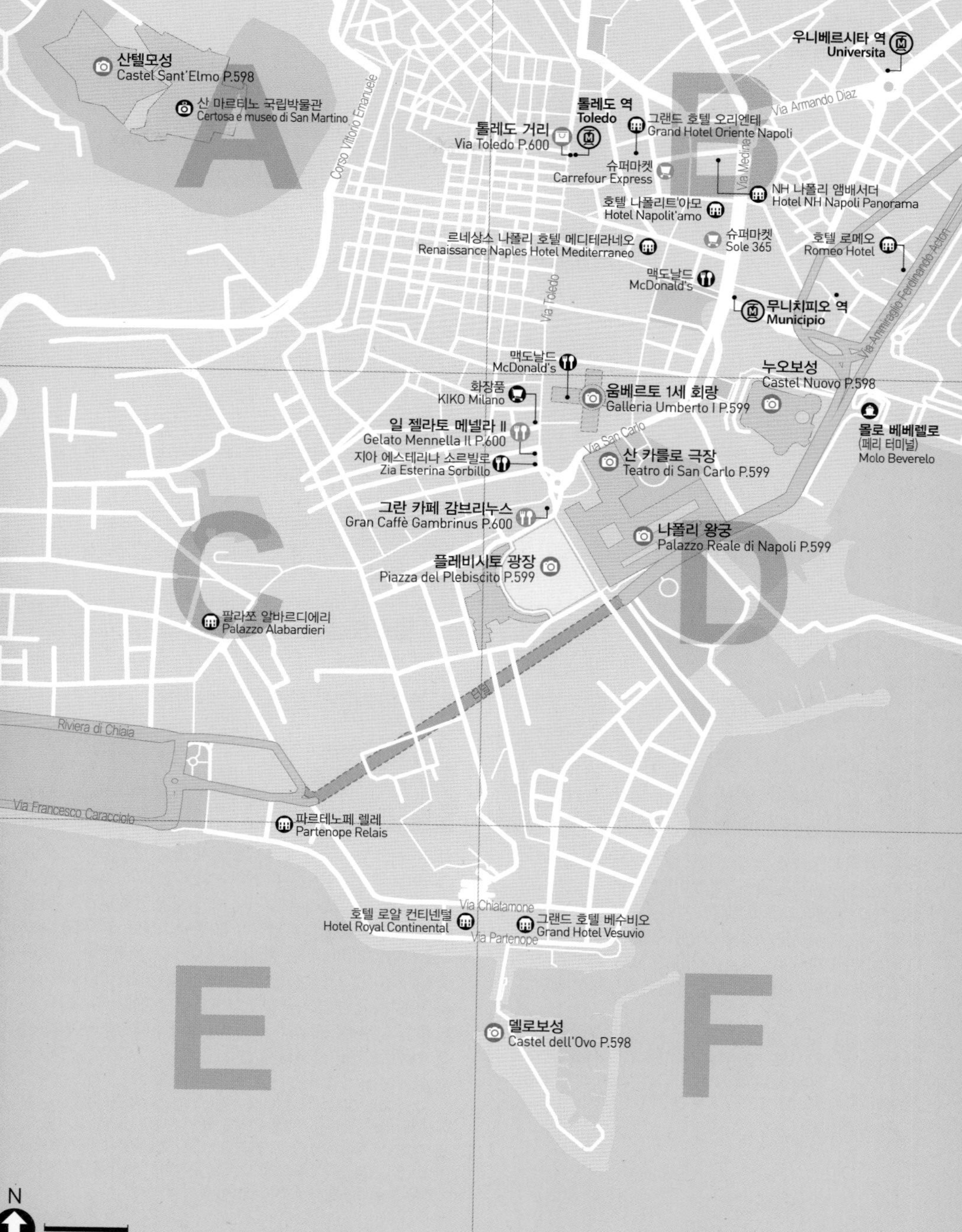

산텔모성
Castel Sant'Elmo P.598
산 마르티노 국립박물관
Certosa e museo di San Martino
Corso Vittorio Emanuele
톨레도 역
Toledo
톨레도 거리
Via Toledo P.600
그랜드 호텔 오리엔테
Grand Hotel Oriente Napoli
Via Armando Diaz
우니베르시타 역
Universita
슈퍼마켓
Carrefour Express
Via Medina
NH 나폴리 앰배서더
Hotel NH Napoli Panorama
호텔 나폴리트'아모
Hotel Napolit'amo
르네상스 나폴리 호텔 메디테라네오
Renaissance Naples Hotel Mediterraneo
슈퍼마켓
Sole 365
호텔 로메오
Romeo Hotel
Via Ammiraglio Ferdinando Acton
맥도날드
McDonald's
Via Toledo
무니치피오 역
Municipio
맥도날드
McDonald's
누오보성
Castel Nuovo P.598
화장품
KIKO Milano
움베르토 1세 회랑
Galleria Umberto I P.599
몰로 베베렐로
(페리 터미널)
Molo Beverelo
일 젤라토 메넬라 II
Gelato Mennella II P.600
Via San Carlo
지아 에스테리나 소르빌로
Zia Esterina Sorbillo
산 카를로 극장
Teatro di San Carlo P.599
그란 카페 감브리누스
Gran Caffè Gambrinus P.600
나폴리 왕궁
Palazzo Reale di Napoli P.599
플레비시토 광장
Piazza del Plebiscito P.599
팔라쪼 알바르디에리
Palazzo Alabardieri
터널
Riviera di Chiaia
Via Francesco Caracciolo
파르테노페 렐레
Partenope Relais
Via Chiatamone
호텔 로얄 컨티넨털
Hotel Royal Continental
그랜드 호텔 베수비오
Grand Hotel Vesuvio
Via Partenope
델로보성
Castel dell'Ovo P.598
A
B
C
D
E
F
N
0
140m

TRAVEL INFO
ⓘ 핵심 여행 정보

01 누오보성
Castel Nuovo
까스텔 누오보

이름은 '새로운 성'이라는 뜻이나 사실은 13세기에 세워진 오래된 성채. 앙주 왕국 시절 팔레르모에서 나폴리로 천도할 때, 왕이 바다와 가까우면서 경치가 좋은 곳에 성을 지으라고 명령해 이곳에 지었다고 한다. 중세 시대에는 대를 이어 국왕이 거주지로 사용했다. 한가운데의 정문은 15세기에 추가된 것인데 아라곤의 알폰소 5세가 나폴리에 입성하여 아라곤 왕조를 연 것을 기념하기 위해 지어진 개선문이다. 지금은 중세부터 근현대까지 나폴리를 비롯한 이탈리아 남부에서 만들어진 예술품을 전시하는 박물관으로 사용 중이다. 나폴리를 상징하는 랜드마크 중 하나이므로 내부에 들어가지는 않더라도 앞에서 기념사진 하나쯤은 꼭 찍을 것.

MAP P.597D
구글 지도 GPS 40.83849, 14.25271 **찾아가기** 몰로 베베렐로 항구 맞은편. 지하철 1호선 무니치피오(Municipio) 역에서 약 200m. **주소** Via Vittorio Emanuele III **전화** 081-795-7722 **시간** 월~토요일 08:30~17:00 **휴무** 일요일 **가격** 일반 €6, 만 18세 미만 무료입장

02 산텔모성
Castel Sant'Elmo
까스텔 산뗄모

13세기에 축성된 중세 성채. '산텔모'는 10세기에 이 자리에 있던 산테라스모(Sant'Erasmo) 교회의 이름이 축약 · 변형된 것으로 보고 있다. 옥상에 나폴리 일대의 전망을 한눈에 볼 수 있는 전망대가 있는데, 구시가와 나폴리 항구 일대는 물론 멀리 소렌토와 베수비오산까지 보인다. 날씨가 좋은 날에 여행하고 있다면 꼭 한 번은 와 봐야 할 나폴리 여행의 필수 코스라 할 수 있다.

MAP P.597A
구글 지도 GPS 40.84361, 14.23904 **찾아가기** 몬테산토(Montesanto) 역에서 푸니콜라레를 타고 모르겐(Morghen) 역에서 내린 뒤 표지판을 따라 걷는다. **주소** Via Tito Angelini, 22 **전화** 081-229-4459 **시간** 09:00~18:30 **휴무** 연중무휴 **가격** €5

03 델로보성
Castel dell'Ovo
까스뗄 델로보

산타루치아 앞바다 위에 떠 있는 중세 성채. 오보(Ovo)는 이탈리아어로 달걀이라는 뜻. 이 성이 건축될 때 로마 시대의 시인이자 예언가인 베르길리우스가 마법의 달걀을 던져 넣고 "이 달걀이 이 성을 지킬 것이다. 달걀이 깨지는 날 성도 무너지고 나폴리도 무너질 것이다"라는 예언을 했다는 데서 비롯됐다. 로마 귀족의 저택이었다가 수도원, 성채 등이 건축되었으며 15세기 아라곤 왕가 시절부터 지금의 모습이다. 성채 위에서 앞바다와 산타 루치아 일대를 조망할 수 있는데, 날씨가 좋으면 베수비오산까지 탁 트인 전망을 즐길 수 있다.

MAP P.597F
구글 지도 GPS 40.82831, 14.2476 **찾아가기** 플레비시토 광장에서 약 1km. 128번, E6 등의 버스도 있으나 배차 간격이 좋지 않다. **주소** Via Eldorado, 3 **전화** 081-795-6180 **시간** 월~토요일 09:00~18:30(일몰 시), 일요일 10:00~13:00 **휴무** 연중무휴 **가격** 무료입장 **홈페이지** www.comune.napoli.it/casteldellovo

04 플레비시토 광장

Piazza del Plebiscito
피아짜 델 쁠레비시토

나폴리에서 가장 넓고 아름다운 광장. 19세기 초, 나폴레옹 황제 가문인 보나파르트 왕가가 지배할 때 조성되었다. 광장 중간에 있는 고풍스러운 건축물은 산 프란체스코 디 파올라 성당(Basilica San Francesco di Paola)으로, 19세기에 만들어진 신 고전주의 건축물이다. 보나파르트 왕조가 쫓겨나고 부르봉 왕조가 나폴리를 장악하면서 광장을 재건축할 때 지었다. '플레비시토'는 이탈리아어로 '국민투표'라는 뜻으로, 1860년 나폴리 왕국이 이탈리아 통일 전쟁에서 사르데냐 왕국에 패한 후 통일 이탈리아로 편입할지 말지를 결정하는 국민투표를 이곳에서 실시한 데서 유래했다.

INFO P.075 MAP P.597D
구글 지도 GPS 40.83582, 14.24858 **찾아가기** 지하철 1호선 무니치피오(Municipio) 역에서 약 500m. **주소** Piazza del Plebiscito **전화** 없음 **시간** 24시간 **휴무** 연중무휴 **가격** 무료입장

05 나폴리 왕궁

Palazzo Reale di Napoli
팔라초 레엘레 디 나폴리

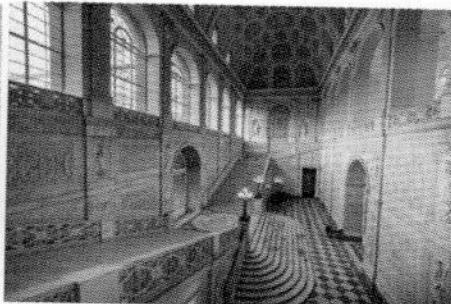

17~18세기에 나폴리 일대를 통치했던 양 시칠리아 왕국(Regno delle Due Sicilie)의 왕궁. 양 시칠리아 왕국을 지배하던 프랑스 부르봉 왕가는 총 4개의 궁전을 사용하고 있었는데, 나폴리 왕궁도 그중 하나였다. 양 시칠리아 왕국이 무너진 후에는 고고학 박물관 겸 국립 도서관으로 쓰였고, 지금은 내부를 박물관으로 꾸며 공개 중이다. 외벽의 벽감 안에는 역대 나폴리를 지배한 왕들의 석상이 장식되어 있는데, 국적이 너무도 가지각색이라 나폴리의 역사가 얼마나 파란만장했는지 사무칠 정도로 와닿는다.

MAP P.597D
구글 지도 GPS 40.83653, 14.25044 **찾아가기** 플레비시토 광장 동쪽. **주소** Piazza del Plebiscito, 1 **전화** 081-580-8255 **시간** 09:00~20:00 **휴무** 연중무휴 **가격** €10

06 산 카를로 극장

Teatro di San Carlo
떼아뜨로 디 싼 카를로

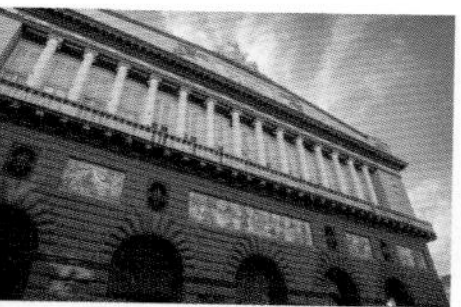

1737년 나폴리 왕 카를로 3세의 명으로 지어진 왕립 극장. 로시니, 도니제티, 벨리니 등 유명한 이탈리아 음악가들이 활발하게 공연하던 오페라 극장이다. 지금도 밀라노 라 스칼라에 버금가는 이탈리아 최고의 오페라 극장으로 자리매김하고 있다. 매년 7~8개의 레퍼토리를 꾸준히 상연하는데, 세계적인 스타들도 심심찮게 무대에 오른다.

MAP P.597D
구글 지도 GPS 40.83748, 14.24963 **찾아가기** 나폴리 왕궁 옆. **주소** Via San Carlo, 98 **전화** 081-797-2331 **시간** 공연마다 다름. 내부 투어 없음. **휴무** 부정기 **가격** 공연마다 다름. **홈페이지** www.teatrosancarlo.it

07 움베르토 1세 회랑

Galleria Umberto I
갈레리아 움베르토 프리모

19세기 후반에 건설된 회랑형 쇼핑몰. 밀라노의 비토리오 에마누엘레 2세 회랑과 비슷한 모양으로 건물과 건물 사이에 근사한 유리 돔 지붕을 얹어 만들었다. 이탈리아 통일 후 생겨난 도시 재생 운동인 리사나멘토(Risanamento)의 일환으로 지어진 것이다. 움베르토 1세는 비토리오 에마누엘레 2세 이후에 왕위를 이어받은 통일 이탈리아의 2대 왕이다. 회랑 자체는 매우 근사하나 입구 부근에 늘 노숙자와 부랑객들이 진을 치고 있어 눈살을 찌푸리게 되는 곳이기도 하다.

MAP P.597D
구글 지도 GPS 40.83748, 14.24963 **찾아가기** 산 카를로 극장과 산 카를로 거리(Via San Carlo)를 사이에 두고 마주보고 있다. **주소** Via San Carlo, 15 **전화** 081-795-1111 **시간** 상점마다 다름. **휴무** 상점마다 다름. **가격** 무료입장

08 그란 카페 감브리누스
Gran Caffè Gambrinus

코페르토 X 카드 결제 O 영어 메뉴 O

1860년에 문을 연 나폴리 최초의 카페. 나폴리 왕궁 및 플레비시토 광장 코앞이라는 입지적 조건과 아르누보풍의 화려한 인테리어 덕에 나폴리의 최강 명물 카페가 되었다. 오스카 와일드, 어니스트 헤밍웨이, 장 폴 사르트르 등 당대의 유명인들이 이 카페를 찾아 커피를 마시며 토론, 집필 등을 했다고 전해진다. 테이블 메뉴와 스탠딩 바 메뉴에 조금 차이가 있는데, 테이블에 자리를 잡는다면 에스프레소에 설탕을 넣고 코코아 가루를 뿌린 카페 스트라파차토(Caffe Strapazzato)를 꼭 마셔 볼 것.

INFO P.176 MAP P.597D

구글 지도 GPS 40.83674, 14.2485 **찾아가기** 플레비시토 광장에서 톨레도 거리(Via Toledo)로 들어가는 길 초입. 맞은편에 산 카를로 극장이 있다. **주소** Via Chiaia, 1 **전화** 081-417-582 **시간** 07:00~24:00 **휴무** 연중무휴 **가격** 커피 테이블 €4~8.5, 바 €1.5~4 **홈페이지** grancaffegambrinus.com

카페 스트라파차토 €6

09 일 젤라토 메넬라
Il Gelato Menella

코페르토 X 카드 결제 X 영어 메뉴 X

1969년 문을 연 뒤 대를 이어 영업하고 있는 유서 깊은 나폴리 로컬 젤라토로, 현재는 나폴리 일대에 여러 점포를 둔 프랜차이즈로 발달했다. 엄선한 천연 재료만을 사용하는데, 특히 질 좋은 우유를 듬뿍 사용하고 있어 우유가 들어간 젤라토는 모두 맛있다. 위에 생크림을 무료로 얹어주는 것도 고마운 점.

INFO P.188 MAP P.597D

구글 지도 GPS 40.83761, 14.24825 **찾아가기** 플레비시토 광장 부근에서 톨레도 거리(Via Toledo)로 들어가는 입구 **주소** Piazza Trieste e Trento, 57 **전화** 081-421-662 **시간** 10:00~23:00 **휴무** 연중무휴 **가격** 콘/컵 어린이용 €1, 스몰 €2.5, 미디엄 €3.5, 라지 €4.5(차례로 1/2/3/4 가지 맛) **홈페이지** www.pasticceriamennella.it/gelateria.html

스몰 컵 €2.5

10 톨레도 거리
Via Toledo
비아 똘레도

플레비시토 광장 부근에서 북쪽으로 약 2km가량 뻗어나간 큰 길로, 나폴리 중심가에서는 가장 번화한 쇼핑 거리다. 특히 플레비시토 광장에서 지하철 1호선 톨레도(Toledo) 역까지 약 1km 거리는 차 없는 보행자 전용 도로로 버스킹이나 거리 공연 등도 자주 열린다. 명품 브랜드는 없지만 유럽의 인기 캐주얼 브랜드, SPA 브랜드는 대부분 입점해 있다. 한편, 나폴리의 지하철은 2006년부터 '아트 스테이션'이라는 캠페인을 진행하여 역마다 개성 있고 아름다운 인테리어로 꾸몄는데, 그중에서도 톨레도 역이 가장 아름다운 것으로 유명하다.

MAP P.597B

구글 지도 GPS 40.842877, 14.248908(톨레도 역 부근) **찾아가기** 지하철 1호선 톨레도(Toledo) 역에서 바로. 플레비시토 광장까지 이어지는 길. **주소** Via Toledo **전화** 상점마다 다름. **시간** 24시간 **휴무** 상점마다 다름.

• A R E A •

02 AMALFI COAST

아말피 코스트 소렌토-포지타노-아말피-라벨로

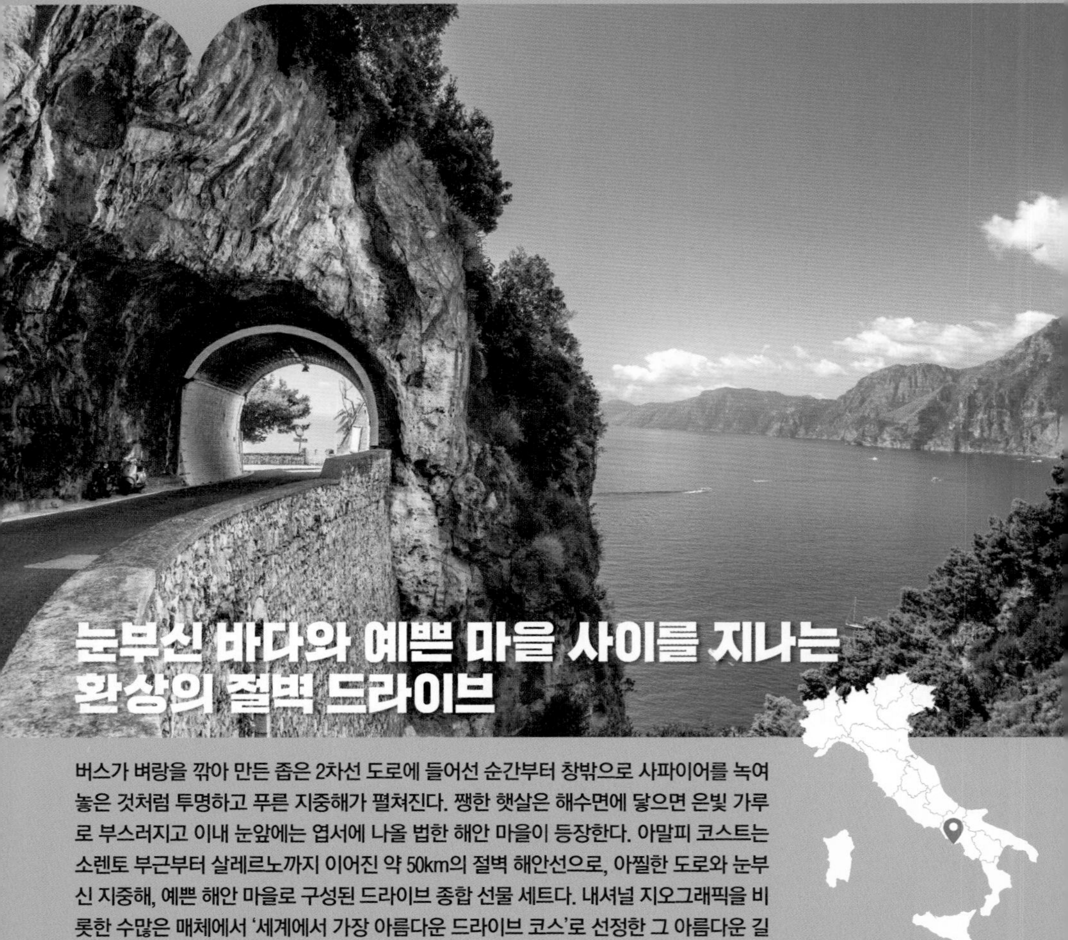

눈부신 바다와 예쁜 마을 사이를 지나는 환상의 절벽 드라이브

버스가 벼랑을 깎아 만든 좁은 2차선 도로에 들어선 순간부터 창밖으로 사파이어를 녹여 놓은 것처럼 투명하고 푸른 지중해가 펼쳐진다. 쨍한 햇살은 해수면에 닿으면 은빛 가루로 부스러지고 이내 눈앞에는 엽서에 나올 법한 해안 마을이 등장한다. 아말피 코스트는 소렌토 부근부터 살레르노까지 이어진 약 50km의 절벽 해안선으로, 아찔한 도로와 눈부신 지중해, 예쁜 해안 마을로 구성된 드라이브 종합 선물 세트다. 내셔널 지오그래픽을 비롯한 수많은 매체에서 '세계에서 가장 아름다운 드라이브 코스'로 선정한 그 아름다운 길을 이제 직접 몸으로 체험할 차례다.

이탈리아 남부의 대표적인 관광지. 로마에서 당일치기도 가능하다.

유럽에서 가장 예쁜 바닷가 마을들이 줄지어 있다.

레몬 사탕과 리몬첼로 안 사가면 많이 서운하다.

신선한 해산물을 사용한 맛집이 제법 있다. 단, 가격은 비싸다.

작은 마을들이라 구글 맵만 잘 따라다녀도 길 잃을 염려는 없다.

아주 혼잡한 곳을 제외하면 마음을 놓아도 좋다.

아말피 코스트 ~ 주요 도시 간 교통

*열차 가격은 2등석 당일 또는 전일 구매 기준

나폴리

소렌토–나폴리
1시간 2~3편
사철 약 1시간, €3.6

폼페이

소렌토–폼페이
1시간 2~3편
사철 약 30분, €2.8

소렌토 sorrento

소렌토–포지타노
1시간 1~2편
시타 수드 버스 약 30~50분, €2.4

포지타노

포지타노–아말피
1시간 1~2편
시타 수드 버스 약 30~50분, €2.4

아말피

아말피–라벨로
1시간 1~2편
시타 수드 버스 약 20~30분, €2.4

라벨로

소렌토–카프리
1시간 1~2편
NLG, SNAV, Alilauro
약 20~30분, €20~25

포지타노–카프리
1일 4~5편
NLG, Alilauro, Positano Jet
약 20~30분, €29~35

카프리

MUST SEE 이것만은 꼭 보자!

No.1
시타 수드 버스의
창밖으로 보이는
새파란 **지중해**

No.2
스폰다 정류장에서
바라보는 **포지타노
마을 전경**

No.3
여러 시대의 양식이
모여 있는 아름다운
성당, **아말피 두오모**

MUST DO 이것만은 꼭 하자!

No.1
푸르른 지중해와
온몸으로 마주하기,
해수욕 & 태닝

No.2
베스트 드라이버에게
권한다,
SS163 드라이브

No.3
여름 한정 최고 이동 수단,
**포지타노–
아말피 페리**

MUST BUY 이것만은 꼭 사자!

No.1
포지타노 최고의
선물거리, **레몬 사탕**

No.2
예쁜 병에 담긴
새콤달콤 아찔한 술,
리몬첼로

1 단계 아말피 코스트 여행 정보 한눈에 보기

아말피 코스트 역사 이야기

아말피 코스트 지역은 약 4세기경부터 남지중해 중계 무역의 중심지로 발전하기 시작했다. 9세기에 롬바르드족의 침략을 받아 잠시 복속되었는데, 1년 만에 자유를 되찾고 그때부터 선거로 수장을 뽑는 공화정을 시작했다. 이탈리아 중세의 여러 도시 국가들 중에서도 가장 빨리 공화정을 도입한 축에 속한다. 약 100년 남짓 독립 공화국 시스템을 유지하였으나 1137년 피사에 무릎을 꿇으며 독립 도시 국가로서의 역사를 마감한다. 이후 존재감 없이 조용히 세월을 보내다, 1953년에 아말피 코스트 전체를 연결하는 해안도로 SS163이 생기며 외부 세계의 조명을 받기 시작한다. 자연의 아름다움과 역사적 중요성을 모두 갖춘 곳이라 1997년 유네스코에서 세계문화유산으로 선정했다.

아말피 코스트 여행 꿀팁

☑ 남부 1박 추천

나폴리나 소렌토 등 남부 일대에 숙박을 잡고 당일치기로 돌아보는 것이 가장 이상적이다. 가장 좋은 것은 소렌토에서 숙박하는 것이나, 숙박비가 상당히 비싼 것이 흠. 소렌토에서 치르쿰베수비아나 열차로 한 정거장 떨어진 산타녤로(Sant'Agnello) 마을로 가면 숙소가 꽤 많은 편이며 소렌토보다는 저렴하므로 그쪽도 고려해 볼 것. 짐이 적은 여행자는 포지타노나 아말피에서 1박하는 것도 추천할 만하다. 외딴 마을의 전망 좋은 숙소들은 대부분 차로만 접근 가능하므로 렌터카 여행자들은 그쪽을 노릴 것.

☑ 로마 당일치기? 가능!

로마에서 아침 일찍 출발하여 열차로 내려온 뒤 당일치기로 돌아보고 밤 늦게 다시 로마로 올라가는 스케줄. 초인적인 일정 같지만, 은근히 많은 사람들이 이런 루트로 여행한다. 체력 소모가 심해 그다지 권하지는 않으나, 남부 여행 계획이 따로 없고 아말피 코스트를 볼 시간이 하루밖에 없는 사람에게는 불가피한 스케줄일 수도 있다.

☑ 누군가에게는 투어 상품이 정답

로마에서 출발하여 나폴리–폼페이–아말피 코스트까지 하루에 돌아보는 당일치기 남부 투어 상품도 활성화되어 있다. 국내 유명 가이드 투어 회사 및 이탈리아 현지 여행사에서 판매 중. 시간은 하루밖에 없는데 되도록 많은 곳을 돌아보고 싶다면 투어 상품이 최선일 수도 있다. 인터넷 카페 '유로자전거나라'의 남부 환상 투어와 '헬로우유럽'의 이탈리아 남부 일일 투어 등이 대표적인 상품이다.

☑ 로망과 도전 사이, SS163

평소 자신을 베스트 드라이버라고 자부했다면 아말피의 칼날 같은 SS163 도로를 한번쯤은 달리고 싶었을 법하다. 이 도로는 폭이 아주 좁고 옆은 깎아지른 절벽 아래로 깊은 바다라 보기만 해도 무서운데, 실제로 운전해보면 더 무섭다는 것이 중평. 바다 쪽으로 여유 공간이 거의 없고 관광버스며 트럭 등 큰 차가 수시로 다니기 때문이다. 그러나 외딴 곳에 있는 로맨틱한 숙소를 잡을 수 있다거나 라벨로 마을을 찾아가기 좀 수월하다는 것, 중간중간 한적하고 아름다운 곳에 들를 수 있는 등 장점도 분명하므로 신중하게 생각하자.

☑ 수영복을 챙기자!

아말피 코스트는 이탈리아 최고의 휴양지로 손꼽히는 곳이다. 여름에 해당하는 4~10월에는 해수욕이 가능하므로 태닝이나 수영을 즐기고 싶다면 수영복을 꼭 챙겨갈 것. 11~12월에도 더운 날 한낮에는 수영하는 사람을 볼 수 있다.

☑ 굿 바이, 아르테 카드

아르테 카드(Arte Card)는 나폴리를 비롯한 캄파니아주(州)의 명소 무료 입장, 할인, 교통 무제한 이용을 한데 담은 카드다. 이 중 '캄파니아 패스'에는 아말피 지역을 운행하는 시타 수드(SITA SUD) 버스 이용권까지 포함되어 있어 아말피 코스트 여행의 필수품으로 유명했으나, 2018년부터 시타 수드 버스 이용이 불가능해졌다. 대신 시타 수드 버스 티켓을 살 때 할인이 된다고는 하지만, 그것 때문에 아르테 카드를 사기는 좀 많이 아깝다. 3일 이상 일정으로 나폴리와 폼페이까지 두루두루 돌아보려는 여행자가 아니라면 아르테 카드를 굳이 살 필요는 없다.

유용한 시설 정보

관광 안내소 소렌토

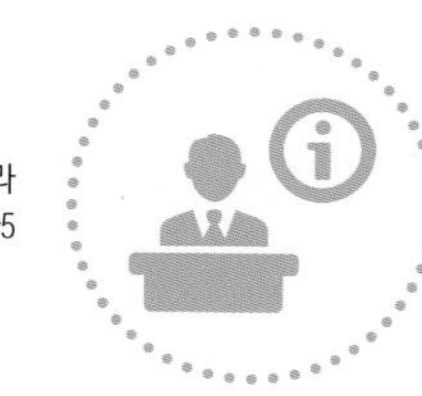

MAP P.614B
구글 지도 GPS 40.6258, 14.37948 **찾아가기** 소렌토 사철역 역사를 바라보고 오른쪽 **시간** 6~10월 월~토요일 09:00~19:00, 일요일 09:00~13:00, 11~5월 월~금요일 09:00~16:00, 토요일 09:00~13:00 **휴무** 일요일

슈퍼마켓 ❶ 소렌토 Dodecà

MAP P.614B
구글 지도 GPS 40.62644, 14.37804 **찾아가기** 소렌토 사철역 앞 큰길 부근 **시간** 08:00~21:45

슈퍼마켓 ❷ 아말피 DECÒ Supermercato Amalfi

MAP P.621C
구글 지도 GPS 40.63512, 14.60237 **찾아가기** 두오모 광장에서 북쪽으로 약 150m 올라간 뒤 오른쪽으로 보이는 좁은 골목 살리타 데이 쿠리알리(Salita dei Curiali)로 들어간다. **시간** 월~토요일 07:30~13:30, 16:30~20:30 **휴무** 일요일

2단계 아말피 코스트, 이렇게 간다

아말피 코스트 여행은 소렌토(Sorrento)에서 시작한다. 소렌토는 아말피 코스트로 뻗은 도로와 해상 교통의 허브이기 때문. 해안도로 SS163을 달리는 버스도, 포지타노 · 아말피로 향하는 페리 편도 모두 소렌토에서 출발한다. 렌터카 여행자라면 굳이 소렌토를 들를 필요 없이 목적지로 바로 가도 무관하지만, 소렌토의 아기자기하면서 여유로운 풍경도 아말피 코스트 여행의 놓칠 수 없는 매력 중 하나이므로 시간이 조금이라도 난다면 들르는 것을 추천한다.

기차로 가기

나폴리에서 출발하는 사철 열차 치르쿰베수비아나(Cricumvesuviana)를 이용한다. 치르쿰베수비아나는 나폴리부터 소렌토까지 해안선을 따라 이어진 완행 철도로, 현재 나폴리에서 소렌토로 갈 수 있는 거의 유일한 육상 대중교통이다. 버스 편이 아예 없는 것은 아니나 아주 이른 아침과 심야에만 운행한다. 이탈리아를 통틀어 가장 낙후된 철도 노선 중 하나. 구형과 신형 차량이 섞여 운행되는데 구형 차량에서는 에어컨과 안내 방송이 제대로 나오지 않아 몹시 불편하다. 미리 마음의 준비를 할 것. 나폴리 중앙역 지하의 나폴리 가리발디(Nopoli Garibaldi) 역에서 탑승한다.

치르쿰베수비아나 구형 차량의 모습

€ **요금** 나폴리→소렌토 €3.6
시간 05:40~22:11(약 30분 간격)
첫차 – 나폴리 가리발디 역 05:43 / 소렌토 05:32
막차 – 나폴리 가리발디 역 22:14 / 소렌토 22:02

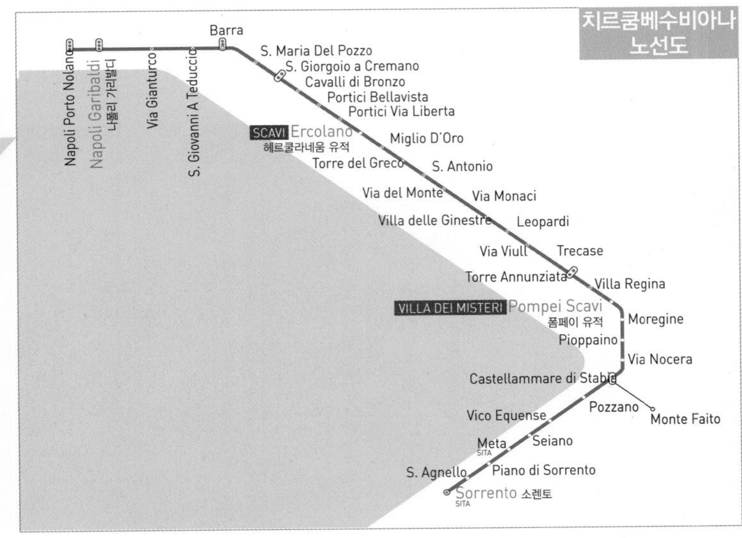

PLUS TIP

치르쿰베수비아나에 대해 알아 두면 좋은 몇 가지

❶ 나폴리 가리발디 역에서는 사람이 정말 많이 탄다. 그러나 10여 분 뒤 나폴리를 완전히 빠져나가면 승객 중 대부분이 내리므로 그때까지만 참을 것.

❷ 열차 안내 방송이 제대로 나오지 않는 경우가 흔하다. 열차가 정차할 때 창밖으로 플랫폼에 있는 역명 간판을 꼭 확인할 것.

❸ 대부분의 역사가 몹시 노후하여 에스컬레이터나 엘리베이터가 없다. 큰 짐을 들고 이동하는 여행자는 마음의 준비를 하자.

사철 치르쿰베수비아나 무작정 따라하기

❶ 나폴리 중앙역에서 표지판을 따라 지하로 내려간다.

❷ 나폴리 가리발디역의 매표소와 개찰구가 보인다. 티켓을 구매해서 들어갈 것.

❸ 소렌토행 3번 플랫폼에서 탄다. 엘리베이터가 없고 에스컬레이터도 상향뿐이다.

❹ 탑승해서 종점인 소렌토 또는 목적지까지 간다. 나폴리에서 소렌토까지는 약 1시간.

페리로 가기

나폴리와 카프리에서 정기 운행하는 페리를 타고 소렌토 항구로 갈 수 있다. 나폴리나 카프리에서 페리 터미널과 가까운 곳에 숙소를 잡아 1박 이상 머무르며 여유 있게 여행하는 사람에게 적합하다. 특히 카프리에서는 나폴리를 거치지 않고 소렌토로 바로 갈 수 있으므로 적극적으로 알아볼 것. 카페리는 운항하지 않는다.

나폴리 → 소렌토

누오보성 부근에 자리한 몰로 베베렐로(Molo Beverello) 페리 터미널에서 소렌토로 가는 페리가 매일 출발한다. NLG와 알리라우로(Alilauro) 두 회사에서 페리를 운항하는데, NLG는 매일 18~19시경에 1회, 알리라우로는 주 4~5회 하루 2회 또는 5회 운항한다. NLG의 운항 편은 비교적 규칙적이나 알리라우로는 유동적인 편이다. 인터넷 예매도 가능하지만 실제 운항 스케줄과 다른 경우가 있고 가격도 더 비싸므로 1~2일 전 페리 터미널을 방문하여 스케줄을 확인하고 직접 사는 편이 좋다. 당일 구매도 가능하다. 소요 시간은 30~40분.

몰로 베베렐로 페리 터미널 Molo Beverello
ⓖ **구글 지도 GPS** 40.83768, 14.25464 ⓔ **요금** €17~20

카프리 → 소렌토

카프리섬 북쪽에 자리한 선착장에서 소렌토로 가는 페리가 매일 출발한다. NLG, SNAV, 알리라우로(Alilauro) 3개 회사에서 각각 하루 4~6편을 운항하고 있어 과장을 좀 보태면 아무 때나 마음만 먹으면 갈 수 있을 정도. 성수기에는 원하는 시간대의 티켓이 빨리 매진될 수 있으니 1~2일 전에 인터넷이나 현장 예매를 할 것. 소요 시간은 30~40분.

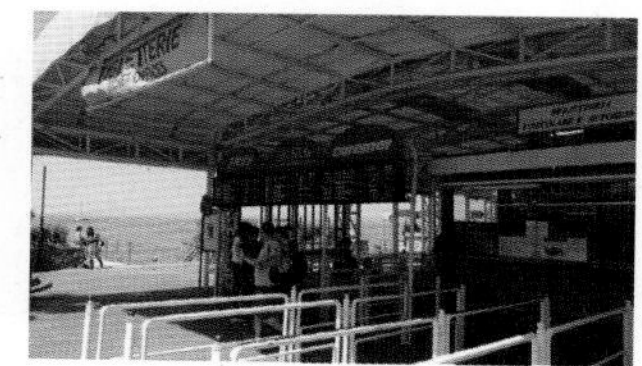

카프리 페리 선착장 Capri Marina Grande
ⓖ **구글 지도 GPS** 40.55642, 14.23858 ⓔ **요금** €20~27

3단계 아말피 코스트 교통 한눈에 보기

아말피 코스트 여행은 소렌토부터 아말피까지 이어지는 이탈리아 남부 해안의 작은 마을 여러 개를 돌아보는 것이라 교통편을 잘 알아 두어야 한다. 물론 마음에 드는 마을 하나만 골라 며칠 눌러 앉아도 OK다. 각 마을에 도착한 후에는 걸어서 천천히 돌아보면 된다.

시타 수드 버스

소렌토에서 버스에 탑승, SS163 절벽 도로 위를 달리다가 포지타노나 종점인 아말피에서 내리면 된다. 버스 위에서 바라보는 지중해의 풍경이 눈부시도록 아름다워 이 버스를 이용하는 것 자체가 아말피 코스트 여행의 목적이 되기도 한다. 칼날처럼 좁은 도로를 능숙하게 달리는 운전사의 운전 솜씨도 진풍경 중 하나다.

시타 수드(SITA SUD)는 버스 회사 이름으로, 이탈리아 남부 전역에 여러 개의 노선이 운행 중이다. 버스 앞 창가에 노선 표시가 되어 있고 노선마다 출발하는 정류장이 조금씩 다르다. 소렌토 역 앞의 아말피행 시타 수드 버스 정류장은 역 광장 건너편에 있다. 포지타노까지만 가려면 편도 티켓을, 라벨로까지 모두 돌아볼 예정이면 24시간 티켓을 사는 것이 좋다.

아말피행 버스 정류장
MAP P.614B **구글 지도 GPS** 40.62612, 14.37976 **요금** 포지타노 편도 €2.4, 24시간권 €10 **배차 간격** 약 30분

PLUS TIP

소렌토-아말피 시타 수드 버스에 대해 알아두면 좋은 몇 가지

❶ 오른쪽 창가를 사수할 것!
소렌토를 빠져나간 뒤 본격적으로 SS163 해안 도로로 접어들면 바다 풍경이 줄곧 오른쪽 창문을 통해 펼쳐진다. 창가 자리에 앉기 위해서라면 차 한 대쯤은 그냥 보내도 될 만한 가치가 있다.

❷ 안내 방송이 나오는 차량은 거의 없다.
기사가 주요 정류장에서 큰 소리로 외친다. 승객 수가 적으면 미리 기사에게 내릴 정류장을 말해두는 것을 추천한다. 사람들이 많이 내릴 때 주변에 확인해 보고 따라 내리는 것도 방법이다.

❸ 큰 짐을 가지고 이동해야 할 때 크게 걱정하지 않아도 좋다.
버스에 짐칸이 별도로 마련되어 있다. 단, 성수기에는 짐을 싣는 동안 좌석이 모두 차 버리는 경우가 흔한 것이 단점. 짐이 아주 크다면 페리 편을 고려해 볼 것.

❹ 버스 티켓은 담배 가게나 신문 가게에서 판매한다.
소렌토 및 아말피 코스트 지역의 담배 가게나 신문 가게에서 티켓을 살 수 있다. 소렌토의 치르쿰베수비아나 역 내 매표소에서도 판매한다. 버스 정류장 앞의 간이 매표소에서는 종종 바가지를 씌운다.

페리

소렌토-포지타노, 포지타노-아말피, 아말피-소렌토 구간에 여름 한정으로 페리가 다닌다. 보통 5~9월로, 시작 및 끝 날짜는 해마다 조금씩 바뀐다. 이중에서 포지타노-아말피는 운행 횟수가 하루 10회가 넘는 데다 시간대도 오전 9시~오후 5시에 집중되어 있어 이용하기 편리하다. 바다 위에서 바라보는 절벽 해안과 집의 모습은 아말피 코스트까지 왔다면 놓칠 수 없는 특별한 풍경이다. 성수기에 여행하게 된다면 가급적 시간을 맞춰서 포지타노-아말피를 오가는 페리를 타볼 것. 페리 운행 스케줄은 매년 조금씩 바뀌고 운행 회사마다 편차도 심한 편이므로 페리 예약 사이트 등에서 미리 확인하는 것이 좋다.

포지타노 선착장 Marina Grade
MAP P.617B
구글 지도 GPS 40.62727, 14.48711
홈페이지 www.positano.com/en/ferry-schedule

포지타노 해변 앞에 각 페리 회사의 매표소가 줄지어 있다. 다음 페리 운행 시간을 큰 보드에 적어 밖에 내걸고 있어 확인하기 편리하다.

● 페리 요금 및 소요 시간

구간	요금(편도)	소요 시간
소렌토↔포지타노	€18	40분
포지타노↔아말피	€9~13	25분
소렌토↔아말피	€17.5~19	1시간

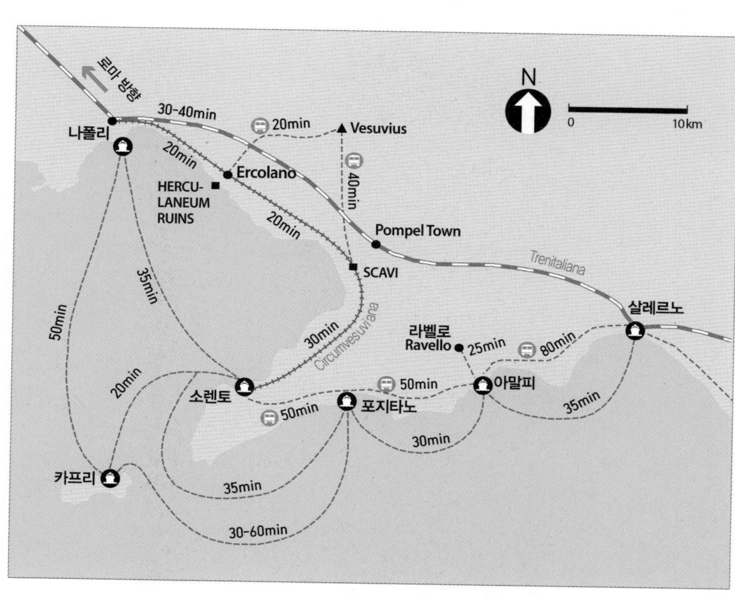

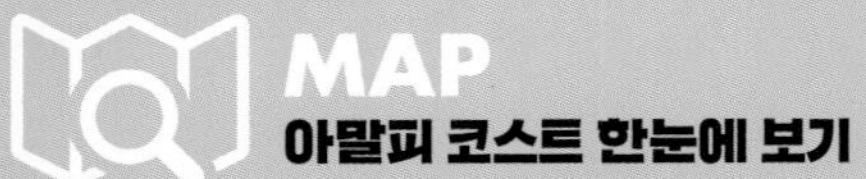

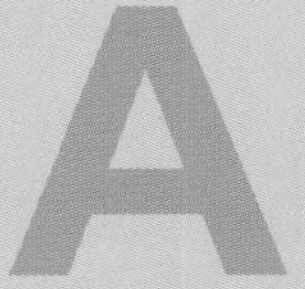

MAP
아말피 코스트 한눈에 보기

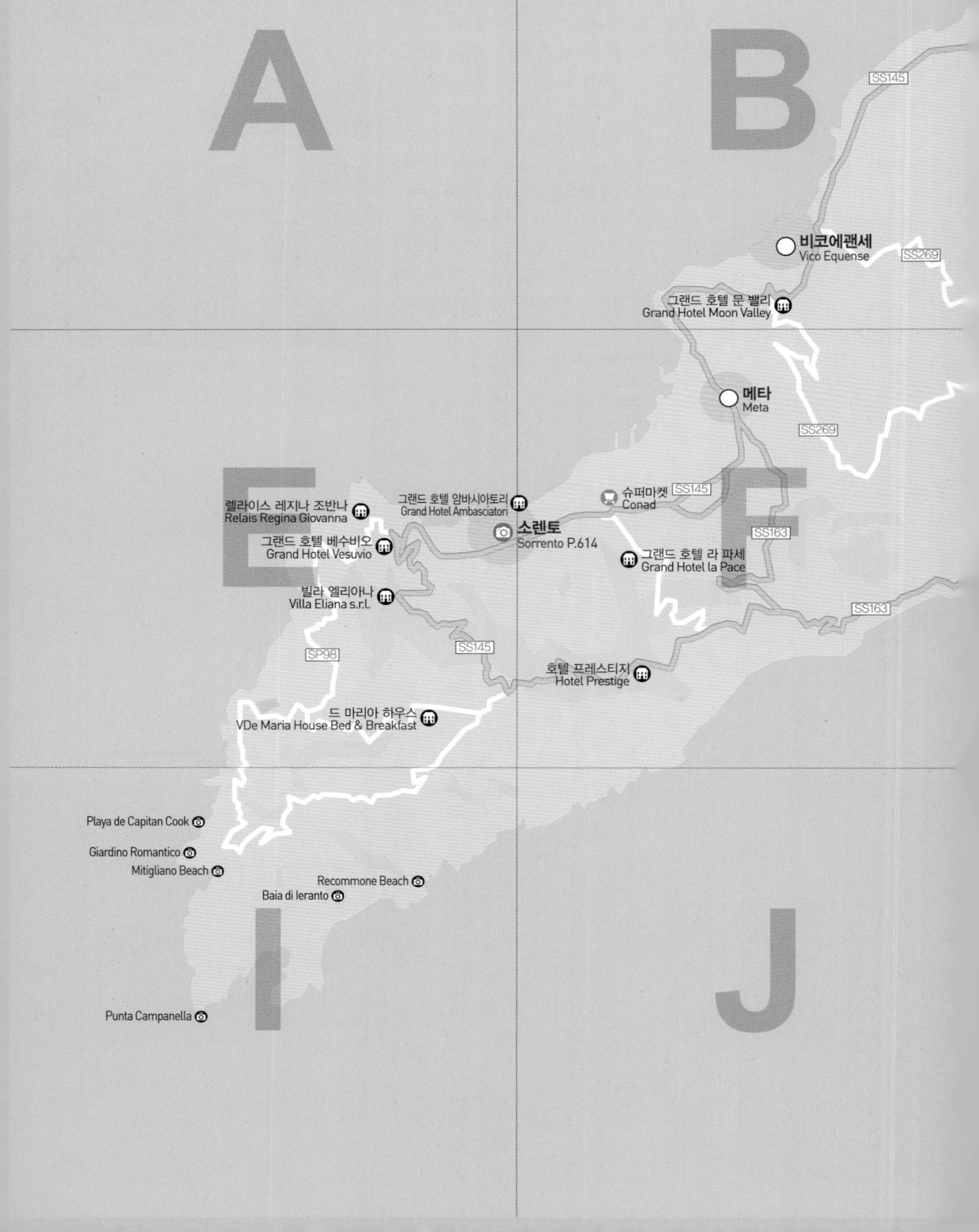

A
B
E
F
I
J
SS145
비코에쾐세
Vico Equense
SS269
그랜드 호텔 문 밸리
Grand Hotel Moon Valley
메타
Meta
SS269
슈퍼마켓
Conad
SS145
그랜드 호텔 암바시아토리
Grand Hotel Ambasciatori
렐라이스 레지나 조반나
Relais Regina Giovanna
소렌토
Sorrento P.614
SS163
그랜드 호텔 베수비오
Grand Hotel Vesuvio
그랜드 호텔 라 파세
Grand Hotel la Pace
빌라 엘리아나
Villa Eliana s.r.l.
SS163
SP98
SS145
호텔 프레스티지
Hotel Prestige
드 마리아 하우스
VDe Maria House Bed & Breakfast
Playa de Capitan Cook
Giardino Romantico
Mitigliano Beach
Recommone Beach
Baia di Ieranto
Punta Campanella

C

D

G

H

K

L

SS366

SS366

라벨로
Ravello P.624

아말피
Amalfi P.620

포지타노
Positano P.617

호텔 산타 카테리나
Santa Caterina Hotel

SS163

빌라 트레빌
Villa TreVille

모나스테로 산타 로사 호텔 & 스파
Hotel Belvedere

SS163

그랜드 호텔 트라이톤
Grand Hotel Tritone

호텔 벨베데레
Hotel Belvedere

호텔 마르게리타
Hotel Margherita Praiano

COURSE 1

지중해 만끽 정석 루트

아말피 코스트 여행에서 꼭 해야 할 것은 무엇일까? 시타 수드 버스의 오른쪽 창가를 사수할 것. 아말피 코스트 마을에 발 도장은 한 번씩 찍을 것. 때만 맞는다면 페리도 타 볼 것. 사시사철 가득한 인파와 불규칙한 버스 스케줄을 뚫고 아말피 코스트에서 '할 건 다 하는' 정석 코스를 제안한다. 물론 마음 가는 대로 돌아다니거나 한 마을만 집중 공략해도 노 프라블럼!

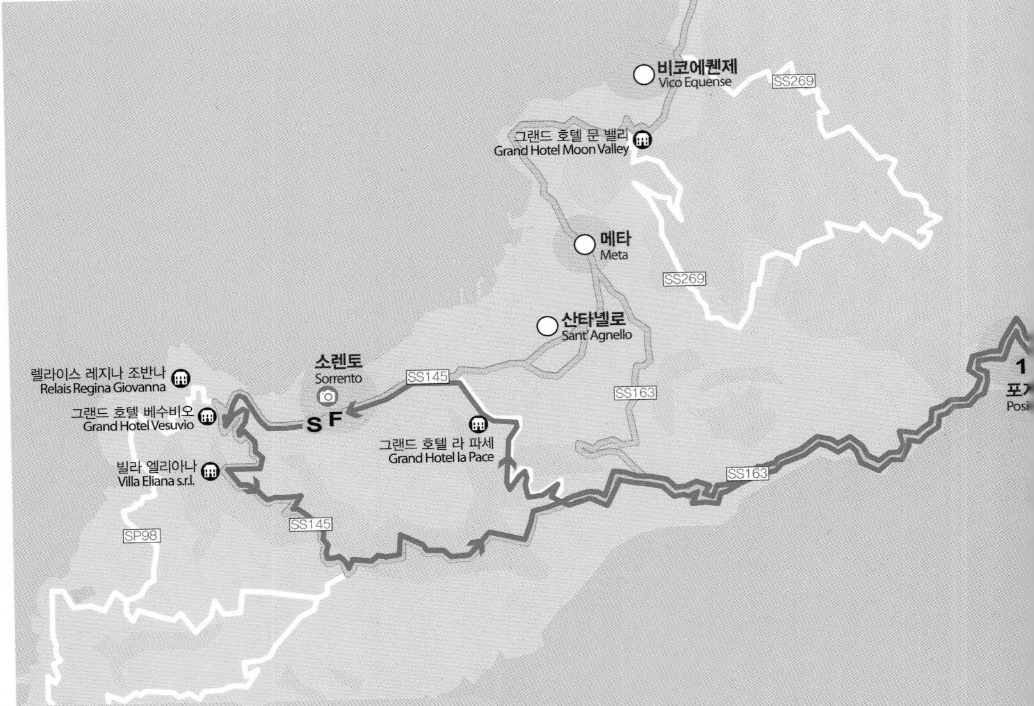

비코에퀜제 Vico Equense
SS269
그랜드 호텔 문 밸리 Grand Hotel Moon Valley
메타 Meta
SS269
산타넬로 Sant' Agnello
소렌토 Sorrento
렐라이스 레지나 조반나 Relais Regina Giovanna
SS145
그랜드 호텔 베수비오 Grand Hotel Vesuvio
S F
SS163
1 포지타노 Positano
그랜드 호텔 라 파세 Grand Hotel la Pace
빌라 엘리아나 Villa Eliana s.r.l.
SS163
SS145
SP98

TIP 버스 티켓은 €2 구간권 3장, €2.9 구간권 1장이 필요하다. 만일을 대비해 1일권(€10)을 구매하는 것도 OK.

TIP 비수기 및 악천후로 페리 운행을 하지 않을 때는 시타 수드 버스를 이용하자. 버스 이용 시 약 1시간 소요.

TIP 시간대가 맞는다면 오픈 버스(€5)를 타 볼 것.

S

소렌토 시타 수드 버스 정류장

Sorrento

라벨로까지 가려면 되도록 일찍 출발해야 한다. 오전 8시 전후가 이상적. 버스를 한 대쯤 보내더라도 반드시 오른쪽 창가를 사수할 것.

시타 수드 버스 탑승(€2). 키에자 누오바(Chiesa Nuova) 정류장 하차 후 도보 이동 → 포지타노 도착

1

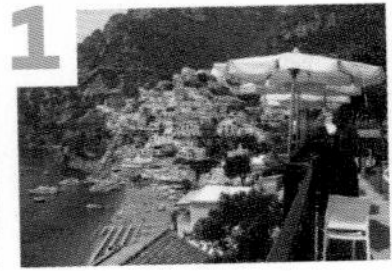

포지타노 / 2hr

Positano

마을과 해변을 자유롭게 돌아다니자. 스폰다(Sponda) 버스 정류장에서 바라보는 마을 전경은 절대 놓치지 말것.

페리 탑승 후 아말피 하선(€8). → 아말피 도착

2

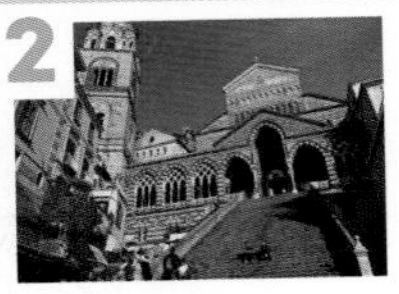

아말피 / 2hr

Amalfi

점심 식사를 이곳에서 할 것. 마을이 작아서 금세 돌아볼 수 있다.

시타 수드 버스 탑승(€2). 라벨로 정류장 하차. → 라벨로 도착

코스 무작정 따라하기 START
S. 소렌토 시타 수드 버스 정류장
버스+도보 1시간
1. 포지타노
페리 30분
2. 아말피
버스 30분
3. 라벨로
버스 30분
4. 아말피
버스 1시간 30분
F. 소렌토

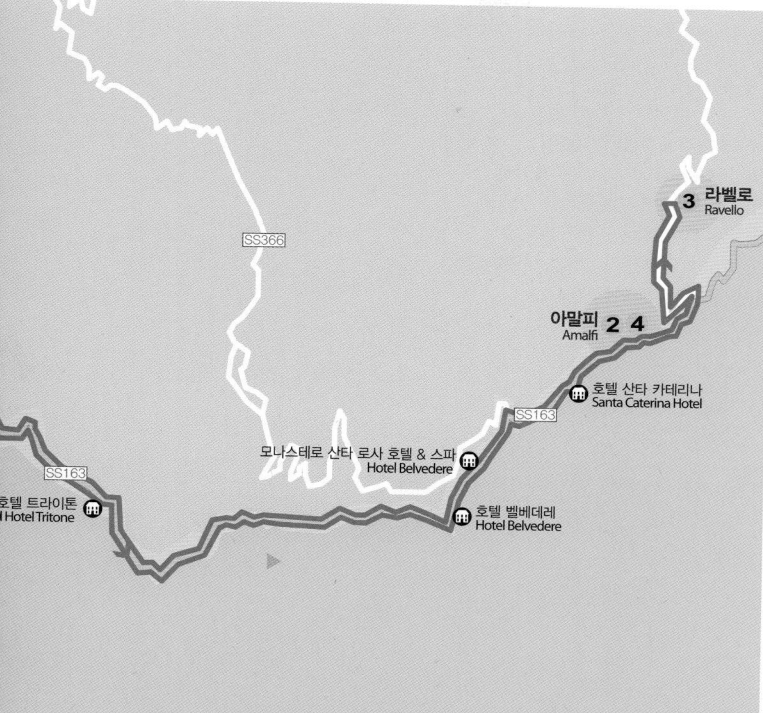

라벨로 / 1hr 30min

Ravello

작은 마을이지만 볼거리가 제법 있다. 빌라 루폴로와 빌라 침브로네는 입장료가 제법 비싸지만 패스하지 말고 꼭 가볼 것.

시타 수드 버스 탑승(€2). 아말피 정류장 하차. → 아말피 도착

아말피 / 30min

Amalfi

마지막 쇼핑을 할 것. 선물용 리몬첼로는 이곳에 가장 예쁜 것이 많다. 소렌토로 돌아가는 버스는 한 대쯤 보내더라도 앉아가는 편을 택하자.

시타 수드 버스 탑승(€2.9). 소렌토 정류장 하차. → 소렌토 도착

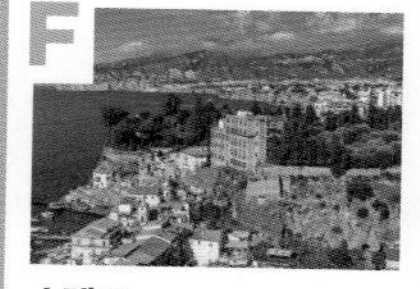

소렌토

Sorrento

숙소가 있는 도시로 돌아간다. 소렌토에서 숙박한다면 천천히 산책을 즐기다가 시내에서 저녁 식사를 하자.

소렌토 Sorrento

아기자기하고 평화로운 구시가와 눈부신 지중해의 풍경이 한데 어우러진 아름다운 마을. 오렌지 나무가 가로수로 늘어선 거리와 기념품점과 맛있는 식당으로 가득한 예쁜 골목을 거닐다 보면 비로소 이탈리아 남부가 얼마나 아름다운 곳인지 실감할 수 있을 것이다. 아말피 코스트에 속한 마을은 아니지만, 아말피 코스트로 향하는 교통편의 시발점이라 한 번은 들르게 되는 곳이다.

찾아가기 나폴리에서 사철 치르쿰베수비아나(Circumvesuviana)를 이용한다. 소요 시간은 약 1시간. 나폴리 · 카프리에서 페리를 이용해도 갈 수 있다.

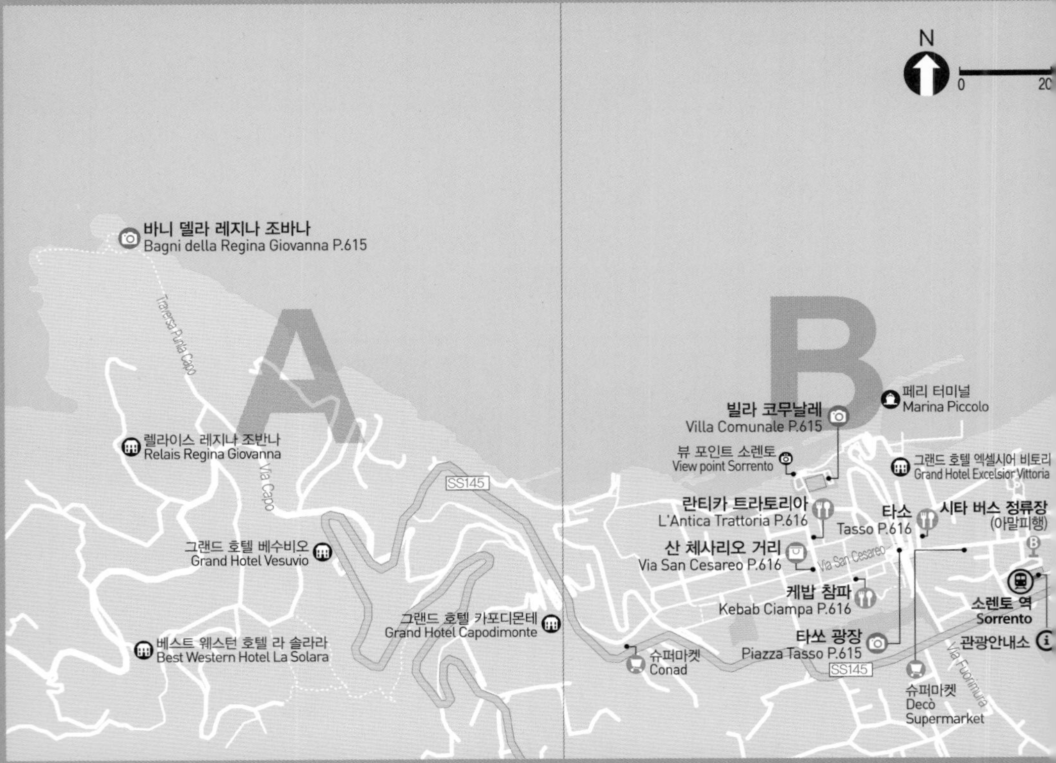

N
0 20

바니 델라 레지나 조바나
Bagni della Regina Giovanna P.615
Traversa Punta Capo
A
렐라이스 레지나 조반나
Relais Regina Giovanna
Via Capo
SS145
그랜드 호텔 베수비오
Grand Hotel Vesuvio
그랜드 호텔 카포디몬테
Grand Hotel Capodimonte
베스트 웨스턴 호텔 라 솔라라
Best Western Hotel La Solara

B
페리 터미널
Marina Piccolo
빌라 코무날레
Villa Comunale P.615
뷰 포인트 소렌토
View point Sorrento
그랜드 호텔 엑셀시어 비토리
Grand Hotel Excelsior Vittoria
란티카 트라토리아
L'Antica Trattoria P.616
타소
Tasso P.616
시타 버스 정류장
(아말피행)
산 체사리오 거리
Via San Cesareo P.616
Via San Cesareo
케밥 참파
Kebab Ciampa P.616
소렌토 역
Sorrento
타쏘 광장
Piazza Tasso P.615
관광안내소
슈퍼마켓
Conad
SS145
슈퍼마켓
Decò
Supermarket
Via Fuorimura

TRAVEL INFO
핵심 여행 정보

01 타소 광장
Piazza Tasso
피아짜 따쏘

★★★

소렌토 구시가 입구에 자리한 자그마한 광장으로, 소렌토 역에서 구시가 방향으로 향하다 보면 가장 먼저 만나게 되는 곳이다. '타소'는 15세기에 활동한 소렌토 출신의 계관시인(17세기부터 영국 왕실에서 국가적으로 뛰어난 시인에게 수여하는 명예로운 칭호) 토르콰토 타소(Torquato Tasso)에서 따 온 것. 이 광장을 지나 서쪽으로 가면 본격적으로 구시가가 나온다.

MAP P.614B
구글 지도 GPS 40.626253, 14.375647 **찾아가기** 소렌토 역을 등지고 광장을 가로질러 내리막을 따라 내려가면 코르소 이탈리아(Corso Italia) 길과 만난다. 왼쪽으로 약 250m 직진한다. **주소** Piazza Tasso **전화** 없음 **시간** 24시간 **휴무** 연중무휴 **가격** 무료입장

02 빌라 코무날레
Villa Comunale
빌라 코무날레

★★★★

소렌토 구시가 북쪽 바닷가에 자리한 공원. 자연 친화적으로 아기자기하게 잘 꾸며져 있다. 페리 선착장과 이어지는 엘리베이터가 설치되어 있어 바닷가와 오가기도 편리하다. 바다와 닿은 부분은 전망대로 꾸며져 있는데, 눈이 탁 트이는 소렌토 앞바다의 풍경을 즐길 수 있어 소렌토 필수 코스로 꼽힌다. 공원 한가운데 14세기 프란체스코 수도원의 유적이 있는데, 세월과 자연이 어우러져 매우 낭만적인 분위기를 자아낸다. 시민들의 결혼식 야외 촬영 장소로 애용될 정도로 예쁜 곳이므로 멋진 기념사진을 남기고 싶다면 꼭 찾아가 볼 것. TV 프로그램 〈비긴 어게인 3〉에서 출연진이 버스킹을 했던 바로 그곳이기도 하다.

MAP P.614B
구글 지도 GPS 40.62792, 14.37317 **찾아가기** 40.62803, 14.37364 **주소** 타소 광장에서 코르소 이탈리아(Corso Italia) 길을 등지고 오른쪽으로 난 루이지 말로 거리(Via Luigi Malo)를 따라 약 250m 간다. **전화** 081-533-5111 **시간** 24시간 **휴무** 연중무휴 **가격** 무료 입장

03 반니 델라 레지나 조반나
Bagni della Regina Giovanna
반니 델라 레지나 죠반나

★★★

소렌토 구시가에서 서북쪽으로 약간 떨어진 해안. 깨끗하고 얕은 바닷물이 아름다운 기암 괴석으로 둘러싸여 마치 비밀스러운 천연 수영장 분위기를 연출하고 있다. '바니 델라 레지나 조반나'는 '조반나 여왕의 목욕탕'이라는 뜻. 해수욕을 즐기기도 그만이고, 특별한 여행 기념 사진을 찍기도 최고다.

MAP P.614A
구글 지도 GPS 40.63383, 14.35204 **찾아가기** 소렌토 역 뒤편의 큰길 아란치 거리(Via degli Aranci)에서 EAV버스 A선을 타고 Sorrento Capo 정류장에서 내린다. A선 버스는 약 30분에 한 대꼴로 다닌다. 정류장에 내린 뒤 바닷가 쪽으로 난 골목으로 직진. **주소** Traversa Punta Capo, 14 **전화** 없음 **시간** 24시간 **휴무** 연중무휴 **가격** 무료입장

04 란티카 트라토리아
L'Antica Trattoria

코페르토 €3 카드 결제O 영어 메뉴O

맛과 분위기로 소렌토 최고의 평가를 받는 레스토랑이다. 다양한 이탈리아 전통 요리와 지중해 요리를 선보이고 있다. 계절마다 메뉴를 교체하므로 그날 최고의 메뉴는 반드시 종업원에 물을 것. 알라카르트로도 주문 할 수 있지만, 전채, 메인, 디저트의 3코스로 구성된 점심 코스가 저렴한 편이므로 되도록 그쪽을 노려볼 것. 가급적 하루 전에는 예약하는 것이 좋으며, 이메일로 예약할 수 있다.

INFO P.163 MAP P.614B
구글 지도 GPS 40.62676, 14.37312 **찾아가기** 타소 광장에서 코르소 이탈리아(Corso Italia) 길을 따라 약 200m 간 뒤 막스 마라 다음에 나오는 골목으로 우회전하여 약 130m 가면 오른쪽에 있다. **주소** Via Padre Reginaldo Giuliani, 33 **전화** 081-807-1082 **시간** 12:00~18:00, 19:00~23:00 **휴무** 연중무휴 **가격** 전채 €25~30, 파스타 €29~30, 메인 메뉴 €37~40, 점심 코스 €42 **홈페이지** lanticatrattoria.com

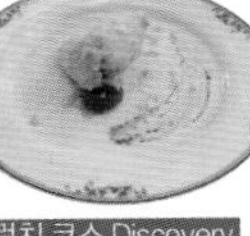
런치 코스 Discovery Lunch €42

05 타소
Tasso

코페르토X 카드 결제O 영어 메뉴O

타소 광장 근처에 자리한 피체리아 겸 리스토란테로, 쫀득한 도우 위에 신선한 재료를 듬뿍 얹은 나폴리 피자를 맛볼 수 있다. 피자의 종류는 많지 않으나 재료의 질이 좋고 랍스터 피자 등 특별한 주방장 특선 메뉴까지 갖추고 있다. 기본 중의 기본인 마르게리타 피자가 가장 평판이 좋고 그 외에도 모두 수준급이다.

MAP P.614B
구글 지도 GPS 40.62673, 14.37642 **찾아가기** 타소 광장 앞에서 코르소 이탈리아(Corso Italia) 길을 등지고 오른쪽에 있는 약국 옆 골목으로 들어간다. **주소** Via Correale, 9 **전화** 081-878-5809 **시간** 12:00~23:30 **휴무** 연중무휴 **가격** 전체 €20~28, 파스타 €24~35, 피자 €10~42 **홈페이지** ristorantetasso.com

타소(훈제 치즈+루꼴라+방울토마토+올리브) Tasso €12

06 케밥 참파
Kebab Ciampa

코페르토X 카드 결제X 영어 메뉴X

터키의 전통 간편식 케밥과 이탈리아 파니니의 중간쯤 되는 케밥을 선보이는 작은 음식점으로, 물가 비싸기로 유명한 소렌토에서 맛과 주머니 사정을 모두 생각해주는 착한 맛집으로 유명하다. 피타 빵 사이에 각종 고기와 채소를 끼우고 직접 제조한 소스를 듬뿍 얹어준다. 소스와 채소, 고기의 종류는 직접 선택할 수 있다. 주인장이 친절하고 영어를 잘한다.

MAP P.614B
구글 지도 GPS 40.6257, 14.37436 **찾아가기** 타소 광장에서 시내 중심가 방향으로 코르소 이탈리아 길을 따라 약 120m 직진한 뒤 왼쪽에 보이는 경사로로 올라가면 왼쪽에 바로 보인다. **주소** Via Santa Maria della Pietà, 23 **전화** 081-807-4595 **시간** 목~화요일 17:10~01:00 **휴무** 수요일 **가격** 케밥 샌드위치 €8, 케밥 플레이트 €9 **홈페이지** www.facebook.com/KebabCiampa

케밥 샌드위치 Kebab Sandwich €8

07 산 체사레오 거리
Via San Cesareo
비아 싼 체사레오

소렌토의 기념품 골목으로, 아말피 코스트 일대 전 지역의 기념품을 취급한다. 포지타노, 아말피, 라벨로 등지에서 판매하는 특색 없고 대중적인 기념품은 모두 이곳에서 구할 수 있으며 가격도 가장 저렴하다. 특히 자가 제조가 아닌 공장제 레몬 사탕은 아말피 코스트 전체에서 이 거리가 가장 저렴하다.

MAP P.614B
구글 지도 GPS 40.62593, 14.37313(중심부) **찾아가기** 타소 광장을 등지고 코르소 이탈리아 길을 정면에 두고 시내 중심가를 바라 봤을 때 거리 오른쪽에 수평으로 놓인 길이다. **주소** Via San Cesareo3 **전화** 상점마다 다름. **시간** 24시간 **휴무** 상점마다 다름.

B.

포지타노 Positano

TV나 SNS 속 이탈리아 남부의 알록달록한 동화 속 풍경을 담당했던 바로 그곳. 아말피 코스트에서 가장 유명하고 아름다운 마을로, 새파란 지중해와 언덕을 빼곡히 덮은 예쁜 집들과 그 집들이 자아내는 아름다운 골목이 놀라운 조화를 이루는 곳이다.

찾아가기 소렌토에서 시타 수드 버스를 탄다. 소요 시간은 약 30분~1시간. 포지타노에는 정류장이 4개 있는데, 보통은 서쪽 언덕 위에 자리한 포지타노 키에자(Positano Chiesa), 또는 동쪽 끝의 스폰다(Sponda)에서 내린다. 포지타노 키에자에서 내려서 마을을 돌아본 뒤 스폰다에서 아말피로 가기 위해 다시 시타 수드 버스를 타는 것이 일반적인 코스다. 여름에는 소렌토 · 아말피 · 카프리를 오가는 페리를 이용할 수 있다. 페리 운행 시기는 해마다 조금씩 바뀌지만 보통 4월 중순에서 9월 중순까지다.

TRAVEL INFO
ⓘ 핵심 여행 정보

01 물리니 광장

Piazza dei Mulini
피아짜 데이 물리니

포지타노 관광지의 중심부이자, 여행의 시작. 포지타노의 식당이나 가게들은 '물리니 광장에서 도보 몇 분' 하는 식으로 설명하는 경우가 많다. 이곳에서 바닷가로 향하는 길에는 골목 위로 등나무 그늘이 드리워 있어 여름이면 환상적인 풍경이 연출된다. 옷 가게, 기념품 가게, 카페 등 포지타노에서 가장 예쁜 건물과 가게들이 길을 따라 줄지어 있어 걷기만 해도 행복이 느껴진다.

MAP P.617B
구글 지도 GPS 40.62976, 14.48629 **찾아가기** 포지타노 키에자(Positano Chiesa) 정류장에서 내린 뒤 마을로 들어오다 보면 만난다. **주소** Piazza dei Mulini **전화** 상점마다 다름 **시간** 24시간 **휴무** 연중무휴 **가격** 무료입장

02 크리스토포로 콜롬보 거리

Via Cristoforo Colombo
비아 크리스토포로 콜롬보

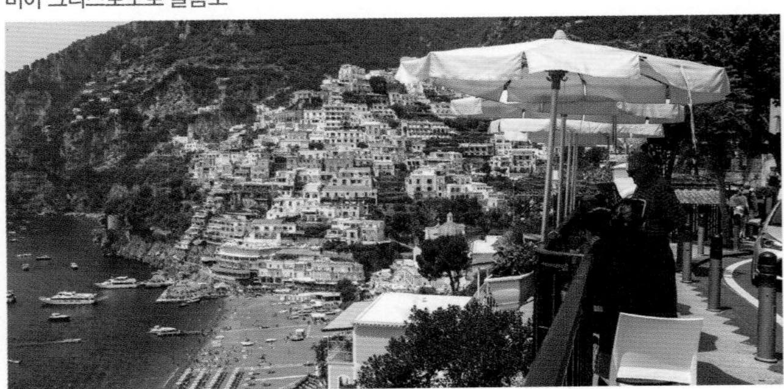

물리니 광장에서 동남쪽으로 구불구불 이어진 오르막길로, 포지타노의 중심 도로이다. 길을 따라 레스토랑과 세련된 상점이 줄지어 있다. 이 길의 동남쪽 끝 지점에는 시타 수드 버스의 스폰다(Sponda) 정류장과 방송 등에서 흔히 봤던 포지타노의 풍경을 찍을 수 있는 뷰 포인트가 있다. '크리스토포로 콜롬보'는 크리스토퍼 콜롬버스의 이탈리아어 표기.

MAP P.617B
구글 지도 GPS 40.62753, 14.49097(스폰다 정류장) **찾아가기** 물리니 광장에서 바다 쪽을 바라보면 왼쪽으로 오르막길이 보인다. **주소** Via Cristoforo Colombo **전화** 상점마다 다름. **시간** 24시간 **휴무** 상점마다 다름.

03 마리나 그란데 비치

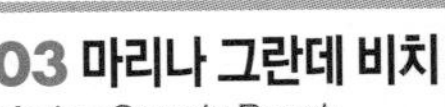

Marina Grande Beach
마리나 그란데 비치

포지타노 마을 남쪽에 넓게 펼쳐진 모래사장. 이탈리아어로 '큰 해변'이라는 뜻의 '스피아자 그란데(Spiaggia Grande)'라고도 한다. 해변 전체가 해수욕장이며, 페리 터미널도 연결되어 있다. 해변에서 마을 쪽을 바라보면 산타 마리아 아순타(Santa Maria Assunta)라는 큰 성당이 눈에 띈다. 그 역사가 10세기 중반까지 거슬러 올라가는 몹시 유서 깊은 성당이다.

MAP P.617B
구글 지도 GPS 40.62768, 14.48782 **찾아가기** 마을 중심부에서 바다 쪽으로 내려오면 쉽게 찾을 수 있다. **주소** Spiaggia grande **전화** 없음 **시간** 24시간 **휴무** 연중무휴 **가격** 무료 입장

04 라 스폰다

La Sponda

코페르토 X 카드 결제 O 영어 메뉴 O

라 시레누세 호텔에 속한 레스토랑으로, 미슐랭 1스타를 꾸준히 받고 있다. 나폴리만 일대에서 생산되는 신선한 식자재로 만든 지중해 요리를 선보인다. 알라카르트 주문이 코스보다 저렴한 편인데, 종업원이 그날 가장 좋은 재료로 만든 메뉴를 추천해 준다. 이 레스토랑 최고의 매력은 단연 그림 같은 전망과 분위기. 창가에 자리를 잡고 싶다면 되도록 일찍 예약하자.

INFO P.161 MAP P.617B

구글 지도 GPS 40.62886, 14.48759 **찾아가기** 시타 수드 버스 포지타노 스폰다(Sponda) 정류장으로 가는 길인 크리스토포로 콜롬보 거리(Via Cristoforo Colombo)에 있다. 레 시레누세 호텔에 들어가서 안내를 받을 것. **주소** Via Cristoforo Colombo, 30 **전화** 089-875-066 **시간** 19:30~22:00 **휴무** 연중무휴 **가격** 전채 €35~50, 파스타 €45~50, 생선 요리 €50~60, 고기 요리 €50~60 **홈페이지** sirenuse.it/en/restaurants-bars

생선 카르파초 €30

05 라 캄부자

La Cambusa

코페르토 €3 카드 결제 O 영어 메뉴 O

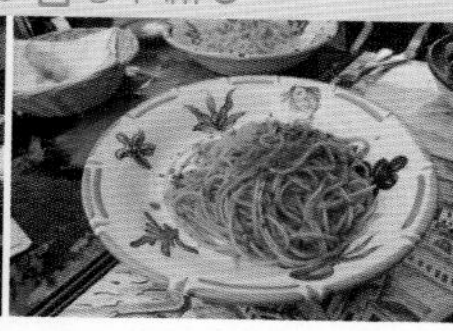

물리니 광장에서 마리나 그란데 비치로 내려오는 길목에 자리한 레스토랑. 실내의 창가 좌석은 바다가 한눈에 보이며, 미슐랭 플레이트 등급을 받을 정도로 맛도 수준급이다. 메인 메뉴가 가격에 비해 부실하고 다소 불친절하다는 평도 있으나, 점심 시간대의 파스타 메뉴는 비교적 괜찮은 편이다. 피아티 델라 트라디치오네(Piatti della Tradizione) 또는 파스타 메뉴(Pasta Menu)라고 적힌 별도의 메뉴판을 찾을 것.

MAP P.617B

구글 지도 GPS 40.62807, 14.4871 **찾아가기** 마리나 그란데 비치 앞. 물리니 광장에서 해변 쪽으로 내려가다 보면 쉽게 찾을 수 있다. **주소** Piazza Amerigo Vespucci, 4 **전화** 089-875-432 **시간** 11:30~23:00 **휴무** 연중무휴 **가격** 런치 파스타 메뉴 €16, 전채 €19~25, 일반 파스타 메뉴 €19~29, 생선 요리 €19~50, 고기 요리 €12~25 **홈페이지** www.lacambusapositano.com

봉골레 스파게티 Spaghetti alle Vongole €22

06 사포리 에 프로푸미 디 포지타노

Sapori E Profumi di Positano
사뽀리 에 쁘로푸미 디 뽀지따노

레몬으로 만든 각종 기념품류를 직접 제조하여 판매하는 곳. 포지타노 인근에서 생산된 레몬을 이용하여 만든 리몬첼로(Limoncello), 향수, 비누, 사탕, 오일, 디퓨저 등 다양한 제품을 선보이고 있다. 특히 레몬 사탕을 예쁘게 포장하여 판매하는 것으로 유명하다. 여행 선물로 레몬 사탕을 생각하고 있다면 들러 볼 것. 단, 인종차별이 의심될 정도로 심한 불친절을 겪은 여행자들이 많은 것이 단점.

MAP P.617B

구글 지도 GPS 40.62966, 14.48636 **찾아가기** 물리니 광장에서 바닷가로 내려가는 길목에 있다. **주소** Piazza dei Mulini, 6 **전화** 089-812-055 **시간** 09:00~20:00 **휴무** 연중무휴 **홈페이지** www.saporidipositano.com

07 델리카테센 포지타노

Delicatessen Positano
델리카테센 포지타노

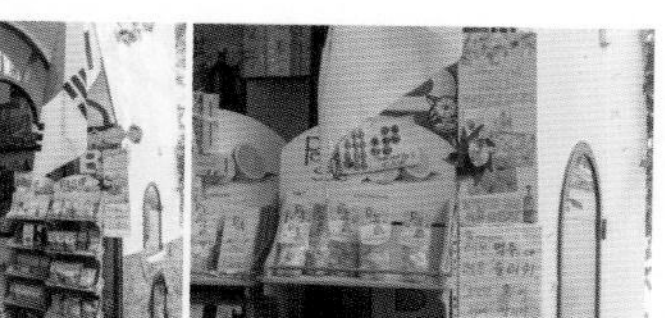

레몬 사탕, 리몬첼로, 레몬 비누 등 각종 포지타노 특산 기념품을 판매하는 숍. 한국 손님에게 유난히 친절한 곳으로, 안내문이 한글로 되어 있고 종업원들도 간단한 한국말을 구사한다. 기념품 외에도 즉석에서 먹고 갈 수 있는 레몬 맥주와 레몬 슬러시도 판매한다. 단, 상품의 품질은 아주 특별하지는 않다.

MAP P.617B

구글 지도 GPS 40.62973, 14.48636 **찾아가기** 물리니 광장에서 바닷가로 내려가는 길목에 있다. 한글로 된 안내문과 태극기를 내걸고 있다. **주소** Via dei Mulini, 7 **전화** 089-875-489 **시간** 10:00~19:00 **휴무** 연중무휴

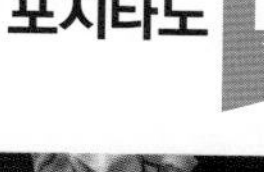

C.

아말피
Amalfi

'아말피 코스트'라는 이름의 주인공이자 중심 도시. 예로부터 지중해 남쪽의 무역 도시로서 이름을 날렸고 9~13세기에는 어엿한 독립 공화국이었다. 현재는 아말피 코스트 여행의 종착지로서, SS163 도로 위에서 보이는 바다와 포지타노의 비현실적인 아름다움에 취한 여행자들이 잠시 현실로 내려와 기념품을 사고 밥을 먹는 관광지 역할을 하고 있다. 그러나 아말피의 골목과 바닷가를 조금만 거닐다 보면 이곳도 포지타노 못지 않게 아름다운 곳이라는 것을 금세 깨닫게 될 것이다.

찾아가기 소렌토에서 출발하여 포지타노를 거치는 시타 수드 버스의 종점이다. 여름에는 카프리 · 포지타노 · 소렌토 · 살레르노에서 페리가 오간다. 특히 포지타노→아말피 구간은 탑승 시간이 편하고 풍경이 매우 아름다워 여름에 여행한다면 꼭 한번 타 볼 만하다.

A

B

당나귀 머리 분수
La Fontana De Cape E Ciucci P.622

아말피 럭셔리 하우스
Amalfi Luxury House

Via Pietro Capuano

피에트로 카푸아노 거리
Via Pietro Capuano P.623

슈퍼마켓
DECO Supermercato Amalfi

호텔 플로리디아나
Hotel Floridiana

레지덴자 루체
Residenza Luce

레지덴자 델 두카
Residenza del Duca

타베르나 델리 아포스톨리
Taverna degli Apostoli P.623

아말피 두오모
Duomo di Amalfi P.622

C

D

쿠오포 아말피
Cuoppo d'Amalfi P.623

두오모 광장
Piazza Duomo P.622

안티키 사포리 다말피
Antichi Sapori d'Amalfi P.623

호텔 폰타나
Hotel Fontana

SS163

호텔 크로체 디 아말피
Hotel Croce di Amalfi

버스 정류장
(라벨로행)

SS163

버스 정류장
Amalfi

호텔 마리나 리비에라
Hotel Marina Riviera

E

F

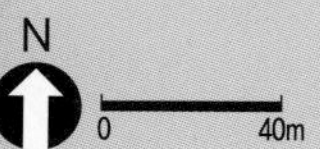

TRAVEL INFO
ⓘ 핵심 여행 정보

01 아말피 두오모
Duomo di Amalfi
두오모 디 아말피

★★★★

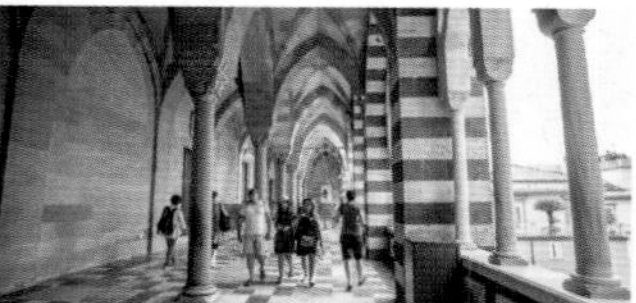

아말피의 중심 성당이자 아말피에서 가장 중요한 볼거리. 9~10세기에 짓기 시작해 몇 세기에 걸쳐 증·개축되어 아랍·고딕·르네상스·바로크 등 상당히 많은 양식이 담겨 있다. 1206년 제 4차 십자군 원정에서 획득한 사도 안드레아의 유해 일부를 봉안하고 있어 '산탄드레아 대성당(Cattedrale di Sant'Andrea)'로도 불린다. 내부에는 13세기에 만들어진 고딕 스타일 십자가와 주로 18세기에 그려진 아름다운 벽화로 가득 차 있다. 원래 입장료는 무료이지만, 사람이 가장 많이 붐비는 오전 10시부터 오후 5시까지는 왼쪽 옆에 붙어 있는 유료 관람 시설 천국의 회랑(Chiostro del Paradiso)과 통합 운영하기 때문에, 이 시설의 입장료를 내고 그쪽 출입문으로 입장해야 한다.

MAP P.621D
구글 지도 GPS 40.63447, 14.60313 **찾아가기** 아말피 구시가 중심부. 시타 수드 버스에서 내린 뒤 골목이나 성문을 통해 구시가로 진입하여 조금만 걸으면 오른쪽에 바로 보인다. **주소** Via Duca Mansone I **전화** 089-873-558 **시간** 3~6월 09:00~18:45, 7~9월 09:00~19:45, 11~2월 10:00~13:00, 14:30~16:30 **휴무** 연중무휴 **가격** €3 **홈페이지** museodiocesanoamalfi.it

02 두오모 광장
Piazza Duomo
피아짜 두오모

★★

두오모 앞에 자리한 유쾌한 느낌의 광장으로, 아말피의 중심 광장이다. 근사한 분수를 중심에 두고 상점과 식당이 둥그렇게 둘러싸고 있으며 사시사철 관광객으로 붐빈다. 분수의 주인공은 두오모에 안치되어 있는 바로 그 분이자 아말피의 수호성인인 사도 안드레아이다.

MAP P.621C
구글 지도 GPS 40.63423, 14.60256 **찾아가기** 아말피 구시가 중심부. 시타 수드 버스에서 내린 뒤 골목이나 성문을 통해 구시가로 진입하여 조금만 걸으면 정면에 바로 나타난다. **주소** Via Duca Mansone I, 47 **전화** 상점마다 다름 **시간** 24시간 **휴무** 연중무휴 **가격** 무료입장

03 당나귀 머리 분수
La Fontana De Cape E Ciucci
라 폰따나 데 까빼 에 치우치

★★

아말피 관광 타운 북쪽에 자리한 오래된 분수. 18세기에 만들어질 당시에는 벽면에 사람 머리 부조가 2개 있는 평범한 분수로 주로 당나귀가 물을 마시는 용도였다고 한다. 당나귀는 아말피의 상징 동물인데, 먼 곳에서 필요한 물자를 실어다 주는 고맙고 성실한 존재로 사랑받고 있다. 1970년대에 만들어진 장식과 수백 개의 작은 조각상은 주민들의 작품으로, 없어지거나 훼손되면 집에서 가져와 채워 넣는다고 한다.

MAP P.621A
구글 지도 GPS 40.6365, 14.60215 **찾아가기** 두오모 광장에서 바다 방향을 등지고 북쪽으로 약 300m 직진. **주소** Via Pietro Capuano, 111 **시간** 24시간 **휴무** 연중무휴 **가격** 무료입장

04 타베르나 델리 아포스톨리

Taverna degli Apostoli

코페르토 €2 카드 결제 O 영어 메뉴 O

아말피 두오모 바로 앞 한적한 기단 위에 자리한 식당. 두오모 광장의 낭만을 즐기면서 왁자지껄함은 피할 수 있는 최적의 위치를 자랑한다. 가장 유명한 메뉴는 레몬 페스토 스파게티로, 레몬의 새콤함과 아시아풍의 감칠맛이 조화된 독특한 소스를 사용한다. 수제 파스타로 조리하기 때문에 면도 상당히 맛있다. 이 메뉴를 먹기 위해 일부러 찾아가는 사람도 있을 정도.

MAP P.621D

구글 지도 GPS 40.63452, 14.60289 **찾아가기** 두오모 정면을 바라보고 왼쪽에 있는 얕은 계단으로 올라간다. **주소** Via Sant'Anna Piccola, 5 **전화** 089-872991 **시간** 목~화요일 13:00~14:30, 19:00~22:30 **휴무** 수요일 **가격** 전체 €17~25, 파스타 €18~27, 메인 메뉴 €24~28

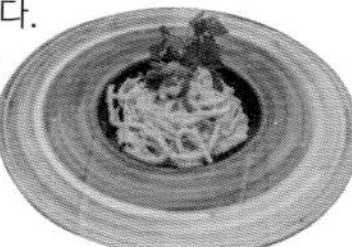

레몬 페스토 스파게티
Spaghettoni freschi al pesto do afusato Amalfitano €20

05 쿠오포 다말피

Cuoppo D'Amalfi

코페르토 X 카드 결제 X 영어 메뉴 X

아말피 중심 거리에서 살짝 들어간 골목 안에 있는 해산물 튀김 전문점으로, 친절하고 음식 맛이 좋아 인기가 높다. 주방 창문이 통유리로 되어 있어 내부가 보이는데, 상당히 깔끔하고 위생적이라 믿음이 간다. 짭짤한 간식을 즐기며 아말피의 해안을 산책하고 싶은 사람, 또는 아말피 코스트의 애매한 버스 시간에 대응할 수 있는 기동력 있는 먹거리를 찾는 사람에게 추천.

MAP P.621C

구글 지도 GPS 40.63447, 14.60219 **찾아가기** 아말피 두오모 광장에서 북쪽으로 쭉 올라가다 로칸다 마리나이오(Locanda Marinaio) 맞은편에 보이는 계단으로 올라간다. **주소** Gaetano Afeltra, 10 **전화** 334-626-1440 **시간** 11:00~19:00 **휴무** 연중무휴 **가격** 각종 튀김 €5~16 **홈페이지** cuoppodamalfi.com

마리나로 Marinaro €13.5

06 안티키 사포리 다말피

Antichi Sapori d'Amalfi
안티끼 사뽀리 다말피

레몬으로 만든 다양한 술, 향료와 도자기 그릇류를 판매하는 기념품 숍. 레몬 관련 상품은 이 가게에서 직접 만든 것이다. 다양한 상품들이 있으나 리몬첼로가 맛과 실용성에서 단연 발군이다. 도자기로 장식된 예쁜 병에 담겨 있어 선물 및 기념품으로 아주 좋다.

MAP P.621D

구글 지도 GPS 40.63423, 14.60277 **찾아가기** 두오모 광장. **주소** Via Duca Mansone I, 39 **전화** 089-872-062 **시간** 11:00~19:00 **휴무** 연중무휴 **홈페이지** www.antichisaporidamalfi.it

07 피에트로 카푸아노 거리

Via Pietro Capuano
비아 삐에뜨로 까뿌아노

두오모 광장에서 마을 북쪽으로 이어지는 길이다. 여러 개의 기념품 숍과 부티크 등이 모여 있다. 여기 저기에서 흔히 보이는 공장 기념품이 아닌 바로 그 집만의 색깔이 듬뿍 묻어 있는 특별한 기념품과 공예품을 만날 수 있다. 특히 단순하면서도 귀여운 물고기 캐릭터의 티셔츠와 에코 백을 판매하는 의류점 제이피 부티크(JP Boutique)를 유심히 볼 것.

MAP P.621A

구글 지도 GPS 40.63531, 14.60198 **찾아가기** 두오모 광장에서 바다를 등지고 북쪽으로 약 120m 직진하면 작은 성문 같은 것이 나온다. 그 성문을 통과하면 바로 피에트로 카푸아노 거리(Via Pietro Capuano)로 이어진다. **주소** Via Pietro Capuano **전화** 상점마다 다름. **시간** 24시간 **휴무** 상점마다 다름.

D.

라벨로
Ravello

아말피 코스트를 이탈리아 여행 최고의 로망으로 여기고 준비했던 사람도 '라벨로'라는 이름은 생소하기 마련이다. 라벨로는 아말피 부근의 언덕 위에 자리한 아주 작은 마을이다. 5세기경, 피난처로 처음 개발된 이래 남부 이탈리아의 축복받은 지중해 풍경을 100% 즐길 수 있는 아름답고 비밀스러운 휴양지로 명맥을 이어나가고 있다. 특히 작가들의 사랑을 듬뿍 받아 왔는데, 데이비드 허버트 로렌스의 〈채털리 부인의 연인〉이 이곳에서 영감을 받은 작품으로 유명하다. 다소 외진 편이라 포지타노나 아말피에 비해 방문객이 많지 않으나, 일단 한번 가 본 사람들은 모두 가슴속 깊은 곳에 라벨로를 새기고 돌아간다.

찾아가기 아말피에서 버스를 탄다. 아말피 바닷가에 넓게 자리한 버스 종점에 라벨로행 전용 버스 정류장이 있다(P.443 지도 참고). 버스 스케줄은 07:30~23:30, 15~30분 간격이다.(라벨로→아말피 막차는 22:30)

TRAVEL INFO
핵심 여행 정보

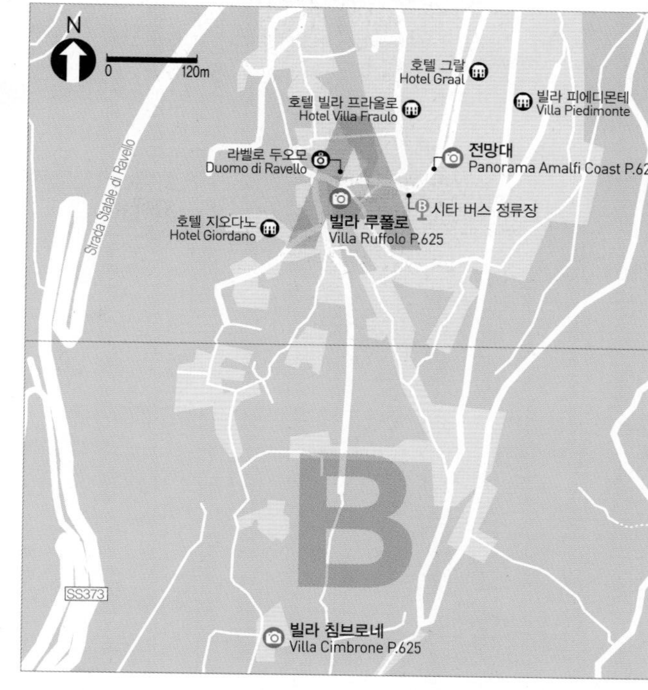

01 빌라 루폴로
Villa Rufolo
빌라 루폴로

★★

13세기의 귀족 루폴로의 저택을 19세기에 손본 곳. 고풍스러운 중세 건축물과 아름다운 정원을 볼 수 있다. 19세기에 독일의 작곡가 바그너가 이곳에서 오페라 〈파르지팔〉의 2막을 썼다고 한다. 특히 바다에 면한 정원이 매우 아름답다. 10~4월에는 꽃이 피지 않으며, 7~9월에는 라벨로 음악 페스티벌이 열린다.

MAP P.625A
구글 지도 GPS 40.649, 14.61208 **찾아가기** 시타 수드 버스 정류장을 등지고 왼쪽 방향으로 가다 보면 빌라 루폴로의 입구인 낡은 성문 하나가 보인다. **주소** Piazza Duomo **전화** 089-857-621 **시간** 09:00~20:00 **휴무** 연중무휴 **가격** 일반 €8, 만 12세 미만 및 만 65세 이상 €6 **홈페이지** villarufolo.it

02 빌라 침브로네
Villa Cimbrone
빌라 침브로네

★★★

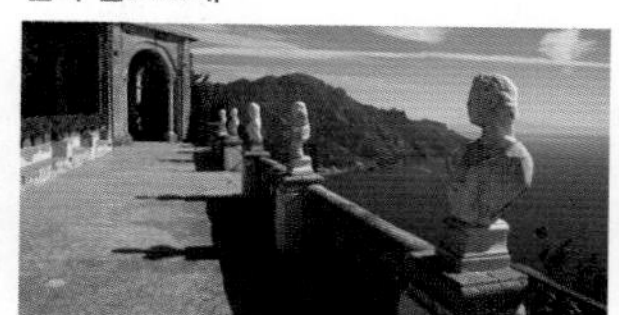

11세기에 지어진 중세 저택으로, 20세기 초 영국 귀족이 리모델링하여 현재의 모습이 되었다. 현재 건물은 호텔로 사용 중이고 전망 정원만 일반인에게 유료로 개방하고 있다. 이곳에서 보이는 지중해의 전망이 마치 무한대로 펼쳐진 것 같다고 하여 '무한의 테라스(Terrazza dell'Infinito)'라는 별명이 붙어 있다. 아말피 코스트에서 바다 전망이 가장 아름답게 보이는 곳이다.

MAP P.625B
구글 지도 GPS 40.64422, 14.61113 **찾아가기** 두오모를 등지고 왼쪽에 보이는 좁은 골목으로 들어간 뒤 남쪽으로 약 600m 간다. 구글 맵을 꼭 참고할 것. **주소** Via Santa Chiara, 26 **전화** 089-857-459 **시간** 09:00~일몰 **휴무** 부정기 **가격** 정원 €10

03 전망대
Panorama Amalfi Coast
파노라마 아말피 코스트

★★

시타 수드 버스 정류장 부근에 자리한 노천 무료 전망대. 이렇다 할 시설이 아니라 그냥 언덕에 난간과 전망용 발판을 설치한 수준인데, 전망만 보면 아말피 코스트의 그 어느 곳에도 뒤지지 않을 정도로 훌륭하다. 빌라 루폴로나 빌라 침브로네에 다녀왔더라도 놓치지 말고 들러볼 것.

MAP P.625A
구글 지도 GPS 40.64924, 14.61339 **찾아가기** 시타 수드 버스 정류장을 등지고 오른쪽으로 간다. **주소** Via Giovanni Boccaccio, 1 **시간** 24시간 **휴무** 연중무휴 **가격** 무료입장

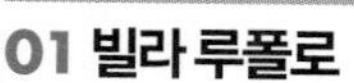

AREA

03 POMPEI SCAVI 폼페이 유적

2,000년 전 로마가 고스란히 박제되다

폼페이는 로마 최고의 휴양지이자 향락의 도시였다. 발치에는 푸른 지중해가 넘실거렸고, 저 멀리 베수비오산이 도시를 굽어보는 아름다운 이 도시는 로마 제국의 최첨단 도시 계획 및 건축 기술이 집약된 총아였다. 그러나 모든 것은 서기 79년 베수비오산의 분화 폭발로 한순간에 사라지고, 무려 2000년 가까운 세월 동안 화산재 아래에서 고이 잠들었다. 이제 잠에서 깬 지 300여 년, 폼페이는 현존하는 로마 시대 도시 유적 중 원형이 가장 잘 보존된 역사의 화석이 되어 로마 시대의 높은 생활 수준과 화려한 생활상을 증명하며 수많은 이들의 발걸음을 불러들이고 있다.

인기 ★★★★☆

인지도만 두고 보면 남부에서 가장 유명한 곳 중 하나.

관광 ★★★★☆

역사에 관심 많은 사람에게는 감동. 그렇지 않은 사람에게는 돌무더기.

쇼핑 ★☆☆☆☆

기념품조차 별 볼 일 없다.

식도락 ★☆☆☆☆

돈 주고 사서 섭취해도 좋은 것은 오로지 물뿐이다.

복잡함 ★★★☆☆

지리는 단순하나 다 비슷비슷해서 헛갈린다.

치안 ★★★★☆

오가는 치르쿰베수비아나 안에서만 조심하면 된다.

폼페이 ~ 주요 도시 간 교통

폼페이 유적-나폴리
1시간 2~3편
사철 약 30분, €2.8

나폴리

폼페이 유적
POMPEI SCAVI

폼페이 유적-소렌토
1시간 2~3편
사철 약 30분, €2.8

소렌토

MUST SEE 이것만은 꼭 보자!

No.1
폼페이 광장에서 보는 **주피터 신전과 베수비오산**의 풍경

No.2
비너스 신전과 함께 어우러지는 폼페이 시내의 풍경

No.3
목신의 집의 **바닥 모자이크와 목신 동상**

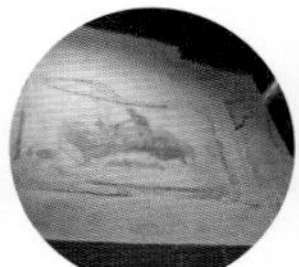

No.1
베티의 집과 **루파나레**의 19금 벽화

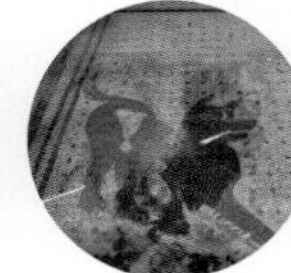

No.2
비극 시인의 집 앞 **'개조심'** 모자이크

No.3
신비의 저택의 프레스코화에 담긴 **바쿠스 신의 의식**

1 단계 폼페이 유적 여행 정보 한눈에 보기

폼페이 역사 이야기

기원전 8세기 무렵부터 토착 민족, 그리스인, 에트루리아인이 이 지역에서 마을을 건설하며 살았다. 그러다 기원전 4~5세기경 고대 남부 이탈리아의 토착 민족 중 하나인 삼니움(Samnium)족이 원주민들을 정복하고 일대에 대규모 촌락을 조성하며 살았다. 이후 4세기부터 로마의 침략에 맞섰지만 끝내 정복당하고, 몇 차례 반란을 일으키나 모두 로마에 제압당한다. 이후 폼페이는 로마의 식민 도시가 되었는데, 아피아 가도로 이어지는 육상 교통과 나폴리-소렌토를 잇는 해양 교통이 교차하는 곳인 동시에 날씨가 좋아 교역과 상업, 휴양으로 경제가 크게 발달했다. 64년, 대지진이 일어나 신전과 저택 등에 큰 타격을 입었으나 높은 기술력으로 차츰 원래의 모습을 되찾아가던 중 79년에 베수비오산이 대폭발하여 모든 것이 한순간에 화산재 아래로 묻히고 만다. 이후 2,000년 가까운 세월 동안 완벽하게 잊혀졌다가 16세기 말 하수도 공사 중 우연히 유적이 발견되어 세상에 모습을 드러내기 시작했다. 18세기부터 본격적인 발굴 및 복원 작업이 시작되었고, 유럽에서 가장 중요한 관광지이자 답사지로 부상하였다. 발굴과 복원 작업은 지금도 현재진행형이다.

폼페이 유적 여행 꿀팁

☑ 호불호가 갈려요!

폼페이 유적은 워낙 유명한 곳이라 이탈리아 남부 여행의 필수 코스처럼 여겨지지만, 의외로 호불호가 갈리고 성향에 따라 만족도의 차이가 큰 곳이다. 평소 역사와 문화에 관심이 많거나, 건축 및 도시공학 전공자, 평소 폼페이에 큰 로망을 갖고 있던 사람들은 이탈리아 최고의 여행지로 꼽지만, 그렇지 않은 사람들 눈에는 '도대체 뭘 봐야 할지 알 수 없는 폐허'로만 보이기 십상이다. 자신이 '호'에 해당할 것 같다면 무조건 Go! 그러나 '불호'라면 남부 여행 일정이 남아 돌거나 투어 상품을 이용하는 것이 아닌 이상 굳이 안 가도 괜찮다.

☑ 가이드가 필요하다, 하지만!

폼페이 유적은 이탈리아에서 지식 가이드 투어가 가장 필요한 곳 중 하나지만 아직 한국어로 된 단독 가이드 투어는 없다. 한국어 오디오 가이드조차 없는 것이 현실. 한국어 가이드가 꼭 필요한 사람이라면 다음의 둘 중 하나를 선택하자.

첫째는 로마에서 출발하는 남부 투어. 가이드에게 직접 친절한 설명을 들을 수 있으나 폼페이에 할애하는 시간이 적은 것이 단점이다. 둘째는 한국 관광공사와 인터파크 투어에서 만든 오디오 가이드로, 유튜브에서 쉽게 찾을 수 있다. 폼페이에 오래 머물며 꼼꼼하게 돌아보려는 여행자에게 추천하지만, 실제 동선과 멘트를 맞추기 번거로운 것이 단점. 영어가 능숙하다면 영어 오디오 가이드를 빌리거나 폼페이 유적지 정문에서 영어 가이드를 고용하면 된다.

☑ 숙박은 나폴리 or 소렌토

유적을 꼼꼼하게 돌아보려면 나폴리나 소렌토에서 숙소를 구해 1박을 하는 것이 좋다. 폼페이 시내에도 숙소가 있지만 대부분 낙후된 편이고 주변에 슈퍼마켓이나 빨래방과 같은 편의 시설도 전혀 없다. 고고학 박물관과 엮어서 본격 역사 탐구를 할 여행자라면 나폴리에, 아말피 코스트와 엮어 돌아보려면 소렌토에 숙소 잡기를 추천.

☑ 아르테 카드, 없으면 말자

폼페이는 아르테 카드(Arte Card) 캄파니아 3일권의 무료입장에 해당하는 곳이다. 그러나 아르테 카드는 가격이 워낙 비싼 데다 아말피 코스트 교통 특전이 없어진 탓에 본전을 뽑기 힘들어진 것이 현실. 나폴리를 포함하여 3일 이상 여행할 예정이고 나폴리에서 아주 비싼 박물관을 갈 생각이라면 고려해볼 만하지만 굳이 애써서 살 필요는 없다.

☑ 도시락을 챙기자

모르긴 몰라도 폼페이는 이탈리아 남부 유명 관광지 중 먹을거리가 가장 없는 지역의 톱을 달릴 것이다. 유적지 내 레스토랑은 1개뿐이고, 주변에 관광 레스토랑이 몇 곳 있으나 대부분 수준이 매우 낮다. 나폴리나 소렌토의 대형 슈퍼마켓에서 간단한 장을 봐서 먹을거리를 챙겨가는 것이 좋다. 무료로 나눠주는 지도에 음식을 먹을 수 있는 구역이 친절하게 표시되어 있다.

☑ 일찍 가자!

폼페이의 세부 유적 중에는 내부 출입 시간이 정해져 있는 것들이 있다. 대부분 오픈 시간은 유적 공식 입장 시간과 같으나 닫는 시간은 오후 1~2시로 빠른 것들이 많다. 유적의 모든 구석을 샅샅이 뒤지고 싶다면 가급적 오전 시간에 갈 것.

홈페이지 폼페이 유적 종합 안내 pompeiisites.org/en

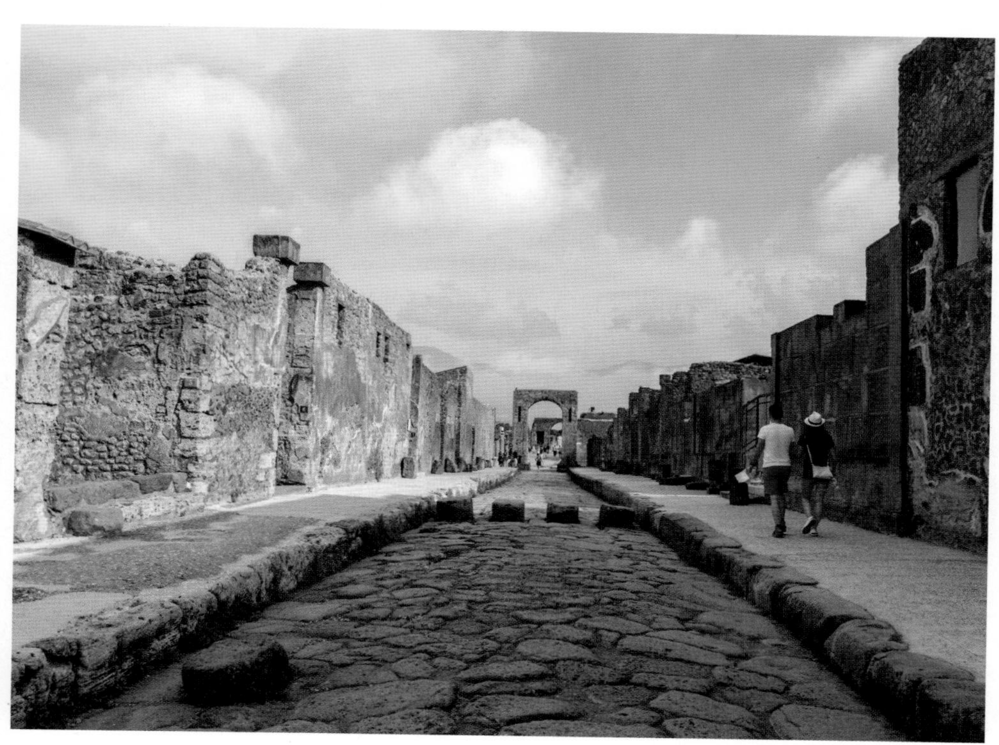

폼페이 유적 여행
무작정 따라하기

STEP 1 2 3

2단계 폼페이 유적, 이렇게 간다

화산 폭발로 사라진 2,000년 전 도시의 유적이라면 산 넘고 물 건너 힘들게 찾아가야 할 것 같으나, 폼페이 유적은 의외로 상당히 쉽게 갈 수 있다. 나폴리에서 아말피 코스트로 가는 길목에 있어 묶어서 보기도 좋다.

기차로 가기

PLUS TIP

폼페이로 가는 버스는?
이탈로 버스, 시타 수드 버스 등에서 나폴리-폼페이 구간 버스를 운행하지만, 소요 시간이나 접근성 면에서 치르쿰베수비아나에 한참 못 미친다.

아말피 코스트와 마찬가지로 나폴리에서 사철 열차 치르쿰베수비아나(Circumvesuviana)를 이용한다. 나폴리와 소렌토 중간쯤에 자리한 폼페이 스카비-빌라 데이 미스테리(Pompei Scavi-Villa dei Misteri) 역에서 내리면 된다. 나폴리와 소렌토에서 약 30분 정도 걸린다.
치르쿰베수비아나 외에도 폼페이 유적 일대를 지나가는 국철 및 지방 철도 노선은 2~3개 정도 더 있고 '폼페이'라는 이름을 가진 역도 몇 개 더 있으나 치르쿰베수비아나의 폼페이 스카비 역이 압도적으로 가깝고 편리하다. 역사를 등지고 오른쪽으로 길을 따라 조금만 가면 길 건너편에 바로 포르타 마리나 입구가 보인다. 열차 이용법과 주의 사항 등은 P.428를 참고하자.

€ **요금** 나폴리→폼페이 스카비-빌라 데이 미스테리 역 €2.8
소렌토→폼페이 스카비-빌라 데이 미스테리 역 €2.8

PLUS TIP

폼페이 주차장 정보
아쉽게도 폼페이 유적 공식 주차장은 없다. 주변의 공영 노천 주차 구역을 이용하거나 사설 주차장을 이용해야 하는데, 노천 주차 구역은 도난의 위험이 크므로 권하기 힘들다. 가급적 'P' 표시가 있는 사설 유료 주차장을 이용할 것. 간혹 주변 레스토랑이나 호텔에서 무료 주차를 해준다며 호객하는 경우가 있는데, 나중에 차를 가지러 가보면 식사를 해야만 차를 내준다며 강매하거나 터무니 없는 발레파킹 요금을 요구할 때가 많다.

폼페이 유적 여행
무작정 따라하기

STEP 1 2 3

3단계 폼페이 유적, 이렇게 돌아본다

폼페이 유적은 지금도 발굴이 진행 중이어서인지, 관람객을 위한 경로 안내나 전담 안내원 등의 친절한 서비스가 전혀 없다. 티켓을 살 때 주는 무료 지도와 오디오 가이드, 또는 투어의 가이드 설명에 의존하여 돌아보게 된다. 폼페이 시간 여행에 필요한 것은 세 가지. 상상력과 방향 감각, 그리고 입장권이다.

입장권 구매

폼페이 유적지에는 세 곳의 정식 출입구에서 모두 티켓을 판매한다. 사람들이 가장 많이 이용하는 곳은 폼페이 스카비 역과 가까운 '포르타 마리나' 출입구로서, 세 출입구 중 가장 규모가 크고 시설도 잘 정비되어 있다. 아르테 카드를 가지고 있으면 매표소에서 실물 티켓으로 교환한 뒤 입장한다.

포르타 마리나 출입구 매표소
MAP P.632J
구글 지도 GPS 40.74812, 14.48192 **가격** 폼페이 유적 기본 입장권 €18, 폼페이 유적+빌라 데이 미스테리를 포함한 주변 유적 €22, 아르테 캄파니아 카드 소시자 무료

● 4/1~10/31

개장 시간	최종 입장	폐장 시간
09:00	17:30	19:00

● 11/1~3/31

개장 시간	최종 입장	폐장 시간
09:00	15:30	17:00

PLUS TIP

폼페이 유적을 돌아볼 때 꼭 알아야 할 몇 가지

❶ 스마트폰과 온라인 지도를 꼭 챙길 것.
특히 구글 맵은 폼페이 유적의 웬만한 지형지물까지 다 표현되어 있을 정도로 자세히 나타나 있다.

❷ 생수를 가져가자.
유적 내부로 들어가면 레스토랑 외에는 물 살 곳이 마땅치 않다. 무료 식수대와 분수가 여러 곳에 설치되어 있고 수질이 좋은 편이라 마셔도 지장은 없지만, 혹시 못 미덥다면 미리 챙기는 것이 좋다.

❸ 매표소 부근에 무료 짐 보관소가 있다.
큰 배낭이나 캐리어도 맡아준다. 30×30×15cm 이상의 짐은 원칙적으로 유적지 안으로 가지고 들어갈 수 없어 무조건 맡겨야 한다는 것도 알아둘 것.

❹ 진품은 나폴리 국립 고고학 박물관에 있다.
폼페이 유적에서 발견된 중요한 조각과 모자이크, 벽화, 조각들은 주로 나폴리 국립 고고학 박물관(P.415)에서 소장 · 전시 중이고, 유적지에는 모조품을 놓아두었다. 유적을 둘러보고 고대 폼페이에 대해 큰 관심이 생겼다면 나폴리 국립 고고학 박물관도 꼭 가볼 것.

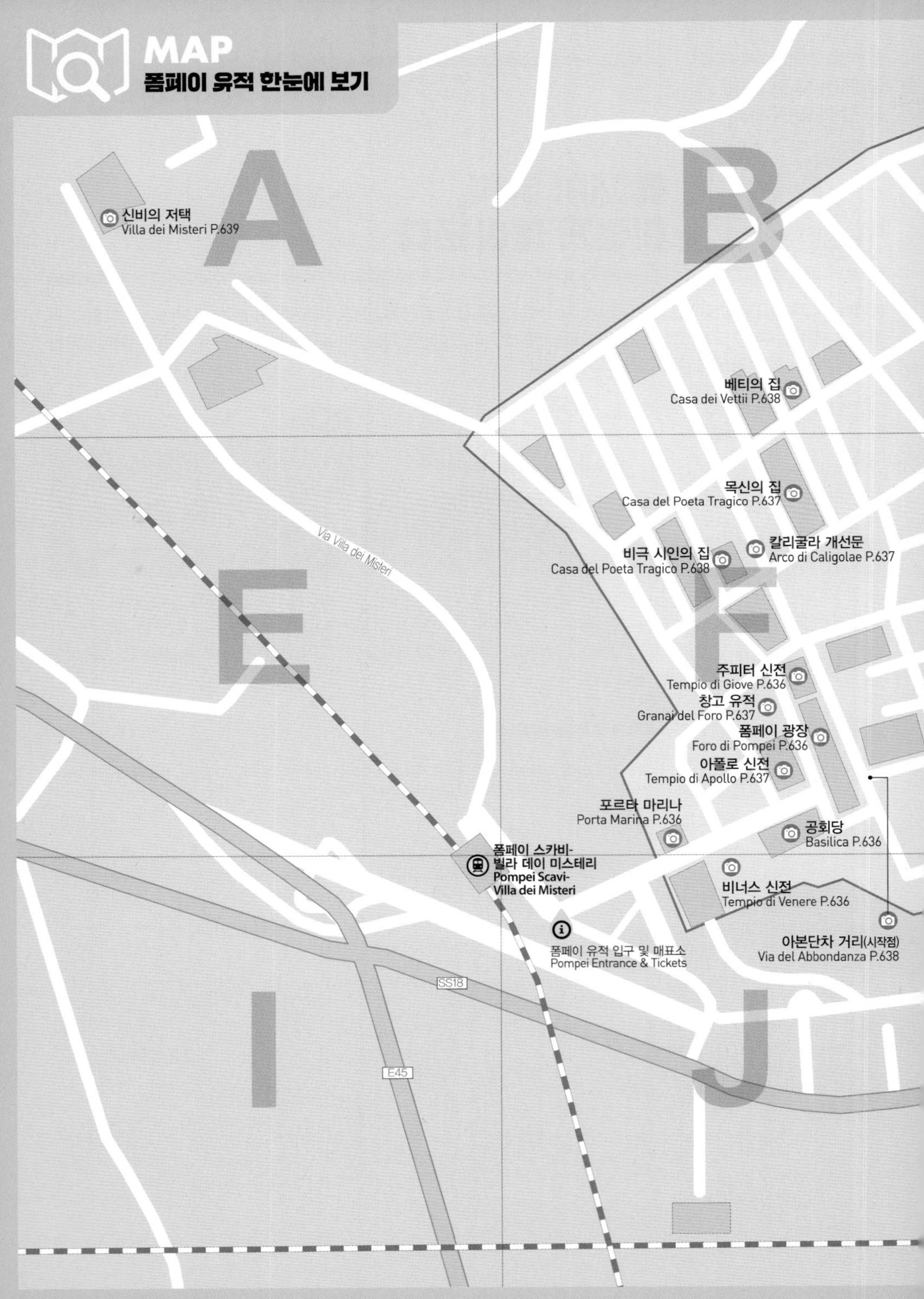
MAP
폼페이 유적 한눈에 보기
A
B
E
F
I
J
신비의 저택
Villa dei Misteri P.639
베티의 집
Casa dei Vettii P.638
목신의 집
Casa del Poeta Tragico P.637
칼리굴라 개선문
Arco di Caligolae P.637
비극 시인의 집
Casa del Poeta Tragico P.638
Via Villa dei Misteri
주피터 신전
Tempio di Giove P.636
창고 유적
Granai del Foro P.637
폼페이 광장
Foro di Pompei P.636
아폴로 신전
Tempio di Apollo P.637
포르타 마리나
Porta Marina P.636
공회당
Basilica P.636
폼페이 스카비-
빌라 데이 미스테리
Pompei Scavi-
Villa dei Misteri
비너스 신전
Tempio di Venere P.636
아본단차 거리(시작점)
Via del Abbondanza P.638
폼페이 유적 입구 및 매표소
Pompei Entrance & Tickets
SS18
E45

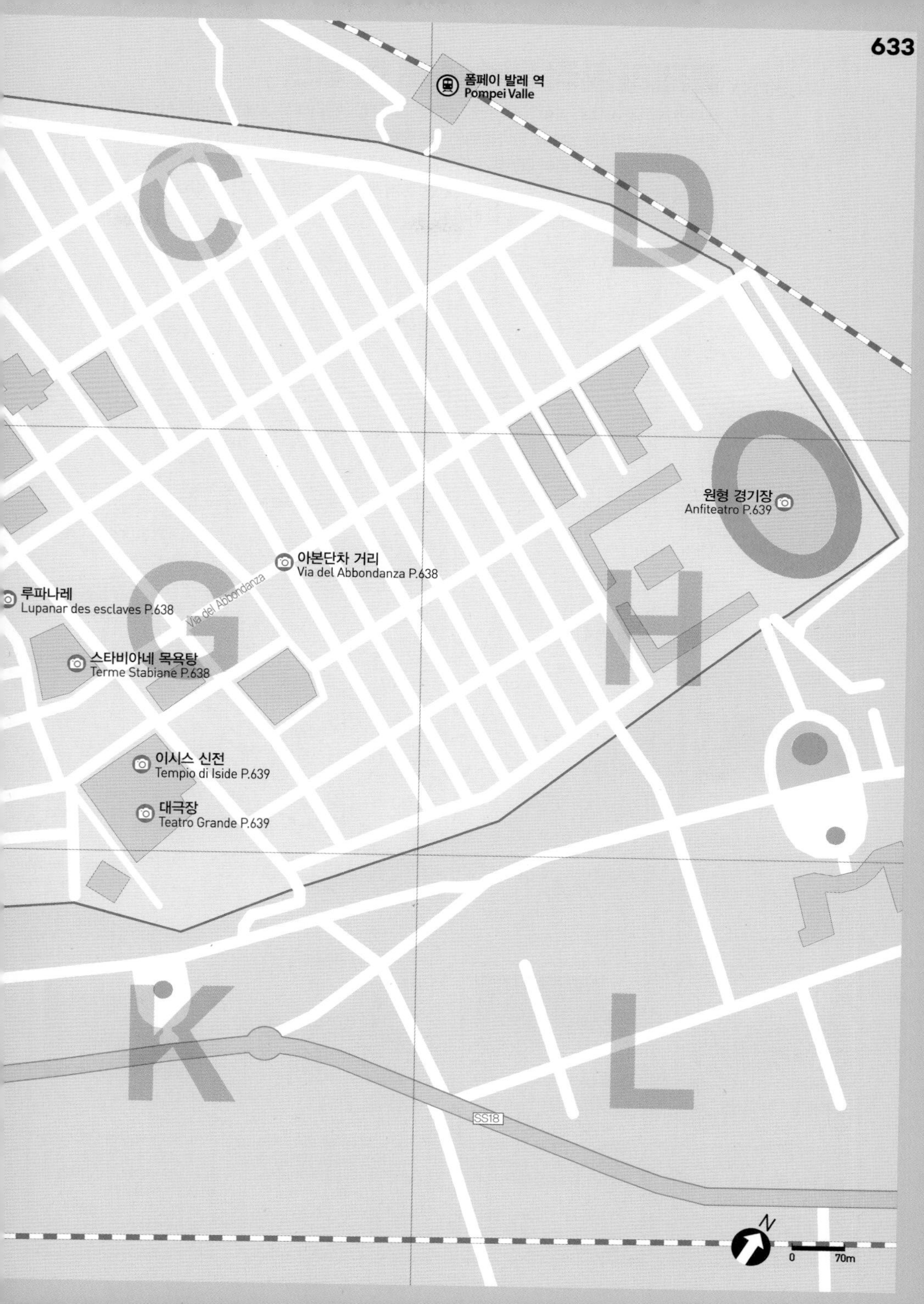
폼페이 발레 역
Pompei Valle
C
D
원형 경기장
Anfiteatro P.639
아본단차 거리
Via del Abbondanza P.638
Via del Abbondanza
루파나레
Lupanar des esclaves P.638
G
H
스타비아네 목욕탕
Terme Stabiane P.638
이시스 신전
Tempio di Iside P.639
대극장
Teatro Grande P.639
K
L
SS18
N
0
70m

COURSE 1

폼페이 유적 필수 스폿 퀵 루트

폼페이 유적을 제대로 꼼꼼히 보려면 2~3일은 걸리지만, 우리에게 그렇게 넉넉한 시간은 잘 주어지지 않는다. 보통 반나절, 길어도 한나절로서 오전 중에 폼페이 유적을 돌아본 뒤 해가 남아 있을 때 소렌토나 나폴리로 넘어가는 것이 일반적. 넓은 데다 다 똑같아 보이는 폼페이에서 꼭 봐야할 것을 놓치지 않으면서 효율적으로 돌아보는 루트를 제안한다. 유적 내에는 정말 이렇다 할 길잡이가 없지만 모바일 인터넷은 잘 터지므로 구글 맵을 잘 따라갈 것.

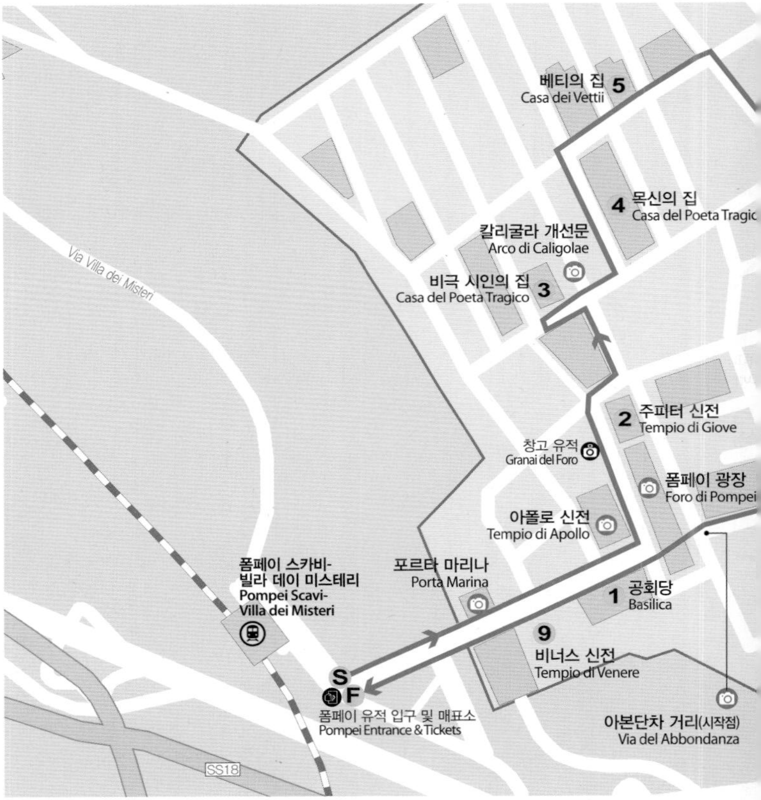

베티의 집 5 Casa dei Vettii
4 목신의 집 Casa del Poeta Tragic
칼리굴라 개선문 Arco di Caligolae
비극 시인의 집 Casa del Poeta Tragico 3
Via Villa dei Misteri
2 주피터 신전 Tempio di Giove
창고 유적 Granai del Foro
폼페이 광장 Foro di Pompei
아폴로 신전 Tempio di Apollo
폼페이 스카비-빌라 데이 미스테리 Pompei Scavi-Villa dei Misteri
포르타 마리나 Porta Marina
1 공회당 Basilica
9 비너스 신전 Tempio di Venere
S F 폼페이 유적 입구 및 매표소 Pompei Entrance & Tickets
아본단차 거리(시작점) Via del Abbondanza
SS18

S

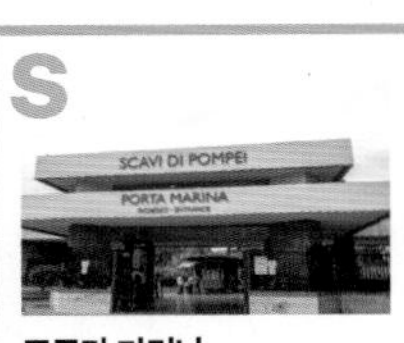

포르타 마리나

Porta Marina

매표소에서 티켓을 끊고 입장한다. 아르테 카드를 갖고 있다면 실물 티켓과 교환할 것.

유적 안으로 진입한 뒤 오른쪽으로 간다. → 공회당 도착

1

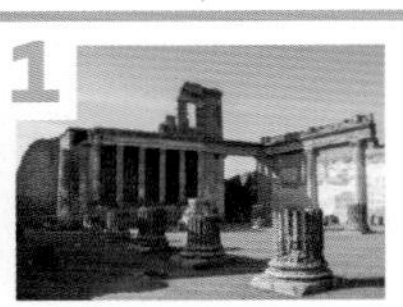

공회당 / 10min

Basilica

고대 폼페이에서 가장 오래된 공공기관. 로마의 공회당은 이런 곳이었다.

공회당을 오른쪽에 두고 직진 → 폼페이 광장 도착

2

폼페이 광장 & 주피터 신전 / 20min

Foro di Pompei & Tempio di Giove

고대 폼페이의 광장. 북쪽 면이 주피터 신전이다. 베수비오산과 유적을 함께 담을 수 있는 최고의 포토 스폿.

주피터 신전을 지나 북쪽으로 직진하다 아치가 나오면 좌회전 → 비극 시인의 집 도착

3

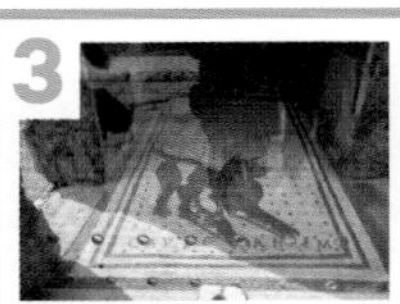

비극 시인의 집 / 10min

Casa del Poeta Tragico

폼페이의 상징인 '개 조심' 모자이크가 있다. 지나치기 쉬우므로 같은 라인의 건물들을 모두 유심히 보며 다닐 것.

반대 방향으로 약 70m 직진하다 왼쪽 두 번째 골목으로 들어간다. → 목신의 집 도착

4

목신의 집 / 20min

Casa del Fauno

가장 넓고 아름다운 귀족 저택의 터. 알렉산더 대왕의 전투 장면을 묘사한 모자이크를 꼭 찾아볼 것.

목신의 집 북쪽 대각선 방향. → 베티의 집 도착

5

베티의 집 / 20min

Casa del Vettii

목신의 집에 버금가는 넓고 아름다운 저택 터. 거대 성기 남신 모자이크는 폼페이까지 왔다면 안 보고 가기 서운하다.

남쪽으로 약 250m 내려간 뒤 왼쪽 방향으로 간다. → 루파나레 도착

코스 무작정 따라하기
START

S. 포르타 마리나
도보 5분
1. 공회당
도보 2분
2. 폼페이 광장 & 주피터 신전
도보 3분
3. 비극 시인의 집
도보 5분
4. 목신의 집
도보 5분
5. 베티의 집
도보 5분
6. 루파나레
도보 5분
7. 스타비아네 목욕탕
도보 5분
8. 이시스 신전 & 대극장
도보 15분
9. 비너스 신전
도보 5분
F. 포르타 마리나

F

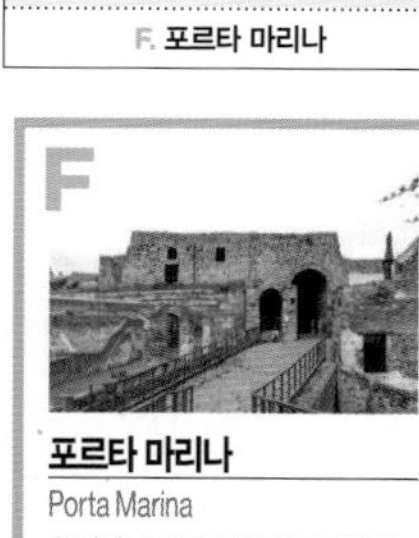

포르타 마리나
Porta Marina
폼페이 스카비 사철역으로 간다.

6

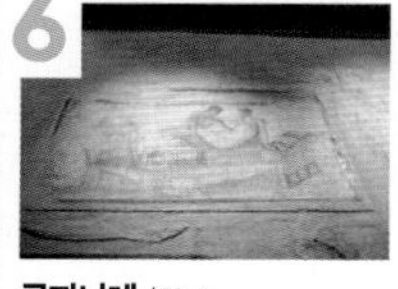

루파나레 / 20min
Lupanare
고대 폼페이의 사창가로 방마다 주인의 특기(?)를 묘사한 19금 벽화가 있다. 안 보고 가면 은근히 후회되는 곳.
남쪽으로 내려가다 사거리가 나오면 왼쪽으로 간다. → 스타비아네 목욕탕 도착

7

스타비아네 목욕탕 / 20min
Terme Stabiane
고대 로마의 잘 나가던 도시에는 반드시 근사한 목욕탕이 있었다. 고대 로마의 기술력과 폼페이의 번영을 체감하는 곳.
남쪽으로 직진. → 이시스 신전 도착

8

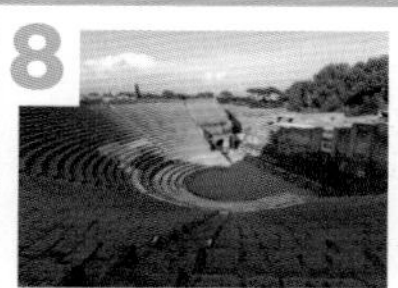

이시스 신전 & 대극장 / 30min
Tempio di Iside & Teatro Grande
이시스 신전을 거쳐 대극장으로 가게 된다. 대극장의 돌계단에서 느긋하게 쉬다 가자.
스타비아네 목욕탕 앞까지 돌아가 왼쪽에 나오는 아본단차 거리(Via del Abbondanza)를 거쳐 입구까지 직진. → 비너스 신전 도착

9

비너스 신전 / 10min
Tempio de Venere
맑은 날에는 폼페이 시내가 저 멀리 펼쳐져 있는 모습이 보인다.
포르타 마리나를 거쳐 경사로를 따라 내려간다. → 포르타 마리나 도착

TRAVEL INFO
핵심 여행 정보

01 포르타 마리나
Porta Marina
뽀르따 마리나

★★

포르타 마리나는 '바다로 통하는 문'이라는 뜻으로, 폼페이 스카비 역 쪽 매표소와 연결되는 문이자 폼페이 유적의 실질적인 정문이다. 문은 2개가 나란히 뚫려 있는데, 그 옛날 폼페이에서는 왼쪽에 있는 작은 문으로는 사람이 다녔고 오른쪽의 넓은 문으로는 수레와 동물이 오갔다고 한다. 현재는 오른쪽 문이 주요 출입구로 쓰인다. 문을 바라보고 왼쪽에는 테르메 수부르바네(Terme Suburbane)라는 공중 목욕탕 유적이 있다.

MAP P.632F
구글 지도 GPS 40.74851, 14.48315 **찾아가기** 매표소에서 개찰구를 통과한 뒤 언덕을 올라간다.

02 비너스 신전
Tempio di Venere
템삐오 디 베네레

★★★★

널찍한 부지에 주춧돌과 기둥이 어지러이 널려 있는 폐허 같은 곳이다. 이곳은 사랑과 미의 여신이자 폼페이의 수호신이었던 비너스 여신의 신전이었다. 베수비오산이 분화하기 전에 지진 때문에 크게 파괴되었고, 이를 복구하던 중 화산이 폭발하는 바람에 폐허가 그대로 유적이 되었다고 한다. 거대한 남성의 동상은 2017년 세워진 폴란드 조각가의 작품으로, 그리스 신화에서 크레타의 미궁을 만든 천재 건축가 다이달로스를 형상화한 것이다.

MAP P.632J
구글 지도 GPS 40.7484, 14.48374 **찾아가기** 포르타 마리나를 통과하면 바로 오른쪽에 있다.

03 공회당
Basilica
바질리까

★★★

'바실리카'는 후대에 교회당을 뜻하는 단어가 되었지만, 로마 시대에는 여러 사람이 모이는 회관이나 공공 기관에 붙던 명칭이었다. 우리말로는 주로 '공회당'이라고 번역한다. 폼페이의 공회당은 폼페이에서 가장 오래된 공공 기관으로, 초기에는 시장으로 쓰였으나 이후 재판소 및 관공서로 용도 변경되었다. 주변에는 당시 집무실로 쓰이던 건물의 유적도 남아 있다.

MAP P.632F
구글 지도 GPS 40.74871, 14.48445 **찾아가기** 비너스 신전에서 길을 따라 유적 안쪽으로 들어가면 오른쪽에 있다.

04 폼페이 광장
Foro di Pompei
포로 디 뽐뻬이

★★★★★

폼페이 시민들이 모이던 광장이자 생활 중심지였다. 이 주변에 관공서와 주요 신전들이 몰려 있었고, 다양한 상점과 판매소, 공공 기관이 산재했다. 당시에는 수레나 동물은 들어올 수 없는 보행자 전용 구역이었다고 한다. 현재는 성문과 기둥, 주춧돌만 조금 남아 있고 대부분이 파괴되었다.

MAP P.632F
구글 지도 GPS 40.74931, 14.48479 **찾아가기** 포르타 마리나를 빠져 나온 뒤 공회당을 지나쳐 쭉 직진하면 왼쪽에 펼쳐져 있다.

05 주피터 신전
Tempio di Giove
템삐오 디 조베

★★★★★

폼페이 광장의 북쪽 면을 당당하게 차지하고 있는 건축물. 폼페이의 여러 신전 중 가장 중요하고 신성한 곳으로, 사제들만 출입이 가능했다고 한다. 계단 위에 우아하고 늠름한 기둥이 받치는 신전 건물이 우뚝 서 있고 양쪽에 개선문이 서 있는 형태였는데, 지진으로 인해 크게 파괴된 뒤 재건 공사를 하던 중에 베수비오산의 분화라는 비극을 맞았다. 맑은 날에는 신전 뒤쪽으로 베수비오산의 자태가 근사하게 드리워진다.

MAP P.632F
구글 지도 GPS 40.74989, 14.4845 **찾아가기** 폼페이 광장 북쪽. 뒤쪽에 베수비오산이 보인다.

06 창고 유적

Granai del Foro
그라나이 데이 포로

과일과 곡물 창고가 있던 곳으로, 현재는 유적지에서 발굴된 각종 도자기 및 생활 도구를 전시하는 공간이다. 내부는 들어갈 수 없어 밖에서만 봐야 한다. 중간중간 유적에서 발굴된 화석화된 시신이 전시되어 있는데, 모두 진품이 아닌 모형이다. 폼페이는 화산재가 덮어 버리면서 한순간에 모든 것이 화석화되었다. 따라서 당시의 시신들도 2,000년 가까운 세월 동안 부패하지 않았고 그대로 출토되었다.

MAP P.632F
구글 지도 GPS 40.74973, 14.48431 **찾아가기** 폼페이 광장에서 주피터 신전을 바로 앞에 두고 왼쪽을 보면 보인다.

07 아폴로 신전

Tempio di Apollo
템삐오 디 아폴로

태양의 신 아폴로를 모시던 신전으로, 폼페이 광장 옆에 자리하고 있다. 규모는 크지 않으나 존재감이 상당한 곳이다. 한가운데 제단이 있고 오른쪽에는 태양의 신 아폴로, 왼쪽에는 달의 여신 다이아나의 동상이 서 있다. 현재 서 있는 두 동상은 모두 모조품이고 진품은 나폴리 국립 고고학 박물관(P.415)에서 보관 중이다.

MAP P.632F
구글 지도 GPS 40.74913, 14.48449 **찾아가기** 폼페이 광장 남쪽에서 주피터 신전을 바라보고 왼쪽에 있다.

08 칼리굴라 개선문

Arco di Caligola
아르코 디 칼리골라

로마 제국 역사상 손꼽히는 폭군으로 유명한 로마 제국 3대 황제 칼리굴라를 기리는 개선문. 본명은 가이우스이며, '칼리굴라'는 어릴 때 아버지의 군대 병사들이 붙여준 별명으로 '작은 군화'라는 뜻이라고 한다. 어린 시절에는 아이돌처럼 사랑받았으나 황제로 즉위한 후 큰 병을 앓고 심한 정신 질환으로 고생하며 다양한 기행과 폭정을 저질렀다. 당시에는 화려하게 장식되었을 것이라 추측하지만 현재는 뼈대만 남아 있다. 유적 내에서 방향을 가늠하는 길잡이로 사용하기 좋다.

MAP P.632F
구글 지도 GPS 40.75075, 14.4841 **찾아가기** 주피터 신전 오른쪽 옆의 개선문으로 나와서 직진하면 정면에 보인다.

09 목신의 집

Casa del Fauno
까자 델 파우노

폼페이 유적에 남은 여러 귀족 저택의 터 중 가장 규모가 크고 아름답기로 첫손에 꼽히는 곳. 폼페이의 원주민을 정복한 로마 장군의 조카가 거주하던 곳이다. 저택 가운데에 조각상이 놓인 수반이 있는데, 이 조각의 주인공이 로마 신화의 목신(목축의 신) 파우누스(Faunus)라서 '목신의 집'이라는 이름이 붙었다. 특히 이 저택의 바닥에는 알렉산더 대왕과 페르시아의 다리오왕의 전투 장면을 묘사한 모자이크가 깔려 있는데, 폼페이의 여러 바닥 모자이크 중에서도 수작으로 통한다. 현장의 목신상과 모자이크는 모두 모조품이며, 진품은 나폴리 국립 고고학 박물관에서 보관 중이다.

MAP P.632F
구글 지도 GPS 40.75136, 14.484435 **찾아가기** 칼리굴라 개선문을 바라보고 오른쪽 방향으로 두 블록 간다. 한 블록 전체가 목신의 집이다.

10 비극 시인의 집

★★★★

Casa del Poeta Tragico
까자 델 포에타 트라지코

부유한 상인이 거주했던 저택으로, 바닥 모자이크에 비극의 리허설 장면이 그려져 있어 '비극 시인'이라는 이름이 붙었다. 길가에 집주인이 운영하던 가게 두 채가 나란히 자리하고, 그 사이에 집으로 들어가는 입구가 있는데 맹견을 조심하라는 의미의 재미있는 모자이크가 있다. 이 모자이크 때문에 일명 '개 조심 집'으로도 통한다.

MAP P.632F
구글 지도 GPS 40.75078, 14.48378 **찾아가기** 칼리굴라 개선문을 바라보고 왼쪽 블록에 있다. 입구가 작으므로 잘 찾아야 한다. 입구가 유리 가림막으로 막혀 있다.

11 베티의 집

★★★★★

Casa dei Vettii
까자 데이 베티

폼페이 유적 내의 여러 저택 중 가장 섬세하고 완벽하게 복원된 것으로 평가받는 곳. '베티'는 여성의 이름 같으나 의외로 남성의 이름이다. 이 저택의 주인이었던 아울루스 베티우스 콘비바(Aulus Vettius Conviva)와 아울루스 베티우스 레스티투투스(Aulus Vettius Restitutus)의 이름에서 따온 것. 이들은 원래 노예였으나 상업으로 크게 성공한 다음 돈으로 자유를 사서 시민권을 획득하고, 부를 과시하기 위해 이 저택을 지었다고 한다. 64년에 일어난 대지진으로 인해 피해를 입었지만 베수비오산이 분화하기 전에 복구가 끝난 상태여서 복원의 성공률도 높았다고 한다. 특히 저택 벽면을 가득 채운 아름다운 프레스코 벽화가 거의 고스란히 남아 있어 감탄을 자아내는데, 그중 거대한 성기를 가진 다산의 남신 벽화가 가장 유명하다.

MAP P.632B
구글 지도 GPS 40.75211, 14.48457 **찾아가기** 칼리굴라 개선문에서 폼페이 광장 반대 방향으로 한 블록 직진한 뒤 오른쪽으로 꺾어 네 블록 간다. 목신의 집에서 대각선에 있다.

12 스타비아네 목욕탕

★★★★

Terme Stabiane
떼르메 스따비아네

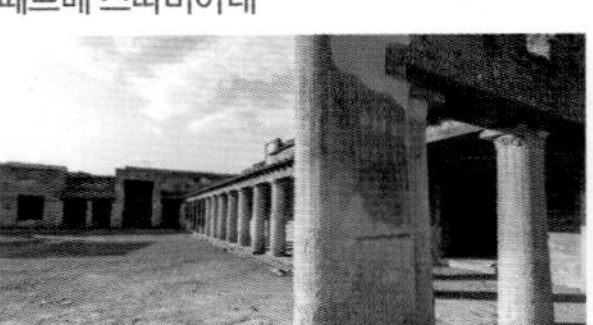

목욕의 민족이었던 로마인의 도시답게 폼페이에는 목욕탕 유적이 여러 곳 남아 있는데, 그중에서 가장 규모가 크고 보존이 잘된 것이 바로 스타비아네 목욕탕이다. 로마인들이 폼페이에 발을 들이자마자 바로 건설한 것이라 폼페이에서 가장 오래된 목욕탕이기도 하다. 이곳에는 공중목욕탕 외에도 수영장, 운동장에 뜨거운 돌을 달궈 수증기를 내뿜던 사우나 시설까지 갖추고 있었다고 한다.

MAP P.633G
구글 지도 GPS 40.75001, 14.48768 **찾아가기** 폼페이 광장에서 포르타 마리나 건너편으로 이어지는 아본단차 거리(Via dell'Abbondanza)를 따라 네 블록 간다.

13 루파나레

★★★★

Lupanare
루빠나레

라틴어로 '사창가'라는 뜻. 로마인들의 휴양 도시로 사치와 향락이 만연했던 폼페이에는 사창가가 여러 개 있었다고 한다. 루파나레는 그중 가장 보존이 잘 되어 있고 특징적인 곳으로 유명세를 타게 되었다. 아주 좁은 실내에 여러 개의 방이 모여 있는데, 방마다 성행위를 묘사한 벽화가 그려져 있다. 모든 벽화의 체위와 동작은 각 방에서 영업(?)하던 성매매 여성들의 외모와 특기(?)를 묘사한 것이라고 한다.

MAP P.633G
구글 지도 GPS 40.75027, 14.48687 **찾아가기** 아본단차 거리에서 스타비아네 목욕탕을 마주보고 왼쪽으로 보이는 골목으로 들어간다.

14 아본단차 거리

★★★

Via del Abbondanza
비아 델 아본단짜

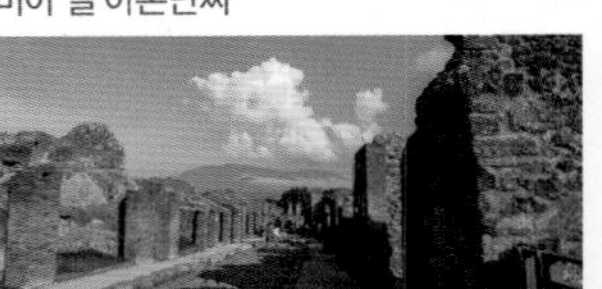

폼페이 유적지를 동에서 서로 가로지르는 약 1km의 길로, 유적지 내의 여러 길 중 가장 넓고 길다. 이탈리아어로 '풍요의 길'이라는 뜻. 양옆에 저택, 일반 주택, 상점, 관공서, 공방 등이 늘어서 있던 번화가로서 비교적 최근에 복원 작업이 진행되었고 현재도 활발하게 발굴과 복원 작업이 진행 중이다. 볼거리도 많고 길잡이로도 중요한 길. 이 길 주변에 깨끗한 화장실이 있다.

MAP P.633G
구글 지도 GPS 40.74911, 14.48522 **찾아가기** 폼페이 광장의 남쪽에서 동쪽을 향해 뻗은 길이다. 포르타 마리나 쪽에서 올라오던 길과 폼페이 광장을 사이에 두고 마주보고 있는 꼴이다.

15 이시스 신전

★★★

Tempio di Iside
템삐오 디 이시데

로마의 신이 아닌 이집트의 여신 이시스를 모신 것이 매우 특이한 점인데, 기원전 3세기경에는 지중해 지역 전체에 이시스 신앙이 일종의 신비주의 신앙으로 널리 퍼져 있었다고 한다. 이 신전은 발견 초기인 18세기에 발굴되었는데 장식, 가구, 벽화 등이 거의 손상 없이 남아 있었다. 현재는 건물만 있고 유물들은 모두 나폴리 국립 고고학 박물관으로 옮겨졌다. 모차르트가 이곳에 방문하여 〈마술피리〉의 영감을 얻었다고 전해진다.

MAP P.633G

구글 지도 GPS 40.74919, 14.48824 **찾아가기** 아본단차 거리를 따라가다 스타비아네 목욕탕이 있는 사거리가 나오면 오른쪽으로 꺾는다. 표지판을 따라가면 된다.

16 대극장

★★★★

Teatro Grande
떼아뜨로 그란데

기원전 3세기경에 건립된 반원형 노천극장으로, 당시에는 다양한 연극을 상연했다. 객석이 경사졌고 무대는 평지에 있는데, 일부러 그렇게 건축한 것이 아니라 원래 경사진 지형을 최대한 이용한 것이라고 한다. 최대 수용 인원은 5,000명 정도로, 도시 규모에 비해 큰 편이다. 햇빛과 비를 막을 수 있도록 장막을 쳤고, 막을 올리고 거두는 장치 등 첨단 설비를 갖추고 있었다고 한다. 폼페이의 수준 높은 문화 생활을 엿볼 수 있는 곳이다.

MAP P.633G

구글 지도 GPS 40.74881, 14.4884 **찾아가기** 이시스 신전 바로 옆에 있다.

17 원형 경기장

★★★

Anfiteatro
안피떼아뜨로

폼페이 유적지의 동쪽 끝자락에 자리한 거대한 원형 경기장으로, 로마 시대의 여러 원형 경기장 중 2~3번째로 오래된 것에 속한다. 총 수용 인원이 20,000여 명에 이르는 대규모 경기장으로 폼페이뿐 아니라 주변 지역의 주민들까지 수용 가능한 규모다. 주로 검투사 경기가 열렸던 곳이라 바로 옆에는 검투사들이 대기하고 연습했던 대형 공회장도 자리하고 있다.

MAP P.633H

구글 지도 GPS 40.75123, 14.49534 **찾아가기** 아본단차 거리의 거의 동쪽 끝까지 가서 우회전한다. 폼페이 광장 등 유적 밀집 지역에서 약 1km 떨어져 있다.

18 신비의 저택

★★★★

Villa dei Misteri
빌라 데이 미스테리

폼페이 유적지를 통틀어 가장 신비롭고 아름다운 곳. 이탈리아 전체에서도 손에 꼽히게 중요한 로마 유적이다. 소유주 및 건축주, 건물의 사용 용도 등은 정확히 밝혀지지 않았지만 지위가 상당히 높은 사람이 소유했던 별장 겸 와이너리라는 정도만 추측하고 있다. 내부에 프레스코화가 거의 완벽한 형태로 남아 있는데, 그중 바쿠스(술의 신)의 의식을 그린 벽화가 아름다움과 중요도 면에서 최고로 평가받고 있다. 바쿠스 신앙은 로마 시대에 비밀스럽게 유행하던 신비주의 및 쾌락주의 신앙으로, 로마 원로원에서 엄격하게 금지한 금단의 신앙이기도 했다. 폼페이 유적 밀집 지역과 다소 거리가 떨어져 있어 내부 셔틀 버스를 이용해야 하고, 일반 €18짜리 입장권이 아닌 주변 유적까지 포함하는 €22짜리를 구입해야 입장이 가능하다.

MAP P.632A

구글 지도 GPS 40.75368, 14.47746 **찾아가기** 주피터 신전을 마주보고 왼쪽 문으로 들어가 좌회전, 다시 직진한 뒤 길이 끝나면 다시 우회전한다. 콘솔라레 거리(Via Consolare)를 따라 약 1.2km 직진한다.

• A R E A •

04 CAPRI 카프리

지중해의 낭만이 응집한 보석 같은 섬

카프리로 향하는 페리의 뱃전 끝에 서 있노라면 꿈 같은 섬의 모습이 눈에 들어온다. 오래전 화산이 분화하면서 쏟아져 나온 용암은 새하얗게 굳어 언덕이 되었고, 그 위로는 예쁜 집들이 촘촘히 들어섰다. 하늘과 바다는 이보다 더할 수 없게 푸르다. 머릿속에 그려 왔던 상상이 가장 아름다운 형태로 구현된 것만 같다. 카프리는 나폴리만(灣)의 소렌토반도 앞에 떠 있는 아름다운 섬으로, 수많은 권력자와 유명인들이 이곳에 별장을 지어 오래오래 머물렀고 지금도 세계적인 부호나 유명 연예인들이 휴가차 즐겨 찾고 있다. 이탈리아 남부와 지중해가 선사하는 낭만과 치유를 한 몸에 느끼고 싶은 그대, 카프리로 가자.

인기 ★★★☆☆

가고 싶은 사람은 많지만, 막상 가는 사람은 많지 않다.

관광 ★★★★☆

다른 곳에는 없는 카프리만의 풍경이 있다.

쇼핑 ★★★☆☆

없는 브랜드가 없고 특산물 · 기념품 모두 충실하다. 단, 비싸다.

식도락 ★★★☆☆

의외로 꽤 맛있는 곳이 많다. 단, 비싸다.

복잡함 ★★★☆☆

지리는 단순하나 교통이 다소 불편하다.

치안 ★★★★★

범죄의 대상이 될 확률이 이탈리아 그 어느 곳보다 적다.

카프리 ~ 주요 도시 간 교통

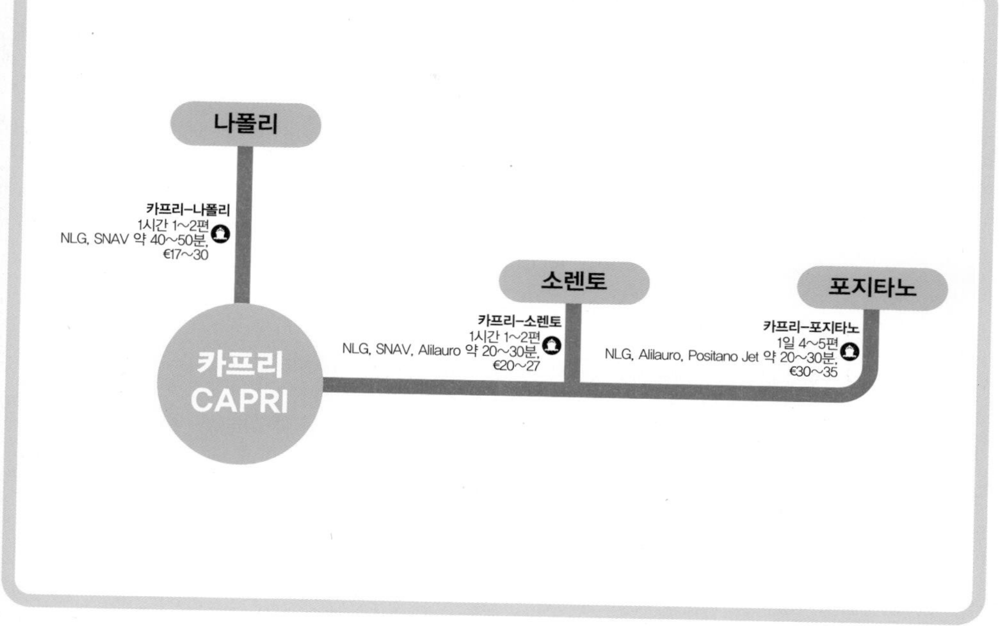

카프리 CAPRI

나폴리

카프리–나폴리
1시간 1~2편
NLG, SNAV 약 40~50분, €17~30

소렌토

카프리–소렌토
1시간 1~2편
NLG, SNAV, Alilauro 약 20~30분, €20~27

포지타노

카프리–포지타노
1일 4~5편
NLG, Alilauro, Positano Jet 약 20~30분, €30~35

MUST SEE 이것만은 꼭 보자!

No.1
작은 동굴 안에 담긴 푸르른 햇살, **푸른 동굴**

No.2
솔라로산 전망대에서 바라보는 **카프리 앞바다**

No.3
빌라 산 미켈레에서 바라보는 **마리나 그란데**

MUST DO 이것만은 꼭 하자!

No.1
외국 토픽에서 보던 아찔한 케이블카, **체어리프트**

No.2
카프리의 바다를 만끽하는 최고의 방법, **보트 투어**

No.3
카프리니까 가능한 사치, **오픈카 택시**

STEP 1 2 3

1단계 카프리 여행 정보 한눈에 보기

카프리 역사 이야기

카프리에는 선사 시대부터 사람이 거주했고, 고대 그리스의 식민지였다는 기록이 남아 있다. 로마 제국의 초대 황제 아우구스투스는 이 섬에 대해 전반적인 조사를 했고, 그 다음 황제인 티베리우스는 말년에 귀족들과의 불화와 암살 위협 때문에 아예 카프리로 옮겨와 십여 년 간 로마를 원격 통치하기도 했다. 당시 티베리우스 황제가 카프리 전역에 지은 12개의 저택은 아직까지 일부가 남아 있다. 이후 아말피 공국, 나폴리 왕국 등으로 지배 세력이 넘어가며 점차 역사 속에서 잊히다가 19세기에 최고의 별장지로 각광받기 시작하며 전 세계의 주목을 받게 된다. 현재는 유럽 최고의 휴양지, 신혼여행지 중 한 곳으로 자리매김하고 있다.

카프리 여행 꿀팁

☑ 되도록 오래 머물 것

카프리는 오래오래 머물며 휴식을 즐기는 것이 좀 더 어울리는 섬이다. 대중교통이 발달되어 있지 않아 볼거리 사이를 이동하는 시간이 오래 걸리는 것도 현실적인 이유. 일정이 짧다면 어쩔 수 없지만, 최소 2~3박 정도 머무르며 천천히 여행하는 것이 이상적이라는 것은 염두에 둘 것.

☑ 나폴리-소렌토 당일치기

가장 이상적인 것은 오래 머물며 여행하는 것이지만 사실 대부분의 여행자는 당일치기로 푸른 동굴을 비롯한 명소 몇 곳 정도를 돌아보곤 한다. 나폴리나 아말피 코스트를 여행하다 당일치기 코스로 카프리를 끼워 넣는 것이 일반적.

☑ 숙소는 에어비앤비

카프리는 전통적으로 숙박 요금이 비싼 여행지였으나 에어비앤비가 활성화되며 사정이 크게 바뀌었다. 개인실 1박에 €50~70 선의 합리적인 숙소가 크게 늘어난 것. 낙조를 감상할 수 있는 테라스가 딸린 집도 많고 초행 여행자를 위해 픽업 서비스를 제공하는 곳도 적지 않으므로 잘 골라볼 것. 저렴한 숙소는 주로 아나카프리 지역에 밀집해 있다.

☑ 예산은 넉넉히

모든 물자를 육지에서 실어 와야 하는 섬인데다 고급 휴양지 및 별장지답게 전반적인 물가는 상당히 비싼 편. 식당은 육지의 1.2~1.5배 정도이고 각종 기념품 및 로컬 공예품은 상상을 초월하게 비싼 것이 많다. 식당에서 메뉴판을 펼치거나 기념품점에서 가격을 물어봤을때 너무 상처받지 않도록 지갑과 마음의 준비를 단단히 하자.

☑ 푸른 동굴만 보려면 보트 투어로

많은 여행자들이 산 넘고 물 건너 카프리까지 오는 가장 큰 이유는 뭐니뭐니해도 푸른 동굴. 오로지 푸른 동굴만이 목적이라면 굳이 버스나 택시를 탈 것 없이 카프리 마리나 그란데 항구 또는 나폴리 · 소렌토 항구 주변의 여행사를 통해 보트 투어를 할 것. 푸른 동굴도 보고 카프리 주변의 아름다운 섬과 바다도 편하게 구경할 수 있다.

2단계 카프리 이렇게 간다

카프리는 섬이다. 다리도 없는 데다가 공항도 없다. 즉, 이곳으로 갈 수 있는 교통편은 단 하나, 배뿐이다. 다행히도 워낙 많은 사람들이 선망하는 인기 관광지이다 보니 근처 항구 도시 어디서든 쉽게 배편을 찾을 수 있다.

페리로 가기

PLUS TIP
카프리는 섬 전체가 ZTL(교통 제한 구역)이라 카 페리는 다니지 않는다.

나폴리만 일대의 항구, 즉 나폴리 · 소렌토 · 포지타노 · 아말피 · 살레르노에서 모두 카프리행 페리를 탈 수 있다. 그중에서 이용도가 가장 높은 것은 단연 나폴리와 소렌토 출발 편이다. 어디서 출발하든 도착하는 곳은 한 군데, 카프리의 마리나 그란데(Marina Grande) 항구다.

나폴리 → 카프리

나폴리 몰로 베베렐로 페리 터미널에서 1시간에 1~2대 꼴로 배가 다닌다. NLG, SNAV, 2개의 선사에서 나폴리-카프리 노선을 운항 중인데, NLG가 1시간 한 대꼴로 운항 편수가 가장 많다. 티켓은 출발 직전까지 남아 있는 경우도 있으나 인기 시간대는 2~3시간 전에 마감되므로 미리 사둘 것. 소요 시간은 40~50분.

몰로 베베렐로 페리 터미널 Molo Beverello
ⓖ **구글 지도 GPS** 40.83768, 14.25464 € **가격** €17~30 ⓛ **시간** 07:00~18:10

소렌토 → 카프리

소렌토 페리 선착장에서 카프리행 페리가 출발한다. NLG, SNAV, 알리라우로(Alilauro) 3개 선사에서 하루 4~6편씩 운항하고 있어 거의 30분에 한 대꼴로 배가 있다. 소요 시간 20~30분.

소렌토 페리 선착장 Sorrento Marina Piccolo
ⓖ **구글 지도 GPS** 40.630031, 14.375377 € **가격** €20~27 ⓛ **시간** 07:00~17:45

포지타노 → 카프리

포지타노 페리 선착장에서 하루 4~5편 출발한다. NLG, 알리라우로(Alilauro), 포지타노 제트(Positano Jet) 3개 선사에서 해당 노선을 운항한다. 소요 시간 20~30분.

포지타노 페리 선착장 Positano Marina Grande
ⓖ **구글 지도 GPS** 40.627502, 14.487099 € **가격** €30~35 ⓛ **시간** 07:00~17:45

PLUS TIP
티켓 구매는 이렇게!
가장 좋은 방법은 하루 전이나 출발 3~4시간 전쯤에 페리 터미널에서 직접 구매하는 것이다. 인터넷 예약은 편리하긴 하나 오프라인 구매보다 €2~3 비싸고, 당일 선착장 매표소에서 실물 티켓을 발급받아야 한다.

홈페이지 에이페리 www.aferry.kr(한국어)
다이렉트페리 www.directferries.co.kr(한국어)

3단계 카프리 시내 교통 한눈에 보기

카프리는 제법 규모가 큰 섬이므로 전체를 돌아보려면 교통수단을 효율적으로 이용해야 한다. 또한 섬 전체가 외부 차량을 제한하는 ZTL(교통 제한 구역)이라 렌터카를 사용할 수 없으므로 섬 구석구석을 여행려면 대중교통을 잘 아는 것이 좋다.

버스

아나카프리에는 푸른 동굴행과 카프리 마리나 그란데행, 이렇게 2개의 버스 터미널이 있다.

카프리 버스 터미널의 모습

마리나 그란데 버스 터미널

카프리의 메인 교통수단. 마리나 그란데 항구-아나카프리, 카프리-아나카프리, 아나카프리-푸른 동굴의 루트를 이동할 때 이용한다. 마을버스 크기의 아담한 버스가 다닌다. 카프리는 길이 좁고 정체가 심해 배차 간격이 상당히 들쑥날쑥하고 유동 인구에 비해 차의 숫자가 적어 언제나 만원이다. 마리나 그란데, 카프리, 아나카프리에는 각각 거점 터미널이 있는데, 행선지별로 안내판이나 구분용 펜스 등이 매우 잘 되어 있다. 티켓은 매표소에서 미리 사는 것이 바람직하나, 차내에서도 팔고 있으므로 주변에 매표소가 없을 경우에 차선책으로 이용할 것.

구글 지도 GPS 마리나 그란데 버스 터미널 – 40.55665, 14.23753
카프리 버스 터미널 – 40.55027, 14.24202
아나카프리(푸른 동굴행) – 40.55437, 14.22064
아나카프리(카프리 · 마리나그란데행) – 40.55595, 14.22125

가격 편도 €2.4(차내 판매 €2.9)

시간

노선	시간
카프리 → 아나카프리	06:00~24:00 (15~20분 간격)
아나카프리 → 카프리	06:15~00:15 (15~20분 간격)
마리나 그란데 → 아나카프리	05:45~21:10 (20~40분 간격)
아나카프리 → 마리나 그란데	05:05~19:25 (20~40분 간격)
아나카프리 → 푸른 동굴	06:30~01:30 (20~30분 간격)
푸른 동굴 → 아나카프리	06:45~01:45 (20~30분 간격)

푸니콜라레

마리나 그란데 항구와 언덕 위 카프리 마을 사이의 언덕 경사면에는 푸니콜라레(Funicolare, 산악 케이블카)가 놓여 있다. 요금이 저렴하고 편리하므로 마리나 그란데에서 카프리를 오갈 때는 다른 교통수단을 생각할 필요 없이 무조건 푸니콜라레를 탈 것.

PLUS TIP
카프리 교통 시간 안내 사이트 (버스 · 푸니콜라레)
www.capri.com/en/bus-schedule

ⓖ **구글 지도 GPS** 마리나 그란데 정류장- 40.55591, 14.23894
피아체타(카프리) 정류장 - 40.55092, 14.24273
ⓔ **가격** 편도 €2.4
ⓣ **시간** 마리나 그란데 → 카프리 06:25~21:20 (10~20분)
카프리 → 마리나 그란데 06:25~21:20 (10~20분)

택시

짐이 많거나 인원수가 많다면 택시도 고려해 볼 것. 카프리의 택시는 매우 특이하게도 클래식 카 및 오픈카로 영업하는 경우가 많다. 전 구간에 고정 요금제를 채택하고 있는데, 최대 인원을 꽉 채워서 탈 수 있다면 생각보다 많이 비싸지 않다.

구간	1~4명+짐 1개	5~6명+짐 2개
마리나 그란데↔아나카프리	€23	€28
아나카프리↔카프리	€18	€23
아나카프리↔푸른 동굴	€23	€28

※ 짐은 40×20×50cm 이상부터 과금 대상. 기내용 캐리어 사이즈 정도. 1개 초과 시마다 €2 추가.

MAP
카프리 한눈에 보기

A

B

E

F

I

J

푸른 동굴
Grotta Azzurra P.656

호텔 카이사르 아우구스투스
Hotel Caesar Augustus

빌라 산 미켈레
Villa San Michele P.657

버스 정류장(카프리 · 마리나 그란데행)

체어 리프트
Monte Solaro Chair Lift P.65

주세페 오를란디 거리
Via Giuseppe Orlandi P.656

호텔 부솔라
Bussola Di Hermes Hotel Capri

트라토리아 일 솔리타리오
Trattoria Il Solitario P.657

버스 정류장(푸른 동굴행)

랑골로 델 구스토
L'Angolo del Gusto P.657

슈퍼마켓
Salumeria Meo

Via Pagliaro

호텔 카사 카프리
Hotel Casa Caprile

솔라로산 전망대
Monte Solaro P.656

Grotta Verde

Punta Carena Lighthouse

카프리 – 나폴리
쏘렌토 – 카프리
카프리 – 아말피

C
D
G
H
K
L

Villa Lysis
Villa Jovis
카프리 선착장 매표소
마리나 그란데
Marina Grande P.652
마리나 그란데
버스 정류장
푸니쿨라 역
(마리나 그란데)
Funicolare Stazione a Valle
살루메리아 다 알도
Salumeria Da Aldo P.653
Via Marina Grande
Grotta Bianca
피아체타
Piazzetta P.652
로 스피치오
Lo Sfizio P.653
푸니쿨라 역(피아체타)
Funicolare di Capri
부오노코레
Buonocore P.653
Arco Naturale
카프리 버스 터미널
카르멜레 거리
Via Carmelle P.652
카르투지아
Carthusia P.653
아우구스토 정원
Giardini di Augusto P.652
Belvedere of Punta Cannone
Casa Malaparte
Belvedere Tragara

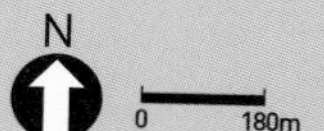

COURSE 1 카프리 핵심 명소 하루 코스

카프리는 오래 머물며 천천히 여행하는 것이 어울리는 곳이지만, 많은 여행자들이 그렇게까지 여유롭게 여행할 형편이 아니라는 현실. 카프리의 핵심 명소를 하루에 효율적으로 돌아볼 수 있는 코스를 제시한다. 나폴리 또는 소렌토에서 1박하며 아침 일찍 출발해서 저녁 늦은 시간에 들어가는 코스.

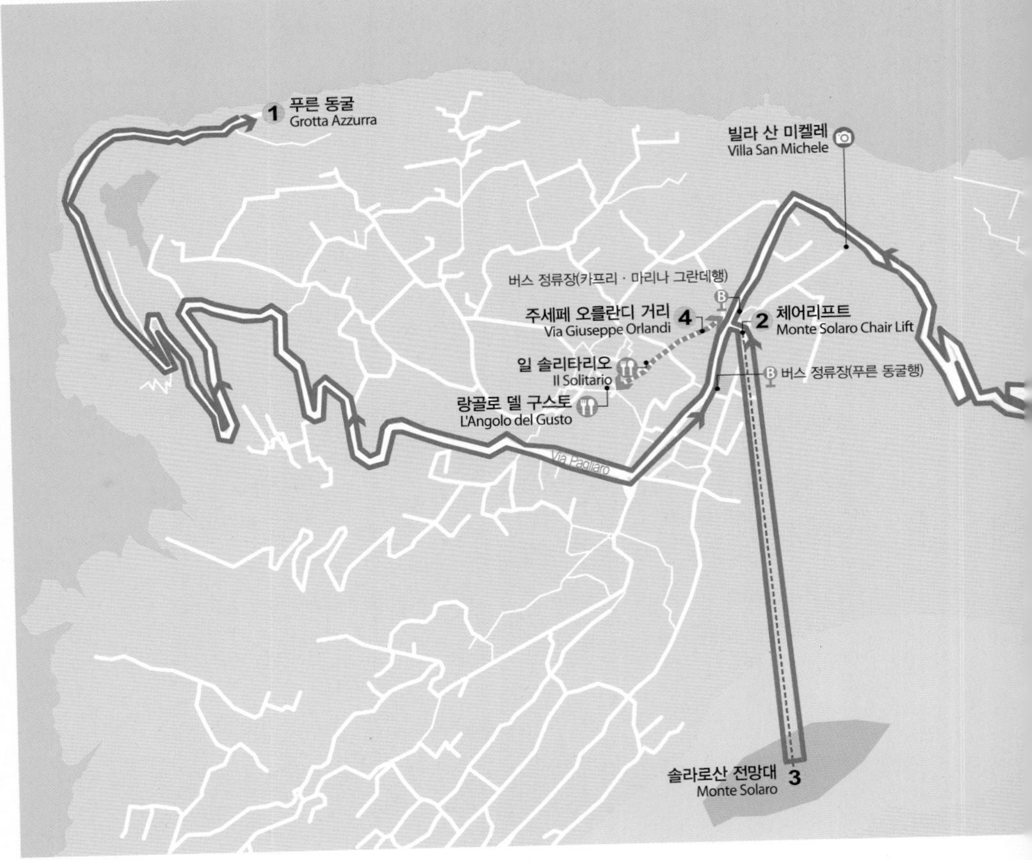

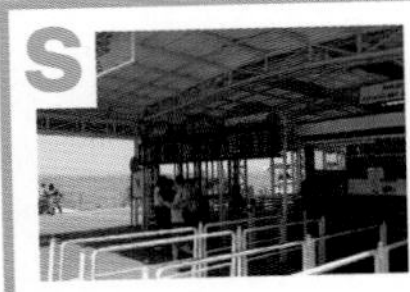

마리나 그란데
Marina Grande

버스 정류장에서 아나카프리(Anacapri)행 버스를 탄다. 아나카프리 도착 후 도보로 푸른 동굴행 터미널로 이동해서 갈아탄다. 종점에서 하차하면 OK. → 푸른 동굴 도착

푸른 동굴 / 1hr
Grotta Azzurra

표지판을 따라 언덕 아래로 내려간다. 보통 긴 줄이 있는데, 30분 이상은 각오해야 한다.

버스로 아나카프리로 돌아간다. 마리나 그란데를 잇는 버스 터미널 쪽으로 돌아가서 광장 안으로 들어가면 매표소와 정류장이 나온다. → 체어리프트 도착

체어리프트 / 15min
Seggiovia Monte Solaro

SNS에서 보던 신기한 케이블카의 주인공이 되어 보자. 보기보다 그렇게 무섭지는 않다.

체어리프트 정류장과 바로 연결된다. → 솔라로산 전망대

솔라로산 전망대 / 30min
Monte Solaro

카프리의 풍경을 파노라마로 즐길 수 있다. 카페도 있으므로 시간 여유가 있다면 쉬어갈 것.

체어리프트로 내려간 뒤 정류장에서 길을 건너면 바로 이어진다. → 주세페 오를란디 거리

코스 무작정 따라하기
START

S. 마리나 그란데
버스+도보+버스 1시간
1. 푸른 동굴
버스+도보 30분
2. 체어리프트
체어 리스트 15분
3. 솔라로산 전망대
케이블카+도보 20분
4. 주세페 오를란디 거리
버스+도보 30분
5. 피아체타
도보 10분
6. 아우구스토 정원
도보+푸니콜라레 20분
F. 마리나 그란데

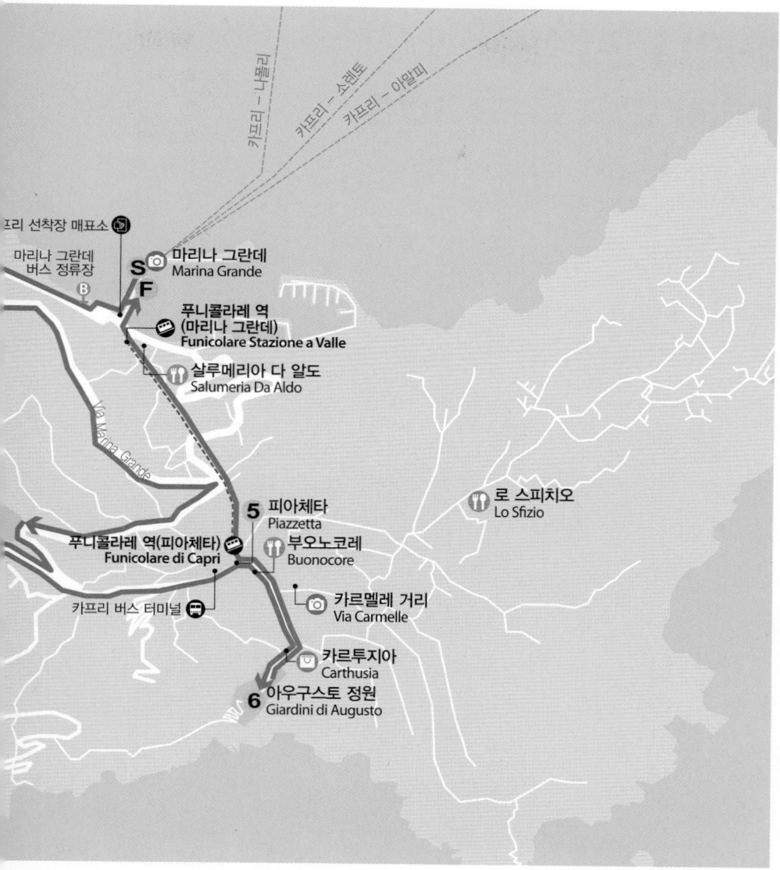

카프리 – 나폴리
카프리 – 소렌토
카프리 – 아말피
프리 선착장 매표소
마리나 그란데 버스 정류장
S F 마리나 그란데 Marina Grande
푸니콜라레 역 (마리나 그란데) Funicolare Stazione a Valle
살루메리아 다 알도 Salumeria Da Aldo
Via Marina Grande
로 스피치오 Lo Sfizio
5 피아체타 Piazzetta
푸니콜라레 역(피아체타) Funicolare di Capri
부오노코레 Buonocore
카르멜레 거리 Via Carmelle
카프리 버스 터미널
카르투지아 Carthusia
6 아우구스토 정원 Giardini di Augusto

주세페 오를란디 거리 / 1hr

Via Giuseppe Orlandi

아나카프리의 메인 스트리트. 원조 동네에 온 만큼 카프레제 샐러드는 꼭 먹어 볼 것.

마리나 그란데–카프리 버스 터미널로 돌아가 카프리행 버스를 탄다(€2). 카프리 터미널을 왼쪽에 두고 차도를 따라 걷는다. → 피아체타 도착

피아체타 / 20min

Piazzetta

작고 예쁜 광장. 카페나 전망대에서 잠시 쉬어 가자.

남쪽으로 향한 비토리오 에마누엘레 거리(Via Vittorio Emanuel)로 들어가 직진하다 막다른 길에서 우회전 후 직진 → 아우구스토 정원 도착

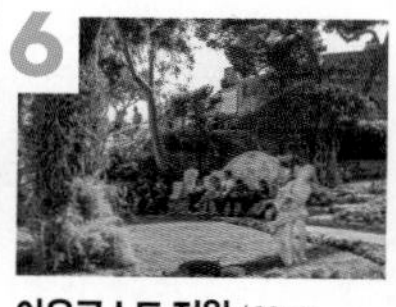

아우구스토 정원 / 30min

Giardini di Augusto

카프리의 바다가 가장 아름답게 보이는 곳. 이제는 폐쇄된 옛길 크루프 거리(Via Krupp)의 아찔한 풍경도 꼭 보고 오자.

피아체타로 돌아가 푸니콜라레를 탄다. → 마리나 그란데 도착

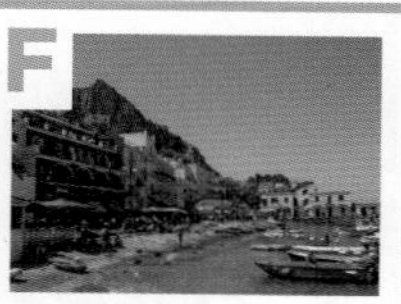

마리나 그란데

Marina Grande

배를 타고 뭍으로 돌아간다.

A.

카프리 & 마리나 그란데
Capri & Marina Grande

추천 동선

마리나 그란데
▼
피아체타
▼
카르멜레 거리
▼
아우구스토 정원

카프리섬의 메인 항구 및 관광 중심가가 있는 곳이다. 카프리섬의 중심가는 유럽 최고의 휴양지답게 상당히 럭셔리하고 활기찬 분위기가 가득하다.

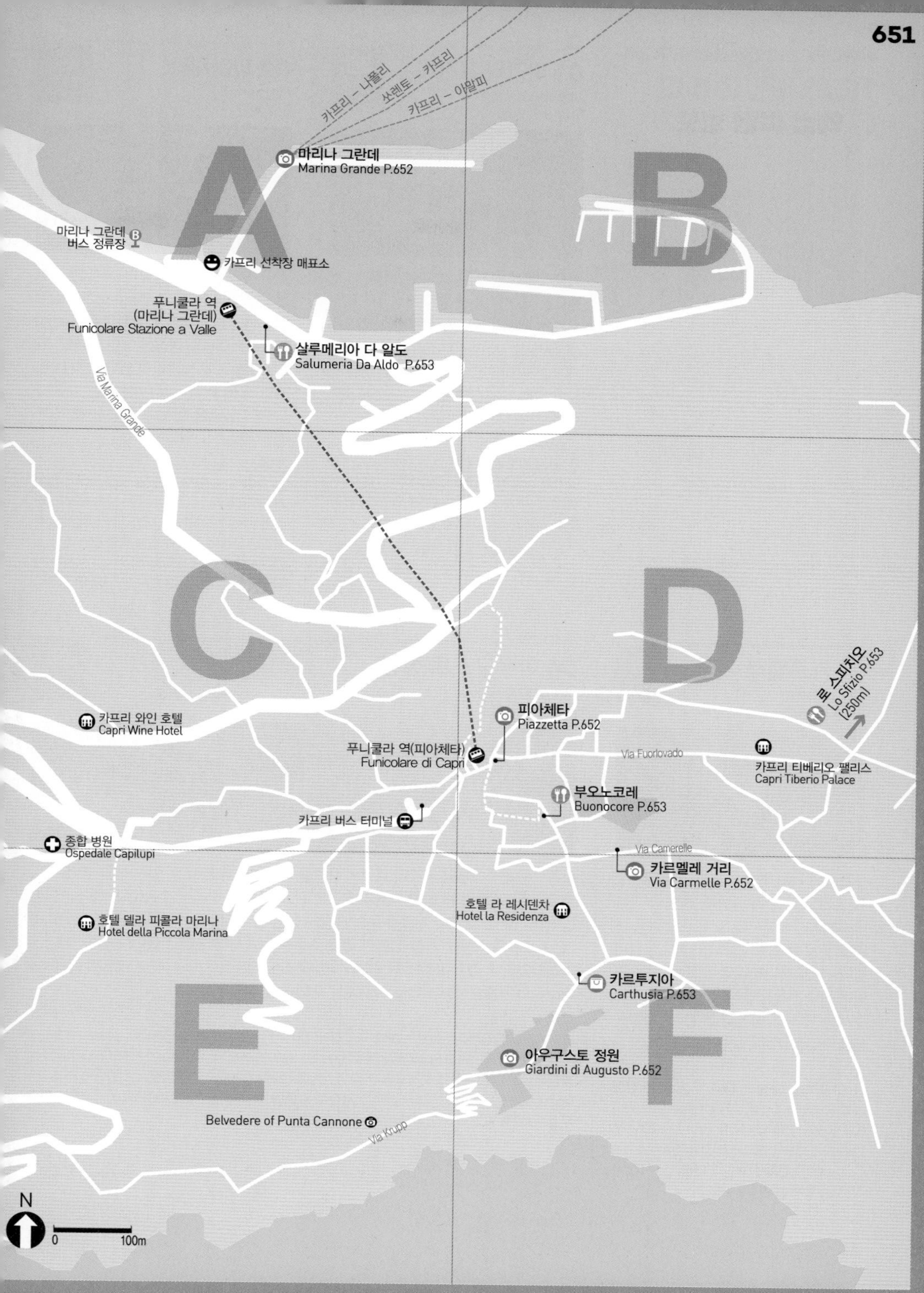

카프리 – 나폴리
쏘렌토 – 카프리
카프리 – 아말피

마리나 그란데
Marina Grande P.652

A B C D E F

마리나 그란데 버스 정류장

카프리 선착장 매표소

푸니쿨라 역 (마리나 그란데)
Funicolare Stazione a Valle

살루메리아 다 알도
Salumeria Da Aldo P.653

Via Marina Grande

로 스피치오
Lo Sfizio P.653
(250m)

피아체타
Piazzetta P.652

카프리 와인 호텔
Capri Wine Hotel

푸니쿨라 역(피아체타)
Funicolare di Capri

Via Fuorlovado

카프리 티베리오 팰리스
Capri Tiberio Palace

부오노코레
Buonocore P.653

카프리 버스 터미널

종합 병원
Ospedale Capilupi

Via Camerelle

카르멜레 거리
Via Carmelle P.652

호텔 라 레시덴차
Hotel la Residenza

호텔 델라 피콜라 마리나
Hotel della Piccola Marina

카르투지아
Carthusia P.653

아우구스토 정원
Giardini di Augusto P.652

Belvedere of Punta Cannone

Via Krupp

N
0 100m

TRAVEL INFO
핵심 여행 정보

01 마리나 그란데

Marina Grande
마리나 그란데

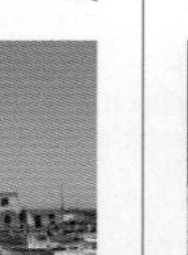

카프리에서 가장 큰 항구로, 나폴리·소렌토를 비롯한 주변 항구에서 카프리로 오가는 페리가 수없이 착발한다. 카프리로 들어가는 사람은 무조건 한 번은 거치게 되는 곳이므로 지명과 위치를 어느 정도 파악해 두는 것이 좋다. 항구답게 소박하면서 왁자지껄한 분위기가 난다.

MAP P.651A
구글 지도 GPS 40.557302, 14.239461 **찾아가기** 나폴리·소렌토·포지타노·아말피·살레르노에서 카프리행 페리를 타고 도착. **주소** Via Cristoforo Colombo

02 피아체타

Piazzetta
피아체타

카프리의 중심 광장. 피아체타는 '작은 광장'이라는 뜻의 별명이고, 정식 행정구역명은 움베르토 1세 광장(Piazza Umberto I)이다. 광장은 예쁜 시계탑, 교회, 카페 등에 둘러싸여 있어 휴양지 느낌이 물씬 든다. 광장 북쪽에는 마리나 그란데 일대를 한눈에 조망할 수 있는 전망 테라스도 있다.

MAP P.651D
구글 지도 GPS 40.5508, 14.24296 **찾아가기** 마리나 그란데 항구에서 푸니콜라레를 타면 이곳에 도착한다. 버스 터미널에서는 터미널을 왼쪽에 두고 큰길을 따라가면 바로 보인다. **주소** Piazza Umberto I **전화** 상점마다 다름. **시간** 24시간 **휴무** 상점마다 다름.

03 카르멜레 거리
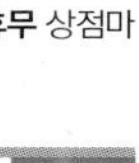

Via Carmelle
비아 까르멜레

카프리의 대표적인 쇼핑가. 불가리, 구찌, 로로피아나, 루이뷔통, 돌체 & 가바나, 생로랑, 베르사체 등 최고의 명품 브랜드 및 로컬 주얼리 잡화 브랜드가 몰려 있다. 상점 하나하나의 규모는 작은 편이나 워낙 부유층 손님이 많다 보니 상품 구색은 밀라노 뺨친다고 한다. 차양을 흰색으로 통일하여 보는 맛도 있다.

MAP P.651D
구글 지도 GPS 40.5498, 14.2449 **찾아가기** 피아체타에서 비토리오 에마누엘레 거리(Via Vittorio Emanuele)를 따라 내려가다 첫 번째 사거리에서 왼쪽으로 간다. **주소** Via Carmelle **전화** 상점마다 다름. **시간** 24시간 **휴무** 상점마다 다름.

04 아우구스토 정원

Giardini di Augusto
쟈르디니 디 아우구스토

아름다운 꽃·나무와 카프리 북부의 풍경을 파노라마로 즐길 수 있는 정원. 20세기 초에 조성된 뒤 백여 년 동안 카프리 최고의 관광 명소 중 하나로 손꼽힌다. 바다에 면한 마리나 그란데, 마리나 피콜라 등의 풍광은 물론 잘 꾸며진 정원 자체도 좋은 볼거리이다. 카프리의 식생에 가장 적합한 꽃과 수종을 섬세하게 골라 심었다고 한다. 지금은 폐쇄되었으나 과거 마리나 피콜라와 아우구스토 정원을 잇던 산책로 크루프 거리(Via Krupp)의 꼬불꼬불한 모습도 이곳에서 꼭 봐야 할 전망 중 하나.

MAP P.651F
구글 지도 GPS 40.5473, 14.2432 **찾아가기** 피아체타에서 비토리오 에마누엘레-페데리코 세레 나 거리(Via Vittori Emanuele-Via Federico Serena)를 따라 약 300m가량 쭉 내려오다가, 갈림길이 나오면 오른쪽의 마테오티 거리(Via Matteoti)로 꺾어 들어가 약 250m 직진. **주소** Via Matteotti, 2 **전화** 081-838-6214 **시간** 4~10월 09:00~20:00, 11~3월 10:00~17:00 **휴무** 연중무휴 **가격** 일반 €2.5, 만 11세 이하 무료

05 로 스피치오
Lo Sfizio

코페르토 €3 카드 결제O 영어 메뉴O

카프리 중심가에서 언덕길을 따라 한참 올라가야 하는 후미진 위치의 동네 레스토랑임에도 불구하고 카프리를 잘 아는 사람들 사이에서는 최고의 맛집 중 하나로 손꼽힌다. 특히 홈메이드 프레시 파스타와 피자가 발군의 맛인데, 면과 도우의 쫄깃한 식감이 일품이다. 카프리의 높은 물가치고는 가격도 괜찮은 편이다. 비수기 평일 저녁에도 자리를 잡기 힘들 정도이므로 되도록 예약하거나 최대한 일찍 갈 것.

MAP P.651D
구글 지도 GPS 40.55223, 14.25062 **찾아가기** 피아체타에서 약 750m. 좁은 뒷골목 언덕길을 따라 올라가므로 구글 맵 등을 꼭 이용할 것. **주소** Via Tiberio, 7E **전화** 081-837-4128 **시간** 수~월요일 12:00~15:00, 18:30~24:00 **휴무** 화요일 **가격** 전채 €15~25, 홈메이드 파스타 €20~24, 메인 요리 €13~40, 피자 €12~17 **홈페이지** www.losfiziocapri.com

해물 파스타 Paccheri allo Scoglio €24

06 부오노코레
Buonocore

코페르토X 카드 결제X 영어 메뉴X

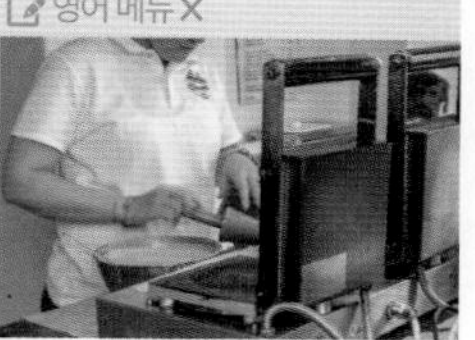

피아체타에서 아우구스토 정원 방향으로 내려가는 길목인 비토리오 에마누엘레 거리(Via Vittorio Emanuele)에 자리한 작은 제과점 겸 젤라테리아. 즉석에서 굽는 와플 콘이 유명하다. 다른 가게에서는 아이스크림만 먹고 콘은 버리던 사람도 이곳에서는 끝까지 먹어볼 것. 젤라토도 수준급이다. 언제나 줄이 길게 늘어서 있으나 회전이 빠른 편이므로 포기하지 말고 기다리자.

MAP P.651D
구글 지도 GPS 40.55045, 14.24355 **찾아가기** 피아체타에서 비토리오 에마누엘레 거리(Via Vittorio Emanuele)를 따라 약 100m 간다. **주소** Via Vittorio Emanuele, 35 **전화** 081-837-7826 **시간** 08:00~23:00 **휴무** 연중무휴 **가격** 와플 콘 젤라토 Cono Crocantte 스몰(1~2가지 맛) €3.5, 미디엄(3가지 맛) €4.5, 라지(5가지 맛) €5.5, 생크림 토핑 €0.5 **홈페이지** buonocorecapri.it

와플 콘 젤라토 스몰 €3.5

07 살루메리아 다 알도
Salumeria Da Aldo

코페르토X 카드 결제X 영어 메뉴X

마리나 그란데에 자리한 작은 슈퍼. 식료품점도 겸하고 있어 안쪽에 치즈-햄 판매대에서 파니니를 만들어 판다. 가격은 저렴하지만 좋은 재료를 아낌없이 넣어 만들기 때문에 맛이 매우 좋다. 특히 모차렐라와 토마토를 넣은 카프레제가 특기다. 입구의 계산대 부근에 설치된 기계에서 번호표를 뽑은 뒤 기다리다가 번호가 호명되면 주문을 한다.

MAP P.651A
구글 지도 GPS 40.55578, 14.23955 **찾아가기** 마리나 그란데 항구 터미널에서 바다를 바라보고 오른쪽 길을 따라 약 80m 가면 오른쪽에 있다. **주소** Via Cristoforo Colombo, 26 **전화** 081-837-7541 **시간** 07:00~21:00 **휴무** 연중무휴 **가격** 샌드위치 하프 사이즈 €4, 풀 사이즈 €6

카프레제 샌드위치 €4

08 카르투지아
Carthusia
까르뚜지아

카프리에서 생산되는 천연 재료를 이용하여 중세 시대 수도원에서 개발된 방식으로 향수를 생산하는 카프리 로컬 브랜드 '카르투지아'의 헤드 쿼터 숍. 국내 향수 마니아들 사이에서는 이미 잘 알려져 있다. 다른 브랜드에서는 재현하지 못하는 매우 독특하고 신선한 시트러스 향을 내는 것으로 유명하다. 향수 외에 비누·향초 등의 제품도 있다. 가격대는 전반적으로 높은 편. 매장은 카프리 중심가 주변에 몇 곳 더 있다.

MAP P.651F
구글 지도 GPS 40.54839, 14.24443 **찾아가기** 피아체타에서 비토리오 에마누엘레-페데리코 세레나 거리(Via Vittorio Emanuele-Via Federico Serena)를 따라 약 300m가량 쭉 내려오다가, 갈림길이 나오면 오른쪽의 마테오티 거리(Via Matteoti)로 꺾어 들어간다. **주소** Via Matteotti, 2d **전화** 081 837 5393 **시간** 09:00~20:00 **휴무** 연중무휴 **홈페이지** www.carthusia.com

B.

아나카프리 Anacapri

추천 동선

푸른 동굴

▼

체어리프트

▼

솔라로산 전망대

▼

빌라 산 미켈레

카프리섬 서쪽에 자리한 고지대로, 카프리섬의 유명한 볼거리는 대부분 이 일대에 몰려 있다. 마을 자체는 동쪽의 중심지보다 조용하고 소박한 편. 저렴한 호텔 및 에어비앤비가 주로 이 일대에 위치한다.

A
B
C
D
E
F
푸른 동굴
Grotta Azzurra P.656
호텔 카이사르 아우구스투스
Hotel Caesar Augustus
빌라 산 미켈레
Villa San Michele P.657
버스 정류장(카프리 · 마리나 그란데행)
체어리프트
Monte Solaro Chair Lift P.657
주세페 오를란디 거리
Via Giuseppe Orlandi P.656
호텔 부솔라
Bussola Di Hermes Hotel Capri
트라토리아 일 솔리타리오
Trattoria Il Solitario P.657
버스 정류장(푸른 동굴행)
랑골로 델 구스토
L'Angolo del Gusto P.657
Viale Tommaso De Tommaso
슈퍼마켓
Salumeria Meo
Via Pagliaro
호텔 카멘시타
Hotel Carmencita
호텔 세나리아
Albergo Senaria
호텔 카사 카프리
Hotel Casa Caprile
솔라로산 전망대
Monte Solaro P.656
다 젤소미나
Da Gelsomina
Punta Carena Lighthouse

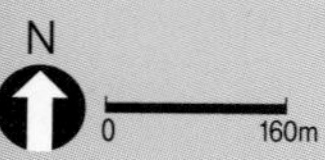

N
0
160m

TRAVEL INFO
ⓘ 핵심 여행 정보

01 푸른 동굴
Grotta Azzurra
그로타 아추라

바닷가 절벽 아래에 뚫린 작은 동굴이다. 동굴 입구 아래에 뚫린 큰 구멍을 통해 들어오는 햇빛 때문에 동굴 안에 고인 바닷물이 마치 거대한 사파이어를 녹여 놓은 듯 환상적인 푸른빛으로 물든다. 카프리 최고의 관광 명소로, 오로지 이곳 하나를 보기 위해 카프리까지 오는 사람들이 부지기수. 동굴 안은 일조량이 충분한 날만 빛나므로 6~9월의 맑은 날 정오 시간대가 가장 보기 좋다. 동굴 앞에서 줄 서는 시간은 보통 30분~1시간인데, 동굴 안에서는 기껏 10분 정도를 보낼 뿐이라 이른바 '가성비'는 매우 떨어진다. 그럼에도 불구하고 일생에 한번은 볼 가치가 있다는 평가가 지배적일 정도로 아름답다.

MAP P.655A
구글 지도 GPS 40.56096, 14.20557 **찾아가기** 마리나 그란데에서 보트 투어를 이용한다. 또는 아나카프리에서 로컬 버스를 타고 내린 뒤에는 표지판을 따라 절벽 아래로 내려가면 동굴 앞에 사람들이 줄 선 모습을 볼 수 있다. **주소** Via Grotta Azzurra **전화** 081-837-5646 **시간** 09:00~17:00 **휴무** 부정기(흐리고 비오는 날, 파도가 높은 날, 11~3월에는 대부분 휴업) **가격** 입장료 €18+α(뱃사공 팁 €5~10), 보트 투어 이용 시 투어비 €20~30(입장료 및 뱃사공 팁 별도)

02 솔라로산 전망대
Monte Solaro
몬떼 쏠라로

카프리에서 가장 높은 봉우리(해발 589m)인 솔라로산 위에 설치된 전망대로, 카프리섬의 풍경이 360도로 펼쳐진다. 정상부에는 노천카페가 있고, 가장자리를 둘러서는 정원과 전망 테라스가 조성되어 있다. 어디를 둘러봐도 감탄이 나올 정도로 아름다운 풍경을 감상할 수 있다. 지상에서 꼭대기까지는 체어 리프트로 오가는데, 이 괴상한 케이블카 자체가 카프리의 명물로 꼽힐 만큼 재미있다.

MAP P.655D
구글 지도 GPS 40.54497, 14.22298 **찾아가기** 아나카프리에서 체어 리프트를 이용한다. 정상부까지 하이킹 코스도 있다. **주소** Monte Solaro **시간** 체어 리프트 영업 시간에 준한다. **휴무** 연중무휴 **가격** 무료입장

03 주세페 오를란디 거리
Via Giuseppe Orlandi
비아 주세뻬 오를란디

아나카프리 마을 중심가의 메인 스트리트. 카페 · 호텔 · 음식점 · 기념품 숍 · 의류점 등이 줄지어 있다. 럭셔리한 명품 숍이 줄줄이 늘어선 카프리 중심가에 비해 상당히 소박한 분위기이지만 소도시 다운 아기자기하고 예쁜 매력은 이쪽이 한수 위다. 호젓한 분위기를 즐기며 산책하기를 좋아하는 사람이라면 놓치지 말고 가 볼 것.

MAP P.655B
구글 지도 GPS 40.55481, 14.21844 (중심부) **찾아가기** 카프리-마리나 그란데 버스 터미널 건너편에 길의 입구가 있다. **주소** Via Giuseppe Orlandi **전화** 상점마다 다름. **시간** 24시간 **휴무** 상점마다 다름.

04 빌라 산 미켈레

★★★★

Villa San Michele
빌라 싼 미켈레

카프리가 유럽 부호와 유명인들의 별장지로 인기를 끌기 시작한 19세기, 스웨덴의 정신과 의사인 악셀 문트(Axel Munthe)가 티베리우스 황제의 저택 터에 지은 개인 별장이다. 현재는 박물관 및 관광 시설로 개조되어 일반인에게 개방 중인데, 카프리 전체에서 가장 예쁜 전망을 볼 수 있는 곳으로 손꼽힌다. 마리나 그란데 일대와 멀리 소렌토곶, 베수비오산까지 한눈에 담긴다. 오르막을 한참 올라가야 하므로 몸은 힘들지만 아름다운 전망이 모든 것을 잊게 한다. 시간과 체력 소모가 약간 있는 편이므로 일정이 어느 정도 여유로운 사람에게 권한다.

MAP P.655B

구글 지도 GPS 40.5573, 14.22504 **찾아가기** 체어리프트 정류장 부근에서 표지판을 따라 산길로 약 500m가량 올라간다. **주소** Viale Axel Munthe, 34 **전화** 081-837-1401 **시간** 11~2월 09:00~15:30, 3월 09:00~16:30, 4·10월 09:00~17:00, 5~9월 09:00~18:00 **휴무** 연중무휴 **가격** 입장료 €10 **홈페이지** www.villasanmichele.eu

05 랑골로 델 구스토

★★★★

L'Angolo del Gusto

코페르토 €2 카드 결제 O 영어 메뉴 O

아나카프리 마을 중심가에 있는 매우 사랑스러운 레스토랑. 입구에는 별다른 표시가 없으나 알고 보면 미슐랭에서 빕 구르망을 받을 정도인 숨은 맛집이다. 매우 아담한 규모에 아기자기한 인테리어가 돋보인다. 카프리를 비롯한 이탈리아 남부의 식재료를 이용해 지중해 스타일 요리를 선보인다. 음식은 전반적으로 모두 맛깔스러우나 특히 채소·버섯·해물 요리에 강하다. 메뉴판에 없는 그날의 베스트 메뉴를 추천해 주기도 하는데, 믿고 주문하면 실패 확률이 적다.

MAP P.655B

구글 지도 GPS 40.55417, 14.21707 **찾아가기** 주세페 오를란디 거리의 서쪽 끝자락에 자리한 작은 광장에 있는 교회의 왼쪽 옆. **주소** Via Boffe, 2 **전화** 081-837-3467 **시간** 12:00~22:30 **휴무** 연중무휴 **가격** 전채 €8~28, 파스타 €16~28, 메인 요리 €18~28

물소젖 모차렐라 카프레제 샐러드
Insalata Caprese con Bufala €14

06 일 솔리타리오

★★★

Il Solitario

코페르토 €3 카드 결제 O 영어 메뉴 O

주세페 오를란디 거리에 자리한 작은 트라토리아로, 아나카프리 전통 음식을 다양하게 선보인다. 주특기는 생선 요리로, 특히 대구 요리를 잘하여 아주 촉촉하고 탱탱한 느낌의 생선 살을 맛볼 수 있다. 단, 간은 다소 짠 편이므로 화이트 와인을 꼭 곁들일 것. 성수기 주말이 아니면 예약하지 않아도 자리를 잡을 수 있다.

MAP P.655B

구글 지도 GPS 40.55483, 14.21816 **찾아가기** 주세페 오를란디 거리의 카프리행 버스 터미널 부근 초입에서 길을 따라 약 300m 들어간 곳에 있다. **주소** Via Giuseppe Orlandi, 96 **전화** 081-8371382 **시간** 12:00~15:00, 18:30~23:00 **휴무** 연중무휴 **가격** 전채 €8~20, 파스타 €14~22, 메인 요리 €18~26, 아나카프리 전통 메뉴 €12~18

감귤류를 곁들인 대구 요리
Baccala agli Agrumi €18

07 체어리프트

★★★★★

Seggiovia Monte Solaro
세죠비아 몬떼 쏠라로

아나카프리 마을에서 솔라로산 전망대를 잇는 케이블카로, 1인용 의자 하나가 철봉에 매달려서 산꼭대기와 지상을 왕복한다. 공포 체험 같은 비주얼이지만 높이가 생각보다 낮고 안전 바가 튼튼하여 재미있는 느낌이 강하다. 시야가 탁 트여 눈 앞을 가리는 것 없이 바다와 아나카프리 시내, 솔라로산의 풍경을 즐기며 이동할 수 있다. 심한 고소공포증이 없고 스스로 안전을 책임질 수 있는 나이라면 누구나 탑승할 수 있다.

MAP P.655B

구글 지도 GPS 40.55549, 14.22152(아나카프리 정류장) **찾아가기** 카프리-마리나 그란데 버스 터미널 안쪽 광장으로 들어가 계단을 오르면 오른쪽에 보인다. **주소** Via Caposcuro, 10(아나카프리 정류장) **전화** 081-837-1428 **시간** 2·3·11·12월 09:30~16:00, 4·5·9·10월 09:15~17:00, 6~8월 09:15~18:00 **휴무** 부정기 **가격** 편도 €11, 왕복 €14 **홈페이지** www.capriseggiovia.it

DAY-150

무작정 따라하기 여행 준비

D-150

여권 발급

여권이 없거나 여행 시점에서 유효 기간이 6개월 이하라면 얼른 여권부터 해결하자.

각 지역의 시 · 도청 및 구청에서 발급할 수 있다. 여권용 사진 1장과 신분증, 여권 발급 수수료를 준비할 것. 발급까지는 최소 3~4일에서 7~10일까지 걸린다.

여권 발급 수수료

		48면	24면
유효 기간 10년(18세 이상)		53,000원	50,000원
유효 기간 5년(18세 미만)	8세 이상	45,000원	42,000원
	8세 미만	33,000원	30,000원

PLUS TIP 한국과 EU는 90일 무비자 협정이 체결되어 있다.

D-140

여행 스타일 & 예산 확정

이탈리아는 마음먹기에 따라 초저예산 여행부터 초호화 럭셔리 여행까지 가능한 여행지다. 나의 형편과 취향으로는 과연 어느 정도의 비용이 들까? 여기 제시된 1인 예산 모델을 보고 어느 정도의 비용을 준비해야 할지 가늠해 보자.

▶ **럭셔리 & 로맨틱 7박 8일** (2인 성수기 여행 시 1인 비용)

항공료	비즈니스 or 프리미엄 이코노미	200만~500만 원
숙박비	고급 호텔 or 럭셔리 리조트	30만 원×7일
식비	파인 다이닝 & 유명 맛집 순례 와인 1일 1병	20만 원×7일
입장료 및 체험료	좋은 건 다 본다!	50만~100만 원
교통비	기차 1등석 & 렌터카	10만 원×7일
합계	약 650만~1,000만 원	

▶ **합리적 비용으로 쾌적하게 즐기는 7박 8일**
(2인 여행 시 1인 비용)

항공료	직항 항공사 이코노미 좌석	200~250만 원
숙박비	3~4성급 호텔 or 아파트먼트 및 에어비앤비 독채 or 한인 민박 독실	10만 원×7일
식비	하루 한 번은 유명 맛집 방문	10만 원×7일
입장료 및 체험료	남들이 가는 데는 다 가자! 투어도 하자!	30만~50만 원
교통비	기차 2등석 & 렌터카	5만 원×7일
합계	약 400만~500만 원	

▶ **최저 비용 도전! 알뜰하게 즐기는 7박 8일**
(2인 여행 시 1인 비용)

항공료	무조건 최저가! 경유 두 번도 오케이!	100~150만 원
숙박비	호스텔 또는 현지 민박 다인실	5만 원×7일
식비	조각 피자, 파니니… 싼 것도 맛있다!	5만 원×7일
입장료 및 체험료	바티칸과 우피치만! 투어 대신 독학으로	10만 원
교통비	기차 2등석 조기 예약 & 로컬 기차	3만 원×7일
합계	약 200만~250만 원	

PLUS TIP
2024년 현재는 국제 정세의 영향으로 유가 및 환율이 매우 높아 항공료가 예년에 비해 상당히 비싼 편이다.

D-133

항공권 예매

여러 여행 매체 및 전문가들이 입을 모아 말하는 '항공권을 가장 저렴하게 구할 수 있는 시점'이 바로 출발 19주 전. 그러니까 133일 전이다. 그러나 이것은 어디까지나 이론적인 것으로, 항공료는 여행 출발 시즌 및 환율, 국제 유가 등에도 큰 영향을 받는다. 또한 이탈리아는 인기 여행지라 비수기 출발이라면 1~2개월 전도 괜찮지만, 7~8월 성수기 출발을 계획한다면 6개월 전 예약도 이른 것만은 아니다. 항공사 및 여행사의 소식지를 구독하면 프로모션 항공권 소식을 신속하게 알 수 있다.

▶ **직항**
대한항공, 아시아나항공, 티웨이항공에서 한국과 이탈리아 사이 직항편을 운항한다. 과거에는 이탈리아의 항공사인 '알리탈리아(Alitalia)'의 직항편도 있었으나, 코로나 시기에 폐업을 하며 항공편이 사라졌다. 예산과 취향, 원하는 출 · 도착 도시, 항공 마일리지 등 다양한 요소를 고려해 자신의 형편에 가장 잘 맞는 항공사를 골라보자.

항공사	마일리지 제휴 프로그램	직항 취항지
대한항공 www.koreanair.com	스카이팀	로마, 밀라노
아시아나항공 www.flyasiana.com	스타 얼라이언스	로마
티웨이항공 www.twayair.com	자체 프로그램	로마

※ 아시아나에 베네치아 직항편이 있었으나 2024년 현재까지는 아직 회복되지 않았다.

▶ **경유**
한국과 유럽을 잇는 대부분의 항공사에서 이탈리아 1회 경유편을 찾아볼 수 있다. 직항보다 소요 시간이 길고 환승 과정이 귀찮다는 것, 직항에 비해 화물 지연 및 분실 가능성이 높다는 단점이 있으나 가격이 직항편보다 저렴한 경우가 압도적으로 많고, 직항이 취항하지 않는 공항에서도 출 • 도착이 가능하다는 큰 장점이 있다. 또한 예약하기에 따라 경유지에서 스톱 오버로 여행을 즐길 수도 있어 이탈리아만 보기 아쉬운 사람에게는 더 좋은 기회가 될 수도 있다. 다양한 항공사가 한국과 이탈리아를 잇고 있으나, 루프트한자(Lufthansa, 독일항공), 에어프랑스(Airfrance), KLM 네덜란드항공, 핀에어(Finnair, 핀란드항공), 아에로플로트 (Aeroflot, 러시아항공) 등의 유럽계 항공사와 터키항공, 카타르항공, 아랍에미레이트항공, 에티하드항공 등의 중동계 항공사가 가장 널리 이용된다. 가격 및 스케줄은 항공사 사정과 프로모션 여부에 따라 수시로 변동되므로 여러 항공권 가격 비교 및 예약 사이트를 수시로 방문하며 가격 비교를 해 보는 것이 좋다.

항공권 가격 비교 및 예약 사이트
카약 www.kayak.com
스카이스캐너 www.skyscanner.com
익스피디아 www.expedia.com/Flights
인터파크투어 www.interparktour.com

▶ **저비용 항공 & 국내선**
유럽의 다른 나라에서 이탈리아로 이동하거나 밀라노-로마 같은 장거리 국내 노선을 이용할 예정이라면 저비용 항공이나 국내선 항공권을 예약해야 한다. 유럽의 저비용 항공 요금은 저가 프로모션 요금과 일반 요금 및 프리미엄 요금으로 구성되는데, 이중 저가 프로모션 요금은 2~3개월 전에 예약하지 않으면 구경하기도 힘들다. 국내선은 이탈리아의 신생 국영항공사인 ITA항공을 이용하는 것이 가장 무난하다.

이지젯 www.easyjet.com
라이언에어 www.ryanair.com

D-90
루트 확정 & 기차표 예약

항공편과 여행 기간, 취향과 사정 및 교통편, 계절 등을 고려하여 루트를 확정한다. 추천 루트는 2권 코스북을 참고하자. 루트를 확정했으면 바로 기차표를 예약한다. 로마, 밀라노, 베네치아, 볼로냐, 피렌체, 나폴리 등의 주요 도시 사이에는 고속 열차가 운행 중인데, 전석 예약제로 운영된다. 이런 대도시 연결 구간에는 완행열차가 아예 다니지 않거나 아주 제한적으로 운행하는 경우가 많고, 시간도 오래 걸린다. 이탈리아에는 두 종류의 고속 열차가 있으므로 본인의 스케줄과 예산에 맞게 고를 것.

▶ **프레체 Frecce**
이탈리아의 국영 철도인 트레니탈리아(Treitalia)에서 운영하는 고속철도. 대도시 간 노선의 대부분을 커버하고 있다. 가격이 약간 비싼 편이나 운행 편수가 많고 짐칸이나 좌석 상태가 상대적으로 쾌적하다. 일찍 예약하면 저가 프로모션 요금으로 이용할 수 있다.
홈페이지 www.trenitalia.com

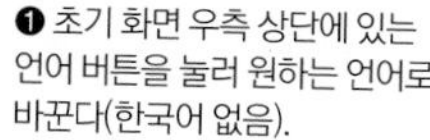

트레니탈리아 웹사이트에서 예약 가능하다.

❶ 초기 화면 우측 상단에 있는 언어 버튼을 눌러 원하는 언어로 바꾼다(한국어 없음).

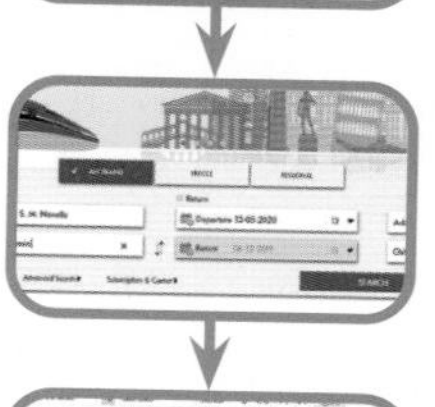

❷ 초기 화면 중간에 있는 검색 박스에 원하는 이동 루트와 날짜를 입력하고 빨간색 'Search' 버튼을 누른다.

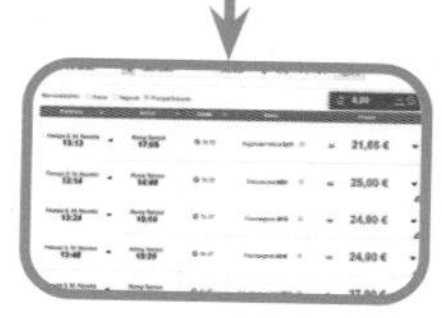

❸ 지정한 시간대와 가까운 스케줄 여러 개가 나온다. 가장 마음에 드는 스케줄을 클릭한다.

❹ 해당 스케줄의 요금표가 나온다. 요금이 저렴한 좌석은 개수가 매우 적기 때문에 초저가 요금은 2~3개월 전에, 두 번째로 저렴한 요금도 1개월 전후로 매진되기 일쑤다. 원하는 요금을 클릭할 것. 자리를 지정하고 싶다면 'Continue' 버튼을 누르기 전 반드시 '자리 지정(Choose the seat)' 버튼을 꼭 체크할 것.

요금 종류	내용
Base	기본 요금. 교환, 환불, 타열차 이용 모두 가능 (수수료 발생)
Economy	할인 요금. 교환은 가능하나 수수료 발생. 환불 및 타열차 이용은 불가.
Super Economy	초저가 할인 요금. 교환, 환불, 타열차 이용 모두 불가.
Cartafreccia Special	회원 카드 소지자 할인 요금
Senior Da 60anni	60세 이상 할인 요금. 회원 카드 소지자 한정.
Young Fini 30anni	30세 이하 할인 요금. 회원 카드 소지자 한정.

PLUS TIP 트레니탈리아의 회원 카드인 '카르타프레차(Cartafreccia)'는 이탈리아 주소지가 있는 사람만 발급받을 수 있다.

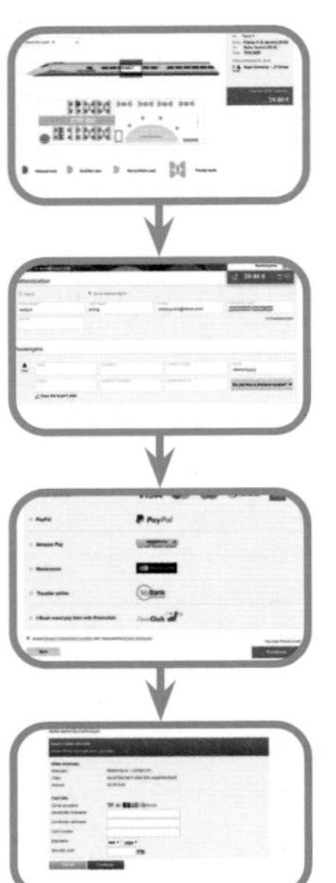

❺ 객차와 좌석을 선택한다. 정방향・역방향 여부는 복불복이며 노선에 따라서 정방향과 역방향이 변경되기도 한다. 좌석을 선택하면 €2의 추가 요금이 더해진다. 맨 아래 'Confirm' 버튼을 누른다.

❻ 회원 가입이 되어 있다면 로그인을, 비회원으로 예매하려면 이름과 이메일 정보를 입력한다. 별표 표시(*)가 된 곳만 입력하면 된다.

❼ 같은 화면에서 스크롤을 아래로 내리면 결제 수단 선택 화면이 있다. 원하는 수단을 누른다.

❽ 신용카드를 비롯한 결제 정보를 입력한다. 국내 발행 신용카드는 각 카드 회사별 결제 모듈창이 뜬다. 결제를 마치면 기차표가 이메일로 발송된다. 메일을 출력하거나 모바일에 저장해서 제시하면 끝!

▶ 이탈로 Italo

NTV라는 회사에서 2012년부터 운영 중인 민자 고속철도로, 유럽 최초의 민자 고속철도라고 한다. 운행 초기에는 주요 대도시 중심으로 운행했으나 현재는 상당히 많은 도시를 잇고 있다. 프레체보다 가격이 저렴하고 차내 와이파이가 무료인 것이 가장 큰 장점. 단, 프레체보다는 운행 편수가 적어 딱 원하는 시간대에 움직이기 어려울 수 있다. 운행 초기에는 차량이 모두 새것이라는 것도 큰 장점이었으나 최근 프레체가 신차를 다수 도입한 데다 이탈로도 어느 정도 노후하여 이제는 엇비슷하다. 프레체와 이탈로를 모두 비교해 보고 시간과 비용 면에서 유리한 쪽을 택할 것.

이탈로 예약 무작정 따라하기

이탈로는 웹사이트와 스마트폰 애플리케이션에서 예약할 수 있다. IOS와 안드로이드 모두 출시되어 있다. 아래 예시는 웹사이트 기준.

❶ 우측 상단의 언어 버튼을 눌러 영어로 바꾼다.

❷ 메인 페이지 중간에 있는 검색창에 원하는 행선지를 입력한다. 편도・왕복 여부도 선택할 것.

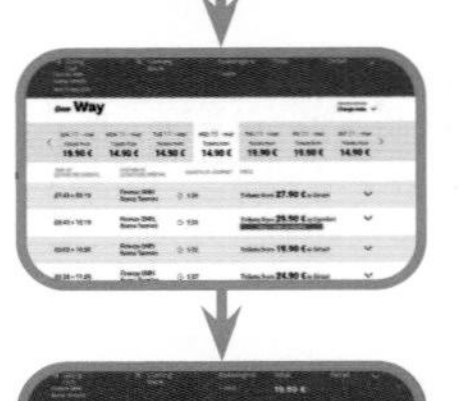

❸ 선택한 날짜 및 주변 날짜의 최저가가 상단 바에 뜨고 그 아래로 해당 일자의 스케줄이 뜬다. 원하는 시간대를 클릭한다.

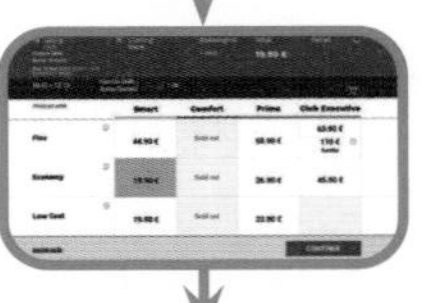

❹ 해당 스케줄의 요금표가 나온다. 워낙 인기가 많아 2~3개월 전에도 저렴하고 쾌적한 좌석은 매진되기 일쑤. 원하는 시간대를 클릭한 뒤 'CONTINUE' 버튼을 클릭한다.

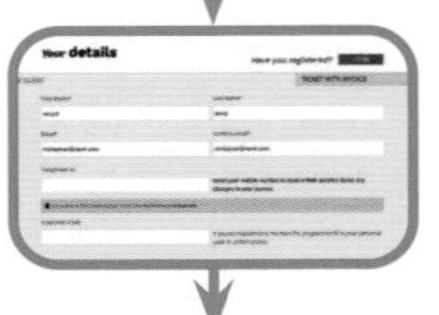

❺ 회원 가입이 되어 있다면 로그인을, 비회원으로 예약하려면 이름과 이메일 주소를 넣고 화면 아래 버튼을 클릭한다.

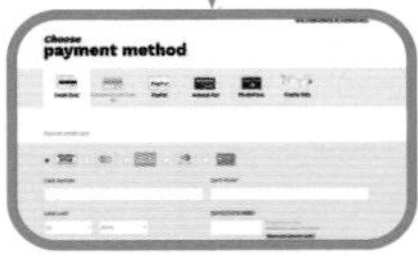

❻ 원하는 결제 수단을 입력한다. 국내 신용카드는 전용 모듈에서 한 번 더 결제 과정을 거쳐야 한다. 결제가 끝나면 티켓이 이메일로 온다.

이 앱 필수! 트레닛 Trenit

이탈리아 열차 검색 애플리케이션으로, 트레니탈리아와 이탈로의 모든 고속철도는 물론 일반 철도 및 지방 철도까지 검색 가능하다. IOS와 안드로이드 모두 다운로드할 수 있고, 웹사이트도 있다. 이탈리아 여행 중에는 필수라고 봐도 좋다.

홈페이지 trenit.app

PLUS TIP 유레일 패스, 필요할까?

유레일 패스는 유럽 31개 국에서 사용 가능한 열차 자유 이용 패스로서, 다개국을 이용할 수 있는 글로벌 패스(Global Pass)와 한 국가에서 사용할 수 있는 원 컨트리 패스(One Country Pass)로 나뉜다. 이탈리아는 글로벌 패스와 원 컨트리 패스를 모두 사용할 수 있는 나라인데, 의외로 유레일 사용도가 높지 않다. 이탈리아는 열차 요금이 그다지 비싸지 않은 데다 유레일 사용 시 특급 열차 구간은 별도 수수료를 내고 예약해야 하므로, 결과적으로 유레일을 사용하는 쪽이 오히려 비용이 많이 들기 때문이다. 유럽 여러 나라를 같이 여행하면서 이탈리아를 여행하는 경우, 만 27세 미만의 여행자가 여행을 급박하게 준비하느라 열차 할인 티켓을 모두 놓쳤을 경우에 고려해 볼 만하다.

D-80 카드 만들기

국제 사용이 가능한 신용카드나 체크카드가 없다면 이 기회에 만들 것. 현지에서도 필요하지만, 숙소나 렌터카를 예약할 때 보증 용도로 신용카드를 요구하는 경우가 많다.

▶ 신용카드

비자(VISA) 또는 마스터(MASTER)가 여행 준비와 현지 사용 모두에 무난하게 잘 맞는다. 아메리칸 익스프레스(American Express)도 나쁘지 않다. 앞으로 여행을 열심히 다닐 계획이라면 항공 마일리지가 적립되는 카드로 만들 것.
항공 마일리지 카드 중에는 공항 라운지를 무료로 이용 가능한 PP카드를 제공하는 곳이 적지 않다. 또한, 로마나 밀라노 등의 대도시에서는 애플페이도 잘 통하는 편이니 아이폰 사용자라면 애플페이를 사용할 수 있는 현대카드를 하나 만드는 것도 추천한다.

▶ 국제 현금카드 · 체크카드

내 통장에 들어 있는 한화를 현지에서 유로로 뽑아주는 영특한 물건이므로 꼭 하나쯤은 가져갈 것. 비자, 마스터, 시러스(Cirrus), 플러스(Plus), 마에스트로(Maetro)와 제휴된 현금카드를 가지고 있으면 충분하다.
최근에는 토스, 트래블월렛 등에서 외환 통장과 연계된 체크카드를 출시하고 있는데, 수수료가 없거나 최소한의 수수료로 인출 및 체크카드 거래가 가능한 획기적인 상품들이 있으므로 꼭 찾아볼 것.

D-60 숙소 예약

루트가 확정되고 신용카드도 준비되었다면 본격적으로 숙소 예약을 할 차례. 7~8월에 여행 예정이라면 좀 더 서두르는 것이 좋다. 이탈리아는 세계에서 가장 인기 있는 관광 국가답게 숙소도 아주 다양하다. 그중에서 한국 여행자들이 가장 많이 이용하는 주요 숙소 형태와 예약 방법은 다음과 같다.

▶ 호텔

여행 숙소의 기본. 쾌적함과 안전성 면에서 가장 무난하고 만족스러운 선택. 그러나 한국인들이 신축 • 대형 • 브랜드 호텔을 선호하는 것에 반해 이탈리아는 오래된 로컬 호텔 및 중소 규모의 부티크 호텔이 많아 좋은 호텔을 골라내기가 살짝 어려운 것이 사실이다. 특히 중앙역 주변의 3성 이하 호텔은 대부분 매우 노후하고 객실이 좁다. 부킹닷컴 기준 평점 8.0, 호텔스닷컴 기준 8.5 안팎의 호텔을 고를 것. 특히 먼저 묵고 간 한국인들의 리뷰를 꼼꼼하게 읽자.

추천 호텔

로마

NH 컬렉션 로마 팔라초 친퀘첸토 NH Collection Roma Palazzo Cinquecento ★★★★★

NH 컬렉션 로마 포리 임페리알리 NH Collection Roma Fori Imperiali ★★★★★

호텔 로카르노 Hotel Locarno ★★★★★

그랜드 호텔 비아 베네토 Grand Hotel Via Veneto ★★★★★

호텔 나치오날레 Hotel Nazionale ★★★★

호텔 아르테미데 Hotel Artemide ★★★★

IQ 호텔 로마 IQ Hotel Roma ★★★★

베스트 웨스턴 프리미어 호텔 로열 산티나 Best Western Premier Hotel Royal Santina ★★★★

더 인디펜던트 호텔 The Independent Hotel ★★★★

호텔 퀴리날레 Hotel Quirinale ★★★★

피렌체

포 시즌스 호텔 피렌체 Four Seasons Hotel Firenze ★★★★★
호텔 콘티넨탈레 Hotel Continentale ★★★★
머큐어 피렌체 첸트로 Mercure Firenze Centro ★★★★
산 피렌체 스위츠 & 스파 San Firenze Suites & Spa ★★★★
호텔 펜디니 Hotel Pendini ★★★

베네치아

NH 컬렉션 팔라초 바로치 NH Collection Palazzo Barocci ★★★★★
호텔 다니엘리, 어 럭셔리 컬렉션 호텔, 베니스 Hotel Danieli, a Luxury Collection Hotel, Venice ★★★★★
발리오니 호텔 루나 Baglioni Hotel Luna ★★★★★
AC호텔 베네치아 AC Hotel Venezia ★★★
호텔 티치아노 Hotel Tiziano ★★★

밀라노

호텔 파크 하얏트 밀란 Hotel Park Hyatt Milan ★★★★★
우나호텔스 쿠사니 밀라노 Unahotels Cusani Milano ★★★★
스타호텔스 에코 Starhotels Echo ★★★★
호텔 베르나 Hotel Berna★★★★
비앤비 호텔 밀라노 센트럴 스테이션 B&B Hotel Milano Central Station ★★★

나폴리

로메오 호텔 Romeo Hotel ★★★★★
그랜드 호텔 오리엔테 Grand Hotel Oriente ★★★★
르네상스 나폴리 호텔 메디테라네오 Renaissance Napoli Hotel Mediterraneo ★★★★
NH 나폴리 파노라마 NH Napoli Panorama ★★★★
이비스 스타일즈 나폴리 가리발디 Ibis Styles Napoli Garibaldi ★★★

추천 예약 사이트
부킹닷컴 www.booking.com
아고다 www.agoda.com
호텔스닷컴 www.hotels.com
익스피디아 www.expedia.co.kr
인터파크투어 tour.interpark.com
트립비토즈 www.tripbtoz.com

PLUS TIP 같은 숙소라도 예약 사이트마다 가격이 조금씩 다르다. 최소 3~4군데를 비교하고 예약할 것. 호텔스컴바인(www.hotelscombined.co.kr), 트리바고(www.trivago.com) 같은 호텔 가격 비교 사이트를 이용하는 것도 요령 중 하나!

▶ 한인 민박

현지에 거주하는 한국인이 운영하는 숙소로, 실질적으로 가장 많은 한국인 여행자들이 이탈리아 여행에서 이러한 형태의 숙소를 이용한다. 약간 넓은 가정집을 개조하여 숙소로 꾸미는 경우가 많고, 2~3성급 부티크 호텔처럼 운영하는 곳도 있다. 과거에는 그냥 무허가로 운영하는 곳이 많았으나 최근에는 단속이 워낙 심해서 로마 · 베네치아는 대부분 등록 업소이고, 다른 지역은 허가 신청 상태로 영업하는 곳이 많다. 예전에는 조선족 운영주가 많았는데 요즘은 한국에서 건너간 젊은 사업자들이 많이 늘어나는 추세. 1~3인실을 기본으로 4~6인 도미토리 객실을 2실 정도 운영하는 곳이 많다. 아주 깔끔하고 쾌적한 환경과 프로페셔널한 서비스는 바랄 수 없으나 만리타국에서 모국어로 소통하며 마음 편하게 지낼 수 있다는 중요한 장점이 있다. 주인장들이 현지 관광 정보를 상당히 꼼꼼하게 알려주므로 여행 준비할 기간이 길지 않은 사람에게 좀 더 권할 만하다. 투숙객들과 얘기를 나누다 자연스럽게 함께 어울릴 수 있어 동행을 구하고 싶었던 나 홀로 여행자에게는 반가운 기회가 된다. 아침 식사를 한식으로 푸짐하게 먹을 수 있다는 것도 무시할 수 없는 장점.

추천 예약 사이트
민다 www.theminda.com

▶ 렌털 아파트먼트 & 현지인 민박

이탈리아에서 최근 가장 보편적인 스타일의 숙소로, 현지인의 집을 통째로 빌리거나 방 하나를 빌리는 것. 과거에는 여행자들의 리뷰를 통해 알음알음으로 찾아가거나 기차역 부근의 호객을 따라가서 묵게 됐었는데, 요즘은 숙소 플랫폼이 다양하게 생겨 한국에서 여행 준비 중에도 손쉽게 예약할 수 있게 되었다. 가장 대표적인 것이 바로 에어비앤비. 남는 방, 또는 휴가로 비는 집을 저렴한 가격으로 다른 여행자에게 대여하는 개념에서 출발한 숙박 공유 서비스로, 웬만한 렌털 아파트먼트나 현지인 B&B, 게스트하우스는 모두 이곳에서 찾아볼 수 있다. 부킹닷컴, 호텔스닷컴, 익스피디아 등 유명 호텔 예약 사이트에서도 아파트먼트나 현지인 B&B를 쉽게 찾아볼 수 있다. 전문 업자보다는 부업으로 운영하는 사람이 많아 금세 생겼다가 사라지곤 한다. 추천받고 찾아 봤을 때는 이미 문을 닫았기 일쑤. 예약 사이트의 리뷰가 가장 생생한 추천 정보라고 생각하고 꼼꼼하게 찾아볼 것. 사이트에 들어가 예약 버튼을 누르거나 호스트에게 메시지를 보내 가격과 날짜를 흥정한 뒤 예약하면 된다. 처음에는 어렵게 느껴지나 한두 번 해보면 별것 아니라는 생각이 들 정도로 쉽다.

추천 예약 사이트
에어비앤비 www.airbnb.co.kr

▶ 호스텔

저예산 여행자를 대상으로 하는 저렴한 숙소로, 대부분 객실이 다인실 도미토리로 구성되어 있다. 최근에는 개별 침대에 커튼이나 독서등, 충전용 전기 콘센트가 구비되어 있는 등 다인실의 불편함을 최대한 줄인 호스텔들이 많이 선보이고 있다. 이탈리아의 호스텔은 주로 도시 외곽에 자리하고 있으므로 지하철 등의 대중교통편이 가까운지 꼭 확인해야 한다. 또한 유명 호스텔 중에는 시설이 오래된 곳이 많으므로 리뷰를 통해 리뉴얼 여부를 꼭 확인할 것. 호텔 못지않은 싱글이나 더블 형식의 개인실 설비를 갖춘 호스텔도 적지 않으므로 저렴한 가격에 개인실을 쓰고 싶다면 호스텔도 꼭 알아보자. 젊은 여행자들이 많은 만큼 다양한 이벤트나 파티를 개최하는 곳도 많다. 영어에 어느 정도 자신이 있고 세계 각국의 여행자를 만나보고 싶은 외향적인 사람에게 권한다.

추천 예약 사이트
호스텔월드 www.hostelworld.com
호스텔부커스 www.hostelbookers.com

도시세(City Tax), 미리 알고 가자!

2011년에 신설된 세금으로, 내국인과 외국인을 막론하고 이탈리아를 여행하는 모든 사람이 지불해야 하는 일종의 인두세다. 1인 1박당 €1~7 정도로, 숙박업소에서 대신 징수하여 경찰서에 신고한다. 숙박료 외에 별도로 지불하며 대부분 현금으로 받는다. 도시의 크기가 클수록, 숙박업소가 고급스러울수록 금액이 높아져 로마의 5성 호텔의 도시세는 무려 €7에 달한다. 숙박 예산을 짤 때 꼭 계산해야 하는 부분. 저가 호스텔, 미인가 또는 허가 대기 상태의 아파트먼트 및 한인 민박에서는 받지 않는다.

D-45
렌터카 예약

렌터카를 이용할 예정이라면 일찌감치 마음 편하게 예약해 둘 것. 비성수기라면 여행 1~2주 전에 급하게 구해도 그럭저럭 구할 수 있긴 하나, 원하는 차종이 있을 경우에는 가급적 일찍 예약하는 것이 좋다. 픽업은 공항이 가장 무난하고, 중앙역 픽업이 가능한 경우가 있다면 그쪽도 추천. 카약을 이용하면 여러 렌터카의 가격을 한눈에 비교할 수 있다.

홈페이지 카약 렌터카 www.kayak.co.kr/cars

D-30
환전

여행 출발 약 한 달 전부터 환율을 유심히 보며 환전을 시작하자. 대도시에서는 대부분의 상점과 식당에서 신용카드와 애플페이가 통하지만 작은 규모의 식당이나 지방으로 가면 현금만 받는 곳도 흔하기 때문에 여행 비용의 일정 액수는 꼭 현금으로 챙기자. 수수료에 예민한 사람은 전액 현금으로 가져가고 싶을 수도 있으나 이탈리아는 도난 사고가 적지 않게 일어나는 나라라 권하기는 어렵다. 트래블월렛, 토스 등 환전 수수료와 카드 사용 수수료가 최소화된 서비스를 이용하는 것을 권한다. 이탈리아는 유로를 사용하는 나라이기 때문에 전액 유로로 가져가면 된다. 달러나 파운드 등 다른 나라 통화는 가져가 봐야 환전도 어렵고 환율도 매우 좋지 않다. 유의할 사항은 아래와 같다.

① 유로는 시중에서 쉽게 구할 수 있지만 큰 액수를 환전할 예정이라면 시내 중심가의 은행을 찾는 것이 좋다.
② 환율 우대를 꼭 챙기자. 환전 시 발생하는 수수료에 대해 할인받는 것을 말한다. 주거래 은행에서 50%부터 시작하고, 인터넷 환전 등을 이용하면 80~90%까지 할인받을 수 있다.
③ 공항에도 환전소가 있지만, 별도 환율을 적용하기 때문에 일반 은행보다 한참 비싸다. 반드시 출국 전까지는 환전 문제를 해결할 것.

D-15
모바일 인터넷 준비

요즘 세상에 인터넷이 없는 것은 물이나 산소가 없는 것에 버금가는 중대한 결핍이다. 다행히 이탈리아는 한국보다 약간 못한 정도 수준의 준수한 인터넷망이 구축되어 있다. 이탈리아에서 사용 가능한 모바일 인터넷은 다음의 세 종류이다.

▶ 포켓 와이파이

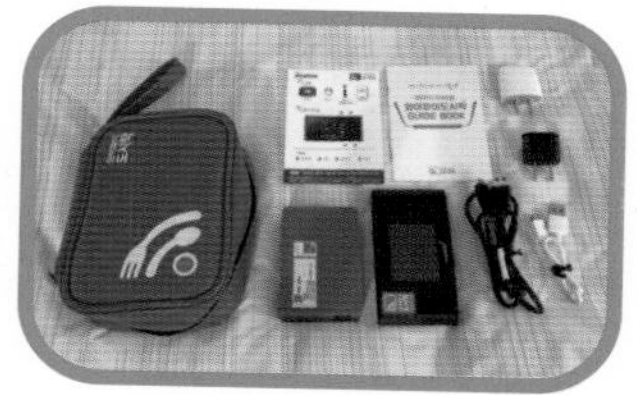

일명 '에그', '도시락' 등으로 불리는 휴대용 모바일 와이파이 장치를 국내에서 대여해가는 방법으로, 최근 압도적인 대세다. 대여료도 크게 비싸지 않고, 기기 한 대로 5명까지 쓸 수 있어

여러 명이 여행할 경우 더욱 유용하다. 데이터가 많이 필요한 사람에게도 추천. 여행 전에 전화나 인터넷으로 예약한 뒤 당일에 공항의 해당 업체 데스크에서 수령한다. 원칙적으로는 당일 현장 대여도 가능하나 수량이 아주 적어 거의 불가능하다고 봐도 무방하다. 블로그, 여행 커뮤니티 등에서 종종 10~20% 대여료 할인 행사를 하므로 사전에 정보를 착실히 모아두자. 또한 기기 분실 시에는 적지 않은 금액으로 배상을 해야 한다는 것도 명심할 것.

€ **가격** 1~5일 8,900원, 6일 이상 7,100원(1일 3GB 상품 사용시)

홈페이지 와이드모바일 www.widemobile.com

▶ 현지 유심 카드

현지에서 데이터 사용이 가능한 유심 카드를 구매해 끼워서 사용하는 것. 나 홀로 여행자 및 일주일 이상의 장기 여행자에게는 포켓 와이파이보다 훨씬 저렴하다. 현지에서도 구매 가능하나 귀찮은 가입 및 등록 과정을 거쳐야 하고, 공항에서부터 은근히 인터넷 쓸 일이 많기 때문에 한국에서 미리 사 가는 것을 권한다. 인터넷 쇼핑몰 및 여행사, 여행 액티비티 예약 사이트 등에서 쉽게 구할 수 있는데, 영국 모바일 회사인 '3(트레)'의 상품이 이탈리아에서 가장 인기가 높다. 설정 방법이 약간 복잡하므로 천천히 시간을 들여 공부할 것. 가격은 상품마다 차이가 크나, 보통 5~10GB를 이용하는데 3만~5만 원 정도. 최근에는 QR 코드로 가상 심카드를 다운로드해서 사용하는 'eSIM'도 흔히 쓰인다. 가격은 실물 유심과 비슷하다.

▶ 무제한 데이터 로밍

통신사에서 제공하는 1일 무제한 데이터 로밍 서비스를 받는 것. 공항 로밍 데스크에서 신청하거나 통신사 24시간 고객센터로 전화를 걸어 간단한 세팅만 해 주면 된다. 그 어떤 방법보다 간편하고 속 편하며 인터넷 연결 품질도 나쁘지 않으나, 비용이 그 어떤 방법보다 비싸다는 치명적인 단점이 있다.

가격 : 3기가 33,000원(KT 기준, 15일 사용)

D-10

여행자 보험

여행에서 일어나는 사건 · 사고에 대해 안심이 되지 않는다면 여행자 보험을 들 것. 국내 여러 보험사에서 여행자 보험 상품을 취급한다. 공인인증서와 신용카드가 있으면 인터넷이나 스마트폰 애플리케이션으로도 간단하게 가입할 수 있다.

D-3

짐 싸기

▶ 여행 가방 준비하기

큰 가방

옷과 쇼핑 아이템 등 큰 짐을 보관할 용도. 여행용 수트케이스, 일명 '캐리어'가 가장 무난하다. 특히 렌터카 여행자라면 크게 고민하지 말고 수트케이스를 고를 것. 7~10일 일정이라면 24인치 캐리어 정도가 여행 일정 소화에 무리가 없다. 단, 쇼핑에 욕심이 많다면 처음부터 28인치 이상을 들고 가는 것이 현명하다. 이탈리아는 자연석 보도가 많아 바퀴에 매우 가혹한 시련을 안긴다. 캐리어를 새로 사야 한다면 다른 그 무엇보다 바퀴에 중점을 둘 것.

작은 가방

기내 휴대 및 현지에서 여행할 때 물이나 가이드북, 각종 서류, 간식 등을 넣고 다닐 용도로 쓴다. 가장 무난한 것은 크로스백. 백팩은 소매치기의 위험이 높아 되도록 쓰지 않는 것이 좋다. 크로스백을 사용할 때도 옷핀으로 지퍼를 집어 놓는 등의 기본적인 소매치기 대비는 꼭 해야 한다.

▶ 짐 싸기 체크리스트

큰 가방

옷	계절에 맞는 복장을 챙길 것. 여름철에는 성당 출입용 얇은 긴 소매 옷과 무릎 아래로 내려오는 하의를 꼭 챙기자. 오페라나 파인 다이닝 레스토랑에 간다면 재킷이나 원피스 등 약간 격식 있는 옷도 가져가는 것이 좋다.
양말 · 속옷	여행 일수만큼 챙기는 것이 현명하다.
신발	발이 편한 일상화와 슬리퍼를 챙길 것. 파인 다이닝 레스토랑이나 오페라 예정이 있다면 가벼운 구두나 샌들도 하나쯤 챙겨두자.
화장품	평소 사용하던 제품을 여행 용량으로 챙길 것. 현지 조달도 가능하다.
자외선 차단제	햇빛이 강한 나라이므로 꼭 챙겨 가자.

세제류	특급 호텔과 에어비앤비, 한인 민박 숙박이라면 굳이 챙기지 않아도 된다. 호스텔, 2~4성급 호텔 중심으로 숙박한다면 어느 정도 챙겨가는 것이 좋다.
세면도구	특급 호텔에서도 치약 · 칫솔은 주지 않으므로 꼭 챙길 것.
수영복	한겨울 여행만 아니라면 꼭 챙길 것.
상비약	종합감기약, 소화제, 진통제, 외상용 연고, 반창고 정도는 늘 휴대하는 것이 좋다. 특히 한국의 종합감기약은 거의 만병통치 수준.
여성용품	현지에서도 판매하지만 질이 좋지 않다. 가져가는 편을 추천.

PLUS TIP 큰 짐 쌀 때 유의할 점

① 이용하는 항공사의 수화물 규정을 체크할 것. 일반적으로 23kg이 한계이다.
② 가방은 1/3가량 비워둘 것. 이탈리아에서 쇼핑을 안 할 것이라는 생각은 접는 것이 좋다.
③ 라이터 및 스프레이는 넣지 말 것. 위탁용 수화물에는 인화물질을 넣을 수 없다. 라이터는 기내 휴대품으로 1인당 1개까지 반입할 수 있다. 추가 배터리, 휴대용 배터리, 핸디 선풍기도 위탁 수화물 금지 품목.

작은 가방

지갑	여행에서 쓸 비용과 각종 카드를 담아둔다. 가장 깊은 곳에 보관할 것.
여권	공항에서까지는 작은 가방에 넣다가 현지에서는 큰 가방의 깊은 곳으로 옮길 것.
스마트폰 & 태블릿	여권과 항공권 다음으로 중요할 수 있다.
카메라	여행에서 남는 것은 사진뿐이다. 메모리 카드도 넉넉하게 들고 가자.
휴대용 충전기	카메라와 스마트폰은 언제나 빵빵하게!.
각종 서류	호텔 및 렌터카 바우처, 항공권 등을 프린트 한 것. 스마트폰에 이미지로 저장해도 OK.
세면도구	특급 호텔에서도 치약 · 칫솔은 주지 않으므로 꼭 챙길 것.
손수건 & 물티슈	땀 닦을 일이 많다. 꼭 챙길 것.
선글라스	일사병을 예방하자.
여행 가이드북	여행의 길잡이! 〈무작정 따라하기 이탈리아 코스북〉을 챙기자!
렌즈용품	사용자는 렌즈 케이스, 식염수, 보존액 등을 챙긴다.

PLUS TIP 작은 짐 쌀 때 유의할 점

① 액체류는 최대한 유의해서 싼다. 1개당 100mL를 넘지 않는 용량으로 20×20cm 사이즈 지퍼백 하나에 가득 찰 정도만 가져갈 수 있다. 단, 렌즈 세척액은 별도로 신고하면 통과된다.
② 칼, 송곳 등 위험 물품도 기내 반입할 수 없다.
③ 비행기 내에서 신을 용도로 실내용 얇은 슬리퍼를 챙겨두면 좋다.
④ 혹시 모를 수화물 지연 사태에 대비해 얇은 잠옷과 세제류 · 치약 · 칫솔 · 휴대 용량의 세면용품을 작은 가방 안에 챙겨둘 것.

PLUS TIP 복대를 챙기자!

이탈리아는 소매치기가 많기로 유명한 나라다. 대부분의 소매치기는 정신을 바짝 차리고 주위를 경계하는 것으로 해결되지만, 잠깐 한눈을 판 사이에 덮치는 것까지 막을 도리는 없다. 정신을 놓은 순간에도 안전하게 돈과 귀중품을 지킬 수 있는 장비로 가장 인기 있는 것이 바로 복대. 옷 안쪽에 차는 허리띠형 비밀 주머니로, 현금, 여권을 안전하게 보관하면서도 기동력도 얻을 수 있어 오래전부터 소매치기 많은 나라를 여행할 때 필수로 가져가는 클래식 아이템으로 꼽혔다. 요즘은 '웨이스트 파우치'라는 세련된 이름으로 불리기도 하고, 스키밍 방지 처리가 된 복대도 출시되고 있다. 복대 외에도 목걸이형 비밀 주머니나 지퍼가 달린 속옷 등도 있다.

D-1
최종 점검

□ 여권을 챙겼는지?
□ 여권에 유효기간은 6개월 남았는지?
□ 지갑과 스마트폰은 잘 챙겼는지?
□ 지갑 안에 돈과 카드들은 모두 다 잘 있는지?
□ 호텔 바우처 · 렌터카 예약 서류 · 항공권 · 버스 티켓은 다 출력했는지? 혹은 스마트폰이나 태블릿에 저장했는지?
□ 면세점 관련 SMS나 이메일은 잘 보관되어 있는지?
□ 스마트폰에 필요한 앱은 모두 잘 다운받았는지?
□ 큰 짐은 23kg이 넘지 않는지?
□ 작은 짐에 액체류가 들어 있는 것은 아닌지?
□ 전자제품의 충전기와 케이블은 모두 챙겼는지?
□ (아이폰의 경우) 유심 교체용 핀은 챙겼는지?

D-DAY
출발

국제선은 출발 시각 2시간 전에 도착하는 것이 기본. 면세점을 느긋하게 돌아보려면 2시간 반 전, 명절이나 휴가철에는 3시간 전 도착이 좋다. 아무리 늦어도 1시간 전에는 도착해야 한다.

❶ 인천국제공항으로 이동

공항버스, 공항 열차, 자가용 등으로 이동한다. 각 교통수단의 소요 시간을 미리 체크해 둘 것. 자가용 이동 시에는 주차장 문제를 미리 해결해 두는 것이 좋다. 인천공항 장기 주차장을 이용할 수도 있고, 외부 주차장 발렛 파킹을 이용할 수도 있다. 특히 이용하는 항공사가 어느 터미널을 이용하는지도 꼭 체크하자.

제1 여객터미널 취항 항공사
아시아나항공, 저비용 항공사, 기타 외국 항공사

제2 여객터미널 취항 항공사

대한항공, 알리탈리아, 델타항공, 에어프랑스, KLM 네덜란드항공, 에어로멕시코, 중화항공, 가루다인도네시아, 샤먼항공, 체코항공, 아에로플로트

❷ 탑승 수속
공항 출발 층 로비에 도착하면 먼저 전광판에서 체크인 카운터의 번호를 확인할 것. 해당 카운터로 가서 보딩패스(항공권)를 발급받고 수화물을 부친다.

❸ 보안 검색
액체류 외에도 칼, 뾰족한 물건 등은 기내 반입이 금지된다. 노트북, 태블릿, 스마트폰 등은 가방 안에서 따로 꺼내서 검색을 받아야 한다. 명절이나 성수기에는 이 단계에서만 1시간씩 걸리는 경우도 허다하다.

❹ 출국 심사

시간이 크게 모자라지 않다면 자동 출입국 심사를 이용하자. 만 19세 이상 내국인이라면 사전 등록 절차 없이 바로 이용할 수 있다. 만 7~18세는 사전 등록 후 이용 가능하다.

❺ 면세품 인도장
여행 전 인터넷 면세점에서 물건을 구매했다면 인도장으로 가서 물건을 받을 것. 본관과 탑승동에 각각 인도장이 있다. 면세품을 살 때 해당 인도장과 인도 방법에 대한 자세한 설명 및 안내 메일을 받게 되므로 잘 숙지할 것.

❻ 탑승 준비
보통 항공기 출발 시간 30~40분 전부터 시작된다. 탑승 시작 시각에 맞춰 탑승구(Gate)를 찾아가면 된다.

INDEX
무작정 따라하기

로마

중부 이탈리아

사진 제공

VOL.1
알쿠아 알타 Ihor Serdyukov / Shutterstock.com
산 피에트로 대성당 쿠폴라 alexeyart1 / Shutterstock.com
베네치아 광장 hdesislava / Shutterstock.com
산 마르코 대성당 내부 Mo Wu / Shutterstock.com
피사 두오모 내부 Evgenii Iaroshevskii / Shutterstock.com
베르니니 발다키노 Elena Odareeva / Shutterstock.com
콜론나 미술관 Flying Camera / Shutterstock.com
성녀 테레사의 환희 Anna Pakutina / Shutterstock.com
캄파리 verbaska / Shutterstock.com
마비스 동네 슈퍼마켓 roundex / Shutterstock.com
핫앤뉴 스타벅스 365 Focus Photography
영화_빌라침브로네 Bildagentur Zoonar GmbH
밀라노 에셀룽가 Eyesonmilan, Mate Karoly

로마
참피노 국제공항 Cineberg / Shutterstock.com
로마 국립오페라 극장 외관 Cineberg / Shutterstock.com
내부 polya_olya / Shutterstock.com
스칼라 산타 계단 Kumpel / Shutterstock.com
코인 내부 TK Kurikawa / Shutterstock.com
미나넬리 광장(우) Kirk Fisher / Shutterstock.com
보르게제 미술관 내부 Evgenii Iaroshevskii / Shutterstock.com
콜론나 미술관 내부 Flying Camera / Shutterstock.com
도리아 팜필리 미술관 내부 Isogood_patrick / Shutterstock.com
바티칸 박물관 입구 rarrarorro / Shutterstock.com
라파엘로의 방 vvoe / Shutterstock.com, Elzloy / Shutterstock.com, Viacheslav Lopatin / Shutterstock.com
포르타 세티미아나 marcovarro / Shutterstock.com

베네치아
giocalde / Shutterstock.com
카 페사로 s74 / Shutterstock.com
스쿠올라 그란데 디 산 로코 내부 Isogood_patrick / Shutterstock.com
트라게토 Sergejs Filimon / Shutterstock.com, SvetlanaSF / Shutterstock.com
산 마르코 대성당 내부 lornet / Shutterstock.com
페기 구겐하임 Spirit Stock / Shutterstock.com, andersphoto / Shutterstock.com
아카데미아 미술관 내부 Sailko / Wikimedia Commons

밀라노
말펜사 익스프레스 gnoparus / Shutterstock.com
스폰티니 본점 외관 Eyesonmilan / Shutterstock.com
노베첸토 미술관 Casimiro PT / Shutterstock.com
나빌리오 파베세 Goncharovaia / Shutterstock.com

베로나
로마 극장 유적 Cortyn / Shutterstock.com

볼로냐
살라보르사 도서관 열람실 258245756 PriceM / Shutterstock.com
메초 시장 DrimaFilm / Shutterstock.com, Just Another Photographer / Shutterstock.com

토리노
토리노 공항 1346955257 Davide Gandolfi / Shutterstock.com
토리노 버스 1470561968 (MikeDotta / Shutterstock.com
로마 거리 Claudio Divizia / Shutterstock.com
주세페 가리발디 거리 Gianni Careddu / Wikimedia Commons

피렌체
산타 레파라타 지하 묘소 vvoe / Shutterstock.com
메디치 리카르디 궁전 JJFarq / Shutterstock.com
아카데미아 미술관 lornet / Shutterstock.com
토르나부오니 거리 Mariia Golovianko / Shutterstock.com
스트로치 거리 JFarq / Shutterstock.com
베키오 궁전 내부 Ivan Kurmyshov / Shutterstock.com
산타 마리아 아순타 성당 내부 Maurizio Callari / Shutterstock.com
피사 두오모 내부 andreyspb21 / Shutterstock.com

시에나
버스 Smiley.toerist / Wikimedia Commons
천국의 문 Daria Trefilova / Shutterstock.com
성 카테리나 생가 Elena Odareeva / Shutterstock.com
산 도메니코 성당 내부 Elena Odareeva / Shutterstock.com
살림베니 궁전 G.steph.rocket / Wikimedia Commons
로지아 델라 메르칸치아(우) Sailko / Wikimedia Commons

아시시
로카 마조레 Miti74 / Shutterstock.com

나폴리
나폴리 국제공항 Pfeiffer / Shutterstock.com
산세베로 성당 박물관 내부 & 작품 David Sivyer / flickr.com
나폴리 왕궁 내부 robertonencini / Shutterstock.com
톨레도 역 Oleg Korchagin / Shutterstock.com

아말피 코스트
SS163 드라이브 Monika Sakowska / Shutterstock.com
타소광장 Ceri Breeze / Shutterstock.com

폼페이
space_krill / Shutterstock.com
신비의 저택 Cortyn / Shutterstock.com, Alfiya Safuanova / Shutterstock.com

카프리
오픈카 택시 Roman Babakin / Shutterstock.com